中国大豆品种志

2005—2014

中国农业科学院作物科学研究所
吉林省农业科学院大豆研究所　编

中国农业出版社
北　京

图书在版编目（CIP）数据

中国大豆品种志．2005—2014 / 中国农业科学院作物科学研究所，吉林省农业科学院大豆研究所编．—北京：中国农业出版社，2018.12

ISBN 978-7-109-24739-0

Ⅰ．①中… Ⅱ．①中…②吉… Ⅲ．①大豆－品种－中国－2005－2014 Ⅳ．①S565.102.92

中国版本图书馆CIP数据核字(2018)第239049号

中国农业出版社出版

（北京市朝阳区麦子店街18号楼）

（邮政编码 100125）

责任编辑 张洪光 黄 宇 神翠翠

北京中科印刷有限公司印刷 新华书店北京发行所发行

2018年12月第1版 2018年12月北京第1次印刷

开本：787mm × 1092mm 1/16 印张：48.75

字数：1100 千字

定价：360.00 元

（凡本版图书出现印刷、装订错误，请向出版社发行部调换）

主　　编　邱丽娟　王曙明

执行主编　常汝镇

副 主 编　刘章雄

编 写 人（按姓氏音序排列）

常汝镇　陈海峰　陈　红　陈怀珠　傅旭军
关荣霞　郭　勇　胡国玉　胡润芳　金龙国
李海朝　李明松　李小红　李英慧　林国强
刘兵强　刘萌娟　刘学义　刘永忠　刘章雄
柳迅生　龙　萍　卢为国　吕美琴　马俊奎
马启彬　马淑梅　孟宪欣　年　海　邱红梅
邱丽娟　任海红　宋书宏　孙宾成　孙　石
孙祖东　王昌陵　王可珍　王　强　王瑞珍
王曙明　王树峰　王　涛　王铁军　王文斌
王羡国　王　幸　王跃强　王　志　王宗标
魏淑红　吴海英　武永康　向仕华　肖付明
谢居林　邢宝龙　徐　冉　闫春娟　闫　龙
阳小凤　杨春明　杨春燕　杨　华　杨华伟
战　勇　张海生　张恒斌　张继君　张　磊
张礼凤　张丽娟　张孟臣　张明荣　张万海
赵朝森　赵团结　赵银月　周　蓉　周新安
周艳峰　朱申龙　朱星陶

审 稿 人 常汝镇 陈怀珠 李明松 李小红 刘萌娟 刘学义 刘章雄 柳迅生 龙 萍 卢为国 马俊奎 年 海 邱丽娟 宋书宏 孙宾成 孙 石 孙祖东 王瑞珍 王曙明 王铁军 王跃强 王宗标 魏淑红 徐 冉 杨春燕 杨华伟 战 勇 张继君 张 磊 张孟臣 张明荣 张万海 赵团结 周 蓉 周新安 朱申龙

前 言

《中国大豆品种志 2005—2014》是在前三册大豆品种志的基础上编写而成，编写体例参照《中国大豆品种志1993—2004》，以保证内容、格式的延续性。

《中国大豆品种志 2005—2014》编入了25个省（自治区、直辖市）918个品种，除5个来自上海的菜用大豆品种为2005年前审定外，其余913个品种均为2005—2014年新育成品种。总体上看，我国大豆育种在育成品种数量、产量、品质、抗病性、抗逆性等方面均取得了较大进展，这些品种是当前我国生产上推广利用的主推品种，是新品种选育的物质基础。本书的编写对促进大豆种质材料的交流，对品种在科研及生产上的利用，均有十分重要的意义。

《中国大豆品种志 2005—2014》的编写由中国农业科学院作物科学研究所和吉林省农业科学院大豆研究所主持，各省（自治区、直辖市）有关农业科研单位共同完成。2011年3月在广西桂林召开的“2011年大豆种质资源收集编目与鉴定利用研讨会”上，启动了编写《中国大豆品种志 2005—2014》工作，确定了各省（自治区、直辖市）编写负责人，讨论了编写内容、格式，与会代表一致赞成依照以前出版的品种志格式进行编写，以保证品种志的连续性和一致性。同时，会上还要求，对入志品种进行编目性状评价，全部数据将汇入国家作物种质资源信息系统，入志品种提交足量种子给国家种质库保存。2013年3月在江苏扬州召开的“抗除草剂转基因大豆新品种培育与大豆品种资源创新利用研讨会”上，提出了新品种志编写至2012年，并对品种志初稿中内容、格式及照片质量等问题提出了修改建议。2015年初，由于形势发展的需要，又决定将新品种志扩编至2014年。初稿完成后，经主编单位多次修改完善，于2017年4月完成全部书稿的编写工作，送中国农业出版社出版。另外，主编单位撰写了前言、中国大豆品种概述（2005—2014）等，书后附有中国大豆品种（2005—2014）性状表，将各品种育成年份、亲本、生育期、结荚习性、株高、叶形、花色、茸毛色、粒形、脐色、百粒重、区域试验产量及增产百分率、生产试验产量及增产百分率、蛋白质及脂肪含量等性状以表格形式列出，以便于查阅。

本书的出版发行，是全国大豆科研相关单位协作的结果，是广大从事大豆种质资源和育种研究科技人员辛勤付出的结晶。各省（自治区、直辖市）种子管理局（站）在本书编写过程中给予了大力支持；本书的出版得到农业部保种项目和科技部国家自然科技资源共享平台项目的资助；中国农业出版社对书稿做了认真细致的编辑加工，保证了出书质量。在此书出版之际，谨向所有参加本书编写、审校、编辑出版的各位同事致以衷心感谢。

由于时间仓促和水平有限，书中不妥之处，敬请同行专家和读者批评指正。

编　者

2017年6月

总 目 录

编 辑 说 明

一、本书编入的品种主要为2005—2014 年经国家或省级审定的品种，另有2005年前选育的菜用品种5个。

二、凡编入本书的品种给予顺序编号，按北方春大豆区、黄淮海夏大豆区和南方多作大豆区排列，顺序为：1.黑龙江省、2.吉林省、3.辽宁省、4.内蒙古自治区、5.新疆维吾尔自治区、6.北京市、7.河北省、8.山西省、9.山东省、10.河南省、11.陕西省、12.安徽省、13.江苏省、14.上海市、15.浙江省、16.江西省、17.福建省、18.湖北省、19.湖南省、20.四川省、21.重庆市、22.贵州省、23.广东省、24.广西壮族自治区、25.云南省。

三、一个省内有两个以上编写单位的，自北向南分别排列，所有品种都编排在育种单位所在地，如华夏6号在广西壮族自治区审定，但由位于广东省的华南农业大学育成，故编在广东省内。

四、品种名称有数字编号的，用阿拉伯数字表示，10号以内的品种名称在数字后加“号”字，如北豆3号、华疆1号，数字在11以上的则不加“号”字，如绥农22、合丰48等。

五、品种选育单位一律用本书编写时的单位名称，且一律用全称，而不再如1993年版品种志用简称。

六、品种描述按品种来源、特征、特性、产量品质、栽培要点及适宜地区分别叙述，品种特征特性根据区域试验和品种审定资料并经田间种植观察与核实，确保准确无误。品种抗病性分为接种鉴定和田间观察结果，凡经接种鉴定的均加以注明。蛋白质含量和脂肪含量为品种审定时的检测结果，基本由法定检验单位完成。

七、本书照片均为彩色照片，可以更生动地展现品种特征，照片由成熟的植株、荚和种子组成，由数码相机拍摄，在计算机上合成。

八、大豆品种性状分级标准参照2007年版品种志，以尽可能保持连续性和一致性。

九、品种名称除中文名外增加了中文拼音。书后除有品种性状中文简表外，还附有英文简表，以便于对外交流。

十、本书版权归主编单位，全部资料属于主编和参编单位，若引用本书资料，需经主编单位同意，否则视为侵权。

大豆品种性状分级标准及术语说明

一、本品种志所叙述的品种特征、特性根据区域试验和品种审定资料并经田间种植观察与核实。

二、大豆品种按播种时期和种植区域分为北方春大豆、黄淮海夏大豆、南方春大豆、南方夏大豆和南方秋大豆5类。

1.北方春大豆　东北、华北和西北地区春季播种的大豆品种；

2.黄淮海夏大豆　黄河、淮河、海河流域麦收后夏季播种的大豆品种；

3.南方春大豆　长江流域及以南地区春季播种的大豆品种；

4.南方夏大豆　长江流域及以南地区油菜、麦类等作物收获后夏季播种的大豆品种；

5.南方秋大豆　南方在早稻收获后于立秋前后播种的大豆品种。

三、生长习性　指大豆植株生长发育的形态，分4种类型。

1.直立型　植株生长健壮，主茎直立向上；

2.半直立型　植株生长较健壮，主茎上部稍细，略呈波状弯曲，但不缠绕；

3.半蔓生型　植株生长比较软弱，主茎下部直立，中上部轻度爬蔓和缠绕；

4.蔓生型　植株生长细弱，茎枝细长爬蔓，强度缠绕。

四、株高　大豆成熟时测量子叶节至主茎顶端的长度，田间调查时测量地面到主茎顶端的长度，分高（91cm）、较高（81 ~ 90cm）、中等（61 ~ 80cm）、较矮（41 ~ 60cm）、矮（40cm以下）5类。

五、主茎节数　从子叶节至主茎顶端的实际节数。

六、分枝数　指主茎上具有2个以上茎节并有1个以上成荚的一级分枝。

七、株型　指植株生长的形态，成熟时调查下部分枝的着生方向，测量与主茎的自然夹角。

1.收敛型　植株整体较紧凑，下部分枝与主茎夹角小于30°；

2.开张型　植株上下均松散，下部分枝与主茎夹角大于60°；

3.半开张型　介于上述两型之间，下部分枝与主茎夹角为30° ~ 60°。

八、底荚高度　指子叶节至主茎最低豆荚着生处的高度。

九、叶大小　开花盛期以后测量植株中上部发育成熟的复叶中间小叶的大小，用叶面积仪测量，也可目测划分大中小。

1.小　小叶面积 $< 70cm^2$；

2.中　小叶面积 $70 \sim 150cm^2$；

3.大　小叶面积 $> 150cm^2$。

十、叶形　开花盛期调查，植株中上部发育成熟的三出复叶顶小叶的形状，分为披针形、卵圆形、椭圆形、圆形4类。

十一、叶色　开花盛期以后观察植株中上部叶片的颜色，分淡绿、绿、深绿3类。

十二、花色　大豆花瓣的颜色，分白、紫2类。

十三、茸毛色　成熟时调查植株茎秆中上部或荚皮上茸毛的颜色，分灰色、棕色2类。

十四、结荚习性　指植株开花结荚状况，分无限、有限、亚有限3类。

1.无限　开花结荚顺序由下而上，花序短，结荚分散，主茎顶端荚不成簇；

2.有限　开花结荚顺序由中上部而下，多为长花序，结荚密集，主茎顶端结荚成簇；

3.亚有限　开花结荚顺序由下而上，花序中等，结荚状况介于无限与有限之间，主茎顶端荚簇较小。

十五、单株荚数　单株实际结荚数，不计瘪荚，以10株平均数表示。

十六、荚大小　成熟时调查植株中上部荚的长度，分大、中、小3类。

1.小　豆荚长度＜3.0cm；

2.中　豆荚长度3.0 ～ 5.0cm；

3.大　豆荚长度≥5.0cm。

十七、荚形　调查鼓粒盛期至成熟期主茎中上部荚的形状，分为直葫芦形、弯镰形、弓形3类。

十八、荚色　指成熟后豆荚的颜色，分灰褐、黄褐、褐、深褐、黑5类。

十九、荚长　菜用大豆采摘鲜荚时测量植株中上部荚的长度，鲜荚指刚鼓满粒的荚，标准荚长4.5cm以上。

二十、荚宽　菜用大豆采摘鲜荚时测量植株中上部荚的宽度，鲜荚指刚鼓满粒的荚，标准荚宽1.3cm以上。

二十一、百荚鲜重　菜用大豆100个刚鼓满粒的鲜荚重量，百荚鲜重一般应在230g以上。

二十二、粒形　指籽实的形状，分圆形、扁圆形、椭圆形、扁椭圆形、长椭圆形、肾形6类。

二十三、粒色　指籽实种皮的颜色，分黄、绿（青）、黑、褐、双色5类，每一种粒色又可做如下细分。

1.黄　白黄、淡黄、黄、浓黄、暗黄；

2.绿（青）　淡绿、绿、暗绿；

3.黑　黑、乌黑；

4.褐　茶、淡褐、褐、深褐、紫红；

5.双色　虎斑、鞍挂。

二十四、子叶色　指子叶的颜色，分黄、绿2类。

二十五、种皮光泽　指种皮的光泽度，分强光、微光、无光3类。

二十六、脐色　指籽粒种脐的颜色，分黄、淡褐、褐、深褐、蓝、淡黑、黑7类。

二十七、粒大小　按100粒完整籽粒的重量区分籽粒的大小。

1.极小粒　百粒重＜5.0g；
2.小粒　5.0g≤百粒重＜12.0g；
3.中粒　12.0g≤百粒重＜20.0g；
4.大粒　20.0g≤百粒重＜30.0g；
5.特大粒　百粒重≥30.0g。

二十八、物候期

1.播种期　播种当天的日期，以月、日表示；
2.出苗期　子叶出土达50%以上的日期；
3.开花期　开花的株数达50%的日期；
4.结荚期　幼荚形成长达2cm以上的日期；
5.鼓粒期　豆荚放扁，籽粒较明显凸起的植株达50%以上的日期；
6.成熟期　全株95%的荚变为成熟颜色，摇动时有响声的植株达50%以上的日期。

二十九、生育期类型　按栽培季节，根据生育期划分熟期类型。

（一）北方春大豆　生育期从出苗翌日到成熟的天数，分7个熟期类型。
1.特早熟种　生育期90d以下；
2.极早熟种　生育期91～100d；
3.早熟种　生育期101～110d；
4.中早熟种　生育期111～120d；
5.中熟种　生育期121～130d；
6.中晚熟种　生育期131～140d；
7.晚熟种　生育期141d以上。

（二）黄淮海夏大豆　生育期从播种翌日到成熟的天数，分5个熟期类型。
1.极早熟种　生育期90d以下；
2.早熟种　生育期91～100d；
3.中熟种　生育期101～110d；
4.中晚熟种　生育期111～120d；
5.晚熟种　生育期121d以上。

（三）南方春大豆　生育期从出苗翌日到成熟的天数，分4个熟期类型。
1.极早熟种　生育期90d以下；
2.早熟种　生育期91～100d；
3.中熟种　生育期101～110d；
4.晚熟种　生育期111d以上。

（四）南方夏大豆　生育期从播种翌日到成熟的天数，分4个熟期类型。
1.早熟种　生育期120d以下；
2.中熟种　生育期121～130d；
3.晚熟种　生育期131～140d；
4.极晚熟种　生育期141d以上。

（五）秋大豆 生育期从播种翌日到成熟的天数，分4个熟期类型。

1.早熟种 生育期95d以下；

2.中熟种 生育期96 ~ 105d；

3.晚熟种 生育期106 ~ 115d；

4.极晚熟种 生育期116d以上。

三十、耐肥性 在土地肥沃或施肥多的条件下，根据植株生长的繁茂性、叶色、抗倒伏程度和产量等观察比较，分强、中、弱3级。

三十一、倒伏性 除记载倒伏时期、面积和原因外，在成熟前后观察植株倒伏程度，分5级。

1.不倒 全部植株直立不倒；

2.轻倒 0＜倒伏植株率≤25%；

3.中倒 25%＜倒伏植株率≤50%；

4.重倒 50%＜倒伏植株率≤75%；

5.严重倒 倒伏植株率＞75%。

三十二、耐阴性 在间混作条件下观察植株生育表现，分3级。

1.强 植株生育正常，基本无徒长表现；

2.弱 植株表现徒长甚至蔓化，生育失常；

3.中等 植株生育较正常，但表现有徒长现象。

三十三、裂荚性 大豆成熟时观察豆荚自然开裂程度，分4级。

1.不裂 豆荚均未自然开裂；

2.轻裂 0＜豆荚自然开裂率≤9%；

3.中裂 9%＜豆荚自然开裂率≤25%；

4.易裂 豆荚自然开裂率＞25%。

三十四、耐湿性 降水和土壤含水多的条件下，根据植株生长状况和叶片枯黄情况等反应划分级别，分强、中、弱3级。

三十五、耐盐性 根据植株田间耐盐性表现划分5级。

1.耐 植株生长正常，叶片绿，植株下部少数叶片轻微受害，无死亡株；

2.较耐 植株生长基本正常，植株下部有30%以下叶片出现褐斑或轻微卷缩，无死亡株；

3.中耐 植株生长受抑制，大部分植株叶片出现褐斑或卷缩，死亡株50%以下；

4.较敏感 大部分植株生长基本停止，叶片变褐，卷缩，仅有上部1 ~ 2片绿叶，死亡株在80%以下；

5.敏感 植株停止生长，80%以上植株枯死或只有心叶存活。

大豆芽期和苗期耐盐性根据盐害指数划分级别。

三十六、耐旱性 在大气干旱和土壤干旱条件下，根据植株生长状况和叶片萎蔫程度目测，分3级。

1.耐旱 叶片无萎蔫，与正常叶片相似或顶部1 ~ 2叶片稍有萎蔫现象；

2.中耐　中上部叶片稍萎蔫，叶片不翻白；

3.不耐　全株叶片萎蔫、下坠、叶片翻白，下部叶片黄化脱落。

抗旱性精确评价则采用相应耐旱处理，计算抗旱系数或选择与耐旱性密切相关的性状计算抗旱隶属值划分耐旱等级。

三十七、抗病性

（一）大豆花叶病毒病　2片真叶时采用人工摩擦接种，在开花结荚期发病最重时调查植株发病级别，计算病情指数。

$$病情指数=\frac{\Sigma(各级指数\times相应级别)}{调查株数\times最高发病级别}\times100$$

根据植株生育表现和病情指数划分抗性级别。

1. 1级　高抗（HR）：叶片无症状或其他感病标志，病情指数为0；

2. 3级　抗（R）：植株生长正常，叶片有轻微花叶，病情指数10以下；

3. 5级　中抗（MR）：植株生长无明显异常，叶片花叶和斑驳较明显，病情指数11 ~ 25；

4. 7级　中感（MS）：植株稍矮化，皱缩花叶，叶缘卷缩，叶片有波状隆起，病情指数26 ~ 40；

5. 9级　高感（HS）：植株僵缩矮化，叶片皱缩畸形，叶片上系统性脉枯，或发生顶芽枯死，病情指数40以上。

（二）大豆胞囊线虫病　采用田间病圃或接种鉴定，病圃要求每百克风干土平均含胞囊30 ~ 50个，接种方法为每一鉴定材料接种卵或二龄幼虫2 000个，出苗后5周在显囊盛期调查根系上附着的白色胞囊，根据根系胞囊数量分级。

1. 0级　免疫（0）：根系胞囊数为0，植株生长正常；

2. 1级　高抗（HR）：0＜根系胞囊数≤3.0，植株生长正常；

3. 3级　抗（R）：3.0＜根系胞囊数≤10.0，植株生长基本正常或部分植株下部出现黄叶；

4. 7级　感（S）：10.0＜根系胞囊数≤30.0，植株矮小，叶片发黄，结实少；

5. 9级　高感（HS）：根系胞囊数＞30.0，植株不结实，干枯死亡。

（三）大豆锈病　根据南方各地发病情况，在常发地区设立秋播病圃，在花荚期调查植株叶片发病情况，确定抗性级别。

1. 1级　高抗（HR）：叶片上无病斑；

2. 3级　抗（R）：叶片上出现黑色针点状病斑（抗病型斑），不产孢，叶片正常；

3. 5级　中抗（MR）：叶片上孢子堆少而分散，呈红褐色（感病型斑），仅少数孢子堆破裂，孢子堆占叶面积30%以下，叶色正常或病斑周围有黄色环斑；

4. 7级　感（S）：叶片上孢子堆较多，黑褐色，孢子堆破裂产生大量夏孢子，孢子堆占叶面积31% ~ 70%，叶色变黄；

5. 9　级　高感（HS）：叶片上孢子堆密布，散生大量夏孢子，叶片枯萎或脱落。

（四）大豆灰斑病 大豆开花期于阴天或傍晚无风天用喷雾法接种，每隔7～10d接种1次，共接种2～3次，以流行小种或多小种混合接种，接种1个月后，在结荚期调查叶部发病情况，确定抗性级别。

1. 1级 高抗（HR）：叶片上无病斑或仅有少数植株叶片发病，病斑为枯死斑，直径在1mm以下，病斑面积占叶片面积1%以下；

2. 3级 抗（R）：植株少数叶片发病，病斑数量少，直径1～2mm，占叶片面积1%～5%；

3. 5级 中抗（MR）：植株大部发病，病斑直径2mm，病斑占叶片面积6%～20%，叶片不枯死；

4. 7级 感（S）：植株普遍发病，叶片病斑较多，病斑直径3mm左右，病斑占叶片面积21%～50%，部分叶片枯死；

5. 9级 高感（HS）：植株普遍发病，叶片布满病斑，病斑直径3～6mm，病斑占叶片面积51%以上，多数叶片枯死。

（五）大豆霜霉病 大豆开花结荚期，于发病盛期调查植株叶片发病最重级别，确定抗性级别。

1. 0 级 免疫（I）：叶片上无病斑；

2. 1 级 高抗（HR）：叶片上仅有少数局限型点状病斑，直径0.5mm以下，病斑占叶面积的1%以下；

3. 3 级 抗（R）：叶片上散生不规则形褪绿病斑，直径1～2mm，1%<病斑叶面积≤5%；

4. 5 级 中抗（MR）：病斑扩展，直径3～4mm，5%<病斑占叶面积≤20%；

5. 7 级 感（S）：扩展型病斑，直径4mm以上，20%<病斑占叶面积≤50%；

6. 9级 高感（HS）：扩展型病斑，病斑相连呈不规则形大型斑，病斑占叶面积>50%。

（六）大豆细菌性斑点病 主要采用田间自然发病鉴定，于7月中、下旬和8月中、下旬，调查叶部发病情况，测量病斑大小，确定抗性级别。

1. 1级 高抗（HR）：叶片无病斑或仅散生少量局限型褐色斑点，直径0.5mm左右，病斑占叶面积1%以下；

2. 3级 抗（R）：病斑散生，呈不规则形，不扩展，直径1mm，1%<病斑占叶面积≤5%；

3. 5级 中抗（MR）：病斑散生，不规则扩散，直径2mm，5%<病斑占叶面积≤10%；

4. 7级 感（S）：病斑不规则，扩展相连呈小片坏死斑，10%<病斑占叶面积≤25%；

5. 9级 高感（HS）：病斑扩展，大块连片，病斑占叶面积>25%以上，叶片萎蔫死亡。

（七）大豆紫斑病 一般情况下收获脱粒后取100粒种子，调查病粒的数量，以病粒率表示抗病性。

三十八、抗虫性

（一）大豆食心虫 采用田间自然被害鉴定和人工接虫鉴定的方法，大豆成熟时调查籽粒虫食情况，计算虫食粒率，虫食粒率=虫食粒数/调查总粒数（不少于1 000粒）×100%，过于早熟和过于晚熟品种表现高抗的列为避虫，根据虫食粒率确定抗虫级别。

1. 1级 高抗（HR）：中发生年虫食粒率≤5.0%，轻发生年虫食粒率≤2.0%；

2. 3级 抗（R）：5.0%＜中发生年虫食粒率≤8.0%，2.0%＜轻发生年虫食粒率≤4.0%；

3. 5级 中抗（MR）：8.0%＜中发生年虫食粒率≤10.0%，4.0%＜轻发生年虫食粒率≤6.0%；

4. 7级 感（S）：10.0%＜中发生年虫食粒率≤15.0%，6.0%＜轻发生年虫食粒率≤10.0%；

5. 9级 高感（HS）：中发生年虫食粒率＞15.0%，轻发生年虫食粒率＞10.0%。

（二）蚜虫 采用田间自然被害鉴定和人工接虫鉴定的方法。于蚜虫发生盛期，调查植株上蚜虫数量，上部叶片和顶部嫩叶被害程度，确定抗病级别。

1. 1级 高抗（HR）：全部无蚜；

2. 3级 抗（R）：株上有零星蚜虫；

3. 5级 中抗（MR）：心叶及嫩叶蚜虫较多，但未卷叶；

4. 7级 感（R）：心叶及嫩茎布满蚜虫，心叶卷曲；

5. 9级 高感（HS）：全株蚜虫极多，较多叶片卷曲，植株矮小。

（三）豆荚螟 采用田间自然被害鉴定和人工接虫鉴定的方法。大豆成熟时随机抽取不少于300个荚，调查虫食荚数，计算被害荚率，被害荚率=（虫食荚数/调查总荚数）×100%，按被害荚率分级。

1. 1级 高抗（HR）：中发生年被害荚率≤5.0%，轻发生年被害荚率≤1.0%；

2. 3级 抗（R）：5.0%＜中发生年被害荚率≤15.0%，1.0%＜轻发生年被害荚率≤5.0%；

3. 5级 中抗（MR）：15.0%＜中发生年被害荚率≤20.0%，5.0%＜轻发生年被害荚率≤10.0%；

4. 7级 感（S）：20.0%＜中发生年被害荚率≤30.0%，10.0%＜轻发生年被害荚率≤15.0%；

5. 9级 高感（HS）：中发生年被害荚率＞30.0%，轻发生年被害荚率＞15.0%。

（四）豆秆黑潜蝇 采用田间自然被害鉴定方法。一般于结荚期检查受害情况，如果在幼苗期受蝇害较重，则于大豆单叶展开期调查，剥开茎秆，记述主茎内的虫数，根据调查结果，分别确定单叶展开期和结荚期抗虫级别。

◆ 结荚期抗虫级别

1. 1级 高抗（HR）：主茎内平均虫头数≤1.00；

2. 3级 抗（R）：主茎内平均虫头数1.00 ～ 1.90；

3. 5级 中抗（MR）：主茎内平均虫头数1.91 ～ 3.00；

4. 7级　感（S）：主茎内平均虫头数3.01 ～ 4.50；

5. 9级　高感（HS）：主茎内平均虫头数>4.50。

◆ 单叶展开期抗虫级别

1. 1级　高抗（HR）：主茎内平均虫头数轻发生年为0，重发生年<0.10；

2. 3级　抗（R）：主茎内平均虫头数轻发生年0 ～ 0.10，重发生年0.11 ～ 0.20；

3. 5级　中抗（MR）：主茎内平均虫头数轻发生年0.11 ～ 0.20，重发生年0.21 ～ 0.30；

4. 7级　感（S）：主茎内平均虫头数轻发生年0.21 ～ 0.30，重发生年0.31 ～ 0.40；

5. 9级　高感（HS）：主茎内平均虫头数轻发生年>0.30，重发生年>0.40。

三十九、籽粒外观品质　根据籽粒色泽、整齐度、饱满度、病斑粒、虫食粒、完全粒、种皮有无皱缩、裂皮等综合评定，可分优、良、中、较差、差5级。

四十、蛋白质及脂肪含量　根据国家农作物品种审定委员会2017年修订的《主要农作物品种审定标准》，东北地区大豆籽粒蛋白质含量两年区域试验平均43.0%以上，且单年42.0%以上；黄淮海地区和南方地区两年区域试验平均45.0%以上，且单年44.0%以上为高蛋白型。大豆籽粒脂肪含量两年区域试验平均21.5%以上，且单年21.0%以上为高油型。

中国大豆品种概述（2005—2014）

我国是大豆的起源中心和原产地，大豆在我国农业产业结构中占有特殊重要的地位，是仅次于玉米、水稻、小麦的第四大作物。大豆种植面积多数年份在800万～900万hm^2，近年面积有所下降，年播种量相对稳定在670万hm^2以上。

大豆是重要的植物蛋白和油脂来源，在我国的经济生活中起着不可替代的作用。大豆是价廉物美的优质蛋白来源，籽粒蛋白含量40%左右，富含人体必需的8种氨基酸，且具有良好的乳化性、凝胶性等易加工品质，越来越多地被用于食品加工工业中。大豆还是很好的保健食品，富含不饱和脂肪酸，含有大豆卵磷脂、异黄酮、低聚糖和多种活性物质，对抑制癌症、降低血脂和血清胆固醇、改善肠道菌群等有明显作用。

大豆对光、温条件十分敏感，种植的区域性强。由于我国地域辽阔，自然条件复杂，耕作栽培制度差异大，大豆在长期的进化及人工选择中，形成了形态各异、多样性丰富的中国大豆品种资源。

一、中国大豆生产概况

2005—2014年，中国大豆的年平均种植面积为831.32万hm^2，其中2005年种植面积最大，为959.1万hm^2，2013年种植面积最小，为675.05万hm^2。总体上看，中国大豆的种植面积是逐年减少的，2005—2014年的前5年，除2007年外，年种植面积均保持在900万hm^2以上，但从2010—2013年，大豆年种植面积大约以每年50万hm^2的速度逐年递减，2014年种植面积与2013年持平。

从大豆单产来看，2005—2014年，中国大豆的年平均单产为1 708.68kg/hm^2，2006年最低为1 453.65kg/hm^2，2011年最高为1 836.30kg/hm^2。总体显示，中国大豆单产波动幅度较大，但2010—2014年，大豆单产基本稳定在1 800kg/hm^2左右。

从大豆总产来看，2005—2014年，中国大豆的年平均总产为1 414.02万t，由于受大豆种植面积和单产的影响，中国大豆总产呈下降趋势，至2014年，仅为1 215.37万t。

二、中国大豆面临的主要挑战及应对策略

大豆是我国城乡居民不可或缺的食品和重要的饲料来源，国内的消费量逐年快速增长，但大豆总产远远低于消费量的增长，致使我国大豆进口量连年攀升，2014年大豆进口量为7 140万t，同比2013年增长12.65%，远远超过当年我国大豆总产。

制约中国大豆生产的因素很多。我国是人口大国，为了确保粮食安全，提高粮食生产总量，部分省份推动了种植业结构调整，由于玉米的单位面积经济效益远远高于大豆，近年来，包括东北在内的大豆主产区，玉米种植面积逐年攀升，挤占了传统的大豆种植面积，在效益和政策的合力作用下，主产区农户种植大豆的积极性持续低迷；除黑龙江省农垦系统外，其他地方大豆生产规模偏小，无法实现规模化种植，并且机械化程度低，无法实现标准化种植，造成技术到位率低，生产劳动成本高而大豆种植经济效益低下，农户种植大豆积极性较低；另外，各生态区因生产条件不同，也有其各自的限制因素，如南方地区对品种的需求较为强烈、黄淮海地区缺乏较为完善的栽培技术、东北地区中南部对栽培技术及相应配套农业机械的需求较为迫切等。

我国大豆总产的提高无法通过增加种植面积来解决，为了缓解大豆供需矛盾，除了培育高产、稳产的品种之外，还应注意其他几方面问题：其一是根据种植结构调整的需求，适当增加大豆与玉米的轮作，推进集中连片、规模种植，促进新技术和大机械的应用，从而促进农业生产方式的变革；其二，加大对农业科技人才的培养，栽培技术与栽培措施的实质是改变生态条件中不适合大豆产量潜力实现的生态因子，从而间接作用于品种，这些技术与条件的掌握需大批具有一定业务素质并且工作在一线的技术人才，只有农户真正理解并运用了良种良法配套，大豆产量才能提高；其三，建立以专家为主体的科技推广队伍，积极创新和推广大豆优质高产栽培技术与模式，大力开展大豆优质高产攻关争优创先活动，加快科技成果转化。

三、中国大豆品种（2005—2014）选育情况

（一）入志品种概况

《中国大豆品种志 2005—2014》编入25个省（自治区、直辖市）选育的918个品种，而1993—2004年共育成品种603个，这10年育成的品种比前12年育成的品种多315个，表明中国大豆育种工作取得较大进展。入志品种中，品种（系）间杂交育成品种834个，占90.85%，系统选种育成品种44个，占4.79%，辐射和EMS处理等诱变方法育成品种19个，占2.07%，通过引种而审定的品种3个，花粉管通道DNA导入及离子注入等育成品种3个，杂交大豆品种9个，利用雄性核不育系采用轮回选择法育成品种6个。

从品种选育方法分析，相较《中国大豆品种志 1993—2004》，系统选育虽为一种实用有效的方法，但比重已从6.1%降至4.79%，而品种（系）间有性杂交仍然是新品种选育的主要手段，比重从86.5%升至90.85%；有9个单位通过辐射或用 EMS方法育成品种19个，但比重已从3.6%降至2.07%；《中国大豆品种志 1993—2004》首次编入2个大豆杂交品种，经过10年的努力，现又有9个杂交品种通过审定，预计今后会有越来越多的高产大豆杂交品种育成；一些单位利用雄性不育系并结合轮回选择的方法进行品种选育，取得了较好的效果，如河北省农林科学院育成了冀豆19等4个品种，河北省沧州市农业科学院育成了沧豆10号。

在亲本选择方面，除改良品种外，育种家也注重创新种质利用，如利用育成品系、

杂种不同世代作亲本；国外引进品种也被直接利用为亲本，如美国、巴西、日本的大豆品种；另外作亲本利用的还有野生大豆等。

（二）各栽培区选育品种数量

入志品种中以北方春大豆区选育品种最多，共计539个（其中23个品种既适宜北方春播种植，又适宜黄淮海夏播种植，为便于统计，均纳入北方春大豆），比《中国大豆品种志 1993—2004》入志品种增加188个，占比从58.02%升至58.71%；黄淮海夏大豆区育成品种203个，增加61个，占比从23.47%降至22.11%；南方春、夏、秋大豆品种共176个，增加64个，占比从18.51%增至19.17%，表明南方大豆区育种进展有所加快。北方春大豆区种植面积大，育种单位多，育成品种也多，如黑龙江省大豆面积在300万hm^2左右，育成品种180个，占入志品种的19.61%，其次为吉林省，面积为30万hm^2左右，育成品种144个，占入志品种的15.69%，辽宁省育成品种118个，占12.85%；黄淮海夏大豆区主产省安徽、河南、河北、山东育成的夏大豆品种数分别为32个、42个、32个和32个，北京地处黄淮海夏大豆区和北方春大豆区交汇地带，育成品种既有春大豆，又有夏大豆，北京地区选育品种50个，其中夏大豆41个，春大豆7个，既适合春种又适于夏种品种2个。南方多熟制大豆区光温资源丰富，耕作制度复杂，适合于不同的栽培要求，选育的品种类型有春大豆、夏大豆、秋大豆和冬大豆。入志品种中南方春大豆品种有119个，夏大豆51个，秋大豆3个，冬大豆1个，另有2个品种既适合夏种，又适于秋种。南方各地菜用大豆发展很快，共育成品种55个，其中江苏省育成21个，其次为上海市13个、浙江省14个。

（三）大豆育种单位育成品种概况

入志品种的选育单位共206个，其中东北4省（自治区）85个，育成品种469个；黄淮海夏大豆及华北、西北春大豆各省（直辖市、自治区）育种单位74个，育成黄淮海夏大豆203个，北方春大豆47个，黄淮海夏/春大豆23个，南方春大豆和南方夏大豆各1个；南方各省（自治区、直辖市）大豆育种单位47个，育成品种174个。

黑龙江省从事大豆育种的单位最多，有37家，既有科研院（所）、大学，又有民营种业公司，其次为辽宁省24家、江苏省18家、吉林省16家、安徽省13家、山西省和河南省各为10家。吉林省农业科学院大豆研究所育成品种数最多，为72个，其次为中国农业科学院作物科学研究所46个，辽宁省铁岭市农业科学院39个，辽宁省农业科学院作物研究所25个，吉林农业大学24个，黑龙江省农业科学院佳木斯分院22个。育成品种10个以上的单位还有四川南充市农业科学院（19个）、黑龙江省农垦科学院农作物开发研究所（18个）、黑龙江省农业科学院大豆研究所（18个）、黑龙江省农业科学院黑河分院（17个）、黑龙江省农业科学院绥化分院（17个）、内蒙古呼伦贝尔市农业科学研究所（17个）、东北农业大学（14个）、吉林省长春市农业科学院（14个）、山西省农业科学院经济作物研究所（14个）、华南农业大学（12个）、四川省自贡市农业科学研究所（12个）、中国农业科学院油料作物研究所（12个）、安徽省农业科学院作物研究所（11个）、广西农业科学院玉米研究所（11个）、江苏徐淮地区徐州农业科学研究院（11个）、南京农业大学（11个）。这22个育种单位共育成大豆品种456个，占入志品种数的49.67%。重要的大豆育种单位还有黑龙江省农业科学院大庆分院、黑龙江省农业科学院作物育种研究所、新疆农垦科学院作物研究所、河北省农林科学院粮油作物研究所、山东省农业科学院作物研究所、山东省济宁市农业科学院、河南省农业科学院经济作物研究所、河南省周口市农业科学院、安徽省阜阳市农业科学研究院、江苏徐淮地区淮阴农业科学研究所、浙江省农业科学院作物与核技术利用研究所和广西农业科学院经济作物研究所。

四、中国大豆品种（2005—2014）选育进展

（一）大豆品种产量水平的提高

我国大豆单产近几年有上升趋势，2011年突破1 800kg/hm^2，新品种产量的提高，促进了生产上大豆产量水平的提高。2005—2014年东北和黄淮海地区育成品种中，区域试验产量在3 000kg/hm^{2}以上的高产品种有201个，包括东北地区的黑农57（3 000.0kg/hm^2）、绥农28（3 148.7kg/hm^2）、合农60（3 608.9kg/hm^2）、垦豆31（3 283.4kg/hm^2）、垦豆26（3 044.8kg/hm^2）、北豆38（3 293.0kg/hm^2）、长农23（3 152.6kg/hm^2）、吉农19（3 098.2kg/hm^2）、吉育501（3 073.1kg/hm^2）、吉育86（3 494.3kg/hm^2）、吉育606（3 634.2kg/hm^2）、吉农35（3 312.1kg/hm^2）、九农35（3 165.0kg/hm^2）、通农943（3 080.3kg/hm^2）、丹豆15（3 306.0kg/hm^2）、东豆339（3 240.0kg/hm^2）、抚豆19（3 117.9kg/hm^2）、奎丰1号（3 111.0kg/hm^2）、沈农12（3 754.5kg/hm^2）、沈农16（3 285.0kg/hm^2）、铁豆49（3 594.2kg/hm^2）、铁豆68（3 249.0kg/hm^2）、辽豆30（3 222.0kg/hm^2）和辽豆37（3 354.0kg/hm^2）；黄淮海地区有中黄35（3 051.5kg/hm^2）、中黄53（3 574.5kg/hm^2）、中黄56（3 211.1kg/hm^2）、中黄72（3 283.5kg/hm^2）、邯豆8号（3 096.3kg/hm^2）、冀豆21（3 074.3kg/hm^2）、冀豆22（3 702.6kg/hm^2）、石豆4号（3 282.8kg/hm^2）、石豆6号（3 225.0kg/hm^2）、保豆3号（3 116.1kg/hm^2）、安（阳）豆4号（3 049.7kg/hm^2）、许豆8号（3 080.2kg/hm^2）、商豆14（3 058.1kg/hm^2）、濮豆1802（3 355.2kg/hm^2）、汾豆78（3 361.5kg/hm^2）、品豆16（3 301.5kg/hm^2）、晋豆44（3 375.0kg/hm^2）、晋豆48（3 349.5kg/hm^2）、潍豆7号（3 138.0kg/hm^2）、菏豆20（3 609.0kg/hm^2）。冀豆17在国家西北春大豆区域试验中平均产量达3 799.5kg/hm^2。

一些品种还具有超高产的潜力，如中国农业科学院作物科学研究所选育的中黄35，2007年在新疆维吾尔自治区石河子实收800m^2，平均产量为5 577.0kg/hm^2；2009年在新疆生产建设兵团148团二连实收5.79hm^2，平均产量为5 470.2kg/hm^2；2010年在新疆生产建设兵团148团实收710.7m^2，平均产量为6 088.4kg/hm^2，均超过了新疆灌溉农业条件下5 250kg/hm^{2}超高产指标；2011年在北京密云县太师屯镇太师庄平均产量为4 872.6kg/hm^2，也超过了黄淮海地区4 650kg/hm^{2}超高产指标。

（二）大豆品种品质的改进

近年来，育成品种除注重提高产量外，大豆品质也有较大改进。在蛋白质含量方

面，高蛋白大豆对于食品加工业以及出口都是必要的，保持一定量高蛋白大豆生产，用于大豆食品加工，以满足人们的需求。入志品种中高蛋白含量（≥45%）品种79个，占8.61%，其中蛋白质含量在48%以上的有11个，如四川的南豆12、南豆14、南豆16、南黑豆20、贡秋豆4号及湖北的中豆37蛋白质含量均达50.0%以上，南豆12蛋白质含量最高，达51.79%。在脂肪含量方面，选育了一批含油量高的品种，脂肪含量≥21.5%的品种有216个，占23.53%，其中含油量在22%以上的有129个，在23%以上的有22个，吉育202的含油量最高，达到25.31%，吉育203的含油量为24.94%，吉育89为24.61%，新大豆23为24.40%，抚豆17为24.10%。蛋白质、脂肪含量合计63%以上，其中油分含量在20%以上的双高品种89个，占9.69%，合计在65%以上的12个，其中贡秋豆3号蛋白质、脂肪含量合计达到68.50%（47.80%+20.70%），贡秋豆8号为68.10%（48.10%+20.00%）。2014年国产大豆仅1 215万t，当年供食品加工所需即达1 105万t，占90.9%，绝大部分国产大豆供给国内食用，因此，对大豆品种品质的要求已经改变，要求蛋白质含量相应较高，而含油量在20%左右，所以育种目标应有所调整。

随着人们生活水平的提高，高异黄酮、脂肪氧化酶缺失、不含胰蛋白酶抑制剂（SB-TI-A2）等继续成为育种家的选种目标。中黄31不含胰蛋白酶抑制剂，东农51、中黄68和郑92116异黄酮含量高，中黄46缺失脂肪氧化酶-2和脂肪氧化酶-3，绥无腥豆2号缺失脂肪氧化酶-1、脂肪氧化酶-2，五星3号缺失脂肪氧化酶-2，中黄72缺失脂肪氧化酶-3，五星4号脂肪氧化酶全缺失。

（三）大豆品种抗病性的提高

大豆病虫害严重的影响大豆产量和质量，在品种申请审定时，品种的抗病虫性按一定的权重计入品种的量化评分标准，大豆品种审定专业委员会对在某些重要性状如抗病性上有严重缺点、存在重大推广风险的品种有否决权。因此，育种家在新品种培育过程中注重了主要病害抗性的选择，其育成的品种至少在田间种植期间表现抗或耐当地的主要病害，也育成了一批经接种鉴定表现抗病的品种。抗大豆花叶病毒病的品种，东北大豆产区有东农56、黑农54、黑农56、合丰49、吉育74、吉育75、吉育76、吉育103、吉育105、吉育303、吉育507、杂交豆4号、长农28、吉农20、吉农39、平安豆8号、九农36、白农12、丹豆13、东豆100、辽豆24、辽鲜豆2号、沈农11、铁豆47、辽豆33、铁豆65、蒙豆28、登科2号等；黄淮海大豆产区有中黄56、中黄69、中黄73、科丰29、邯豆10号、沧豆10号、冀豆18、石豆7号、晋豆34、汾豆60、齐黄34、安（阳）豆4号、郑9805、濮豆955、秦豆12、皖豆29、皖豆33、徐豆18、灌豆3号等；南方产区有南农31、赣豆6号、赣豆8号、中豆36、天隆1号、鄂豆8号、荆豆4号、南豆14、南夏豆25、南春豆28、川豆16、富豆5号、贡豆22、贡秋豆5号、华春5号、华夏9号、桂春豆1号、滇豆4号等。

东北地区大豆品种主要要求抗大豆胞囊线虫1号、3 号生理小种，黄淮海地区则要求抗4号生理小种。东北大豆产区抗大豆胞囊线虫品种有抗线虫6号、抗线虫7号、抗线虫8号、抗线虫9号、抗线虫10号、抗线虫11、抗线虫12、黑河46、黑河47、嫩丰18、嫩丰

19、嫩丰20、庆豆13、吉育94、吉育95和辽豆22；黄淮海地区有中黄35、中黄38、中黄57、中黄74、邯豆10号、沧豆7号、邯豆7号、邯豆8号、圣豆10号、晋豆31、合豆5号和蒙9449。

东北大豆产区大豆灰斑病发生严重，黑龙江省大豆区域试验参试品种均进行接种鉴定，以明确对大豆灰斑病的抗性，感病品种不能通过审定。东北大豆抗大豆灰斑病的品种有东农57、黑农58、龙豆3号、绥农31、合农59、黑河52、垦丰20、垦农30、垦农31、北豆35、北豆38、龙生豆1号、龙生豆2号、吉育302、吉育404、吉育606、吉密豆2号、杂交豆3号、长农22、吉农18、吉农26、吉农32、辽豆24、蒙豆36和登科4号等。

（四）大豆品种抗逆性的提高

大豆是一种需水量较高的作物，$1hm^2$大豆群体生育期间的总耗水量一般为4 000 ~ 6 000m^3，相当于400 ~ 600mm的降水量，最高可达1 000mm以上。我国三大生态区受干旱危害状况各异，北方常遇春旱、黄淮海地区常遇伏旱、南方常遇伏旱和秋旱，由于大豆产量与生育期间降水量相关性很高，抗旱性育种已越来越引起重视。山西省2005—2014年，共培育抗旱品种7个，其中Ⅰ级抗旱品种1个汾豆62，Ⅱ级抗旱品种6个，分别为晋豆31、晋豆41、晋豆42、晋遗34、晋遗38和汾豆72。其他单位选育出的抗旱品种有蒙豆26、蒙豆30、湘春豆V8、湘春豆24、南豆11、贡豆15、贡豆18和贡秋豆4号等。

我国耕地土壤盐渍化较严重，盐碱土地已达670万hm^2。大豆属中度耐盐作物，但近年来，从事耐盐碱品种选育的单位很少，育成品种则更少，在录入本品种志品种中，仅合丰52经盐水处理表现为耐盐，廊豆6号描述为耐盐碱。因此，国家应增加耐盐鉴定研究方面的投入，建立相应的试验设施和试验基地，以促进耐盐种质及育种后代材料的鉴定。

除干旱和盐碱之外，还有南方红壤地区的铝离子毒害、洪涝灾害、酸雨危害以及其他非生物性环境胁迫。入志品种中，桂春豆1号、桂夏豆2号耐酸铝能力强，适合红壤地区种植，泉豆7号耐渍。南方部分单位为适应大豆与其他高秆作物间作套种栽培模式，进行耐阴品种的筛选及育种，已有部分品种通过审定，如四川自贡市农科所选育的贡秋豆3号、贡秋豆4号和贡秋豆7号。

（五）杂交大豆育种取得的进展

杂种优势利用是大幅度提高作物单产的有效途径之一，杂交大豆可以提高单产15% ~ 25%。我国在大豆杂种优势利用研究领域一直处于国际领先地位，不仅育成了世界上第一个大豆细胞质雄性不育系，也审定了世界上第一批大豆杂交种。近10年来，在科学技术部等部门支持下，杂交大豆在“三系”创制、优势组合选育、制种技术及基础研究等方面均取得了显著进展。

我国目前具有稳定的适于不同生态区种植的细胞质雄性不育系和保持系217对，恢复系186个。其中，包括春大豆、夏大豆及早、中、晚不同生育期的材料。从中获得高异交率及抗病、抗倒性强的不育系18个，在自然条件下的结实率可达到70%以上，在同等条件下比低异交率不育系高30%～50%。高异交率“三系”的获得，使杂交大豆的制种产量得到了显著提高。

近年来，杂交种的选育速度显著加快，至2014年，吉林省农业科学院相继审定了杂交豆3号、杂交豆4号、杂交豆5号、吉育606（杂交豆6号）、吉育607（杂交豆7号）和吉育608（杂交豆8号），中晚熟品种增产20%以上，中熟、中早熟品种增产14.8%～19.7%，杂交豆2号最高产量达5 332.5kg/hm^2，创吉林省高产纪录。2010年阜阳市农业科学院和安徽省农业科学院分别审定了阜杂交豆1号和杂优豆2号。以上杂交种在生产上开始大面积示范，2007年以来吉林省系列杂交种累计推广面积已经超过2 667hm^2。

昆虫—环境—作物三位一体综合调控制种技术体系日趋完善。吉林省通过对野生传粉昆虫保护、培育和利用，结合栽培技术的优化，父、母本合理的时间和空间配置，不放蜂情况下高异交率不育系的结实率达到70%以上；人工驯化蜜蜂辅助授粉技术更加完善，低异交率不育系辅助授粉后，结荚率达到70%以上。2013年专家取点测产，制种产量达到了1 750.5kg/hm^2，另一制种田实打实收达到1 099.5kg/hm^2。大幅降低了制种成本，加速了制种产业化进程。

基础理论研究取得突破。建立了异交率快速鉴定方法；明确了“三系”及杂交种育性稳定性与基因型、环境的关系；获得了多个RN型、ZD型细胞质雄性不育恢复基因紧密连锁的分子标记，并应用于恢复系的辅助选育；建立了杂交种和不育系分子标记纯度鉴定方法，已应用于种子纯度鉴定。

（六）转基因大豆品种的研究与储备

我国虽然还没有转基因大豆生产，但已成为转基因大豆的最大消费市场，这与我国转基因大豆育种和产业化严重滞后形成鲜明的对比。因此，利用先进的基因工程技术加快培育转基因大豆，促进其产业化，已成为提高大豆产业国际竞争力的重要选择。

在国家资助下，我国大豆基因工程产品研发取得较大进展。经过多年的努力，已克隆、验证了一批具有重要作物育种价值的功能基因如多个新型抗草甘膦新基因等，并申请了国际和国内专利。建立了较完善成熟的大豆遗传转化技术体系，并申请了一批转基因新方法相关专利，包括农杆菌介导的大豆子叶节转化体系、真空渗透辅助未成熟子叶再生体系等，初步形成了适于规模化转化的标准操作程序。利用获得的具有自主知识产权的关键基因，已培育出一批有代表性的转基因大豆新品系并进入环境释放试验阶段，如转EPSPS、GAT抗除草剂大豆、转Bt抗虫大豆等转基因大豆新品系；部分抗除草剂、抗非生物逆境、抗病虫等品系进入中间试验阶段。转基因新品系的培育，为新品种审定与产业化持续发展奠定了基础。

五、中国大豆育种体系的建设

（一）大豆品种资源体系建设

从“七五”开始，经过近几十年征集，现国家保存大豆种质资源约3.5万余份，除云南、四川、贵州等少数西南省份边远山区的地方品种尚有征集潜力外，其他地方大豆种质资源收集以现代育成品种为主。

为了规范大豆种质资源的收集、整理、鉴定与评价，在“国家自然科技资源共享平台项目”资助下，中国农业科学院作物科学研究所组织编写了《大豆种质资源描述规范和数据标准》，全书对132个农艺性状的调查记载描述规范、数据标准和数据质量控制规范进行了明确规定，并对部分农艺性状附插图。《大豆种质资源描述规范和数据标准》对从事大豆种质资源及育种栽培研究工作者较有参考价值。另外，为了提高大豆种质资源的共享和利用效率，国家建立了中国作物种质信息网（http://www.cgris.net）和平台(http://124.207.169.21:33891/osms/)，大豆种质需求者可以通过网站查询国家种质库内保存的每一份大豆种质的地理来源、基本农艺性状及图片等信息，并可通过网站直接索取大豆种质。

所有国家保存的大豆种质资源均收录入《中国大豆品种资源目录》，第一本目录1982年出版，后于1991年、1996年和2013年陆续出版了续编一、二、三。《中国大豆品种资源目录（续编三)》编入1997年以来收集的国外种质1 272份，国内种质2 724份，国外种质主要来自美国、俄罗斯、瑞典、韩国及日本，国内种质多为新选育品种和创新品系。

（二）大豆现代育种体系建设

大豆产业技术体系促进了公益性育种体系的完善和发展。2007年，中央为全面贯彻落实党的十七大精神，提升国家、区域创新能力和农业科技自主创新能力，加快了现代农业产业技术体系建设步伐，国家大豆产业技术体系是首批启动的10个现代农业产业技术体系之一。体系成员包括来自全国10个科研院所及8所高等院校，在遗传育种、植物保护、栽培与土壤肥料、农业机械、加工及产业经济6大领域的26位岗位科学家中，遗传育种方面的科学家有10位。在全国20个省（直辖市、自治区）大豆产区共有30个综合试验站，还在150个示范县建立了大豆新品种、新技术示范基地，全面覆盖北方春大豆区、黄淮海流域夏大豆区和南方多作大豆区，形成了技术研发、集成与示范推广的网络。体系的运行不仅培养了青年科技骨干，还为大豆育种工作的发展积累了后劲。

东北及黄淮海大豆育种协作网在育种工作中发挥了重要作用。为了加强生态区内大豆育种材料、技术的广泛交流，开展大豆育种基础理论和育种方法合作研究，合作申请、承担国家和地方大豆育种和推广项目，促进成果转化和遗传育种人才培养，东北和黄淮海大豆生态区相继成立了育种协作网。北方大豆育种协作网于2008年6月在黑龙江省哈尔滨市成立，该网涵盖了东北大豆主产区育种机构和组织，由黑龙江省农业科学院大豆研究所牵头和协调，育种协作网设专家委员会和办公室，专家委员会是技术咨询机构，办公室是执行机构，北方大豆育种协作网的信息平台挂靠于大豆科技网(www.soybeansci.com)，定期发布交流信息，协作网的每位科技人员均可在网上自由交流。黄淮海大豆育种协作网于2009年3月在河北省石家庄市成立，该网组委会挂靠于河北省农林科学院粮油作物研究所国家大豆改良中心石家庄分中心，协作单位涵盖河北、山东、河南、安徽、北京等黄淮海大豆生态区10个省（直辖市）的56个大豆育种科研院所和大专院校。黄淮海大豆育种协作网每年召开一次年会，进行育种技术、信息及育种材料的交流，该网每年还开展育成品种及品系的多点农艺性状鉴定及适应性观察试验。

大豆改良分中心和国家大豆区域试验网日益完善。在以前建立的1个大豆改良中心和8个大豆改良分中心的基础上，大豆改良分中心又有所增加，依托河南省农业科学院经济作物研究所建立了郑州大豆改良分中心，依托安徽省阜阳市农业科学院建立了阜阳大豆改良分中心，依托华南农业大学建立了广州大豆改良分中心，使分中心的数量达到11个。同时，对早期建设的大豆改良中心和分中心启动了二期建设，增加了投入。国家大豆区域试验网在2011年进行了调整，由原来的4区17组调整为6区18组：将北方春大豆晚熟组与西北春大豆组合并为北方春大豆晚熟组；将长江春夏大豆区域试验和西南春大豆区域试验组分开，成立西南山区大豆品种区域试验组；将鲜食大豆组独立，并新增夏播区域试验组。

商业化育种体系不断发展壮大。国家重视现代农作物种业的发展，国务院2011年出台了《关于加快推进现代农作物种业发展的意见》，指出：（1）要推进体制改革和机制创新，完善法律法规，整合农作物种业资源，加大扶持力度，强化市场监管，快速提升我国农作物种业科技创新能力、企业竞争力、供种保障能力和市场监管能力，构建我国现代农作物种业体系，全面提升农作物种业发展水平。（2）要坚持企业主导地位，支持产学研结合，支持扶优扶强。（3）要强化农作物种业基础性、公益性研究，加强人才培养，建立商业化的育种体系。（4）要严格品种审定和保护，加强种子生产基地建设，完善种子储备调控制度，强化市场监管，加强国际合作与交流。在农业部种子局的推动下，大豆商业化育种体系建设不断发展，在我国大豆育种工作中正在发挥重要作用。

中国大豆品种（2005—2014）目录

（续）

（续）

吉林省品种

（续）

（续）

辽宁省品种

（续）

（续）

内蒙古自治区品种

（续）

新疆维吾尔自治区品种

北 京 市 品 种

（续）

河北省品种

山西省品种

（续）

山东省品种

河南省品种

（续）

（续）

（续）

（续）

湖 南 省 品 种

四 川 省 品 种

（续）

中国大豆品种（2005—2014）

Zhongguo Dadou Pinzhong（2005—2014）

黑龙江省品种

1. 东农48（Dongnong 48）

品种来源 东北农业大学大豆科学研究所以东农42为母本，黑农35为父本，经有性杂交，系谱法选育而成。原品系号东农L202。2005年经黑龙江省农作物品种审定委员会审定，命名为东农48。审定编号为黑审豆2005001。全国大豆品种资源统一编号ZDD24422。

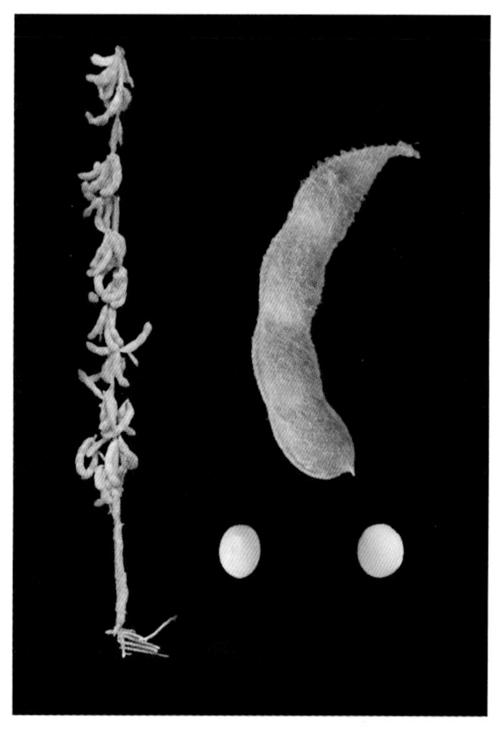
东农48

特征 亚有限结荚习性。株高90cm，无分枝。披针叶，紫花，灰毛。荚深褐色。底荚高15～17cm。粒圆形，种皮黄色，脐浅黄色。百粒重22g。

特性 北方春大豆，中熟品种，生育期115d，需活动积温2 300℃。接种鉴定，中抗大豆灰斑病，抗大豆花叶病毒病。

产量品质 2002—2003年区域试验，平均产量2 358.5kg/hm^2，较对照合丰25平均增产5.6%。2004年生产试验，平均产量2 409.5kg/hm^2，较对照合丰25平均增产6.1%。蛋白质含量44.53%，脂肪含量19.19%。

栽培要点 5月上旬播种。65cm垄上双条播，保苗25万～30万株/hm^2，选择中等肥力以上的地块种植，施磷酸二铵150kg/hm^2、尿素20kg/hm^2、钾肥30kg/hm^2。

适宜地区 黑龙江省第二积温带下限，第三积温带上限。

2. 东农49（Dongnong 49）

品种来源 东北农业大学大豆科学研究所以北丰14为母本，红丰9号为父本，经有性杂交，系谱法选育而成。原品系号东农276。2006年经黑龙江省农作物品种审定委员会审定，命名为东农49。审定编号为黑审豆2006010。全国大豆品种资源统一编号

ZDD24423。

特征 亚有限结荚习性。株高90cm，分枝少。披针叶，白花，灰毛。不炸荚，荚褐色。底荚高9 ~ 14cm。粒圆形，种皮黄色，有光泽，脐黄色。百粒重20g。

特性 北方春大豆，早熟品种，生育期107d，需活动积温2 100℃。接种鉴定，中抗大豆灰斑病。

产量品质 2002—2003年区域试验，平均产量1 905.9kg/hm^2，较对照黑河17增产6.2%。2004—2005年生产试验，平均产量2 154.5kg/hm^2，较对照黑河17增产12.3%。蛋白质含量39.68%，脂肪含量22.57%。

栽培要点 5月上旬播种。垄作密植栽培，一般45cm，垄上双条播，保苗 45万株/hm^{2}以上。中上等土壤肥力条件下种植，施磷酸二铵150kg/hm^2、尿素30kg/hm^2、硫酸钾45kg/hm^2。及时铲蹚管理，及时防治病虫草害。

适宜地区 黑龙江省第五积温带。

东农49

3. 东农50（Dongnong 50）

品种来源 东北农业大学大豆科学研究所于2003年自加拿大引进Electron小粒豆品种。原代号东农00-31(Electron)。2007年经黑龙江省农作物品种审定委员会审定，命名为东农50。审定编号为黑审豆2007022。全国大豆品种资源统一编号ZDD24424。

特征 亚有限结荚习性。株高106cm，有分枝。披针叶，白花，灰毛。荚弯镰形，黄褐色。底荚高3 ~ 9cm。粒圆形，种皮黄色，有光泽，脐黄色。百粒重6 ~ 7g。

特性 北方春大豆，中熟品种，生育期115d，需活动积温2 350℃。接种鉴定，中抗大豆灰斑病。

产量品质 2004—2005年区域试验，平均产量2 141.2kg/hm^2，较对照绥小粒豆1号增产9.4%。2006年生产试验，平均产量2 139.8kg/hm^2，较对照绥小粒豆1号增产9.5%。蛋白质含量40.72%，脂肪含量19.59%。

东农50

栽培要点 土温超过8℃播种，选择中上等肥力地块种植，垄三栽培，保苗28万株/hm^2。底肥施尿素45kg/hm^2、磷酸二铵100kg/hm^2、硫酸钾50kg/hm^2。注意防治蚜虫、红蜘蛛和大豆食心虫。叶片落尽即收获。

适宜地区 黑龙江省第三积温带。

4. 东农51（Dongnong 51）

品种来源 东北农业大学大豆科学研究所于1997年以绥农10号为母本，东农L200087为父本，经有性杂交选育而成。原品系号东农99-1124。2007年经黑龙江省农作物品种审定委员会审定，命名为东农51。审定编号为黑审豆2007021。全国大豆品种资源统一编号ZDD24425。

东农51

特征 亚有限结荚习性。株高80cm，分枝少。披针叶，白花，灰毛。荚弯镰形，褐色。底荚高11～19cm。粒椭圆形，种皮黄色，有光泽，脐黄色。百粒重21g。

特性 北方春大豆，中熟品种，生育期116d，需活动积温2 300℃。接种鉴定，中抗大豆灰斑病、大豆花叶病毒病。

产量品质 2004—2005年区域试验，平均产量2 462.8kg/hm^2，较对照北丰9号增产10.1%。2006年生产试验，平均产量2 390.6kg/hm^2，较对照北丰9号增产10.4%。蛋白质含量39.57%，脂肪含量20.81%，异黄酮含量0.456%，为高异黄酮品种。

栽培要点 土温超过8℃播种，选择中等肥力地块种植，垄三栽培，保苗25万～30万株/hm^2。种肥或底肥，施尿素50kg/hm^2、磷酸二铵150kg/hm^2、硫酸钾50kg/hm^2。注意防治蚜虫和红蜘蛛、食心虫。叶片落尽即收获。

适宜地区 黑龙江省第三积温带。

5. 东农52（Dongnong 52）

品种来源 东北农业大学大豆科学研究所以吉5412为母本，黑农40为父本，经有性杂交，系谱法选育而成。原品系号东农02-8635。2008年经黑龙江省农作物品种审定委员会审定，命名为东农52。审定编号为黑审豆2008002。全国大豆品种资源统一编号ZDD24426。

特征 无限结荚习性。株高120cm，分枝少。披针叶，紫花，灰毛。荚弯镰形，灰褐色。底荚高3 ~ 7cm。粒圆形，种皮黄色，脐黄色。百粒重21g。

特性 北方春大豆，中晚熟品种，生育期123d，需活动积温2 500℃。接种鉴定，中抗大豆灰斑病。

产量品质 2005—2006年区域试验，平均产量2 880.5kg/hm^2，较对照黑农37增产8.2%。2007年生产试验，平均产量2 437.1kg/hm^2，较对照黑农37增产12.3%。蛋白质含量40.52%，脂肪含量19.51%。

栽培要点 4月末至5月初播种，垄距60 ~ 65cm垄上双行种植，保苗25.5万株/hm^2。施磷酸二铵225kg/hm^2、尿素30kg/hm^2、硫酸钾45kg/hm^2。

适宜地区 黑龙江省第一积温带上限。

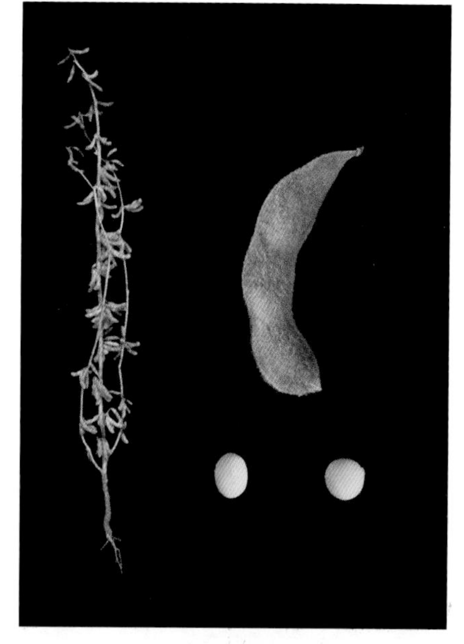

东农52

6. 东农53（Dongnong 53）

品种来源 东北农业大学大豆科学研究所以绥农10号为母本，以东农L200087为父本，经有性杂交，系谱法选育而成。原品系号东农01-1215。2008年经黑龙江省农作物品种审定委员会审定，命名为东农53。审定编号为黑审豆2008012。全国大豆品种资源统一编号ZDD24427。

特征 亚有限结荚习性。株高85cm，分枝少。披针叶，紫花，灰毛。荚弯镰形，褐色。底荚高7 ~ 12cm。粒圆形，种皮黄色，有光泽，脐黄色。百粒重18g。

特性 北方春大豆，中熟品种，生育期116d，需活动积温2 350℃。接种鉴定，中抗大豆灰斑病、大豆花叶病毒病。

东农53

产量品质 2005—2006年区域试验，平均产量2 484.2kg/hm^2，较对照合丰35和合丰47分别增产8.9%和12.4%。2007年生产试验，产量2 566.8kg/hm^2，较对照合丰47增产18.1%。蛋白质含量39.30%，脂肪含量21.68%，异黄酮含量0.428%。

栽培要点 5月上中旬播种。选择中等肥力地块种植，垄作栽培，保苗30万株/hm^2。种肥分层施，底肥深施，追肥看苗追肥。施有机肥30 000kg/hm^2，结合秋整地一次性施入。中等肥力地块施磷酸二铵150kg/hm^2、硫酸钾50kg/hm^2、尿素30 ~ 40kg/hm^2。在大豆初花期用尿素10kg/hm^{2}加磷酸二氢钾1.5kg/hm^2，对水500kg/hm^{2}叶喷。

适宜地区 黑龙江省第二积温带。

7. 东农54（Dongnong 54）

品种来源 东北农业大学大豆科学研究所以黑农40为母本，东农9602为父本，有性杂交经系谱法选育而成。原品系号东农30655。2009年经黑龙江省农作物品种审定委员会审定，命名为东农54。审定编号为黑审豆2009001。全国大豆品种资源统一编号ZDD24428。

东农54

特征 无限结荚习性。株高100cm，分枝少。披针叶，紫花，灰毛。荚弯镰形，草黄色。底荚高6 ~ 10cm。粒圆形，种皮黄色，无光泽，脐黄色。百粒重20g。

特性 北方春大豆，晚熟品种，生育期124d，需活动积温2 600℃。接种鉴定，中抗大豆灰斑病。

产量品质 2006—2007年区域试验，平均产量2 692.3kg/hm^2，较对照黑农37增产11.7%。2008年生产试验，平均产量2 461.7kg/hm^2，较对照黑农37增产11.7%。蛋白质含量40.6%，脂肪含量20.5%。

栽培要点 4月末5月初播种，9月中下旬收获。垄距60 ~ 65cm垄上双行种植，保苗25.5万株/hm^2。中等肥力地块种植，施种肥磷酸二铵225kg/hm^2、钾肥30kg/hm^2，花期追施尿素35kg/hm^2，有条件的应以有机肥做基肥。三铲三蹚，及时防治病、虫、草害。

适宜地区 黑龙江省第一积温带。

8. 东农55（Dongnong 55）

品种来源 东北农业大学大豆科学研究所以东农42为母本，绥农14为父本，有性杂交后经系谱法选育而成。原品系号东农98-300。2009年经黑龙江省农作物品种审定委员会审定，命名为东农55。审定编号为黑审豆2009002。全国大豆品种资源统一编号ZDD24429。

特征 亚有限结荚习性。株高120cm，分枝少。披针叶，紫花，灰毛。荚弯镰形，褐色。底荚高8 ~ 15cm。粒圆形，种皮黄色，无光泽，脐黄色。百粒重20g。

特性 北方春大豆，晚熟品种，生育期123d，需活动积温2 580℃。接种鉴定，中抗大豆灰斑病。

产量品质 2006—2007年区域试验，平均产量2 652.3kg/hm²，较对照黑农37增产9.9%。2008年生产试验，平均产量2 416.9kg/hm²，较对照黑农37增产9.7%。蛋白质含量44.33%，脂肪含量18.74%。

栽培要点 4月末5月初播种，9月中下旬收获。垄距60～65cm垄上双行种植，保苗22.5万株/hm²。中等肥力地块种植，施种肥磷酸二铵225kg/hm²、钾肥30kg/hm²，花期追施尿素35kg/hm²，有条件的应以有机肥做基肥。及时三铲三蹚，及时防治病、虫、草害。

适宜地区 黑龙江省第一积温带。

东农55

9. 东农56（Dongnong 56）

品种来源 东北农业大学大豆科学研究所以合丰25为母本，L-5为父本，经有性杂交，系谱法选育而成。原品系号东农278。2010年经黑龙江省农作物品种审定委员会审定，命名为东农56。审定编号为黑审豆2010019。全国大豆品种资源统一编号ZDD30832。

特征 亚有限结荚习性。株高77cm，有分枝。披针叶，紫花，灰毛。荚弯镰形，褐色。底荚高6～12cm。粒圆形，种皮黄色，有光泽，脐黑色。百粒重19g。

特性 北方春大豆，中熟品种，生育期119d，需活动积温2 430℃。接种鉴定，中抗大豆灰斑病、大豆花叶病毒病。

产量品质 2007—2008年区域试验，平均产量2 302.2kg/hm²，较对照绥无腥豆1号增产8.6%。2009年生产试验，平均产量2 259.3kg/hm²，较对照绥无腥豆1号增产8.3%。蛋白质含量43.88%，脂肪含量19.07%。

栽培要点 4月末播种。选择中上等肥力地块种植，垄三栽培，保苗22万株/hm²。深施

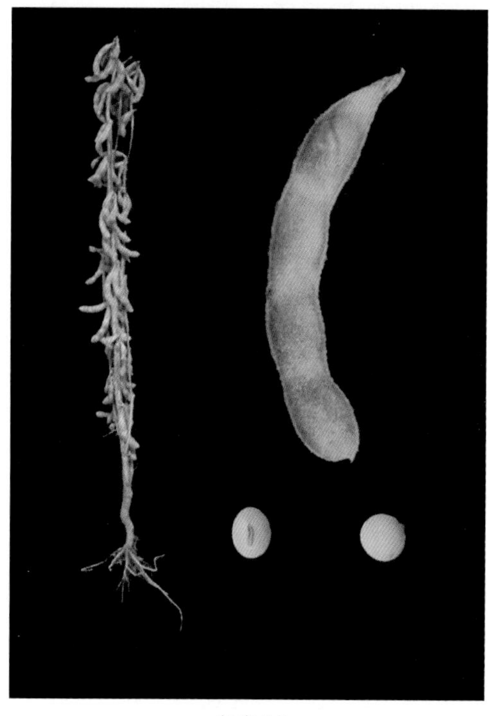

东农56

肥，种、肥隔离3cm以上，施磷酸二铵225kg/hm^2、尿素30kg/hm^2、硫酸钾45kg/hm^2。封闭灭草，三铲三蹚。

适宜地区 黑龙江省第二积温带。

10. 东农57（Dongnong 57）

东农57

品种来源 东北农业大学大豆科学研究所以青皮豆为母本，东农960002为父本，经有性杂交，系谱法选育而成。原品系号东选青大粒03-1。2011年经黑龙江省农作物品种审定委员会审定，命名为东农57。审定编号为黑审豆2011018。全国大豆品种资源统一编号ZDD30833。

特征 有限结荚习性。株高55cm，有分枝。圆叶，白花，棕毛。平均每荚2.4粒，荚弯镰形，褐色。底荚高5 ~ 10cm。粒扁圆形，种皮绿色，有光泽，脐褐色。百粒重30g。

特性 北方春大豆，晚熟品种，生育期130d，需活动积温2 600℃。接种鉴定，高抗大豆灰斑病。

产量品质 2008—2009年区域试验，平均产量2 884.2kg/hm^2，较对照黑农37增产10.7%。2010年生产试验，平均产量2 566.8kg/hm^2，较对照黑农37增产18.1%。蛋白质含量44.55%，脂肪含量18.43%。

栽培要点 5月初播种。选择中等肥水地块种植，垄三栽培，保苗25万株/hm^2。施磷酸二铵150kg/hm^2，硫酸钾50kg/hm^2，尿素30 ~ 40kg/hm^2。在大豆初花期用尿素10kg/hm^{2}加磷酸二氢钾1.5kg/hm^2，对水500kg/hm^{2}叶喷。种子收获时间为70%叶片脱落时，人工收获，晾晒后，机械脱粒，脱粒机转速低于600r/min。采摘鲜豆荚速冻储藏，宜在5月25日以后播种。

适宜地区 黑龙江省第一积温带。

11. 东农58（Dongnong 58）

品种来源 东北农业大学大豆科学研究所以北豆5号为母本，北99-509为父本，经有性杂交，系谱法选育而成。原品系号东农09-010。2012年经黑龙江省农作物品种审定委员会审定，命名为东农58。审定编号为黑审豆2012021。全国大豆品种资源统一编号ZDD30834。

特征 亚有限结荚习性。株高75cm，无分枝。披针叶，紫花，灰毛。荚微弯镰形，褐色。粒圆形，种皮黄色，有光泽，脐黄色。百粒重18g。

特性 北方春大豆，早熟品种，生育期100d，需活动积温2 000℃。接种鉴定，中抗大豆灰斑病。

产量品质 2009—2010年区域试验，平均产量2 523.0kg/hm^2，较对照黑河33增产10.9%。2011年生产试验，平均产量2 317.5kg/hm^2，较对照华疆2号增产8.8%。蛋白质含量39.13%，脂肪含量21.59%。

栽培要点 5月中旬播种。选择中上等肥力地块种植，垄三栽培，保苗35万株/hm^2。施磷酸二铵150kg/hm^2、钾肥40kg/hm^2、尿素20kg/hm^2。三铲三蹚结合药剂除草。

适宜地区 黑龙江省第六积温带。

东农58

12. 东农60（Dongnong 60）

品种来源 东北农业大学大豆科学研究所以日本小粒豆为母本，东农小粒豆845为父本，经有性杂交，系谱法选育而成。原品系号东农690。2013年经黑龙江省农作物品种审定委员会审定，命名为东农60。审定编号为黑审豆2013023。全国大豆品种资源统一编号ZDD30840。

特征 亚有结荚习性。株高90cm，有分枝。长叶，紫花，灰色茸毛。荚褐色。粒圆形，种皮深黄色，有光泽，种脐无色。百粒重9.0g。

特性 生育期115d，需活动积温2 250℃。中抗大豆灰斑病。

产量品质 2010—2011年区域试验平均产量2 298.2kg/hm^2，较对照东农50增产7.4%。2012年生产试验平均产量2 274.2kg/hm^2，较对照东农50增产7.1%。蛋白质含量47.09%，脂肪含量17.02%。

东农60

栽培要点 5月上旬播种，适于平川漫岗地或中等肥力地块种植，避免低洼地块种植。采用垄三栽培方式，保苗22万株/hm^2。施磷酸二铵100 ～ 120kg/hm^2、尿素30kg/hm^2、钾肥30kg/hm^2。

适宜地区 黑龙江省第三积温带。

13. 东农61（Dongnong 61）

品种来源 东北农业大学以绥农10号为母本，东农7018为父本，经有性杂交，系谱法选育而成。原品系号东选07-71866。2013年经黑龙江省农作物品种审定委员会审定，命名为东农61。审定编号为黑审豆2013001。全国大豆品种资源统一编号ZDD30841。

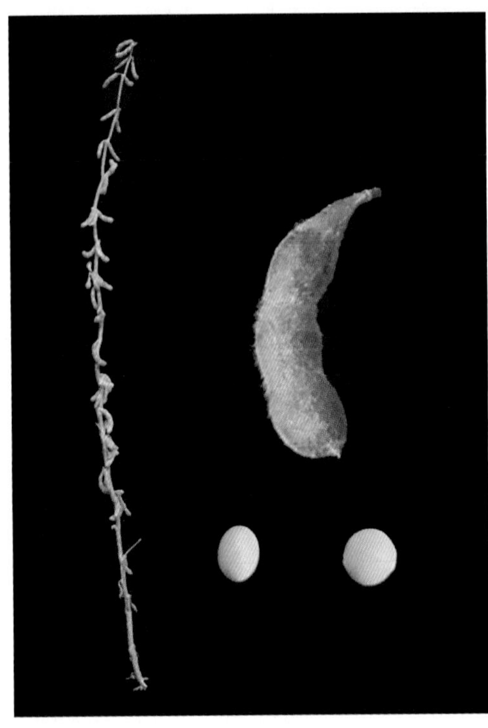

东农61

特征 无限结荚习性。株高100cm，有分枝。长叶，紫花，灰毛。荚草黄色。粒圆形，种皮黄色，脐浅黄色。百粒重21g。

特性 北方春大豆，生育期125d，需活动积温2 600℃。抗大豆灰斑病。

产量品质 2010—2011年区域试验平均产量3 024.0kg/hm^2，较对照黑农53增产9.3%。2012年生产试验平均产量3 234.6kg/hm^2，较对照黑农53增产8.8%。蛋白质含量40.17%，脂肪含量22.58%。

栽培要点 5月上旬播种。采用垄三栽培方式，保苗25万株/hm^2。施磷酸二铵150kg/hm^2、硫酸钾50kg/hm^2、尿素50kg/hm^2。及时铲蹚、防除病虫草害、适时收获。

适宜地区 黑龙江省第一积温带。

14. 东农62（Dongnong 62）

品种来源 东北农业大学以东农42为母本，东农33250为父本，经有性杂交，系谱法选育而成。原品系号东农09-9127。2014年经黑龙江省农作物品种审定委员会审定，命名为东农62。审定编号为黑审豆2014002。全国大豆品种资源统一编号ZDD30842。

特征 无限结荚习性。株高106cm，有分枝。尖叶，紫花，灰色茸毛。荚草黄色。粒圆形，种皮黄色，有光泽，种脐黄色。百粒重19.7g。

特性 生育期125d，需活动积温2 600℃。中抗大豆灰斑病。

产量品质 2011—2012年区域试验平均产量3 079.0kg/hm^2，较对照黑农53增产

9.3%。2013年生产试验平均产量3 043.2kg/hm²，较对照黑农53增产10.3%。蛋白质含量40.50%，脂肪含量21.70%。

栽培要点 5月上旬播种。采用垄三栽培方式，保苗21.0万～23.0万株/hm²。一般栽培条件下施基肥磷酸二铵150kg/hm²、尿素30kg/hm²、钾肥25kg/hm²，施种肥磷酸二铵60kg/hm²、尿素20kg/hm²、钾肥10kg/hm²。

适宜地区 黑龙江省第一积温带。

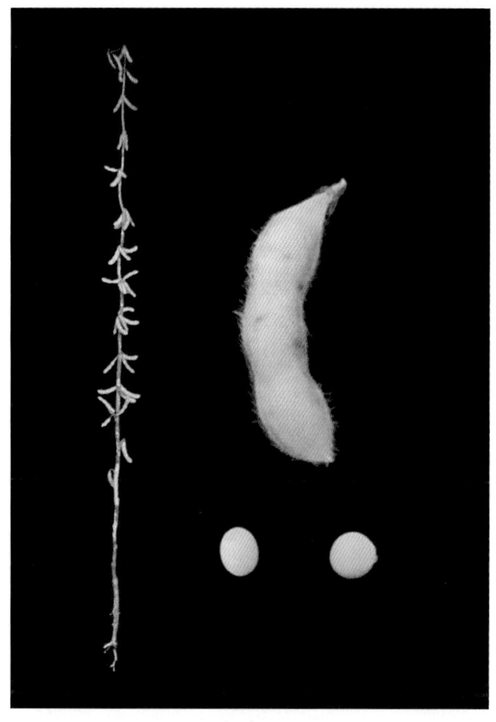

东农62

15. 黑农49（Heinong 49）

品种来源 黑龙江省农业科学院大豆研究所以哈交90-614（Amosoy×绥农4号）为母本，黑农37为父本，经有性杂交，系谱法选育而成。原品系号哈交99-5584。2005年经黑龙江省农作物品种审定委员会审定，命名为黑农49。审定编号为黑审豆2005002。全国大豆品种资源统一编号ZDD24407。

特征 亚有限结荚习性。株高85cm，有分枝。紫花，圆叶，棕毛。单株结荚密，荚深褐色。底荚高7～10cm。粒圆形，种皮黄色，有光泽，脐黄色。百粒重20～24g。

特性 北方春大豆，中早熟品种，生育期117d，需活动积温2 350℃。接种鉴定，中抗大豆灰斑病，抗大豆花叶病毒病。

产量品质 2002—2003年区域试验，平均产量2 373.5kg/hm²，较对照绥农14增产9.3%。2004年生产试验，平均产量2 408.5kg/hm²，较对照绥农14增产10.3%。蛋白质含量40.1%，脂肪含量21.1%。

栽培要点 选择中等肥力的地块或平岗地种植，避免重茬，伏翻或秋翻起垄或早春适时顶浆打垄，达到良好的播种状态。5月上旬播种。播种前要用硼钼微肥种衣剂包衣处理。保苗24万～26万株/hm²，精量点播；有条件的地方可穴播，穴距为15cm，每穴3～4粒。施

黑农49

磷酸二铵300kg/hm^2、尿素30kg/hm^2、钾肥45kg/hm^2，三铲三蹚，拔大草2次或采用化学除草。

适宜地区 黑龙江省第二积温带。

16. 黑农50（Heinong 50）

品种来源 黑龙江省农业科学院大豆研究所以合丰33为母本，哈519为父本，经有性杂交，系谱法选育而成。原品系号哈交99-5657。2007年经黑龙江省农作物品种审定委员会审定，命名为黑农50。审定编号为黑审豆2007001。全国大豆品种资源统一编号ZDD24408。

黑农50

特征 无限结荚习性。株高90cm，分枝少。披针叶，紫花，灰毛。植株生长健壮，秆强，节间短，结荚密，荚黑褐色。底荚高8～14cm。粒圆形，种皮黄色，有光泽，脐黄色。百粒重21g。

特性 北方春大豆，中熟品种，生育期112d，需活动积温2 300℃。接种鉴定，中抗大豆灰斑病，抗大豆花叶病毒病。

产量品质 2003—2004年区域试验，平均产量2 280.6kg/hm^2，较对照合丰35增产11.2 %。2005年生产试验，产量2 564.3kg/hm^2，较对照合丰35增产14.3%。蛋白质含量39.69%，脂肪含量20.56%。

栽培要点 选择肥力较好的平地种植，伏翻或秋翻秋起垄或早春适时顶浆打垄，达到良好的播种状态。5月上旬播种。播种前用大豆种衣剂拌种，可防治大豆苗期病虫害。精量点播，垄上双条，保苗25万～30万株/hm^2。施有机肥23 000kg/hm^2、磷酸二铵150kg/hm^2、尿素50kg/hm^2、钾肥75kg/hm^2，花期和鼓粒期喷施叶面肥。三铲三蹚或利用化学除草剂。及时防治大豆蚜虫、红蜘蛛及大豆灰斑病等病虫害。特别是要防治大豆食心虫，以免影响大豆粒外观品质。

适宜地区 黑龙江省第二积温带。

17. 黑农51（Heinong 51）

品种来源 黑龙江省农业科学院大豆研究所以黑农37为母本，合93-1538为父本进行杂交，经系谱法选育而成。原品系号哈99-5307。2007年经黑龙江省农作物品种审定委员会审定，命名为黑农51。审定编号为黑审豆2007002。全国大豆品种资源统一编号ZDD24409。

黑农51

特征 亚有限结荚习性。株高105cm，分枝少。披针叶，白花，灰毛。节间短，荚褐色。底荚高6～11cm。粒圆形，种皮黄色，有光泽，脐黄色。百粒重19g。

特性 北方春大豆，晚熟品种，生育期126d，需活动积温2 600℃。接种鉴定，中抗大豆灰斑病、大豆花叶病毒1号株系。

产量品质 2003—2004年区域试验，平均产量2 759.35kg/hm²，较对照黑农37增产9.9%。2005年生产试验，平均产量2 996.5kg/hm²，较对照黑农37增产11.4%。蛋白质含量41.37%，脂肪含量19.74%。

栽培要点 5月上旬播种。采用种衣剂拌种，垄距65～70cm，垄上双条播或穴播。穴距20cm，每穴3株，保苗18万～20万株/hm²，播量45～50kg/hm²，施磷酸二铵150kg/hm²、钾肥40kg/hm²。植株较繁茂，节间荚密，故不宜密植。

适宜地区 黑龙江省第一积温带。

18. 黑农52（Heinong 52）

黑农52

品种来源 黑龙江省农业科学院大豆研究所以黑农37为母本，绥农14为父本进行杂交，经系谱法选育而成。原品系号哈01-1116。2007年经黑龙江省农作物品种审定委员会审定，命名为黑农52。审定编号为黑审豆2007003。全国大豆品种资源统一编号ZDD24410。

特征 亚有限结荚习性。株高100cm，分枝少。圆叶，紫花，灰毛。主茎18节，节间短，荚褐色，底荚高7～20cm。粒圆形，种皮黄色，有光泽，脐黄色。百粒重20g。

特性 北方春大豆，晚熟品种，生育期124d，需活动积温2 550℃。接种鉴定，中抗大豆灰斑病。

产量品质 2004—2005年区域试验，平均产量2 759.4kg/hm^2，较对照黑农37增产9.9%。2006年生产试验，平均产量2 996.5kg/hm^2，较对照黑农37增产11.4%。蛋白质含量40.67%，脂肪含量19.29%。

栽培要点 5月上旬播种。采用种衣剂拌种，垄距65～70cm，垄上双条播或穴播。穴距20cm，每穴3株，保苗18万～20万株/hm^2，施磷酸二铵150kg/hm^2、钾肥40kg/hm^2。植株较繁茂，节间荚密，故不宜密植。

适宜地区 黑龙江省第一积温带。

19. 黑农53（Heinong 53）

黑农53

品种来源 黑龙江省农业科学院大豆研究所1997年以合丰35为母本，哈519为父本，经有性杂交，系谱法选育而成。原品系号哈交20-5489。2007年经黑龙江省农作物品种审定委员会审定，命名为黑农53。审定编号为黑审豆2007004。全国大豆品种资源统一编号ZDD24411。

特征 无限结荚习性。株高115cm，分枝少。披针叶，紫花，灰毛。植株生长健壮，秆强，节间短，荚黑褐色，底荚高6～18cm。粒圆形，种皮黄色，有光泽，脐黄色。百粒重24g。

特性 北方春大豆，晚熟品种，生育期124d，需活动积温2 600℃。接种鉴定，中抗大豆灰斑病，抗大豆花叶病毒病。

产量品质 2004—2005年区域试验，平均产量2 851kg/hm^2，较对照黑农37增产8.4%。2006年生产试验，平均产量2 780kg/hm^2，较对照黑农37增产13.1%。蛋白质含量42.29%，脂肪含量19.43%。

栽培要点 5月上旬播种。选择肥力较好的平地种植，伏翻或秋翻秋起垄或早春适时顶浆打垄，达到良好的播种状态。种衣剂拌种，可防治大豆苗期病虫害。精量点播，垄上双条，保苗25万～30万株/hm^2，施有机肥23 000kg/hm^2、磷酸二铵150kg/hm^2、尿素50kg/hm^2、钾肥75kg/hm^2，花期和鼓粒期喷施叶面肥。三铲三蹚或化学除草。及时防治大豆蚜虫、红蜘蛛及大豆灰斑病等病虫害。特别是要防治大豆食心虫以免影响大豆籽粒外观品质。

适宜地区 黑龙江省第一积温带。

20. 黑农54（Heinong 54）

黑农54

品种来源 黑龙江省农业科学院大豆研究所1997年以哈90-6719为母本，绥90-5888为父本有性杂交育成。原品系号哈98-3964。2007年经黑龙江省农作物品种审定委员会审定，命名为黑农54。审定编号为黑审豆2007005。全国大豆品种资源统一编号ZDD24412。

特征 亚有限结荚习性。株高85cm，分枝少。披针叶，紫花，灰毛。荚褐色。底荚高9～20cm。粒圆形，种皮黄色，有光泽，脐黄色。百粒重22g。

特性 北方春大豆，中晚熟品种，生育期120d，需活动积温2 400℃。接种鉴定，中抗大豆灰斑病和高抗大豆花叶病毒1号株系。

产量品质 2004—2005年区域试验，平均产量2 355.4kg/hm^2，比对照绥农14平均增产4.5%。2006年生产试验，平均产量2 992.1kg/hm^2，比对照绥农14增产12.4%。蛋白质含量44.23%，脂肪含量19.03%。

栽培要点 选择中等肥力地块，伏翻或秋翻秋打垄或早春适时顶浆打垄，达到良好播种状态。施磷酸二铵150kg/hm^2、硫酸钾50kg/hm^2、尿素30～40kg/hm^2，根据长势适当追肥。5月上中旬播种，密度30万株/hm^2；9月下旬成熟，10月上中旬收获。三铲三蹚，在7月下旬或8月上中旬防治大豆食心虫1～2次。

适宜地区 黑龙江省第二积温带。

21. 黑农56（Heinong 56）

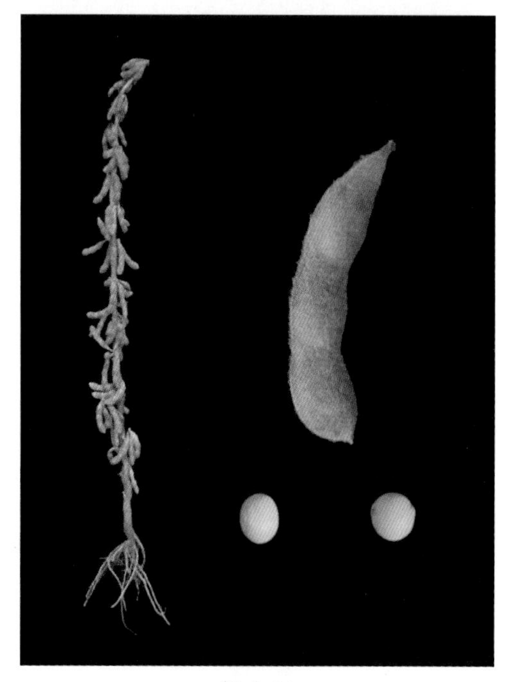
黑农56

品种来源 黑龙江省农业科学院大豆研究所以哈90-614（Amosoy×绥农4号）为母本，以黑农37为父本，经有性杂交，系谱法选育而成。原品系号哈交L442-2。2008年经黑龙江省农作物品种审定委员会审定，命名为黑农56。

审定编号为黑审豆2008007。全国大豆品种资源统一编号ZDD24413。

特征 亚有限结荚习性。株高80cm，分枝少。圆叶，紫花，灰毛。荚弯镰形，褐色。底荚高6 ~ 15cm。粒圆形，种皮黄色，有光泽，脐黄色。百粒重20g。

特性 北方春大豆，中晚熟品种，生育期119d，需活动积温2 380℃。接种鉴定，中抗大豆灰斑病，高抗大豆花叶病毒病。

产量品质 2004—2005年区域试验，平均产量2 587.6kg/hm^2，较对照绥农14增产12.6%。2006年生产试验，平均产量3 048.6kg/hm^2，较对照绥农14增产14.6%。蛋白质含量38.13%，脂肪含量22.10%。

栽培要点 5月初播种。垄三栽培，保苗32万株/hm^2。施有机肥20 000kg/hm^2、磷酸二铵115kg/hm^2、尿素20kg/hm^2、钾肥30kg/hm^2，根据长势适当追肥。三铲三蹚，拔大草2次或化学除草。

适宜地区 黑龙江省第二积温带。

22. 黑农57（Heinong 57）

品种来源 黑龙江省农业科学院大豆研究所以哈95-5351为母本，哈3164为父本，经有性杂交，系谱法选育而成。原品系号哈02-1908。2008年经黑龙江省农作物品种审定委员会审定，命名为黑农57。审定编号为黑审豆2008001。全国大豆品种资源统一编号ZDD24414。

黑农57

特征 亚有限结荚习性。株高80cm，分枝少。披针叶，白花，灰毛。荚微弯镰形，褐色。底荚高9 ~ 16cm。粒圆形，种皮黄色，有光泽，脐褐色。百粒重22g。

特性 北方春大豆，中晚熟品种，生育期122d，需活动积温2 500℃。接种鉴定，中抗大豆灰斑病。

产量品质 2005—2006年区域试验，平均产量3 000.0kg/hm^2，较对照黑农37增产10.5%。2007年生产试验，平均产量2 390.6kg/hm^2，较对照黑农37增产13.1%。蛋白质含量38.34%，脂肪含量21.69%。

栽培要点 5月上旬播种。采用种衣剂拌种。垄距65 ~ 70cm，垄上双条播或穴播。穴距20cm，每穴3株，保苗20万~ 22万株/hm^2，播量50kg/hm^2，施磷酸二铵150kg/hm^2、钾肥40kg/hm^2。三铲三蹚或化学除草。

适宜地区 黑龙江省第一积温带。

23. 黑农58（Heinong 58）

黑农58

品种来源 黑龙江省农业科学院大豆研究所以哈94-1101为母本，黑农35为父本，经有性杂交，系谱法选育而成。原品系号哈02-3812。2008年经黑龙江省农作物品种审定委员会审定，命名为黑农58。审定编号为黑审豆2008005。全国大豆品种资源统一编号ZDD24415。

特征 亚有限结荚习性。株高80cm，分枝少。圆叶，白花，灰毛。荚微弯镰形，灰褐色。底荚高9～18cm。粒椭圆形，种皮黄色，有光泽，脐黄色。百粒重22g。

特性 北方春大豆，中晚熟品种，生育期118d，需活动积温2 400℃。接种鉴定，中抗大豆灰斑病、大豆花叶病毒病。

产量品质 2005—2006年区域试验，平均产量2 861.5kg/hm^2，较对照绥农10号增产7.4%。2007年生产试验，平均产量2 384.1kg/hm^2，较对照绥农10号增产13.0%。蛋白质含量39.43%，脂肪含量21.08%。

栽培要点 5月上旬播种。采用种衣剂拌种。垄距65～70cm，垄上双条播或穴播。穴距20cm，每穴3株，保苗20万～22万株/hm^2，播量50kg/hm^2，施磷酸二铵150kg/hm^2，钾肥40kg/hm^2。三铲三蹚或化学除草。

适宜地区 黑龙江省第二积温带。

24. 黑农61（Heinong 61）

黑农61

品种来源 黑龙江省农业科学院大豆研究所以合97-793为母本，绥农14为父本，经有性杂交，系谱法选育而成。原品系号哈03-3764。2010年经黑龙江省农作物品种审定委员会审定，命名为黑农61。审定编号为黑审豆2010001。全国大豆品种资源统一编号ZDD30827。

特征 亚有限结荚习性。株高90cm，分枝少。披针叶，紫花，灰毛。荚微弯镰形，褐色。底荚高10 ~ 19cm。粒圆形，种皮黄色，脐黄色，有光泽。百粒重23g。

特性 北方春大豆，晚熟品种，生育期125d，需活动积温2 600℃。接种鉴定，中抗大豆灰斑病，中抗大豆花叶病毒病。

产量品质 2007—2008年区域试验，平均产量2 230.9kg/hm^2，较对照黑农37增产9.3%。2009年生产试验，平均产量2 823.8kg/hm^2，较对照黑农51增产9.4%。蛋白质含量40.92%，脂肪含量20.40%。

栽培要点 5月上旬播种。选择中等肥力地块种植，穴播或条播，保苗20万 ~ 22万株/hm^2。施磷酸二铵150kg/hm^2、钾肥40kg/hm^2。三铲三蹚或化学除草，及时防治病虫害。植株较繁茂，不宜密植。

适宜地区 黑龙江省第一积温带。

25. 黑农62（Heinong 62）

品种来源 黑龙江省农业科学院大豆研究所以哈97-6526为母本，绥96-81075为父本，经有性杂交，系谱法选育而成。原品系号哈04-2149。2010年经黑龙江省农作物品种审定委员会审定，命名为黑农62。审定编号为黑审豆2010002。全国大豆品种资源统一编号ZDD30843。

黑农62

特征 无限结荚习性。株高95cm，分枝少。圆叶，白花，灰毛。荚微弯镰形，褐色。底荚高8 ~ 15cm。粒椭圆形，种皮黄色，有光泽，脐黄色。百粒重22g。

特性 北方春大豆，晚熟品种，生育期125d，需活动积温2 600℃。接种鉴定，抗大豆灰斑病，中抗大豆花叶病毒病。

产量品质 2007—2008年区域试验，平均产量2 274.0kg/hm^2，较对照黑农37增产11.5%。2009年生产试验，平均产量2 847.5kg/hm^2，较对照黑农51增产10.3%。蛋白质含量40.36%，脂肪含量20.73%。

栽培要点 5月上旬播种。选择中等肥力地块种植，穴播或条播，保苗20万 ~ 22万株/hm^2。施磷酸二铵150kg/hm^2、钾肥40kg/hm^2。三铲三蹚或化学除草，及时防治病虫害。植株较繁茂，不宜密植。

适宜地区 黑龙江省第一积温带。

26. 黑农63（Heinong 63）

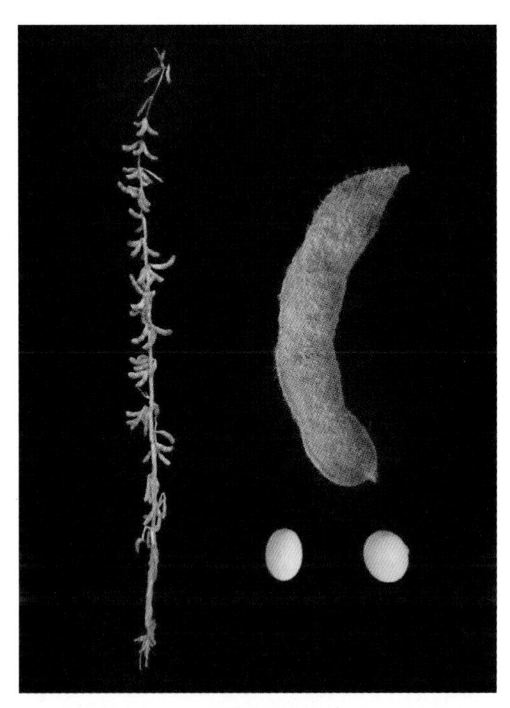
黑农63

品种来源 黑龙江省农业科学院大豆研究所以哈94012为母本，哈交21188-19为父本，经有性杂交，系谱法选育而成。原品系号萩锦03-5519。2010年经黑龙江省农作物品种审定委员会审定，命名为黑农63。审定编号为黑审豆2010003。全国大豆品种资源统一编号ZDD30828。

特征 无限结荚习性。株高99cm，分枝少。披针叶，紫花，灰毛。荚弯镰形，黄褐色。底荚高11～22cm。粒圆形，种皮黄色，有光泽，脐黄白色。百粒重22g。

特性 北方春大豆，晚熟品种，生育期125d，需活动积温2 600℃。接种鉴定，抗大豆灰斑病，中抗大豆花叶病毒病。

产量品质 2007—2008年区域试验，平均产量2 260.5kg/hm^2，较对照黑农37增产10.9%。2009年生产试验，平均产量2 810.6kg/hm^2，较对照黑农51增产9.2%。蛋白质含量42.17%，脂肪含量18.89%。

栽培要点 5月上旬播种。选择无重迎茬地块种植，垄三或小垄密植，保苗28万～33万株/hm^2，施有机肥20 000kg/hm^2、磷酸二铵115kg/hm^2、尿素20kg/hm^2、钾肥30kg/hm^2，根据长势适当追肥。三铲三蹚，人工或化学除草。

适宜地区 黑龙江省第一积温带。

27. 黑农64（Heinong 64）

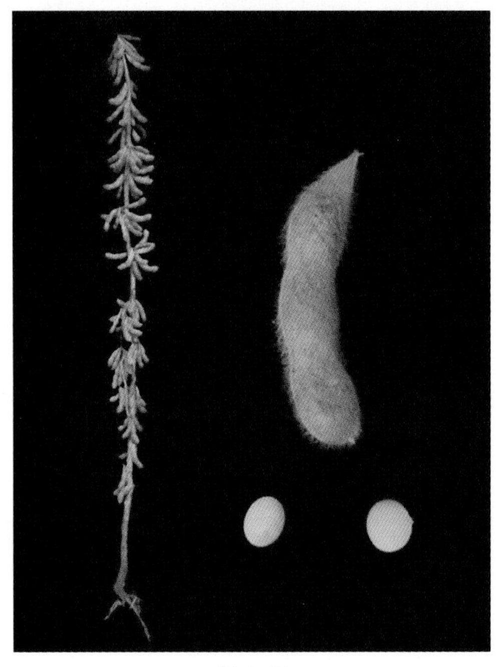
黑农64

品种来源 黑龙江省农业科学院大豆研究所以哈94-4478为母本，吉8883-84为父本，经有性杂交，系谱法选育而成。原品系号哈03-1042。2010年经黑龙江省农作物品种审定委员会审定，命名为黑农64。审定编号为黑审豆2010007。全国大豆品种资源统一编号ZDD24429。

特征 亚有限结荚习性。株高80cm，分枝少。圆叶，白花，灰毛。荚微弯镰形，褐色。底荚高7 ~ 20cm。粒椭圆形，种皮黄色，微光泽，脐黄色。百粒重21g。

特性 北方春大豆，中晚熟品种，生育期118d，需活动积温2 400℃。接种鉴定，中抗大豆灰斑病和大豆花叶病毒病。

产量品质 黑龙江省第二积温带种植。2006—2007年区域试验，产量2 538.0kg/hm^2，较对照绥农14增产14.6%。2008年生产试验，平均产量2 801.1kg/hm^2，较对照绥农28增产12.6%。蛋白质含量38.11%，脂肪含量22.79%。

栽培要点 5月上旬播种。选择中等肥力地块种植，穴播或条播，保苗20万 ~ 22万株/hm^2。施磷酸二铵150kg/hm^2、钾肥40kg/hm^2。三铲三蹚或化学除草，及时防治病虫害。植株较繁茂，不宜密植。

适宜地区 黑龙江省第二积温带。

28. 黑农65（Heinong 65）

黑农65

品种来源 黑龙江省农业科学院大豆研究所以垦鉴豆7号为母本，黑农40为父本，经有性杂交，系谱法选育而成。原品系号萩锦05-Sh023。2010年经黑龙江省农作物品种审定委员会审定，命名为黑农65。审定编号为黑审豆2010008。全国大豆品种资源统一编号ZDD30844。

特征 亚有限结荚习性。株高90cm，分枝少。披针叶，紫花，灰毛。荚弯镰形，褐色，底荚高6 ~ 18cm。粒圆形，种皮黄色，有光泽，脐黄白色。百粒重20g。

特性 北方春大豆，中熟品种，生育期115d，需活动积温2 350℃。接种鉴定，抗大豆灰斑病。

产量品质 2007—2008年区域试验，平均产量2 119.9kg/hm^2，较对照合丰50增产9.1%。2009年生产试验，平均产量2 684.5kg/hm^2，较对照合丰50增产13.1%。蛋白质含量41.52%，脂肪含量19.66%。

栽培要点 5月上旬播种。选择无重迎茬地块种植，垄三或小垄密，保苗32万株/hm^2。施有机肥21 000kg/hm^2、磷酸二铵115kg/hm^2、尿素20kg/hm^2、钾肥30kg/hm^2，根据长势适当追肥。三铲三蹚或化学除草。

适宜地区 黑龙江省第二积温带。

29. 黑农66（Heinong 66）

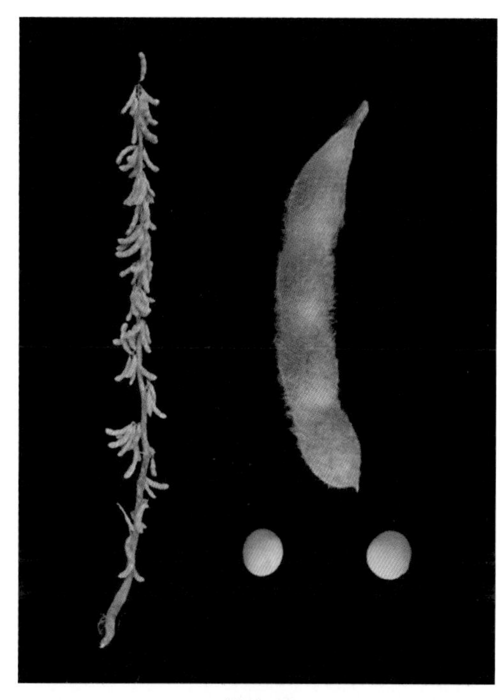
黑农66

品种来源 黑龙江省农业科学院大豆研究所以黑农44为母本，公交93142B为父本，经有性杂交，系谱法选育而成。原品系号哈05-6675。2011年经黑龙江省农作物品种审定委员会审定，命名为黑农66。审定编号为黑审豆2011005。全国大豆品种资源统一编号ZDD30845。

特征 亚有限结荚习性。株高90cm，分枝少。披针叶，白花，灰毛。荚微弯镰形，褐色。底荚高9～21cm。粒椭圆形，种皮黄色，有光泽，脐黄色。百粒重22g。

特性 北方春大豆，中晚熟品种，生育期120d，需活动积温2 450℃。接种鉴定，中抗大豆灰斑病。

产量品质 2008—2009年区域试验，平均产量2 657.8kg/hm^2，较对照黑农44增产10.6%。2010年生产试验，平均产量2 774.6kg/hm^2，较对照黑农44增产15.0%。蛋白质含量37.68%，脂肪含量21.15%。

栽培要点 5月上旬播种。选择平整中等肥力地块种植，穴播或条播，行距60～70cm，保苗20万～22万株/hm^2。施磷酸二铵150kg/hm^2、钾肥40kg/hm^2。三铲三蹚或化学除草，拔大草2次，及时防治病虫害。注意控制密度。

适宜地区 黑龙江省第二积温带。

30. 黑农67（Heinong 67）

黑农67

品种来源 黑龙江省农业科学院大豆研究所以垦农18为母本，黑农45为父本，经有性杂交，系谱法选育而成。原品系号哈交05-9415。2011年经黑龙江省农作物品种审定委员会审定，命名为黑农67。审定编号为黑审豆2011007。全国大豆品种资源统一编号ZDD30846。

特征 无限结荚习性。株高94cm，分枝少。披针叶，紫花，灰毛。底荚高9～23cm。粒圆形，种皮黄色，有光泽，脐黄色。百粒重23g。

特性 北方春大豆，中晚熟品种，生育期118d，需活动积温2 325℃。接种鉴定，抗大豆灰斑病。

产量品质 2008—2009年区域试验，平均产量2 485.8kg/hm^2，较对照绥农28增产5.5%。2010年生产试验，平均产量2 776.3kg/hm^2，较对照绥农28增产13.3%。蛋白质含量40.00%，脂肪含量21.20%。

栽培要点 5月上旬播种。选择无重迎茬地块种植，垄三栽培，保苗32万～35万株/hm^2，施有机肥20 000kg/hm^2、磷酸二铵115kg/hm^2、尿素20kg/hm^2、钾肥30kg/hm^2，根据长势喷施叶面肥。三铲三蹚。

适宜地区 黑龙江省第二积温带。

31. 黑农68（Heinong 68）

黑农68

品种来源 黑龙江省农业科学院大豆研究所以黑农44为母本，绥农14为父本，经有性杂交，系谱法选育而成。原品系号哈05-9408。2011年经黑龙江省农作物品种审定委员会审定，命名为黑农68。审定编号为黑审豆2011009。全国大豆品种资源统一编号ZDD30830。

特征 亚有限结荚习性。株高80cm，无分枝。圆叶，白花，灰毛。荚微弯镰形，褐色。底荚高7～15cm。粒椭圆形，种皮黄色，无光泽，脐黄色。百粒重21g。

特性 北方春大豆，中熟品种，生育期115d，需活动积温2 350℃。接种鉴定，中抗大豆灰斑病。

产量品质 黑龙江省第二积温带种植。2008—2009年区域试验，平均产量2 360.7kg/hm^2，较对照合丰50增产11.3%。2010年生产试验，平均产量3 118.5kg/hm^2，较对照合丰50增产11.1%。蛋白质含量37.14%，脂肪含量22.33%。

栽培要点 5月上旬播种。选择平整中等肥力地块种植，穴播或条播行距60～70cm，保苗20万～22万株/hm^2。施磷酸二铵150kg/hm^2、钾肥40kg/hm^2。三铲三蹚或化学除草，拔大草2次，及时防治病虫害。植株较繁茂，结荚较密，不宜密植。

适宜地区 黑龙江省第二积温带。

32. 黑农69（Heinong 69）

品种来源 黑龙江省农业科学院大豆研究所以黑农44为母本，垦农19为父本，经有性杂交，系谱法选育而成。原品系号哈06-1939。2012年经黑龙江省农作物品种审定委员会审定，命名为黑农69。审定编号为黑审豆2012001。全国大豆品种资源统一编号ZDD30831。

特征 亚有限结荚习性。株高90cm，分枝少。披针叶，紫花，灰毛。荚弯镰形，褐色。底荚高7～14cm。粒椭圆形，种皮黄色，有光泽，脐黄色。百粒重20g。

特性 北方春大豆，晚熟品种，生育期125d，需活动积温2 600℃。接种鉴定，中抗大豆灰斑病。

产量品质 2009—2010年区域试验，平均产量2 969.4kg/hm^2，较对照黑农51增产9.3%。2011年生产试验，平均产量3 043.7kg/hm^2，较对照黑农53增产10.8%。蛋白质含量40.63%，脂肪含量21.94%。

栽培要点 5月上旬播种。选择中等肥力地块种植，穴播或条播栽培，保苗20万～22万株/hm^2。施磷酸二铵150kg/hm^2、钾肥40kg/hm^2。三铲三趟或化学除草，拔大草2次，及时防治病虫害。

适宜地区 黑龙江省第一积温带。

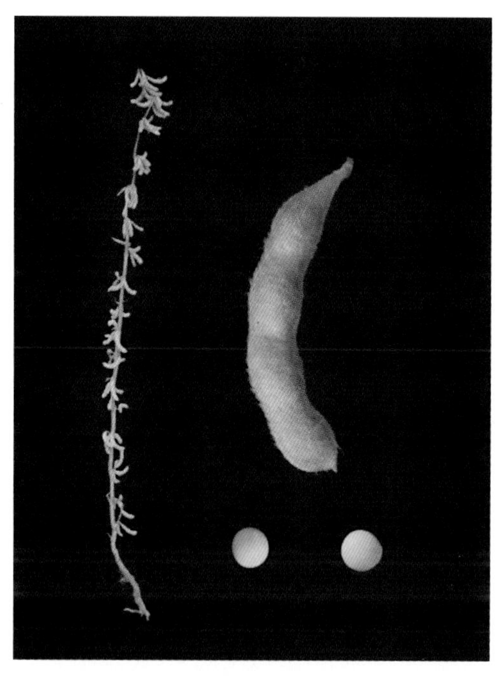

黑农69

33. 龙黄1号（Longhuang 1）

品种来源 黑龙江省莜锦科技有限责任公司以绥农14为母本，黑农38为父本，经有性杂交，系谱法选育而成。原品系号莜锦05-sh057。2011年经黑龙江省农作物品种审定委员会审定，命名为龙黄1号。审定编号为黑审豆2011008。全国大豆品种资源统一编号ZDD30847。

龙黄1号

特征 亚有限结荚习性。株高85cm，有分枝。披针叶，紫花，灰毛。荚褐色。底荚高5 ~ 17cm。粒圆形，种皮黄色，有光泽，脐黄色。百粒重20g。

特性 北方春大豆，中晚熟品种，生育期119d，需活动积温2 340℃。接种鉴定，中抗大豆灰斑病。

产量品质 2007—2008年区域试验，平均产量2 412.3kg/hm^2，较对照绥农28增产11.3%。2009—2010年生产试验，平均产量 2 646.1kg/hm^2，较对照绥农28增产9.6%。蛋白质含量40.3%，脂肪含量19.7%。

栽培要点 5月上旬播种。选择无重迎茬地块种植，垄三栽培，保苗28万株/hm^2。施有机肥20 000kg/hm^2、磷酸二铵115kg/hm^2、尿素20kg/hm^2、钾肥30kg/hm^2，根据长势适当追肥。三铲三蹚。

适宜地区 黑龙江省第二积温带。

34. 龙黄2号（Longhuang 2）

品种来源 黑龙江省宏鑫农业科技有限责任公司、黑龙江省农业科学院大豆研究所以垦农18为母本，黑农44为父本，经有性杂交，系谱法选育而成。原品系号哈交07-81276。2013年经黑龙江省农作物品种审定委员会审定，命名为龙黄2号。审定编号为黑审豆2013012。全国大豆品种资源统一编号ZDD30848。

龙黄2号

特征 亚有限结荚习性。株高86cm，有1 ~ 2分枝。圆叶，白花，灰毛。荚棕色。粒圆形，种皮浅黄色，种脐黄色，有光泽。百粒重20.0g。

特性 生育期115d，需活动积温2 350℃。中抗大豆灰斑病。

产量品质 2010—2011年区域试验平均产量2 838.71kg/hm^2，较对照合丰50增产9.15%。2012年生产试验平均产量2 477.12kg/hm^2，较对照合丰50增产12.8%。蛋白质含量37.79%，脂肪含量21.78%。

栽培要点 5月初播种。垄三栽培，保苗28万~ 30万株/hm^2。在一般栽培条件下施有机肥2 200kg/hm^2、磷酸二铵115kg/hm^2、尿素20kg/hm^2、钾肥30kg/hm^2。

适宜地区 黑龙江省第二积温带。

35. 龙豆1号（Longdou 1）

品种来源 黑龙江省农业科学院作物育种研究所以合交98-1004为母本，龙品9310为父本，经有性杂交，系谱法选育而成。原品系号龙品03-311。2010年经黑龙江省农作物品种审定委员会审定，命名为龙豆1号。审定编号为黑审豆2010006。全国大豆品种资源统一编号ZDD30849。

特征 亚有限结荚习性。株高90cm，无分枝。披针叶，紫花，灰毛。荚弯镰形，褐色。底荚高9 ~ 15cm。粒圆形，种皮黄色，有光泽，脐黄色。百粒重20g。

特性 北方春大豆，中熟品种，生育期116d，需活动积温2 350℃。接种鉴定，中抗大豆灰斑病。

产量品质 2006—2007年区域试验，平均产量2 277.9kg/hm^2，较对照合丰47增产6.7%。2008年生产试验，平均产量2 114.2kg/hm^2，较对照合丰50增产11.4%。蛋白质含量40.3%，脂肪含量19.7%。

龙豆1号

栽培要点 5月上旬播种。选择中等肥力地块种植，垄作栽培，保苗22万～25万株/hm^2。秋施肥，施磷酸二铵150kg/hm^2、尿素30kg/hm^2、钾肥50kg/hm^2。三铲三蹚或化学除草，注意防治大豆蚜虫和食心虫。

适宜地区 黑龙江省第二积温带。

36. 龙豆2号（Longdou 2）

品种来源 黑龙江省农业科学院作物育种研究所以合交93-88为母本，黑农37为父本，经有性杂交，系谱法选育而成。原品系号龙品04-239。2010年经黑龙江省农作物品种审定委员会审定，命名为龙豆2号。审定编号为黑审豆2010009。全国大豆品种资源统一编号ZDD30850。

特征 亚有限结荚习性。株高85cm，分枝少。圆叶，紫花，灰毛。荚弯镰形，褐色。底荚高3 ~ 13cm。粒圆形，种皮黄色，有光泽，脐黄色。百粒重22g。

特性 北方春大豆，中晚熟品种，生育期118d，需活动积温2 370℃。接种鉴定，中抗大豆灰斑病。

产量品质 2007—2008年区域试验，平均产量2 523.2kg/hm^2，较对照绥农14增产15.4%。2008年生产试验，平均产量2 582.2kg/hm^2，较对照绥农28增产8.1%。蛋白质含

龙豆2号

龙豆3号

量38.6%，脂肪含量21.0%。

栽培要点 5月上旬播种。选择中等以上肥力地块种植，垄作栽培，保苗22万～25万株/hm^2。秋施肥，施磷酸二铵150kg/hm^2、尿素30kg/hm^2、钾肥30kg/hm^2。三铲三蹚或化学除草，注意防治大豆蚜虫和食心虫。

适宜地区 黑龙江省第二积温带。

37. 龙豆3号（Longdou 3）

品种来源 黑龙江省农业科学院作物育种研究所以龙品9501为母本，龙0116F_1为父本，经有性杂交，系谱法选育而成。原品系号龙品06-150。2012年经黑龙江省农作物品种审定委员会审定，命名为龙豆3号。审定编号为黑审豆2012014。全国大豆品种资源统一编号ZDD30851。

特征 无限结荚习性。株高90cm，分枝少。披针叶，紫花，灰毛。荚弯镰形，褐色。底荚高7～12cm。粒圆形，种皮黄色，有光泽，脐黄色。百粒重23g。

特性 北方春大豆，中熟品种，生育期115d，需活动积温2 350℃。接种鉴定，中抗大豆灰斑病。

产量品质 2009—2010年区域试验，平均产量2 739.2kg/hm^2，较对照合丰50增产7.5%。2011年生产试验，平均产量2 493.0kg/hm^2，较对照合丰50增产11.8%。蛋白质含量37.42%，脂肪含量22.39%。

栽培要点 5月上旬播种。选择中等以上肥力地块种植，保苗22万株/hm^2。秋施肥，施磷酸二铵150kg/hm^2、尿素30～40kg/hm^2、钾肥50～60kg/hm^2。三铲三蹚或化学除草，生育后期拔大草1次。注意防治蚜虫和大豆食心虫。

适宜地区 黑龙江省第二积温带。

38. 龙豆4号（Longdou 4）

品种来源 黑龙江省农业科学院作物育种研究所以克02-8762为母本，黑农51为父本，经有性杂交，混合选择法选育而成。原品系号龙品07-332，2013年经黑龙江省农作物品种审定委员会审定，命名为龙豆4号。审定编号为黑审豆2013003。全国大豆品种资源统一编号ZDD21507。

特征 亚有限结荚习性。株高99.5cm，无分枝。尖叶，白花，灰毛。荚褐色。粒圆形，种皮黄色，种脐无色，有光泽。百粒重18.0g。

特性 生育期125d，需活动积温2 600℃。中抗大豆灰斑病。

产量品质 2010—2011年区域试验平均产量2 943.4kg/hm^2，较对照黑农53增产7.1％。2012年生产试验平均产量3 173.8kg/hm^2，较对照黑农53增产7.0％。蛋白质含量39.46％，脂肪含量21.06％。

栽培要点 5月上旬播种。垄三栽培，保苗22万～25万株/hm^2。一般栽培条件下施磷酸二铵225kg/hm^2、尿素45kg/hm^2、钾肥30kg/hm^2。

适宜地区 黑龙江省第一积温带。

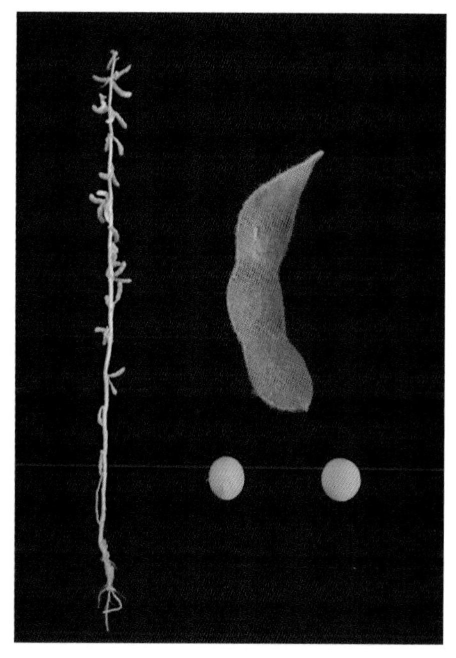

龙豆4号

39. 龙黑大豆1号（Longheidadou 1）

品种来源 黑龙江省农业科学院作物育种研究所以农家黑豆为母本，龙品806为父本，经有性杂交，系谱法选育而成。原品系号龙品黑99352。2007年经黑龙江省农作物品种审定委员会审定，命名为龙黑大豆1号。审定编号为黑审豆2007025。全国大豆品种资源统一编号ZDD24416。

特征 有限结荚习性。株高75cm，有分枝。圆叶，白花，棕毛，平均每荚2.4粒。荚弓形，深褐色。底荚高5～15cm。粒椭圆形，种皮黑色，无光泽，脐黑色。百粒重17g。

特性 北方春大豆，中熟品种，生育期113d，需活动积温2 300℃。接种鉴定，中抗大豆灰斑病。

产量品质 2005—2006年区域试验，平均产量2 191.3kg/hm^2，较对照北丰9号增产1.9％。2006年生产试验，平均产量2 063.4kg/hm^2，较对照北丰9号增产1.5％。蛋白质含量41.25％，脂肪含量20.00％。

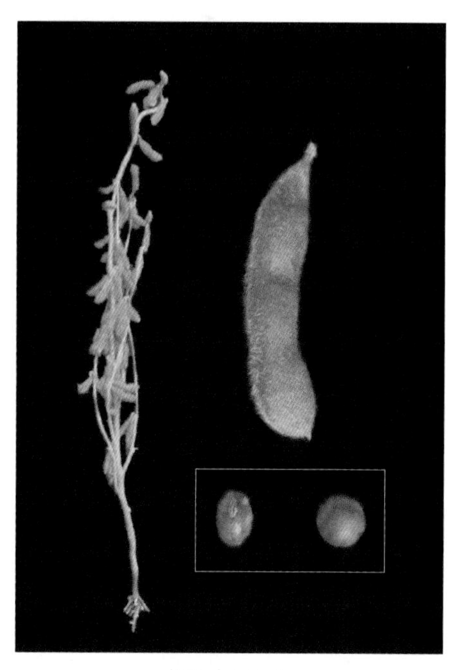

龙黑大豆1号

栽培要点 5月上旬播种。选择中等肥力地块种植，采用精量点播机等距点播栽培方式，保苗22万～25万株/hm^2。施有机肥12 000～15 000kg/hm^2、磷酸二铵187.5～225kg/hm^2、尿素45～60kg/hm^2、钾肥30kg/hm^2。三铲三蹚，秋后拔1～2次大草，注意病虫害防治。

适宜地区 黑龙江省第三积温带。

40. 龙黑大豆2号（Longheidadou 2）

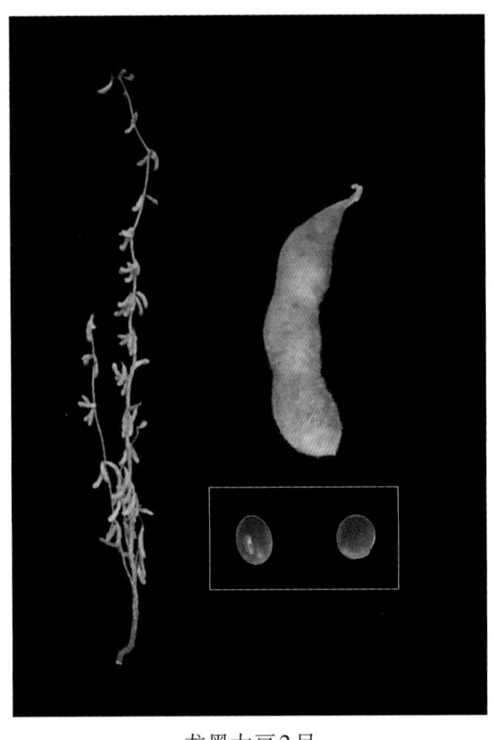

龙黑大豆2号

品种来源 黑龙江省农业科学院作物育种研究所以黑选大豆为母本，以哈6719为父木，经有性杂交，系谱法选育而成。原品系号龙品黑01-1045。2008年经黑龙江省农作物品种审定委员会审定，命名为龙黑大豆2号。审定编号为黑审豆2008022。全国大豆品种资源统一编号ZDD24417。

特征 无限结荚习性。株高95cm，有分枝。圆叶，白花，灰毛。平均每荚2.8粒。荚弯镰形，褐色。底荚高5～21cm。粒圆形，种皮黑色，无光泽，脐黑色。子叶黄色。百粒重20g。

特性 北方春大豆，晚熟品种，生育期126d，需活动积温2 650℃。接种鉴定，中抗大豆灰斑病。

产量品质 2006—2007年区域试验，平均产量2 601.2kg/hm^2，较对照黑农37增产1.7%。2007年生产试验，平均产量2 384.0kg/hm^2，较对照黑农37增产1.8%。蛋白质含量46.85%，脂肪含量18.02%。

栽培要点 5月上旬播种。选择中等肥力地块种植，垄作栽培，保苗20万～22万株/hm^2。秋施肥，施磷酸二铵150kg/hm^2、尿素40kg/hm^2、钾肥50kg/hm^2。三铲三蹚或化学除草，注意防治蚜虫和大豆食心虫。

适宜地区 黑龙江省第一积温带。

41. 龙青大豆1号（Longqingdadou 1）

品种来源 黑龙江省农业科学院作物育种研究所以吉引青为母本，哈6719为父本，经有性杂交，系谱法选育而成。原品系号龙品青01-1091。2007年经黑龙江省农作物品种审定委员会审定，命名为龙青大豆1号。审定编号为黑审豆2007024。全国大豆品种资源统一编号ZDD24418。

特征 无限结荚习性。株高100cm，有分枝。披针叶，紫花，灰毛。荚弯镰形，深褐色。底荚高7～20cm。粒圆形，种皮绿色，有光泽，脐浅褐色。子叶绿色。百粒重20g。

特性 北方春大豆，晚熟品种，生育期125d，需活动积温2 600℃。接种鉴定，中抗大豆灰斑病。

产量品质 2005—2006年区域试验，平均产量2 709.8kg/hm^2，较对照黑农37增产1.1%。2006年生产试验，平均产量2 700.5kg/hm^2，较对照黑农37增产0.8%。蛋白质含量42.92%，脂肪含量19.78%。

栽培要点 5月上旬播种。选择中等肥力地块种植，采用精量点播机等距点播栽培方式，保苗20万株/hm^2。施有机肥12 000kg/hm^2、磷酸二铵150～187.5kg/hm^2、尿素45～60kg/hm^2、钾肥30kg/hm^2。三铲三蹚，秋后拔1～2次大草，注意病虫害防治。

适宜地区 黑龙江省第一积温带。

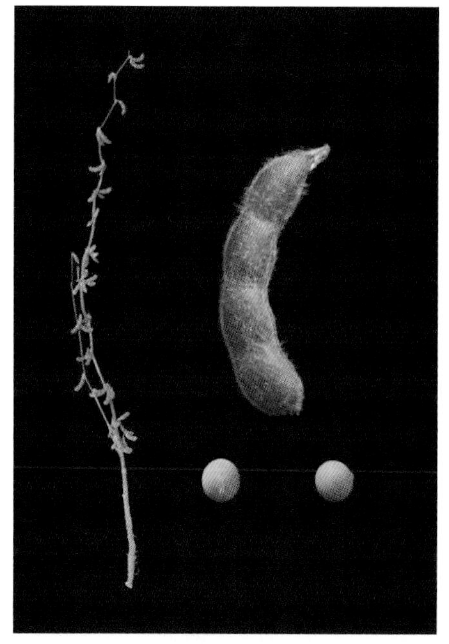

龙青大豆1号

42. 龙小粒豆2号（Longxiaolidou 2）

品种来源 黑龙江省农业科学院作物育种研究所以龙8601为母本，以种间杂交创新种质ZYY5310为父本，经有性杂交，系谱法选育而成。原品系号龙品03-123。2008年经黑龙江省农作物品种审定委员会审定，命名为龙小粒豆2号。审定编号为黑审豆2008019。全国大豆品种资源统一编号ZDD24419。

特征 亚有限结荚习性。株高80cm，有分枝。披针叶，白花，灰毛。荚弯镰形，褐色。底荚高7～20cm。粒圆形，种皮黄色，有光泽，脐黄色。百粒重10.6g。

特性 北方春大豆，中熟品种，生育期116d，需活动积温2 300℃。接种鉴定，中抗大豆灰斑病。

产量品质 2006—2007年区域试验，平均产量2 098.6kg/hm^2，较对照绥小粒豆1号增产11.5%。2007年生产试验，平均产量2 091.7kg/hm^2，较对照

龙小粒豆2号

绥小粒豆1号增产13.1%。蛋白质含量42.65%，脂肪含量18.27%，可溶性糖含量8.73%。

栽培要点 5月上旬播种。选择中等肥力地块种植，垄作栽培，保苗25万～28万株/hm^2。秋施肥，施磷酸二铵150kg/hm^2、尿素40kg/hm^2、钾肥50kg/hm^2。三铲三蹚或化学除草，注意防治蚜虫和大豆食心虫。

适宜地区 黑龙江省第三积温带。

43. 龙生豆1号（Longshengdou 1）

品种来源 黑龙江省农业科学院生物技术研究所以黑农35为母本，九农22为父本，经有性杂交，系谱法选育而成。原品系号龙生06-630。2012年经黑龙江省农作物品种审定委员会审定，命名为龙生豆1号。审定编号为黑审豆2012004。全国大豆品种资源统一编号ZDD30852。

特征 亚有限结荚习性。株高105～125cm，有小分枝。披针叶，紫花，灰毛。荚弯镰形，褐色。粒圆形，种皮黄色，有光泽，脐淡黄色。百粒重18～20g。

龙生豆1号

特性 北方春大豆，中晚熟品种，生育期120d，需活动积温2 450℃。接种鉴定，高抗大豆灰斑病。

产量品质 2009—2010年区域试验，平均产量2 725.7kg/hm^2，较对照黑农44增产10.2%。2011年生产试验，平均产量2 452.4kg/hm^2，较对照合丰55增产13.2%。蛋白质含量39.50%，脂肪含量20.89%。

栽培要点 5月上中旬播种。选择中等肥力的地块种植，保苗18万～20万株/hm^2。采用秋施肥或做种肥施用，施磷酸二铵150kg/hm^2、尿素25～30kg/hm^2、钾肥50～60kg/hm^2。三铲三蹚，拔大草2次，追施叶面肥和防治食心虫1～2次或化学除草。种子进行包衣处理。

适宜地区 黑龙江省第二积温带。

44. 龙生豆2号（Longshengdou 2）

品种来源 黑龙江省农业科学院生物技术研究所以九农22为母本，自育材料99-1222为父本，经有性杂交，系谱法选育而成。原品系号龙生06-1258。2013年经黑龙江省农作物品种审定委员会审定，命名为龙生豆2号。审定编号为黑审豆2013004。全国大豆品种资源统一编号ZDD30853。

特征 亚有限结荚习性。株高110～125cm，有分枝。尖叶，紫花，灰毛。荚褐色。粒圆形，种皮黄色，种脐浅黄色，有光泽。百粒重18.0～20.0g。

特性 生育期125d，需活动积温2 600℃。高抗大豆灰斑病。

产量品质 2010—2011年区域试验平均产量3 008.1kg/hm²，较对照黑农53增产8.7%。2012年生产试验平均产量3 243.9kg/hm²，较对照黑农53增产8.9%。蛋白质含量41.35%，脂肪含量20.39%。

栽培要点 5月上中旬播种。垄作栽培，保苗18万～20万株/hm²。一般秋施肥或施种肥，施磷酸二铵150kg/hm²、尿素25～30kg/hm²、钾肥50～60kg/hm²。

适宜地区 黑龙江省第一积温带。

龙生豆2号

45. 农菁豆3号（Nongjingdou 3）

品种来源 黑龙江省农业科学院草业研究所以吉育47为母本，长农13为父本，经有性杂交，系谱法选育而成。原品系号菁06-1。2013年经黑龙江省农作物品种审定委员会审定，命名为农菁豆3号。审定编号为黑审豆2013002。全国大豆品种资源统一编号ZDD30854。

特征 无限结荚习性。株高110cm，分枝少。叶披针形，白花，灰毛。荚褐色，平均每荚3.2粒。底荚高9～14cm。粒圆形，种皮黄色，有光泽，脐黄色。百粒重20.0g。

特性 北方春大豆，早熟品种，生育期107d，需活动积温2 100℃。中抗大豆灰斑病。

产量品质 2002—2003年区域试验，平均产量1 905.9kg/hm²，较对照黑河17增产6.2%。2004—2005年生产试验，平均产量2 154.5kg/hm²，较对照黑河17增产12.3%。蛋白质含量39.68%，脂肪含量22.57%。

栽培要点 5月上旬播种。垄作密植栽培，垄上双条播，保苗45万株/hm²以上。施磷酸二铵150kg/hm²、尿素30kg/hm²、硫酸钾45kg/hm²。及时铲蹚管理，及时防治病虫草害。

适宜地区 黑龙江省第五积温带。

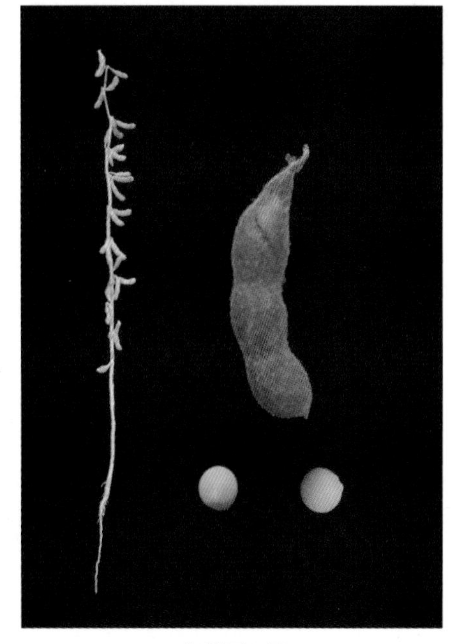

农菁豆3号

46. 农菁豆4号（Nongjingdou 4）

农菁豆4号

品种来源 黑龙江省农业科学院草业研究所以垦农18为母本，绥农14为父本，经有性杂交，系谱法选育而成。原品系号菁06-2。2013年经黑龙江省农作物品种审定委员会审定，命名为农菁豆4号。审定编号为黑审豆2013009。全国大豆品种资源统一编号ZDD30855。

特征 亚有限结荚习性。株高70 ~ 90cm。尖叶，紫花，灰毛。荚褐色。粒圆形，种皮黄色，种脐黄色，有光泽。百粒重18.2g。

特性 生育期118d，需活动积温2 400℃。中抗大豆灰斑病。

产量品质 2010—2011年区域试验平均产量2 764.1kg/hm^2，较对照绥农28增产10.4%。2012年生产试验平均产量2 588.8kg/hm^2，较对照绥农28增产7.5%。蛋白质含量39.69%，脂肪含量21.80%。

栽培要点 5月上旬播种。垄作栽培，保苗20万 ~ 22万株/hm^2。一般采用秋施肥或做种肥施用，施磷酸二铵130kg/hm^2、尿素25 ~ 30kg/hm^2、钾肥50 ~ 60kg/hm^2。

适宜地区 黑龙江省第二积温带。

47. 星农2号（Xingnong 2）

星农2号

品种来源 哈尔滨明星农业科技开发有限公司以北8691为母本，北丰11为父本，经有性杂交，系谱法选育而成。原品系号明星0616。2014年经黑龙江省农作物品种审定委员会审定，命名为星农2号。审定编号为黑审豆2014011。全国大豆品种资源统一编号ZDD30856。

特征 亚有限结荚习性。株高80 ~ 85cm，无分枝。尖叶，白花，灰毛。荚褐色。粒圆形，种皮黄色，种脐无色，有光泽。百粒重21.0g。

特性 生育期115d，需活动积温2 250℃。中抗大豆灰斑病。

产量品质 2011—2012年区域试验平均产量2 466.1kg/hm^2，较对照丰收25增产10.0%。2013年生产试验平均产量2 399.4kg/hm^2，较对照丰收25增产14.4%。蛋白质含量40.45%，脂肪含量20.05%。

栽培要点 5月上旬播种。选择中等肥力地块种植，垄三或大垄密栽培，保苗30万～32万株/hm^2。一般栽培条件下施基肥磷酸二铵225kg/hm^2、尿素30kg/hm^2、钾肥45kg/hm^2。

适宜地区 黑龙江省第三积温带。

48. 中科毛豆2号（Zhongkemaodou 2）

品种来源 中国科学院东北地理与农业生态研究所以日本褐色豆为母本，品系810为父本，经有性杂交，系谱法选育而成。原品系号中科-1117。2014年经黑龙江省农作物品种审定委员会审定，命名为中科毛豆2号。审定编号为黑审豆2014023。全国大豆品种资源统一编号ZDD30857。

特征 亚有限结荚习性。株高40cm，有分枝。圆叶，白花，棕毛。荚褐色。粒椭圆形，种皮褐色，种脐无色，有光泽。鲜籽百粒重60.1g，干籽百粒重30.4g。

特性 生育期75～93d，需活动积温1 600℃。抗大豆灰斑病。

产量品质 2011—2012年区域试验平均鲜荚产量8 750.3kg/hm^2，较对照庆鲜豆2号增产8.5%。2013年生产试验平均鲜荚产量8 808.0kg/hm^2，较对照庆鲜豆2号增产8.3%。蛋白质含量42.86%，脂肪含量19.32%，糖含量6.6%。

栽培要点 5月上中旬播种。选择中等肥力地块种植，垄作栽培，保苗25万株/hm^2。一般栽培条件下施磷酸二铵150kg/hm^2、硫酸钾120kg/hm^2、尿素20～30kg/hm^2。

适宜地区 黑龙江省第一、二积温带。

中科毛豆2号

49. 绥农22（Suinong 22）

品种来源 黑龙江省农业科学院绥化分院以绥农15为母本，绥96-81029为父本杂交，系谱法选育而成。原品系号绥99-3219。2005年经黑龙江省农作物品种审定委员会审定，命名为绥农22。审定编号为黑审豆2005005。全国大豆品种资源统一编号ZDD24395。

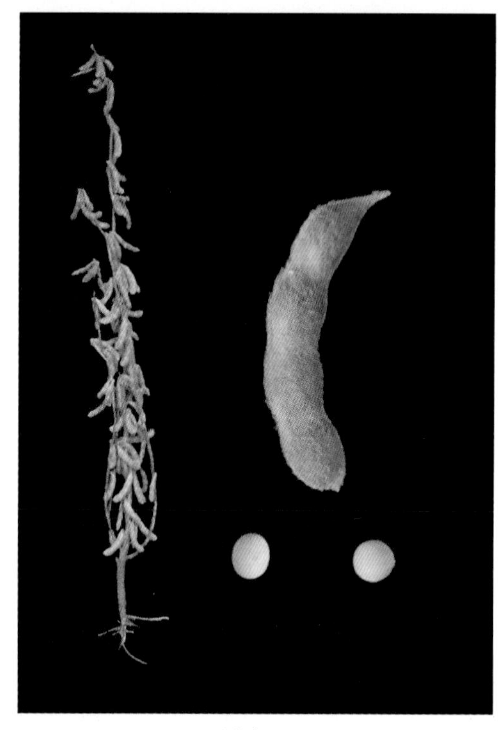
绥农22

特征 无限结荚习性。株高80cm，分枝少。披针叶，紫花，灰毛。荚微弯镰形，深褐色，不炸荚。底荚高6 ~ 10cm。粒圆形，种皮黄色，略有光泽，脐浅黄色，子叶黄色。百粒重22g。

特性 北方春大豆，中晚熟品种，生育期118d，需活动积温2 400℃。接种鉴定，中抗大豆灰斑病。

产量品质 2002—2003年区域试验，平均产量2 551.9kg/hm^2，较对照绥农14增产8.8%。2004年生产试验，平均产量2 426.1kg/hm^2，较对照绥农14增产12.0%。蛋白质含量39.66%，脂肪含量20.06%。

栽培要点 5月上旬播种。垄作，保苗24万株/hm^2，平播保苗30万株/hm^2。施种肥磷酸二铵180kg/hm^2。及时铲蹚，遇旱灌水，防治病虫害，完熟收获。

适宜地区 黑龙江省第二积温带。

绥农23

50. 绥农23（Suinong 23）

品种来源 黑龙江省农业科学院绥化分院以绥农4号为母本，（绥93-681 × 吉林27）F_1为父本，经有性杂交，系谱法选育而成。原品系号绥98-336。2006年经黑龙江省农作物品种审定委员会审定，命名为绥农23。审定编号为黑审豆2006001。全国大豆品种资源统一编号ZDD24396。

特征 无限结荚习性。株高90cm，有分枝，株型收敛。披针叶，紫花，灰毛。结荚密。荚微弯镰形，褐色。底荚高5 ~ 15cm。粒圆形，种皮黄色，脐浅黄色。百粒重21g。

特性 北方春大豆，中晚熟品种，生育期120d，需活动积温2 450℃。接种鉴定，中抗大豆灰斑病。

产量品质 2002—2004年区域试验，平均产量2 753.1kg/hm^2，比对照绥农10号增产

9.3%。2005年生产试验，平均产量2 699.3kg/hm^2，比对照绥农10号增产8.7%。蛋白质含量40.08%，脂肪含量20.07%。

栽培要点 5月上旬播种。垄作密度24万株/hm^2，平播密度30万株/hm^2。中等以上肥力土壤种植，施磷酸二铵180kg/hm^2。及时铲蹚，遇旱灌水，防治病虫害，完熟收获。

适宜地区 黑龙江省第二积温带。

51. 绥农24（Suinong 24）

品种来源 黑龙江省农业科学院绥化分院以黑河19为母本，绥96-81053为父本，经有性杂交，系谱法选育而成。原品系号绥00-1036。2007年经黑龙江省农作物品种审定委员会审定，命名为绥农24。审定编号为黑审豆2007007。全国大豆品种资源统一编号ZDD24397。

绥农24

特征 亚有限结荚习性。株高100cm，少分枝。披针叶，紫花，灰毛。荚微弯镰形，褐色。底荚高5 ~ 18cm。粒圆形，种皮黄色，无光泽，脐浅黄色。百粒重18g。

特性 北方春大豆，中早熟品种，生育期113d，需活动积温2 280℃。接种鉴定，中抗大豆灰斑病。

产量品质 2004—2005年区域试验，平均产量2 581.3kg/hm^2，较对照北丰9号增产10%。2006年生产试验，平均产量1 939.1kg/hm^2，较对照北丰9号增产18.6%。蛋白质含量42.06%，脂肪含量18.72%。

栽培要点 5月上旬播种。选择中等以上肥力地块种植，垄作栽培，保苗24万株/hm^2。施种肥磷酸二铵180kg/hm^2。及时铲蹚，遇旱灌水，防治病虫害，完熟收获。

适宜地区 黑龙江省第三积温带。

52. 绥农25（Suinong 25）

品种来源 黑龙江省农业科学院绥化分院、中国农业科学院作物科学研究所以黑河19为母本，绥96-81075-7为父本，经有性杂交，系谱法选育而成。原品系号绥00-1053。2007年经黑龙江省农作物品种审定委员会审定，命名为绥农25。审定编号为黑审豆2007008。全国大豆品种资源统一编号ZDD24398。

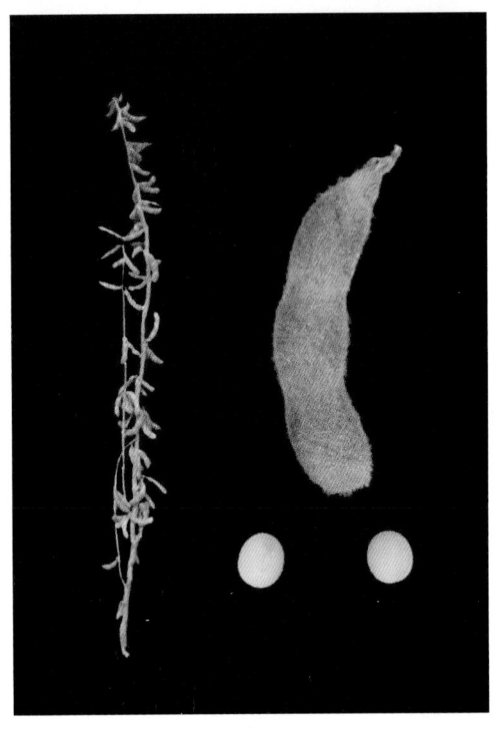
绥农25

特征 无限结荚习性。株高100cm，有分枝。圆叶，紫花，灰毛。荚微弯镰形，褐色。底荚高10 ~ 19cm。粒圆形，种皮黄色，有光泽，脐浅黄色。百粒重20g。

特性 北方春大豆，中熟品种，生育期116d，需活动积温2 400℃。接种鉴定，抗大豆灰斑病。

产量品质 2004—2005年区域试验，平均产量2 071.0kg/hm^2，较对照合丰35增产6.6%。2006年生产试验，平均产量2 666.6kg/hm^2，较对照合丰47增产16.1%。蛋白质含量38.92%，脂肪含量20.24%。

栽培要点 5月上旬播种。选择中等以上肥力地块种植，垄作栽培，保苗21万株/hm^2。施用种肥磷酸二铵180kg/hm^2。及时铲蹚，遇旱灌水，防治病虫害，完熟收获。

适宜地区 黑龙江省第二积温带。

53. 绥农26（Suinong 26）

绥农26

品种来源 黑龙江省农业科学院绥化分院以绥农15为母本，绥96-81029为父本，经有性杂交，系谱法选育而成。原品系号绥99-3213。2008年经黑龙江省农作物品种审定委员会审定，命名为绥农26。审定编号为黑审豆2008013。全国大豆品种资源统一编号ZDD24399。

特征 无限结荚习性。株高100cm，分枝少。披针叶，紫花，灰毛。荚微弯镰形，褐色。底荚高7 ~ 19cm。粒圆形，种皮黄色，无光泽，脐浅黄色。百粒重21g。

特性 北方春大豆，中熟品种，生育期120d，需活动积温2 400℃。接种鉴定，中抗大豆灰斑病。

产量品质 2005—2006年区域试验，平均产量2 683.4kg/hm^2，较对照合丰25增产13.5%。2007年生产试验，平均产量2 718.5kg/

hm^2，较对照合丰25增产9.7%。蛋白质含量38.80%，脂肪含量21.59%。

栽培要点 5月上旬播种。选择中等以上肥水条件地块种植，大垄栽培，保苗24万株/hm^2。精量点播机垄底侧深施肥，施大豆复合肥240kg/hm^2。及时铲蹚，遇旱灌水，防治病虫害，适时收获。

适宜地区 黑龙江省第二积温带。

54. 绥农27（Suinong 27）

品种来源 黑龙江省农业科学院绥化分院以绥97-5525为母本，绥98-64-1为父本，经有性杂交，系谱法选育而成。原品系号绥02-336。2008年经黑龙江省农作物品种审定委员会审定，命名为绥农27。审定编号为黑审豆2008016。全国大豆品种资源统一编号ZDD24400。

绥农27

特征 无限结荚习性。株高90cm，有分枝。披针叶，紫花，灰毛。平均每荚2.8粒。荚微弯镰形，草黄色。底荚高10～22cm。粒圆形，种皮黄色，无光泽，脐浅黄色。百粒重28g。

特性 北方春大豆，中早熟品种，生育期115d，需活动积温2 300℃。接种鉴定，中抗大豆灰斑病。

产量品质 2005—2006年区域试验，平均产量2 547.9kg/hm^2，较对照宝丰7号增产8.6%。2007年生产试验，平均产量2 596.0kg/hm^2，较对照宝丰7号增产9.1%。蛋白质含量41.80%，脂肪含量20.69%。

栽培要点 5月上旬播种。选择中等肥水条件地块种植，大垄栽培，保苗18万株/hm^2。精量点播机垄底侧深施肥，施大豆复合肥230kg/hm^2。及时铲蹚，遇旱灌水，防治病虫害，适时收获。

适宜地区 黑龙江省第三积温带。

55. 绥农28（Suinong 28）

品种来源 黑龙江省农业科学院绥化分院2001年从绥农14株行系选而成。原品系号绥农14-3。2006年2月经黑龙江省农作物品种审定委员会审定，命名为绥农14-3，审定编

绥农28

绥农29

号为黑审豆2006002。2008年1月经黑龙江省农作物品种审定委员会更名为绥农28。2011年经吉林省农作物品种审定委员会认定，编号为吉审豆2011024。全国大豆品种资源统一编号ZDD24401。

特征 亚有限结荚习性。株高100cm，少分枝。披针叶，紫花，灰毛。平均每荚2.8粒。粒圆形，种皮黄色，脐黄色。百粒重21g。

特性 北方春大豆，中熟品种，生育期120d，需活动积温2 450℃。接种鉴定，中抗大豆灰斑病，耐大豆霜霉病。

产量品质 2002年黑龙江省农业科学院绥化分院鉴定试验平均产量3 148.7kg/hm^2，比对照合丰25增产14.4%，比绥农14增产6%。2003年全省第四生态区2点预备试验，比对照绥农14增产11.3%。第六生态区4点预备试验，比对照品种合丰25增产10.7%。两区6点预备试验比对照品种平均增产10.9%。2004年全省第四生态区5点生产试验，比对照品种绥农14增产6.4%。蛋白质含量38.13%，脂肪含量22.20%。

栽培要点 5月上旬播种。垄作密度25万株/hm^2，平播密度30万株/hm^2，施磷酸二铵135kg/hm^2、尿素45kg/hm^2、钾肥60kg/hm^2。及时铲蹚，遇旱灌水，防治病虫害，完熟收获。

适宜地区 黑龙江省第二积温带。

56. 绥农29（Suinong 29）

品种来源 黑龙江省农业科学院绥化分院以绥农10号为母本，绥农14为父本，经有性杂交，系谱法选育而成。原品系号绥02-282。2009年经黑龙江省农作物品种审定委员会审定，命名为绥农29。审定编号为黑审豆2009008。全国大豆品种资源统一编号ZDD24402。

特征 无限结荚习性。株高100cm，有分枝。披针叶，白花，灰毛。荚微弯镰形，褐色。底荚高5～13cm。粒圆形，种皮黄色，脐浅黄色，无光泽。百粒重21g。

特性 北方春大豆，中晚熟品种，生育期120d，需活动积温2 400℃。接种鉴定，中抗大豆灰斑病。

产量品质 2006—2007年区域试验，平均产量2 653.7kg/hm^2，较对照合丰25增产12.4%。2008年生产试验，平均产量2 734.7kg/hm^2，较对照合丰45增产10.3%。蛋白质含量41.92%，脂肪含量21.28%。

栽培要点 5月上旬播种。选择中等以上肥水条件地块种植，大垄栽培，保苗24万株/hm^2。精量点播机垄底侧深施肥，施磷酸二铵135kg/hm^2、尿素45kg/hm^2、钾肥60kg/hm^2。及时铲蹚，遇旱灌水，防治病虫害，完熟收获。

适宜地区 黑龙江省第三积温带。

57. 绥农30（Suinong 30）

品种来源 黑龙江省龙科种业有限公司、黑龙江省农业科学院绥化分院以绥00-1052为母本，(哈97-5404×合丰47)F_1为父本，经有性杂交，系谱法选育而成。原品系号绥05-7292。2011年经黑龙江省农作物品种审定委员会审定，命名为绥农30。审定编号为黑审豆2011014。全国大豆品种资源统一编号ZDD30814。

绥农30

特征 亚有限结荚习性。株高80cm，有分枝。披针叶，紫花，灰毛。荚微弯镰形，深褐色。粒圆形，种皮黄色，有光泽，脐黄色。百粒重17g。

特性 北方春大豆，中早熟品种，生育期113d，需活动积温2 290℃。接种鉴定，抗大豆灰斑病。

产量品质 黑龙江省第三积温带种植。2009—2010年生产试验，平均产量2 727.8～2 734.7kg/hm^2，较对照丰收25增产10.9%。蛋白质含量40.42%，脂肪含量20.23%。

栽培要点 5月上旬播种。选择中等以上肥水条件地块种植，垄三栽培，保苗25万株/hm^2；窄行密植保苗35万株/hm^2。精量点播机垄底侧深施肥，施磷酸二铵135kg/hm^2、尿素45kg/hm^2、钾肥60kg/hm^2。及时铲蹚，遇旱灌水，防治病虫害，完熟收获。

适宜地区 黑龙江省第三积温带。

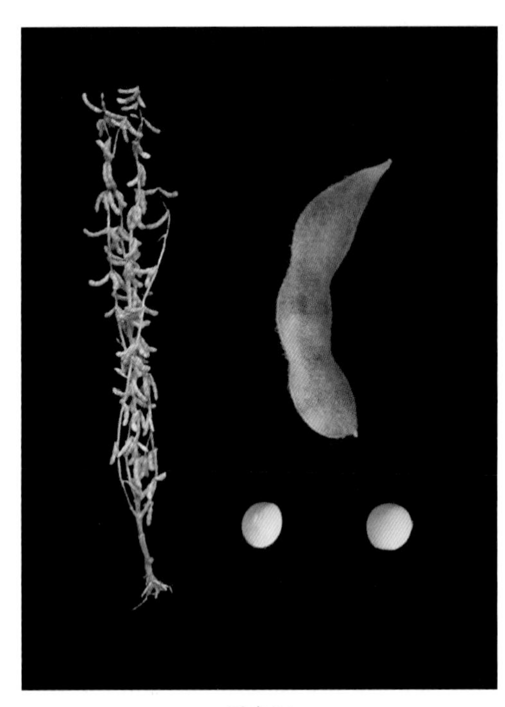

绥农31

58. 绥农31（Suinong 31）

品种来源 黑龙江省农业科学院绥化分院1997年以绥农4号为母本，（农大05687×绥农4号）F_2为父本，经有性杂交，系谱法选育而成。原代号绥00-1193。2009年经国家农作物品种审定委员会审定，命名为绥农31。审定编号为国审豆2009004，已申请植物新品种保护，公告号为CNA006074E。全国大豆品种资源统一编号ZDD30858。

特征 无限结荚习性。株高90cm，有分枝。披针叶，紫花，灰毛。田间表现抗倒伏。粒圆形，种皮黄色，脐黄色。二、三粒荚多，单株有效荚数33个。百粒重22g。

特性 北方春大豆，中晚熟品种，生育期120d，需活动积温2 400℃。接种鉴定，中抗大豆花叶病毒1号株系，感3号株系；中抗大豆灰斑病。

产量品质 2006—2007年北方春大豆区域试验，平均产量3 125.7kg/hm^2，比对照绥农14增产3.8%。2008年北方春大豆生产试验，平均产量2 754kg/hm^2，比对照绥农14增产8.2%。蛋白质含量39.74%，脂肪含量21.84%。

栽培要点 5月上旬播种。大垄（60～70cm）栽培，保苗24万株/hm^2，种衣剂拌种。施磷酸二铵135kg/hm^2、尿素45kg/hm^2、钾肥60kg/hm^2，深施或分层施。加强田间管理。

适宜地区 黑龙江省第二积温带。

绥农32

59. 绥农32（Suinong 32）

品种来源 黑龙江省农业科学院绥化分院、黑龙江省龙科种业有限公司以绥98-6023为母本，垦农19为父本，经有性杂交，系谱法选育而成。原品系号绥05-6022。2011年经黑龙江省农作物品种审定委员会审定，命名为绥农32。审定编号为黑审豆2011006。全国大豆品种资源统一编号ZDD30815。

特征 亚有限结荚习性。株高85cm，少分枝。披针叶，紫花，灰毛。荚弯镰形，褐色。种皮黄色，无光泽，脐黄色。百粒重20g。

特性 北方春大豆，中晚熟品种，生育期120d，需活动积温2 430℃。接种鉴定，中抗大豆灰斑病。

产量品质 2008—2009年区域试验，平均产量2 586.9kg/hm^2，较对照黑农44增产10.1%。2010年生产试验，平均产量2 791.9kg/hm^2，较对照黑农44增产11.8%。蛋白质含量38.23%，脂肪含量21.03%。

栽培要点 5月上旬播种。选择中等肥水条件地块种植，垄三栽培，保苗24万株/hm^2。精量点播机垄底侧深施肥，施磷酸二铵135kg/hm^2、尿素45kg/hm^2、钾肥60kg/hm^2。及时铲蹚，遇旱灌水，防治病虫害，完熟收获。

适宜地区 黑龙江省第二积温带。

60. 绥农33（Suinong 33）

品种来源 黑龙江省农业科学院绥化分院、黑龙江省龙科种业集团有限公司以绥98-6007为母本，绥00-1531为父本，经有性杂交，系谱法选育而成。原品系号绥育05-7418。2012年经黑龙江省农作物品种审定委员会审定，命名为绥农33。审定编号为黑审豆2012008。全国大豆品种资源统一编号ZDD30816。

绥农33

特征 亚有限结荚习性。株高80cm，少分枝。披针叶，紫花，灰毛。荚弯镰形，深褐色。粒圆形，种皮黄色，无光泽，脐浅黄色。百粒重20g。

特性 北方春大豆，中晚熟品种，生育期118d，需活动积温2 400℃。抗病鉴定，中抗大豆灰斑病。

产量品质 2009—2010年区域试验，平均产量2 710.1kg/hm^2，较对照绥农28增产12.0%。2011年生产试验，平均产量2 601.8kg/hm^2，较对照绥农28增产9.8%。蛋白质含量40.09%，脂肪含量20.52%。

栽培要点 5月上旬播种。选择中等以上肥力地块种植，保苗20万株/hm^2。精量点播机垄底侧深施肥，施磷酸二铵135kg/hm^2、尿素45kg/hm^2、钾肥60kg/hm^2。及时铲蹚，遇旱灌水，防治虫害，完熟收获。

适宜地区 黑龙江省第二积温带。

绥农34

61. 绥农34（Suinong 34）

品种来源 黑龙江省农业科学院绥化分院、黑龙江省龙科种业集团有限公司以绥农28为母本，黑农44为父本，经有性杂交，系谱法选育而成。原品系号绥06-8794。2012年经黑龙江省农作物品种审定委员会审定，命名为绥农34。审定编号为黑审豆2012006。全国大豆品种资源统一编号ZDD30817。

特征 亚有限结荚习性。株高80cm，有分枝。圆叶，白花，灰毛。荚微弯镰形，褐色。粒圆形，种皮黄色，无光泽，脐浅黄色。百粒重20g。

特性 北方春大豆，中晚熟品种，生育期120d，需活动积温2 450℃。抗病鉴定，中抗大豆灰斑病。

产量品质 2009—2010年区域试验，平均产量2 640.0kg/hm^2，较对照黑农44增产7.1%。2011年生产试验，平均产量2 369.1kg/hm^2，较对照合丰55增产9.1%。蛋白质含量37.72%，脂肪含量22.41%。

栽培要点 5月上旬播种。选择中等以上肥水条件地块种植，保苗24万株/hm^2。精量点播机垄底侧深施肥，施磷酸二铵135kg/hm^2、尿素45kg/hm^2、钾肥60kg/hm^2。及时铲蹚，遇旱灌水，防治虫害，完熟收获。

适宜地区 黑龙江省第二积温带。

绥农37

62. 绥农37（Suinong 37）

品种来源 黑龙江省农业科学院绥化分院以绥农20为母本，绥04-5474为父本，经有性杂交，系谱法选育而成。原品系号绥08-5331。2014年经黑龙江省农作物品种审定委员会审定，命名为绥农37。审定编号为黑审豆

2014012。全国大豆品种资源统一编号ZDD30859。

特征 无限结荚习性。株高80cm，有分枝。尖叶，白花，灰毛。荚褐色。粒圆形，种皮浅黄色，种脐浅黄色，有光泽。百粒重19.0g。

特性 生育期115d，需活动积温2 250℃。中抗大豆灰斑病。

产量品质 2011—2012年区域试验平均产量2 355.3kg/hm^2，较对照丰收25增产6.2%。2013年生产试验平均产量2 318.3kg/hm^2，较对照丰收25增产10.3%。蛋白质含量38.87%，脂肪含量21.53%。

栽培要点 5月上旬播种。选择中等以上肥力地块种植，垄作栽培，保苗25万株/hm^2。一般栽培条件下施种肥磷酸二铵135kg/hm^2、尿素20kg/hm^2、钾肥45kg/hm^2。

适宜地区 黑龙江省第三积温带。

63. 绥农38（Suinong 38）

品种来源 黑龙江省龙科种业集团有限公司以黑河31为母本，绥农31为父本，经有性杂交，系谱法选育而成。原品系号绥07-536。2014年经黑龙江省农作物品种审定委员会审定，命名为绥农38。审定编号为黑审豆2014014。全国大豆品种资源统一编号ZDD30860。

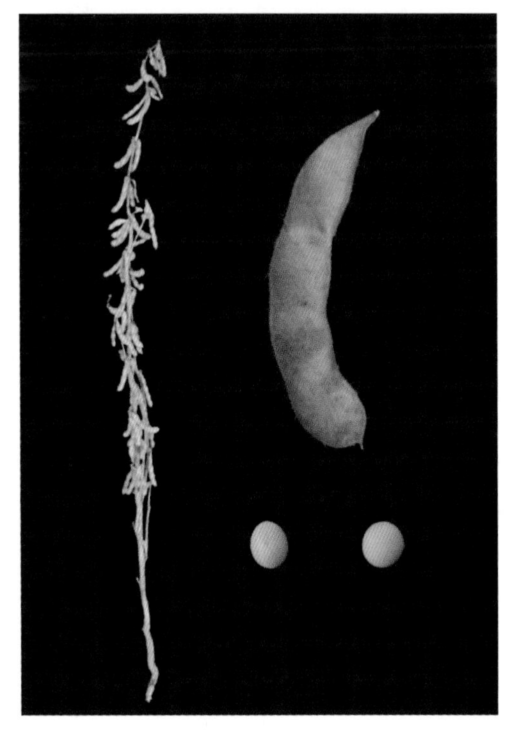

绥农38

特征 无限结荚习性。株高80cm，有分枝。尖叶，白花，灰毛。荚褐色。粒圆形，种皮黄色，种脐黄色，有光泽。百粒重20.0g。

特性 生育期113d，需活动积温2 250℃。中抗大豆灰斑病。

产量品质 2011—2012年区域试验平均产量2 769.3kg/hm^2，较对照合丰51增产9.2%。2013年生产试验平均产量2 806.8kg/hm^2，较对照合丰51增产13.3%。蛋白质含量37.80%，脂肪含量21.13%。

栽培要点 5月上中旬播种。选择中等肥力地块种植，垄三栽培，保苗30万株/hm^2。一般栽培条件下施基肥磷酸二铵150kg/hm^2、尿素40kg/hm^2、钾肥50kg/hm^2，施种肥磷酸二铵55kg/hm^2。

适宜地区 黑龙江省第三积温带。

64. 绥农39（Suinong 39）

品种来源 黑龙江省农业科学院绥化分院以绥02-423为母本，（绥农28×绥农27）F_1

为父本，经有性杂交，系谱法选育而成。原品系号绥育08-5356。2014年经黑龙江省农作物品种审定委员会审定，命名为绥农39。审定编号为黑审豆2014016。全国大豆品种资源统一编号ZDD30861。

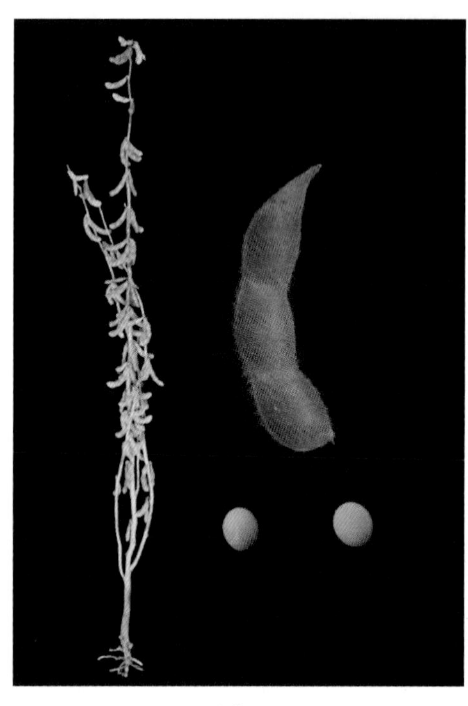

绥农39

特征 无限结荚习性。株高80cm，有分枝。长叶，紫花，灰毛。荚黄色。粒圆形，种皮黄色，种脐黄色，有光泽。百粒重21.0g。

特性 生育期113d，需活动积温2 250℃。抗大豆灰斑病。

产量品质 2011—2012年区域试验平均产量2 660.9kg/hm^2，较对照合丰51增产4.8%。2013年生产试验平均产量2 662.7kg/hm^2，较对照合丰51增产7.5%。蛋白质含量38.36%，脂肪含量21.00%。

栽培要点 5月上旬播种。选择中等以上肥力地块种植，垄作栽培，保苗24万株/hm^2。一般栽培条件下施种肥磷酸二铵135kg/hm^2、尿素20kg/hm^2、钾肥45kg/hm^2。

适宜地区 黑龙江省第三积温带。

65. 绥小粒豆2号（Suixiaolidou 2）

品种来源 黑龙江省农业科学院绥化分院以绥小粒豆1号为母本，绥99-4889为父本，经有性杂交，系谱法选育而成。原品系号绥03-31046。2007年经黑龙江省农作物品种审定委员会审定，命名为绥小粒豆2号。审定编号为黑审豆2007023。全国大豆品种资源统一编号ZDD24393。

特征 亚有限结荚习性。株高100cm，分枝0～3个。披针叶，紫花，灰毛。荚微弯镰形，褐色。底荚高5～17cm。粒圆形，种皮黄色，有光泽，脐浅黄色。百粒重9.5g。

特性 北方春大豆，中熟品种，生育期115d，需活动积温2 300℃。接种鉴定，中抗大豆灰斑病。

产量品质 2004—2005年区域试验，平

绥小粒豆2号

均产量2 431.6kg/hm^2，较对照绥小粒豆1号增产18.4%。2006年生产试验，平均产量2 150.3kg/hm^2，较对照绥小粒豆1号增产14.4%。蛋白质含量45.47%，脂肪含量16.70%。

栽培要点 5月上旬播种。选择中等以上肥力地块种植，垄作栽培，保苗22万株/hm^2。施磷酸二铵180kg/hm^2。及时铲蹚，遇旱灌水，防治病虫害，完熟收获。

适宜地区 黑龙江省第二积温带及第三积温带上限。

66. 绥无腥豆2号（Suiwuxingdou 2）

品种来源 黑龙江省农业科学院绥化分院，黑龙江省龙科种业集团有限公司以绥03-31019为母本，绥农27为父本，经有性杂交，系谱法选育而成。原品系号绥07-502。2012年经黑龙江省农作物品种审定委员会审定，命名为绥无腥豆2号。审定编号为黑审豆2012023。全国大豆品种资源统一编号ZDD30819。

特征 亚有限结荚习性。株高80cm，无分枝。披针叶，紫花，灰毛。荚微弯镰形，草黄色。粒圆形，种皮黄色，无光泽，脐浅黄色。百粒重24g。

绥无腥豆2号

特性 北方春大豆，中晚熟品种，生育期116d，需活动积温2 400℃。接种鉴定，中抗大豆灰斑病。

产量品质 2009—2010年区域试验，平均产量2 882.2kg/hm^2，较对照绥无腥豆1号增产12.9%。2011年生产试验，平均产量2 486.5kg/hm^2，较对照绥无腥豆1号增产14.1%。蛋白质含量42.67%，脂肪含量20.17%。种子中缺失脂肪氧化酶-1和脂肪氧化酶-2，无豆腥味。

栽培要点 5月上旬播种。选择中等以上肥水条件地块种植，保苗24万株/hm^2。精量点播机垄底侧深施肥，施磷酸二铵135kg/hm^2、尿素45kg/hm^2、钾肥60kg/hm^2。及时铲蹚，遇旱灌水，防治虫害，完熟收获。

适宜地区 黑龙江省第二积温带。

67. 合丰48（Hefeng 48）

品种来源 黑龙江省农业科学院佳木斯分院辐射处理合9226（合丰35×吉林27）F_2代材料系选而成。原品系号合辐93155-6。2005年经黑龙江省农作物品种审定委员会审定，命名为合丰48。审定编号为黑审豆2005003。全国大豆品种资源统一编号ZDD23610。

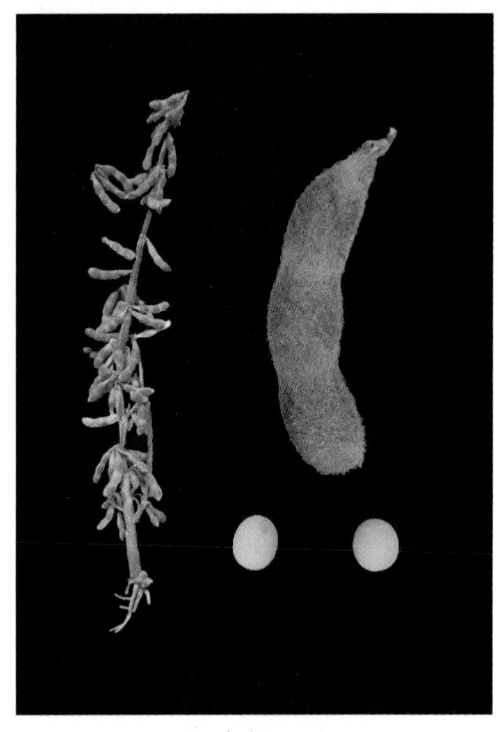
合丰48

特征 亚有限结荚习性。株高84cm，节间短，结荚密，三粒荚多，顶荚丰富。荚褐色。圆叶，紫花，灰毛。粒圆形，种皮黄色，有光泽，脐浅黄色。百粒重22～25g。

特性 北方春大豆，中熟品种，生育期113d，需活动积温2 350℃。接种鉴定，抗大豆灰斑病，中抗大豆花叶病毒1号株系。

产量品质 2002—2003年区域试验，平均产量2 553.1kg/hm^2，较对照合丰35增产10.7%。2004年生产试验，平均产量2 289.7kg/hm^2，较对照合丰35增产12.6%。蛋白质含量38.7%。脂肪含量22.67%。

栽培要点 5月上中旬播种。选择中上等肥力的地块种植，尽量种正茬或迎茬，避免重茬，施磷酸二铵150kg/hm^2、尿素20kg/hm^2、钾肥30kg/hm^2，根据长势适当追肥。包衣种子，保苗23万～25万株/hm^2。

适宜地区 黑龙江省第二积温带。

68. 合丰49（Hefeng 49）

合丰49

品种来源 黑龙江省农业科学院佳木斯分院以合交93-88为母本，绥农10号为父本杂交，系谱法选育而成。原品系号合交97-1165。2005年经黑龙江省农作物品种审定委员会审定，命名为合丰49。审定编号为黑审豆2005004。全国大豆品种资源统一编号ZDD24373。

特征 无限结荚习性。株高85～90cm，节间短。结荚密，三、四粒荚多。披针叶，紫花，灰毛。粒圆形，种皮黄色，脐浅黄色。百粒重18g。

特性 北方春大豆，中熟品种，生育期119d，需活动积温2 350℃。接种鉴定，抗大豆灰斑病，中抗大豆花叶病毒1号株系。

产量品质 2002—2003年区域试验，平均产量2 745.0kg/hm^2，较对照绥农10号增产

8.1%。2004年生产试验，平均产量3 298.6kg/hm^2，较对照绥农10号增产10.7%。蛋白质含量40.56%，脂肪含量19.58%。

栽培要点 5月上中旬播种。选择中等肥力的地块种植，避免重茬种植，施磷酸二铵150kg/hm^2、尿素20kg/hm^2、钾肥30kg/hm^2，根据长势适当追肥。种子进行包衣处理，保苗25万～28万株/hm^2。

适宜地区 黑龙江省第二积温带。

69. 合丰50（Hefeng 50）

品种来源 黑龙江省农业科学院佳木斯分院以合丰35为母本，以合95-1101（合丰34×合丰35）为父本，有性杂交方法选育而成。原品系号合交99-718。2006年经黑龙江省农作物品种审定委员会审定，命名为合丰50。审定编号为黑审豆2006003。全国大豆品种资源统一编号ZDD24374。

特征 亚有限结荚习性。株高85～90cm，秆强，节间短，每节荚数多，三、四粒荚多，顶荚丰富。荚褐色。披针叶，紫花，灰毛。粒圆形，种皮黄色，有光泽，脐浅黄色。百粒重20～22g。

特性 北方春大豆，中早熟品种，生育期116d，需活动积温2 350℃。接种鉴定，中抗大豆灰斑病，抗大豆花叶病毒1号株系。

产量品质 2003—2004年区域试验，平均产量2 506.1kg/hm^2，较对照合丰35增产14.1%。2005年生产试验，平均产量2 642.2kg/hm^2，较对照合丰35增产17.4%。蛋白质含量37.41%，脂肪含量22.57%。

栽培要点 5月上中旬播种。保苗25万～28万株/hm^2。施磷酸二铵150kg/hm^2、尿素20kg/hm^2、钾肥30～50kg/hm^2，根据长势适当追肥。三铲三蹚，拔大草2次或化学除草。

适宜地区 黑龙江省第二积温带。

合丰50

70. 合丰51（Hefeng 51）

品种来源 黑龙江省农业科学院佳木斯分院以合丰35为母本，以合94114F3（合丰34×美国扁茎大豆）为父本，经有性杂交，系谱法选育而成。原品系号合99-459。2006

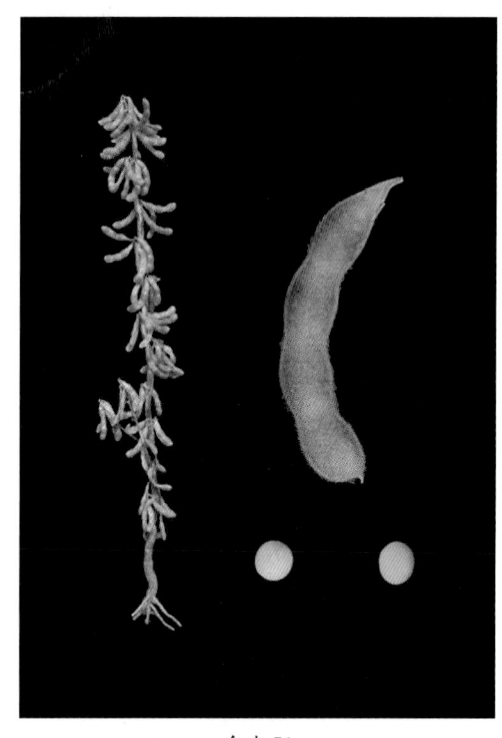

合丰51

年经黑龙江省农作物品种审定委员会审定，命名为合丰51。审定编号为黑审豆2006004。全国大豆品种资源统一编号ZDD24375。

特征 亚有限结荚习性。株高80 ~ 85cm，秆强，节间短，每节荚数多。三、四粒荚多，顶荚丰富，荚褐色。披针叶，紫花，灰毛。粒圆形，种皮黄色，有光泽，脐浅黄色。百粒重20 ~ 22g。

特性 北方春大豆，中早熟品种，生育期113d，需活动积温2 200℃。接种鉴定，中抗大豆灰斑病。

产量品质 2003—2004年区域试验，平均产量2 377.9kg/hm^2，较对照宝丰7号增产10.8%。2005年生产试验，平均产量2 743.8kg/hm^2，较对照宝丰7号增产14.2%。蛋白质含量40.15%，脂肪含量21.31%。

栽培要点 5月上中旬播种，保苗30万～35万株/hm^2。施磷酸二铵150kg/hm^2、尿素20 ~ 30kg/hm^2、钾肥30 ~ 50kg/hm^2，根据长势适当追肥。三铲三蹚，拔大草2次，或化学除草。

适宜地区 黑龙江省第三积温带。

71. 合丰52（Hefeng 52）

合丰52

品种来源 黑龙江省农业科学院佳木斯分院以美国品种SPRITE87为母本，宝丰7号为父本，经有性杂交，系谱法选育而成。原品系号合交00-23。2007年经黑龙江省农作物品种审定委员会审定，命名为合丰52。审定编号为黑审豆2007006。全国大豆品种资源统一编号ZDD24376。

特征 亚有限结荚习性。株高90cm，有分枝。圆叶，白花，灰毛。荚弯镰形，草黄色。粒圆形，种皮黄色，有光泽，脐褐色。百粒重17g。

特性 北方春大豆，中早熟品种，生育期

116d，需活动积温2 320℃。接种鉴定，抗大豆灰斑病，抗大豆花叶病毒1号株系，抗大豆疫霉根腐病。

产量品质 2004—2005年区域试验，平均产量2 370.2kg/hm^2，较对照合丰35增产11.3%。2006年生产试验，平均产量2 631.3kg/hm^2，较对照合丰47增产14.5%。蛋白质含量37.43%，脂肪含量23.24%。

栽培要点 选择中等肥力的地块，尽量种正茬或迎茬，避免重茬。施磷酸二铵150kg/hm^2、硫酸钾50kg/hm^2、尿素30 ～ 40kg/hm^2。5月上中旬播种，密度30万株/hm^2。化学药剂除草或人工除草，生育后期拔大草1 ～ 2次，三铲三蹚，在7月下旬或8月上中旬防治大豆食心虫1 ～ 2次。

适宜地区 黑龙江省第二积温带。

72. 合丰53（Hefeng 53）

品种来源 黑龙江省农业科学院佳木斯分院以合丰45为母本，以合9694F_5［合丰35×合9477F_3（北丰9×美国扁茎大豆）］为父本，经有性杂交，系谱法选育而成。原品系号合交00-783。2008年经国家农作物品种审定委员会审定，命名为合丰53。审定编号为国审豆2008014。全国大豆品种资源统一编号ZDD30807。

合丰53

特征 亚有限结荚习性。株高80cm。披针叶，白花，灰毛。单株有效荚数34.8个。粒圆形，种皮黄色，黄脐。百粒重18.7g。

特性 北方春大豆，中晚熟品种，生育期124d，需活动积温2 400℃。接种鉴定，抗大豆灰斑病；中抗大豆花叶病毒1号株系，中感3号株系。

产量品质 2006年北方春大豆中早熟组品种区域试验，产量3 222.0kg/hm^2，比对照绥农14增产6.1%（极显著），2007年续试，产量2 850.0kg/hm^2，比对照增产11.6%（极显著）。区域试验，两年平均产量3 036.0kg/hm^2，比对照增产8.6%。2007年生产试验，产量2 613.0kg/hm^2，比对照绥农14增产9.9%。蛋白质含量39.68%，脂肪含量21.49%。

栽培要点 5月上中旬播种。选择中下等肥力地块种植，垄三栽培，保苗25.5万～ 30万株/hm^2，施磷酸二铵105 ～ 150kg/hm^2、钾肥45kg/hm^2、尿素30kg/hm^2。

适宜地区 黑龙江省第二积温带和第三积温带上限，吉林省东部地区（春播种植）。

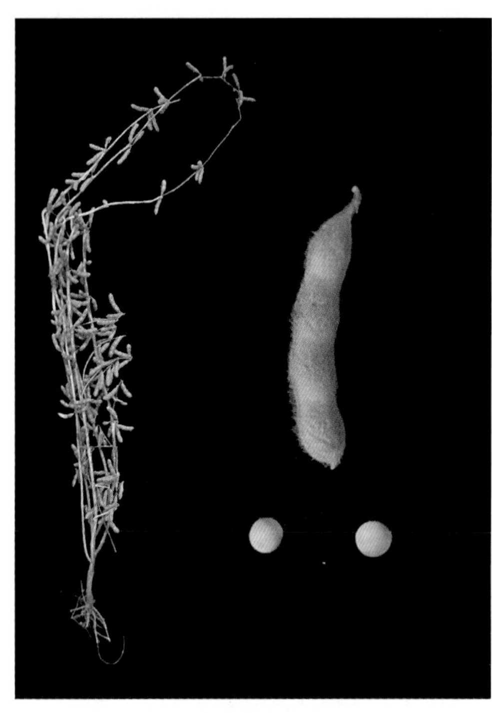
合丰54

73. 合丰54（Hefeng 54）

品种来源 黑龙江省农业科学院佳木斯分院以龙9777为母本，日本小粒豆为父本，经有性杂交，系谱法选育而成。原品系号合交05-1478。2008年经黑龙江省农作物品种审定委员会审定，命名为合丰54。审定编号为黑审豆2008020。全国大豆品种资源统一编号ZDD24377。

特征 无限结荚习性。株高90 ~ 95cm，有分枝。披针叶，白花，灰毛。荚直，灰褐色。粒圆形，种皮黄色，有光泽，脐黄色。百粒重9g。

特性 北方春大豆，中熟品种，生育期115d，需活动积温2 320℃。接种鉴定，中抗大豆灰斑病。

产量品质 2006—2007年区域试验，平均产量2 201.6kg/hm^2，较对照绥小粒豆1号增产13.2%。2007年生产试验，平均产量2 211.6kg/hm^2，较对照绥小粒豆1号增产13.0%。蛋白质含量42.29%，脂肪含量19.30%。

栽培要点 5月上中旬播种。选择中下等肥力的地块种植，垄三栽培，保苗25万株/hm^2。施有机肥15 000kg/hm^2，结合秋整地一次性施入；施磷酸二铵100kg/hm^2、尿素20kg/hm^2、钾肥30kg/hm^2。要求三铲三趟，拔大草2次，追施叶面肥和防治大豆食心虫1 ~ 2次或化学除草。

适宜地区 黑龙江省第二积温带。

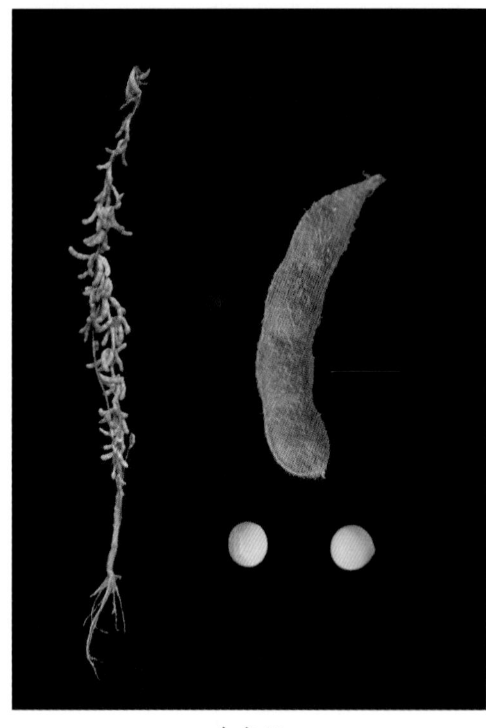
合丰55

74. 合丰55（Hefeng 55）

品种来源 黑龙江省农业科学院佳木斯分院以北丰11为母本，绥农4号为父本，经有性杂交，系谱法选育而成。原品系号合交02-69。2008年经黑龙江省农作物品种审定委员会审定，命名为合丰55。审定编号为黑审豆2008010。全国大豆品种资源统一编号ZDD24378。

特征 无限结荚习性。株高90 ~ 95cm，有分枝。披针叶，紫花，灰毛。荚弯镰形，褐色。粒圆形，种皮黄色，有光泽，脐黄色。百粒重22 ~ 25g。

特性 北方春大豆，中熟品种，生育期117d，需活动积温2 365℃。接种鉴定，中抗大豆灰斑病，抗大豆疫病，抗大豆花叶病毒1号株系。

产量品质 2005—2006年区域试验，平均产量2 531.6kg/hm^2，较对照合丰47增产12.6%。2007年生产试验，平均产量2 568.4kg/hm^2，较对照合丰47增产18.2%。蛋白质含量39.35%，脂肪含量22.61%。

栽培要点 5月上中旬播种。选择中上等肥力的地块种植，垄三栽培，保苗25万株/hm^2。施有机肥30 000kg/hm^2，结合秋整地一次性施入；施磷酸二铵150kg/hm^2、尿素20kg/hm^2、钾肥30kg/hm^2。要求三铲三蹚，拔大草2次，追施叶面肥和防治大豆食心虫1 ~ 2次或化学除草。

适宜地区 黑龙江省第二积温带。

75. 合丰56（Hefeng 56）

品种来源 黑龙江省农业科学院佳木斯分院以九三92-168为母本，合丰41为父本，经有性杂交，系谱法选育而成。原品系号合交02-553-1。2009年经黑龙江省农作物品种审定委员会审定，命名为合丰56。审定编号为黑审豆2009010。全国大豆品种资源统一编号ZDD24379。

合丰56

特征 无限结荚习性。株高95 ~ 100cm，有分枝。披针叶，紫花，灰毛。荚弯镰形，褐色。粒圆形，种皮黄色，有光泽，脐黄色。百粒重18 ~ 20g。

特性 北方春大豆，中熟品种，生育期118d，需活动积温2 360℃。接种鉴定，中抗大豆灰斑病。

产量品质 2006—2007年区域试验，平均产量2 607.7kg/hm^2，较对照合丰25增产8.9%。2008年生产试验，平均产量2 774.7kg/hm^2，较对照合丰45增产12.0%。蛋白质含量41.33%，脂肪含量20.10%。

栽培要点 5月上中旬播种。选择中上等肥力的地块种植，垄三栽培，保苗30万株/hm^2。施有机肥15 000kg/hm^2，结合秋整地一次性施入；施磷酸二铵150kg/hm^2、尿素30 ~ 50kg/hm^2、钾肥50 ~ 60kg/hm^2。生育期三铲三蹚，拔大草2次，追施叶面肥和防治大豆食心虫1 ~ 2次或化学除草。

适宜地区 黑龙江省第二积温带。

76. 合丰57（Hefeng 57）

合丰57

品种来源 黑龙江省农业科学院佳木斯分院以（Hobbit × 合丰42）F_2为材料经^{60}Co γ射线辐射处理后连续选择育成。原品系号合辐02-655。2009年经黑龙江省农作物品种审定委员会审定，命名为合丰57。审定编号为黑审豆2009004。全国大豆品种资源统一编号ZDD24380。

特征 亚有限结荚习性。株高85 ~ 90cm，有分枝。圆叶，白花，灰毛。荚弯镰形，黄褐色。粒圆形，种皮黄色，有光泽，脐褐色。百粒重18 ~ 20g。

特性 北方春大豆，中熟品种，生育期117d，需活动积温2 380℃。接种鉴定，中抗大豆灰斑病。

产量品质 2006—2007年区域试验，平均产量2 431.4kg/hm^2，较对照合丰35增产13.8%。2008年生产试验，平均产量2 119.7kg/hm^2，较对照合丰50增产11.6%。蛋白质含量38.36%，脂肪含量22.87%。

栽培要点 5月上中旬播种。选择中下等肥力地块种植，垄三栽培，保苗30万株/hm^2。施有机肥15 000kg/hm^2，结合秋整地一次性施入；施磷酸二铵100 ~ 150kg/hm^2、尿素30 ~ 50kg/hm^2、钾肥50 ~ 60kg/hm^2。要求三铲三蹚，拔大草2次，追施叶面肥和防治大豆食心虫1 ~ 2次或化学除草。

适宜地区 黑龙江省第二积温带。

77. 合农58（Henong 58）

品种来源 黑龙江省农业科学院佳木斯分院以龙9777为母本，日本小粒豆品种为父本，经有性杂交，系谱法选育而成。原品系号合辐02-655。2010年经黑龙江省农作物品种审定委员会审定，命名为合农58。审定编号为黑审豆2010020。全国大豆品种资源统一编号ZDD30808。

特征 芽豆或纳豆加工专用品种，亚有限结荚习性。株高75 ~ 85cm，多分枝。披针叶，白花，灰毛。荚直，褐色。粒圆形，种皮黄色，有光泽，脐黄色。百粒重9.5g。

特性 北方春大豆，中早熟品种，生育期114d，需活动积温2 260℃。接种鉴定，中抗大豆灰斑病。

产量品质 2007—2008年区域试验，平均产量2 291.7kg/hm^2，较对照绥小粒豆1号增产16.2%。2009年生产试验，平均产量2 273.3kg/hm^2，较对照绥小粒豆1号增产14.2%。蛋白质含量42.75%，脂肪含量19.14%，可溶性糖含量8.17%。

栽培要点 5月上中旬播种。选择中等肥力地块种植，避免重茬种植，伏翻或秋翻秋打垄或早春适时顶浆打垄。施磷酸二铵100kg/hm^2、尿素20kg/hm^2、钾肥30kg/hm^2，根据长势追施叶面肥1 ~ 2次，同时防治大豆食心虫。种子包衣处理，以防治地下害虫和土传病害。保苗25万 ~ 30万株/hm^2。要求三铲三蹚，化学除草，拔大草2 ~ 3次。

适宜地区 黑龙江省第二积温带。

合农58

78. 合农59（Henong 59）

品种来源 黑龙江省农业科学院佳木斯分院以合丰39为母本，合交98-1246（北丰11×ELF）为父本，经有性杂交，系谱法选育而成。原品系号合交03-96。2010年经黑龙江省农作物品种审定委员会审定，命名为合农59。审定编号为黑审豆2010012。全国大豆品种资源统一编号ZDD30809。

特征 亚有限结荚习性。株高65 ~ 75cm，有分枝。披针叶，白花，灰毛。荚弯镰形，黄褐色。粒圆形，种皮黄色，有光泽，脐黄色。百粒重17 ~ 18g。

特性 北方春大豆，中早熟品种，生育期

合农59

113d，需活动积温2 205℃。接种鉴定，中抗大豆灰斑病。

产量品质 2007—2008年区域试验，平均产量2 627.0kg/hm²，较对照宝丰7号增产10.4%。2009年生产试验，平均产量2 561.5kg/hm²，较对照合丰51增产12.5%。蛋白质含量39.87%，脂肪含量20.64%。

栽培要点 5月上中旬播种。选择中等肥力的地块种植，避免重茬种植，伏翻或秋翻秋打垄或早春适时顶浆打垄。施磷酸二铵150kg/hm²、尿素25 ~ 30kg/hm²、钾肥50 ~ 60kg/hm²，根据长势适当追肥。种子包衣处理，以防治地下害虫和土传病害。保苗30万~35万株/hm²。9月中旬成熟，9月下旬收获。要求三铲三蹚，化学除草，拔大草2 ~ 3次，追施叶面肥和防治大豆食心虫1 ~ 2次。

适宜地区 黑龙江省第三积温带。

79. 合农60（Henong 60）

合农60

品种来源 黑龙江省农业科学院佳木斯分院以北丰11为母本，美国矮秆品种Hobbit为父本，经有性杂交，系谱法选育而成。原品系号合交98-1667。2010年经黑龙江省农作物品种审定委员会审定，命名为合农60。审定编号为黑审豆2010010。全国大豆品种资源统一编号ZDD30810。

特征 有限结荚习性。株高40 ~ 50cm，窄行密植栽培株高65 ~ 70cm。披针叶，白花，棕毛。荚弯镰形，棕褐色。粒圆形，种皮黄色，有光泽，脐黄色。百粒重17 ~ 20g。

特性 北方春大豆，中晚熟品种，生育期117d，需活动积温2 290℃。接种鉴定，中抗大豆灰斑病。

产量品质 2007—2008年区域试验，（45cm垄距，双行）平均产量3 608.9kg/hm²，较对照合丰47（70cm垄距）增产24.3 %。2009年生产试验，（45cm垄距，双行）产量3 909.8kg/hm²，较对照合丰50（70cm垄距）增产25.3%。蛋白质含量38.47%，脂肪含量22.25%。

栽培要点 5月上中旬播种。窄行密植栽培，保苗40万~ 45万株/hm²。选择地势平坦，土质肥沃或中上等肥力的地块种植，避免重茬种植。施磷酸二铵150 ~ 200kg/hm²、尿素25 ~ 30kg/hm²、钾肥30 ~ 50kg/hm²。选择窄行密植专用播种机播种。种子包衣处理。化学封闭除草，或苗后茎叶处理，拔大草2 ~ 3次，在花荚盛期追施叶面肥的同时防治大豆食心虫1 ~ 2次。

适宜地区 黑龙江省第三积温带。

80. 合农61（Henong 61）

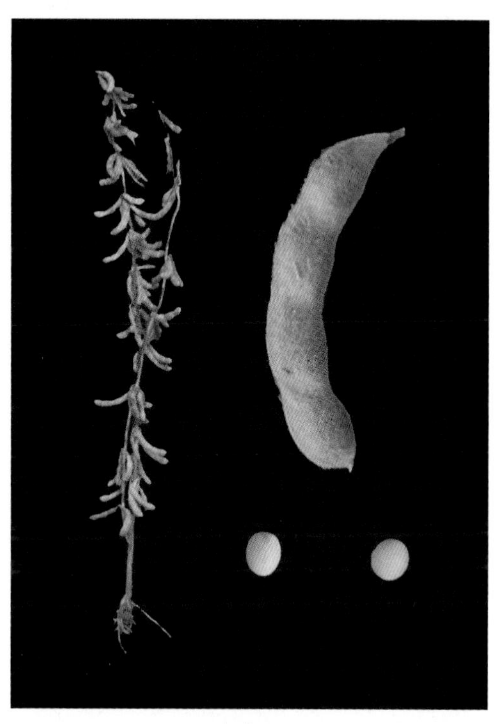
合农61

品种来源 黑龙江省农业科学院佳木斯分院以北丰11为母本，合97-793为父本，经有性杂交，系谱法选育而成。原品系号合航03505。2010年经国家农作物品种审定委员会审定，命名为合农61。审定编号为国审豆2010001。全国大豆品种资源统一编号ZDD30811。

特征 亚有限结荚习性。株高88.3cm，主茎16.2节，有效分枝0.4个，底荚高度15.3cm，单株有效荚数35.3个，单株粒数84.4粒，单株粒重19.2g。披针叶，白花，灰白毛。粒圆形，种皮黄色，脐黄色。百粒重20.8g。

特性 北方春大豆，中晚熟品种，生育期124d，需活动积温2 430℃。接种鉴定，中感花叶病毒1号株系，感花叶病毒3号株系，中抗大豆灰斑病。

产量品质 2008年北方春大豆中早熟组品种区域试验，平均产量2 650.5kg/hm^2，比对照绥农14增产8.2%；2009年续试，平均产量2 970.0kg/hm^2，比对照绥农14增产12.6%。区域试验，两年平均产量2 811.0kg/hm^2，比对照绥农14增产10.4%。2009年生产试验，平均产量2 977.5kg/hm^2，比对照绥农14增产9.2%。蛋白质含量38.69%，脂肪含量20.76%。

栽培要点 5月上中旬播种。65 ~ 70cm垄上双条精量点播，种植密度25.5万 ~ 30万株/hm^2，施磷酸二铵150kg/hm^2、钾肥60 ~ 75kg/hm^2、尿素30 ~ 45kg/hm^2，开花结荚期叶面喷肥1 ~ 2次。注意防治大豆食心虫。

适宜地区 黑龙江省第二积温带，吉林省蛟河和敦化地区，内蒙古兴安盟地区，新疆昌吉和新源地区春播种植。

81. 合农62（Henong 62）

品种来源 黑龙江省农业科学院佳木斯分院以北丰11为母本，合丰41为父本，经有性杂交，系谱法选育而成。原品系号合交05-1697。2011年经黑龙江省农作物品种审定委员会审定，命名为合农62。审定编号为黑审豆2011010。全国大豆品种资源统一编号

合农62

合农63

ZDD30812。

特征 无限结荚习性。株高95 ~ 100cm，有分枝。披针叶，紫花，灰毛。荚弯镰形，褐色。粒圆形，种皮黄色，有光泽，脐黄色。百粒重18 ~ 20g。

特性 北方春大豆，中早熟品种，生育期115d，需活动积温2 350℃。接种鉴定，中抗大豆灰斑病。

产量品质 2008—2009年区域试验，平均产量2 398.2kg/hm²，较对照合丰50增产13.0%。2010年生产试验，平均产量3 197.3kg/hm²，较对照合丰50增产13.8%。蛋白质含量40.86%，脂肪含量19.45%。

栽培要点 5月上中旬播种。选择中等肥力地块或瘠薄地种植，垄三栽培，保苗25万～30万株/hm²。施磷酸二铵100 ~ 150kg/hm²、尿素20 ~ 25kg/hm²、钾肥50 ~ 60kg/hm²。要求三铲三蹚，拔大草2 ~ 3次，或化学除草，根据长势追施叶面肥1 ~ 2次，同时防治食心虫。

适宜地区 黑龙江省第二积温带。

82. 合农63（Henong 63）

品种来源 黑龙江省农业科学院佳木斯分院、黑龙江省合丰种业有限责任公司、黑龙江省龙科种业集团有限公司以垦农18为母本，合丰47为父本，经有性杂交，系谱法选育而成。原品系号合05-31。2012年经黑龙江省农作物品种审定委员会审定，命名为合农63。审定编号为黑审豆2012011。全国大豆品种资源统一编号ZDD30813。

特征 亚有限结荚习性。株高95cm，有分枝。圆叶，紫花，灰毛。荚直形，褐色。粒圆形，种皮黄色，有光泽，脐黄色。百粒重18g。

特性 北方春大豆，中熟品种，生育期

115d，需活动积温2 350℃。接种鉴定，中抗大豆灰斑病。

产量品质 2009—2010年区域试验，平均产量2 928.7kg/hm^2，较对照合丰50增产16.1%。2011年生产试验，平均产量2 581.3kg/hm^2，较对照合丰50增产15.5%。蛋白质含量39.25%，脂肪含量23.27%。

栽培要点 5月上中旬播种。选择中等肥力地块种植，保苗30万株/hm^2。施有机肥30 000kg/hm^2，结合秋整地一次性施入，施磷酸二铵100 ～ 150kg/hm^2、尿素20 ～ 25kg/hm^2、钾肥50 ～ 70kg/hm^2。化学除草或人工除草，中耕2 ～ 3次，拔大草1 ～ 2次，追施叶面肥和防治大豆食心虫1 ～ 2次。

适宜地区 黑龙江省第二积温带。

83. 合农64（Henong 64）

品种来源 黑龙江省农业科学院佳木斯分院、黑龙江省合丰种业有限责任公司以Hobbit为母本，九丰10号为父本，经有性杂交，系谱法选育而成。原品系号合交06-1148。2013年经黑龙江省农作物品种审定委员会审定，命名为合农64。审定编号为黑审豆2013010。全国大豆品种资源统一编号ZDD30862。

特征 无限结荚习性。株高87cm，有分枝。圆叶，白花，灰色茸毛。荚黄褐色。粒圆形，种皮黄色，种脐浅黄色，有光泽。百粒重19.0g。

特性 生育期115d，需活动积温2 350℃。抗大豆灰斑病。

产量品质 2010—2011年区域试验平均产量2 892.7kg/hm^2，较对照合丰50增产11.0%。2012年生产试验平均产量2 501.7kg/hm^2，较对照合丰50增产13.8%。蛋白质含量38.28%，脂肪含量21.90%。

栽培要点 5月上中旬播种。垄三栽培，保苗25万～ 30万株/hm^2。施磷酸二铵100 ～ 150kg/hm^2、尿素20 ～ 25kg/hm^2、钾肥50 ～ 70kg/hm^2。

适宜地区 黑龙江省第二积温带。

合农64

84. 合农65（Henong 65）

品种来源 黑龙江省农业科学院佳木斯分院、黑龙江省合丰种业有限责任公司以

合农65

（合航93-793×黑交95-750）F_2为材料经航天处理后，系谱法选育而成。原品系号合航05-450。2013年经黑龙江省农作物品种审定委员会审定，命名为合农65。审定编号为黑审豆2013013。全国大豆品种资源统一编号ZDD30863。

特征 亚有限结荚习性。株高89.2cm，无分枝。尖叶，白花，灰毛。荚褐色。粒圆形，种皮黄色，种脐浅黄色，有光泽。百粒重20.8g。

特性 生育期115d，活动积温2 350℃。中抗大豆灰斑病。

产量品质 2010—2011年区域试验平均产量2 833.2kg/hm²，较对照合丰50增产7.6%。2012年生产试验平均产量2 477.5kg/hm²，较对照合丰50增产13.2%。蛋白质含量40.50%，脂肪含量20.19%。

栽培要点 5月上中旬播种。垄三栽培，保苗25万～30万株/hm²。种子进行包衣处理。在一般栽培条件下，施磷酸二铵150kg/hm²、尿素25kg/hm²、钾肥70kg/hm²。

适宜地区 黑龙江省第二积温带。

85. 合农66（Henong 66）

品种来源 黑龙江省农业科学院佳木斯分院、黑龙江省合丰种业有限责任公司以合丰39为母本，合交00-579为父本，经有性杂交，系谱法选育而成。原品系号合交03-952。2014年经黑龙江省农作物品种审定委员会审定，命名为合农66。审定编号为黑审豆2014017。全国大豆品种资源统一编号ZDD30864。

特征 亚有限结荚习性。株高86cm，无分枝。尖叶，紫花，灰毛。荚褐色。粒圆形，种皮黄色，种脐浅黄色，有光泽。百粒重18.1g。

特性 生育期113d，需活动积温2 250℃。中抗大豆灰斑病。

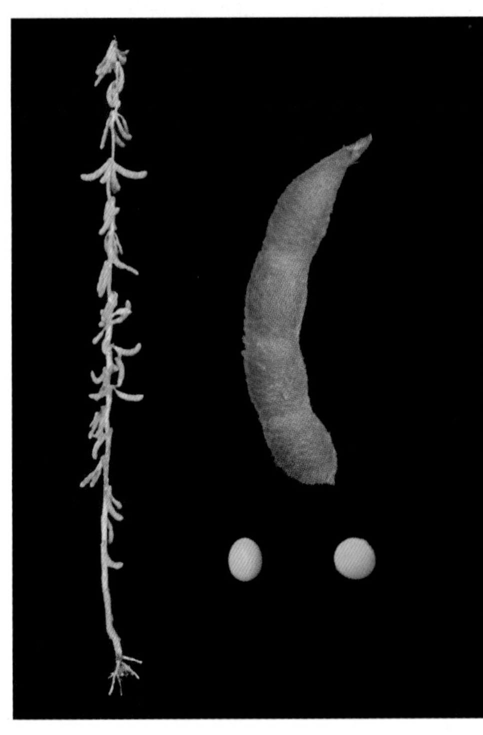
合农66

产量品质 2010—2011年区域试验平均

产量2 863.4kg/hm^2，较对照合丰51增产12.0%。2012年生产试验平均产量2 625.7kg/hm^2，较对照合丰51增产9.4%。蛋白质含量36.52%，脂肪含量21.87%。

栽培要点 5月上中旬播种。选择中等肥力地块种植，垄作栽培，保苗25万～28万株/hm^2。一般栽培条件下施磷酸二铵100kg/hm^2、尿素25kg/hm^2、钾肥70kg/hm^2。

适宜地区 黑龙江省第三积温带。

86. 合农67（Henong 67）

品种来源 黑龙江省农业科学院佳木斯分院、黑龙江省合丰种业有限责任公司以合交00-152为母本，绥02-529为父本，经有性杂交，系谱法选育而成。原品系号合交04-553。2014年经黑龙江省农作物品种审定委员会审定，命名为合农67。审定编号为黑审豆2014005。全国大豆品种资源统一编号ZDD30865。

合农67

特征 亚有限结荚习性。株高92cm，无分枝。尖叶，紫花，灰毛。荚褐色。粒圆形，种皮黄色，种脐浅黄色，有光泽。百粒重19.1g。

特性 生育期120d，需活动积温2 450℃。中抗大豆灰斑病。

产量品质 2011—2012年区域试验平均产量2 841.9kg/hm^2，较对照合丰55增产10.2%。2013年生产试验平均产量2 774.7kg/hm^2，较对照合丰55增产9.7%。蛋白质含量37.17%，脂肪含量21.52%。

栽培要点 5月上中旬播种。垄作栽培，保苗25万～30万株/hm^2。一般栽培条件下施磷酸二铵100～150kg/hm^2、尿素25～30kg/hm^2、钾肥50～70kg/hm^2。

适宜地区 黑龙江省第二积温带。

87. 合农68（Henong 68）

品种来源 黑龙江省农业科学院佳木斯分院、黑龙江省合丰种业有限责任公司以合丰50为母本，绥02-529为父本，经有性杂交，系谱法选育而成。原品系号合交07-482。2014年经黑龙江省农作物品种审定委员会审定，命名为合农68。审定编号为黑审豆2014007。全国大豆品种资源统一编号ZDD30866。

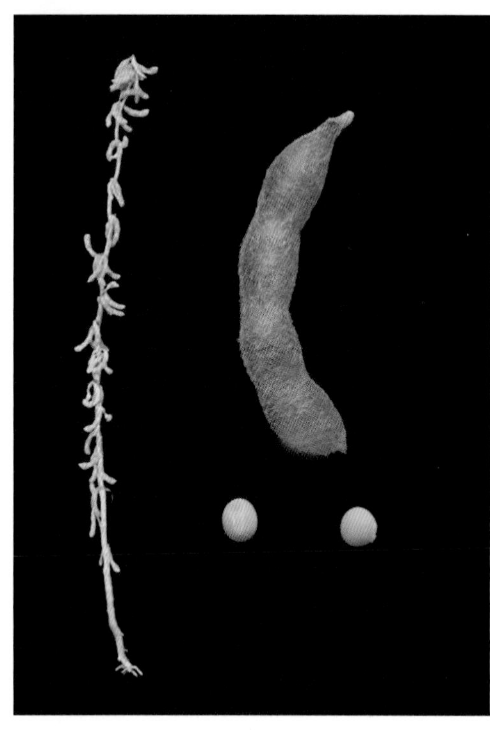
合农68

特征 亚有限结荚习性。株高88cm，有分枝。尖叶，紫花，灰毛。荚褐色。粒圆形，种皮黄色，种脐浅黄色，有光泽。百粒重19.7g。

特性 生育期115d，需活动积温2 350℃。中抗大豆灰斑病。

产量品质 2011—2012年区域试验平均产量2 664.1kg/hm^2，较对照合丰50增产13.4%。2013年生产试验平均产量2 955.6kg/hm^2，较对照合丰50增产12.9%。蛋白质含量37.75%，脂肪含量21.68%。

栽培要点 5月上中旬播种。垄作栽培，保苗25万～30万株/hm^2。一般栽培条件下施磷酸二铵150kg/hm^2、尿素30kg/hm^2、钾肥70kg/hm^2。

适宜地区 黑龙江省第二积温带。

88. 合农69（Henong 69）

合农69

品种来源 黑龙江省农业科学院佳木斯分院、黑龙江省合丰种业有限责任公司以合交98-1622为母本，垦丰16为父本，经有性杂交，系谱法选育而成。原品系号合交05-648。2014年经黑龙江省农作物品种审定委员会审定，命名为合农69。审定编号为黑审豆2014015。全国大豆品种资源统一编号ZDD30867。

特征 亚有限结荚习性。株高77cm，无分枝。尖叶，白花，灰毛。荚褐色。粒圆形，种皮黄色，种脐浅黄色，有光泽。百粒重19.5g。

特性 生育期113d，需活动积温2 250℃。抗大豆灰斑病。

产量品质 2011—2012年区域试验平均产量2 771.4kg/hm^2，较对照合丰51增产9.4%。2013年生产试验平均产量2 764.7kg/hm^2，较对照合丰51增产11.9%。蛋白质含量37.88%，脂肪含量21.09%。

栽培要点 5月上中旬播种。选择中等肥力地块种植，垄作栽培，保苗30万株/hm^2。一般栽培条件下施磷酸二铵150kg/hm^2、尿素50kg/hm^2、钾肥70kg/hm^2。

适宜地区 黑龙江省第三积温带。

89. 黑河37（Heihe 37）

品种来源 黑龙江省农业科学院黑河分院以黑交92-1544为母本，黑交94-1286为父本杂交，系谱法选育而成。原品系号黑交99-1643。2005年经黑龙江省农作物品种审定委员会审定，命名为黑河37。审定编号为黑审豆2005006。全国大豆品种资源统一编号ZDD24319。

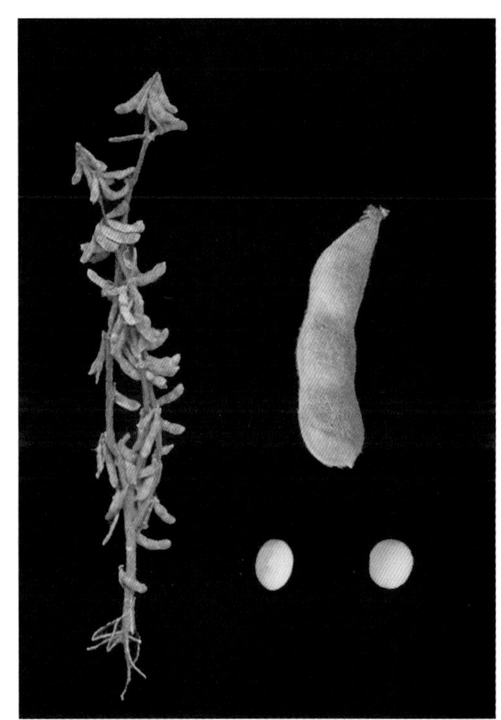

黑河37

特征 亚有限结荚习性。株高70cm，主茎结荚。披针叶，紫花，灰毛。荚褐色。粒圆形，种皮黄色，有光泽，脐黄色。百粒重18g。

特性 北方春大豆，早熟品种，生育期103d，需活动积温1 850℃。自然条件下叶部病害轻，接种鉴定，感大豆灰斑病。

产量品质 2002—2003年区域试验，平均产量2 022.3kg/hm^2，较对照黑河13增产23.6%。2004年生产试验，平均产量2 099.3kg/hm^2，较对照黑河13增产18.2%。蛋白质含量41.45%，脂肪含量19.58%。

栽培要点 5月中旬播种。垄作，保苗30万株/hm^2，施磷酸二铵150kg/hm^2、钾肥40 ~ 50kg/hm^2、深施或分层施。三铲三蹚，拔1次大草，适时收获。

适宜地区 黑龙江省第六积温带。

90. 黑河38（Heihe 38）

品种来源 黑龙江省农业科学院黑河分院以黑河9号×黑交85-1033为母本，合丰26×黑交83-889为父本，经有性杂交，系谱法选育而成。原品系号黑河98-1271。2005年经黑龙江省农作物品种审定委员会审定，命名为黑河38。审定编号为黑审豆2005007。全国大豆品种资源统一编号ZDD24320。

特征 亚有限结荚习性。株高75cm，主茎15节，株型繁茂收敛。披针叶，紫花，灰毛。成熟时不炸荚，机械收获。粒圆形，种皮黄色，有光泽，脐黄色。百粒重19g。

黑河38

黑河39

特性 北方春大豆，中早熟品种，生育期117d，需活动积温2 150℃。接种鉴定，中感大豆灰斑病。

产量品质 2001—2002年区域试验，平均产量2 811.0kg/hm^2，较对照黑河18增产13.9%。2003年生产试验，平均产量2 004.3kg/hm^2，较对照黑河18增产12.9% 。蛋白质含量39.70%，脂肪含量20.52%。

栽培要点 5月上旬播种。保苗30万株/hm^2。施磷酸二铵150kg/hm^2、尿素30kg/hm^2、钾肥50kg/hm^2。花期前后喷施磷酸二氢钾2～3次。

适宜地区 黑龙江省第四积温带。

91. 黑河39（Heihe 39）

品种来源 黑龙江省农业科学院黑河分院以黑交94-1359为母本，黑交92-1573为父本，经有性杂交，系谱法选育而成。原品系号黑交98-1872。2006年经黑龙江省农作物品种审定委员会审定，命名为黑河39。审定编号为黑审豆2006005。全国大豆品种资源统一编号ZDD24321。

特征 亚有限结荚习性。株高75cm。披针叶，紫花，灰毛。主茎结荚，节间短，三、四粒荚多，结荚部位较高，荚褐色。粒圆形，种皮黄色，有光泽，脐黄色。百粒重20g。

特性 北方春大豆，早熟品种，生育期112d，需活动积温2 100℃。接种鉴定，中抗大豆灰斑病。

产量品质 2002—2003年区域试验，平均产量2 772.7kg/hm^2，比对照黑河17增产7.8%。2004—2005年生产试验，平均产量2 148.6kg/hm^2，比对照黑河17增产12.5%。蛋白质含量41.41%，脂肪含量19.27%。

栽培要点 5月上中旬精量播种。种衣剂拌种，垄三栽培，保苗30万株/hm^2。施磷酸二铵150kg/hm^2、钾肥40 ~ 50kg/hm^2，深施或分层施。加强管理，化学除草与机械除草相结合，适时收获。

适宜地区 黑龙江省第五积温带。

92. 黑河40（Heihe 40）

品种来源 黑龙江省农业科学院黑河分院以黑交92-1544为母本，以俄十月革命70为父本，经有性杂交，系谱法选育而成。原品系号黑交00-1176。2006年经黑龙江省农作物品种审定委员会审定，命名为黑河40。审定编号为黑审豆2006006。全国大豆品种资源统一编号ZDD24322。

黑河40

特征 亚有限结荚习性。株高75cm。圆叶，紫花，棕毛。结荚部位较高，荚褐色。粒圆形，种皮黄色，有光泽，脐黄色。百粒重20g。

特性 北方春大豆，早熟品种，生育期98d，需活动积温1 850℃。接种鉴定，中抗大豆灰斑病。

产量品质 2003—2004年区域试验，平均产量1 895.6kg/hm^2，比对照黑河13增产17.8%。2005年生产试验，平均产量2 242.7kg/hm^2，比对照黑河33增产8.4%。蛋白质含量36.66%，脂肪含量22.28%。

栽培要点 5月中旬精量播种。种衣剂拌种，垄三栽培，保苗30万株/hm^2。施磷酸二铵150kg/hm^2、钾肥40 ~ 50kg/hm^2，深施或分层施。加强田间管理，化学除草与机械除草相结合，适时收获。

适宜地区 黑龙江省第六积温带。

93. 黑河41（Heihe 41）

品种来源 黑龙江省农业科学院黑河分院以黑交92-1526为母本，黑交94-1211为父本，经有性杂交，系谱法选育而成。原品系号黑交01-1772。2006年经黑龙江省农作物品种审定委员会审定，命名为黑河41。审定编号为黑审豆2006007。全国大豆品种资源统一编号ZDD24323。

特征 亚有限结荚习性。株高70cm。披针叶，紫花，灰毛。主茎结荚，节短，三、

黑河41

四粒荚多，荚褐色。粒圆形，种皮黄色，有光泽，脐黄色。百粒重18g。

特性 北方春大豆，极早熟品种，生育期88d，需活动积温1 720℃。接种鉴定，中抗大豆灰斑病。

产量品质 2003—2004年区域试验，平均产量1 796.4kg/hm^2，比对照黑河14增产11.8%。2005年生产试验，平均产量1 753.4kg/hm^2，比对照黑河35增产14.7%。蛋白质含量39.67%，脂肪含量20.86%。

栽培要点 5月中旬播种。种衣剂拌种，垄三栽培，保苗30万株/hm^2。施磷酸二铵150kg/hm^2、钾肥40～50kg/hm^2，深施或分层施。加强管理，化学除草与机械除草相结合，适时收获。

适宜地区 黑龙江省第六积温带下限。

94. 黑河42（Heihe 42）

黑河42

品种来源 黑龙江省农业科学院黑河分院以北丰11为母本，黑河92-1014为父本杂交，系谱法选育而成。原品系号黑河99-1350。2006年经黑龙江省农作物品种审定委员会审定，命名为黑河42。审定编号为黑审豆2006008。全国大豆品种资源统一编号ZDD24324。

特征 亚有限结荚习性。株高75cm，秆强，株型收敛，不炸荚，机械收获。披针叶，白花，灰毛。粒圆形，种皮黄色，有光泽，脐黄色。百粒重19g。

特性 北方春大豆，早熟品种，生育期110d，需活动积温2 060℃。接种鉴定，中抗大豆灰斑病。

产量品质 2003—2004年区域试验，平均产量2 251.3kg/hm^2，比对照黑河18增产7.6%。2005年生产试验，平均产量2 348.6kg/hm^2，比对照黑河18增产7.1%。蛋白质含量37.70%，脂肪含量21.91%。

栽培要点 5月10～15日播种。垄三栽培，密度为30万～35万株/hm^2；小垄或平播栽培，密度为40万～45万株/hm^2。施磷酸二铵150kg/hm^2、尿素30kg/hm^2、硫酸钾50kg/hm^2。及时灭草，松蹚2～3次，花期前后喷施2～3次磷酸二氢钾，摇铃后3～5d收获，以利提高品质。

适宜地区 黑龙江省第四积温带下限。

95. 黑河43（Heihe 43）

品种来源 黑龙江省农业科学院黑河分院以黑交92-1544为母本，黑交94-1211为父本，经有性杂交，系谱法选育而成。原品系号黑交00-1152。2007年经黑龙江省农作物品种审定委员会审定，命名为黑河43。审定编号为黑审豆2007011。全国大豆品种资源统一编号ZDD24325。

黑河43

特征 亚有限结荚习性。株高75cm，无分枝。披针叶，紫花，灰毛。荚灰色。粒圆形，种皮黄色，有光泽，脐浅黄色。百粒重20g。

特性 北方春大豆，早熟品种，生育期115d，需活动积温2 150℃。接种鉴定，中抗大豆灰斑病。

产量品质 2004—2005年区域试验，平均产量2 441.3kg/hm^2，比对照黑河18增产8.8%。2006年生产试验，平均产量2 111.2kg/hm^2，比对照黑河18增产10.5%。蛋白质含量41.84%，脂肪含量18.98%。

栽培要点 5月上中旬精量播种。种衣剂拌种，垄三栽培，保苗30万株/hm^2。施尿素25kg/hm^2、磷酸二铵150kg/hm^2、硫酸钾50kg/hm^2，深施或分层施。加强田间管理，适时收获。

适宜地区 黑龙江省第四积温带。

96. 黑河44（Heihe 44）

品种来源 黑龙江省农业科学院黑河分院以黑交92-1526为母本，黑辐95-199为父本，经有性杂交，系谱法选育而成。原品系号黑交01-1778。2007年经黑龙江省农作物品

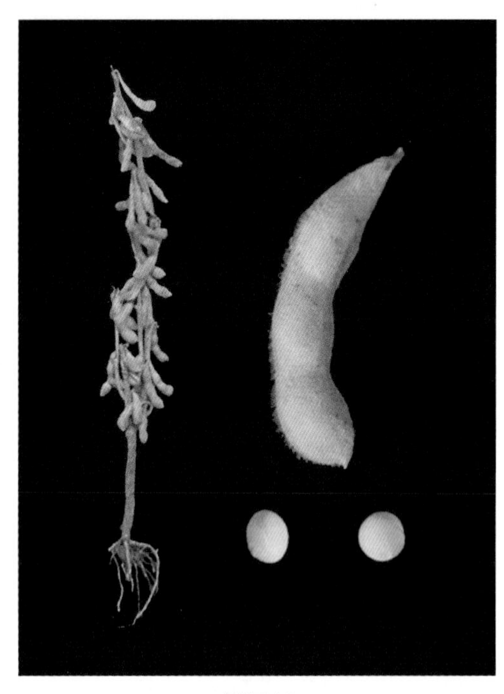
黑河44

种审定委员会审定，命名为黑河44。审定编号为黑审豆2007012。全国大豆品种资源统一编号ZDD24326。

特征 亚有限结荚习性。株高70cm，无分枝。披针叶，紫花，灰毛。荚灰色。粒圆形，种皮黄色，有光泽，脐浅黄色。百粒重18g。

特性 北方春大豆，极早熟品种，生育期92d，需活动积温1 750℃。接种鉴定，感大豆灰斑病。

产量品质 2003—2004年区域试验，平均产量1 722.0kg/hm^2，比对照黑河14增产15.2%。2005年生产试验，平均产量1 910.6kg/hm^2，比对照黑河35增产16.3%。蛋白质含量39.31%，脂肪含量21.10%。

栽培要点 5月上中旬精量播种。种衣剂拌种，垄三栽培，保苗30万株/hm^2。施尿素25kg/hm^2、磷酸二铵150kg/hm^2、硫酸钾50kg/hm^2，深施或分层施。加强田间管理，适时收获。

适宜地区 黑龙江省第六积温带。

97. 黑河45（Heihe 45）

黑河45

品种来源 黑龙江省农业科学院黑河分院以北丰11为母本，黑河26为父本，经有性杂交，系谱法选育而成。原品系号黑河00-1368。2007年经黑龙江省农作物品种审定委员会审定，命名为黑河45。审定编号为黑审豆2007013。全国大豆品种资源统一编号ZDD24327。

特征 亚有限结荚习性。株高70cm，无分枝。披针叶，紫花，灰毛。荚褐色。粒圆形，种皮黄色，有光泽，脐淡黄色。百粒重20g。

特性 北方春大豆，早熟品种，生育期108d，需活动积温2 050℃。接种鉴定，抗大豆灰斑病。

产量品质 2004—2006年区域试验，平均产量2 149.5kg/hm^2，较对照黑河17增产8.2%。2006年生产试验，平均产量2 355.3kg/

hm^2，较对照黑河17增产10.2%。蛋白质含量42.16%，脂肪含量19.44%。

栽培要点 5月中旬播种。选择中上等肥力地块种植，垄三栽培，保苗35万株/hm^2。分层施肥，施磷酸二铵120kg/hm^2、尿素30kg/hm^2、钾肥50kg/hm^2。及时播种，苗前药剂灭草，中耕2～3次，及时收获。

适宜地区 黑龙江省第五积温带。

98. 黑河46（Heihe 46）

品种来源 黑龙江省农业科学院黑河分院以黑交92-1526为母本，北垦94-11为父本，经有性杂交，系谱法选育而成。原品系号黑交01-1900。2007年经国家农作物品种审定委员会审定，命名为黑河46。审定编号为国审豆2007006。全国大豆品种资源统一编号ZDD30868。

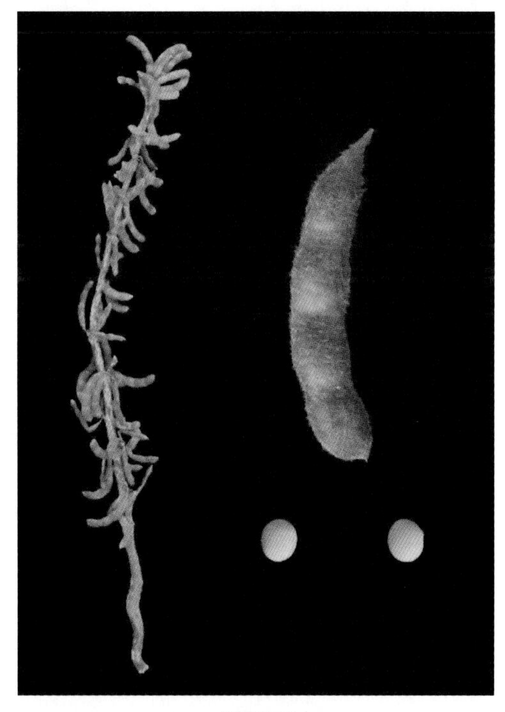

黑河46

特征 亚有限结荚习性。株高74.8cm。披针叶，紫花，灰毛。单株有效荚数27.7个。粒圆形，种皮黄色，脐黄色。百粒重17.9g。

特性 北方春大豆，早熟品种，生育期112d，需活动积温2 150℃。接种鉴定，中抗大豆灰斑病，抗大豆胞囊线虫病4号生理小种，中抗3号生理小种。

产量品质 2004年北方春大豆早熟组品种区域试验，平均产量2 142kg/hm^2，比对照黑河18增产1.6%（不显著）；2005年续试，平均产量2 781kg/hm^2，比对照增产11.4%（极显著）。区域试验，两年平均产量2 461.5kg/hm^2，比对照增产6.9%。2006年生产试验，平均产量2 379kg/hm^2，比对照黑河18增产8.4%。蛋白质含量39.74%，脂肪含量20.11%。

栽培要点 4月底至5月初播种。大垄栽培保苗30万株/hm^2，窄行密植保苗45万株/hm^2，施磷酸二铵150kg/hm^2、尿素20～30kg/hm^2、钾肥30～40kg/hm^2。

适宜地区 黑龙江省第三积温带下限和第四积温带，吉林省东部山区，新疆北部地区（春播种植）。

99. 黑河47（Heihe 47）

品种来源 黑龙江省农业科学院黑河分院以黑河94-47为母本，以黑生101为父本经有性杂交，系谱法选育而成。原品系号黑河01-3190。2007年经国家农作物品种审定

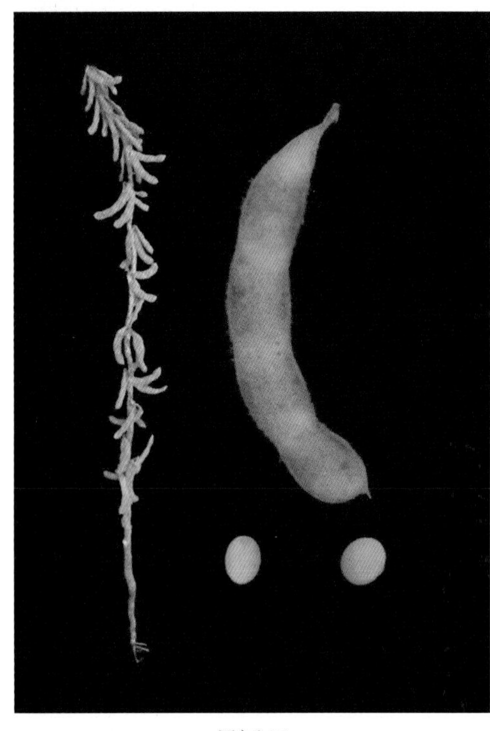
黑河47

委员会审定，命名为黑河47。审定编号为国审豆2007005。全国大豆品种资源统一编号ZDD30869。

特征 亚有限结荚习性。株高63.6cm，单株有效荚数29.1个。披针叶，紫花，灰毛。粒圆形或椭圆形，种皮黄色，脐淡黄色。百粒重18.4g。

特性 北方春大豆，早熟品种，生育期111d，需活动积温2 150℃。接种鉴定，中抗大豆灰斑病，中抗大豆胞囊线虫病3号、4号生理小种。

产量品质 2004年北方春大豆早熟组区域试验，平均产量2 154kg/hm^2，比对照黑河18增产2.2%（不显著）；2005年续试，平均产量2 679kg/hm^2，比对照黑河18增产7.3%（极显著）。区域试验，两年平均产量2 416.5kg/hm^2，比对照黑河18增产5.0%。2006年生产试验，平均产量2 320.5kg/hm^2，比对照黑河18增产5.8%。蛋白质含量41.80%，脂肪含量19.89%。

栽培要点 5月上旬播种。保苗30万株/hm^2、施磷酸二铵150kg/hm^2、尿素40kg/hm^2、钾肥50kg/hm^2。

适宜地区 黑龙江省第三积温带下限和第四积温带，吉林省东部山区，新疆北部地区（春播种植）。

黑河48

100. 黑河48（Heihe 48）

品种来源 黑龙江省农业科学院黑河分院以黑河95-750为母本，黑河96-1240为父本，经有性杂交，系谱法选育而成。原品系号黑河03-3559。2007年经国家农作物品种审定委员会审定，命名为黑河48。审定编号为国审豆2007008。全国大豆品种资源统一编号ZDD30802。

特征 亚有限结荚习性。株高87.1cm。披针叶，紫花，灰毛。粒圆形，单株有效荚数29.3个，种皮黄色，脐淡黄色。百粒重16.9g。

特性 北方春大豆，早熟品种，生育期112d，需活动积温2 150℃。接种鉴定，中抗大豆灰斑病，中感大豆花叶病毒1号株系，中感大豆胞囊线虫病3号生理小种。

产量品质 2005年北方春大豆早熟组品种区域试验，平均产量2 770.5kg/hm^2，比对照黑河18增产11.0%（极显著）；2006年续试，平均产量2 641.5kg/hm^2，比对照黑河18增产11.4%（极显著）。区域试验，两年平均产量2 706kg/hm^2，比对照增产11.2%。2006年生产试验，平均产量2 346kg/hm^2，比对照黑河18增产7.0%。蛋白质含量39.89%，脂肪含量19.49%。

栽培要点 5月上中旬播种。保苗30万～35万株/hm^2，垄三栽培，施磷酸二铵150kg/hm^2、尿素40kg/hm^2、钾肥50kg/hm^2。

适宜地区 黑龙江省第三积温带下限和第四积温带，吉林省东部山区和新疆北部地区（春播种植）。

101. 黑河49（Heihe 49）

品种来源 黑龙江省农业科学院黑河分院以黑河14为母本，东农44为父本，经有性杂交，系谱法选育而成。原品系号黑交02-1210。2008年经黑龙江省农作物品种审定委员会审定，命名为黑河49。审定编号为黑审豆2008018。全国大豆品种资源统一编号ZDD24328。

特征 亚有限结荚习性。株高70cm，有分枝。圆叶，白花，灰毛。荚弯镰形，灰色。粒圆形，种皮黄色，有光泽，脐浅黄色。百粒重20g。

黑河49

特性 北方春大豆，极早熟品种，生育期85d，需活动积温1 750℃。接种鉴定中抗大豆灰斑病。

产量品质 2005—2006年区域试验，平均产量1 891.9kg/hm^2，较对照黑河35增产10.4%。2007年生产试验，平均产量1 962.1kg/hm^2，较对照黑河35增产10.6%。蛋白质含量41.93%，脂肪含量20.65%。

栽培要点 5月中旬播种。选择中等肥力平坦地块种植，垄三栽培，保苗30万株/hm^2。施尿素25kg/hm^2、磷酸二铵150kg/hm^2、硫酸钾50kg/hm^2，深施或分层施。化学与机械除草相结合，三蹚，拔1遍大草，适时收获。

适宜地区 黑龙江省第六积温带。

黑河50

102. 黑河50（Heihe 50）

品种来源 黑龙江省农业科学院黑河分院以黑交95-812为母本，黑交94-1102为父本，经有性杂交，系谱法选育而成。原品系号黑交02-1838。2009年经黑龙江省农作物品种审定委员会审定，命名为黑河50。审定编号为黑审豆2009012。全国大豆品种资源统一编号ZDD24329。

特征 亚有限结荚习性。株高75cm，有分枝。圆叶，紫花，灰毛。荚弯镰形，褐色。粒圆形，种皮黄色，有光泽，脐黄色。百粒重20g。

特性 北方春大豆，早熟品种，生育期110d，需活动积温2 100℃。接种鉴定，中抗大豆灰斑病。

产量品质 2006—2007年区域试验，平均产量2 135.6kg/hm^2，较对照黑河17增产10.4％。2007—2008年生产试验，产量2 448.5kg/hm^2，较对照黑河17增产10.9%。蛋白质含量41.10%，脂肪含量20.47%。

栽培要点 5月10日播种。选择肥力较好地块种植，垄三栽培，保苗30万～35万株/hm^2。施尿素25kg/hm^2、磷酸二铵150kg/hm^2、硫酸钾50kg/hm^2，深施或分层施。化学与机械除草相结合，三蹚，拔1遍大草，适时收获。

适宜地区 黑龙江省第五积温带上限。

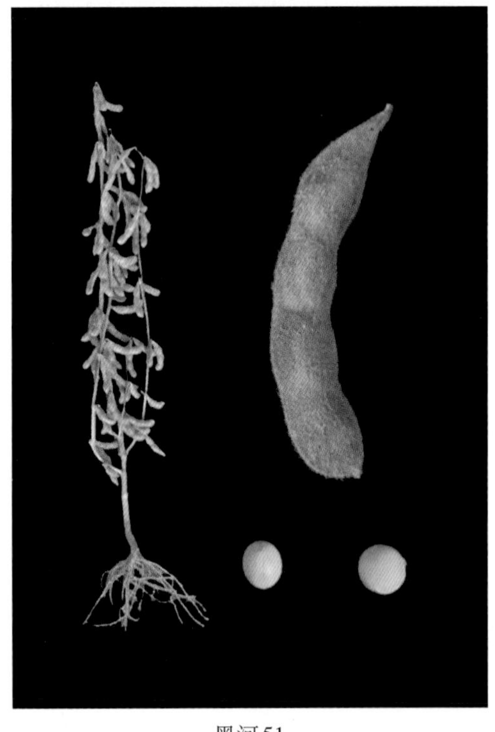
黑河51

103. 黑河51（Heihe 51）

品种来源 黑龙江省农业科学院黑河分院以黑河14为母本，北丰1号为父本，经有性杂交，系谱法选育而成。原品系号黑交01-2008。2009年经黑龙江省农作物品种审定委员会审定，命名为黑河51。审定编号为黑审豆2009013。全国大豆品种资源统一编号

ZDD24330。

特征 亚有限结荚习性。株高75cm，有分枝。披针叶，紫花，灰毛。荚弯镰形，褐色。粒圆形，种皮黄色，有光泽，脐黄色。百粒重20g。

特性 北方春大豆，早熟品种，生育期105d，需活动积温2 050℃。接种鉴定，中抗或感大豆灰斑病。

产量品质 2005—2006年区域试验，平均产量2 249.9kg/hm^2，较对照黑河17增产8.6%。2007—2008年生产试验，平均产量2 220.2kg/hm^2，较对照黑河17增产10.0%。蛋白质含量40.23%，脂肪含量20.40%。

栽培要点 5月10日播种。选择肥力较好地块种植，垄三栽培，保苗30万～35万株/hm^2。施尿素25kg/hm^2、磷酸二铵150kg/hm^2、硫酸钾50kg/hm^2，深施或分层施。化学与机械除草相结合，三趟，拔1遍大草，适时收获。

适宜地区 黑龙江省第五积温带。

104. 黑河52（Heihe 52）

品种来源 黑龙江省农业科学院黑河分院用^{60}Co γ 射线0.14kGy辐射大豆（黑交92-1544×绥97-7049）F_2代风干种子选育而成。原品系号黑辐03-56。2010年经黑龙江省农作物品种审定委员会审定，命名为黑河52。审定编号为黑审豆2010014。全国大豆品种资源统一编号ZDD30803。

特征 亚有限结荚习性。株高80cm，有分枝。披针叶，紫花，灰毛。荚弯镰形，褐色。粒圆形，种皮黄色，有光泽，脐黄色。百粒重20g。

特性 北方春大豆，早熟品种，生育期115d，需活动积温2 150℃。接种鉴定，中抗大豆灰斑病。

产量品质 2007—2008年区域试验，平均产量2 092.6kg/hm^2，较对照黑河18、黑河43增产8.1 %。2009年生产试验，平均产量2 420.4kg/hm^2，较对照黑河43增产8.5%。蛋白质含量40.55%，脂肪含量20.47%。

黑河52

栽培要点 5月上旬播种。选择肥力较好地块种植，垄三栽培，保苗30万株/hm^2。施尿素25kg/hm^2、磷酸二铵150kg/hm^2、硫酸钾50kg/hm^2，深施或分层施。化学与机械除草相结合，三趟，拔1遍大草，适时收获。

适宜地区 黑龙江省第四积温带。

105. 黑河53（Heihe 53）

品种来源 黑龙江省农业科学院黑河分院以黑辐97-43为母本，北97-03为父本，经有性杂交，系谱法选育而成。原品系号黑交03-1302。2010年经黑龙江省农作物品种审定委员会审定，命名为黑河52。审定编号为黑审豆2010015。全国大豆品种资源统一编号ZDD30870。

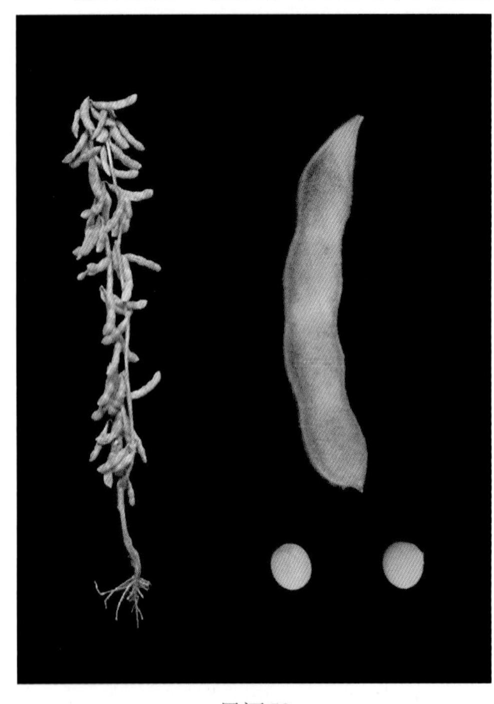

黑河53

特征 亚有限结荚习性。株高75cm，有分枝。披针叶，白花，灰毛。荚弯镰形，褐色。粒圆形，种皮黄色，有光泽，脐黄色。百粒重20g。

特性 北方春大豆，早熟品种，生育期110d，需活动积温2 100℃。接种鉴定，中抗大豆灰斑病。

产量品质 2007—2008年区域试验，平均产量2 512.3kg/hm^2，较对照黑河17增产9.6%。2009年生产试验，平均产量2 132.3kg/hm^2，较对照黑河45增产11.2%。蛋白质含量40.65%，脂肪含量19.28%。

栽培要点 5月10日播种。选择肥力较好地块种植，垄三栽培，保苗30万株/hm^2。施尿素25kg/hm^2、磷酸二铵150kg/hm^2、硫酸钾50kg/hm^2，深施或分层施。化学与机械除草相结合，三蹚，拔1遍大草，适时收获。

适宜地区 黑龙江省第五积温带。

106. 龙达1号（Longda 1）

品种来源 北安市大龙种业有限责任公司、黑龙江省振北种业北疆农业科学研究所、黑河市振边农业科学研究所以疆丰22-2011为母本，黑交98-1872为父本，经有性杂交，系谱法选育而成。原品系号北疆08-211。2014年经黑龙江省农作物品种审定委员会审定，命名为龙达1号。审定编号为黑审豆2014018。全国大豆品种资源统一编号ZDD30871。

特征 亚有限结荚习性。株高90cm，有分枝。尖叶，紫花，灰毛。荚褐色。粒圆形，种皮黄色，种脐黄色，有光泽。百粒重18.0g。

特性 生育期105d，需活动积温2 100℃。接种鉴定，2年中抗、1年感大豆灰斑病。

产量品质 2011—2012年区域试验，平均产量2 696.7kg/hm^2，较对照黑河45增产

8.8%。2013年生产试验，平均产量1 759.0kg/hm²，较对照黑河45增产9.9%。蛋白质含量37.96%，脂肪含量21.12%。

栽培要点 5月上中旬播种。选择中上等肥力地块种植，大垄栽培，保苗30.0万株/hm²。种衣剂拌种，一般栽培条件下施种肥磷酸二铵150kg/hm²、尿素40kg/hm²、钾肥50kg/hm²。

适宜地区 黑龙江省第五积温带。

龙达1号

107. 嫩丰18（Nenfeng 18）

品种来源 黑龙江省农业科学院齐齐哈尔分院以嫩92046F_1为母本，合丰25为父本，经有性杂交，系谱法选育而成。原品系号嫩93064-1。2005年经黑龙江省农作物品种审定委员会审定，命名为嫩丰18。审定编号为黑审豆2005009。全国大豆品种资源统一编号ZDD24370。

特征 无限结荚习性。株高90cm，主茎型，节间短，结荚密，三、四粒荚多，植株高大繁茂，有分枝。披针叶，白花，灰毛。粒圆形，种皮黄色，有光泽，脐淡褐色。百粒重20～22g。

特性 北方春大豆，中晚熟品种，生育期120d，需活动积温2 480℃。接种鉴定，中抗大豆胞囊线虫病3号生理小种。

产量品质 2001—2002年区域试验，平均产量1 857.4kg/hm²，较对照嫩丰14增产4.5%。2003年生产试验，平均产量2 195.0kg/hm²，较对照嫩丰14增产10.1%。蛋白质含量38.22%，脂肪含量22.69%。

栽培要点 5月上旬播种。65～70cm垄作，保苗28万～30万株/hm²，施磷酸二铵150kg/hm²、钾肥30kg/hm²，开花期追施尿素37.5～75.0kg/hm²。

适宜地区 黑龙江省第一积温带。

嫩丰18

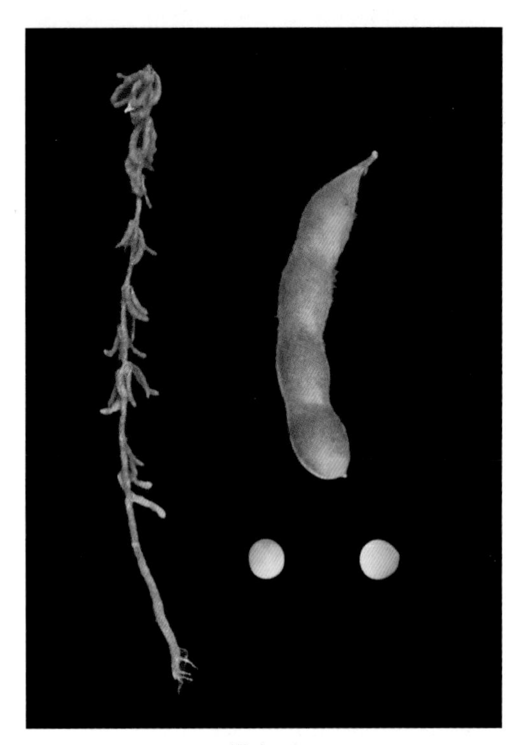
嫩丰19

嫩丰20

108. 嫩丰19（Nenfeng 19）

品种来源 黑龙江省农业科学院齐齐哈尔分院以嫩76569-17为母本，334诱变后代为父本，经有性杂交，系谱法选育而成。原品系号嫩94060-1。2006年经黑龙江省农作物品种审定委员会审定，命名为嫩丰19。审定编号为黑审豆2006009。全国大豆品种资源统一编号ZDD24371。

特征 无限结荚习性。株高80 ~ 90cm，有分枝。披针叶，白花，灰毛。荚褐色。粒圆形，种皮黄色，有光泽，脐淡褐色。百粒重18g。

特性 北方春大豆，中晚熟品种，生育期120d，需活动积温2 500℃。接种鉴定，中抗大豆胞囊线虫病3号生理小种。

产量品质 2002—2003年区域试验，平均产量2 039.7kg/hm^2，比对照嫩丰14增产6.5%。2004年生产试验，平均产量1 981.2kg/hm^2，比对照嫩丰14增产9.1%。蛋白质含量37.86%，脂肪含量22.05%。

栽培要点 5月上旬播种。密度28万~ 30万株/hm^2，中上等土壤肥力条件下种植，施磷酸二铵120 ~ 150kg/hm^2，追施尿素100 ~ 120kg/hm^2。铲趟管理，防治病虫草害，及时收获。

适宜地区 黑龙江省第一积温带。

109. 嫩丰20（Nenfeng 20）

品种来源 黑龙江省农业科学院齐齐哈尔分院以合丰25为母本，安7811-277为父本，经有性杂交，系谱法选育而成。原品系号嫩9702-2。2008年经黑龙江省农作物品种审定委员会审定，命名为嫩丰20。审定编号为黑审豆2008004。全国大豆品种资源统一编号

ZDD24372。

特征 亚有限结荚习性。株高88cm，有分枝。圆叶，白花，灰毛。荚弯镰形，褐色。粒圆形，种皮黄色，有光泽，脐淡褐色。百粒重21.7g。

特性 北方春大豆，中晚熟品种，生育期118d，需活动积温2 500℃。接种鉴定，抗大豆胞囊线虫病。

产量品质 2005—2006年区域试验，平均产量2 182.2kg/hm^2，较对照嫩丰14增产11.3%。2007年生产试验，平均产量2 207.4kg/hm^2，较对照嫩丰14增产7.8%。蛋白质含量41.72%，脂肪含量19.82%。

栽培要点 5月上旬播种。选择中上等土壤肥力地块种植，垄三栽培，保苗25万～28万株/hm^2。种肥施磷酸二铵150 ～ 180kg/hm^2、钾肥20 ～ 30kg/hm^2，种、肥分开，根据生长势侧施追肥尿素37.5 ～ 75.0kg/hm^2，或选择叶面肥喷施2 ～ 4次。

适宜地区 黑龙江省第一积温带。

110. 齐农1号（Qinong 1）

品种来源 黑龙江省农业科学院齐齐哈尔分院以嫩950127-4×东农42的F_1为母本，嫩丰16为父本，经有性杂交，系谱法选育而成。原品系号嫩02030-3。2013年经黑龙江省农作物品种审定委员会审定，命名为齐农1号。审定编号为黑审豆2013006。全国大豆品种资源统一编号ZDD30872。

齐农1号

特征 亚有限结荚习性。株高98cm，无分枝。圆叶，白花，灰毛。荚褐色。粒圆形，种皮黄色，种脐褐色，有光泽。百粒重21.8g。

特性 生育期123d，需活动积温2 550℃。中抗大豆胞囊线虫病3号生理小种。

产量品质 2010—2011年区域试验，平均产量2 656.0kg/hm^2，较对照嫩丰18 增产14.1%。2012年生产试验，平均产量2 281.9kg/hm^2，较对照嫩丰18增产12.4%。蛋白质含量40.46%，脂肪含量21.53%。

栽培要点 5月上旬播种。垄三栽培，保苗25万～28万株/hm^2。在一般栽培条件下施磷酸二铵150 ～ 180kg/hm^2、钾肥20 ～ 25kg/hm^2，生育期间追施尿素120 ～ 150kg/hm^2。

适宜地区 黑龙江省第一积温带。

111. 齐农2号（Qinong 2）

品种来源 黑龙江省农业科学院齐齐哈尔分院以哈4475为母本，嫩丰17为父本，经有性杂交，系谱法选育而成。原品系号嫩03054-5。2014年经黑龙江省农作物品种审定委员会审定，命名为齐农2号。审定编号为黑审豆2014004。全国大豆品种资源统一编号ZDD30873。

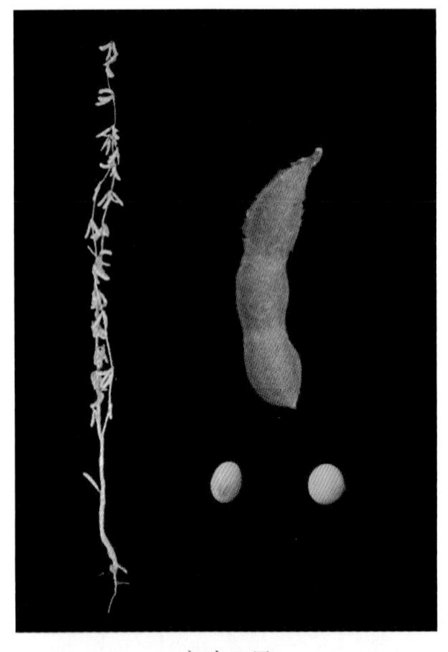

齐农2号

特征 无限结荚习性。株高114cm，有分枝。圆叶，白花，灰毛。荚褐色。粒圆形，种皮黄色，种脐褐色，有光泽。百粒重18.3g。

特性 生育期123d，需活动积温2 550℃。中抗大豆胞囊线虫病。

产量品质 2011—2012年区域试验，平均产量2 666.9kg/hm^2，较对照抗线虫6号增产12.4%。2013年生产试验，平均产量2 415.4kg/hm^2，较对照抗线虫6号增产11.6%。蛋白质含量38.23%，脂肪含量21.48%。

栽培要点 5月上旬播种。垄三栽培，保苗25万～28万株/hm^2。施磷酸二铵150～180kg/hm^2、钾肥20～25kg/hm^2，种、肥分开分层施，生育期间根据长势追施尿素70～90kg/hm^2，或喷施叶面肥1～2次。

适宜地区 黑龙江省第一积温带。

112. 抗线虫6号（Kangxianchong 6）

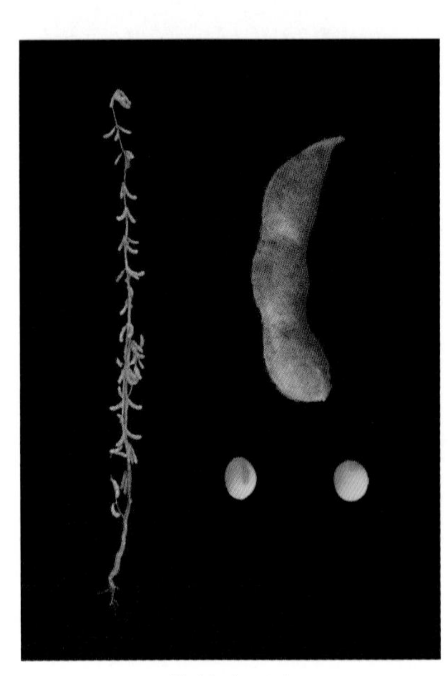

抗线虫6号

品种来源 黑龙江省农业科学院大庆分院以海南海滩豆的总DNA为供体，抗线虫2号为受体，通过花粉管直接导入，后代经系谱法选育而成。原品系号安D205-8。2007年经黑龙江省农作物品种审定委员会审定，命名为抗线虫6号。审定编号为黑审豆2007009。全国大豆品种资源统一编号ZDD24389。

特征 无限结荚习性。株高85cm，有分枝。圆叶，白花，灰毛。荚微弯镰形，褐色。粒圆形，种皮黄色，有光泽，脐褐色。百粒重20g。

特性 北方春大豆，中晚熟品种，生育期121d，需活动积温2 500℃。接种鉴定，抗大豆胞囊线虫病。

产量品质 2000—2001年区域试验，平均产量2 032.7kg/hm^2，较对照嫩丰14增产13.6%。2002—2005

年生产试验，平均产量2 053.6kg/hm^2，比对照嫩丰14增产11.9%。蛋白质含量38.17%，脂肪含量22.06%。

栽培要点 5月上中旬播种。选择中上等肥力地块种植，保苗22.5万株/hm^2。基肥结合秋整地施农家肥15 000kg/hm^2，种肥施磷酸二铵225 ~ 300kg/hm^2、硫酸钾75kg/hm^2，种、肥分开。及时铲蹚，视土壤墒情合理灌溉。对大豆胞囊线虫病以外的病虫害要及时预防。

适宜地区 黑龙江省第一积温带西部干旱区。

113. 抗线虫7号（Kangxianchong 7）

品种来源 黑龙江省农业科学院大庆分院以合丰36为母本，抗线虫3号为父本，经有性杂交，系谱法选育而成。原品系号安01-715。2007年经黑龙江省农作物品种审定委员会审定，命名为抗线虫7号。审定编号为黑审豆2007010。全国大豆品种资源统一编号ZDD24390。

抗线虫7号

特征 无限结荚习性。株高85cm，有分枝。圆叶，白花，灰毛。荚微弯镰形，褐色。粒圆形，种皮黄色，有光泽，脐褐色。百粒重20g。

特性 北方春大豆，中晚熟品种，生育期121d，需活动积温2 500℃。接种鉴定，抗大豆胞囊线虫病。

产量品质 2004—2005年区域试验，平均产量2 323.2kg/hm^2，较对照抗线虫2号增产6.9%。2006年生产试验，平均产量2 090.3kg/hm^2，比对照抗线虫2号增产15.6%。蛋白质含量38.97%，脂肪含量19.98%。

栽培要点 5月上中旬播种。选择中上等肥力地块种植，采用普通高产栽培方式，保苗22.5万株/hm^2。基肥结合秋整地施农家肥15 000kg/hm^2，施磷酸二铵225 ~ 300kg/hm^2、硫酸钾75kg/hm^2，种、肥分开。及时铲蹚，视土壤墒情合理灌溉。对大豆胞囊线虫以外的病虫害要及时预防。

适宜地区 黑龙江省第一积温带西部干旱区。

114. 抗线虫8号（Kangxianchong 8）

品种来源 黑龙江省农业科学院大庆分院以东农小粒豆690为母本，安95-1409为父

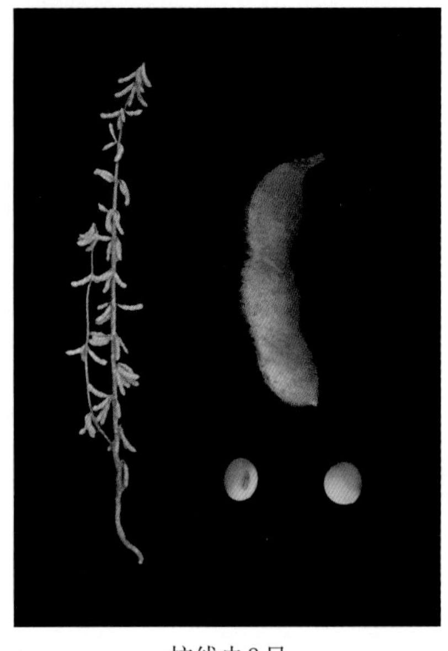
抗线虫8号

本，经有性杂交，系谱法选育而成。原品系号安02-686。2008年经黑龙江省农作物品种审定委员会审定，命名为抗线虫8号。审定编号为黑审豆2008003。全国大豆品种资源统一编号ZDD24391。

特征 亚有限结荚习性。株高85cm，有弱分枝。圆叶，白花，灰毛。荚微弯镰形，草黄色。粒圆形，种皮黄色，有光泽，脐褐色。百粒重21g。

特性 北方春大豆，中晚熟品种，生育期120d，需活动积温2 500℃。接种鉴定，高抗大豆胞囊线虫病。

产量品质 2005—2006年区域试验，平均产量2 209.7kg/hm^2，较对照抗线虫2号增产10.5%。2007年生产试验，平均产量2 530.0kg/hm^2，较对照抗线虫2号增产20.2%。蛋白质含量40.35%，脂肪含量20.37%。

栽培要点 5月上中旬播种。保苗22.5万株/hm^2，肥地宜稀。秋整地，深翻18～22cm。基肥结合秋整地施农家肥15 000kg/hm^2，施磷酸二铵225～300kg/hm^2、硫酸钾75kg/hm^2，种、肥分开。及时铲蹚，视土壤墒情合理灌溉。加强大豆食心虫的防治工作。

适宜地区 黑龙江省第一积温带西部干旱区。

115. 抗线虫9号（Kangxianchong 9）

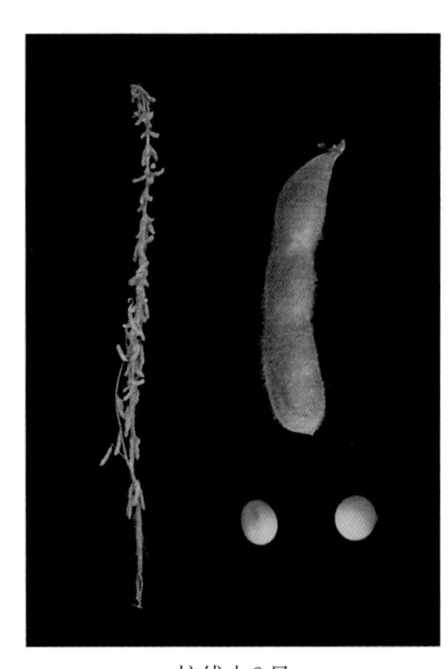
抗线虫9号

品种来源 黑龙江省农业科学院大庆分院以黑农37为母本，安95-1409为父本，经有性杂交，系谱法选育而成。原品系号安01-1423。2009年经黑龙江省农作物品种审定委员会审定，命名为抗线虫9号。审定编号为黑审豆2009003。全国大豆品种资源统一编号ZDD24392。

特征 亚有限结荚习性。株高85cm，有分枝。圆叶，白花，灰毛。荚微弯镰形，褐色。粒圆形，种皮黄色，有光泽，脐褐色。百粒重20g。

特性 北方春大豆，中晚熟品种，生育期121d，需活动积温2 500℃。接种鉴定，中抗大豆胞囊线虫病。

产量品质 2006—2007年区域试验，平均产量2 062.7kg/hm^2，较对照抗线虫2号增产10.6%。2008年生产试验，平均产量2 106.8kg/hm^2，较对照抗线虫

3号增产11.3%。蛋白质含量40.09%，脂肪含量21.22%。

栽培要点 5月上中旬播种，保苗22.5万株/hm^2。结合秋整地施农家肥15 000kg/hm^2，施磷酸二铵225 ～ 300kg/hm^2、硫酸钾75kg/hm^2，种、肥分开。及时铲蹚，视土壤墒情合理灌溉。及时预防大豆胞囊线虫以外的病虫害，肥力宜稀。

适宜地区 黑龙江省第一积温带。

116. 抗线虫10号（Kangxianchong 10）

品种来源 黑龙江省农业科学院大庆分院、齐齐哈尔市富尔农艺有限公司以合丰33为母本，抗线虫3号为父本，经有性杂交，系谱法选育而成。原品系号安02-354。2011年经黑龙江省农作物品种审定委员会审定，命名为抗线虫10号。审定编号为黑审豆2011001。全国大豆品种资源统一编号ZDD30874。

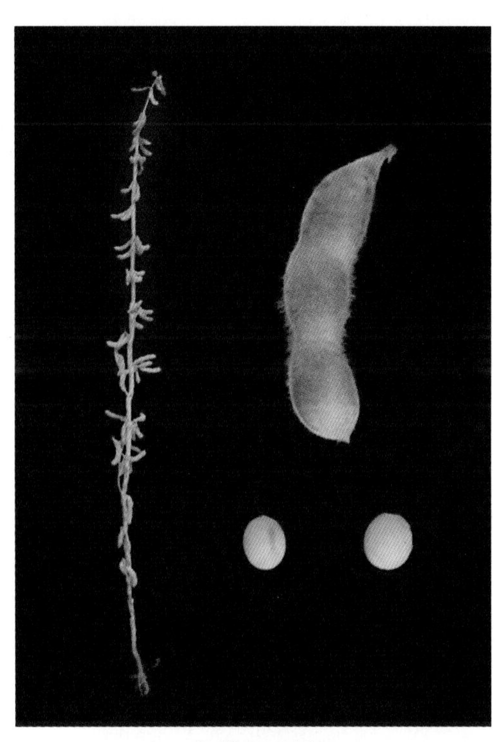

抗线虫10号

特征 亚有限结荚习性。株高85cm，1 ～ 2个分枝。圆叶，白花，灰毛。荚微弯镰形，褐色。粒圆形，种皮黄色，有光泽，脐褐色。百粒重21g。

特性 北方春大豆，晚熟品种，生育期123d，需活动积温2 550℃。接种鉴定，中抗大豆胞囊线虫病。

产量品质 2008—2009年区域试验，平均产量2 282.7kg/hm^2，较对照抗线虫3号增产10.1%。2010年生产试验，平均产量2 289.6kg/hm^2，较对照抗线虫3号增产14.3%。蛋白质含量42.3%，脂肪含量19.22%。

栽培要点 5月上中旬播种。保苗22.5万株/hm^2。结合秋整地施农家肥15 000kg/hm^2，种肥施磷酸二铵225 ～ 300kg/hm^2、硫酸钾75kg/hm^2，种、肥分开。及时铲蹚，视土壤墒情合理灌溉。及时预防大豆胞囊线虫以外的病虫害。

适宜地区 黑龙江省第一积温带。

117. 抗线虫11（Kangxianchong 11）

品种来源 黑龙江省农业科学院大庆分院、沈阳农业大学北方线虫研究所、齐齐哈尔市富尔农艺有限公司以东农434为母本，（安01-1767 × 安87-7163）F_1为父本，经有性杂交，系谱法选育而成。原品系号庆农05-1071。2011年经黑龙江省农作物品种审定

抗线虫11

委员会审定，命名为抗线虫11。审定编号为黑审豆2011003。全国大豆品种资源统一编号ZDD30875。

特征 无限结荚习性。株高85cm，有分枝。披针叶，紫花，灰毛。荚弯镰形，褐色。粒圆形，种皮黄色，有光泽，脐黑色。百粒重21g。

特性 北方春大豆，晚熟品种，生育期123d，需活动积温2 550℃。接种鉴定，抗大豆胞囊线虫病。

产量品质 2008—2009年区域试验，平均产量2 434.4kg/hm^2，较对照嫩丰18增产14.5%。2010年生产试验，平均产量2 402.3kg/hm^2，较对照嫩丰18增产13.9%。蛋白质含量39.41%，脂肪含量21.50%。

栽培要点 5月上旬播种。选择中等肥力地块种植，垄三栽培，保苗22.5万株/hm^2。种肥施磷酸二铵150kg/hm^2、硫酸钾50kg/hm^2、尿素30kg/hm^2，种、肥隔离3 ~ 5cm。及时除草，铲蹚，完熟及时收获。重迎茬种植需注意大豆胞囊线虫以外的病虫害防治，根据土壤情况增施肥料及微量元素。

适宜地区 黑龙江省第一积温带。

118. 抗线虫12（Kangxianchong 12）

品种来源 黑龙江省农业科学院大庆分院以黑抗002-24为母本，农大5129为父本，经有性杂交，系谱法选育而成。原品系号庆农07-1133。2012年经黑龙江省农作物品种审定委员会审定，命名为抗线虫12。审定编号为黑审豆2012003。全国大豆品种资源统一编号ZDD30876。

抗线虫12

特征 亚有限结荚习性。株高90cm，有分枝。圆叶，紫花，灰毛。荚弯镰形，褐色。粒椭圆形，种皮黄色，有光泽，脐黑色。百粒重19g。

特性 北方春大豆，晚熟品种，生育期123d，需活动积温2 550℃。接种鉴定，抗大豆胞囊线虫病1号、3号、14号生理小种。

产量品质 2009—2010年区域试验，平均产量2 480.3kg/hm^2，较对照抗线虫3号增产12.0%。2011年生产试验，平均产量2 513.3kg/hm^2，较对照抗线虫6号增产11.2%。蛋白质含量39.77%，脂肪含量20.89%。

栽培要点 5月上旬播种。选择中等肥力地块种植，垄三栽培，保苗22.5万株/hm^2。施磷酸二铵

150kg/hm²、硫酸钾50kg/hm²、尿素30kg/hm²，种、肥隔离3～5cm。及时除草，铲趟，完熟及时收获。重迎茬种植注意大豆胞囊线虫以外的病虫害防治，根据土壤情况增施肥料及微量元素。

适宜地区 黑龙江省第一积温带。

119. 庆豆13（Qingdou 13）

品种来源 黑龙江省农业科学院大庆分院、沈阳农业大学北方线虫研究所以黑抗002-24为母本，农大5129为父本，经有性杂交，系谱法选育而成。原品系号庆农07-1115。2013年经黑龙江省农作物品种审定委员会审定，命名为庆豆13。审定编号为黑审豆2013007。全国大豆品种资源统一编号ZDD30877。

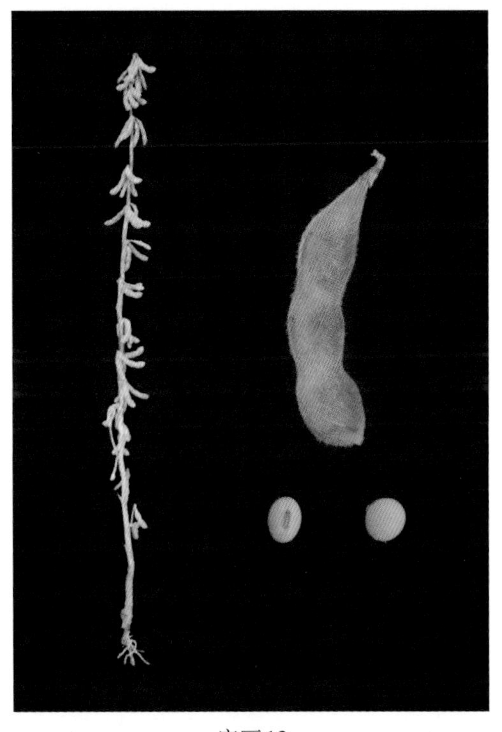

庆豆13

特征 亚有限结荚习性。株高90cm，有分枝。圆叶，紫花，灰毛。荚黑褐色。粒椭圆形，种皮黄色，有光泽，种脐黑色。百粒重19.0g。

特性 生育期123d，需活动积温2 550℃。抗大豆胞囊线虫病。

产量品质 2010—2011年区域试验，平均产量2 536.5kg/hm²，较对照嫩丰18增产10.7%。2012年生产试验，平均产量2 247.3kg/hm²，较对照嫩丰18增产11.2%。蛋白质含量41.06%，脂肪含量21.09%。

栽培要点 5月上旬播种。三垄栽培，保苗22.5万株/hm²。施磷酸二铵150kg/hm²、硫酸钾50kg/hm²、尿素30kg/hm²。

适宜地区 黑龙江省第一积温带。

120. 丰收25（Fengshou 25）

品种来源 黑龙江省农业科学院克山分院以克交88513-2为母本，诱变334为父本，经有性杂交选育而成。原品系号克交99-5601。2007年经黑龙江省农作物品种审定委员会审定，命名为丰收25。审定编号为黑审豆2007014。全国大豆品种资源统一编号ZDD24382。

特征 亚有限结荚习性。株高80cm，主茎型，有一定分枝，主茎节数15节以上。披针叶，白花，灰毛。多荚多粒少瘪荚，荚弯镰形，褐色。粒圆形，有光泽，脐黄色。百

丰收25

粒重20g。

特性 北方春大豆，中早熟品种，生育期116d，需活动积温2 300℃。接种鉴定，中抗大豆灰斑病。

产量品质 2003—2004年区域试验，平均产量2 209.4kg/hm^2，比对照北丰9号增产6.5%。2005年生产试验，平均产量2 190.8kg/hm^2，比对照北丰9号增产7.0%。蛋白质含量39.01%，脂肪含量21.34%。

栽培要点 5月上旬播种。保苗30万株/hm^2。中等或中等以上肥力的地块种植，避免重迎茬。施磷酸二铵150 ~ 187.5kg/hm^2、尿素22.5 ~ 37.5kg/hm^2。三铲三蹚或化学除草，防治病虫害，生育中后期脱肥时可进行叶面喷施。

适宜地区 黑龙江省第三积温带。

121. 丰收26（Fengshou 26）

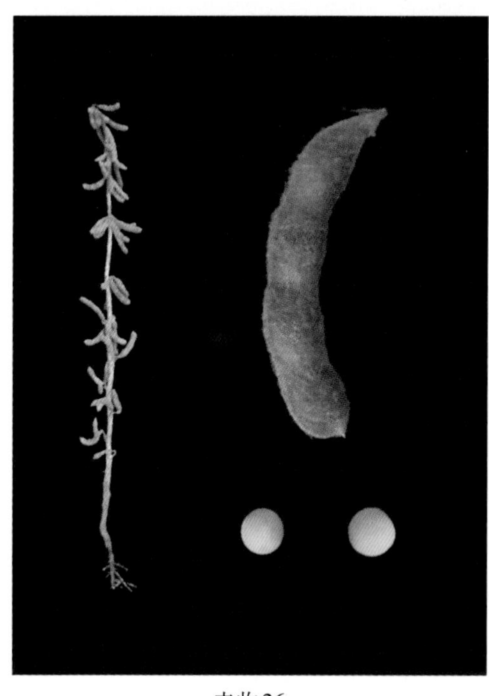

丰收26

品种来源 黑龙江省农业科学院克山分院以克交96-194作为母本，绥96-81045为父本，经有性杂交选育而成。原品系号克交02-8321。2008年经国家农作物品种审定委员会审定，命名为丰收26。审定编号为国审豆2008011。全国大豆品种资源统一编号ZDD30806。

特征 亚有限结荚习性。株高67.1cm。披针叶，紫花，灰毛。单株有效荚数27.9个。粒圆形，种皮黄色，黄脐。百粒重16.8g。

特性 北方春大豆，中早熟品种，生育期112d，需活动积温2 200℃。接种鉴定，抗大豆灰斑病，中抗大豆花叶病毒1号株系，感3号株系。

产量品质 2006年参加北方春大豆早熟组品种区域试验，平均产量2 550.0kg/hm^2，比对照黑河18增产7.5%（极显著）；2007年续试，平均产量2 380.5kg/hm^2，比对照黑河18增产14.2%（极显著）。区域试验，两年平均产量2 466.00kg/hm^2，比对照黑河18增产

10.6%。2007年生产试验，平均产量2 269.5kg/hm^2，比对照黑河18增产10.1%。蛋白质含量39.90%，脂肪含量20.56%。

栽培要点 5月上旬播种。保苗30万株/hm^2。施磷酸二铵150 ~ 187.5kg/hm^2、尿素22.5 ~ 37.5kg/hm^2。

适宜地区 黑龙江省第三积温带下限和第四积温带、吉林省东部山区和新疆北部地区（春播种植）。

122. 丰收27（Fengshou 27）

品种来源 黑龙江省农业科学院克山分院以克交88223-1为母本，白农5号为父本，经有性杂交，系谱法选育而成。原品系号克交02-7741。2009年经黑龙江省农作物品种审定委员会审定，命名为丰收27。审定编号为黑审豆2009011。全国大豆品种资源统一编号ZDD24383。

特征 无限结荚习性。株高94cm，有分枝。披针叶，紫花，灰毛。荚弯镰形，褐色。粒圆形，种皮黄色，有光泽，脐黄色。百粒重19g。

特性 北方春大豆，中早熟品种，生育期113d，需活动积温2 300℃。接种鉴定，中抗大豆灰斑病。

产量品质 2006—2007年区域试验，平均产量2 345.5kg/hm^2，较对照北丰9号增产13.3%。2008年生产试验，平均产量2 212.2kg/hm^2，较对照北丰9号增产11.2%。蛋白质含量41.94%，脂肪含量19.34%。

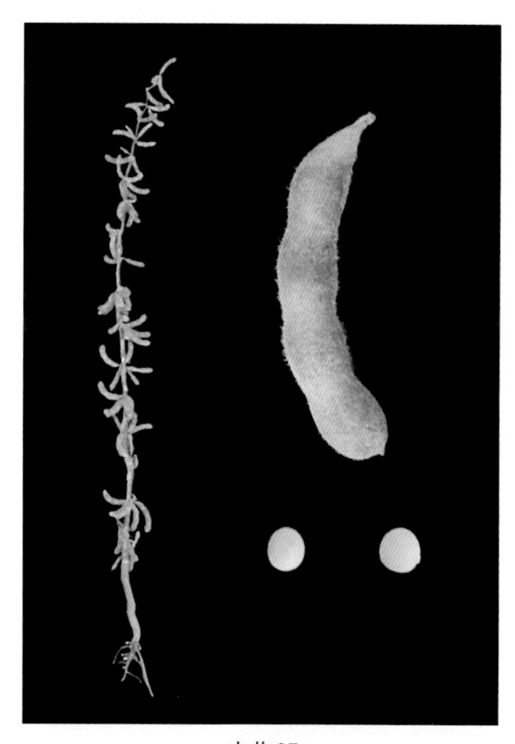

丰收27

栽培要点 5月上旬播种。选择平岗地块种植，垄三栽培，保苗30万株/hm^2。施磷酸二铵150 ~ 187.5kg/hm^2、尿素22.5 ~ 37.5kg/hm^2。三铲三蹚，防治病虫害，及时收获。

适宜地区 黑龙江省第三积温带。

123. 垦丰13（Kenfeng 13）

品种来源 黑龙江省农垦科学院农作物开发研究所以北丰9号为母本，绥农10号为父本，经有性杂交，系谱法选育而成。原品系号垦97-385。2005年经黑龙江省农作物品种审定委员会审定，命名为垦丰13。审定编号为黑审豆2005008。全国大豆品种资源统一

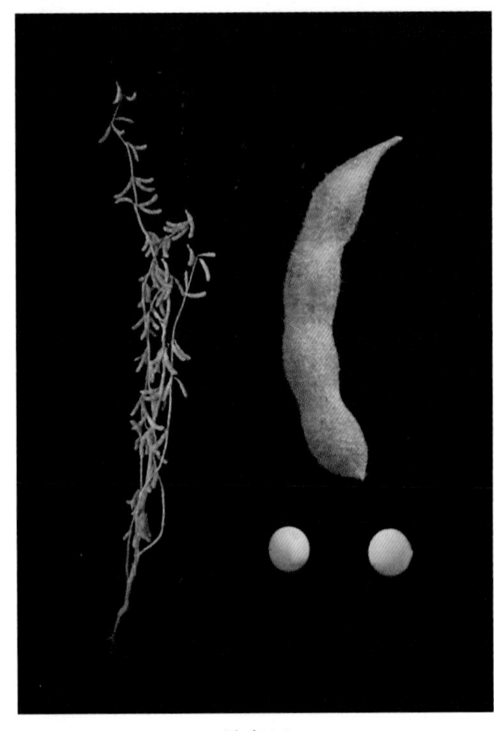

垦丰13

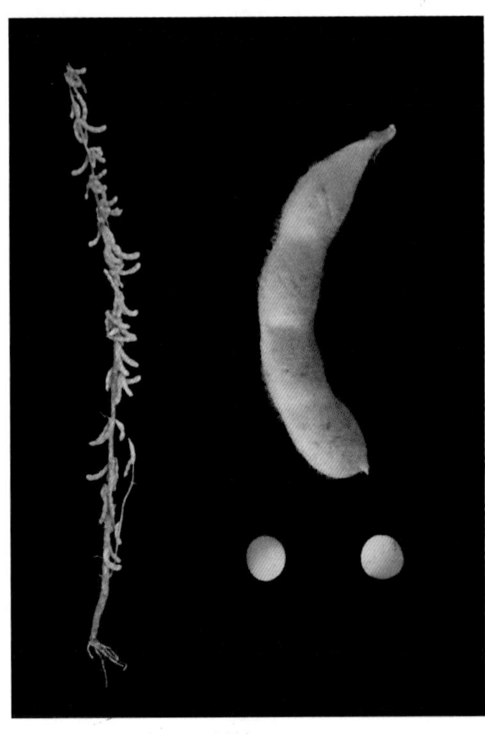

垦丰14

编号ZDD24342。

特征 无限结荚习性。株高79cm，有分枝。披针叶，白花，灰毛。以中下部结荚为主，三、四粒荚较多，荚弯镰形，褐色，底荚高16cm。粒圆形，种皮黄色，有光泽，脐黄色。百粒重18g。

特性 北方春大豆，中早熟品种，生育期116d，需活动积温2 215℃。接种鉴定，中抗大豆灰斑病。

产量品质 2001—2002年区域试验，平均产量2 334.9kg/hm^2，较对照宝丰7号增产11.4%。2003年生产试验，平均产量2 413.5kg/hm^2，较对照宝丰7号增产12.4%。蛋白质含量38.03%，脂肪含量21.90%。

栽培要点 5月上中旬播种。对土壤肥力要求不严，保苗22.5万～28万株/hm^2，土壤肥沃宜稀植，土壤瘠薄宜密植。垄三栽培，施磷酸二铵150kg/hm^2、钾肥30kg/hm^2、尿素30～40kg/hm^2，开花结荚期喷施大豆专用叶面肥1～2遍。

适宜地区 黑龙江省第三积温带。

124. 垦丰14（Kenfeng 14）

品种来源 黑龙江省农垦科学院农作物开发研究所以绥农10号为母本，长农5号为父本，经有性杂交，系谱法选育而成。原品系号垦98-4319。2005年经国家农作物品种审定委员会审定，命名为垦丰14。审定编号为国审豆2005015。全国大豆品种资源统一编号ZDD30878。

特征 无限结荚习性。株高100cm，有分枝。披针叶，白花，灰毛。三、四粒荚较多，偶尔有五粒荚，荚草黄色。粒圆形，种皮黄色，脐黄色。百粒重21～22g。

特性 北方春大豆，中晚熟品种，生育期120d，需活动积温2 400℃。接种鉴定，中抗大豆灰斑病和大豆花叶病毒病。

产量品质 2003—2004年国家区域试验，生产试验同时进行，平均产量3 327kg/hm^{2}和2 806.5kg/hm^2，较对照绥农14平均增产分别为6.4%和10.7%。2002—2003年省区域试验，2004年省生产试验，平均产量2 784.1kg/hm^{2}和2 432.6kg/hm^2，较对照绥农14平均增产10.7%和13.0%。增产潜力大，具有4 000kg/hm^{2}的水平。2005年普阳农场吴建军种植20hm^2，在局部发生涝灾的情况下平均产量3 400kg/hm^2。蛋白质含量39.69%，脂肪含量20.34%。

栽培要点 对土壤肥力要求不严，保苗22.5万～27.5万株/hm^2，土壤肥沃宜稀植，土壤瘠薄宜密植。由于大豆灰斑病的优势小种已发生变化，要注意防治。

适宜地区 黑龙江省第二积温带及吉林北部、新疆北部。

125. 垦丰15（Kenfeng 15）

品种来源 黑龙江省农垦科学院农作物开发研究所以绥农14为母本，垦交9307（垦92-1895×吉林27）F_1为父本，经有性杂交，系谱法选育而成。原品系号垦99-5187。2006年经黑龙江省农作物品种审定委员会审定，命名为垦丰15。审定编号为黑审豆2006014。全国大豆品种资源统一编号ZDD24343。

特征 亚有限结荚习性。株高85cm。披针叶，紫花，灰毛。主茎结荚为主，荚褐色，底荚高10～15cm。粒圆形，种皮黄色，有光泽，脐黄色。百粒重18g。

特性 北方春大豆，中熟品种，生育期116d，需活动积温2 350℃。接种鉴定，抗大豆灰斑病。

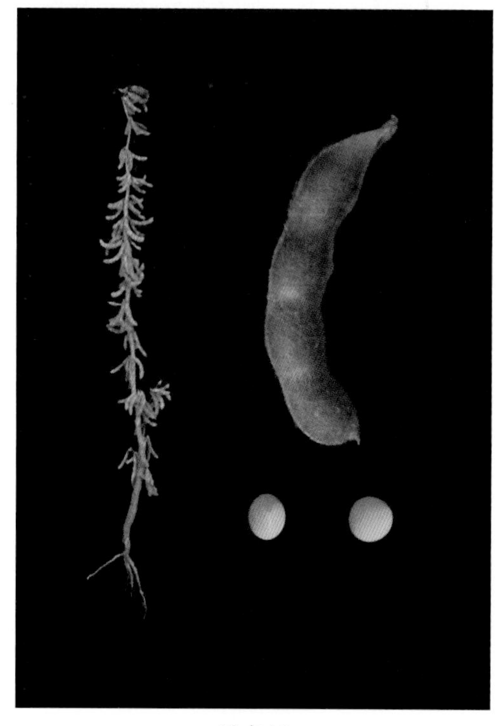

垦丰15

产量品质 2003—2004年区域试验，平均产量2 605.3kg/hm^2，较对照绥农14增产16.8%。2005年生产试验，平均产量2 688.2kg/hm^2，比对照绥农14增产14.1%。蛋白质含量36.68%，脂肪含量22.76%。

栽培要点 5月上旬播种。垄三栽培，保苗28万～30万株/hm^2，中等肥力地块25万株/hm^2，肥沃地块22.5万株/hm^2。施磷酸二铵120kg/hm^2、钾肥50kg/hm^2、尿素30kg/hm^2，开花期至鼓粒期喷施大豆专用叶面肥2～3遍。

适宜地区 黑龙江省第二积温带。

126. 垦丰16（Kenfeng 16）

品种来源 黑龙江省农垦科学院农作物开发研究所以黑农34为母本，垦农5号为父本，经有性杂交，系谱法选育而成。原品系号

垦丰16

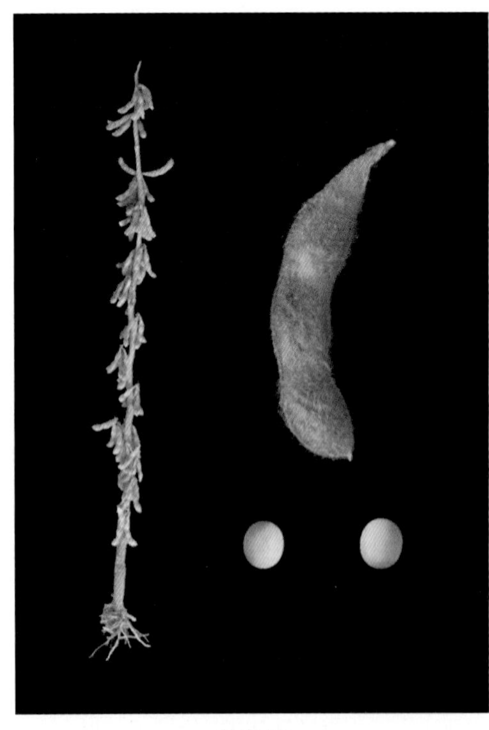

垦丰17

垦95-3438。2006年经黑龙江省农作物品种审定委员会审定，命名为垦丰16。审定编号为黑审豆2006015。全国大豆品种资源统一编号ZDD24344。

特征 亚有限结荚习性。株高65cm。披针叶，白花，灰毛。主茎结荚为主，三、四粒荚较多，荚弯镰形，褐色，底荚高13cm。粒圆形，种皮黄色，有光泽，脐黄色。百粒重18g。

特性 北方春大豆，中晚熟品种，生育期120d，需活动积温2 450℃。接种鉴定，抗大豆灰斑病。

产量品质 1999—2000年区域试验，平均产量2 539.3kg/hm^2，较对照绥农10号增产7.9%。2005年生产试验，平均产量3 150.5kg/hm^2，比对照绥农10号增产14.4%。蛋白质含量40.50%，脂肪含量19.57%。

栽培要点 5月上旬播种。选择中等以上肥力种植，垄三栽培或窄行密植。垄三栽培，保苗25万～32万株/hm^2，大垄密或小垄密种植保苗37.5万～42万株/hm^2，30cm平播种植保苗45万株/hm^2。土壤肥沃宜稀植，土壤瘠薄宜密植。施磷酸二铵175kg/hm^2、钾肥50kg/hm^2、尿素40kg/hm^2，密植栽培应增加20%施肥量。开花期至鼓粒期喷施大豆专用叶面肥2～3遍。

适宜地区 黑龙江省第二积温带。

127. 垦丰17（Kenfeng 17）

品种来源 黑龙江省农垦科学院农作物开发研究所以北丰8号为母本，长农5号为父本，经有性杂交，系谱法选育而成。原品系号垦00-407。2007年经黑龙江省农作物品种审定委员会审定，命名为垦丰17。审定编号为黑审豆2007015。全国大豆品种资源统一编号ZDD24345。

特征 亚有限结荚习性。株高90cm，无分枝。披针叶，紫花，灰毛。荚弯镰形，褐色。粒圆形，种皮黄色，有光泽，脐黄色。百粒重20g。

特性 北方春大豆，中熟品种，生育期115d，需活动积温2 350℃。接种鉴定，中抗大豆灰斑病。

产量品质 2003—2004年区域试验，平均产量2 240.2kg/hm^2，较对照合丰35增产10.6%。2005年生产试验，平均产量2 637.2kg/hm^2，比对照合丰35增产17.1%。蛋白质含量38.87%，脂肪含量21.23%。

栽培要点 5月上中旬播种。要求中等以上土壤肥力地块种植，垄三栽培。中等肥力地块保苗28万～30万株/hm^2，肥沃土地25万株/hm^2。施磷酸二铵150kg/hm^2、钾肥50kg/hm^2、尿素40～50kg/hm^2。于开花至鼓粒期根据长势喷施大豆专用叶面肥2遍以上。

适宜地区 黑龙江省第二积温带。

128. 垦豆18（Kendou 18）

品种来源 黑龙江省农垦科学院农作物开发研究所以北丰11为母本，黑农40为父本，经有性杂交，系谱法选育而成。原品系号垦01-6651。2009年经国家农作物品种审定委员会审定，命名为垦豆18。审定编号为国审豆2009003。全国大豆品种资源统一编号ZDD30879。

垦豆18

特征 无限结荚习性。株高90cm，有分枝，秆强不倒。披针叶，紫花，灰毛。荚弯镰形，黑褐色。粒椭圆形，种皮黄色，有光泽，脐黄色。百粒重21g。

特性 北方春大豆，中熟品种，生育期118d，需活动积温2 350℃。接种鉴定，抗大豆灰斑病，中抗大豆花叶病毒1号株系。

产量品质 2006—2007年国家区域试验，2008年生产试验，平均产量2 971.5kg/hm^{2}和2 661kg/hm^2，比对照绥农14增产6.3%和4.6%。2004—2005年省区域试验，平均产量2 571.9kg/hm^2，较对照合丰35增产10.8%。2004—2005年在黑龙江省农垦总局区域试验，2006年生产试验，平均产量分别为2 446.0kg/hm^{2}和2 650.7kg/hm^2，较对照绥农14平均增产11.1%和7.4%。蛋白质含量40.99%，脂肪含量21.62%。

栽培要点 5月上中旬播种。保苗25万～28万株/hm^2，对土壤肥力要求不严，宜种植在平岗地，低湿易涝地慎种。

适宜地区 黑龙江省第二积温带及吉林省东部山区、新疆新源地区。

129. 垦丰19（Kenfeng 19）

品种来源 黑龙江省农垦科学院农作物开发研究所以合丰25为母本，垦交94121（垦丰4号×公8861-0）F_1为父本，经有性杂交，系谱法选育而成。原品系号垦00-324。2007年经黑龙江省农垦总局农作物品种审定委员会审定，命名为垦丰19。审定编号为黑垦审豆2007007。全国大豆品种资源统一编号ZDD30880。

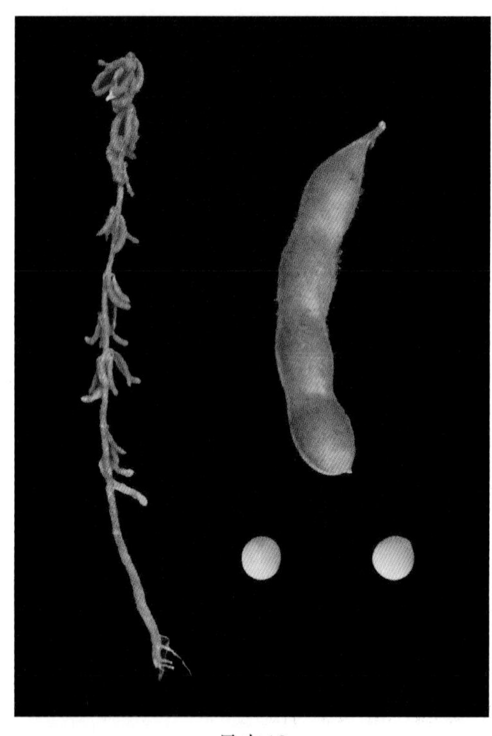

垦丰19

特征 亚有限结荚习性。株高65cm，主茎结荚为主，秆强不倒，披针叶，白花，棕毛。顶荚丰富，三、四粒荚多，棕色。粒圆形，种皮浓黄色，有光泽，脐黄色。百粒重18～19g。

特性 北方春大豆，中早熟品种，生育期112d，需活动积温2 200℃。中抗大豆灰斑病。经多年田间调查，很难发现菌核病株。

产量品质 2004—2005年区域试验，2006年生产试验，平均产量2 410.2kg/hm²和2 512.8kg/hm²，较对照宝丰7号平均增产8.2%和11.7%。2007年在桦南县孟家岗大面积种植，产量3 250kg/hm²。蛋白质含量42.52%，脂肪含量19.26%。

栽培要点 5月上中旬播种。宜选择肥沃地块种植，保苗25万～28万株/hm²。

适宜地区 黑龙江省第三积温带垦区东北部。

130. 垦丰20（Kenfeng 20）

品种来源 黑龙江省农垦科学院农作物开发研究所以北丰11为母本，长农5号为父本，经有性杂交，系谱法选育而成。原品系号垦00-393。2008年经黑龙江省农垦总局农作物品种审定委员审定，命名为垦丰20。审定编号为黑垦审豆2008004。全国大豆品种资源统一编号ZDD30822。

特征 亚有限结荚习性。株高80cm，无分枝。披针叶，白花，灰毛。三、四粒荚较多，荚褐色。粒圆形，种皮黄色，有光泽，脐黄色。百粒重20g。

特性 北方春大豆，中熟品种，生育期115d，需活动积温2 300℃。接种鉴定，中抗大豆灰斑病。

产量品质 2004—2005年区域试验，2006年生产试验，平均产量2 757.3kg/hm^{2}和2 749.0kg/hm^2，较对照绥农14平均增产9.2%和8.1%。2007年852农场7分场5队张伟种植7.67hm^2，平均产量3 225kg/hm^2，比其种植的垦丰16增产8.3%。蛋白质含量 44.01%，脂肪含量19.60%。

栽培要点 5月上中旬播种。垄作或窄行密植。宜种植在较肥沃地块，垄作保苗25万～30万株/hm^2，大垄密或小垄密种植保苗35万～40万株/hm^2，30cm平播种植保苗40万～42.5万株/hm^2。土壤肥沃宜稀植，土壤瘠薄宜密植。

适宜地区 黑龙江省第二积温带垦区东南部地区。

垦丰20

131. 垦丰22（Kenfeng 22）

品种来源 黑龙江省农垦科学院农作物开发研究所以绥农10号为母本，合丰35为父本，经有性杂交，系谱法选育而成。原品系号垦01-3273。2008年经黑龙江省农作物品种审定委员会审定，命名为垦丰22。审定编号为黑审豆2008015。全国大豆品种资源统一编号ZDD24346。

特征 亚有限结荚习性。株高85cm。披针叶，紫花，灰毛。以主茎结荚为主，三、四粒荚较多，荚弯镰形，褐色，底荚高17cm。粒圆形，种皮黄色，有光泽，脐黄色。百粒重22g。

特性 北方春大豆，中熟品种，生育期114d，需活动积温2 250℃。接种鉴定，中抗大豆灰斑病。

产量品质 2005—2006年区域试验，平均产量2 632.0kg/hm^2，较对照宝丰7号增产9.4%。2007年生产试验，平均产量2 572.2kg/hm^2，较对照宝丰7号增产11.4%。蛋白质含量

垦丰22

42.54%，脂肪含量20.27%。

栽培要点 5月上中旬播种。保苗28万株/hm^2，肥沃土地25万株/hm^2。施磷酸二铵150kg/hm^2、钾肥50kg/hm^2、尿素40kg/hm^2。开花至鼓粒期根据大豆长势喷施叶面肥2遍以上。

适宜地区 黑龙江省第三积温带。

132. 垦丰23（Kenfeng 23）

品种来源 黑龙江省农垦科学院农作物开发研究所以合丰35为母本，九交90-102为父本，经有性杂交，系谱法选育而成。原品系号垦02-625。2009年经黑龙江省农作物品种审定委员会审定，命名为垦丰23。审定编号为黑审豆2009005。全国大豆品种资源统一编号ZDD24347。

垦丰23

特征 亚有限结荚习性。株高80cm，无分枝。披针叶，紫花，灰毛。荚弯镰形，褐色。粒圆形，种皮黄色，有光泽，脐黄色。百粒重18g。

特性 北方春大豆，中晚熟品种，生育期117d，需活动积温2 350℃。接种鉴定，中抗大豆灰斑病。

产量品质 2006—2007年区域试验，平均产量2 368.9kg/hm^2，较对照合丰47增产11.8%。2008年生产试验，平均产量2 158.0kg/hm^2，较对照合丰50增产13.7%。蛋白质含量42.44%，脂肪含量20.09%。

栽培要点 5月上中旬播种。选择中等以上肥力地块种植，垄三栽培，保苗25万～30万株/hm^2。采用分层深施肥，施磷酸二铵150kg/hm^2、钾肥50kg/hm^2、尿素40～50kg/hm^2。开花至鼓粒期根据大豆长势喷施叶面肥2遍以上。不宜种植在瘠薄地块。

适宜地区 黑龙江省第二积温带。

133. 垦豆25（Kendou 25）

品种来源 黑龙江省农垦科学院农作物开发研究所以垦丰16为母本，绥农16为父本，经有性杂交，系谱法选育而成。原品系号垦k03-1074。2011年经黑龙江省农作物品种审定委员会审定，命名为垦豆25。审定编号为黑审豆2011011。全国大豆品种资源统一编号ZDD30881。

特征 亚有限结荚习性。株高90cm，无分枝。圆叶，白花，灰毛。荚弯镰形，浅褐色。粒椭圆形，种皮黄色，有光泽，脐黄色。百粒重19g。

特性 北方春大豆，中晚熟品种，生育期115d，需活动积温2 350℃。接种鉴定，中抗大豆灰斑病。

产量品质 2008—2009年区域试验，平均产量2 399.1kg/hm^2，较对照合丰50增产16.5%。2010年生产试验，平均产量3 153.9kg/hm^2，较对照合丰50增产12.2%。蛋白质含量40.05%，脂肪含量20.28%。

栽培要点 5月上中旬播种。选择中等肥力以上地块种植，垄三栽培，保苗25万～28万株/hm^2。分层深施肥，施磷酸二铵150kg/hm^2、钾肥50kg/hm^2、尿素40～50kg/hm^2。开花期根据大豆长势，喷施叶面肥。肥沃地块，保苗22.5万～25万株/hm^2。

适宜地区 黑龙江省第二积温带。

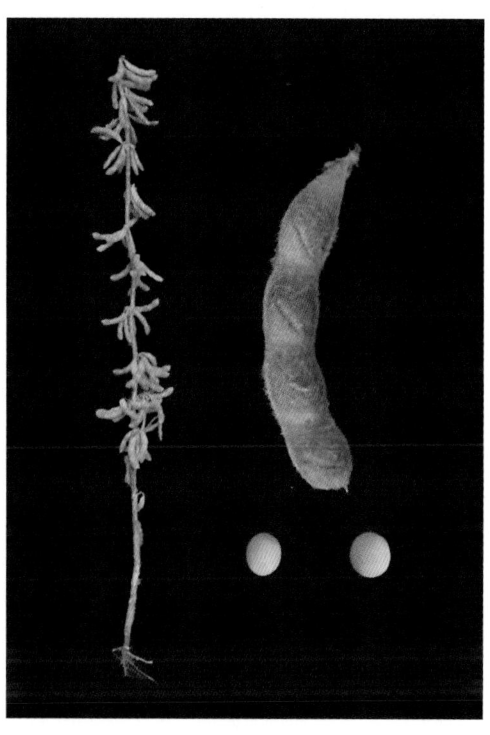

垦豆25

134. 垦豆26（Kendou 26）

品种来源 黑龙江省农垦科学院农作物开发研究所以垦丰16为母本，合丰35为父本，经有性杂交，系谱法选育而成。原品系号垦03-956（958）。2010年经黑龙江省农垦总局农作物品种审定委员会审定，命名为垦豆26。审定编号为黑垦审豆2010001。2010年已申请植物新品种保护权。全国大豆品种资源统一编号ZDD30882。

特征 亚有限结荚习性。主茎结荚为主，株高85cm。披针叶，白花，灰毛。三、四粒荚多，荚褐色。粒圆形，种皮黄色，脐黄色。百粒重17g。

特性 北方春大豆，中晚熟品种，生育期117d，需活动积温2 350℃。接种鉴定，抗大豆灰斑病。

产量品质 在垦区1生态区（黑龙江

垦豆26

省第二积温带垦区东部）试验，2007—2008年区域试验，2009年生产试验，平均产量2 299.8kg/hm²和2 923.4kg/hm²，较对照绥农14和绥农28平均分别增产14.0%和6.8%。在垦区2生态区（黑龙江省第二积温带垦区东南部）试验，2007—2008年区域试验，2009年生产试验，平均产量分别为3 044.8kg/hm²和2 870.2kg/hm²，较对照绥农14和绥农28平均分别增产10.2%和11.9%。蛋白质含量40.12%，脂肪含量20.26%。

栽培要点 5月上中旬播种。选择中等肥力以上地块种植。垄三栽培，保苗25万～30万株/hm²；窄行距栽培，保苗35万～40万株/hm²。

适宜地区 黑龙江省第二积温带垦区东部和东南部地区。

135. 垦豆28（Kendou 28）

品种来源 黑龙江省农垦科学院农作物开发研究所以垦丰16为母本，垦交9947（合丰35×绥农16）F_1为父本，经有性杂交，系谱法选育而成。原品系号垦04-9109。2011年经黑龙江省农垦总局农作物品种审定委员会审定，命名为垦豆28。审定编号为黑垦审豆2011001。2011年已申请植物新品种保护权。全国大豆品种资源统一编号ZDD30883。

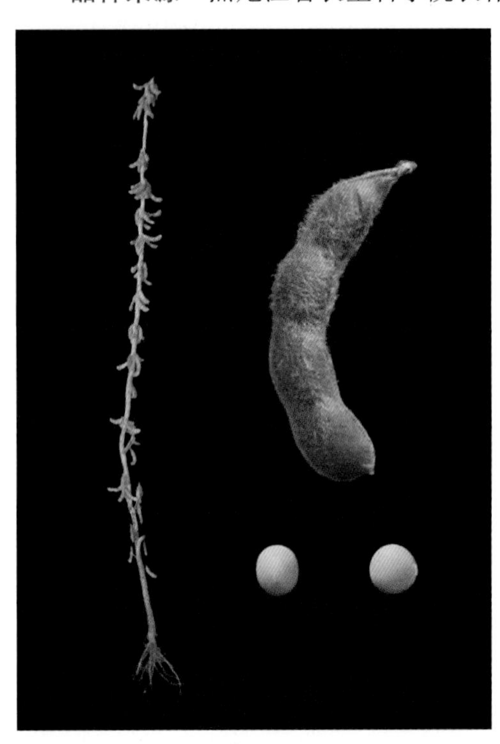

垦豆28

特征 亚有限结荚习性。主茎结荚为主，株高100cm。披针叶，白花，灰毛。荚弯镰形，褐色。粒圆形，种皮黄色，有光泽，脐黄色。百粒重19g。

特性 北方春大豆，中晚熟品种，生育期120d，需活动积温2 400℃。接种鉴定，抗大豆灰斑病。

产量品质 2008—2009年区域试验，2010年生产试验，平均产量3 031.6kg/hm²和2 610.6kg/hm²，较对照绥农14和绥农28分别增产7.9%和6.9%。蛋白质含量39.41%，脂肪含量21.50%。

栽培要点 5月上中旬播种。选择中等肥力以上地块种植，垄三栽培，保苗23万～28万株/hm²。采用分层深施肥，施磷酸二铵150kg/hm²、钾肥50kg/hm²、尿素40～50kg/hm²。

适宜地区 黑龙江省第二积温带垦区东南部地区。

136. 垦豆29（Kendou 29）

品种来源 黑龙江省农垦科学院农作物开发研究所以垦丰7号为母本，垦交9909（垦

94-3046×九L553)F_1为父本，经有性杂交，系谱法选育而成。原品系号垦04-8178。2011年经黑龙江省农垦总局农作物品种审定委员会审定，命名为垦豆29。审定编号为黑垦审豆2011003。2011年已申请植物新品种保护权。全国大豆品种资源统一编号ZDD30884。

特征 亚有限结荚习性。株高80cm，主茎结荚为主。披针叶，白花，灰毛。荚弯镰形，褐色。粒圆形，种皮黄色，有光泽，脐黄色。百粒重18g。

特性 北方春大豆，中熟品种，生育期115d，需活动积温2 250℃。接种鉴定，中抗大豆灰斑病。

产量品质 2008—2009年区域试验，2010年生产试验，平均产量2 625.9kg/hm^{2}和2 947.9kg/hm^2，较对照宝丰7号和合丰51平均分别增产8.1%和9.8%。蛋白质含量37.53%，脂肪含量21.59%。

栽培要点 5月上中旬播种。对土壤肥力要求不严，垄三栽培，保苗30万株/hm^2。施磷酸二铵150kg/hm^2、钾肥30～40kg/hm^2、尿素40kg/hm^2。

适宜地区 黑龙江省第三积温带下限垦区东北部地区。

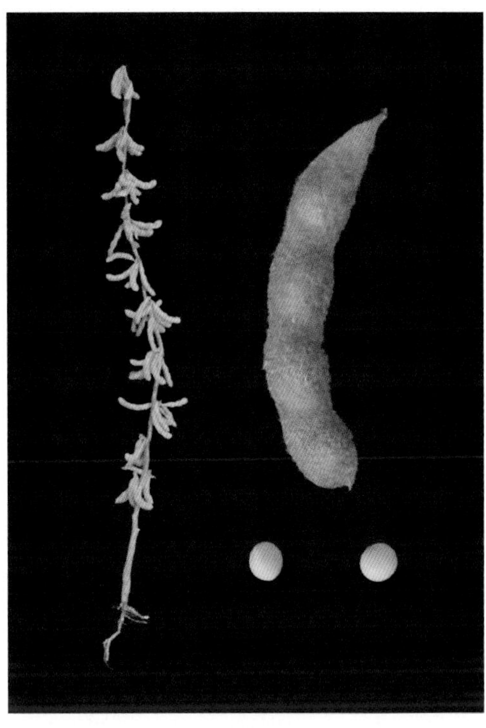

垦豆29

137. 垦豆30（Kendou 30）

品种来源 黑龙江省农垦科学院农作物开发研究所以垦丰16为母本，绥农4号为父本，经有性杂交，系谱法选育而成。原品系号垦04-9904。2011年经黑龙江省农作物品种审定委员会审定，命名为垦豆30。审定编号为黑审豆2011004。全国大豆品种资源统一编号ZDD24358。

特征 无限结荚习性。株高85cm，有分枝。披针叶，白花，灰毛。荚弯镰形，褐色。粒圆形，种皮黄色，有光泽，脐黄色。百粒重19g。

垦豆30

特性 北方春大豆，中晚熟品种，生育期120d，需活动积温2 450℃。接种鉴定，抗大豆灰斑病。

产量品质 2008—2009年区域试验，平均产量2 627.0kg/hm^2，较对照黑农44增产5.9%。2010年生产试验，平均产量2 555.4kg/hm^2，较对照黑农44增产6.1%。蛋白质含量38.81%，脂肪含量20.38%。

栽培要点 5月上中旬播种。不宜选择低洼易涝地，垄三栽培，保苗25万～28万株/hm^2。分层深施肥，施磷酸二铵150kg/hm^2、钾肥50kg/hm^2、尿素40～50kg/hm^2。开花期根据大豆长势喷施叶面肥。

适宜地区 黑龙江省第二积温带。

138. 垦豆31（Kendou 31）

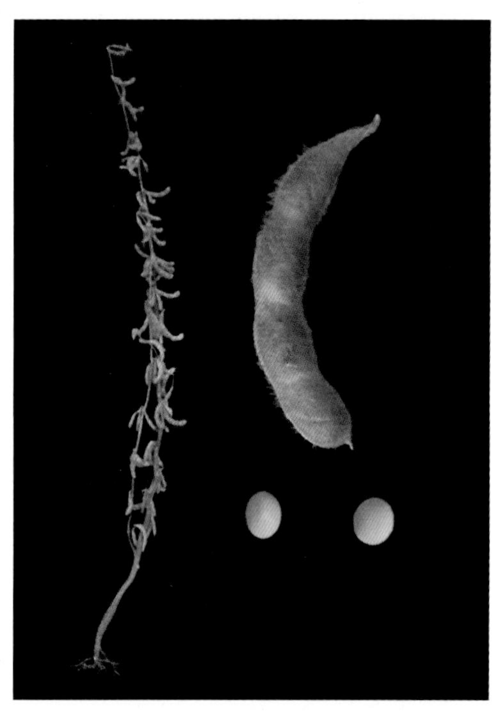

垦豆31

品种来源 黑龙江省农垦科学院农作物开发研究所以垦丰13为母本，垦丰14为父本，经有性杂交，系谱法选育而成。原品系号垦05-4518。2012年经黑龙江省农垦总局农作物品种审定委员会审定，命名为垦豆31。审定编号为黑垦审豆2012001。2012年已申请植物新品种保护权。全国大豆品种资源统一编号ZDD30885。

特征 无限结荚习性。株高90cm，有分枝。披针叶，白花，灰毛。荚弯镰形，褐色。粒圆形，种皮黄色，有光泽，脐黄色。百粒重18g。

特性 北方春大豆，中晚熟品种，生育期119d，需活动积温2 400℃。接种鉴定，中抗大豆灰斑病。

产量品质 2009—2010年区域试验，产量3 283.4kg/hm^2，较对照绥农28增产14.7%。2011年生产试验，产量2 458.7kg/hm^2，较对照绥农28增产12.0%。蛋白质含量40.62%，脂肪含量21.25%。

栽培要点 5月上中旬播种。对土壤肥力要求不严，垄三栽培，保苗25万～30万株/hm^2。分层深施肥，施磷酸二铵150kg/hm^2、钾肥50kg/hm^2、尿素40kg/hm^2。

适宜地区 黑龙江省第二积温带垦区东部地区。

139. 垦豆32（Kendou 32）

品种来源 黑龙江省农垦科学院农作物开发研究所以垦98-4318为母本，垦交

2031(垦丰7号 × 吉林43)F_1为父本，经有性杂交，系谱法选育而成。原品系号垦06-1417。2012年经黑龙江省农垦总局农作物品种审定委员会审定，命名为垦豆32。审定编号为黑垦审豆2012005。2012年已申请植物新品种保护权。全国大豆品种资源统一编号ZDD30886。

特征 亚有限结荚习性。株高 80cm，无分枝。披针叶，白花，灰毛。荚弯镰形，黄褐色。粒圆形，种皮淡黄色，有光泽，脐黄色。百粒重20g。

特性 北方春大豆，中晚熟品种，生育期120d，需活动积温2 400℃。接种鉴定，中抗大豆灰斑病。

产量品质 2009—2010年区域试验，平均产量3 030.4kg/hm^2，较对照绥农28增产9.4%。2011年生产试验，平均产量2 558.0kg/hm^2，较对照绥农28增产8.2%。蛋白质含量39.88%，脂肪含量20.49%。

栽培要点 5月上中旬播种。选择中等肥力以上地块种植，垄三栽培，保苗30万株/hm^2。分层深施肥，施磷酸二铵150kg/hm^2、钾肥50kg/hm^2、尿素50kg/hm^2，密植栽培加大10%施肥量。开花至鼓粒期根据大豆长势，喷施叶面肥或植物生长调节剂。

适宜地区 黑龙江省第二积温带垦区东南部地区。

垦豆32

140. 垦豆33（Kendou 33）

品种来源 黑龙江省农垦科学院农作物开发研究所以垦丰9号为母本，垦丰16为父本，经有性杂交，系谱法选育而成。原品系号垦04-8579。2012年经黑龙江省农作物品种审定委员会审定，命名为垦豆33。审定编号为黑审豆2012012。全国大豆品种资源统一编号ZDD30887。

特征 无限结荚习性。株高90cm，有分枝。披针叶，白花，灰毛。荚弯镰形，黄褐

垦豆33

色。粒圆形，种皮淡黄色，有光泽，脐黄色。百粒重18g。

特性 北方春大豆，中熟品种，生育期115d，需活动积温2 350℃。接种鉴定，中抗大豆灰斑病。

产量品质 2009—2010年区域试验，平均产量2 842.8kg/hm^2，较对照合丰50增产11.1%。2011年生产试验，平均产量2 501.9kg/hm^2，较对照合丰50增产12.1%。蛋白质含量38.58%，脂肪含量22.17%。

栽培要点 5月上中旬播种。选择中等肥力以上地块种植，垄三栽培，保苗22.5万～25.5万株/hm^2。分层深施肥，施磷酸二铵150kg/hm^2、钾肥50kg/hm^2、尿素40～50kg/hm^2，开花至鼓粒期根据大豆长势，喷施叶面肥或植物生长调节剂。

适宜地区 黑龙江省第二积温带。

141. 垦豆36（Kendou 36）

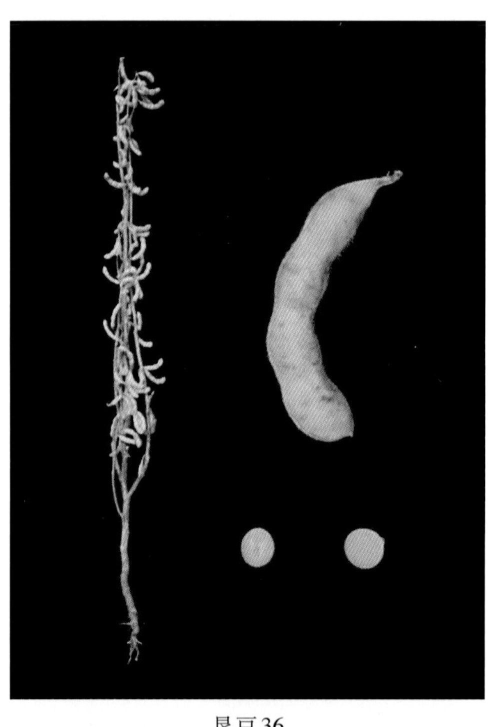

垦豆36

品种来源 北大荒垦丰种业股份有限公司以垦丰6号为母本，垦丰16为父本，经有性杂交，系谱法选育而成。原品系号垦06-700。2013年经黑龙江省农作物品种审定委员会审定，命名为垦豆36。审定编号为黑审豆2013014。全国大豆品种资源统一编号ZDD30888。

特征 无限结荚习性。株高90cm，有分枝。尖叶，白花，灰毛。荚黄褐色。粒圆形，种皮黄色，有光泽，种脐黄色。百粒重19.0g。

特性 生育期115d，需活动积温2 350℃。中抗大豆灰斑病。

产量品质 2010—2011年区域试验，平均产量2 850.9kg/hm^2，较对照合丰50增产9.6%。2012年生产试验，平均产量2 463.3kg/hm^2，较对照合丰50增产12.3%。蛋白质含量40.17%，脂肪含量20.39%。

栽培要点 5月上中旬播种。选择中等肥力地块种植，垄三栽培，保苗30万株/hm^2。分层深施肥，一般施磷酸二铵150kg/hm^2、钾肥50kg/hm^2、尿素30～40kg/hm^2。

适宜地区 黑龙江省第二积温带。

142. 垦豆39（Kendou 39）

品种来源 北大荒垦丰种业股份有限公司、黑龙江省农垦科学院农作物开发研究所以垦丰9号为母本，垦农5号为父本，经有性杂交，系谱法选育而成。原品系号垦K07-

5203。2014年经黑龙江省农作物品种审定委员会审定，命名为垦豆39。审定编号为黑审豆2014008。全国大豆品种资源统一编号ZDD30889。

特征 无限结荚习性。株高90cm，有分枝。尖叶，紫花，灰色茸毛。荚褐色。粒圆形，种皮黄色，有光泽，种脐黄色。百粒重19.0g。

特性 生育期115d，需活动积温2 350℃。中抗大豆灰斑病。

产量品质 2011—2012年区域试验，平均产量2 658.7kg/hm^2，较对照合丰50增产13.1%。2013年生产试验，平均产量2 883.8kg/hm^2，较对照合丰50增产10.1%。蛋白质含量37.55%，脂肪含量22.36%。

栽培要点 5月上中旬播种。垄三栽培，保苗25万～28万株/hm^2。一般栽培条件下施磷酸二铵150kg/hm^2、尿素30～40kg/hm^2、钾肥50kg/hm^2。

适宜地区 黑龙江省第二积温带。

垦豆39

143. 垦保小粒豆1号（Kenbaoxiaolidou 1）

品种来源 北大荒垦丰种业股份有限公司、黑龙江省农垦科学院植物保护研究所以东农690为母本，韩国小粒豆为父本，经有性杂交，系谱法选育而成。原品系号垦保小粒豆。2014年经黑龙江省农作物品种审定委员会审定，命名为垦宝小粒豆1号。审定编号为黑审豆2014021。全国大豆品种资源统一编号ZDD30890。

特征 亚有限结荚习性。株高80cm，有分枝。尖叶，白花，灰毛。荚浅褐色。粒圆形，种皮黄色，有光泽，种脐黄色。百粒重9.0g。

特性 生育期115d，需活动积温2 350℃。抗大豆灰斑病。

产量品质 2011—2012年区域试验，平均产量2 063.1kg/hm^2，较对照绥小粒豆2号增产12.8%。2013年生产试验，平均产量2 512.7kg/hm^2，较对照绥小粒豆2号增产14.3%。蛋白质含量41.71%，脂肪含量20.45%。

栽培要点 5月上旬播种。选择中等肥力地块种植，垄三栽培，保苗25万～28万株/hm^2。一般栽培条件下施基肥磷酸二铵100kg/hm^2、尿素30kg/hm^2、钾肥45kg/hm^2，施种肥磷酸二铵50kg/hm^2、尿素20kg/hm^2、钾肥25kg/hm^2。

适宜地区 黑龙江省第二积温带。

垦保小粒豆1号

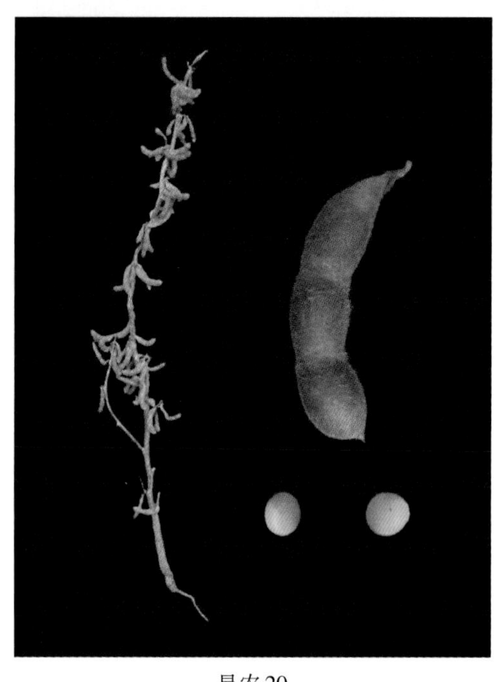
垦农20

144. 垦农20（Kennong 20）

品种来源 黑龙江八一农垦大学植物科技学院以垦农7号为母本，宝丰7号为父本，经有性杂交，系谱法选育而成。原品系号农大5120。2005年经黑龙江省农作物品种审定委员会审定，命名为垦农20。审定编号为黑审豆2005010。全国大豆品种资源统一编号ZDD24348。

特征 亚有限结荚习性。株高70cm，有短分枝，以主茎结荚为主，节短荚密，结荚分布均匀。圆叶，白花，灰毛。荚弯镰形，浅褐色。粒圆形，种皮黄色，脐黄色。百粒重18g。

特性 北方春大豆，中熟品种，生育期115d，需活动积温2 300℃。接种鉴定，中抗大豆灰斑病。

产量品质 2000—2001年区域试验，平均产量2 376.3kg/hm²，较对照宝丰7号平均增产5.8%。2002年生产试验，平均产量2 424.6kg/hm²，较对照宝丰7号平均增产10.6%。蛋白质含量37.62%，脂肪含量22.67%。

栽培要点 5月上旬播种。要求中等肥力或中等以上肥力地块种植。垄三栽培，保苗30万～33万株/hm²；小双密栽培，保苗50万～55万株/hm²。施磷酸二铵150～200kg/hm²、尿素75～90kg/hm²、氯化钾45～60kg/hm²。开花初期叶面喷肥1次，8月10日喷药防治大豆食心虫。

适宜地区 黑龙江省第三积温带。

145. 垦农21（Kennong 21）

品种来源 黑龙江八一农垦大学以农大5687为母本，以宝丰7号为父本，经有性杂交，系谱法选育而成。原品系号农大5853。2006年经黑龙江省农作物品种审定委员会审定，命名为垦农21。审定编号为黑审豆2006016。全国大豆品种资源统一编号ZDD24349。

特征 亚有限结荚习性。株高70cm，有短分枝。圆叶，白花，灰毛。以主茎结荚为主，节短荚密，结荚分布均匀，耐密植。粒圆形，种皮黄色，有光泽，脐黄色。百粒重20g。

特性 北方春大豆，中晚熟品种，生育期118d，需活动积温2 350℃。接种鉴定，中抗大豆灰斑病。

产量品质 2002—2003年区域试验，平均产量2 409.6kg/hm²，较对照合丰25平均增产5.8%。2004—2005年生产试验，平均产量2 276.9kg/hm²，较对照合丰25平均增产5.7%。蛋白质含量37.87%，脂肪含量22.22%。

栽培要点 5月上旬播种。要求中等或以上肥力土壤种植。垄三栽培，保苗30万～33万株/hm²；小双密栽培，保苗40万～45万株/hm²。施磷酸二铵150～200kg/hm²、尿素75～90kg/hm²、氯化钾45～60kg/hm²。开花初期叶面喷肥1次。8月10日喷药防治大豆食心虫。

适宜地区 黑龙江省第二积温带。

垦农21

146. 垦农22（Kennong 22）

品种来源 黑龙江八一农垦大学以农大33455为母本，垦农5号为父本，经有性杂交，系谱法选育而成。原品系号农大5582。2007年经黑龙江省农作物品种审定委员会审定，命名为垦农22。审定编号为黑审豆2007016。全国大豆品种资源统一编号ZDD24350。

特征 亚有限结荚习性。株高80cm，有分枝。披针叶，紫花，灰毛。荚弯镰形，浅褐色。粒圆形，种皮黄色，有光泽，脐黄色。百粒重21g。

特性 北方春大豆，中晚熟品种，生育期120d，需活动积温2 350℃。接种鉴定，中抗大豆灰斑病。

产量品质 2004—2005年区域试验，平均产量2 420.2kg/hm²，较对照绥农14增产8.9%。2006年生产试验，平均产量2 942.8kg/hm²，较对照绥农14增产10.6%。蛋白质含量37.80%，脂肪含量22.40%。

栽培要点 5月上旬播种。选择中等肥力地块种植，垄三栽培，保苗35万株/hm²。秋施肥，施磷酸二铵150～200kg/hm²、尿素75～

垦农22

$90kg/hm^2$、氯化钾45 ~ $60kg/hm^2$。播后苗前封闭除草，开花初期叶面喷肥1次，8月10日喷药防治大豆食心虫。

适宜地区 黑龙江省第二积温带。

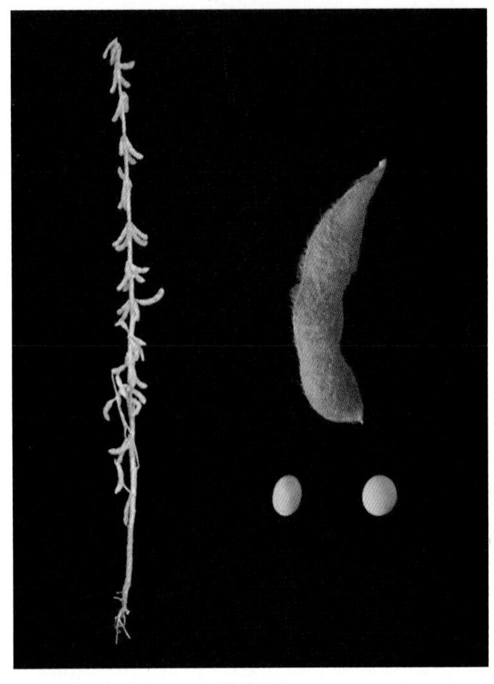

垦农23

147. 垦农23（Kennong 23）

品种来源 黑龙江八一农垦大学以红丰10号为母本，垦农5号为父本，经有性杂交，系谱法选育而成。原品系号垦农23。2013年经黑龙江省农作物品种审定委员会审定，命名为垦农23。审定编号为黑审豆2013008。全国大豆品种资源统一编号ZDD30891。

特征 亚有限结荚习性。株高75cm，有分枝。尖叶，紫花，灰毛。荚浅褐色。粒圆形，种皮黄色，有光泽，种脐无色。百粒重21.0g。

特性 生育期118d，需活动积温2 400℃。中抗大豆灰斑病。

产量品质 2011—2012年生产试验，平均产量2 533.1kg/hm^2，较对照绥农28增产6.6%。蛋白质含量39.41%，脂肪含量21.46%。

栽培要点 5月上旬播种。垄三栽培，保苗33万株/hm^2。秋施肥，施磷酸二铵150 ~ $180kg/hm^2$、尿素60 ~ $75kg/hm^2$、氯化钾45 ~ $60kg/hm^2$。

适宜地区 黑龙江省第二积温带。

垦农26

148. 垦农26（Kennong 26）

品种来源 黑龙江八一农垦大学以垦农14为母本，农大5088为父本，经有性杂交，系谱法选育而成。2011年经黑龙江省农作物品种审定委员会审定，命名为垦农26。审定编号为黑审豆2011012。全国大豆品种资源统一编号ZDD30892。

特征 亚有限结荚习性。株高90cm，有分枝。披针叶，白花，灰毛。荚弯镰形，浅褐色。粒圆形，种皮黄色，有光泽，脐黄色。百粒重23g。

特性 北方春大豆，中晚熟品种，生育期115d，需活动积温2 350℃。接种鉴定，抗大豆灰斑病。

产量品质 2009—2010年生产试验，平均产量2 799.9kg/hm^2，较对照合丰50增产8.1%。蛋白质含量39.52%，脂肪含量20.53%。

栽培要点 5月上旬播种。选择中等肥力地块种植，垄三栽培，保苗33万株/hm^2。秋施肥，施磷酸二铵150 ~ 180kg/hm^2、尿素60 ~ 75kg/hm^2、氯化钾45 ~ 60kg/hm^2。播后苗前封闭除草，开花初期叶面喷肥1次。8月10日喷药防治大豆食心虫。

适宜地区 黑龙江省第二积温带。

149. 垦农28（Kennong 28）

品种来源 黑龙江八一农垦大学以农大5088为母本，农大65274为父本，经有性杂交，系谱法选育而成。2012年经黑龙江省农作物品种审定委员会审定，命名为垦农28。审定编号为黑审豆2012018。全国大豆品种资源统一编号ZDD30893。

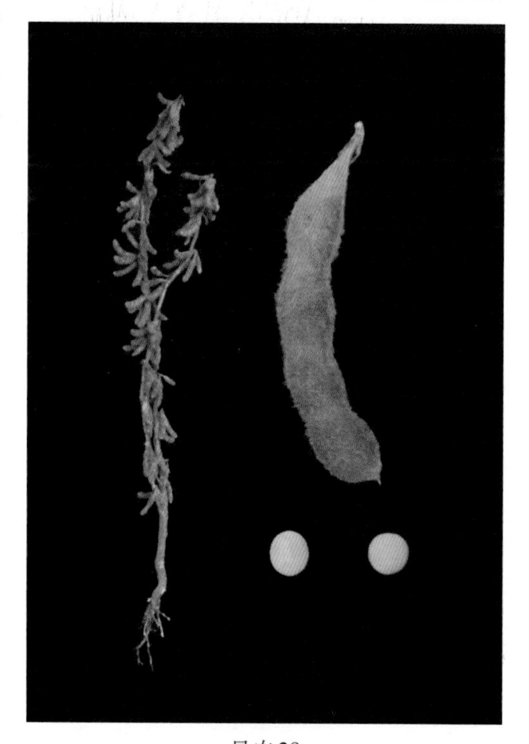

垦农28

特征 亚有限结荚习性。株高85cm，有分枝。披针叶，紫花，灰毛。荚弯镰形，浅褐色。粒圆形，种皮黄色，有光泽，脐黄色。百粒重22g。

特性 北方春大豆，中熟品种，生育期114d，需活动积温2 250℃。接种鉴定，中抗大豆灰斑病。

产量品质 2010—2011年生产试验，平均产量2 659.5kg/hm^2，较对照合丰51增产8.7%。蛋白质含量40.16%，脂肪含量21.02%。

栽培要点 5月上旬播种。选择中等肥力地块种植，垄三栽培，保苗33万株/hm^2。秋施肥，施磷酸二铵150 ~ 180kg/hm^2、尿素60 ~ 75kg/hm^2、氯化钾45 ~ 60kg/hm^2。播后苗前封闭除草，开花初期叶面喷肥1次。8月10日喷药防治大豆食心虫。

适宜地区 黑龙江省第三积温带。

150. 垦农29（Kennong 29）

品种来源 黑龙江八一农垦大学以农大5088为母本，农大6560为父本，经有性杂交，

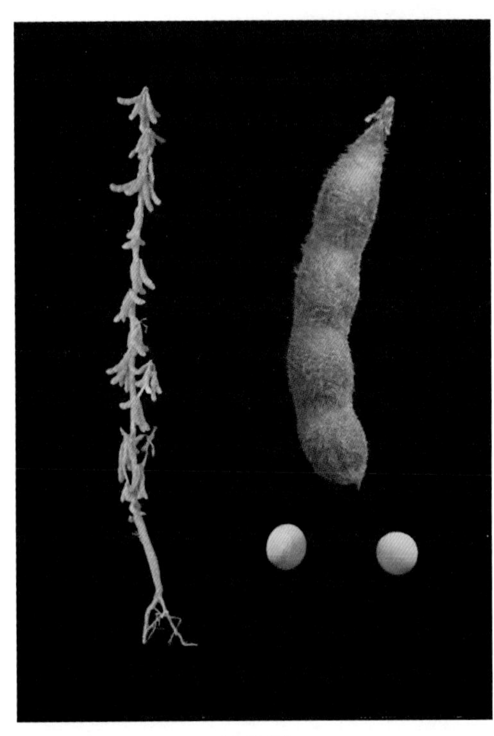
垦农29

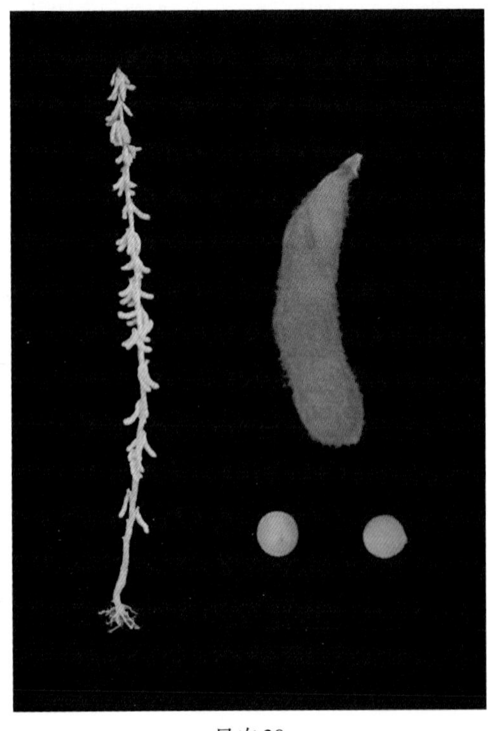
垦农30

系谱法选育而成。原品系号农大25146。2008年经黑龙江省农作物品种审定委员会审定，命名为垦农29。审定编号为黑审豆2008006。全国大豆品种资源统一编号ZDD24351。

特征 亚有限结荚习性。株高80cm，有分枝。披针叶，紫花，灰毛。荚弯镰形，浅褐色。粒圆形，种皮黄色，有光泽，脐黄色。百粒重21g。

特性 北方春大豆，中晚熟品种，生育期117d，需活动积温2 350℃。接种鉴定，抗大豆灰斑病。

产量品质 2005—2006年区域试验，平均产量2 723.3kg/hm^2，较对照绥农14增产12.2%。2007年生产试验，平均产量2 314.7kg/hm^2，较对照绥农14增产10.7%。蛋白质含量38.71%，脂肪含量21.66%。

栽培要点 5月上旬播种。选择中等肥力地块种植，垄三栽培，保苗33万～36万株/hm^2；小双密栽培，保苗45万～50万株/hm^2。秋施肥，施磷酸二铵150～200kg/hm^2、尿素75～90kg/hm^2、氯化钾45～60kg/hm^2。播后苗前封闭除草，开花初期叶面喷肥1次。8月10日喷药防治大豆食心虫。

适宜地区 黑龙江省第二积温带。

151. 垦农30（Kennong 30）

品种来源 黑龙江八一农垦大学以垦农14为母本，农大5088为父本，经有性杂交，系谱法选育而成。原品系号农大05089。2008年经黑龙江省农作物品种审定委员会审定，命名为垦农30。审定编号为黑审豆2008011。全国大豆品种资源统一编号ZDD30894。

特征 亚有限结荚习性。株高85cm，有分枝。披针叶，白花，灰毛。荚弯镰形，浅褐色。粒圆形，种皮黄色，有光泽，脐黄色。百粒重22g。

特性 北方春大豆，中晚熟品种，生育期116d，需活动积温2 350℃。接种鉴定，高抗大豆灰斑病。

产量品质 2005—2006年区域试验，平均产量2 478.9kg/hm^2，较对照合丰47增产10.2%。2007年生产试验，平均产量2 635.6kg/hm^2，较对照合丰47增产13.3%。蛋白质含量45.81%，脂肪含量18.06%。

栽培要点 5月上旬播种。选择中等肥力地块种植，垄三栽培，保苗30万～33万株/hm^2；小双密栽培，保苗40万～45万株/hm^2。秋施肥，施磷酸二铵150～200kg/hm^2、尿素75～90kg/hm^2、氯化钾45～60kg/hm^2。播后苗前封闭除草，开花初期叶面喷肥1次。8月10日喷药防治大豆食心虫。

适宜地区 黑龙江省第二积温带。

152. 垦农31（Kennong 31）

品种来源 黑龙江八一农垦大学以垦农5号为母本，垦农7号为父本，经有性杂交，系谱法选育而成。原品系号农大96069。2009年经黑龙江省农作物品种审定委员会审定，命名为垦农31。审定编号为黑审豆2009007。全国大豆品种资源统一编号ZDD24352。

特征 亚有限结荚习性。株高80cm，有分枝。披针叶，紫花，灰毛。荚弯镰形，浅褐色。粒圆形，种皮黄色，有光泽，脐黄色。百粒重21g。

特性 北方春大豆，中晚熟品种，生育期117d，需活动积温2 350℃。接种鉴定，高抗大豆灰斑病。

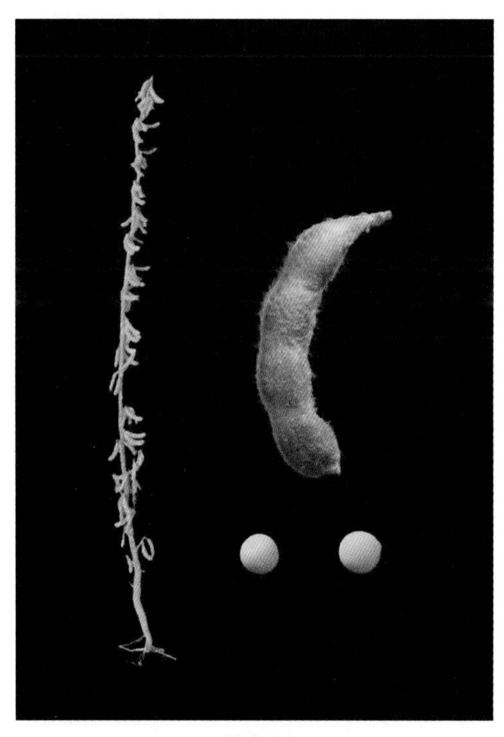

垦农31

产量品质 2006—2007年区域试验，平均产量2 436.8kg/hm^2，较对照合丰47增产16.4%。2008年生产试验，平均产量2 098.0kg/hm^2。较对照合丰50增产11.7%。蛋白质含量40.87%，脂肪含量21.70%。

栽培要点 5月上旬播种。选择中等肥力地块种植，垄三栽培，保苗30万株/hm^2。秋施肥，施磷酸二铵150～200kg/hm^2、尿素75～90kg/hm^2、氯化钾45～60kg/hm^2。播后苗前封闭除草，开花初期叶面喷肥1次。8月10日喷药防治大豆食心虫。

适宜地区 黑龙江省第二积温带。

153. 北豆3号（Beidou 3）

品种来源 黑龙江省农垦科研育种中心、黑龙江省农垦总局建三江农业科学研究所

北豆3号

以绥90-5242为母本，建88-833为父本，有性杂交育成。原品系号建99-869。2006年经黑龙江省农作物品种审定委员会审定，命名为北豆3号。审定编号为黑审豆2006011。全国大豆品种资源统一编号ZDD24360。

特征 亚有限结荚习性。株高80cm。节短，节多，荚密，株型收敛，分枝能力强，结荚分布均匀。披针叶，紫花，灰毛。粒圆形，种皮黄色，脐黄色。百粒重15～19g。

特性 北方春大豆，中熟品种，生育期114d，需活动积温2 200℃。接种鉴定，中抗大豆灰斑病。

产量品质 2003—2004年区域试验，平均产量2 389.7kg/hm^2，较对照宝丰7号增产11.2%。2005年生产试验，平均产量2 725.0kg/hm^2，比对照宝丰7号增产13.1%。蛋白质含量42.11%，脂肪含量19.00%。

栽培要点 5月上中旬播种。垄三栽培，保苗32万～34万株/hm^2；大垄密栽培保苗40万～50万株/hm^2，行间覆膜栽培保苗26万～30万株/hm^2。宜较肥沃的土地种植。苗期深松，中耕培土，花荚及鼓粒期喷施叶面肥，增产效果更加明显。施肥300～375kg/hm^2，其氮：磷：钾为1：(1.2～1.5)：(0.4～0.8)。

适宜地区 黑龙江省第三积温带。

北豆5号

154. 北豆5号（Beidou 5）

品种来源 黑龙江省农垦总局北安分局科学研究所、北安市华疆种业公司与农垦科研育种中心合作，以北丰8号为母本，北丰11为父本，经有性杂交，系谱法选育而成。原品系号疆丰98-151。2006年经黑龙江省农作物品种审定委员会审定，命名为北豆5号。审定编号为黑审豆2006013。全国大豆品种资源统一编号ZDD24362。

特征 无限结荚习性。株高80～100cm，有分枝。披针叶，紫花，灰毛。秆强，株型收敛，结荚高度18～22cm。荚深褐色，三、四粒荚多。粒圆形，种皮黄色，脐黄色。百粒重18～20g。

特性 北方春大豆，中熟品种，生育期115d，需活动积温2 250℃。接种鉴定，感大豆灰斑病。

产量品质 2002—2003年区域试验，平均产量2 548.5kg/hm^2，较对照黑河18增产12.1%。2004年生产试验，平均产量2 369.35kg/hm^2，较对照黑河18增产9.9%。蛋白质含量37.30%，脂肪含量21.44%。

栽培要点 5月5～10日精量点播。垄三栽培，保苗30万株/hm^2，选中上等以上肥力地块，施氮（N）、磷（P_2O_5）、钾（K_2O）分别为105kg/hm^2、120kg/hm^2、60kg/hm^2，分层深施，花荚及鼓粒期追肥。及时铲蹚，做好病虫害防治。

适宜地区 黑龙江省第四积温带。

155. 北豆6号（Beidou 6）

品种来源 黑龙江省农垦科研育种中心、黑龙江省农垦总局宝泉岭农业科学研究所、黑龙江省北大荒种业集团有限公司宝泉岭分公司以宝交89-5164为母本，合交87-943为父本，经有性杂交，系谱法选育而成。2010年经黑龙江省农作物品种审定委员会审定，命名为北豆6号。审定编号为黑审豆2010013。全国大豆品种资源统一编号ZDD30895。

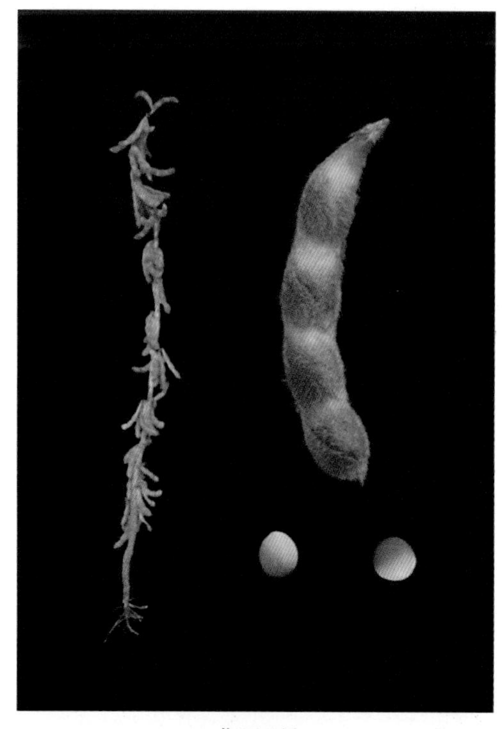

北豆6号

特征 亚有限结荚习性。株高90cm，短分枝。披针叶，紫花，灰毛。荚弯镰形，褐色。粒圆形，种皮黄色，有光泽，脐黄色。百粒重19g。

特性 北方春大豆，中熟品种，生育期115d，需活动积温2 350℃。接种鉴定，中抗大豆灰斑病。

产量品质 2008—2009年生产试验，平均产量2 551.7kg/hm^2，较对照宝丰7号与合丰51增产9.3%。蛋白质含量41.3%，脂肪含量18.34%。

栽培要点 5月中旬播种。选择正茬地块种植，伏翻或秋翻秋起垄或早春适时顶浆打垄。施磷酸二铵150～200kg/hm^2、尿素40～60kg/hm^2、氯化钾40～60kg/hm^2，保苗28万～30万株/hm^2。生长期间喷施2遍叶面肥，喷第二遍时加施防治食心虫和灰斑病的药剂。采用封闭除草或三铲三蹚，拔大草。

适宜地区 黑龙江省第三积温带。

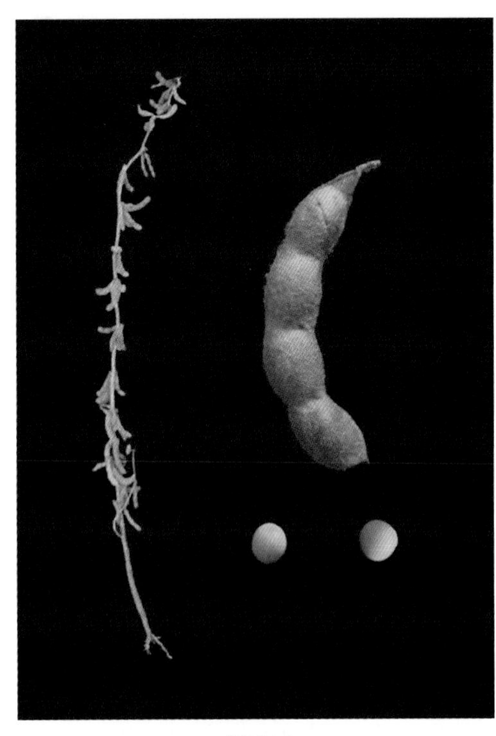
北豆14

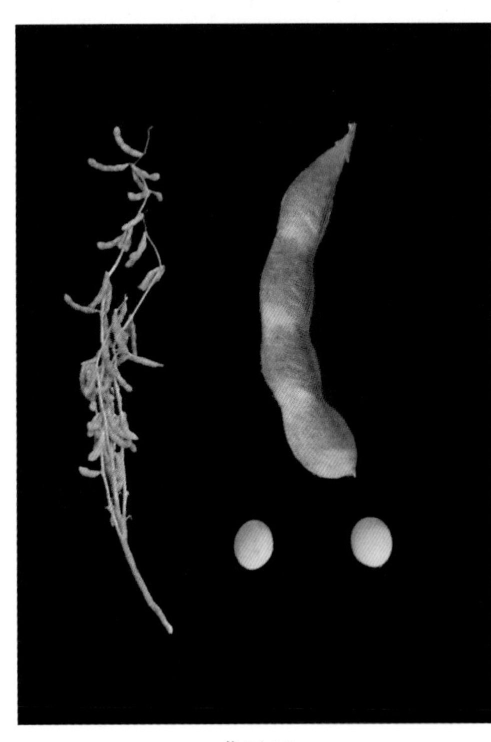
北豆16

156. 北豆14（Beidou 14）

品种来源 北安市华疆种业有限公司、农垦科研育种中心北安华疆科研所以北疆94-384为母本，北93-454为父本，经有性杂交，系谱法选育而成。原品系号华疆21-1778。2008年通过黑龙江省农垦总局农作物品种审定委员会审定，命名为北豆14。审定编号为黑垦审豆2008002。

特征 无限结荚习性。株高 100cm。披针叶，紫花，灰毛。荚弯镰形，褐色。粒圆形，种皮黄色，脐黄色。百粒重19g。

特性 北方春大豆，中熟品种，生育期114d，需活动积温2 220℃。接种鉴定，2年中抗1年感大豆灰斑病。

产量品质 2003—2014年区域试验，平均产量2 411.9kg/hm^2，比对照九丰7号增产13.2%。生产试验，2005年7点全增产，平均产量2 503.1kg/hm^2，比对照九丰7号增产12.9%。蛋白质含量38.09%，脂肪含量22.69%。

栽培要点 5月上旬播种。选择中等肥力地块种植。垄三栽培，保苗30万株/hm^2；大垄密栽培，保苗38万株/hm^2。分层施肥，施磷酸二铵150kg/hm^2、尿素40kg/hm^2、含量50%硫酸钾60kg/hm^2。

适宜地区 黑龙江省第四积温带。

157. 北豆16（Beidou 16）

品种来源 黑龙江省农垦科研育种中心、黑龙江省农垦总局北安农业科学研究所以北疆95-171为母本，北丰2号为父本，经有性杂交，系谱法选育而成。原品系号北03-932。2008年经黑龙江省农作物品种审定委员会审定，命名为北豆16。审定编号为黑审豆2008017。全国大豆品种资源统一编号ZDD24363。

特征 无限结荚习性。株高57cm，有分枝。披针叶，紫花，灰毛。荚弯镰形，深褐色。粒圆形，种皮黄色，无光泽，脐黄色。百粒重18g。

特性 北方春大豆，早熟品种，生育期97d，需活动积温1 870℃。接种鉴定，感或中抗大豆灰斑病。

产量品质 2005—2006年区域试验平均产量2 188.7kg/hm^2，较对照黑河33增产14.2%。2007年生产试验，平均产量2 109kg/hm^2，较对照黑河33增产10.5%。蛋白质含量39.34%，脂肪含量21.52%。

栽培要点 5月中下旬播种。选择中等肥力地块种植，垄三栽培，保苗35万株/hm^2。分层深施底肥与叶面追肥相结合。氮、磷、钾施肥纯量分别是37.5kg/hm^2、67.5kg/hm^2、30kg/hm^2。及时铲蹚，灭草，防治病虫害。

适宜地区 黑龙江省第五积温带。

158. 北豆17（Beidou 17）

品种来源 黑龙江省农垦科研育种中心、黑龙江省农垦总局建三江农业科学研究所以大白眉为母本，建98-93为父本，经有性杂交，系谱法选育而成。原品系号建01-1316。2008年经黑龙江省农作物品种审定委员会审定，命名为北豆17。审定编号为黑审豆2008014。全国大豆品种资源统一编号ZDD24364。

北豆17

特征 无限结荚习性。株高95cm，有分枝。披针叶，紫花，灰毛。荚微弯镰形，褐色。粒圆形，种皮黄色，有光泽，脐黄色。百粒重19g。

特性 北方春大豆，中熟品种，生育期114d，需活动积温2 300℃。接种鉴定，中抗大豆灰斑病。

产量品质 2005—2006年区域试验，平均产量2 637.2kg/hm^2，较对照宝丰7号增产9.4%。2007年生产试验，平均产量2 504.6kg/hm^2，较对照宝丰7号增产9.4%。蛋白质含量41.26%，脂肪含量20.42%。

栽培要点 5月上中旬播种。垄三栽培，保苗28万～32万株/hm^2。宜较肥沃的土地种植，苗期深松，中耕培土，防除杂草。 及时防病虫。花荚及鼓粒期喷施叶面肥。施化肥150～180kg/hm^2，氮：磷：钾为1：1.3：(0.4～0.7)。

适宜地区　黑龙江省第三积温带。

北豆23

159. 北豆23（Beidou 23）

品种来源　黑龙江省农垦总局北安农业科学研究所、黑龙江省农垦科研育种中心以黑河24为母本，北丰12为父本，经有性杂交，系谱法选育而成。原品系号北交04-802。2009年经黑龙江省农作物品种审定委员会审定，命名为北豆23。审定编号为黑审豆2009015。全国大豆品种资源统一编号ZDD24365。

特征　亚有限结荚习性。株高75cm，无分枝。披针叶，紫花，灰毛。荚弯镰形，褐色。粒圆形，种皮黄色，有光泽，脐黄色。百粒重18g。

特性　北方春大豆，早熟品种，生育期98d，需活动积温1 900℃。接种鉴定，中抗大豆灰斑病。

产量品质　2006—2007年区域试验，平均产量1 779.4kg/hm^2，较对照黑河33增产12.6%。2008年生产试验，平均产量2 581.0kg/hm^2，较对照黑河33增产10.7%。蛋白质含量36.85%，脂肪含量21.80%。

栽培要点　5月中下旬播种。选择中等肥力地块种植，垄三栽培，保苗35万～40万株/hm^2。分层深施底肥与叶面追肥相结合。氮、磷、钾施肥纯量68kg，比例为1∶1.5∶0.5。及时铲蹚，灭草，防治病虫害。

适宜地区　黑龙江省第六积温带。

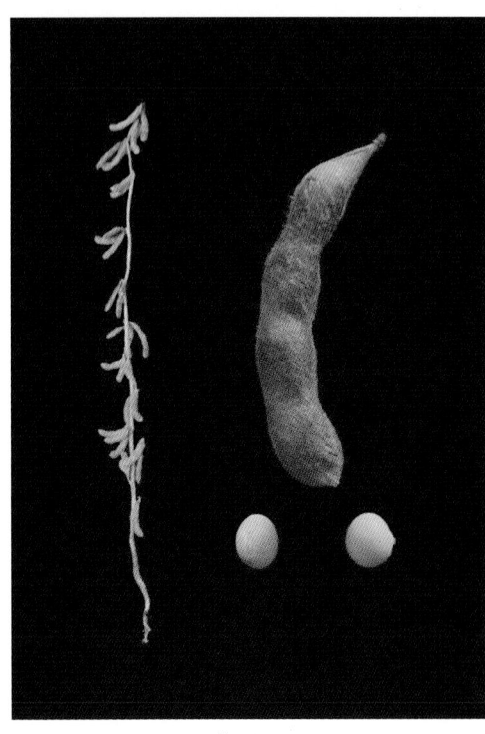

北豆24

160. 北豆24（Beidou 24）

品种来源　黑龙江省农垦总局北安农业科学研究所、黑龙江省农垦科研育种中心以克95-888为母本，北丰2号为父本，经有性杂交，系谱法选育而成。原品系号北交04-912。2009年经黑龙江省农作物品种审定委员会审定，命名为北豆24。审定编号为黑审豆2009016。全国大豆品种资源统一编号ZDD24366。

特征　亚有限结荚习性。株高75cm，无分枝。披针叶，紫花，灰毛。荚弯镰形，褐色。粒圆形，种皮黄色，有光泽，脐黄色。百粒重18g。

特性　北方春大豆，早熟品种，生育期91d，需活动积温1 800℃。接种鉴定，中抗大豆灰斑病。

产量品质　2006—2007年区域试验，平均产量1 686.1kg/hm^2，较对照黑河35增产11.4%。2008年生产试验，平均产量2 099.4kg/hm^2，较对照黑河35增产7.6%。蛋白质含量41.47%，脂肪含量19.6%。

栽培要点　5月中下旬播种。选择中等肥力地块种植，垄三栽培，保苗35万～40万株/hm^2。分层深施底肥，与叶面追肥相结合。施氮、磷、钾纯量68kg，比例为1∶1.5∶0.5。及时铲蹚，灭草，防治病虫害。

适宜地区　黑龙江省第六积温带。

161. 北豆26（Beidou 26）

品种来源　黑龙江省农垦科研育种中心华疆科研所以北丰17为母本，垦鉴豆26为父本，经有性杂交，系谱法选育而成。原品系号北大4509。2009年经黑龙江省农作物品种审定委员会审定，命名为北豆26。审定编号为黑审豆2009014。全国大豆品种资源统一编号ZDD24367。

北豆26

特征　亚有限结荚习性。株高80cm，无分枝。披针叶，紫花，灰毛。荚弯镰形，褐色。粒圆形，种皮黄色，有光泽，脐黄色。百粒重20g。

特性　北方春大豆，早熟品种，生育期98d，需活动积温1 900℃。接种鉴定，中抗大豆灰斑病。

产量品质　2006—2007年区域试验，平均产量1 931.1kg/hm^2，较对照黑河33增产16.9%。2008年生产试验，平均产量2 553kg/hm^2，较对照黑河33增产9.1%。蛋白质含量38.51%，脂肪含量22.54%。

栽培要点　5月中上旬播种。选择中等肥力地块种植，垄三栽培，保苗40万株/hm^2。分层施肥，施磷酸二铵150kg/hm^2、尿素50kg/hm^2、硫酸钾50kg/hm^2。出苗期垄沟深松，及时铲蹚灭草。

适宜地区 黑龙江省第六积温带上限。

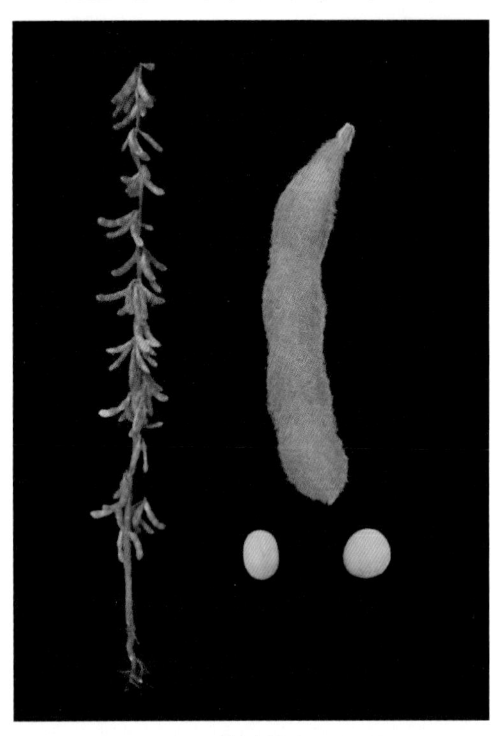
北豆30

162. 北豆30（Beidou 30）

品种来源 黑龙江省农垦总局红兴隆农业科学研究所、黑龙江省农垦科研育种中心以农大7828为母本，钢8937-13为父本，经有性杂交，系谱法选育而成。原品系号钢9777-8。2009年经黑龙江省农作物品种审定委员会审定，命名为北豆30。审定编号为黑审豆2009009。全国大豆品种资源统一编号ZDD24368。

特征 亚有限结荚习性。株高100cm，无分枝。披针叶，紫花，灰毛。荚褐色，弯镰形。粒圆形，种皮黄色，无光泽，脐黄色。百粒重18g。

特性 北方春大豆，中晚熟品种，生育期118d，需活动积温2 300℃。接种鉴定，抗大豆灰斑病。

产量品质 2006—2007年区域试验，平均产量2 653.1kg/hm^2，较对照合丰25增产11.3%。2008年生产试验，平均产量2 632.6kg/hm^2，较对照合丰45增产7.7%。蛋白质含量41.86%，脂肪含量20.54%。

栽培要点 5月上旬播种。选择中等以上肥力地块种植，垄三栽培，保苗26万～28万株/hm^2。秋深施肥，施磷酸二铵150kg/hm^2、尿素70kg/hm^2、硫酸钾40kg/hm^2。三铲三蹚。

适宜地区 黑龙江省第二积温带。

北豆33

163. 北豆33（Beidou 33）

品种来源 黑龙江省农垦总局北安农业科学研究所1999年以垦鉴豆27为母本，北丰11为父本，经有性杂交选育而成。原品系号北交04-922。2010年通过黑龙江省农垦总局农作物品种审定委员会审定。命名为北豆33。审定编号为黑垦审豆2010006。全国大豆品种资源统一编号ZDD30896。

特征 亚有限结荚习性。株高70cm，无分枝。披针叶，紫花，灰毛。荚弯镰形，褐色。粒圆形，种皮黄色，有光泽，脐黄色。百粒重15g。

特性 北方春大豆，早熟品种，生育期107d，需活动积温2 050℃。接种鉴定，中抗大豆灰斑病。

产量品质 2007—2008年参加垦区区域试验，两年区试平均产量2 085.9kg/hm^2，较对照黑河17平均增产13.8%。2009年生产试验，平均产量2 229.9kg/hm^2，较对照黑河45平均增产10.3%。蛋白质含量40.83%，脂肪含量19.77%。

栽培要点 5月中下旬播种。选择中等肥力地块种植，垄三栽培，保苗30万～35万株/hm^2。分层深施底肥与叶面追肥相结合。氮、磷、钾施肥纯量68kg/hm^2，比例为1∶1.5∶0.5。及时铲蹚，灭草，防治病虫害。

适宜地区 黑龙江省第五积温带垦区西北部地区。

164. 北豆35（Beidou 35）

品种来源 黑龙江省农垦总局红兴隆农业科学研究所、黑龙江省北大荒集团红兴隆种业有限公司、黑龙江省农垦科研育种中心以农大7828为母本，钢8937-13为父本，经有性杂交，系谱法选育而成。原品系号钢9777-1。2010年经黑龙江省农作物品种审定委员会审定，命名为北豆35。审定编号为黑审豆2010011。全国大豆品种资源统一编号ZDD30897。

特征 亚有限结荚习性。株高86cm，无分枝。披针叶，紫花，灰毛。荚弯镰形，褐色。粒圆形，种皮黄色，无光泽，脐黄色。百粒重18.3g。

特性 北方春大豆，中晚熟品种，生育期121d，需活动积温2 350℃。接种鉴定，高抗大豆灰斑病。

产量品质 2007—2008年区域试验，平均产量2 565.5kg/hm^2，较对照合丰25、合丰45增产9.9%。2009年生产试验，产量2 813.1kg/hm^2，较对照合丰45增产10.2%。蛋白质含量40.64%，脂肪含量20.43%。

栽培要点 5月上旬播种。选择中等以上肥力地块种植，垄三栽培，保苗26万～28万株/hm^2。秋深施肥，施磷酸二铵150kg/hm^2、尿素70kg/hm^2、硫酸钾40kg/hm^2。三铲三蹚。

适宜地区 黑龙江省第二积温带。

北豆35

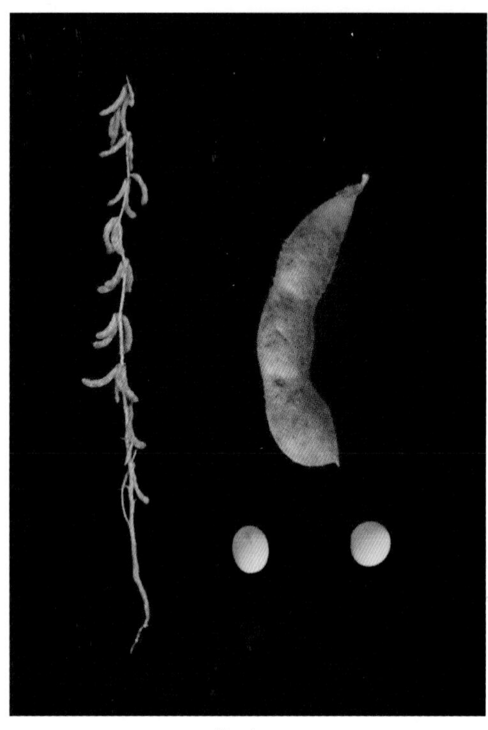

北豆36

165. 北豆36（Beidou 36）

品种来源 黑龙江省农垦科研育种中心华疆科研所、北安市华疆种业有限责任公司以垦鉴豆28为母本，北豆1号为父本，经有性杂交，系谱法选育而成。原品系号华疆1127。2010年经黑龙江省农作物品种审定委员会审定，命名为北豆36。审定编号为黑审豆2010016。全国大豆品种资源统一编号ZDD30898。

特征 亚有限结荚习性。株高75cm，有分枝。披针叶，紫花，灰毛。荚弯镰形，黄褐色。粒圆形，种皮黄色，有光泽，脐黄色。百粒重18g。

特性 北方春大豆，早熟品种，生育期95d，需活动积温1 850℃。接种鉴定，中抗大豆灰斑病。

产量品质 2007—2008年区域试验，平均产量2 176.7kg/hm^2，较对照黑河33增产15.7%。2009年生产试验，平均产量2 161.4kg/hm^2，较对照黑河33增产12.9%。蛋白质含量39.71%，脂肪含量20.04%。

栽培要点 5月中旬播种。选择中上等肥力地块种植。垄三栽培或大垄密栽培，保苗40万株/hm^2。分层施肥，施磷酸二铵150kg/hm^2、尿素50kg/hm^2、硫酸钾50kg/hm^2。出苗期垄沟深松，及时铲蹚灭草。

适宜地区 黑龙江省第六积温带。

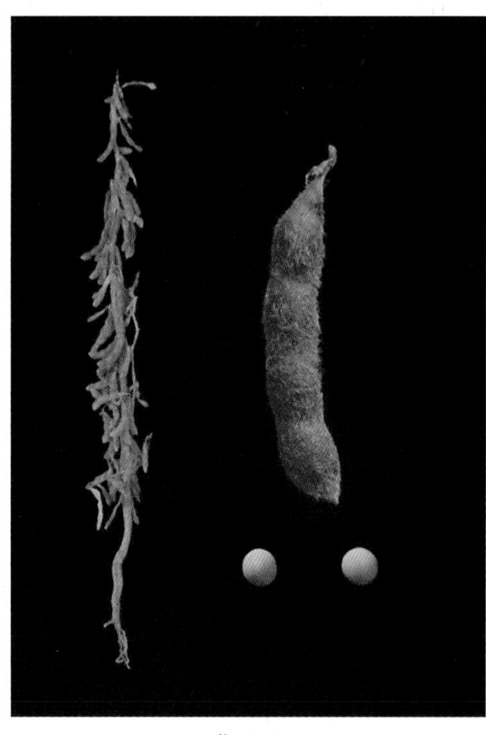

北豆38

166. 北豆38（Beidou 38）

品种来源 黑龙江省农垦总局红兴隆农业科学研究所以北9721为母本，东农46为父本，经有性杂交，系谱法选育而成。原品系号钢0027-3。2011年经黑龙江省农垦总局农作物品种审定委员会审定，命名为北豆38。审定编号为黑垦审豆2011002。全国大豆品种资源统一编号ZDD30899。

特征 亚有限结荚习性。株高75cm。披针叶，紫花，灰毛。植株收敛，抗倒伏，节间短，三、四粒荚多。荚弯镰形，褐色。粒圆形，种皮黄色，无光泽，脐黄色。百粒重20.6g。

特性 北方春大豆，中熟品种，生育期115d，需活动积温2 250 ~ 2 300℃。接种鉴定，高抗大豆灰斑病。

产量品质 2008—2009年黑龙江省垦区大豆区域试验，平均产量3 293.0kg/hm²，较对照平均增产8.63%。2010年黑龙江省垦区大豆生产试验，平均产量2 754.6kg/hm²，较对照绥农28平均增产13.92%。蛋白质含量40.30%，脂肪含量19.78%。

栽培要点 5月上中旬播种。垄三栽培，保苗30万~ 35万株/hm²；大垄密、小垄密栽培，保苗35万~ 40万株/hm²。

适宜地区 黑龙江省第二积温带。

167. 北豆40（Beidou 40）

北豆40

品种来源 北安市华疆种业有限责任公司、黑龙江省农垦科研育种中心华疆科研所以北豆5号为母本，北丰16为父本，经有性杂交，系谱法选育而成。原品系号北豆40。2013年经黑龙江省农作物品种审定委员会审定，命名为北豆40。审定编号为黑审豆2013015。全国大豆品种资源统一编号ZDD30825。

特征 无限结荚习性。株高90cm，有分枝，长叶，紫花，灰色茸毛，荚褐色。粒圆形，种皮黄色，种脐黄色，有光泽。百粒重18.0g。

特性 生育期115d，活动积温2 350℃。中抗大豆灰斑病。

产量品质 2011—2012年生产试验平均产量 2 421.4kg/hm²，较对照丰收25增产7.3%。蛋白质含量37.95%，脂肪含量21.08%。

栽培要点 5月上旬播种。选择中、上等肥力地块种植，采用三垄栽培方式，保苗30万株/hm²。分层施肥，施磷酸二铵150kg/hm²、尿素40kg/hm²、硫酸钾50kg/hm²。

适宜地区 黑龙江省第三积温带。

168. 北豆41（Beidou 41）

品种来源 黑龙江省农垦总局北安农业科学研究所、黑龙江省农垦科研育种中心、黑

北豆41

龙江省北大荒种业集团有限公司以垦鉴豆28为母本，北丰2号为父本，经有性杂交，系谱法选育而成。原品系号北04-4834。2011年通过黑龙江省农垦总局农作物品种审定委员会审定，命名为北豆41。审定编号为黑垦审豆2011006。全国大豆品种资源统一编号ZDD30900。

特征 无限结荚习性。株高81cm，有分枝。披针叶，紫花，灰毛。荚弯镰形，浅褐色。粒圆形，种皮黄色，有光泽，脐黄色。百粒重17g。

特性 北方春大豆，中熟品种，生育期110d，需活动积温2 200℃。接种鉴定，中抗大豆灰斑病。

产量品质 2007—2009年区域试验，平均产量2 670.7kg/hm^2，较对照黑河43增产10.93 %。2010年生产试验，平均产量2 857.7kg/hm^2，较对照黑河43增产9.31%。蛋白质含量41.53%，脂肪含量18.57%。

栽培要点 5月上旬播种。选择中等肥力地块种植。垄三栽培，保苗30万～40万株/hm^2；大垄密栽培，保苗45万株/hm^2。分层深施底肥与叶面追肥相结合，氮、磷、钾施肥纯量135kg/hm^2，比例为1 ∶ 1.5 ∶ 0.5。及时铲蹚，灭草，防治病虫害。

适宜地区 黑龙江省第三积温带垦区西部地区。

169. 北豆42（Beidou 42）

北豆42

品种来源 北安市华疆种业有限责任公司、黑龙江省农垦科研育种中心华疆科研所以垦鉴豆27为母本，北疆九1号为父本，经有性杂交，系谱法选育而成。原品系号华疆6907。2013年经黑龙江省农作物品种审定委员会审定，命名为北豆42。审定编号为黑审豆2013017。全国大豆品种资源统一编号ZDD30901。

特征 无限结荚习性。株高90cm，有分枝。长叶，紫花，灰毛。荚褐色。粒圆形，种皮黄色，有光泽，种脐黄色。百粒重20.0g。

特性 生育期105d，需活动积温2 100℃。中抗大豆灰斑病。

产量品质 2010—2011年区域试验，平均产2 518.9kg/hm^2，比对照黑河45增产8.6%。2012年生产试验，产量2 481.8kg/hm^2，比对照黑河45增产8.4%。蛋白质含量38.83%，脂肪含量20.21%。

栽培要点 5月上旬播种。选择中、上等肥力地块种植。垄三栽培，保苗30万株/hm^2。分层施肥，施磷酸二铵150kg/hm^2、尿素40kg/hm^2、硫酸钾50kg/hm^2。

适宜地区 黑龙江省第五积温带。

170. 北豆43（Beidou 43）

品种来源 黑龙江省农垦总局北安农业科学研究所、黑龙江省北大荒种业集团有限公司、黑龙江省农垦科研育种中心以内豆4号为母本，北丰12为父本，经有性杂交，系谱法选育而成。原品系号北交8032。2010年经黑龙江省农作物品种审定委员会审定，命名为北豆43。审定编号为黑审豆2011017。全国大豆品种资源统一编号ZDD30902。

特征 亚有限结荚习性。株高75cm，无分枝。披针叶，紫花，灰毛。荚弯镰形，褐色。粒圆形，种皮黄色，有光泽，脐黄色。百粒重18g。

特性 北方春大豆，早熟品种，生育期94d，需活动积温1 900℃。接种鉴定，中抗大豆灰斑病。

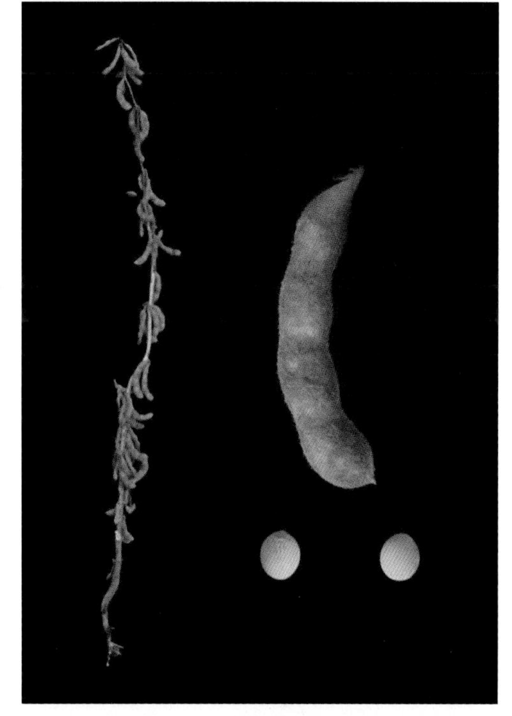

北豆43

产量品质 2008—2009年区域试验，平均产量2 371.1kg/hm^2，较对照黑河35增产14.5%。2010年生产试验，平均产量2 241.9kg/hm^2，较对照黑河35增产15.6%。蛋白质含量41.48%，脂肪含量19.52%。

栽培要点 5月中下旬播种。选择中等肥力地块种植。垄三栽培，保苗40万株/hm^2。分层深施底肥与叶面追肥相结合。氮、磷、钾施肥纯量135kg/hm^2，比例为1 ∶ 1.5 ∶ 0.5。及时铲蹚，灭草，防治病虫害。

适宜地区 黑龙江省第六积温带。

171. 北豆46（Beidou 46）

品种来源 黑龙江省农垦科研育种中心、黑龙江省农垦总局宝泉岭农业科学研究所

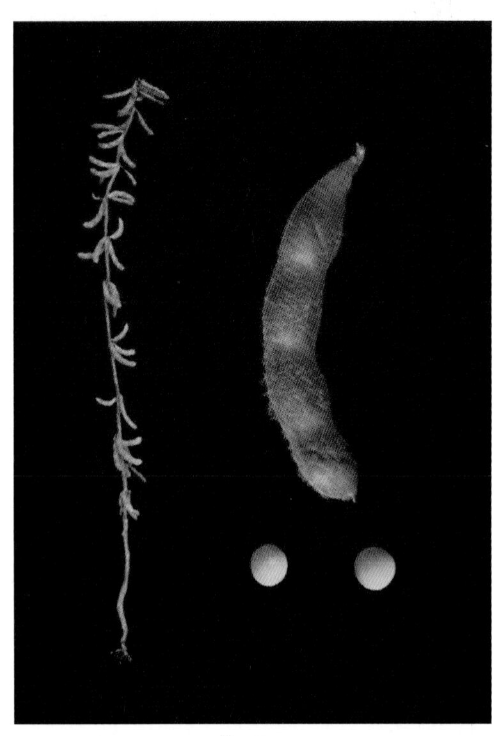

北豆46

以宝航96-68为母本，宝丰9号为父本，经有性杂交，系谱法选育而成。原品系号宝交04-4036。2012年通过黑龙江省农垦总局农作物品种审定委员会审定，命名为北豆46。审定编号为黑垦豆审2012007。

特征 亚有限结荚习性。株高77.4cm，有短分枝。披针叶，紫花，灰毛。荚弯镰形，褐色。粒圆形，种皮黄色，有光泽，脐黄色。百粒重18.8g。

特性 北方春大豆，中熟品种，生育期111d，需活动积温2 280℃。接种鉴定，抗大豆灰斑病。

产量品质 2008—2009区域试验，平均产量2 587.8kg/hm^2，较对照北豆5、黑河43平均增产11.4%。2010—2011年生产试验，平均产量2 972.2kg/hm^2，较对照黑河43增产5.3%。蛋白质含量40.51%，脂肪含量20.58%。

栽培要点 5月上中旬播种。选择正茬地块种植，垄三栽培，保苗30万～32万株/hm^2。避免重迎茬，种子须包衣处理。

适宜地区 黑龙江省第三积温带下限垦区东北部地区。

北豆49

172. 北豆49（Beidou 49）

品种来源 黑龙江省垦丰种业有限公司以华疆2号为母本，黑农43为父本，经有性杂交，系谱法选育而成。原品系号北1552。2012年通过黑龙江省农作物品种审定委员会审定，命名为北豆49。审定编号为黑审豆2012022。

特征 亚有限结荚习性。株高70cm，无分枝。披针叶，紫花，灰毛。荚弯镰形，褐色。粒圆形，种皮黄色，有光泽，脐黄色。百粒重17g。

特性 北方春大豆，早熟品种，生育期95d，需活动积温1 900℃。接种鉴定，中抗大豆灰斑病。

产量品质 2009—2010年区域试验，平均产量2 166.7kg/hm^2，较对照黑河35增产10.1%。2011年生产试验，平均产量2 302.0kg/hm^2，较对照黑河35增产8.7%。蛋白质含量41.31%，脂肪含量20.37%。

栽培要点 5月中下旬播种。选择中等肥力地块种植。垄三栽培，保苗40万株/hm^2。分层深施底肥与叶面追肥相结合，施氮、磷、钾肥纯量135kg/hm^2，比例为1 ∶ 1.5 ∶ 0.5。及时铲蹚，灭草，防治病虫害。

适宜地区 黑龙江省第六积温带。

173. 北豆50（Beidou 50）

北豆50

品种来源 黑龙江省垦丰种业有限公司以建农1号为母本，哈93-216为父本，经有性杂交，系谱法选育而成。原品系号建05-137。2012年通过黑龙江省农作物品种审定委员会审定，命名为北豆50。审定编号为黑审豆2012013。全国大豆品种资源统一编号ZDD30903。

特征 亚有限结荚习性。株高90cm，有分枝。披针叶，白花，灰毛。荚弯镰形，褐色。粒圆形，种皮黄色，有光泽，脐黄色。百粒重21g。

特性 北方春大豆，中熟品种，生育期115d，需活动积温2 350℃。接种鉴定，中抗大豆灰斑病。

产量品质 2009—2010年区域试验，平均产量2 805.9kg/hm^2，较对照合丰50增产10.3%。2011年生产试验，平均产量2 418.8kg/hm^2，较对照合丰50增产8.4%。蛋白质含量40.6%，脂肪含量20.6%。

栽培要点 5月上中旬播种。选择中等肥力以上地块种植。垄三栽培，保苗25万～28万株/hm^2；大垄密栽培，保苗40万～45万株/hm^2。苗期深松，中耕培土，防除杂草，及时防病虫。花荚及鼓粒期喷施叶面肥。施磷酸二铵165kg/hm^2、尿素60kg/hm^2、氯化钾75kg/hm^2。

适宜地区 黑龙江省第二积温带下限和第三积温带。

174. 北豆51（Beidou 51）

品种来源 黑龙江省农垦科研育种中心华疆科研所、讷河市鑫丰种业有限责任公司以北豆5号为母本，华疆3286为父本，经有性杂交，系谱法选育而成。原品系号华疆7602。

北豆51

2013年经黑龙江省农作物品种审定委员会审定，命名为北豆51。审定编号为黑审豆2013019。全国大豆品种资源统一编号ZDD30904。

特征 亚有限结荚习性。株高85cm，无分枝。长叶，紫花，灰毛。荚褐色。粒圆形，种皮黄色，有光泽，种脐黄色。百粒重18.0g。

特性 生育期95d，需活动积温1 900℃。中抗大豆灰斑病。

产量品质 2009—2010年区域试验，平均产量2 211.3kg/hm^2，较对照黑河35增产11.3%。2011年生产试验，平均产量2 298.7kg/hm^2，较对照黑河35增产9.4%。蛋白质含量38.54%，脂肪含量21.2%。

栽培要点 5月中旬播种。垄三栽培，保苗40万～45万株/hm^2。施磷酸二铵150kg/hm^2、尿素40kg/hm^2、硫酸钾50kg/hm^2。播后封闭灭草，苗后及时深松中耕，适期收获。

适宜地区 黑龙江省第六积温带。

175. 北豆53（Beidou 53）

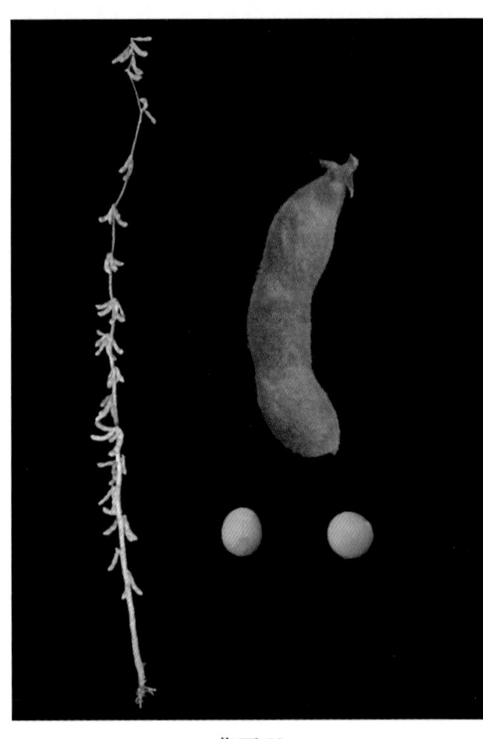
北豆53

品种来源 北大荒垦丰种业股份有限公司以北豆7为母本，北5704为父本，经有性杂交，系谱法选育而成。原品系号北07-1431。2014年通过黑龙江省农作物品种审定委员会审定，命名为北豆53。审定编号为黑审豆2014019。全国大豆品种资源统一编号ZDD30905。

特征 无限结荚习性。株高87cm，有分枝。尖叶，紫花，灰毛。荚褐色。粒圆形，种皮黄色，有光泽，种脐黄色。百粒重19.0g。

特性 生育期105d，需活动积温2 100℃。2年中抗、1年感大豆灰斑病。

产量品质 2011—2012年区域试验，平均产量2 463.5kg/hm^2，较对照黑河45增产8.5%。2013年生产试验，平均产量1 725.9kg/hm^2，较对照黑河45增产7.1%。蛋白质含量37.72%，脂肪含量21.02%。

栽培要点 5月中上旬播种。选择中等肥力地块种植。三垄栽培，保苗30万株/hm^2。一般栽培条件下施基肥磷酸二铵150kg/hm^2、尿素40kg/hm^2、钾肥50kg/hm^2；施种肥磷酸二铵55kg/hm^2。

适宜地区 黑龙江省第五积温带。

176. 北豆54（Beidou 54）

品种来源 北大荒垦丰种业股份有限公司以北丰11为母本，垦鉴豆28为父本，经有性杂交，系谱法选育而成。原品系号北垦7305。2014年通过黑龙江省农作物品种审定委员会审定，命名为北豆54。审定编号为黑审豆2014013。全国大豆品种资源统一编号ZDD30906。

特征 无限结荚习性。株高100cm，有分枝。尖叶，白花，灰毛。荚褐色。粒圆形，种皮黄色，有光泽，种脐黄色。百粒重20g。

特性 生育期113d，需活动积温2 250℃。中抗大豆灰斑病。

产量品质 2011—2012年区域试验，平均产量2 745.3kg/hm^2，较对照合丰51增产6.4%。2013年生产试验，平均产量2 741.7kg/hm^2，较对照合丰51增产10.7%。蛋白质含量37.50%，脂肪含量21.40%。

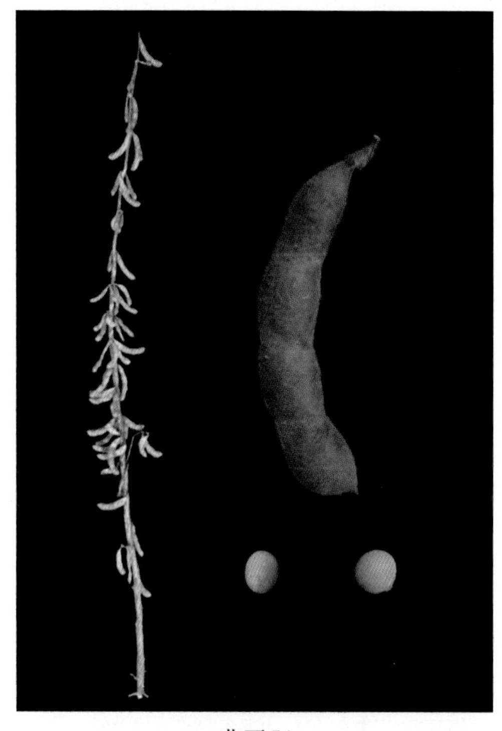

北豆54

栽培要点 5月中上旬播种。选择中等肥力地块种植。垄三栽培，保苗30万株/hm^2。一般栽培条件下，施基肥磷酸二铵150kg/hm^2、尿素40kg/hm^2、钾肥50kg/hm^2；施种肥磷酸二铵55kg/hm^2。

适宜地区 黑龙江省第三积温带。

177. 北疆91（Beijiang 91）

品种来源 黑龙江省生物科技职业学院、黑龙江省农垦总局九三科研所1989年以北702-9为母本，北丰13为父本，经有性杂交，系谱法选育而成。原品系号北疆94-641。2006年通过黑龙江省农作物品种审定委员会审定，命名为北疆91。审定编号为黑审豆2006019。全国大豆品种资源统一编号ZDD30907。

特征 亚有限结荚习性。株高80cm，主茎结荚型，三、四粒荚多，结荚密，有分枝。披针叶，白花，灰毛。粒圆形，种皮黄色，脐黄色。百粒重26g。

特性 北方春大豆，早熟品种，生育期110d，需活动积温2 100℃。接种鉴定，中抗

北疆91

大豆灰斑病。

产量品质 2003—2005年生产试验，平均产量2 499.6kg/hm^2，比对照黑河17增产13.2%。蛋白质含量39.74%，脂肪含量20.48%。

栽培要点 5月上旬播种。垄作密度28万～30万株/hm^2，中等以上肥力土壤种植，施磷酸二铵160kg/hm^2、尿素40～45kg/hm^2。及时铲蹚，防治病虫害。

适宜地区 黑龙江省第五积温带。

178. 华疆1号（Huajiang 1）

华疆1号

品种来源 北安市华疆种业有限公司以北丰10号为母本，北丰13为父本，经有性杂交，系谱法选育而成。原品系号疆丰98-218。2005年通过黑龙江省农作物品种审定委员会审定，命名为华疆1号。审定编号为黑审豆2005012。全国大豆品种资源统一编号ZDD24334。

特征 亚有限生长习性。株高75cm，秆强，根系发达。披针叶，紫花，灰毛。三、四粒荚多，荚褐色。粒圆形，种皮黄色，有光泽，脐黄色。百粒重22g。

特性 北方春大豆，早熟品种，生育期100d，需活动积温1 860℃。接种鉴定，感大豆灰斑病。

产量品质 2001—2002年区域试验，平均产量2 704.6kg/hm^2，较对照黑河13增产10.8%。2003年生产试验，平均产量1 837.2kg/hm^2，较对照黑河13增产28.7%。蛋白质含量39.9%，脂肪含量20.9%。

栽培要点 5月10日精量点播。大垄密或小垄密，保苗40万～45万株/hm^2。及时铲蹚，做好病虫害防治。

适宜地区 黑龙江省第六积温带。

179. 华疆2号（Huajiang 2）

品种来源 北安市华疆种业有限公司1995年以北疆94-384为母本，北丰13为父本，经有性杂交，系谱法选育而成。原品系号疆丰22-3280。2006年通过黑龙江省农作物品种审定委员会审定，命名为华疆2号。审定编号为黑审豆2006017。全国大豆品种资源统一编号ZDD24335。

特征 无限结荚习性。株高80～90cm，株型收敛。披针叶，紫花，灰毛。荚深褐色，三、四粒荚多。粒圆形，种皮浓黄，有光泽，脐黄色。百粒重22g。

特性 北方春大豆，早熟品种，生育期100d，需活动积温1 950℃。接种鉴定，感大豆灰斑病。

产量品质 2003—2004年区域试验，平均产量2 096.8kg/hm^2，比对照黑河13增产39.2%。2005年生产试验，平均产量2 286.6kg/hm^2，比对照黑河33增产16.3%。蛋白质含量41.21%，脂肪含量20.62%。

栽培要点 播种期5月15～20日。垄三栽培，保苗40万株/hm^2。施肥纯量氮（N）60kg/hm^2、磷（P_2O_5）90kg/hm^2、钾（K_2O）45kg/hm^2。

适宜地区 黑龙江省第六积温带。

华疆2号

180. 华疆4号（Huajiang 4）

品种来源 北安市华疆种业有限公司、黑龙江省农垦科研育种中心1996年以垦鉴豆27为母本，垦鉴豆1号为父本，经有性杂交，系谱法选育而成。原品系号疆丰22-2011。2007年通过黑龙江省农作物品种审定委员会审定，命名为华疆4号。审定编号为黑审豆2007019。全国大豆品种资源统一编号ZDD24336。

特征 无限结荚习性。株高90cm，有分枝。披针叶，紫花，棕毛。荚弯镰形，褐色。粒圆形，种皮黄色，有光泽，脐黄色。百粒重19g。

特性 北方春大豆，早熟品种，生育期108d，需活动积温2 050℃。接种鉴定，中抗大豆灰斑病。

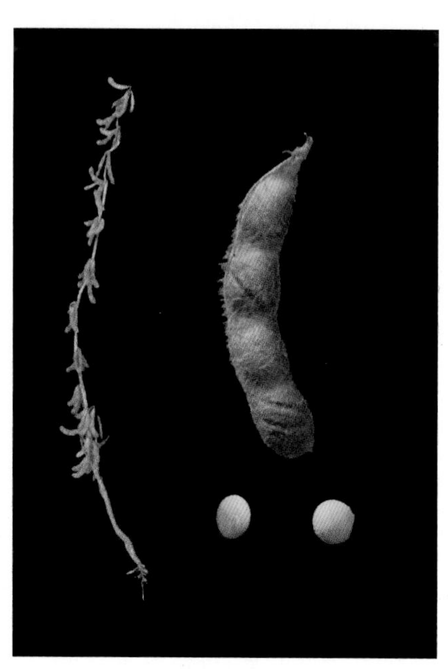

华疆4号

产量品质 2004—2005年区域试验，平均产量2 308.2kg/hm^2，比对照黑河17增产11.0%。2006年生产试验，平均产量2 376.5kg/hm^2，比对照黑河17增产11.9%。蛋白质含量38.07%，脂肪含量21.22%。

栽培要点 5月15～20日播种。垄三栽培或大垄密栽培，保苗30万～40万株/hm^2。施磷酸二铵150kg/hm^2、尿素40kg/hm^2、硫酸钾50kg/hm^2。苗期深松，及时铲蹚或化学除草。

适宜地区 黑龙江省第五积温带。

吉林省品种

181. 吉育73（Jiyu 73）

品种来源　吉林省农业科学院大豆研究所用吉育58作母本，公交9532-7作父本进行有性杂交，采用改良系谱法选育而成。原品系号公交9757-330。2005年经吉林省农作物品种审定委员会审定，审定编号为吉审豆2005003。全国大豆品种资源统一编号ZDD24452。

特征　亚有限结荚习性。株高90cm，主茎型，节间短。结荚均匀，荚密集，四粒荚多，荚褐色。披针叶，紫花，灰毛。粒椭圆形，种皮黄色，有光泽，脐黄色。百粒重20.3g。

特性　北方春大豆，早熟品种，生育期122d。人工接种鉴定，抗大豆花叶病毒病混合株系，抗大豆灰斑病，田间综合抗病性好。

产量品质　2002—2003年吉林省早熟组区域试验，平均产量2 629.8kg/hm^2，比对照延农8号增产8.2%。2003年生产试验，平均产量2 602.9kg/ hm^2，比对照延农8号增产7.4%。蛋白质含量39.30%，脂肪含量22.46%。

吉育73

栽培要点　5月上旬播种。适宜地势平坦、中等以上肥力地块种植，播种量60kg/hm^2，宜等距点播，株距8cm。保苗20万～22万株/hm^2。播前施有机肥10 000kg/hm^2，播时施磷酸二铵100kg/hm^{2}或适量复合肥。

适宜地区　吉林省东部及中部地区、黑龙江以及内蒙古等部分地区（春播种植）。

182. 吉育74（Jiyu 74）

品种来源　吉林省农业科学院大豆研究所用九农22作母本，吉林41作父本，进行有性杂交，经系谱法选育而成。原品系号公交97166-7。2005年经吉林省农作物品种审定委员会审定，审定编号为吉审豆2005017。全国大豆品种资源统一编号ZDD24453。

特征 亚有限结荚习性。株高100cm，主茎型。结荚密集，三粒荚多，荚褐色。椭圆叶，白花，灰毛。粒圆形，种皮黄色，有光泽，脐黄色。百粒重21.2g。

特性 北方春大豆，中晚熟品种，生育期132d。人工接种鉴定，中抗大豆灰斑病；抗大豆花叶病毒混合株系，高抗1号株系，中抗2号株系，抗3号株系，田间综合抗病性好。高抗大豆食心虫，抗倒伏。

产量品质 2003—2004年吉林省中晚熟组区域试验，平均产量3 204.5kg/hm^2，比对照吉林30增产11.7%。2004年生产试验，平均产量3 380.4kg/hm^2，比对照吉林30增产13.9%。蛋白质含量41.00%，脂肪含量18.56%。

栽培要点 4月末5月初播种。采用机械精量垄上双行播种，播种量50kg/hm^2，种子包衣或微肥拌种。保苗18万～20万株/hm^2。重施底肥，在施有机肥2 500kg/hm^{2}的基础上，施用磷酸二铵150kg/hm^2、硫酸钾50kg/hm^2，或大豆专用肥300kg/hm^2，采用分层施肥方式。在大豆初花期或鼓粒期喷2次叶面肥。在花荚期如遇干旱，应及时灌水。及时防治蚜虫和大豆食心虫。

适宜地区 吉林省四平、长春、辽源、通化等中晚熟区。

吉育74

183. 吉育75（Jiyu 75）

品种来源 吉林省农业科学院大豆研究所用公交90RD56作母本，绥农8号作父本，经有性杂交，系谱法选育而成。原品系号公交9509-8。2005年经吉林省农作物品种审定委员会审定，审定编号为吉审豆2005012。全国大豆品种资源统一编号ZDD24454。

特征 亚有限结荚习性。株高95cm，主

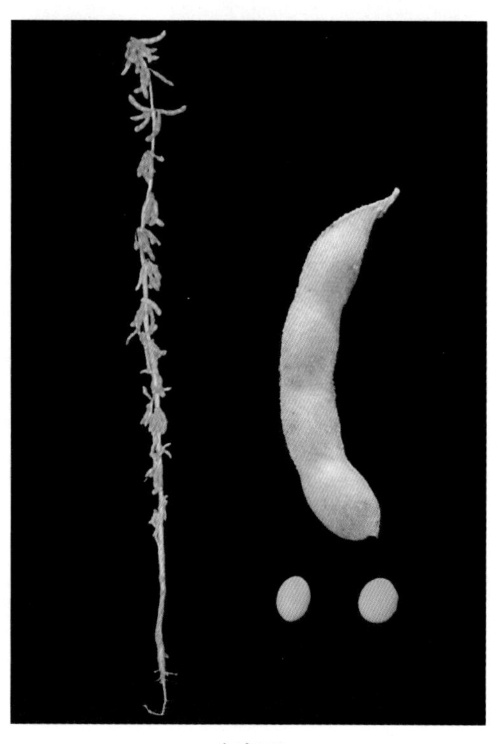

吉育75

茎16节。四粒荚较多，荚褐色。披针叶，白花，灰毛。粒圆形，种皮黄色，脐黄色。百粒重20.7g。

特性 北方春大豆，中熟品种，生育期125d。人工接种鉴定，高抗大豆花叶病毒1号株系，抗2号、3号株系；中抗大豆灰斑病，田间综合抗病性好。

产量品质 2003—2004年吉林省中熟组区域试验，平均产量2 947kg/hm^2，比对照九农21增产2.1%。2004年生产试验，平均产量3 118.6kg/hm^2，比对照九农21增产8.8%。蛋白质含量42.52%，脂肪含量18.68%。

栽培要点 4月25日至5月10日播种。播种量60 ~ 65kg/hm^2，保苗22万 ~ 25万株/hm^2。施用磷酸二铵150kg/hm^2、硫酸钾50kg/hm^2，或大豆专用肥300kg/hm^2，采用分层施肥方式。在大豆初花期或鼓粒期喷2次叶面肥。及时防治蚜虫和大豆食心虫。

适宜地区 吉林省长春、吉林、通化及四平等中熟、中晚熟区。

184. 吉育76（Jiyu 76）

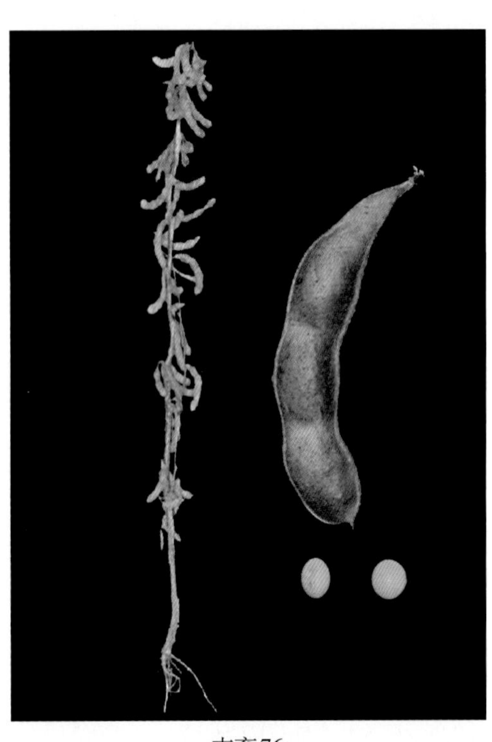

吉育76

品种来源 吉林省农业科学院大豆研究所用公交9354-4-6作母本，东农42作父本，进行有性杂交，经系谱法、集团法选育而成。原品系号公交2002-4。2005年经吉林省农作物品种审定委员会审定，审定编号为吉审豆2005009。全国大豆品种资源统一编号ZDD24455。

特征 亚有限结荚习性。株高80cm，主茎型。结荚密集，四粒荚多，荚褐色。披针叶，紫花，灰毛。粒椭圆形，种皮黄色，有光泽，脐黄色。百粒重19.2g。

特性 北方春大豆，早熟品种，生育期119d。人工接种鉴定，中抗大豆灰斑病；中抗大豆花叶病毒混合株系，高抗1号株系，抗2号株系，中抗3号株系，田间综合抗病性好。抗大豆食心虫，抗倒伏。

产量品质 2003—2004年吉林省早熟组区域试验，平均产量2 701.4kg/hm^2，比对照延农8号增产11.7%。2004年生产试验，平均产量3 290.0kg/hm^2，比对照延农8号增产24.2%。蛋白质含量41.46%，脂肪含量19.53%。

栽培要点 4月下旬至5月上旬播种。保苗22万 ~ 25万株/hm^2。施用有机肥20 000 ~ 30 000kg/hm^2、磷酸二铵150kg/hm^2。在大豆初花期或鼓粒期喷2次叶面肥。及时防治蚜虫和大豆食心虫。

适宜地区 吉林省延边、白山、吉林、通化等早熟区。

185. 吉育77（Jiyu 77）

吉育77

品种来源 吉林省农业科学院大豆研究所用公交9354-4-6作母本，东农42作父本，经有性杂交，系谱法、集团法选育而成。原品系号公交2002-3。2005年经吉林省农作物品种审定委员会审定，审定编号为吉审豆2005008。全国大豆品种资源统一编号ZDD24456。

特征 亚有限结荚习性。株高95cm，主茎型。结荚密集，四粒荚多，荚褐色。披针叶，白花，灰毛。粒椭圆形，种皮黄色，有光泽，脐黄色。百粒重22.1g。

特性 北方春大豆，中早熟品种，生育期126d。人工接种鉴定，中抗灰斑病；中抗大豆花叶病毒混合株系，抗1号株系，中抗2号、3号株系，田间综合抗病性好。

产量品质 2003—2004年吉林省中早熟组区域试验，平均产量2 634.9kg/hm^2，比对照白农6号增产13.8%。2004年生产试验，平均产量2 719.5kg/hm^2，比对照白农6号增产17.0%。蛋白质含量43.98%，脂肪含量18.84%。

栽培要点 4月下旬至5月上旬播种，保苗22万～25万株/hm^2。施用有机肥20 000～30 000kg/hm^2、磷酸二铵150kg/hm^2。在大豆初花期或鼓粒期喷2次叶面肥。及时防治蚜虫和大豆食心虫。

适宜地区 吉林省中早熟区。

186. 吉育79（Jiyu 79）

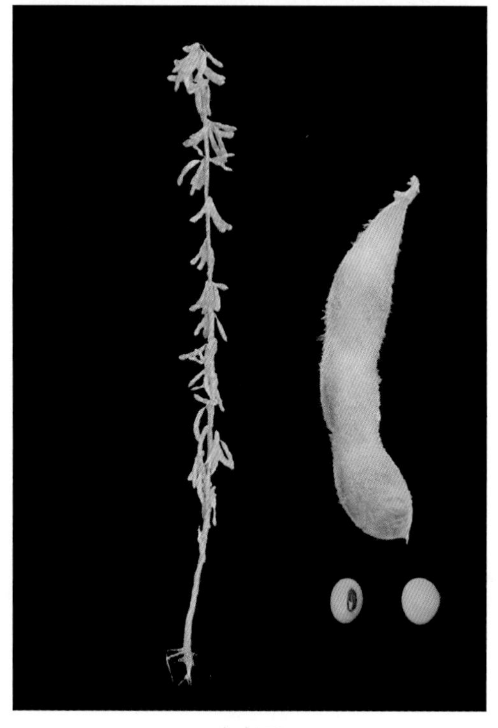
吉育79

品种来源 吉林省农业科学院大豆研究所用意3作母本，合91-342作父本，经有性杂交，混合系谱法选育而成，原品系号公交96159-33。2005年经吉林省农作物品种审定委员会审定，审定编号为吉审豆2005001。全国大豆品种资源统一编号ZDD24457。

特征 亚有限结荚习性。株高80cm，主茎型，主茎节数16 ~ 18，株型收敛。结荚40 ~ 50个，三粒荚多，荚褐色。卵圆叶，紫花，棕毛。粒圆形，种皮黄色，有光泽，脐黑色。百粒重19.6g。

特性 北方春大豆，早熟品种，生育期118d。人工接种鉴定，中抗大豆花叶病毒病、大豆灰斑病，田间综合抗病性好。

产量品质 2003—2004年吉林省早熟组区域试验，平均产量2 605.9kg/hm^2，比对照延农8号增产8.6%。2004年生产试验，平均产量3 041.8kg/hm^2，比对照延农8号增产15.0%。蛋白质含量43.36%，脂肪含量17.72%。

栽培要点 5月初播种。保苗25万株/hm^2。施用有机肥20 000 ~ 30 000kg/hm^2、磷酸二铵150kg/hm^2。在大豆初花期或鼓粒期喷2次叶面肥。及时防治蚜虫，8月中旬防治大豆食心虫。

适宜地区 吉林省延边、白山、通化、吉林等早熟区。

187. 吉育80（Jiyu 80）

品种来源 吉林省农业科学院大豆研究所用哈93-8106作母本，吉林37作父本，经有性杂交，系谱法选育而成。原品系号公交96176-1。2005年经吉林省农作物品种审定委员会审定，审定编号为吉审豆2005010。全国大豆品种资源统一编号ZDD24458。

吉育80

特征 亚有限结荚习性。株高85cm，主茎型，主茎节数16 ~ 18，株型收敛。结荚40 ~ 50个，三粒荚多，荚浅褐色。椭圆叶，紫花，灰毛。粒圆形，种皮黄色，有光泽，脐黄色。百粒重18.7g。

特性 北方春大豆，中早熟品种，生育期126d。人工接种鉴定，中抗大豆灰斑病、大豆花叶病毒2号株系，田间综合抗病性好。中抗食心虫。

产量品质 2003—2004年吉林省中早熟组区域试验，平均产量2 474.1kg/hm^2，比对照白农6号增产6.7%。2004年生产试验，平均产量2 376.2kg/hm^2，比对照白农6号增产3.7%。蛋白质含量40.08%，脂肪含量21.24%。

栽培要点 5月初播种。保苗22万株/hm^2。施用有机肥20 000 ~ 30 000kg/hm^2、磷酸二铵150kg/hm^2。在大豆初花期和鼓粒期喷2次叶面肥。及时防治蚜虫，8月中旬防治大豆食心虫。

适宜地区 吉林省白城、松原、长春、吉林等中早熟区。

188. 吉育81（Jiyu 81）

吉育81

品种来源 吉林省农业科学院大豆研究所从美国引进P9231中系统选育而成。原品系号P9231，命名为吉育81。2005年经国家农作物品种审定委员会审定，审定编号为国审豆2005016。全国大豆品种资源统一编号ZDD24459。

特征 无限结荚习性。株高99cm，分枝型品种，分枝2个。单株荚数51.3个，单株粒数116.7个，三粒荚多，荚棕褐色。卵圆叶，紫花，棕毛。粒圆形，种皮黄色，脐黑色。百粒重15.3g。

特性 北方春大豆，中熟品种，生育期129d。秆强，抗倒伏。人工接种鉴定，中抗大豆花叶病毒1号株系，田间综合抗病性好。

产量品质 2003—2004年北方春大豆中熟组区域试验，平均产量3 171.0kg/hm^2，比对照九农21增产3.3%。2004年生产试验，平均产量3 441.0kg/hm^2，比对照九农21增产7.3%。蛋白质含量39.67%，脂肪含量21.97%。

栽培要点 5月初播种。播种量60kg/hm^2，保苗18万株/hm^2。施用有机肥20 000～30 000kg/hm^2、磷酸二铵150kg/hm^2。及时防治蚜虫，8月中旬防治大豆食心虫。

适宜地区 吉林长春、四平和吉林中晚熟或部分中熟区，辽宁抚顺和本溪，内蒙古赤峰，甘肃武威以及新疆石河子等地区。

189. 吉育82（Jiyu 82）

吉育82

品种来源 吉林省农业科学院大豆研究所用吉丰2号作母本，吉原引3号作父本，经有性杂交，系谱法选育而成。原品系号公交97168-9。2006年经吉林省农作物品种审定委员会审定，审定编号为吉审豆2006013。全国大豆品种资源统一编号ZDD24460。

特征 亚有限结荚习性。株高90～100cm，主茎节数17～18个，分枝1～2个，底荚高13cm。平均每荚2.4粒，荚灰褐色。椭圆叶，紫花，灰毛。粒圆形，种皮黄色，有光泽，脐黄色。百粒重21.2g。

特性 北方春大豆，中晚熟品种，生育期132d。人工接种鉴定，抗大豆花叶病毒混合株系、抗大豆灰斑病，田间综合抗病性好。

产量品质 2004—2005年吉林省中晚熟组区域试验，平均产量3 043kg/hm^2，比对照吉林30增产11.7%。2005年生产试验，平均产量3 094.2kg/hm^2，比对照吉林30增产12.4%。蛋白质含量39.32%，脂肪含量22.13%。

栽培要点 适于中上等肥力土地种植，播种量60kg/hm^2，保苗18万～20万株/hm^2。施20 000kg/hm^{2}有机肥作底肥，施150kg/hm^{2}磷酸二铵作种肥。及时防治蚜虫8月中旬防治大豆食心虫。

适宜地区 吉林省中晚熟区。

190. 吉育83（Jiyu 83）

吉育83

品种来源 吉林省农业科学院大豆研究所用吉育58作母本，公交9563-18-2作父本，经有性杂交，系谱法、集团法选育而成。原品系号DY2003-4。2006年经吉林省农作物品种审定委员会审定，审定编号为吉审豆2006001。全国大豆品种资源统一编号ZDD24461。

特征 亚有限结荚习性。株高80cm，主茎型。结荚密集，四粒荚多，荚浅褐色。披针叶，白花，灰毛。粒椭圆形，种皮黄色，有光泽，脐黄色。百粒重20.7g。

特性 北方春大豆，早熟品种，生育期118d。人工接种鉴定，抗大豆花叶病毒混合株系，中抗大豆灰斑病，田间综合抗病性好。

产量品质 2004—2005年吉林省早熟组区域试验，平均产量2 931.5kg/hm^2，比对照延农8号增产12.0%。2005年生产试验，平均产量2 707.9kg/hm^2，比对照延农8号增产5.3%。蛋白质含量39.32%，脂肪含量22.13%。

栽培要点 适于中上等肥力土地种植，播种量60kg/hm^2，保苗18万～20万株/hm^2。施20 000kg/hm^{2}有机肥作底肥，150kg/hm^{2}磷酸二铵作种肥。及时防治蚜虫，8月中旬防治大豆食心虫。

适宜地区 吉林省中晚熟区。

191. 吉育84（Jiyu 84）

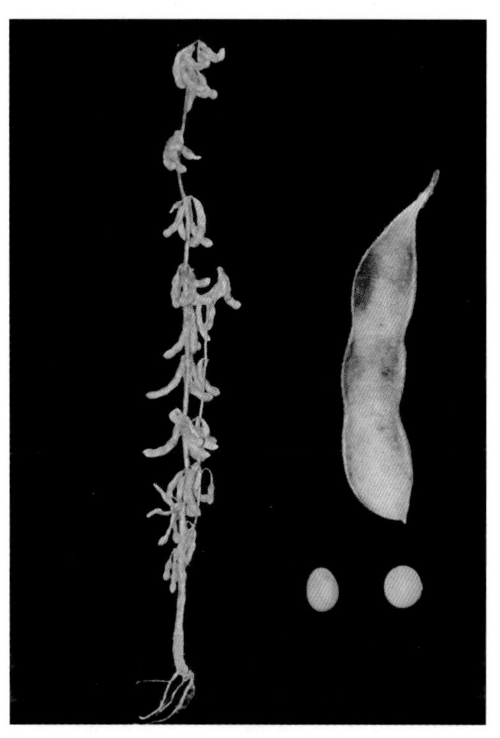
吉育84

品种来源 吉林省农业科学院大豆研究所用吉育58作母本，公交9563-18-17作父本，经有性杂交，系谱法、集团法选育而成。原品系号DY2003-3。2006年经吉林省农作物品种审定委员会审定，审定编号为吉审豆2006004。全国大豆品种资源统一编号ZDD24462。

特征 亚有限结荚习性。株高100cm，主茎型。结荚密集，四粒荚多，荚褐色。披针叶，紫花，灰毛。粒椭圆形，种皮黄色，有光泽，脐黄色。百粒重22.7g。

特性 北方春大豆，中早熟品种，生育期123d。人工接种鉴定，中抗大豆花叶病毒混合株系，田间综合抗病性好。

产量品质 2004—2005年吉林省中早熟组区域试验，平均产量2 744.6kg/hm^2，比对照白农6号增产15.3%。2005年生产试验，平均产量2 707.9kg/hm^2，比对照白农6号增产17.2%。蛋白质含量37.09%，脂肪含量22.32%。

栽培要点 适于中上等肥力土地种植，保苗23万株/hm^2。施20 000kg/hm^{2}有机肥作底肥，150kg/hm^{2}磷酸二铵作种肥。及时防治蚜虫，8月中旬防治大豆食心虫。

适宜地区 吉林省中早熟区。

192. 吉育85（Jiyu 85）

吉育85

品种来源 吉林省农业科学院大豆研究所用公交89RD109作母本，哈89-5896作父本，经有性杂交，系谱法、集团法选育而成。原品系号公交9513-3。2006年经吉林省农作物品种审定委员会审定，审定编号为吉审豆2006002。全国大豆品种资源统一编号ZDD24463。

特征 亚有限结荚习性。株高95cm。三粒荚多，荚黑色。披针叶，白花，灰毛。粒圆形，种皮黄色，有光泽，脐黄色。百粒重20.2g。

特性 北方春大豆，早熟品种，生育期119d。人工接种鉴定，抗大豆花叶病毒混合株系，中抗1号株系，田间综合抗病性好。

产量品质 2003—2004年吉林省早熟组区域试验，平均产量2 552.0kg/hm^2，比对照延农8号增产5.7%。2005年生产试验，平均产量2 707.9kg/hm^2，比对照延农8号增产4.7%。蛋白质含量37.76%，脂肪含量20.88%。

栽培要点 适于中上等肥力土地种植，播种量60kg/hm^2，保苗22万～25万株/hm^2。施20 000kg/hm^{2}有机肥作底肥，150kg/hm^{2}磷酸二铵作种肥。及时防治蚜虫，8月中旬防治大豆食心虫。

适宜地区 黑龙江省第二积温带，吉林省中、东部地区及早熟、中早熟区。

193. 吉育86（Jiyu 86）

品种来源 吉林省农业科学院大豆研究所用公交93142B-28作母本，九农25作父本，经有性杂交，系谱法选育而成。原品系号公交20126-13。2009年经国家农作物品种审定委员会审定，审定编号为国审豆2009007。全国大豆品种资源统一编号ZDD30908。

吉育86

特征 亚有限结荚习性。株高91.4cm，主茎17.3节，有效分枝0.4个，底荚高度20.0cm。单株荚数42.3个，单株粒数108.0粒。披针叶，紫花，灰毛。粒椭圆形，种皮黄色，脐黄色。百粒重21.3g。

特性 北方春大豆，中熟品种，生育期128d。人工接种鉴定，中抗大豆花叶病毒1号株系，田间综合抗病性好。

产量品质 2007—2008年北方春大豆中熟组区域试验，平均产量3 494.3kg/hm^2，比对照九农21增产8.3%。2008年生产试验，平均产量3 579kg/hm^2，比对照九农21增产6.7%。蛋白质含量39.63%，脂肪含量21.22%。

栽培要点 4月底5月初播种。播种量一般55kg/hm^2，保苗20万～22万株/hm^2。施20 000kg/hm^{2}有机肥作底肥，150kg/hm^{2}磷酸二铵作种肥。及时防治蚜虫，8月中旬防治大豆食心虫。

适宜地区 吉林省中部、辽宁省抚顺、内蒙古自治区赤峰、新疆维吾尔自治区石河子地区（春播种植）。

194. 吉育87（Jiyu 87）

吉育87

品种来源 吉林省农业科学院大豆研究所用吉育57作母本，公交89100-18作父本，经有性杂交，系谱法、集团法选育而成。原品系号公交DY2003-5。2006年通过吉林省农作物品种审定委员会审定，审定编号为吉审豆2006005。全国大豆品种资源统一编号ZDD24464。

特征 亚有限结荚习性。株高90cm，主茎型。结荚密集，四粒荚多，荚褐色。披针叶，紫花，灰毛。粒椭圆形，种皮黄色，有光泽，脐黄色。百粒重20.8g。

特性 北方春大豆，中早熟品种，生育期122d。人工接种鉴定，抗大豆花叶病毒1号株系，中抗3号株系；抗大豆灰斑病，田间综合抗病性好。抗大豆食心虫。

产量品质 2005—2006年吉林省中早熟组区域试验，平均产量3 219.6kg/hm^2，比对照白农6号增产9.8%。2006年生产试验，平均产量3 042.2kg/hm^2，比对照白农6号增产1.8%。蛋白质含量40.28%，脂肪含量22.64%。

栽培要点 5月初播种。保苗22万株/hm^2。施有机肥20 000 ~ 30 000kg/hm^{2}作底肥，磷酸二铵100 ~ 150kg/hm^{2}作种肥。及时防治蚜虫，8月中旬防治大豆食心虫。

适宜地区 吉林省中早熟区。

195. 吉育88（Jiyu 88）

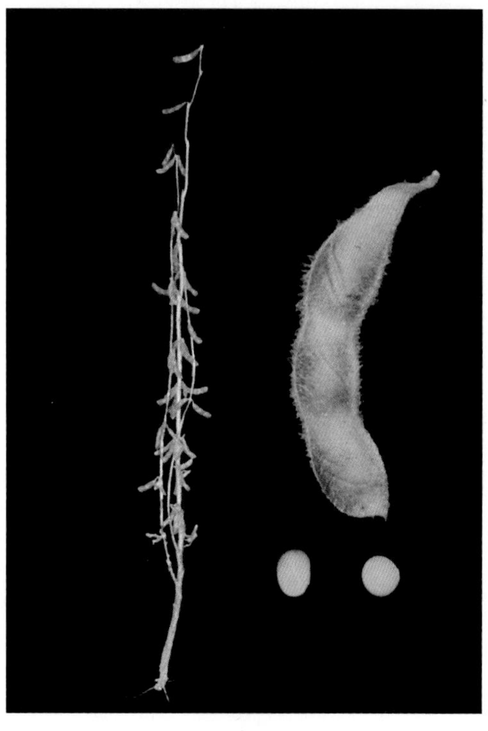
吉育88

品种来源 吉林省农业科学院大豆研究所用吉林30作母本，九交8659作父本，经有性杂交，系谱法、集团法选育而成。原品系号公交03-1212。2007年经吉林省农作物品种审定委员会审定，审定编号为吉审豆2007009。全国大豆品种资源统一编号ZDD24465。

特征 无限结荚习性。株高90cm，分枝2 ~ 3个。结荚密集，三、四粒荚多，荚褐色。披针叶，紫花，灰毛。粒圆形，种皮黄色，有光泽，脐黄色。百粒重19.3g。

特性 北方春大豆，中晚熟品种，生育期129d。人工接种鉴定，中抗大豆花叶病毒1号株系，中抗大豆灰斑病，田间综合抗病性好。抗大豆食心虫。

产量品质 2004—2005年吉林省中晚熟组区域试验，平均产量3 143.3kg/hm^2，比对照吉林30增产8.31%。2005年生产试验，平均产量2 846.3kg/hm^2，比对照吉林30增产11.77%。蛋白质含量40.28%，脂肪含量22.64%。

栽培要点 5月初播种。保苗22万株/hm^2。施有机肥20 000 ~ 30 000kg/hm^{2}作底肥，磷酸二铵100 ~ 150kg/hm^{2}作种肥。及时防治蚜虫，8月中旬防治大豆食心虫。

适宜地区 吉林省中早熟区。

196. 吉育89（Jiyu 89）

吉育89

品种来源 吉林省农业科学院大豆研究所用JY9216作母本，（吉林1号 × 野生大豆GD50112）× 吉林3号后代品系作父本，经有性杂交，系谱法选育而成。原品系号公野03-Y1。2007年经吉林省农作物品种审定委员会审定，审定编号为吉审豆2007010。全国大豆品种资源统一编号ZDD24466。

特征 亚有限结荚习性。株高100cm，主茎型。结荚密集，三、四粒荚多，荚褐色。椭圆叶，紫花，灰毛。粒圆形，种皮黄色，有光泽，脐黑色。百粒重16.8g。

特性 北方春大豆，中晚熟品种，生育期129d。人工接种鉴定，抗大豆花叶病毒1号株系，中抗2号、3号株系，田间综合抗病性好。

产量品质 2005—2006年吉林省中晚熟组区域试验，平均产量3 163.1kg/hm^2，比对照吉林30增产13.3%。2006年生产试验，平均产量3 350.3kg/hm^2，比对照吉林30增产23.4%。蛋白质含量35.37%，脂肪含量24.61%。

栽培要点 4月下旬至5月初播种。等距点播，播量55 ~ 60kg/hm^2，保苗20万 ~ 22万株/hm^2。施有机肥30 000kg/hm^2、磷酸二铵150kg/hm^{2}作底肥。及时防治蚜虫，8月中旬防治大豆食心虫。

适宜地区 吉林省吉林、长春、四平、辽源等中晚熟区。

197. 吉育90（Jiyu 90）

吉育90

品种来源 吉林省农业科学院大豆研究所用公交9169-41作母本，吉育57作父本，经有性杂交，系谱法选育而成。原品系号公交DY2003-1。2007年经吉林省农作物品种审定委员会审定，审定编号为吉审豆2007011。全国大豆品种资源统一编号ZDD24467。

特征 无限结荚习性。株高115cm，分枝型。结荚密集，四粒荚多，荚浅褐色。卵圆叶，紫花，灰毛。粒椭圆形，种皮黄色，有光泽，脐黄色。百粒重21.6g。

特性 北方春大豆。中晚熟品种，生育期130d。人工接种鉴定，抗大豆花叶病毒1号株系，中抗2号、3号株系，田间综合抗病性好。

产量品质 2005—2006年吉林省中晚熟组区域试验，平均产量3 056.3kg/hm^2，比对照吉林30增产10.0%。2006年生产试验，平均产量3 305.6kg/hm^2，比对照吉林30增产21.7%。蛋白质含量38.07%，脂肪含量22.28%。

栽培要点 5月初播种。保苗22万株/hm^2。施有机肥20 000 ~ 30 000kg/hm^{2}作底肥，磷酸二铵100 ~ 150kg/hm^{2}作种肥。及时防治蚜虫，8月中旬防治大豆食心虫。

适宜地区 吉林省中晚熟区。

198. 吉育91（Jiyu 91）

吉育91

品种来源 吉林省农业科学院大豆研究所用抗虫品系公交91144-31作母本，吉丰2号作父本，经有性杂交，系谱法选育而成。原品系号公交96101-1。2007年经吉林省农作物品种审定委员会审定，审定编号为吉审豆2007017。全国大豆品种资源统一编号ZDD24468。

特征 亚有限结荚习性。株高103cm，主茎型。结荚密集，荚褐色。椭圆叶，白花，灰毛。粒圆形，种皮黄色，有光泽，脐黄色。百粒重22.2g。

特性 北方春大豆，中晚熟品种，生育期131d。人工接种鉴定，抗大豆花叶病毒1号、2号、3号株系，中抗大豆灰斑病，田间综合抗病性好。中抗大豆食心虫。秆较强。

产量品质 2004—2005年吉林省中晚熟组区域试验，平均产量2 915.7kg/hm^2，比对照吉林30增产7.9%。2006年生产试验，平均产量3 209.4kg/hm^2，比对照吉林30增产18.2%。蛋白质含量38.01%，脂肪含量20.91%。

栽培要点 4月下旬至5月初播种。保苗18万～20万株/hm^2。施有机肥20 000～30 000kg/hm^2、磷酸二铵100～150kg/hm^2。及时防治蚜虫，8月中旬防治大豆食心虫。

适宜地区 吉林省中晚熟区。

199. 吉育92（Jiyu 92）

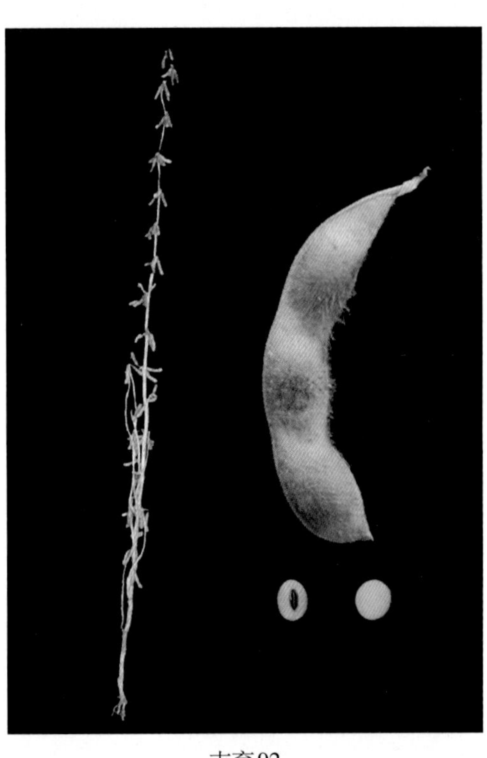

吉育92

品种来源 吉林省农业科学院大豆研究所用Olympus作母本，小粒豆1号作父本，经有性杂交，系谱法选育而成，原品系号公交99176-16。2007年经吉林省农作物品种审定委员会审定，审定编号为吉审豆2007016。全国大豆品种资源统一编号ZDD24469。

特征 亚有限结荚习性。株高110cm，分枝型品种，分枝2～3个。单株结荚50～60个，三粒荚多，荚褐色。椭圆叶，紫花，棕毛。粒圆形，种皮黄色，有光泽，脐黑色。百粒重17.5g。

特性 北方春大豆，中晚熟品种，生育期131d。人工接种鉴定，抗大豆花叶病毒1号、2号、3号株系，中抗大豆灰斑病，田间综合抗病性好。中抗大豆食心虫。

产量品质 2005—2006年吉林省中晚熟组区域试验，平均产量3 161.8kg/hm^2，比对照吉林30增产13.2%。2006年生产试验，平均产量3 335.8kg/hm^2，比对照吉林30增产22.9%。蛋白质含量35.50%，脂肪含量22.77%。

栽培要点 4月末播种。保苗18万株/hm^2。施有机肥20 000～30 000kg/hm^2、磷酸二铵100～150kg/hm^2。及时防治蚜虫，8月中旬防治大豆食心虫。

适宜地区 吉林省四平、通化、辽源、长春、吉林等中晚熟区。

200. 吉育93（Jiyu 93）

品种来源 吉林省农业科学院大豆研究所用吉林30作母本，九交8659作父本，经有性杂交，系谱法选育而成。原品系号公交03-1212。2008年经吉林省农作物品种审定委员会审定，审定编号为吉审豆2008002。全国大豆品种资源统一编号ZDD24470。

特征 无限结荚习性。株高90cm，分枝2～3个。结荚密集，三、四粒荚多，荚褐色。披针叶，紫花，灰毛。粒圆形，种皮黄色，有光泽，脐黄色。百粒重19.4g。

特性 北方春大豆，中晚熟品种，生育期129d。人工接种鉴定，中抗大豆花叶病毒1号株系，中抗大豆灰斑病，田间综合抗病性好。抗大豆食心虫。

产量品质 2004—2005年吉林省中晚熟组区域试验，平均产量3 143.3kg/hm^2，比对照吉林30增产8.3%。2005年生产试验，平均产量2 846.3kg/hm^2，比对照吉林30增产11.8%。蛋白质含量39.81%，脂肪含量19.55%。

栽培要点 4月下旬至5月上旬播种。保苗20万～25万株/hm^2。施有机肥20 000kg/hm^2、磷酸二铵150kg/hm^2。及时防治蚜虫，8月中旬防治大豆食心虫。

适宜地区 吉林省中熟、中晚熟区。

吉育93

201. 吉育94（Jiyu 94）

品种来源 吉林省农业科学院大豆研究所用红丰2号作母本，吉林35作父本，经有性杂交，系谱法选育而成。原品系号公交20185-11-6。2008年经国家农作物品种审定委员会审定，审定编号为国审豆2008017。全国大豆品种资源统一编号ZDD24471。

特征 亚有限结荚习性。株高97cm。单株荚数51.4个，荚褐色。椭圆叶，白花，灰毛。粒椭圆形，种皮黄色，脐黄色。百粒重19.3g。

特性 北方春大豆，中晚熟品种，生育期129d。人工接种鉴定，中抗大豆胞囊线虫病3

吉育94

号生理小种，中抗大豆花叶病毒1号株系，田间综合抗病性好。

产量品质 2006—2007年北方春大豆中熟组区域试验，平均产量3 201.0kg/hm^2，比对照九农21增产5.0%。2007年生产试验，平均产量3 178.5kg/hm^2，比对照九农21增产3.5%。蛋白质含量38.34%，脂肪含量20.78%。

栽培要点 4月底至5月初播种，保苗20万株/hm^2。施有机肥20 000kg/hm^2、磷酸二铵150kg/hm^2。及时防治蚜虫，8月中旬防治大豆食心虫。

适宜地区 吉林省中部、内蒙古自治区赤峰和新疆维吾尔自治区石河子地区。

202. 吉育95（Jiyu 95）

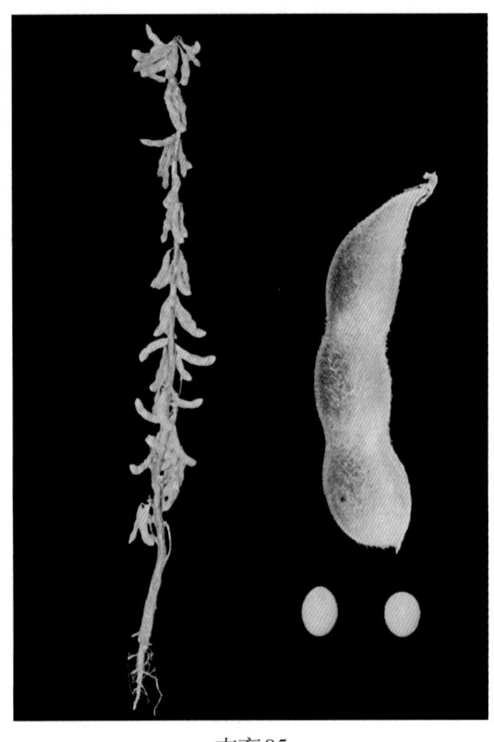

吉育95

品种来源 吉林省农业科学院大豆研究所用吉林30作母本，辽豆10 号变异株作父本，经有性杂交，系谱法选育而成。原品系号公交9703-3。2009年经国家农作物品种审定委员会审定，审定编号为国审豆2008018。全国大豆品种资源统一编号ZDD24472。

特征 亚有限结荚习性。株高90cm，主茎型，植株较收敛。单株荚数46个，荚灰褐色。卵圆叶，紫花，灰毛。粒圆形，种皮黄色，有光泽，脐黄色。百粒重20.3g。

特性 北方春大豆，中晚熟品种，生育期129d。人工接种鉴定，中抗大豆花叶病毒1号株系，中抗大豆胞囊线虫病，田间综合抗病性好。

产量品质 2006—2007年北方春大豆中熟组区域试验，平均产量2 700.0kg/hm^2，比对照九农21增产9.6%。2007年生产试验，平均产量3 013.5kg/hm^2，比对照九农21增产16.4%。蛋白质含量37.93%，脂肪含量21.27%。

栽培要点 4月下旬至5月上旬播种。保苗22万～25万株/hm^2。中等肥力地块施磷酸二铵150kg/hm^2，在土壤肥力较低的地块应加大施肥量。及时防治蚜虫，8月中旬防治大豆食心虫。

适宜地区 吉林省中南部、辽宁省东部山区、甘肃省西部、宁夏回族自治区北部和新疆维吾尔自治区伊宁地区种植。

203. 吉育96（Jiyu 96）

品种来源 吉林省农业科学院大豆研究所用吉林30作母本，辽豆10号变异株作父本，经有性杂交，系谱法选育而成。原品系号公交J05-7589。2009年经吉林省农作物品种审定委员会审定，审定编号为吉审豆2009001。全国大豆品种资源统一编号ZDD24473。

特征 无限结荚习性。株高95cm，分枝型品种，主茎节数18～20个，分枝2～3个，荚褐色。卵圆叶，紫花，灰毛。粒圆形，种皮黄色，有光泽，脐黄色。百粒重19.6g。

特性 北方春大豆，中晚熟品种，生育期130d。人工接种鉴定，抗大豆灰斑病，田间综合抗病性好。中抗大豆食心虫。

产量品质 2007—2008年吉林省中晚熟组区域试验，平均产量3 187.2kg/hm^2，比对照吉林30增产5.2%。2008年生产试验，平均产量3 054.6kg/hm^2，比对照吉林30增产4.2%。蛋白质含量39.71%，脂肪含量21.21%。

栽培要点 4月下旬至5月上旬播种。保苗18万～20万株/hm^2。中等肥力地块施磷酸二铵150kg/hm^2，在土壤肥力较低的地块应加大施肥量。及时防治蚜虫，8月中旬防治大豆食心虫。

适宜地区 吉林省中、东部，辽宁省东北部中晚熟区。

吉育96

204. 吉育97（Jiyu 97）

品种来源 吉林省农业科学院大豆研究所用吉育58作母本，吉林3号作父本，经有性杂交，系谱法选育而成。原品系号公交DY2004-5。2009年经吉林省农作物品种审定委员会审定，审定编号为吉审豆2009008。全国大豆品种资源统一编号ZDD24474。

特征 亚有限结荚习性。株高90cm，株型收敛。结荚密集，四粒荚多，荚褐色。披针叶，紫花，灰毛。粒椭圆形，种皮黄色，有光泽，脐黄色。百粒重21.5g。

特性 北方春大豆，中早熟品种，生育期

吉育97

123d。人工接种鉴定，抗大豆花叶病毒1号、3号株系，田间综合抗病性好。

产量品质 2006—2007年吉林省中早熟组区域试验，平均产量2 913.8kg/hm^2，比对照白农6号增产2.7%。2007年生产试验，平均产量3 350.4kg/hm^2，比对照白农6号增产8.0%。蛋白质含量38.23%，脂肪含量21.92%。

栽培要点 4月底至5月初播种。播种量55kg/hm^2，保苗21万～22万株/hm^2。施有机肥20 000～30 000kg/hm^2、磷酸二铵100～150kg/hm^2。及时防治蚜虫，8月中旬防治大豆食心虫。

适宜地区 吉林省中早熟区。

205. 吉育99（Jiyu 99）

品种来源 吉林省农业科学院大豆研究所用吉育40作母本，D2011作父本，经有性杂交，系谱法选育而成。原品系号公交GS9914-5。2009年经吉林省农作物品种审定委员会审定，审定编号为吉审豆2009010。全国大豆品种资源统一编号ZDD24475。

特征 亚有限结荚习性。株高110cm，主茎型。结荚密集，三粒荚多，荚褐色。圆叶，紫花，灰毛。粒圆形，种皮黄色，有光泽，脐黄色。百粒重19.6g。

特性 北方春大豆，中早熟品种，生育期123d。秆较强。人工接种鉴定，抗大豆花叶病毒2号、3号株系，中抗大豆灰斑病，田间综合抗病性好。

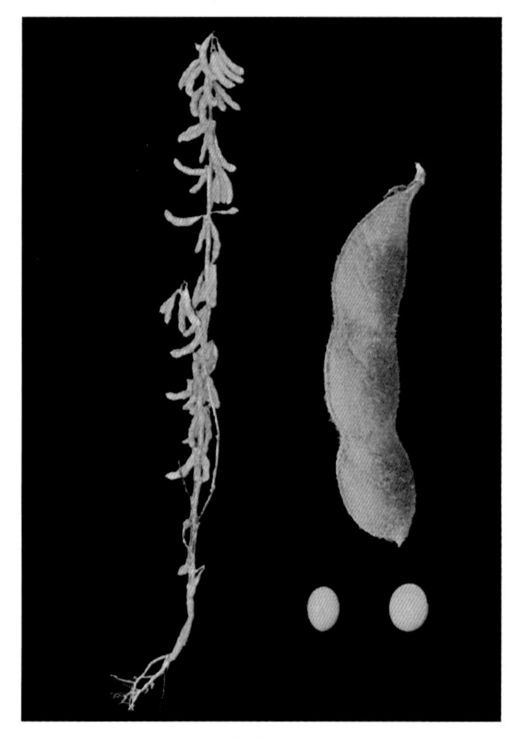

吉育99

产量品质 2006—2007年吉林省中早熟组区域试验，平均产量2 218.2kg/hm^2，比对照白农6号增产14.6%。2008年生产试验，平均产量2 475.8kg/hm^2，比对照白农6号增产7.5%。蛋白质含量38.44%，脂肪含量21.05%。

栽培要点 4月下旬至5月上旬播种。播种量60kg/hm^2，保苗20万株/hm^2。施有机肥20 000kg/hm^2、磷酸二铵150kg/hm^2、硫酸钾50kg/hm^2，或大豆专用肥300kg/hm^2。及时防治蚜虫，8月中旬防治大豆食心虫。

适宜地区 吉林省中南部、辽宁省东部山区、甘肃省西部、宁夏回族自治区北部和新疆维吾尔自治区伊宁地区种植。

206. 吉育100（Jiyu 100）

品种来源 吉林省农业科学院大豆研究所用吉育47作母本，东2481作父本，经有性杂交，系谱法选育而成。原品系号公交DY2005-5。2009年经吉林省农作物品种审定委员会审定，审定编号为吉审豆2009002。全国大豆品种资源统一编号ZDD24476。

特征 亚有限结荚习性。株高95cm，主茎型。结荚密集，三粒荚多，荚褐色。圆叶，紫花，灰毛。粒椭圆形，种皮黄色，有光泽，脐黄色。百粒重22.1g。

特性 北方春大豆，中早熟品种，生育期125d。人工接种鉴定，中抗大豆花叶病毒混合株系，中抗大豆花叶病毒1号株系，抗2号、3号株系，抗大豆灰斑病，田间综合抗病性好。抗大豆食心虫。抗倒伏。

产量品质 2006—2007年吉林省中早熟组区域试验，平均产量2 248.5kg/hm^2，比对照白农6号增产14.3%。2008年生产试验，平均产量2 394.0kg/hm^2，比对照白农6号增产3.9%。蛋白质含量38.13%，脂肪含量21.84%。

栽培要点 4月下旬至5月上旬播种。保苗22万株/hm^2。施有机肥20 000kg/hm^2、磷酸二铵150kg/hm^2。及时防治蚜虫，8月中旬防治大豆食心虫。

适宜地区 吉林省中早熟区。

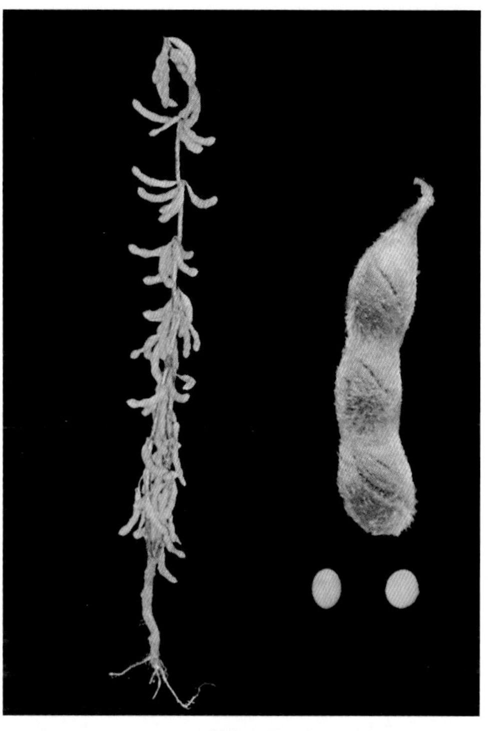
吉育100

207. 吉育101（Jiyu 101）

品种来源 吉林省农业科学院大豆研究所用公野8503作母本，吉林28作父本，经有性杂交，系谱法选育而成。原品系号公野02-5288。2007年经吉林省农作物品种审定委员会审定，审定编号为吉审豆2007019。全国大豆品种资源统一编号ZDD24477。

特征 亚有限结荚习性。株高90cm，主茎型。结荚密集，三、四粒荚多，荚褐色。披针叶，白花，灰毛。粒圆形，种皮黄色，有光泽，脐黄色。百粒重8.9g。

特性 北方春大豆，中熟品种，生育期

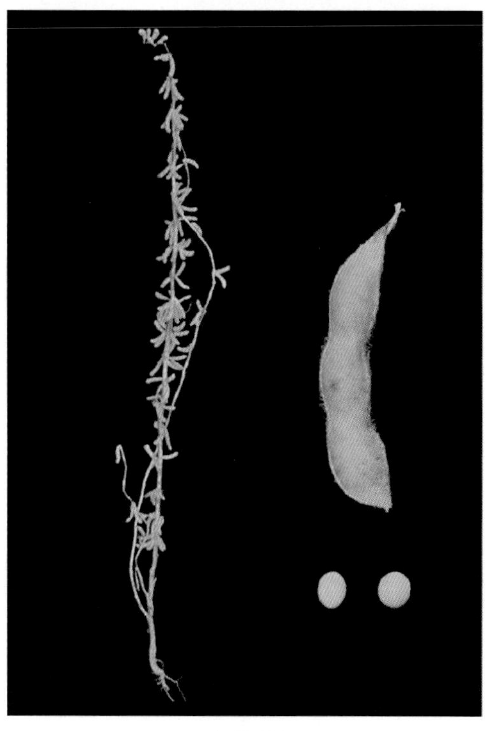
吉育101

127d。人工接种鉴定，抗大豆花叶病毒1号株系，中抗2号、3号株系；中抗大豆灰斑病，田间综合抗病性好。抗大豆食心虫。

产量品质 2003—2004年吉林省中熟组区域试验，平均产量2 532.8kg/hm^2，比对照吉林小粒4号增产13.6%。2005—2006年生产试验，平均产量2 484.0kg/hm^2，比对照吉林小粒4号增产11.8%。蛋白质含量47.94%，脂肪含量17.30%。

栽培要点 4月下旬至5月上旬播种。采用等距点播，播种量20 ~ 25kg/hm^2，保苗18万～20万株/hm^2。施有机肥30 000kg/hm^2、磷酸二铵150kg/hm^2。及时防治蚜虫，8月中旬防治大豆食心虫。

适宜地区 吉林省中东部有效积温2 650℃的山区、半山区。

208. 吉育102（Jiyu 102）

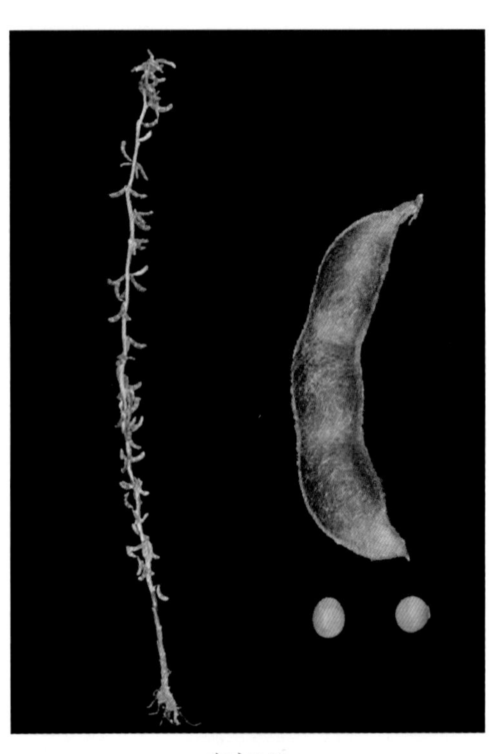
吉育102

品种来源 吉林省农业科学院大豆研究所用含有野生大豆血缘的高蛋白优良品系公野9362作母本，吉青1号作父本，经有性杂交，系谱法选育而成。原品系号公野02-19。2007年经吉林省农作物品种审定委员会审定，审定编号为吉审豆2007019。全国大豆品种资源统一编号ZDD24478。

特征 亚有限结荚习性。株高95cm，主茎型。结荚密集，三、四粒荚多，荚黑色。披针叶，白花，灰毛。粒圆形，种皮绿色，有光泽，子叶绿色，脐淡褐色。百粒重8.6g。

特性 北方春大豆，中早熟品种，生育期123d。人工接种鉴定，中抗大豆花叶病毒混合株系，田间综合抗病性好。高抗大豆食心虫。

产量品质 2003—2004年吉林省中早熟组区域试验，平均产量2 312.4kg/hm^2，比对照吉林小粒4号增产10.9%。2005—2006年生产试验，平均产量2 268.9kg/hm^2，比对照吉林小粒4号增产13.7%。蛋白质含量44.22%，脂肪含量16.95%。

栽培要点 4月下旬至5月上旬播种。等距点播，播种量20 ~ 25kg/hm^2，保苗20万株/hm^2。施有机肥30 000kg/hm^2、磷酸二铵150kg/hm^2。及时防治蚜虫，8月中旬防治大豆食心虫。

适宜地区 吉林省中东部和黑龙江省南部地区有效积温2 300 ~ 2 500℃的山区、半山区。

209. 吉育103（Jiyu 103）

吉育103

品种来源 吉林省农业科学院大豆研究所用公野9526作母本，吉青1号作父本，经有性杂交，系谱法选育而成。原品系号公野05-19。2010年经吉林省农作物品种审定委员会审定，审定编号为吉审豆2010007。全国大豆品种资源统一编号ZDD30909。

特征 无限结荚习性。株高95cm，主茎型，节间短。结荚均匀，荚密集、荚黑色。披针叶，白花，灰毛。粒圆形，种皮绿色，有光泽，子叶绿色，脐淡褐色。百粒重8.9g。

特性 北方春大豆，早熟品种，生育期110d。人工接种鉴定，抗大豆花叶病毒1号株系，高抗大豆花叶病毒3号株系，田间综合抗病性好。

产量品质 2006—2007年吉林省早熟组区域试验，平均产量2 437.2kg/hm^2，比对照吉林小粒4号增产10.7%。2008—2009年生产试验，平均产量2 357.3kg/hm^2，比对照吉林小粒4号增产11.4%。蛋白质含量40.82%，脂肪含量17.28%。

栽培要点 4月下旬至5月上旬播种，等距点播，播种量20 ~ 25kg/hm^2，保苗20万株/hm^2。施有机肥30 000kg/hm^2、磷酸二铵150kg/hm^2。及时防治蚜虫，8月中旬防治大豆食心虫。

适宜地区 吉林省东部有效积温2 100℃以上地区。

210. 吉育104（Jiyu 104）

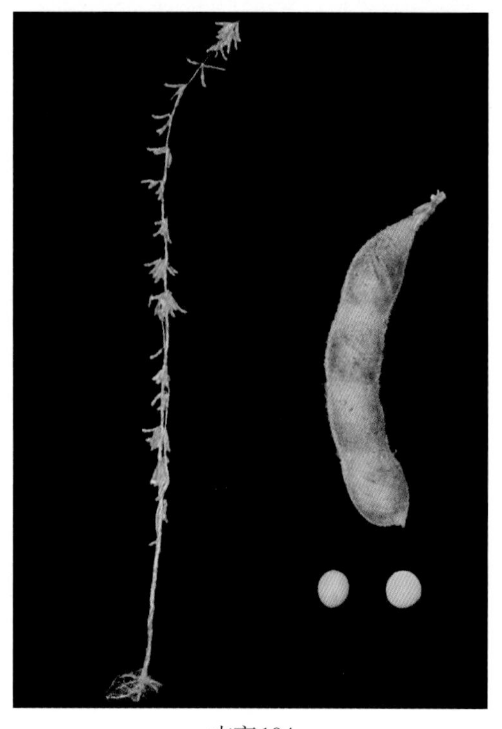
吉育104

品种来源 吉林省农业科学院大豆研究所用公野9105作母本，吉林28作父本，经有性杂交，系谱法选育而成。原品系号公野06-LS31。2010年经吉林省农作物品种审定委员会审定，审定编号为吉审豆2010008。全国大豆品种资源统一编号ZDD30910。

特征 亚有限结荚习性。株高90cm，主茎型，节间短。结荚均匀，荚密集，三、四粒荚多，荚褐色。披针叶，紫花，灰毛。粒圆形，种皮黄色，有光泽，脐黄色。百粒重9.2g。

特性 北方春大豆，中早熟品种，生育期120d。人工接种鉴定，抗大豆花叶病毒混合株系，中抗大豆灰斑病，田间综合抗病性好。

产量品质 2007—2008年吉林省中早熟组区域试验，平均产量2 476.8kg/hm^2，比对照吉林小粒4号增产12.5%。2008—2009年生产试验，平均产量2 351.4kg/hm^2，比对照吉林小粒4号增产10.2%。蛋白质含量39.91%，脂肪含量19.47%。

栽培要点 4月下旬至5月上旬播种，等距点播，播种量20 ~ 25kg/hm^2，保苗20万株/hm^2。施有机肥30 000kg/hm^2、磷酸二铵150kg/hm^2。及时防治蚜虫，8月中旬防治大豆食心虫。

适宜地区 吉林省中东部有效积温2 300 ~ 2 500℃的山区、半山区。

211. 吉育105（Jiyu 105）

品种来源 吉林省农业科学院大豆研究所用公野0128F$_1$作母本，公野9930作父本，经有性杂交，系谱法选育而成。原品系号公野2000-59。2011年经吉林省农作物品种审定委员会审定，审定编号为吉审豆2011019。全国大豆品种资源统一编号ZDD30911。

吉育105

特征 亚有限结荚习性。株高75cm，主茎型，节间短。结荚均匀，荚密集，三、四粒荚多，荚褐色。披针叶，紫花，灰毛。粒圆形，种皮黄色，有光泽，脐黄色。百粒重9.2g。

特性 北方春大豆，早熟品种，生育期110d。人工接种鉴定，高抗大豆花叶病毒混合株系，抗大豆灰斑病，田间综合抗病性好。抗大豆食心虫。

产量品质 2009—2010年吉林省早熟组区域试验，平均产量2 087kg/hm^2，比对照吉林小粒4号增产11.7%。2010年生产试验，平均产量2 360kg/hm^2，比对照吉林小粒4号增产12.2%。蛋白质含量37.43%，脂肪含量19.82%。

栽培要点 4月下旬至5月上旬播种。等距点播，播种量20 ~ 25kg/hm^2，保苗20万株/hm^2。遵照薄地宜密、肥地宜稀的原则，施有机肥30 000kg/hm^2、磷酸二铵150kg/hm^2。及时防治蚜虫，8月中旬防治大豆食心虫。

适宜地区 吉林省东部有效积温2 100℃以上地区。

212. 吉育106（Jiyu 106）

吉育106

品种来源 吉林省农业科学院大豆研究所用含有野生大豆血缘的吉林小粒4号作母本，绥农14作父本，经有性杂交，系谱法选育而成。原品系号HL2001。2011年经吉林省农作物品种审定委员会审定，审定编号为吉审豆2011020。全国大豆品种资源统一编号ZDD30912。

特征 亚有限结荚习性。株高100cm，主茎型，节间短。结荚均匀，荚密集，三、四粒荚多，荚褐色。披针叶，白花，灰毛。粒圆形，种皮黄色，有光泽，脐黄色。百粒重12.0g。

特性 北方春大豆，早熟品种，生育期112d。人工接种鉴定，抗大豆灰斑病，田间综合抗病性好。高抗大豆食心虫。

产量品质 2009—2010年吉林省早熟组区域试验，平均产量2 637.0kg/hm^2，比对照吉林小粒3号增产16.6%。2010年生产试验，平均产量2 592kg/hm^2，比对照吉林小粒3号增产15.3%。蛋白质含量41.20%，脂肪含量20.47%。

栽培要点 4月下旬至5月上旬播种。可垄上条播，也可等距点播，播种量40 ~ 45kg/hm^2，保苗25万株/hm^2。遵照薄地宜密、肥地宜稀的原则，施有机肥30 000kg/hm^2、磷酸二铵150kg/hm^2、钾肥40 ~ 50kg/hm^2。注意防治蚜虫，8月中旬及时防治大豆食心虫。

适宜地区 吉林省东部有效积温2 150℃以上地区。

213. 吉育107（Jiyu 107）

吉育107

品种来源 吉林省农业科学院大豆研究所用公野2031F3作母本，公野2028F3作父本，经有性杂交，系谱法选育而成。原品系号

GY0501。2013年通过吉林省农作物品种审定委员会审定，审定编号为吉审豆2013010。全国大豆品种资源统一编号ZDD30913。

特征 亚有限结荚习性。株高80cm，主茎型。结荚密集，三、四粒荚多，荚熟褐色。卵圆叶，白花，灰毛。粒圆形，种皮黄色，有光泽，脐黄色。百粒重12.2g。

特性 北方春大豆，早熟品种，生育期115d。人工接种鉴定，抗大豆花叶病毒1号、3号株系，抗大豆花叶病毒混合株系，中抗大豆灰斑病，田间综合抗病性好。中抗食心虫。

产量品质 2011—2012年吉林省早熟组区域试验，平均产量2 328.0kg/hm^2，比对照吉林小粒豆3号增产11.7%。2012年生产试验，平均产量2 192.0kg/hm^2，比对照吉林小粒豆3号增产14.8%。蛋白质含量42.21%，脂肪含量18.42%。

栽培要点 4月末至5月初播种。保苗25万株/hm^2。施有机肥20 000 ～ 30 000kg/hm^{2}作底肥、磷酸二铵100 ～ 150kg/hm^{2}作种肥。及时防治蚜虫，8月中旬防治大豆食心虫。

适宜地区 吉林省早熟区。

214. 吉育201（Jiyu 201）

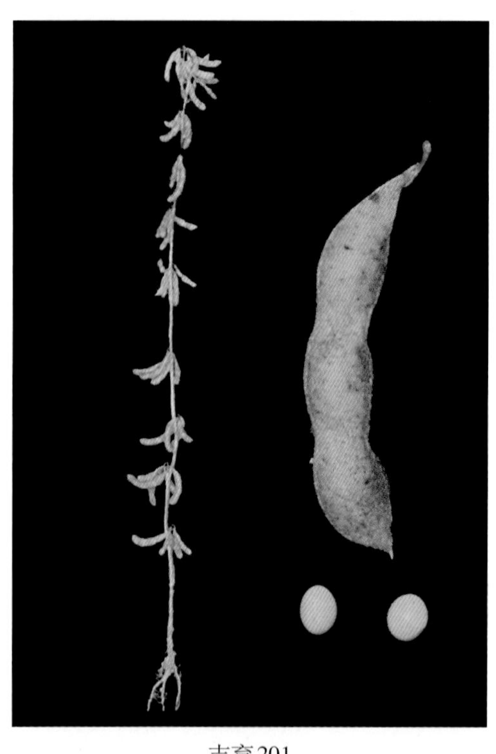

吉育201

品种来源 吉林省农业科学院大豆研究所用吉育53作母本，吉育67作父本，经有性杂交，系谱法选育而成。原品系号公交03181-4。2011年经吉林省农作物品种审定委员会审定，审定编号为吉审豆2011015。全国大豆品种资源统一编号ZDD30914。

特征 亚有限结荚习性。株高87cm，主茎型。三粒荚多，荚褐色。卵圆叶，白花，灰毛。粒圆形，种皮黄色，有光泽，脐黄色。百粒重21.2g。

特性 北方春大豆，早熟品种，生育期120d。人工接种鉴定，抗大豆花叶病毒混合株系，抗大豆花叶病毒3号株系，中抗大豆灰斑病，田间综合抗病性好。抗大豆食心虫。

产量品质 2009—2010年吉林省早熟组区域试验，平均产量2 566.0kg/hm^2，比对照延农8号增产8.7%。2010年生产试验，平均产量2 957.6kg/hm^2，比对照延农8号增产11.3%。蛋白质含量41.20%，脂肪含量20.47%。

栽培要点 4月下旬至5月上旬播种。保苗22万株/hm^2。施有机肥20 000kg/hm^2、磷酸二铵150kg/hm^2。及时防治蚜虫，8月中旬防治大豆食心虫。

适宜地区 吉林省大豆早熟区。

215. 吉育202（Jiyu 202）

吉育202

品种来源 吉林省农业科学院大豆研究所用美国品种A1900作母本，日本品种Suzumaru作父本，经有性杂交，系谱法选育而成。原品系号公交2003-305。2012年经吉林省农作物品种审定委员会审定，审定编号为吉审豆2012011。全国大豆品种资源统一编号ZDD30837。

特征 亚有限结荚习性。株高88cm，主茎型。荚褐色。卵圆叶，白花，灰毛。粒圆形，种皮黄色，有光泽，脐黄色。百粒重22.7g。

特性 北方春大豆，早熟品种，生育期112d。人工接种鉴定，抗大豆花叶病毒1号株系，中抗3号株系；田间综合抗病性好。

产量品质 2009—2011年吉林省早熟组区域试验，平均产量2 873.1kg/hm^2，比对照绥农28增产7.1%。2011年生产试验，平均产量2 433.3kg/hm^2，比对照绥农28增产7.5%。蛋白质含量33.29%，脂肪含量25.31%。

栽培要点 4月下旬至5月上旬播种，保苗22万～24万株/hm^2。施有机肥20 000kg/hm^2、磷酸二铵150kg/hm^2。及时防治蚜虫，8月中旬防治大豆食心虫。

适宜地区 吉林省东部有效积温2 150℃以上地区。

216. 吉育203（Jiyu 203）

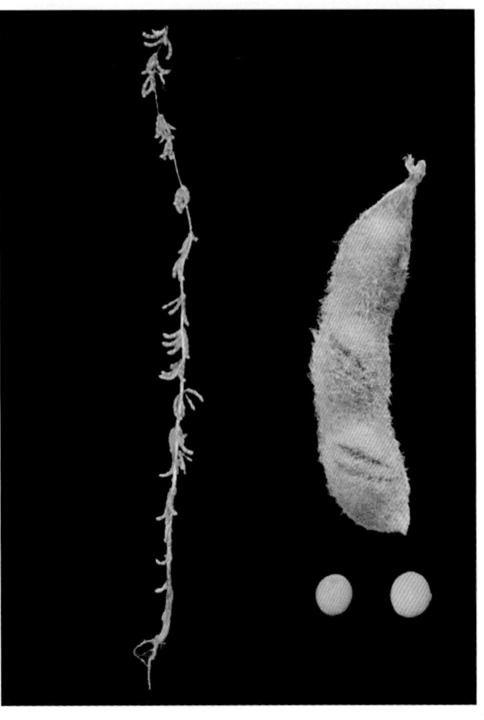
吉育203

品种来源 吉林省农业科学院大豆研究所用公交2059-6作母本，垦农18作父本，经有性杂交，系谱法选育而成。原品系号公交DY2008-9。2012年经吉林省农作物品种审定委员会审定，审定编号为吉审豆2012012。全国大豆品种资源统一编号ZDD30915。

特征 亚有限结荚习性。株高85cm，主

茎型，节间短。结荚均匀，荚密集，三、四粒荚多，荚褐色。卵圆叶，紫花，灰毛。粒圆形，种皮黄色，有光泽，脐黄色。百粒重20.1g。

特性 北方春大豆，早熟品种，生育期118d。人工接种鉴定，抗大豆花叶病毒1号、3号株系，抗大豆花叶病毒混合株系，田间综合抗病性好。

产量品质 2010—2011年吉林省早熟组区域试验，平均产量2 369.2kg/hm^2，比对照绥农28增产2.9%。2011年生产试验，平均产量2 314.0kg/hm^2，比对照绥农28增产2.2%。蛋白质含量34.50%，脂肪含量24.94%。

栽培要点 4月下旬至5月上旬播种。保苗25万株/hm^2。施有机肥20 000kg/hm^2、磷酸二铵150kg/hm^2。及时防治蚜虫，8月中旬防治大豆食心虫。

适宜地区 吉林省早熟地区。

217. 吉育204（Jiyu 204）

品种来源 吉林省农业科学院大豆研究所用美国大豆品种A3127作母本，吉育58作父本，经有性杂交，系谱法选育而成。原品系号公交2001-311-16。2013年经国家农作物品种审定委员会审定，审定编号为国审豆2013002。全国大豆品种资源统一编号ZDD30916。

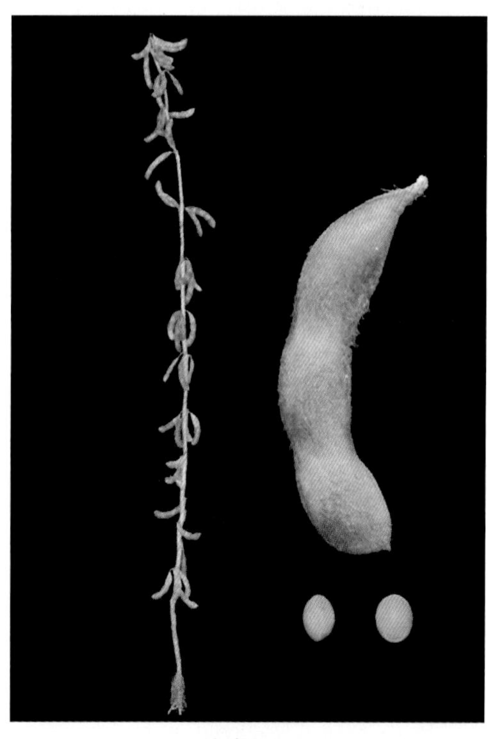

吉育204

特征 亚有限结荚习性。株高90cm，主茎型。结荚密集，三、四粒荚多，荚熟棕褐色。卵圆叶，紫花，棕毛。粒椭圆形，种皮黄色，有光泽，脐黄色。百粒重18.6g。

特性 北方春大豆，中早熟品种，生育期118d。人工接种鉴定，中抗大豆花叶病毒1号株系，中抗大豆灰斑病，田间综合抗病性好。中抗大豆食心虫。

产量品质 2010—2011年全国北方春大豆种早熟组区域试验，平均产量2 890.5kg/hm^2，比对照绥农28增产4.7%。2012年生产试验，平均产量3 042.0kg/hm^2，比对照绥农28增产4.7%。蛋白质含量39.32%，脂肪含量22.57%。

栽培要点 4月末至5月初播种。保苗23万株/hm^2。施有机肥20 000 ~ 30 000kg/hm^{2}作底肥、磷酸二铵100 ~ 150kg/hm^{2}作种肥。及时防治蚜虫，8月中旬防治大豆食心虫。

适宜地区 吉林省早熟区。

218. 吉育301（Jiyu 301）

吉育301

品种来源 吉林省农业科学院大豆研究所用九农21作母本，公交加1作父本，经有性杂交，系谱法选育而成。原品系号公交99115-7。2009年经吉林省农作物品种审定委员会审定，审定编号为吉审豆2009014。全国大豆品种资源统一编号ZDD24479。

特征 亚有限结荚习性。株高86cm，主茎型。三粒荚多，荚褐色。披针叶，白花，灰毛。粒圆形，种皮黄色，有光泽，脐黄色。百粒重18.3g。

特性 北方春大豆，中早熟品种，生育期125d。人工接种鉴定，中抗大豆花叶病毒混合株系，抗大豆灰斑病，田间综合抗病性好。抗大豆食心虫。

产量品质 2006—2007年吉林省中早熟组区域试验，平均产量2 070.4kg/hm^2，比对照白农6号增产5.5%。2008年生产试验，平均产量2 515.3kg/hm^2，比对照白农6号增产9.2%。蛋白质含量40.15%，脂肪含量21.14%。

栽培要点 4月下旬至5月上旬播种。保苗22万～25万株/hm^2。施有机肥20 000kg/hm^2、磷酸二铵150kg/hm^2。及时防治蚜虫，8月中旬防治大豆食心虫。

适宜地区 吉林省白城、松原地区及其他中早熟区。

219. 吉育302（Jiyu 302）

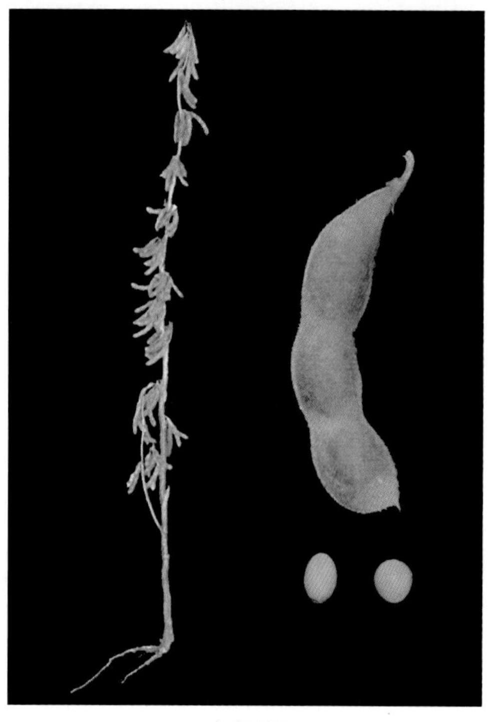
吉育302

品种来源 吉林省农业科学院大豆研究所用公交9899作母本，吉育57作父本，经有性杂交，系谱法选育而成。原品系号公交DY2007-5。2012年经吉林省农作物品种审定委员会审定，审定编号为吉审豆2012009。全国大豆品种资源统一编号ZDD30917。

特征 亚有限结荚习性。株高90cm，主茎型，节间短。结荚均匀，荚密集，四粒荚多，荚褐色。披针叶，紫花，灰毛。粒圆形，种皮黄色，有光泽，脐黄色。百粒重19.3g。

特性 北方春大豆，中早熟品种，生育期123d。人工接种鉴定，抗大豆花叶病毒1号、3号株系，抗大豆花叶病毒混合株系，高抗大豆灰斑病，田间综合抗病性好。抗大豆食心虫。

产量品质 2009—2010年吉林省中早熟组区域试验，平均产量2 805.8kg/hm^2，比对照白农6号增产2.5%。2010年生产试验，平均产量3 096.0kg/hm^2，比对照白农6号增产1.3%。蛋白质含量38.43%，脂肪含量23.05%。

栽培要点 4月下旬至5月上旬播种。保苗21万株/hm^2。施有机肥20 000kg/hm^2、磷酸二铵150kg/hm^2。及时防治蚜虫，8月中旬防治大豆食心虫。

适宜地区 吉林省中早熟地区及长春、吉林、通化部分地区。

220. 吉育303（Jiyu 303）

吉育303

品种来源 吉林省农业科学院大豆研究所用Kexi8作母本，合99-756作父本，经有性杂交，系谱法选育而成。原品系号公交2003-324-24-4。2014年经吉林省农作物品种审定委员会审定，审定编号为吉审豆2014010。全国大豆品种资源统一编号ZDD30918。

特征 亚有限结荚习性。株高85.0cm，主茎型。结荚密集，三、四粒荚多。披针叶，紫花，棕毛，荚熟褐色。粒圆形，种皮黄色，有光泽，脐黄色。百粒重18.3g。

特性 北方春大豆，中早熟品种，生育期119d。田间表现抗大豆花叶病毒病、抗大豆灰斑病、抗大豆霜霉病。

产量品质 2012—2013年吉林省中早熟组区域试验，平均产量2 605.4kg/hm^2，比对照白农10号增产9.3%。2013年生产试验，平均产量2 507.4kg/hm^2，比对照白农10号增产11.7%。蛋白质含量40.86%，脂肪含量20.00%。

栽培要点 4月末至5月初播种。保苗22万株/hm^2。施有机肥20 000 ～ 30 000kg/hm^{2}作底肥、磷酸二铵100 ～ 150kg/hm^{2}作种肥。及时防治蚜虫，8月中旬防治大豆食心虫。

适宜地区 吉林省白城、松原等中早熟区域。

221. 吉育401（Jiyu 401）

吉育401

品种来源 吉林省农业科学院大豆研究所用九9638-7作母本，绥98-6023作父本，经有性杂交，系谱法选育而成。原品系号公交2002-339-2。2010年经吉林省农作物品种审定委员会审定，审定编号为吉审豆2010002。全国大豆品种资源统一编号ZDD30838。

特征 无限结荚习性。株高96cm，分枝型，结荚密集，三、四粒荚多，荚褐色。披针叶，白花，灰毛。粒圆形，种皮黄色，有光泽，脐黄色。百粒重17.5g。

特性 北方春大豆，中熟品种，生育期126d。人工接种鉴定，抗大豆花叶病毒混合株系，抗大豆花叶病毒1号、3号株系，抗大豆灰斑病，田间综合抗病性好。高抗大豆食心虫。

产量品质 2008—2009年吉林省中熟组区域试验，平均产量2 910.4kg/hm^2，比对照九农21增产4.8%。2009年生产试验，平均产量2 830kg/hm^2，比对照九农21增产13.3%。蛋白质含量39.98%，脂肪含量19.93%。

栽培要点 4月下旬至5月上旬播种，保苗18万～20万株/hm^2。施有机肥20 000kg/hm^2、磷酸二铵150kg/hm^2。及时防治蚜虫，8月中旬防治大豆食心虫。

适宜地区 吉林省中熟区。

222. 吉育402（Jiyu 402）

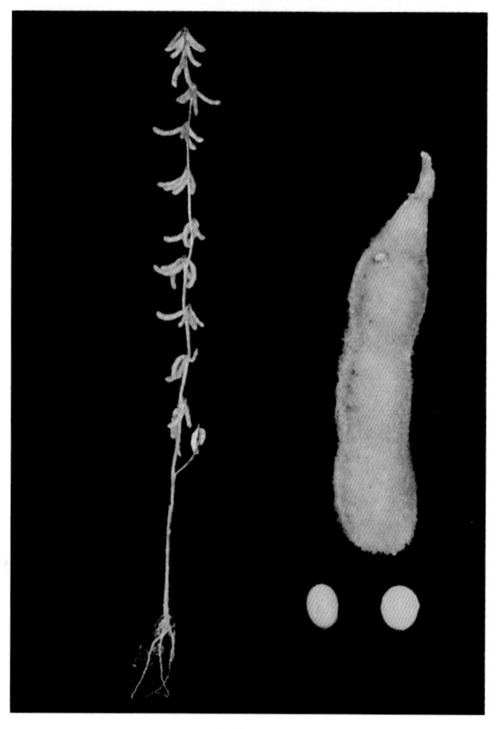
吉育402

品种来源 吉林省农业科学院大豆研究所用公野05-15作母本，公野03-19作父本，经有性杂交，系谱法选育而成。原品系号公野07-Y16。2011年经吉林省农作物品种审定委员会审定，审定编号为吉审豆2011011。全国大豆品种资源统一编号ZDD30919。

特征 亚有限结荚习性。株高109cm，主

茎型，节间短。结荚均匀，荚密集，三、四粒荚多，荚褐色。椭圆叶，白花，灰毛。粒圆形，种皮黄色，有光泽，脐黄色。百粒重21.8g。

特性 北方春大豆，中熟品种，生育期129d。人工接种鉴定，抗大豆花叶病毒混合株系，抗大豆花叶病毒1号、3号株系，田间综合抗病性好。抗大豆食心虫。

产量品质 2009—2010年吉林省中熟组区域试验，平均产量3 637kg/hm^2，比对照九农21增产9.6%。2010年生产试验，平均产量3 592kg/hm^2，比对照九农21增产7.3%。蛋白质含量39.12%，脂肪含量21.22%。

栽培要点 4月下旬至5月上旬播种。保苗18万～20万株/hm^2。施有机肥20 000kg/hm^2、磷酸二铵150kg/hm^2。及时防治蚜虫，8月中旬防治大豆食心虫。

适宜地区 吉林省长春、吉林、延边、通化、四平、辽源、白城、松原等中熟地区。

223. 吉育403（Jiyu 403）

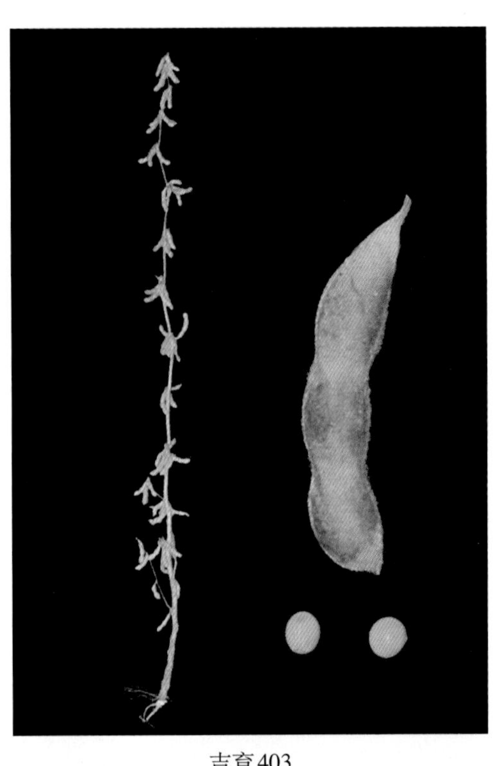

吉育403

品种来源 吉林省农业科学院大豆研究所用长农5号作母本，吉原3号作父本，经有性杂交，系谱法选育而成。原品系号公交98113H-3。2012年经吉林省农作物品种审定委员会审定，审定编号为吉审豆2012005。全国大豆品种资源统一编号ZDD30920。

特征 亚有限结荚习性。株高85cm，主茎型。三粒荚多，荚褐色。披针叶，紫花，灰毛。粒圆形，种皮黄色，有光泽，脐黄色。百粒重18.4g。

特性 北方春大豆，中熟品种，生育期124d。人工接种鉴定，抗大豆花叶病毒混合株系，抗大豆花叶病毒1号、3号株系，抗大豆灰斑病，田间综合抗病性好。

产量品质 2008—2011年吉林省中熟组区域试验，平均产量2 766.0kg/hm^2，比对照九农21增产6.1%。2011年生产试验，平均产量2 774.8kg/hm^2，比对照九农21增产7.9%。蛋白质含量36.33%，脂肪含量22.13%。

栽培要点 4月下旬至5月上旬播种，保苗20万～22万株/hm^2。施有机肥20 000kg/hm^2、磷酸二铵150kg/hm^2。及时防治蚜虫，8月中旬防治大豆食心虫。

适宜地区 吉林省中西部白城、松原地区及其他中早熟区。

224. 吉育404（Jiyu 404）

吉育404

品种来源 吉林省农业科学院大豆研究所用九交9638-7作母本，公交94128-8作父本，经有性杂交，系谱法选育而成。原品系号公交021127-24。2012年经吉林省农作物品种审定委员会审定，审定编号为吉审豆2012006。全国大豆品种资源统一编号ZDD30921。

特征 亚有限结荚习性。株高100cm，主茎型，节间短，结荚均匀，荚密集，三、四粒荚多，荚褐色。披针叶，白花，灰毛。粒圆形，种皮黄色，有光泽，脐黄色。百粒重19.5g。

特性 北方春大豆，中熟品种，生育期126d。人工接种鉴定，抗大豆花叶病毒混合株系，抗大豆花叶病毒1号、3号株系，高抗大豆灰斑病，田间综合抗病性好。抗大豆食心虫。

产量品质 2010—2011年吉林省中熟组区域试验，平均产量2 819.7kg/hm^2，比对照九农21增产5.4%。2011年生产试验，平均产量2 855.0kg/hm^2，比对照九农21增产11.1%。蛋白质含量35.6%，脂肪含量21.79%。

栽培要点 4月下旬至5月上旬播种，保苗20万～22万株/hm^2。施有机肥20 000kg/hm^2、磷酸二铵150kg/hm^2。及时防治蚜虫，8月中旬防治大豆食心虫。

适宜地区 吉林省中熟区。

225. 吉育405（Jiyu 405）

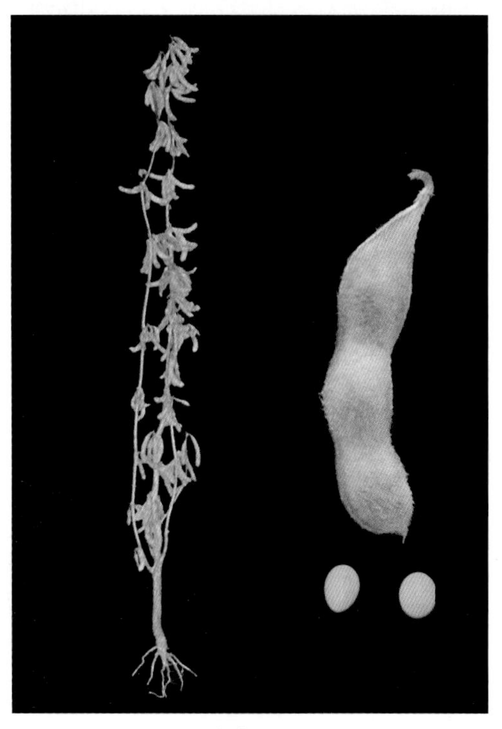
吉育405

品种来源 吉林省农业科学院大豆研究所用吉育50作母本，吉育67作父本，经有性杂交，系谱法选育而成。原品系号公野08-Y36。2012年经吉林省农作物品种审定委员会审定，审定编号为吉审豆2012007。全国大豆品种资源统一编号ZDD30922。

特征 亚有限结荚习性。株高97cm，主

茎型，株型收敛。结荚均匀，荚密集，四粒荚多，荚褐色。披针叶，紫花，灰毛。粒椭圆形，种皮黄色，有光泽，脐黄色。百粒重21.2g。

特性 北方春大豆，中熟品种，生育期125d。人工接种鉴定，抗大豆花叶病毒混合株系，抗大豆花叶病毒1号、3号株系，抗大豆灰斑病，田间综合抗病性好。

产量品质 2010—2011年吉林省中熟组区域试验，平均产量2 744.6kg/hm²，比对照九农21增产2.6%。2011年生产试验，平均产量2 890.6kg/hm²，比对照九农21增产12.4%。蛋白质含量39.10%，脂肪含量22.29%。

栽培要点 4月下旬至5月上旬播种。保苗20万株/hm²。施有机肥20 000kg/hm²、磷酸二铵150kg/hm²。及时防治蚜虫，8月中旬防治大豆食心虫。

适宜地区 吉林省中熟区。

226. 吉育406（Jiyu 406）

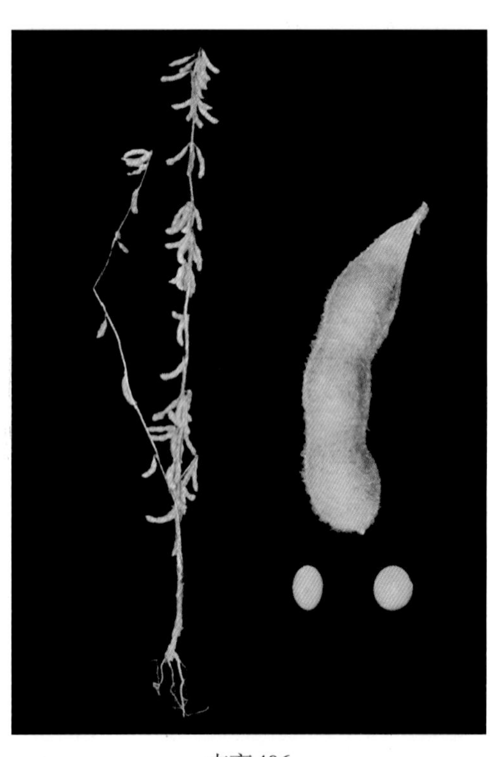

吉育406

品种来源 吉林省农业科学院大豆研究所用公交94198-1作母本，美国品种CK-P作父本，经有性杂交，系谱法选育而成。原品系号公交2001-332-5。2012年经吉林省农作物品种审定委员会审定，审定编号为吉审豆2012008。全国大豆品种资源统一编号ZDD30839。

特征 亚有限结荚习性。株高95cm，主茎型，株型收敛。结荚均匀，荚密集，四粒荚多，荚褐色。卵圆叶，白花，灰毛。粒椭圆形，种皮黄色，有光泽，脐黄色。百粒重18.3g。

特性 北方春大豆，中熟品种，生育期125d。人工接种鉴定，抗大豆花叶病毒混合株系，抗大豆花叶病毒1号、3号株系，抗大豆灰斑病，田间综合抗病性好。中抗大豆食心虫。

产量品质 2010—2011年吉林省中熟组区域试验，平均产量2 794.4kg/hm²，比对照九农21增产4.5%。2011年生产试验，平均产量2 578.4kg/hm²，比对照九农21增产7.3%。蛋白质含量34.29%，脂肪含量23.88%。

栽培要点 4月下旬至5月上旬播种。保苗20万株/hm²。施有机肥20 000kg/hm²、磷酸二铵150kg/hm²。及时防治蚜虫，8月中旬防治大豆食心虫。

适宜地区 吉林省长春、吉林、通化、辽源、延边等中熟区。

227. 吉育407（Jiyu 407）

吉育407

品种来源 吉林省农业科学院大豆研究所用九交8866-12作母本，铁90035-17作父本，经有性杂交，系谱法选育而成。原品系号公交2001-336-7。2013年经国家农作物品种审定委员会审定，审定编号为国审豆2013006。全国大豆品种资源统一编号ZDD30923。

特征 亚有限结荚习性。株高86cm，主茎型。结荚密集，三、四粒荚多，荚熟褐色。披针叶，白花，灰毛。粒圆形，种皮黄色，有光泽，脐褐色。百粒重16.6g。

特性 北方春大豆，中熟品种，生育期126d。人工接种鉴定，中抗大豆花叶病毒1号株系，中抗胞囊线虫病3号生理小种，田间综合抗病性好。抗大豆食心虫。

产量品质 2010—2011年吉林省中熟组区域试验，平均产量2 952kg/hm^2，比对照九农21增产3.1%。2012年全国北方春大豆中熟组品种生产试验，平均产量3 013.5kg/hm^2，比对照吉育86增产4.9%。蛋白质含量38.17%，脂肪含量22.59%。

栽培要点 4月末至5月初播种。保苗22万株/hm^2。施有机肥20 000 ~ 30 000kg/hm^{2}作底肥，磷酸二铵100 ~ 150kg/hm^{2}作种肥。及时防治蚜虫，8月中旬防治大豆食心虫。

适宜地区 吉林省、内蒙古自治区、辽宁省、新疆维吾尔自治区等北方春大豆中熟区域。

228. 吉育501（Jiyu 501）

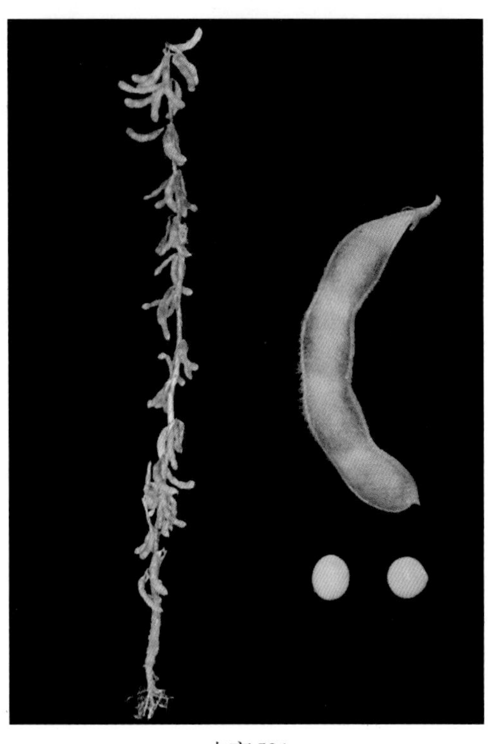
吉育501

品种来源 吉林省农业科学院大豆研究所用吉育58作母本，公交2152作父本，经有性杂交，系谱法选育而成。原品系号公交DY2007-1。2011年经吉林省农作物品种审定委员会审定，审定编号为吉审豆2011001。全国大豆品种资源统一编号ZDD30924。

特征 亚有限结荚习性。株高95cm，主茎型。四粒荚多，荚褐色。披针叶，紫花，灰毛。粒椭圆形，种皮黄色，有光泽，脐黄色。百粒重20.3g。

特性 北方春大豆，中晚熟品种，生育期128d。人工接种鉴定，中抗大豆花叶病毒混合株系，抗大豆花叶病毒1号、2号、3号株系，田间综合抗病性好。抗大豆食心虫。

产量品质 2009—2010年吉林省中晚熟组区域试验，平均产量3 073.1kg/hm^2，比对照吉林30增产10.3%。2010年生产试验，平均产量3 227.6kg/hm^2，比对照吉林30增产5.2%。蛋白质含量38.93%，脂肪含量23.43%。

栽培要点 4月下旬至5月上旬播种。保苗20万株/hm^2。施有机肥20 000 ~ 30 000kg/hm^2、磷酸二铵150kg/hm^2。及时防治蚜虫，8月中旬防治大豆食心虫。

适宜地区 吉林省大豆中晚熟区。

229. 吉育502（Jiyu 502）

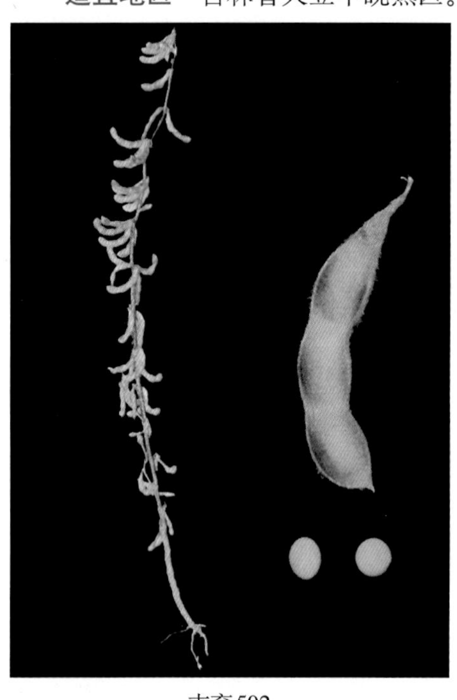

吉育502

品种来源 吉林省农业科学院大豆研究所用公交91131-14作母本，吉育64作父本，经有性杂交，系谱法选育而成。原品系号公交20110-9。2011年经吉林省农作物品种审定委员会审定，审定编号为吉审豆2011002。全国大豆品种资源统一编号ZDD30925。

特征 亚有限结荚习性。株高100cm，主茎型。结荚均匀，荚密集，三、四粒荚多，荚褐色。披针叶，白花，灰毛。粒圆形，种皮黄色，有光泽，脐黄色。百粒重18.6g。

特性 北方春大豆，中晚熟品种，生育期130d。人工接种鉴定，中感大豆灰斑病，田间综合抗病性好。抗大豆食心虫。

产量品质 2009—2010年吉林省中晚熟组区域试验，平均产量3 041kg/hm^2，比对照吉林30增产9.1%。2010年生产试验，平均产量3 405kg/hm^2，比对照吉林30增产11.0%。蛋白质含量40.11%，脂肪含量20.45%。

栽培要点 4月下旬至5月上旬播种。可垄上条播，也可等距点播，播种量40 ~ 45kg/hm^2，保苗21万株/hm^2，遵照薄地宜密、肥地宜稀的原则。施有机肥30 000kg/hm^2、磷酸二铵150kg/hm^2，及时防治蚜虫，8月中旬防治大豆食心虫。

适宜地区 吉林省中晚熟有效积温2 700℃以上地区。

230. 吉育503（Jiyu 503）

品种来源 吉林省农业科学院大豆研究所用GY96-3为母本，GY96-21为父本，经有性杂交，系谱法选育而成。原品系号公野06Y-22。2011年经吉林省农作物品种审定委员会审定，审定编号为吉审豆2011003。全国大豆品种资源统一编号ZDD30926。

特征 亚有限结荚习性。株高110cm，主茎型，节间短。结荚均匀，荚密集，三、四粒荚多，荚褐色。椭圆叶，白花，灰毛。粒圆形，种皮黄色，有光泽，脐黄色。百粒重19.9g。

特性 北方春大豆，中晚熟品种，生育期128d。人工接种鉴定，中抗大豆灰斑病，田间综合抗病性好。中抗大豆食心虫。

产量品质 2008—2009年吉林省中晚熟组区域试验，平均产量3 024kg/hm^2，比对照吉林30增产5.7%。2009年生产试验，平均产量2 487kg/hm^2，比对照吉林30增产9.0%。蛋白质含量38.67%，脂肪含量20.77%。

栽培要点 在吉林省适于4月下旬至5月上旬播种。可垄上条播，也可等距点播，播种量40 ~ 45kg/hm^2，保苗20万株/hm^2，遵照薄地宜密、肥地宜稀的原则。施有机肥30 000kg/hm^2、磷酸二铵150kg/hm^2。及时防治蚜虫，8月中旬防治大豆食心虫。

适宜地区 吉林省中部有效积温2 700℃以上地区。

吉育503

231. 吉育504（Jiyu 504）

品种来源 吉林省农业科学院大豆研究所用辽95024作母本，吉育60作父本，经有性杂交，系谱法选育而成。原品系号公交DY2008-2。2012年经吉林省农作物品种审定委员会审定，审定编号为吉审豆2012001。全国大豆品种资源统一编号ZDD30927。

特征 亚有限结荚习性。株高100cm，主茎型，节间短。结荚均匀，荚密集，四粒荚多，荚褐色。披针叶，紫花，灰毛。粒圆形，种皮黄色，有光泽，脐黄色。百粒重21.5g。

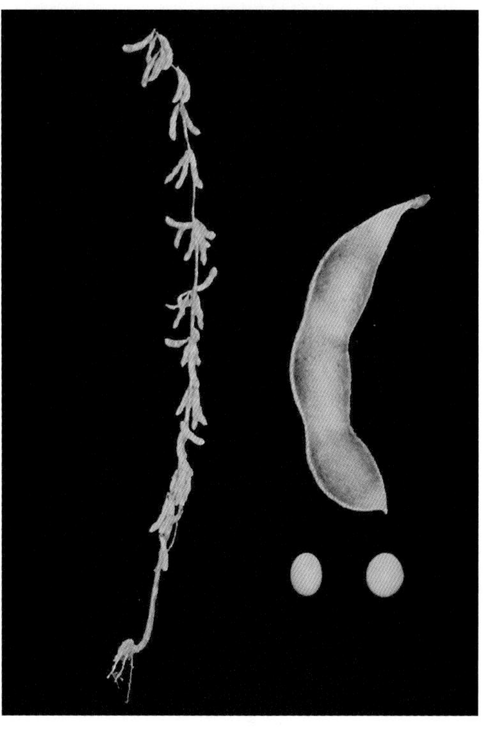

吉育504

特性 北方春大豆，中晚熟品种，生育期125d。人工接种鉴定，抗大豆灰斑病，田间综合抗病性好。抗大豆食心虫。

产量品质 2010—2011年吉林省中晚熟组区域试验，平均产量3 156kg/hm^2，比对照吉育72增产11.6%。2011年生产试验，平均产量3 034kg/hm^2，比对照吉育72增产12.1%。蛋白质含量38.93%，脂肪含量20.70%。

栽培要点 4月下旬至5月上旬播种。可垄上条播，也可等距点播，播种量40 ~ 45kg/hm^2，保苗25万株/hm^2，遵照薄地宜密、肥地宜稀的原则。施有机肥30 000kg/hm^2、磷酸二铵150kg/hm^2，及时防治蚜虫，8月中旬防治大豆食心虫。

适宜地区 吉林省东部有效积温2 700℃以上地区。

232. 吉育505（Jiyu 505）

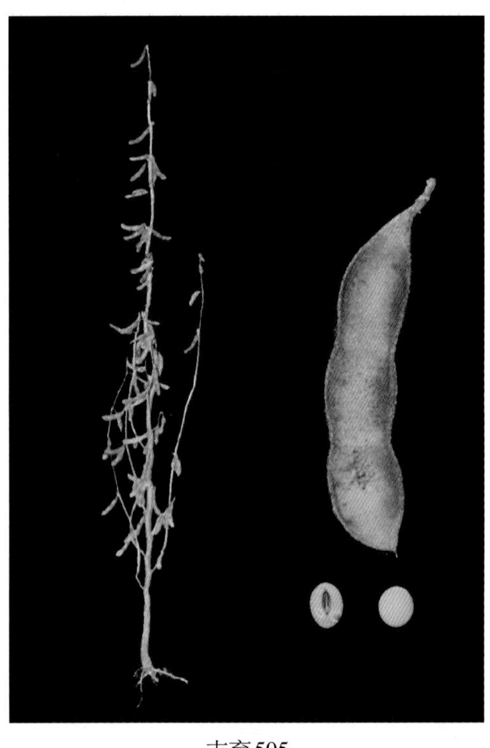
吉育505

品种来源 吉林省农业科学院大豆研究所用中作962作母本，吉育39作父本，经有性杂交，系谱法选育而成。原品系号公交03122-15。2012年经吉林省农作物品种审定委员会审定，审定编号为吉审豆2012002。全国大豆品种资源统一编号ZDD30928。

特征 无限结荚习性。株高100cm，主茎型。结荚均匀，荚密集，三、四粒荚多，荚褐色。椭圆叶，紫花，棕毛。粒圆形，种皮黄色，有光泽，脐褐色。百粒重18.6g。

特性 北方春大豆，中晚熟品种，生育期127d。人工接种鉴定，中抗大豆灰斑病，田间综合抗病性好。抗大豆食心虫。

产量品质 2010—2011年吉林省中晚熟组区域试验，平均产量3 144kg/hm^2，比对照吉育72增产11.2%。2011年生产试验，平均产量3 214kg/hm^2，比对照吉育72增产18.8%。蛋白质含量40.08%，脂肪含量20.76%。

栽培要点 4月下旬至5月上旬播种。可垄上条播，也可等距点播，播种量40 ~ 45kg/hm^2，保苗20万株/hm^2，遵照薄地宜密、肥地宜稀的原则。施有机肥30 000kg/hm^2、磷酸二铵150kg/hm^2。及时防治蚜虫，8月中旬防治大豆食心虫。

适宜地区 吉林省东部有效积温2 700℃以上地区。

233. 吉育506（Jiyu 506）

品种来源 吉林省农业科学院大豆研究所用中作122作母本，吉育71作父本，经有性杂交，系谱法选育而成。原品系号公交05220-13。2014年经吉林省农作物品种审定委员会审定，审定编号为吉审豆2014001。全国大豆品种资源统一编号ZDD30929。

特征 亚有限结荚习性。株高105cm，主茎型。结荚密集，三、四粒荚多，荚熟黄褐色。椭圆叶，白花，灰毛。粒圆形，种皮黄色，有光泽，脐黄色。百粒重18.1g。

特性 北方春大豆，中晚熟品种，生育期132d。人工接种鉴定，抗大豆花叶病毒1号、3号株系，抗大豆花叶病毒混合株系，中感大豆灰斑病，田间综合抗病性好。抗大豆食心虫。

产量品质 2012—2013年吉林省中晚熟组区域试验，平均产量3 247.1kg/hm^2，比对照吉育72增产7.4%。2013年生产试验，平均产量3 243.0kg/hm^2，比对照吉育72增产7.5%。蛋白质含量38.01%，脂肪含量19.34%。

栽培要点 4月末至5月初播种。保苗20万株/hm^2。施有机肥20 000 ~ 30 000kg/hm^{2}作底肥、磷酸二铵100 ~ 150kg/hm^{2}作种肥。及时防治蚜虫，8月中旬防治大豆食心虫。

适宜地区 吉林省中晚熟区。

吉育506

234. 吉育507（Jiyu 507）

品种来源 吉林省农业科学院大豆研究所用吉育60作母本，公交9169-27作父本，经有性杂交，系谱法选育而成。原品系号公交DY2010-1。2014年经吉林省农作物品种审定委员会审定，审定编号为吉审豆2014001。全国大豆品种资源统一编号ZDD30930。

特征 亚有限结荚习性。株高100cm，主茎型。结荚密集，四粒荚多，荚熟褐色。披针叶，紫花，灰毛。粒椭圆形，种皮黄色，有光泽，脐黄色。百粒重20.5g。

特性 北方春大豆，中晚熟品种，生育期128d。人工接种鉴定，抗大豆花叶病毒1号、3

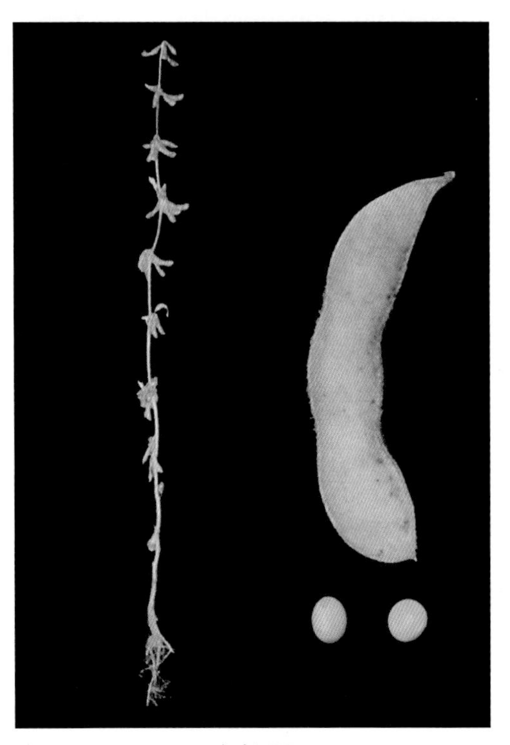

吉育507

号株系，抗大豆花叶病毒混合株系，中抗大豆灰斑病，田间综合抗病性好。抗大豆食心虫。

产量品质 2012—2013年吉林省中晚熟组区域试验，平均产量3 079.2kg/hm^2，比对照吉育72增产1.9%。2013年生产试验，平均产量3 131.1kg/hm^2，比对照吉育72增产3.8%。蛋白质含量38.94%，脂肪含量21.87%。

栽培要点 4月末至5月初播种。保苗20万株/hm^2。施有机肥20 000 ~ 30 000kg/hm^{2}作底肥、磷酸二铵100 ~ 150kg/hm^{2}作种肥。及时防治蚜虫，8月中旬防治大豆食心虫。

适宜地区 吉林省中晚熟区。

235. 吉育606（Jiyu 606）

吉育606

品种来源 吉林省农业科学院大豆研究所用不育系JLCMS47A作母本，恢复系JLR100作父本，配制杂交组合选育而成。组合代号H03-402。2013年经吉林省农作物品种审定委员会审定，审定编号为吉审豆2013006。全国大豆品种资源统一编号ZDD30931。

特征 亚有限结荚习性。株高98cm，主茎型。三粒荚多，荚熟棕褐色。椭圆叶，紫花，棕毛。粒圆形，种皮黄色，脐蓝色。百粒重22.3g。

特性 北方春大豆，中晚熟品种，生育期128d。人工接种鉴定，中抗大豆花叶病毒1号、3号株系，中抗大豆花叶病毒混合株系，高抗大豆灰斑病，田间综合抗病性好。

产量品质 2010—2012年吉林省中早熟组区域试验，平均产量3 634.2kg/hm^2，比对照吉育47增产9.8%。2012年生产试验，平均产量3 408.6kg/hm^2，比对照吉育47增产16.6%。蛋白质含量40.11%，脂肪含量21.51%。

栽培要点 4月末至5月初播种。保苗一般在18万株/hm^2。播前施适量有机肥，施磷酸二铵150kg/hm^{2}作种肥。及时防治蚜虫、红蜘蛛，8月中旬防治大豆食心虫。

适宜地区 吉林省中早熟区。

236. 吉育607（Jiyu 607）

品种来源 吉林省农业科学院大豆研究所用不育系JLCMS14A作母本，恢复系JLR83作父本，配制杂交组合选育而成。组合代号H05-134。2013年经吉林省农作物品种审定委员会审定，审定编号为吉审豆2013007。全国大豆品种资源统一编号ZDD30932。

特征 亚有限结荚习性。株高97cm，主茎型。三粒荚多，荚熟棕褐色。椭圆叶，紫花，棕毛。粒圆形，种皮黄色，脐蓝色。百粒重24.1g。

特性 北方春大豆，中早熟品种，生育期122d。人工接种鉴定，中抗大豆花叶病毒1号株系，中抗大豆花叶病毒混合株系，抗大豆灰斑病，田间综合抗病性好。

产量品质 2010—2012年吉林省中早熟组区域试验，平均产量3 447.6kg/hm^2，比对照吉育47增产12.2%。2012年生产试验，平均产量3 221.3kg/hm^2，比对照吉育47增产14.8%。蛋白质含量39.30%，脂肪含量22.22%。

栽培要点 4月末至5月初播种。保苗一般在20万株/hm^2。播前施适量有机肥，施磷酸二铵150kg/hm^{2}作种肥。及时防治蚜虫、红蜘蛛，8月中旬防治大豆食心虫。

适宜地区 吉林省中早熟区。

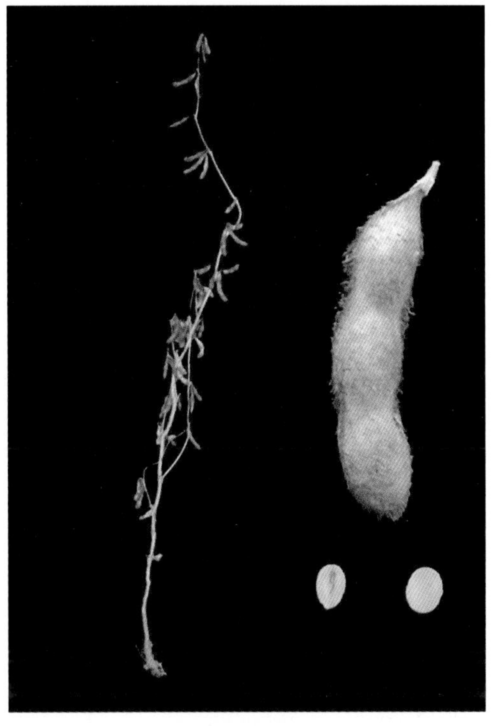

吉育607

237. 吉育608（Jiyu 608）

品种来源 吉林省农业科学院大豆研究所用不育系JLCMS84A作母本，恢复系JLR113作父本，配制杂交组合选育而成。组合代号H06-492。2014年经吉林省农作物品种审定委员会审定，审定编号为吉审豆2014009。全国大豆品种资源统一编号ZDD30933。

特征 亚有限结荚习性。株高100cm，主茎型。三粒荚多，荚熟棕褐色。椭圆叶，紫花，棕毛。粒圆形，种皮黄色，有光泽，脐淡蓝色。百粒重20.1g。

特性 北方春大豆，中早熟品种，生育期121d。人工接种鉴定，中抗大豆花叶病毒1号株系，中抗大豆花叶病毒混合株系，抗大豆灰斑病，田间综合抗病性好。

产量品质 2012—2013年吉林省中早熟组区域试验，平均产量3 570.5kg/hm^2，比对照吉育47增产11.1%。2013年生产试验，平均产量3 108.2kg/hm^2，比对照吉育47增产3.8%。蛋白质含量37.22%，脂肪含量23.04%。

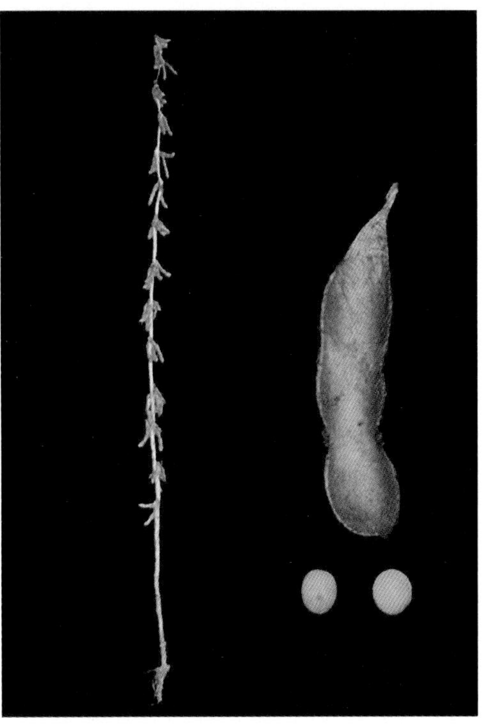

吉育608

栽培要点 4月末至5月初播种。保苗一般在18万株/hm^2。播前施适量有机肥，施磷酸二铵150kg/hm^{2}作种肥。及时防治蚜虫、红蜘蛛，8月中旬防治大豆食心虫。

适宜地区 吉林省中早熟区。

238. 吉林小粒8号（Jilinxiaoli 8）

品种来源 吉林省农业科学院大豆研究所用公野8405作母本，日本大豆品种北海道小粒豆作父本，经有性杂交，系谱法选育而成。原品系公野7701，2005年经吉林省农作物品种审定委员会审定，审定编号为吉审豆2005018。全国大豆品种资源统一编号ZDD24487。

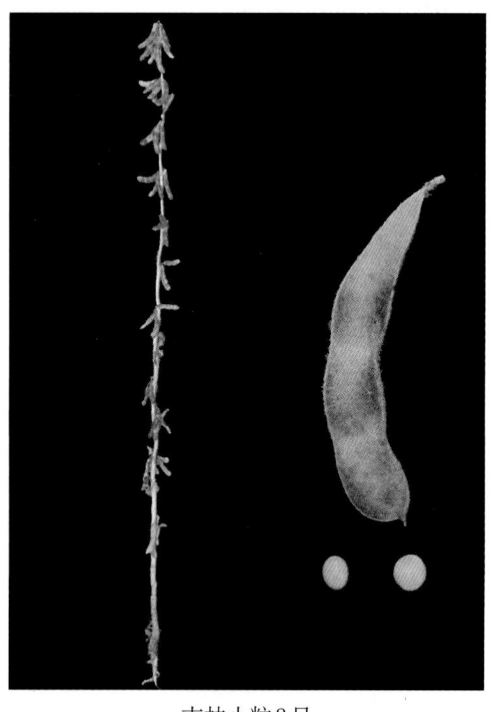

吉林小粒8号

特征 亚有限结荚习性。株高100cm，主茎型，节间短。结荚均匀，荚密集，三、四粒荚多，荚褐色。披针叶，白花，灰毛。粒圆形，种皮黄色，有光泽，脐黄色。百粒重8.8g。

特性 北方春大豆，中晚熟品种，生育期130d。人工接种鉴定，中抗大豆灰斑病，田间综合抗病性好。中抗大豆食心虫。

产量品质 2002—2003年吉林省特用豆区域试验，平均产量2 422.7kg/hm^2，比对照吉林小粒4号增产14.64%。2003—2004年生产试验，平均产量2 474.2kg/hm^2，比对照吉林小粒4号增产16.62%。蛋白质含量45.10%，脂肪含量19.27%。

栽培要点 4月下旬至5月上旬播种。可垄上条播，也可等距点播，播种量20 ~ 25kg/hm^2，保苗18万 ~ 22万株/hm^2，遵照薄地宜密、肥地宜稀的原则，施有机肥30 000kg/hm^2、磷酸二铵150kg/hm^2。及时防治蚜虫，8月中旬防治大豆食心虫。

适宜地区 吉林省中部土壤肥力较低的岗地或山坡地，有效积温2 800℃以上的中下等肥力的山坡地、漫岗地及平地。

239. 吉密豆1号（Jimidou 1）

品种来源 吉林省农业科学院大豆研究所用美国矮秆品种Sprite × 吉育43的F_1作母本，美国品种Hobbit作父本，经有性杂交，系谱法选育而成。原品系号公交97132-8。2005年经吉林省农作物品种审定委员会审定，审定编号为吉审豆2005011。全国大豆品种资源统一编号ZDD24486。

特征 有限结荚习性。株高69cm，分枝收敛。结荚均匀，荚密集，三粒荚多，荚褐色。椭圆叶，白花，棕毛。粒圆形，种皮黄色，有光泽，脐褐色。百粒重14.1g。

特性 北方春大豆，中熟品种，生育期123d。人工接种鉴定，抗大豆灰斑病，田间综合抗病性好。中抗大豆食心虫。

产量品质 2002—2003年吉林省中熟组区域试验，平均产量3 408kg/hm^2，比对照九农21增产19.9%。2004年生产试验，平均产量3 528kg/hm^2，比对照九农21增产20.66%。蛋白质含量36.33%，脂肪含量20.64%。

栽培要点 4月下旬至5月上旬播种。机械化等距点播，在60 ~ 70cm垄进行垄上双行，苗幅宽12 ~ 15cm，也可以进行30cm小垄，播量为65 ~ 70kg/hm^2，有效株数为35万 ~ 38万株/hm^2。施有机肥30 000kg/hm^2、磷酸二铵150kg/hm^2。及时防治蚜虫，8月中旬防治大豆食心虫。

适宜地区 吉林省中熟有效积温2 500℃以上地区。

吉密豆1号

240. 吉密豆2号（Jimidou 2）

品种来源 吉林省农业科学院大豆研究所用美国矮秆品种Gnome作母本，长农13作父本，经有性杂交，系谱法选育而成。原品系号公交2004110-1。2012年经吉林省农作物品种审定委员会审定，审定编号为吉审豆2012014。全国大豆品种资源统一编号ZDD30934。

特征 有限结荚习性。株高60cm，主茎型。结荚密集，三粒荚多，荚褐色。椭圆叶，白花，棕毛。粒椭圆形，种皮黄色，有光泽，脐浅褐色。百粒重18g。

特性 北方春大豆，中早熟品种，生育期123d。人工接种鉴定，中抗大豆灰斑病，田间综合抗性好。中抗大豆食心虫。外观品质良好。

产量品质 2009—2010年吉林省中早熟组区域试验，平均产量3 311kg/hm^2，比对照白农6号增产10.97%。2010年生产试验，平均产量

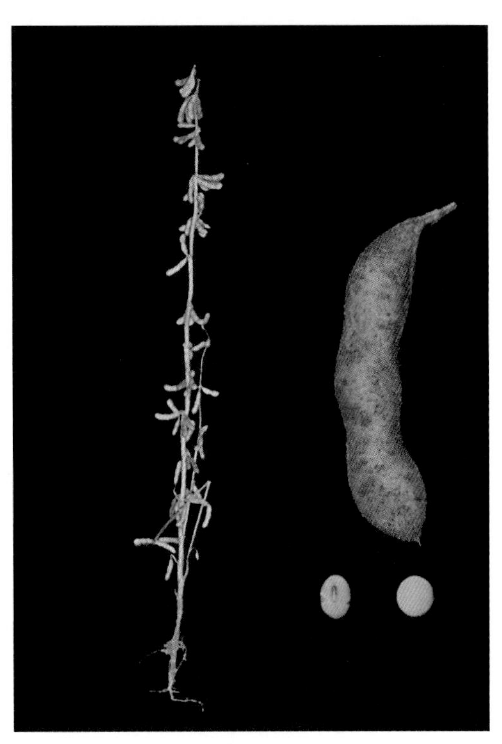

吉密豆2号

3 142.8kg/hm^2，比对照白农6号增产10.69%。蛋白质含量40.84%，脂肪含量22.31%。

栽培要点 4月下旬至5月上旬播种。机械化等距点播，60 ~ 70cm垄进行垄上双行，苗幅宽12 ~ 15cm，也可以进行30cm小垄，播量为65 ~ 70kg/hm^2，有效株数为35万 ~ 36万株/hm^2。施有机肥30 000kg/hm^2、磷酸二铵150kg/hm^2。及时防治蚜虫，8月中旬防治大豆食心虫。

适宜地区 吉林省中早熟有效积温2 480℃以上地区。

241. 吉密豆3号（Jimidou 3）

品种来源 吉林省农业科学院大豆研究所用公交97132-1-1作母本，公交2003101作父本，经有性杂交，集团系谱法选育而成。原品系号公交2004106A-6。2013年经吉林省农作物品种审定委员会审定，审定编号为吉审豆2013013。全国大豆品种资源统一编号ZDD30935。

特征 有限结荚习性。株高63cm，株型收敛，2 ~ 4个分枝。结荚密集，三粒荚多，荚熟褐色。卵圆叶，白花，灰毛。粒圆形，种皮黄色，有光泽，脐黄色。百粒重16.5g。

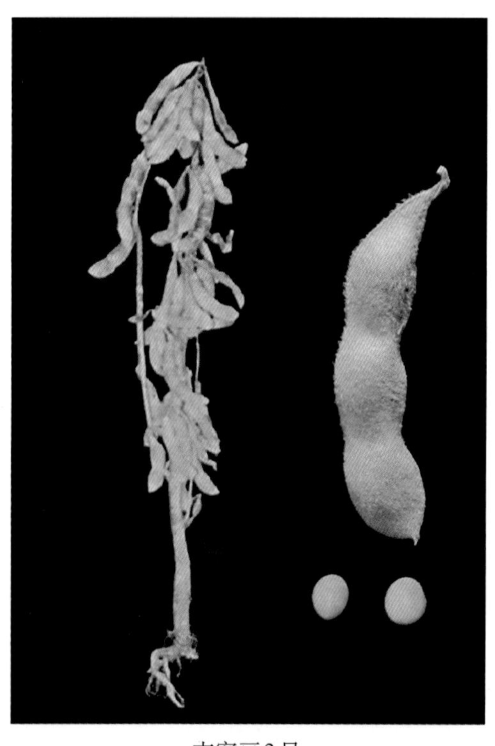

吉密豆3号

特性 北方春大豆，中早熟品种，生育期123d。人工接种鉴定，抗大豆花叶病毒1号、3号株系，抗大豆花叶病毒混合株系，抗大豆灰斑病，田间综合抗性好。抗大豆食心虫。

产量品质 2011—2012年吉林省中早熟组与玉米2∶2间作区域试验，平均产量996.58kg/hm^2，比对照吉密豆2号增产7.97%。2012年与玉米间作生产试验，平均产量935.68kg/hm^2，比对照吉密豆2号增产5.69%。蛋白质含量39.43%，脂肪含量20.61%。

栽培要点 4月下旬至5月上旬播种。选用收敛株型玉米品种与其间作，间作模式采用2∶2，垄上双苗带为好，小行距12cm。只给玉米施肥，大豆不施肥。及时防治蚜虫，8月中旬防治大豆食心虫。

适宜地区 吉林省四平、长春、吉林等中部玉米主产区。

242. 吉青2号（Jiqing 2）

品种来源 吉林省农业科学院大豆研究所用吉青1号作母本，凤交7807-1-大A作父本，经有性杂交，F_2代通过辐射后，系谱法选育而成。原品系号吉青38。2006年经吉林省农作物品种审定委员会审定，审定编号为吉审豆2006014。全国大豆品种资源统一编号ZDD24488。

特征 有限结荚习性。株高60cm，半矮秆，分枝较多。结荚密集，荚褐色。椭圆叶，白花，灰毛。粒圆形，种皮绿色，有光泽，子叶绿色，脐淡褐色。百粒重26.1g。

特性 北方春大豆，中晚熟品种，生育期130d。人工接种鉴定，抗大豆花叶病毒混合株系，抗大豆花叶病毒1号、2号株系，田间综合抗病性好。

产量品质 2005年生产试验，平均产量3 344.5kg/hm^2，比对照吉青1号增产20.3%。该品种为认定品种，无区域试验数据。蛋白质含量41.15%，脂肪含量22.38%。

栽培要点 4月下旬至5月上旬播种。保苗20万～25万株/hm^2。施有机肥30 000kg/hm^2、磷酸二铵150kg/hm^2、钾肥50～100kg/hm^2。及时防治蚜虫，8月中旬防治大豆食心虫。

适宜地区 吉林省四平地区、白城、松原、辽源、通化部分地区。

吉青2号

243. 吉青3号（Jiqing 3）

品种来源 吉林省农业科学院大豆研究所用吉青1号作母本，黑豆（GD519）作父本，经有性杂交，系谱法和混合法选育而成。原品系号吉青68。2008年经吉林省农作物品种审定委员会审定，审定编号为吉审豆2008003。全国大豆品种资源统一编号ZDD24489。

特征 有限结荚习性。株高65cm，半矮秆品种，分枝较强，结荚密集，荚灰褐色。椭圆叶，白花，灰毛。粒圆形，种皮绿色，有光泽，子叶绿色，脐淡褐色。百粒重29.2g。

特性 北方春大豆，中熟品种，生育期127d。人工接种鉴定，免疫大豆花叶病毒1号株系，抗2号株系；中抗大豆灰斑病，田间综

吉青3号

合抗病性好。中抗大豆食心虫。

产量品质 2005—2007年生产试验，平均产量2 254.4kg/hm^2，比对照吉青1号增产12.02%。该品种为认定品种，无区域试验数据。蛋白质含量41.34%，脂肪含量20.63%。

栽培要点 4月下旬至5月上旬播种。保苗20万～25万株/hm^2。施有机肥30 000kg/hm^2、磷酸二铵150kg/hm^2、钾肥50～100kg/hm^2。及时防治蚜虫，8月中旬防治大豆食心虫。

适宜地区 吉林省有效积温2 350℃以上地区。

244. 吉黑1号（Jihei 1）

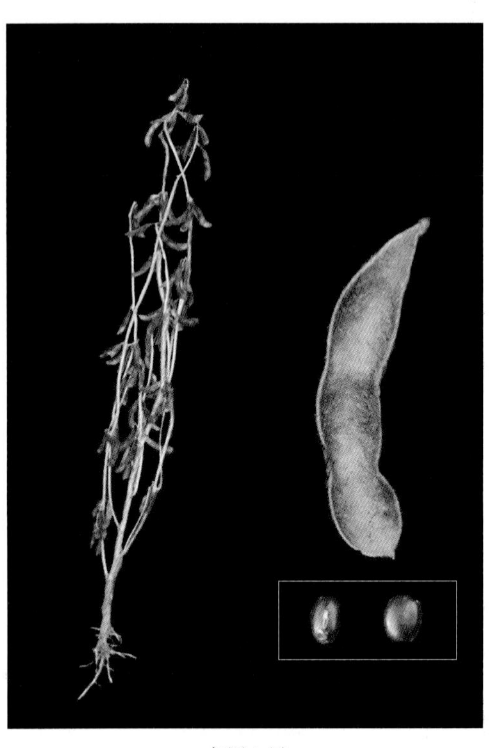

吉黑1号

品种来源 吉林省农业科学院大豆研究所用吉黑1995-1作母本，公品8202-9作父本，经有性杂交，系谱法选育而成。原品系号吉黑61。2006年经吉林省农作物品种审定委员会审定，审定编号为吉审豆2006015。全国大豆品种资源统一编号ZDD24490。

特征 有限结荚习性。株高90cm，分枝较强。结荚密集，三、四粒荚多，荚灰褐色。椭圆叶，紫花，灰毛。粒椭圆形，种皮黑色有光泽，子叶黄色，脐黑色。百粒重15.2g。

特性 北方春大豆，中晚熟品种，生育期130d。人工接种鉴定，抗大豆花叶病毒混合株系，抗大豆花叶病毒1号、3号株系，中抗2号株系，田间综合抗病性好。高抗大豆食心虫。

产量品质 2005年生产试验，产量2 296.8kg/hm^2，比对照吉青1号增产17.17%。该品种为认定品种，无区域试验数据。蛋白质含量41.28%，脂肪含量20.15%。

栽培要点 4月下旬至5月上旬播种。保苗20万～25万株/hm^2。施有机肥30 000kg/hm^2、磷酸二铵150kg/hm^2、钾肥50～100kg/hm^2。及时防治蚜虫，8月中旬防治大豆食心虫。

适宜地区 吉林省四平、白城、松原、辽源地区。

245. 吉黑2号（Jihei 2）

品种来源 吉林省农业科学院大豆研究所用（吉林黑豆×青瓤黑豆）F_1作母本，公品8202-9作父本，经有性杂交，系谱法选育而成。原品系号吉黑69。2010年经吉林省农作物品种审定委员会审定，审定编号为吉审豆2010009。全国大豆品种资源统一编号ZDD30936。

特征 有限结荚习性。株高95cm，茎秆韧性强，分枝较多，植株为开张型。三、四粒荚多，荚棕褐色。卵圆叶，紫花，棕毛。粒椭圆形，种皮黑色，有光泽，子叶黄色，脐黑色。属中粒品种，百粒重16.2g。

特性 北方春大豆，中晚熟品种，生育期128d。人工接种鉴定，抗大豆花叶病毒混合株系，抗大豆花叶病毒1号株系，中抗3号株系；中抗大豆灰斑病，田间综合抗病性好。中抗大豆食心虫。

产量品质 2007—2009年生产试验，平均产量2 554.38kg/hm^2，比对照吉黑1号增产10.92%。该品种为认定品种，无区域试验数据。蛋白质含量42.57%，脂肪含量17.22%。

栽培要点 4月下旬至5月上旬播种。保苗20万～25万株/hm^2。施有机肥30 000kg/hm^2、磷酸二铵150kg/hm^2、钾肥50～100kg/hm^2。及时防治蚜虫，8月中旬防治大豆食心虫。

适宜地区 吉林省北部、南部的平原地区和东部山区、半山区。

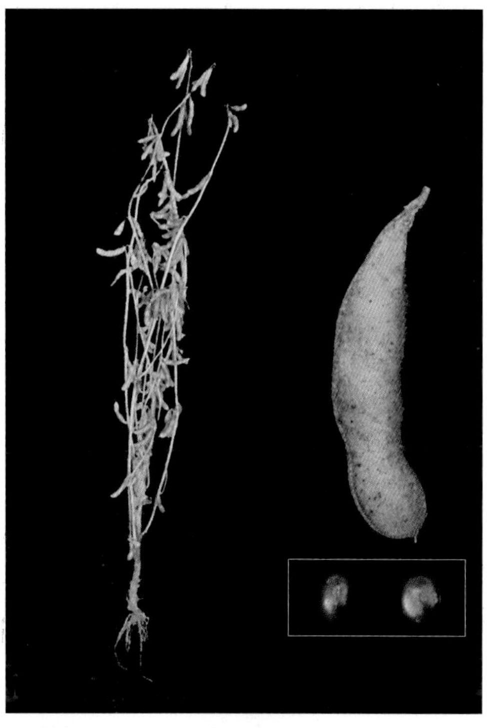

吉黑2号

246. 吉黑3号（Jihei 3）

品种来源 吉林省农业科学院大豆研究所用公品8406混-1作母本，吉林小粒1号作父本，经有性杂交，系谱法选育而成。原品系号公品20002-1。2010年经吉林省农作物品种审定委员会审定，审定编号为吉审豆2010010。全国大豆品种资源统一编号ZDD30937。

特征 有限结荚习性。株高95cm，分枝较多。结荚密实，四粒荚多，荚棕褐色。圆叶，紫花，灰毛。粒圆形，黑色种皮，有光泽，黄色子叶，脐黑色。百粒重19.1g。

特性 北方春大豆，中晚熟品种，生育期130d。人工接种鉴定，抗大豆灰斑病，田间综合抗病性好。高抗大豆食心虫。

产量品质 2009—2010年吉林省中晚熟组

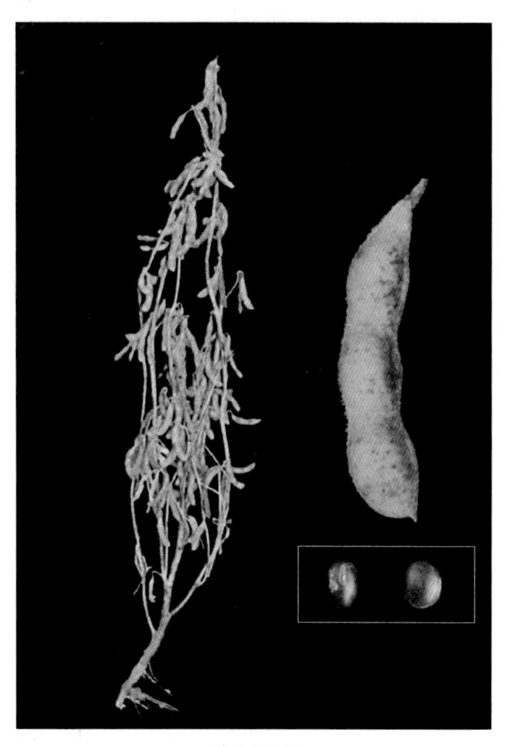

吉黑3号

区域试验，平均产量2 637kg/hm²，比对照吉黑1号增产16.6%。2010年生产试验，平均产量2 592kg/hm²，比对照吉黑1号增产15.3%。蛋白质含量41.20%，脂肪含量20.47%。

栽培要点 4月下旬至5月上旬播种，可垄上条播，也可等距点播，播种量40～45kg/hm²，保苗25万株/hm²，遵照薄地宜密、肥地宜稀的原则。施有机肥30 000kg/hm²、磷酸二铵150kg/hm²、钾肥50～100kg/hm²。及时防治蚜虫，8月中旬防治大豆食心虫。

适宜地区 吉林省东部有效积温2 150℃以上地区。

247. 吉黑4号（Jihei 4）

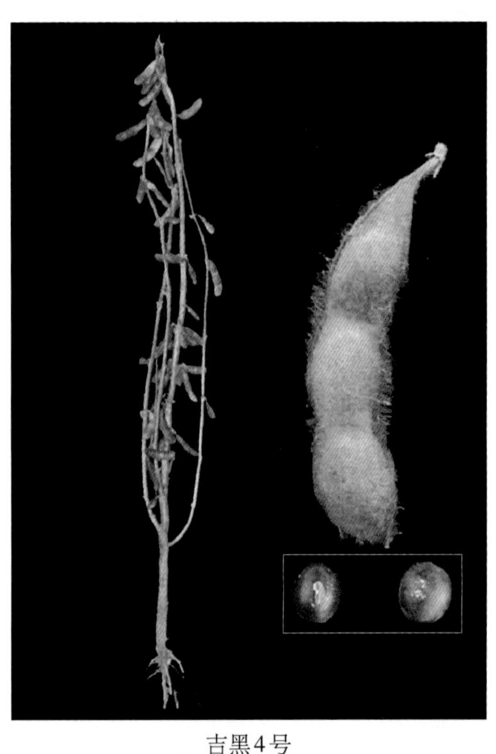

吉黑4号

品种来源 吉林省农业科学院大豆研究所用吉青2号作母本，吉黑46作父本，经有性杂交，系谱法选育而成。原品系号吉黑288。2012年经吉林省农作物品种审定委员会审定，审定编号为吉审豆2012013。全国大豆品种资源统一编号ZDD30938。

特征 有限结荚习性。株高70cm。结荚均匀，二、三粒荚较多，荚棕褐色。卵圆叶，白花，棕毛。粒椭圆形，黑色种皮，有光泽，子叶绿色，脐黑色。百粒重30.4g。

特性 北方春大豆，中熟品种，生育期125d。人工接种鉴定，抗大豆花叶病毒混合株系，抗大豆灰斑病，田间综合抗病性好。

产量品质 2009—2010年吉林省早熟组区域试验，平均产量2 394.9kg/hm²，比对照吉黑1号增产9.51%。2011年生产试验，平均产量2 810.0kg/hm²，比对照吉黑1号增产10.48%。蛋白质含量41.66%，脂肪含量18.98%。

栽培要点 4月下旬至5月上旬播种。播种量65～70kg/hm²，保苗20万～22万株/hm²，遵照薄地宜密、肥地宜稀的原则，施有机肥30 000kg/hm²、磷酸二铵150kg/hm²、钾肥40～50kg/hm²。及时防治蚜虫，8月中旬防治大豆食心虫。

适宜地区 吉林省、内蒙古自治区大部分平原地区和山地或贫瘠地块。

248. 吉黑5号（JiHei 5）

品种来源 吉林省农业科学院大豆研究所用黑豆品系公野9265F1作母本，黑豆品系公野9032作父本，经有性杂交，系谱法选育而成。原品系号GY2004-60。2013年经吉林省农作物品种审定委员会审定，审定编号为吉审豆2013012。全国大豆品种资源统一编号ZDD30939。

特征 亚有限结荚习性。株高70cm，主枝型。结荚密集，三粒荚多，荚熟黑褐色。卵圆叶，紫花，灰毛。粒椭圆形，种皮黑色，有光泽，脐黑色。百粒重16.1g。

特性 北方春大豆，早熟品种，生育期115d。人工接种鉴定，中抗大豆花叶病毒1号株系，抗大豆花叶病毒混合株系，田间综合抗病性好。

产量品质 2010—2011年吉林省早熟组区域试验，平均产量2 165.0kg/hm^2，比对照吉黑3号增产10.1%。2011—2012年生产试验，平均产量2 120.0kg/hm^2，比对照吉黑3号增产11.6%。蛋白质含量38.69%，脂肪含量20.17%。

栽培要点 4月末至5月初播种。保苗20万株/hm^2。施有机肥20 000 ~ 30 000kg/hm^{2}作底肥，磷酸二铵100 ~ 150kg/hm^{2}作种肥。及时防治蚜虫，8月中旬防治大豆食心虫。

适宜地区 吉林省早熟区。

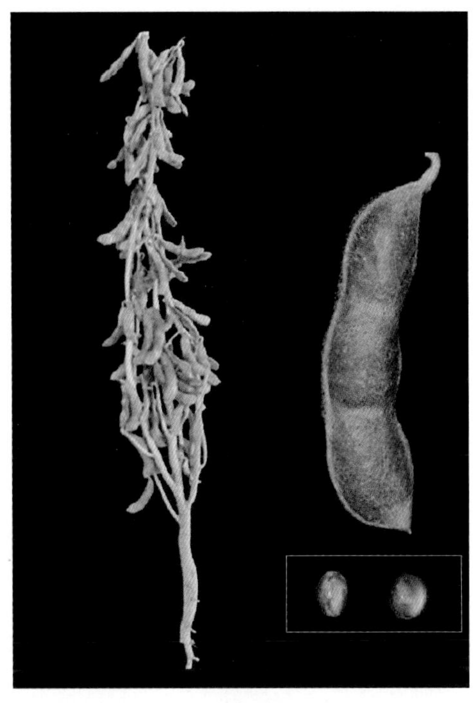

吉黑5号

249. 杂交豆2号（Zajiaodou 2）

品种来源 吉林省农业科学院大豆研究所用不育系JLCMS2-12A作母本，恢复系吉恢2号作父本，配制杂交组合选育而成。组合代号H99-212。2006年经吉林省农作物品种审定委员会审定，审定编号为吉审豆2006012。全国大豆品种资源统一编号ZDD24481。

特征 亚有限结荚习性。株高103cm，分枝2 ~ 3个，三粒荚多，荚棕褐色。圆叶，紫花，棕毛。粒圆形，种皮黄色，脐蓝色。百粒重20.9g。

特性 北方春大豆，中晚熟品种，生育期132d。人工接种鉴定，中抗大豆花叶病毒混合株系，中抗大豆花叶病毒1号株系，中抗大豆灰斑病，田间综合抗病性好。

杂交豆2号

产量品质 2004—2005年吉林省中晚熟组区域试验，平均产量3 330.4kg/hm^2，比对照吉林30增产22.7%。2005年生产试验，平均产量3 145.3kg/hm^2，比对照吉林30增产14.3%。蛋白质含量40.75%，脂肪含量20.54%。

栽培要点 4月下旬播种。播种量60kg/hm^2，保苗18万株/hm^2。播前施适量有机肥，施磷酸二铵150kg/hm^{2}作种肥。及时防治蚜虫、红蜘蛛，8月中旬防治大豆食心虫。

适宜地区 吉林省四平、辽源、通化、长春等中晚熟区域。

250. 杂交豆3号（Zajiaodou 3）

品种来源 吉林省农业科学院大豆研究所用JLCM8A作母本，JLR9作父本，配制杂交组合选育而成。组合代号H02-87。2009年经吉林省农作物品种审定委员会审定，审定编号为吉审豆2009009。全国大豆品种资源统一编号ZDD24482。

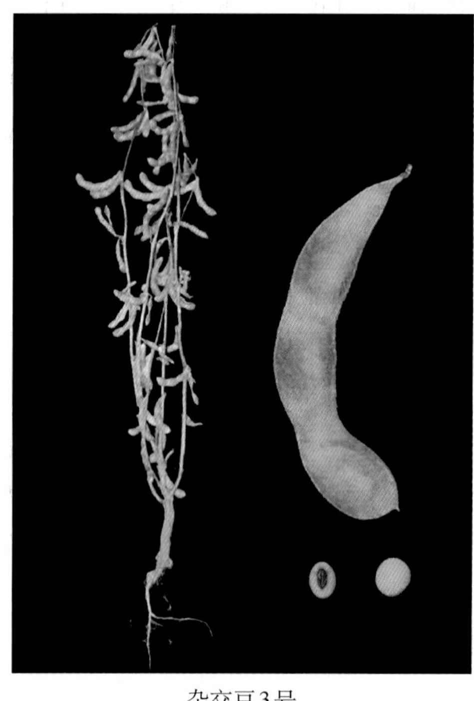

杂交豆3号

特征 亚有限结荚习性。株高95cm，分枝2～3个。三粒荚多，荚褐色。圆叶，紫花，灰毛。粒圆形，种皮黄色，微光，脐黄色。百粒重20.1g。

特性 北方春大豆，中早熟品种，生育期120d。人工接种鉴定，高抗大豆灰斑病，田间综合抗病性好。

产量品质 2007—2008年吉林省早熟组区域试验，平均产量2 908.0kg/hm^2，比对照延农8号增产6.4%。2008年生产试验，平均产量3 188.8kg/hm^2，比对照延农8号增产2.8%。蛋白质含量40.54%，脂肪含量20.84%。

栽培要点 4月下旬播种。播种量60kg/hm^2，保苗18万株/hm^2。播前施适量有机肥，施磷酸二铵150kg/hm^{2}作种肥。及时防治蚜虫、红蜘蛛，8月中旬防治大豆食心虫。

适宜地区 黑龙江省、吉林省中早熟区。

251. 杂交豆4号（Zajiaodou 4）

品种来源 吉林省农业科学院大豆研究所用JLCM47A作母本，JLR83作父本，配制杂交组合选育而成。组合代号H03-182。2010年经吉林省农作物品种审定委员会审定，审定编号为吉审豆2010003。全国大豆品种资源统一编号ZDD30940。

特征 亚有限结荚习性。株高93cm，分枝2～3个。三粒荚多，荚棕褐色。圆叶，紫花，棕毛。粒圆形，种皮黄色，微光，脐淡蓝。百粒重21.3g。

特性 北方春大豆，中早熟品种，生育期124d。人工接种鉴定，中抗大豆花叶病毒1号、3号和混合株系，抗大豆灰斑病，田间综合抗病性好。

产量品质 2008—2009年吉林省中早熟组区域试验，平均产量3 074.1kg/hm²，比对照白农6号增产12.7%。2009年生产试验，平均产量2 828.4kg/hm²，比对照白农6号增产6.1%。蛋白质含量40.48%，脂肪含量19.57%。

栽培要点 4月下旬播种，播种量60kg/hm²，保苗18万株/hm²。播前施适量有机肥，施磷酸二铵150kg/hm²作种肥。及时防治蚜虫、红蜘蛛，8月中旬应及时防治大豆食心虫。生育期间尤其是鼓粒期遇干旱及时灌溉。

适宜地区 黑龙江省、吉林省中早熟区。

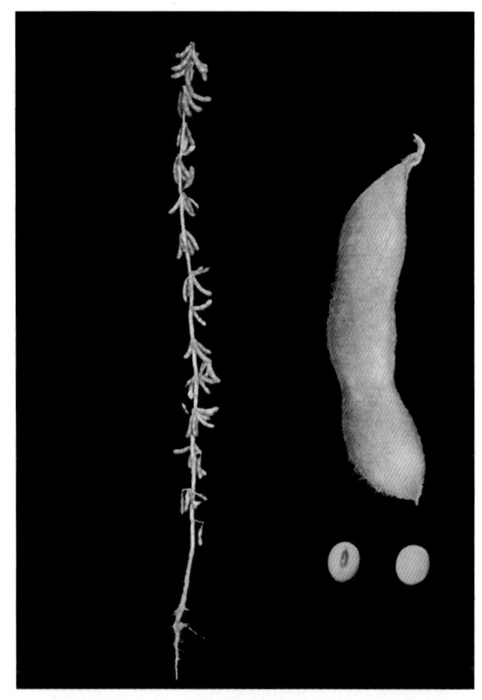

杂交豆4号

252. 杂交豆5号（Zajiaodou 5）

品种来源 吉林省农业科学院大豆研究所用大豆雄性不育系JLCMS84A作母本，恢复系JLR1作父本，配制杂交组合选育而成。组合代号H04-283。2011年经吉林省农作物品种审定委员会审定，审定编号为吉审豆2011009。全国大豆品种资源统一编号ZDD30941。

特征 亚有限结荚习性。株高85cm，主茎型，节数18个。三粒荚多，荚褐色。圆叶，紫花，棕毛。粒圆形，种皮黄色，有光泽，脐淡蓝色。百粒重19.4g。

特性 北方春大豆，中熟品种，生育期127d。人工接种鉴定，中抗大豆花叶病毒3号株系及混合株系，中抗大豆灰斑病，田间综合抗病性好。高抗大豆食心虫。

产量品质 2009—2010年吉林省中熟组区域试验，平均产量2 962.9kg/hm²，比对照九农21增产12.2%。2010年生产试验，平均产量3 227.6kg/hm²，比对照九农21增产19.7%。蛋白质含量38.79%，脂肪含量22.25%。

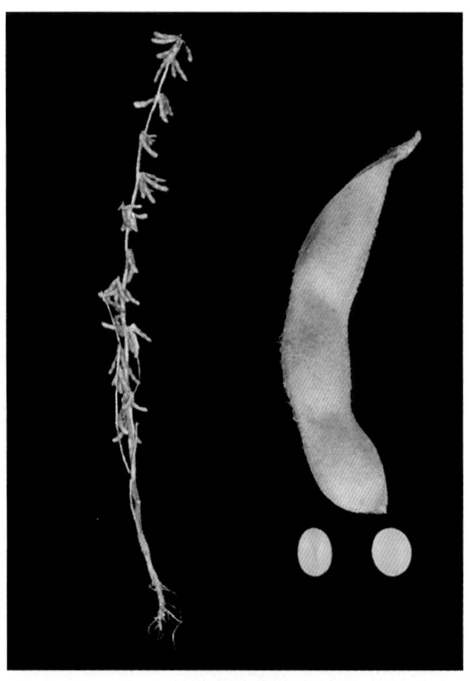

杂交豆5号

栽培要点 4月下旬播种。播种量60kg/hm²，保苗18万株/hm²。播前施有机肥、磷酸二铵150kg/hm²作种肥。及时防治蚜虫、红蜘蛛，8月中旬防治大豆食心虫。生育期间尤其是鼓粒期遇干旱应及时灌溉。

吉科豆8号

吉科豆9号

适宜地区 吉林省大豆中熟区。

253. 吉科豆8号（Jikedou 8）

品种来源 吉林省农业科学院生物技术研究中心用Vita作母本，吉林小粒3号作父本，经有性杂交，系谱法选育而成。原品系号吉生98-1。2011年经吉林省农作物品种审定委员会审定，审定编号为吉审豆2011017。全国大豆品种资源统一编号ZDD30942。

特征 亚有限结荚习性。株高100cm，分枝型。结荚均匀，荚密集，三粒荚多，荚褐色。披针叶，白花，灰毛。粒圆形，种皮黄色，有光泽，脐黄色。百粒重8.5g。

特性 北方春大豆，早熟品种，生育期115d。人工接种鉴定，中感大豆灰斑病，田间综合抗病性好。高抗大豆食心虫。

产量品质 2007—2008年吉林省早熟组区域试验，平均产量2 338kg/hm^2，比对照延农8号增产9.4%。2009—2010年生产试验，平均产量2 211kg/hm^2，比对照延农8号增产9.1%。蛋白质含量40.06%，脂肪含量20.02%。

栽培要点 4月下旬至5月上旬播种，可垄上条播，也可等距点播，播种量40 ~ 45kg/hm^2，保苗20万株/hm^2，遵照薄地宜密、肥地宜稀的原则。施有机肥30 000kg/hm^2、磷酸二铵150kg/hm^2。及时防治蚜虫，8月中旬防治大豆食心虫。

适宜地区 吉林省东部有效积温2 300℃以上地区。

254. 吉科豆9号（Jikedou 9）

品种来源 吉林省农业科学院生物技术研究中心用Silea作母本，吉林小粒3号作父本，经有性杂交，系谱法选育而成。原品系号吉生98-5。2011年经吉林省农作物品种审定委员会审定，审定编号为吉审豆2011018。全国大豆品种资源统一编号ZDD30943。

特征 亚有限结荚习性。株高80cm，主茎型。结荚均匀，荚密集，荚褐色，三粒荚多。披针叶，白花，灰毛。粒圆形，种皮黄色，有光泽，脐黄色。百粒重9.5g。

特性 北方春大豆，早熟品种，生育期110d。人工接种鉴定，中抗大豆灰斑病，田间综合抗病性好。高抗大豆食心虫。

产量品质 2007—2008年吉林早熟组区域试验，平均产量2 315kg/hm^2，比对照延农8号增产8.3%。2009—2010年生产试验，平均产量2 186kg/hm^2，比对照延农8号增产7.9%。蛋白质含量40.09%，脂肪含量19.61%。

栽培要点 4月下旬至5月上旬播种，可垄上条播，也可等距点播，播种量40～45kg/hm^2，保苗22万株/hm^2，遵照薄地宜密、肥地宜稀的原则。施有机肥30 000kg/hm^2、磷酸二铵150kg/hm^2。及时防治蚜虫，8月中旬防治大豆食心虫。

适宜地区 吉林省东部有效积温2 200℃以上地区。

255. 吉科豆10号（Jikedou 10）

品种来源 吉林省农业科学院农业生物技术研究所用公野9140作母本，黑龙江小粒豆作父本，经有性杂交，系谱法选育而成。原品系号0201-5。2013年经吉林省农作物品种审定委员会审定，审定编号为吉审豆2013011。全国大豆品种资源统一编号ZDD30944。

特征 亚有限结荚习性。株高85cm。结荚密集，三、四粒荚多，荚熟褐色。披针叶，白花，灰毛。粒圆形，种皮黄色，有光泽，脐黄色。百粒重7.9g。

吉科豆10号

特性 北方春大豆，中早熟品种，生育期120d。人工接种鉴定，抗大豆花叶病毒1号株系，中抗大豆灰斑病，田间综合抗病性好。

产量品质 2010—2011年吉林省中晚熟组区域试验，平均产量2 413.3kg/hm^2，比对照吉林小粒豆3号增产13.55%。2011—2012年生产试验，平均产量2 357.1kg/hm^2，比对照吉林小粒豆3号增产11.9%。蛋白质含量40.73%，脂肪含量17.73%。

栽培要点 4月末至5月初播种。保苗22万株/hm^2。施有机肥20 000～30 000kg/hm^{2}作底肥、磷酸二铵100～150kg/hm^{2}作种肥。及时防治蚜虫，8月中旬防治大豆食心虫。

适宜地区 吉林省中东部有效积温2 300℃的山区、半山区。

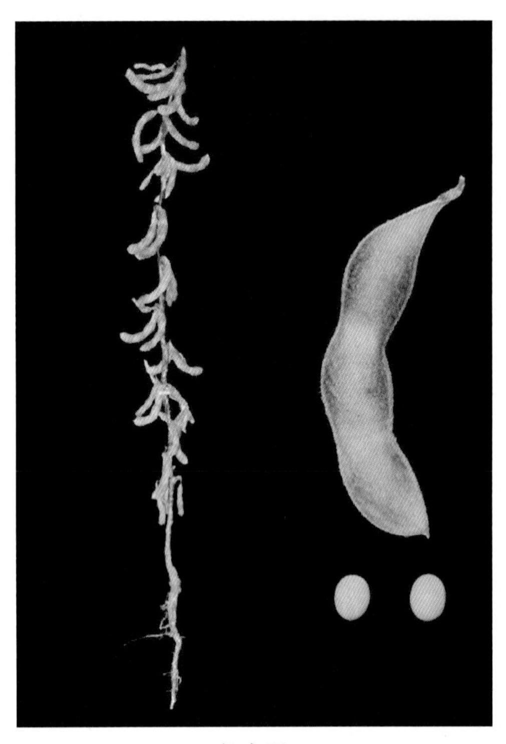
长农18

256. 长农18（Changnong 18）

品种来源 吉林省长春市农业科学院大豆研究所用生9204-1-3作母本，吉林30作父本，经有性杂交，系谱法选育而成。原代号长B2000-25。2005年经吉林省农作物品种审定委员会审定，审定编号为吉审豆2005013。全国大豆品种资源统一编号ZDD24444。

特征 亚有限结荚习性。株高99cm，主茎19节，1～2个分枝，株型收敛。四粒荚多，荚褐色。披针叶，白花，灰毛。粒椭圆形，种皮浅黄色，脐浅黄色。百粒重21.2g。

特性 北方春大豆，中熟品种，生育期130d。人工接种鉴定，中抗大豆灰斑病，田间综合抗病性好。高抗大豆食心虫。

产量品质 2002—2003年吉林中熟组区域试验，平均产量3 177.0kg/hm^2，比对照九农21增产4.4%。2003年生产试验，平均产量3 308.7kg/hm^2，比对照九农21增产9.1%。蛋白质含量37.13%，脂肪含量21.90%。

栽培要点 4月下旬至5月上旬播种。保苗22万株/hm^2。施有机肥30 000kg/hm^2、磷酸二铵150kg/hm^2。及时防治蚜虫，8月中旬防治大豆食心虫。

适宜地区 吉林省中熟区。

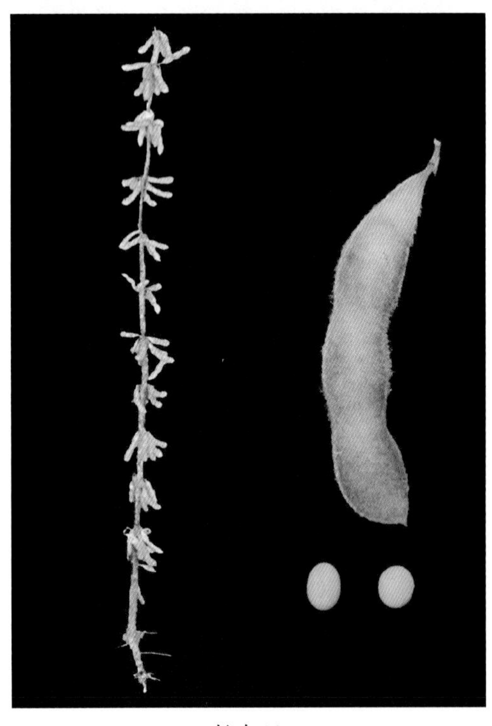
长农19

257. 长农19（Changnong 19）

品种来源 吉林省长春市农业科学院大豆研究所用公交83145-10作母本，生85183-3作父本，经有性杂交，系谱法选育而成。原品系号长B2002-51。2005年经吉林省农作物品种审定委员会审定，审定编号为吉审豆2005002。全国大豆品种资源统一编号ZDD24445。

特征 亚有限结荚习性。株高97cm，主茎19节，1～2个分枝，株型收敛，荚密集，荚草黄色。卵圆叶，白花，灰毛。粒椭圆形，种皮浅黄色，脐浅黄色。百粒重20.2g。

特性 北方春大豆，早熟品种，生育期120d。人工接种鉴定，中抗大豆花叶病毒混合株系，抗大豆花叶病毒1号株系，中抗大豆灰斑病，田间综合抗病性好。中抗大豆食心虫。

产量品质 2003—2004年吉林省早熟组区域试验，平均产量2 616.4kg/hm^2，比对照延农8号增产8.3%。2004年生产试验，平均产量2 813.8kg/hm^2，比对照延农8号增产7.0%。蛋白质含量41.20%，脂肪含量20.47%。

栽培要点 4月下旬至5月上旬播种。保苗22万株/hm^2。施有机肥30 000kg/hm^2、磷酸二铵150kg/hm^2。及时防治蚜虫，8月中旬防治大豆食心虫。

适宜地区 吉林省早熟区。

258. 长农20（Changnong 20）

品种来源 吉林省长春市农业科学院大豆研究所用东农93-86作母本，黑农36作父本，经有性杂交，系谱法选育而成。原品系号长B2003-52。2007年经吉林省农作物品种审定委员会审定，审定编号为吉审豆2007003。全国大豆品种资源统一编号ZDD24446。

特征 亚有限结荚习性。株高100cm，主茎17节，1～2个分枝，株型收敛。披针叶，白花，灰毛，荚褐色。粒圆形，种皮黄色，有光，脐浅黄色。百粒重17.7g。

特性 北方春大豆，中早熟品种，生育期122d。人工接种鉴定，抗大豆花叶病毒1号株系，田间综合抗病性好。

长农20

产量品质 2004—2005年吉林省早熟组区域试验，平均产量3 043.0kg/hm^2，比对照延农8号增产6.0%。2006年生产试验，平均产量3 067.1kg/hm^2，比对照延农8号增产4.9%。蛋白质含量37.86%，脂肪含量22.46%。

栽培要点 4月下旬至5月上旬播种。保苗22万株/hm^2。施有机肥30 000kg/hm^2、磷酸二铵150kg/hm^2。及时防治蚜虫，8月中旬防治大豆食心虫。

适宜地区 吉林省中早熟及部分中熟地区。

259. 长农21（Changnong 21）

品种来源 吉林省长春市农业科学院大豆研究所用公交83145-10作母本，生85183-3

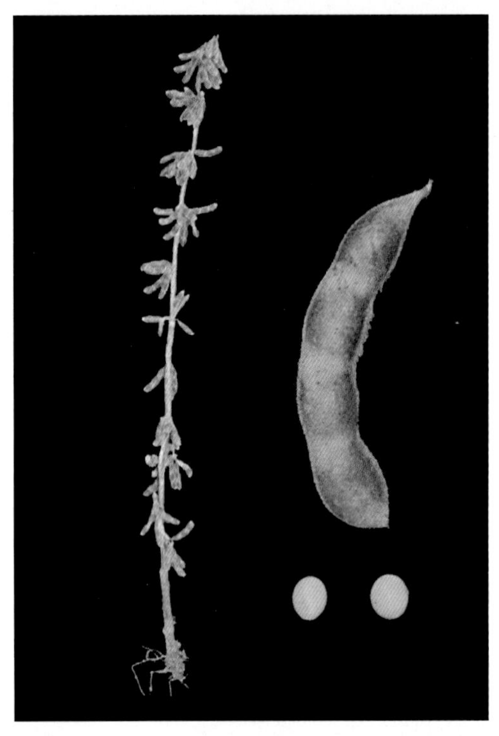
长农21

作父本，经有性杂交，系谱法选育而成。原品系号长B2003-54。2007年经吉林省农作物品种审定委员会审定，审定编号为吉审豆2007004。全国大豆品种资源统一编号ZDD24447。

特征 亚有限结荚习性。株高97cm，主茎发达，主茎17节，1～2个分枝。三粒荚多，荚深褐色。卵圆叶，白花，灰毛。粒圆形，种皮黄色，微光，脐浅黄色。百粒重18.7g。

特性 北方春大豆，中早熟品种，生育期122d。人工接种鉴定，抗大豆花叶病毒混合株系，抗大豆花叶病毒1号、2号株系，中抗3号株系，田间综合抗病性好。高抗大豆食心虫。

产量品质 2004—2005年吉林省中早熟组区域试验，平均产量2 419.9kg/hm^2，比对照白农6号增产1.7%。2005—2006年生产试验，平均产量2 404.7kg/hm^2，比对照白农6号增产1.4%。蛋白质含量35.62%，脂肪含量22.76%。

栽培要点 4月下旬至5月上旬播种，保苗22万株/hm^2。施有机肥20 000～30 000kg/hm^2、磷酸二铵150kg/hm^2。及时防治蚜虫，8月中旬防治大豆食心虫。

适宜地区 吉林省中早熟地区。

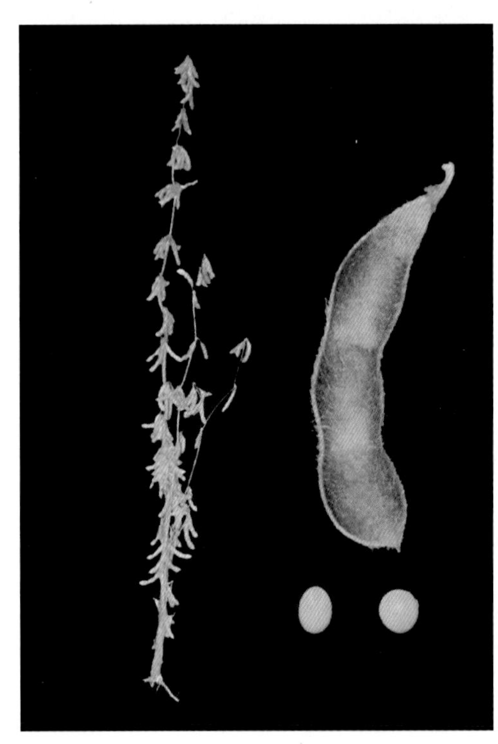
长农22

260. 长农22（Changnong 22）

品种来源 吉林省长春市农业科学院大豆研究所用吉林30作母本，公交89164-19作父本，经有性杂交，系谱法选育而成。原品系号长B2003-1。2007年经吉林省农作物品种审定委员会审定，审定编号为吉审豆2007012。全国大豆品种资源统一编号ZDD24448。

特征 亚有限结荚习性。株高97cm，主茎发达，主茎17节，1～2个分枝。三粒荚多，荚褐色。披针叶，白花，灰毛。粒圆形，种皮黄色，微光，脐浅黄色。百粒重18.5g。

特性 北方春大豆，中晚熟品种，生育期

132d。抗大豆花叶病毒混合株系，抗大豆花叶病毒1号、2号株系，中抗3号株系，中抗大豆灰斑病，田间综合抗病性好。中抗大豆食心虫。

产量品质 2005—2006年吉林省中晚熟组区域试验，平均产量3 110.0kg/hm²，比对照延农8号增产11.4%。2006年生产试验，平均产量3 056.6kg/hm²，比对照延农8号增产12.6%。蛋白质含量39.11%，脂肪含量19.52%。

栽培要点 4月下旬至5月上旬播种。保苗20万株/hm²。施有机肥20 000～30 000kg/hm²、磷酸二铵150kg/hm²。及时防治蚜虫，8月中旬防治大豆食心虫。

适宜地区 吉林省中晚熟地区。

261. 长农23（Changnong 23）

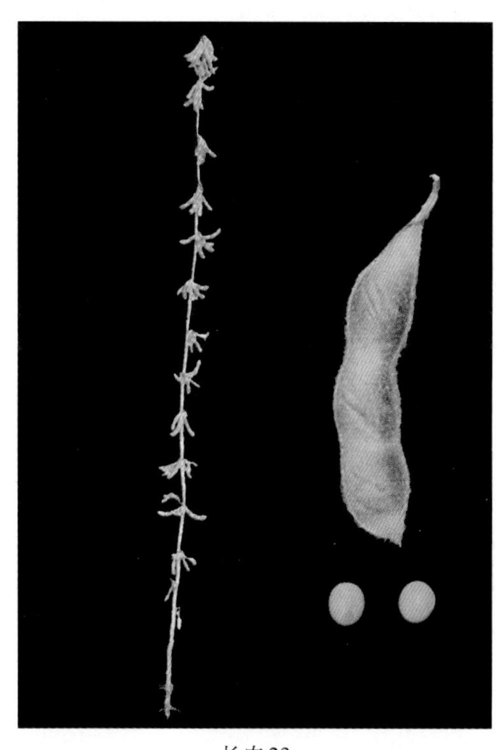
长农23

品种来源 吉林省长春市农业科学院大豆研究所用吉林30作母本，吉林35作父本，经有性杂交，系谱法选育而成。原品系号长B2004-88。2009年经吉林省农作物品种审定委员会审定，审定编号为吉审豆2009006。全国大豆品种资源统一编号ZDD24449。

特征 亚有限结荚习性。株高99cm，主茎节数23，主茎型。三粒荚多，荚深褐色。圆叶，紫花，灰毛。粒圆形，种皮黄色，有光泽，脐浅黄色。百粒重20.3g。

特性 北方春大豆，中熟品种，生育期129d。人工接种鉴定，抗大豆花叶病毒2号、3号株系，抗大豆灰斑病，田间综合抗病性好。高抗大豆食心虫。

产量品质 2006—2008年吉林省中熟组区域试验，平均产量3 152.6kg/hm²，比对照九农21增产7.6%。2008年生产试验，平均产量2 829.3kg/hm²，比对照九农21增产6.5%。蛋白质含量38.30%，脂肪含量21.49%。

栽培要点 4月下旬至5月上旬播种。保苗18万～22万株/hm²。施有机肥20 000kg/hm²、磷酸二铵150kg/hm²。及时防治蚜虫，8月中旬防治大豆食心虫。

适宜地区 吉林省中熟区。

262. 长农24（Changnong 24）

品种来源 吉林省长春市农业科学院大豆研究所用东414-1作母本，长B95-47作父本，经有性杂交，系谱法选育而成。原品系号长B2005-109。2009年经吉林省农作物品种

长农24

审定委员会审定，审定编号为吉审豆2009005。全国大豆品种资源统一编号ZDD24450。

特征 亚有限结荚习性。株高86cm，主茎型，株型收敛，主茎21节。四粒荚多，荚褐色。披针叶，白花，灰毛。粒圆形，种皮黄色，脐黄色。百粒重20.3g。

特性 北方春大豆，早熟品种，生育期120d。人工接种鉴定，中抗大豆花叶病毒1号、2号株系，中抗大豆灰斑病，田间综合抗病性好。

产量品质 2007—2008年吉林省早熟组区域试验，平均产量3 048.7kg/hm^2，比对照延农8号增产3.9%。2008年生产试验，平均产量3 231.0kg/hm^2，比对照延农8号增产15.5%。蛋白质含量38.02%，脂肪含量20.87%。

栽培要点 4月下旬至5月上旬播种。保苗22万株/hm^2。施有机肥20 000kg/hm^2、磷酸二铵150kg/hm^2。及时防治蚜虫，8月中旬防治大豆食心虫。

适宜地区 吉林省早熟区及中早熟部分地区。

263. 长农25（Changnong 25）

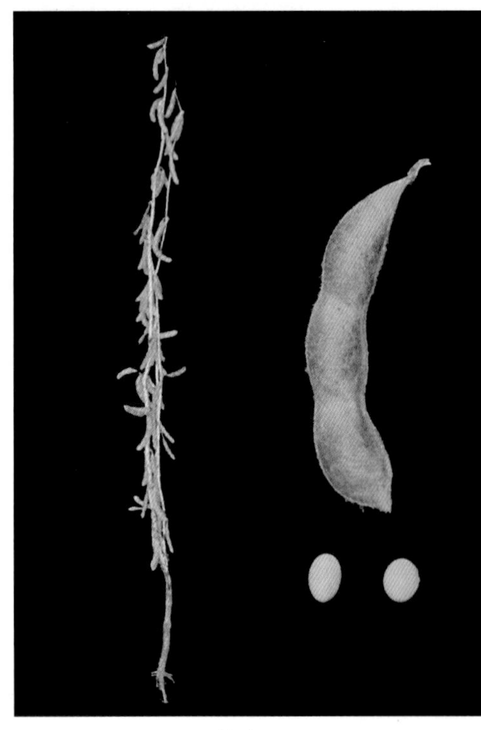

长农25

品种来源 吉林省长春市农业科学院大豆研究所用吉林30作母本，长农5号作父本，经有性杂交，系谱法选育而成。原品系号长C2005-1。2010年经吉林省农作物品种审定委员会审定，审定编号为吉审豆2010001。全国大豆品种资源统一编号ZDD30945。

特征 亚有限结荚习性。株高95cm，主茎型，主茎节数17～19个。单株结荚50个，四粒荚多，荚褐色。披针叶，白花，灰毛。粒近椭圆形，种皮黄色，有光泽，脐黄色。百粒重20.0g。

特性 北方春大豆，中熟品种，生育期130d。人工接种鉴定，抗大豆花叶病毒混合株系，抗大豆花叶病毒1号、3号株系，中抗大豆灰斑病，田间综合抗病性好。

产量品质 2008—2009年吉林省中熟组区域试验，平均产量2 931.8kg/hm^2，比对照九农21增产5.6%。2009年生产试验，平均产量2 625.4kg/hm^2，比对照九农21增产5.1%。蛋白质含量41.34%，脂肪含量17.55%。

栽培要点 4月下旬至5月上旬播种。播种量50～60kg/hm^2，保苗18万～20万株/hm^2。施有机肥30 000kg/hm^2、磷酸二铵150kg/hm^2。及时防治蚜虫，8月中旬防治大豆食心虫。

适宜地区 吉林省中熟及中晚熟地区。

264. 长农26（Changnong 26）

长农26

品种来源 吉林省长春市农业科学院大豆研究所用长农17作母本，黑农40作父本，经有性杂交，系谱法选育而成。原品系号长C2007-43。2010年经吉林省农作物品种审定委员会审定，审定编号为吉审豆2010004。全国大豆品种资源统一编号ZDD30946。

特征 亚有限结荚习性。株高90cm，主茎17节，三、四粒荚多，荚褐色。披针叶，紫花，灰毛。粒圆形，种皮黄色，有光泽，脐黄色。百粒重20.2g。

特性 北方春大豆，中早熟品种，生育期122d。田间综合抗病性好。抗大豆食心虫。

产量品质 2007—2008年吉林省中早熟组区域试验，平均产量2 422.9kg/hm^2，比对照白农6号增产8.0%。2009年生产试验，平均产量2 298.8kg/hm^2，比对照白农6号增产4.6%。蛋白质含量38.36%，脂肪含量19.30%。

栽培要点 4月末至5月初播种。在中等肥力地块播种量为60kg/hm^2，保苗18万～20万株/hm^2；高肥地块播种量为50kg/hm^2，保苗16万～18万株/hm^2。在打垄前施农家肥30 000kg/hm^2，施底肥磷酸二铵150kg/hm^2。及时防治蚜虫和大豆食心虫。

适宜地区 吉林省中早熟区。

265. 长农27（Changnong 27）

品种来源 吉林省长春市农业科学院大豆研究所用公交83145-10作母本，生85185-3-5作父本，经有性杂交，系谱法选育而成。原品系号长2007-39。2011年经吉林省农作物品种审定委员会审定，审定编号为吉审豆2011013。全国大豆品种资源统一编号ZDD30947。

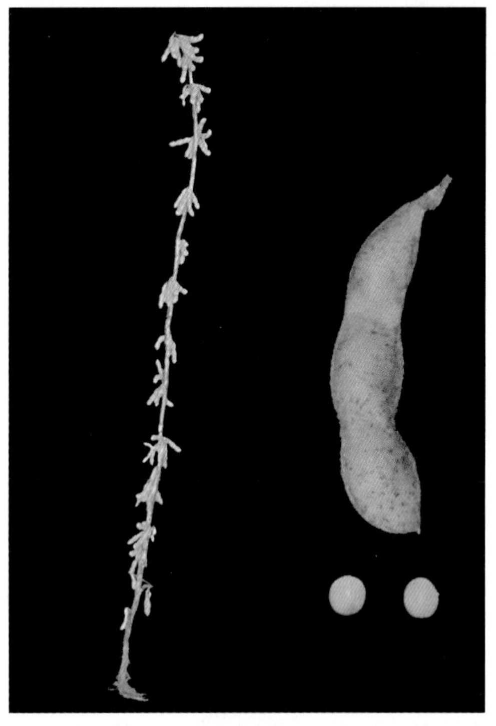
长农27

特征 亚有限结荚习性。株高103cm，主茎型，主茎节数20 ~ 22个。三粒荚多，荚褐色。椭圆叶，白花，灰毛。粒圆形，种皮黄色，有光泽，脐黄色。百粒重20.1g。

特性 北方春大豆，中熟品种，生育期125d。人工接种鉴定，抗大豆花叶病毒1号、3号株系，抗大豆花叶病毒混合株系，田间综合抗病性好。中抗大豆食心虫。

产量品质 2008—2010年吉林省中熟组区域试验，平均产量3 032.7kg/hm^2，比对照九农21增产3.47%。2010年生产试验，平均产量3 032.4kg/hm^2，比对照九农21增产12.6%。蛋白质含量36.28%，脂肪含量21.91%。

栽培要点 4月下旬播种。保苗20万~ 22万株/hm^2。施有机肥20 000kg/hm^2、磷酸二铵150kg/hm^2。及时防治蚜虫，8月中旬防治大豆食心虫。

适宜地区 吉林省中熟区。

266. 长农28（Changnong 28）

长农28

品种来源 吉林省长春市农业科学院用合交95-984作母本，CK-P作父本，经有性杂交，系谱法选育而成。原品系号2009-LB4。2013年经吉林省农作物品种审定委员会审定，审定编号为吉审豆2013002。全国大豆品种资源统一编号ZDD30948。

特征 亚有限结荚习性。株高102cm，主茎型。结荚密集，三粒荚多。椭圆叶，白花，灰毛，荚熟浅褐色。粒圆形，种皮黄色，有光泽，脐黄色。百粒重19.7g。

特性 北方春大豆，中晚熟品种，生育期127d。人工接种鉴定，抗大豆花叶病毒1号、3号株系，抗大豆花叶病毒混合株系，中抗大豆灰斑病，田间综合抗病性好。中抗大豆食心虫。

产量品质 2011—2012年吉林省中晚熟组区域试验，平均产量3 038.3kg/hm^2，比对照吉育72增产2.9%。2012年生产试验，平均产量3 484.0kg/hm^2，比对照吉育72增产8.8%。蛋白质含量37.81%，脂肪含量21.26%。

栽培要点 4月末至5月初播种。保苗20万株/hm^2。施有机肥20 000 ~ 30 000kg/hm^{2}作底肥，磷酸二铵100 ~ 150kg/hm^{2}作种肥。及时防治蚜虫，8月中旬防治大豆食心虫。

适宜地区 吉林省中晚熟区。

267. 长农29（Changnong 29）

品种来源 吉林省长春市农业科学院大豆研究所用长农13作母本，黑农40作父本，经有性杂交，系谱法选育而成。原品系号长2009-B25。2014年经吉林省农作物品种审定委员会审定，审定编号为吉审豆2014007。全国大豆品种资源统一编号ZDD30949。

长农29

特征 亚有限结荚习性。株高104cm，主茎型。结荚密集，三、四粒荚多，荚熟褐色。椭圆叶，紫花，灰毛。粒圆形，种皮黄色，有光泽，脐黄色。百粒重20.1g。

特性 北方春大豆，中晚熟品种，生育期127d。人工接种鉴定，抗大豆花叶病毒1号株系，抗大豆花叶病毒混合株系，田间综合抗病性好。

产量品质 2012—2013年吉林省中晚熟组区域试验，平均产量2 928.0kg/hm^2，比对照吉育72增产2.3%。2013年生产试验，平均产量3 137.5kg/hm^2，比对照吉育72增产6.7%。蛋白质含量38.07%，脂肪含量21.54%。

栽培要点 4月末至5月初播种。保苗20万株/hm^2。施有机肥20 000 ~ 30 000kg/hm^{2}作底肥，磷酸二铵100 ~ 150kg/hm^{2}作种肥。及时防治蚜虫，8月中旬防治大豆食心虫。

适宜地区 吉林省中晚熟区。

268. 长农31（Changnong 31）

品种来源 吉林省长春市农业科学院用九农29作母本，长农15作父本，经有性杂交，系谱法选育而成。原品系号长2010-B418。2014年经吉林省农作物品种审定委员会审定，审定编号为吉审豆2014005。全国大豆品种资源统一编号ZDD30950。

特征 亚有限结荚习性。株高90cm，主茎型。结荚密集，三、四粒荚多，荚熟褐色。披针叶，白花，灰毛。粒圆形，种皮黄色，有光泽，脐黄色。百粒重17.7g。

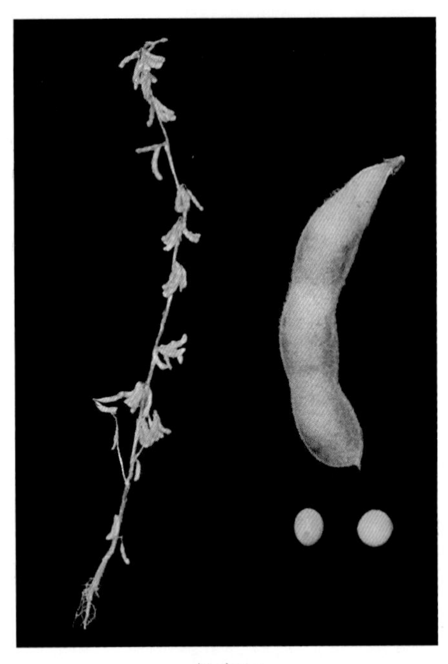
长农31

特性 北方春大豆，中晚熟品种，生育期127d。人工接种鉴定，中抗大豆花叶病毒1号株系，抗大豆灰斑病，田间综合抗病性好。

产量品质 2012—2013年吉林省中晚熟组区域试验，平均产量3 245.5kg/hm^2，比对照吉育72增产7.4%。2013年生产试验，平均产量3 182.6kg/hm^2，比对照吉育72增产5.5%。蛋白质含量40.22%，脂肪含量18.56%。

栽培要点 4月末至5月初播种。保苗20万株/hm^2。施有机肥20 000 ~ 30 000kg/hm^{2}作底肥，磷酸二铵100 ~ 150kg/hm^{2}作种肥。及时防治蚜虫，8月中旬防治大豆食心虫。

适宜地区 吉林省中晚熟区。

269. 长密豆30（Changmidou 30）

长密豆30

品种来源 吉林省长春市农业科学院用合交95-984作母本，CK-P-2作父本，经有性杂交，系谱法选育而成。原品系号长密2012-2。2014年经吉林省农作物品种审定委员会审定，审定编号为吉审豆2014013。全国大豆品种资源统一编号ZDD30951。

特征 亚有限结荚习性。株高65cm，主茎型。结荚密集，三、四粒荚多，荚熟褐色。披针叶，紫花，灰毛。粒圆形，种皮黄色，有光泽，脐黄色。百粒重16.7g。

特性 北方春大豆，中早熟品种，生育期121d。人工接种鉴定，抗大豆花叶病毒1号、3号株系，抗大豆花叶病毒混合株系，抗大豆灰斑病，田间综合抗病性好。

产量品质 2011—2012年吉林省中晚熟组区域试验，平均产量3 173.5kg/hm^2，比对照吉育47增产15.9%。2013年生产试验，平均产量3 119.4kg/hm^2，比对照吉育47增产16.6%。蛋白质含量38.78%，脂肪含量20.56%。

栽培要点 4月末至5月初播种。适合密植，保苗35万株/hm^2。施有机肥20 000 ~ 30 000kg/hm^{2}作底肥，磷酸二铵100 ~ 150kg/hm^{2}作种肥。及时防治蚜虫，8月中旬防治大豆食心虫。

适宜地区　吉林省中早熟区。

270. 吉农16（Jinong 16）

品种来源　吉林农业大学用吉林30作母本，九交94100-2作父本，经有性杂交，系谱法选育而成。原品系号吉农9425。2005年经吉林省农作物品种审定委员会审定，审定编号为吉审豆2005014。全国大豆品种资源统一编号ZDD24494。

特征　亚有限结荚习性。株高115cm，主茎发达，少有分枝，株型收敛。主茎结荚较密，三粒荚多，荚暗褐色。卵圆叶，白花，灰毛。粒近圆形，种皮黄色，脐黄色。百粒重22.6g。

吉农16

特性　北方春大豆，中晚熟品种，生育期132d。人工接种鉴定，抗大豆花叶病毒混合株系，抗大豆花叶病毒1号、3号株系，中抗2号株系；中抗大豆灰斑病，田间综合抗病性好。

产量品质　2003—2004年吉林省中晚熟组区域试验，平均产量3 123.0kg/hm^2，比对照吉林30增产5.8%。2004年生产试验，平均产量3 364.7kg/hm^2，比对照吉林30增产13.6%。蛋白质含量40.12%，脂肪含量19.70%。

栽培要点　4月下旬至5月上旬播种，保苗16万～18万株/hm^2。施有机肥30 000kg/hm^2、磷酸二铵150kg/hm^2。及时防治蚜虫，8月中旬防治大豆食心虫。

适宜地区　吉林省中晚熟区。

271. 吉农17（Jinong 17）

品种来源　吉林农业大学生物技术学院用荷引10号作母本，吉农8601-26作父本，经有性杂交，系谱法选育而成。原品系号吉农9904。2005年经吉林省农作物品种审定委员会审定，审定编号为吉审豆2005015。全国大豆品种资源统一编号ZDD24495。

特征　亚有限结荚习性。株高98cm，主茎型。单株有效荚数50.1个，荚褐色。卵圆叶，白花，灰毛。粒圆形，种皮黄色，有光泽，脐褐色。百粒重19.7g。

特性　北方春大豆，中晚熟品种，生育期131d。人工接种鉴定，中抗大豆花叶病毒混合株系，抗大豆花叶病毒1号株系，田间综合抗病性好。

产量品质　2003—2004年吉林省中晚熟组区域试验，平均产量3 291.0kg/hm^2，比

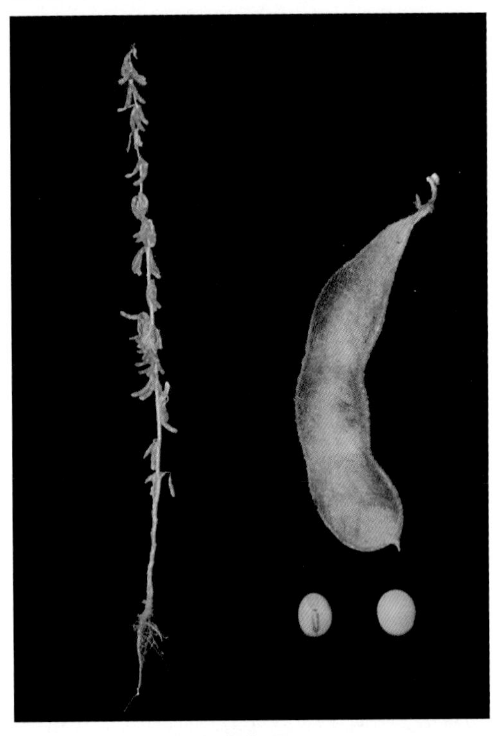

吉农17

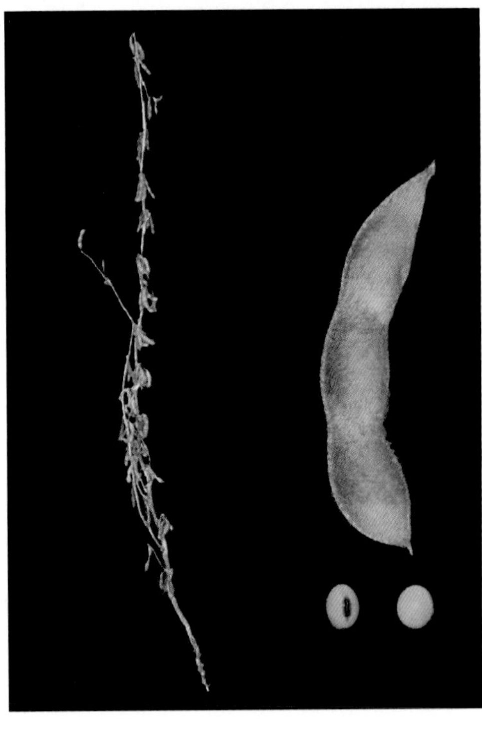

吉农18

对照吉林30增产7.2%。2004年生产试验，平均产量3 277.5kg/hm^2，比对照吉林30增产15.3%。蛋白质含量41.20%，脂肪含量20.47%。

栽培要点 4月下旬至5月上旬播种。保苗18万～20万株/hm^2。施有机肥30 000kg/hm^2、磷酸二铵150kg/hm^2。及时防治蚜虫，8月中旬防治大豆食心虫。

适宜地区 吉林省中部地区（春播种植）。

272. 吉农18（Jinong 18）

品种来源 吉林农业大学从美国引进的JY9379中，经多年系统选育而成，原品系号吉农2001-4-7。2006年经吉林省农作物品种审定委员会审定，审定编号为吉审豆2006009。全国大豆品种资源统一编号ZDD24496。

特征 亚有限结荚习性。株高90cm，主茎发达，1～2个分枝，节间短。荚密，结荚均匀，三粒荚多，荚褐色。椭圆叶，紫花，棕毛。粒圆形，种皮黄色，脐黑色。百粒重17.9g。

特性 北方春大豆，中熟品种，生育期124d。田间鉴定结果表明，抗大豆花叶病毒病，高抗大豆灰斑病，高抗大豆褐斑病。

产量品质 2004—2005年吉林省中熟组区域试验，平均产量3 116.3kg/hm^2，比对照九农21增产7.8%。2005年生产试验，平均产量3 341.9kg/hm^2，比对照九农21增产6.5%。蛋白质含量37.08%，脂肪含量23.36%。

栽培要点 4月下旬播种。播种量60kg/hm^2，保苗18万～20万株/hm^2。施有机肥30 000kg/hm^2、磷酸二铵150kg/hm^2。及时防治蚜虫，8月中旬防治大豆食心虫。

适宜地区 吉林省吉林、长春、通化、辽源等中熟区。

273. 吉农19（Jinong 19）

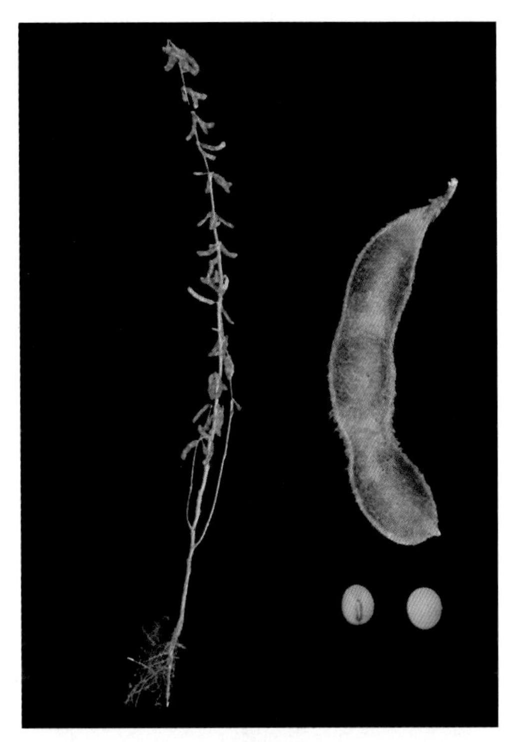
吉农19

品种来源 吉林农业大学用公交90208-114作母本，公交89183-8作父本，经有性杂交，系谱法选育而成。原品系号吉农9430-6。2006年经吉林省农作物品种审定委员会审定，审定编号为吉审豆2006011。全国大豆品种资源统一编号ZDD24497。

特征 亚有限结荚习性。株高115cm，主茎发达，少有分枝，株型收敛。主茎结荚较密，三粒荚多，少有四粒荚，荚暗褐色。椭圆叶，白花，灰毛。粒近圆形，种皮黄色，脐褐色。百粒重23.2g。

特性 北方春大豆，中晚熟品种，生育期132d。人工接种鉴定，中抗大豆花叶病毒混合株系，抗大豆花叶病毒1号株系，中抗大豆花叶病毒2号株系，田间综合抗病性好。

产量品质 2004—2005年吉林省中晚熟组区域试验，平均产量3 098.2kg/hm^2，比对照吉林30增产11.0%。2005年生产试验，平均产量3 251.2kg/hm^2，比对照吉林30增产18.1%。蛋白质含量39.27%，脂肪含量20.35%。

栽培要点 4月下旬至5月上旬播种。保苗16万～18万株/hm^2。施有机肥30 000kg/hm^2、磷酸二铵150kg/hm^2。及时防治蚜虫，8月中旬防治大豆食心虫。

适宜地区 吉林省中晚熟区。

274. 吉农20（Jinong 20）

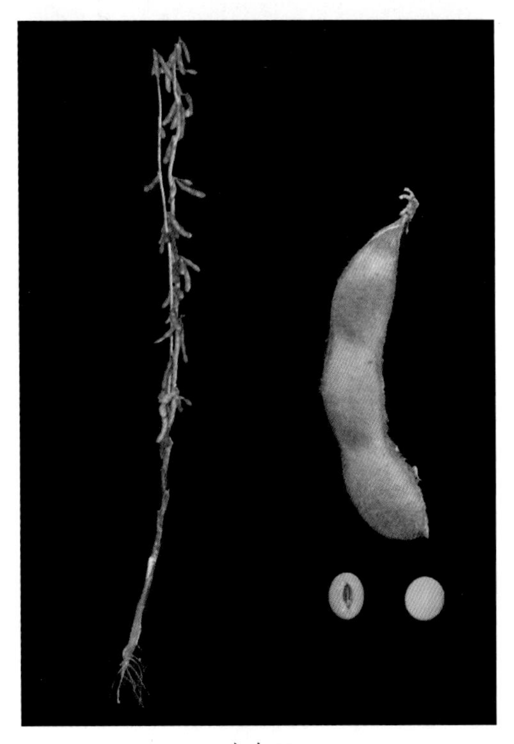
吉农20

品种来源 吉林农业大学用荷引10号作母本，吉农8601-26作父本，经有性杂交，系谱法选育而成。原品系号吉农2001-1-4。2007年经吉林省农作物品种审定委员会审定，审定编号为吉审豆2007013。全国大豆品种资源统一编号ZDD24498。

特征 亚有限结荚习性。株高105cm，主茎发达，1 ~ 2个分枝，节间短，节多。荚密，结荚均匀，三粒荚多，荚褐色。椭圆叶，白花，棕毛。粒圆形，种皮黄色，脐褐色。百粒重19.6g。

特性 北方春大豆，中晚熟品种，生育期135d。人工接种鉴定，中抗大豆花叶病毒混合株系，中抗大豆花叶病毒1号、3号株系，抗大豆花叶病毒2号株系；中抗大豆灰斑病，田间综合抗病性好。高抗大豆食心虫。

产量品质 2004—2005年吉林省中晚熟组区域试验，平均产量3 131.2kg/hm^2，比对照吉林30增产12.3%。2006年生产试验，平均产量3 082.2kg/hm^2，比对照吉林30增产13.5%。蛋白质含量39.12%，脂肪含量22.22%。

栽培要点 4月下旬至5月上旬播种。播种量60kg/hm^2，保苗18万 ~ 20万株/hm^2。施有机肥30 000kg/hm^2、磷酸二铵150kg/hm^2。及时防治蚜虫，8月中旬防治大豆食心虫。

适宜地区 吉林省中晚熟区。

275. 吉农21（Jinong 21）

吉农21

品种来源 吉林农业大学用意3号作母本，吉农8925-13作父本，经有性杂交，系谱法选育而成。原品系号吉农2002-1。2007年经吉林省农作物品种审定委员会审定，审定编号为吉审豆2007005。全国大豆品种资源统一编号ZDD24499。

特征 亚有限结荚习性。株高86cm，主茎发达，1 ~ 2个分枝，节间短，节多。荚密，结荚均匀，三粒荚多，荚褐色。椭圆叶，紫花，棕毛。粒圆形，种皮黄色，脐黑色。百粒重18.9g。

特性 北方春大豆，中熟品种，生育期125d。人工接种鉴定，抗大豆花叶病毒混合株系，抗大豆花叶病毒1号、2号、3号株系，田间综合抗病性好。

产量品质 2004—2005年吉林省中熟组区域试验，平均产量3 101.3kg/hm^2，比对照九农21增产7.2%。2006年生产试验，平均产量3 537.9kg/hm^2，比对照九农21增产34.2%。蛋白质含量41.18%，脂肪含量20.60%。

栽培要点 4月下旬播种。播种量60kg/hm^2，保苗18万 ~ 20万株/hm^2。施有机肥30 000kg/hm^2、磷酸二铵150kg/hm^2。及时防治蚜虫，8月中旬防治大豆食心虫。

适宜地区 吉林省吉林、长春、通化、辽源等中熟区。

276. 吉农22（Jinong 22）

吉农22

品种来源　吉林农业大学用长农5号作母本，美引1号作父本，经有性杂交，系谱法选育而成。原品系号吉农9803-1-1。2007年经吉林省农作物品种审定委员会审定，审定编号为吉审豆2007014。全国大豆品种资源统一编号ZDD24500。

特征　无限结荚习性。株高100cm，主茎发达，1～2个分枝，节间短，节多。荚密，结荚均匀，三粒荚多，荚灰色。椭圆叶，紫花，灰毛。粒椭圆形，种皮黄色，有光泽，脐黄色。百粒重18.6g。

特性　北方春大豆，中晚熟品种，生育期130d。人工接种鉴定，中抗大豆花叶病毒混合株系，中抗大豆花叶病毒1号、2号、3号株系，田间综合抗病性好。高抗大豆食心虫。

产量品质　2005—2006年吉林省中晚熟组区域试验，平均产量3 110.0kg/hm^2，比对照吉林30增产11.4%。2006年生产试验，平均产量3 323.2kg/hm^2，比对照吉林30增产22.4%。蛋白质含量37.33%，脂肪含量19.93%。

栽培要点　在吉林省4月下旬播种。播种量60kg/hm^2，保苗18万～20万株/hm^2。施有机肥30 000kg/hm^2、磷酸二铵150kg/hm^2。及时防治蚜虫，8月中旬防治大豆食心虫。

适宜地区　吉林省中晚熟区。

277. 吉农23（Jinong 23）

吉农23

品种来源　吉林农业大学用吉林30作母本，公交89183-8作父本，经有性杂交，系谱法选育而成。原品系号吉农9426-19。2007年经吉林省农作物品种审定委员会审定，审定编号为吉审豆2007015。全国大豆品种资源统一编号ZDD24501。

特征 亚有限结荚习性。株高115cm，主茎发达，少有分枝，株型收敛。结荚较密，三粒荚多，荚暗褐色。椭圆叶，白花，灰毛。粒近圆形，种皮黄色，脐黄色。百粒重22.4g。

特性 北方春大豆，中晚熟品种，生育期135d。人工接种鉴定，抗大豆花叶病毒混合株系，抗大豆花叶病毒1号、2号株系，中抗3号株系；中抗大豆灰斑病，田间综合抗病性好。中抗大豆食心虫。

产量品质 2005—2006年吉林省中晚熟组区域试验，平均产量3 087.0kg/hm^2，比对照吉林30增产10.5%。2006年生产试验，平均产量3 294.5kg/hm^2，比对照吉林30增产21.3%。蛋白质含量36.39%，脂肪含量21.00%。

栽培要点 4月下旬至5月上旬播种。保苗16万～18万株/hm^2。施有机肥30 000kg/hm^2、磷酸二铵150kg/hm^2。及时防治蚜虫，8月中旬防治大豆食心虫。

适宜地区 吉林省中晚熟区。

278. 吉农24（Jinong 24）

吉农24

品种来源 吉林农业大学用吉林29作母本，九交8659-3作父本，经有性杂交，系谱法选育而成。原品系号吉农9304-20。2007年经吉林省农作物品种审定委员会审定，审定编号为吉审豆2007006。全国大豆品种资源统一编号ZDD24502。

特征 亚有限结荚习性。株高105cm，主茎发达，少有分枝，株型收敛。结荚较密，三粒荚多，少有四粒荚，荚暗褐色。椭圆叶，白花，灰毛。粒近圆形，种皮黄色，脐黄色。百粒重22.2g。

特性 北方春大豆，中熟品种，生育期126d。人工接种鉴定，中抗大豆花叶病毒混合株系，抗大豆花叶病毒1号、2号、3号株系；中抗大豆灰斑病，田间综合抗病性好。

产量品质 2005—2006年吉林省中熟组区域试验，平均产量3 160.2kg/hm^2，比对照九农21增产6.5%。2006年生产试验，平均产量3 351.1kg/hm^2，比对照九农21增产27.1%。蛋白质含量41.59%，脂肪含量18.83%。

栽培要点 4月下旬至5月上旬播种。保苗18万～20万株/hm^2。施有机肥30 000kg/hm^2、磷酸二铵150kg/hm^2。及时防治蚜虫，8月中旬防治大豆食心虫。

适宜地区 吉林省长春、吉林、通化、延边、辽源、松原等中熟地区。

279. 吉农26（Jinong 26）

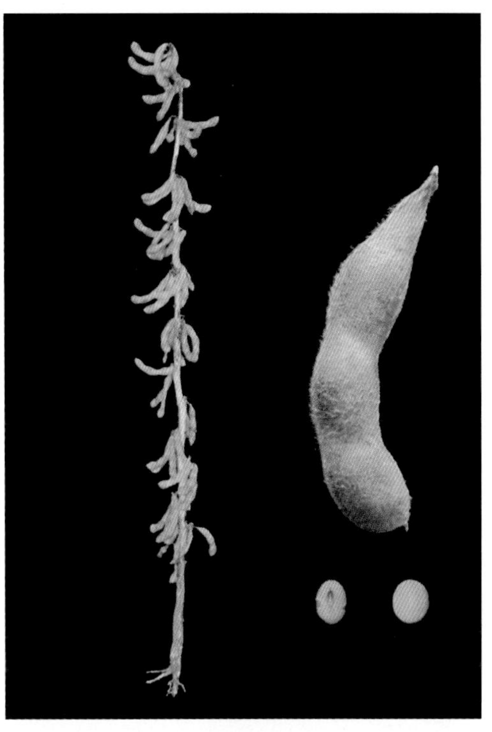
吉农26

品种来源 吉林农业大学用吉林27作母本，DG3256作父本，经有性杂交，系谱法选育而成。原品系号吉农9718-11。2009年经吉林省农作物品种审定委员会审定，审定编号为吉审豆2009003。全国大豆品种资源统一编号ZDD24503。

特征 亚有限结荚习性。株高81cm，主茎发达，1～2个分枝，节间短，节多。荚密，结荚均匀，三粒荚多，荚褐色。椭圆叶，紫花，灰毛。粒圆形，种皮黄色，脐淡褐色。百粒重19.1g。

特性 北方春大豆，中晚熟品种，生育期132d。人工接种鉴定，中抗大豆花叶病毒1号株系，高抗大豆灰斑病，田间综合抗病性好。抗大豆食心虫。

产量品质 2006—2007年吉林省中晚熟组区域试验，平均产量3 266.7kg/hm^2，比对照吉林30增产8.6%。2007年生产试验，平均产量3 109.3kg/hm^2，比对照吉林30增产7.6%。蛋白质含量39.82%，脂肪含量20.89%。

栽培要点 4月下旬至5月上旬播种。保苗18万～20万株/hm^2。施有机肥30 000kg/hm^2、磷酸二铵150kg/hm^2。及时防治蚜虫，8月中旬防治大豆食心虫。

适宜地区 吉林省中晚熟区。

280. 吉农27（Jinong 27）

吉农27

品种来源 吉林农业大学用荷引10号作母本，吉农8601-26作父本，经有性杂交，系谱法选育而成。原品系号吉农2002-D4。2009年经国家农作物品种审定委员会审定，审定编号为国审豆2009008。全国大豆品种资源统一编号ZDD30952。

特征 有限结荚习性。株高84cm。椭圆叶，白花，灰毛，荚褐色。粒圆形，种皮黄色，微光泽，脐褐色。百粒重19.3g。

特性 北方春大豆，中熟品种，生育期129d。人工接种鉴定，中抗大豆花叶病毒混合株系，田间综合抗病性好。

产量品质 2008—2009年北方春大豆中晚熟组区域试验，平均产量3 976.5kg/hm^2，比对照吉林30增产6.2%。2009年生产试验，平均产量3 928.5kg/hm^2，比对照吉林30增产4.9%。蛋白质含量37.29%，脂肪含量20.25%。

栽培要点 4月25日前播种。清种，播种量75kg/hm^2，保苗18万～22万株/hm^2；套种，播种量31～52kg/hm^2，保苗15万～18万株/hm^2。保证全苗、壮苗，适时灌水，氮、磷、钾肥配合施用，及时中耕除草，摘除菟丝子，中后期及时用杀螨剂防治红蜘蛛。避免重茬和迎茬。当田间70%豆荚现成熟色时即可收获，过早、过晚均会影响产量和品质。

适宜地区 吉林省中南部、辽宁省东部山区、甘肃省西部、宁夏回族自治区北部、新疆维吾尔自治区伊宁地区。

281. 吉农28（Jinong 28）

吉农28

品种来源 吉林农业大学农学院用吉农9号作母本，外引系Arira作父本，经有性杂交，系谱法选育而成。原品系号吉农2001-254。2011年经吉林省农作物品种审定委员会审定，审定编号为吉审豆2011010。全国大豆品种资源统一编号ZDD30953。

特征 亚有限结荚习性。株高95cm，主茎型，主茎节数21。三粒荚多，荚褐色。圆叶，紫花，灰毛。粒圆形，种皮黄色，有光泽，脐黄色。百粒重21.1g。

特性 北方春大豆，中熟品种，生育期128d。人工接种鉴定，抗大豆花叶病毒混合株系，中抗大豆灰斑病，田间综合抗病性好。中抗大豆食心虫。

产量品质 2009—2010年吉林省中熟组区域试验，平均产量3 136.7kg/hm^2，比对照九农21增产18.8%。2010年生产试验，平均产量3 272.4kg/hm^2，比对照九农21增产21.4%。蛋白质含量37.80%，脂肪含量22.56%。

栽培要点 4月下旬至5月上旬播种。保苗22万株/hm^2。施有机肥30 000kg/hm^2、磷酸二铵150kg/hm^2。及时防治蚜虫，8月中旬防治大豆食心虫。

适宜地区 吉林省长春、吉林、四平、通化等中熟区。

282. 吉农29（Jinong 29）

吉农29

品种来源 吉林农业大学用吉农9722-2作母本，吉农9904作父本，经有性杂交，系谱法选育而成。原品系号吉农DE2259。2011年经吉林省农作物品种审定委员会审定，审定编号为吉审豆2011004。全国大豆品种资源统一编号ZDD30954。

特征 亚有限结荚习性。株高100cm，主茎型。结荚密集，三粒荚多，荚褐色。椭圆叶，白花，棕毛。粒椭圆形，种皮黄色，有光泽，脐淡褐色。百粒重21.3g。

特性 北方春大豆，中晚熟品种，生育期130d。人工接种鉴定，中抗大豆花叶病毒1号、3号株系，中抗大豆灰斑病，田间综合抗病性好。抗大豆食心虫。

产量品质 2009—2010年吉林省中晚熟组区域试验，平均产量3 088.6kg/hm^2，比对照吉林30增产10.8%。2010年生产试验，平均产量3 403.5kg/hm^2，比对照吉林30增产11.0%。蛋白质含量39.76%，脂肪含量21.50%。

栽培要点 4月下旬至5月上旬播种。保苗22万株/hm^2。施有机肥30 000kg/hm^2、磷酸二铵150kg/hm^2。及时防治蚜虫，8月中旬防治大豆食心虫。

适宜地区 吉林省中晚熟区。

283. 吉农31（Jinong 31）

吉农31

品种来源 吉林农业大学用吉林30作母本，日引系1号作父本，经有性杂交，系谱法选育而成。原品系号吉农9701-1-21。2012年经国家农作物品种审定委员会审定，审定编号为国审豆2012002。全国大豆品种资源统一编号ZDD30955。

特征 亚有限结荚习性。株高104cm，主茎发达，有分枝，植株呈塔形。结荚密集，单株有效荚数42.5个，结荚均匀，三粒荚多，荚褐色。披针叶，紫花，灰毛。粒椭圆形，种皮黄色，有光泽，脐淡褐色。百粒重19.2g。

特性 北方春大豆，中熟品种，生育期130d。人工接种鉴定，中抗大豆花叶病毒1号株系，田间综合抗病性好。

产量品质 2009—2010年北方春大豆中熟组区域试验，平均产量2 817.0kg/hm^2，比对照九农21增产6.5%。2011年生产试验，平均产量2 991.0kg/hm^2，比对照九农21增产11.0%。蛋白质含量38.88%，脂肪含量20.63%。

栽培要点 4月下旬至5月上旬播种。保苗22万株/hm^2。施有机肥30 000kg/hm^2、磷酸二铵150kg/hm^2。及时防治蚜虫，8月中旬防治大豆食心虫。

适宜地区 吉林省长春、吉林、通化地区，辽宁省东部山区，内蒙古自治区赤峰地区。

284. 吉农32（Jinong 32）

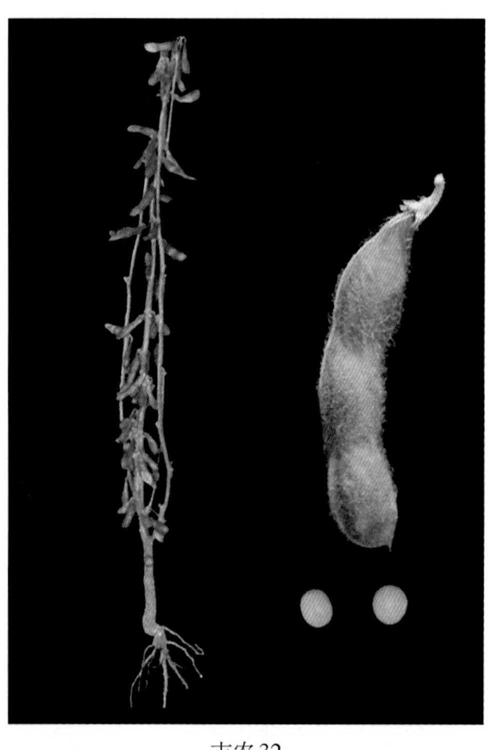

吉农32

品种来源 吉林农业大学用吉林30作母本，外引系DG3256作父本，经有性杂交，系谱法选育而成。原品系号吉农2001-134。2012年经吉林省农作物品种审定委员会审定，审定编号为吉审豆2012003。全国大豆品种资源统一编号ZDD30956。

特征 亚有限结荚习性。株高98cm，主茎型，株型收敛。结荚密集，三粒荚多，荚褐色。椭圆叶，白花，棕毛。粒椭圆形，种皮黄色，有光泽，脐黄色。百粒重18.3g。

特性 北方春大豆，中晚熟品种，生育期127d。人工接种鉴定，中抗大豆花叶病毒1号、3号株系，高抗大豆灰斑病，田间综合抗病性好。抗大豆食心虫。

产量品质 2010—2011年吉林省中晚熟组区域试验，平均产量3 140.0kg/hm^2，比对照吉育72增产11.1%。2011年生产试验，平均产量3 016.2kg/hm^2，比对照吉育72增产11.5%。蛋白质含量39.68%，脂肪含量20.64%。

栽培要点 4月下旬至5月上旬播种。保苗22万株/hm^2。施有机肥30 000kg/hm^2、磷酸二铵150kg/hm^2。及时防治蚜虫，8月中旬防治大豆食心虫。

适宜地区 吉林省中熟区。

285. 吉农33（Jinong 33）

品种来源 吉林农业大学农学院用吉林38作母本，意3作父本，经有性杂交，系谱法选育而成。原品系号吉农9916-14。2013年经吉林省农作物品种审定委员会审定，审定编号为吉审豆2013001。全国大豆品种资源统一编号ZDD30957。

特征 亚有限结荚习性。株高100cm，主茎型。结荚密集，三粒荚多，荚熟褐色。椭圆叶，紫花，灰毛。粒椭圆形，种皮黄色，有光泽，脐淡褐色。百粒重19.2g。

特性 北方春大豆，中晚熟品种，生育期126d。人工接种鉴定，抗大豆花叶病毒1号、3号株系，抗大豆花叶病毒混合株系；中感大豆灰斑病，田间综合抗病性好。中抗大豆食心虫。

产量品质 2011—2012年吉林省中晚熟组区域试验，平均产量3 097.2kg/hm^2，比对照吉育72增产4.9%。2012年生产试验，平均产量3 423.4kg/hm^2，比对照吉育72增产6.9%。蛋白质含量37.55%，脂肪含量21.19%。

栽培要点 4月末至5月初播种。保苗20万株/hm^2。施有机肥20 000 ~ 30 000kg/hm^2作底肥，磷酸二铵100 ~ 150kg/hm^2作种肥。及时防治蚜虫，8月中旬防治大豆食心虫。

适宜地区 吉林省中晚熟区。

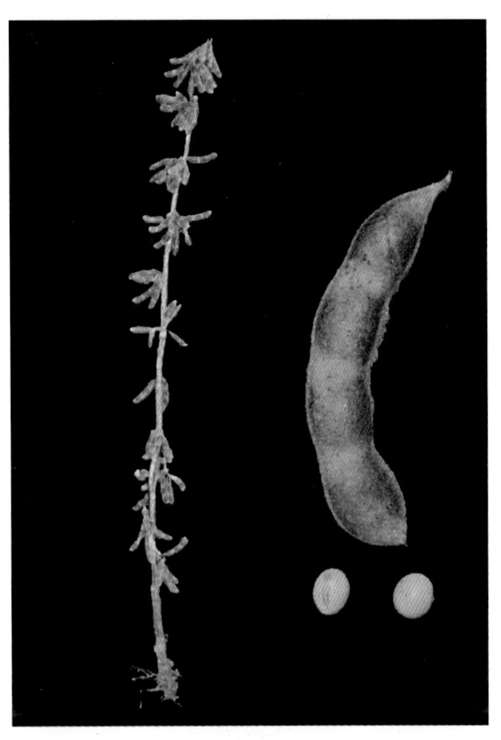

吉农33

286. 吉农34（Jinong 34）

品种来源 吉林农业大学农学院用吉农9922-2作母本，外引系ARIRA作父本，经有性杂交，系谱法选育而成。原品系号吉农2001—2421。2013年经吉林省农作物品种审定委员会审定，审定编号为吉审豆2013003。全国大豆品种资源统一编号ZDD30958。

特征 亚有限结荚习性。株高90cm，有分枝，株型收敛。结荚密集，三、四粒荚多，荚熟褐色。椭圆叶，紫花，棕毛。粒椭圆形，种皮黄色，有光泽，脐淡褐色。百粒重21.6g。

特性 北方春大豆，中熟品种，生育期126d。人工接种鉴定，中抗大豆花叶病毒1

吉农34

号、3号株系，中抗大豆花叶病毒混合株系；抗大豆灰斑病，田间综合抗病性好。

产量品质 2011—2012年吉林省中晚熟组区域试验，平均产量3 098.8kg/hm²，比对照九农21增产8.0%。2012年生产试验，平均产量3 678.8kg/hm²，比对照吉农18增产8.5%。蛋白质含量40.13%，脂肪含量20.09%。

栽培要点 4月末至5月初播种。保苗20万株/hm²。施有机肥20 000 ~ 30 000kg/hm²作底肥，磷酸二铵100 ~ 150kg/hm²作种肥。及时防治蚜虫，8月中旬防治大豆食心虫。

适宜地区 吉林省中熟区。

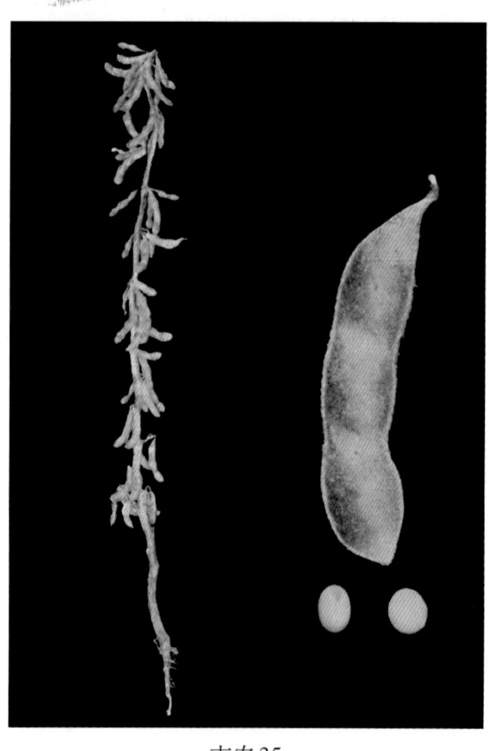

吉农35

287. 吉农35（Jinong 35）

品种来源 吉林农业大学农学院用吉农9922-2作母本，外引系ARIRA作父本，经有性杂交，系谱法选育而成。原品系号吉农2004-163。2013年经吉林省农作物品种审定委员会审定，审定编号为吉审豆2013008。全国大豆品种资源统一编号ZDD30959。

特征 亚有限结荚习性。株高95cm，有分枝，株型收敛。结荚密集，三粒荚多，荚熟褐色。椭圆叶，白花，棕毛。粒椭圆形，种皮黄色，有光泽，脐黄色。百粒重20.2g。

特性 北方春大豆，中早熟品种，生育期120d。人工接种鉴定，中抗大豆花叶病毒3号株系，抗大豆花叶病毒混合株系；中抗大豆灰斑病，田间综合抗病性好。

产量品质 2011—2012年吉林省中晚熟组区域试验，平均产量3 312.1kg/hm²，比对照吉育47增产4.2%。2012年生产试验，平均产量3 088.6kg/hm²，比对照吉育47增产7.4%。蛋白质含量39.93%，脂肪含量22.26%。

栽培要点 4月末至5月初播种。保苗22万株/hm²。施有机肥20 000 ~ 30 000kg/hm²作底肥，磷酸二铵100 ~ 150kg/hm²作种肥。及时防治蚜虫，8月中旬防治大豆食心虫。

适宜地区 吉林省中早熟区。

288. 吉农36（Jinong 36）

品种来源 吉林农业大学农学院用CN03-29作母本，吉农CN03-30作父本，经有性杂交，系谱法选育而成。原品系号吉农2009-77。2013年经吉林省农作物品种审定委员会审定，审定编号为吉审豆2013004。全国大豆品种资源统一编号ZDD30960。

特征 无限结荚习性。株高110cm，主茎型，有2～3个分枝。结荚均匀，四粒荚多，荚熟褐色。披针叶，紫花，灰毛。粒椭圆形，种皮黄色，有光泽，脐黄色。百粒重20.2g。

特性 北方春大豆，中晚熟品种，生育期129d。人工接种鉴定，抗大豆花叶病毒1号、3号株系，中抗大豆花叶病毒混合株系；中抗大豆灰斑病，田间综合抗病性好。中抗大豆食心虫。

产量品质 2010—2012年吉林省中晚熟组区域试验，平均产量3 068.4kg/hm^2，比对照吉农18增产6.1%。2012年生产试验，平均产量3 659.1kg/hm^2，比对照吉育72增产6.9%。蛋白质含量37.55%，脂肪含量21.19%。

栽培要点 4月末至5月初播种。保苗22万株/hm^2。施有机肥20 000～30 000kg/hm^{2}作底肥，磷酸二铵100～150kg/hm^{2}作种肥。及时防治蚜虫，8月中旬防治大豆食心虫。

适宜地区 吉林省长春、吉林、通化、辽源、松原、延边等中熟区。

吉农36

289. 吉农37（Jinong 37）

品种来源 吉林农业大学农学院用吉林30作母本，吉农9616-1-6作父本，经有性杂交，系谱法选育而成。原品系号吉农2004-30-154。2014年经吉林省农作物品种审定委员会审定，审定编号为吉审豆2014003。全国大豆品种资源统一编号ZDD30961。

特征 亚有限结荚习性。株高90cm，主茎型。结荚密集，三粒荚多，荚熟褐色。披针叶，紫花，灰毛。粒圆形，种皮黄色，有光泽，脐黄色。百粒重19.2g。

特性 北方春大豆，中晚熟品种，生育期129d。人工接种鉴定，抗大豆花叶病毒1号、3号株系，抗大豆花叶病毒混合株系；中感大豆灰斑病，田间综合抗病性好。高抗大豆食心虫。

产量品质 2012—2013年吉林省中晚熟组

吉农37

区域试验，平均产量3 216.8kg/hm²，比对照吉育72增产6.4%。2012年生产试验，平均产量3 284.2kg/hm²，比对照吉育72增产8.8%。蛋白质含量40.07%，脂肪含量19.15%。

栽培要点 4月末至5月初播种。保苗23万株/hm²。施有机肥20 000 ～ 30 000kg/hm²作底肥，磷酸二铵100 ～ 150kg/hm²作种肥。及时防治蚜虫，8月中旬防治大豆食心虫。

适宜地区 吉林省中晚熟区。

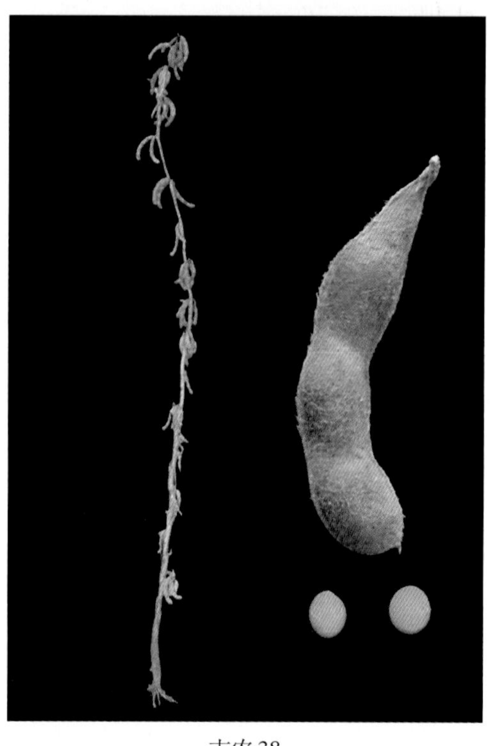

吉农38

290. 吉农38（Jinong 38）

品种来源 吉林农业大学农学院用外引系CUNA作母本，吉农9922-2作父本，经有性杂交，系谱法选育而成。原品系号吉农2004-16-422。2014年经吉林省农作物品种审定委员会审定，审定编号为吉审豆2014011。全国大豆品种资源统一编号ZDD30962。

特征 亚有限结荚习性。株高90cm，主茎型，有1 ～ 2个分枝。结荚密集，三、四粒荚多，荚熟褐色。卵圆叶，白花，灰毛。粒椭圆形，种皮黄色，有光泽，脐黄色。百粒重20.9g。

特性 北方春大豆，中早熟品种，生育期120d。人工接种鉴定，中感大豆花叶病毒1号、3号株系，中抗大豆灰斑病，田间综合抗病性好。中抗大豆食心虫。

产量品质 2012—2013年吉林省中晚熟组区域试验，平均产量3 311.9kg/hm²，比对照吉育47增产3.1%。2013年生产试验，平均产量3 116.1kg/hm²，比对照吉育47增产4.0%。蛋白质含量36.24%，脂肪含量21.52%。

栽培要点 4月末至5月初播种，保苗22万株/hm²。施有机肥20 000 ～ 30 000kg/hm²作底肥，磷酸二铵100 ～ 150kg/hm²作种肥。及时防治蚜虫，8月中旬防治大豆食心虫。

适宜地区 吉林省中早熟区。

291. 吉农39（Jinong 39）

品种来源 吉林农业大学农学院用九交9638-7作母本，吉农9128-27作父本，经有性杂交，系谱法选育而成。原品系号吉农2002-59。2014年经吉林省农作物品种审定委员会审定，审定编号为吉审豆2014004。全国大豆品种资源统一编号ZDD30963。

特征 亚有限结荚习性。株高115cm，主茎型。结荚密集，三粒荚多，荚熟深褐色。椭圆叶，紫花，灰毛。粒圆形，种皮黄色，有光泽，脐黄色。百粒重19.8g。

特性 北方春大豆，中晚熟品种，生育期129d。人工接种鉴定，抗大豆花叶病毒1号、3号株系，抗大豆花叶病毒混合株系；抗大豆灰斑病，田间综合抗病性好。抗大豆食心虫。

产量品质 2012—2013年吉林省中晚熟组区域试验，平均产量3 342.8kg/hm^2，比对照吉育72增产10.6%。2013年生产试验，平均产量3 382.2kg/hm^2，比对照吉育72增产12.1%。蛋白质含量39.43%，脂肪含量19.72%。

栽培要点 4月末至5月初播种。保苗20万株/hm^2。施有机肥20 000 ~ 30 000kg/hm^{2}作底肥，磷酸二铵100 ~ 150kg/hm^{2}作种肥。及时防治蚜虫，8月中旬防治大豆食心虫。

适宜地区 吉林省四平、长春、吉林、通化、辽源、松原、延边等中晚熟区。

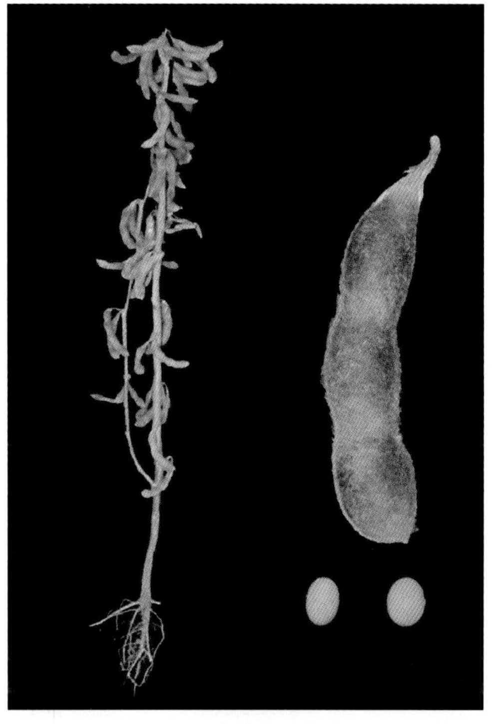

吉农39

292. 吉农40（Jinong 40）

品种来源 吉林农业大学用SY05-9作母本，SY05-8作父本，经有性杂交，系谱法选育而成。原品系号SB2010-99。2014年经吉林省农作物品种审定委员会审定，审定编号为吉审豆2014006。全国大豆品种资源统一编号ZDD30964。

特征 亚有限结荚习性。株高95cm，主茎型。结荚均匀，三粒荚多，荚熟褐色。椭圆叶，紫花，灰毛。粒圆形，种皮黄色，有光泽，脐黄色。百粒重18.2g。

特性 北方春大豆，中熟品种，生育期127d。人工接种鉴定，中抗大豆花叶病毒1号、3号株系，抗大豆花叶病毒混合株系；中抗大豆灰斑病，田间综合抗病性好。中抗大豆食心虫。

产量品质 2012—2013年吉林省中熟组区域试验，平均产量3 181.2kg/hm^2，比对照吉农18增产2.3%。2013年生产试验，平均产量3 288.6kg/hm^2，比对照吉农18增产8.9%。蛋白质含量36.60%，脂肪含量21.85%。

吉农40

栽培要点 4月末至5月初播种。保苗22万株/hm^2。施有机肥20 000 ～ 30 000kg/hm^{2}作底肥，磷酸二铵100 ～ 150kg/hm^{2}作种肥。及时防治蚜虫，8月中旬防治大豆食心虫。

适宜地区 吉林省长春、吉林、通化、辽源、松原、延边等中熟区。

293. 欧科豆25（Oukedou 25）

品种来源 吉林农业大学用黑农38作母本，吉农10号作父本，经有性杂交，系谱法选育而成。原品系号吉农9823。2009年经吉林省农作物品种审定委员会审定，审定编号为吉审豆2009007。全国大豆品种资源统一编号ZDD24504。

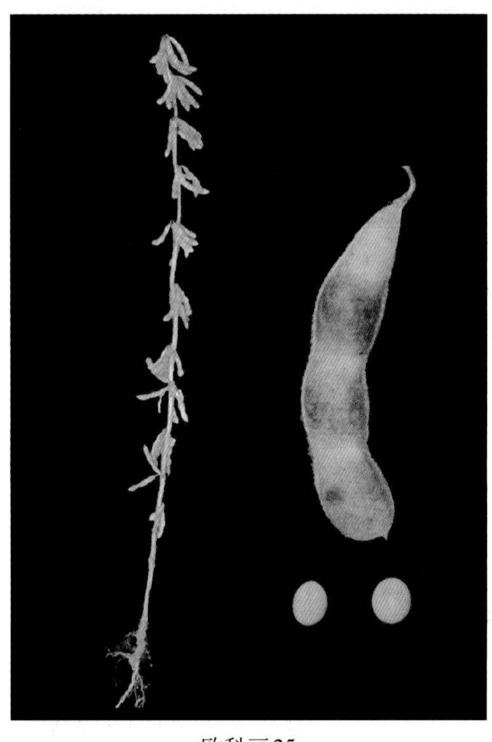

欧科豆25

特征 亚有限结荚习性。株高87cm，主茎发达，少有分枝，株型收敛。结荚较密，三粒荚多，荚褐色。圆叶，白花，灰毛。粒近圆形，种皮黄色，脐黄色。百粒重20.4g。

特性 北方春大豆，中早熟品种，生育期123d。人工接种鉴定，中抗大豆花叶病毒混合株系，免疫大豆花叶病毒1号株系，抗2号株系；中抗大豆灰斑病，田间综合抗病性好。中抗大豆食心虫。

产量品质 2006—2007年吉林省中早熟组区域试验，平均产量3 107.4kg/hm^2，比对照白农6号增产9.6％。2007—2008年生产试验，平均产量2 889.1kg/hm^2，比对照白农6号增产7.1％。蛋白质含量37.07％，脂肪含量21.18％。

栽培要点 4月下旬至5月上旬播种。可垄上条播，也可等距点播，播种量60kg/hm^2，保苗20万～ 22万株/hm^2。施有机肥30 000kg/hm^2、磷酸二铵150kg/hm^2。及时防治蚜虫，8月中旬防治大豆食心虫。

适宜地区 吉林省中早熟地区。

294. 吉豆4号（Jidou 4）

品种来源 吉林省农作物新品种引育中心用九农21作母本，新34-1作父本，经有性杂交，系谱法选育而成。原品系号新04-4230。2011年经吉林省农作物品种审定委员会审定，审定编号为吉审豆2011012。全国大豆品种资源统一编号ZDD30965。

特征 无限结荚习性。株高102cm，分枝型，节间短。结荚均匀，荚密集，三、四粒荚多，荚黑褐色。披针叶，紫花，灰毛。粒圆形，种皮黄色，有光泽，脐无色。百粒重20.5g。

特性 北方春大豆，中熟品种，生育期130d。人工接种鉴定，抗大豆花叶病毒1号株系，中抗3号株系；中抗大豆灰斑病，田间综合抗病性好。

产量品质 2009—2010年吉林省中熟组区域试验，平均产量2 809.0kg/hm²，比对照九农21增产6.4%。2010年生产试验，平均产量2 921.8kg/hm²，比对照九农21增产8.4%。蛋白质含量38.60%，脂肪含量21.83%。

栽培要点 4月下旬至5月上旬播种。播种量60kg/hm²，保苗19万～23万株/hm²。施有机肥30 000kg/hm²、磷酸二铵150kg/hm²。及时防治蚜虫，8月中旬防治大豆食心虫。

适宜地区 吉林省中熟地区。

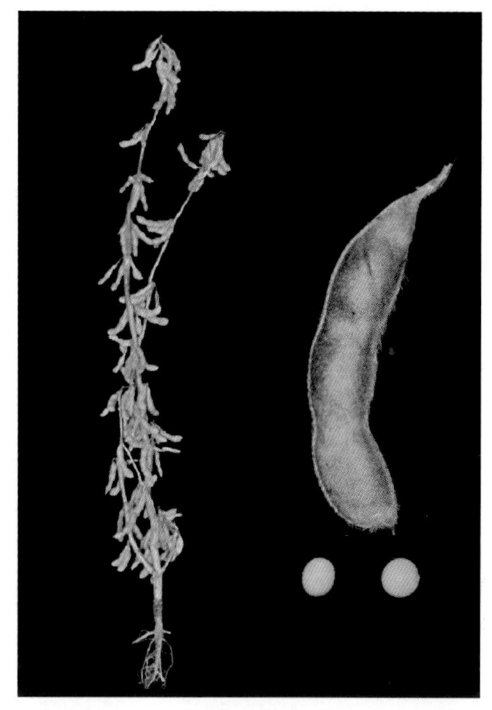

吉豆4号

295. 平安豆8号（Ping'andou 8）

品种来源 吉林省平安农业科学院用九9638-7作母本，绥98-6023作父本，经有性杂交，系谱法选育而成。原品系号平安1008。2006年经吉林省农作物品种审定委员会审定，审定编号为吉审豆2006010。全国大豆品种资源统一编号ZDD24518。

特征 无限结荚习性。株高100cm，分枝4～6个，主茎与分枝差异不大。结荚密集，三、四粒荚较多，荚褐色。披针叶，紫花，灰毛。粒黄色，稍有光泽，脐黄色。百粒重19.4g。

特性 北方春大豆，中晚熟品种，生育期132d。人工接种鉴定，中抗大豆花叶病毒混合株系，抗1号、2号株系，中抗3号株系，田间综合抗病性好。抗大豆食心虫。

产量品质 2002—2003年吉林省中晚熟组区域试验，平均产量3 085kg/hm²，比对照吉林30增产6.9%。2005年生产试验，平均产量2 940kg/hm²，比对照吉林30增产6.8%。蛋白

平安豆8号

质含量39.89%，脂肪含量20.267%。

栽培要点 4月下旬至5月上旬播种。保苗12万～13万株/hm^2。施有机肥30 000kg/hm^2、磷酸二铵150kg/hm^2。及时防治蚜虫，8月中旬防治大豆食心虫。

适宜地区 吉林省中晚熟地区。

296. 平安豆16（Ping'andou 16）

品种来源 吉林省平安农业科学院用黑河54作母本，平引341作父本，经有性杂交，系谱法选育而成。原品系号平安1016。2005年经吉林省农作物品种审定委员会审定，审定编号为吉审豆2005005。全国大豆品种资源统一编号ZDD24519。

平安豆16

特征 无限结荚习性。株高100cm，茎秆强韧，主茎发达，1～2个分枝。结荚较密集，三、四粒荚较多，荚褐色。披针叶，紫花，灰毛。粒圆形，种皮黄色，有光泽，脐黄色。百粒重22.1g。

特性 北方春大豆，早熟品种，生育期115d。人工接种鉴定，抗大豆花叶病毒混合株系，中感1号、2号株系，中抗3号株系，田间综合抗病性好。

产量品质 2003—2004年吉林省早熟组区域试验，平均产量2 511.0kg/hm^2，比对照延农8号增产4.2%。2004年生产试验，平均产量2 955.5kg/hm^2，比对照延农8号增产11.9%。蛋白质含量41.62%，脂肪含量18.72%。

栽培要点 4月下旬至5月上旬播种。保苗22万～25万株/hm^2。施有机肥30 000kg/hm^2、磷酸二铵150kg/hm^2。及时防治蚜虫，8月中旬防治大豆食心虫。

适宜地区 吉林省中早熟地区。

297. 平安豆49（Ping'andou 49）

品种来源 吉林省平安农业科学院用绥农11作母本，公交90117-12作父本，经有性杂交，系谱法选育而成。原品系号平安1049。2007年经吉林省农作物品种审定委员会审定，审定编号为吉审豆2007001。全国大豆品种资源统一编号ZDD24520。

特征 无限结荚习性。株高85cm，茎秆粗壮，主茎发达，分枝少。结荚密集，三、四粒荚较多，荚褐色。披针叶，白花，灰毛。粒圆形，种皮黄色，有光泽，脐黄色。百粒重20.7g。

特性 北方春大豆，早熟品种，生育期116d。田间综合抗病性好。抗大豆食心虫。

产量品质 2005—2006年吉林省早熟组区域试验，平均产量3 037kg/hm²，比对照延农8号增产8.6%。2006年生产试验，平均产量3 192kg/hm²，比对照延农8号增产9.3%。蛋白质含量37.82%，脂肪含量20.02%。

栽培要点 4月下旬至5月上旬播种。播种量65kg/hm²，保苗22万株/hm²。施有机肥30 000kg/hm²、磷酸二铵150kg/hm²。及时防治蚜虫，8月中旬防治大豆食心虫。

适宜地区 吉林省早熟、极早熟地区。

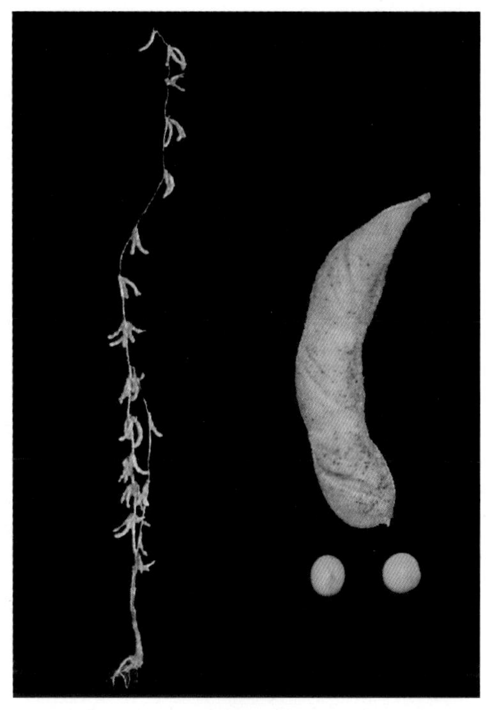

平安豆49

298. 平安豆80（Ping'andou 80）

品种来源 吉林省平安农业科学院用九9638-7作母本，绥98-6023作父本，经有性杂交，系谱法选育而成。原品系号平安80。2011年经吉林省农作物品种审定委员会审定，审定编号为吉审豆2011005。全国大豆品种资源统一编号ZDD30966。

特征 亚有限结荚习性。株高90cm，主茎型。结荚密集，三粒荚多，荚褐色。圆叶，白花，灰毛。粒圆形，种皮黄色，有光泽，脐黄色。百粒重24.3g。

特性 北方春大豆，中晚熟品种，生育期128d。人工接种鉴定，抗大豆灰斑病，田间综合抗病性好。抗大豆食心虫，

产量品质 2009—2010年吉林省中晚熟组区域试验，平均产量3 138.3kg/hm²，比对照吉林30增产12.6%。2010年生产试验，平均产量3 413kg/hm²，比对照吉林30增产11.3%。蛋白质含量38.3%，脂肪含量21.05%。

栽培要点 4月下旬至5月上旬播种。保苗18万株/hm²。施有机肥30 000kg/hm²、磷酸二铵150kg/hm²。及时防治蚜虫，8月中旬防治大豆食心虫。

平安豆80

九农31

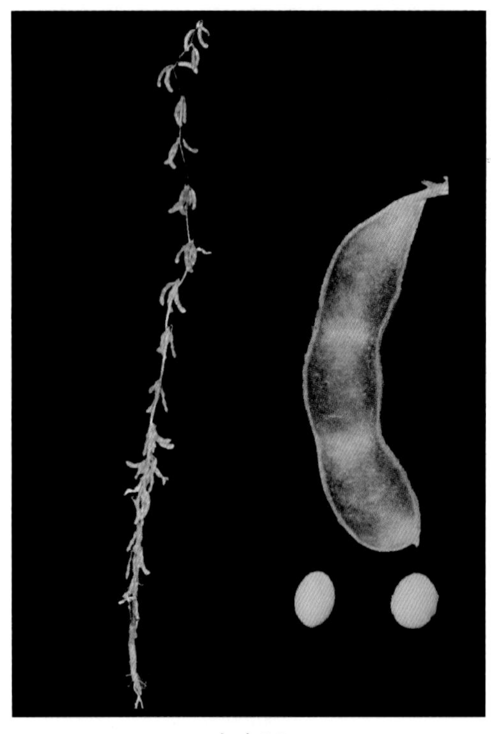
九农33

适宜地区 吉林省中晚熟地区。

299. 九农31（Jiunong 31）

品种来源 吉林省吉林市农业科学院大豆研究所用吉林30作母本，绥农14作父本，经有性杂交，系谱法选育而成。原品系号九交9638-7。2005年经吉林省农作物品种审定委员会审定，审定编号为吉审豆2005006。全国大豆品种资源统一编号ZDD24510。

特征 亚有限结荚习性。株高93cm，主茎17节。结荚密，三、四粒荚较多，荚褐色。披针叶，白花，灰毛。粒圆形，种皮黄色，有光泽，脐黄色。百粒重16.0g。

特性 北方春大豆，中早熟品种，生育期126d。人工接种鉴定，抗大豆花叶病毒1号株系，抗大豆灰斑病，田间综合抗病性好。高抗大豆食心虫。

产量品质 2003—2004年吉林省中早熟组区域试验，平均产量2 458.0kg/hm^2，比对照白农6号增产6.49%。2004年生产试验，平均产量2 476.0kg/hm^2，比对照白农6号增产5.9%。蛋白质含量42.3%，脂肪含量19.56%。

栽培要点 4月下旬至5月上旬播种。保苗20万株/hm^2。施有机肥15 000kg/hm^2、磷酸二铵150kg/hm^2、钾肥 40 ~ 50kg/hm^2。及时防治蚜虫，8月中旬防治大豆食心虫。

适宜地区 吉林省中早熟地区。

300. 九农33（Jiunong 33）

品种来源 吉林省吉林市农业科学院大豆研究所用九交92108-15-1作母本，九农20作父本，经有性杂交，系谱法选育而成。原品系号九交97102-10-1。2005年经吉林省农作物品种审定委员会审定，审定编号为吉审豆2005016。全国大豆品种资源统一编号ZDD24511。

特征 无限结荚习性。株高115cm，主茎18节，分枝2个，株型收敛，荚褐色。圆叶，紫花，灰毛。粒圆形，种皮黄色，有光泽，脐黄色。百粒重27.0g。

特性 北方春大豆，中晚熟品种，生育期132d。人工接种鉴定，中抗大豆花叶病毒混合株系，中抗大豆灰斑病，田间综合抗病性好。

产量品质 2003—2004年吉林省中晚熟组区域试验，平均产量3 067.2kg/hm²，比对照吉林30增产7.0%。2004年生产试验，平均产量3 178.3kg/hm²，比对照吉林30增产6.8%。蛋白质含量40.97%，脂肪含量19.40%。

栽培要点 4月下旬至5月上旬播种。保苗20万株/hm²。施有机肥15 000kg/hm²、磷酸二铵150kg/hm²。及时防治蚜虫，8月中旬防治大豆食心虫。

适宜地区 吉林省中晚熟地区。

301. 九农34（Jiunong 34）

品种来源 吉林省吉林市农业科学院大豆研究所用九交8799作母本，Century-2作父本，经有性杂交，系谱法选育而成。原品系号九交L2175。2007年经吉林省农作物品种审定委员会审定，审定编号为吉审豆2007018。全国大豆品种资源统一编号ZDD30967。

特征 亚有限结荚习性。株高95cm，分枝型，2～3个分枝，荚褐色。圆叶，白花，灰毛。粒圆形，种皮黄色，有光泽，脐褐色。百粒重18.2g。

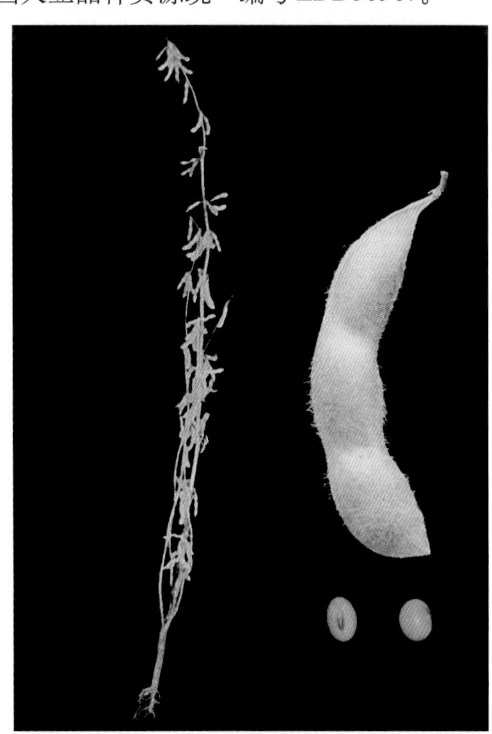

九农34

特性 北方春大豆，中晚熟品种，生育期131d。人工接种鉴定，抗大豆花叶病毒病，抗大豆灰斑病，田间综合抗病性好。

产量品质 2004—2005年吉林省中晚熟组区域试验，平均产量3 060.7kg/hm²，比对照吉林30增产13.1%。2005年生产试验，平均产量3 139.6kg/hm²，比对照吉林30增产14.1%。蛋白质含量38.53%，脂肪含量21.85%。

栽培要点 4月下旬至5月上旬播种。播种量50kg/hm²，保苗18万株/hm²，遵照薄地宜密、肥地宜稀的原则。施有机肥15 000kg/hm²、磷酸二铵150kg/hm²。及时防治蚜虫，8月中旬防治大豆食心虫。

适宜地区 吉林省无霜期131d以上平原和无霜期较长的半山区。

九农35

302. 九农35（Jiunong 35）

品种来源 吉林省吉林市农业科学院大豆研究所用九交7714-12作母本，九交8909-16-3作父本，经有性杂交，系谱法选育而成。原品系号九交L2175-2。2008年经国家农作物品种审定委员会审定，审定编号为国审豆2008016。全国大豆品种资源统一编号ZDD30968。

特征 亚有限结荚习性。株高80cm，单株有效荚数59个，荚褐色。圆叶，白花，灰毛。粒椭圆形，种皮黄色，脐褐色。百粒重15.6g。

特性 北方春大豆，中晚熟品种，生育期130d。人工接种鉴定，中抗大豆花叶病毒1号株系，田间综合抗病性好。

产量品质 2006—2007年北方春大豆中熟组区域试验，平均产量3 165kg/hm^2，比对照九农21增产3.9%。2007年生产试验，平均产量3 156kg/hm^2，比对照九农21增产3.1%。蛋白质含量39.3%，脂肪含量21.56%。

栽培要点 在吉林省适于4月下旬至5月上旬播种。保苗20万株/hm^2。施有机肥15 000kg/hm^2、磷酸二铵150kg/hm^2。及时防治蚜虫，8月中旬防治大豆食心虫。

适宜地区 吉林省中部、内蒙古自治区赤峰和新疆维吾尔自治区石河子地区。

九农36

303. 九农36（Jiunong 36）

品种来源 吉林省吉林市农业科学院大豆研究所用九交9194-22-1作母本，九交94100-2作父本，经有性杂交，系谱法选育而成。原品系号九交9895-8。2009年经吉林省农作物品种审定委员会审定，审定编号为吉审豆2009004。全国大豆品种资源统一编号ZDD24512。

特征 亚有限结荚习性。株高90cm，主茎型，节间短。结荚均匀，荚密集，三、四粒荚多，荚褐色。圆叶，紫花，灰毛。粒圆形，种皮黄色，有光泽，脐黄色。百粒重22.1g。

特性 北方春大豆，中晚熟品种，生育期131d。人工接种鉴定，中抗大豆病毒混合株系，田间综合抗病性好。

产量品质 2006—2007年吉林省中晚熟组区域试验，平均产量3 197.9kg/hm^2，比对照吉林30增产6.3%。2007年生产试验，平均产量3 039.4kg/hm^2，比对照吉林30增产5.2%。蛋白质含量38.54%，脂肪含量20.49%。

栽培要点 4月下旬至5月上旬播种。保苗20万株/hm^2。施有机肥15 000kg/hm^2、磷酸二铵150kg/hm^2。及时防治蚜虫，8月中旬防治大豆食心虫。

适宜地区 吉林省无霜期131d以上平原和无霜期较长的半山区。

304. 九农39（Jiunong 39）

品种来源 吉林省吉林市农业科学院大豆研究所用哈96-29作母本，长B96-41作父本，经有性杂交，系谱法选育而成。原品系号九交A2006-6。2011年经吉林省农作物品种审定委员会审定，审定编号为吉审豆2011007。全国大豆品种资源统一编号ZDD30969。

特征 亚有限结荚习性。株高105cm，主茎型，节间短。结荚均匀，荚密集，三、四粒荚多，荚褐色。圆叶，紫花，灰毛。粒圆形，种皮黄色，有光泽，脐黄色。百粒重18.1g。

特性 北方春大豆，中晚熟品种，生育期132d。人工接种鉴定，中抗大豆病毒混合株系，田间综合抗病性好。抗大豆食心虫。

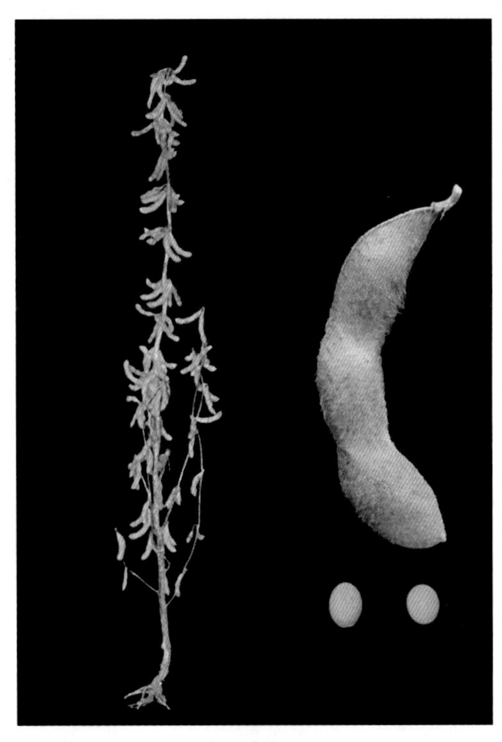

九农39

产量品质 2007—2008年吉林省中晚熟组区域试验，平均产量3 161.7kg/hm^2，比对照吉林30增产4.0%。2010年生产试验，平均产量3 299.8kg/hm^2，比对照吉林30增产7.6%。蛋白质含量38.96%，脂肪含量22.29%。

栽培要点 4月下旬至5月上旬播种，保苗20万株/hm^2。施有机肥15 000kg/hm^2、磷酸二铵150kg/hm^2。及时防治蚜虫，8月中旬防治大豆食心虫。

适宜地区 吉林省无霜期132d以上平原和无霜期较长的半山区。

305. 吉科黄豆20（Jikehuangdou 20）

品种来源 吉林农业科技学院植物科学学院用长农13作母本，A1566作父本，经有性杂交，系谱法选育而成。原品系号8121。2014年经吉林省农作物品种审定委员会审定，

吉科黄豆20

审定编号为吉审豆2014008。全国大豆品种资源统一编号ZDD30970。

特征 亚有限结荚习性。株高108cm。结荚密集，三、四粒荚多，荚熟深褐色。披针叶，白花，灰毛。粒圆形，种皮黄色，有光泽，脐黄色。百粒重19.7g。

特性 北方春大豆，中熟品种，生育期129d。人工接种鉴定，抗大豆花叶病毒1号、3号株系，中抗大豆灰斑，田间综合抗病性好。抗大豆食心虫。

产量品质 2011—2012年吉林省中晚熟组区域试验，平均产量2 991.4kg/hm^2，比对照吉育72增产4.3%。2013年生产试验，平均产量3 219.1kg/hm^2，比对照吉育72增产6.6%。蛋白质含量37.13%，脂肪含量20.64%。

栽培要点 4月末至5月初播种。保苗22万株/hm^2。施有机肥20 000 ~ 30 000kg/hm^{2}作底肥，磷酸二铵100 ~ 150kg/hm^{2}作种肥。及时防治蚜虫，8月中旬防治大豆食心虫。

适宜地区 吉林省中熟区。

306. 吉丰4号（Jifeng 4）

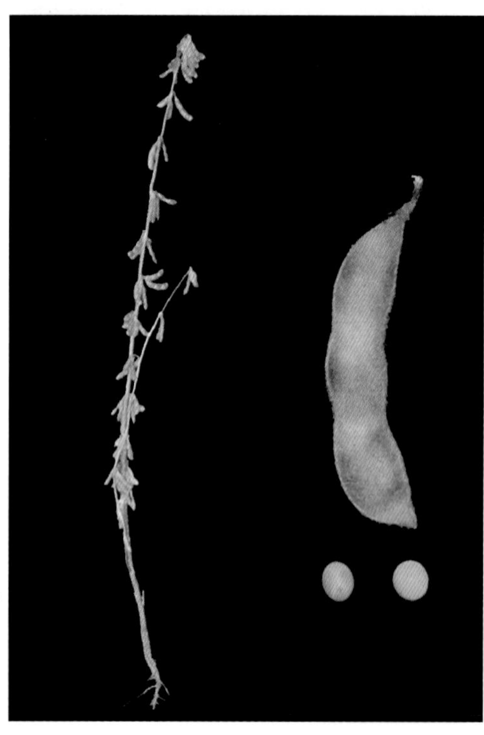
吉丰4号

品种来源 吉林省吉林市宏业种子有限公司用合丰25作母本，丰交7607作父本，经有性杂交，系谱法选育而成。原品系号吉丰4号。2005年经吉林省农作物品种审定委员会审定，审定编号为吉审豆2005004。全国大豆品种资源统一编号ZDD24514。

特征 亚有限结荚习性。株高108cm，主茎型，节间短。结荚均匀，荚密集，三、四粒荚多，荚褐色。披针叶，紫花，灰毛。粒圆形，种皮黄色，有光泽，脐黄色。百粒重19.3g。

特性 北方春大豆，早熟品种，生育期112d。人工接种鉴定，抗大豆灰斑病，田间综合抗病性好。高抗大豆食心虫。

产量品质 2009—2010年吉林省早熟组区

域试验，平均产量2 637kg/hm^2，比对照延农8号增产16.6%。2010年生产试验，平均产量2 592kg/hm^2，比对照延农8号增产15.3%。蛋白质含量41.20%，脂肪含量20.47%。

栽培要点 4月下旬至5月上旬播种。可垄上条播，也可等距点播，播种量40～45kg/hm^2，保苗25万株/hm^2，遵照薄地宜密、肥地宜稀的原则。施有机肥30 000kg/hm^2、磷酸二铵150kg/hm^2。及时防治蚜虫，8月中旬防治大豆食心虫。

适宜地区 吉林省东部有效积温2 150℃以上地区。

307. 吉大豆1号（Jidadou 1）

品种来源 吉林大学植物科学学院1996年用九交90102-3作母本，中国扁茎作父本，经有性杂交，系谱法选育而成。原品系号平安1067。2009年经吉林省农作物品种审定委员会审定，审定编号为吉审豆2009011。全国大豆品种资源统一编号ZDD24527。

特征 亚有限结荚习性。株高90cm，具有顶簇荚，主茎节数16.5个，主茎型。主茎结荚60个，三、四粒荚多，荚黄褐色。披针叶，紫花，灰毛。粒圆形，种皮黄色，有光泽，脐黄色。百粒重19.3g。

特性 北方春大豆，中早熟品种，生育期124d。田间综合抗病性好。抗大豆食心虫。

产量品质 2006—2007吉林省中早熟组区域试验，平均产量2 137.4kg/hm^2，比对照白农6号增产9.0%。2007年生产试验，平均产量2 407.8kg/hm^2，比对照白农6号增产4.5%。蛋白质含量37.98%，脂肪含量19.31%。

栽培要点 4月下旬播种。保苗18万～20万株/hm^2。施有机肥15 000kg/hm^{2}作底肥，大豆优质复合肥200kg/hm^{2}作种肥。6月下旬注意防治蚜虫，8月中旬防治大豆食心虫。

适宜地区 吉林省西部中早熟地区。

吉大豆1号

308. 吉大豆2号（Jidadou 2）

品种来源 吉林大学植物科学学院1996年用吉林38作母本，96-1作父本，经有性杂交，系谱法选育而成。原品系号平安41。2009年经吉林省农作物品种审定委员会审定，审定编号为吉审豆2009005。全国大豆品种资源统一编号ZDD24528。

特征 亚有限结荚习性。株高90cm，主茎节数16～18个，主茎型。主茎结荚50～

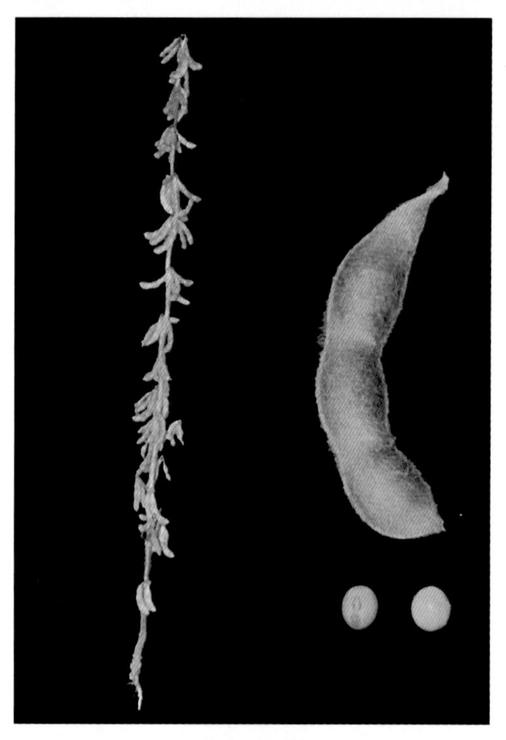
吉大豆2号

60个，三粒荚多，荚暗褐色。椭圆叶，白花，灰毛。粒圆形，种皮黄色，有光泽，脐黄色。百粒重23.4g。

特性 北方春大豆，中晚熟品种，生育期131d。田间综合抗病性好。抗大豆食心虫。

产量品质 2006—2007年吉林省中晚熟组区域试验，平均产量3 127.7kg/hm^2，比对照吉林30增产4.0%。2007年生产试验，平均产量3 108.9kg/hm^2，比对照吉林30增产7.6%。蛋白质含量36.87%，脂肪含量22.12%。

栽培要点 4月下旬播种。保苗17万～19万株/hm^2。施有机肥15 000kg/hm^{2}作底肥，大豆优质复合肥200kg/hm^{2}作种肥。6月下旬注意防治蚜虫，8月中旬防治大豆食心虫。

适宜地区 吉林省中晚熟地区。

309. 吉大豆3号（Jidadou 3）

吉大豆3号

品种来源 吉林大学植物科学学院用自选系98-5044作母本，8631-13作父本，经有性杂交，系谱法选育而成。原品系号吉大113。2011年经吉林省农作物品种审定委员会审定，审定编号为吉审豆2011008。全国大豆品种资源统一编号ZDD30971。

特征 亚有限结荚习性。株高90cm，主茎型。结荚密集，三粒荚多，荚褐色。椭圆叶，白花，灰毛。粒圆形，种皮黄色，有光泽，脐黄色。百粒重21.3g。

特性 北方春大豆，中晚熟品种，生育期130d。田间综合抗病性好。秆较强不倒伏。

产量品质 2009—2010年吉林省中晚熟组区域试验，平均产量2 822.9kg/hm^2，比对照吉林30增产6.9%。2010年生产试验，平均产量2 840.9kg/hm^2，比对照吉林30增产5.4%。蛋白质含量37.73%，脂肪含量20.41%。

栽培要点 4月下旬播种。保苗18万～20万株/hm^2。基肥施用有机肥30 000kg/hm^2，种肥施优质大豆复合肥200 ~ 250kg/hm^2。及时防治蚜虫和大豆食心虫。

适宜地区 吉林省大豆中熟地区。

310. 吉大豆5号（Jidadou 5）

吉大豆5号

品种来源 吉林大学植物科学学院用9621作母本，8898-8作父本，经有性杂交，系谱法选育而成。原品系号吉大116。2013年经吉林省农作物品种审定委员会审定，审定编号为吉审豆2013009。全国大豆品种资源统一编号ZDD30972。

特征 亚有限结荚习性。株高90cm，主茎型。结荚均匀，三、四粒荚多，荚熟褐色。披针叶，紫花，灰毛。粒圆形，种皮黄色，有光泽，脐黄色。百粒重20.7g。

特性 北方春大豆，中早熟品种，生育期119d。人工接种鉴定，中抗大豆花叶病毒1号、3号株系，抗大豆花叶病毒混合株系，田间综合抗病性好。

产量品质 2010—2012年吉林省中早熟组区域试验，平均产量2 870.1kg/hm^2，比对照绥农28增产10.4%。2012年生产试验，平均产量2 635.5kg/hm^2，比对照绥农28增产6.6%。蛋白质含量34.88%，脂肪含量24.09%。

栽培要点 4月末至5月初播种。保苗21万株/hm^2。施有机肥20 000 ~ 30 000kg/hm^{2}作底肥，磷酸二铵100 ~ 150kg/hm^{2}作种肥。及时防治蚜虫，8月中旬防治大豆食心虫。

适宜地区 吉林省中早熟区。

311. 吉利豆1号（Jilidou 1）

吉利豆1号

品种来源 吉林省松原市利民种业有限责任公司用合丰35作母本，利民89012作父本，经有性杂交，系谱法选育而成。原品系号利民2000-2。2007年经吉林省农作物品种审定委员会审定，审定编号为吉审豆2007002。全国大豆品种资源统一编号ZDD24521。

特征 有限结荚习性。株高77cm。三、四粒荚多，荚褐色。披针叶，白花，灰毛。粒圆形，种皮黄色，脐褐色。百粒重21.1g。

特性 北方春大豆，中早熟品种，生育期120d。人工接种鉴定，中抗大豆花叶病毒1号、2号株系，田间综合抗病性好。中抗大豆食心虫。

产量品质 2005—2006年吉林省中早熟组区域试验，平均产量3 107.1kg/hm^2，比对照白农6号增产10.6%。2006年生产试验，平均产量3 377.2kg/hm^2，比对照白农6号增产16.4%。蛋白质含量38.75%，脂肪含量20.55%。

栽培要点 4月下旬至5月上旬播种。播种量60kg/hm^2，保苗20万～24万株/hm^2。施有机肥30 000kg/hm^2、磷酸二铵150kg/hm^2。及时防治蚜虫，8月中旬防治大豆食心虫。

适宜地区 吉林省早熟地区。

312. 吉利豆2号（Jilidou 2）

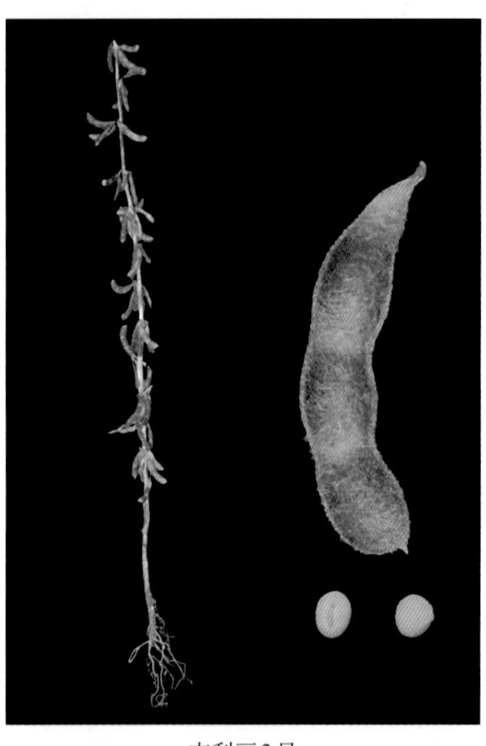

吉利豆2号

品种来源 吉林省松原市利民种业有限责任公司以大豆生产田中的自然变异株为基础材料，系统选育而成。原品系号利民89012。2006年经吉林省农作物品种审定委员会审定，审定编号为吉审豆2006003。全国大豆品种资源统一编号ZDD24522。

特征 亚有限结荚习性。株高82cm，主茎18～20节。结荚均匀，三、四粒荚多，荚褐色。披针叶，白花，灰毛。粒圆形，种皮黄色，脐黄色。百粒重21.4g。

特性 北方春大豆，早熟品种，生育期118d。人工接种鉴定，中抗大豆花叶病毒混合株系，田间综合抗病性好。

产量品质 2003—2004年吉林省早熟组区域试验，平均产量2 627.9kg/hm^2，比对照延农8号增产8.6%。2005年生产试验，平均产量2 807.8kg/hm^2，比对照延农8号增产9.2%。蛋白质含量37.65%，脂肪含量22.13%。

栽培要点 4月下旬至5月上旬播种。播种量60kg/hm^2，保苗20万～24万株/hm^2。施有机肥30 000kg/hm^2、磷酸二铵150kg/hm^2。及时防治蚜虫，8月中旬防治大豆食心虫。

适宜地区 吉林省东部早熟地区。

313. 吉利豆3号（Jilidou 3）

品种来源 吉林省松原市利民种业有限责任公司用89-9作母本，利民96018作父本，经有性杂交，系谱法选育而成。原品系号利民2002-14。2008年经吉林省农作物品种审定委员会审定，审定编号为吉审豆2008001。全国大豆品种资源统一编号ZDD24523。

特征 有限结荚习性。株高84cm。三、四粒荚多，荚褐色。披针叶，紫花，灰毛。粒圆形，种皮黄色，脐黄色。百粒重20.4g。

特性 北方春大豆，中早熟品种，生育期122d。人工接种鉴定，免疫大豆花叶病毒1号株系，抗2号株系；中抗大豆灰斑病，田间综合抗病性好。

产量品质 2005—2007年吉林省中早熟组区域试验，平均产量2 489.2kg/hm^2，比对照白农6号增产19.7%。2007年生产试验，平均产量2 008.5kg/hm^2，比对照白农6号增产11.0%。蛋白质含量40.38%，脂肪含量21.84%。

栽培要点 4月下旬至5月上旬播种。播种量60kg/hm^2，保苗20万～24万株/hm^2。施有机肥30 000kg/hm^2、磷酸二铵150kg/hm^2。及时防治蚜虫，8月中旬防治大豆食心虫。

适宜地区 吉林省白城、洮南、大安、通榆、松原等中早熟地区。

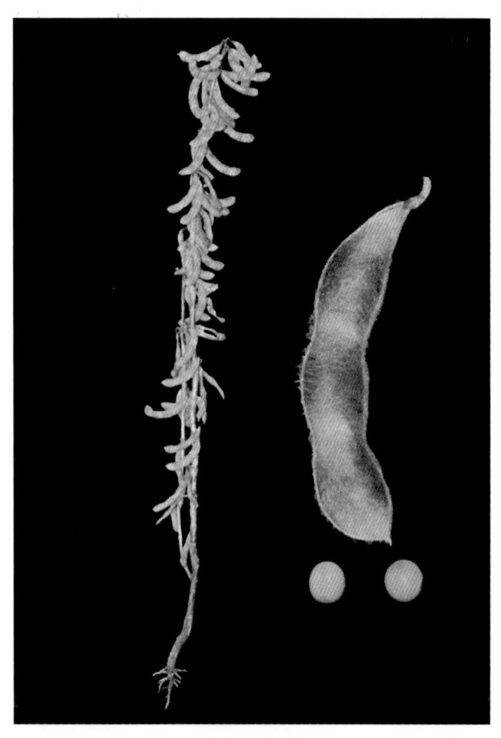

吉利豆3号

314. 吉利豆4号（Jilidou 4）

品种来源 吉林省松原市利民种业有限责任公司用吉育47作母本，利民98006作父本，经有性杂交，系谱法选育而成。原品系号利民2003-201。2010年经吉林省农作物品种审定委员会审定，审定编号为吉审豆2010006。全国大豆品种资源统一编号ZDD30973。

特征 亚有限结荚习性。株高95cm，株型收敛，主茎17节，分枝0.6个，底荚高12cm，单株有效荚数40个，荚褐色，单株粒数78粒。椭圆叶，白花，灰毛。粒圆形，种皮黄色，脐黄色。百粒重24.2g。

特性 北方春大豆，早熟品种，生育期

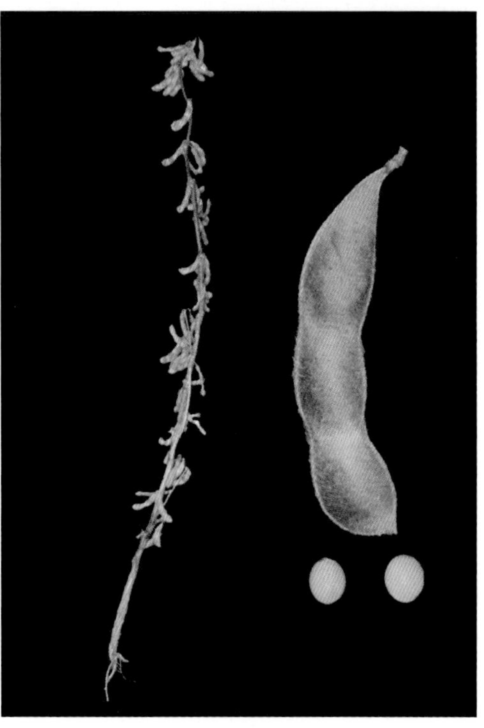

吉利豆4号

112d。人工接种鉴定，抗大豆灰斑病，田间综合抗病性好。高抗大豆食心虫，

产量品质 2009—2010年吉林省早熟组区域试验，平均产量2 637kg/hm^2，比对照延农8号增产16.6%。2010年生产试验，平均产量2 592kg/hm^2，比对照延农8号增产15.3%。蛋白质含量41.20%，脂肪含量20.47%。

栽培要点 4月下旬至5月上旬播种。可垄上条播，也可等距点播，播种量40～45kg/hm^2，保苗25万株/hm^2。施有机肥30 000kg/hm^2、磷酸二铵150kg/hm^2。及时防治蚜虫，8月中旬防治大豆食心虫。

适宜地区 吉林省东部有效积温2 150℃以上地区。

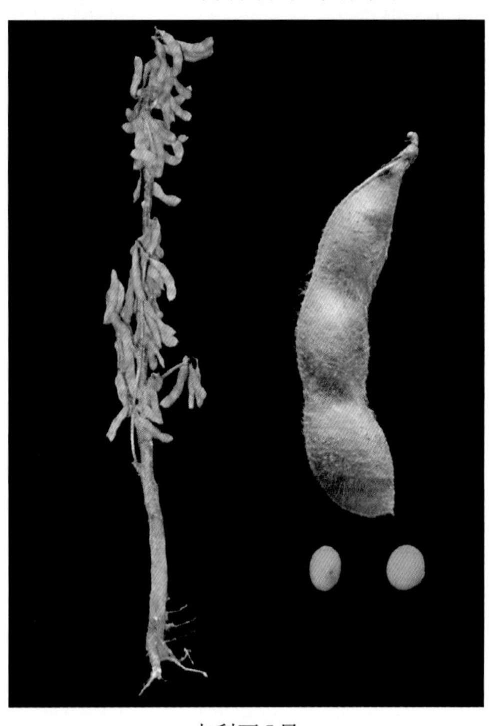

吉利豆5号

315. 吉利豆5号（Jilidou 5）

品种来源 吉林省松原市利民种业有限责任公司用世纪1号作母本，太空1号作父本，经有性杂交，系谱法选育而成。原品系号利民2007-222-1。2013年经吉林省农作物品种审定委员会审定，审定编号为吉审豆2013005。全国大豆品种资源统一编号ZDD30974。

特征 亚有限结荚习性。株高75cm，主茎型。结荚均匀，四粒荚多，荚熟褐色。披针叶，白花，灰毛。粒圆形，种皮黄色，有光泽，脐黄色。百粒重22.1g。

特性 北方春大豆，中早熟品种，生育期120d。人工接种鉴定，中抗大豆花叶病毒1号、3号株系，抗大豆花叶病毒混合株系，田间综合抗病性好。高抗大豆食心虫。

产量品质 2011—2012年吉林省中早熟组区域试验，平均产量2 335.3kg/hm^2，比对照白农10号增产5.3%。2012年生产试验，平均产量2 684.3kg/hm^2，比对照白农10号增产11.4%。蛋白质含量39.03%，脂肪含量20.45%。

栽培要点 4月末至5月初播种。保苗22万株/hm^2。施有机肥20 000～30 000kg/hm^{2}作底肥，磷酸二铵100～150kg/hm^{2}作种肥。及时防治蚜虫，8月中旬防治大豆食心虫。

适宜地区 吉林省中早熟区。

316. 延农12（Yannong 12）

品种来源 吉林省延边农业科学研究院用黑农38作母本，意3作父本，经有性杂交，系谱法选育而成。原品系号延交9902。2011年经吉林省农作物品种审定委员会审定，审定编号为吉审豆2011016。全国大豆品种资源统一编号ZDD30975。

特征　亚有限结荚习性。株高93cm，主茎型。荚密集，三粒荚多，荚黄褐色。椭圆叶，紫花，棕毛。粒圆形，种皮黄色，有光泽，脐黄色。百粒重18.5g。

特性　北方春大豆，早熟品种，生育期120d。人工接种鉴定，抗大豆花叶病毒1号、3号株系，中抗混合株系，田间综合抗病性好。

产量品质　2008—2009年吉林省早熟组区域试验，平均产量2 618.0kg/hm^2，比对照延农8号增产9.6%。2010年生产试验，平均产量2 917.6kg/hm^2，比对照延农8号增产9.8%。蛋白质含量40.76%，脂肪含量21.23%。

栽培要点　4月下旬至5月上旬播种。保苗20万～22万株/hm^2。土质较肥地块一般不施肥，中、下等肥力地块施有机肥20 000kg/hm^2、磷酸二铵100kg/hm^2、硫酸钾30kg/hm^2。及时防治蚜虫，8月中旬防治大豆食心虫。

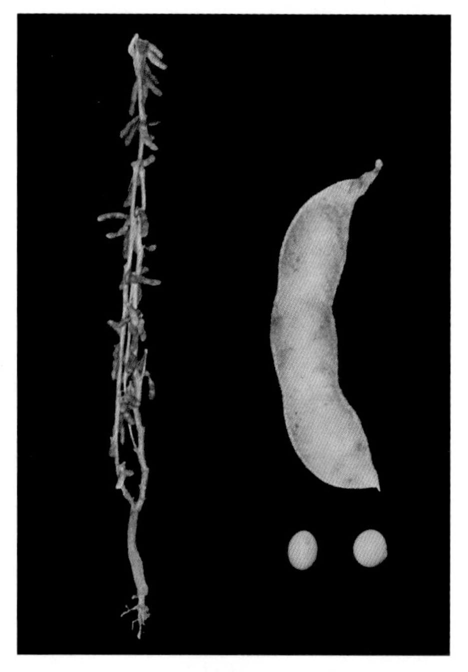

延农12

适宜地区　吉林省东部高寒山区，半山区以及东北部分早熟地区。

317. 延农小粒豆1号（Yannongxiaolidou 1）

品种来源　吉林省延边农业科学研究院用延交8302作母本，延交75-14作父本，经有性杂交，系谱法选育而成。原品系号延交8505-2。2006年经吉林省农作物品种审定委员会审定，审定编号为吉审豆2006008。全国大豆品种资源统一编号ZDD24438。

特征　亚有限结荚习性。株高85cm，分枝3个以上。二、三粒荚较多，荚褐色。披针叶，白花，灰毛。粒圆形，种皮黄色，有光泽，脐黄色。百粒重8.4g。

特性　北方春大豆，早熟品种，生育期117d。人工接种鉴定，中抗大豆花叶病毒1号株系，抗大豆灰斑病，田间综合抗病性好。

产量品质　2004—2005年吉林省早熟组生产试验，平均产量2 345kg/hm^2，比对照吉林小粒3号增产6.1%。此品种为认定品种，无区域试验。

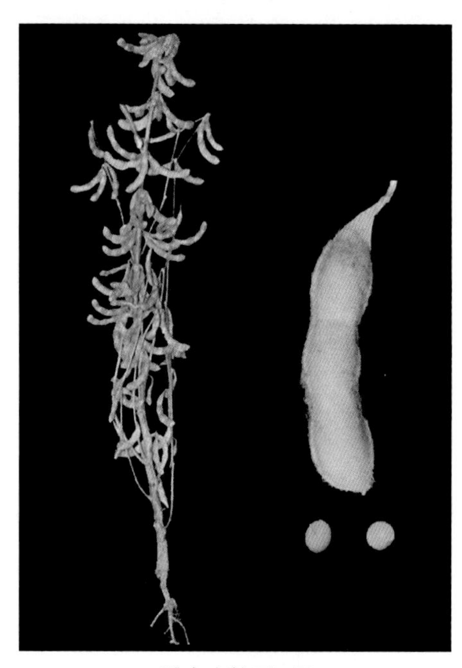

延农小粒豆1号

蛋白质含量41.41%，脂肪含量18.28%。

栽培要点 5月上旬播种。保苗18万～20万株/hm^2。土质较肥地块一般不施肥，中、下等肥力地块施有机肥20 000kg/hm^2、磷酸二铵100kg/hm^2、硫酸钾30kg/hm^2。及时防治蚜虫，8月中旬防治大豆食心虫。

适宜地区 吉林省东部山区、半山区早熟、中早熟地区。

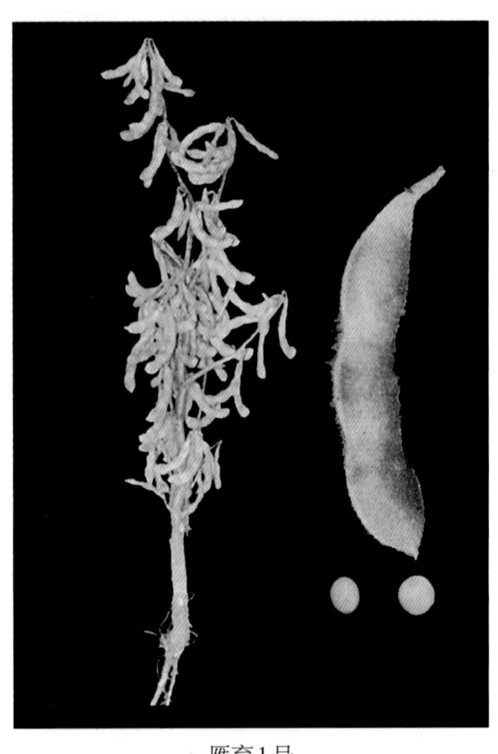

雁育1号

318. 雁育1号（Yanyu 1）

品种来源 吉林省敦化市雁鸣湖种业有限责任公司用吉林小粒3号作母本，东农690作父本，经有性杂交，系谱法选育而成。原品系号雁交11-5。2014年经吉林省农作物品种审定委员会审定，审定编号为吉审豆2014012。全国大豆品种资源统一编号ZDD30976。

特征 亚有限结荚习性。株高95cm，主茎型。结荚密集，三粒荚多。荚熟褐色。披针叶，白花，灰毛。粒圆形，种皮黄色，有光泽，脐黄色。百粒重8.5g。

特性 北方春大豆，早熟品种，生育期115d。人工接种鉴定，抗大豆花叶病毒1号、3号株系，抗大豆花叶病毒混合株系；中抗大豆灰斑病，田间综合抗病性好。高抗大豆食心虫。

产量品质 2011—2012年吉林省早熟组区域试验，平均产量2 187.5kg/hm^2，比对照吉林小粒豆4号增产11.0%。2012—2013年生产试验，平均产量2 383.2kg/hm^2，比对照吉育105增产12.4%。蛋白质含量36.59%，脂肪含量18.33%。

栽培要点 4月末至5月初播种。保苗20万株/hm^2。施有机肥20 000～30 000kg/hm^{2}作底肥，磷酸二铵100～150kg/hm^{2}作种肥。及时防治蚜虫，8月中旬防治大豆食心虫。

适宜地区 吉林省中东部山区、半山区等早熟区。

319. 通农943（Tongnong 943）

品种来源 吉林省通化市农业科学研究院用通交90-85作母本，通交88-662父本，经有性杂交，系谱法选育而成。原品系号通丰943。2011年经吉林省农作物品种审定委员会审定，审定编号为吉审豆2011006。全国大豆品种资源统一编号ZDD30977。

特征 亚有限结荚习性。株高108cm，主茎发达。三、四粒荚多，荚褐色。圆叶，白花，灰毛。粒圆形，种皮黄色，有光泽，脐黄色。百粒重22.2g。

特性 北方春大豆，中晚熟品种，生育期129d。人工接种鉴定，抗大豆花叶病毒混合株系、1号株系，中抗3号株系；抗大豆灰斑病，田间综合抗病性好。抗大豆食心虫。

产量品质 2009—2010年吉林省中晚熟组区域试验，平均产量3 080.3kg/hm^2，比对照吉林30增产10.5%。2010年生产试验，平均产量3 500.5kg/hm^2，比对照吉林30增产14.1%。蛋白质含量40.87%，脂肪含量21.07%。

栽培要点 4月下旬至5月上旬播种。播种量55kg/hm^2，保苗13万株/hm^2。施有机肥30 000kg/hm^2、磷酸二铵150kg/hm^2、硫酸钾50 ~ 75kg/hm^2。及时防治蚜虫，8月中旬防治大豆食心虫。

适宜地区 吉林省中晚熟地区。

通农943

320. 白农11（Bainong 11）

品种来源 吉林省白城市农业科学院作物育种所用白农9号作母本，河北大黄豆作父本，经有性杂交，系谱法选育而成。原品系号白交9403-9。2006年经吉林省农作物品种审定委员会审定，审定编号为吉审豆2006007。全国大豆品种资源统一编号ZDD24437。

特征 亚有限结荚习性。株高99cm，主茎型，主茎22节。三、四粒荚多，荚褐色。披针叶，白花，灰毛。粒圆形，种皮黄色，有光泽，脐黄色。百粒重18.1g。

特性 北方春大豆，中早熟品种，生育期127d。人工接种鉴定，中抗大豆花叶病毒混合株系，田间综合抗病性好。抗大豆食心虫。

产量品质 2003—2004年吉林省中早熟组区域试验，平均产量2 561.1kg/hm^2，比对照白农6号增产11.6%。2005年生产试验，平均产量2 664.7kg/hm^2，比对照白农6号增产11.5%。蛋白质含量39.78%，脂肪含量20.13%。

白农11

栽培要点 在吉林省适于4月下旬至5月

上旬播种。保苗20万～25万株/hm²。施有机肥30 000kg/hm²、磷酸二铵150kg/hm²。及时防治蚜虫，8月中旬防治大豆食心虫。

适宜地区 吉林省东部有效积温2 150℃以上地区。

321. 白农12（Bainong 12）

品种来源 吉林省白城市农业科学院作物育种所用白农9号作母本，河北大黄豆作父本，经有性杂交，系谱法选育而成。原品系号白交9403-36。2006年经吉林省农作物品种审定委员会审定，审定编号为吉审豆2006017。全国大豆品种资源统一编号ZDD30978。

特征 亚有限结荚习性。株高96cm，主茎型。结荚较密，三粒荚多，荚褐色。卵圆叶，白花，灰毛。粒圆形，种皮黄色，有光泽，脐褐色。百粒重21.2g。

白农12

特性 北方春大豆，中早熟品种，生育期123d。人工接种鉴定，中抗大豆花叶病毒混合株系，田间综合抗病性好。

产量品质 2005—2007年吉林省中早熟组区域试验，平均产量为2 321.6kg/hm²，比对照白农6号增产11.0%。2006—2008年生产试验，平均产量2 335.7kg/hm²，比对照白农6号增产7.7%。蛋白质含量38.56%，脂肪含量21.09%。

栽培要点 在吉林省适于4月下旬至5月上旬播种。播种量60～65kg/hm²，保苗20万～22万株/hm²。施有机肥30 000kg/hm²、磷酸二铵150kg/hm²。及时防治蚜虫，8月中旬防治大豆食心虫。

适宜地区 吉林省中西部地区及大豆胞囊线虫病高发区。

322. 丰交2004（Fengjiao 2004）

品种来源 吉林省东丰县种子管理站用丰交7607作母本，通农10号作父本，经有性杂交，系谱法选育而成。原品系号丰交2004。2007年经吉林省农作物品种审定委员会审定，审定编号为吉审豆2007008。全国大豆品种资源统一编号ZDD24525。

特征 亚有限结荚习性。株高96cm，节数19节。三粒荚多，荚深褐色。圆叶，白花，灰毛。粒圆形，种皮黄色，有光泽，脐黄色。百粒重23.7g。

特性 北方春大豆，中熟品种，生育期129d。人工接种鉴定，抗大豆花叶病毒1号、

2号、3号株系，抗大豆灰斑病，田间综合抗病性好。中抗大豆食心虫。

产量品质 2005—2006年吉林省中熟组区域试验，平均产量3 116.3kg/hm^2，比对照九农21增产5%。2006年生产试验，平均产量3 338.0kg/hm^2，比对照九农21增产26.2%。蛋白质含量38.80%，脂肪含量19.15%。

栽培要点 4月下旬至5月上旬播种。保苗20万～25万株/hm^2。施有机肥30 000kg/hm^2、磷酸二铵150kg/hm^2。及时防治蚜虫，8月中旬防治大豆食心虫。

适宜地区 吉林省东部有效积温2 150℃以上地区。

丰交2004

323. 金园20（Jinyuan 20）

品种来源 吉林省长岭县金园种苗有限公司在引种农垦39田里发现变异株，采用系谱法选育而成。原品系号金99-3481。2006年经吉林省农作物品种审定委员会审定，审定编号为吉审豆2006006。全国大豆品种资源统一编号ZDD24508。

特征 亚有限结荚习性。株高90cm，主茎型。三粒荚多，荚褐色。披针叶，紫花，灰毛。粒圆形，种皮黄色，有光泽，脐黄色。百粒重19.2g。

特性 北方春大豆，中早熟品种，生育期123d。人工接种鉴定，中抗大豆花叶病毒2号株系，中抗大豆灰斑病，田间综合抗病性好。

产量品质 2003—2004年吉林省中早熟组区域试验，平均产量2 446.9kg/hm^2，比对照白农6号增产5.6%。2005年生产试验，平均产量2 597.3kg/hm^2，比对照白农6号增产8.7%。蛋白质含量39.42%，脂肪含量21.96%。

栽培要点 4月下旬至5月上旬播种。保苗20万～25万株/hm^2。施有机肥30 000kg/hm^2、磷酸二铵150kg/hm^2。及时防治蚜虫，8

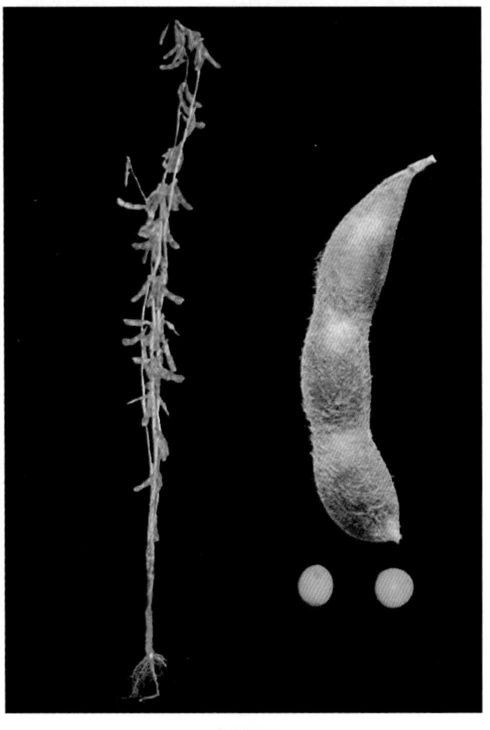

金园20

月中旬防治大豆食心虫。

适宜地区 吉林省白城、松原等中早熟区。

324. 原育20（Yuanyu 20）

品种来源 吉林省公主岭市吉原多种经营有限公司从吉林20大豆田中系选育成。原品系号S-20。2007年经吉林省农作物品种审定委员会审定，审定编号为吉审豆2007007。全国大豆品种资源统一编号ZDD24440。

特征 亚有限结荚习性。株高90cm。结荚密，四粒荚多，荚深褐色。披针叶，紫花，灰毛。粒圆形，种皮黄色，有光泽，脐黄色。百粒重19.3g。

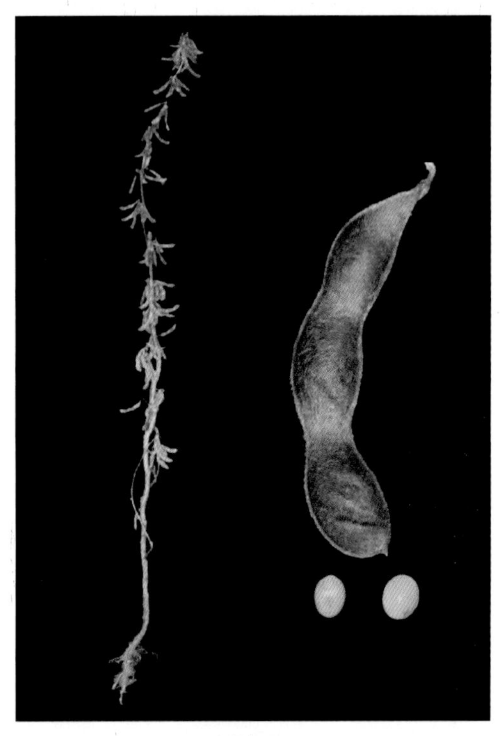

原育20

特性 北方春大豆，中熟品种，生育期127d。人工接种鉴定，抗大豆花叶病毒1号、2号、3号株系，中抗大豆灰斑病，田间综合抗病性好。

产量品质 2006年吉林省中熟组区域试验，平均产量2 637kg/hm^2，比对照九农21增产5.1%。2007年生产试验，平均产量2 986kg/hm^2，比对照九农21增产15.2%。蛋白质含量37.59%，脂肪含量21.35%。

栽培要点 4月下旬至5月上旬播种。保苗18万～20万株/hm^2。施有机肥30 000kg/hm^2、磷酸二铵150kg/hm^{2}或大豆专用肥250～400kg/hm^2。及时防治蚜虫，8月中旬防治大豆食心虫。

适宜地区 吉林省长春、吉林、通化、延边等中熟区。

辽 宁 省 品 种

325. 丹豆13（Dandou 13）

品种来源 辽宁省丹东市农业科学院大豆研究所于1998年以丹B102（凤交66-12[(本溪小黑脐 × 公616) × (早小白眉 × 集体2号)] × 铁丰18）为母本，铁丰29为父本，经有性杂交，系谱法选育而成。原品系号丹98-4245。2007年经辽宁省农作物品种审定委员会审定，审定编号为辽审豆[2007]96号。全国大豆品种资源统一编号ZDD24587。

特征 有限结荚习性。株高80.5cm，主茎节数17.1个，分枝2.6个。单株荚数59.4个，荚褐色。椭圆形叶，白花，灰毛。粒椭圆形，种皮黄色，有光泽，脐黄色。百粒重20.4g。

特性 北方春大豆，中晚熟品种，生育期133d。中抗大豆花叶病毒病。

产量品质 2005—2006年辽宁省大豆中晚熟组区域试验，平均产量2 771.55kg/hm^2，比对照丹豆11增产16.22％。2006年生产试验，平均产量2 902.65kg/hm^2，比对照丹豆11增产19.78％。蛋白质含量42.46％，脂肪含量19.00％。

栽培要点 4月中下旬至5月上旬为适播期。密度12万～15万株/hm^2。出苗后间苗。施底肥磷酸二铵150～225kg/hm^2、硫酸钾75～112.5kg/hm^2。防治蚜虫、大豆食心虫。

适宜地区 辽宁省海城、锦州、瓦房店、岫岩、丹东等活动积温在3 300℃以上的中晚熟大豆区。

丹豆13

326. 丹豆14（Dandou 14）

品种来源 辽宁省丹东市农业科学院大豆研究所于1998年以丹豆11为母本，澳丰1号为父本，经有性杂交，系谱法选育而成。原品系号丹98042。2007年经辽宁省农

丹豆14

丹豆15

作物品种审定委员会审定，审定编号为辽审豆[2007]97号。全国大豆品种资源统一编号ZDD24588。

特征 有限结荚习性。株高78.4cm，主茎节数16.2个，分枝2.2个，株型半收敛。单株荚数54.8个，荚褐色。椭圆形叶，白花，灰毛。粒椭圆形，种皮黄色，有光泽，脐黄色。百粒重20.7g。

特性 北方春大豆，中晚熟品种，生育期131d。抗大豆花叶病毒1号株系，中抗3号株系。

产量品质 2005—2006年辽宁省大豆中晚熟组区域试验，平均产量2 631.90kg/hm^2，比对照丹豆11增产10.37％。2006年生产试验，平均产量2 759.70kg/hm^2，比对照丹豆11增产13.88％。蛋白质含量41.00％，脂肪含量20.48％。

栽培要点 4月下旬至5月上旬为适播期。密度12万～15万株/hm^2。出苗后间苗。施磷酸二铵150～225kg/hm^2、硫酸钾75～112.5kg/hm^2。适时中耕。防治蚜虫、大豆食心虫。

适宜地区 辽宁省海城、锦州、瓦房店、岫岩、丹东等活动积温在3 300℃以上的中晚熟大豆区。

327. 丹豆15（Dandou 15）

品种来源 辽宁省丹东市农业科学院大豆研究所于2000年以丹豆11为母本，L81-544为父本，经有性杂交，系谱法选育而成。原品系号丹2000-16。2010年经辽宁省农作物品种审定委员会审定，审定编号为辽审豆[2010]129号。全国大豆品种资源统一编号ZDD30979。

特征 亚有限结荚习性。株高120.5cm，主茎节数22.4个，分枝2.7个，株型半收敛。单株荚数64.6个，荚褐色。椭圆形叶，白花，棕毛。粒椭圆形，种皮黄色，有光泽，脐黄色。百粒重19.7g。

特性　北方春大豆，晚熟品种，生育期136d。抗大豆花叶病毒1号株系。

产量品质　2008—2009年辽宁省大豆晚熟组区域试验，平均产量3 306.00kg/hm^2，比对照丹豆11增产14.30%。2009年生产试验，平均产量3 072.00kg/hm^2，比对照丹豆11增产17.00%。蛋白质含量42.39%，脂肪含量20.79%。

栽培要点　4月中下旬至5月上旬为适播期。密度12万～15万株/hm^2。出苗后间苗。施磷酸二铵150～225kg/hm^2、硫酸钾75～112.5kg/hm^2。适时中耕。防治蚜虫、大豆食心虫。

适宜地区　辽宁省东部、南部地区。

328. 丹豆16（Dandou 16）

品种来源　辽宁省丹东市农业科学院大豆研究所于2003年以丹豆12为母本，LS95-11-3为父本，经有性杂交，系谱法选育而成。原品系号丹2003-68。2012年经辽宁省农作物品种审定委员会审定，审定编号为辽审豆[2012]150号。全国大豆品种资源统一编号ZDD30980。

特征　有限结荚习性。株高94.4cm，主茎节数16.6个，分枝3.4个。单株荚数44.5个，荚褐色。椭圆形叶，紫花，灰毛。粒椭圆形，种皮黄色，有光泽，脐黄色。百粒重24.7g。

特性　北方春大豆，晚熟品种，生育期130d。抗大豆花叶病毒1号株系。

丹豆16

产量品质　2010—2011年辽宁省大豆晚熟组区域试验，平均产量2 559.00kg/hm^2，比对照丹豆11增产14.00%。2011年生产试验，平均产量2 889.00kg/hm^2，比对照丹豆11增产12.80%。蛋白质含量41.24%，脂肪含量20.37%。

栽培要点　4月下旬至5月上旬为适播期。密度12万～15万株/hm^2。出苗后间苗。施底肥磷酸二铵150～225kg/hm^2、硫酸钾75～112.5kg/hm^2。适时中耕。防治蚜虫、大豆食心虫。

适宜地区　辽宁省东、南等晚熟大豆区。

329. 东豆9号（Dongdou 9）

品种来源　辽宁东亚种业有限公司于2000年在开交8157繁种田里选出的变异株，经多年系统选育而成，原品系号K98-15-13。2005年经辽宁省农作物品种审定委员会审定，

东豆9号

东豆16

审定编号为辽审豆[2005]81号。全国大豆品种资源统一编号ZDD24590。

特征 有限结荚习性。株高73.4cm，主茎节数13个，分枝2.9个。椭圆形叶，紫花，灰毛。粒圆形，种皮淡黄色，脐黄色。百粒重21.9g。

特性 北方春大豆，中晚熟品种，生育期128d。中感大豆花叶病毒强毒株系。

产量品质 2003—2004年辽宁省中晚熟组区域试验，平均产量2 846.10kg/hm^2，比对照铁丰27增产8.24%。2004年生产试验，平均产量3 064.20kg/hm^2，比对照铁丰27增产16.57%。蛋白质含量40.16%，脂肪含量21.95%。

栽培要点 4月下旬至5月上旬为适播期。密度12万～16.5万株/hm^2。出苗后间苗。施优质农家肥15 000～22 500kg/hm^2、磷酸二铵150～225kg/hm^2、尿素75～112.5kg/hm^2，混合深施做底肥。适时中耕。低洼地及雨后积水地块不宜种植。

适宜地区 辽宁省开原以南及锦州、丹东地区。

330. 东豆16（Dongdou 16）

品种来源 辽宁东亚种业有限公司于2001年以开交8157（开交7403-36-4×开交7305-9-5-5）为母本，东农163为父本，经有性杂交，系谱法选育而成。原品系号K交01018-6。2011年经辽宁省农作物品种审定委员会审定，审定编号为辽审豆[2011]133号。全国大豆品种资源统一编号ZDD30981。

特征 亚有限结荚习性。株高85.1cm，主茎节数18.3个，分枝1.0个。单株荚数51.5个，荚暗褐色。披针形叶，紫花，灰毛。粒圆形，种皮淡黄色，有光泽，脐黄色。百粒重21.9g。

特性 北方春大豆，早熟品种，生育期119d。中感大豆花叶病毒1号株系。

产量品质　2009—2010年辽宁省大豆早熟组区域试验，平均产量2 719.50kg/hm^2，比对照开育11增产12.80%。2010年生产试验，平均产量2 523.00kg/hm^2，比对照开育11增产9.80%。蛋白质含量40.11%，脂肪含量22.65%。

栽培要点　4月下旬至5月上旬为适播期。密度12万～16.5万株/hm^2。出苗后间苗。施优质农家肥15 000～22 500kg/hm^2、磷酸二铵150～225kg/hm^2、尿素75～112.5kg/hm^2，混合深施做底肥。适时中耕。防治蚜虫和大豆食心虫。

适宜地区　辽宁省铁岭、抚顺、本溪等东、北部早熟大豆区。

331. 东豆29（Dongdou 29）

东豆29

品种来源　辽宁东亚种业有限公司于1998年以开交7310A-1-4为母本，开交7305-9-1-16为父本，经有性杂交，系谱法选育而成。原品系号K交9810-10-8-1。2007年经辽宁省农作物品种审定委员会审定，审定编号为辽审豆[2007]95号。全国大豆品种资源统一编号ZDD24591。

特征　有限结荚习性。株高73.2cm，主茎节数13.5个，分枝1.9个。单株荚数53.3个，荚褐色。椭圆形叶，紫花，灰毛。粒圆形，种皮黄色，微有光泽，脐蓝色。百粒重22.6g。

特性　北方春大豆，中熟品种，生育期126d。中感大豆花叶病毒病。

产量品质　2005—2006年辽宁省大豆中熟组区域试验，平均产量2 940.90kg/hm^2，比对照铁丰31、铁丰33增产9.04%。2006年生产试验，平均产量3 118.50kg/hm^2，比对照铁丰33增产14.72%。蛋白质含量41.92%，脂肪含量20.94%。

栽培要点　4月下旬至5月上旬为适播期。密度12万～16.5万株/hm^2。出苗后间苗。施磷酸二铵150～225kg/hm^2、硫酸钾75～112.5kg/hm^2、混合深施做底肥。适时中耕。防治蚜虫和大豆食心虫。

适宜地区　辽宁省沈阳、辽阳、海城、锦州、黑山等活动积温在3 000℃以上的中熟大豆区。

332. 东豆50（Dongdou 50）

品种来源　辽宁东亚种业有限公司于1999年以开交7305-9-7为母本，开新早为父本，

东豆50

经有性杂交，系谱法选育而成。原品系号K交9921-1-1-3。2008年经辽宁省农作物品种审定委员会审定，审定编号为辽审豆[2008]101号。全国大豆品种资源统一编号ZDD24592。

特征 有限结荚习性。株高62.0cm，主茎节数14.0个，分枝2.3个。单株荚数58.5个，荚褐色。椭圆形叶，紫花，灰毛。粒圆形，种皮黄色，有光泽，脐黄色。百粒重22.5g。

特性 北方春大豆，早熟品种，生育期122d。抗大豆花叶病毒病。

产量品质 2006—2007年辽宁省大豆早熟组区域试验，平均产量2 885.10kg/hm^2，比对照开育11增产10.24％。2007年生产试验，平均产量3 025.35kg/hm^2，比对照开育11增产12.94％。蛋白质含量40.68％，脂肪含量21.23％。

栽培要点 4月下旬至5月上旬为适播期。密度12万～15万株/hm^2。出苗后间苗。施底肥磷酸二铵150～225kg/hm^2、硫酸钾75～112.5kg/hm^2。适时中耕。防治蚜虫和大豆食心虫。

适宜地区 辽宁省新宾、抚顺、昌图、本溪、桓仁、开原等活动积温在2 800℃以上的早熟大豆区。

333. 东豆100（Dongdou 100）

东豆100

品种来源 辽宁东亚种业有限公司于1998年以开交7310A-1-4为母本，开交7305-9-1-16为父本，经有性杂交，系谱法选育而成。原品系号k交9810-10-9。2009年经国家农作物品种审定委员会审定，审定编号为国审豆2009009号。全国大豆品种资源统一编号ZDD30982。

特征 有限结荚习性。株高66.1cm，主茎节数12.9个，分枝2.0个。单株荚数42.6个，单株粒数85.7个，荚褐色，底荚高13.7cm。圆形叶，紫花，灰毛。粒圆形，种皮黄色，脐蓝色。百粒重23.8g。

特性 北方春大豆，晚熟品种，生育期131d。抗大豆灰斑病，中抗大豆花叶病毒1号株系和3号株系。

产量品质 2006年北方春大豆晚熟组区域试验，平均产量2 701.50kg/hm²，比对照辽豆11增产4.20%。2007年续试，产量3 178.50kg/hm²，比对照辽豆11增产13.40%。两年平均产量2 940.00kg/hm²，比对照辽豆11增产9.00%。2008年生产试验，平均产量3 325.50kg/hm²，比对照铁丰31增产5.60%。蛋白质含量41.15%，脂肪含量21.09%。

栽培要点 4月下旬至5月上旬为适播期。中等肥力地块保苗15万株/hm²。施优质农家肥15 000 ～ 22 500kg/hm²、磷酸二铵150 ～ 225kg/hm²、尿素75 ～ 112kg/hm²、硫酸钾75 ～ 112kg/hm²，混合均匀做底肥深施，或者在播种时一次性施入大豆专用肥225 ～ 300kg/hm²。低洼地块及雨后积水地块不宜种植。

适宜地区 辽宁省中南部、河北省北部、甘肃省中部（春播种植）。

334. 东豆339（Dongdou 339）

东豆339

品种来源 辽宁东亚种业有限公司以开交9810-7为母本，铁丰29为父本，经有性杂交，系谱法选育而成。原品系号k交9909-1。2008年经国家农作物品种审定委员会审定，审定编号为国审豆2008019号。全国大豆品种资源统一编号ZDD24593。

特征 有限结荚习性。株高61.3cm，主茎节数13.5个，分枝2.2 个。单株荚数47.6个，单株粒数90.8个，荚黄褐色。圆形叶，紫花，灰毛。粒椭圆形，种皮黄色，脐褐色。百粒重24.9g。

特性 北方春大豆，晚熟品种，生育期131d。中感大豆灰斑病，中抗大豆花叶病毒1号株系，中感3号株系。

产量品质 2006年北方春大豆晚熟组区域试验，平均产量3 003.00kg/hm²，比对照辽豆11增产15.90%。2007年续试，平均产量3 477.00kg/hm²，比对照辽豆11增产24.10%。两年平均产量3 240.00kg/hm²，比对照辽豆11增产20.10%。2007年生产试验，平均产量3 007.50kg/hm²，比对照辽豆11增产16.60%。蛋白质含量42.28%，脂肪含量20.39%。

栽培要点 4月下旬至5月上旬为适播期。密度12万～ 16.5万株/hm²。出苗后间苗。施农家肥15 000 ～ 22 500kg/hm²、磷酸二铵150 ～ 225kg/hm²、硫酸钾75kg/hm²作底肥混合施用。适时中耕。

适宜地区 河北省北部、辽宁省中南部、甘肃省中部、宁夏回族自治区中北部、陕西省关中平原地区（春播种植）。

335. 东豆1201（Dongdou 1201）

品种来源 辽宁东亚种业有限公司于2002年以开育11为母本，铁丰33为父本，经有性杂交，系谱法选育而成。原品系号东豆02028-3。2012年经辽宁省农作物品种审定委员会审定，审定编号为辽审豆[2012]152号。全国大豆品种资源统一编号ZDD30983。

东豆1201

特征 有限结荚习性。株高96.0cm，主茎节数16.8个，分枝3.6个。单株荚数53.7个，荚褐色。椭圆形叶，白花，灰毛。粒圆形，种皮淡黄色，有光泽，脐黄色。百粒重25.4g。

特性 北方春大豆，晚熟品种，生育期136d。中抗大豆花叶病毒1号株系、3号株系。

产量品质 2010—2011年辽宁省大豆晚熟组区域试验，平均产量2 836.50kg/hm^2，比对照丹豆11增产18.30%。2011年生产试验，平均产量3 117.00kg/hm^2，比对照丹豆11增产21.70%。蛋白质含量42.35%，脂肪含量20.20%。

栽培要点 4月下旬至5月上旬为适播期。密度12万～16.5万株/hm^2。出苗后间苗。施底肥磷酸二铵150～225kg/hm^2、硫酸钾75kg/hm^2。适时中耕。防治蚜虫和大豆食心虫。

适宜地区 辽宁省鞍山、大连、锦州、丹东等无霜期136d以上的晚熟大豆区。

336. 东豆027（Dongdou 027）

品种来源 辽宁富友种业有限公司于2003年以开交9821-1为母本，东豆02028为父本，经有性杂交，系谱法选育而成。原品系号东豆03115-4。2013年经辽宁省农作物品种审定委员会审定，审定编号为辽审豆2013003。全国大豆品种资源统一编号ZDD30984。

特征 有限结荚习性。株高72.0cm，主茎节数15.8个，分枝2.7个。单株荚数60.6个，荚暗褐色。椭圆形叶，白花，灰毛。粒圆形，种皮黄色，有光泽，脐黄色。百粒重25.4g。

特性 北方春大豆，早熟品种，生育期127d。中感大豆花叶病毒1号株系。

产量品质 2011—2012年辽宁省大豆早熟组区域试验，11点次增产，平均产量

2 865kg/hm²，比对照开育11、铁豆43平均增产13.9 %。2012年生产试验，平均产量3 100.5kg/hm²，比对照铁豆43增产10.8%。蛋白质含量41.13%，脂肪含量20.40%。

栽培要点 5月上旬为适播期。密度12万～16.5万株/hm²。出苗后间苗。施底肥磷酸二铵150～225kg/hm²、硫酸钾75～112.5kg/hm²。防治蚜虫、大豆食心虫。

适宜地区 辽宁省铁岭、抚顺、本溪等东、北部早熟大豆区。

东豆027

337. 东豆641（Dongdou 641）

品种来源 辽宁东亚种业有限公司于2003年以开交7305-9-7为母本，九农26为父本，经有性杂交，系谱法选育而成。原品系号东豆03158-1。2013年经辽宁省农作物品种审定委员会审定，审定编号为2013004。全国大豆品种资源统一编号ZDD30985。

特征 亚有限结荚习性。株高88.0cm，主茎节数17.0个，分枝1.0个。单株荚数60.3个，荚褐色。椭圆形叶，白花，灰毛。粒圆形，种皮黄色，有光泽，脐黄色。百粒重20.0g。

特性 北方春大豆，早熟品种，生育期122d。抗大豆花叶病毒1号株系。

产量品质 2011—2012年辽宁省大豆早熟组区域试验，11点次增产，平均产量2 836.5kg/hm²，比对照开育11、铁豆43平均增产12.8 %。2012年生产试验，平均产量3 118.5kg/hm²，比对照铁豆43增产11.4%。蛋白质含量39.15%，脂肪含量22.73%。

栽培要点 5月上旬为适播期。密度12万～16.5万株/hm²。出苗后间苗。施底肥磷酸二铵150～225kg/hm²、硫酸钾75～112.5kg/hm²。防治蚜虫、大豆食心虫。

适宜地区 辽宁省铁岭、抚顺、本溪等东、北部早熟大豆区。

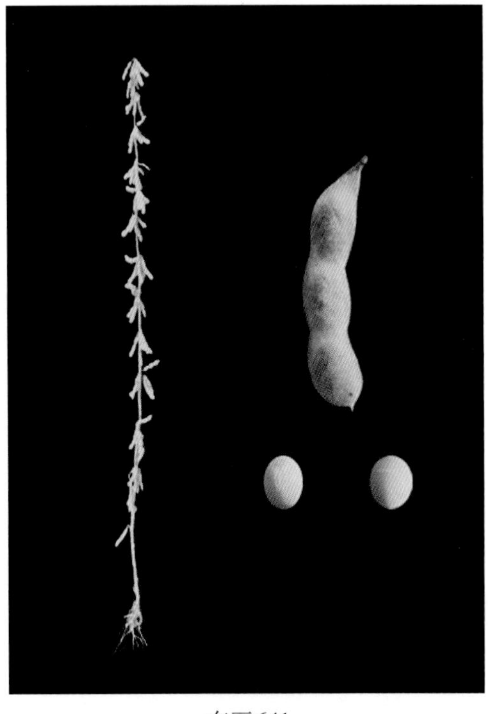

东豆641

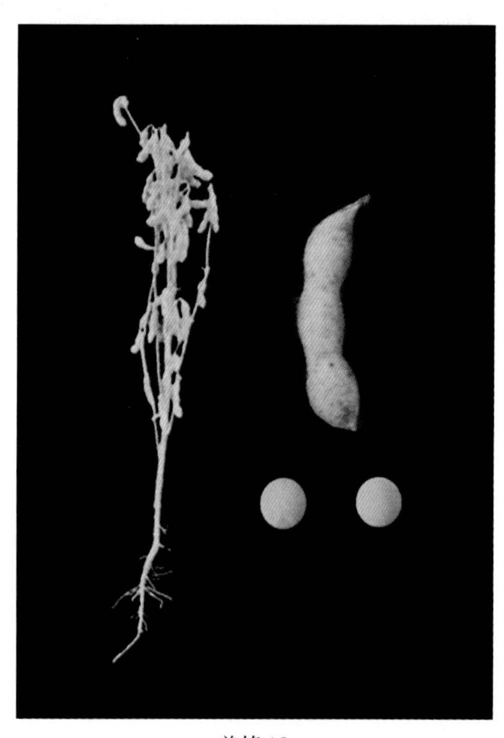

美锋18

抚豆17

338. 美锋18（Meifeng 18）

品种来源 辽宁东亚种业有限公司于1999年以K交7305-9-7（开交6302-12-1-1×铁丰18）为母本，开新早为父本，经有性杂交，系谱法选育而成。原品系号K交9921-12-2。2010年经辽宁省农作物品种审定委员会审定，审定编号为辽审豆[2010]115号。全国大豆品种资源统一编号ZDD30986。

特征 有限结荚习性。株高84.9cm，主茎节数16.0个，分枝3.6个。单株荚数73.8个，荚暗褐色。椭圆形叶，紫花，灰毛。粒圆形，种皮淡黄色，有光泽，脐黄色。百粒重21.2g。

特性 北方春大豆，早熟品种，生育期129d。中抗大豆花叶病毒1号株系、3号株系。

产量品质 2008—2009年辽宁省大豆早熟组区域试验，平均产量3 037.50kg/hm²，比对照开育11增产13.10%。2009年生产试验，平均产量2 628.00kg/hm²，比对照开育11增产12.70%。蛋白质含量40.29%，脂肪含量20.96%。

栽培要点 4月下旬至5月上旬为适播期。密度12万～16.5万株/hm²。出苗后间苗。施底肥磷酸二铵150～225kg/hm²、硫酸钾75～112.5kg/hm²。适时中耕。防治蚜虫和大豆食心虫。

适宜地区 辽宁省无霜期129d以上，活动积温在2 800℃左右的早熟大豆区。

339. 抚豆17（Fudou 17）

品种来源 辽宁省抚顺市农业科学研究院于1998年以抚82-47为母本，东京1号为父本，经有性杂交，系谱法选育而成。原品系号抚FG17。2007年经辽宁省农作物品种审定委员会审定，审定编号为辽审豆[2007]91号。全国大豆品种资源统一编号ZDD24553。

特征 有限结荚习性。株高75.1cm，主茎节数14.7个，分枝0.6个。单株荚数54.2个，荚黑色。椭圆形叶，白花，灰毛。粒圆形，种皮黄色，微光泽，脐黄色。百粒重18.4g。

特性 北方春大豆，早熟品种，生育期120d。抗大豆花叶病毒1号、3号株系。

产量品质 2005—2006年辽宁省大豆早熟组区域试验，平均产量2 620.95kg/hm^2，比对照开育11增产4.50%。2006年生产试验，平均产量2 522.55kg/hm^2，比对照开育11增产10.27%。蛋白质含量36.74%，脂肪含量24.10%。

栽培要点 4月下旬至5月上旬为适播期。适宜密度19.5万株/hm^2，最大密度不超过22.5万株/hm^2。出苗后间苗。施底肥磷酸二铵150 ~ 225kg/hm^2、硫酸钾75kg/hm^2。适时中耕。防治蚜虫和大豆食心虫。

适宜地区 辽宁省开原、铁岭、抚顺、桓仁等活动积温在2 800℃以上的早熟大豆区。

340. 抚豆18（Fudou 18）

品种来源 辽宁省抚顺市农业科学研究院于1998年以抚82-47为母本，东京1号为父本，经有性杂交，系谱法选育而成。原品系号抚FG13。2008年经辽宁省农作物品种审定委员会审定，审定编号为辽审豆[2008]102号。全国大豆品种资源统一编号ZDD24554。

抚豆18

特征 亚有限结荚习性。株高88.5cm，主茎节数16.8个，分枝0.6个。单株荚数61个，荚黑色。椭圆形叶，紫花，灰毛。粒圆形，种皮黄色，微光泽，脐黄色。百粒重18.3g。

特性 北方春大豆，早熟品种，生育期126d。抗大豆花叶病毒病。

产量品质 2006—2007年辽宁省大豆早熟组区域试验，平均产量2 914.65kg/hm^2，比对照开育11增产11.73%。2007年生产试验，平均产量2 976.30kg/hm^2，比对照开育11增产11.11%。蛋白质含量39.33%，脂肪含量21.79%。

栽培要点 4月下旬至5月上旬为适播期。适宜密度19.5万株/hm^2，最大密度不超过22.5万株/hm^2。出苗后间苗。施底肥磷酸二铵150 ~ 225kg/hm^2、硫酸钾75kg/hm^2。适时中耕。防治大豆食心虫。

适宜地区 辽宁省抚顺、昌图、本溪、桓仁、开原等活动积温在2 800℃以上的早熟大豆区。

抚豆19

341. 抚豆19（Fudou 19）

品种来源 辽宁省抚顺市农业科学研究院于2000年以抚210-4为母本，抚82-47为父本，经有性杂交，系谱法选育而成。原品系号抚FG0411。2009年经辽宁省农作物品种审定委员会审定，审定编号为辽审豆[2009]109号。全国大豆品种资源统一编号ZDD24555。

特征 亚有限结荚习性。株高92.8cm，主茎节数17.4个，分枝1.0个。单株荚数54.4个，荚褐色。披针形叶，白花，灰毛。粒圆形，种皮黄色，有光泽，脐黄色。百粒重18.5g。

特性 北方春大豆，早熟品种，生育期124d。中抗大豆花叶病毒1号株系。

产量品质 2007—2008年辽宁省大豆早熟组区域试验，平均产量3 117.90kg/hm^2，比对照开育11增产11.36%。2008年生产试验，平均产量2 933.85kg/hm^2，比对照开育11增产10.09%。蛋白质含量42.27%，脂肪含量20.07%。

栽培要点 4月下旬至5月上旬为适播期。适宜密度19.5万株/hm^2，最大密度不超过22.5万株/hm^2。出苗后间苗。施底肥磷酸二铵150 ~ 225kg/hm^2、硫酸钾75kg/hm^2。适时中耕。防治大豆食心虫。

适宜地区 辽宁省抚顺、本溪、开原等东、北部早熟大豆区。

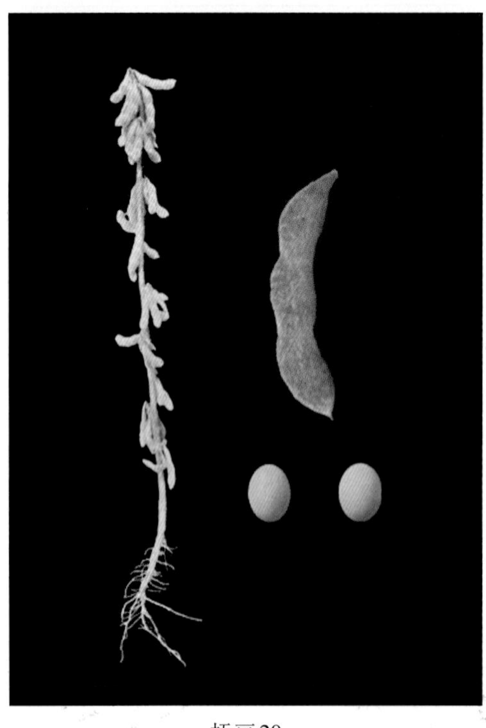
抚豆20

342. 抚豆20（Fudou 20）

品种来源 辽宁省抚顺市农业科学研究院于2000年以抚97-16早[抚83210（抚78-25×铁丰18）×吉林35]为母本，抚82-47为父本，经有性杂交，系谱法选育而成。原品系号抚FG160-3。2009年经辽宁省农作物品种审定委员会审定，审定编号为辽审豆[2009]110号。全国大豆品种资源统一编号ZDD24556。

特征 亚有限结荚习性。株高83.3cm，主茎节数15.3个，分枝0.5个。单株荚数57.4个，荚黑色。椭圆形叶，白花，灰毛。粒圆形，种皮黄色，有光泽，脐黄色。百粒重20.3g。

特性 北方春大豆，早熟品种，生育期123d。中抗大豆花叶病毒1号株系。

产量品质 2007—2008年辽宁省大豆早熟组区域试验，平均产量3 098.80kg/hm^2，比对照开育11增产10.24%。2008年生产试验，平均产量3 036.15kg/hm^2，比对照开育11增产14.41%。蛋白质含量38.22%，脂肪含量22.91%。

栽培要点 4月下旬至5月上旬为适播期。适宜密度19.5万株/hm^2，最大密度不超过22.5万株/hm^2。出苗后间苗。施底肥磷酸二铵150 ～ 225kg/hm^2、硫酸钾75kg/hm^2。适时中耕。防治大豆食心虫。

适宜地区 辽宁省抚顺、本溪、开原等东、北部早熟大豆区。

343. 抚豆21（Fudou 21）

品种来源 辽宁省抚顺市农业科学研究院于2001年以抚97-16早[抚83210（抚78-25×铁丰18）×吉林35]为母本，抚8412为父本，经有性杂交，系谱法选育而成。原品系号抚FG06-54。2010年经辽宁省农作物品种审定委员会审定，审定编号为辽审豆[2010]116号。全国大豆品种资源统一编号ZDD30987。

抚豆21

特征 有限结荚习性。株高78.4cm，主茎节数16.9个，分枝2.6个。单株荚数67.4个，荚深褐色。椭圆形叶，紫花，灰毛。粒圆形，种皮黄色，有光泽，脐黄色。百粒重25.1g。

特性 北方春大豆，早熟品种，生育期127d。中感大豆花叶病毒1号株系。

产量品质 2008—2009年辽宁省大豆早熟组区域试验，平均产量3 010.50kg/hm^2，比对照开育11增产11.90%。2009年生产试验，平均产量2 559.00kg/hm^2，比对照开育11增产9.80%。蛋白质含量39.41%，脂肪含量21.38%。

栽培要点 4月下旬至5月上旬为适播期。适宜密度18万株/hm^2，最大密度不超过21万株/hm^2。出苗后间苗。施底肥磷酸二铵150 ～ 225kg/hm^2、硫酸钾75kg/hm^2。适时中耕。防治大豆食心虫。

适宜地区 辽宁省东部、北部早熟大豆区。

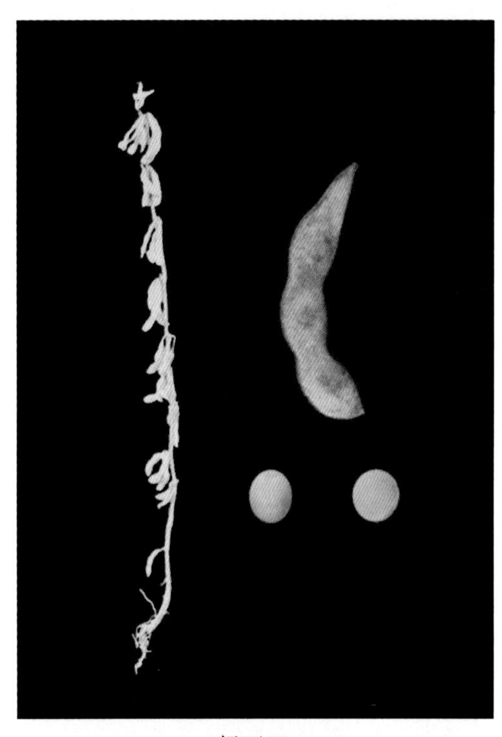
抚豆22

抚豆23

344. 抚豆22（Fudou 22）

品种来源 辽宁省抚顺市农业科学研究院于2002年以抚210-3(长农20×抚豆82)为母本，长农043为父本，经有性杂交，系谱法选育而成。原品系号抚FG008-43。2011年经辽宁省农作物品种审定委员会审定，审定编号为辽审豆[2011]132号。全国大豆品种资源统一编号ZDD30988。

特征 有限结荚习性。株高75.0cm，主茎节数16.7个，分枝1.4个。单株荚数49.5个，荚褐色。椭圆形叶，紫花，灰毛。粒圆形，种皮黄色，有光泽，脐黄色。百粒重27.6g。

特性 北方春大豆，早熟品种，生育期125d。抗大豆花叶病毒病。

产量品质 2009—2010年辽宁省大豆早熟组区域试验，平均产量2 632.50kg/hm^2，比对照开育11增产9.20%。2010年生产试验，平均产量2 680.50kg/hm^2，比对照开育11增产16.70%。蛋白质含量39.93%，脂肪含量21.94%。

栽培要点 4月下旬至5月上旬为适播期。适宜密度20.25万株/hm^2，最大密度不超过22.5万株/hm^2。出苗后间苗。施底肥磷酸二铵150～225kg/hm^2、硫酸钾75kg/hm^2。适时中耕。防治大豆食心虫。

适宜地区 辽宁省铁岭、抚顺、本溪等东、北部早熟大豆区。

345. 抚豆23（Fudou 23）

品种来源 辽宁省抚顺市农业科学研究院于2004年以抚交96为母本，绥农14为父本，经有性杂交，系谱法选育而成。原品系号抚FG09-59。2012年经辽宁省农作物品种审定委员会审定，审定编号为辽审豆[2012]145号。全国大豆品种资源统一编号ZDD30989。

特征 亚有限结荚习性。株高77.1cm，主茎节数15.9个，分枝2.4个。单株荚数61.3个，荚黑色。椭圆形叶，白花，灰毛。粒圆形，种皮黄色，有光泽，脐黄色。百粒重21.8g。

特性 北方春大豆，早熟品种，生育期120d。中感大豆花叶病毒病。

产量品质 2010—2011年辽宁省大豆早熟组区域试验，平均产量2 710.50kg/hm^2，比对照开育11增产13.30%。2011年生产试验，平均产量2 533.50kg/hm^2，比对照开育11增产11.40%。蛋白质含量37.36%，脂肪含量23.74%。

栽培要点 4月下旬至5月上旬为适播期。适宜密度21万株/hm^2，最大密度不超过22.5万株/hm^2。出苗后间苗。施底肥磷酸二铵150 ~ 225kg/hm^2、硫酸钾75kg/hm^2。适时中耕。防治大豆食心虫。

适宜地区 辽宁省铁岭、抚顺等东、北部早熟大豆区。

346. 抚豆24（Fudou 24）

品种来源 辽宁省抚顺市农业科学研究院于2005年以抚豆18（抚82-47×东京1号）为母本，黑农58为父本，经有性杂交，系谱法选育而成。原品系号抚FG09-01。2013年经辽宁省农作物品种审定委员会审定，审定编号为辽审豆2013002。全国大豆品种资源统一编号ZDD30990。

特征 有限结荚习性。株高76.1cm，主茎节数16.9个，分枝1.4个。单株荚数56.5个，荚褐色。披针形叶，白花，灰毛。粒圆形，种皮黄色，有光泽，脐黄色。百粒重19.7g。

特性 北方春大豆，早熟品种，生育期119d。中抗大豆花叶病毒1号株系。

抚豆24

产量品质 2011—2012年辽宁省大豆早熟组区域试验，10点次增产，1点次减产，平均产量2 784kg/hm^2，比对照铁豆43增产10.7%。2012年生产试验，平均产量3 112.5kg/hm^2，比对照铁豆43增产11.2%。蛋白质含量40.37%，脂肪含量21.44%。

栽培要点 5月上旬为适播期。密度19.5万株/hm^2。出苗后间苗。施底肥磷酸二铵150 ~ 225kg/hm^2、硫酸钾75 ~ 112.5kg/hm^2。防治蚜虫、大豆食心虫。

适宜地区 辽宁省铁岭、抚顺、本溪等东、北部早熟大豆区。

347. 抚豆25（Fudou 25）

品种来源 辽宁省抚顺市农业科学研究院于2006年以抚交90-34为母本，SOY-176为

抚豆25

父本，经有性杂交，系谱法选育而成。原品系号抚FG10-40。2014年经辽宁省农作物品种审定委员会审定，审定编号为辽审豆2014002。全国大豆品种资源统一编号ZDD30910。

特征 无限结荚习性。株高86.7cm，主茎节数19.5个，分枝3.2个。单株荚数85.0个，荚褐色。椭圆形叶，紫花，棕毛。粒圆形，种皮黄色，有光泽，脐黄色。百粒重17.6g。

特性 北方春大豆，早熟品种，生育期121d。中抗大豆花叶病毒1号株系。

产量品质 2012—2013年辽宁省大豆早熟组区域试验，10点次增产，平均产量3 093kg/hm^2，比对照铁豆43增产15.7%。2013年生产试验，平均产量3 042kg/hm^2，比对照铁豆43增产13.1%。蛋白质含量38.06%，脂肪含量21.20%。

栽培要点 4月下旬至5月上旬为适播期。密度18万株/hm^2。出苗后间苗。施底肥磷酸二铵150 ~ 225kg/hm^2、硫酸钾75 ~ 112.5kg/hm^2。防治蚜虫、大豆食心虫。

适宜地区 辽宁省铁岭、抚顺等东、北部早熟大豆区。

348. 七星1号（Qixing 1）

七星1号

品种来源 辽宁省抚顺市农业科学研究院从台75选出的变异株，经多年系统选育而成。2007年经国家农作物品种审定委员会审定，审定编号为国审豆2007021。全国大豆品种资源统一编号ZDD30992。

特征 有限结荚习性。株高32.4cm，主茎节数8.4个，分枝1.9个。单株荚数20.5个。圆形叶，白花，灰毛。粒椭圆形，种皮绿色，子叶黄色，脐褐色。百粒鲜重63.0g。

特性 鲜食类，春大豆，全生育期88d。中抗大豆花叶病毒SC3株系，中感大豆花叶病毒SC7株系。

产量品质 2005年鲜食大豆春播组区域

试验，平均产量鲜荚11 784.00kg/hm²，比对照AGS292增产13.60%。2006年续试，鲜荚平均产量12 256.50kg/hm²，比对照AGS292增产15.80%。两年鲜荚平均产量12 021.00kg/hm²，比对照AGS292增产14.7%。2006年生产试验，鲜荚平均产量12 711.00kg/hm²，比对照AGS292增产22.00%。

栽培要点 进行保护地栽培，2月上旬播种。进行露地栽培，3月至4月播种。密度30万～37.5万株/hm²。

适宜地区 长江流域及南方各省份。

349. 清禾1号（Qinghe 1）

品种来源 辽宁省抚顺市天禾种业有限公司于1993年从清原甘豆84群体中选择优良单株，经多年系统选育而成。原品系号天禾59-1-1-4。2007年经辽宁省农作物品种审定委员会审定，审定编号为辽审豆[2007]92。全国大豆品种资源统一编号ZDD24557。

清禾1号

特征 有限结荚习性。株高69.6cm，主茎节数14.1个，分枝1.9个。单株荚数49.5个，荚褐色。椭圆形叶，紫花，灰毛。粒圆形，种皮黄色，有光泽，脐黄色。百粒重22.8g。

特性 北方春大豆，早熟品种，生育期122d。中感大豆花叶病毒病。

产量品质 2005—2006年辽宁省大豆早熟组区域试验，平均产量2 554.80kg/hm²，比对照开育11增产1.86%。2006年生产试验，平均产量2 524.05kg/hm²，比对照开育11增产10.34%。蛋白质含量38.38%，脂肪含量22.01%。

栽培要点 4月下旬至5月上旬为适播期。密度12万～18万株/hm²。出苗后间苗。施底肥磷酸二铵150～225kg/hm²、硫酸钾75～112.5kg/hm²。适时中耕。防治蚜虫和大豆食心虫。

适宜地区 辽宁省昌图、抚顺等活动积温在2 800℃以上的早熟大豆区。

350. 航丰2号（Hangfeng 2）

品种来源 辽宁大丰航天农业科技发展有限公司以铁丰29为母本，吉林30为父本，经有性杂交，系谱法选育而成。2006年经国家农作物品种审定委员会审定，审定编号为国审豆2006016。全国大豆品种资源统一编号ZDD30993。

航丰2号

特征 有限结荚习性。株高66.3cm。单株荚数51.0个。圆形叶，紫花，灰毛。粒圆形或椭圆形，种皮黄色，脐黄色。百粒重22.7g。

特性 北方春大豆，晚熟品种，生育期130d。中抗大豆花叶病毒1号株系，中感大豆花叶病毒3号株系，抗大豆灰斑病。

产量品质 2004年北方春大豆晚熟组区域试验，平均产量2 964.00kg/hm^2，比对照辽豆11增产14.00％。2005年续试，平均产量2 785.50kg/hm^2，比对照辽豆11增产9.00％。两年平均产量2 875.50kg/hm^2，比对照辽豆11增产11.00％。2005年生产试验，平均产量2 506.50kg/hm^2，比对照辽豆11增产8.00％。蛋白质含量41.66％，脂肪含量20.85％。

栽培要点 5月上旬为适播期。密度21万株/hm^2。出苗后间苗。施底肥磷酸二铵150～225kg/hm^2、硫酸钾75kg/hm^2。适时中耕。防治大豆食心虫。

适宜地区 河北省北部、辽宁省中南部、宁夏回族自治区中北部、陕西省关中平原地区（春播种植）。

351. 锦育38（Jinyu 38）

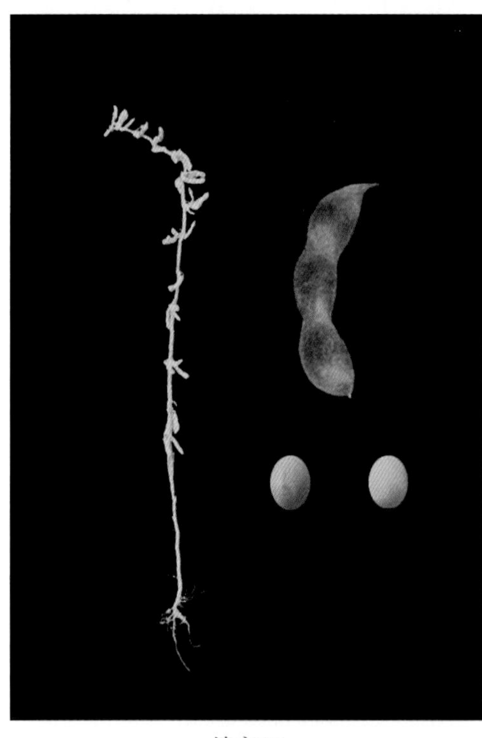
锦育38

品种来源 辽宁省锦州市农业科学院于1997年以锦8919-6（锦8919-6[锦8224-7(锦7506-7×野生大豆)×锦豆35]×锦9005-5）为母本，锦9005-5（沈豆8655×r3MC25）为父本，经有性杂交，系谱法选育而成。原品系号锦97-35。2010年经辽宁省农作物品种审定委员会审定，审定编号为辽审豆[2010]125号。全国大豆品种资源统一编号ZDD30994。

特征 有限结荚习性。株高103.5cm，主茎节数20.3个，分枝1.8个。单株荚数55.6个，荚深褐色。圆形叶，紫花，灰毛。粒椭圆形，种皮黄色，脐黄色。百粒重26.9g。

特性 北方春大豆，中熟品种，生育期

135d。抗大豆花叶病毒1号株系。

产量品质 2008—2009年辽宁省大豆中熟组区域试验，平均产量3 168.00kg/hm^2，比对照铁丰33增产15.00%。2009年生产试验，平均产量2 893.50kg/hm^2，比对照铁丰33增产9.00%。蛋白质含量42.44%，脂肪含量20.65%。

栽培要点 5月上旬为适播期。密度16.5万株/hm^2。出苗后间苗。施底肥磷酸二铵150 ~ 225kg/hm^2、硫酸钾75kg/hm^2。适时中耕。防治蚜虫和大豆食心虫。

适宜地区 辽宁省中部、西部、南部地区等中熟大豆区。

352. 锦育豆39（Jinyudou 39）

品种来源 辽宁省锦州市农业科学院以90A为母本，锦豆36[冀豆2号 × 铁丰18(45-15 × 5621-1-6-2-4)]为父本，经有性杂交，系谱法选育而成。原品系号锦99031。2014年经辽宁省农作物品种审定委员会审定，审定编号为辽审豆2014009。全国大豆品种资源统一编号ZDD30995。

特征 有限结荚习性。株高99.4cm，主茎节数18.8个，分枝2.6个。单株荚数61.3个，荚褐色。椭圆形叶，紫花，灰毛。粒椭圆形，种皮黄色，无光泽，脐黄色。百粒重26.6g。

特性 北方春大豆，中熟品种，生育期131d。中抗大豆花叶病毒1号株系。

产量品质 2012—2013年辽宁省大豆中熟组区域试验，平均产量3 142.5kg/hm^2，比对照铁丰33增产15.8%。2013年生产试验，平均产量2 704.5kg/hm^2，比对照铁丰33增产18.8%。蛋白质含量41.76%，脂肪含量20.49%。

锦育豆39

栽培要点 4月下旬至5月上旬为适播期。密度15万株/hm^2。出苗后间苗。施底肥磷酸二铵150 ~ 225kg/hm^2、硫酸钾75 ~ 112.5kg/hm^2。防治蚜虫、大豆食心虫。

适宜地区 辽宁省铁岭、沈阳、辽阳、阜新、锦州及葫芦岛等中熟大豆区。

353. 开育13（Kaiyu 13）

品种来源 辽宁省开原市农业科学研究所1992年以新3511为母本，K10-93为父本，经有性杂交，系谱法选育而成。原品系号开92107。2005年经辽宁省农作物品种审定委员会审定，审定编号为辽审豆[2005]76号。全国大豆品种资源统一编号ZDD24595。

特征 有限结荚习性。株高83.8cm，主茎节数15.1个，分枝3.7个。荚淡褐色。椭圆

开育13

形叶，紫花，灰毛。粒椭圆形，种皮黄色，有光泽，脐黄色。百粒重22.7g。

特性 北方春大豆，早熟品种，生育期125d。中抗大豆花叶病毒强毒株系。

产量品质 2003—2004年辽宁省大豆早熟组区域试验，平均产量3 150.50kg/hm²，比对照开育11增产11.66%。2004年生产试验，平均产量3 227.70kg/hm²，比对照开育11增产14.99%。蛋白质含量40.45%，脂肪含量20.89%。

栽培要点 4月下旬至5月上旬为适播期。密度12万～15万株/hm²。出苗后间苗。施农家肥15 000～22 500kg/hm²、复合肥375kg/hm²。适时中耕。防治蚜虫和大豆食心虫。

适宜地区 辽宁省东部山区种植开育11的地区。

354. 开创豆14（Kaichuangdou 14）

品种来源 辽宁省开原市农业科学研究所以开9075为母本，开8532-11为父本，经有性杂交，系谱法选育而成。原品系号开交95099-1。2007年经辽宁省农作物品种审定委员会审定，审定编号为辽审豆[2007]90号。全国大豆品种资源统一编号ZDD24594。

特征 有限结荚习性。株高80.0cm，主茎节数16.1个，分枝2.9个。单株荚数57.7个，荚褐色。椭圆形叶，深绿色，紫花，灰毛。粒圆形，种皮黄色，有光泽，脐黄色。百粒重25.6g。

特性 北方春大豆，早熟品种，生育期128d。中抗大豆花叶病毒病。

产量品质 2005—2006年辽宁省大豆早熟组区域试验，平均产量2 758.20kg/hm²，比对照开育11增产9.97%。2006年生产试验，平均产量2 570.55kg/hm²，比对照开育11增产12.37%。蛋白质含量40.83%，脂肪含量20.38%。

栽培要点 4月下旬至5月上旬为适播期。密度12万～15万株/hm²。出苗后间苗。施农家肥15 000～22 500kg/hm²，或施用磷酸二铵150～180kg/hm²与钾肥45～75kg/hm²混合作底肥，深施，开花前追施标氮30～45kg/hm²。适时中耕。防治蚜虫和大豆食心虫。

适宜地区 辽宁省昌图、开原、铁岭、抚顺、桓仁等活动积温在2 800℃以上的早熟大豆区。

开创豆14

355. 开豆16（Kaidou 16）

开豆16

品种来源 辽宁省开原市农业科学研究所以开95061-1为母本，开9028-2为父本，经有性杂交，系谱法选育而成。原品系号开交99015-2。2010年经辽宁省农作物品种审定委员会审定，审定编号为辽审豆[2010]117号。全国大豆品种资源统一编号ZDD30996。

特征 有限结荚习性。株高98.9cm，主茎节数18.8个，分枝1.0个。单株荚数64.1个。椭圆形叶，紫花，灰毛。粒圆形，种皮黄色，有光泽，脐黄色。百粒重20.1g。

特性 北方春大豆，早熟品种，生育期128d。中抗大豆花叶病毒1号株系。

产量品质 2008—2009年辽宁省大豆早熟组区域试验，平均产量3 039.00kg/hm^2，比对照开育11增产13.20%。2009年生产试验，平均产量2 605.50kg/hm^2，比对照开育11增产11.80%。蛋白质含量37.53%，脂肪含量21.85%。

栽培要点 4月下旬至5月上旬为适播期。密度12万～15万株/hm^2。出苗后间苗。施农家肥15 000kg/hm^2，或施大豆专用肥225kg/hm^{2}作底肥深施，开花前追标氮30～45kg/hm^2。适时中耕。防治蚜虫和大豆食心虫。

适宜地区 辽宁省无霜期128d以上，有效积温2 800℃以上的东部、北部早熟大豆区。

356. 宏豆1号（Hongdou 1）

宏豆1号

品种来源 辽宁省开原市宏大种业有限公司于1998年以开交8157（开交7403-36-4×开交7305-9-5-5）为母本，台湾292为父本，经有性杂交，系谱法选育而成。原品系号HD9818-4。2006年经国家农作物品种审定委员会审定，审定编号为国审豆2006016。全国大豆品种资源统一编号ZDD30997。

特征 有限结荚习性。株高78.3cm，主茎节数17.1个，分枝3.0个。单株荚数59.1个，荚暗褐色。椭圆形叶，紫花，灰毛。粒圆形，种皮淡黄色，微光泽，脐黄色。百粒重29.4g。

特性 北方春大豆，早熟品种，生育期121d。抗大豆花叶病毒1号株系，中抗大豆花叶病毒3号株系。

产量品质 2009—2010年辽宁省大豆早熟组区域试验，平均产量2 655.00kg/hm^2，比对照开育11增产10.10%。2010年生产试验，平均产量2 502.00kg/hm^2，比对照开育11增产8.90%。蛋白质含量42.10%，脂肪含量18.70%。

栽培要点 5月上旬为适播期。密度15万～16.5万株/hm^2。出苗后间苗。施底肥磷酸二铵150～225kg/hm^2、硫酸钾75kg/hm^2。适时中耕。防治大豆食心虫。

适宜地区 辽宁省铁岭、抚顺、本溪等东、北部早熟大豆区。

357. 韩豆1号（Handou 1）

品种来源 辽宁金源种业科技有限公司于2006年以铁豆38（铁91114-8[86162-28(84059-14-5×8114-7-4)×88074-12(86103-10×开7310A)]×铁91088-12[铁 丰25(7116-10-3×7555-4-2)×86142-18(78012-5-3×8114-7-3)]）为母本，中黄20为父本，经有性杂交，系谱法选育而成。原品系号原丰88。2014年经辽宁省农作物品种审定委员会审定，审定编号为辽审豆2014010。全国大豆品种资源统一编号ZDD30998。

特征 有限结荚习性。株高83.6cm，主茎节数16.1个，分枝3.2个。单株荚数61.0个，荚淡褐色。椭圆形叶，紫花，灰毛。粒圆形，种皮黄色，有光泽，脐黄色。百粒重24.0g。

特性 北方春大豆，中熟品种，生育期131d。抗大豆花叶病毒1号株系。

产量品质 2012—2013年辽宁省大豆中熟组区域试验，11点次试验，平均产量3 112.5kg/hm^2，比对照铁丰33增产13.3 %。2012年生产试验，平均产量2 626.5kg/hm^2，比对照铁丰33增产15.4%。蛋白质含量41.52%，脂肪含量21.16%。

栽培要点 4月下旬至5月上旬为适播期。密度13.5万～16.5万株/hm^2。出苗后间苗。施底肥磷酸二铵150～225kg/hm^2、硫酸钾75～112.5kg/hm^2。防治蚜虫、大豆食心虫。

适宜地区 辽宁省铁岭、沈阳、辽阳、鞍山、阜新、朝阳、锦州、葫芦岛等中熟大豆区。

韩豆1号

358. 辽豆18（Liaodou 18）

辽豆18

品种来源 辽宁省农业科学院作物研究所于1995年以辽89094（辽85086×辽83066）为母本，辽93040（辽87051×辽豆10号）为父本，经有性杂交，系谱法选育而成。原品系号辽95045。2006年经辽宁省农作物品种审定委员会审定，审定编号为辽审豆[2006]82号。全国大豆品种资源统一编号ZDD24559。

特征 亚有限结荚习性。株高93.7cm，主茎节数18个，分枝1.8个。单株荚数52.7个。椭圆形叶，白花，灰毛。粒圆形，种皮黄色，脐黄色。百粒重23.9g。

特性 北方春大豆，中晚熟品种，生育期132d。中抗大豆花叶病毒1号株系。

产量品质 2002—2003年辽宁省中晚熟组区域试验，平均产量2 569.80kg/hm^2，比对照增产13.14%。2003年生产试验，平均产量2 643.30kg/hm^2，比对照增产19.28%。蛋白质含量43.27%，脂肪含量21.44%。

栽培要点 辽宁南部、西部5月上旬为适播期。中部、北部及东部4月底至5月初为适播期，中等肥力土壤密度16.5万～19.5万株/hm^2，肥力差的土壤密度19.5万～22.5万株/hm^2。施优质农家肥30 000～45 000kg/hm^2、磷酸二铵225kg/hm^{2}深施作底肥，初花期追施尿素。适时中耕。防治蚜虫和大豆食心虫。

适宜地区 辽宁省大部分地区。

359. 辽豆22（Liaodou 22）

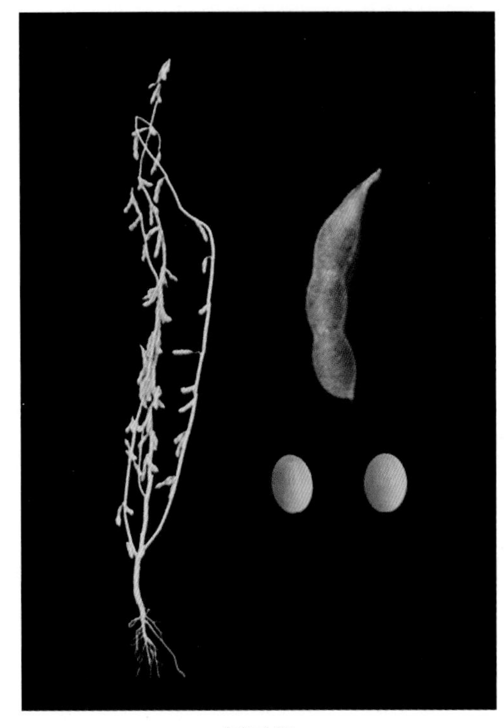
辽豆22

品种来源 辽宁省农业科学院作物研究所于1995年以辽8878-13-9-5为母本，辽93010-1为父本，经有性杂交，系谱法选育而成。原品系号辽95025。2006年经国家农作物品种审定委员会审定，审定编号为国审豆2006013号。

全国大豆品种资源统一编号ZDD30999。

特征 亚有限结荚习性。株高96.8cm。单株荚数42.1个。圆形叶，紫花，灰毛。粒椭圆形，种皮黄色，脐黄色。百粒重21.4g。

特性 北方春大豆晚熟品种。生育期130d。抗大豆花叶病毒1号株系，感大豆花叶病毒3号株系，中抗大豆胞囊线虫病。

产量品质 2004年北方春大豆晚熟组区域试验，平均产量2 791.50kg/hm^2，比对照辽豆11增产6.50%。2005年续试，平均产量2 809.50kg/hm^2，比对照辽豆11增产9.90%，两年平均产量2 800.50kg/hm^2，比对照辽豆11增产8.20%。2005年生产试验，平均产量2 607.00kg/hm^2，比对照辽豆11增产12.30%。蛋白质含量41.29%，脂肪含量21.66%。

栽培要点 4月下旬至5月上旬为适播期。密度15万～19.5万株/hm^2。出苗后间苗。施有机肥30 000～45 000kg/hm^2、磷酸二铵225kg/hm^{2}作基肥，初花期追施尿素75kg/hm^2。适时中耕。防治蚜虫和大豆食心虫。

适宜地区 河北省北部、辽宁省中南部、甘肃省中部、宁夏回族自治区中北部、陕西省关中平原地区（春播种植）。

360. 辽豆23（Liaodou 23）

品种来源 辽宁省农业科学院作物研究所于1994年以辽豆10号为母本，辽91086-18-1为父本，经有性杂交，系谱法选育而成。原品系号辽94024M。2006年经辽宁省农作物品种审定委员会审定，审定编号为辽审豆[2006]83号。全国大豆品种资源统一编号ZDD24563。

辽豆23

特征 有限结荚习性。株高73.9cm，主茎节数15.6个，分枝3.9个。单株荚数57.8个。椭圆形叶，紫花，灰毛。粒圆形，种皮黄色，有光泽，脐黄色。百粒重22.7g。

特性 北方春大豆，中晚熟品种，生育期130d。抗大豆花叶病毒1号株系，抗大豆花叶病毒1号和3号混合株系。

产量品质 2004—2005年辽宁省中晚熟组区域试验，13点次均增产，平均产量2 877.30kg/hm^2，比对照增产14.84%。2005年生产试验，平均产量2 804.70kg/hm^2，比对照丹豆11增产8.27%。蛋白质含量44.68%，脂肪含量19.10%。

栽培要点 4月下旬至5月上旬为适播期。播量67.5kg/hm^2，密度约15万株/hm^2。出苗后间苗。施优质农家肥30 000～45 000kg/hm^2、磷酸二铵225kg/hm^{2}作基肥，初花期追施尿素

75kg/hm^2。适时中耕。防治蚜虫和大豆食心虫。

适宜地区 辽宁省大部分地区。

361. 辽豆24（Liaodou 24）

辽豆24

品种来源 辽宁省农业科学院作物研究所于1997年以辽豆3号为母本，以当地的异品种为父本，经有性杂交，系谱法选育而成。原品系号辽98072。2007年经国家农作物品种审定委员会审定，审定编号为国审豆2007030。全国大豆品种资源统一编号ZDD31000。

特征 亚有限结荚习性。株高93.0cm，主茎节数16.4，分枝1.7个。单株荚数48.2个。圆形叶，紫花，灰毛。粒圆形，种皮黄色，脐黄色。百粒重20.4g。

特性 北方春大豆，晚熟品种，生育期129d。中抗大豆灰斑病，中抗大豆花叶病毒1号株系和3号株系。

产量品质 2005年北方春大豆晚熟组区域试验，平均产量2 793.00kg/hm^2，比对照辽豆11增产7.40%。2006年续试，产量2 914.50kg/hm^2，比对照辽豆11增产8.40%。两年平均产量2 854.50kg/hm^2，比对照辽豆11增产7.90%。2006年生产试验，平均产量2 743.50kg/hm^2，比对照辽豆11增产8.90%。蛋白质含量39.86%，脂肪含量20.91%。

栽培要点 4月中旬至5月上旬为适播期。密度15万～19.5万株/hm^2。出苗后间苗。施优质农家肥30 000～45 000kg/hm^2、磷酸二铵225kg/hm^{2}作底肥。适时中耕。防治蚜虫和大豆食心虫。

适宜地区 宁夏回族自治区中部和中北部，辽宁省锦州、瓦房店和沈阳地区（春播种植）。

362. 辽豆25（Liaodou 25）

品种来源 辽宁省农业科学院作物研究所于1994年以辽8878-13-9-5为母本，辽93017-1为父本，经有性杂交，系谱法选育而成。原品系号辽95026-3-2-8。2007年经辽宁省农作物品种审定委员会审定，审定编号为辽审豆[2007]93号。全国大豆品种资源统一编号ZDD24564。

特征 亚有限结荚习性。株高102.2cm，主茎节数19.8个，分枝3.6个。单株荚数51.5个，荚黄褐色。椭圆形叶，紫花，灰毛。粒圆形，种皮黄色，有光泽，脐黄色。百粒重21.4g。

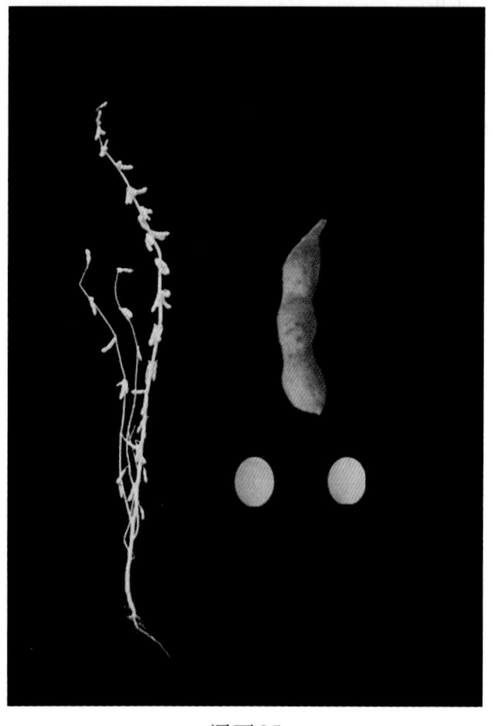
辽豆25

特性 北方春大豆，中熟品种，生育期127d。中抗大豆花叶病毒病。

产量品质 2004—2005年辽宁省大豆中熟组区域试验，平均产量2 746.95kg/hm^2，比对照铁丰27、丹豆9号、铁丰31平均增产8.66%。2005—2006年生产试验，平均产量2 740.50kg/hm^2，比对照铁丰27、丹豆9号、铁丰31平均增产4.54%。蛋白质含量42.87%，脂肪含量21.15%。

栽培要点 4月下旬至5月上旬为适播期。密度约16.5万株/hm^2。出苗后间苗。施底肥磷酸二铵150 ~ 225kg/hm^2、硫酸钾75 ~ 112.5kg/hm^2。适时中耕。防治蚜虫和大豆食心虫。

适宜地区 辽宁省沈阳、辽阳、黑山、锦州、岫岩、瓦房店等活动积温在3 000℃以上的中熟大豆区。

363. 辽豆26（Liaodou 26）

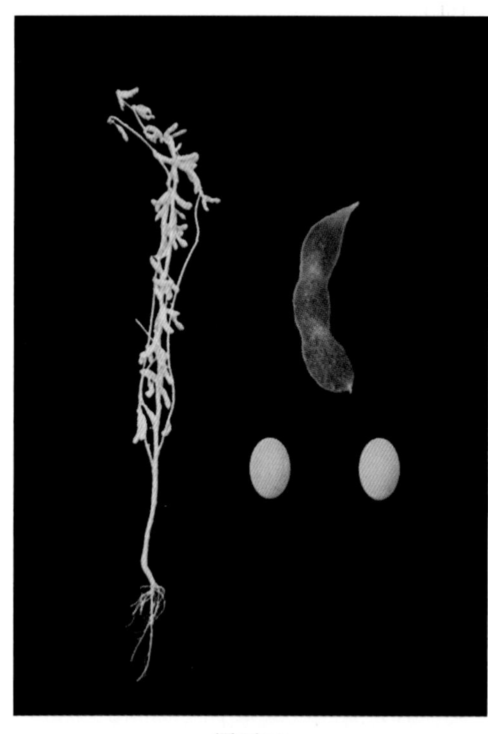
辽豆26

品种来源 辽宁省农业科学院作物研究所于1998年以辽8880（辽85094-1B-4×辽豆10号）为母本，IOA22（引自美国）为父本，经有性杂交，系谱法选育而成。原品系号辽98153-3-4-1-1。2008年经辽宁省农作物品种审定委员会审定，审定编号为辽审豆[2008]107号。全国大豆品种资源统一编号ZDD24565。

特征 有限结荚习性。株高92.5cm，主茎节数18.5个，分枝3.2个。单株荚数49.1个，荚褐色。椭圆形叶，紫花，灰毛。粒圆形，种皮黄色，有光泽，脐黄色。百粒重25.3g。

特性 北方春大豆，晚熟品种，生育期129d。抗大豆花叶病毒病。

产量品质 2006—2007年辽宁省大豆晚熟组区域试验，9点次增产，2点次减产，平均产量2 695.50kg/hm^2，比对照丹豆11增产10.71 %。2007年生产试验，平均产量2 782.35kg/hm^2，比对照丹豆11增产12.52%。

蛋白质含量42.68%，脂肪含量20.49%。

栽培要点 4月下旬至5月上旬为适播期。密度12万～18万株/hm²。出苗后间苗。施底肥磷酸二铵150～225kg/hm²、硫酸钾75～112.5kg/hm²。适时中耕。防治蚜虫和大豆食心虫。

适宜地区 辽宁省鞍山、锦州、丹东、大连等活动积温在3 300℃以上的晚熟大豆区。

364. 辽豆28（Liaodou 28）

品种来源 辽宁省农业科学院作物研究所于1997年以辽92112（新3511×辽8866-6-5-3）为母本，晋遗20为父本，经有性杂交，系谱法选育而成。原品系号辽06-29。2009年经辽宁省农作物品种审定委员会审定，审定编号为辽审豆[2009]113号。全国大豆品种资源统一编号ZDD24566。

特征 有限结荚习性。株高89.4cm，主茎节数20.7个，分枝1.9个。单株荚数77.7个，荚褐色。椭圆形叶，白花，灰毛。粒圆形，种皮黄色，有光泽，脐黄色。百粒重22.0g。

特性 北方春大豆，晚熟品种，生育期137d。抗大豆花叶病毒1号株系，中感大豆花叶病毒3号株系。

产量品质 2007—2008年辽宁省大豆晚熟组区域试验，平均产量3 200.70kg/hm²，比对照丹豆11增产13.53%。2008年生产试验，平均产量3 709.65kg/hm²，比对照丹豆11增产16.39%。蛋白质含量41.77%，脂肪含量21.31%。

辽豆28

栽培要点 4月下旬至5月上旬为适播期。密度12万～18万株/hm²。出苗后间苗。施底肥磷酸二铵150～225kg/hm²、硫酸钾75～112.5kg/hm²。适时中耕。防治蚜虫和大豆食心虫。

适宜地区 辽宁省沈阳、鞍山、辽阳、锦州、丹东、大连等晚熟大豆区。

365. 辽豆29（Liaodou 29）

品种来源 辽宁省农业科学院作物研究所于2000年以承豆6号为母本，铁丰34为父本，经有性杂交，系谱法选育而成。原品系号辽01076-7。2009年经辽宁省农作物品种审定委员会审定，审定编号为辽审豆[2009]114号。全国大豆品种资源统一编号ZDD24567。

辽豆29

特征 有限结荚习性。株高100.2cm，主茎节数17.3个，分枝3.5个。单株荚数57.9个，荚褐色。披针形叶，白花，灰毛。粒圆形，种皮黄色，有光泽，脐黄色。百粒重21.8g。

特性 北方春大豆，晚熟品种，生育期129d。中抗大豆花叶病毒1号株系和3号株系。

产量品质 2007—2008年辽宁省大豆晚熟组区域试验，平均产量3 166.80kg/hm^2，比对照丹豆11增产12.33%。2008年生产试验，平均产量3 572.25kg/hm^2，比对照丹豆11增产12.01%。蛋白质含量42.74%，脂肪含量20.53%。

栽培要点 4月下旬至5月上旬为适播期。密度13.5万～18万株/hm^2。出苗后间苗。施底肥磷酸二铵150～225kg/hm^2、硫酸钾75～112.5kg/hm^2。适时中耕。防治蚜虫和大豆食心虫。

适宜地区 辽宁省沈阳、鞍山、辽阳、锦州、丹东、大连等晚熟大豆区。

366. 辽豆30（Liaodou 30）

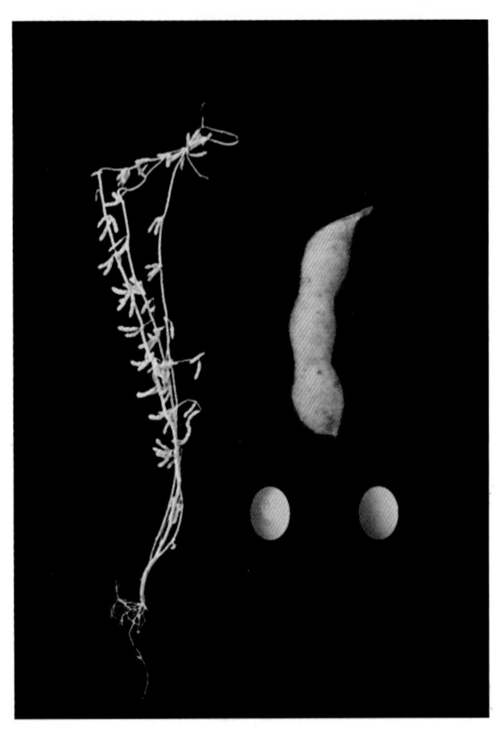

辽豆30

品种来源 辽宁省农业科学院作物研究所于1993年以辽87041（辽7709（风交66-12×黑河54）×辽86-5434[辽81-5052(铁丰8号×铁7116)×开7305-9（开交6302-12-1-1×铁丰18)]）为母本，辽8887为父本，经有性杂交，系谱法选育而成。原品系号辽02品-4-3-1。2010年经辽宁省农作物品种审定委员会审定，审定编号为辽审豆[2010]126号。全国大豆品种资源统一编号ZDD31001。

特征 亚有限结荚习性。株高113.0cm，主茎节数20.8个，分枝1.8个。单株荚数54.4个，荚褐色。椭圆形叶，紫花，灰毛。粒圆形，种皮黄色，有光泽，脐黄色。百粒重22.8g。

特性 北方春大豆，中晚熟品种，生育期135d。中感大豆花叶病毒1号株系。

产量品质 2008—2009年辽宁省大豆中熟组区域试验，平均产量3 222.00kg/hm^2，比对照铁丰33增产12.10%。2009年生产试验，平均产量2 937.00kg/hm^2，比对照铁丰33增产10.60%。蛋白质含量43.44%，脂肪含量20.59%。

栽培要点 4月下旬至5月上旬为适播期。密度12万～18万株/hm^2。施底肥磷酸二铵150～225kg/hm^2、硫酸钾75～112.5kg/hm^2。适时中耕。防治蚜虫和大豆食心虫。

适宜地区 辽宁省沈阳、鞍山、辽阳、阜新、锦州、葫芦岛等地区。

367. 辽豆31（Liaodou 31）

品种来源 辽宁省农业科学院作物研究所于1999年以辽8864（辽85062[辽7811-9-2-1-1-3(铁丰9×九农9)×辽84-5303(辽81-5052×开育9)]×郑长叶18）为母本，公交7291为父本，经有性杂交，系谱法选育而成。原品系号辽07品-19。2010年经辽宁省农作物品种审定委员会审定，审定编号为辽审豆[2010]130号。全国大豆品种资源统一编号ZDD31002。

特征 有限结荚习性。株高92.2cm，主茎节数19.7个，分枝2.1个。单株荚数50.8个，荚褐色。披针形叶，白花，灰毛。粒圆形，种皮黄色，有光泽，脐黄色。百粒重21.4g。

特性 北方春大豆，中晚熟品种，生育期128d。中抗大豆花叶病毒1号株系。

产量品质 2008—2009年辽宁省大豆晚熟组区域试验，平均产量3 193.50kg/hm^2，比对照丹豆11增产10.40%。2009年辽宁省晚熟组生产试验，平均产量2 898.00kg/hm^2，比对照丹豆11增产10.30%。蛋白质含量41.95%，脂肪含量19.89%。

栽培要点 4月下旬至5月上旬为适播期，密度13.5万～18万株/hm^2。出苗后间苗。施底肥磷酸二铵150～225kg/hm^2、硫酸钾75～112.5kg/hm^2。适时中耕。防治蚜虫和大豆食心虫。

适宜地区 辽宁省沈阳、鞍山、辽阳、锦州、丹东、大连等地区。

辽豆31

368. 辽豆32（Liaodou 32）

品种来源 辽宁省农业科学院作物研究所于2001年以Motto(美国大豆品系)为母本，辽21051(辽豆10号×Mecury)为父本，经有性杂交，系谱法选育而成。原品系号辽08品-28。

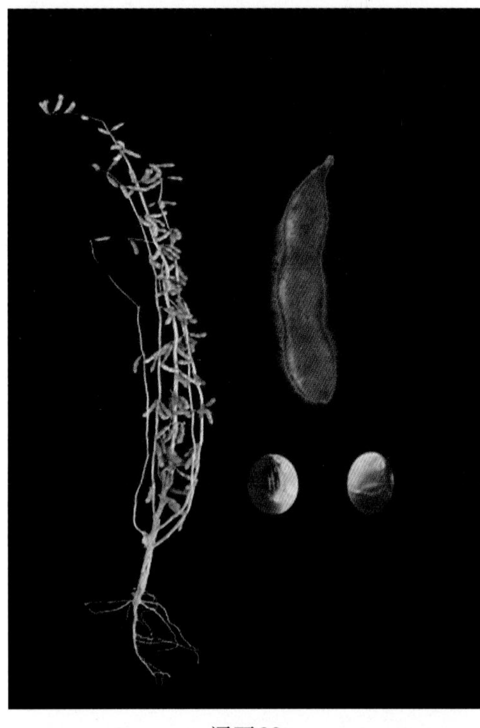
辽豆32

2011年经辽宁省农作物品种审定委员会审定，审定编号为辽审豆[2011]134号，2014年经国家农作物品种审定委员会审定，审定编号为国审豆2014009。全国大豆品种资源统一编号ZDD31003。

特征 亚有限结荚习性。株高85.5cm，主茎节数17.8个，分枝3.3个。单株荚数71.4个。椭圆形叶，紫花，棕毛。粒圆形，种皮黄色，脐褐色。百粒重19.1g。

特性 北方春大豆，早熟品种，生育期121d。抗大豆花叶病毒1号株系。

产量品质 2009—2010年辽宁省大豆早熟组区域试验，10点次增产，1点次减产，平均产量2 931.00kg/hm^2，比对照开育11增产21.60％。2010年生产试验，平均产量2 874.00kg/hm^2，比对照开育11增产25.10％。蛋白质含量38.14%，脂肪含量22.88%。

栽培要点 4月下旬至5月上旬为适播期。密度18万～21万株/hm^2。出苗后间苗。施底肥磷酸二铵150～225kg/hm^2、硫酸钾75～112.5kg/hm^2。适时中耕。防治蚜虫和大豆食心虫。

适宜地区 辽宁省沈阳、铁岭、抚顺、本溪等东、北部早熟大豆区。

369. 辽豆33（Liaodou 33）

辽豆33

品种来源 辽宁省农业科学院作物研究所于2002年以沈农9410为母本，辽95045-4-12-5（辽89094-20-2-3-5[辽85086-1B-5B-1(辽7709-2-4-2-3-3×辽81-5017)×辽86-4303]×辽93068-1）为父本，经有性杂交，系谱法选育而成。原品系号辽02140-7-4-2。2011年经辽宁省农作物品种审定委员会审定，审定编号为辽审豆[2011]138号。全国大豆品种资源统一编号ZDD31004。

特征 有限结荚习性。株高84.8cm，主茎节数16.4个，分枝2.9个。单株荚数45.3个。

椭圆形叶，紫花，灰毛。粒圆形，种皮黄色，脐黄色。百粒重23.0g。

特性 北方春大豆，中晚熟品种，生育期125d。中抗大豆花叶病毒1号株系。

产量品质 2009—2010年辽宁省大豆晚熟组区域试验，平均产量2 683.50kg/hm^2，比对照丹豆11增产11.80%。2010年生产试验，平均产量2 485.50kg/hm^2，比对照丹豆11增产12.00%。蛋白质含量42.04%，脂肪含量20.44%。

栽培要点 4月下旬至5月上旬为适播期。密度15万～18万株/hm^2。出苗后间苗。施底肥磷酸二铵150～225kg/hm^2、硫酸钾75～112.5kg/hm^2。适时中耕。防治蚜虫和大豆食心虫。

适宜地区 辽宁省沈阳、鞍山、锦州、丹东及大连等晚熟大豆区。

370. 辽豆34（Liaodou 34）

品种来源 辽宁省农业科学院作物研究所于2002年以辽93042（辽87051-1-6-16-2[辽83-5020(辽7844×辽7801)×辽豆3号]×新3511）为母本，辽95273（新豆1号×辽91005-6-2[辽7709(风交66-12×黑河54)×辽85112-1-4-4]）为父本，经有性杂交，系谱法选育而成。原品系号辽02Q117-8-2。2011年经辽宁省农作物品种审定委员会审定，审定编号为辽审豆[2011]139号。2015年经国家农作物品种审定委员会审定，审定编号为国审豆2015003。全国大豆品种资源统一编号ZDD31005。

辽豆34

特征 有限结荚习性。株高96.5cm，主茎节数17.3个，分枝2.6个。单株荚数39.9个，荚褐色。椭圆形叶，紫花，灰毛。粒圆形，种皮黄色，有光泽，脐黄色。百粒重25.5g。

特性 北方春大豆，晚熟品种，生育期129d。抗大豆花叶病毒1号株系，中抗大豆花叶病毒3号株系。

产量品质 2009—2010年辽宁省晚熟组区域试验，平均产量2 671.50kg/hm^2，比对照丹豆11增产11.30%。2010年生产试验，平均产量2 536.50kg/hm^2，比对照丹豆11增产14.30%。蛋白质含量42.66%，脂肪含量20.24%。

栽培要点 4月下旬至5月上旬为适播期。密度12万～18万株/hm^2。出苗后间苗。施底肥磷酸二铵150～225kg/hm^2、硫酸钾75～112.5kg/hm^2。适时中耕。防治蚜虫和大豆食心虫。

适宜地区 辽宁省沈阳、鞍山、辽阳、阜新、锦州、葫芦岛等晚熟大豆区。

辽豆35

371. 辽豆35（Liaodou 35）

品种来源 辽宁省农业科学院作物研究所于2002年以辽91111为母本，铁丰34为父本，经有性杂交，系谱法选育而成。原品系号辽09品-31。2012年经辽宁省农作物品种审定委员会审定，审定编号为辽审豆[2012]153号。全国大豆品种资源统一编号ZDD31006。

特征 有限结荚习性。株高85.2cm，主茎节数14.4个，分枝4.2个。单株荚数41.2个。椭圆形叶，紫花，灰毛。粒圆形，种皮黄色，脐黄色。百粒重25.3g。

特性 北方春大豆，晚熟品种，生育期124d。抗大豆花叶病毒1号株系，中感大豆花叶病毒3号株系。

产量品质 2010—2011年辽宁省大豆晚熟组区域试验，平均产量2 637.00kg/hm^2，比对照丹豆11增产17.40%。2011年生产试验，平均产量2 913.00kg/hm^2，比对照丹豆11增产13.70%。蛋白质含量40.52%，脂肪含量21.12%。

栽培要点 4月下旬至5月上旬为适播期。密度15万～18万株/hm^2。出苗后间苗。施底肥磷酸二铵150～225kg/hm^2、硫酸钾75～112.5kg/hm^2。适时中耕。防治蚜虫和大豆食心虫。

适宜地区 辽宁省沈阳、鞍山、锦州、丹东及大连等晚熟大豆区。

辽豆36

372. 辽豆36（Liaodou 36）

品种来源 辽宁省农业科学院作物研究所于2003年以辽豆16为母本，绥农20为父本，经有性杂交，系谱法选育而成。原品系号辽03Q051A-1。2012年经辽宁省农作物品种审定委员会审定，审定编号为辽审豆[2012]154号。全国大豆品种资源统一编号ZDD31007。

特征 有限结荚习性。株高84.8cm，主茎节数14.0个，分枝2.9个。单株荚数38.7个，荚褐色。椭圆形叶，紫花，灰毛。粒圆形，种皮黄色，有光泽，脐黄色。百粒重26.9g。

特性 北方春大豆，中晚熟品种，生育期125d。抗大豆花叶病毒1号株系和3号株系。

产量品质 2010—2011年辽宁省大豆晚熟组区域试验，平均产量2 628.00kg/hm^2，比对照丹豆11增产17.10%。2011年生产试验，平均产量3 160.50kg/hm^2，比对照丹豆11增产23.40%。蛋白质含量42.94%，脂肪含量20.23%。

栽培要点 4月下旬至5月上旬为适播期。密度12万～18万株/hm^2。出苗后间苗。施底肥磷酸二铵150～225kg/hm^2、硫酸钾75～112.5kg/hm^2。适时中耕。防治蚜虫和大豆食心虫。

适宜地区 辽宁省沈阳、辽阳、鞍山、锦州、丹东、大连等晚熟大豆区。

373. 辽豆37（Liaodou 37）

品种来源 辽宁省农业科学院作物研究所于2004年以辽豆18[辽89094（辽85086×辽83066）×辽93040（辽87051×辽豆10号）]为母本，铁95124为父本，经有性杂交，系谱法选育而成。原品系号辽04Q047-1。2013年经辽宁省农作物品种审定委员会审定，审定编号为辽审豆2013006。全国大豆品种资源统一编号ZDD31008。

特征 亚有限结荚习性。株高94.8cm，主茎节数18.6个，分枝1.5个。单株荚数53.8个。椭圆形叶，紫花，灰毛。粒圆形，种皮黄色，脐黄色。百粒重22.1g。

特性 北方春大豆，中熟品种，生育期129d。抗大豆花叶病毒1号株系，中抗大豆花叶病毒3号株系。

产量品质 2011—2012年辽宁省大豆中熟组区域试验，平均产量3 354kg/hm^2，比对照铁丰33增产13.1%。2012年生产试验，平均产量3 288kg/hm^2，比对照铁丰33增产12.0%。蛋白质含量41.39%，脂肪含量21.31%。

栽培要点 4月下旬至5月上旬为适播期。密度15万～18万株/hm^2。出苗后间苗。施底肥磷酸二铵150～225kg/hm^2、硫酸钾75～112.5kg/hm^2。防治蚜虫、大豆食心虫。

适宜地区 辽宁省铁岭、沈阳、鞍山、辽阳、锦州及葫芦岛等中熟大豆区。

辽豆37

辽豆38

辽豆39

374. 辽豆38（Liaodou 38）

品种来源 辽宁省农业科学院作物研究所于2004年以铁丰35[91017-6(开育10号×济8047-1)×锦8412]为母本，长农12为父本，经有性杂交，系谱法选育而成。原品系号辽04Q100-1。2013年经辽宁省农作物品种审定委员会审定，审定编号为辽审豆2013007。全国大豆品种资源统一编号ZDD31009。

特征 有限结荚习性。株高90.9cm，主茎节数16.8个，分枝3.0个。单株荚数65.6个。椭圆形叶，紫花，灰毛。粒圆形，种皮黄色，脐黄色。百粒重23.8g。

特性 北方春大豆，中熟品种，生育期133d。抗大豆花叶病毒1号株系，中抗大豆花叶病毒3号株系。

产量品质 2011—2012年辽宁省大豆中熟组区域试验，平均产量3 157.5kg/hm^2，比对照铁丰33增产6.5%。2012年生产试验，平均亩产量3 549kg/hm^2，比对照铁丰33增产7.9%。蛋白质含量40.50%，脂肪含量22.47%。

栽培要点 4月下旬至5月上旬为适播期。密度12万～16.5万株/hm^2。出苗后间苗。施底肥磷酸二铵150～225kg/hm^2、硫酸钾75～112.5kg/hm^2。防治蚜虫、大豆食心虫。

适宜地区 辽宁省铁岭、沈阳、鞍山、辽阳、锦州及葫芦岛等中熟大豆区。

375. 辽豆39（Liaodou 39）

品种来源 辽宁省农业科学院作物研究所于2003年以辽8880（辽85094-1B-4×辽86-5453）为母本，铁95091-5-2[铁89034-10×铁丰29(8114-7-4×84059-13-8)]为父本，经有性杂交，系谱法选育而成。原品系号辽03048-1。2013年经辽宁省农作物品种审定委员会审定，审定编号为辽审豆2013008。全国大豆品种资源统一编号ZDD31010。

特征 有限结荚习性。株高85.7cm，主茎节数17.6个，分枝3.5个。单株荚数55.9个。椭圆形叶，白花，灰毛。粒圆形，种皮黄色，脐黄色。百粒重24.4g。

特性 北方春大豆，晚熟品种，生育期130d。抗大豆花叶病毒1号株系，中感大豆花叶病毒3号株系。

产量品质 2011—2012年辽宁省大豆晚熟组区域试验，12点次增产，1点次减产，平均产量2 980.5kg/hm^2，比对照丹豆11增产17.0%。2012年生产试验，平均产量3 073.5kg/hm^2，比对照丹豆11增产14.3%。蛋白质含量40.86%，脂肪含量20.80%。

栽培要点 4月下旬至5月上旬为适播期。密度15万～16.5万株/hm^2。出苗后间苗。施底肥磷酸二铵150～225kg/hm^2、硫酸钾75～112.5kg/hm^2。防治蚜虫、大豆食心虫。

适宜地区 辽宁省沈阳、鞍山、锦州、丹东及大连等晚熟大豆区。

376. 辽豆40（Liaodou 40）

品种来源 辽宁省农业科学院作物研究所于2004年以铁94026-4（铁89012×90004）为母本，航天2号为父本，经有性杂交，系谱法选育而成。原品系号辽04121-2。2013年经辽宁省农作物品种审定委员会审定，审定编号为辽审豆2013009。全国大豆品种资源统一编号ZDD31011。

特征 有限结荚习性。株高79.4cm，主茎节数15.6个，分枝4.0个。单株荚数41.2个。椭圆形叶，紫花，灰毛。粒圆形，种皮黄色，脐黄色。百粒重24.5g。

特性 北方春大豆，晚熟品种，生育期124d。抗大豆花叶病毒1号株系，中抗大豆花叶病毒3号株系。

产量品质 2011—2012年辽宁省大豆晚熟组区域试验，10点次增产，3点次减产，平均产量2 817kg/hm^2，比对照丹豆11增产10.6%。2012年生产试验，平均产量3 063kg/hm^2，比对照丹豆11增产13.9%。蛋白质含量41.85%，脂肪含量19.51%。

栽培要点 4月下旬至5月上旬为适播期。密度15万～18万株/hm^2。出苗后间苗。施底肥磷酸二铵150～225kg/hm^2、硫酸钾75～112.5kg/hm^2。防治蚜虫、大豆食心虫。

适宜地区 辽宁省沈阳、鞍山、锦州、丹东及大连等晚熟大豆区。

辽豆40

辽豆41

377. 辽豆41（Liaodou 41）

品种来源 辽宁省农业科学院作物研究所于2004年以辽豆17（辽豆3号[铁丰18(45-15×5621-1-6-2-4)×阿姆索]×辽92-2738M）为母本，航天2号为父本，经有性杂交，系谱法选育而成。原品系号辽04046-3。2013年经辽宁省农作物品种审定委员会审定，审定编号为辽审豆2013010。全国大豆品种资源统一编号ZDD31012。

特征 有限结荚习性。株高81.6cm，主茎节数16.9个，分枝2.8个。单株荚数53.2个。椭圆形叶，紫花，灰毛。粒圆形，种皮黄色，脐黄色。百粒重25.3g。

特性 北方春大豆，晚熟品种，生育期127d。抗大豆花叶病毒1号株系，中感大豆花叶病毒3号株系。

产量品质 2011—2012年辽宁省大豆晚熟组区域试验，平均产量2 850kg/hm^2，比对照丹豆11增产11.9%。2012年生产试验，平均产量3 019.5kg/hm^2，比对照丹豆11增产12.3%。蛋白质含量41.75%，脂肪含量20.21%。

栽培要点 4月下旬至5月上旬为适播期。密度16.5万～18万株/hm^2。出苗后间苗。施底肥磷酸二铵150～225kg/hm^2、硫酸钾75～112.5kg/hm^2。防治蚜虫、大豆食心虫。

适宜地区 辽宁省沈阳、鞍山、锦州、丹东及大连等晚熟大豆区。

辽豆42

378. 辽豆42（Liaodou 42）

品种来源 辽宁省农业科学院作物研究所于2006年以铁95091-5-1为母本，铁9868-10为父本，经有性杂交，系谱法选育而成。原品系号辽06128-5。2014年经辽宁省农作物品种审定委员会审定，审定编号为辽审豆2014013。全国大豆品种资源统一编号ZDD31013。

特征 有限结荚习性。株高84.8cm，主茎节数16.7个，分枝3.7个。椭圆形叶，白花，棕毛。粒圆形，种皮黄色，脐黄色。百粒重25.1g。

特性 北方春大豆，晚熟品种，生育期128d。抗大豆花叶病毒1号株系。

产量品质 2012—2013年辽宁省大豆晚熟组区域试验，平均产量3 036kg/hm^2，比对照丹豆11增产13.6%。2013年生产试验，平均产量3 067.5kg/hm^2，比对照丹豆11增产11.0%。蛋白质含量43.41%，脂肪含量19.19%。

栽培要点 4月下旬至5月上旬为适播期。密度16.5万～18万株/hm^2。出苗后间苗。施底肥磷酸二铵150～225kg/hm^2、硫酸钾75～112.5kg/hm^2。防治蚜虫、大豆食心虫。

适宜地区 辽宁省沈阳、锦州、丹东及大连等晚熟大豆区。

379. 辽豆43（Liaodou 43）

品种来源 辽宁省农业科学院作物研究所于2004年以沈农6号（凤交66-12[(本溪小黑脐×公616的二代系)×(早小白眉×集体2号的二代系)]×开育8号(开系583×开交6212-9-5)）为母本，长农1号为父本，经有性杂交，系谱法选育而成。原品系号辽04Q088-1。2014年经辽宁省农作物品种审定委员会审定，审定编号为辽审豆2014006。全国大豆品种资源统一编号ZDD31014。

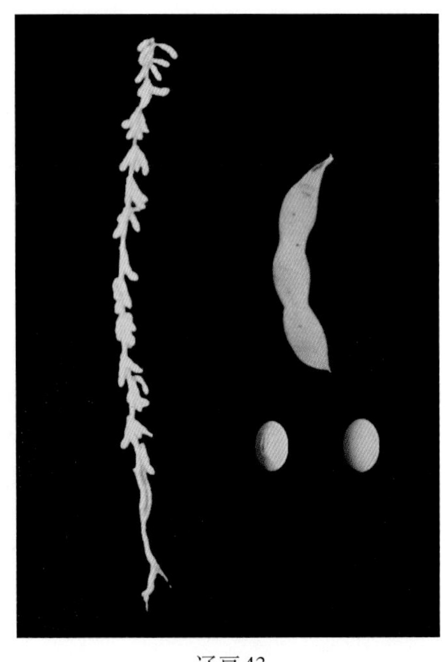

辽豆43

特征 亚有限结荚习性。株高94.3cm，主茎节数19.5个，分枝1.8个。单株荚数51.6个。椭圆形叶，紫花，灰毛。粒圆形，种皮黄色，脐黄色。百粒重21.8g。

特性 北方春大豆，中熟品种，生育期129d。抗大豆花叶病毒1号株系，中感大豆花叶病毒3号株系。

产量品质 2012—2013年辽宁省大豆中熟组区域试验，平均产量3 070.5kg/hm^2，比对照铁丰33增产8.1%。2013年生产试验，平均产量2 755.5kg/hm^2，比对照铁丰33增产12.6%。蛋白质含量41.39%，脂肪含量21.00%。

栽培要点 4月下旬至5月上旬为适播期。密度12万～16.5万株/hm^2。出苗后间苗。施底肥磷酸二铵150～225kg/hm^2、硫酸钾75～112.5kg/hm^2。防治蚜虫、大豆食心虫。

适宜地区 辽宁省铁岭、沈阳、辽阳、阜新、锦州及葫芦岛等中熟大豆区。

380. 辽豆44（Liaodou 44）

品种来源 辽宁省农业科学院作物研究所于2005年以辽豆14（辽豆10[辽豆3号

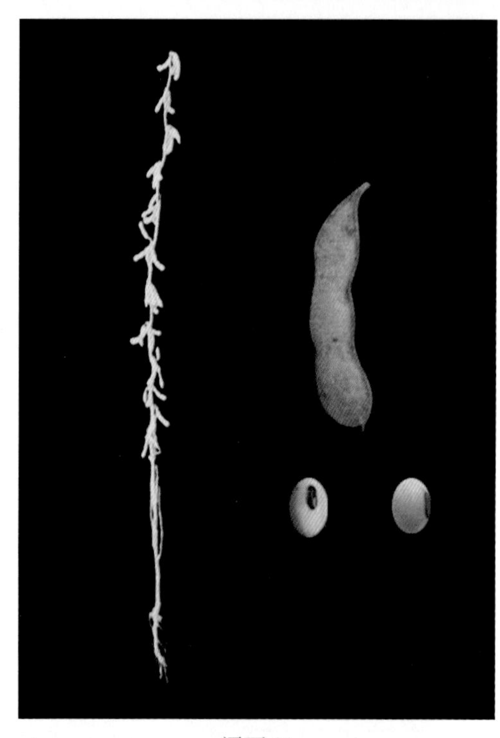

辽豆44

(铁丰18×阿姆索)×辽82-5185(铁丰18×铁7424)]×Mecury）为母本，冀豆17（Hobbit×早5241）为父本，经有性杂交，系谱法选育而成。原品系号辽05Q149。2014年经辽宁省农作物品种审定委员会审定，审定编号为辽审豆2014014。全国大豆品种资源统一编号ZDD31015。

特征 亚有限结荚习性。株高86.6cm，主茎节数20.9个，分枝2.5个。单株荚数61.1个。椭圆形叶，白花，棕毛。粒圆形，种皮黄色，脐黑色。百粒重17.8g。

特性 北方春大豆，晚熟品种，生育期129d。中抗大豆花叶病毒1号株系。

产量品质 2012—2013年辽宁省大豆晚熟组区域试验，平均产量3 121.5kg/hm^2，比对照丹豆11增产16.9%。2013年生产试验，平均产量3 232.5kg/hm^2，比对照丹豆11增产16.9%。蛋白质含量41.01%，脂肪含量21.23%。

栽培要点 4月下旬至5月上旬为适播期。密度12万～18万株/hm^2。出苗后间苗。施底肥磷酸二铵150～225kg/hm^2、硫酸钾75～112.5kg/hm^2。防治蚜虫、大豆食心虫。

适宜地区 辽宁省沈阳、鞍山、锦州、丹东、大连等晚熟大豆区。

381. 辽豆45（Liaodou 45）

辽豆45

品种来源 辽宁省农业科学院作物研究所于2006年以铁97047-2为母本，辽豆16（新豆1号×辽8868-2-16）为父本，经有性杂交，系谱法选育而成。原品系号辽11品-58。2014年经辽宁省农作物品种审定委员会审定，审定编号为辽审豆2014007。全国大豆品种资源统一编号ZDD31016。

特征 亚有限结荚习性。株高84.0cm，主茎节数17.7个，分枝2.0个。单株荚数55.0个，荚褐色。椭圆形叶，紫花，灰毛。粒椭圆形，种皮黄色，有光泽，脐黄色。百粒重21.2g。

特性 北方春大豆，中熟品种，生育期127d。抗大豆花叶病毒1号株系。

产量品质 2012—2013年辽宁省大豆中熟组区域试验，平均产量3 066kg/hm²，比对照铁丰33增产11.6%。2013年生产试验，平均产量2 584.5kg/hm²，比对照铁丰33增产13.5%。蛋白质含量42.68%，脂肪含量19.95%。

栽培要点 4月下旬至5月上旬为适播期。密度16.5万～18万株/hm²。出苗后间苗。施底肥磷酸二铵150～225kg/hm²、硫酸钾75～112.5kg/hm²。防治蚜虫、大豆食心虫。

适宜地区 辽宁省铁岭、沈阳、辽阳、阜新、锦州及葫芦岛等中熟大豆区。

382. 辽鲜豆2号（Liaoxiandou 2）

品种来源 辽宁省农业科学院作物研究所于2004年以辽99011-6为母本，辽鲜1号为父本，经有性杂交，系谱法选育而成。原品系号辽04M05-3。2014年经辽宁省农作物品种审定委员会审定，审定编号为辽审豆2014016。全国大豆品种资源统一编号ZDD31017。

特征 有限结荚习性。株高51.0cm，主茎节数13.2个，分枝2.6个。单株荚数47.8个。椭圆形叶，白花，灰毛。粒圆形，种皮绿色，子叶黄色，脐褐色。百粒鲜重71.9g。

特性 北方春大豆，鲜食类，生育期99d（从出苗到鲜荚采收时间），生育期115d。抗大豆花叶病毒1号、3号株系。

产量品质 2012—2013年辽宁省鲜食组区域试验，平均产量鲜荚为13 723.5kg/hm²，比对照抚鲜3号增产22.1%。2013年鲜食生产试验，平均产量鲜荚13 837.5kg/hm²，比对照抚鲜3号增产19.3%。

栽培要点 5月上旬为适播期。密度12万～16.5万株/hm²。出苗后间苗。施底肥磷酸二铵150～225kg/hm²、硫酸钾75～112.5kg/hm²。防治蚜虫、大豆食心虫。

适宜地区 辽宁省铁岭、沈阳、鞍山、辽阳、锦州及葫芦岛等鲜食大豆产区。

辽鲜豆2号

383. 辽选2号（Liaoxuan 2）

品种来源 辽宁省辽阳市农业科学研究所于1995年以冀豆4号为母本，吉林21为父本，经有性杂交，系谱法选育而成。原品系号辽阳9509-4-9-1。2006年经辽宁省农作物品种审定委员会审定，审定编号为辽审豆[2006]87号。全国大豆品种资源统一编号ZDD24579。

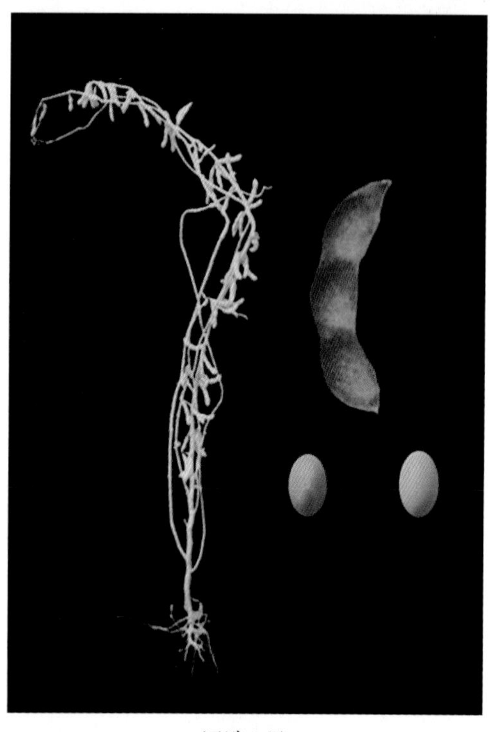

辽选2号

特征 亚有限结荚习性。株高98.3cm，主茎节数21.4个，分枝1.9个。单株荚数45.1个。椭圆形叶，白花，灰毛。粒圆形，种皮黄色，有光泽，脐黄色。百粒重22.5g。

特性 北方春大豆，中晚熟品种，生育期132d。抗大豆花叶病毒1号株系。

产量品质 2004—2005年辽宁省中晚熟组区域试验，平均产量2 752.95kg/hm^2，比对照增产11.30%。2005年生产试验，平均产量2 829.75kg/hm^2，比对照丹豆11增产9.74%。蛋白质含量43.59%，脂肪含量20.42%。

栽培要点 4月中旬至5月上旬为适播期。密度18万株/hm^2。出苗后间苗。施农家肥30 000 ～ 45 000kg/hm^2、复合肥375kg/hm^2。适时中耕。防治蚜虫和大豆食心虫。

适宜地区 辽宁省除抚顺等东部冷凉山区不能种植外，其他地区均可。

首豆33

384. 首豆33（Shoudou 33）

品种来源 辽宁省辽阳县元田种子研发中心于1997年以LS8738A-9为母本，野驯F_{25-1}为父本，经有性杂交，系谱法选育而成。原品系号LS97-1-15。2011年经辽宁省农作物品种审定委员会审定，审定编号为辽审豆[2011]143号。全国大豆品种资源统一编号ZDD31018。

特征 有限结荚习性。株高88.4cm，主茎节数17.1个，分枝3.1个。单株荚数40.3个，荚浅褐色。椭圆形叶，紫花，灰毛。粒椭圆形，种皮黄色，有光泽，脐黄色。百粒重27.2g。

特性 北方春大豆，中晚熟品种，生育期124d。中抗大豆花叶病毒病。

产量品质 2009—2010年辽宁省大豆晚熟组区域试验，平均产量2 683.50kg/hm^2，比对照丹豆11增产11.90%。2010年生产试验，平均产量2 446.50kg/hm^2，比对照丹豆11增产

10.20%。蛋白质含量43.67%，脂肪含量20.09%。

栽培要点 4月下旬至5月中旬为适播期。密度12万～16.5万株/hm^2。出苗后间苗。施农家肥30 000kg/hm^2、磷酸二铵150kg/hm^2、硫酸钾90kg/hm^2。适时中耕。防治蚜虫和大豆食心虫。

适宜地区 辽宁省沈阳、鞍山、辽阳、阜新、锦州、葫芦岛等晚熟大豆区。

385. 首豆34（Shoudou 34）

品种来源 杨凌舒和辽宁省辽阳县元田种子研发中心于1997年以LS8738A-9为母本，元田23为父本，经有性杂交，系谱法选育而成。原品系号LS97-21-9。2013年经辽宁省农作物品种审定委员会审定，审定编号为辽审豆2013014。全国大豆品种资源统一编号ZDD31019。

特征 有限结荚习性。株高90.0cm，主茎节数17.7个，分枝2.6个。单株荚数44.2个，荚浅褐色。椭圆形叶，紫花，灰毛。粒椭圆形，种皮黄色，有光泽，脐黄色。百粒重27.2g。

特性 北方春大豆，晚熟品种，生育期124d。抗大豆花叶病毒1号株系。

产量品质 2011—2012年辽宁省大豆晚熟组区域试验，12点次增产，1点次减产，平均产量2 946kg/hm^2，比对照丹豆11增产15.8%。2012年生产试验，平均产量3 036kg/hm^2，比对照丹豆11增产12.9%。蛋白质含量40.81%，脂肪含量20.49%。

栽培要点 4月下旬至5月上旬为适播期。密度10.5万～16.5万株/hm^2。出苗后间苗。施底肥磷酸二铵150～225kg/hm^2、硫酸钾75～112.5kg/hm^2。防治蚜虫、大豆食心虫。

适宜地区 辽宁省沈阳、鞍山、锦州、丹东及大连等晚熟大豆区。

首豆34

386. 灯豆1号（Dengdou 1）

品种来源 辽宁省灯塔市明辉良种研发中心于2002年以嫩丰16为母本，黑农38为父本，经有性杂交，系谱法选育而成。原品系号唐选11-853。2014年经辽宁省农作物品种审定委员会审定，审定编号为辽审豆2014003。全国大豆品种资源统一编号ZDD31020。

特征 亚有限结荚习性。株高70cm，主茎节数16个，分枝1～2个。单株荚数50个，

灯豆1号

荚灰色。披针形叶，白花，灰毛。粒圆形，种皮黄色，有光泽，脐黄色。百粒重25.5g。

特性 北方春大豆，早熟品种，生育期116d。抗大豆花叶病毒1号株系。

产量品质 2012—2013年辽宁省大豆早熟组区域试验，8点次增产，2点次减产，平均产量2 805kg/hm^2，比对照铁豆43增产4.90%。2013年生产试验，平均产量2 952kg/hm^2，比对照铁豆43增产9.70%。蛋白质含量38.15%，脂肪含量21.92%。

栽培要点 5月上旬为适播期。密度19.5万株/hm^2。出苗后间苗。施底肥磷酸二铵150 ~ 225kg/hm^2、硫酸钾75 ~ 112.5kg/hm^2。防治蚜虫、大豆食心虫。

适宜地区 辽宁省西丰、昌图、开原、铁岭、抚顺、新宾、本溪等东、北部早熟大豆区。

387. 沈农9号（Shennong 9）

沈农9号

品种来源 沈阳农业大学以沈农92-16为母本，I030为父本，经有性杂交，系谱法选育而成。原品系号沈农96-10。2007年经国家农作物品种审定委员会审定，审定编号为国审豆2007015。全国大豆品种资源统一编号ZDD31021。

特征 亚有限结荚习性。株高88.7cm。单株荚数52.3个。圆形叶，白花，棕毛。粒圆形，种皮黄色，脐黑色。百粒重16.5g。

特性 北方春大豆，晚熟品种，生育期129d。中抗大豆灰斑病，中感大豆花叶病毒1号株系，中抗3号株系。

产量品质 2004年北方春大豆晚熟组区域试验，平均产量2 821.50kg/hm^2，比对照辽豆11增产7.70%。2005年续试，平均产量2 718.00kg/hm^2，比对照辽豆11增产6.30%。两年平均产量2 770.50kg/hm^2，比对照辽豆11增产7.00%。2006年生产试验，平均产量

2 782.50kg/hm²，比对照辽豆11增产10.50%。蛋白质含量39.49%，脂肪含量21.55%。

栽培要点 4月下旬至5月上旬为适播期。密度16.5万～19.5万株/hm²。出苗后间苗。施农家肥15 000kg/hm²、磷酸二铵112.5kg/hm²作底肥。适时中耕。防治蚜虫和大豆食心虫。

适宜地区 河北省北部、宁夏回族自治区中北部和辽宁省丹东、锦州、沈阳地区(春播种植)。

388. 沈农10号（Shennong 10）

品种来源 沈阳农业大学于1994年以沈农92-16为母本，沈农91-44为父本，经有性杂交，系谱法选育而成。原品系号沈农95-31。2007年经辽宁省农作物品种审定委员会审定，审定编号为辽审豆[2007]98号。全国大豆品种资源统一编号ZDD24573。

特征 亚有限结荚习性。株高120.5cm，主茎节数22.2个，分枝1.8个。单株荚数53.4个，荚灰色。椭圆形叶，白花，灰毛。粒圆形，种皮黄色，有光泽，脐淡褐色。百粒重20.3g。

沈农10号

特性 北方春大豆，中晚熟品种，生育期129d。中抗大豆花叶病毒3号株系。

产量品质 2005—2006年辽宁省大豆中晚熟组区域试验，11点次均增产，平均产量2 681.55kg/hm²，比对照丹豆11增产12.45%。2006年生产试验，平均产量2 794.05kg/hm²，比对照丹豆11增产15.30%。蛋白质含量42.82%，脂肪含量19.52%。

栽培要点 4月下旬至5月上旬为适播期。密度12万～18万株/hm²。出苗后间苗。施底肥磷酸二铵150～225kg/hm²、硫酸钾75～112.5kg/hm²。适时中耕。防治蚜虫和大豆食心虫。

适宜地区 辽宁省海城、锦州、岫岩、庄河、瓦房店、丹东等活动积温在3 300℃以上的中晚熟大豆区。

389. 沈农11（Shennong 11）

品种来源 沈阳农业大学于1995年以辽豆3号为母本，冀豆4号为父本，经有性杂交，系谱法选育而成。原品系号沈农96-18。2008年经辽宁省农作物品种审定委员会审定，

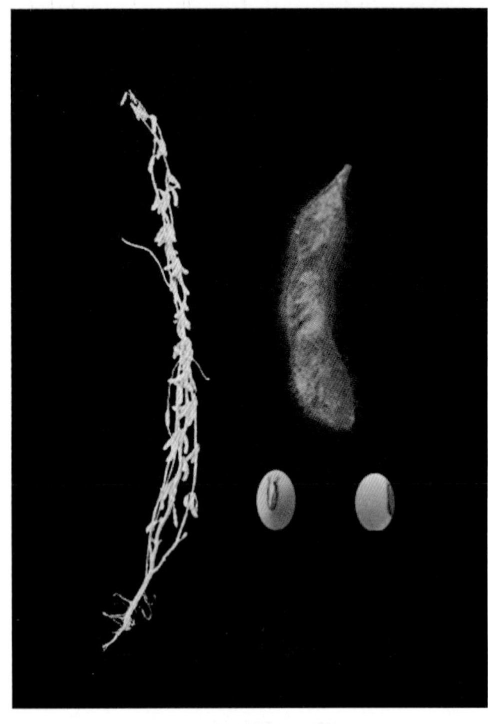
沈农11

审定编号为辽审豆[2008]104号。全国大豆品种资源统一编号ZDD24574。

特征 亚有限结荚习性。株高105.3cm，主茎节数20.5个，分枝2.2个。单株荚数57.6个。椭圆形叶，紫花，棕毛。粒圆形，种皮黄色，脐黑色。百粒重20.3g。

特性 北方春大豆，中熟品种，生育期124d。中抗大豆花叶病毒病。

产量品质 2006—2007年辽宁省大豆中熟组区域试验，平均产量2 933.40kg/hm^2，比对照铁丰33增产5.56%。2007年生产试验，平均产量2 966.25kg/hm^2，比对照铁丰33增产4.06%。蛋白质含量40.71%，脂肪含量22.44%。

栽培要点 4月下旬至5月上旬为适播期。密度15万～16.5万株/hm^2。出苗后间苗。施底肥磷酸二铵150～225kg/hm^2、硫酸钾75～112.5kg/hm^2。适时中耕。防治蚜虫和大豆食心虫。

适宜地区 辽宁省沈阳、辽阳、锦州、海城等活动积温在3 000℃以上的中熟大豆区。

390. 沈农12（Shennong 12）

沈农12

品种来源 沈阳农业大学于1995年以沈农7号为母本，Darby为父本，经有性杂交，系谱法选育而成。原品系号沈农 99-22。2009年经国家农作物品种审定委员会审定，审定编号为国审豆2009010。全国大豆品种资源统一编号ZDD31022。

特征 亚有限结荚习性。株高82.6cm，主茎节数17.4个，分枝2.7个。单株荚数60.3个，单株粒数148个，底荚高度12.2cm。圆形叶，紫花，灰毛。粒圆形，种皮黄色，脐褐色。百粒重15.5g。

特性 北方春大豆，晚熟品种，生育期132d。中感大豆胞囊线虫病，中感大豆花叶病毒1号株系和3号株系。

产量品质 2007年北方春大豆晚熟组区域试验，平均产量3 778.50kg/hm^2，比对照铁丰31增产11.90%。2008年续试，平均产量3 730.50kg/hm^2，比对照铁丰31增产9.20%。两年平均产量3 754.50kg/hm^2，比对照铁丰31增产10.60%。2008年生产试验，平均产量3 240.00kg/hm^2，比对照铁丰31增产2.90%。蛋白质含量38.48%，脂肪含量21.70%。

栽培要点 4月25日至5月1日为适播期。播种量45 ~ 52.5kg/hm^2，密度16.5万~ 19.5万株/hm^2。出苗后间苗。肥力中等或中等以下的地块，施腐熟有机肥15 000 ~ 22 500kg/hm^2，肥力较高的地块施有机肥11 250 ~ 15 000kg/hm^2、施磷酸二铵112.5kg/hm^2，在第三次蹚地前，追施尿素75kg/hm^{2}或硫酸铵150kg/hm^2。

适宜地区 辽宁省中南部、宁夏回族自治区中北部、陕西省关中平原地区（春播种植）。

391. 沈农16（Shennong 16）

品种来源 沈阳农业大学农学院于1998年以铁丰27为母本，OhioFG1为父本，经有性杂交，系谱法选育而成。原品系号沈农99-11-1。2010年经辽宁省农作物品种审定委员会审定，审定编号为辽审豆[2010]128号。全国大豆品种资源统一编号ZDD31023。

特征 有限结荚习性。株高81cm，主茎节数16.2个，分枝3.2个。单株荚数57.4个，荚淡黑色。椭圆形叶，紫花，棕毛。粒圆形，种皮黄色，有光泽，脐黄色。百粒重22.6g。

特性 北方春大豆，中晚熟品种，生育期125d。中抗大豆花叶病毒1号株系，中感大豆花叶病毒3号株系。

沈农16

产量品质 2008—2009年辽宁省大豆晚熟组区域试验，平均产量3 285.00kg/hm^2，比对照丹豆11增产13.00%。2009年生产试验，平均产量2 986.50kg/hm^2，比对照丹豆11增产18.40%。蛋白质含量42.48%，脂肪含量20.50%。

栽培要点 4月下旬至5月上旬为适播期。密度15万~ 16.5万株/hm^2。出苗后间苗。施底肥磷酸二铵150 ~ 225kg/hm^2、硫酸钾75 ~ 112.5kg/hm^2。适时中耕。防治蚜虫和大豆食心虫。

适宜地区 辽宁省中部、南部和西部地区。

392. 沈农17（Shennong 17）

品种来源 沈阳农业大学农学院于2000年以铁丰27为母本，沈豆4号为父本，经有

沈农17

性杂交，系谱法选育而成。原品系号沈农00-5011。2011年经辽宁省农作物品种审定委员会审定，审定编号为辽审豆[2011]141号。全国大豆品种资源统一编号ZDD31024。

特征 亚有限结荚习性。株高101.3cm，主茎节数18.8个，分枝4.7个。单株荚数43.3个，荚淡黑色。椭圆形叶，紫花，棕毛。粒圆形，种皮黄色，有光泽，脐褐色。百粒重21.1g。

特性 北方春大豆，中晚熟品种，生育期125d。抗大豆花叶病毒1号株系，中抗大豆花叶病毒3号株系。

产量品质 2009—2010年辽宁省大豆晚熟组区域试验，平均产量2 679.00kg/hm^2，比对照丹豆11增产11.70%。2010年生产试验，平均产量2 488.50kg/hm^2，比对照丹豆11增产12.10%。蛋白质含量44.59%，脂肪含量20.71%。

栽培要点 4月下旬至5月上旬为适播期。密度15万～16.5万株/hm^2。出苗后间苗。施底肥磷酸二铵150～225kg/hm^2、硫酸钾75～112.5kg/hm^2。适时中耕。防治蚜虫和大豆食心虫。

适宜地区 辽宁省沈阳、鞍山、辽阳、阜新、锦州、葫芦岛等晚熟大豆区。

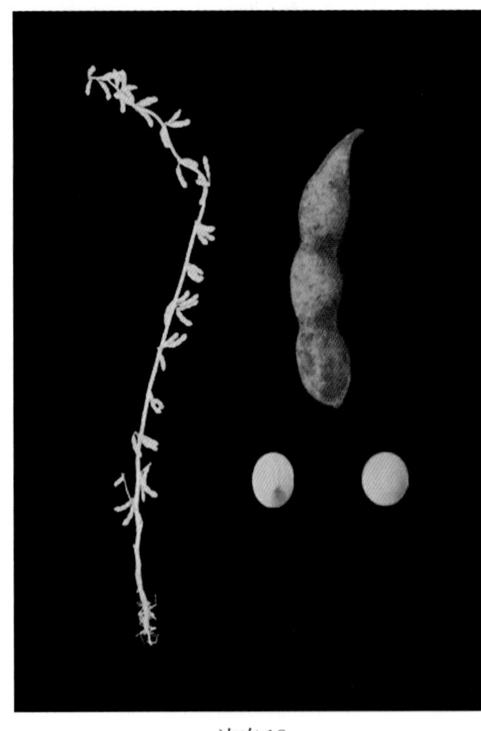
沈农18

393. 沈农18（Shennong 18）

品种来源 沈阳农业大学农学院于2000年以沈农91-6053为母本，沈农92-16为父本，经有性杂交，系谱法选育而成。原品系号沈农00-31。2012年经辽宁省农作物品种审定委员会审定，审定编号为辽审豆[2012]146号。全国大豆品种资源统一编号ZDD31025。

特征 亚有限结荚习性。株高106.0cm，主茎节数18.0个，分枝2.7个。单株荚数48.7个，荚草黄色。椭圆形叶，紫花，灰毛。粒圆形，种皮黄色，有光泽，脐黄色。百粒重24.9g。

特性 北方春大豆，中熟品种，生育期

130d。抗大豆花叶病毒1号株系，中抗大豆花叶病毒3号株系。

产量品质 2010—2011年辽宁省大豆中熟组区域试验，平均产量2 869.50kg/hm^2，比对照铁丰33增产6.60%。2011年生产试验，平均产量3 028.50kg/hm^2，比对照铁丰33增产3.70%。蛋白质含量41.39%，脂肪含量21.85%。

栽培要点 4月下旬至5月上旬为适播期。密度15万～16.5万株/hm^2。出苗后间苗。施底肥磷酸二铵150～225kg/hm^2、硫酸钾75～112.5kg/hm^2。适时中耕。防治蚜虫和大豆食心虫。

适宜地区 辽宁省铁岭、沈阳、辽阳、锦州、葫芦岛等中熟大豆区。

394. 沈农豆19（Shennongdou 19）

品种来源 沈阳农业大学于2000年以铁丰27(78012-5-3[铁丰18(45-15×5621-1-6-2-4)×7122-1-2-3]×8036-2(78081×开7305)）为母本，FLINT为父本，经有性杂交，系谱法选育而成。原品系号沈农01-66。2014年经辽宁省农作物品种审定委员会审定，审定编号为辽审豆2014008。全国大豆品种资源统一编号ZDD31026。

特征 亚有限结荚习性。株高115.9cm，主茎节数22.9个，分枝1.8个。单株荚数58.2个，荚草黄色。椭圆形叶，紫花，棕毛。粒圆形，种皮黄色，有光泽，脐黄色。百粒重19.9g。

特性 北方春大豆，中熟品种，生育期132d。中抗大豆花叶病毒1号株系。

产量品质 2012—2013年辽宁省大豆区域试验，平均产量2 971.5kg/hm^2，比对照铁丰33增产5.7%。2013年生产试验，平均产量2 610kg/hm^2，比对照铁丰33增产6.7%。蛋白质含量38.31%，脂肪含量22.35%。

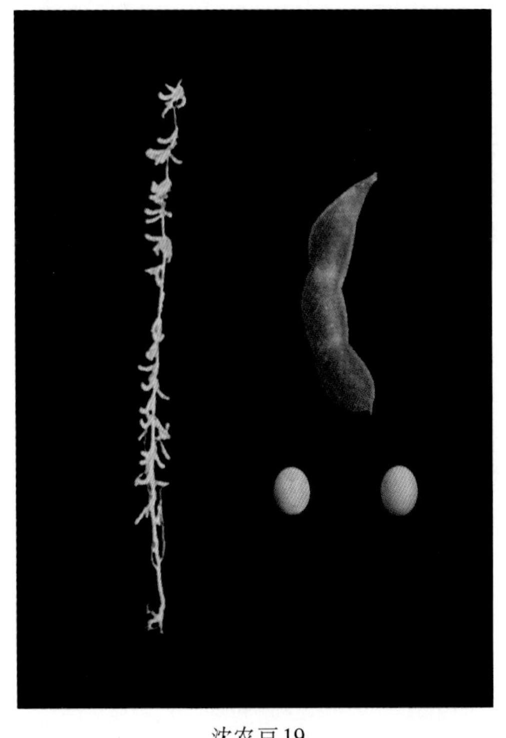
沈农豆19

栽培要点 4月下旬至5月上旬为适播期。密度15万～16.5万株/hm^2。出苗后间苗。施底肥磷酸二铵150～225kg/hm^2、硫酸钾75～112.5kg/hm^2。防治蚜虫、大豆食心虫。

适宜地区 辽宁省铁岭、沈阳、辽阳、阜新、锦州及葫芦岛等中熟大豆区。

395. 沈农豆20（Shennongdou 20）

品种来源 沈阳农业大学于2000年以沈农98-118为母本，公交91144-3为父本，经有性杂交，系谱法选育而成。原品系号沈农01-28。2014年经辽宁省农作物品种审定委员会

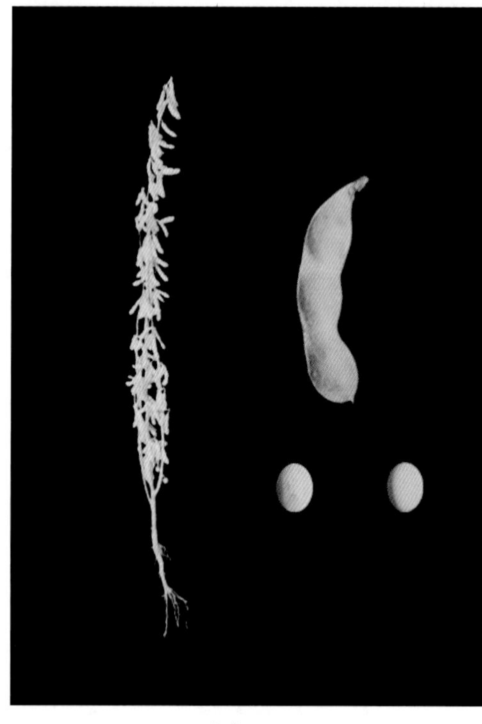
沈农豆20

审定，审定编号为辽审豆2014012。全国大豆品种资源统一编号ZDD31027。

特征 亚有限结荚习性。株高102.8cm，主茎节数20.7个，分枝2.4个。单株荚数52.5个。披针形叶，白花，灰毛。粒圆形，种皮黄色，有光泽，脐黄色。百粒重21.2g。

特性 北方春大豆，晚熟品种，生育期126d。中抗大豆花叶病毒1号株系。

产量品质 2012—2013年辽宁省大豆区域试验，平均产量3 129kg/hm^2，比对照丹豆11增产17.1%。2013年生产试验，平均产量3 096kg/hm^2，比对照丹豆11增产12.0%。蛋白质含量38.82%，脂肪含量22.29%。

栽培要点 4月下旬至5月上旬为适播期。密度15万～16.5万株/hm^2。出苗后间苗。施底肥磷酸二铵150～225kg/hm^2、硫酸钾75～112.5kg/hm^2。防治蚜虫、大豆食心虫。

适宜地区 辽宁省沈阳、锦州、丹东及大连等晚熟大豆区。

奎丰1号

396. 奎丰1号（Kuifeng 1）

品种来源 辽宁省铁岭市维奎大豆科学研究所于1992年以铁丰31为母本，辽91111为父本，经有性杂交，系谱法选育而成。原品系号K丰70-1。2008年经国家农作物品种审定委员会审定，审定编号为国审豆2008020号。全国大豆品种资源统一编号ZDD24549。

特征 亚有限结荚习性。株高95.2cm，主茎节数18.0个，分枝1.4个。单株荚数44.9个，荚褐色。圆形叶，紫花，棕毛。粒圆形，种皮黄色，脐黄色。百粒重21.8g。

特性 北方春大豆，晚熟品种，生育期132d。抗大豆花叶病毒1号株系，中抗大豆花叶病毒3号株系，感大豆胞囊线虫病3号生理小种，抗大豆霜霉病。抗倒伏。

产量品质 2006年北方春大豆晚熟组

区域试验，平均产量2 806.50kg/hm^2，比对照辽豆11增产8.30%。2007年续试，平均产量3 415.50kg/hm^2，比对照辽豆11增产21.90%。两年平均产量3 111.00kg/hm^2，比对照辽豆11增产15.40%。2007年生产试验，平均产量3 028.50kg/hm^2，比对照辽豆11增产17.40%。蛋白质含量42.54%，脂肪含量20.79%。

栽培要点 4月中旬至5月上旬为适播期。行距55～60cm，实行穴播，穴距15～20cm，每穴留苗2株，密度12万～15万株/hm^2。出苗后间苗。施底肥磷酸二铵150～225kg/hm^2、硫酸钾75kg/hm^2。适时中耕。防治蚜虫和大豆食心虫。

适宜地区 河北省北部、辽宁省中南部、宁夏回族自治区中北部、陕西省关中平原地区（春播种植）。

397. 奎鲜2号（Kuixian 2）

品种来源 辽宁省铁岭市维奎大豆科学研究所于2003年以辽鲜1号为母本，丹96-5003为父本，经有性杂交，系谱法选育而成。原品系号K丰76-6。2014年经辽宁省农作物品种审定委员会审定，审定编号为辽审豆2014017。2014年通过浙江省农作物品种审定委员会审定，审定编号为浙审豆2014001。全国大豆品种资源统一编号ZDD31028。

奎鲜2号

特征 有限结荚习性。株高53.5cm，主茎节数12.0个，分枝2.4个。单株荚数41.9个，荚灰褐色。椭圆形叶，白花，灰毛。粒圆形，种皮绿色，微光泽，脐黄色。百粒鲜重78.1g。

特性 北方春大豆，鲜食品种，生育期94d（从出苗到鲜荚采收时间），生育期115d。中感大豆花叶病毒1号株系。

产量品质 2012—2013年辽宁省大豆鲜食组区域试验，9点次增产，1点次减产，平均产量鲜荚12 612kg/hm^2，比对照抚鲜3号增产12.2%。2013年生产试验，平均产量鲜荚13 077kg/hm^2，比对照抚鲜3号增产12.8%。

栽培要点 5月上旬为适播期。密度16.5万～18万株/hm^2。出苗后间苗。施底肥磷酸二铵150～225kg/hm^2、硫酸钾75～112.5kg/hm^2。防治蚜虫、大豆食心虫。

适宜地区 辽宁省铁岭、沈阳、鞍山、辽阳、锦州及葫芦岛等鲜食大豆产区。

398. 希豆5号（Xidou 5）

品种来源 辽宁省铁岭市维奎大豆科学研究所于2006年以先豆14为母本，豫豆12

为父本，经有性杂交，系谱法选育而成。原品系号K丰76-3。2014年经辽宁省农作物品种审定委员会审定，审定编号为辽审豆2014015。全国大豆品种资源统一编号ZDD31029。

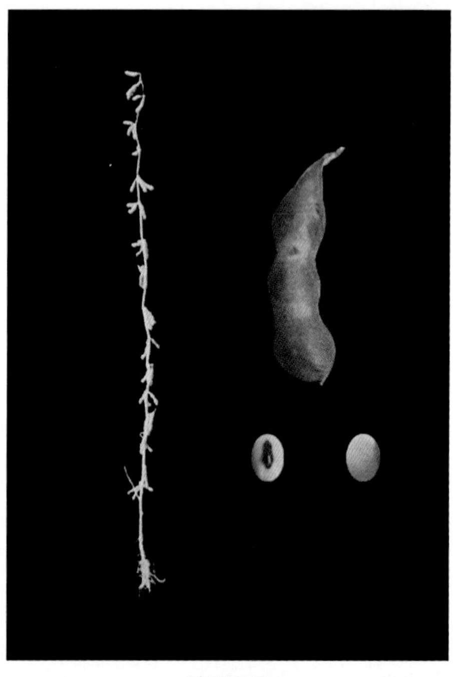
希豆5号

特征 亚有限结荚习性。株高95.8cm，主茎节数20.7个，分枝3.5个。单株荚数61.7个，荚褐色。椭圆形叶，白花，棕毛。粒圆形，种皮黄色，微光泽，脐褐色。百粒重20.0g。

特性 北方春大豆，晚熟品种，生育期126d。中抗大豆花叶病毒1号株系。

产量品质 2012—2013年辽宁省大豆晚熟组区域试验，11点次增产，1点次减产，平均产量3 151.5kg/hm^2，比对照丹豆11增产18.0%。2013年辽宁省生产试验，平均产量3 280.5kg/hm^2，比对照丹豆11 增产18.7%。蛋白质含量39.08%，脂肪含量21.33%。

栽培要点 4月下旬至5月上旬为适播期。密度13.5万～16.5万株/hm^2。出苗后间苗。施底肥磷酸二铵150～225kg/hm^2、硫酸钾75～112.5kg/hm^2。防治蚜虫、大豆食心虫。

适宜地区 辽宁省沈阳、鞍山、锦州、丹东、大连等晚熟大豆区。

399. 雨农豆6号（Yunongdou 6）

雨农豆6号

品种来源 辽宁省铁岭市维奎大豆科学研究所于2003年以辽鲜1号为母本，吉青138 为父本，经有性杂交，系谱法选育而成。原品系号K丰76-5。2014年经辽宁省农作物品种审定委员会审定，审定编号为辽审豆2014018。全国大豆品种资源统一编号ZDD31030。

特征 有限结荚习性。株高54.5cm，主茎节数13.2个，分枝3.2个。单株荚数47.7个，荚灰褐色。椭圆形叶，白花，灰毛。粒圆形，种皮绿色，微光泽，脐褐色。百粒鲜重75.5g。

特性 北方春大豆，鲜食类，生育期99d（从出苗到鲜荚采收时间），生育期117d。中抗大豆花叶病毒1号株系。

产量品质 2012—2013年辽宁省鲜食大豆组区域试验，10点次增产，平均产量鲜荚

13 180.5kg/hm^2，比对照抚鲜3号增产17.3%。2013年生产试验，平均产量鲜荚12 762kg/hm^2，比对照抚鲜3号增产10.0%。

栽培要点 4月下旬至5月上旬为适播期。密度16.5万～18万株/hm^2。出苗后间苗。施底肥磷酸二铵150～225kg/hm^2、硫酸钾75～112.5kg/hm^2。防治蚜虫、大豆食心虫。

适宜地区 辽宁省铁岭、沈阳、鞍山、辽阳、锦州及葫芦岛等鲜食大豆产区。

400. 铁豆36（Tiedou 36）

品种来源 辽宁省铁岭市农业科学院和辽宁铁研种业科技有限公司于1994年以铁90009-4（84018-13[78012-5-3(铁丰18×7122-1-2-3)×8036-2(78081×开7305)]×85043-9-6[79163-5(7533-17-1-1×7555-4-2-19)×78020-8(铁丰18×开育8号)]）为母本，铁89078-10（78057-3-2[7116-10-3(6308-9-1-1×十胜长叶)×7555-4-2(铁丰8号×7116-10-3)]×8114-6-2[7009-22-1(铁丰10号×铁丰13)×东山101]）为父本，经有性杂交，系谱法选育而成。原品系号铁94078-8。2005年经辽宁省农作物品种审定委员会审定，审定编号为辽审豆[2005]77号。全国大豆品种资源统一编号ZDD24534。

特征 有限结荚习性。株高78.4cm，主茎节数15.1个，分枝4.0个。荚褐色。椭圆形叶，紫花，灰毛。粒椭圆形，种皮黄色，有光泽，脐黄色。百粒重25.8g。

特性 北方春大豆，中熟品种，生育期130d。抗大豆花叶病毒强毒株系。

产量品质 2003—2004年辽宁省中晚熟组区域试验，平均产量3 031.65kg/hm^2，比对照铁丰27增产14.56%。2004年生产试验，平均产量3 113.70kg/hm^2，比对照铁丰27增产17.59%。蛋白质含量40.42%，脂肪含量21.65%。

栽培要点 4月中旬至5月上旬为适播期。密度15万～19.5万株/hm^2。出苗后间苗。施农家肥30 000～45 000kg/hm^2、复合肥225kg/hm^{2}作底肥，开花期施标氮30～45kg/hm^2。适时中耕。防治蚜虫和大豆食心虫。

适宜地区 辽宁省开原以南、海城以北、锦州、朝阳地区。

铁豆36

401. 铁豆37（Tiedou 37）

品种来源 辽宁省铁岭市农业科学院和辽宁铁研种业科技有限公司于1995年以

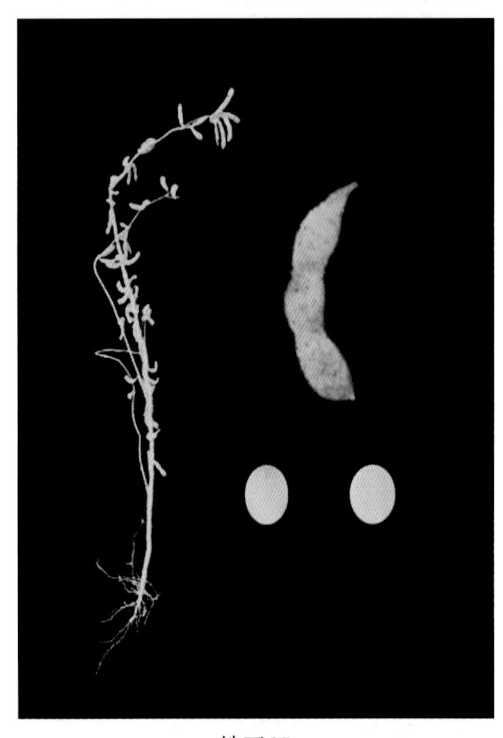
铁豆37

铁89034-10（85043-9-6[79163-5×78020-8]×78057-3-2[7116-10-3(6308-9-1-1×十胜长叶)×7555-4-2]）为母本，铁丰29为父本，经有性杂交，系谱法选育而成。原品系号铁95091-5-2。2005年经辽宁省农作物品种审定委员会审定，审定编号为辽审豆[2005]78号。全国大豆品种资源统一编号ZDD24535。

特征 有限结荚习性。株高73.2cm，主茎节数16.0个，分枝3.3个。荚褐色。椭圆形叶，白花，灰毛。粒椭圆形，种皮黄色，有光泽，脐黄色。百粒重27.5g。

特性 北方春大豆，晚熟品种，生育期130d。中抗大豆花叶病毒强毒株系。

产量品质 2003—2004年辽宁省中晚熟组区域试验，平均产量2 925.90kg/hm^2，比对照铁丰27增产17.88％。2004年生产试验，平均产量3 533.40kg/hm^2，比对照铁丰27增产25.02％。蛋白质含量40.64％，脂肪含量21.06％。

栽培要点 4月中旬至5月上旬为适播期。密度15万～19.5万株/hm^2。出苗后间苗。施农家肥30 000～45 000kg/hm^2、复合肥225kg/hm^{2}作底肥，开花期施标氮30～45kg/hm^2。适时中耕。防治蚜虫和大豆食心虫。

适宜地区 辽宁省铁岭以南、锦州、朝阳地区。

铁豆38

402. 铁豆38（Tiedou 38）

品种来源 辽宁省铁岭市农业科学院和辽宁铁研种业科技有限公司于1995年以铁91114-8（86162-28[84059-14-5(78020γ1.5-4×中82-10)×8114-7-4]×88074-12[7009-22-1(铁丰10号×铁丰13)×东山101]）为母本，铁91088-12（铁丰25×86142-18[78012-5-3(铁 丰18×7122-1-2-3)×8114-7-3(7009-22-1×东山101)]）为父本，经有性杂交，系谱法选育而成。原品系号铁95169-1。2005年经辽宁省农作物品种审定委员

会审定，审定编号为辽审豆[2005]79号。全国大豆品种资源统一编号ZDD24536。

特征 有限结荚习性。株高83.6cm，主茎节数14.6个，分枝3.1个。荚淡褐色。椭圆形叶，紫花，灰毛。粒椭圆形，种皮黄色，有光泽，脐黄色。百粒重21.1g。

特性 北方春大豆，中熟品种，生育期128d。中抗大豆花叶病毒强毒株系。

产量品质 2003—2004年辽宁省中晚熟组区域试验，平均产量2 920.20kg/hm^2，比对照铁丰27增产8.03%。2004年生产试验，平均产量3 189.75kg/hm^2，比对照铁丰27增产13.13%。蛋白质含量40.12%，脂肪含量21.48%。

栽培要点 4月中旬至5月上旬为适播期。密度15万～19.5万株/hm^2。出苗后间苗。施农家肥30 000 ～ 45 000kg/hm^2、复合肥225kg/hm^{2}作底肥。适时中耕。防治蚜虫和大豆食心虫。

适宜地区 辽宁省开原以南、海城以北地区。

403. 铁豆39（Tiedou 39）

品种来源 辽宁省铁岭市农业科学院和辽宁铁研种业科技有限公司于1996年以铁89012-3-4(铁丰25×铁丰27)为母本，铁89078-7（78057-3-2[7116-10-3(6308-9-1-1×十胜长叶)×7555-4-2]×8114-6-2[铁丰8号×7116-10-3(6308-9-1-1×十胜长叶)]）为父本，经有性杂交，系谱法选育而成。原品系号铁96001-7。2006年经辽宁省农作物品种审定委员会审定，审定编号为辽审豆[2006]84号。全国大豆品种资源统一编号ZDD24537。

特征 有限结荚习性。株高81.8cm，主茎节数14.5个，分枝2.5个。单株荚数53.2个。椭圆形叶，紫花，灰毛。粒椭圆形，种皮黄色，有光泽，脐黄色。百粒重23.2g。

铁豆39

特性 北方春大豆，中熟品种，生育期128d。抗大豆花叶病毒1号株系，抗大豆花叶病毒1号和3号混合株系。

产量品质 2004—2005年辽宁省区域试验，平均产量3 003.30kg/hm^2，比对照铁丰27、铁丰31增产12.64%。2005年生产试验，平均产量2 990.10kg/hm^2，比对照铁丰31增产19.50%。蛋白质含量43.44%，脂肪含量20.67%。

栽培要点 4月中旬至5月上旬为适播期。密度15万～19.5万株/hm^2。出苗后间苗。施农家肥30 000 ～ 45 000kg/hm^2、复合肥225kg/hm^{2}作底肥。适时中耕。防治蚜虫和大豆食心虫。

适宜地区 辽宁省除昌图以北及东部山区因无霜期较短不能种植外，其他地区均可。

404. 铁豆40（Tiedou 40）

品种来源 辽宁省铁岭市农业科学院和辽宁铁研种业科技有限公司于1996年以铁89078-7（78057-3-2[7116-10-3(6308-9-1-1×十胜长叶)×7555-4-2(铁丰8号×7116-10-3)]×8114-6-2[7009-22-1(铁丰10号×铁丰13)×东山101]）为母本，铁92035-10-1（84018-13[78012-5-3(铁丰18×7122-1-2-3)×8036-2(78081×开7305)]×89031-1[85043-9-6(79163-5×78020-8)×辽87-5266]）为父本，经有性杂交，系谱法选育而成。原品系号铁96027-6。2006年经辽宁省农作物品种审定委员会审定，审定编号为辽审豆[2006]85号。全国大豆品种资源统一编号ZDD24538。

铁豆40

特征 有限结荚习性。株高105.8cm，主茎节数16.2个，分枝2.9个。单株荚数57.1个。椭圆形叶，紫花，灰毛。粒椭圆形，种皮黄色，有光泽，脐黄色。百粒重23.8g。

特性 北方春大豆，中熟品种，生育期132d。抗大豆花叶病毒1号株系。

产量品质 2004—2005年辽宁省区域试验，平均产量2 952.30kg/hm^2，比对照铁丰27、铁丰31增产12.16%。2005年生产试验，平均产量2 887.50kg/hm^2，比对照铁丰31增产15.49%。蛋白质含量42.00%，脂肪含量20.79%。

栽培要点 4月中旬至5月上旬为适播期。密度15万～19.5万株/hm^2。出苗后间苗。施农家肥30 000～45 000kg/hm^2、复合肥225kg/hm^{2}作底肥。适时中耕。防治蚜虫和大豆食心虫。

适宜地区 辽宁省除昌图以北及东部山区因无霜期较短不能种植外，其他地区均可。

405. 铁豆41（Tiedou 41）

品种来源 辽宁省铁岭市农业科学院和辽宁铁研种业科技有限公司于1996年以铁89034-10（85043-9-6[79163-5(7533-17-1-1×7555-4-2-19)×78020-8(铁丰18×开育8号)]×78057-3-2[7116-10-3(6308-9-1-1×十胜长叶)×7555-4-2(铁丰8号×7116-10-3)]）为母本，铁

91088-3（铁丰25×86142-18[78012-5-3(铁丰18×7122-1-2-3)×8114-7-3(7009-22-1×东山101)]）为父本，经有性杂交，系谱法选育而成。原品系号铁96116-5。2006年经辽宁省农作物品种审定委员会审定，审定编号为辽审豆[2006]86号。全国大豆品种资源统一编号ZDD24539。

特征 有限结荚习性。株高78.5cm，主茎节数14.8个，分枝2.9个。单株荚数55.3个。椭圆形叶，白花，灰毛。粒椭圆形，种皮黄色，有光泽，脐黄色。百粒重20.9g。

特性 北方春大豆，中熟品种，生育期126d。中抗大豆花叶病毒1号株系。

产量品质 2004—2005年辽宁省区域试验，平均产量2 805.30kg/hm^2，比对照丹豆9号、铁丰27、铁丰31平均增产5.77%。2005年生产试验，平均产量2 690.85kg/hm^2，比对照铁丰31增产6.86%。蛋白质含量43.94%，脂肪含量20.72%。

栽培要点 4月中旬至5月上旬为适播期。密度15万～19.5万株/hm^2。出苗后间苗。施农家肥30 000～45 000kg/hm^2、复合肥225kg/hm^{2}作底肥。适时中耕。防治蚜虫和大豆食心虫。

适宜地区 辽宁省除昌图以北及东部山区因无霜期较短不能种植外，其他地区均可。

铁豆41

406. 铁豆42（Tiedou 42）

品种来源 辽宁省铁岭市农业科学院和辽宁铁研种业科技有限公司于1996年以铁89012-3-4(铁丰25×铁丰27)为母本，铁89078-7（78057-3-2[7116-10-3(6308-9-1-1×十胜长叶)×7555-4-2]×8114-6-2[铁丰8号×7116-10-3(6308-9-1-1×十胜长叶)]）为父本，经有性杂交，系谱法选育而成。原品系号铁96001-2。2007年经辽宁省农作物品种审定委员会审定，

铁豆42

审定编号为辽审豆[2007]94号。全国大豆品种资源统一编号ZDD24540。

特征 有限结荚习性。株高84.9cm，主茎节数15.3个，分枝3.4个。单株荚数59.8个，荚淡褐色。椭圆形叶，紫花，灰毛。粒圆形，种皮黄色，有光泽，脐黄色。百粒重25.4g。

特性 北方春大豆，中熟品种，生育期129d。抗大豆花叶病毒病。

产量品质 2005—2006年辽宁省大豆中熟组区域试验，平均产量2 936.25kg/hm^2，比对照铁丰31、铁丰33增产8.11%。2006年生产试验，平均产量3 210.15kg/hm^2，比对照铁丰33增产18.09%。蛋白质含量43.02%，脂肪含量19.65%。

栽培要点 4月中旬至5月上旬为适播期。密度13.5万～19.5万株/hm^2。出苗后间苗。施农家肥30 000～45 000kg/hm^2、复合肥225kg/hm^{2}作底肥。适时中耕。防治蚜虫和大豆食心虫。

适宜地区 辽宁省沈阳、辽阳、海城、锦州等活动积温在3 000℃以上的中熟大豆区。

407. 铁豆43（Tiedou 43）

品种来源 辽宁省铁岭市农业科学院和辽宁铁研种业科技有限公司于1997年以铁92022-4(新3511×瑞思尼克)为母本，辽8880-10-6-1-5(辽85094-1B-4×辽豆10号)为父本，经有性杂交，系谱法选育而成。原品系号铁97047-2。2007年经辽宁省农作物品种审定委员会审定，审定编号为辽审豆[2007]88号。全国大豆品种资源统一编号ZDD24541。

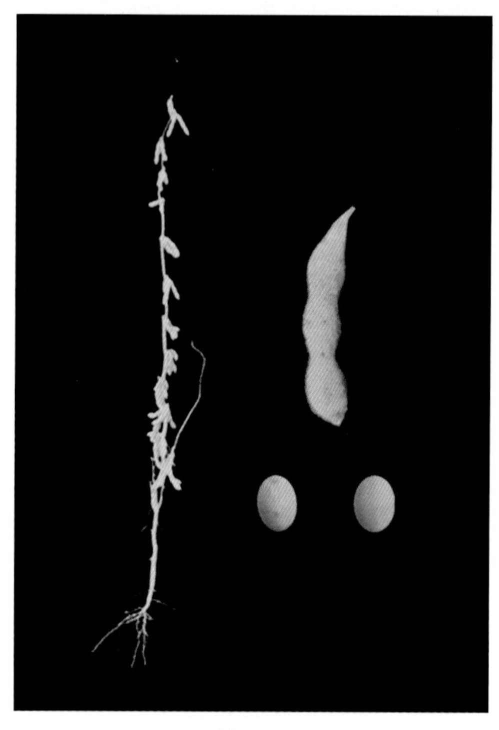

铁豆43

特征 亚有限结荚习性。株高80.3cm，主茎节数16.6个，分枝1.9个。单株荚数49.0个，荚浅褐色。椭圆形叶，紫花，灰毛。粒椭圆形，种皮黄色，有光泽，脐黄色。百粒重21.4g。

特性 北方春大豆，早熟品种，生育期123d。中抗大豆花叶病毒病。

产量品质 2005—2006年辽宁省大豆早熟组区域试验，平均产量2 814.90kg/hm^2，比对照开育11增产12.23%。2006年生产试验，平均产量2 878.20kg/hm^2，比对照开育11增产25.82%。蛋白质含量41.85%，脂肪含量20.79%。

栽培要点 4月中旬至5月上旬为适播期。密度18万株/hm^2。出苗后间苗。施农家肥30 000～45 000kg/hm^2、复合肥225kg/hm^{2}作底肥。适时中耕。防治蚜虫和大豆食心虫。

适宜地区 辽宁省昌图、开原、铁岭、抚顺、新宾、本溪、桓仁等活动积温在2 800℃以上的早熟大豆区。

408. 铁豆44（Tiedou 44）

品种来源 辽宁省铁岭市农业科学院和辽宁铁研种业科技有限公司于1997年以铁93067-5（新3511×绥农8号）为母本，铁92022-8(新3511×瑞思尼克)为父本，经有性杂交，系谱法选育而成。原品系号铁97075-2。2007年经辽宁省农作物品种审定委员会审定，审定编号为辽审豆[2007]89号。全国大豆品种资源统一编号ZDD24542。

特征 亚有限结荚习性。株高77.6cm，主茎节数17.7个，分枝2.5个。单株荚数56.5个，荚黄褐色。椭圆形叶，紫花，灰毛。粒椭圆形，种皮黄色，有光泽，脐淡褐色。百粒重21.8g。

特性 北方春大豆，早熟品种，生育期123d。抗大豆花叶病毒病。

产量品质 2005—2006年辽宁省大豆早熟组区域试验，平均产量2 806.80kg/hm^2，比对照开育11增产11.91％。2006年生产试验，平均产量2 608.65kg/hm^2，比对照开育11增产14.04％。蛋白质含量41.14％，脂肪含量22.42％。

栽培要点 4月中旬至5月上旬为适播期。密度15万～19.5万株/hm^2。出苗后间苗。施底肥磷酸二铵150～225kg/hm^2、硫酸钾75～112.5kg/hm^2。适时中耕。防治蚜虫和大豆食心虫。

铁豆44

适宜地区 辽宁省昌图、开原、铁岭、抚顺等活动积温在2 800℃以上的早熟大豆区。

409. 铁豆45（Tiedou 45）

品种来源 辽宁省铁岭市农业科学院和辽宁铁研种业科技有限公司以新3511为母本，Amos8为父本，经有性杂交，系谱法选育而成。原品系号铁97121-2。2007年经国家农作物品种审定委员会审定，审定编号为国审豆2007017。全国大豆品种资源统一编号ZDD24543。

特征 亚有限结荚习性。株高97.3cm。单株荚数50.2个。圆形叶，紫花，灰毛。粒椭圆形，种皮黄色，脐褐色。百粒重19.2g。

特性 北方春大豆，晚熟品种，生育期127d。抗大豆灰斑病，抗大豆花叶病毒1号株

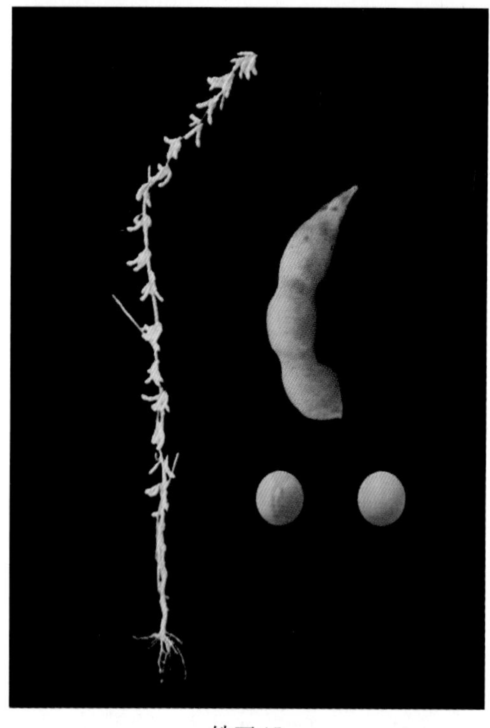

铁豆45

系，中抗大豆花叶病毒3号株系。

产量品质 2005年北方春大豆晚熟组区域试验，平均产量2 859.00kg/hm^2，比对照辽豆11增产10.00％，2006年续试，平均产量2 994.00kg/hm^2，比对照辽豆11增产11.30％，两年平均产量2 926.50kg/hm^2，比对照辽豆11增产10.70％。2006年生产试验，平均产量2 767.50kg/hm^2，比对照辽豆11增产9.90％。蛋白质含量40.01％，脂肪含量20.87％。

栽培要点 4月中旬至5月上旬为适播期。密度15万～19.5万株/hm^2。出苗后间苗。施农家肥30 000～45 000kg/hm^2、复合肥225kg/hm^{2}作底肥。适时中耕。防治蚜虫和大豆食心虫。

适宜地区 陕西省关中平原、宁夏回族自治区中部、甘肃省中部和辽宁省锦州、瓦房店、沈阳地区（春播种植）。

410. 铁豆46（Tiedou 46）

铁豆46

品种来源 辽宁省铁岭市农业科学院和辽宁铁研种业科技有限公司以铁92022-4(新3511×Resnic)为母本，辽8880-10-6-1-5(辽85094-1B-4×辽豆10号)为父本，经有性杂交，系谱法选育而成。原品系号铁97047-3。2008年经辽宁省农作物品种审定委员会审定，审定编号为辽审豆[2008]105号。全国大豆品种资源统一编号ZDD24544。

特征 亚有限结荚习性。株高91.4cm，主茎节数18.7个，分枝1.4个。单株荚数46.8个，荚黄褐色。椭圆形叶，紫花，灰毛。粒椭圆形，种皮黄色，有光泽，脐黄色。百粒重21.5g。

特性 北方春大豆，中熟品种，生育期126d。中抗大豆花叶病毒病。

产量品质 2006—2007年辽宁省大豆中熟组区域试验，平均产量3 093.20kg/hm^2，比对照铁丰33增产11.30％。2007年生产试验，平均产量3 028.20kg/hm^2，比对照铁丰33增产6.23%。蛋白质含量42.48%，脂肪含量20.30%。

栽培要点 4月中旬至5月上旬为适播期。密度15万～19.5万株/hm^2。出苗后间苗。施底肥磷酸二铵150～225kg/hm^2、硫酸钾75～112.5kg/hm^2。适时中耕。防治蚜虫和大豆食心虫。

适宜地区 辽宁省铁岭、沈阳、辽阳、锦州、海城等活动积温在3 000℃以上的中熟大豆区。

411. 铁豆47（Tiedou 47）

铁豆47

品种来源 辽宁省铁岭市农业科学院和辽宁铁研种业科技有限公司以铁93067-5 为母本，Amos8为父本，经有性杂交，系谱法选育而成。原品系号铁97077-1。2008年经辽宁省农作物品种审定委员会审定，审定编号为辽审豆[2008]103号。全国大豆品种资源统一编号ZDD24545。

特征 亚有限结荚习性。株高97.2cm，主茎节数18.3个，分枝1.8个。单株荚数64.7个，荚褐色。椭圆形叶，紫花，棕毛。粒椭圆形，种皮黄色，有光泽，脐黄色。百粒重21.8g。

特性 北方春大豆，早熟品种，生育期126d。中抗大豆花叶病毒病。

产量品质 2006—2007年辽宁省大豆早熟组区域试验，平均产量2 964.90kg/hm^2，比对照开育11增产13.29%。2007年生产试验，平均产量3 056.60kg/hm^2，比对照开育11增产14.11%。蛋白质含量42.90%，脂肪含量21.83%。

栽培要点 4月中旬至5月上旬为适播期。密度15万～19.5万株/hm^2。出苗后间苗。施底肥磷酸二铵150～225kg/hm^2、硫酸钾75～112.5kg/hm^2。适时中耕。防治蚜虫和大豆食心虫。

适宜地区 辽宁省新宾、抚顺、昌图、本溪、桓仁、开原等活动积温在2 800℃以上的早熟大豆区。

412. 铁豆48（Tiedou 48）

品种来源 辽宁省铁岭市农业科学院于1998年以铁93177-12（87121-2[84059-13-

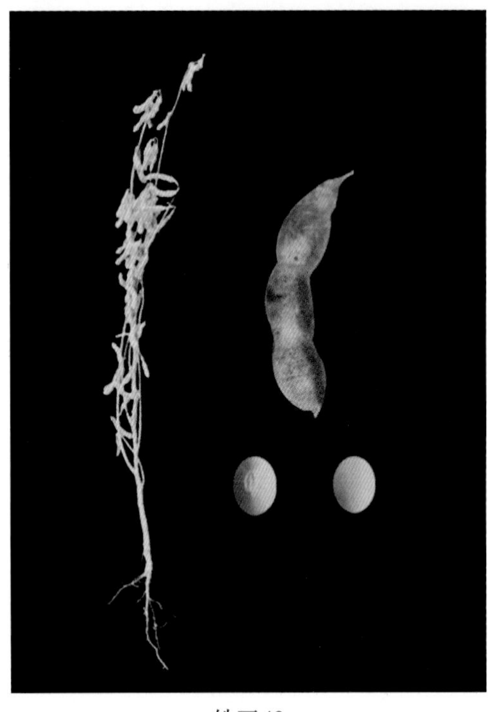
铁豆48

8(78020 γ 1.5-4 × 中82-10) × 8115-3-2(7555-4-6 × 开7305)] × 87104-5-4-2[8115-3-2(7555-4-6 × 开7305) × 淮阴58-161]）为母本，铁94040-14（89059-8[8210-2(开7305 × 7204) × 8104 γ 1.0-5-2-1(78081-12 × 开7305)] × 90161-7[84017-46(78012-5-3 × 78082-16-1) × 86162-26(84059-14-5 × 8114-7-4)]）为父本，经有性杂交，系谱法选育而成。原品系号铁9847-3。2009年经辽宁省农作物品种审定委员会审定，审定编号为辽审豆[2009]111号。全国大豆品种资源统一编号ZDD24546。

特征 有限结荚习性。株高83.4cm，主茎节数15.9个，分枝2.6个。单株荚数52.9个，荚褐色。披针形叶，紫花，灰毛。粒椭圆形，种皮黄色，有光泽，脐黄色。百粒重22.8g。

特性 北方春大豆，中熟品种，生育期128d。中抗大豆花叶病毒1号株系。

产量品质 2007—2008年辽宁省大豆中熟组区域试验，平均产量3 225.00kg/hm^2，比对照铁丰33增产6.78%。2008年生产试验，平均产量3 298.50kg/hm^2，比对照铁丰33增产6.23%。蛋白质含量40.81%，脂肪含量21.70%。

栽培要点 4月中旬至5月上旬为适播期。密度15万～19.5万株/hm^2。出苗后间苗。施底肥磷酸二铵150～225kg/hm^2、硫酸钾75～112.5kg/hm^2。适时中耕。防治蚜虫和大豆食心虫。

适宜地区 辽宁省铁岭、沈阳、辽阳、阜新等中熟大豆区。

413. 铁豆49（Tiedou 49）

品种来源 辽宁省铁岭市农业科学院于1999年以铁93058-19（87088-6-1-2（8114-6-2［7009-22-1（铁丰10号 × 铁丰13）× 东山101］× CO_2）× 84018-1［78012-5-3（铁丰18 × 7122-1-2-3）× 8036-2（78081 × 开7305）］）为母本，铁丰29为父本，经有性杂交，系谱法选育而成。原品系号铁99009-7。2009年经辽宁省农作物品种审定委员会审定，审定编号为辽审豆[2009]112号。全国大豆品种资源统一编号ZDD24547。

特征 有限结荚习性。株高84.3cm，主茎节数15.8个，分枝3.6个。单株荚数63.2个，荚淡褐色。椭圆形叶，紫花，灰毛。粒椭圆形，种皮黄色，有光泽，脐黄色。百粒重23.1g。

特性 北方春大豆中熟品种。生育期135d。中感大豆花叶病毒1号株系。

产量品质 2007—2008年辽宁省大豆中熟组区域试验，平均产量3 594.20kg/hm²，比对照铁丰33增产18.51%。2008年生产试验，平均产量3 698.30kg/hm²，比对照铁丰33增产17.66%。蛋白质含量41.56%，脂肪含量21.40%。

栽培要点 4月中旬至5月上旬为适播期。密度15万～19.5万株/hm²。出苗后间苗。施底肥磷酸二铵150～225kg/hm²、硫酸钾75～112.5kg/hm²。适时中耕。防治蚜虫和大豆食心虫。

适宜地区 辽宁省铁岭、沈阳、辽阳、锦州、海城等中熟大豆区。

铁豆49

414. 铁豆50（Tiedou 50）

品种来源 辽宁省铁岭市农业科学院于1999年以开育10号为母本，sb.pur-24为父本，经有性杂交，系谱法选育而成。原品系号铁99012-4。2009年经辽宁省农作物品种审定委员会审定，审定编号为辽审豆[2009]108号。全国大豆品种资源统一编号ZDD24548。

特征 亚有限结荚习性。株高98.2cm，主茎节数18.1个，分枝2.6个。单株荚数58.2个，荚淡褐色。椭圆形叶，白花，灰毛。粒椭圆形，种皮黄色，有光泽，脐黄色。百粒重19.4g。

特性 北方春大豆，早熟品种，生育期129d。抗大豆花叶病毒1号株系。

产量品质 2007—2008年辽宁省大豆早熟组区域试验，平均产量3 161.60kg/hm²，比对照开育11增产12.47%。2008年生产试验，平均产量3 080.00kg/hm²，比对照开育11增产15.76%。蛋白质含量39.06%，脂肪含量22.85%。

栽培要点 4月中旬至5月上旬为适播期。密度15万～19.5万株/hm²。出苗后间苗。施

铁豆50

底肥磷酸二铵150 ~ 225kg/hm^2、硫酸钾75 ~ 112.5kg/hm^2。适时中耕。防治蚜虫和大豆食心虫。

适宜地区 辽宁省抚顺、本溪、开原等东北部早熟大豆区。

415. 铁豆51（Tiedou 51）

品种来源 辽宁省铁岭市农业科学院于1998年以新3511为母本，先锋x-1为父本，经有性杂交，系谱法选育而成。原品系号铁97118-2。2010年经辽宁省农作物品种审定委员会审定，审定编号为辽审豆[2010]121号。全国大豆品种资源统一编号ZDD31031。

铁豆51

特征 亚有限结荚习性。株高92.9cm，主茎节数17.1个，分枝2.1个。单株荚数50.2个，荚灰褐色。椭圆形叶，白花，灰毛。粒椭圆形，种皮黄色，有光泽，脐黄色。百粒重22.7g。

特性 北方春大豆，中熟品种，生育期127d。中感大豆花叶病毒1号株系。

产量品质 2008—2009年辽宁省大豆中熟组区域试验，平均产量3 210.00kg/hm^2，比对照铁丰33增产11.70%。2009年生产试验，平均产量2 853.00kg/hm^2，比对照铁丰33增产7.50%。蛋白质含量40.36%，脂肪含量22.16%。

栽培要点 4月中旬至5月上旬为适播期。密度15万~ 19.5万株/hm^2。出苗后间苗。施底肥磷酸二铵150 ~ 225kg/hm^2、硫酸钾75 ~ 112.5kg/hm^2。适时中耕。防治蚜虫和大豆食心虫。

适宜地区 辽宁省铁岭、沈阳、辽阳、鞍山、阜新、朝阳、锦州、葫芦岛等中熟大豆区。

416. 铁豆52（Tiedou 52）

品种来源 辽宁省铁岭市农业科学院于1998年以新3511为母本，Amos15为父本，经有性杂交，系谱法选育而成。原品系号铁97124-1-2。2010年经辽宁省农作物品种审定委员会审定，审定编号为辽审豆[2010]118号。全国大豆品种资源统一编号ZDD31032。

特征 亚有限结荚习性。株高83.4cm，主茎节数16.4个，分枝3.0个。单株荚数60.4个，荚灰褐色。椭圆形叶，紫花，灰毛。粒椭圆形，种皮黄色，有光泽，脐黄色。百粒重21.6g。

特性 北方春大豆，早熟品种，生育期128d。中抗大豆花叶病毒1号株系。

产量品质 2008—2009年辽宁省大豆早熟组区域试验，平均产量3 018.00kg/hm^2，比对照开育11增产12.20%。2009年生产试验，平均产量2 745.00kg/hm^2，比对照开育11增产17.80%。蛋白质含量39.86%，脂肪含量21.32%。

栽培要点 4月中旬至5月上旬为适播期。密度15万～19.5万株/hm^2。出苗后间苗。施底肥磷酸二铵150～225kg/hm^2、硫酸钾75～112.5kg/hm^2。适时中耕。防治蚜虫和大豆食心虫。

适宜地区 辽宁省东北部的铁岭、抚顺、本溪等早熟大豆区。

铁豆52

417. 铁豆53（Tiedou 53）

品种来源 辽宁省铁岭市农业科学院于1998年以铁91057-5为母本，Amos14为父本，经有性杂交，系谱法选育而成。原品系号铁9809-2-1。2010年经辽宁省农作物品种审定委员会审定，审定编号为辽审豆[2010]127号。全国大豆品种资源统一编号ZDD31033。

特征 亚有限结荚习性。株高82.3cm，主茎节数17.9个，分枝2.9个。单株荚数55.2个，荚灰褐色。椭圆形叶，紫花，灰毛。粒椭圆形，种皮黄色，有光泽，脐黄色。百粒重19.3g。

特性 北方春大豆，晚熟品种，生育期127d。中抗大豆花叶病毒1号株系。

产量品质 2008—2009年辽宁省大豆晚熟组区域试验，平均产量3 384.00kg/hm^2，比对照丹豆11增产16.90%。2009年生产试验，平均产量3 136.50kg/hm^2，比对照丹豆11增产19.40%。蛋白质含量39.62%，脂肪含量22.49%。

铁豆53

栽培要点 4月中旬至5月上旬为适播期。密度15万～19.5万株/hm^2。出苗后间苗。施底肥磷酸二铵150～225kg/hm^2、硫酸钾75～112.5kg/hm^2。适时中耕。防治蚜虫和大豆食心虫。

适宜地区 辽宁省铁岭以南的中晚熟大豆区。

418. 铁豆54（Tiedou 54）

品种来源 辽宁省铁岭市农业科学院于1999年以Sb.pur-24为母本，铁丰30为父本，经有性杂交，系谱法选育而成。原品系号铁99007-2。2010年经辽宁省农作物品种审定委员会审定，审定编号为辽审豆[2010]119号。全国大豆品种资源统一编号ZDD31034。

铁豆54

特征 亚有限结荚习性。株高81.1cm，主茎节数16.3个，分枝2.3个。单株荚数71.7个，荚褐色。椭圆形叶，紫花，棕毛。粒椭圆形，种皮黄色，脐黄色。百粒重18.5g。

特性 北方春大豆，早熟品种，生育期129d。中感大豆花叶病毒1号株系。

产量品质 2008—2009年辽宁省大豆早熟组区域试验，平均产量3 012.00kg/hm^2，比对照开育11增产12.00%。2009年生产试验，平均产量2 575.50kg/hm^2，比对照开育11增产10.50%。蛋白质含量37.90%，脂肪含量22.96%。

栽培要点 4月中旬至5月上旬为适播期。密度15万～19.5万株/hm^2。出苗后间苗。施底肥磷酸二铵150～225kg/hm^2、硫酸钾75～112.5kg/hm^2。适时中耕。防治蚜虫和大豆食心虫。

适宜地区 辽宁省铁岭、抚顺、本溪等东北部早熟大豆区。

419. 铁豆55（Tiedou 55）

品种来源 辽宁省铁岭市农业科学院与新疆新实良种股份有限公司于1999年以新3511为母本，sb.in-1为父本，经有性杂交，系谱法选育而成。原品系号铁99034-1-3。2010年经辽宁省农作物品种审定委员会审定，审定编号为辽审豆[2010]120号。全国大豆品种资源统一编号ZDD31035。

特征 亚有限结荚习性。株高83.0cm，主茎节数16.3个，分枝2.6个。单株荚数61.2个，荚灰褐色。椭圆形叶，紫花，灰毛。粒椭圆形，种皮黄色，有光泽，脐黄色。百粒重20.3g。

特性 北方春大豆，早熟品种，生育期127d。中抗大豆花叶病毒1号株系。

产量品质 2008—2009年辽宁省大豆早熟组区域试验，平均产量2 947.50kg/hm^2，比对照开育11增产9.80%。2009年生产试验，平均产量2 542.50kg/hm^2，比对照开育11增产9.10%。蛋白质含量40.31%，脂肪含量21.93%。

栽培要点 4月中旬至5月上旬为适播期。密度15万～19.5万株/hm^2。出苗后间苗。施底肥磷酸二铵150～225kg/hm^2、硫酸钾75～112.5kg/hm^2。适时中耕。防治蚜虫和大豆食心虫。

适宜地区 辽宁省铁岭、抚顺、本溪等东北部早熟大豆区。

铁豆55

420. 铁豆56（Tiedou 56）

品种来源 辽宁省铁岭市农业科学院于2000年以铁94036-1（铁89059-8[铁8210-2(开7305×铁7204)×辽豆10号]×铁丰29）为母本，铁94018-4（铁89012-14(铁丰25×铁丰27)×铁88103-3-4[铁8104γ1.0-11-3(辽77-3072×铁丰18)×铁8306-1(铁78020-2×铁8040γ1.0-1-6)]）为父本，经有性杂交，系谱法选育而成。原品系号铁00027-5。2010年经辽宁省农作物品种审定委员会审定，审定编号为辽审豆[2010]122号。全国大豆品种资源统一编号ZDD31036。

特征 有限结荚习性。株高80.7cm，主茎节数16.3个，分枝2.8个。单株荚数51.5个，荚灰褐色。披针形叶，紫花，灰毛。粒椭圆形，种皮黄色，有光泽，脐黄色。百粒重22.4g。

特性 北方春大豆，中熟品种，生育期131d。抗大豆花叶病毒1号株系。

产量品质 2008—2009年辽宁省大豆中

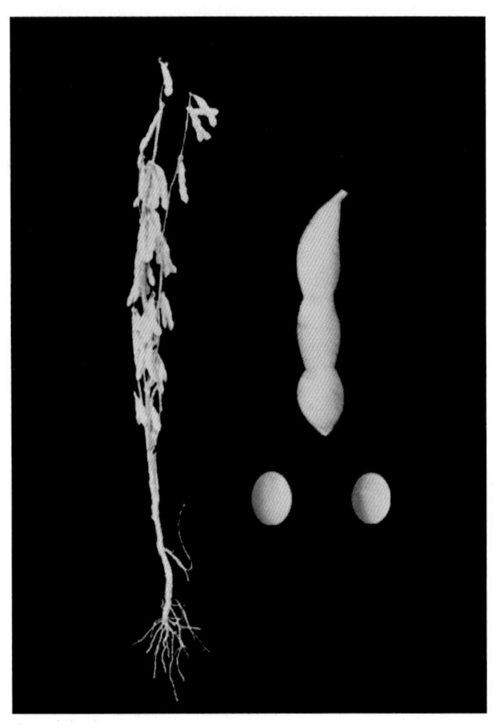

铁豆56

熟组区域试验，平均产量3 151.50kg/hm^2，比对照铁丰33增产9.60%。2009年生产试验，平均产量2 988.00kg/hm^2，比对照铁丰33增产12.50%。蛋白质含量44.20%，脂肪含量20.27%。

栽培要点 4月中旬至5月上旬为适播期。密度15万～19.5万株/hm^2。出苗后间苗。施底肥磷酸二铵150～225kg/hm^2、硫酸钾75～112.5kg/hm^2。适时中耕。防治蚜虫和大豆食心虫。

适宜地区 辽宁省铁岭、沈阳、辽阳、鞍山、阜新、朝阳、锦州、葫芦岛等中熟大豆区。

421. 铁豆57（Tiedou 57）

品种来源 辽宁省铁岭市农业科学院于2000年以铁丰34为母本，开9201A为父本，经有性杂交，系谱法选育而成。原品系号铁00033-4。2010年经辽宁省农作物品种审定委员会审定，审定编号为辽审豆[2010]123号。全国大豆品种资源统一编号ZDD31037。

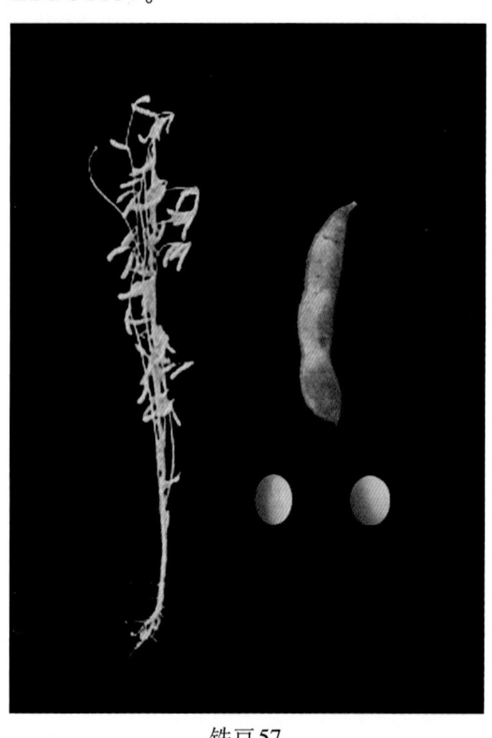

铁豆57

特征 有限结荚习性。株高99.2cm，主茎节数17.5个，分枝3.8个。单株荚数55.5个，荚褐色。椭圆形叶，白花，棕毛。粒椭圆形，种皮黄色，有光泽，脐黄色。百粒重22.4g。

特性 北方春大豆，中熟品种，生育期131d。中抗大豆花叶病毒1号株系。

产量品质 2008—2009年辽宁省大豆中熟组区域试验，平均产量3 123.00kg/hm^2，比对照铁丰33增产9.80%。2009年生产试验，平均产量2 901.00kg/hm^2，比对照铁丰33增产9.30%。蛋白质含量40.93%，脂肪含量20.91%。

栽培要点 4月中旬至5月上旬为适播期。密度15万～19.5万株/hm^2。出苗后间苗。施底肥磷酸二铵150～225kg/hm^2、硫酸钾75～112.5kg/hm^2。适时中耕。防治蚜虫和大豆食心虫。

适宜地区 辽宁省铁岭、沈阳、辽阳、鞍山、阜新、朝阳、锦州、葫芦岛等中熟大豆区。

422. 铁豆58（Tiedou 58）

品种来源 辽宁省铁岭市农业科学院和辽宁联达种业有限公司于2000年以铁

93058-19（铁87088-6-1-2[铁8114-6-2(铁7009-22-1×东山101)×CO_2]×铁84018-1[铁78012-5-3（铁丰18×铁7122-1-2-3）×铁8036-2（铁78081×开7305）]）为母本，铁94078-8（铁90009-4[铁84018-13(铁78012-5-3×铁8036-2)×铁85043-9-6(铁79163-5×铁78020-8)]×铁89078-10[铁78057-3-2(铁7116-10-3×铁7555-4-2)×铁8114-6-2(铁7009-22-1×东山101)]）为父本，经有性杂交，系谱法选育而成。原品系号铁00052-1。2010年经辽宁省农作物品种审定委员会审定，审定编号为辽审豆[2010]124号。全国大豆品种资源统一编号ZDD31038。

铁豆58

特征 有限结荚习性。株高94.2cm，主茎节数16.8个，分枝3.0个。单株荚数60.1个，荚深褐色。椭圆形叶，紫花，灰毛。粒椭圆形，种皮黄色，有光泽，脐黄色。百粒重23.4g。

特性 北方春大豆，中熟品种，生育期133d。中抗大豆花叶病毒1号株系。

产量品质 2008—2009年辽宁省大豆中熟组区域试验，平均产量3 211.50kg/hm^2，比对照铁丰33增产11.70%。2009年生产试验，平均产量3 027.00kg/hm^2，比对照铁丰33增产14.00%。蛋白质含量40.56%，脂肪含量21.93%。

栽培要点 4月中旬至5月上旬为适播期。密度15万～19.5万株/hm^2。出苗后间苗。施底肥磷酸二铵150～225kg/hm^2、硫酸钾75～112.5kg/hm^2。适时中耕。防治蚜虫和大豆食心虫。

适宜地区 辽宁省铁岭、沈阳、辽阳、鞍山、阜新、朝阳、锦州、葫芦岛等中熟大豆区。

423. 铁豆59（Tiedou 59）

品种来源 辽宁省铁岭市农业科学院于2001年以铁丰34为母本，俄罗斯大粒为父本，经有性杂交，系谱法选育而成。原品系号铁01038-2。2011年经辽宁省农作物品种审定委员会审定，审定编号为辽审豆[2011]136号。全国大豆品种资源统一编号ZDD31039。

特征 有限结荚习性。平均株高96.0cm，主茎节数15.7个，分枝4.7个。单株荚数53.0个，荚淡褐色。椭圆形叶，白花，棕毛。粒椭圆形，种皮黄色，有光泽，脐黄色。百粒重25.7g。

特性 北方春大豆，中熟品种，生育期131d。抗大豆花叶病毒1号株系。

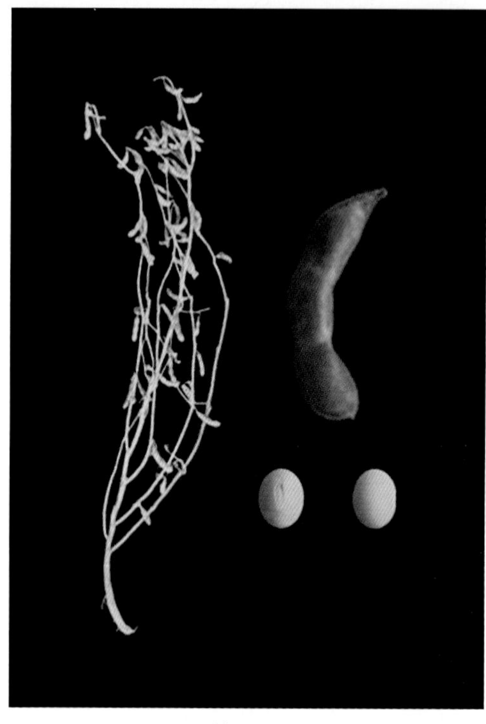
铁豆59

产量品质 2009—2010年辽宁省大豆中熟组区域试验，平均产量2 752.50kg/hm²，比对照铁丰33增产10.20%。2010年生产试验，平均产量2 766.00kg/hm²，比对照铁丰33增产10.40%。蛋白质含量41.76%，脂肪含量21.57%。

栽培要点 4月下旬至5月上旬为适播期。密度15万～19.5万株/hm²。出苗后间苗。施底肥磷酸二铵150～225kg/hm²、硫酸钾75～112.5kg/hm²。适时中耕。防治蚜虫和大豆食心虫。

适宜地区 辽宁省铁岭、沈阳、辽阳、鞍山、阜新、朝阳、锦州、葫芦岛等中熟大豆区。

424. 铁豆60（Tiedou 60）

铁豆60

品种来源 辽宁省铁岭市农业科学院于2001年以铁丰33为母本，铁96051-1（铁90043-6[辽85-8538(铁7555-1-12-2×鲁80-7426（经辐射）×铁8114-7-3(铁7009-22-1×东山101)]×Amos15）为父本，经有性杂交，系谱法选育而成。原品系号铁01090-25。2011年经辽宁省农作物品种审定委员会审定，审定编号为辽审豆[2011]131号。全国大豆品种资源统一编号ZDD31040。

特征 亚有限结荚习性。株高94.3cm，主茎节数18.8个，分枝2.0个。单株荚数56.5个，荚淡褐色。椭圆形叶，紫花，灰毛。粒椭圆形，种皮黄色，有光泽，脐黄色。百粒重24.7g。

特性 北方春大豆，早熟品种，生育期125d。中抗大豆花叶病毒1号株系。

产量品质 2009—2010年辽宁省大豆早熟组区域试验，平均产量2 752.50kg/hm²，比对照开育11增产14.20%。2010年生产试验，平均产量2 728.50kg/hm²，比对照开育11增产18.80%。蛋白质含量38.83%，脂肪含量22.31%。

栽培要点 4月下旬至5月上旬为适播期。密度15万～19.5万株/hm^2。出苗后间苗。施底肥磷酸二铵150～225kg/hm^2、硫酸钾75～112.5kg/hm^2。适时中耕。防治蚜虫和大豆食心虫。

适宜地区 辽宁省铁岭、抚顺、本溪等东北部早熟大豆区。

425. 铁豆61（Tiedou 61）

品种来源 辽宁省铁岭市农业科学院于2001年以铁丰33为母本，sb.pur-17为父本，经有性杂交，系谱法选育而成。原品系号铁01092-4。2011年经辽宁省农作物品种审定委员会审定，审定编号为辽审豆[2011]142号。全国大豆品种资源统一编号ZDD31041。

特征 亚有限结荚习性。株高102.0cm，主茎节数19.4个，分枝3.0个。单株荚数53.0个，荚淡褐色。椭圆形叶，紫花，灰毛。粒椭圆形，种皮黄色，有光泽，脐黄色。百粒重20.1g。

特性 北方春大豆，中晚熟品种，生育期134d。中抗大豆花叶病毒1号株系。

产量品质 2009—2010年辽宁省大豆晚熟组区域试验，平均产量3 003.00kg/hm^2，比对照丹豆11增产25.20%。2010年生产试验，平均产量2 851.50kg/hm^2，比对照丹豆11增产28.40%。蛋白质含量39.64%，脂肪含量21.19%。

栽培要点 4月下旬至5月上旬为适播期。密度15万～19.5万株/hm^2。出苗后间苗。施底肥磷酸二铵150～225kg/hm^2、硫酸钾75～112.5kg/hm^2。适时中耕。防治蚜虫和大豆食心虫。

适宜地区 辽宁省沈阳、鞍山、辽阳、阜新、锦州、葫芦岛等晚熟大豆区。

铁豆61

426. 铁豆63（Tiedou 63）

品种来源 辽宁省铁岭市农业科学院于2001年以铁丰31为母本，哈94-4478为父本，经有性杂交，系谱法选育而成。原品系号铁02007-5。2011年经辽宁省农作物品种审定委员会审定，审定编号为辽审豆[2011]137号。全国大豆品种资源统一编号ZDD31042。

特征 亚有限结荚习性。株高107.9cm，主茎节数19.6个，分枝2.9个。单株荚数

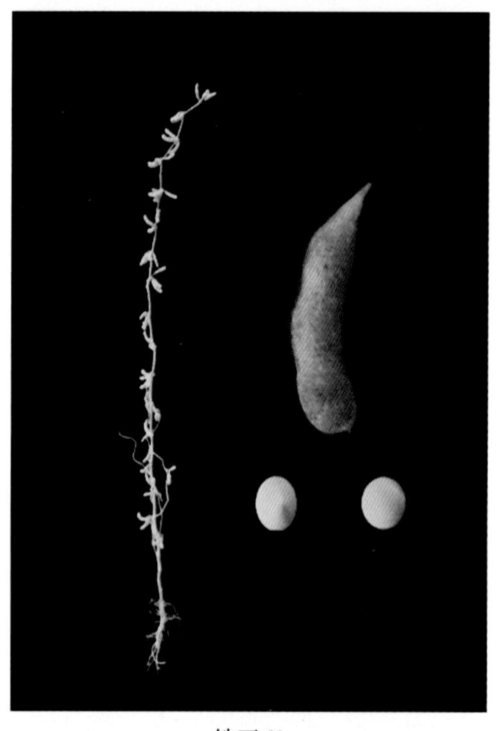
铁豆63

56.2个，荚淡褐色。椭圆形叶，紫花，灰毛。粒椭圆形，种皮黄色，有光泽，脐黄色。百粒重20.8g。

特性 北方春大豆，中熟品种，生育期131d。中抗大豆花叶病毒1号株系。

产量品质 2009—2010年辽宁省大豆中熟组区域试验，平均产量2 850.00kg/hm^2，比对照铁丰33增产14.10%。2010年生产试验，平均产量2 760.00kg/hm^2，比对照铁丰33增产10.20%。蛋白质含量39.18%，脂肪含量23.00%。

栽培要点 4月下旬至5月上旬为适播期。密度15万～19.5万株/hm^2。出苗后间苗。施底肥磷酸二铵150～225kg/hm^2、硫酸钾75～112.5kg/hm^2。适时中耕。防治蚜虫和大豆食心虫。

适宜地区 辽宁省铁岭、沈阳、辽阳、鞍山、阜新、朝阳、锦州、葫芦岛等中熟大豆区。

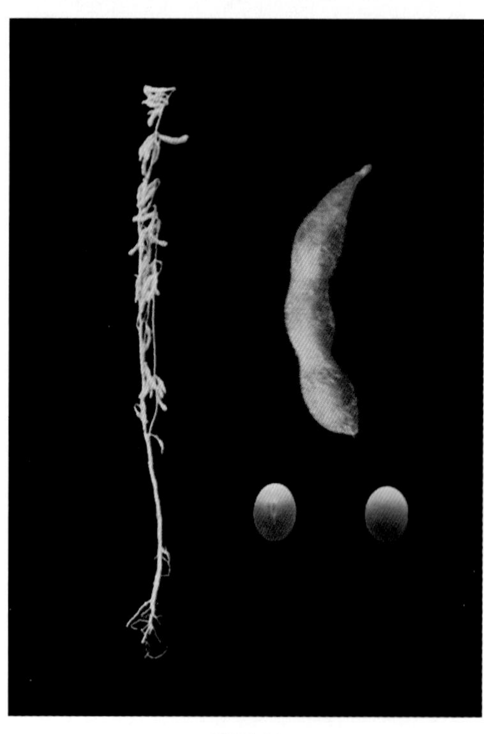
铁豆64

427. 铁豆64（Tiedou 64）

品种来源 辽宁省铁岭市农业科学院于2001年以铁丰34为母本，辽99-27为父本，经有性杂交，系谱法选育而成。原品系号铁01037-2。2012年经辽宁省农作物品种审定委员会审定，审定编号为辽审豆[2012]149号。全国大豆品种资源统一编号ZDD31043。

特征 有限结荚习性。株高87.1cm，主茎节数15.3个，分枝4.3个。单株荚数44.0个，荚淡褐色。椭圆形叶，白花，灰毛。粒椭圆形，种皮黄色，有光泽，脐黄色。百粒重25.2g。

特性 北方春大豆，晚熟品种，生育期130d。中抗大豆花叶病毒1号株系。

产量品质 2010—2011年辽宁省大豆晚熟组区域试验，平均产量2 718.00kg/hm^2，比对照丹豆11增产21.10%。2011年生产试验，平均产量3 211.50kg/hm^2，比对照丹豆11增产

25.4%。蛋白质含量41.92%，脂肪含量21.07%。

栽培要点 4月下旬至5月上旬为适播期。密度13.5万～16.5万株/hm^2。出苗后间苗。施底肥磷酸二铵150～225kg/hm^2、硫酸钾75～112.5kg/hm^2。适时中耕。防治蚜虫和大豆食心虫。

适宜地区 辽宁省铁岭以南的晚熟大豆区。

428. 铁豆65（Tiedou 65）

品种来源 辽宁省铁岭市农业科学院于2001年以铁丰34为母本，美国大粒黄为父本，经有性杂交，系谱法选育而成。原品系号铁01039-3。2012年经辽宁省农作物品种审定委员会审定，审定编号为辽审豆[2012]147号。全国大豆品种资源统一编号ZDD31044。

特征 有限结荚习性。株高87.7cm，主茎节数15.4个，分枝4.2个。单株荚数60.9个，荚淡褐色。椭圆形叶，白花，棕毛。粒椭圆形，种皮黄色，有光泽，脐黄色。百粒重26.2g。

铁豆65

特性 北方春大豆，中熟品种，生育期129d。中抗大豆花叶病毒1号株系。

产量品质 2010—2011年辽宁省大豆中熟组区域试验，平均产量3 027.00kg/hm^2，比对照铁丰33增产12.50%。2011年生产试验，平均产量3 169.50kg/hm^2，比对照铁丰33增产8.50%。蛋白质含量41.82%，脂肪含量21.25%。

栽培要点 4月下旬至5月上旬为适播期。密度13.5万～16.5万株/hm^2。出苗后间苗。施底肥磷酸二铵150～225kg/hm^2、硫酸钾75～112.5kg/hm^2。适时中耕。防治蚜虫和大豆食心虫。

适宜地区 辽宁省铁岭、沈阳、辽阳、鞍山、阜新、朝阳、锦州、葫芦岛等中熟大豆区。

429. 铁豆66（Tiedou 66）

品种来源 辽宁省铁岭市农业科学院于2002年以铁丰31为母本，哈94-4478为父本，经有性杂交，系谱法选育而成。原品系号铁02007-7。2012年经辽宁省农作物品种审定委员会审定，审定编号为辽审豆[2012]144号。全国大豆品种资源统一编号ZDD31045。

铁豆66

特征 亚有限结荚习性。株高87.7cm，主茎节数18.1个，分枝3.8个。单株荚数59.5个，荚淡褐色。椭圆形叶，紫花，棕毛。粒椭圆形，种皮黄色，有光泽，脐黄色。百粒重20.1g。

特性 北方春大豆，早熟品种，生育期127d。抗大豆花叶病毒1号株系。

产量品质 2010—2011年辽宁省大豆早熟组区域试验，平均产量2 763.00kg/hm^2，比对照开育11增产15.40%。2011年生产试验，平均产量2 518.50kg/hm^2，比对照开育11增产10.80%。蛋白质含量39.19%，脂肪含量22.56%。

栽培要点 4月下旬至5月上旬为适播期。密度15万～19.5万株/hm^2。出苗后间苗。施底肥磷酸二铵150～225kg/hm^2、硫酸钾75～112.5kg/hm^2。适时中耕。防治蚜虫和大豆食心虫。

适宜地区 辽宁省铁岭、抚顺、本溪等东北部早熟大豆区。

430. 铁豆67（Tiedou 67）

铁豆67

品种来源 辽宁省铁岭市农业科学院于2002年以铁丰33为母本，沈交92139-2为父本，经有性杂交，系谱法选育而成。原品系号铁02064-17。2012年经辽宁省农作物品种审定委员会审定，审定编号为辽审豆[2012]148号。全国大豆品种资源统一编号ZDD31046。

特征 亚有限结荚习性。株高108.8cm，主茎节数20.4个，分枝3.3个。单株荚数60.1个，荚淡褐色。椭圆形叶，白花，灰毛。粒椭圆形，种皮黄色，有光泽，脐蓝色。百粒重21.7g。

特性 北方春大豆，中熟品种，生育期132d。抗大豆花叶病毒1号株系。

产量品质 2010—2011年辽宁省大豆中熟组区域试验，平均产量3 204.00kg/hm^2，比对照铁丰33增产19.10%。2011年生产试验，平均产量3 363.00kg/hm^2，比对照铁丰33增产15.20%。蛋白质含量40.84%，脂肪含量22.48%。

栽培要点 4月下旬至5月上旬为适播期。密度15万～19.5万株/hm^2。出苗后间苗。施底肥磷酸二铵150～225kg/hm^2、硫酸钾75～112.5kg/hm^2。适时中耕。防治蚜虫和大豆食心虫。

适宜地区 辽宁省铁岭、沈阳、辽阳、鞍山、阜新、朝阳、锦州、葫芦岛等中熟大豆区。

431. 铁豆68（Tiedou 68）

品种来源 辽宁省铁岭市农业科学院于2000年以铁93172-11为母本，开8930-1为父本，经有性杂交，系谱法选育而成。原品系号铁00076-2A-7。2013年经辽宁省农作物品种审定委员会审定，审定编号为辽审豆2013005。全国大豆品种资源统一编号ZDD31047。

特征 有限结荚习性。株高86.1cm，株型收敛，主茎节数16.5个，分枝2.8个。单株荚数54.8个，荚淡褐色。椭圆形叶，紫花，灰毛。粒椭圆形，种皮黄色，有光泽，脐黄色。百粒重26.7g。

铁豆68

特性 北方春大豆，中熟品种，生育期130d。中抗大豆花叶病毒1号株系。

产量品质 2011—2012年辽宁省大豆中熟组区域试验，11点次增产，2点次减产，平均产量3 249kg/hm^2，比对照铁丰33增产9.6%。2012年生产试验，平均产量3 736.5kg/hm^2，比对照铁丰33增产13.6%。蛋白质含量38.77%，脂肪含量22.13%。

栽培要点 4月下旬至5月上旬为适播期。密度13.5万～16.5万株/hm^2。出苗后间苗。施底肥磷酸二铵150～225kg/hm^2、硫酸钾75～112.5kg/hm^2。防治蚜虫、大豆食心虫。

适宜地区 辽宁省铁岭、沈阳、辽阳、鞍山、阜新、朝阳、锦州、葫芦岛等中熟大豆区。

432. 铁豆69（Tiedou 69）

品种来源 辽宁省铁岭市农业科学院于2003年以铁95091-5-1为母本，铁95159-1-8为父本，经有性杂交，系谱法选育而成。原品系号铁03060-2。2013年经辽宁省农

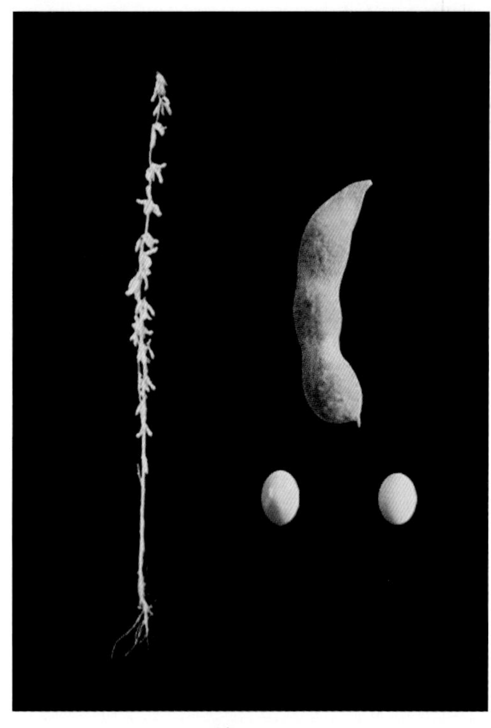

铁豆69

作物品种审定委员会审定，审定编号为辽审豆2013011。全国大豆品种资源统一编号ZDD31048。

特征 有限结荚习性。株高87.1cm，主茎节数17.7个，分枝4.0个。单株荚数57.8个，荚淡褐色。椭圆形叶，白花，灰毛。粒椭圆形，种皮黄色，有光泽，脐黄色。百粒重22.3g。

特性 北方春大豆，晚熟品种，生育期129d。中抗大豆花叶病毒1号株系。

产量品质 2011—2012年辽宁省大豆晚熟组区域试验，平均产量2922kg/hm^2，比对照丹豆11增产14.7%。2012年生产试验，平均产量3 021kg/hm^2，比对照丹豆11增产12.3%。蛋白质含量41.13%，脂肪含量19.88%。

栽培要点 4月下旬至5月上旬为适播期。密度13.5万～16.5万株/hm^2。出苗后间苗。施底肥磷酸二铵150～225kg/hm^2、硫酸钾75～112.5kg/hm^2。防治蚜虫、大豆食心虫。

适宜地区 辽宁省沈阳、鞍山、锦州、丹东及大连等晚熟大豆区。

铁豆70

433. 铁豆70（Tiedou 70）

品种来源 辽宁省铁岭市农业科学院于2003年以铁95091-5-1为母本，K新D115A为父本，经有性杂交，系谱法选育而成。原品系号铁03061-13。2013年经辽宁省农作物品种审定委员会审定，审定编号为辽审豆2013012。全国大豆品种资源统一编号ZDD31049。

特征 有限结荚习性。株高83.9cm，主茎节数17.1个，分枝3.7个。单株荚数55.0个，荚淡褐色。椭圆形叶，白花，灰毛。粒椭圆形，种皮黄色，有光泽，脐黄色。百粒重25.1g。

特性 北方春大豆，晚熟品种，生育期125d。抗大豆花叶病毒1号株系。

产量品质 2011—2012年辽宁省大豆晚熟组区域试验，平均产量2 913kg/hm^2，比对照丹豆11增产14.4%。2012年生产试验，平均产量2 980.5kg/hm^2，比对照丹豆11增产10.8%。蛋白质含量40.02%，脂肪含量20.78%。

栽培要点 4月下旬至5月上旬为适播期。密度13.5万～16.5万株/hm^2。出苗后间苗。施底肥磷酸二铵150～225kg/hm^2、硫酸钾75～112.5kg/hm^2。防治蚜虫、大豆食心虫。

适宜地区 辽宁省沈阳、鞍山、锦州、丹东及大连等晚熟大豆区。

434. 铁豆71（Tiedou 71）

品种来源 辽宁省铁岭市农业科学院于2003年以铁96043-10为母本，辽95024为父本，经有性杂交，系谱法选育而成。原品系号铁03102-11。2013年经辽宁省农作物品种审定委员会审定，审定编号为辽审豆2013001。全国大豆品种资源统一编号ZDD31050。

特征 亚有限结荚习性。株高87.0cm，主茎节数18.7个，分枝3.3个。单株荚数63.3个，荚淡褐色。椭圆形叶，紫花，灰毛。粒椭圆形，种皮黄色，有光泽，脐黄色。百粒重20.5g。

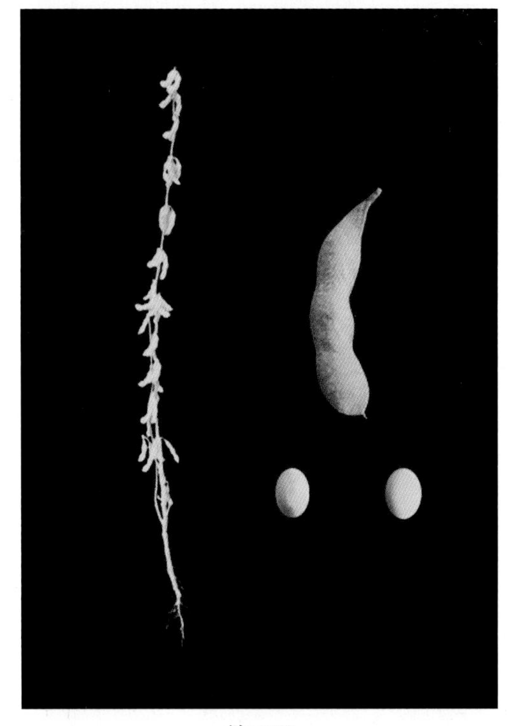

铁豆71

特性 北方春大豆，早熟品种，生育期127d。抗大豆花叶病毒1号株系。

产量品质 2011—2012年辽宁省大豆早熟组区域试验，平均产量2 935.5kg/hm^2，比对照铁豆43增产16.5%。2012年生产试验，平均产量3 174kg/hm^2，比对照铁豆43增产13.4%。蛋白质含量40.16%，脂肪含量20.82%。

栽培要点 4月下旬至5月上旬为适播期。密度13.5万～16.5万株/hm^2。出苗后间苗。施底肥磷酸二铵150～225kg/hm^2、硫酸钾75～112.5kg/hm^2。防治蚜虫、大豆食心虫。

适宜地区 辽宁省铁岭、抚顺、本溪等东北部早熟大豆区。

435. 铁豆72（Tiedou 72）

品种来源 辽宁省铁岭市农业科学院于2003年以铁95091-5-2为母本，铁96037-1为父本，经有性杂交，系谱法选育而成。原品系号铁03064-6。2014年经辽宁省农作物品种审定委员会审定，审定编号为辽审豆2014001。全国大豆品种资源统一编号ZDD31051。

特征 有限结荚习性。株高78.9cm，主茎节数16.5个，分枝3.5个。单株荚数74.5个，荚淡褐色。椭圆形叶，白花，灰毛。粒椭圆形，种皮黄色，有光泽，脐黄色。百粒重21.8g。

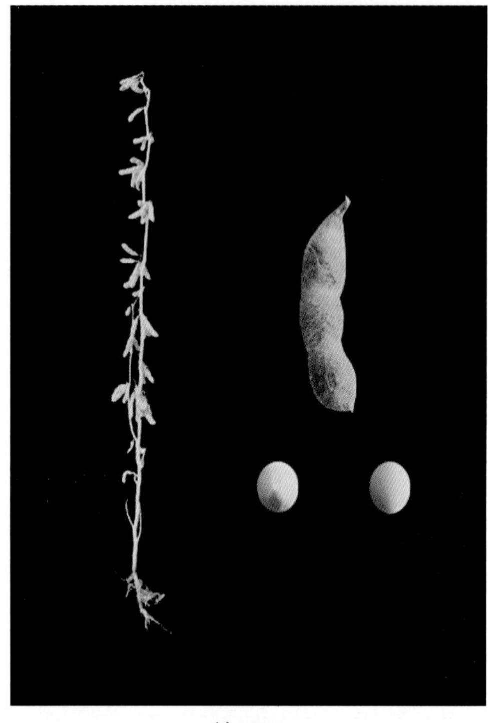

铁豆72

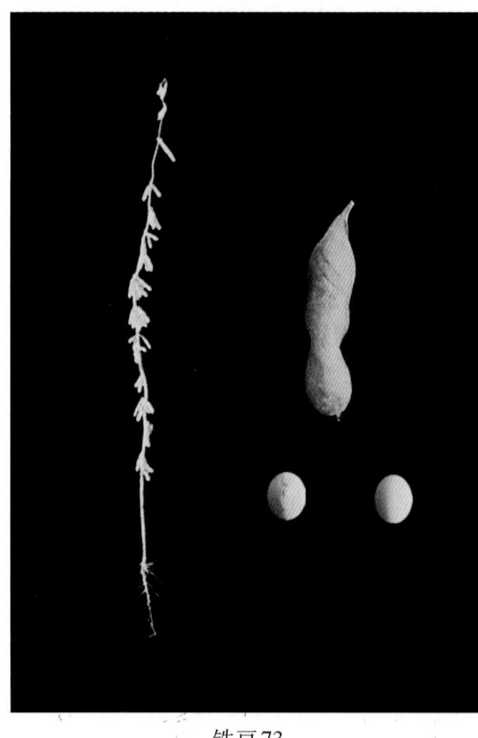

铁豆73

特性 北方春大豆，早熟品种，生育期126d。抗大豆花叶病毒1号株系。

产量品质 2012—2013年辽宁省大豆早熟组区域试验，平均产量2 974.5kg/hm^2，比对照铁豆43增产11.3%。2013年生产试验，平均产量3 048kg/hm^2，比对照铁豆43增产13.3%。蛋白质含量41.23%，脂肪含量20.61%。

栽培要点 4月下旬至5月上旬为适播期。密度13.5万～16.5万株/hm^2。出苗后间苗。施底肥磷酸二铵150～225kg/hm^2、硫酸钾75～112.5kg/hm^2。防治蚜虫、大豆食心虫。

适宜地区 辽宁省铁岭、抚顺、本溪等东北部早熟大豆区。

436. 铁豆73（Tiedou 73）

品种来源 辽宁省铁岭市农业科学院于2004年以铁丰33（89059-8[8210-2（开7305×7204）×辽86-5453]×新3511）为母本，Darby为父本，经有性杂交，系谱法选育而成。原品系号铁04022-9。2014年经辽宁省农作物品种审定委员会审定，审定编号为辽审豆2014011。全国大豆品种资源统一编号ZDD31052。

特征 亚有限结荚习性。株高90.9cm，主茎节数20.2个，分枝1.6个。单株荚数50.8个，荚淡褐色。椭圆形叶，白花，灰毛。粒椭圆形，种皮黄色，有光泽，脐黄色。百粒重21.2g。

特性 北方春大豆，晚熟品种，生育期128d。中抗大豆花叶病毒1号株系。

产量品质 2012—2013年辽宁省大豆晚熟组区域试验，平均产量3 052.5kg/hm^2，比对照丹豆11增产14.3%。2013年生产试验，平均产量3 117kg/hm^2，比对照丹豆11增产12.8%。蛋白质含量41.44%，脂肪含量20.99%。

栽培要点 4月下旬至5月上旬为适播期。

密度15万～19.5万株/hm²。出苗后间苗。施底肥磷酸二铵150～225kg/hm²、硫酸钾75～112.5kg/hm²。防治蚜虫、大豆食心虫。

适宜地区 辽宁省铁岭、沈阳、辽阳、锦州及葫芦岛等晚熟大豆区。

437. 铁豆74（Tiedou 74）

品种来源 辽宁省铁岭市农业科学院于2004年以铁丰33（89059-8[8210-2（开7305×7204)×辽86-5453]×新3511）为母本，Darby为父本，经有性杂交，系谱法选育而成。原品系号铁04022-12。2014年经辽宁省农作物品种审定委员会审定，审定编号为辽审豆2014004。全国大豆品种资源统一编号ZDD31053。

特征 亚有限结荚习性。株高107.1cm，主茎节数21.4个，分枝2.9个。单株荚数66.9个，荚淡褐色。椭圆形叶，紫花，灰毛。粒椭圆形，种皮黄色，有光泽，脐蓝色。百粒重19.4g。

特性 北方春大豆，中熟品种，生育期134d。中抗大豆花叶病毒1号株系。

产量品质 2012—2013年辽宁省大豆中熟组区域试验，平均产量3 166.5kg/hm²，比对照铁丰33增产15.3%。2013年生产试验，平均产量2 683.5kg/hm²，比对照铁丰33增产17.8%。蛋白质含量40.75%，脂肪含量22.02%。

栽培要点 4月下旬至5月上旬为适播期。密度15万～19.5万株/hm²。出苗后间苗。施底肥磷酸二铵150～225kg/hm²、硫酸钾75～112.5kg/hm²。防治蚜虫、大豆食心虫。

适宜地区 辽宁省铁岭、沈阳、辽阳、鞍山、阜新、朝阳、锦州、葫芦岛等中熟大豆区。

铁豆74

438. 铁豆75（Tiedou 75）

品种来源 辽宁省铁岭市农业科学院于2004年以铁97075-2为母本，铁丰33（89059-8[8210-2(开7305×7204)×辽86-5453]×新3511）为父本，经有性杂交，系谱法选育而成。原品系号铁04131-15。2014年经辽宁省农作物品种审定委员会审定，审定编号为辽审豆2014005。全国大豆品种资源统一编号ZDD31054。

特征 亚有限结荚习性。株高96.6cm，主茎节数18.5个，分枝1.9个。单株荚数54.3个，荚淡褐色。椭圆形叶，紫花，灰毛。粒椭圆形，种皮黄色，有光泽，脐黄色。百粒重23.5g。

铁豆75

特性 北方春大豆，中熟品种，生育期130d。中抗大豆花叶病毒1号株系。

产量品质 2012—2013年辽宁省大豆中熟组区域试验，平均产量2 974.5kg/hm^2，比对照铁丰33增产8.3%。2013年生产试验，平均产量2 434.5kg/hm^2，比对照铁丰33增产6.9%。蛋白质含量40.88%，脂肪含量21.15%。

栽培要点 4月下旬至5月上旬为适播期。密度15万～19.5万株/hm^2。出苗后间苗。施底肥磷酸二铵150～225kg/hm^2、硫酸钾75～112.5kg/hm^2。防治蚜虫、大豆食心虫。

适宜地区 辽宁省铁岭、沈阳、辽阳、鞍山、阜新、朝阳、锦州、葫芦岛等中熟大豆区。

439. 永伟6号（Yongwei 6）

品种来源 辽宁省铁岭市正大农业科学研究所于1997年从铁丰31中选出的变异株，经多年系统选育而成。原品系号铁豆31-8-1。2008年经辽宁省农作物品种审定委员会审定，审定编号为辽审豆[2008]106号。全国大豆品种资源统一编号ZDD24550。

特征 亚有限结荚习性。株高109.4cm，主茎节数21.5个，分枝1.4个。单株荚数40.2个，荚褐色。椭圆形叶，紫花，棕毛。粒椭圆形，种皮黄色，有光泽，脐黄色。百粒重26.9g。

特性 北方春大豆，中熟品种，生育期133d。中抗大豆花叶病毒病。

产量品质 2006—2007年辽宁省大豆中熟组区域试验，平均产量2 960.90kg/hm^2，比对照铁丰33增产6.54%。2007年生产试验，平均产量3 030.80kg/hm^2，比对照铁丰33增产6.33%。蛋白质含量44.93%，脂肪含量20.41%。

栽培要点 4月下旬至5月上旬为适播期。密度15万株/hm^2。出苗后间苗。施底肥磷酸二铵150～225kg/hm^2、硫酸钾75～112.5kg/hm^2。适时中耕。防治蚜虫和大豆食心虫。

永伟6号

适宜地区 辽宁省铁岭、沈阳、辽阳、锦州、海城等活动积温在3 000℃以上的中熟大豆区。

440. 永伟9号（Yongwei 9）

品种来源 辽宁省铁岭市正大农业科学研究所于1997年从铁丰31中选出的变异株，经多年系统选育而成。原品系号铁豆31-6。2007年经辽宁省农作物品种审定委员会审定，审定编号为辽审豆[2007]100号。全国大豆品种资源统一编号ZDD24551。

特征 亚有限结荚习性。株高104.9cm，主茎节数20.3个，分枝2.9个。单株荚数45.7个，荚褐色。椭圆形叶，紫花，棕毛。粒椭圆形，种皮黄色，有光泽，脐黄色。百粒重25.0g。

特性 北方春大豆，中晚熟品种，生育期128d。中抗大豆花叶病毒病。

产量品质 2005—2006年辽宁省大豆中晚熟组区域试验，平均产量2 604.30kg/hm^2，比对照丹豆11增产9.21%。2006年生产试验，平均产量2 727.30kg/hm^2，比对照丹豆11增产12.54%。蛋白质含量44.50%，脂肪含量20.49%。

栽培要点 4月下旬至5月上旬为适播期。密度12万株/hm^2。出苗后间苗。施底肥磷酸二铵150 ～ 225kg/hm^2、硫酸钾75 ～ 112.5kg/hm^2。适时中耕。防治蚜虫和大豆食心虫。

适宜地区 辽宁省海城、锦州、岫岩、庄河、瓦房店、丹东等活动积温在3 300℃以上的中晚熟大豆区。

永伟9号

441. 岫豆2003-3（Xiudou 2003-3）

品种来源 辽宁省岫岩满族自治县朝阳乡农业技术推广站于2000年以岫豆94-11为母本，99-8（丹豆8号 × 十胜长叶）为父本，经有性杂交，系谱法选育而成。原品系号岫豆2003-3。2011年经辽宁省农作物品种审定委员会审定，审定编号为辽审豆[2011]140号。全国大豆品种资源统一编号ZDD31055。

特征 有限结荚习性。株高93.5cm，主茎节数15.4个，分枝2.4个。单株荚数44.4个。椭圆形叶，白花，灰毛。粒椭圆形，种皮黄色，有光泽，脐黄色。百粒重23.8g。

特性 北方春大豆，晚熟品种，生育期130d。中抗大豆花叶病毒1号株系。

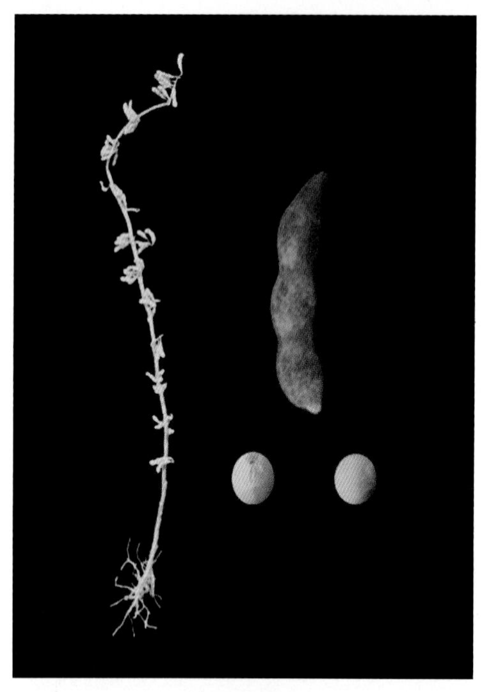
岫豆2003-3

产量品质 2009—2010年辽宁省大豆晚熟组区域试验，平均产量2 691.00kg/hm^2，比对照丹豆11增产12.10%。2010年生产试验，平均产量2 350.50kg/hm^2，比对照丹豆11增产5.90%。蛋白质含量43.15%，脂肪含量20.15%。

栽培要点 4月下旬至5月上旬为适播期。密度12万～13.5万株/hm^2。出苗后间苗。施底肥磷酸二铵150～225kg/hm^2、硫酸钾75～112.5kg/hm^2。适时中耕。防治蚜虫和大豆食心虫。

适宜地区 辽宁省沈阳、鞍山、辽阳、阜新、锦州、葫芦岛等晚熟大豆区。

442. 岫育豆1号（Xiuyudou 1）

岫育豆1号

品种来源 辽宁省岫岩满族自治县农业技术推广中心于1998年以JL1995为母本，丹806为父本，经有性杂交，系谱法选育而成。原品系号岫育98-6。2012年经辽宁省农作物品种审定委员会审定，审定编号为辽审豆[2012]151号。全国大豆品种资源统一编号ZDD31056。

特征 亚有限结荚习性。株高95.5cm，主茎节数18.7个，分枝2.7个。单株荚数50.2个，荚深褐色。椭圆形叶，白花，灰毛。粒圆形，种皮黄色，脐黄色。百粒重22.3g。

特性 北方春大豆，晚熟品种，生育期135d。抗大豆花叶病毒1号、3号株系。

产量品质 2010—2011年辽宁省大豆晚熟组区域试验，平均产量2 635.50kg/hm^2，比对照丹豆11增产17.40%。2011年生产试验，平均产量3 015.00kg/hm^2，比对照丹豆11增产17.70%。蛋白质含量42.22%，脂肪含量19.61%。

栽培要点 4月下旬至5月上旬为适播期。密度15万～16.5万株/hm^2。出苗后间苗。施底肥磷酸二铵150～225kg/hm^2、硫酸钾75～112.5kg/hm^2。适时中耕。防治蚜虫和大豆食心虫。

适宜地区 辽宁海城、锦州、鞍山、大连等无霜期135d以上的晚熟大豆区。

内蒙古自治区品种

443. 蒙豆16（Mengdou 16）

蒙豆16

品种来源 呼伦贝尔市农业科学研究所以北93-286（北丰9×北丰11）为母本，蒙豆7号为父本，经有性杂交，系谱法选育而成。原品系号呼交812。2005年内蒙古自治区农作物品种审定委员会审定，审定编号为蒙审豆2005001。全国大豆品种资源统一编号ZDD24603。

特征 亚有限结荚习性。株高75cm，主茎节数17～18节，分枝1～2个。幼茎绿色，叶披针形，中等偏大，叶色浓绿，叶枕为绿色。白花，灰毛。主茎结荚为主，三、四粒荚多，荚中等偏大，弯镰形，荚褐色。粒圆形，种皮黄色，脐黄色。百粒重22.0g。

特性 北方春大豆，极早熟品种，生育期106d，需活动积温2 100℃。抗倒伏，株型收敛，丰产性好，抗炸荚，适应性广。接种鉴定，抗大豆花叶病毒病、大豆灰斑病、大豆霜霉病，轻感大豆褐斑病。

产量品质 2002—2003年内蒙古自治区大豆早熟组区域试验，平均单产2 095.3kg/hm^2，比对照内豆4号增产43.8%。2004年生产试验，平均单产1 701.0kg/hm^2，比对照内豆4号增产20.8%。蛋白质含量39.42%，脂肪含量19.98%。

栽培要点 5月上中旬播种，保苗28万～32万株/hm^2。中等肥力地块施种肥磷酸二铵150kg/hm^2、钾肥40kg/hm^2、尿素40kg/hm^2。鼓粒期防治大豆食心虫。

适宜区域 内蒙古自治区2 100℃以上积温区。

444. 蒙豆18（Mengdou 18）

品种来源 呼伦贝尔市农业科学研究所以绥农11为母本，北丰14为父本，经有性

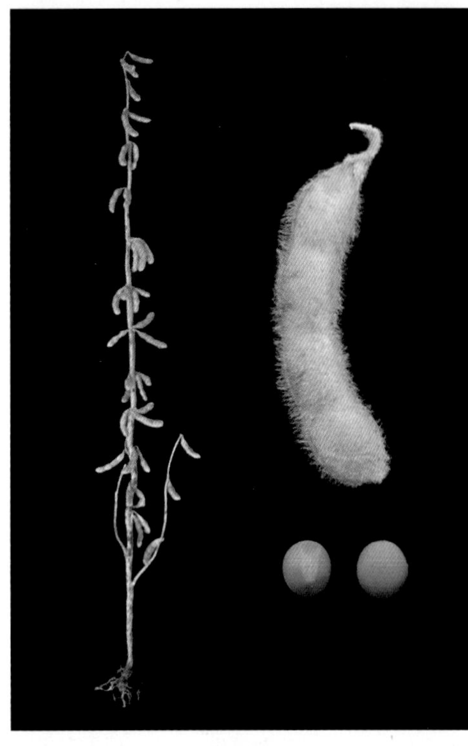

蒙豆18

蒙豆19

杂交，系谱法选育而成。2007年内蒙古自治区农作物品种审定委员会审定，审定编号为蒙审豆2007004。全国大豆品种资源统一编号ZDD24605。

特征 亚有限结荚习性。株高80cm，主茎节数13～15节，分枝1个。幼茎绿色，叶披针形，大小中等，叶枕绿色。白花，灰毛。主茎结荚为主，三、四粒荚多，荚中等大小，弯镰形，荚草黄色。粒圆形，种皮黄色，脐黄色。百粒重19.0g。

特性 北方春大豆，早熟品种，生育期113d，需活动积温2 200℃。株型收敛，茎秆韧性强，抗倒伏，耐肥水，丰产性好。落叶性好，抗炸荚。中感大豆花叶病毒1号和3号株系。

产量品质 2004—2005年内蒙古自治区大豆早熟组区域试验，平均单产2 331.5kg/hm^2，比对照北丰9号增产5.1%。2006年生产试验，平均单产1 777.8kg/hm^2，比对照北丰9号增产10.9%。蛋白质含量38.88%，脂肪含量20.65%。

栽培要点 5月上旬播种，密度25万～30万株/hm^2为宜。中等肥力地块施种肥磷酸二铵150kg/hm^2、钾肥40kg/hm^2、尿素40kg/hm^2。及时田间管理，结荚期防治大豆灰斑病，鼓粒期防治大豆食心虫。

适宜区域 内蒙古自治区呼伦贝尔市、兴安盟2 200℃以上积温区。

445. 蒙豆19（Mengdou 19）

品种来源 呼伦贝尔市农业科学研究所以蒙豆9号（丰收10号变异株）为母本，蒙豆7号为父本，经有性杂交，系谱法选育而成。2006年内蒙古自治区农作物品种审定委员会审定，审定编号为蒙审豆2006001。全国大豆品种资源统一编号ZDD24606。

特征 亚有限结荚习性。株高70cm，主茎节数17 ~ 18节，分枝1 ~ 2个。幼茎紫色，叶卵圆形，与茎秆夹角小，叶枕紫色。紫花，灰毛。主茎结荚为主，三粒荚多，荚较大，弯镰形，荚褐色。粒圆形，种皮黄色，脐黄色。百粒重26.0g。

特性 北方春大豆，极早熟品种，生育期96d，需活动积温1 900℃。株型收敛，节间短，抗倒伏性较好，耐瘠薄，稳产性好，抗炸荚。田间表现耐大豆花叶病毒病，轻感大豆霜霉病，轻感大豆灰斑病。

产量品质 2003—2004年内蒙古自治区大豆极早熟组区域试验，平均单产1 783.2kg/hm^2，比对照内豆4号增产4.5%。2005年生产试验，平均单产2 151.0kg/hm^2，比对照内豆4号增产5.2%。蛋白质含量37.92%，脂肪含量22.39%。

栽培要点 5月上旬播种，密度28万 ~ 33万株/hm^{2}为宜。中等肥力地块施种肥磷酸二铵150kg/hm^2、钾肥40kg/hm^2、尿素40kg/hm^2。苗期防治地老虎，结荚期防治大豆灰斑病，鼓粒期防治大豆食心虫。

适宜区域 内蒙古自治区呼伦贝尔市、兴安盟1 800 ~ 2 000℃积温区。

446. 蒙豆21（Mengdou 21）

品种来源 呼伦贝尔市农业科学研究所以绥农10号为母本，蒙豆9号为父本，经有性杂交，系谱法选育而成。原品系号呼交329。2006年经内蒙古自治区农作物品种审定委员会审定，审定编号为蒙审豆2006003。全国大豆品种资源统一编号ZDD24608。

特征 亚有限结荚习性。株高90cm，主茎节数17 ~ 18节，分枝1 ~ 2个。幼茎绿色，叶披针形，叶柄与茎秆夹角小，叶枕绿色。白花，灰毛。荚弯镰形，褐色。粒圆形，种皮黄色，脐黄色。百粒重16.0g。

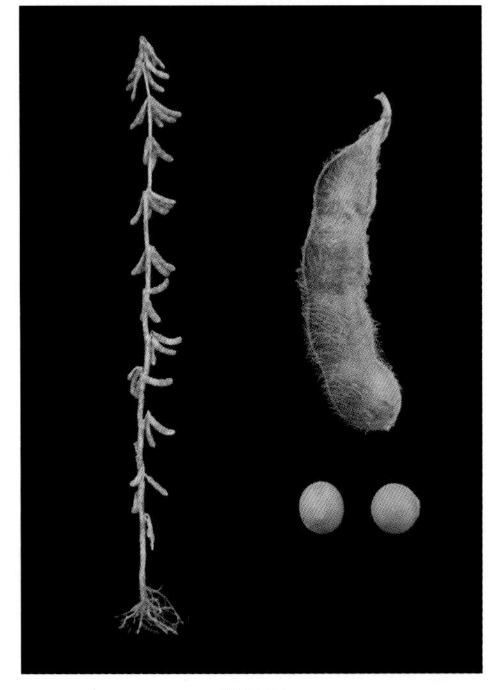

蒙豆21

特性 北方春大豆，早熟品种，生育期110d，需活动积温2 100℃。株型收敛，抗倒伏，喜肥水，丰产性好。落叶性好，抗炸荚，植株中上部荚密集。田间表现耐大豆花叶病毒病，感大豆霜霉病，轻感大豆灰斑病。

产量品质 2004—2005年内蒙古自治区大豆早熟组区域试验，平均单产2 226.0kg/hm^2，比对照北丰9号增产8.4%。2005年生产试验，平均单产1 638.0kg/hm^2，比对照北丰9号增产6.6%。蛋白质含量37.92%，脂肪含量22.38%。

栽培要点 5月上旬播种，播种量为60kg/hm^2，保苗25万 ~ 30万株/hm^2。中等肥力地块施种肥磷酸二铵150kg/hm^2、钾肥40kg/hm^2、尿素40kg/hm^2。苗期防治地老虎，结荚期防治大豆霜霉病、大豆灰斑病，鼓粒期防治大豆食心虫。

适宜区域 内蒙古自治区2 100 ～ 2 200℃积温区。

447. 蒙豆24（Mengdou 24）

品种来源 内蒙古农业技术推广站和乌拉特前旗农业技术推广站利用在94-96（引自美国）大豆生产田中发现的变异株选育而成。编号为MTJ9911-2。2006年内蒙古自治区农作物品种审定委员会审定，审定编号为蒙审豆2006006。全国大豆品种资源统一编号ZDD24609。

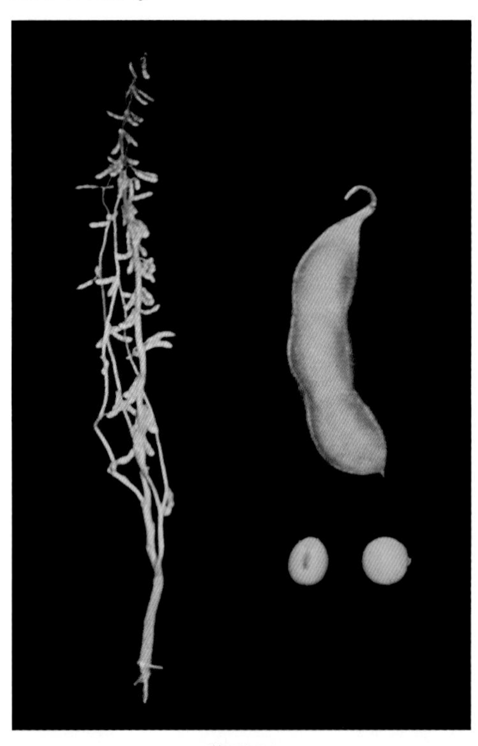

蒙豆24

特征 无限结荚习性。株高80cm，主茎节数17 ～ 18节，分枝2 ～ 4个。叶椭圆形，落叶性好。紫花，灰毛。主茎结荚为主，弯镰形，荚褐色。粒圆形，种皮黄色，脐黑色。百粒重16g。

特性 北方春大豆，中熟品种，生育期125d，需活动积温2 800℃。丰产性好，较抗炸荚，适应性广。植株中下部荚丰富。试验期间田间未见大豆花叶病毒病、大豆灰斑病、大豆霜霉病。

产量品质 2004—2005年内蒙古自治区大豆中熟组区域试验，平均单产2 459.3kg/hm^2，比对照开育10号增产21.6％。2005年生产试验，平均单产2 022.0kg/hm^2，比对照开育10号增产19.0％。蛋白质含量38.58％，脂肪含量22.68％。

栽培要点 5月上中旬播种，保苗25万～ 30万株/hm^2。苗期防治地老虎，结荚期防治大豆灰斑病，鼓粒期防治大豆食心虫。

适宜区域 内蒙古自治区通辽市、赤峰市2 800℃以上积温区。

448. 蒙豆25（Mengdou 25）

品种来源 内蒙古农业技术推广站从蒙豆24的变异株系选育而成。2007年经内蒙古自治区农作物品种审定委员会审定，审定编号为蒙审豆2007006。全国大豆品种资源统一编号ZDD24610。

特征 无限结荚习性。株高80cm，主茎节数20 ～ 21节，分枝2 ～ 4个。幼茎紫色，叶卵圆形，中等偏大，叶枕紫色。紫花，棕毛。荚中等大小，弯镰形，草黄色。粒圆形，种皮黑色，强光泽，子叶黄色，脐黑色。百粒重15.0g。

特性 北方春大豆，中熟品种，生育期120d，需活动积温2 800℃。株型收敛，抗倒伏，耐肥水，丰产性好。落叶性好，抗炸荚，植株中下部荚密集。对大豆灰斑病免疫，中抗大豆花叶病毒1号、3号株系。

产量品质 2005—2006年内蒙古自治区大豆中熟组区域试验，平均单产2 223.5kg/hm^2，比对照开育10号增产19.4%。2006年生产试验，平均单产2 260.5kg/hm^2，比对照开育10号增产7.7%。蛋白质含量34.79%，脂肪含量22.43%。

栽培要点 5月上中旬播种，密度24万～30万株/hm^2。苗期防治地老虎，鼓粒期防治大豆食心虫。成熟后及时收获。

适宜区域 内蒙古自治区通辽市、赤峰市2 800℃以上积温区。

蒙豆25

449. 蒙豆26（Mengdou 26）

品种来源 呼伦贝尔市农业科学研究所以绥农10号为母本，蒙豆9号为父本，经有性杂交，系谱法选育而成。2007年经内蒙古自治区农作物品种审定委员会审定，审定编号为蒙审豆2007003。全国大豆品种资源统一编号ZDD24611。

特征 亚有限结荚习性。株高85cm，主茎节数17～18节，分枝1～2个。幼茎紫色，叶披针形，叶片深绿色，叶枕绿色。紫花，灰毛。主茎结荚为主，荚弯镰形，褐色。粒圆形，种皮黄色，微光泽，脐黄色。百粒重21.0g。

特性 北方春大豆，属早熟品种，生育期113d，需活动积温2 250℃。株型收敛，节间短，茎秆弹性强，抗倒伏，耐瘠薄，稳产性好。落叶性好，抗炸荚，植株中上部荚丰富。中感

蒙豆26

大豆花叶病毒1号株系，感3号株系。田间表现抗大豆食心虫。

产量品质 2003—2004年内蒙古自治区大豆早熟组区域试验，平均单产1 868.3kg/hm^2，比对照北丰9号增产6.6%。2005年生产试验，平均单产1 626.0kg/hm^2，比对照北丰9号增产5.0%。蛋白质含量41.95%，脂肪含量22.77%。

栽培要点 5月上中旬播种，密度26万～30万株/hm^{2}为宜。中等肥力地块施种肥磷酸二铵150kg/hm^2、钾肥60kg/hm^2，及时铲蹚。苗期防治地老虎，结荚期防治大豆灰斑病，鼓粒期防治大豆食心虫。

适宜区域 内蒙古自治区呼伦贝尔市、兴安盟2 250℃以上积温区。

450. 蒙豆28（Mengdou 28）

品种来源 呼伦贝尔市农业科学研究所以绥农11为母本，北丰14为父本，经有性杂交，系谱法选育而成。2008年经内蒙古自治区农作物品种审定委员会审定，审定编号为蒙审豆2008001。全国大豆品种资源统一编号ZDD24612。

特征 亚有限结荚习性。株高70cm，主茎20～21节，分枝1个。幼茎绿色，叶披针形，中等偏小。白花，灰毛。主茎结荚为主，荚中等大小，微弯镰形，草黄色。粒圆形，种皮黄色，脐黄色。百粒重18～20g。

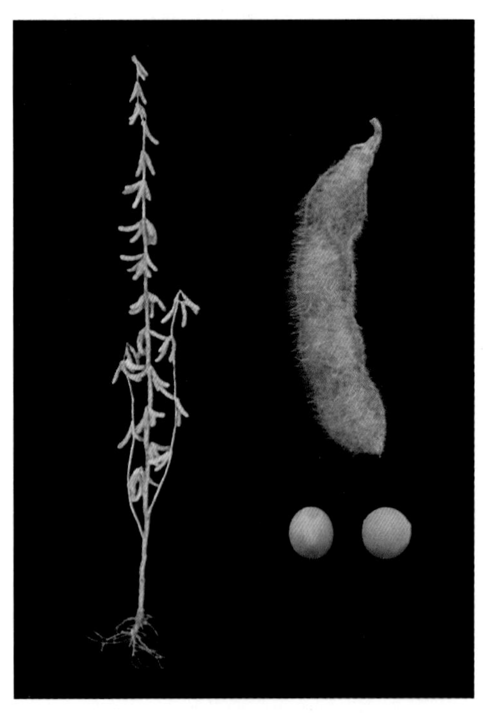

蒙豆28

特性 北方春大豆，早熟品种，生育期113d，需活动积温2 250℃。分枝收敛，抗倒伏，喜肥水，丰产性好。落叶性好，抗炸荚。抗大豆灰斑病7号小种，中抗大豆花叶病毒1号株系，感大豆花叶病毒3号株系。

产量品质 2006—2007年内蒙古自治区大豆早熟组区域试验，平均单产2 005.5kg/hm^2，比对照北丰9号增产16.7%。2007年生产试验，平均单产1 744.5kg/hm^2，比对照北丰9号增产14.0%。蛋白质含量38.41%，脂肪含量21.97%。

栽培要点 5月上旬播种，密度25万～30万株/hm^2。中等肥力地块施种肥磷酸二铵150kg/hm^2、钾肥40kg/hm^2、尿素40kg/hm^2。田间管理要做到及时三铲三蹚，苗期防治地老虎，鼓粒期防治大豆食心虫。

适宜区域 内蒙古自治区呼伦贝尔市中部2 250℃以上积温区。

451. 蒙豆30（Mengdou 30）

品种来源 呼伦贝尔市农业科学研究所以蒙豆16为母本，89-9（吉林20变异株）为父本，经有性杂交，系谱法选育而成。2009年内蒙古自治区农作物品种审定委员会审定，审定编号为蒙审豆2009001。全国大豆品种资源统一编号ZDD24613。

特征 亚有限结荚习性。株高80cm，主茎18～19节，主茎型，分枝少。幼茎绿色，叶披针形，中等偏大，叶色深绿，叶枕绿色。白花，灰毛。单株三、四粒荚70%以上，荚中等偏大，弯镰形，荚熟后表面具条纹，深褐色。粒圆形，种皮黄色，强光泽，脐淡褐色。百粒重18～20g。

蒙豆30

特性 北方春大豆，早熟品种，生育期114d，需活动积温2 250℃。底荚低，抗倒伏，喜肥水，丰产性好。落叶性好，抗炸荚，植株中上部荚丰富。中抗大豆灰斑病7号小种，中感大豆花叶病毒1号株系。

产量品质 2006—2007年内蒙古自治区大豆早熟组区域试验，平均单产1 868.3kg/hm^2，比对照北丰9号增产5.8%。2008年生产试验，平均单产2 473.5kg/hm^2，比对照北丰9号增产8.6%。蛋白质含量43.59%，脂肪含量21.00%。

栽培要点 5月上旬播种，保苗25万～30万株/hm^2。中等肥力地块施种肥磷酸二铵150kg/hm^2、钾肥40kg/hm^2、尿素40kg/hm^2。田间管理要做到及时铲趟，苗期防治地老虎，结荚期防治大豆灰斑病，鼓粒期防治大豆食心虫。

适宜区域 内蒙古自治区呼伦贝尔市中南部2 250℃以上积温区。

452. 蒙豆31（Mengdou 31）

品种来源 呼伦贝尔市农业科学研究所以内豆4号为母本，蒙豆19为父本，经有性杂交，系谱法选育而成。原品系号呼交07-2483。2011年经内蒙古自治区农作物品种审定委员会审定，审定编号为蒙审豆2011002。全国大豆品种资源统一编号ZDD24614。

特征 亚有限结荚习性。株高80cm，主茎14节，分枝1～2个。披针叶，白花，灰毛。主茎结荚为主，单株有效荚20.1个，单株三、四粒荚70%以上，荚弯镰形，深褐色。粒圆形，种皮黄色，脐黄色。百粒重18.5g。

特性 北方春大豆，超早熟品种，生育期88d，需活动积温1 700℃。株型收敛，茎

蒙豆31

秆韧性强，抗倒伏，耐瘠薄，稳产性好。落叶性好，较抗炸荚。中感大豆灰斑病7号小种，抗大豆花叶病毒1号、3号株系。

产量品质 2009—2010年内蒙古自治区大豆超早熟组区域试验，平均单产1 644.8kg/hm²，比对照内豆4号减产12.8%，早熟4.0d。2010年生产试验，平均单产1 675.5kg/hm²，比对照内豆4号减产11.0%，早熟5.0d。蛋白质含量40.86%，脂肪含量19.90%。

栽培要点 在呼伦贝尔市中北部1 700℃积温区5月下旬播种，1 900 ~ 2 300℃积温区作为救灾品种可在6月中、下旬播种，密度37万~ 45万株/hm²。中等肥力地块施种肥磷酸二铵150kg/hm²、钾肥60kg/hm²，及时铲蹚，苗期防治地老虎，结荚期防治大豆灰斑病，鼓粒期防治大豆食心虫。

适宜区域 内蒙古自治区呼伦贝尔市中北部1 700 ~ 1 800℃积温区。

蒙豆32

453. 蒙豆32（Mengdou 32）

品种来源 呼伦贝尔市农业科学研究所和内蒙古农牧业科学院以内豆4号为母本，呼交03-932(蒙豆9×黑农31）为父本，经有性杂交，系谱法选育而成。原品系号呼交06-1902。2010年经内蒙古自治区农作物品种审定委员会审定，审定编号为蒙审豆2010002。全国大豆品种资源统一编号ZDD31057。

特征 无限结荚习性。株高60cm，主茎节数13.5节，分枝1.9个。幼茎紫色，叶披针形，叶枕紫色。紫花，灰毛。主茎结荚为主，荚中等大小，弯镰形，淡褐色。粒圆形，种皮黄色，脐黄色。百粒重18.0g。

特性 北方春大豆，极早熟品种，生育期94d，需活动积温1 900℃。株型收敛，耐瘠薄，稳产性好。落叶性好，较抗炸荚。中感大豆灰斑病7号小种，抗大豆花叶病毒1号株系，中感大豆花叶病毒3号株系。

产量品质 2008—2009年内蒙古自治区大豆极早熟组区域试验，平均单产2 157.0kg/hm²，比对照内豆4号增产13.8%。2009年生产试验，平均单产1 888.5kg/hm²，比对照内豆4号增产8.0%。蛋白质含量37.22%，脂肪含量22.80%。

栽培要点 5月上旬播种，密度35万～38万株/hm²为宜。中等肥力地块施种肥磷酸二铵150kg/hm²、钾肥40kg/hm²。及时铲趟，苗期防治地老虎，结荚期防治大豆灰斑病，鼓粒期防治大豆食心虫。

适宜区域 内蒙古自治区呼伦贝尔市中北部1 900℃积温区。

454. 蒙豆33（Mengdou 33）

品种来源 呼伦贝尔市农业科学研究所以蒙豆16为母本，意大利品种Dekabig为父本，经有性杂交，系谱法选育而成。原品系代号5W52-4。2010年经内蒙古自治区农作物品种审定委员会审定，审定编号为蒙审豆2010003。全国大豆品种资源统一编号ZDD31058。

特征 亚有限结荚习性。株高63cm，主茎节数15.5节，分枝少。幼茎绿色，叶披针形，深绿色，叶枕绿色。白花，灰毛。主茎结荚为主，荚中等偏大，弯镰形，深褐色。粒圆形，种皮黄色，脐黄色。百粒重19.5g。

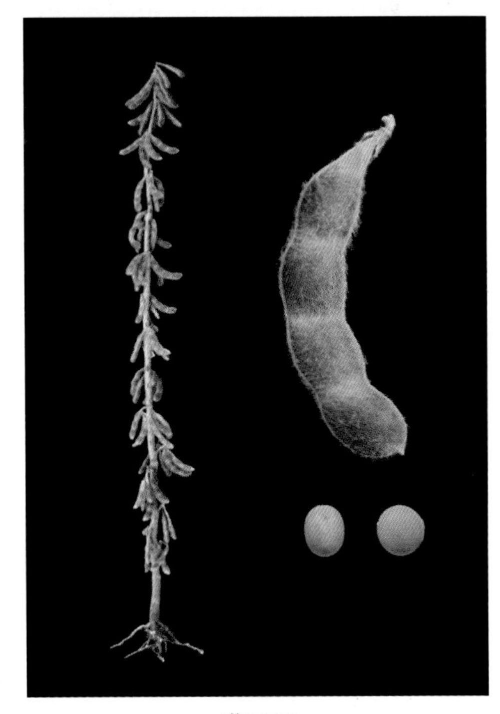

蒙豆33

特性 北方春大豆，早熟品种，生育期114d，需活动积温2 250℃。株型收敛，节间短，抗倒伏，喜肥水，稳产性好。落叶性好，抗炸荚。抗大豆灰斑病7号小种，中抗大豆花叶病毒1号株系。

产量品质 2008—2009年内蒙古自治区大豆早熟组区域试验，平均单产2 393.3kg/hm²，比对照北丰9号增产6.60%。2009年生产试验，平均单产2 271.0kg/hm²，比对照北丰9号增产5.8%。蛋白质含量38.12%，脂肪含量22.91%。

栽培要点 5月上旬播种，密度28万～33万株/hm²为宜。中等肥力地块施种肥磷酸二铵150kg/hm²、钾肥40kg/hm²、尿素40kg/hm²。及时铲趟，苗期防治地老虎，鼓粒期防治大豆食心虫。

适宜区域 内蒙古自治区呼伦贝尔市2 250℃以上积温区。

455. 蒙豆34（Mengdou 34）

品种来源 呼伦贝尔市农业科学研究所2003年以中作992(意大利品种Fabio中单株

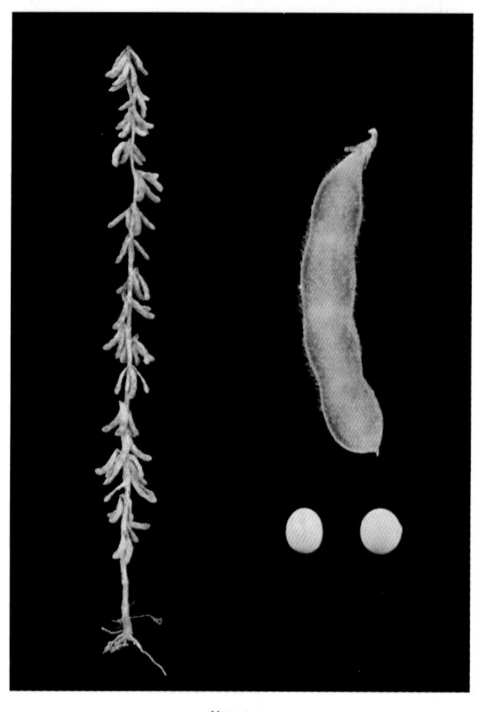

蒙豆34

选育）为母本，以蒙豆17为父本，经有性杂交，系谱法选育而成。原品系号呼交1404。2012年经内蒙古自治区农作物品种审定委员会审定，审定编号为蒙审豆2012004。全国大豆品种资源统一编号ZDD31059。

特征 亚有限结荚习性。株高79.5cm，主茎节数16.4节，分枝0.2个。披针叶，紫花，灰毛，株型收敛。荚微弯镰形，深褐色。主茎结荚为主，四粒荚比例31%，粒圆形，种皮黄色，脐黄色。百粒重18.3g。

特性 北方春大豆，极早熟品种，生育期103d，需活动积温1 980℃。抗倒伏性好，喜肥水，落叶性好，抗炸荚，植株中上部荚丰富，抗大豆灰斑病1号、7号混合生理小种，中感大豆花叶病毒1号株系，感大豆花叶病毒3号株系。

产量品质 2009—2010年内蒙古自治区大豆极早熟组区域试验，2年平均产量2 352.0kg/hm^2，比对照蒙豆9号增产6.59%。2011年生产试验，平均产量2 322.1kg/hm^2，比对照蒙豆9号增产10.60%。蛋白质含量41.21%，脂肪含量21.19%。

栽培要点 5月上中旬播种，2 300℃积温区救灾可于6月中旬播种，密度27万～33万株/hm^2。施种肥磷酸二铵150kg/hm^{2}或复合肥200kg/hm^2，及时中耕除草，苗期尽量不灌水，花期缺水适量灌，结荚鼓粒期水分要灌足，适时收获脱粒，苗期防治地老虎，鼓粒期防治大豆食心虫。

适宜区域 内蒙古自治区呼伦贝尔市中北部、兴安盟北部1 980℃积温区。

456. 蒙豆35（Mengdou 35）

品种来源 呼伦贝尔市农业科学研究所2004年以蒙豆21为母本，中作991（意大利品种Fabio中单株选育）为父本，经有性杂交，系谱法选育而成。原品系号呼交07-1367。2012年经内蒙古自治区农作物品种审定委员会审定，审定编号为蒙审豆2012005。全国大豆品种资源统一编号ZDD31060。

特征 亚有限结荚习性。株高79.8cm，主茎节数16.8节，分枝0.6个。披针叶，白花，灰毛。荚弯镰形，淡褐色。主茎结荚为主，单株三、四粒荚比例占72%。粒圆形，种皮黄色，脐黄色。百粒重17.4g。

特性 北方春大豆，极早熟品种，生育期104d,出苗至成熟需活动积温2 000℃。株型收敛，抗倒伏性好，耐瘠薄，植株中上部荚丰富，丰产性好，落叶性好，抗炸荚。抗大豆灰斑病1号、7号混合生理小种，中抗大豆花叶病毒1号株系，感大豆花叶病毒3号株系。

产量品质 2010—2011年内蒙古自治区大豆极早熟组区域试验，平均产量2 614.5kg/hm²，比对照蒙豆9号增产13.23％。2011年生产试验，平均产量2 350.5kg/hm²，比对照蒙豆9号增产11.92%。蛋白质含量40.89%，脂肪含量20.07%。

栽培要点 5月上中旬播种，2 300℃积温区救灾可于6月中旬播种，密度30万～33万株/hm²。结合播种施磷酸二铵150kg/hm²、氯化钾60kg/hm²作种肥，花期结合蹚地追施尿素75kg/hm²，及时进行田间管理，苗期防治地老虎，鼓粒期防治大豆食心虫。

适宜区域 内蒙古自治区呼伦贝尔市中北部、兴安盟北部2 000℃积温区。

蒙豆35

457. 蒙豆36（Mengdou 36）

品种来源 呼伦贝尔市农业科学研究所2003年以蒙豆13为母本，黑农37为父本，经有性杂交，系谱法选育而成。原品系号呼交06-1698。2012年经内蒙古自治区农作物品种审定委员会审定，审定编号为蒙审豆2012006。全国大豆品种资源统一编号ZDD31061。

特征 亚有限结荚习性。株高73.5cm，主茎节数18.4节，分枝0.9个。披针叶，紫花，灰毛。荚弯镰形，深褐色，主茎结荚为主，单株三、四粒荚比例74%。粒圆形，种皮黄色，脐淡褐色。百粒重16.4g。

特性 北方春大豆，早熟品种，生育期108d，出苗至成熟需活动积温2 180℃。茎秆弹性好，抗倒伏性好，喜肥水，植株中上部荚丰富，丰产性好，落叶性好，抗炸荚。中抗大豆灰斑病1号、7号混合生理小种，中感大豆花叶病毒1号株系，感大豆花叶病毒3号株系。

蒙豆36

产量品质 2010—2011年内蒙古自治区大豆早熟组区域试验，平均产量2 476.5kg/hm²，比对照蒙豆12增产7.85%。2011年生产试验，平均产量2 088.0kg/hm²，比对照蒙豆12增产8.55%。蛋白质含量45.49%，脂肪含量19.39%。

栽培要点 5月上中旬播种，密度27万～30万株/hm²。结合播种施磷酸二铵150kg/hm²、氯化钾60kg/hm²作种肥，花期结合蹚地追施尿素75kg/hm²，及时铲蹚，苗期防治地老虎，鼓粒期防治大豆食心虫。

适宜区域 内蒙古自治区呼伦贝尔市中南部、兴安盟北部2 180℃积温区。

458. 蒙豆37（Mengdou 37）

品种来源 呼伦贝尔市农业科学研究所以早熟高产品种内豆4号为母本，早熟高油品种蒙豆19为父本，经有性杂交，系谱法选育而成。原品系号呼交07-2488。2013年经内蒙古自治区农作物品种审定委员会审定，审定编号为蒙审豆2013003号。全国大豆品种资源统一编号ZDD31062。

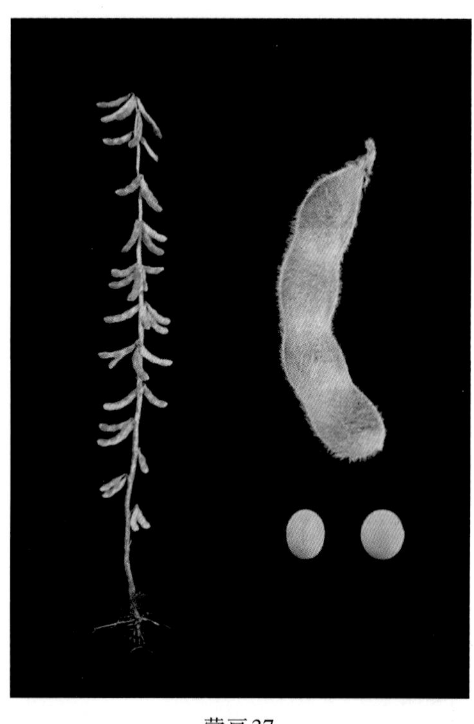

蒙豆37

特征 亚有限结荚习性。株高74.2cm，主茎节数16.7节，节间短，分枝0.3个。荚弯镰形，熟深褐色。披针叶，白花，灰毛。粒圆形，种皮黄色，脐黄色。百粒重19.2g。

特性 北方春大豆，极早熟品种，生育期95d。茎秆弹性强，抗倒伏，耐肥水，丰产性好，落叶性好，抗炸荚。中抗大豆灰斑病1号、7号混合生理小种，中抗大豆花叶病毒1号株系，高感大豆花叶病毒3号株系。

产量品质 2010—2011年内蒙古自治区大豆极早熟组区域试验，平均产量2 127.0kg/hm²，比对照内豆4号增产7.34%。2012年生产试验，平均产量2 061.0kg/hm²，比对照内豆4号增产8.99%。蛋白质含量43.43%，脂肪含量20.83%。

栽培要点 5月中下旬播种，密度34.5万～37.5万株/hm²。有条件的施15～30t/hm²腐熟有机肥作为基肥，结合播种施磷酸二铵150kg、硫酸钾37.5kg和尿素37.5kg于种下5～7cm。及时中耕除草，苗期防治地老虎，鼓粒期防治大豆食心虫。

适宜地区 内蒙古自治区呼伦贝尔市中北部1 900℃活动积温地区、呼伦贝尔市大于2 000℃积温区（作救灾品种使用）。

459. 蒙豆38（Mengdou 38）

品种来源 呼伦贝尔市农业科学研究所以蒙豆21为母本，黑河38为父本，经有性杂交，系谱法选育而成。原品系号呼交282。2013年经内蒙古自治区农作物品种审定委员会审定，审定编号为蒙审豆2013004号。全国大豆品种资源统一编号ZDD31063。

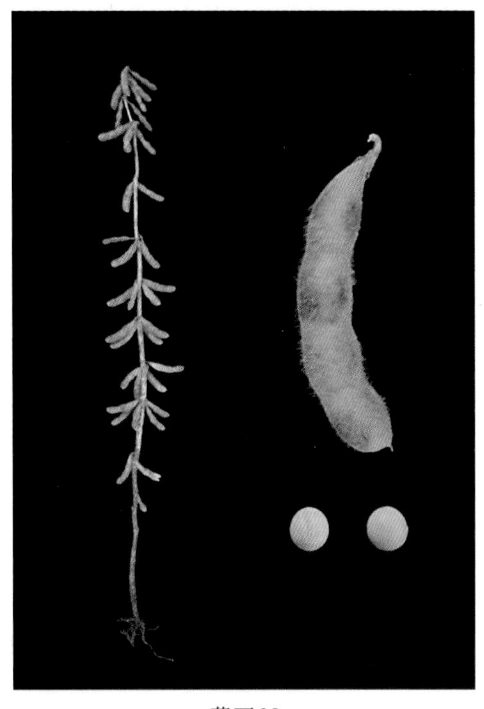

蒙豆38

特征 亚有限结荚习性。株高68.7cm，主茎节数15.1节，分枝0.6个，荚微弯镰形，熟淡褐色，单株三、四粒荚比例占71%。披针叶，白花，灰毛。粒圆形，种皮黄色，脐淡褐色。百粒重19.1g。

特性 北方春大豆，极早熟品种，生育期101d。茎秆粗壮，根系发达，抗倒伏性好，喜肥水，丰产性好，落叶性好，抗炸荚，植株中上部荚丰富。中抗大豆灰斑病1号、7号混合生理小种，中感大豆花叶病毒1号株系，感大豆花叶病毒3号株系。

产量品质 2010—2011年内蒙古自治区大豆极早熟组区域试验，平均产量2 566.50kg/hm^2，比对照蒙豆9号增产10.93%。2012年生产试验，2点平均产量2 212.5kg/hm^2，比对照蒙豆9号增产18.70%。粗蛋白含量40.76%，粗脂肪含量21.05%。

栽培要点 5月中下旬播种，密度30万～37.5万株/hm^2为宜。有条件的施15～30t/hm^2腐熟有机肥作为基肥，结合播种施磷酸二铵150kg、硫酸钾37.5kg和尿素37.5kg于种下5～7cm。及时中耕除草，鼓粒期防治大豆食心虫。

适宜地区 内蒙古自治区呼伦贝尔市中北部、兴安盟北部2 100℃积温区。

460. 登科1号（Dengke 1）

品种来源 呼伦贝尔市农业科学研究所以蒙豆13为母本，垦鉴豆27为父本，经有性杂交，系谱法选育而成。原品系号呼交04-1202。2009年全国农作物品种审定委员会审定，审定编号为国审豆2009001，2010年经内蒙古自治区农作物品种审定委员会认定，认定编号为蒙认豆2010001。全国大豆品种资源统一编号ZDD24618。

特征 无限结荚习性。株高80cm，主茎节数17～18节，分枝2～4个。幼茎紫色，叶披针形，中等大小，叶枕为紫色。紫花，主茎茸毛密，匍匐类型，灰色。主茎结荚为主，中部每节着荚3～5个，荚中等大小，微弯镰形，荚褐色。粒圆形，种皮黄色，微光泽，脐黄色。百粒重19.0g。

特性 北方春大豆，早熟品种，生育期111d，需活动积温2 200℃。茎秆直立，抗倒伏，丰产性好，适应性强。中抗大豆灰斑病，中感大豆花叶病毒1号株系，感大豆花叶病毒3号株系。成熟期落叶性好，不裂荚，籽粒外观优，商品等级高。

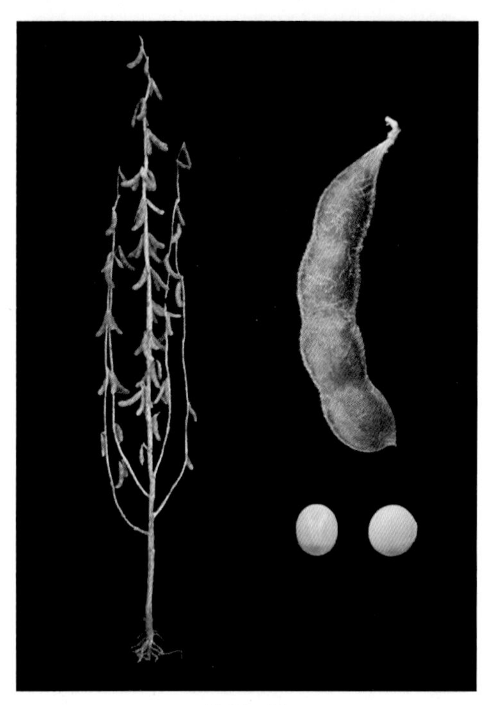
登科1号

产量品质 2007—2008年国家北方春大豆早熟组区域试验，平均单产2 629.5kg/hm^2，比对照黑河43增产11.1 %。2008年生产试验，平均单产2 631.0kg/hm^2，比对照黑河43增产6.5%。蛋白质含量37.74%，脂肪含量22.18%。

栽培要点 5月上旬播种，密度25万～30万株/hm^2。中等肥力地块施种肥磷酸二铵150kg/hm^2、钾肥40kg/hm^2，田间管理要及时，苗期防治地老虎，鼓粒期防治大豆食心虫。

适宜区域 黑龙江省第三积温带下限和第四积温带、吉林省东部山区、内蒙古自治区呼伦贝尔市中部和南部、新疆维吾尔自治区北部地区（春播种植）。

461. 登科2号（Dengke 2）

登科2号

品种来源 呼伦贝尔市农业科学研究所以内豆4号为母本，呼交04-3（AG4501×内豆4）为父本，经有性杂交，系谱法选育而成。原品系号呼交07-2465。2011年内蒙古大民种业有限公司报请内蒙古自治区农作物品种审定委员会审定，审定编号为蒙审豆2011001。全国大豆品种资源统一编号ZDD31064。

特征 无限结荚习性。株高65cm，主茎节数15～17节，分枝0.3个。幼茎绿色，叶披针形，叶枕绿色。白花，灰毛。主茎结荚为主，单株三、四粒荚占80%以上，单株荚数19.6个，荚弯镰形，深褐色。粒圆形，种皮黄色，中等光泽，脐淡褐色。百粒重18～20g。

特性 北方春大豆，超早熟品种，春播生育期80d，夏播75d，需活动积温1 700℃。株型收敛，节间短，茎秆韧性强，抗倒伏，耐瘠薄，稳产性好。落叶性好，抗炸荚。中抗大豆灰斑病7号小种，中抗大豆花叶病毒1号、3号株系，田间表现抗大豆食心虫。

产量品质 2009—2010年内蒙古自治区大豆超早熟组区域试验，平均单产1 415.3kg/hm^2，比对照内豆4号减产25.0%，早熟5.5d。2010年生产试验，平均单产1 513.5kg/hm^2，比对照内豆4号减产17.8%，早熟8.7d。蛋白质含量38.23%，脂肪含量22.03%。

栽培要点 在呼伦贝尔市中北部1 700℃积温区5月下旬播种，1 900 ～ 2 300℃积温区作为救灾品种可在6月中、下旬播种，密度42万～ 45万株/hm^2。中等肥力地块施种肥磷酸二铵150kg/hm^2、钾肥60kg/hm^2，及时中耕管理，苗期防治地老虎。

适宜区域 内蒙古自治区呼伦贝尔市中北部1 700 ～ 1 800℃积温区。

462. 登科3号（Dengke 3）

品种来源 莫旗登科种业公司以丰豆2号为母本，呼交03-286[蒙豆9×北9707（北丰9×黑河18）]为父本，经有性杂交，系谱法选育而成。原品系号呼交06-339。2010年内蒙古自治区农作物品种审定委员会审定，审定编号为蒙审豆2010001。全国大豆品种资源统一编号ZDD31065。

特征 亚有限结荚习性。株高70cm，主茎节数14 ～ 15节，分枝0.3个。幼茎紫色，叶卵圆形，叶片中等偏大，叶枕为紫色。紫花，灰毛。主茎结荚为主，三、四粒荚较多，荚中等大小，圆筒形，灰褐色，单株荚数22.5个。粒圆形，种皮黄色，中等光泽，脐黑色。百粒重18 ～ 20g。

登科3号

特性 北方春大豆，极早熟品种，生育期106d，需活动积温2 100℃。株型收敛，节间短，抗倒伏，耐肥水，丰产性好。落叶性好，抗炸荚，田间封垄早。中感大豆灰斑病7号小种，中抗大豆花叶病毒1号株系，中感大豆花叶病毒3号株系。

产量品质 2008—2009年内蒙古自治区大豆极早熟组区域试验，平均单产2 340.8kg/hm^2，比对照蒙豆9号增产9.4%。2009年生产试验，平均单产2 050.5kg/hm^2，比对照蒙豆9号增产5.7%。蛋白质含量37.64%，脂肪含量22.98%。

栽培要点 5月上旬播种，密度30万～ 35万株/hm^2。中等肥力地块施种肥磷酸二铵150kg/hm^2、钾肥40kg/hm^2、尿素40kg/hm^2。及时进行田间管理，苗期防治地老虎，结荚期防治大豆灰斑病。

适宜区域 内蒙古自治区呼伦贝尔市中部2 100℃积温区。

463. 登科4号（Dengke 4）

品种来源 莫旗登科种业公司2004年以蒙豆14为母本，黑河18为父本，经有性杂

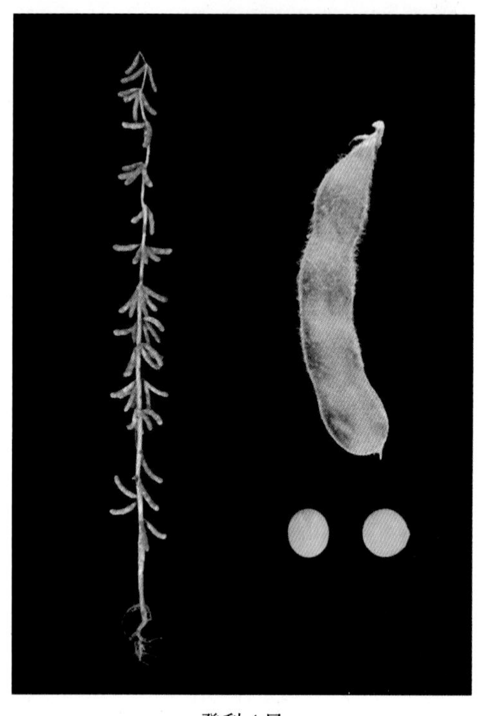

登科4号

交，系谱法选育而成。原品系号登科07-1926。2012年内蒙古自治区农作物品种审定委员会审定，审定编号为蒙审豆2012001。全国大豆品种资源统一编号ZDD31066。

特征 亚有限结荚习性。株高83.9cm，主茎节数18.4节，分枝1个。披针叶，白花，灰毛。荚弯镰形，褐色，主茎结荚为主，四粒荚比例占31%。粒圆形，种皮黄色，脐淡褐色。百粒重19.0g。

特性 北方春大豆，早熟品种，生育期111d，需活动积温2 250℃。株型收敛，茎秆弹性好，抗倒伏性好，喜肥水，丰产性好，落叶性好，抗炸荚，植株中上部荚丰富。中抗大豆灰斑病1号、7号混合生理小种，中感大豆花叶病毒1号株系，感大豆花叶病毒3号株系。

产量品质 2010—2011年内蒙古自治区大豆早熟组区域试验，平均产量2 515.5kg/hm^2，比对照蒙豆12增产9.34%。2011年生产试验，平均产量2 076.0kg/hm^2，比对照蒙豆12增产7.37%。蛋白质含量38.19%，脂肪含量21.03%。

栽培要点 5月上中旬播种，密度27万～33万株/hm^2。结合播种施磷酸二铵150kg/hm^2、氯化钾60kg/hm^{2}作种肥，花期结合蹚地追施尿素75kg/hm^2，及时铲蹚，苗期防治地老虎，鼓粒期防治大豆食心虫，成熟后及时收获。

适宜区域 内蒙古自治区呼伦贝尔市南部、兴安盟北部2 250℃以上积温区。

464. 登科5号（Dengke 5）

品种来源 莫旗登科种业公司2004年以02-146（北丰9号 × 黑河19）为母本，黑河38为父本，经有性杂交，系谱法选育而成。原品系号1387。2012年经内蒙古自治区农作物品种审定委员会审定，审定编号为蒙审豆2012002。全国大豆品种资源统一编号ZDD30836。

特征 亚有限结荚习性。株高67.7cm，主茎节数16.4节，分枝0.1个，节间短。披针叶，紫花，灰毛。荚微弯镰形，褐色，单株有效荚27.6个，三、四粒荚达70%以上。粒圆形，种皮淡黄色，脐黄色。百粒重19.0g。

特性 北方春大豆，早熟品种，生育期108d，需活动积温2 100℃。茎秆弹性强，抗倒伏，耐肥水，丰产性好，抗炸荚，植株中上部荚丰富，落叶性好。抗大豆灰斑病1号、7号混合生理小种，中感大豆花叶病毒1号株系，感大豆花叶病毒3号株系。

产量品质 2009—2010年内蒙古自治区大豆早熟组区域试验，平均产量2 599.5kg/

hm²，比对照蒙豆12增产11.16%。2010年生产试验，平均产量2 500.5kg/hm²，比对照蒙豆12增产7.10%。蛋白质含量38.35%，脂肪含量21.91%。

栽培要点 5月上中旬播种，密度30万～33万株/hm²。结合播种施磷酸二铵150kg/hm²、氯化钾60kg/hm²作种肥，花期结合蹚地追施尿素75kg/hm²，苗期防治地老虎，鼓粒期防治大豆食心虫。

适宜区域 内蒙古自治区呼伦贝尔市中部、兴安盟北部2 100℃以上积温区。

登科5号

465. 登科6号（Dengke 6）

品种来源 莫旗登科种业公司2004年以绥农10号为母本，呼交03-286（蒙豆9号×北9707）为父本，经有性杂交，系谱法选育而成。原品系号07-2027。2012年内蒙古自治区农作物品种审定委员会审定，审定编号为蒙审豆2012003号。全国大豆品种资源统一编号ZDD31067。

特征 亚有限结荚习性。株高77.2cm，主茎节数15.5节，分枝1个。披针叶，紫花，灰毛。节间短，荚微弯镰形，褐色，单株有效荚24.7个，三、四粒荚达75%以上。粒圆形，种皮黄色，脐黄色。百粒重19.3克。

特性 北方春大豆，极早熟品种，生育期103d，需活动积温1 950℃。茎秆弹性强，抗倒伏，耐瘠薄，丰产性好，抗炸荚，植株中上部荚丰富，落叶性好。中抗大豆灰斑病1号、7号混合生理小种，中感大豆花叶病毒1号株系，感大豆花叶病毒3号株系。

产量品质 2009—2010年内蒙古自治区大豆极早熟组区域试验，平均产量2 412.0kg/hm²，比对照蒙豆9号增产9.25%。2010年生产试验，平均产量2 475.0kg/hm²，比对照蒙豆9号增产8.08%。蛋白质含量40.56%，脂肪含量21.61%，属高油品种。

栽培要点 5月上中旬播种，2 300℃积温区救灾可在6月上中旬播种，密度27万～30万

登科6号

株/hm²。结合播种施磷酸二铵150kg/hm²、氯化钾60kg/hm²作种肥，花期结合蹚地追施尿素75kg/hm²，苗期防治地老虎，鼓粒期防治大豆食心虫。

适宜区域 内蒙古自治区呼伦贝尔市中北部、兴安盟北部1 950℃以上积温区。

466. 登科7号（Dengke 7）

品种来源 莫旗登科种业公司以蒙豆13为母本，绥农6号为父本，经系谱法选育而成。原品系号06-1536。2013年内蒙古自治区农作物品种审定委员会审定，审定编号为蒙审豆2013001号。全国大豆品种资源统一编号ZDD31068。

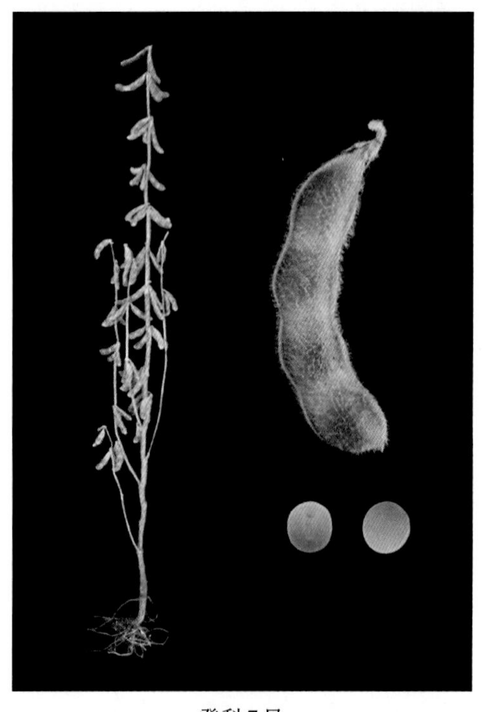

登科7号

特征 无限结荚习性。株高90.3cm，主茎节数19.3节，分枝2.3个。荚弯镰形，荚熟褐色，单株三、四粒荚比例占74%。披针叶，紫花，灰毛。粒圆形，种皮黄色，脐黄色。百粒重18.1g。

特性 北方春大豆，极早熟品种，生育期106d。抗倒伏性好，耐瘠薄，落叶性好，抗炸荚，植株中下部荚丰富。中抗大豆灰斑病1号、7号混合生理小种，中抗大豆花叶病毒1号株系，感大豆花叶病毒3号株系。

产量品质 2010—2011年内蒙古自治区大豆极早熟组区域试验，平均产量2 599.5kg/hm²，比对照蒙豆9号增产12.85%。2012年生产试验，2点平均产量2 019.0kg/hm²，比对照蒙豆9号增产7.78%。粗蛋白含量41.11%，粗脂肪含量19.19%。

栽培要点 5月上、中旬播种，密度30万～33万株/hm²为宜。有条件的施15～30t/hm²腐熟有机肥作为基肥，结合播种施磷酸二铵150kg/hm²、硫酸钾37.5kg/hm²和尿素37.5kg/hm²。及时中耕除草，苗期防治地老虎，鼓粒期防治大豆食心虫。

适宜地区 内蒙古自治区呼伦贝尔市中北部、兴安盟西北部2 100℃积温区。

467. 登科8号（Dengke 8）

品种来源 莫旗登科种业公司以绥农10号为母本，疆莫豆1号为父本，经系谱法选育而成。原品系号08-1468。2013年内蒙古自治区农作物品种审定委员会审定，审定编号为蒙审豆2013002号。全国大豆品种资源统一编号ZDD31069。

特征 无限结荚习性。株高82.8cm，主茎节数17.5节，分枝1.7个。荚微弯镰形，荚熟草黄色。披针叶，紫花，灰毛。粒圆形，种皮黄色，脐黄色。百粒重19.8g。

特性 北方春大豆，极早熟品种，生育期108d。茎秆粗壮，根系发达，喜肥水，落叶性好，抗炸荚，植株中下部荚丰富。中感大豆灰斑病1号、7号混合生理小种，中抗大豆花叶病毒1号株系，感大豆花叶病毒3号株系。

产量品质 2010—2011年内蒙古自治区大豆极早熟组区域试验，平均产量2 488.5kg/hm²，比对照增产8.77%。2012年生产试验，3点平均产量2 422.5kg/hm²，比对照蒙豆12号增产11.40%。粗蛋白含量41.19%，粗脂肪含量20.86%。

栽培要点 5月上、中旬播种，密度25.5万～33万株/hm²为宜。有条件的施15～30t/hm²腐熟有机肥作为基肥，结合播种施磷酸二铵150kg/hm²、硫酸钾37.5kg/hm²和尿素37.5kg/hm²。及时中耕除草，旱时灌溉，结荚期防治大豆灰斑病，鼓粒期防治大豆食心虫。

适宜地区 内蒙古自治区呼伦贝尔市中南部、兴安盟北部2 200℃以上积温区。

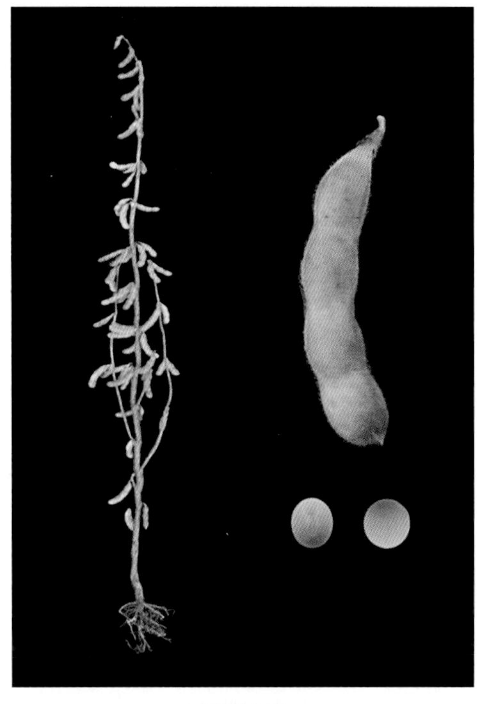

登科8号

468. 兴豆5号（Xingdou 5）

品种来源 兴安盟农业科学研究所以抗线2号为母本，哈88-3239（黑农26×绥农4号）为父本，经有性杂交，系谱法选育而成。原品系号兴02-6014。2007年内蒙古自治区农作物品种审定委员会审定，审定编号为蒙审豆2007001。全国大豆品种资源统一编号ZDD24615。

特征 无限结荚习性。株高100cm，分枝1～3个。幼茎绿色，叶卵圆形，叶色浓绿，叶片大，叶枕绿色。紫花，开花早，花较大，花期长。灰毛，茸毛较稀疏。荚中等大小，弯镰形，灰黑色。粒圆形，种皮黄色，有光泽，脐褐色。百粒重20.0g。

特性 北方春大豆，中早熟品种，生育期118d，需活动积温2 470℃。株型收敛，适应性

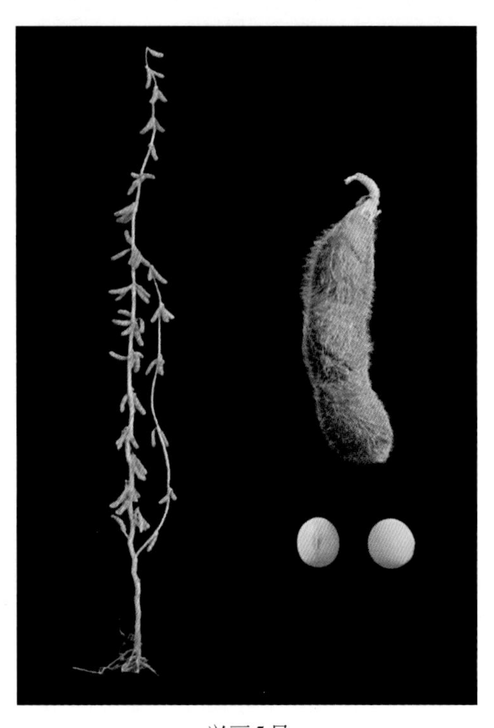

兴豆5号

广，产量潜力大。落叶性好，抗炸荚。中抗大豆胞囊线虫病3号生理小种。

产量品质 2005—2006年内蒙古自治区大豆中早熟组区域试验，平均单产2 402.3kg/hm^2，比对照绥农14增产10.4%。2006年生产试验，平均单产1 940.0kg/hm^2，比对照绥农14增产11.8%。蛋白质含量37.87%，脂肪含量21.40%。

栽培要点 5月上旬播种，播量60kg/hm^2，保苗21万株/hm^2。种衣剂包衣。中等肥力地块施环保型大豆重迎茬专用肥225kg/hm^2，分枝期到初花期追施75kg/hm^2尿素。遇旱及时灌水，苗期防治地老虎，结荚期防治大豆灰斑病。

适宜区域 内蒙古自治区兴安盟2 500℃积温区。

469. 赤豆3号（Chidou 3）

品种来源 赤峰市农牧科学研究院以公交9210-11为母本，赤豆1号为父本，经有性杂交，系谱法选育而成。2011年内蒙古农作物品种审定委员会审定，审定编号蒙审豆2011003。全国大豆品种资源统一编号ZDD31070。

赤豆3号

特征 亚有限结荚习性。株高90cm，分枝1个。幼茎绿色，叶卵圆形，叶片大，叶枕绿色。白花，灰毛。荚中等大小，弯镰形，深褐色。粒圆形，种皮黄色，脐黄色。百粒重20.0g。

特性 北方春大豆，中熟品种，生育期119d，需活动积温2 700℃。株型收敛，抗倒伏。落叶性好，抗炸荚。中感大豆灰斑病7号小种，中感大豆花叶病毒1号株系，感大豆花叶病毒3号株系。

产量品质 2009—2010年内蒙古自治区大豆中熟组区域试验，平均单产2 895.0kg/hm^2，比对照吉林30增产12.8%。2010年生产试验，平均单产3 030.0kg/hm^2，比对照吉林30增产15.5%。蛋白质含量38.46%，脂肪含量20.80%。

栽培要点 5月上旬至6月上旬播种，播量45kg/hm^2，行距50～60cm，株距15～20cm，每穴1株，保苗11万～12万株/hm^2。足墒播种，以保全苗。施种肥磷酸二铵150kg/hm^2或复合肥200kg/hm^2，苗期防治地老虎，结荚期防治大豆灰斑病，鼓粒期防治大豆食心虫。

适宜区域 内蒙古自治区赤峰市、通辽市2 700℃以上积温区。

新疆维吾尔自治区品种

470. 新大豆8号（Xindadou 8）

品种来源 黑龙江省农业科学院绥化分院以绥93-171为母本，[绥农14×（绥91-8837×吉林27）F_1] F_1为父本，经有性杂交，系谱法选育而成。原品系号垦（绥）98-6027。2006年经新疆维吾尔自治区农作物品种审定委员会审定，命名为新大豆8号，审定编号为新审大豆2006年30号。全国大豆品种资源统一编号ZDD24673。

特征 亚有限结荚习性。株高70cm，分枝0.4个。圆形叶，紫花，灰毛。单株荚数38.8个，荚褐色，底荚高11.5cm，粒椭圆形，种皮黄色，微具光泽，脐黄色。百粒重21.5g。

特性 北方春大豆，中早熟品种，生育期120d，4月上中旬播种，9月上中旬成熟。抗倒伏性强，落叶性好，抗裂荚性强。

新大豆8号

产量品质 2003—2004新疆维吾尔自治区大豆区域试验，平均产量4 350.15kg/hm^2，较对照新大豆2号增产8.11%。2005年生产试验，平均产量3 663kg/hm^2，比对照新大豆2号增产8.60%。蛋白质含量34.74%，脂肪含量22.30%。

栽培要点 中上等肥力条件种植，当5cm地温稳定在8～10℃即可促墒播种，石河子地区4月15～25日播种为宜，行距35～40cm，播种量90～105kg/hm^2，出苗后定苗，保苗36.0万～39.0万株/hm^2。施肥可采用种肥和追肥，施尿素150kg/hm^2、磷酸二铵225kg/hm^2、钾肥75kg/hm^2，开花期灌头水，结荚鼓粒期保持田间湿润，黄熟期收获。

适宜地区 北疆乌伊公路沿线的冷凉近山区；阜康、吉木萨尔、伊犁、塔城、博乐地区；南疆的和静、焉耆；阿克苏地区的乌什县、拜城县。

471. 新大豆9号（Xindadou 9）

品种来源 新疆农垦科学院作物研究所以哈95-5351为母本，绥81045为父本，经有性杂交，混合摘荚系谱法选育而成。原品系号垦交04-956。2008年经新疆维吾尔自治区农作物品种审定委员会审定，命名为新大豆9号，审定编号为新审大豆2008年21号。全国大豆品种资源统一编号ZDD24674。

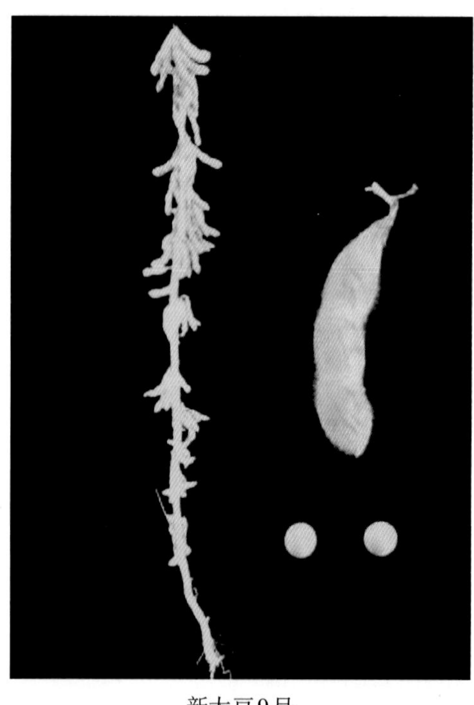
新大豆9号

特征 亚有限结荚习性。株高85cm，分枝0.3个。披针形叶，紫花，灰毛。单株荚数35.2个，荚褐色，底荚高12.4cm。粒圆形，种皮黄色，微具光泽，脐黄色。百粒重21.5g。

特性 北方春大豆，中早熟品种，生育期122d，4月上中旬播种，9月上中旬成熟。抗倒伏性强，落叶性好，抗裂荚性强。

产量品质 2006—2007年新疆维吾尔自治区中熟组大豆区域试验，平均产量4 047.6kg/hm^2，较对照石大豆2号增产0.83%。2007年生产试验，平均产量3 802.2kg/hm^2，比对照石大豆2号增产4.96%。蛋白质含量38.20%，脂肪含量22.10%。

栽培要点 中上等肥力条件种植，当5cm地温稳定在8～10℃即可促墒播种，石河子地区4月15～25日播种为宜，行距40～50cm，播种量为105kg/hm^2，出苗后间苗，保苗37.5万～39.0万株/hm^2，施肥可采用种肥和追肥，施尿素150kg/hm^2、磷酸二铵150kg/hm^2、钾肥75kg/hm^2，开花期灌头水，结荚鼓粒期保持田间湿润，黄熟期收获。

适宜地区 北疆乌伊公路沿线的冷凉近山区；阜康、吉木萨尔、伊犁、塔城、博乐地区；南疆的和静、焉耆；阿克苏地区的乌什县、拜城县。

472. 新大豆11（Xindadou 11）

品种来源 新疆农垦科学院作物研究所以石大豆2号为母本，931为父本，经有性杂交，系谱法选育而成。原品系号垦交04-928。2009年经新疆维吾尔自治区农作物品种审定委员会审定，命名为新大豆11，审定编号为新审大豆2009年29号。全国大豆品种资源统一编号ZDD24676。

特征 无限结荚习性。株高95cm，分枝0.4个。披针形叶，紫花，灰毛。单株荚数

42.2个，荚褐色，底荚高13.4cm。粒圆形，种皮黄色，微具光泽，脐黄色。百粒重21g。

特性 北方春大豆，中早熟品种，生育期120d，4月上中旬播种，9月上中旬成熟。抗倒伏性强，落叶性好，抗裂荚性强。

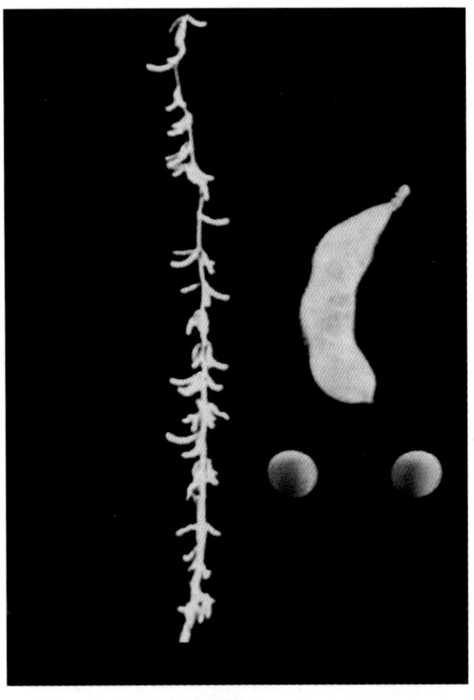
新大豆11

产量品质 2007—2008年新疆维吾尔自治区多点区域试验，平均产量4 058.1kg/hm^2，较对照绥农14增产9.33%，较石大豆2号增产1.5%。2008年生产试验，平均产量3 807kg/hm^2，较石大豆2号增产3.22%，较绥农14增产14.46%。蛋白质含量40.20%，脂肪含量20.5%。

栽培要点 中上等肥力条件种植，当5cm地温稳定在8～10℃即可促墒播种，石河子地区4月15～25日播种为宜，行距40～50cm，播种量为105kg/hm^2，出苗后间苗，保苗39万～40万株/hm^2。施肥可采用种肥和追肥，施尿素150kg/hm^2、磷酸二铵 180kg/hm^2、钾肥75kg/hm^2，开花期灌头水，结荚鼓粒期保持田间湿润，黄熟期收获。

适宜地区 北疆乌伊公路沿线的冷凉近山区；阜康、吉木萨尔、伊犁、博乐等地区。

473. 新大豆13（Xindadou 13）

品种来源 新疆农垦科学院作物研究所以98-1346为母本，黄白荚为父本，经有性杂交，系谱法选育而成。2010年经新疆维吾尔自治区农作物品种审定委员会审定，命名为新大豆13，审定编号为新审大豆2010年22号。全国大豆品种资源统一编号ZDD24677。

特征 亚有限结荚习性。株高80cm，分枝0.4个。圆形叶，紫花，灰毛。单株荚数39.47个，荚褐色，底荚高13.2cm。粒椭圆形，种皮黄色，微具光泽，脐黄色。百粒重21g。

特性 北方春大豆，中早熟品种，生育期120～125d，4月上中旬播种，9月上中旬成熟。抗倒伏性强，落叶性好，抗裂荚性强。

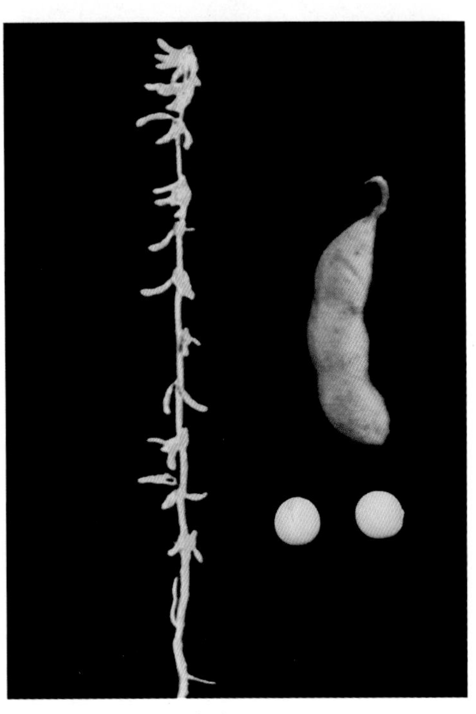
新大豆13

产量品质 2008—2009年新疆维吾尔自治

区中熟组大豆区域试验，平均产量3 818.1kg/hm²，较对照绥农14增产6.51%。2009年生产试验，平均产量4 268.1kg/hm²，比对照绥农14增产11.43%。蛋白质含量37.30%，脂肪含量22.60%。

栽培要点 中上等肥力条件种植，当5cm地温稳定在8～10℃即可促墒播种，行距35～40cm，播种量为105kg/hm²，保苗37.5万～39.0万株/hm²。施肥可采用种肥和追肥，施三料磷180kg/hm²、尿素225kg/hm²、钾肥75kg/hm²，生育期中耕2～3次，开花期灌头水，结荚鼓粒期保持田间湿润，生育期一般灌水4～5次，黄熟期收获。

适宜地区 北疆乌伊公路沿线的冷凉近山区；阜康、吉木萨尔、伊犁、塔城地区。

474. 新大豆14（Xindadou 14）

品种来源 新疆农垦科学院作物研究所以新系早为母本，8644为父本，经有性杂交，系谱法选育而成。2010年经新疆维吾尔自治区农作物品种审定委员会审定，命名为新大豆14，审定编号为新审大豆2010年23号。全国大豆品种资源统一编号ZDD24678。

新大豆14

特征 亚有限结荚习性。株高75cm，分枝0.1个。披针形叶，紫花，灰毛。单株荚数30.93个，荚褐色，底荚高10.33cm。粒椭圆形，种皮黄色，微具光泽，脐黄色。百粒重22g。

特性 北方春大豆，中早熟品种，生育期116d，4月上中旬播种，9月上中旬成熟。抗倒伏性强，落叶性好，抗裂荚性强。

产量品质 2008—2009年新疆维吾尔自治区中熟组大豆区域试验，平均产量3 762.3kg/hm²，较对照绥农14增产4.95%。2009年生产试验，平均产量3 892.65kg/hm²，比对照绥农14增产1.53%。蛋白质含量38.6%，脂肪含量22.30%。

栽培要点 中上等肥力条件种植，当5cm地温稳定在8～10℃即可促墒播种，行距35～40cm，播种量105～120kg/hm²，保苗39万～42万株/hm²。施肥可采用种肥和追肥，施三料磷180kg/hm²、尿素225kg/hm²、钾肥75kg/hm²，生育期中耕2～3次，开花期灌头水，结荚鼓粒期保持田间湿润，生育期一般灌水4～5次，黄熟期收获。

适宜地区 北疆乌伊公路沿线的冷凉近山区；阜康、吉木萨尔、伊犁、博乐等地区。

475. 新大豆21（Xindadou 21）

品种来源 2002年新疆农垦科学院作物研究所以黑河5号与beyfield为父母本，配置杂交组合，南繁北育，连续系谱法选育而成。原品系号垦交08-0223。2012年经新疆维吾尔自治区农作物品种审定委员会审定，命名为新大豆21号，审定编号为新审大豆201233。全国大豆品种资源统一编号ZDD31071。

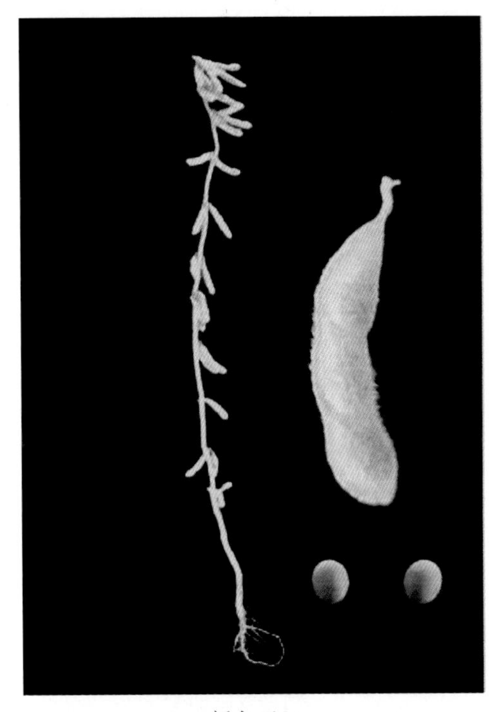
新大豆21

特征 亚有限结荚习性。株高70cm，无分枝。圆形叶，紫花，灰毛。单株荚数38.4个，荚褐色，底荚高13cm。粒椭圆形，种皮黄色，有光泽，脐黄色。百粒重21.9g。

特性 北方春大豆，超早熟复播大豆，生育期88d，7月上中旬播种，9月中下旬成熟。抗倒伏性强，落叶性好，抗裂荚性强。

产量品质 2010—2011年新疆维吾尔自治区大豆区域试验，平均产量2 690.9kg/hm^2，较对照新大豆15增产0.4％。2011年生产试验，平均产量2 420.6kg/hm^2，比对照新大豆2号增产0.8％。蛋白质含量38.84％，脂肪含量20.90％。

栽培要点 适宜中上等肥力条件种植，当5cm地温稳定在8 ~ 10℃即可促墒播种，适宜南、北疆地区复播种植，7月10日以前播种，播量为150kg/hm^2，保苗60万株/hm^2，全生育期以促为主，施尿素150kg/hm^2，出苗后10 ~ 15d灌水，黄熟期收获。

适宜地区 北疆乌伊公路沿线地区（复播）。

476. 新大豆22（Xindadou 22）

品种来源 新疆农垦科学院作物研究所2002年以钢96131-1为母本，农大9418为父本，经有性杂交，采用混合摘荚系谱法选育而成。原品系号垦1102。2013年10月经新疆维吾尔自治区农作物品种审定委员会审定，命名为新大豆22号，审定编号为新审大豆201321。全国大豆品种资源统一编号ZDD31072。

特征 亚有限结荚习性。株高76cm，分枝0.5个。圆形叶，紫花，灰毛。单株荚数35个，荚褐色，底荚高10.3cm。粒椭圆形，种皮黄色，有光泽，脐黄色。百粒重19.4g。

特性 北方春大豆，中早熟品种，生育期118d，4月上中旬播种，9月上中旬成熟。抗倒伏性强，落叶性好，抗裂荚性强。

产量品质 2011—2012年新疆维吾尔自治区中熟组大豆区域试验，平均产量3 743.6kg/hm^2，较对照绥农14增产11.9%。2012年生产试验，平均产量3 738.6kg/hm^2，比对照绥农14增产9.7%。蛋白质含量34.00%，脂肪含量22.10%。

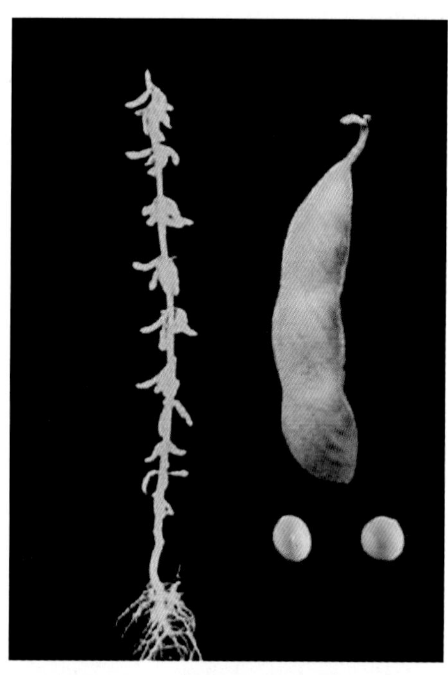

新大豆22

新大豆23

栽培要点 中上等肥力条件种植，当5cm地温稳定在8～10℃即可促墒播种，乌伊公路沿线地区等4月下旬播种，播量为90kg/hm^2，保苗33万～42万株/hm^2，中等肥力地块施尿素225kg/hm^2、三料磷肥225kg/hm^2、钾肥75kg/hm^2，生育期中耕2～3次，开花期灌水，结荚鼓粒期保持田间湿润，生育期一般灌水4～5次，黄熟期收获。

适宜地区 阜康、吉木萨尔、伊犁等北疆乌伊公路沿线的较为冷凉地区。

477. 新大豆23（Xindadou 23）

品种来源 2006年新疆农垦科学院作物研究所引进吉林低代材料公野03Y-1，从中定向选择植株繁茂、粒大、脐斑不扩散、脂肪含量高的株系，南繁北育，连续系谱法选育而成。原品系号垦1105。2013年经新疆维吾尔自治区农作物品种审定委员会审定，命名为新大豆23，审定编号为新审大豆201322。全国大豆品种资源统一编号ZDD31073。

特征 无限结荚习性。株高102cm。圆形叶，紫花，棕毛。单株荚数42.2个，荚褐色，底荚高16.3cm。粒椭圆形，种皮黄色，有光泽，脐黑色。百粒重17.8g。

特性 北方春大豆，中熟品种，生育期128d，4月上中旬播种，9月中下旬成熟。抗倒伏性强，落叶性好，抗裂荚性强。

产量品质 2011—2012年新疆维吾尔自治区多点区域试验，平均产量3 897kg/hm^2，较石大豆2号增产4.7%。2012年生产试验，平均产量4 051.4kg/hm^2，较石大豆2号增产7.2%。蛋白质含量32.69%，脂肪含量24.40%。

栽培要点 中上等肥力条件种植，当5cm地温稳定在8～10℃即可促墒播种，中上等肥力条件种植，当5cm地温稳定在8～10℃即可促墒播种，乌伊公路沿线及伊犁地区等4月下旬播种，播量为90kg/hm^2，保苗28.5万～33万株/hm^2，中等肥力地块施尿素225kg/hm^2、三料磷肥225kg/hm^2、钾肥75kg/hm^2，生育期中耕2～3次，开花期灌水，结荚鼓粒期保持田间湿润，生育期一般灌水4～5次，黄熟期收获。

适宜地区 北疆地区。

478. 新大豆25（Xindadou 25）

品种来源 2003年新疆农垦科学院作物研究所从NK0325组合中定向选择早熟、优质、高产、生长繁茂的单株，南繁北育，连续系谱法选育而成。2014年经新疆维吾尔自治区农作物品种审定委员会审定，命名为新大豆25，审定编号为新审大豆201429。全国大豆品种资源统一编号ZDD31074。

特征 亚有限结荚习性。株高65cm，分枝0.8个。披针形叶，白花，灰毛。单株荚数30.9个，荚褐色，底荚高10.3cm。粒椭圆形，种皮黄色，有光泽，脐黄色。百粒重25g。

特性 北方春大豆，中熟品种，生育期124d，4月上中旬播种，9月中下旬成熟。抗倒伏性强，落叶性好，抗裂荚性强。

产量品质 2012—2013新疆维吾尔自治区中熟组大豆区域试验，平均产量3 643.1kg/hm^2，较对照石大豆2号增产2.1%。2013年生产试验，平均产量3 262.2kg/hm^2，比对照石大豆2号增产8.4%。蛋白质含量36.31%，脂肪含量23.00%。

栽培要点 中上等肥力条件种植，当5cm地温稳定在8～10℃即可促墒播种，乌伊公路沿线及伊犁地区等4月下旬播种，播量为112.5kg/hm^2，保苗30万～33万株/hm^2。中等肥力地块施尿素225kg/hm^2、三料磷肥225kg/hm^2、钾肥75kg/hm^2，生育期中耕2～3次，开花期灌水，结荚鼓粒期保持田间湿润，生育期一般灌水4～5次，黄熟期收获。

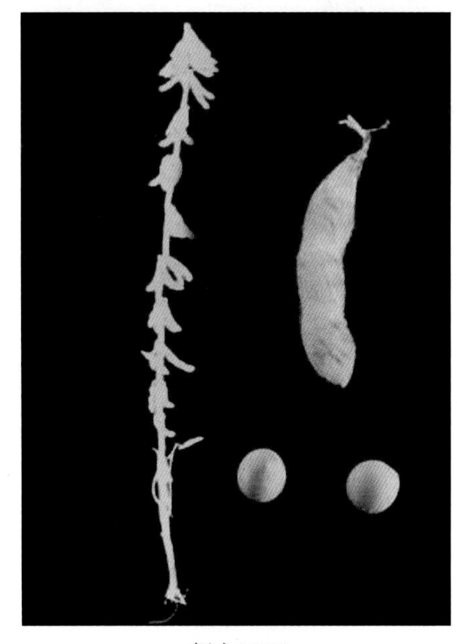

新大豆25

适宜地区 南、北疆均可。

479. 新大豆26（Xindadou 26）

品种来源 2002年新疆农垦科学院作物研究所用扁茎品系中精选茎秆扁化度不高、直立性好、较抗倒伏的单株，南繁北育，连续系谱法选育而成。2014年经新疆维吾尔自治区农作物品种审定委员会审定，命名为新大豆26，审定编号为新审大豆201430。全国大豆品种资源统一编号ZDD31075。

特征 亚有限结荚习性。株高88cm，分枝0.3个。披针形叶，白花，灰毛。单株荚数

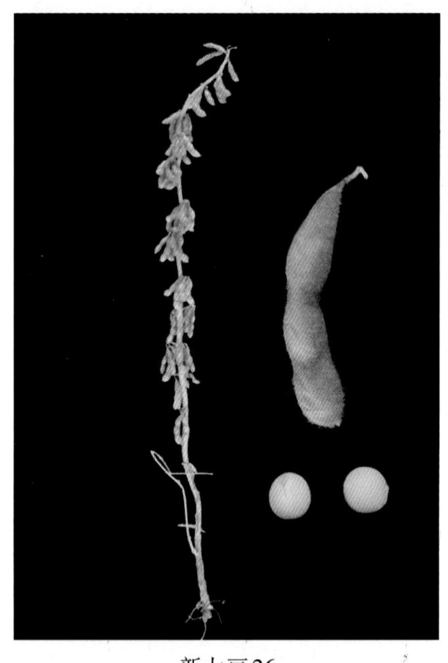
新大豆26

44个，荚褐色。粒椭圆形，种皮黄色，有光泽，脐黄色。百粒重19.7g。

特性 北方春大豆，中熟品种，生育期124d，4月上中旬播种，9月中下旬成熟。抗倒伏性强，落叶性好，抗裂荚性强。

产量品质 2012—2013年新疆维吾尔自治区中熟组大豆区域试验，平均产量3 589.4kg/hm^2，较对照石大豆2号增产0.5%。2013年生产试验，平均产量3 155.7kg/hm^2，比对照石大豆2号增产4.8%。蛋白质含量37.90%，脂肪含量22.20%。

栽培要点 中上等肥力条件种植，当5cm地温稳定在8～10℃即可促墒播种，乌伊公路沿线及伊犁地区等4月下旬播种，播量为97.5kg/hm^2，保苗28.5万～33万株/hm^2，中等肥力地块施尿素225kg/hm^2、三料磷肥225kg/hm^2、钾肥75kg/hm^2，生育期中耕2～3次，开花期灌水，结荚鼓粒期保持田间湿润，生育期一般灌水4～5次，黄熟期收获。

适宜地区 南、北疆均可。

480. 新大豆28（Xindadou 28）

品种来源 1994年新疆农垦科学院作物研究所从“黑龙江省农业科学院合江农业科学研究所”引进低代小粒豆材料，连续多年定向选育株高适中、生育期短、蛋白质含量高、产量相对较高的品系，南繁北育，连续系谱法选育。2014年经新疆维吾尔自治区农作物品种审定委员会审定，命名为新大豆28，审定编号为新审大豆201432。全国大豆品种资源统一编号ZDD31076。

特征 亚有限结荚习性。株高100cm，分枝0.7个。披针形叶，白花，灰毛。单株荚数60.6个，荚褐色，底荚高14.5cm。粒椭圆形，种皮黄色，有光泽，脐黄色。百粒重8.4g。

特性 北方春大豆，中熟品种，生育期120d，4月上中旬播种，9月上中旬成熟。抗倒伏性强，落叶性好，抗裂荚性强。

产量品质 2011—2012年新疆维吾尔自治区中熟组大豆区域试验，平均产量3 014.0kg/hm^2。2012年生产试验，平均产量3 343.5kg/hm^2。蛋白质含量36.23%，脂肪含量20%。

栽培要点 中上等肥力条件种植，当5cm地温稳定在8～10℃即可促墒播种，乌伊公路沿线及伊犁地区等冷凉区4月中旬至5月上旬播种，播量为45～60kg/hm^2，保苗42万～51万株/hm^2，施尿素120kg/hm^2、三料磷肥150kg/hm^2、钾肥75kg/hm^2，开花期灌水，结荚鼓粒期保持田间湿润，生育期一般灌水4～5次，黄熟期收获。

适宜地区 北疆地区。

北 京 市 品 种

481. 中黄29（Zhonghuang 29）

品种来源 中国农业科学院作物科学研究所用鲁861168作母本，鲁豆11作父本，经有性杂交，系谱法选育而成。原品系号中作2-29。2005年经国家农作物品种审定委员会审定，审定编号为国审豆2005002。全国大豆品种资源统一编号ZDD24631。

特征 亚有限结荚习性。株高82.3cm，分枝1.7个，单株荚数39.4个。卵圆形叶，紫花，灰毛，荚熟褐色。粒圆形，种皮黄色，有光泽，脐褐色。百粒重20.8g。

特性 黄淮海夏大豆，中熟品种，生育期111d。高抗大豆花叶病毒病，感大豆胞囊线虫病，轻感大豆霜霉病。抗倒性一般，落叶性好，不裂荚。

产量品质 2003—2004年黄淮海北片夏大豆品种区试，平均产量2 558.4kg/hm^2，比对照早熟18减产1.43%。2004年生产试验，平均产量2 417.6kg/hm^2，比对照早熟18减产3.24%。蛋白质含量45.02%，脂肪含量18.72%。

栽培要点 适宜在中等肥力地块种植。密度19.5万～22.5万株/hm^2。夏播适宜播期为6月上中旬，确保苗齐、苗壮。苗期注意蹲苗防倒伏，开花初期和鼓粒期注意施肥浇水。封垄前中耕2～3次。

适宜地区 北京市、天津市及河北省中部地区（夏播）。

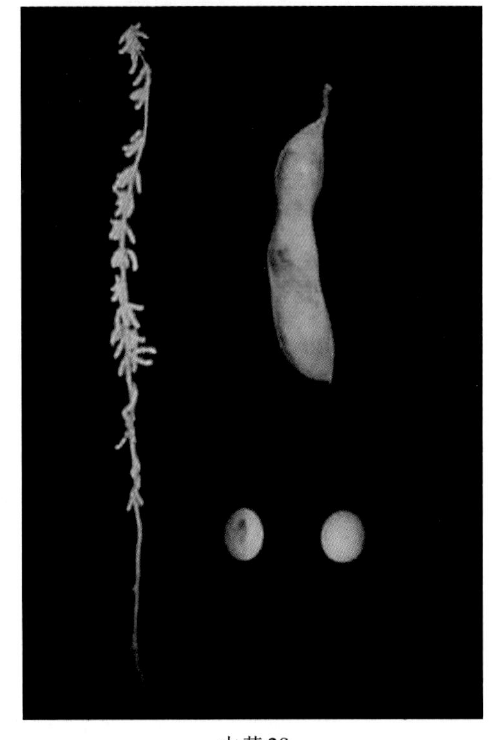

中黄29

482. 中黄30（Zhonghuang 30）

品种来源 中国农业科学院作物科学研究所用中品661作母本，中黄14作父本，经有性杂交，摘荚法选育而成。原品系号中作F5301。2006年经国家农作物品种审定委员会

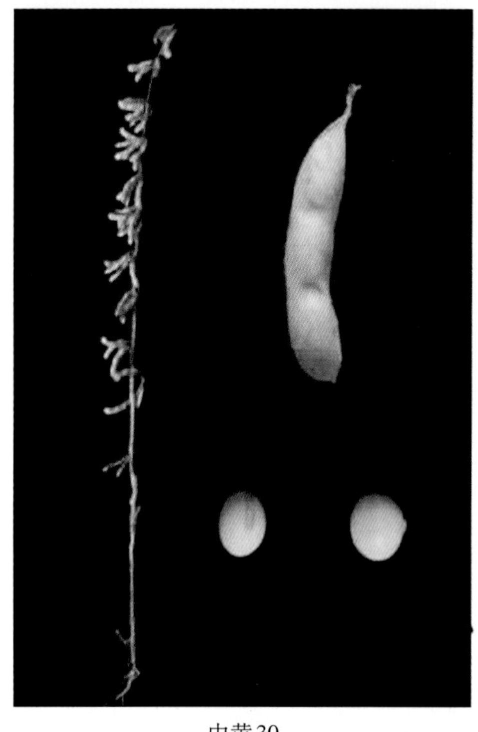

中黄30

审定，审定编号为国审豆2006015。2009年通过北京市农作物品种审定委员会审定，审定编号为京审豆2009001。全国大豆品种资源统一编号ZDD24632。

特征 有限结荚习性。株高64.0cm，分枝1.1个，单株荚数48.0个。圆形叶，紫花，棕毛。粒圆形，种皮黄色，有光泽，脐褐色。百粒重18.1g。

特性 北方春大豆，早熟品种，北方春大豆晚熟组春播生育期约124d。抗大豆花叶病毒病、大豆灰斑病。抗倒伏，落叶性好，不裂荚。

产量品质 2004—2005年国家北方春大豆晚熟组区域试验，平均产量2 833.5kg/hm^2，比对照辽豆11增产9.40 %。2005年生产试验，平均产量2 446.5kg/hm^2，比对照辽豆11增产5.40%。2007—2008年北京市春播区试，平均产量3 493.5kg/hm^2，比对照中黄13增产16.14%。2008年生产试验，平均产量3 517.5kg/hm^2，比对照中黄13增产16.14%。蛋白质含量39.53%，脂肪含量21.44%。

栽培要点 适宜中、上等肥力地块种植。4月下旬至5月上旬播种，播量60 ~ 75kg/hm^2，行距0.45m，株距0.13m，密度20万株/hm^{2}左右，出苗后间苗。施底肥磷酸二铵300kg/hm^2、尿素45 ~ 60kg/hm^2、氯化钾90 ~ 105kg/hm^2。未施底肥可在7月中旬开花前追肥，施磷酸二铵105 ~ 150kg/hm^2、尿素22.5 ~ 30kg/hm^2、氯化钾45 ~ 60kg/hm^2。适时中耕，注意排灌和治虫，及时除草，适期收获。

适宜地区 辽宁省中部和南部、河北省北部、北京市、陕西省关中平原、宁夏回族自治区中部和北部、甘肃省中部等地区（春播种植）。

483. 中黄31（Zhonghuang 31）

品种来源 中国农业科学院作物科学研究所用ti15176作母本，Century-2.3作父本，经有性杂交结合酶学分子标记选育而成。原品系号中作97-1121。2005年经北京市农作物品种审定委员会审定，审定编号为京审豆2005001。全国大豆品种资源统一编号ZDD24633。

特征 亚有限结荚习性。株高90.0cm，分枝2 ~ 3个。披针形叶，白花，灰毛。粒圆形，种皮暗黄色，有微光，脐浅褐色。百粒重20.5g。

特性 黄淮海夏大豆，中熟品种，生育期114d，6月中下旬播种，10月中旬成熟。抗大豆花叶病毒病。抗倒伏，落叶性好，不裂荚。

产量品质 2003—2004年北京市大豆区域试验，平均产量2 844.0kg/hm^2，比对照早熟18增产10.6％。2004年生产试验，平均产量2 407.8kg/hm^2，比对照早熟18增产4.4％。蛋白质含量42.41％，脂肪含量20.37％，缺失Kunitz胰蛋白酶抑制剂（Ti）及脂肪氧化酶2（Lox2），豆腥味低。

栽培要点 适宜中上等肥力地种植。夏播6月中下旬播种，密度22.5万株/hm^{2}左右。适时早播，足墒下种。出苗后适时间苗、定苗，如有缺苗及时补苗，确保苗齐、苗壮。施底肥磷酸二铵300kg/hm^2、尿素45 ~ 60kg/hm^2、氯化钾90 ~ 105kg/hm^2。未施底肥可在7月中旬开花前追肥，施磷酸二铵105 ~ 150kg/hm^2、尿素22.5 ~ 30kg/hm^2、氯化钾45 ~ 60kg/hm^2。适时中耕，注意排灌和治虫，及时除草，适期收获。

适宜地区 北京地区（夏播）。

中黄31

484. 中黄33（Zhonghuang 33）

品种来源 中国农业科学院作物科学研究所用豫豆8号作母本，晋遗20作父本，经有性杂交，系谱法选育而成。2005年经北京市农作物品种审定委员会审定，审定编号为京审豆2005002。全国大豆品种资源统一编号ZDD24634。

特征 有限结荚习性。株高70 ~ 80cm，分枝2.1个，单株荚数44.1个。披针形叶，白花，灰毛。粒圆形，种皮黄色，有光泽，脐黄色。平均百粒重23.0g。

特性 黄淮海夏大豆，中熟品种，生育期105 ~ 110d，6月中下旬播种，10月中旬成熟。落叶性好，不裂荚。

中黄33

产量品质 2003—2004年北京市大豆区域试验，平均产量2 571.0kg/hm^2，比对照早熟18增产4.2％。2004年生产试验，平均产量2 707.4kg/hm^2，比对照早熟18增产17.3％。蛋白质含量40.54％，脂肪含量20.34％。

栽培要点 选用籽粒饱满，无虫蚀粒，大小整齐的种子。夏播最佳时期6月上旬。保苗21.0万～27.0万株/hm^2。施足底肥促苗早发，施有机肥30～45t/hm^2，最好在前茬施进或播前施进。施磷酸二铵150～225kg/hm^2、钾肥75kg/hm^2。花荚期追肥浇水，保花保荚，加强中耕防草荒，防治病虫害。适时收获，防止炸荚。

适宜地区 北京地区（夏播）。

485. 中黄34（Zhonghuang 34）

品种来源 中国农业科学院作物科学研究所用晋遗20作母本，遗-4作父本，经有性杂交，系谱法选育而成。原品系号中作016。2006年经北京市农作物品种审定委员会审定，审定编号为京审豆2006002。全国大豆品种资源统一编号ZDD24635。

特征 有限结荚习性。株高80cm左右，分枝1～2个，单株荚数44～75个。叶椭圆形，紫花，灰毛。粒椭圆形，种皮黄色，有微光，脐褐色。百粒重21.7g。

中黄34

特性 黄淮海夏大豆，中熟品种，生育期106d。抗大豆花叶病毒病。

产量品质 2003—2004年北京市夏大豆品种区域试验，平均产量2 827.5kg/km^2，比对照早熟18增产10.0%。2004年生产试验，平均产量2 470.1kg/km^2，比对照早熟18增产7.1%。蛋白质含量43.22%，脂肪含量18.47%。

栽培要点 选用籽粒饱满，无虫蚀粒，大小整齐的种子。适期足墒播种，夏播最佳时期6月中下旬。密度21.0万～27.0万株/km^2。施足底肥促苗早发，施有机肥30～45t/hm^2，最好在前茬施进或播前施进。施磷酸二铵150～225kg/hm^2、钾肥75kg/hm^2。花荚期追肥浇水，保花保荚，加强中耕防草荒，防治病虫害。适时收获，防止炸荚。

适宜地区 北京地区（夏播）。

486. 中黄35（Zhonghuang 35）

品种来源 中国农业科学院作物科学研究所用[PI486355×豫豆10(郑8431)]作母本，郑6062作父本，经有性杂交，系谱法选育而成。原品系号中作122。2006、2007年分别通过国家农作物品种审定委员会审定，审定编号分别为国审豆2006002和国审豆2007018。2007年通过内蒙古自治区农作物品种审定委员会审定，审定编号为蒙审豆2007005。2009

年通过吉林省农作物品种审定委员会审定，审定编号为吉审豆2009002。全国大豆品种资源统一编号ZDD24636。

特征 亚有限结荚习性。株高80 ~ 90cm，分枝1 ~ 2个。椭圆形叶，白花，灰毛。荚熟褐色，粒圆形，种皮黄色，有微光，脐黄色。百粒重18 ~ 20g。

特性 黄淮海夏大豆，早熟品种，生育期100d左右。也可作为北方晚熟春大豆种植。抗倒伏，落叶性好，不裂荚。中抗大豆胞囊线虫病和大豆花叶病毒病。

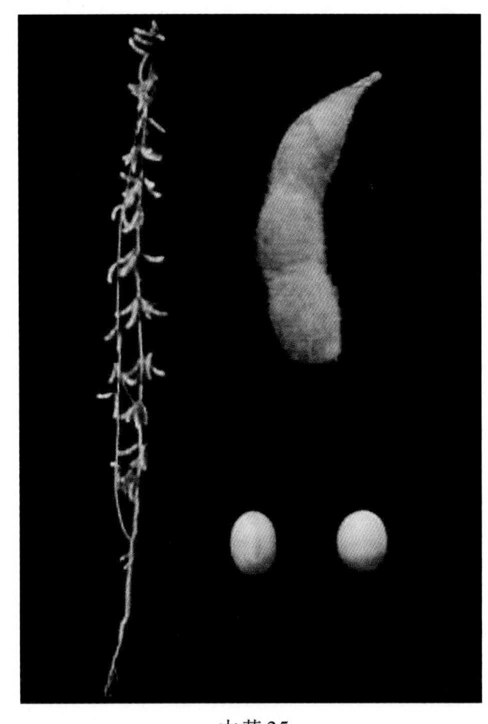

中黄35

产量品质 2004—2005年国家黄淮海北片夏大豆区域试验，2004年平均产量3 038.9kg/hm^2，比对照早熟18增产19.30%。2005年平均产量3 064.1kg/hm^2，比对照冀豆12增产5.56%。2005年生产试验，平均产量3 286.5kg/hm^2，比对照冀豆12增产5.8%。2005—2006年国家北方春大豆晚熟组区域试验，平均产量2 844.8kg/hm^2，比对照 辽豆11增产8.5%。2006年生产试验，平均产量2 607.0kg/hm^2，比对照 辽豆11增产3.5%。2004—2005年内蒙古自治区春播区域试验，平均产量2 436.0kg/hm^2，比对照品种开育10号增产23.4%。2005年生产试验，平均产量2 077.5kg/hm^2，比对照开育10号增产21.7%。蛋白质含量38.86%，脂肪含量23.45%。

栽培要点 选用籽粒饱满，无虫蚀粒，大小整齐的种子。夏播最佳时期6月中下旬。春播4月下旬至5月上旬。夏播密度18.0万 ~ 22.5万株/hm^2。施有机肥30 ~ 45t/hm^2，最好在前茬施进或播前施进。施磷酸二铵150 ~ 225kg/hm^2、钾肥75kg/hm^2。花荚期追肥浇水，保花保荚，加强中耕防草荒，防治病虫害。适时收获，防止炸荚。

适宜地区 吉林省中晚熟区，辽宁省锦州、瓦房店和沈阳地区，内蒙古自治区东南部，陕西省关中平原，宁夏回族自治区中部和甘肃省中部（春播），北京市、天津市、河北省中部和山东省北部地区（夏播）。

487. 中黄36（Zhonghuang 36）

品种来源 中国农业科学院作物科学研究所用遗-2作母本，Hobbit作父本，经有性杂交，系谱法选育而成。原品系号中作984。2006年通过国家农作物品种审定委员会审定，审定编号为国审豆2006001。全国大豆品种资源统一编号ZDD24637。

特征 有限结荚习性。株高76.6cm，分枝0.6个，单株荚数42.7个。卵圆形叶，白花，灰毛。粒圆形，种皮黄色，脐黄色。百粒重16.5g。

中黄36

特性 黄淮海夏大豆，早熟品种，生育期102d左右。抗大豆花叶病毒病。抗倒伏，落叶性好，不裂荚。

产量品质 2004—2005年国家黄淮海北片大豆区域试验，2004年平均产量2 919.0kg/hm^2，比对照早熟18增产12.70%。2005年平均产量2 994.0kg/hm^2，比对照冀豆12增产3.10%。2005年生产试验，平均产量3 162.8kg/hm^2，比对照冀豆12增产1.84%。蛋白质含量39.32%，脂肪含量23.11%。

栽培要点 选用籽粒饱满，无虫蚀粒，大小整齐的种子。最佳播期6月上中旬。密度22.5万～27.0万株/hm^2。施有机肥30～45t/hm^2，最好在前茬施进或播前施进。施磷酸二铵150～225kg/hm^2、钾肥75kg/hm^2。花荚期追肥浇水，保花保荚，加强中耕防草荒，及时防治病虫害。适时收获，防止炸荚。

适宜地区 北京市、天津市、河北省中部、山东省北部及生态条件相同的地区。

488. 中黄37（Zhonghuang 37）

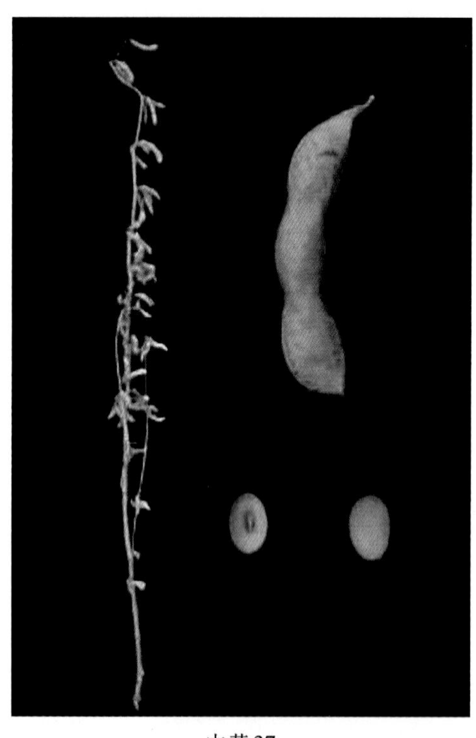

中黄37

品种来源 中国农业科学院作物科学研究所用95B020作母本，早熟18作父本，经有性杂交，改良系谱法选育而成。原品系号中作01-03。2006年通过国家农作物品种审定委员会审定，审定编号为国审豆2006003。2010年通过安徽省农作物品种审定委员会审定，审定编号为皖豆2010003。2011年通过国家农作物品种审定委员会审定，审定编号为国审豆2011007。全国大豆品种资源统一编号ZDD24638。

特征 亚有限结荚习性。株高80cm左右，分枝2.1个，单株荚数37.0个。卵圆形叶，白花，灰毛。粒椭圆形，种皮黄色，脐褐色。百粒重27.3g。

特性 黄淮海夏大豆，中熟品种，生育期110d左右。抗大豆花叶病毒病。

产量品质 2004—2005年国家黄淮海北片夏大豆品种区域试验，平均产量3190.4kg/hm^2，比对照早熟18增产16.37%。2005年生产试验，平均产量3 222.2kg/hm^2，比对照冀豆12增产3.75%。2007—2008年安徽省区域试验，平均产量2 587.2kg/hm^2，比对照中豆20增产2.59%。2009年安徽省生产试验，平均产量2 553.1kg/hm^2，比对照中黄13增产3.69%。2009—2010年黄淮海南片夏大豆品种区域试验，平均产量2 776.5kg/hm^2，比对照中黄13增产8.5%。2010年生产试验，平均产量 2 559.0kg/hm^2，比对照中黄13增产6.7%。蛋白质含量43.87%，脂肪含量19.67%。

栽培要点 适宜在中上等肥力地块种植。保苗19.5万～22.5万株/hm^2。适宜播期为6月上、中旬，足墒播种。施有机肥30t/hm^2。苗期注意蹲苗，开花初期和鼓粒期施肥浇水，封垄前中耕2～3次。成熟后及时收获。

适宜地区 北京市、天津市、河北省中部、山东省西北部和西南部、河南省东南部和江苏、安徽两省淮河以北地区（夏播）。

489. 中黄38（Zhonghuang 38）

品种来源 中国农业科学院作物科学研究所用遗-2作母本，Hobbit作父本，经有性杂交，改良系谱法选育而成。原品系号中作119。2006年3月通过河北省农作物品种审定委员会审定，审定编号为冀审豆2006004。2007年分别通过北京市农作物品种审定委员会和辽宁省农作物品种审定委员会审定，审定编号分别为京审豆2007001 和辽审豆2007-99。全国大豆品种资源统一编号ZDD24639。

特征 亚有限结荚习性。株高86.4cm，分枝2～5个，单株荚数37.02个。椭圆形叶，白花，灰毛。粒圆形，种皮黄色，脐淡褐色。百粒重22.0g。

特性 黄淮海夏大豆，中熟品种，生育期107d左右。中抗大豆花叶病毒病，中抗大豆胞囊线虫病。抗倒伏性强，落叶性好，不裂荚。

产量品质 2004—2005年河北省夏大豆区域试验，平均产量2 849.3kg/hm^2。2005年河北省生产试验，平均产量2 973.0kg/hm^2。2005—2006年辽宁省大豆中晚熟组区域试验，两年平均产量2 623.4kg/hm^2，比对照丹豆11增产10.00%。2006年生产试验，平均产量2 765.4kg/hm^2，比对照丹豆11增产14.11 %。2004—2005年北京市春播大豆区域试验，两年平均产量2 638.5kg/hm^2，比对照中黄13增产15.3 %。2006年生产试验，产量2 374.5kg/hm^2，比对照

中黄38

中黄13增产8.2%。蛋白质含量40.00%，脂肪含量20.76%。

栽培要点 选用籽粒饱满，无虫蚀粒，大小整齐的种子。最佳播期6月上中旬，春播5月上旬。夏播密度22.5万～27.0万株。施有机肥30～45t/hm^2，最好在前茬施进或播前施进。施磷酸二铵150～225kg/hm^2、钾肥75kg/hm^2。花荚期追肥浇水，保花保荚，加强中耕防草荒，防治病虫害。

适宜地区 北京市、河北省、辽宁省等地区。

490. 中黄39（Zhonghuang 39）

品种来源 中国农业科学院作物科学研究所用中品661作母本，中黄14作父本，经有性杂交，改良系谱法选育而成。原品系号中作HJ035。2006年通过天津市农作物品种审定委员会审定，审定编号为津审豆2006002。2010年通过国家农作物品种审定委员会审定，审定编号为国审豆2010018。全国大豆品种资源统一编号ZDD24640。

中黄39

特征 有限结荚习性。株高70～80cm，分枝2.0个，单株荚数37.4个。卵圆形叶，白花，灰毛。粒椭圆形，种皮黄色，脐浅褐色。百粒重20～22g。

特性 黄淮海夏大豆，中早熟品种，生育期105d左右。抗大豆花叶病毒病。落叶性好，不裂荚。

产量品质 2005—2006年天津市夏大豆区域试验，平均产量2 832.5kg/hm^2，比对照中黄13增产5.64%。2006年生产试验，平均产量3 186.6kg/hm^2，比对照中黄13增产14.7%。2008—2009年国家黄淮海中片夏大豆区域试验，平均产量2 931.21kg/hm^2，比对照齐黄28增产8.20%。2009年生产试验，平均产量2 867.3kg/hm^2，比对照1齐黄28增产4.58%，比对照2邯豆5号增产2.72%。蛋白质含量40.45%，脂肪含量20.85%。

栽培要点 选择土层深厚，中上等肥力地块种植。施有机肥15t/hm^2、磷酸二铵150kg/hm^2、氯化钾60kg/hm^2。精细整地，确保全苗，及时定苗，做到苗匀、苗齐、苗壮。5月下旬至6月上中旬均可播种。用种量为45kg/hm^2，保苗22.5万株/hm^2。生育前、中期适当控制水分，花期和鼓粒期，要保证水分供应，喷施叶面肥，以补充养分。及时铲蹚和防治病虫草害。

适宜地区 天津市、河南省中北部、山西省南部、山东省中部和陕西省关中地区（夏播）。

491. 中黄40（Zhonghuang 40）

品种来源 中国农业科学院作物科学研究所用晋豆6号作母本，豫豆12作父本，经有性杂交，改良系谱法选育而成。原品系号中作H6001。2007年通过山东省农作物品种审定委员会审定，审定编号为鲁农审2007025号。全国大豆品种资源统一编号ZDD24641。

特征 有限结荚习性。株高78.0cm，分枝1.7个，单株荚数42.3个。圆形叶，白花，灰毛。粒椭圆形，种皮黄色，脐褐色。百粒重18.1g。

特性 黄淮海夏大豆，中早熟品种，生育期104d左右。花叶病毒病较轻。落叶性好，不裂荚。

产量品质 2004—2005年山东省大豆品种区域试验，平均产量2 899.5kg/hm^2，比对照鲁豆11增产12.4%。2006年生产试验，平均产量2 608.59kg/hm^2，比对照鲁豆11增产3.9%。蛋白质含量37.40%，脂肪含量20.95%。

栽培要点 适应在中上等肥力地块种植。适应播期为6月中旬，密度为22.5万株/hm^2。精细整地，确保全苗，及时定苗，做到苗匀、苗齐、苗壮。施有机肥15t/hm^2、磷酸二铵150kg/hm^2、氯化钾60kg/hm^2。花荚期叶面喷肥，保证不缺水。及时除草，防治病虫害。及时收获。

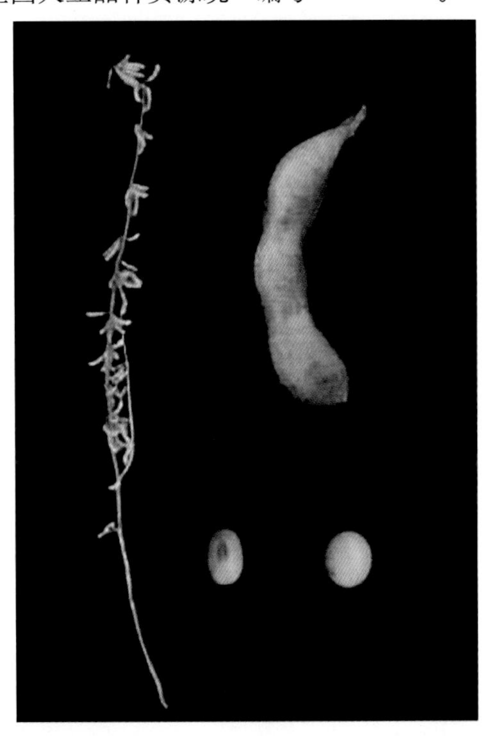

中黄40

适宜地区 山东省南、西南、中、北、西北地区（夏播）。

492. 中黄41（Zhonghuang 41）

品种来源 中国农业科学院作物科学研究所用科丰14作母本，科新3号作父本，经有性杂交，改良系谱法选育而成。原品系号中作50365-1。2007年分别通过国家农作物品种审定委员会审定和天津市农作物品种审定委员会审定，审定编号分别为国审豆2007003和津审豆2007001。2009年通过国家农作物品种审定委员会审定，审定编号为国审豆2009013。全国大豆品种资源统一编号ZDD24642。

特征 有限结荚习性。株高72.84cm，分枝2.1个，单株荚数37.3个。卵圆形叶，白花，灰毛。粒圆形，种皮黄色，有微弱光泽，脐褐色。百粒重17.6g。

特性 黄淮海夏大豆，中熟品种，生育期108d。抗大豆花叶病毒病。落叶性好，不裂荚。

产量品质 2005—2006年国家黄淮海中片夏大豆品种区域试验，平均产量2 829.0kg/hm²，比对照齐黄28增产6.3%。2006年生产试验，平均产量2 500.5kg/hm²，比对照齐黄28增产5.48%。2005年天津市夏大豆区域试验，平均产量2 838.0kg/hm²，比对照科丰6号增产6.9%。2006年续试，平均产量2 934.0kg/hm²，比对照中黄13增产8.3%，增产极显著。2007年生产试验，平均产量2 641.5kg/hm²，比对照中黄13增产8.9%。2007—2008年国家黄淮海北片夏大豆品种区域试验，平均产量3 111.0kg/hm²，比对照冀豆12增产7.64%。2008年生产试验，平均产量3 107.67kg/hm²，比对照冀豆12增产5.00%。蛋白质含量43.62%，脂肪含量19.16%。

中黄41

栽培要点 适应在中上等肥力地块种植。适应播期为6月中旬，密度22.5万株/hm²左右。精细整地，确保全苗，及时定苗，做到苗匀、苗齐、苗壮。施有机肥15t/hm²、磷酸二铵150kg/hm²、氯化钾60kg/hm²。花荚期叶面喷肥，保证不缺水。及时除草，防治病虫害。及时收获。

适宜地区 黄淮海地区北部和中部（夏播）。包括河北省、山东省北部、北京市、天津市、河南省北部等地区（夏播）。

493. 中黄42（Zhonghuang 42）

中黄42

品种来源 中国农业科学院作物科学研究所用诱处4号作母本，锦豆33作父本，经有性杂交，改良系谱法选育而成。原品系号中作F5219。2007年通过国家农作物品种审定委员会审定，审定编号为国审豆2007002。全国大豆品种资源统一编号ZDD24643。

特征 有限结荚习性。株高71.0cm，分枝0.9个，单株荚数33.4个。椭圆形叶，紫花，灰毛。粒圆形，种皮黄色，有微弱光泽，脐浅褐色。百粒重27.2g。

特性 黄淮海夏大豆，晚熟品种，生育期116d。抗大豆花叶病毒病。抗倒伏性强，落叶性好，不裂荚。

产量品质 2004—2005年国家黄淮海中片夏大豆品种区域试验，平均产量2 791.5kg/hm²，比对照齐黄28增产2.70%。2006年生产试验，平均产量2 575.5kg/hm²，比对照齐黄28增产8.68%。蛋白质含量45.08%，脂肪含量19.23%。

栽培要点 适应在中上等肥力地块种植。适播期为6月中旬，密度22.5万株/hm²。精细整地，确保全苗，及时定苗，做到苗匀、苗齐、苗壮。施有机肥15t/hm²、磷酸二铵150kg/hm²、氯化钾60kg/hm²。花荚期叶面喷肥，保证不缺水。及时除草，防治病虫害。及时收获。

适宜地区 河北省南部、山东省中部、河南省北部地区（夏播）。

494. 中黄43（Zhonghuang 43）

品种来源 中国农业科学院作物科学研究所用冀豆7号作母本，科新3号作父本，经有性杂交，改良系谱法选育而成。原品系号中作50106。2008年通过河北省农作物品种审定委员会审定，审定编号为冀审豆2008005。全国大豆品种资源统一编号ZDD24644。

特征 亚有限结荚习性。株高75.2cm，分枝2.3个，单株有效荚数38.1个。卵圆形叶，紫花，灰毛。粒圆形，种皮黄色，有微弱光泽，脐褐色。百粒重17.5g。

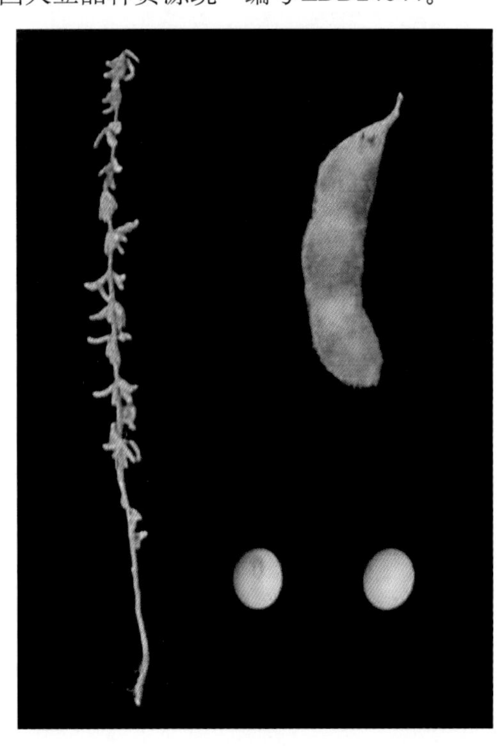

中黄43

特性 黄淮海夏大豆，早熟品种，生育期101d。抗大豆花叶病毒病。落叶性好，不裂荚。

产量品质 2005—2006年河北省夏大豆区域试验，平均产量2 706.8kg/hm²，比对照冀豆7号增产11.90%。2007年生产试验，平均产量2 820.0kg/hm²，比对照冀豆7号增产5.21%。蛋白质含量39.34%，脂肪含量19.08%。

栽培要点 适播期6月15～25日。施磷酸二铵150kg/hm²、氯化钾60kg/hm²、有机肥15t/hm²作底肥。足墒播种，播种深度3～4cm，行距45～50cm，种植密度22.5万～30.0万株/hm²。生育前、中期适当控制水分，花期和鼓粒期保证水分供应。注意防治蚜虫、红蜘蛛等。

适宜地区 河北省中南部夏播大豆区。

495. 中黄44（Zhonghuang 44）

品种来源 中国农业科学院作物科学研究所用科丰14作母本，科新3号作父本，经有性杂交，改良系谱法选育而成。原品系号中作J4012。2009年通过北京市农作物品种审定委员会审定，审定编号为京审豆2009002。全国大豆品种资源统一编号ZDD24645。

中黄44

特征 亚有限结荚习性。株高87.8cm，分枝1.9个，单株荚数38.6个。卵圆形叶，紫花，灰毛。粒椭圆形，种皮黄色，有微光，脐褐色。百粒重23.1g。

特性 黄淮海夏大豆，中熟品种，生育期107d。中抗大豆花叶病毒病。落叶性好，不裂荚。

产量品质 2007—2008年北京市夏大豆区域试验，平均产量2 988.8kg/hm^2，比对照科丰14增产12.89%。2008年生产试验，平均产量3 034.4kg/hm^2，比对照科丰14增产13.50%。蛋白质含量43.77%，脂肪含量19.43%。

栽培要点 适播期为6月上中旬，密度为22.5万株/hm^2。出苗后在第一对真叶展开时要及时间苗、定苗。施磷酸二铵150kg/hm^2、氯化钾60kg/hm^2、有机肥15t/hm^{2}作底肥。在花荚期根据植株长势长相可喷施叶面肥。注意及时防治蚜虫、红蜘蛛等，成熟时要及时收获。

适宜地区 北京地区（夏播）。

496. 中黄45（Zhonghuang 45）

品种来源 中国农业科学院作物科学研究所用中黄21作母本，WI995作父本，经有性杂交，系谱法选育而成。原品系号中作056082。2009年通过北京市农作物品种审定委员会审定，审定编号为京审豆2009003。全国大豆品种资源统一编号ZDD24646。

特征 亚有限结荚习性。株高78.4cm，分枝1.0个，单株荚数49.3个。卵圆形叶，白花，棕毛。粒圆形，种皮黄色，有微光，脐蓝色。百粒重17.3g。

特性 黄淮海夏大豆，中熟品种，生育期107d。抗大豆花叶病毒病。抗倒伏性强，落叶性好，不裂荚。

产量品质 2007—2008年北京市夏大豆区域试验，平均产量3 045.0kg/hm^2，比对照科丰14增产14.9%。2008年生产试验，平均产量3 471.0kg/hm^2，比对照科丰14增产

30.7%。蛋白质含量36.04%，脂肪含量23.68%。

栽培要点 适播期6月上中旬，保苗18.0万～22.5万株/hm^2。施有机肥30～45t/hm^2、磷酸二铵150～225kg/hm^2、钾肥75kg/hm^{2}作底肥。出苗后及时中耕锄草，花荚期注意浇水、施肥及防治病虫害。成熟后及时收获。

适宜地区 北京地区（夏播）。

中黄45

497. 中黄46（Zhonghuang 46）

品种来源 中国农业科学院作物科学研究所用Ti15176作母本，Century-2.3作父本，经有性杂交，结合生化标记辅助选育而成。原品系号中作03P-1。2009年通过北京市农作物品种审定委员会审定，审定编号为京审豆2009004。全国大豆品种资源统一编号ZDD24647。

特征 亚有限结荚习性。株高81.2cm，分枝2.8个，单株荚数46.8个。披针形叶，白花，灰毛。粒椭圆形，种皮黄色，有微光，脐淡褐色。百粒重21.4g。

特性 黄淮海夏大豆，中熟品种，生育期106d。中感大豆花叶病毒病。落叶性好，不裂荚。

产量品质 2007—2008年北京市夏大豆区域试验，平均产量3 015.0kg/hm^2，比对照科丰14增产13.9%。2008年生产试验，平均产量3 058.5kg/hm^2，比对照科丰14增产14.9%。蛋白质含量38.07%，脂肪含量22.23%。缺失脂肪氧化酶-2和脂肪氧化酶-3。

栽培要点 适应中上等肥力地块种植。6月中下旬播种，密度22.5万株/hm^{2}左右。施有机肥30～45t/hm^2、磷酸二铵150～225kg/hm^2、钾肥75kg/hm^{2}作底肥。出苗后适时间苗、定苗，如有缺苗及时补苗，确保苗齐、苗壮。及时中耕锄草，花荚期注意浇水、施肥及防治病虫害。成熟后及时收获。

适宜地区 北京地区（夏播）。

中黄46

498. 中黄47（Zhonghuang 47）

品种来源 中国农业科学院作物科学研究所用D90作母本，Tia作父本，经有性杂交，改良系谱法选育而成。原品系号中作00-683。2009年通过国家农作物品种审定委员会审定，审定编号为国审豆2009014。全国大豆品种资源统一编号ZDD24648。

中黄47

特征 有限结荚习性。株高92.1cm，分枝1.8个，单株荚数43.6个。椭圆形叶，白花，灰毛。粒椭圆形，种皮黄色，有微光，脐褐色。百粒重18.4g。

特性 黄淮海夏大豆，中熟品种，生育期108d。抗大豆花叶病毒病，中感大豆胞囊线虫病1号生理小种。落叶性好，不裂荚。

产量品质 2006—2007年黄淮海北片夏大豆品种区域试验，平均产量2 868.0kg/hm^2，比对照冀豆12增产5.4%。2008年生产试验，平均产量3 093.0kg/km^2，比对照冀豆12增产4.5%。蛋白质含量39.74%，脂肪含量21.00%。

栽培要点 适应中上等肥力地块夏播种植。6月中下旬播种，种植密度22.5万株/hm^2。播前施有机肥10t/hm^2、磷酸二铵150kg/hm^{2}作基肥。

适宜地区 北京市、天津市、河北省中北部和山东省北部地区（夏播）。

499. 中黄48（Zhonghuang 48）

品种来源 中国农业科学院作物科学研究所用科丰14作母本，科新3号作父本，经有性杂交，改良系谱法选育而成。原品系号中作J5044。2009年经天津市农作物品种审定委员会审定，审定编号为津审豆2009001。2011年通过河北省农作物品种审定委员会审定，审定编号为冀审豆2011006。全国大豆品种资源统一编号ZDD24649。

特征 亚有限结荚习性。株高79.3cm，分枝1.1个，单株荚数39.6个。圆形叶，紫花，灰毛。粒圆形，种皮黄色，有微光，脐褐色。百粒重22.3g。

特性 黄淮海夏大豆，中熟品种，生育期107d。落叶性好，不裂荚。

产量品质 2008—2009年天津市夏大豆品种区域试验，平均产量3 093.4kg/hm^2，比对照中黄13增产9.85%。2009年天津市生产试验，平均产量2 975.3kg/hm^2，比对照中黄

13增产7.88%。2008—2009年河北省夏大豆品种区域试验，平均产量3 075.0kg/hm²，比对照冀豆12增产1.88%。2010年生产试验，平均产量3 165.0kg/hm²，比对照冀豆12增产5.75%。蛋白质含量44.94%，脂肪含量18.72%。

栽培要点 选择土层深厚，中上等肥力地块种植。施有机肥15t/hm²、磷酸二铵150kg/hm²、氯化钾60kg/hm²。精细整地，用种量为35kg/hm²，保苗22.5万株/hm²。生育前期适当控制水分，花期和鼓粒期要保证水分供应，喷施叶面肥，以补充养分。及时铲蹚和防治大豆食心虫。

适宜地区 河北省、天津市（夏播）。

中黄48

500. 中黄49（Zhonghuang 49）

品种来源 中国农业科学院作物科学研究所用科丰14作母本，科新3号作父本，经有性杂交，改良系谱法选育而成。原品系号中作J5045。2009年经天津市农作物品种审定委员会审定，审定编号为津审豆2009004。全国大豆品种资源统一编号ZDD24650。

特征 亚有限结荚习性。株高71.8cm，分枝1.9个，单株荚数48.9个。圆形叶，紫花，灰毛。粒圆形，种皮黄色，有微光，脐褐色。百粒重20.2g。

特性 黄淮海夏大豆，中早熟品种，生育期105d。落叶性好，不裂荚。

产量品质 2008—2009年天津市夏大豆品种区域试验，平均产量2 977.1kg/hm²，比对照中黄13增产5.73%。2009年生产试验，平均产量2 898.3kg/hm²，比对照中黄13增产5.09%。蛋白质含量44.36%，脂肪含量19.87%。

栽培要点 选择土层深厚的中上等肥力地块种植。施有机肥15t/hm²、磷酸二铵150kg/hm²、氯化钾60kg/hm²。精细整地，用种量为35kg/hm²，保苗22.5万株/hm²。生育前期适当控制水分，花期和鼓粒期要保证水分供应，喷施叶面肥，以补充养分。及时铲蹚和防治蚜虫。

中黄49

适宜地区 天津地区（夏播）。

501. 中黄50（Zhonghuang 50）

品种来源 中国农业科学院作物科学研究所用中黄13作母本，中品661作父本，经有性杂交，改良系谱法选育而成。原品系号中作J4032。2010年通过北京市农作物品种审定委员会审定，命名为中黄50，审定编号为京审豆2010001。全国大豆品种资源统一编号ZDD24651。

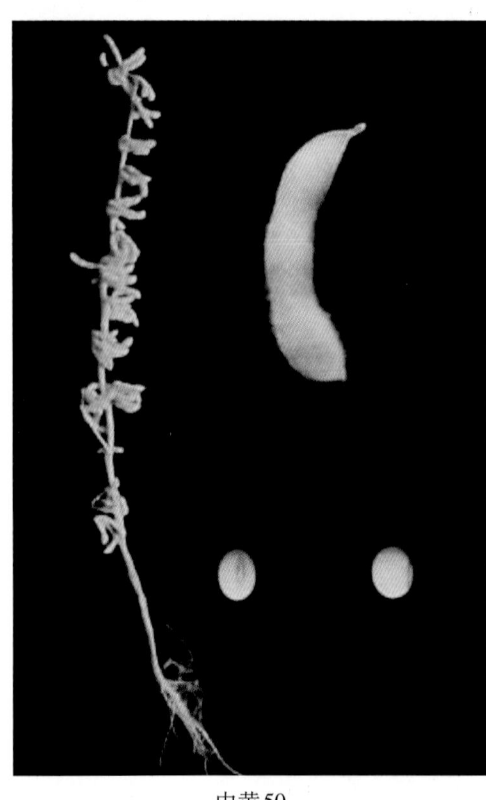

中黄50

特征 亚有限结荚习性。株高74.5cm，分枝1.3个，单株荚数40.8个。卵圆形叶，紫花，灰毛。粒圆形，种皮黄色，有微光，脐褐色。百粒重23.4g。

特性 黄淮海夏大豆，中熟品种，生育期106d。抗大豆花叶病毒病。落叶性好，不裂荚。

产量品质 2008—2009年北京市夏大豆品种区域试验，平均产量2 876.1kg/hm^2，比对照科丰14增产14.80%。2009年生产试验，平均产量2 268.0kg/hm^2，比对照科丰14增产30.30%。蛋白质含量45.21%，脂肪含量18.41%。

栽培要点 选择土层深厚的中上等肥力地块种植。施有机肥15t/hm^2、磷酸二铵150kg/hm^2、氯化钾60kg/hm^2。用种量为35kg/hm^2,保苗22.5万株/hm^2。生育前期适当控制水分，花期和鼓粒期要保证水分供应，喷施叶面肥，以补充养分。及时铲蹚和防治蚜虫。

适宜地区 北京地区（夏播）。

502. 中黄51（Zhonghuang 51）

品种来源 中国农业科学院作物科学研究所用科丰14作母本，科新3号作父本，经有性杂交，改良系谱法选育而成。原品系号中作J5050。2011年通过北京市农作物品种审定委员会审定，审定编号为京审豆2011001。全国大豆品种资源统一编号ZDD31077。

特征 有限结荚习性。株高81.4cm，分枝1.7个，单株荚数39.5个。卵圆形叶，白花，灰毛。粒椭圆形，种皮黄色，有光泽，脐褐色。百粒重21.1g。

特性 黄淮海夏大豆，中熟品种，生育期106d。抗大豆花叶病毒病。落叶性好，不裂荚。

产量品质 2009—2010年北京市夏大豆品种区域试验，平均产量2 790.5kg/hm^2，比对照科丰14增产15.59％。2010年生产试验，平均产量3 072.0kg/hm^2，比对照科丰14增产17.70％。蛋白质含量41.45％，脂肪含量19.15％。

栽培要点 选择土层深厚的中上等肥力地块种植。施有机肥15t/hm^2、磷酸二铵150kg/hm^2、氯化钾60kg/hm^2。精细整地，确保全苗，及时定苗，做到苗匀、苗齐、苗壮。用种量为35kg/hm^2，保苗22.5万株/hm^2。生育前期适当控制水分，花期和鼓粒期要保证水分供应，喷施叶面肥，以补充养分。及时铲蹚和防治蚜虫、红蜘蛛等。

适宜地区 北京地区（夏播）。

中黄51

503. 中黄52（Zhonghuang 52）

品种来源 中国农业科学院作物科学研究所用冀豆7号作母本，早熟18作父本，经有性杂交，系谱法选育而成。原品系号中作05-11。2010年通过北京市农作物品种审定委员会审定，审定编号为京审豆2010002。全国大豆品种资源统一编号ZDD24652。

特征 亚有限结荚习性。株高71.6cm，分枝1.9个，单株荚数45.4个。卵圆形叶，紫花，灰毛。粒圆形，种皮黄色，有光泽，脐黄色。百粒重18.6g。

特性 黄淮海夏大豆，中早熟品种，生育期104d。抗大豆花叶病毒病。落叶性好，不裂荚。

产量品质 2008—2009年北京市夏大豆品种区域试验，平均产量2 692.5kg/hm^2，比对照科丰14增产7.50％。2009年生产试验，平均产量2 401.5kg/hm^2，比对照科丰14增产36.20％。蛋白质含量43.47％，脂肪含量19.65％。

栽培要点 最适播期6月上旬至中旬，条播行距40 ~ 50cm，下种要均匀。密度19.5万 ~ 22.5万株/hm^2，肥力偏低的地块，可留苗24.0

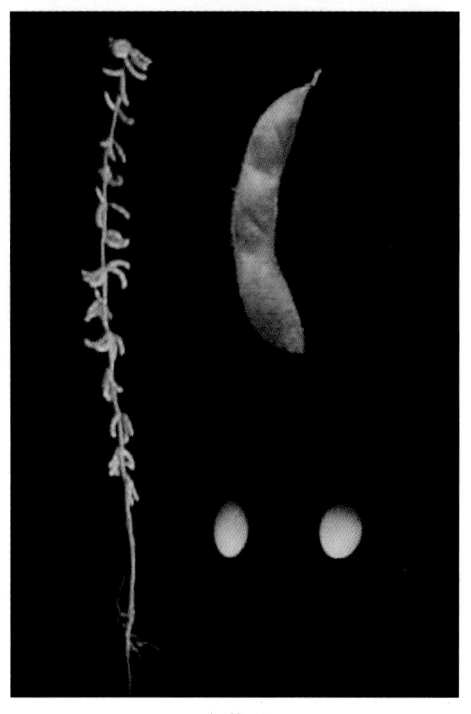

中黄52

万～27.0万株/hm^2。结合施肥进行浅中耕1～2次，土壤肥力较差的地块结合浇开花水追施尿素75～105kg/hm^2，结荚和鼓粒期遇干旱要及时灌溉。防治蚜虫、红蜘蛛、造桥虫、菜青虫、豆天蛾类、豆荚螟和棉铃虫等害虫。成熟后及时收获。

适宜地区 北京地区（夏播）。

504. 中黄53（Zhonghuang 53）

品种来源 中国农业科学院作物科学研究所用中作M17作母本，（豫豆8号×D90）作父本，改良系谱法选育而成。原品系号中作045217。2010年通过北京市农作物品种审定委员会审定，审定编号为京审豆2010003。全国大豆品种资源统一编号ZDD24653。

特征 亚有限结荚习性。株高89.9cm，分枝1.8个，单株荚数68.9个。卵圆形叶，白花，灰毛。粒圆形，种皮黄色，有微光，脐黄色。百粒重17.2g。

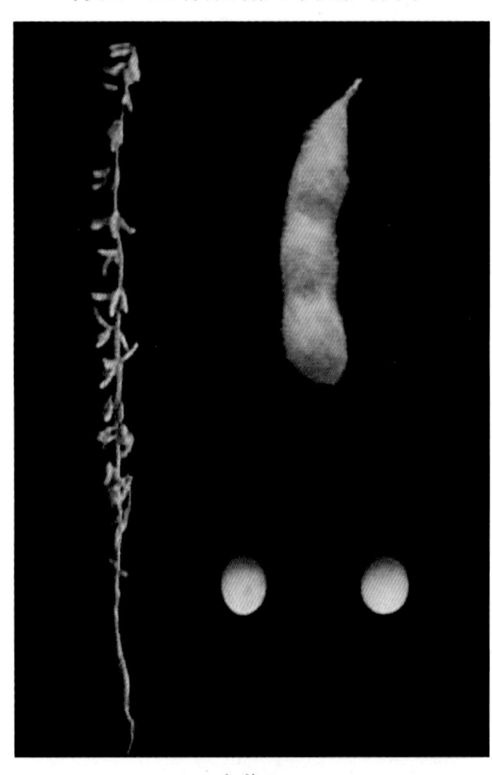

中黄53

特性 黄淮海春播大豆，中熟品种，生育期131d。抗大豆花叶病毒病。落叶性好，不裂荚。

产量品质 2007—2008年北京市春大豆品种区域试验，平均产量3 574.5kg/hm^2，比对照中黄13增产24.20%。2009年生产试验，平均产量2 578.5kg/hm^2，比对照中黄13增产61.80%。蛋白质含量42.25%，脂肪含量21.24%。

栽培要点 选用籽粒饱满，无虫蚀粒，大小整齐的种子，适期足墒播种。播期5月上中旬。保苗18.0万～22.5万株/hm^2。施有机肥30～45t/hm^2、磷酸二铵150～225kg/hm^2、钾肥75kg/hm^2作基肥。花荚期追肥浇水，保花保荚，加强中耕防草荒，注意防治蚜虫及大豆花叶病毒病。

适宜地区 北京地区（春播）。

505. 中黄54（Zhonghuang 54）

品种来源 中国农业科学院作物科学研究所用单8作母本，PI437654作父本，经系谱法选育而成。原品系号中作045217。2012年通过国家农作物品种审定委员会审定，审定编号为国审豆2012005。全国大豆品种资源统一编号ZDD31078。

特征 有限结荚习性。株高74.6cm，分枝1.7个，单株荚数48.0个。卵圆形叶，白花，灰毛。粒圆形籽，种皮黄色，有微光，脐黄色。百粒重20.1g。

特性 北方春大豆，中熟品种，生育期134d。抗大豆花叶病毒病，高感胞囊线虫病1号生理小种。落叶性好，不裂荚。

产量品质 2009—2010年西北春大豆品种区域试验，两年平均产量3 307.5kg/hm^2，比对照晋豆19增产5.1%。2011年生产试验，平均产量3 747.0kg/hm^2，比对照晋豆19增产6.4%。粗蛋白含量38.77%，粗脂肪含量19.95%。

栽培要点 4月底至5月初播种，行距45cm。密度24万株/hm^2。施腐熟有机肥30～40t/hm^2、磷酸二铵200kg/hm^{2}作基肥，花期追施尿素150kg/hm^2，鼓粒期根据长势酌施磷酸二氢钾。

适宜地区 陕西省延安及渭南地区，甘肃省中部及东部，山西省中部地区，宁夏回族自治区中北部（春播）。

中黄54

506. 中黄55（Zhonghuang 55）

品种来源 中国农业科学院作物科学研究所用T200作母本，早熟18作父本，经有性杂交，改良系谱法选育而成。原品系号中作05-15。2010年通过国家农作物品种审定委员会审定，审定编号为国审豆2010003。全国大豆品种资源统一编号ZDD24654。

特征 亚有限结荚习性。株高82.6cm，分枝2.7个，单株荚数33.1个。披针形叶，白花，灰毛。粒圆形，种皮黄色，有微光，脐褐色。百粒重26.0g。

特性 黄淮海夏大豆，中熟品种，生育期110d。抗大豆花叶病毒病。落叶性好，不裂荚。

产量品质 2008—2009年黄淮海北片夏大豆品种区域试验，平均产量3 090.0kg/hm^2，比对照冀豆12增产7.18%。2009年生产试验，平均产量2 578.5kg/hm^2，比对照冀豆12增产4.30%。蛋白质含量43.40%，脂肪含量20.32%。

中黄55

栽培要点 6月上中旬播种，行距40 ~ 50cm。肥力中上等地块，密度19.5万 ~ 22.5万株/hm^2；肥力偏低地块，密度24.0万 ~ 27.0万株/hm^2。肥力较差的地块结合浇开花水追施尿素75 ~ 105kg/hm^2。

适宜地区 北京市、天津市、河北省中南部地区（夏播）。

507. 中黄56（Zhonghuang 56）

品种来源 中国农业科学院作物科学研究所用中品95-6051作母本，DP3480作父本，经有性杂交，改良系谱法选育而成。原品系号中品03-5179。2010年通过国家农作物品种审定委员会审定，审定编号为国审豆2010011。全国大豆品种资源统一编号ZDD24655。

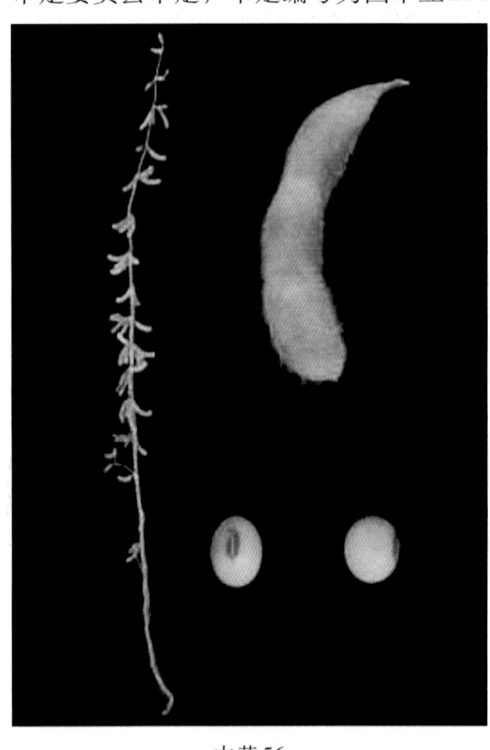

中黄56

特征 有限结荚习性。株高78.5cm，分枝1.9个，单株荚数47.7个。卵圆形叶，紫花，灰毛。粒椭圆形，种皮黄色，有强光泽，脐深褐色。百粒重18.9g。

特性 北方春大豆，中晚熟品种，生育期133d。抗大豆花叶病毒病。落叶性好，不裂荚。

产量品质 2007—2008年西北春大豆品种区域试验，平均产量3 211.05kg/hm^2，比对照晋豆19增产3.10%。2009年生产试验，平均产量3 328.5kg/hm^2，比对照晋豆19增产4.90%。蛋白质含量40.62%，脂肪含量21.65%。

栽培要点 适宜在中、上等肥力地块种植。4月中旬至5月中旬播种，种植密度18.0万株/hm^2左右。施磷酸二铵150 ~ 180kg/hm^2，花荚期叶面喷施尿素1 ~ 2次。

适宜地区 宁夏回族自治区北部和中部、陕西省北部、山西省中部地区（春播）。

508. 中黄57（Zhonghuang 57）

品种来源 中国农业科学院作物科学研究所用Hartwig作母本，晋1265作父本，经有性杂交，系谱法选育而成。原品系号中品03-5368。2010年通过国家农作物品种审定委员会审定，审定编号为国审豆2010005。全国大豆品种资源统一编号ZDD24656。

特征 有限结荚习性。株高54.1cm，分枝3.3个，单株荚数43.3个。椭圆形叶，紫花，灰毛。粒椭圆形，种皮黄色，有微光，脐深褐色。百粒重18.3g。

特性 黄淮海夏大豆，中熟品种，生育期106d。抗大豆花叶病毒病，高抗大豆胞囊线虫病。落叶性好，不裂荚。

产量品质 2007—2008年黄淮海中片夏大豆品种区域试验，平均产量2 875.5kg/hm^2，比对照齐黄28增产3.10%。2009年生产试验，平均产量2 777.3kg/hm^2，比对照1齐黄28增产1.29%，比对照2邯豆5号减产0.50%。蛋白质含量39.67%，脂肪含量21.18%。

栽培要点 6月上中旬播种，高肥力地块种植密度18.75万株/hm^2，中等肥力地块种植密度22.5万～27.0万株/hm^2。播前精细整地，重施底肥，一般施农家肥15～30t/hm^2、磷酸二铵225kg/hm^2；花荚初期追施尿素75kg/hm^2，结荚后出现脱肥现象可叶面喷施尿素15～22.5kg/hm^2。

适宜地区 山东省中部、河南省中北部和陕西省关中地区（夏播）。

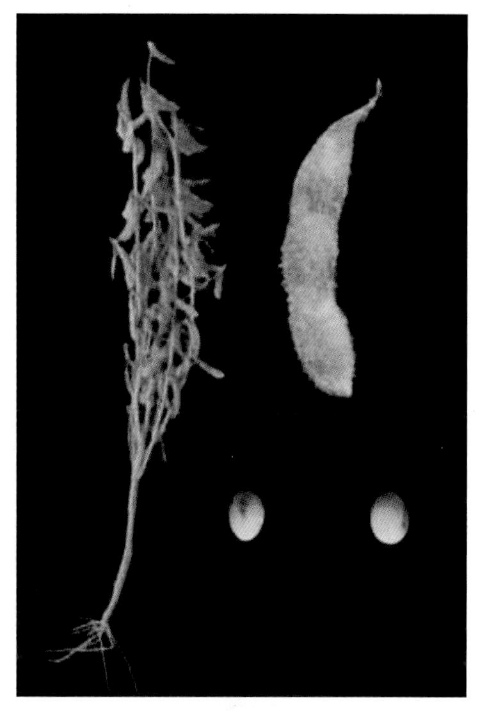

中黄57

509. 中黄58（Zhonghuang 58）

品种来源 中国农业科学院作物科学研究所用96-1作母本，93213作父本，经有性杂交，定向选择选育而成。原品系号中作06-39。2010年通过天津市农作物品种审定委员会审定，审定编号为津审豆2010002。全国大豆品种资源统一编号ZDD31079。

特征 亚有限结荚习性。株高63.9cm，分枝2.6个，单株荚数35.9个。圆形叶，紫花，灰毛。粒圆形，种皮黄色，有强光泽，脐黄色。百粒重20.5g。

特性 黄淮海夏大豆，早熟品种，生育期101d。落叶性好，抗裂荚性强。

产量品质 2008—2009年天津市夏大豆品种区域试验，平均产量3 035.3kg/hm^2，比对照中黄13增产7.76%。2010年生产试验，平均产量2 653.5kg/hm^2，比对照中黄13减产2.30%。蛋白质含量41.29%，脂肪含量21.32%。

栽培要点 6月上中旬播种，以条播为宜，行距40～50cm。种植密度19.5万～22.5万株/

中黄58

hm^2，肥力水平偏低的地块，可留苗24.0万～27.0万株/hm^2。注意防止倒伏。

适宜地区 天津地区（夏播）。

510. 中黄59（Zhonghuang 59）

品种来源 中国农业科学院作物科学研究所用中品661作母本，韩国品种Bokwang（普广）作父本，经有性杂交，系谱法选育而成。原品系号中品03-6025。2011年通过北京市农作物品种审定委员会审定，审定编号为京审豆2011002。全国大豆品种资源统一编号ZDD24657。

中黄59

特征 有限结荚习性。株高62.1cm，分枝2.1个，单株荚数39.6个。卵圆形叶，白花，灰毛。粒圆形，种皮黄色，有光泽，脐浅黄色。百粒重23.7g。

特性 黄淮海夏大豆，中熟品种，生育期108d。中抗大豆花叶病毒病。落叶性好，不裂荚。

产量品质 2009—2010年北京市夏大豆品种区域试验，平均产量2 668.5kg/hm^2，比对照科丰14增产10.60%。2010年生产试验，平均产量3 055.5kg/hm^2，比对照科丰14增产17.30%。蛋白质含量41.29%，脂肪含量21.32%。

栽培要点 适宜播期为6月上中旬；密度22.5万株/hm^2为宜，施磷酸二铵150kg/hm^2、硫酸钾75kg/hm^2、有机肥15t/hm^2作底肥，在花荚期根据植株长势可喷施叶面肥。注意防治蚜虫、豆荚螟、红蜘蛛等害虫。及时收获。

适宜地区 北京地区（夏播）。

511. 中黄60（Zhonghuang 60）

品种来源 中国农业科学院作物科学研究所用98P23作母本，$7S_1$作父本，经有性杂交，系谱法选育而成。原品系号中作05-675。2011年通过北京市农作物品种审定委员会审定，审定编号为京审豆2011003。全国大豆品种资源统一编号ZDD31080。

特征 亚有限结荚习性。株高64.6cm，分枝2.4个，单株荚数48.4个。卵圆形叶，紫花，灰毛。粒椭圆形，种皮黄色，有光泽，脐浅黄色。百粒重24.0g。

特性 黄淮海夏大豆，中熟品种，生育期110d。抗大豆花叶病毒病。落叶性好，不裂荚。

产量品质 2009—2010年北京市夏大豆品种区域试验，平均产量2 707.8kg/hm^2，比对照科丰14增产14.16％。2010年生产试验，平均产量2 880.0kg/hm^2，比对照科丰14增产9.60％。蛋白质含量40.09％，脂肪含量20.12％。

栽培要点 适宜中上等肥力地种植。6月中下旬播种，密度22.5万株/hm^{2}左右。适时早播，足墒下种。施磷酸二铵150kg/hm^2、硫酸钾75kg/hm^2、有机肥15t/hm^{2}作底肥。出苗后及时中耕锄草，花荚期注意浇水、施肥及防治病虫害。成熟后及时收获。

适宜地区 北京地区（夏播）。

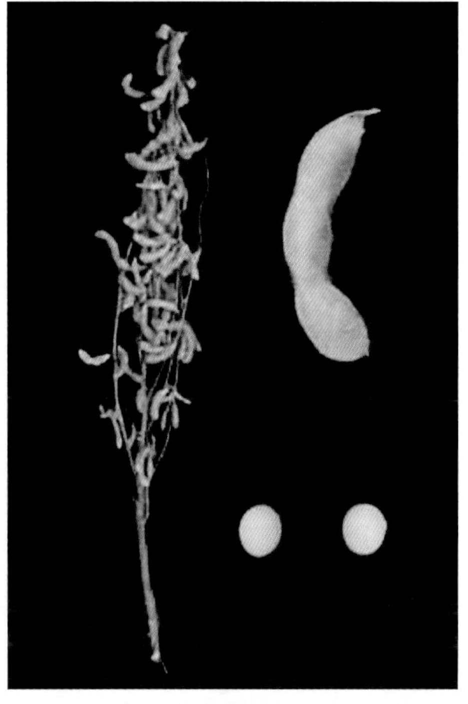

中黄60

512. 中黄61（Zhonghuang 61）

品种来源 中国农业科学院作物科学研究所用98P3作母本，7S$_2$作父本，经有性杂交，系谱法选育而成。原品系号中作04-563。2012年通过国家农作物品种审定委员会审定，审定编号为国审豆2012006。全国大豆品种资源统一编号ZDD31081。

特征 有限结荚习性。株高57.2cm，分枝1.6个，单株荚数35.0个。卵圆形叶，白花，灰毛。粒椭圆形，种皮黄色，有光泽，脐褐色。百粒重24.2g。

特性 黄淮海夏大豆，中熟品种，生育期108d。抗大豆花叶病毒病，中感大豆胞囊线虫病。落叶性好，不裂荚。

产量品质 2009—2010年黄淮海中组夏大豆品种区域试验，平均产量2 875.7kg/hm^2，比对照邯豆5号增产8.07％。2010年生产试验，平均产量2 828.3kg/hm^2，比对照邯豆5号增产8.71％。蛋白质含量41.41％，脂肪含量20.59％。

栽培要点 适宜中上等肥力地块种植。6月上中旬播种，行距40 ~ 50cm，适宜密度22.5万株/hm^{2}左右。播前施有机肥10t/hm^2、磷酸二铵150kg/hm^2。出苗后及时中耕锄草，开花初期和鼓粒期注意浇水，初花期追施75kg/hm^{2}氮磷钾三元复合肥，成熟后及时收获。

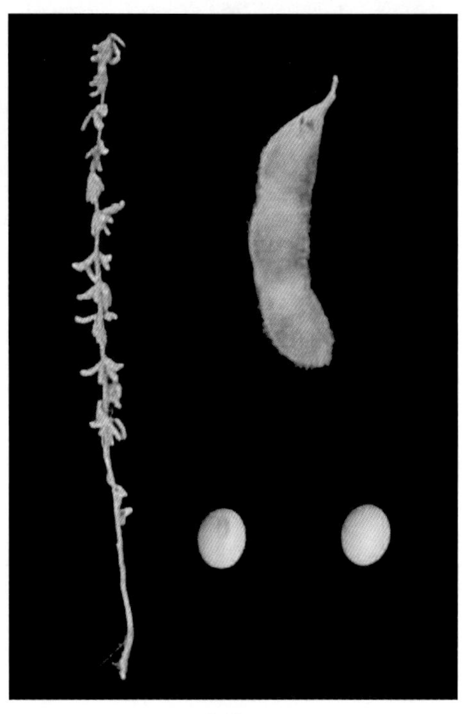

中黄61

适宜地区 河北省南部、山东省中部、山西省南部、陕西省关中、河南省北部地区（夏播）。

513. 中黄62（Zhonghuang 62）

品种来源 中国农业科学院作物科学研究所用中黄25作母本，新大豆1号作父本，经有性杂交，改良系谱法选育而成。原品系号中作J8035。2011年通过天津市农作物品种审定委员会审定，审定编号为津审豆2011001。全国大豆品种资源统一编号ZDD31082。

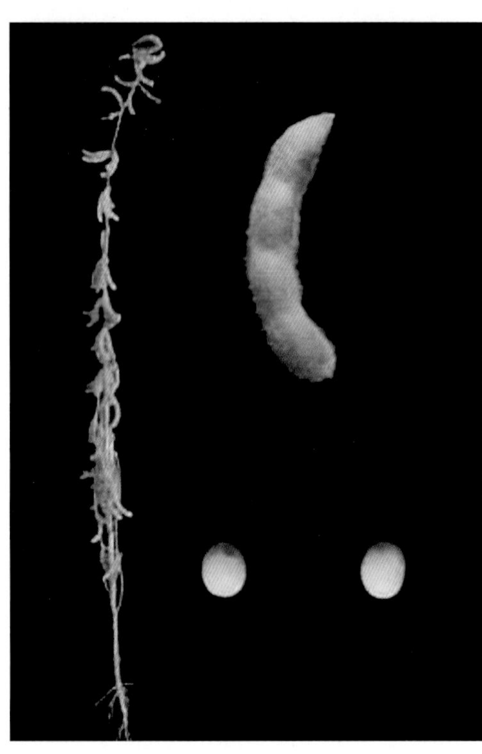

中黄62

特征 亚有限结荚习性。株高81.4cm，分枝2.0个，单株荚数42.8个。披针形叶，紫花，灰毛。粒圆形，种皮黄色，有微光，脐黄色。百粒重21.4g。

特性 黄淮海夏大豆，早熟品种，生育期100d。抗大豆花叶病毒病。落叶性好，不裂荚。

产量品质 2010—2011年天津市夏大豆品种区域试验，平均产量3 009.8kg/hm^2，比对照中黄13增产3.19%。2011年生产试验，平均产量2 836.5kg/hm^2，比对照中黄13增产4.90%。蛋白质含量40.43%，脂肪含量20.07%。

栽培要点 适宜播期为6月中旬。在上等肥力地块种植，种植密度为18.0万株/hm^{2}左右。精细整地，确保全苗，播前施有机肥10t/hm^2、磷酸二铵150kg/hm^2。花荚期保证不缺水。及时除草，防治病虫害。及时收获。

适宜地区 天津地区（夏播）。

514. 中黄63（Zhonghuang 63）

品种来源 中国农业科学院作物科学研究所用01P4作母本，中作96-853作父本，经有性杂交，系谱法选育而成。原品系号中作06-875。2012年通过北京市农作物品种审定委员会审定，审定编号为京审豆2012001。全国大豆品种资源统一编号ZDD31083。

特征 有限结荚习性。株高88.6cm，分枝2.0个，单株荚数44.1个。披针形叶，紫花，灰毛。粒椭圆形，种皮黄色，有光泽，脐浅褐色。百粒重22.6g。

特性 黄淮海夏大豆，中熟品种，生育期111d。中感大豆花叶病毒病。落叶性好，不裂荚。

产量品质 2010—2011年北京市夏大豆品种区域试验，平均产量3 081.0kg/hm^2，比对照科丰14增产20.20%。2011年生产试验，平均产量2 757.0kg/hm^2，比对照科丰14增产21.60%。蛋白质含量45.59%，脂肪含量19.51%。

栽培要点 适宜中上等肥力地块种植。6月中下旬播种，行距40～50cm，密度22.5万株/hm^{2}左右。播前施有机肥15t/hm^2、磷酸二铵150kg/hm^2。出苗后及时中耕锄草，开花初期和鼓粒期注意浇水，初花期追施75kg/hm^{2}氮磷钾三元复合肥。成熟后及时收获。

适宜地区 北京地区（夏播）。

中黄63

515. 中黄64（Zhonghuang 64）

品种来源 中国农业科学院作物科学研究所用01P6作母本，中作96-853作父本，经有性杂交，改良系谱法选育而成。原品系号中作06-887。2012年通过北京市农作物品种审定委员会审定，审定编号为京审豆2006003。全国大豆品种资源统一编号ZDD31084。

特征 亚有限结荚习性。株高81.4cm，分枝2.7个，单株荚数45.4个。卵圆形叶，紫花，灰毛。粒圆形，种皮黄色，有光泽，脐浅褐色。百粒重22.8g。

特性 黄淮海夏大豆，中熟品种，生育期110d。中感大豆花叶病毒病。落叶性好，不裂荚。

产量品质 2010—2011年北京市夏大豆品种区域试验，平均产量2 949.0kg/hm^2，比对照科丰14增产13.00%。2011年生产试验，平均产量2 722.5kg/hm^2，比对照科丰14增产20.10%。蛋白质含量44.14%，脂肪含量20.09%。

栽培要点 适宜中上等肥力地块种植。6月中下旬播种，行距40～50cm，密度22.5万株/hm^{2}左右。播前施有机肥15t/hm^2、磷酸二铵150kg/hm^2。出苗后及时中耕锄草，开花初期和鼓粒期注意浇水，初花期追施75kg/hm^{2}氮磷钾三元复合肥。成熟后及时收获。

适宜地区 北京地区（夏播）。

中黄64

516. 中黄65（Zhonghuang 65）

品种来源 中国农业科学院作物科学研究所用中作96-1作母本，93213作父本，经有性杂交，系谱法选育而成。原品系号中作06-06。2013年经北京市农作物品种审定委员会审定，审定编号为京审豆2013001。全国大豆品种资源统一编号ZDD31085。

中黄65

特征 有限结荚习性。株高71.5cm，主茎节数15.3个，分枝1.6个，结荚高度18.6cm，单株荚数46.0个，黄荚。卵圆形叶，紫花，灰毛。粒圆形，种皮黄色，有微光，脐褐色。百粒重22.6g。

特性 黄淮海夏大豆，中熟品种，生育期110d。中感大豆花叶病毒病。抗倒性一般，落叶性好，不裂荚。

产量品质 2010—2011年北京市夏大豆区域试验，平均产量3 138kg/hm^2，比对照科丰14增产20.2%。2012年生产试验，平均产量2 974.5kg/hm^2，比对照冀豆12增产2.4%。蛋白质含量41.92%，脂肪含量20.78%。

栽培要点 夏播最适播期6月上旬至中旬，一般不超过6月25日；以条播为宜，行距40～50cm，植密度19.5万～22.5万株/hm^2，肥力水平偏低的地块，可留苗24.0万～27.0万株/hm^2。结合施肥进行浅中耕1～2次，土壤肥力较差的地块结合浇开花水追施尿素75～105kg/hm^2，增花、保荚。结荚和鼓粒期遇干旱要及时进行灌溉，减少瘪粒，提高粒重。成熟后及时收获。

适宜地区 北京地区（夏播）。

517. 中黄66（Zhonghuang 66）

品种来源 中国农业科学院作物科学研究所用中品661作母本，承9039-2-4-3-1作父本，经有性杂交，改良系谱法选育而成。原品系号中作J8023。2012年通过北京市农作物品种审定委员会审定，审定编号为京审豆2012003。全国大豆品种资源统一编号ZDD31086。

特征 有限结荚习性。株高74.3cm，分枝1.7个，单株荚数52.1个。卵圆形叶，紫花，棕毛。粒圆形，种皮黄色，有光泽，脐黑色。百粒重20.1g。

特性 黄淮海夏大豆，中晚熟品种，生育期112d。抗大豆花叶病毒病。抗倒性好，落叶性好，不裂荚。

产量品质 2010—2011年北京市夏大豆品种区域试验，平均产量3 027.0kg/hm^2，比对照科丰14增产18.10%。2011年生产试验，平均产量2 739.0kg/hm^2，比对照科丰14增产20.80%。蛋白质含量43.27%，脂肪含量18.76%。

栽培要点 适宜播期为6月上中旬，密度22.5万株/hm^2。施磷酸二铵150kg/hm^2、硫酸钾75kg/hm^2、有机肥15t/hm^{2}作底肥，在花荚期根据植株长势长相可喷施叶面肥。注意及时防治蚜虫、豆荚螟、红蜘蛛等害虫。成熟时及时收获。

适宜地区 北京地区（夏播）。

中黄66

518. 中黄67（Zhonghuang 67）

品种来源 中国农业科学院作物科学研究所用中黄21作母本，Dekafast作父本，经有性杂交，系谱法选育而成。原品系号中作045367。2012年通过北京市农作物品种审定委员会审定，审定编号为京审豆2012004。全国大豆品种资源统一编号ZDD31087。

特征 亚有限结荚习性。株高81.5cm，分枝1.6个，单株荚数60.8个。卵圆形叶，白花，灰毛。粒圆形，种皮黄色，有微光，脐黄色。百粒重18.3g。

特性 黄淮海夏大豆，中熟品种，生育期108d。中抗大豆花叶病毒病。落叶性好，不裂荚。

产量品质 2009—2010年北京市夏大豆品种区域试验，平均产量2 704.5kg/hm^2，比对照科丰14增产13.80%。2011年生产试验，平均产量2 786.4kg/hm^2，比对照科丰14增产22.90%。蛋白质含量41.34%，脂肪含量18.70%。

栽培要点 选用籽粒饱满，无虫蚀粒，大小整齐的种子，适期足墒播种。保苗18.0万～22.5万株/hm^2。施有机肥30～45t/hm^2，最好在前茬施进或播前施进，施磷酸二铵150～225kg/hm^2、钾肥75kg/hm^2，促苗早发。花荚期追肥浇水，保

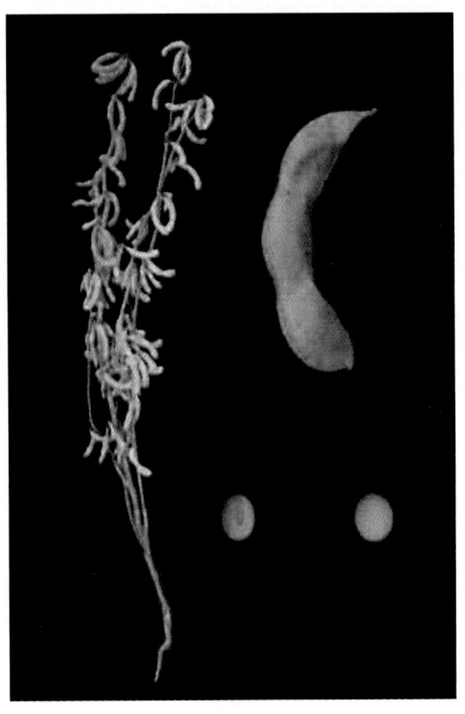

中黄67

花保荚，加强中耕防草荒，防治病虫害。

适宜地区 北京地区（夏播）。

519. 中黄68（Zhonghuang 68）

品种来源 中国农业科学院作物科学研究所用中黄18作母本，$7S_3$作父本，经有性杂交，系谱法选育而成。原品系号中作02-760。2013年经北京市农作物品种审定委员会审定，审定编号为京审豆2013002。全国大豆品种资源统一编号ZDD31088。

中黄68

特征 亚有限结荚习性。株高115.8cm，主茎节数18.5个，分枝1.4个，结荚高度14.2cm，单株荚数52.5个，黄荚。卵圆形叶，白花，棕毛。粒椭圆形，种皮黄色，有光泽，脐黑色。百粒重21.4g。

特性 黄淮海夏大豆，中熟品种，生育期110d。中感大豆花叶病毒病。

产量品质 2011—2012年北京市夏大豆区域试验，平均产量3 112.5kg/hm^2，比对照冀豆12增产2.1%。2012年生产试验，平均产量3 346.5kg/hm^2，比对照冀豆12增产15.1%。蛋白质含量38.91%，脂肪含量19.79%，异黄酮组分总含量5 135.86mg/kg，属高异黄酮品种。

栽培要点 适宜中上等肥力地块夏播种植。6月中下旬播种，条播行距40～50cm，一般密度22.5万株/hm^2。适时早播，足墒下种，播前施有机肥7 500kg/hm^2、磷酸二铵150kg/hm^2。出苗后适时间苗、定苗，如有缺苗及时补苗，确保苗齐、苗壮。及时中耕锄草，开花初期和鼓粒期注意浇水、初花期追施75kg/hm^{2}氮磷钾三元复合肥及防治病虫害。成熟后及时收获。

适宜地区 北京地区（夏播）。

520. 中黄69（Zhonghuang 69）

品种来源 中国农业科学院作物科学研究所用科丰14作母本，科新3号作父本，经有性杂交，改良系谱法选育而成。原品系号中作J5032。2012年通过河北省农作物品种审定委员会审定，审定编号为冀审豆2012002。全国大豆品种资源统一编号ZDD31089。

特征 有限结荚习性。株高92.2cm，分枝3.7个，单株荚数57.1个。披针形叶，白花，灰毛。粒圆形，种皮黄色，有微光，脐褐色。百粒重20.5g。

特性 北方春大豆，中熟品种，生育期121d左右。抗大豆花叶病毒病。落叶性好，不裂荚。

产量品质 2009—2010年河北省春播组区域试验，平均产量3 000.0kg/hm^2,比对照沧豆5号增产4.61%。2011年生产试验，平均产量3 285.0kg/hm^2，比对照沧豆5号增产3.50%。蛋白质含量39.82%，脂肪含量21.38%。

栽培要点 选择中上等肥力地块种植。适播期5月上中旬，留苗15.0万～18.0万株/hm^2。播前施有机肥30～45t/hm^2、磷酸二铵150～225kg/hm^2、钾肥75kg/hm^2。遇旱及时浇水，注意防治病虫草害。及时收获。

适宜地区 河北省中北部（春播）。

中黄69

521. 中黄70（Zhonghuang 70）

品种来源 中国农业科学院作物科学研究所用中黄13作母本，鲁豆11作父本，经有性杂交，系谱法选育而成。原品系号中作J8012。2013年经山东省农作物品种审定委员会审定，审定编号为鲁农审2013021号。全国大豆品种资源统一编号ZDD31090。

特征 有限结荚习性。株高65.8cm，主茎节数14节，分枝1.9个，单株粒数97个。圆形叶，白花，棕毛。粒椭圆形，种皮黄色，有光泽，脐淡褐色。百粒重19.2g。

特性 黄淮海夏大豆，早熟品种，生育期102d。抗大豆花叶病毒病。抗倒性一般，落叶性好，不裂荚。

产量品质 2010—2011年山东省夏大豆品种区域试验，平均产量2 883kg/hm^2，比对照菏豆12增产6.7%。2012年生产试验，平均产量3 306kg/hm^2，比对照菏豆12增产2.2%。蛋白质含量39.85%，脂肪含量20.87%。

栽培要点 夏播6月中下旬播种，条播行距40～50cm，适宜密度为19.5万～22.5万株/hm^2。适时早播，足墒下种，播前施有机肥7 500kg/

中黄70

hm^2、磷酸二铵150kg/hm^2。出苗后适时间苗、定苗，如有缺苗及时补苗，确保苗齐、苗壮。及时中耕锄草，开花初期和鼓粒期注意浇水，防治病虫害。成熟后及时收获。

适宜地区 山东省（夏播）。

522. 中黄71（Zhonghuang 71）

品种来源 中国农业科学院作物科学研究所用早18作母本，Mycogen5430作父本，经有性杂交，系谱法选育而成。原品系号中品03-5027。2013年经北京市农作物品种审定委员会审定，审定编号为京审豆2013003。全国大豆品种资源统一编号ZDD31091。

特征 亚有限结荚习性。株高86.3cm，主茎节数17.9个，分枝3.2个，结荚高度13.0cm，单株荚数57.6个，黄荚。披针形叶，紫花，灰毛。粒圆形，种皮黄色，有光泽，脐褐色。百粒重19.5g。

中黄71

特性 黄淮海夏大豆，中熟品种，生育期111d。中感大豆花叶病毒病。

产量品质 在北京市夏大豆两年区域试验，平均产量3 058.5kg/hm^2，比对照科丰14增产19.3%。生产试验，平均产量3 346.5kg/hm^2，比对照冀豆12增产15.1%。蛋白质含量36.73%，脂肪含量22.17%，属于高油品种。

栽培要点 适宜播期为6月上中旬。密度21.0万株/hm^2为宜。出苗后在第一对真叶展开时及时间苗定苗。施磷酸二铵150kg/ hm^2、硫酸钾75kg/ hm^2、有机肥15 000kg/ hm^2作底肥，在花荚期根据植株长势可喷施叶面肥；注意防治蚜虫、豆荚螟、红蜘蛛等害虫。本品种不炸荚，可机收。

适宜地区 北京地区（夏播）。

523. 中黄72（Zhonghuang 72）

品种来源 中国农业科学院作物科学研究所用01P4（ti15176×century-2.3）作母本，中黄28作父本，经有性杂交，系谱法选育而成。原品系号中作07-754。2013年经北京市农作物品种审定委员会审定，审定编号为京审豆2013004。

特征 亚有限结荚习性。株高86.8cm，主茎节数15.4个，分枝2.8个，结荚高度11.8cm，单株荚数46.9个，褐荚。披针形叶，紫花，灰毛。粒椭圆形，种皮黄色，有光泽，脐浅褐色。百粒重22.4g。

特性 黄淮海夏大豆，中熟品种，生育期108d。中感大豆花叶病毒病。

产量品质 2011—2012年北京市夏大豆区域试验，平均产量3 283.5kg/hm^2，比对照冀豆12增产7.7%。2012年生产试验，平均产量2 964kg/hm^2，比对照冀豆12增产2.0%。蛋白质含量42.89%，脂肪含量21.15%。缺失脂肪氧化酶-3，属低豆腥味品种。

中黄72

栽培要点 适宜中上等肥力地块夏播种植。夏播6月中下旬播种，条播行距40 ~ 50cm，一般密度22.5万株/hm^2。适时早播，足墒下种，播前施有机肥7 500kg/hm^2、磷酸二铵150kg/hm^2。出苗后适时间苗、定苗，如有缺苗及时补苗，确保苗齐、苗壮。及时中耕锄草，开花初期和鼓粒期注意浇水，初花期追施75kg/hm^{2}氮磷钾三元复合肥及防治病虫害。成熟后及时收获。

适宜地区 北京地区（夏播）。

524. 中黄73（Zhonghuang 73）

品种来源 中国农业科学院作物科学研究所2006年以中黄38搭载“实践八号”卫星进行诱变育种，对后代连续个体选拔育成。原品系号为中作103。2013年经辽宁省农作物品种审定委员会审定，审定编号为辽审豆2013013。全国大豆品种资源统一编号ZDD31092。

特征 亚有限结荚习性。株高86.9cm，分枝1.9个，主茎节数18.7个，单株荚数54.3个，单荚粒数2.4个，褐荚。椭圆形叶，白花，灰毛。粒圆形，种皮黄色，有光泽，脐淡褐色。百粒重20.1g。

特性 北方春大豆，晚熟品种，生育期132d。抗大豆花叶病毒病。

产量品质 2011—2012年辽宁省大豆晚熟组区域试验，平均产量2 779.5kg/hm^2，比对照丹豆11增产9.1%。2012年生产试验，平均产量2 878.5kg/hm^2，比对照丹豆11增产7.0%。蛋白质含量40.05%，脂肪含量19.74%。

中黄73

栽培要点 适于辽宁省中南部地区中等肥力以上土壤栽培。适宜密度为22.5万 ~ 27.0万株/hm^2。注意施肥结合灌水。防治病虫草害。

适宜地区 辽宁省沈阳、鞍山、锦州、丹东及大连等晚熟大豆区。

525. 中黄74（Zhonghuang 74）

品种来源 中国农业科学院作物科学研究所用中豆27作母本，中黄3号作父本，经有性杂交，改良系谱法选育而成。原品系号中作J7018。2012年经天津市农作物品种审定委员会审定，审定编号为津审豆2012001。全国大豆品种资源统一编号ZDD31093。

中黄74

特征 有限结荚习性。株高75.1cm，主茎节数12.6个，分枝1.9个，单株粒数77.8个，单株粒重19.1g。卵圆形叶，紫花，灰毛。粒圆形，种皮黄色，有微光泽，脐黄色。百粒重25.7g。

特性 黄淮海夏大豆，中熟品种，生育期109d。成熟不裂荚，落叶性好，抗倒伏性好。田间抗大豆花叶病毒病、大豆胞囊线虫病。

产量品质 2011—2012年天津市夏大豆区域试验，平均产量3 078.8kg/hm^2，比对照中黄13增产5.1%。2012年生产试验，平均产量3 282kg/hm^2，比对照中黄13增产15.6%。蛋白质含量41.23%，脂肪含量19.88%。

栽培要点 适宜在中上等肥力地块种植。适播期为6月上旬至中下旬，密度18.0万～22.5万株/hm^2。重施底肥，花荚期叶面喷肥，保证不缺水。及时除草，防治病虫害。及时收获。

适宜地区 天津地区（夏播）。

526. 中黄75（Zhonghuang 75）

品种来源 中国农业科学院作物科学研究所用冀nf58作母本，铁丰31作父本，经有性杂交，系谱法选育而成。原品系号中作J10153。2014年经北京市农作物品种审定委员会审定，审定编号为京审豆2014001。全国大豆品种资源统一编号ZDD31094。

特征 亚有限结荚习性。株高108.6cm，主茎节数20.7个，分枝2.7个，底荚高度16.2cm，单株荚数73.7个，黄荚。卵圆形叶，紫花，棕毛。粒圆形，种皮黄色，有光泽，脐浅褐色。百粒重17.7g。

特性 黄淮海春大豆，中熟品种，生育期131d。中抗大豆花叶病毒病。落叶性好，不裂荚。

产量品质 2012—2013北京市春大豆品种区域试验，平均产量3 615.0kg/hm²，比对照中黄30增产3.2%。2013年生产试验，平均产量3 454.5kg/hm²，比对照中黄30增产3.5%。蛋白质含量41.38%，脂肪含量19.93%。

栽培要点 适播期为5月上中旬。密度18万株/hm²左右。精细整地，确保全苗，及时定苗，做到苗匀、苗齐、苗壮。重施底肥，花荚期叶面喷肥，保证不缺水。及时除草，防治病虫害。及时收获。

适宜地区 北京地区（春播）。

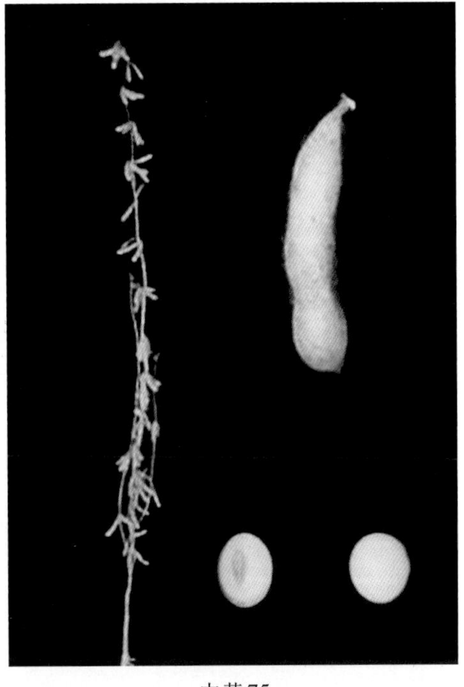

中黄75

527. 科丰28（Kefeng 28）

品种来源 中国科学院遗传与发育生物学研究所用85-094作母本，8101作父本，经有性杂交，系谱法选育而成。原品系号K9028。2005年通过天津市农作物品种审定委员会审定，审定编号为津审豆2005001。

特征 亚有限结荚习性。株高90.0cm，分枝2～3个，单株荚数39.9个。圆形叶，白花，灰毛。粒圆形，种皮黄色，有微光，脐浅褐色。百粒重22.0g。

特性 黄淮海夏大豆，中熟品种，生育期105～108d。抗大豆花叶病毒病。落叶性好，不裂荚。

产量品质 2003—2004年天津市夏大豆品种区域试验，平均产量2 906.5kg/hm²，比对照科丰6号增产5.72%。2005年生产试验，平均产量3 005.0kg/hm²，比对照科丰6号增产1.37%。蛋白质含量40.78%，脂肪含量19.82%。

栽培要点 播前施有机肥30～45t/hm²、磷酸二铵150～225kg/hm²、钾肥75kg/hm²。足墒播种保全苗。适播期6月上中旬。密度15.0万～18.0万株/hm²。及时浇水。成熟及时收获。

适宜地区 天津地区（夏播）。

科丰28

528. 科丰29（Kefeng 29）

品种来源 中国科学院遗传与发育生物学研究所用9010作母本，辐良作父本，经有性杂交，系谱法选育而成。原品系号K9302。2010年通过天津市农作物品种审定委员会审定，审定编号为津审豆2009002。全国大豆品种资源统一编号ZDD31095。

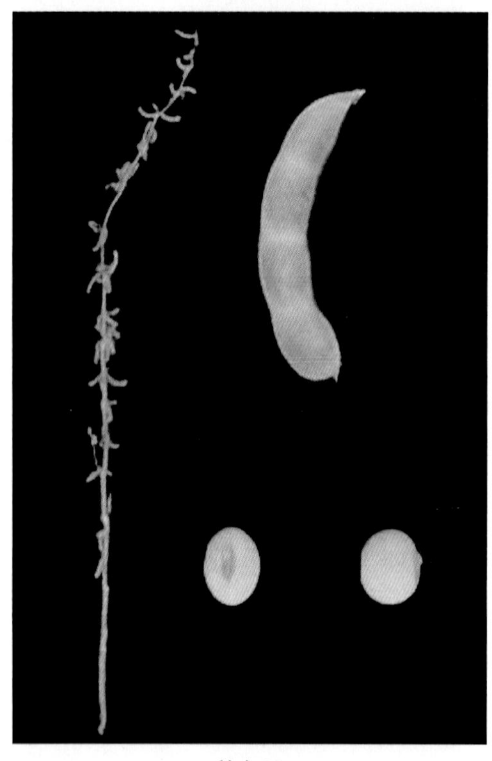

科丰29

特征 亚有限结荚习性。株高86.6cm，分枝3.4个，单株荚数35.5个。卵圆形叶，紫花，灰毛。粒圆形，种皮黄色，有微光，脐黄色。百粒重21.3g。

特性 黄淮海夏大豆，中晚熟品种，生育期111d。抗大豆花叶病毒病。落叶性好，不裂荚。

产量品质 2008—2009年天津市夏大豆品种区域试验，平均产量2 914.1kg/hm^2，比对照中黄13增产3.49%。2009年生产试验，平均产量2 945.1kg/hm^2，比对照中黄13增产6.87%。蛋白质含量44.48%，脂肪含量17.71%。

栽培要点 播前施有机肥30 ~ 45t/hm^2、磷酸二铵150 ~ 225kg/hm^2、钾肥75kg/hm^2。足墒播种保全苗。适播期6月上中旬。密度15.0万～18.0万株/hm^2。开花期至鼓粒期保证充足的水分供应。及时中耕除草和防治虫害。

适宜地区 天津地区（夏播）。

529. 科豆1号（Kedou 1）

品种来源 中国科学院遗传与发育生物学研究所用K02-39作母本，郑92116-6 作父本，经有性杂交，改良系谱法选育而成。原品系号科9302。2011年通过国家农作物品种审定委员会审定，审定编号为国审豆2011008。

特征 有限结荚习性。株高86.8cm，有效分枝2.3个，单株荚数46.7个。卵圆形叶，紫花，灰毛。粒椭圆形，种皮浅黄色，有微光，脐浅褐色。百粒重16.9g。

特性 黄淮海夏大豆，中熟品种，生育期107d。抗大豆花叶病毒病。落叶性好，不裂荚。

产量品质 2009—2010年黄淮海南片夏大豆品种区域试验，平均产量2 743.7kg/hm^2，比对照平均增产7.20%。2010年生产试验，平均产量2 553.0kg/hm^2，比对照中黄13增产6.40%。蛋白质含量41.80%，脂肪含量19.25%。

栽培要点 6月上中旬播种，行距40cm。高肥力地块，密度15.0万～16.5万株/hm^2，中等肥力地块18.0万～19.5万株/hm^2，低肥力地块19.5万～21.0万株/hm^2。施腐熟有机肥22.5t/hm^2、氮磷钾三元复合肥600kg/hm^2作基肥。

适宜地区 河南省南部，江苏、安徽两省淮河以北地区（夏播）。

科豆1号

530. 北农106（Beinong 106）

品种来源 北京农学院用科丰14进行辐照，经对后代个体连续选拔育成。原品系号BN5131。2014年经北京市农作物品种审定委员会审定，审定编号为京审豆2014003。

特征 有限结荚习性。株高68.8cm，主茎节数14.2个，分枝3.2个，底荚高度14.2cm，单株荚数48.8个，黑褐荚。披针形叶，紫花，灰毛。粒椭圆形，种皮青色，有光泽，脐深褐色。百粒重21.4g。

特性 黄淮海夏大豆，中熟品种，生育期114d。中抗大豆花叶病毒病。落叶性好，不裂荚。

产量品质 2012—2013年北京市夏大豆品种区域试验，平均产量3 147.0kg/hm^2，比对照冀豆12减产2.1%。2013年生产试验，平均产量2 539.5kg/hm^2，比对照冀豆12减产15.0%。蛋白质含量42.44%，脂肪含量18.82%。

栽培要点 适期早播，北京地区一般为6月5～20日；播种量75kg/hm^2，足墒播种，以保出苗。出苗后及时间苗、定苗。密度19.5万株/hm^2，保证苗匀、苗壮。加强肥水管理，施足底肥或2～3叶期追肥，施磷酸二铵、钾肥各180kg/hm^2。花荚期和鼓粒期遇旱涝应及时排水与灌水，并及时防治病虫害。

适宜地区 北京地区（夏播）。

北农106

河北省品种

531. 冀豆16（Jidou 16）

品种来源 河北省农林科学院粮油作物研究所用1196-2（铁755-4-2-7-3×中品661）×1473-2（内城大粒青×豫豆5号），经有性杂交，系谱法选育而成。原品系号99nf79。2005年通过河北省农作物品种审定委员会审定，审定编号为冀审豆2005002。全国大豆品种资源统一编号ZDD24684。

冀豆16

特征 无限结荚习性。株高89.2cm，主茎节数18.1个，分枝2.1个。圆形叶，紫花，灰毛。单株荚数31.6个，荚灰褐色，底荚高18.1cm。粒圆形，种皮黄色，有光泽，脐淡褐色。百粒重23.3g。

特性 黄淮海夏大豆，中晚熟品种，生育期111d，6月上中旬播种，9月下旬成熟。抗倒伏，落叶性好，不裂荚。

产量品质 2003—2004年河北省夏播区域试验，两年平均产量2 892.0kg/hm^2，比对照冀豆7号增产9.2%。2004年生产试验，平均产量2 896.5kg/hm^2，比对照冀豆7号增产13.6%。蛋白质含量43.64%，脂肪含量20.08%。

栽培要点 6月上旬至中旬播种，行距0.4～0.5m，留苗18.0万～22.5万株/hm^2，水肥条件较差的低肥力地块留苗27.0万株/hm^{2}为宜。开花期追施尿素150kg/hm^2。花荚期、鼓粒期遇旱浇水。成熟后及时收获。

适宜地区 河北省中南部夏播区。

532. 冀豆17（Jidou 17）

品种来源 河北省农林科学院粮油作物研究所用Hobbit×早5241[系7476×7527-1-1（艳丽×Williams）]，经有性杂交，系谱法选育而成。2003年育成，原品系号冀nf36。

2006年通过河北省农作物品种审定委员会和国家农作物品种审定委员会审定，审定编号分别为冀审豆2006001和国审豆2006007；2012年北方春大豆组扩审，审定编号为国审豆2012003；2013年黄淮海夏大豆南组扩审，审定编号为国审豆2013010。全国大豆品种资源统一编号ZDD24685。

冀豆17

特征 无限结荚习性。株高101.0cm，分枝2.8个。椭圆形叶，白花，棕毛。单株荚数53.0个，荚褐色，底荚高20.5cm。粒圆形，种皮黄色，有光泽，脐黑色。百粒重17.9g。

特性 黄淮海夏大豆，中熟品种，生育期109d，6月中下旬播种，10月上旬成熟。北方春大豆，晚熟品种，生育期139d，5月上旬播种，9月下旬成熟。抗倒伏，落叶性好，不裂荚。抗大豆花叶病毒病。

产量品质 2004—2005年河北省春播区域试验，两年平均产量2 995.5kg/hm^2，比对照沧豆5号增产33.1%。2005年河北省春播生产试验，平均产量2 908.5kg/hm^2，比对照沧豆5号增产24.1%。2004—2005年黄淮海中片夏大豆区域试验，两年平均产量2 919.0kg/hm^2，比对照鲁99-1增产7.3%。2005年黄淮海中片夏大豆生产试验，平均产量2 973.0kg/hm^2，比对照鲁99-1增产5.4%。2010—2011年西北春大豆区域试验，平均产量3 799.5kg/hm^2，比对照晋豆19增产10.6%。2011年西北春大豆生产试验，平均产量3 795.0kg/hm^2，比对照晋豆19增产7.7%。2010—2011年黄淮海夏大豆南组区域试验，平均产量2 715.3kg/hm^2，比对照中黄13增产3.2%。2012年黄淮海夏大豆南组生产试验，平均产量3 139.05kg/hm^2，比对照中黄13增产5.2%。蛋白质含量38.00%，脂肪含量22.98%。

栽培要点 春播，5月上中旬播种；夏播，6月10～20日播种。密度18万～24万株/hm^2。整地时施足基肥，施氮、磷、钾（比例为1：1：1）复合肥或磷酸二铵225～300kg/hm^2，初花期至开花后10d结合浇水追施尿素150kg/hm^2。及时防治病虫害，花荚期、鼓粒期遇旱浇水。成熟后及时收获。

适宜地区 河北省中北部春播区以及河北省南部、河南省中部和北部、陕西省关中平原和山东省济南周边地区（夏播）；宁夏回族自治区中北部，陕西省北部、渭南，山西省中部、东南部，甘肃省陇东地区（春播）；山东省西南部、河南省南部、江苏和安徽两省淮河以北地区（夏播）。

533. 冀豆18（Jidou 18）

品种来源 河北省农林科学院粮油作物研究所用特高秆 × 青四，经有性杂交，系谱法选育而成。原品系号nf7-2，曾用名冀B04-6。2007年通过国家农作物品种审定委员会审定，审定编号为国审豆2007019。全国大豆品种资源统一编号ZDD24686。

冀豆18

特征 有限结荚习性。株高63.1cm，分枝2.1个。卵圆形叶，白花，灰毛。单株荚数32.7个，荚灰褐色，底荚高6.7cm。粒椭圆形，种皮黄色，无光泽，脐褐色。百粒重23.9g。

特性 西南山区春大豆，中早熟品种，生育期117d，4月下旬播种，8月下旬成熟。抗倒伏性强，落叶性好，不裂荚。抗病性好。

产量品质 2005—2006年西南山区春大豆组区域试验，平均产量2 869.5kg/hm^2，比滇86-5增产7.9%。2006年生产试验，平均产量2 322.0kg/hm^2，比滇86-5增产3.9%。蛋白质含量44.10%，脂肪含量19.06%。

栽培要点 4月20日至5月20日播种。整地时施复合肥或磷酸二铵225 ~ 300kg/hm^{2}作基肥。密度18万 ~ 24万株/hm^2。及时防治病虫害，花荚期、鼓粒期遇旱浇水。成熟后及时收获。

适宜地区 云南省及湖北省恩施地区（春播）。

534. 冀豆19（Jidou 19）

品种来源 河北省农林科学院粮油作物研究所利用MS1雄性核不育材料，以70多个国内外优良大豆品种作亲本天然杂交，通过轮回选择方法选育而成。原品系号B0510。2008年通过国家农作物品种审定委员会审定，审定编号为国审豆2008007。2011年通过河北省农作物品种审定委员会审定，审定编号为冀审豆2011003。全国大豆品种资源统一编号ZDD24687。

特征 亚有限结荚习性。株高82.3cm，分枝1.8个。卵圆形叶，白花，灰毛。单株荚数38.7个，荚褐色，底荚高20.1cm。粒圆形，种皮黄色，微光泽，脐黄色。百粒重17.2g。

特性 黄淮海夏大豆，中熟品种，生育期106d，6月中下旬播种，10月上旬成熟。抗倒伏性较强，落叶性好，不裂荚。抗大豆花叶病毒病。

产量品质 2006—2007年黄淮海南片夏大豆区域试验，平均产量2 467.5kg/hm²，比对照徐豆9号增产6.4%。2007年黄淮海南片夏大豆生产试验，平均产量2 359.5kg/hm²，比对照徐豆9号增产4.7%。2008—2009年河北省春播区域试验，平均产量2 925.0kg/hm²，比对照沧豆5号增产7.9%。2010年河北省春播生产试验，平均产量2 730.0kg/hm²，比对照沧豆5号增产8.5%。蛋白质含量40.59%，脂肪含量21.09%。

冀豆19

栽培要点 6月10～20日播种，密度22.5万株/hm²。整地时施复合肥或磷酸二铵225～300kg/hm²作底肥。初花期至开花后10d结合浇水追施尿素150kg/hm²左右。春播适播期4月底至5月初，密度18万～22.5万株/hm²。施氮磷钾复合肥或磷酸二铵225～300kg/hm²作底肥。初花期至开花后10d，根据植株长势，追施尿素75～150kg/hm²。苗期一般不浇水，蹲苗防倒；浇好花荚期、鼓粒期水。降雨较多或密度过大时，初花期可喷施多效唑降低株高。注意防治病虫害。成熟后及时收获。

适宜地区 河北省中北春播区以及山东省西南部、河南省南部、江苏和安徽两省淮河以北地区（夏播）。

535. 冀豆20（Jidou 20）

品种来源 河北省农林科学院粮油作物研究所利用MS1雄性核不育材料，以70多个国内外优良大豆品种作亲本天然杂交，通过轮回选择方法选育而成。原品系号01S56。2008年通过河北省农作物品种审定委员会审定，审定编号为冀审豆2008002。全国大豆品种资源统一编号ZDD24688。

特征 有限结荚习性。株高79.1cm，分枝2.4个。卵圆形叶，紫花，灰毛。单株荚数37.8

冀豆20

个，荚灰褐色，底荚高14.5cm。粒圆形，种皮黄色，无光泽，脐黄色。百粒重21.8g。

特性 黄淮海夏大豆，早熟品种，生育期100d，6月中下旬播种，10月上旬成熟。抗病性较强。

产量品质 2005—2006年河北省夏播区域试验，平均产量2 625.5kg/hm^2，比对照冀豆7号增产5.0%。2007年生产试验，平均产量2 875.7kg/hm^2，比对照冀豆12增产3.5%。蛋白质含量41.32%，脂肪含量18.19%。

栽培要点 6月10～20日播种，密度22.5万株/hm^2。苗期蹲苗，开花期追施尿素150kg/hm^2。及时防治病虫害，花荚期、鼓粒期遇旱浇水。成熟后及时收获。

适宜地区 河北省中南部（夏播）。

536. 冀豆21（Jidou 21）

冀豆21

品种来源 河北省农林科学院粮油作物研究所利用MS1雄性核不育材料，以70多个国内外优良大豆品种作亲本天然杂交，通过轮回选择方法选育而成。原品系号冀06B9。2010年通过国家农作物品种审定委员会审定，审定编号为国审豆2010004。全国大豆品种资源统一编号ZDD31096。

特征 亚有限结荚习性。株高74.2cm，分枝2.4个。卵圆形叶，紫花，灰毛。单株荚数35.0个，荚灰褐色，底荚高16.8cm。粒椭圆形，种皮黄色，微光泽，脐黄色。百粒重24.5g。

特性 黄淮海夏大豆，中熟品种，生育期105d，6月中旬播种，9月下旬成熟。

产量品质 2008—2009年黄淮海北片夏大豆区域试验，平均产量3 074.25kg/hm^2，比对照冀豆12增产6.8%。2009年生产试验，平均产量2 857.5kg/hm^2，比对照冀豆12增产5.0%。蛋白质含量44.42%，脂肪含量17.97%。

栽培要点 6月10～20日播种，密度22.5万株/hm^2。整地时施氮磷钾复合肥或磷酸二铵225～300kg/hm^{2}作底肥，初花期至开花后10d根据长势追施尿素75～150kg/hm^2。注意防治病虫害，花荚期、鼓粒期遇旱浇水。成熟后及时收获。

适宜地区 北京市、天津市、河北省中南部（夏播）。

537. 冀豆22（Jidou 22）

品种来源 河北省农林科学院粮油作物研究所利用MS1雄性核不育材料，以70多个国内外优良大豆品种作亲本天然杂交，通过轮回选择方法选育，2008年育成。2012年通过河北省农作物品种审定委员会审定，审定编号为冀审豆2012001。全国大豆品种资源统一编号ZDD31097。

冀豆22

特征 亚有限结荚习性。株高121.8cm，分枝1.4个。圆形叶，白花，淡棕毛。单株荚数46.6个，荚灰褐色，底荚高13.1cm。粒圆形，种皮黄色，无光泽，脐淡褐色。百粒重22.0g。

特性 北方春大豆，中熟品种，生育期128d，4月下旬或5月上旬播种，9月上旬成熟。抗病性好。

产量品质 2009—2010年河北省春播区域试验，平均产量3 072.6kg/hm^2，比对照沧豆5号增产7.1%。2011年生产试验，平均产量3 267.3kg/hm^2，比对照邯豆7号增产7.1%。蛋白质含量39.82%，脂肪含量22.30%。

栽培要点 4月25日至5月20日播种，密度19.5万株/hm^2。施氮磷钾复合肥或磷酸二铵75kg/hm^{2}作底肥。开花期根据地力追施尿素75kg/hm^2。浇好开花、鼓粒水，后期浇水注意防倒。

适宜地区 河北省中北部地区（春播）。

538. 冀nf58（Ji nf58）

品种来源 河北省农林科学院粮油作物研究所1994年用Hobbit×早5241［系7476×7527-1-1（艳丽×Williams)］，经有性杂交，系谱法选育而成。2003年申请国家植物新品种保护，品种权号CNA20030274.4。2005年通过国家农作物品种审定委员会审定，审定编号为国审豆2005025。全国大豆品种资源统一编号ZDD23945。

冀nf58

特征 无限结荚习性。株高86.1cm，分枝2.5个。卵圆形叶，白花，棕毛。单株荚数40.3个，荚褐色，底荚高24.8cm。粒圆形，种皮黄色，有光泽，脐褐色。百粒重14.5g。

特性 黄淮海夏大豆，中熟品种，生育期109d，6月中下旬播种，9月下旬成熟。抗倒伏，抗病性好。

产量品质 2002—2003年黄淮海中片夏大豆区域试验，两年平均产量2 606.6kg/hm^2，比对照鲁豆11增产4.7%。2003年生产试验，平均产量2 637.5kg/hm^2，比对照鲁豆11增产7.5%。蛋白质含量35.77%，脂肪含量23.63%。

栽培要点 夏播播期6月10～20日；春播播期5月下旬。机播播量67.5kg/hm^2，人工点播60kg/hm^2。肥力较好地块密度21万株/hm^2，肥力较低的沙土地密度27万株/hm^2。除特殊干旱年份外，幼苗期一般不浇水，干旱时可在分枝期浇水。根据墒情或降雨量浇好开花水、鼓粒水。整地时施足底肥，施氮磷钾复合肥150～225kg/hm^2，或磷酸二铵150kg/hm^2。不施底肥时，有缺肥症状的苗期可追施磷酸二铵75～150kg/hm^2。初花期至开花后10d结合浇水追施尿素150kg/hm^2。成熟后及时收获。

适宜地区 河南省中北部、山东省中部、山西省南部以及陕西省关中平原地区（夏播）。

539. 五星3号（Wuxing 3）

品种来源 河北省农林科学院粮油作物研究所1994年用冀豆9号×Century-2.3，经有性杂交，系谱法选育，2003年育成。原品系号鉴15。2005年通过国家农作物品种审定委员会审定，审定编号为国审豆2005024。全国大豆品种资源统一编号ZDD24689。

五星3号

特征 有限结荚习性。株高89.9cm，分枝1.4个。圆形叶，紫花，棕毛。单株荚数41.5个，熟褐色，底荚高16.3cm。粒椭圆形，种皮黄色，微光泽，脐褐色。百粒重23.3g。

特性 黄淮海夏大豆，中熟品种，生育期112d，6月上中旬播种，9月下旬成熟。抗倒伏中等。缺失脂肪氧化酶-2。

产量品质 2002—2003年黄淮海北片夏大豆区域试验，两年平均产量2 867.9kg/hm^2，比对照早熟18增产4.4%。2003年生产试验，平均产量2 841.8kg/hm^2，比对照早熟18增产10.6%。蛋白质含量41.61%，脂肪含量19.82%。

栽培要点 6月5～20日播种，机播播量90kg/hm^2，人工点播60kg/hm^2。肥力较好地块种植密度22.5万株/hm^2，肥力较差的沙土地种植密度27万株/hm^2。除特殊干旱年份外，苗期一般不浇水。开花期结合浇水追施纯氮75kg/

hm^2。及时防治病虫害，花荚期、鼓粒期遇旱浇水。成熟后及时收获。

适宜地区 北京市、天津市、河北省中部、山西省中部及山东省北部地区（夏播）。

540. 五星4号（Wuxing 4）

品种来源 河北省农林科学院粮油作物研究所用冀豆12×Suzuyutaka－3L，经有性杂交，系谱法选育而成。2009年通过河北省农作物品种审定委员会审定，审定编号为冀审豆2009005。全国大豆品种资源统一编号ZDD24690。

特征 有限结荚习性。株高60.1cm，分枝2.4个。椭圆形叶，紫花，灰毛。单株荚数33.5个，荚熟灰褐色，底荚高15.3cm。粒椭圆形，种皮黄色，无光泽，脐黄色。百粒重22.2g。

特性 黄淮海夏大豆，早熟品种，生育期100d，6月中下旬播种，10月上旬成熟。抗倒伏性强，落叶性好，不裂荚。抗病性好。脂肪氧化酶全缺失。

产量品质 2005—2006年河北省夏播区域试验，平均产量2 595.0kg/hm^2，比对照冀豆7号增产3.8%。2007年生产试验，平均产量2 806.5kg/hm^2，比对照冀豆12增产1.0%。蛋白质含量39.71%，脂肪含量18.68%。脂肪氧化酶全缺失，无豆腥味。

栽培要点 6月20日前播种，播深3～5cm，密度22.5万株/hm^2。出苗后间苗，3片真叶时一次定苗。花荚期、鼓粒期遇旱浇水，注意防治病虫害。成熟后及时收获。

适宜地区 河北省中南部夏播区。

五星4号

541. 邯豆6号（Handou 6）

品种来源 河北省邯郸市农业科学院用豫豆8号×观185，经有性杂交改良系谱法选育而成。原品系号邯1-62。2006年通过河北省农作物品种审定委员会审定，审定编号为冀审豆2006005。全国大豆品种资源统一编号ZDD24697。

特征 有限结荚习性。株高67.3cm，分枝1.0个。披针形叶，白花，灰毛。单株荚数27.6个，荚褐色，底荚高18.0cm。粒椭圆形，种皮黄色，无光泽，脐黄色。百粒重21.3g。

特性 黄淮海夏大豆，早熟品种，生育期98d,6月中旬播种,9月下旬成熟。抗倒性较强。

产量品质 2004—2005年河北省夏播区域试验，平均产量2 867.3kg/hm²，比对照冀豆7号增产10.9%。2005年生产试验，平均产量2 568.4kg/hm²，比对照冀豆7号增产9.4%。蛋白质含量42.36%，脂肪含量17.68%。

栽培要点 注意轮作，适时、足墒均匀播种。密度22.5万株/hm²。施底肥磷酸二铵225kg/hm²，花荚期和鼓粒期遇旱浇水。及时防治虫害。

适宜地区 河北省中南部夏播区。

邯豆6号

542. 邯豆7号（Handou 7）

品种来源 河北省邯郸市农业科学院1996年用美4550×冀豆11，经有性杂交选育而成。原品系号邯348。2007年通过河北省和宁夏回族自治区农作物品种审定委员会审定，审定编号分别为冀审豆2007002和宁审豆2007001。全国大豆品种资源统一编号ZDD24698。

特征 亚有限结荚习性。株高85.5cm，分枝1.3个。卵圆形叶，紫花，棕毛。单株荚数36.7个，荚褐色，底荚高14.3cm。粒椭圆形，种皮黄色，有光泽，脐褐色。百粒重24.6g。

特性 北方春大豆，中晚熟品种，生育期132d，4月中旬播种，9月下旬成熟。高抗大豆花叶病毒病，中抗大豆灰斑病和大豆胞囊线虫病。

产量品质 2005—2006年河北省春播区域试验，平均产量2 666.0kg/hm²，比对照沧豆5号增产7.0%。2006年生产试验，平均产量2 666.8kg/hm²，比对照沧豆5号增产12.8%。2005—2006年宁夏回族自治区大豆区域试验，平均产量3 928.2kg/hm²，比对照宁豆4号增产26.9%。2006年生产试验（套种），平均产量1 447.5kg/hm²，与对照宁豆4号产量持平。蛋白质含量43.95%，脂肪含量19.68%。

邯豆7号

栽培要点 春播于4月25日前播种。单种播量75kg/hm^2，密度18.0万～22.5万株/hm^2；套种播量37.5～52.5kg/hm^2，密度15万～18万株/hm^2。保证全苗、壮苗，适时灌水，氮、磷、钾肥配合施用，及时中耕除草，摘除菟丝子，中后期及时用杀螨剂防治红蜘蛛。避免重茬和迎茬。

适宜地区 河北省北部春播区，宁夏回族自治区灌区（春播单种或套种）。

543. 邯豆8号（Handou 8）

品种来源 河北省邯郸市农业科学院、河北省农林科学院粮油作物研究所1998年用沧豆4号×邯豆3号，经有性杂交，系谱法选育而成。原品系号邯9803-3-3-1-3。2009年通过河北省农作物品种审定委员会审定，审定编号为冀审豆2009004；2010年通过国家农作物品种审定委员会审定，审定编号为国审豆2010006。全国大豆品种资源统一编号ZDD24699。

特征 亚有限结荚习性。株高84.0cm，分枝1.1个。椭圆形叶，紫花，棕毛。单株荚数38.5个，荚黄褐色，底荚高13.1cm。粒圆形，种皮黄色，有光泽，脐淡褐色。百粒重20.5g。

特性 黄淮海夏大豆，中熟品种，生育期105d，6月中旬播种，9月下旬成熟。较抗大豆花叶病毒病，中抗大豆胞囊线虫病。抗倒伏性强，落叶性好。

邯豆8号

产量品质 2007—2008年河北省夏播区域试验，平均产量3 096.3kg/hm^2，比对照冀豆12增产4.4%。2008年生产试验，平均产量3 044.9kg/hm^2，比对照冀豆12增产4.5%。2008—2009年黄淮海中片夏大豆区域试验，平均产量2 923.1kg/hm^2，比对照齐黄28增产8.0%。2009年生产试验，平均产量2 896.5kg/hm^2，比对照齐黄28增产5.7%。蛋白质含量39.56%，脂肪含量22.00%。

栽培要点 选择未发生大豆胞囊线虫病或两年以上未种过大豆的地块，6月25日前播种，行距0.4～0.5m，株距8～10cm，留苗18万～24万株/hm^2。施磷酸二铵150～300kg/hm^{2}作底肥，开花前追施尿素150kg/hm^2。

适宜地区 河北省中南部夏播区。

544. 邯豆9号（Handou 9）

品种来源　河北省邯郸市农业科学院1999年用沧豆4号 × 邯9119（冀豆4号 × 90F4160 [84109（中国科学院遗传研究所高代材料系选）× 邯171（7472 × 铁17)]），经有性杂交，系谱法选育而成。原品系号邯4324，2007年育成。2011年通过河北省农作物品种审定委员会审定，审定编号为冀审豆2011005。全国大豆品种资源统一编号ZDD31098。

特征　亚有限结荚习性。株高97.0cm，主茎节数19.5个，分枝1.4个。卵圆形叶，紫花，棕毛。单株荚数37.6个，荚褐色，底荚高14.0cm。粒圆形，种皮黄色，微光泽，脐黑色。百粒重25.2g。

邯豆9号

特性　黄淮海夏大豆，中熟品种，生育期108d，6月中旬播种，10月上旬成熟。抗倒性较好，落叶性较好，不裂荚。较抗大豆花叶病毒病，高抗大豆胞囊线虫病。

产量品质　2008—2009年河北省夏播区域试验，平均产量3 157.5kg/hm^2，比对照冀豆12增产6.3%。2010年生产试验，平均产量2 970.0kg/hm^2，比对照冀豆12增产1.9%。蛋白质含量40.19%，脂肪含量20.56%。

栽培要点　适宜播期6月上中旬，行距0.4 ~ 0.5m，留苗18万 ~ 24万株/hm^2。底肥施磷酸二铵225 ~ 300kg/hm^2、钾肥75kg/hm^2，或氮磷钾复合肥225 ~ 300kg/hm^2。开花期追施尿素75kg/hm^2，花荚期、鼓粒期遇旱及时浇水。注意防治病虫害。

适宜地区　河北省中南部夏播区。

545. 邯豆10号（Handou 10）

品种来源　河北省邯郸市农业科学院2001年用鲁豆11 × 邯豆3号，经有性杂交，系谱法选育育成。原品系号邯6192。2011年通过河北省农作物品种审定委员会审定，审定编号为冀审豆2011002。全国大豆品种资源统一编号ZDD31099。

特征　亚有限结荚习性。株高119.0cm，主茎节数21.5个，分枝2.3个。卵圆形叶，紫花，棕毛。单株荚数58.4个，荚黄褐色，底荚高15.0cm。粒圆形，种皮黄色，微光泽，脐褐色。百粒重18.6g。

特性　北方春大豆，中晚熟品种，生育期134d，4月下旬播种，9月上旬成熟。抗倒性一般，半落叶性，不裂荚。抗大豆花叶病毒病，中感大豆胞囊线虫病。

产量品质 2008—2009年河北省春播区域试验，平均产量2 857.5kg/hm²，比对照沧豆5号增产5.4%。2010年生产试验，平均产量2 910.0kg/hm²，比对照沧豆5号增产15.5%。蛋白质含量41.46%，脂肪含量20.76%。

栽培要点 4月下旬播种，密度17.5万～27万株/hm²。施磷酸二铵150～225kg/hm²或氮磷钾复合肥150kg/hm²作基肥，花荚期追施尿素150kg/hm²。花荚期、鼓粒期遇旱及时浇水，注意防治病虫害。

适宜地区 河北省中北部春播区。

邯豆10号

546. 沧豆6号（Cangdou 6）

品种来源 河北省沧州市农业科学院用郑77279×沧9403[科丰6号×尖叶豆（河北）]，经有性杂交，系谱法选育而成。2008年通过河北省农作物品种审定委员会审定，审定编号为冀审豆2008001。全国大豆品种资源统一编号ZDD24700。

特征 有限结荚习性。株高70.4cm，分枝1.9个。卵圆形叶，紫花，棕毛。单株荚数39.0个，荚黄褐色，底荚高16.7cm。粒椭圆形，种皮黄色，无光泽，脐褐色。百粒重19.6g。

特性 黄淮海夏大豆，中熟品种，生育期101d，6月中旬播种，9月下旬成熟。抗病性较强。

产量品质 2005—2006年河北省夏播区域试验，平均产量2 734.6kg/hm²，比对照冀豆7号增产9.4%。2007年生产试验，平均产量2 749.5kg/hm²，比对照冀豆12减产1.1%。蛋白质含量36.18%，脂肪含量21.85%。

栽培要点 适宜播期6月15～20日。足墒播种，施磷酸二铵75kg/hm²作底肥。行距0.4～0.45m，密度21万～24万株/hm²。2～

沧豆6号

3片真叶时定苗。始花期追施尿素150kg/hm^2、硫酸钾75kg/hm^2。花期及鼓粒期遇旱及时浇水。注意防治蚜虫、红蜘蛛、豆荚螟、大豆食心虫和豆天蛾等害虫。

适宜地区 河北省中南部夏播区。

547. 沧豆7号（Cangdou 7）

品种来源 河北省沧州市农业科学院用潍8640×沧8915（晋大7826［H65（天鹅蛋）×直立白毛］×冀豆4号），经有性杂交，系谱法选育而成。2007年通过河北省农作物品种审定委员会审定，审定编号为冀审豆2007001。全国大豆品种资源统一编号ZDD24701。

沧豆7号

特征 有限结荚习性。株高79.7cm，分枝1.1个。圆形叶，紫花，棕毛。单株荚数34.3个，荚黄褐色，底荚高20.5cm。粒圆形，种皮黄色，微光泽，脐黑色。百粒重21.4g。

特性 北方春大豆，晚熟品种，生育期147d，4月下旬播种，9月下月成熟。中抗大豆花叶病毒病，中抗大豆胞囊线虫病。抗倒性较好，落叶性差，不裂荚。

产量品质 2005—2006年河北省春播区域试验，平均产量2 627.3kg/hm^2，比对照沧豆5号增产5.5%。2006年生产试验，平均产量2 530.7kg/hm^2，比对照沧豆5号增产7.0%。蛋白质含量43.37%，脂肪含量19.94%。

栽培要点 4月中下旬为适宜播期，密度17.5万～24万株/hm^2。

适宜地区 河北省怀来县至承德县等温线以南的河北省春播区。

548. 沧豆10号（Cangdou 10）

品种来源 河北省沧州市农业科学院用细胞核雄性不育系96B59×96QT（群体）自然杂交，经5轮轮回选择选育而成。2011年通过河北省农作物品种审定委员会审定，审定编号为冀审豆2011001。全国大豆品种资源统一编号ZDD31100。

特征 亚有限结荚习性。株高120.4cm，分枝1.9个。卵圆形叶，紫花，棕毛。单株荚数45.0个，荚黄褐色，底荚高18.2cm。粒椭圆形，种皮黄色，微光泽，脐深褐色。百粒重23.0g。

特性 北方春大豆，中晚熟品种，生育期133d，5月上中旬播种，9月下旬成熟。

产量品质 2008—2009年河北省春播区域试验，平均产量2 775.0kg/hm^2，比对照沧豆5号增产2.4%。2010年河北省春播生产试验，平均产量2 790.0kg/hm²，比对照沧豆5号增产5.5%。蛋白质含量47.22%，脂肪含量18.35%。

栽培要点 适宜播期5月上中旬，密度17.5万～24万株/hm²，肥水条件好适当稀植，反之密植。施足底肥，增施磷、钾肥，初花期注意追肥。遇旱及时浇水，中后期防倒伏。

适宜地区 河北省中北部春播区。

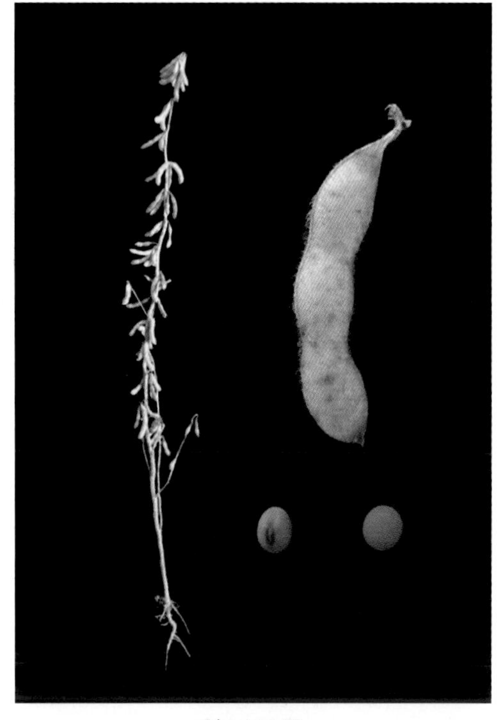

沧豆10号

549. 青选1号（Qingxuan 1）

品种来源 河北省国营青县原种场从冀黄104中系统选育而成。2006年通过河北省农作物品种审定委员会审定，审定编号为冀审豆2006002。全国大豆品种资源统一编号ZDD24702。

特征 无限结荚习性。株高101.0cm，分枝1.65个。圆形叶，紫花，灰毛。单株荚数45.0个，荚灰褐色，底荚高23.0cm。粒椭圆形，种皮黄色，有光泽，脐褐色。百粒重21.5g。

特性 北方春大豆，晚熟品种，生育期141d，4月下旬至5月上旬播种，9月下旬成熟。抗病性好。

产量品质 2004—2005年河北省春播区域试验，平均产量2 427.0kg/hm²，比对照沧豆5号增产7.9%。2005年生产试验，平均产量2 541.0kg/hm²，比对照沧豆5号增产8.4%。蛋白质含量43.76%，脂肪含量17.18%。

栽培要点 播期4月25日至5月20日，留苗15万～18万株/hm²。开花期根据地力追施尿素75kg/hm²。及时防治病虫害。花荚期、鼓粒期遇旱浇水。成熟后及时收获。

适宜地区 河北省中北部地区（春播）。

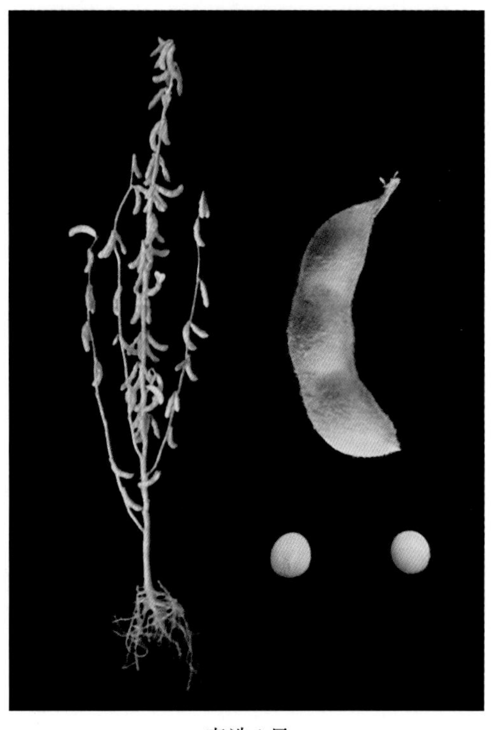

青选1号

550. 化诱5号（Huayou 5）

品种来源 原中国科学院石家庄农业现代化研究所与石家庄农业科学研究院用甲基磺酸乙酯+平阳霉素复合处理诱变大粒（黄骅地方品种×冀豆4号）F_2代，选育而成。2005年通过河北省农作物品种审定委员会审定，审定编号为冀审豆2005001。全国大豆品种资源统一编号ZDD24696。

特征 亚有限结荚习性。株高89.8cm，分枝0.3个。椭圆形叶，白花，棕毛。单株荚数30.7个，荚褐色，底荚高13.1cm。粒椭圆形，种皮黄色，无光泽，脐黄色。百粒重27.2g。

化诱5号

特性 黄淮海夏大豆，中熟品种，生育期109d，6月中下旬播种，10月上旬成熟。抗病。抗倒伏，丰产性好，成熟时落叶性好，不裂荚。

产量品质 2003—2004年河北省夏播区域试验，平均产量2 978.9kg/hm^2，比对照冀豆7号增产12.4%。2004年生产试验，平均产量2 952.0kg/hm^2，比对照冀豆7号增产15.7%。蛋白质含量43.86%，脂肪含量19.63%。

栽培要点 6月15日前播种，播深3～5cm，播量90kg/hm^2。播后根据土壤墒情及时浇水。早间苗、定苗，留苗27万株/hm^2。加强田间管理，4～5片真叶时，追施尿素75kg/hm^2。中期重施花肥，促花结荚。鼓粒期保证供水充足。注意防治虫害。

适宜地区 河北省中南部夏播区。

551. 石豆1号（Shidou 1）

品种来源 河北省石家庄市农林科学研究院与原中国科学院石家庄农业现代化研究所用甲基磺酸乙酯+平阳霉素复合处理分枝2号［冀豆8号（早熟10经EMS、PYM诱变选育的突变系）经EMS、PYM诱变选育的突变系］选育，2004年育成。原品系号石豆411。2007年通过河北省农作物品种审定委员会审定，审定编号为冀审豆2007003。2010年通过国家农作物品种审定委员会审定，审定编号为国审豆2010019。全国大豆品种资源统一编号ZDD24691。

特征 亚有限结荚习性。株高75.7cm，分枝2.4个。椭圆形叶，紫花，灰毛。单株荚数35.5个，荚褐色，底荚高21.0cm。粒椭圆形，种皮黄色，微光泽，脐褐色。百粒重20.8g。

石豆1号

特性 黄淮海夏大豆，中熟品种，生育期104d，6月中下旬播种，10月上旬成熟。抗病性一般。

产量品质 2005—2006年河北省夏播区域试验，平均产量2 940.5kg/hm²，比对照冀豆7号增产17.6%。2006年生产试验，平均产量2 770.4kg/hm²，比对照冀豆7号增产10.6%。2006—2007年黄淮海中片夏大豆区域试验，平均产量2 769.8kg/hm²，比对照齐黄28增产5.9%。2008年生产试验，平均产量3 181.5kg/hm²，比对照齐黄28增产13.5%。蛋白质含量39.39%，脂肪含量22.75%。

栽培要点 6月中旬播种，条播行距0.4～0.45m，密度24万株/hm²。施底肥磷酸二铵75kg/hm²、硫酸钾75kg/hm²，并在初花期追施尿素150kg/hm²。

适宜地区 河北省南部、山西省南部、河南省中北部、山东省中部和陕西省关中地区（夏播），大豆胞囊线虫病易发区慎用。

552. 石豆2号（Shidou 2）

品种来源 河北省石家庄市农业科学研究院用甲基磺酸乙酯+平阳霉素复合处理冀豆8号（早熟10经EMS、PYM诱变选育的突变系），2005年选育而成。原品系号石豆502。2008年通过河北省农作物品种审定委员会审定，审定编号为冀审豆2008003。全国大豆品种资源统一编号ZDD24692。

石豆2号

特征 亚有限结荚习性。株高79.3cm，分枝2.4个。卵圆形叶，紫花，灰毛。单株荚数34.4个，荚褐色，底荚高12.0cm。粒圆形，种皮黄色，无光泽，脐黑色。百粒重21.6g。

特性 黄淮海夏大豆，中熟品种，生育期

108d，6月中下旬播种，10月上旬成熟。抗病性较强。

产量品质 2006—2007年河北省夏播区域试验，平均产量2 892.8kg/hm^2，比对照冀豆7号增产10.8%。2007年生产试验，平均产量3 097.1kg/hm^2，比对照冀豆12增产11.4%。蛋白质含量37.99%，脂肪含量21.10%。

栽培要点 施足底肥，造好底墒。6月20日前播种，播种深度3 ~ 4cm，行距0.4 ~ 0.45m。2 ~ 3片真叶时定苗，条播留单株，穴播每穴留3株，密度27万株/hm^2。4 ~ 5片真叶时追施尿素150kg/hm^2，鼓粒期保证供水充足。生育后期遇旱情及时浇水，保荚增粒促粒重。注意防治蚜虫、红蜘蛛。

适宜地区 河北省中南部夏播区。

553. 石豆3号（Shidou 3）

品种来源 河北省石家庄市农业科学研究院用科丰14×晋遗16，经有性杂交，系谱法选育而成。原品系号石豆605。2009年通过河北省农作物品种审定委员会审定，审定编号为冀审豆2009001。全国大豆品种资源统一编号ZDD24693。

石豆3号

特征 亚有限结荚习性。株高117.5cm，分枝1.7个。卵圆形叶，紫花，灰毛。单株荚数46.2个，荚黑褐色，底荚高19.3cm。粒圆形，种皮黄色，微光泽，脐淡褐色。百粒重20.7g。

特性 北方春大豆，中晚熟品种，生育期135d，5月上中旬播种，9月下旬成熟。抗倒性较强。抗病性较强。

产量品质 2006—2007年河北省春播区域试验，平均产量2 983.4kg/hm^2，比对照沧豆5号增产3.9%。2008年生产试验，平均产量2 650.8kg/hm^2，比对照沧豆5号增产15.9%。蛋白质含量46.20%，脂肪含量18.09%。

栽培要点 5月25日前播种，播种深度3 ~ 5cm，行距0.4 ~ 0.45m，播种量75kg/hm^2。2 ~ 3片真叶时定苗，条播留单株，穴播每穴留3株，留苗27万株/hm^2。4 ~ 5片真叶时追施尿素150kg/hm^2，根外喷施锌、硼、钼等微肥。注意防治蚜虫、红蜘蛛等害虫。

适宜地区 河北省中北部春播区。

554. 石豆4号（Shidou 4）

品种来源 河北省石家庄市农业科学研究院与中国科学院遗传与发育生物学研究所农业资源研究中心用甲基磺酸乙酯诱变液浸泡自选系分枝2号［冀豆8号（早熟10经EMS、PYM诱变选育的突变系）经EMS、PYM诱变选育的突变系］，2006年选育而成。原品系号石豆413。2009年通过河北省农作物品种审定委员会审定，审定编号为冀审豆2009003。全国大豆品种资源统一编号ZDD24694。

特征 亚有限结荚习性。株高79.3cm，分枝2.9个。卵圆形叶，紫花，灰毛。单株荚数40.4个，荚灰褐色，底荚高12.4cm。粒圆形，种皮黄色，有光泽，脐褐色。百粒重21.9g。

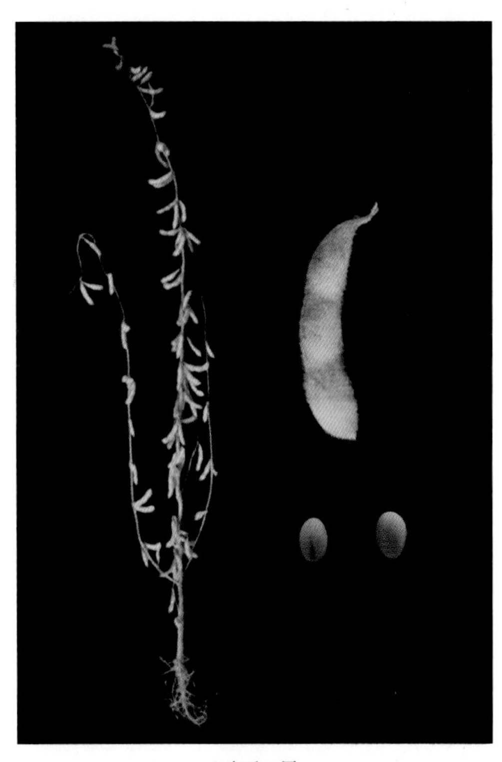

石豆4号

特性 黄淮海夏大豆，中熟品种，生育期107d，6月中下旬播种，10月上旬成熟。抗病性较强。

产量品质 2007—2008年河北省夏播区域试验，平均产量3 282.8kg/hm^2，比对照冀豆12增产10.7%。2008年生产试验，平均产量3 163.4kg/hm^2，比对照冀豆12增产8.5%。蛋白质含量40.02%，脂肪含量22.11%。

栽培要点 6月20日前播种，播种深度3 ~ 5cm，行距0.4 ~ 0.45m，播量75kg/hm^2。2 ~ 3片真叶时定苗，条播留单株，穴播每穴留3株，留苗27万株/hm^2。4 ~ 5片真叶时追施尿素150kg/hm^2，根外喷施锌、硼、钼等微肥。注意防治蚜虫、红蜘蛛等害虫。

适宜地区 河北省中南部夏播区。

555. 石豆5号（Shidou 5）

品种来源 中国科学院遗传与发育生物学研究所农业资源研究中心与河北省石家庄市农业科学研究院用甲基磺酸乙酯诱变液浸泡自选系70-3选育而成。原品系号石豆147。2009年通过河北省农作物品种审定委员会审定，审定编号为冀审豆2009002。全国大豆品种资源统一编号ZDD24695。

特征 亚有限结荚习性。株高116.1cm，分枝0.8个。卵圆形叶，白花，棕毛。单株荚数44.4个，荚褐色，底荚高14.4cm。粒圆形，种皮黄色，有光泽，脐淡褐色。百粒重21.9g。

特性 北方春大豆，中晚熟品种，生育期132d，5月上中旬播种，9月下旬成熟。抗病性较强。

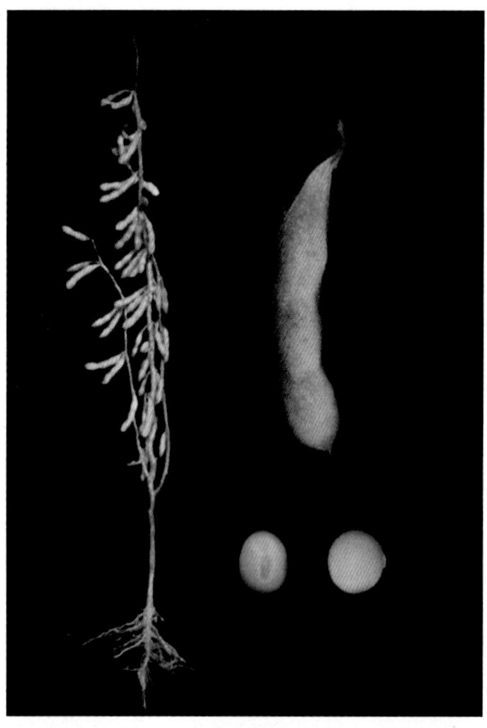
石豆5号

产量品质 2007—2008年河北省春播区域试验，平均产量3 027.0kg/hm^2，比对照沧豆5号增产7.8%。2008年生产试验，平均产量2 662.5kg/hm^2，比对照沧豆5号增产16.4%。蛋白质含量41.08%，脂肪含量20.38%。

栽培要点 5月20日前播种，播种深度3～4cm，行距0.4～0.45m，播种量75kg/hm^2。2～3片真叶时定苗，条播留单株，穴播每穴留3株，留苗27万株/hm^2。4～5片真叶时，追施尿素150kg/hm^2，根外喷施锌、硼、钼等微肥。注意防治蚜虫、红蜘蛛等害虫。

适宜地区 河北省中北部春播区。

556. 石豆6号（Shidou 6）

品种来源 河北省石家庄市农业科学研究院与中国科学院遗传与发育生物学研究所农业资源研究中心用2000-727×化诱542（85-D50经DES、PYM诱变选育的突变系），经有性杂交，系谱法选育，2007年育成。原品系号石H570。2011年通过河北省农作物品种审定委员会审定，审定编号为冀审豆2011004。全国大豆品种资源统一编号ZDD31101。

特征 亚有限结荚习性。株高103.0cm，分枝0.6个。卵圆形叶，紫花，棕毛。单株荚数29.5个，荚褐色，底荚高19.0cm。粒圆形，种皮黄色，有光泽，脐淡褐色。百粒重23.6g。

特性 黄淮海夏大豆，中熟品种，生育期106d，6月中旬播种，9月下旬成熟。抗病性较强。

产量品质 2008—2009年河北省夏播区域试验，平均产量3 225.0kg/hm^2，比对照冀豆12增产8.6%。2010年生产试验，平均产量3 150.0kg/hm^2，比对照冀豆12增产4.7%。蛋白质含量41.31%，脂肪含量20.32%。

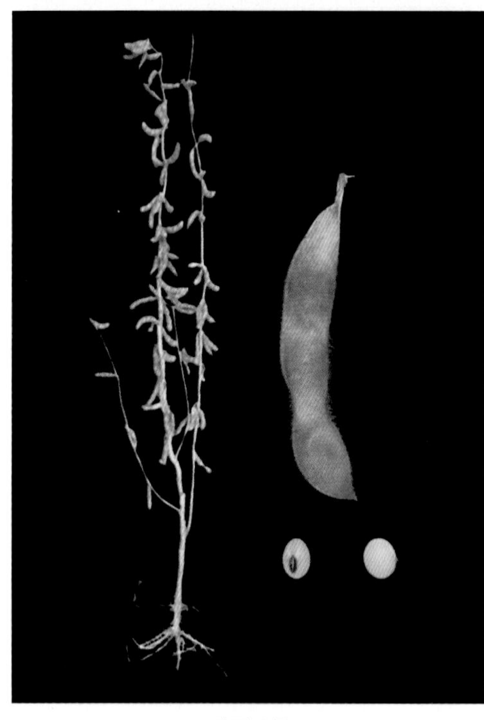
石豆6号

栽培要点 施足底肥，造好底墒。底肥施磷酸二铵225kg/hm^2、硫酸钾75kg/hm^2。6月20日前播种，播深3 ~ 4cm。条播、穴播均可，行距0.4 ~ 0.45m。出苗后立即间苗，2 ~ 3片真叶时定苗，留苗24万株/hm^2。4 ~ 5片真叶时，追施尿素150kg/hm^2。鼓粒期保证水分充足，遇旱及时浇水。注意防治病虫害。

适宜地区 河北省中南部夏播区。

557. 石豆7号（Shidou 7）

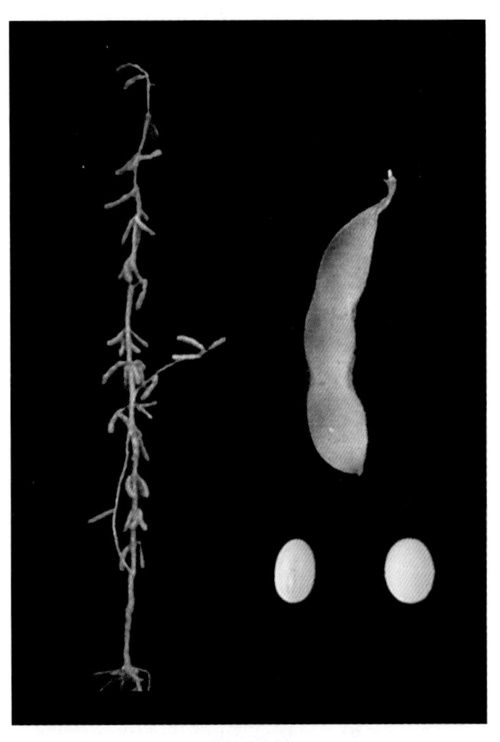

石豆7号

品种来源 河北省石家庄市农林科学研究院用晋遗16作母本，冀豆4号作父本，经有性杂交育成。2013年经河北省农作物品种审定委员会审定，审定编号为冀审豆2013001。全国大豆品种资源统一编号ZDD31102。

特征 亚有限结荚习性。株高106.6cm，分枝1.0个，单株荚数34.6个，荚褐色。卵圆形叶，紫花，棕毛。粒圆形，种皮黄色，有光泽，脐黄色。百粒重25.5g。

特性 黄淮海夏大豆，中熟品种，生育期109d。抗大豆花叶病毒病、大豆霜霉病，较抗大豆紫斑病、大豆褐斑病。抗倒伏。适应性强，成熟时落叶性好，不裂荚。丰产稳产性好。

产量品质 2010—2011年河北省夏大豆品种区域试验，平均产量3 154.13kg/hm^2，比对照冀豆12增产4.84%。2012年生产试验，平均产量2 883.90kg/hm^2，比对照冀豆12增产2.95%。蛋白质含量39.16%，脂肪含量20.71%。

栽培要点 施足底肥，造好底墒。底肥以磷肥、钾肥为主，可施磷酸二铵225.0kg/hm^{2}和硫酸钾75.0kg/hm^2。6月20日之前播种，播深2.5cm。条播、穴播均可，行距40 ~ 45cm。出苗后立即间苗，2 ~ 3片真叶时定苗，留苗27.0万株/hm^2。4 ~ 5片真叶时追肥，追施尿素225.0kg/hm^2，有条件的可根外喷施锌、硼、钼等微肥。鼓粒期要保证水分充足，遇旱及时浇水。注意防治蚜虫、红蜘蛛、豆天蛾、大豆食心虫和豆荚螟等害虫。

适宜地区 河北省中南部夏播区。

558. 石豆8号（Shidou 8）

品种来源 河北省石家庄市农林科学研究院用化诱5号作母本，冀豆7号作父本，经有性杂交育成。2014年经河北省农作物品种审定委员会审定，审定编号为冀审豆2014001。全国大豆品种资源统一编号ZDD31103。

特征 亚有限结荚习性。株高95.5cm，分枝1.2个，单株荚数34.5个，荚褐色。椭圆形叶，白花，棕毛。粒圆形，种皮黄色，微有光泽，脐褐色。百粒重25.1g。

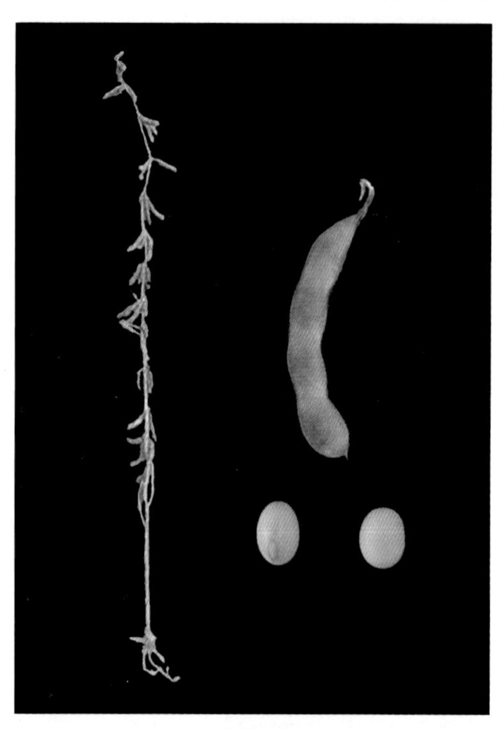
石豆8号

特性 黄淮海夏大豆，中熟品种，生育期105d。不炸荚，落叶性好，抗倒性较强。抗病性较强。适宜机械化收获，田间总评优。

产量品质 2011—2012年河北省夏大豆品种区域试验，平均产量3 184.28kg/hm^2，比对照冀豆12增产5.15%。2012年生产试验，平均产量2 910.60kg/hm^2，比对照冀豆12增产5.30%。蛋白质含量38.57%，脂肪含量22.11%。

栽培要点 施足底肥，造好底墒。底肥以磷肥、钾肥为主，可施磷酸二铵225.0kg/hm^2和硫酸钾75.0kg/hm^2。6月20日之前播种，播深2.5cm，播量90.0kg/hm^2。条播、穴播均可，行距40 ~ 45cm。出苗后立即间苗，2 ~ 3片真叶时定苗。条播留单株，穴播每穴留3株，留苗24.0万株/hm^2。4 ~ 5片真叶时追施尿素225.0kg/hm^2。鼓粒期保证水分充足，遇旱及时浇水。注意防治蚜虫、红蜘蛛、豆天蛾、大豆食心虫和豆荚螟等害虫。

适宜地区 河北省中南部夏播区。

559. 易豆2号（Yidou 2）

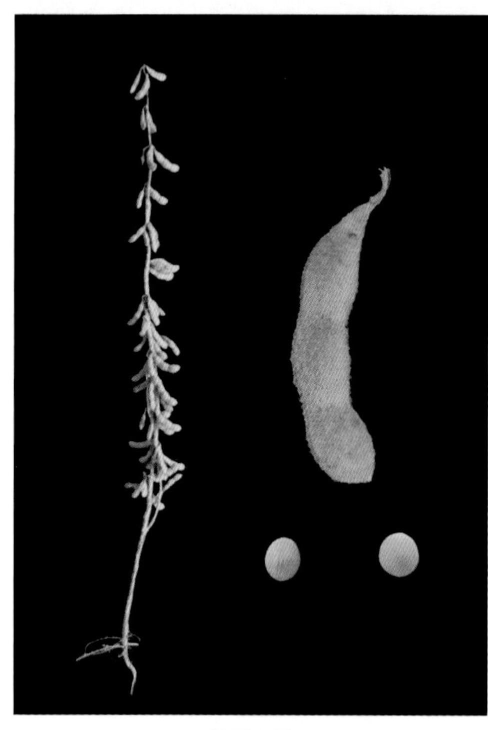
易豆2号

品种来源 河北省易县原种场由冀豆10号优良单株混合选择而成。2008年通过河北省农作物品种审定委员会审定，审定编号为冀审豆2008004。全国大豆品种资源统一编号ZDD24703。

特征 亚有限结荚习性。株高70.7cm，分枝0.9个。卵圆形叶，白花，灰毛。单株荚数34.8个，荚褐色，底荚高18.1cm。粒圆形，种皮黄色，有光泽，脐褐色。百粒重20.9g。

特性 黄淮海夏大豆，中熟品种，生育期101d,6月中下旬播种,10月上旬成熟。抗病性好。

产量品质 2005—2006年河北省夏播区域试验，平均产量2 685.8kg/hm^2，比对照冀豆7号增产7.5%。2007年生产试验，平均产量

2 866.5kg/hm^2，比对照冀豆12增产3.1%。蛋白质含量36.52%，脂肪含量22.87%。

栽培要点 适宜播期6月15～25日。足墒播种，施磷酸二铵75kg/hm^{2}作底肥。行距0.45～0.50m，密度22.5万～30万株/hm^2。2～3片真叶时定苗。始花期追施尿素150kg/hm^2、硫酸钾75kg/hm^2。花期及鼓粒期遇旱及时浇水。成熟后及时收获。

适宜地区 河北省中南部夏播区。

560. 保豆3号（Baodou 3）

品种来源 河北省易县原种场靳秋生和河北农业大学从中作01-03中系统选育而成。2012年通过河北省农作物品种审定委员会审定，审定编号为冀审豆2012003。全国大豆品种资源统一编号ZDD31104。

特征 有限结荚习性。株高62.4cm，分枝2.8个。卵圆形叶，白花，棕毛。单株荚数40.3个，荚灰褐色，底荚高10.3cm。粒圆形，种皮黄色，微有光泽，脐褐色。百粒重27.4g。

特性 黄淮海夏大豆，中熟品种，生育期105d，6月中旬播种，9月下旬成熟。

产量品质 2010—2011年河北省夏播区域试验，平均产量3 116.1kg/hm^2，比对照冀豆12增产3.58%。2011年生产试验，平均产量3 201.6kg/hm^2，比对照冀豆12增产8.42%。蛋白质含量41.10%，脂肪含量19.17%。

栽培要点 播期6月中旬，密度22.5万株/hm^2。足墒播种，施磷酸二铵150kg/hm^{2}作种肥。始花期追施尿素150kg/hm^2、硫酸钾75kg/hm^2。及时间苗，2～3片真叶时定苗。花荚期及鼓粒期遇旱及时浇水，注意防治蚜虫、红蜘蛛、豆荚螟、大豆食心虫和豆天蛾等害虫。结合治虫，根外追施硼、钼等微肥。

适宜地区 河北省中南部地区（夏播）。

保豆3号

561. 农大豆2号（Nongdadou 2）

品种来源 河北农业大学用中作01-03作母本，中科7412作父本，经有性杂交选育而成。2014年经河北省农作物品种审定委员会审定，审定编号为冀审豆2014002。全国大豆品种资源统一编号ZDD31105。

特征 有限结荚习性。株高71.4cm，分枝3.1个，单株荚数42.4个，荚褐色。卵圆形叶，白花，灰毛。粒椭圆形，种皮黄色，微有光泽，脐褐色。百粒重26.9g。

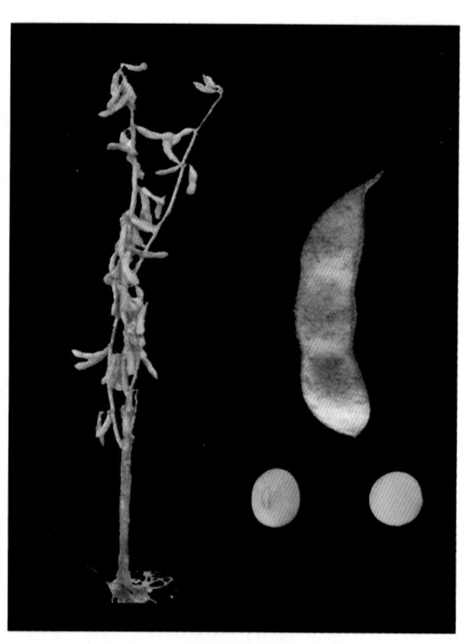
农大豆2号

特性 黄淮海夏大豆，中熟品种，生育期107d。田间抗病性中等。

产量品质 2011—2012年河北省夏大豆品种区域试验，平均产量3 095.85kg/hm^2，比对照冀豆12增产4.12%。2012年生产试验，平均产量2 816.85kg/hm^2，比对照冀豆12增产1.91%。蛋白质含量43.56%，脂肪含量18.57%。

栽培要点 适宜播期为6月15～25日，播深2.5cm，行距45～50cm。足墒播种，施磷酸二铵150kg/hm^2作种肥，始花期追施尿素150.0kg/hm^2、硫酸钾75.0kg/hm^2。及时间苗，2～3片真叶时定苗，留苗密度18.0万～22.5万株/hm^2。花荚期和鼓粒期遇旱及时浇水。注意防治蚜虫、红蜘蛛等害虫。结合治虫，根外追施硼、钼等微肥。

适宜地区 河北省中南部（夏播）。

562. 廊豆6号（Langdou 6）

廊豆6号

品种来源 河北省廊坊市农林科学院以科丰6号为母本，豫豆22为父本，经杂交选育而成。2012年经天津市农作物品种审定委员会审定，审定编号为津审豆2012002。

特征 有限结荚习性。株高85.3cm，分枝2～4个，单株荚数48.1个，单株粒数97.2个，单株粒重19. 6g。椭圆形叶，紫花，棕毛。粒圆形，种皮青色，脐褐色。百粒重19.5g。

特性 黄淮海夏大豆，中熟品种，生育期106d。根系发达，茎秆粗壮，抗病性强，抗倒性好，耐盐碱。

产量品质 2011—2012年天津市大豆区域试验，平均产量3 198.9kg/hm^2，比对照中黄13增产9.3%。2012 年生产试验，平均产量为3 143.9kg/hm^2，比对照中黄13增产11.10%。蛋白质含量38.99%，脂肪含量21.14%。

栽培要点 密度18.0万～27.0万株/hm^2，根据土壤的肥沃程度来调节疏密。每穴不要留双株，整个生育期间及时防治病虫草害。

适宜地区 天津市、北京市、河北省等地区。

山西省品种

563. 晋豆30（Jindou 30）

晋豆30

品种来源 山西省农业科学院高寒区作物研究所以s701为母本，窄叶黄豆为父本，经有性杂交，系谱法选育而成。原名同豆9905-19。2005年通过山西省农作物品种审定委员会审定，定名为晋豆30。审定编号为晋审豆2005001。全国大豆品种资源统一编号ZDD24704。

特征 亚有限结荚习性。植株直立，株高90cm，主茎节数20个，分枝4个。披针形叶，紫花，棕毛。单株荚数33个，荚灰褐色，底荚高18cm。粒椭圆形，种皮黄色，有光泽，脐黑色。百粒重18.0g。

特性 北方春大豆，中熟品种，生育期123d。抗大豆花叶病毒病。抗倒伏。

产量品质 2003—2004年山西省大豆早熟组区域试验，2003年平均产量为2 101.5kg/hm^2，比对照晋豆25增产2.3％。2004年平均产量为2 130.0kg/hm^2，比对照晋豆25增产14.1％。两年平均产量2 116.5kg/hm^2，比对照晋豆25增产8.0％。2004年生产试验，平均产量2 218.5kg/hm^2，比对照晋豆25增产20.6％。蛋白质含量43.08％，脂肪含量18.6％。

栽培要点 春播5月上中旬播种，夏播麦收及时灭茬。春播的适宜密度为22.5万～27.0万株/hm^2，夏播为25.5万～30.0万株/hm^2。播前施农家肥30 000kg/hm^2、碳酸氢铵375kg/hm^2、过磷酸钙375kg/hm^2。

适宜地区 晋北平川区水旱地（春播），晋中、晋南地区（复播）以及类似地区。

564. 晋豆31（Jindou 31）

品种来源 山西省农业科学院经济作物研究所1996年以埂283为母本，1259为父本，经有性杂交，系谱法选育而成。原名汾豆57。2005年通过山西省农作物品种审定委员会

晋豆31

审定，审定编号为晋审豆2005002。全国大豆品种资源统一编号ZDD24705。

特征 无限结荚习性。植株直立，株高90 ~ 105cm，主茎节数18 ~ 20节，分枝2 ~ 3个。圆形叶，白花，灰毛。单株荚数40 ~ 60个，荚深褐色。底荚高18 ~ 20cm。粒椭圆形，种皮黄色，有光泽，脐褐色。百粒重22.5g。

特性 北方春大豆，中熟品种，春播出苗至成熟125 ~ 128d，一般年份在9月20日即可成熟。抗大豆胞囊线虫病4号生理小种，抗大豆食心虫。多雨年份有轻度倒伏。

产量品质 2001年在大豆胞囊线虫病4号生理小种病田5个点进行品系鉴定试验，平均产量2 373kg/hm^2，比对照晋豆23增产36.5%。2002年在大豆胞囊线虫病4号生理小种病田4个点进行品系比较试验，平均产量2 464.5kg/hm^2，比对照晋豆23增产18.8%。2003年山西中晚熟组区域试验，与对照晋豆19产量持平。2004年继续参加山西中晚熟组区域试验，并进行生产试验，平均产量为3 210kg/hm^2，比对照晋豆19增产3.1%。蛋白质含量40.26%，脂肪含量20.52%。

栽培要点 山西省中部地区4月下旬至5月初播种，一般不迟于5月5日。中部地区春播播量60 ~ 75kg/hm^2，密度15.0万株/hm^2；南部地区夏播播量120 ~ 150kg/hm^2，密度22.5万~ 30.0万株/hm^2。成熟后及时收获。

适宜地区 黄土高原同类地区（春播），尤其适合在受到大豆胞囊线虫病4号生理小种危害的大豆种植区推广。

565. 晋豆32（Jindou 32）

品种来源 山西省农业科学院经济作物研究所1996—2002年以晋豆22为母本，汾豆43为父本，经有性杂交，系谱法选育而成。原名汾豆59。2005年通过山西省农作物品种审定委员会审定，审定编号为晋审豆2005003。全国大豆品种资源统一编号ZDD24706。

特征 无限结荚习性。植株直立，株高95cm，主茎20 ~ 23节，分枝4 ~ 5个。椭圆形叶，紫花，棕毛。单株荚数45 ~ 65个，荚褐色，底荚高20 ~ 25cm。粒圆形，种皮黄色，有光泽，脐黑色。百粒重22.0g。

特性 北方春大豆，中晚熟品种。春播生育期135 ~ 138d，一般年份在9月25日即可成熟。中抗大豆花叶病毒病，田间鉴定对大豆胞囊线虫病有一定抗性。抗倒性强。

产量品质 2003—2004年山西省大豆中晚熟组区域试验。两年平均产量2 768.3kg/hm²，比对照增产17.1%。2004年生产试验，平均产量3 192kg/hm²，比对照增产2.5%。蛋白质含量41.42%，脂肪含量19.51%。

栽培要点 4月下旬至5月上旬播种，一般不迟于5月5日。中部春播播量60～75kg/hm²，密度为12万株/hm²；南部夏播播量75～90kg/hm²，密度15万～18.0万株/hm²。播前精细整地，浇足底墒水，施有机肥15 000kg/hm²、磷肥750kg/hm²。及时间苗、定苗，及时中耕锄草，开花期可结合浇水追施氮肥105～120kg/hm²。8月上中旬及时防治大豆食心虫。成熟后及时收获。

适宜地区 山西省中部地区及黄土高原同类地区（春播）、晋南地区（夏播）。

晋豆32

566. 晋豆（鲜食）33 [Jindou (xianshi) 33]

品种来源 山西省农业科学院玉米研究所于1999年从引自日本的一个NP（原）大豆（枝豆）种质材料中，通过田间鉴定选育而成。原名忻（毛）豆1号。2005年3月15日通过山西省农作物品种审定委员会审定，定名为晋豆（鲜食）33，审定编号为晋审豆2005007。全国大豆品种资源统一编号ZDD24707。

特征 有限结荚习性。植株直立，株高30～50cm，主茎节数8～10个，分枝数3～6个。卵圆形叶，白花，灰毛。单株荚数25～55个，荚长6.0cm，荚宽1.41cm。荚黄褐色，底荚高8～10cm。粒椭圆形，种皮黄色，有光泽，脐黑色。荚大粒大，结荚集中，易于采摘。百荚鲜重327.3g，百粒鲜重67.1g，百粒干重39.0g。鲜食香甜味浓，口感良好。

特性 北方春大豆，早熟品种。在忻州夏播采荚期为80～85d，春播95～100d，全生育期115d。抗病毒病，高抗蚜虫、豆荚螟、大豆卷叶螟等，中抗大豆食心虫。抗倒性强，抗逆性强。

产量品质 2003—2004年参加了山西省农

晋豆（鲜食）33

作物品种审定委员会组织的菜用大豆直接生产试验，2003年5点平均产鲜豆荚10 725kg/hm^2，比对照中黄4号增产17.6%；2004年8点平均产鲜荚17 245.5kg/hm^2，比对照中黄4号增产28.2%。蛋白质含量40.19%，脂肪含量20.27%。

栽培要点 中、上等肥力土地种植。山西省春播期在4月中下旬至5月上旬，播种量90～105kg/hm^2，留苗16万～22.5万株/hm^2，行距35～40cm，株距8～12cm。夏播在6月下旬，留苗22.5万～30.0万株/hm^2。在豆荚鼓起饱满鲜嫩时即可采收鲜豆荚；在全株豆荚有多数变黄、叶枯将落时即可收获子粒，如收获过迟有炸荚现象。

适宜地区 山西南部（春、夏播均可）。

567. 晋豆34（Jindou 34）

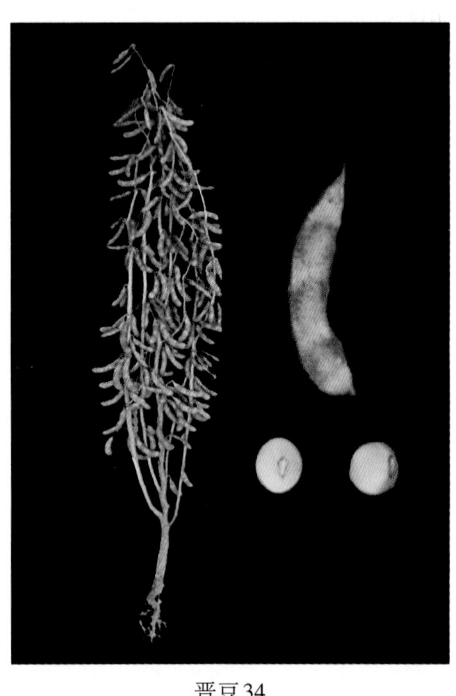
晋豆34

品种来源 山西省农业科学院经济作物研究所1994年用[（晋豆9号×晋大36）×早熟18]为母本，早熟18为父本，经有性杂交选育而成。原名汾豆63。2006年通过国家审定，审定编号为国审豆2006006。该品种已申报国家植物新品种权保护，申请号：20060711.1。全国大豆品种资源统一编号ZDD24708。

特征 亚有限结荚习性。株型收敛。株高77.1cm，主茎17.4节，分枝1.7个。椭圆形叶，紫花，棕毛。粒椭圆形，种皮黄色，无光泽，脐褐色。百粒重18.7g。

特性 黄淮海夏大豆，中熟品种，生育期112d。接种鉴定，高抗大豆花叶病毒SC3株系，中感大豆胞囊线虫病1号生理小种。蛋白质含量41.19%，脂肪含量21.07%。

产量品质 2004—2005年黄淮海中片夏大豆品种区域试验，两年平均产量2 967.0kg/hm^2，比对照鲁99-1增产9.0%。2005年生产试验，平均产量3 166.5kg/hm^2，比对照增产12.2%。

栽培要点 夏播6月上中旬播种，播量120～150kg/hm^2，保苗21万株/hm^2。春播4月下旬至5月上旬，播量60～90kg/hm^2，密度12万～15万株/hm^2。

适宜地区 山东省中部、山西省南部、河南省中部和北部地区（夏播）。

568. 晋豆35（Jindou 35）

品种来源 山西省农业科学院高寒作物研究所以914为母本，晋豆15为父本，经有性杂交，系谱法选育而成。原名H319。2007年3月通过山西省农作物品种审定委员会审定，审定编号为晋审豆2007003。全国大豆品种资源统一编号ZDD24709。

特征 亚有限结荚习性。植株直立。株高80cm，主茎节数18个，分枝3～4个。椭圆形叶，紫花，棕毛。单株荚数35个，荚褐色，底荚高10cm。粒椭圆形，种皮黄色，脐褐色。百粒重20.5g。

特性 北方春大豆，早熟品种，北部春播生育期105d。

产量品质 2005—2006年山西省大豆早熟组区域试验，两年平均产量2 503.5kg/hm^2，比对照晋豆25增产11.2%。2006年早熟区生产试验，平均产量2 766.0kg/hm^2，比对照晋豆25增产12.6%。蛋白质含量43.26%，脂肪含量19.16%。

晋豆35

栽培要点 适期播种，北部春播为5月上旬。春播密度24.0万～28.5万株/hm^2。播前精细整地，浇足底墒水，施有机肥4.5万kg/hm^2、碳酸氢铵375kg/hm^2、过磷酸钙375kg/hm^2。及时间苗、定苗，及时中耕锄草。播种前防治地下害虫和各种病害，在生长期内防治蚜虫、红蜘蛛、大豆食心虫等。

适宜地区 山西省北部地区（春播）、中部地区（夏播）。

569. 晋豆36（Jindou 36）

品种来源 山西临汾尧都区种子公司1999年从生产上使用的梗84中系统选育而成。2007年3月通过山西省农作物品种审定委员会审定，审定编号为晋审豆2007004。全国大豆品种资源统一编号ZDD24710。

特征 有限结荚习性。植株直立。株高55cm，主茎节数17个，分枝数3～4个。卵圆形叶，白花，灰毛。单株荚数37个，底荚高8～10cm。粒圆形，种皮黄色，脐淡褐色。百粒重22.0g。

特性 北方春大豆，中晚熟品种，南部夏播生育期95d。抗逆性较强。高抗大豆花叶病毒病。

产量品质 2004—2006年在临汾市进行区域性生产试验，2004年平均产量2427.0kg/hm^2，比对照晋豆19增产4.7%；2005年平均产量

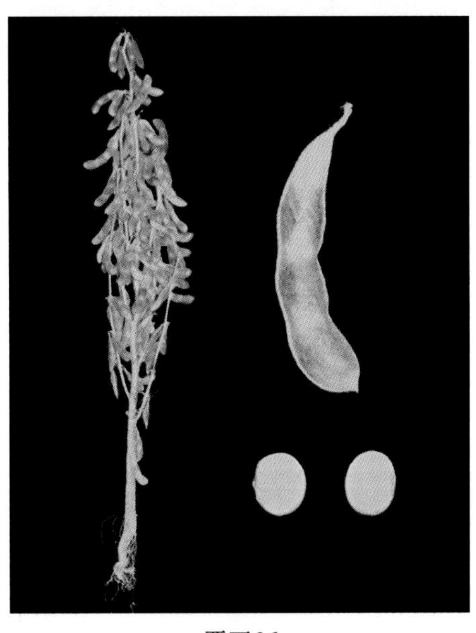

晋豆36

2 370.0kg/hm^2，比对照晋豆19增产4.7%；2006年平均产量2 358.0kg/hm^2，比对照晋豆19增产4.1%。三年平均产量2 385.0kg/hm^2，比对照晋豆19增产4.5%。三年15个点次13点增产。

栽培要点 以6月上旬播种为宜。留苗15万～18万株/hm^2。播种后化学除草，出苗后及时中耕灭麦茬，破除板结。7月中旬开花前适量追肥，以磷、钾肥为主。

适宜地区 山西省临汾市（夏播）。

570. 晋豆37（Jindou 37）

晋豆37

品种来源 山西省农业科学院小麦研究所以晋豆11为母本，埂84为父本，经有性杂交，系谱法选育而成。原名临豆0179。2008年3月通过山西省农作物品种审定委员会审定，审定编号为晋审豆2008002。全国大豆品种资源统一编号ZDD24711。

特征 亚有限结荚习性。植株直立。株高80～100cm，主茎节数16个，分枝3～5个。披针形叶，白花，棕毛。单株荚数50～70个。粒椭圆形，种皮黄色，有光泽，脐黑色。百粒重20.0g。

特性 北方春大豆，中晚熟品种。山西省中部春播生育期125～140d。抗倒、抗旱性强。

产量品质 2005—2007年山西省大豆中晚熟组区域试验，三年平均产量2 790.0kg/hm^2，比对照晋豆19增产6.2%。2007年生产试验，平均产量2 280.0kg/hm^2，比对照晋豆19增产1.2%。蛋白质含量38.81%，脂肪含量21.18%。

栽培要点 山西省中部春播4月下旬播种，南部夏播不迟于6月25日播种。施农家肥15 000kg/hm^2；磷肥600～750kg/hm^2。播后苗前用化学除草剂除草。花期遇旱需浇水。

适宜地区 山西省中部地区（春播）、南部地区（夏播）。

571. 晋豆38（Jindou 38）

品种来源 山西省农业科学院玉米研究所以黄粒NP（原）-5为母本，极早生枝豆为父本，经有性杂交，系谱法选育而成。原名忻毛豆2号。2008年3月经山西省农作物品种审定委员会审定，审定编号为晋审豆2008003。全国大豆品种资源统一编号ZDD24712。

特征 有限结荚习性。植株直立。株高37.0cm，分枝4.6个。卵圆形叶，白花，灰毛。单株荚数32.6个，荚长5.45cm，荚宽1.4cm，三粒荚数明显多于对照。粒圆形，种皮浅黄色，脐褐色。百粒干重31.2g，百粒鲜重81.0g。

特性 北方春大豆，早熟鲜食菜用大豆。山西中部春播生育期105～110d，采荚期80d。成熟后粒色浅黄光滑，速冻、真空加工后豆荚、粒色鲜嫩，风味独特，香酥绵甜，口感良好。

产量品质 2005—2006年连续两年测试，平均产量干豆（种子）3 031.5kg/hm^2，单产鲜豆荚11 220kg/hm^2。2006—2007年山西省菜用大豆生产试验，两年平均鲜荚单产15 981.0kg/hm^2，比对照晋豆33号增产13.5%。蛋白质含量48.49%，脂肪含量16.51%。

栽培要点 播期4月中下旬至5月上旬。菜用密度15万～19.5万株/hm^2，粮用可适当提高到19.5万～27.0万株/hm^2。适时采收，及时收获。收获过迟有炸荚现象。

适宜地区 山西省。

晋豆38

572. 晋豆39（Jindou 39）

品种来源 山西省农业科学院经济作物研究所以埂283为母本，早熟18为父本，经有性杂交，系谱法选育而成。原名汾豆77。2008年3月通过山西省农作物品种审定委员会审定，审定编号为晋审豆2008004。全国大豆品种资源统一编号ZDD24713。

特征 亚有限结荚习性。植株直立。株高70～95cm，主茎节数16～22个，分枝4～6个。椭圆形叶，白花，灰毛。单株荚数56～105个，单荚粒数2.4粒，荚色灰白，荚长5.6～7.2cm，荚宽1.4～1.6cm。粒圆形，种皮黄色，微光泽，脐褐色。百荚鲜重260～350g，百粒鲜重57.0～98.0g，百粒干重30.0～45.0g。

特性 北方春大豆，中早熟鲜食品种，山西中部春播生育期85～115d。鲜食香甜味浓，口感良好。抗倒性强。

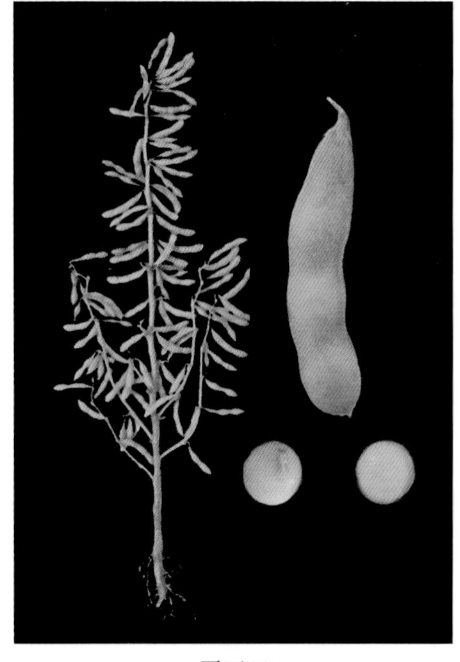

晋豆39

产量品质 2006—2007年山西省菜用大豆生产试验，2006年平均鲜荚单产22 297.5kg/hm^2，比对照晋豆33增产36.4%；2007年平均鲜荚单产16 606.5kg/hm^2，比对照晋豆33增产40.7%。两年平均鲜荚单产19 452kg/hm^2，比对照晋豆33增产38.2%。

2009—2010年参加国家鲜食大豆夏播品种区域试验，两年平均产量鲜荚10 902kg/hm^2，比对照新六青增产9.8%；2011年生产试验，平均产鲜荚11 653.5kg/hm^2，比对照新六青增产12.9%。2009—2010年参加国家鲜食春播大豆品种区域试验，两年平均产鲜荚12 390.0kg/hm^2，比对照浙鲜4号增产12.1%。2010年生产试验，平均产鲜荚11 038.5kg/hm^2，比对照浙鲜4号增产15.7%。

蛋白质含量42.27%，脂肪含量17.89%。

栽培要点 春播播期5月10日前后（覆膜种植可以适当提前）；麦茬复播麦收后尽早播种为好，最适播期6月中旬。播前精细整地，足墒下种，保证出苗整齐。密度10.5万～12万株/hm^2，土壤肥力低要适当加大种植密度。种子田在全株豆荚有多数变黄、叶枯将落时即可收获，收获过迟会有炸荚现象。

适宜地区 山西省中部地区（春播）、南部地区（夏播）。

573. 晋豆40（Jindou 40）

晋豆40

品种来源 山西省农业科学院经济作物研究所1998年以晋豆19为母本，以汾豆21为父本，经有性杂交，系谱法选育而成。原名9877-10。2009年3月通过山西省农作物品种审定委员会审定，审定编号为晋审豆2009001。全国大豆品种资源统一编号ZDD24714。

特征 无限结荚习性。植株直立。株高70～90cm，主茎节数15个。圆形叶，紫花，棕毛。单株荚数17～26个。粒圆形，种皮黄色，脐黑色。百粒重18.0～24.0g。

特性 北方春大豆，早熟品种。晋北地区春播生育期100～115d，晋中地区夏播生育期91d。

产量品质 2007—2008年山西省大豆早熟组区域试验，两年平均产量2 254.5kg/hm^2，比对照晋豆25增产5.2%。2008年生产试验，平均产量2 521.5kg/hm^2，比对照晋豆25增产11.0%。蛋白质含量40.61%，脂肪含量20.66%。

栽培要点 山西省北部地区春播以5月上中旬为宜，中部地区小麦收后复播必须在7月1日前播种，越早越好。中部复播地区播量112.5kg/hm^2，密度为34万～39万株/hm^2；北部春播播量为90kg/hm^2，密度为18万～25万株/hm^2。水地肥地宜稀，旱薄地宜密。播前施农家肥3万kg/hm^2、硝酸磷肥450kg/hm^2。

适宜地区 山西省北部地区（春播）、中部地区（麦茬复播）。

574. 晋豆41（Jindou 41）

品种来源 山西省农业科学院高寒区作物研究所以晋豆19为母本，窄叶黄豆为父本，经有性杂交，系谱法选育而成。原名同豆H516。2009年3月通过山西省农作物品种审定委员会审定，审定编号为晋审豆2009002。全国大豆品种资源统一编号ZDD24715。

晋豆41

特征 亚有限结荚习性。植株直立，株高75cm，分枝数2～3个。披针形叶，紫花，棕毛。单株荚数20个。粒椭圆形，种皮黄色，脐淡褐色。百粒重18.0g。

特性 北方春大豆，中早熟品种，晋北春播生育期115d。抗旱、抗逆性较强。

产量品质 2007—2008年山西省大豆早熟组区域试验，两年平均产量2 283.0kg/hm^2，比对照晋豆25增产6.9%。2008年生产试验，平均产量2 418.0kg/hm^2，比对照晋豆25增产6.4%。蛋白质含量40.73%，脂肪含量19.12%。

栽培要点 晋北春播5月上中旬播种，夏播麦收及时灭茬，一般6月上中旬播种为适。春播密度24万～28.5万株/hm^2，夏播密度25.5万～30.0万株/hm^2。施农家肥30 000kg/hm^2、碳酸氢铵375kg/hm^2、过磷酸钙375kg/hm^2。

适宜地区 山西省北部地区（春播）。

575. 晋豆42（Jindou 42）

品种来源 山西省农业科学院经济作物研究所以（晋豆23×鲁豆4号）F_1为母本，晋豆23为父本，经有性杂交，系谱法选育而成。原名株行3号。2010年通过山西省农作物品种审定委员会审定，审定编号为晋审豆2010001。全国大豆品种资源统一编号ZDD31106。

特征 无限结荚习性。植株直立。株高95cm，主茎20节，分枝数2～4个。椭圆形叶，白花，棕毛。单株荚数46个，荚深褐色，底荚高10～15cm。粒圆形，种皮黄色，有光泽，脐黑色。百粒重21.0g。

特性 北方春大豆，中晚熟品种，山西省中部春播生育期132d，夏播95d。中抗大豆花叶病毒病。抗旱、抗倒性强。

晋豆42

产量品质 2007年、2009年山西省大豆中晚熟组区域试验，两年平均产量2 923.5kg/hm^2，比对照晋豆19增产12.0％。2009年生产试验，平均产量2 863.5kg/hm^2，比对照晋豆19增产8.7%。蛋白质含量40.03%，脂肪含量21.54%。

栽培要点 春播4月底5月初为宜，播量75kg/hm^2。采取机械精量条播，播种深度5 ~ 7cm。宽窄行种植：宽行60cm，窄行40cm；等行距种植，行距50cm；夏播大豆要在6月下旬以前播种，越早越好，播量112.5kg/hm^2。春播密度12万株/hm^2，夏播30万株/hm^2，肥力高的土壤留苗宜稀，肥力低的土壤留苗宜密。

适宜地区 山西省中部地区（春播）、南部地区（夏播）。

576. 晋豆43（Jindou 43）

晋豆43

品种来源 山西省农业科学院高寒区作物研究所以1-44（东北早）为母本，晋豆1号为父本，经有性杂交，系谱法选育而成。原名同豆3931。2010年通过山西省农作物品种审定委员会审定，定名为晋豆43。审定编号为晋审豆2010004。全国大豆品种资源统一编号ZDD31107。

特征 有限结荚习性。植株直立，株高100cm，主茎20节，分枝1 ~ 2个。披针形叶，紫花，棕毛。单株荚数30个。粒圆形，种皮黄色，有光泽，脐褐色。百粒重20.0g。

特性 北方春大豆，中熟品种，山西北部春播生育期122d。

产量品质 2008—2009年山西省大豆早熟组区域试验，两年平均产量2 454.0kg/hm^2，比对照晋豆25增产8.3%。2009年生产试验，平均产量2 445.0kg/hm^2，比对照晋豆25增产7.8%。蛋白质含量40.30%，脂肪含量18.20%。

栽培要点 春播5月上中旬，夏播麦收及时灭茬，6月上中旬播种。春播密度24万~ 28.5万株/hm^2；夏播密度25.5万~ 30万株/hm^2。播前施农家肥30 000kg/hm^2、碳酸氢铵375kg/hm^2、过磷酸钙375kg/hm^2。

适宜地区 山西省北部地区（春播）、中部地区（夏播）。

577. 晋豆44（Jindou 44）

晋豆44

品种来源 山西省农业科学院农业环境与资源研究所用晋豆11号N离子注入选育。试验名称突变大豆4号。2012年通过山西省农作物品种审定委员会审定。审定编号为晋审豆2012001。全国大豆品种资源统一编号ZDD31108。

特征 亚有限结荚习性。幼茎绿色，植株直立，株高90cm，株型半开张，主茎18节，分枝4个。椭圆形叶，紫花，棕毛。单株荚数70个，单荚粒数2.4粒，荚深褐色，底荚高10cm。荚直葫芦形，荚深褐色，不裂荚。粒椭圆形，种皮淡黄色，有光泽，脐黑色。百粒重23.0g。

特性 北方春大豆，中晚熟品种，春播生育期133d。

产量品质 2010—2011年山西省大豆中晚熟组区域试验，两年平均产量3 375.0kg/hm^2，比对照晋豆19增产9.3%。2011年生产试验，平均产量3 769.5kg/hm^2，比对照晋豆19增产8.4%。蛋白质含量43.3%，脂肪含量19.37%。

栽培要点 播期4月下旬至5月上旬。播量45 ~ 60kg/hm^2，密度12万株/hm^2。施足底肥，施农家肥30 000kg/hm^2、硝酸磷肥375 ~ 450kg/hm^2。注意防治病虫害。

适宜地区 山西省中部地区（春播）、南部地区（夏播）。

578. 晋豆45（Jindou 45）

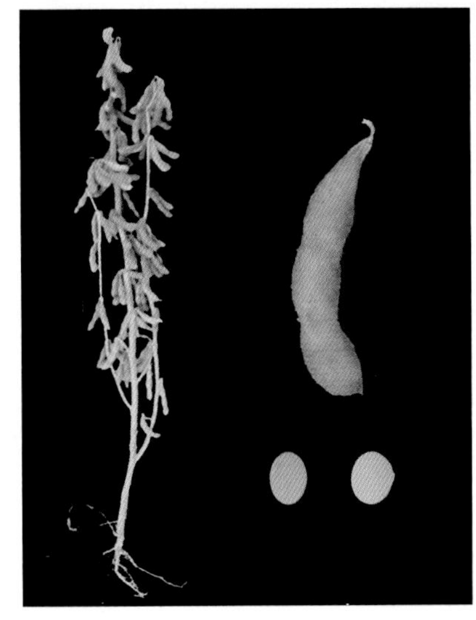
晋豆45

品种来源 山西省农业科学院高寒区作物研究所以同豆10号为母本，晋豆19为父本，经有性杂交，系谱法选育而成。试验名称H353。2013年通过山西省农作物品种审定委员会审定，审定编号为晋审豆2013002。

特征 有限结荚习性。植株直立，株型收敛，株高70cm，主茎节数11.2个，分枝0 ~ 1个。叶披针形、绿色，紫花，棕毛。单株荚数27.5 ~ 34.3个，单荚粒数3个，荚弯镰形，荚熟褐色，底荚高9cm。粒圆形，种皮黄色，有光泽，幼茎紫色，脐无色。百粒重17.8g。

特性 北方春大豆，早熟品种，北部春播生育期115d。不裂荚。

产量品质 2010—2012年山西省大豆早熟组区域试验，平均产量2 754kg/hm^2，比对照晋豆25增产6.5%。2012年生产试验，平均产量2 530.5kg/hm^2，比对照晋豆25增产9.1%。蛋白质含量42.16%，脂肪含量19.57%。

栽培要点 适宜播期5月上旬。适宜密度25.5万～31.5万株/hm^2。施足底肥，一般施农家肥30 000kg/hm^2、碳酸氢氨375kg/hm^2、过磷酸钙375kg/hm^2。播种前用农药拌种，防治地下害虫。

适宜地区 山西省大豆春播早熟区。

579. 晋豆46（Jindou 46）

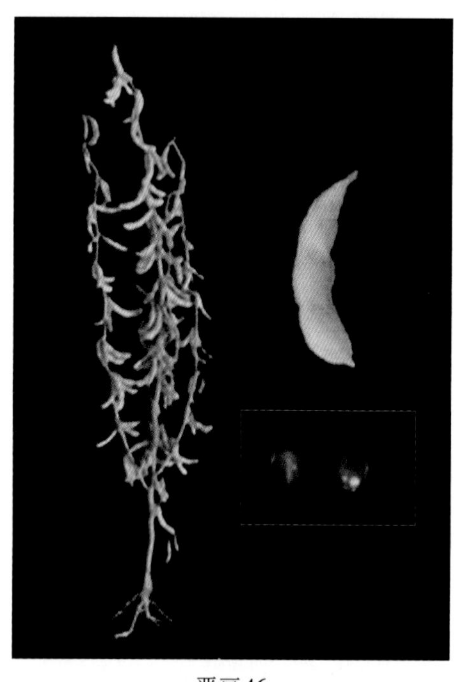

晋豆46

品种来源 山西省农业科学院高寒区作物研究所以应县小黑豆为母本，H586为父本，经有性杂交，系谱法选育而成。试验名称同黑325168。2014年通过山西省农作物品种审定委员会审定，审定编号为晋审豆2014001。

特征 亚有限结荚习性。株型收敛，株高72.4cm，主茎节数16～18个，分枝1.6个。叶圆形、绿色，紫花，棕毛。单株荚数30.5个，单荚粒数3个，荚弯镰形，荚熟褐色，底荚高10cm。粒长圆形，种皮黑色，有光泽，幼茎紫色。百粒重18.4g。

特性 早熟品种，北部春播生育期121d，中部夏播生育期83d。不易裂荚。

产量品质 2011—2012年山西省大豆早熟组区域试验，平均产量2 580.75kg/hm^2，比对照晋豆25增产7.0%。2012年生产试验，平均单产2 502kg/hm^2，比对照晋豆25增产7.9%。蛋白质含量43.14%，脂肪含量18.97%。

栽培要点 春播5月上中旬，夏播6月25日至7月5日。适宜密度：春播22.5万～27万株/hm^2，夏播52.5万～60.0万株/hm^2。

适宜地区 山西省大豆早熟区（种植）。

580. 晋豆47（Jindou 47）

品种来源 山西省农业科学院经济作物研究所以早熟黑豆为母本，晋遗31为父本，经有性杂交，系谱法选育而成。试验名称3048-3。2014年通过山西省农作物品种审定委员会审定，审定编号为晋审豆2014003。全国大豆品种资源统一编号ZDD31109。

特征 亚有限结荚习性。植株直立，株型收敛，株高96cm，主茎节数17.4个，分枝3.1个。叶卵圆形、绿色，白花，棕毛。单株荚数54.5个，单荚粒数2.8个，荚弯镰形，荚熟黄色，底荚高15.4cm。粒圆形，种皮黑色，有光泽，幼茎绿色。百粒重19.8g。

特性 中晚熟品种，中部春播生育期126d，南部夏播生育期97d。不裂荚。

产量品质 2012—2013年加山西省大豆中晚熟组区域试验，平均产量3 175.5kg/hm^2，比对照晋豆19增产8.1%。2013年生产试验，平均产量3 171kg/hm^2，比对照晋豆19增产9.9%。蛋白质含量41.68%，脂肪含量20.0%。

栽培要点 春播4月下旬至5月上旬，夏播6月上中旬。适宜密度：春播12万～15万株/hm^2，夏播24万～30万株/hm^2。栽培时注意防止倒伏，在中等肥力以下地块种植。

适宜地区 山西省大豆中晚熟区。

晋豆47

581. 晋豆48（Jindou 48）

品种来源 山西省农业科学院农作物品种资源研究所以PZMS-1-1为母本，ZH-21-B-5为父本，经有性杂交，系谱法选育而成。试验名称优势豆-B-5。2014年通过山西省农作物品种审定委员会审定，审定编号为晋审豆2014005。全国大豆品种资源统一编号31110。

特征 亚有限结荚习性。植株直立，株型收敛，株高110.6cm，主茎节数20.67个，分枝3～4个。叶椭圆形、绿色，白花，棕毛。单株荚数64.5个，单荚粒数2.4个，三粒荚为主，荚弯镰形，荚熟褐色，底荚高18cm。粒圆形，种皮黄色，有光泽，幼茎绿色，脐褐色。百粒重18.8g。

特性 北方春大豆，中晚熟杂交品种，中部春播生育期136d，南部夏播生育期102d。

产量品质 2012—2013年山西省大豆中晚熟组区域试验，平均产量3 349.5kg/hm^2，比对照晋

晋豆48

豆19增产14.0%。2013年生产试验，平均产量3 328.5kg/hm²，比对照晋豆19增产15.2%。蛋白质含量36.99%，脂肪含量19.89%。

栽培要点 春播4月下旬至5月上旬，夏播6月上中旬。适宜密度：春播12万株/hm²，夏播21万～24万株/hm²。

适宜地区 山西省大豆中晚熟区及晋中以南地区。

582. 晋大73（Jinda 73）

晋大73

品种来源 山西农业大学以晋豆20为母本，冀黄4号为父本，经有性杂交，系谱法选育而成。2005年通过山西省农作物品种审定委员会审定，定名为晋大73，审定编号为晋审豆2005004。全国大豆品种资源统一编号ZDD23984。

特征 无限结荚习性。植株直立，株高110cm，主茎21～23节，分枝2～4个。披针形叶，白花，棕毛。单株荚数42～55个，荚褐色，底荚高20cm。粒圆形，种皮黄色，脐黑色。百粒重20.0g。

特性 北方春大豆，中熟品种，晋中春播生育期125～130d，南部夏播生育期90d。抗大豆花叶病毒病。抗倒伏性强。

产量品质 2003—2004年山西省大豆中晚熟组区域试验，两年平均产量2 565.1kg/hm²，比对照晋豆19增产8.6%。2004年生产试验，平均产量3 240kg/hm²，比对照晋豆19增产4.0%。蛋白质含量41.04%，脂肪含量19.31%。

栽培要点 春播密度12.0万株/hm²以内，行距0.5m，株距0.22m。夏播密度18.0万株/hm²，行距0.4m，株距0.11m。始花期施尿素150kg/hm²，鼓粒期遇旱浇水，中耕锄草，疏松土壤，及时防治病虫害。

适宜地区 山西省中部（春播）、南部（夏播）。

583. 晋大78（Jinda 78）

品种来源 山西农业大学1997年以中品88为母本，以晋大57为父本，经有性杂交，系谱法选育而成。2007年3月通过山西省农作物品种审定委员会审定，审定编号为晋审豆2007001。全国大豆品种资源统一编号ZDD24724。

特征 亚有限结荚习性。植株直立。株高90cm，主茎18～20节，分枝数3～5个。圆形叶，白花，棕毛。单株荚数45～55个，荚灰褐色，底荚高10～15cm。粒圆形，种皮黄色，脐淡褐色。百粒重20.0～22.0g。

特性 北方春大豆，中熟品种，春播生育期120～125d，夏播生育期90～95d。根系发达，抗倒性强。

产量品质 2005—2006年山西省大豆中晚熟组区域试验，两年平均产量2 868.0kg/hm^2，比对照晋豆19增产8.4%。2006年生产试验，平均产量2 389.5kg/hm^2，比对照晋豆19增产9.5%。蛋白质含量40.46%，脂肪含量21.01%。

栽培要点 春播播种量60kg/hm^2，播深5cm，行距40～50cm，株距10～12cm；夏播播种量90～105kg/hm^2，播深5cm，行距40cm，株距8～10cm。春播高水肥条件下留苗12万株/hm^2，中等水肥条件下留苗15万株/hm^2。南部夏播，留苗24万株/hm^2。始花期施尿素150kg/hm^2，鼓粒期遇旱浇水，中耕锄草，疏松土壤，及时防治病虫害。

晋大78

适宜地区 山西省中部地区（春播）、南部地区（夏播）。

584. 晋大早黄2号（Jindazaohuang 2）

品种来源 山西农业大学以（晋大69×701）为母本，晋豆53为父本，经有性杂交，系谱法选育而成。原名SN早黄2号。2011年通过山西省农作物品种审定委员会审定。审定编号为晋审豆2011002。全国大豆品种资源统一编号ZDD31111。

特征 无限结荚习性。植株直立，株高70～80cm，主茎16～18节，分枝2～3个。椭圆形叶，白花，棕毛。单株荚数35个，荚褐色，底荚高7cm。粒圆形，种皮黄色，有光泽，脐褐色。百粒重30.5g。

特性 北方春大豆，早熟品种，山西北部春播生育期105d，山西中部及山西南部夏播90d。

产量品质 2009—2010年山西省大豆早熟组区域试验，两年平均产量2 860.5kg/hm^2，比对照晋豆25增产7.0%。2010年生产试验，平均单产

晋大早黄2号

2 827.5kg/hm^2，比对照晋豆25增产6.5%。蛋白质含量45.29%，脂肪含量17.11%。

栽培要点 春播5月上旬，夏播6月底至7月初，等行距条播，单株留苗，播深3 ~ 5cm。北部春播播量60kg/hm^2，留苗12万~ 15万株/hm^2；中部夏播播量105 ~ 120kg/hm^2，留苗18万~ 21万株/hm^2。浇足底墒水，施农家肥15 000kg/hm^2、硝酸磷肥225kg/hm^2、过磷酸钙375kg/hm^2，始花期施尿素150kg/hm^2。及时间苗、定苗，中耕除草，花期及时防治大豆食心虫，鼓粒期遇旱浇水。成熟后及时收获。

适宜地区 山西省北部地区（春播）、中部地区（不含长治市，夏播）。

585. 晋科4号（Jinke 4）

晋科4号

品种来源 山西省农业科学院作物科学研究所以早熟18为母本，诱处4号为父本，经有性杂交，系谱法选育而成。2012年通过山西省农作物品种审定委员会审定。审定编号为晋审豆2012003。全国大豆品种资源统一编号ZDD31112。

特征 有限结荚习性。植株直立，株型紧凑，分枝适中，株高88.8cm，主茎23.5节，分枝数3个。卵圆形叶，紫花，灰毛。单株荚数45 ~ 65个，底荚高18.6cm。单荚粒数2.7粒，荚宽1.2 ~ 1.5cm，荚长5.3 ~ 7.9cm。粒圆形，种皮黄色，有光泽，脐淡褐色，鲜荚百荚重269.4g，鲜粒百粒重78.4g，干粒百粒重32.8g。

特性 北方春大豆，中晚熟鲜食大豆品种。晋中春播生育期（采摘期）93 ~ 100d。中抗大豆花叶病毒病，中抗大豆胞囊线虫病。不裂荚。口感香甜柔糯，茸毛少而淡，荚鲜绿，外观商品性好。

产量品质 2010—2011年山西省鲜食大豆生产试验，两年平均产量10 474.5kg/hm^2，比对照晋豆33增产7.9%。蛋白质含量45.85%，脂肪含量18.15%，可溶性糖含量7.25%。

栽培要点 适宜播期4月下旬至5月上旬；夏播6月1 ~ 15日。适宜密度9万~ 12万株/hm^2。施足底肥，施农家肥30 000kg/hm^2、过磷酸钙600kg/hm^2、氮肥225kg/hm^2。结荚期适时防治大豆食心虫。

适宜地区 山西省中部地区（春播）、南部地区（夏播）。

586. 晋遗31（Jinyi 31）

晋遗31

品种来源 山西省农业科学院作物科学研究所以中品661为母本，早熟18为父本，经有性杂交，系谱法选育而成。2008年通过国家农作物品种审定委员会审定，审定编号为国审豆2008022。全国大豆品种资源统一编号ZDD24716。

特征 亚有限结荚习性。平均株高84.4cm，主茎18.8节，分枝3.13个。圆叶，白花，灰毛。单株荚数44.4个，单株粒数112.4个，结荚上下分布均匀，三粒荚为主，底荚高14.6cm。粒圆形，种皮金黄色，色泽光亮，脐淡褐色，外观品质好。百粒重19.7g。

特性 北方春大豆，中晚熟品种，春播生育期131～140d，夏播生育期105d。抗大豆灰斑病，抗大豆花叶病毒1号株系，中抗大豆花叶病毒3号株系。

产量品质 2006—2007年国家北方春大豆晚熟组区域试验，2年平均产量2 889.0kg/hm^2，比对照辽豆11增产7.1%。2007年生产试验，平均产量2 746.5kg/hm^2，比对照辽豆11增产6.5%。蛋白质含量40.66%，脂肪含量21.33%。

栽培要点 春播4月下旬到5月上旬，夏播6月1～15日；等行距条播，单株留苗，播种深度3～5cm。春播旱地留苗15万株/hm^2，中水肥地留苗9万～12万株/hm^2；高水肥地留苗9万株/hm^2；夏播留苗18万～22.5万株/hm^2。施农家肥30 000kg/hm^2、过磷酸钙600kg/hm^2、氮肥225kg/hm^2；在播种前，使用农药拌种，以防地下害虫和各种病害。在生长期内注意防治蚜虫、红蜘蛛、豆元菁等，结荚期防治大豆食心虫。

适宜地区 山西省中南部、河北省北部、辽宁省中南部、甘肃省中部、宁夏回族自治区中北部和陕西省关中平原（春播）。

587. 晋遗34（Jinyi 34）

品种来源 山西省农业科学院作物遗传研究所以晋豆23为母本，晋豆19为父本，经有性杂交，系谱法选育而成。2005年通过山西省农作物品种审定委员会审定，定名为晋遗34，审定编号为晋审豆2005005。全国大豆品种资源统一编号ZDD24717。

特征 亚有限结荚习性。植株直立，株高80cm，主茎22节，分枝5～6个。椭圆形叶，紫花，棕毛。单株荚数55～65个，荚褐色，底荚高8cm。粒椭圆形，种皮深黄色，

晋遗34

有光泽，脐浅黑色。百粒重22.0g。

特性 北方春大豆，中晚熟品种，春播生育期134d，夏播生育期105d。较抗大豆花叶病毒病，抗大豆胞囊线虫病。抗旱耐瘠，抗倒性强。

产量品质 2002—2003年山西省大豆中晚熟组区域试验，两年平均产量2 767.5kg/hm^2，比对照晋豆19增产6.8%。2003年生产试验，平均产量2 440.5kg/hm^2，比对照晋豆19增产6.3%。蛋白质含量40.74%，脂肪含量19.91%。

栽培要点 春播以4月下旬至5月上旬，夏播6月1～15日。春播留苗9万～12万株/hm^2，夏播留苗18万～22.5万株/hm^2。播前深施农家肥30 000kg/hm^2、硝酸磷复合肥450～600kg/hm^2。注意防治大豆食心虫、红蜘蛛、蚜虫等。

适宜地区 山西省中部地区（春播）、南部地区（夏播）。

588. 晋遗38（Jinyi 38）

晋遗38

品种来源 山西省农业科学院作物遗传研究所以晋遗21为母本，晋豆23为父本，经有性杂交，系谱法选育而成。2005年通过山西省农作物品种审定委员会审定，定名为晋遗38，审定编号为晋审豆2005006。全国大豆品种资源统一编号ZDD24718。

特征 亚有限结荚习性。植株直立，株高80cm，主茎18节，分枝4～5个。椭圆形叶，白花，灰毛。单株荚数115个，结荚均匀，单株粒重44.8g，底荚高13cm。粒椭圆形，种皮黄色，有光泽，脐褐色。百粒重20.0g。

特性 北方春大豆，中晚熟品种，春播生育期131d，夏播生育期103d。抗大豆花叶病毒病。根系发达，茎秆粗壮，抗倒伏性强。

产量品质 2003—2004年山西省大豆中晚熟组区域试验，两年平均产量2 591.4kg/hm^2，比对照晋豆19增产8.3%。2004年生产试验，平均产量3 130.5kg/hm^2，比对照晋豆19增产0.5%。蛋白质含量40.89%，脂肪含量19.48%。

栽培要点 春播4月下旬至5月上旬，夏播6月上中旬。春播密度12.0万株/hm^2，夏播18.0万株/hm^2。等行距条播，单株留苗，播深3 ~ 5cm。重施基肥，施农家肥30 000kg/hm^2、尿素150kg/hm^2、氯化钾150kg/hm^2、磷酸二铵150kg/hm^2（或复合肥450kg/hm^2）。及时收获，过晚部分植株会有炸荚现象。

适宜地区 山西省中部地区（春播）、南部地区（夏播）。

589. 长豆001（Changdou 001）

品种来源 山西省农业科学院谷子研究所用武乡黄豆作母本，晋豆19作父本，经系谱法选育而成。2006年通过山西省农作物品种审定委员会审定。审定编号为晋审豆2006002。全国大豆品种资源统一编号ZDD24001。

长豆001

特征 亚有限结荚习性。株高85cm，主茎18节，分枝2 ~ 3个。近圆形叶，紫花，棕毛。单株荚数65个，单株粒数150粒。粒椭圆形，种皮黄色，脐褐色。百粒重20.0g。

特性 北方春大豆，中熟品种，山西中部春播生育期125d。根系发达，茎秆粗壮，抗倒性强。

产量品质 2004—2005年山西省大豆中晚熟组区域试验，两年平均产量2 889.0kg/hm^2，比对照晋豆19增产5.7%。2005年生产试验，平均产量3 355.5kg/hm^2，比对照晋豆19增产7.9%。蛋白质含量40.87%，脂肪含量21.28%。

栽培要点 春播5月上旬，夏播6月上中旬。等行距条播，单株留苗，播深3 ~ 5cm。春播播量60 ~ 75kg/hm^2，留苗15.0万~ 18.0万株/hm^2，行距0.4m，株距0.15m；晋南夏播播量90 ~ 105kg/hm^2，留苗22.5万~ 25.5万株/hm^2，行距0.4m，株距0.1m。播前精细整地，施足底肥。施农家肥15 000kg/hm^2、硝酸磷肥225kg/hm^2、过磷酸钙375kg/hm^2。及时间苗、定苗，及时中耕除草，始花期追施尿素120kg/hm^2，防治大豆食心虫。成熟后及时收获。

适宜地区 山西省中部地区（春播），南部地区（夏播）。

590. 长豆003（Changdou 003）

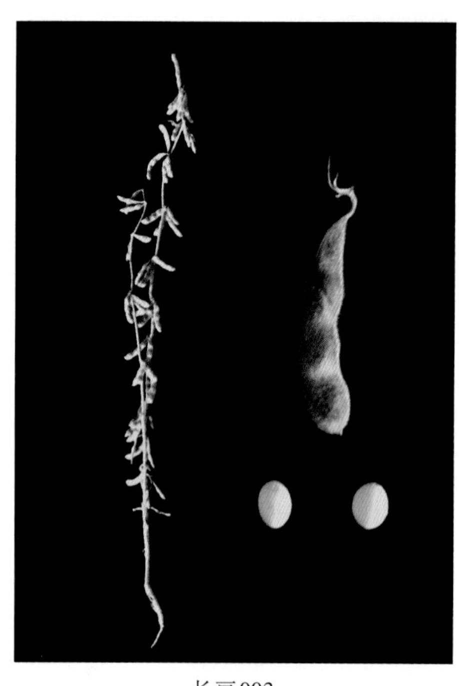

长豆003

品种来源 山西省农业科学院谷子研究所于1995年用日丰13作母本，美3号作父本杂交，经系谱法选育而成。2006年通过山西省农作物品种审定委员会审定。审定编号为晋审豆2006001。全国大豆品种资源统一编号ZDD24721。

特征 有限结荚习性。株高65cm，主茎16节，分枝1个。椭圆形叶，紫花，灰毛。单株荚数30个，单株粒数70粒。粒椭圆形，种皮黄色，脐黄色。百粒重18.0g。

特性 北方春大豆，早熟品种，山西中部夏播生育期90d。茎秆粗壮，抗倒性强。

产量品质 2004—2005年山西省大豆早熟组区域试验，两年平均产量2 508.0kg/hm^2，比对照晋豆25增产9.9%。2005年生产试验，平均产量2 407.5kg/hm^2，比对照晋豆25增产11.7%。蛋白质含量38.47%，脂肪含量21.91%。

栽培要点 夏播6月下旬，春播5月上旬。等行距条播，单株留苗，播深3～5cm。春播播量90～105kg/hm^2，留苗22.5万～25.5万株/hm^2，行距0.4m，株距0.1m；夏播播量105～120kg/hm^2，留苗27万～30万株/hm^2，行距0.3m，株距0.11m。施足底肥。施农家肥15 000kg/hm^2、硝酸磷肥225kg/hm^2、过磷酸钙375kg/hm^2。及时间苗、定苗，及时中耕除草，始花期追施尿素120kg/hm^2，花期及时防治大豆食心虫。成熟后及时收获。

适宜地区 山西省中部地区（夏播）、北部地区（春播）。

591. 长豆006（Changdou 006）

品种来源 山西省农业科学院谷子研究所以贺家岭黑豆为母本，鲁黑豆2号为父本，经有性杂交选育而成。2008年通过山西省农作物品种审定委员会审定，审定编号为晋审豆2008001。全国大豆品种资源统一编号ZDD24722。

特征 有限结荚习性。植株直立。株高77cm，主茎16节，分枝2～4个。椭圆形叶，紫花，棕毛。单株荚数33个，底荚高8～12cm。粒椭圆形，种皮黑色，脐黑色。百粒重22.0g。

特性 北方春大豆，早熟品种，山西中部麦茬夏播生育期90d。抗倒、抗逆性较强。

产量品质 2006—2007年参加山西省大豆早熟组区域试验，两年平均产量2 299.5kg/hm^2，比对照晋豆25增产12.0%。2007年生产试验，平均产量1 861.5kg/hm^2，比对照晋豆25增产16.1%。蛋白质含量41.82%，脂肪含量19.04%。

栽培要点 春播5月上旬，夏播6月下旬为宜。春播播种量60kg/hm^2，播深5.0cm，行距40～50cm，株距10.0～16.7cm；夏播播种量97.5～112.5kg/hm^2，留苗24.0万～27.0万株/hm^2。施农家肥15 000kg/hm^2、硝酸磷肥225kg/hm^2、过磷酸钙375kg/hm^2。及时间苗、定苗，始花期追施尿素120kg/hm^2，花期及时防治大豆食心虫，成熟后及时收获。

适宜地区 山西省中部地区（夏播）、北部地区（春播）。

长豆006

592. 长豆18（Changdou 18）

品种来源 山西省农业科学院谷子研究所以晋豆25为母本，九农20为父本，经有性杂交，系谱法选育而成。2010年通过山西省农作物品种审定委员会审定，审定编号为晋审豆2010003。全国大豆品种资源统一编号ZDD31113。

特征 亚有限结荚习性。植株直立，株高78cm，主茎节数17个，分枝1～2个。椭圆形叶，紫花，灰毛。单株荚数30个。粒椭圆形，种皮黄色，有光泽，脐黑色。百粒重22.0g。

特性 北方春大豆，中早熟品种，山西中部地区春播115～120d。

产量品质 2008—2009年山西省大豆早熟组区域试验，两年平均产量2 595.0kg/hm^2，比对照晋豆25增产14.5%。2009年生产试验，平均单产2 560.5kg/hm^2，比对照晋豆25增产12.9%。蛋白质含量39.0%，脂肪含量22.05%。

栽培要点 夏播播量112.5kg/hm^2，留苗30.0万～37.5万株/hm^2，宽窄行（宽行距0.40m，窄

长豆18

行距0.25m）为宜。开花结荚期叶面喷施尿素、磷酸二氢钾及微量元素钼、锌、硼等，可起到明显的增产效果。花荚期注意防治大豆食心虫。

适宜地区 山西省北部地区（春播）、中部地区（夏播）。

593. 长豆28（Changdou 28）

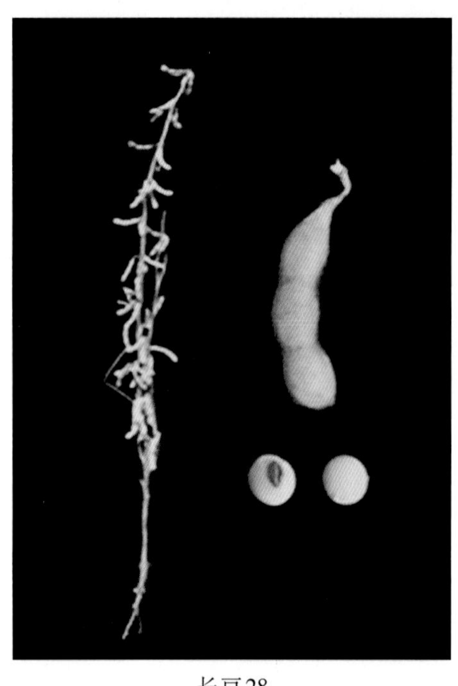

长豆28

品种来源 山西省农业科学院谷子研究所以晋豆25为母本，长豆16为父本，经有性杂交，系谱法选育而成。2014年通过山西省农作物品种审定委员会审定，审定编号为晋审豆2014002。全国大豆品种资源统一编号ZDD31114。

特征 亚有限结荚习性。植株直立，株型收敛，株高102cm，主茎节数18个，分枝2.7个。叶椭圆形、绿色，白花，棕毛。单株荚数60个，单荚粒数2.5个，荚弯镰形，荚熟褐色，底荚高10cm。粒椭圆形，种皮黄色，有光泽，脐色黑。百粒重21g。

特性 北方春大豆，中晚熟品种，晋中春播生育期130d。不裂荚。

产量品质 2012—2013年山西省大豆中晚熟组区域试验，平均产量3 243kg/hm^2，比对照晋豆19增产10.3%。2013年生产试验，平均单产3 210kg/hm^2，比对照晋豆19增产11.4%。蛋白质含量42.68%，脂肪含量19.89%。

栽培要点 春播4月下旬至5月上旬，夏播6月上中旬。适宜密度：春播12万～15万株/hm^2，夏播24万～30万株/hm^2。

适宜地区 山西省大豆中晚熟区。

594. L-6（L-6）

品种来源 山西省农业科学院作物遗传研究所利用MSP-287不育系天然杂交，经8年轮回选择选育而成。2010年通过山西省农作物品种审定委员会审定，审定编号为晋审豆2010002。全国大豆品种资源统一编号ZDD31115。

特征 亚有限结荚习性。植株直立，株高90cm，主茎20节，分枝3～4个。椭圆形叶，白花，棕毛。单株荚数40个，荚黄褐色。粒椭圆形，种皮黄色，有光泽，脐黑色。百粒重22.0g。

特性 北方春大豆，中熟品种，晋中春播生育期127d。高抗大豆花叶病毒病，中抗大豆胞囊线虫病。

产量品质 2008—2009年山西省大豆中晚熟组区域试验，两年平均产量2 740.5kg/hm^2，比对照晋豆19增产7.7% 。2009年生产试验，平均产量2 658.0kg/hm^2，比对照增产0.9%。蛋白质含量41.56%，脂肪含量21.5%。

栽培要点 春播4月下旬至5月上旬，夏播6月1～15日。春播旱地留苗15万株/hm^2，中水肥地留苗9万～12万株/hm^2；高水肥地留苗9万株/hm^2；夏播留苗18万～22.5万株/hm^2。底肥施农家肥30 000kg/hm^2、过磷酸钙600kg/hm^2、氮肥225kg/hm^2。结荚期适时防治大豆食心虫。

适宜地区 山西省中部地区（春播）、南部地区（夏播）。

L-6

595. 品豆16（Pindou 16）

品种来源 山西省农业科学院品种资源研究所以品0204为母本，品G3（外引品豆0616）为父本，经有性杂交，系谱法选育而成。2011年通过山西省农作物品种审定委员会审定。审定编号为晋审豆2011001。全国大豆品种资源统一编号ZDD31116。

特征 无限结荚习性。植株直立，株高100cm，主茎23节，分枝3～4个。椭圆形叶，紫花，棕毛。单株荚数50个，荚黄褐色，底荚高16cm。粒圆形，种皮黄色，有光泽，脐褐色。百粒重23.0g。

特性 北方春大豆，中晚熟品种，晋中春播生育期130～135d，夏播100d。

产量品质 2009—2010年山西省大豆中晚熟组区域试验，两年平均产量3 301.5kg/hm^2，比对照晋豆19增产13.2%。2010年生产试验，平均产量3 418.5kg/hm^2，比对照晋豆19增产13.2%。蛋白质含量41.1%，脂肪含量19.82%。

栽培要点 春播4月下旬至5月上旬，夏播6月上中旬。春播适宜密度12万株/hm^2，夏播18万株/hm^2。底肥施农家肥22 500kg/hm^2、过磷酸钙600kg/hm^2；保证底墒，饱浇花荚水；及时定苗、

品豆16

中耕、追肥、防虫和收获。

适宜地区 山西省中部地区（春播）、南部地区（夏播）。

596. 汾豆56（Fendou 56）

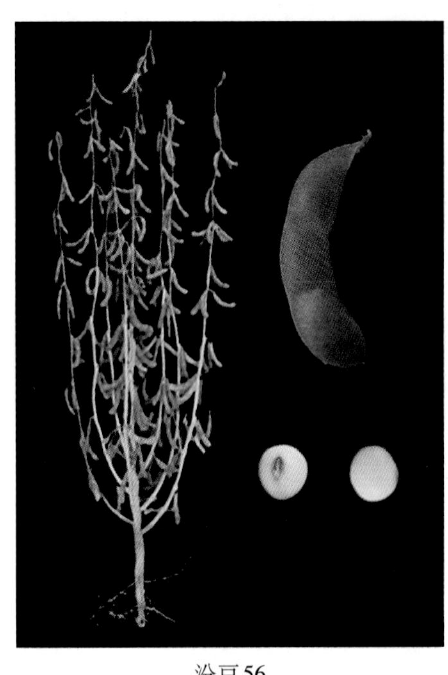

汾豆56

品种来源 山西省农业科学院经济作物研究所以（晋豆9号×诱变31）为母本，晋豆23为父本，经有性杂交，系谱法选育而成。2007年通过国家农作物品种审定委员会春播组审定，审定编号为国审豆2007013。2008年通过国家农作物品种审定委员会夏播组审定，审定编号为国审豆2008001。全国大豆品种资源统一编号ZDD23963。

特征 亚有限或无限结荚习性。株型收敛。圆叶，紫花，棕毛。春播株高95.2cm，单株荚数43.1个，百粒重23.2g。夏播株高67.7cm，主茎14.9节，分枝2.7个，单株有效荚数34.2个，单株粒数73.6粒，单株粒重16.5g。粒椭圆形，种皮黄色，脐黑色。百粒重21.2g。

特性 北方春大豆，中晚熟品种，春播生育期136d，夏播生育期108d。接种鉴定，抗大豆花叶病毒1号株系，中抗大豆花叶病毒3号株系；中感大豆胞囊线虫病3号生理小种，高感4号生理小种。

产量品质 2004—2005年北方春大豆晚熟组品种区域试验，两年平均产量2 739.0kg/hm^2，比对照辽豆11增产5.8%。2006年生产试验，平均产量2 761.5kg/hm^2，比对照辽豆11增产9.6%。2006—2007年黄淮海中片夏大豆品种区域试验，两年平均单产2 809.0kg/hm^2，比对照齐黄28增产7.5%。2007年生产试验，单产3 088.5kg/hm^2，比对照齐黄28增产10.24%。蛋白质含量41.08%，脂肪含量20.28%。

栽培要点 春播4月下旬至5月上旬，保苗12万株/hm^2。夏播6月上、中旬，保苗24万株/hm^2。精细整地，底肥施农家肥30 000kg/hm^2、磷酸二铵375 ~ 450kg/hm^2。

适宜地区 河北省北部、辽宁省中南部、甘肃省中部和内蒙古自治区通辽地区（春播）；山西省南部、河南省中部和北部、河北省南部、山东省中部和陕西省关中地区（夏播）。

597. 汾豆60（Fendou 60）

品种来源 山西省农业科学院经济作物研究所1994年以晋豆15为母本，晋豆25为父本，经有性杂交，系谱法选育而成。定名汾豆60。2007年通过国家农作物品种审定委员会审定，审定编号为国审豆2007001。全国大豆品种资源统一编号ZDD24719。

特征 亚有限结荚习性。株型收敛，株高72.9cm，分枝2.2个。椭圆叶，紫花，棕毛。单株荚数37.7个，单株粒数81.5个，单株粒重15.9g。粒圆形，种皮黄色，脐黑色。百粒重20.1g。

特性 黄淮海夏大豆，早熟品种，生育期102d。接种鉴定，高抗大豆花叶病毒SC3株系，高感大豆胞囊线虫1号生理小种。抗倒性一般。

产量品质 2004—2005年黄淮海北片夏大豆品种区域试验，平均产量2 743.5kg/hm^2，比对照早熟18增产5.9%（极显著）；2005年续试，平均产量2 986.5kg/hm^2，比对照冀豆12增产2.9%（不显著）；两年平均产量2 865.0kg/hm^2，比对照冀豆12 增产%。2006年生产试验，平均产量2 893.5kg/hm^2，比对照冀豆12增产0.64 %。蛋白质含量40.99%，脂肪含量21.77%。

汾豆60

栽培要点 选择中上等肥力地块种植。6月中下旬至7月上旬播种，保苗36万株/hm^2。

适宜地区 北京市、河北省石家庄及山东省北部地区（夏播）。

598. 汾豆62（Fendou 62）

品种来源 山西省农业科学院经济作物研究所以（晋豆19×科新3号）F_3为母本，晋豆23为父本，经有性杂交，系谱法选育而成。2012年通过山西省农作物品种审定委员会审定。审定编号为晋审豆2012002。全国大豆品种资源统一编号ZDD23968。

特征 无限结荚习性。植株直立，株高70 ~ 95cm，主茎18 ~ 22节，分枝4.7个。披针形叶，白花，灰毛。单株荚数45 ~ 65个，荚深褐色。底荚高15cm。粒长椭圆形，种皮黄色，有光泽，脐褐色。百粒重17.2g。

特性 北方春大豆，中晚熟品种，晋中春播生育期139d。抗旱、抗逆性强。

产量品质 2010—2011年山西省大豆晋西旱地生产试验，两年平均产量2 289.0kg/hm^2，比对照晋豆21增产5.9%。蛋白质含量43.8%，脂肪含量17.3%。

汾豆62

栽培要点 适播期4月下旬至5月上旬。密度12万～15万株/hm^2，播量45～60kg/hm^2。及时间苗、定苗、中耕锄草、防治大豆食心虫。成熟后及时收获。

适宜地区 山西省西部山区旱地（春播）。

599. 汾豆65（Fendou 65）

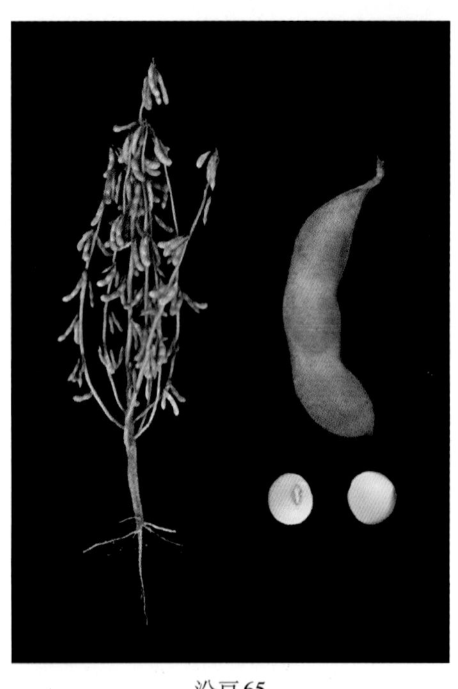
汾豆65

品种来源 山西省农业科学院经济作物研究所以晋豆15为母本，早熟18为父本，经有性杂交，系谱法选育而成。2007年通过国家农作物品种审定委员会审定，审定编号为国审豆2007014。全国大豆品种资源统一编号ZDD23970。

特征 亚有限或无限结荚习性。株高80.7cm，单株荚数45.5个。圆叶，紫花，棕毛。粒椭圆形，种皮黄色，脐褐色。百粒重20.7g。

特性 北方春大豆，中晚熟品种，生育期132d。接种鉴定，抗大豆花叶病毒1号株系，中感大豆花叶病毒3号株系；中感大豆胞囊线虫病4号生理小种，中抗3号生理小种。

产量品质 2004—2005年北方春大豆晚熟组区域试验，两年平均产量2 787.0kg/hm^2，比对照辽豆11增产7.6%。2006年生产试验，平均产量2 754.0kg/hm^2，比对照辽豆11增产9.5%。蛋白质含量42.09%，脂肪含量19.03%。

栽培要点 适播期为4月下旬至5月上旬；保苗12万株/hm^2。精细整地，底肥施农家肥30 000kg/hm^2、磷酸铵375～450kg/hm^2。

适宜地区 河北省北部、陕西省关中平原、宁夏回族自治区中北部、甘肃省中部、辽宁省锦州和沈阳地区（春播）。

600. 汾豆72（Fendou 72）

品种来源 山西省农业科学院经济作物研究所1996年以晋豆23为母本，[铁丰18×（铁丰19×阿姆索）]为父本，经有性杂交，系谱法选育而成。2007年通过山西省农作物品种审定委员会审定，审定编号为晋审豆2007002。2008年通过国家农作物品种审定委员会审定，审定编号为国审豆2008002。全国大豆品种资源统一编号ZDD24720。

特征 无限结荚习性。植株直立，株型紧凑，株高90～95cm，主茎21节，分枝3～5个。圆形叶，紫花，棕毛。单株荚数50～65个，荚深褐色，底荚高10～12cm。粒椭圆形，种皮黄色，脐褐色。百粒重23.0～25.0g。

特性 北方春大豆，中晚熟品种，春播生育期130d，夏播生育期108d。中度抗旱，抗倒性强。

产量品质 2005—2006年山西省大豆中晚熟组区域试验，两年平均产量2 917.5kg/hm²，比对照晋豆19增产10.2％。2006年生产试验，平均产量2 359.5kg/hm²，比对照晋豆19增产8.1％。2006—2007年黄淮海中片夏大豆品种区域试验，两年平均产量2 859.0kg/hm²，比对照齐黄28增产9.2%。2007年生产试验，平均产量3 046.5kg/hm²，比对照增产8.8%。蛋白质含量41.77%，脂肪含量20.77%。

栽培要点 春播适播期4月下旬至5月初，播量80～100kg/hm²；密度12万株/hm²；6月上中旬夏播播量110～130kg/hm²，密度18万～22万株/hm²。播前精细整地，浇足底墒水，施有机肥15 000kg/hm²、磷肥750kg/hm²。及时间苗、定苗、中耕锄草，开花始期可结合浇水追施速效氮肥100～150kg/hm²，8月上中旬及时防治大豆食心虫。成熟后及时收获。

汾豆72

适宜地区 山西省中部地区（春播）、南部地区（夏播），河南省中部和北部、河北省南部、山东省中部和陕西省关中地区（夏播）。

601. 汾豆78（Fendou 78）

品种来源 山西省农业科学院经济作物研究所以晋豆23为母本，晋豆29为父本，经有性杂交选育而成。2010年通过国家农作物品种审定委员会审定，审定编号为国审豆2010012。全国大豆品种资源统一编号ZDD31117。

特征 无限结荚习性。株型收敛，株高82.6cm，主茎18.1节，分枝数2.5个。卵圆形叶，白花，棕毛。单株荚数47.4个，单株粒数116.0粒，单株粒重23.4g。粒椭圆形，种皮黄色，有光泽，脐黑色。百粒重20.2g。

特性 北方春大豆，中晚熟品种，生育期140d。接种鉴定，抗大豆花叶病毒病SC3和SC7株系，高感大豆胞囊线虫病1号生理小种。

产量品质 2008—2009年西北春大豆品种区域试验，两年平均产量3 361.5kg/hm²，比对照晋豆19

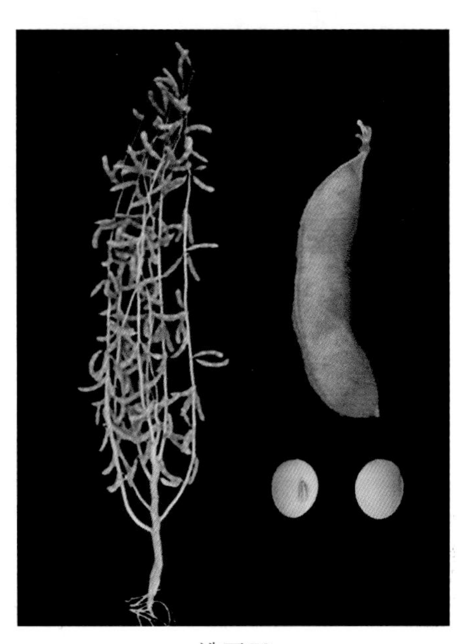

汾豆78

增产10.1%。2009年生产试验，平均产量3 501.0kg/hm^2，比对照增产5.0%。蛋白质含量41.46%，粗脂肪含量19.29%。

栽培要点 4月下旬至5月中旬播种，密度12万～15万株/hm^2。施过磷酸钙300～450kg/hm^2，缺磷田块600～750kg/hm^2；或施磷酸二铵105～150kg/hm^2、农家肥15 000kg/hm^2。

适宜地区 山西省中部、陕西省北部、宁夏回族自治区中部、甘肃省中部及东部地区（春播），大豆胞囊线虫病易发区慎用。

602. 汾豆79（Fendou 79）

汾豆79

品种来源 山西省农业科学院经济作物研究所以晋豆23为母本，晋遗21为父本，经有性杂交选育而成。2011年通过国家农作物品种审定委员会审定，审定编号为国审豆2011005。全国大豆品种资源统一编号ZDD31118。

特征 亚有限结荚习性。株型半收敛，株高82.8cm，主茎17.5节，分枝1.9个。椭圆形叶，紫花，棕毛。单株有效荚数38.2个，单株粒数80.5粒，单株粒重17.9g，底荚高14.4cm。粒椭圆形，种皮黄色，无光泽，脐深褐色。百粒重22.8g。

特性 黄淮海夏大豆，中熟品种，生育期112d。接种鉴定，抗大豆花叶病毒SC3株系，中抗大豆花叶病毒SC7株系，高感大豆胞囊线虫病1号生理小种。

产量品质 2007—2009年黄淮海中片夏大豆品种区域试验，两年平均产量3 012.0kg/hm^2，比对照齐黄28增产11.1%。2010年生产试验，平均产量2 928.0kg/hm^2，比对照邯豆5号增产8.5%。蛋白质含量41.28%，脂肪含量21.23%。

栽培要点 6月上中旬播种，高肥力地块密度15.0万株/hm^2，中等肥力地块18.0万株/hm^2，低肥力地块22.5万株/hm^2。施腐熟有机肥15 000～30 000kg/hm^2、氮磷钾三元复合肥75～150kg/hm^{2}或磷酸二铵105～150kg/hm^{2}作基肥，初花期追施75～150kg/hm^{2}氮磷钾三元复合肥。

适宜地区 山西省南部、河南省中北部、河北省南部、山东省中部地区（夏播），大豆胞囊线虫病易发区慎用。

603. 运豆101（Yundou 101）

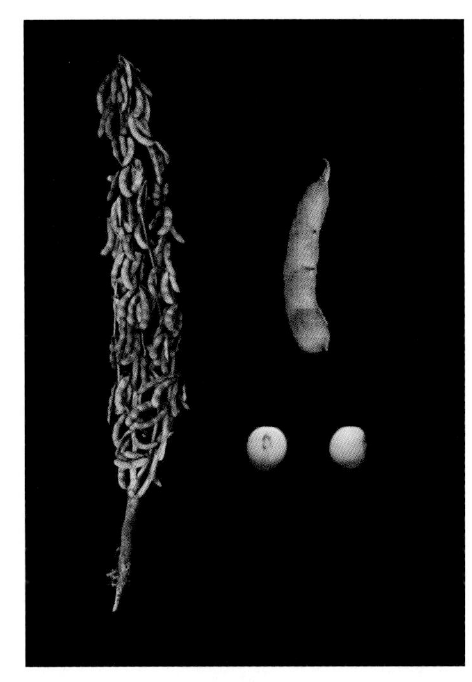
运豆101

品种来源 山西省农业科学院棉花研究所以晋豆19为母本，晋豆29为父本，经有性杂交，系谱法选育而成。2014年通过山西省农作物品种审定委员会审定，审定编号为晋审豆2014004。全国大豆品种资源统一编号ZDD31119。

特征 亚有限结荚习性。植株直立，株型收敛，株高93cm，主茎节数20～22个，分枝3～5个。叶卵圆形、叶绿色，白花，棕毛。单株荚数55个，单荚粒数2.5个，荚弯镰形，荚熟暗褐色，底荚高15cm。粒椭圆形，种皮黄色，无光泽，幼茎绿色，脐褐色。百粒重25g。

特性 中晚熟品种，山西省中部春播生育期132d，南部夏播生育期102d。不裂荚。

产量品质 2012—2013年山西省大豆中晚熟组区域试验，平均产量3 249kg/hm^2，比对照晋豆19增产10.6%。2013年生产试验，平均产量3 187.5kg/hm^2，比对照晋豆19增产10.5%。蛋白质含量42.89%，脂肪含量19.70%。

栽培要点 春播4月下旬至5月上旬，夏播6月上中旬。春播适宜密度：13.5万株/hm^2，夏播21万～24万株/hm^2。

适宜地区 山西省大豆中晚熟区。

山东省品种

604. 齐黄32（Qihuang 32）

齐黄32

品种来源 山东省农业科学院作物研究所1993年用济3045[鲁豆4号（跃进4号×7110）×北京小黑豆]×潍8640[鲁豆6号（卫107×铁丰18）×北京8201]，经有性杂交，系谱法选育而成。原品系号鲁99-5。2006年通过山东省农作物品种审定委员会审定，审定编号为鲁农审2006036号。全国大豆品种资源统一编号ZDD24023。

特征 有限结荚习性。株型收敛，株高81.3cm，底荚高20cm，主茎14.3节，分枝1.4个。圆形叶，白花，棕毛。单株荚数56.6个，单株粒数94.6粒，荚褐色。粒椭圆形，种皮黄色，无光泽，脐褐色。百粒重17.6g。

特性 黄淮海夏大豆，中晚熟品种，生育期107d，6月中旬播种，10月上旬成熟。抗大豆花叶病毒病。抗倒伏，落叶性好，不裂荚。蛋白质含量38.00%，脂肪含量21.80%。

产量品质 2003—2004年山东省大豆品种区域试验，平均产量2 673kg/hm^2，比对照鲁豆11增产3.68%。2005年生产试验，平均产量2 599.5kg/hm^2，比对照鲁豆11增产6.79%。

栽培要点 麦收后适期播种，播前造墒，保证全苗，密度19.5万～22.5万株/hm^2。遇旱浇水，苗期、初花期施磷酸二铵或复合肥150～300kg/hm^2，及时中耕除草，防治造桥虫、斜纹夜蛾等食叶性害虫。

适宜地区 山东省南部、西部、北部、西北部、中部地区（夏播）。

605. 齐黄33（Qihuang 33）

品种来源 山东省农业科学院作物研究所1993年用济3045 [鲁豆4号（跃进4号×7110）×北京小黑豆]×齐丰850，经有性杂交，系谱法选育而成。原品系号鲁93748-1。2006年通过国家农作物品种审定委员会审定，审定编号为国审豆2006005。全国大豆品种资源统一编号ZDD24729。

特征 有限结荚习性。株型收敛，株高65.7cm，底荚高15cm，主茎13.7节，分枝1.89个。椭圆形叶，紫花，棕毛。单株荚数58.2个，单株粒数92.16粒，荚深褐色。粒长椭圆形，种皮黄色，无光泽，脐深褐色。百粒重20.11g。

特性 黄淮海夏大豆，中晚熟品种，生育期109d，6月中旬播种，10月上旬成熟。抗大豆花叶病毒病的Y6强致病株系。抗倒伏，落叶性一般，不裂荚。蛋白质含量41.86%，脂肪含量22.54%。

产量品质 2004—2005年黄淮海中片区域试验，平均产量2 790.75kg/hm^2，比对照鲁99-1（齐黄28）增产2.73%。2005年生产试验，平均产量2 964.3kg/hm^2，比对照鲁99-1增产5.04%。

齐黄33

栽培要点 6月中旬播种，适宜密度19.5万～22.5万株/hm^2。麦收后抢墒或造墒播种。花荚期、鼓粒期遇旱浇水，苗期、初花期追施磷酸二铵或复合肥150 ～ 300kg/hm^2。

适宜地区 山东省中南部、河南省北部、河北省南部、山西省南部及陕西省关中平原。

606. 齐黄34（Qihuang 34）

品种来源 山东省农业科学院作物研究所1996年用诱处4号与86573-16杂交，系谱法选育而成。2012年通过山东省农作物品种审定委员会审定，审定编号为鲁农审2012026号。2013年通过国家农作物品种审定委员会审定，审定编号为国审豆2013009。全国大豆品种资源统一编号ZDD31120。

特征 有限结荚习性。株型收敛，株高72.9cm，主茎16节，分枝1.3个。圆叶，白花，棕毛。单株荚数30.5粒，单株粒数90.2粒，荚褐色。粒椭圆形，种皮黄色，无光泽，脐黑色。百粒重25.8g。

特性 黄淮海夏大豆，中熟品种，生育期103d，6月中下旬播种，9月下旬或10月初成熟。抗倒伏，落叶性好，不裂荚。高抗大豆花叶病毒SC3、SC7株系。蛋白质含量43.50%，脂肪含量19.90%。

齐黄34

产量品质 2009—2010年山东省夏大豆品种区域试验，平均产量2 896.5kg/hm²，比对照菏豆12增产4.3%。2011年生产试验，平均产量2 656.5kg/hm²，比对照菏豆12增产5.3%。

2010—2011年黄淮海夏大豆中片单品种区域试验，平均产量2 979kg/hm²，比对照邯豆5号增产5.4%。2012年生产试验，平均产量3 264kg/hm²，比邯豆5号增产12.0%。

栽培要点 一般6月中下旬播种，条播行距40～50cm。种植密度，高肥力地块16.5万株/hm²，中等肥力地块19.5万株/hm²，低肥力地块25.5万株/hm²。施腐熟有机肥5 000kg/hm²，鼓粒期追施三元复合肥150kg/hm²，叶面喷施磷酸二氢钾3次。

适宜地区 山东全省、河南省东北部及陕西省关中平原地区（夏播）。大豆胞囊线虫病发病区慎种。

607. 齐黄35（Qihuang 35）

齐黄35

品种来源 山东省农业科学院作物研究所1997年用潍8640与Tia杂交，系谱法选育而成。2012年通过山东省农作物品种审定委员会审定，审定编号为鲁农审2012027号。全国大豆品种资源统一编号ZDD31121。

特征 有限结荚习性。株型收敛，株高69.2cm，主茎14节，分枝1.6个。圆叶，白花，棕毛。单株荚数49.9，粒数85粒，荚暗褐色。粒圆形，种皮黄色，有光泽，脐黄色。百粒重19.2g。

特性 黄淮海夏大豆，中熟品种，生育期104d，6月中下旬播种，9月下旬或10月初成熟。抗倒伏，落叶性好，不裂荚。抗大豆花叶病毒SC3和SC7株系。蛋白质含量40.60%，脂肪含量21.80%。

产量品质 2009—2010年山东省夏大豆品种区域试验，平均产量2 824.5kg/hm²，比对照菏豆12增产2.3%。2011年生产试验，平均产量2 668.5kg/hm²，比对照菏豆12增产5.8%。

栽培要点 6月中下旬播种，适宜密度为18万～21万株/hm²。及时中耕除草，防治食叶性害虫。

适宜地区 山东省作为夏大豆种植。大豆胞囊线虫发病区慎种。

608. 齐黄36（Qihuang 36）

品种来源 山东省农业科学院作物研究所1998年以章95-30-2×86503-5，经有性杂交，系谱法选育而成。2014年通过山东省农作物品种审定委员会审定，审定编号为鲁农审2014022

号。全国大豆品种资源统一编号ZDD31122。

特征 有限结荚习性。株型收敛，株高63.7 cm，底荚高20.6cm，主茎13节，分枝2.0个。卵圆形叶，白花，棕毛。单株荚数52.6个，单株粒数96粒。粒椭圆形，种皮黄色，有光泽，脐淡褐色。百粒重18.9g。

特性 黄淮海夏大豆，中晚熟品种，生育期103d，6月中旬播种，10月上旬成熟。抗大豆花叶病毒SC3株系，中抗SC7株系。抗倒伏，落叶性好，不裂荚。蛋白质含量39.82%，脂肪含量22.14%。

产量品质 2011—2012年山东省大豆品种区域试验，平均产量3 030.0kg/hm^2，比对照菏豆12增产5.9 %。2013年生产试验，平均产量3 093.0kg/hm^2，比对照菏豆12增产2.9%。

栽培要点 6月中旬播种，适宜密度19.5万～22.5万株/hm^2。初花期追施磷酸二铵或复合肥150kg/hm^2。

适宜地区 山东全省作为夏大豆品种种植。

齐黄36

609. 德豆99-16（Dedou 99-16）

品种来源 山东省德州市农业科学研究院1997年以鲁黑豆2号（7605×北京小黑豆）×美国黄沙大豆，经有性杂交，用He-Ne激光辐射处理选育而成。2006年通过山东省农作物品种审定委员会审定，审定编号为鲁农审2006033号。2006年通过国家农作物品种审定委员会审定。审定编号为国审豆2006004。全国大豆品种资源统一编号ZDD24727。

特征 亚有限结荚习性。株型收敛，株高106.4cm，主茎18.1节，分枝1.5个。圆形叶，白花，棕毛。单株荚数45.7个，单株粒数75.9粒。荚褐色，底荚高16cm。粒椭圆形，种皮黑色，有光泽，脐黑色，子叶黄色。百粒重17.4g。

特性 黄淮海夏大豆，中晚熟品种，生育期108d，6月中旬播种，10月上旬成熟。田间调查，大豆花叶病毒病较轻。抗倒伏，落叶性好，不裂

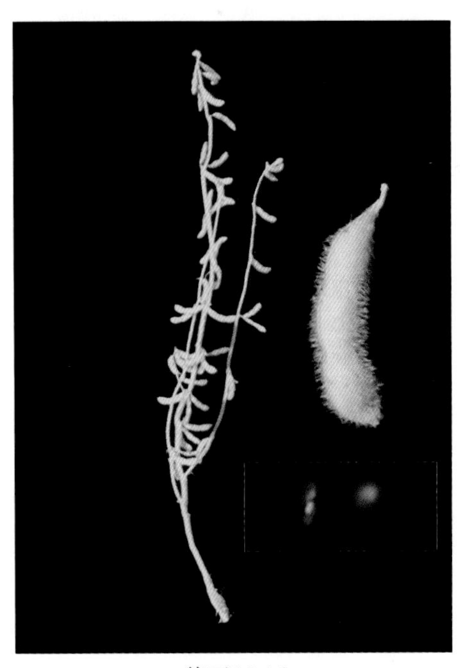
德豆99-16

荚。蛋白质含量39.11%，脂肪含量22.28%。

产量品质 2003—2004年山东省大豆品种区域试验，平均产量2 866.5kg/hm^2，比对照鲁豆11增产11.14%。2005年生产试验，平均产量2 791.5kg/hm^2，比对照鲁豆11增产14.68%。2004—2005年黄淮海北片夏大豆区域试验，平均产量2 970kg/hm^2，比对照早熟18增产13.3%。2005年生产试验，平均产量3 160.5kg/hm^2，比对照冀豆12增产1.8%。

栽培要点 麦收后抢墒早播，足墒播种，适宜密度21万～24万株/hm^2。氮、磷、钾肥配合使用，遇旱及时浇水，初花期喷施植物生长调节剂抑制大豆徒长。

适宜地区 北京市、河北省中部及山东省南部、西南部、北部、西北部、中部地区。

610. 菏豆14（Hedou 14）

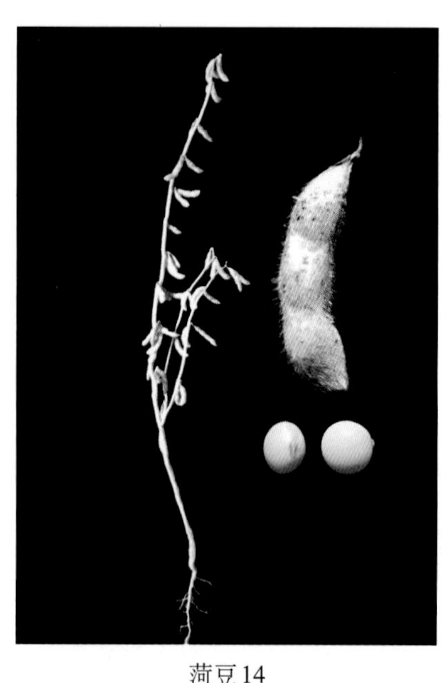

菏豆14

品种来源 山东省菏泽市农业科学院1989年用菏84-5（科系5号×索尔夫）×美国9号，经有性杂交，系谱法选育而成。原品系号菏96-8。2006年通过山东省农作物品种审定委员会审定，审定编号为鲁农审2006034号。全国大豆品种资源统一编号ZDD24745。

特征 亚有限结荚习性。株型收敛，株高89.7cm，主茎17.7节，有效分枝1.6个。圆形叶，白花，灰毛。单株荚数32个，单株粒数70.5粒。荚灰褐色，底荚高23cm。粒椭圆形，种皮黄色，有光泽，脐褐色。百粒重19.7g。

特性 黄淮海夏大豆，中晚熟品种，生育期105d，6月中旬播种，10月上旬成熟。田间调查，大豆花叶病毒病发病较轻。抗倒伏，落叶性好，不裂荚。蛋白质含量38.60%，脂肪含量21.30%。

产量品质 2003—2004年山东省大豆品种区域试验，平均产量2 781.0kg/hm^2，比对照鲁豆11增产7.86%。2005年生产试验，平均产量2 842.5kg/hm^2，比对照鲁豆11增产16.78%。

栽培要点 麦收后抢墒种播，适宜密度22.5万株/hm^2。早间苗、定苗，及时中耕除草，花荚期保证肥水供应。

适宜地区 山东省南部、西南部、北部、西北部、中部地区（夏播）。

611. 菏豆15（Hedou 15）

品种来源 山东省菏泽市农业科学院1997年用郑100×菏95-1[跃进5号×菏7513-13（科系5号×索尔夫）]，经有性杂交，系谱法选育而成。2007年通过山东省农作物品种审定委员会审定，审定编号为鲁农审2007026号。2008年通过国家农作物品种审定委员会审定，审定编号为国审豆2008005。全国大豆品种资源统一编号ZDD24746。

特征 有限结荚习性。株型收敛，株高83cm，主茎16.5节，分枝2.1个。圆叶，紫花，灰毛。单株荚数36.8个，单株粒数75.6粒。荚深褐色，底荚高29cm。粒椭圆形，种皮黄色，有光泽，脐褐色。百粒重21.1g。

特性 黄淮海夏大豆，中晚熟品种，生育期108d，6月中旬播种，10月上旬成熟。中感大豆花叶病毒SC3株系，中感大豆胞囊线虫1号生理小种。抗倒伏，落叶性好，不裂荚。蛋白质含量39.95%，脂肪含量17.90%。

菏豆15

产量品质 2004—2005年山东省大豆品种区域试验，平均产量2 871.0kg/hm^2，比对照鲁豆11增产11.3%。2006年生产试验，平均产量2 611.5kg/hm^2，比对照鲁豆11增产4.0%。2006—2007年黄淮海南片夏大豆品种区域试验，两年平均产量2 451.29kg/hm^2，比对照徐豆9号增产5.7%。2007年生产试验，产量2 503.53kg/hm^2，比对照鲁豆9号增产11.0%。

栽培要点 6月中旬播种，适宜密度15万～22.5万株/hm^2。早间苗、定苗，及时中耕除草，防治斜纹夜蛾等食叶性害虫。

适宜地区 山东省西南部、河南省驻马店及周口地区、江苏省徐州及淮安地区、安徽省淮河以北地区（夏播）。

612. 菏豆16（Hedou 16）

品种来源 山东省菏泽市农业科学院1988年用菏84-5（科系5号×索尔夫）×豆交61，经有性杂交，系谱法选育而成。2007年通过山东省农作物品种审定委员会审定，审定编号为鲁农审2007027号。全国大豆品种资源统一编号ZDD24747。

特征 亚有限结荚习性。株型收敛，株高98cm，主茎18.3节，分枝1.8个。圆叶，白花，灰毛。单株荚数42.2个，单株粒数87.6粒。荚深褐色，底荚高23cm。粒圆形，种皮黄色，有光泽，脐褐色。百粒重16.7g。

特性 黄淮海夏大豆，中晚熟品种，生育期106d，6月中旬播种，10月上旬成熟。大豆花叶病毒病较轻。抗倒伏，落叶性好，不裂荚。蛋白质含量35.7%，脂肪含量21.2%。

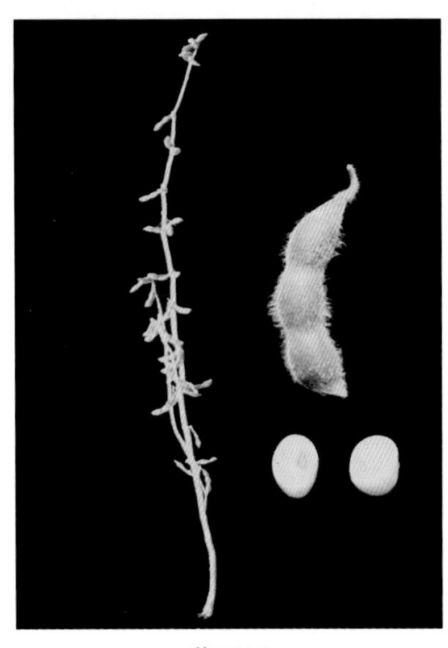
菏豆16

产量品质 2004—2005年山东省大豆品种区域试验，两年平均产量2 751kg/hm²，比对照鲁豆11增产7.8%。2006年生产试验，平均产量2 697kg/hm²，比对照鲁豆11增产7.4%。

栽培要点 6月中旬播种，适宜密度为18万～22.5万株/hm²。花荚期注意防旱排涝，及时防治食叶性害虫。

适宜地区 山东省南部、西南部、中部、西北部地区（夏播）。

613. 菏豆18（Hedou 18）

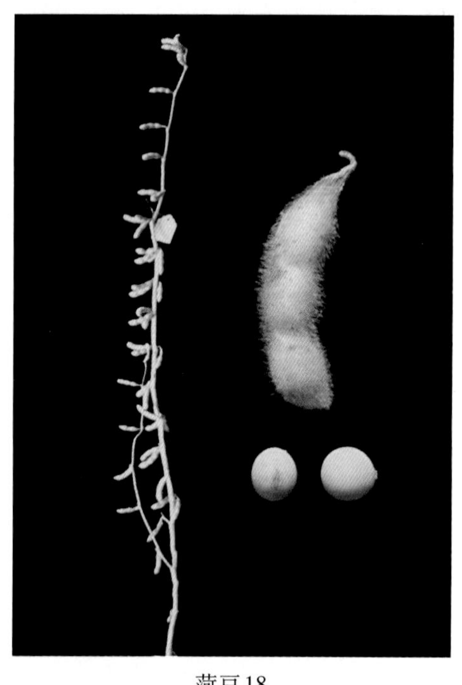
菏豆18

品种来源 山东省菏泽市农业科学院1992年用菏84-5×中作85022-025经有性杂交，系谱法选育而成。2009年通过山东省农作物品种审定委员会审定，审定编号为鲁农审2009032号。全国大豆品种资源统一编号ZDD24748。

特征 有限结荚习性。株型收敛，株高96.3cm，底荚高21cm，主茎19.7节，分枝1.8个。圆形叶，紫花，棕毛。单株荚数40.3个，单株粒数100.6粒，荚褐色。粒圆形，种皮黄色，有光泽，脐褐色。百粒重19.6g。

特性 黄淮海夏大豆，中晚熟品种，生育期106d，6月中旬播种，10月上旬成熟。大豆花叶病毒病较轻。抗倒伏，落叶性好，不裂荚。蛋白质含量40.30%，脂肪含量21.50%。

产量品质 2006—2007年山东省夏大豆品种区域试验，两年平均产量2 911.5kg/hm²，比对照鲁豆11增产13.8%。2008年生产试验，平均产量3 110.4kg/hm²，比对照菏豆12减产0.29%。

栽培要点 6月中旬播种，适宜密度19.5万～22.5万株/hm²，足墒播种。花荚期及时防旱、排涝。

适宜地区 山东省南部、西南部地区（夏播）。

614. 菏豆19（Hedou 19）

品种来源 山东省菏泽市农业科学院1995年用郑交9001×日本黑豆杂交，系谱法选育而成。2010年通过山东省农作物品种审定委员会审定，审定编号为鲁农审2010022号。同年，通过国家农作物品种审定委员会审定，审定编号为国审豆2010010。全国大豆品种资源统一编号ZDD24749。

特征 有限结荚习性。株型收敛，株高66.9cm，主茎14.0节，分枝3.2个。卵圆形叶，紫花，灰毛。单株荚数32.3个，单株粒数74.7粒，荚褐色。粒椭圆形，种皮黄色，有光泽，脐深褐色。百粒重23.1g。

特性 黄淮海夏大豆，中晚熟品种，生育期105d，6月中旬播种，10月上旬成熟。接种鉴定，中感大豆花叶病毒病SC3株系和SC7株系。高感大豆胞囊线虫病1号生理小种。抗倒伏，落叶性好，不裂荚。蛋白质含量41.88%，脂肪含量19.65%。

菏豆19

产量品质 2007—2008年山东省夏大豆品种区域试验，2007年平均产量3 201.0kg/hm^2，比对照鲁豆11增产27.7%。2008年平均产量3 417.0kg/hm^2，比对照菏豆12增产2.4%。2009年生产试验，平均产量2 830.5kg/hm^2，比对照菏豆12增产5.5%。

2008—2009年黄淮海南片夏大豆品种区域试验，两年平均产量2 908.5kg/hm^2，比对照中黄13增产7.7%。2009年生产试验，平均产量2 635.5kg/hm^2，比对照中黄13增产12.9%。

栽培要点 6月上中旬播种，密度22.5万～30万株/hm^2。基肥以有机肥为主，化肥为辅，并适量补充微量元素，可施农家肥30 000kg/hm^2、磷酸二铵150kg/hm^2、硫酸锌和硼砂各15kg/hm^2。对未施用基肥的地块，初花期可结合浇水追施磷酸二铵150～225kg/hm^2、硫酸钾75～112.5kg/hm^2。在花荚期结合防治病虫害叶面喷施硼、锌、钼微量元素1～3次。

适宜地区 山东省南部，河南省南部、江苏和安徽两省淮河以北地区（夏播）。

615. 菏豆20（Hedou 20）

品种来源 山东省菏泽市农业科学院1995年用豆交69×豫豆8号，经有性杂交，系谱法选育而成。2010年通过山东省农作物品种审定委员会审定，审定编号为2010024号。全国大豆品种资源统一编号ZDD24750。

特征 有限结荚习性。株型收敛，株高75cm，主茎14.8节，分枝1.9个。圆形叶，紫花，棕毛。单株荚数43.4个，单株粒数106粒，荚深褐色。粒椭圆形，种皮黄色，有光泽，脐褐色。百粒重25.1g。

特性 黄淮海夏大豆，中熟品种，生育期103d，6月中旬播种，10月上旬成熟。大豆花叶病毒病较轻，抗SC3株系，感SC7株系。抗倒伏，落叶性好，不裂荚。蛋白质含量

菏豆20

菏豆21

38.70%，脂肪含量17.80%。

产量品质 山东省夏大豆品种区域试验，2007年平均产量3 141kg/hm^2，比对照鲁豆11增产25.3%，2008年平均产量3 609kg/hm^2，比对照菏豆12增产8.1%。2009年生产试验，平均产量2 809.5kg/hm^2，比对照菏豆12增产4.6%。

栽培要点 6月中旬播种，适宜密度为15.0万～18.0万株/hm^2。开花、结荚期注意防旱排涝，及时防治病虫害。

适宜地区 山东省中部、南部、西南部地区（夏播）。

616. 菏豆21（Hedou 21）

品种来源 山东省菏泽市农业科学院1999年用中作975（中黄13）×徐8906杂交，系谱法选育而成。2012年通过山东省农作物品种审定委员会审定，审定编号为鲁农审2012024号。全国大豆品种资源统一编号ZDD31123。

特征 有限结荚习性。株型收敛，株高76.7cm，主茎15节，分枝1.6个。圆叶，白花，灰毛。单株荚数38.6个，单株粒数77粒，荚灰褐色。粒椭圆形，种皮黄色，有光泽，脐褐色。百粒重22.9g。

特性 黄淮海夏大豆，中熟品种，生育期104d，6月中下旬播种，9月下旬或10月初成熟。抗倒伏，落叶性好，不裂荚。感大豆花叶病毒SC3株系，高感SC7株系。蛋白质含量43.50%，脂肪含量19.0%。

产量品质 2009—2010年山东省夏大豆品种区域试验，两年平均产量2 902.5kg/hm^2，比对照菏豆12增产5.2%。2011年生产试验，平均产量2 745.0kg/hm^2，比对照菏豆12增产8.8%。

栽培要点 6月中下旬播种，适宜密度为19.5万～22.5万株/hm^2。分枝期、花期、鼓粒期遇旱及时浇水。

适宜地区 在山东省作为夏大豆种植。

617. 菏豆22（Hedou 22）

菏豆22

品种来源 山东省菏泽市农业科学院1999年以菏96-1（菏84-5×郑长叶7）×中作975（豫豆8号×中作90052-76），有性杂交，系谱法选育而成。2014年通过山东省农作物品种审定委员会审定，审定编号为鲁农审2014020号。全国大豆品种资源统一编号ZDD31124。

特征 有限结荚习性。株型收敛，株高64.2cm，底荚高31cm，主茎14节，分枝1.2个。椭圆形叶，白花，灰毛。单株荚数41个，单株粒数92粒。粒椭圆形，种皮黄色，无光泽，脐褐色。百粒重21.2g。

特性 黄淮海夏大豆，中晚熟品种，生育期105d，6月中旬播种，10月上旬成熟。感大豆花叶病毒SC3株系，中感SC7株系。较抗倒伏，落叶性好，不裂荚。蛋白质含量42.03%，脂肪含量18.26%

产量品质 2011—2012年山东省大豆区域试验，平均产量3 040.5kg/hm^2，比对照菏豆12增产5.5%。2013年生产试验，平均产量3 294.0kg/hm^2，比对照菏豆12增产9.6%。

栽培要点 6月中旬播种，适宜密度19.5万～22.5万株/hm^2。适时中耕除草，防治病虫害，及时防旱排涝。

适宜地区 在山东全省作为夏大豆种植。

618. 山宁11（Shanning 11）

山宁11

品种来源 山东省济宁市农业科学研究院1993年用G尖叶豆×92-2176，经有性杂交，系谱法选育而成。2006年通过山东省农作物品种审定委员会审定，审定编号为鲁农审2006035号。全国大豆品种资源统一编号ZDD24738。

特征 有限结荚习性。株型收敛，株高81.0cm，主茎15.4节，分枝2.1个。披针形叶，白花，灰毛。单株荚数24个，单株粒数71.8粒。荚灰褐色，底荚高3cm。粒椭圆形，种皮黄色，有光泽，脐褐色。百粒重25.1g。

特性 黄淮海夏大豆，中晚熟品种，生育期109d，6月中旬播种，10月上旬成熟。田间调查，大豆花叶病毒病发生较轻。中抗倒伏，落叶性好，不裂荚。蛋白质含量42.3%，脂肪含量21.4%。

产量品质 2003—2004年山东省大豆区域试验，平均产量2 751.0kg/hm²，比对照鲁豆11增产6.65%。2005年生产试验，平均产量2 767.5kg/hm²，比对照鲁豆11增产13.74%。

栽培要点 6月中旬播种，适宜密度12万～18万株/hm²。增施有机肥，及时中耕除草，防治食叶性害虫，浇水，排涝。

适宜地区 山东省南部、西南部、北部、西北部、中部地区（夏播）。

619. 山宁14（Shanning 14）

山宁14

品种来源 山东省济宁市农业科学研究院和济宁市益农高新农技事务所1995年用豆交74（山宁3号×AGS129）×豆交69，经有性杂交，系谱法选育而成。2007年通过山东省农作物品种审定委员会审定，审定编号为鲁农审2007028号。全国大豆品种资源统一编号ZDD24740。

特征 亚有限结荚习性。株型收敛，株高103cm，主茎19.4节，分枝3.6个。披针形叶，白花，灰毛。单株荚数37.8个，单株粒数89.3粒。荚灰褐色，底荚高24cm。粒圆形，种皮黄色，有光泽，脐褐色。百粒重18g。

特性 黄淮海夏大豆，中熟品种，生育期101d，6月中下旬播种，10月上旬成熟。大豆花叶病毒病较轻。抗倒伏，落叶性好，不裂荚。蛋白质含量37.30%，脂肪含量21.40%。

产量品质 2004—2005年山东省大豆品种区域试验，平均产量2 716.5kg/hm²，比对照鲁豆11增产5.3%。2006年生产试验，平均产量2 596.5kg/hm²，比对照鲁豆11增产3.4%。

栽培要点 6月中下旬播种，适宜密度19.5万株/hm²，足墒播种，保证苗齐、苗壮。初花期可追施复合肥150kg/hm²。

适宜地区 山东省南部、西南部、中部、西北部地区作为夏大豆种植。

620. 山宁15（Shanning 15）

品种来源 山东省济宁市农业科学研究院1995年用93019×鲁豆4号，经有性杂交，系谱法选育而成。2008年通过山东省农作物品种审定委员会审定，审定编号为鲁农审2008029号。全国大豆品种资源统一编号ZDD24741。

特征 有限结荚习性。株型收敛，株高59.9cm，主茎12.1节，分枝2.2个。圆叶，白花，棕毛。单株荚数37.4个，单株粒数95粒。荚深褐色，底荚高14cm。粒椭圆形，种皮淡黄色，无光泽，脐褐色。百粒重15.7g。

特性 黄淮海夏大豆，早熟品种，生育期95d，6月中下旬播种，9月中下旬成熟。大豆花叶病毒病较轻。抗倒伏，落叶性好，不裂荚。蛋白质含量37.80%，脂肪含量18.30%。

产量品质 2005—2006年山东省大豆品种区域试验，两年平均产量2 574kg/hm²，比对照鲁豆11增产1.5%。2007年生产试验，平均产量2 901kg/hm²，比对照鲁豆11增产6.3%。

栽培要点 6月中下旬播种，适宜密度18万～22.5万株/hm²。增施有机肥，及时中耕除草，浇水，排涝。

适宜地区 山东省南部、西南部、中部、西北部地区（夏播）。

山宁15

621. 山宁16（Shanning 16）

品种来源 山东省济宁市农业科学研究院1998年用93060×鉴98227，经有性杂交，系谱法选育而成。2009年通过山东省农作物品种审定委员会审定，审定编号为鲁农审2009033号，同年通过国家农作物品种审定委员会审定，审定编号为国审豆2009017。全国大豆品种资源统一编号ZDD24742。

特征 有限结荚习性。株型收敛，株高74.3cm，底荚高27cm，主茎15.3节，分枝1.6个。圆形叶，白花，灰毛。单株荚数30.6个，单株粒数81.1粒，荚褐色。粒圆形，种皮淡黄色，有光泽，脐褐色。百粒重23.4g。

特性 黄淮海夏大豆，中晚熟品种，生育期105d，6月中旬播种，10月上旬成熟。田间大豆花叶病毒病较轻。抗倒伏，落叶性好，不裂荚。蛋白质含量42.50%，脂肪含量17.90%。

山宁16

产量品质 2006—2007年山东省夏大豆品种区域试验，两年平均产量2 838.0kg/hm^2，比对照鲁豆11增产10.9%。2008年生产试验，平均产量2 901.0kg/hm^2，比对照菏豆12增产3.3%。2007—2008年黄淮海中片夏大豆品种区域试验，两年平均产量2 992.8kg/hm^2，比对照齐黄28增产6.91%。2008年生产试验，平均产量2 893.05kg/hm^2，比对照齐黄28增产3.17%。

栽培要点 6月中旬播种，适宜密度19.5万～22.5万株/hm^2。增施有机肥，及时中耕除草，浇水，排涝。

适宜地区 黄淮海中片及山东省南部、西南部地区（夏播）。

622．山宁17（Shanning 17）

山宁17

品种来源 山东省济宁市农业科学研究院2000年以山宁10号[（早熟巨丰×中遗特大粒）F_1×高丰1号]×山宁11号（郑长叶18×济92-2176-4），经有性杂交，系谱法选育而成。2013年通过山东省农作物品种审定委员会审定，审定编号为鲁农审2013022号。全国大豆品种资源统一编号ZDD31125。

特征 有限结荚习性。株型收敛，株高69.6cm，底荚高21cm，主茎13节，分枝2.5个。圆叶，白花，灰毛。单株荚数38个，单株粒数91粒。粒椭圆形，种皮黄色，有光泽，脐褐色。百粒重21.6g。

特性 黄淮海夏大豆，中晚熟品种，生育期108d，6月中旬播种，10月上旬成熟。中感大豆花叶病毒SC3株系和SC7株系。中抗倒伏，落叶性好，轻度裂荚。蛋白质含量44.40%，脂肪含量21.60%。

产量品质 2010—2011年山东省大豆区域试验，平均产量2 872.5kg/hm^2，比对照菏豆12增产6.4%。2012年生产试验，平均产量3 447.0kg/hm^2，比对照菏豆12增产6.6%。

栽培要点 6月中旬播种，适宜密度18万～22.5万株/hm^2。增施有机肥，及时中耕除草，防治食叶性害虫，浇水，排涝。

适宜地区 在山东省南部、西南部作为夏大豆种植。

623. 嘉豆43（Jiadou 43）

品种来源 山东祥丰种业有限责任公司1998年用菏95-1×嘉豆23杂交，系谱法选育而成。2012年通过山东省农作物品种审定委员会审定，审定编号为鲁农审2012025号。全国大豆品种资源统一编号ZDD31126。

特征 有限结荚习性。株型收敛，株高74.4cm，主茎15节，分枝2.2个。披针形叶，白花，灰毛。单株荚数34个，单株粒数71粒，荚灰褐色。粒椭圆形，种皮黄色，无光泽，脐褐色。百粒重24.9g。

特性 黄淮海夏大豆，中熟品种，生育期104d。6月中下旬播种，9月下旬或10月初成熟。抗倒伏，落叶性好，不裂荚。抗大豆花叶病毒SC3株系，高抗SC7株系。蛋白质含量44.10%，脂肪含量19.80%。

产量品质 2009—2010年山东省夏大豆品种区域试验，两年平均产量2 895.0kg/hm^2，比对照菏豆12增产4.9%。2011年生产试验，平均产量2 731.5kg/hm^2，比对照菏豆12增产8.3%。

嘉豆43

栽培要点 6月中下旬播种，适宜密度16.5万～29.5万株/hm^2。开花结荚期注意防旱排涝，及时防治病虫害。

适宜地区 山东省作为夏大豆种植。

624. 鲁黄1号（Luhuang 1）

品种来源 山东圣丰种业科技有限公司2000年以跃进5号（62-156自然变异株）× 早熟豆1号（嘉祥地方品种），经有性杂交，系谱法选育而成。2009年通过国家农作物品种审定委员会审定，审定编号为国审豆2009016。全国大豆品种资源统一编号ZDD24008。

特征 有限结荚习性。株型收敛，株高77.2cm，底荚高15cm，主茎14.5节，有效分枝2.0个。披针叶，白花，灰毛。单株荚数34.3个，单株粒数74.8粒。粒椭圆形，黄色，有微光泽，脐褐色。单株粒重19.0g，百粒重25.1g。

特性 黄淮海夏大豆，中晚熟品种，生育期111d，6月中旬播种，10月上旬成熟。抗大豆花叶病毒SC3株系，中抗SC7株系。蛋白质含量42.80%，脂肪含量20.80%。

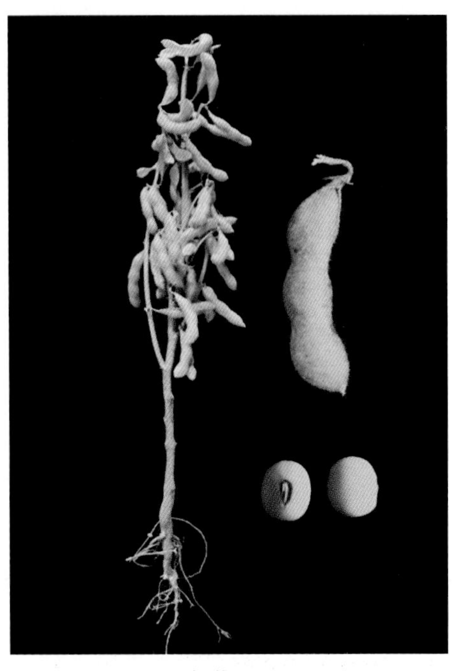

鲁黄1号

产量品质 2007—2008年黄淮海中片夏大豆品种区域试验，两年平均产量3 069kg/hm^2，比对照齐黄28增产9.6%。2008年生产试验，平均产量3 043.5kg/hm^2，比对照齐黄28增产8.6%。

栽培要点 适宜6月上、中旬播种，密度为15万～18万株/hm^2。结合整地施农家肥约30m^3/hm^2或施氮磷钾复合肥225～300kg/hm^2，不施基肥的可在分枝期追施氮磷钾复合肥225～300kg/hm^2。鼓粒期叶面喷施磷酸二氢钾1～2次。防治蚜虫、造桥虫、红蜘蛛、大豆卷叶螟、蛴螬、豆荚螟等害虫。

适宜地区 山西省南部、河南省中部和北部、河北省南部、山东省中部和陕西省关中地区（夏播）。

625. 圣豆9号（Shengdou 9）

圣豆9号

品种来源 山东圣丰种业科技有限公司2000年以嘉豆19×早熟豆1号（嘉祥地方品种），经有性杂交，系谱法选育而成。2009年通过山东省农作物品种审定委员会审定，审定编号为鲁农审2009034号。全国大豆品种资源统一编号ZDD24015。

特征 有限结荚习性。株型收敛，株高75.7cm，底荚高16cm，主茎17节，有效分枝2.6个。披针叶，白花，灰毛。单株荚数43个，单株粒数99粒。粒椭圆形，种皮淡黄色，脐褐色。百粒重25g。

特性 黄淮海夏大豆，中晚熟品种，生育期105d，6月中旬播种，10月上旬成熟。大豆花叶病毒病较轻。落叶性好，不裂荚。蛋白质含量42.80%，脂肪含量20.80%。

产量品质 2006—2007年山东省夏大豆品种区域试验，平均产量2 844.0kg/hm^2，比对照鲁豆11增产11.2%。2008年生产试验，平均产量3 196.5kg/hm^2，比对照菏豆12增产2.5%。

栽培要点 适宜播期6月上、中旬，结合整地施有机肥，每公顷施用农家肥30m^3左右或施氮磷钾复合肥225～300kg/hm^2，不施基肥的可在分枝期追施氮磷钾复合肥225～300kg/hm^2。适宜种植密度为19.5万～22.5万株/hm^2。鼓粒期叶面喷施磷酸二氢钾1～2次。生长后期注意防倒伏。

适宜地区 山东省南部、西南部地区（夏播）。

626. 圣豆10号（Shengdou 10）

品种来源 山东圣丰种业科技有限公司2001年以济宁市农业科学研究院育成的高代材料7517×齐丰850，经有性杂交，系谱法选育而成。2013年通过陕西省农作物品种审定委员会审定，审定编号为陕审豆2013001号。全国大豆品种资源统一编号ZDD31127。

圣豆10号

特征 有限结荚习性。株型收敛，株高75cm，底荚高16cm，主茎16节，分枝2～5个。椭圆形叶，紫花，灰毛。三、四粒荚多，单株荚数42.8个，单株粒数83.4个。粒圆形，种皮黄色，脐褐色。百粒重约24g。

特性 黄淮海夏大豆，中晚熟品种，生育期110d，6月中旬播种，10月上旬成熟。抗倒伏，分枝性强，落叶性好，不裂荚，适合机械化收割。抗大豆花叶病毒病、大豆胞囊线虫病等病害。蛋白质含量44.23%，脂肪含量20.60%。

产量品质 2011—2012年陕西省大豆区域试验，平均产量2 740.5kg/hm^2，比对照秦豆8号增产7.9%。2012年生产试验，平均产量2 800.5kg/hm^2，比对照秦豆8号增产0.9%。

栽培要点 6月中旬播种，适宜密度19.5万～22.5万株/hm^2。花期至鼓粒期结合病虫害防治，可叶面喷施氨基酸液肥加磷酸二氢钾和钼酸铵2～3次。

适宜地区 陕西省关中中东部灌区（夏播）。

627. 圣豆14（Shengdou 14）

品种来源 山东圣丰种业科技有限公司和天津市玉米良种场2001年以早熟18[7902（诱变30×Clark63）×7821（耐阴黑豆×诱变31）]×科丰6号[7611-3-3（7413-2-2混×Clark63）×诱变30（58-161×徐豆1号）F_3辐射]，经有性杂交，系谱法选育而成。2010年通过天津市农作物品种审定委员会审定，审定编号为津审豆2010001号。全国大豆品种资源统一编号ZDD31128。

圣豆14

特征 亚有限结荚习性。株型开张，平均株高89.1cm，底荚高17cm，主茎16.4节，有效分枝2.8个。卵圆叶，白花，灰毛。单株荚数43.1个，单株粒数90.7粒，单株粒重17.4g。粒圆形，种皮黄色，有微光泽，脐褐色。百粒重19.5g。

特性 黄淮海夏大豆，中晚熟品种，生育期104d，比对照中黄13早熟3天。6月中旬播种，10月上旬成熟。蛋白质含量40.85%，脂肪含量19.86%。

产量品质 2009—2010年天津市大豆区域试验，平均产量3 134.8kg/hm^2，比对照中黄13增产7.8%。2010年生产试验，平均产量2 912.1kg/hm^2，比对照中黄13增产6.84%。

栽培要点 选择不重茬、不迎茬地块，连片清种。晚春播种密度15万～16.5万株/hm^2，夏播密度16.5万～18万株/hm^2。注意病虫害防治，减少虫、斑粒。机械收获要求在晴天上午9时至12时进行，防止因露水及干燥出现“泥花脸”和破损的豆粒。

适宜地区 天津市（夏播）。

628. 濉科8号（Suike 8）

濉科8号

品种来源 山东圣丰种业科技有限公司用中豆20×平99016（来源于河南省平顶山市农科所），经有性杂交，系谱法选育而成。原品系号SK2000-8。2012年经安徽省农作物品种审定委员会审定，审定编号为皖豆2012003。全国大豆品种资源统一编号ZDD31129。

特征 有限结荚习性。株高60cm，分枝2.6个。椭圆形叶，白花，灰毛。单株荚数40.4个。粒椭圆形，种皮黄色，脐褐色。百粒重15.5g。

特性 黄淮海夏大豆，中熟品种，生育期102d。落叶性好，不裂荚。中感大豆花叶病毒SC3株系、SC7株系。

产量品质 2009—2010年安徽省大豆品种区域试验，两年平均产量2 906.3kg/hm^2，较对照中黄13增产14.35%。2011年生产试验，平均产量2 575.5kg/hm^2，较对照中黄13增产6.6%。蛋白质含量41.18%，脂肪含量20.70%。

栽培要点 6月上中旬播种，密度22.5万株/hm^2。肥力低的地块施底肥磷酸二铵150kg/hm^2，也可在初花期追施尿素或磷酸二铵120kg/hm^2。

适宜地区 江淮丘陵和淮北地区（夏播）。

629. 濉科9号（Suike 9）

品种来源 山东圣丰种业科技有限公司用徐9125（来源于江苏省徐州市农科所）×菏豆12，经有性杂交，系谱法选育而成。原品系号 SK2026。2012年经安徽省农作物品种审定委员会审定，审定编号为皖豆2012004。全国大豆品种资源统一编号ZDD31130。

特征 有限结荚习性。株高65cm，分枝1.6个。椭圆形叶，紫白花，灰毛。单株荚数31.9

个。粒圆形，种皮黄色，脐褐色。百粒重22.3g。

特性 黄淮海夏大豆，中熟品种，生育期101d。落叶性好，不裂荚。中抗大豆花叶病毒SC3株系，中感SC7株系。

产量品质 2009—2010年安徽省大豆品种区域试验，两年平均产量2 629.5kg/hm^2，较对照中黄13增产3.36%。2011年生产试验，平均产量2 514.0kg/hm^2，较对照中黄13增产5.2%。蛋白质含量46.57%，脂肪含量19.90%。

栽培要点 6月上中旬播种，密度22.5万株/hm^2。肥力低的地块施底肥磷酸二铵150kg/hm^2，也可在初花期追施尿素或磷酸二铵120kg/hm^2。

适宜地区 江淮丘陵和淮北地区（夏播）。

濉科9号

630. 濉科12（Suike 12）

品种来源 山东圣丰种业科技有限公司2003年以郑59[郑88037（郑85212×郑86481）×郑92019]×中黄13[豫豆8号（从郑74046-0-1-0中选出的自然杂交株）×中90052-76]，经有性杂交，系谱法选育而成。2013年通过安徽省农作物品种审定委员会审定，审定编号为皖豆2013004。全国大豆品种资源统一编号ZDD31131。

特征 有限结荚习性。株型收敛，株高77.0cm，底荚高22.0cm，主茎14.6节，有效分枝1.9个。叶卵圆形、浅绿，白花，灰毛。单株有效荚数37.7个，单株粒数80.0粒。粒椭圆形，黄色，脐黄色。百粒重20.6 g。

特性 黄淮海夏大豆，中晚熟品种，生育期103d，6月中旬播种，10月上旬成熟。中抗大豆花叶病毒SC3株系，中感SC7株系。中抗倒伏，落叶性好，不裂荚。蛋白质含量42.32%，脂肪含量21.52%。

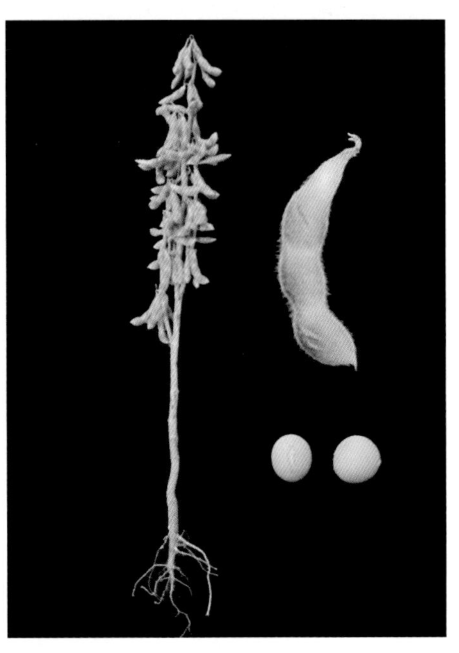

濉科12

产量品质 2010—2011年安徽省大豆品种区域试验，平均产量2 743.6kg/hm^2，比对照中黄13增产6.6%。2012年生产试验，平均产量2 935.1kg/hm^2，比对照中黄13增产8.3%。

栽培要点 适播期为5月下旬至6月上中旬，最迟6月下旬。高肥田密度一般18万株/hm^2，中肥田密度22.5万～27万株/hm^2。施底肥或苗期追施复合肥225kg/hm^2，初花期追施尿素75 ～ 112.5kg/hm^2。中后期注意防治大豆卷叶螟、大豆食心虫等害虫。

适宜地区 安徽江淮丘陵地区和淮北地区。

631. 潍豆7号（Weidou 7）

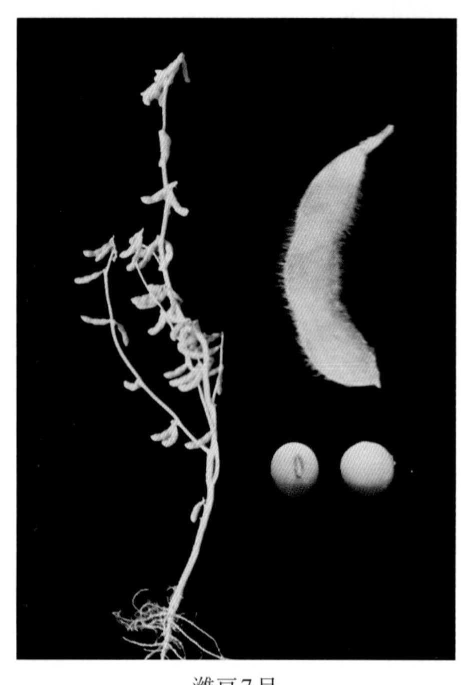

潍豆7号

品种来源 山东省潍坊市农业科学院1999年用烟9813×潍豆6号（81-1155×潍辐选）经有性杂交，系谱法选育而成。2010年通过山东省农作物品种审定委员会审定，审定编号为鲁农审2010023号。全国大豆品种资源统一编号ZDD24733。

特征 有限结荚习性。株型收敛，株高84cm，主茎15.3节，分枝3.0个。圆形叶，紫花，棕毛。单株荚数60.2个，单株粒数128粒，荚褐色。粒椭圆形，种皮黄色，有光泽，脐褐色。百粒重23.0g。

特性 黄淮海夏大豆，早熟品种，生育期99d，6月中旬播种，9月下旬成熟。高抗大豆花叶病毒SC3株系和SC7株系。抗倒伏，落叶性好，不裂荚。蛋白质含量35.20%，脂肪含量20.70%。

产量品质 2007—2008年山东省夏大豆品种区域试验，2007年平均产量2 920.5kg/hm^2，比对照鲁豆11增产16.5%；2008年平均产量3 355.5kg/hm^2，比对照菏豆12增产0.5%。2009年生产试验，平均产量2 748.0kg/hm^2，比对照菏豆12增产2.3%。

栽培要点 6月中旬播种，适宜密度15万～18万株/hm^2。土壤肥力差时，可增施底肥225kg/hm^{2}左右。及时防治病虫害，喷药时可与叶面肥同时喷施。

适宜地区 山东省中部、北部、西北部、南部、东部地区（夏播）。

632. 潍豆8号（Weidou 8）

品种来源 山东省潍坊市农业科学院1998年用9804与M5杂交，系谱法选育而成。2011年通过山东省农作物品种审定委员会审定，审定编号为鲁农审2011018号。全国大豆品种资源统一编号ZDD31132。

特征 有限结荚习性。株型收敛，株高65.2cm，主茎14.1节，分枝1.4个。圆形叶，紫花，棕毛。单株荚数38.5个，单株粒数92.8粒，荚褐色。粒椭圆形，种皮黄色，有光泽，脐褐色。百粒重21.8g。

特性 黄淮海夏大豆。中早熟品种，生育期104d，6月中旬播种，9月下旬成熟。抗倒伏，落叶性好，不裂荚。中抗大豆花叶病毒SC3株系，感SC7株系。蛋白质含量41.30%，脂肪含量22.10%。

产量品质 2008—2009年山东省夏大豆品种区域试验，两年平均产量3 063kg/hm^2，比对照菏豆12减产0.9%。2010年生产试验，平均产量2 572.5kg/hm^2，比对照菏豆12增产4.2%。

栽培要点 6月中旬播种，适宜密度18万~22万株/hm^2。及时防旱浇水，防治病虫害。

适宜地区 山东省中部、北部、西北部、南部、东部地区（夏播）。

潍豆8号

633. 潍豆9号（Weidou 9）

品种来源 山东省潍坊市农业科学院2001年以G20×鲁豆11[鲁豆6号（卫107×铁丰18）×北京8201]，经有性杂交，系谱法选育而成。2014年通过山东省农作物品种审定委员会审定，审定编号为鲁农审2014021号。全国大豆品种资源统一编号ZDD31133。

特征 有限结荚习性。株型收敛，株高71.5cm，底荚高15.2cm，主茎14节，分枝1.9个。卵圆形叶，白花，棕毛。单株荚数51.7个，单株粒数102粒。粒圆形，种皮黄色，有光泽，脐黑色。百粒重19.1g。

特性 黄淮海夏大豆，中晚熟品种，生育期106d，6月中旬播种，10月上旬成熟。中感大豆花叶病毒SC3株系和SC7株系。中抗倒伏，落叶性好，不裂荚。蛋白质含量36.74%，脂肪含量21.64%

产量品质 2011—2012年山东省大豆品种区域试验，平均产量3 096.0kg/hm^2，比对照菏豆12增产8.2%。2013年生产试验，平均产量3 432.0kg/hm^2，比对照菏豆12增产14.2%。

潍豆9号

栽培要点 6月中旬播种，适宜密度16.5万~18万株/hm^2。及时防治病虫害，结合喷药可同时喷施叶面肥。

适宜地区 山东省南部、西南部适宜地区作为夏大豆种植。

634. 临豆9号（Lindou 9）

临豆9号

品种来源 山东省临沂市农业科学院1996年用豫豆8号与临135杂交，经系统选育而成。2008年通过国家农作物品种审定委员会审定，审定编号为国审豆2008006。全国大豆品种资源统一编号ZDD24752。

特征 有限结荚习性。株型收敛，株高55.6cm，主茎13.5节，有效分枝3.0个。卵圆形叶，白花，棕毛。单株荚数44.1个，单株粒数80.9粒，荚褐色。粒椭圆形，种皮黄色，无光泽，脐褐色。百粒重17.3g。

特性 黄淮海夏大豆，中晚熟品种，生育期108d，6月中旬播种，10月上旬成熟。接种鉴定，中抗大豆花叶病毒SC3株系，抗大豆花叶病毒SC7株系，中抗大豆胞囊线虫病1号生理小种。抗倒伏，落叶性好，不裂荚。蛋白质含量43.80%，脂肪含量19.18%。

产量品质 2006—2007年黄淮海南片夏大豆品种区域试验，两年平均产量2 488.5kg/hm^2，比对照徐豆9号增产7.4%。2007年生产试验，产量2 484.0kg/hm^2，比对照徐豆9号增产10.2%。

栽培要点 6月中下旬播种，种植密度为16.5万～25.5万株/hm^2。

适宜地区 山东省西南部、江苏省淮河以北地区、安徽省宿州及蒙城地区、河南省驻马店地区（夏播）。

635. 临豆10号（Lindou 10）

品种来源 山东省临沂市农业科学院2000年用（中黄13×菏豆12）与菏豆12杂交，系谱法选育而成。2010年通过国家农作物品种审定委员会审定，审定编号为国审豆2010008。全国大豆品种资源统一编号ZDD31134。

特征 有限结荚习性。株型收敛，株高68.3cm，主茎15.0节，分枝1.4个。卵圆形叶，紫花，灰毛。单株荚数31.9个，单株粒数69.4粒。荚灰褐色。粒椭圆形，种皮黄色，无光泽，脐深褐色。百粒重23.6g。

特性 黄淮海夏大豆，中晚熟品种，生育期105d，6月中旬播种，10月上旬成熟。接种鉴定，中抗大豆花叶病毒SC3株系；中感SC7株系；中抗大豆胞囊线虫病1号生理小种。抗倒伏，落叶性好，不裂荚。蛋白质含量40.98%，脂肪含量20.41%。

产量品质 2008—2009年黄淮海南片夏大豆品种区域试验，两年平均产量2 874 .0kg/hm²，比对照中黄13增产6.3%。2009年生产试验，平均产量2 569.5kg/hm²，比对照中黄13增产10.1%。

栽培要点 6月上旬至下旬播种，等距点播或穴播，密度18万～25.5万株/hm²。施腐熟有机肥7 500～15 000kg/hm²或氮磷钾三元复合肥150～225kg/hm²作基肥，初花期追施氮磷钾三元复合肥150～225kg/hm²。

适宜地区 山东省南部、河南省南部、江苏和安徽两省淮河以北地区（夏播）。

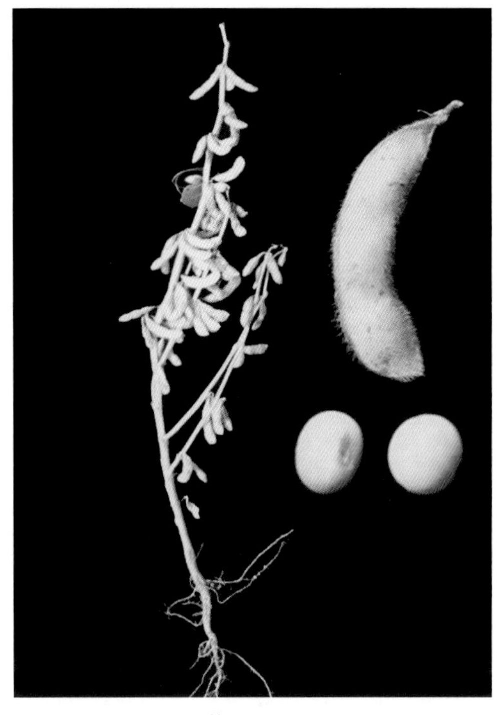

临豆10号

河南省品种

636. 周豆12（Zhoudou 12）

周豆12

品种来源 河南省周口市农业科学院以豫豆12为供体，提取总DNA，导入受体豫豆24，系谱法选育而成。原品系号周D9407-1。2004年通过河南省农作物品种审定委员会审定，审定编号为豫审豆2004002，2005年通过国家农作物品种审定委员会审定，审定编号为国审豆2005011。全国大豆品种资源统一编号ZDD31135。

特征 有限结荚习性。株高74.4cm，株型紧凑，单株荚数32.08个，分枝1.71个。椭圆形叶，紫花，灰毛。荚熟黄色。粒圆形，种皮黄色，有微光泽，脐褐色。百粒重23.7g。

特性 黄淮海夏大豆，晚熟品种，生育期112d。田间综合抗病性好。落叶性好，籽粒整齐，不裂荚。

产量品质 2001—2002年河南省区域试验，平均产量2 899.8kg/hm^{2}比对照豫豆16增产6.8%。2002年生产试验，平均产量2 832.0kg/hm^2，比对照豫豆16增产6.1%，2003年生产试验，平均产量2 157.0kg/hm^2，比对照豫豆22增产4.8%。2003—2004年黄淮海南片夏大豆品种区域试验，平均产量2 347.65kg/hm^2，比对照中豆20增产6.23%。2004年生产试验，平均产量2 373.6kg/hm^2，比对照中豆20增产1.89%。蛋白质含量40.06%，脂肪含量22.81%。

栽培要点 6月5～25日播种为宜，行距40cm，株距10cm，保苗24万株/hm^2，早间苗、定苗，早中耕，确保苗全、苗匀、苗壮。生育期间注意防治甜菜夜蛾、大豆食心虫等。

适宜地区 河南省南部、山东省济宁、江苏省及安徽省淮河以北地区（夏播）。

637. 周豆16（Zhoudou 16）

周豆16

品种来源 河南省周口市农业科学院以豫豆6号与周86B12[周S0114-6×郑8431（豫豆10号）]，经有性杂交，改良系谱法选育而成。原品系号周95-2-11。2007年通过河南省农作物品种审定委员会审定，审定编号为豫审豆2007003。全国大豆品种资源统一编号ZDD24769。

特征 有限结荚习性。株高70～75cm，株型紧凑，主茎节数15～16个，分枝3～4个。椭圆形叶，紫花，灰毛，叶色深绿，荚草黄色。粒椭圆形，种皮黄色，脐褐色。百粒重21～23g。

特性 黄淮海夏大豆，中熟品种，生育期106d。田间综合抗病性好，落叶性好，籽粒整齐，不裂荚。

产量品质 2004—2005年河南省大豆区域试验，平均产量2 587.5kg/hm^2，比对照豫豆22增产4.13%。2006年生产试验，平均产量2 635.5kg/hm^2，比对照豫豆22增产5.94%。蛋白质含量42.52%，脂肪含量19.84%。

栽培要点 适宜中等以上肥力地块种植。6月5～25日播种为宜，麦收后力争早播。保苗24万株/hm^2，早间苗、定苗，早中耕，确保苗全、苗匀、苗壮。生育期间注意防治甜菜夜蛾、大豆食心虫等，后期遇旱浇水增产效果明显。

适宜地区 河南省各地。

638. 周豆17（Zhoudou 17）

品种来源 河南省周口市农业科学院以周94（23）-111-5[周92②-4（周89②-6-3×B1235）×辽豆10号]与豫豆22，经有性杂交，改良系谱法选育而成。2008年通过河南省农作物品种审定委员会审定，审定编号为豫审豆2008003。全国大豆品种资源统一编号ZDD24770。

特征 有限结荚习性。株高70～80cm，株型收敛，分枝2～3个，主茎节数13～15个。椭圆形叶，紫花，灰毛。叶色深绿，荚草黄色。粒椭圆形，种皮黄色，脐褐色。百粒重20.3g。

特性 黄淮海夏大豆，中熟品种，生育期106d。田间综合抗病性好。落叶性好，籽

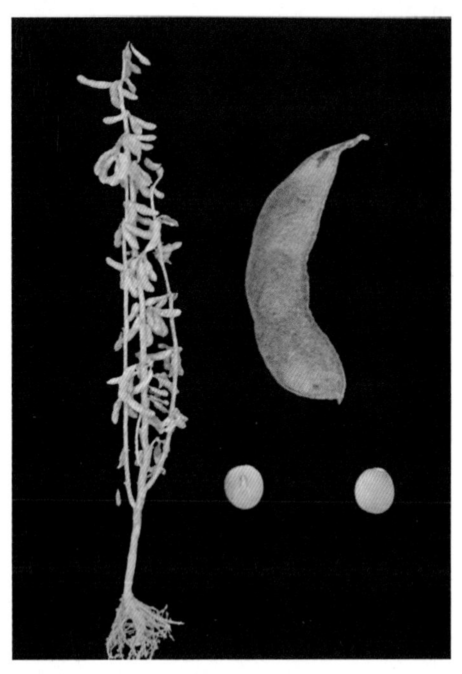
周豆17

粒整齐，不裂荚。

产量品质 2005—2006年河南省大豆区域试验，平均产量2 590.2kg/hm^2，比对照豫豆22增产5.91％。2007年生产试验，平均产量2 746.5kg/hm^2，比对照豫豆22增产7.21％。蛋白质含量37.57%，脂肪含量20.63%。

栽培要点 适宜中等以上肥力地块种植。6月5～25日播种为宜，麦收后力争早播。保苗22.5万株/hm^2，早间苗、定苗，早中耕，确保苗全、苗匀、苗壮。生育期间注意防虫2～3次，后期遇旱浇水增产效果明显。

适宜地区 河南省各地。

639. 周豆18（Zhoudou 18）

品种来源 河南省周口市农业科学院以周9521-3-4[周9302-10（豫豆17×周7323-118）×周8811-7（豫豆15×郑87260）]与郑059，经有性杂交，改良系谱法选育而成。2011年通过国家农作物品种审定委员会审定，审定编号为国审豆2011006。全国大豆品种资源统一编号ZDD24771。

特征 有限结荚习性。株高90.7cm，株型收敛，分枝1.8个，单株荚数42.8个。椭圆形叶，紫花，灰毛。荚褐色。粒椭圆形，种皮黄色，有微光泽，脐浅褐色。百粒重18.7g。

特性 黄淮海夏大豆，中熟品种，黄淮海地区夏播生育期107d。田间综合抗病性好，落叶性好，抗倒性较好，籽粒整齐，不裂荚。

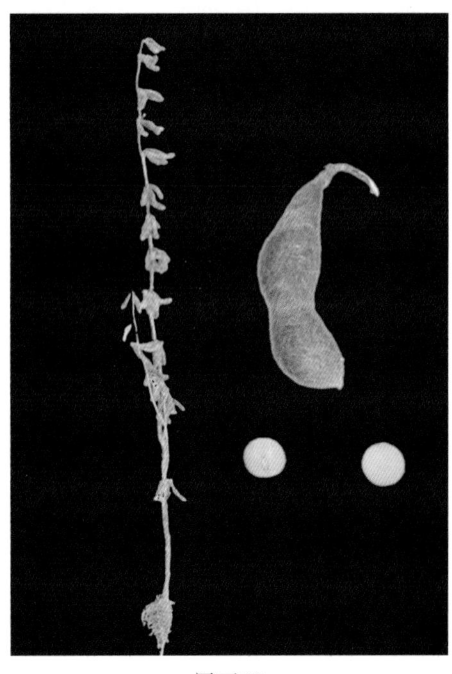
周豆18

产量品质 2008—2009年黄淮海南片夏大豆品种区域试验，平均产量2 713.5kg/hm^2，比对照增产3.3％（2008年对照为徐豆9号，2009年对照为中黄13）。2010年生产试验，平均产量2 491.5kg/hm^2，比对照中黄13增产3.8%。蛋白质含量38.53%，脂肪含量22.28%。

栽培要点 6月5～25日播种为宜，高肥力地块密度18.75万株/hm^2，中等肥力地块22.5万株/hm^2，低肥力地块24万株/hm^2。麦收后力争早播。早间苗、定苗，早中耕，确保苗全、苗匀、苗壮。生育期注意防虫，后期遇旱浇水增产效果明显。

适宜地区 河南省东南部，江苏省、安徽省淮河以北地区（夏播），大豆胞囊线虫病易发区慎用。

640. 周豆19（Zhoudou 19）

品种来源 河南省周口市农业科学院以周豆13（周94⑩-2-2-2[周89④-1-7（豫豆6号×周85（211））]×周88（12）-9-6）与周豆12，经有性杂交，改良系谱法选育而成。2010年通过国家农作物品种审定委员会审定，审定编号为国审豆2010009。全国大豆品种资源统一编号ZDD31136。

周豆19

特征 有限结荚习性。株高92.0cm，株型紧凑，主茎节数16.2个，单株荚数37.8个，单株粒数80.9粒，分枝2～3个。卵圆形叶，紫花，灰毛。叶深绿色，荚草黄色。粒椭圆形，种皮黄色，有微光泽，脐深褐色。百粒重21.9g。

特性 黄淮海夏大豆，中熟品种，生育期108d。田间综合抗病性好。落叶性好，籽粒整齐，不裂荚。

产量品质 2008—2009年黄淮海南片夏大豆品种区域试验，平均产量2 844kg/hm^2，比对照增产8.2%（2008年对照为徐豆9号，2009年对照为中黄13）。2009年生产试验，平均产量2 547kg/hm^2，比对照增产9.1%。蛋白质含量40.44%，脂肪含量22.29%。

栽培要点 施底肥磷酸二铵300kg/hm^2。来不及施底肥的，可在花期追施尿素75kg/hm^2。6月5～25日播种为宜，行距40 cm，株距10 cm，保苗24万株/hm^2。早间苗、定苗，早中耕，确保苗全、苗匀、苗壮。生育期间防虫2～3次，后期遇旱浇水增产效果明显。

适宜地区 河南省周口，山东省南部，江苏省徐州和淮安，安徽省淮河以北地区（夏播）。

641. 周豆20（Zhoudou 20）

品种来源 河南省周口市农业科学院以高产、高油、抗病虫、抗倒伏、抗裂荚为育种目标，采用聚合阶梯杂交改良技术，经5次南繁加代和多年选择育成。亲本组合为：[（周96㉑-15-2×豫豆11）×（赣榆平顶黄×周9521）]×（周豆13×冀豆13）。原品系号为周S06-365。2013年经河南省农作物品种审定委员会审定，审定编号为豫审豆2013005。全国大豆品种资源统一编号ZDD31137。

周豆20

特征 有限结荚习性。株高93.4cm，分枝2.5个，单株荚数55.6个，单株粒数104.8粒，荚黄褐色。椭圆形叶，紫花，灰毛。粒椭圆形，种皮黄色，脐褐色。百粒重18.95g。

特性 黄淮海夏大豆，中熟品种，生育期108d。中感大豆花叶病毒SC3株系、SC7株系。

产量品质 2010—2011年河南省区域试验，平均产量2 797.7kg/hm^2，比对照豫豆22增产6.06%。2012年生产试验，平均产量2 916kg/hm^2，比对照豫豆22号增产5.9%。蛋白质含量41.5%，脂肪含量19.86%。

栽培要点 6月上中旬播种，密度24万株/hm^2。施磷酸二铵300kg/hm^2、尿素45kg/hm^2、氯化钾90kg/hm^{2}作底肥；鼓粒期遇旱浇水可提高产量。

适宜地区 河南全省（夏播）。

642. 周豆21（Zhoudou 21）

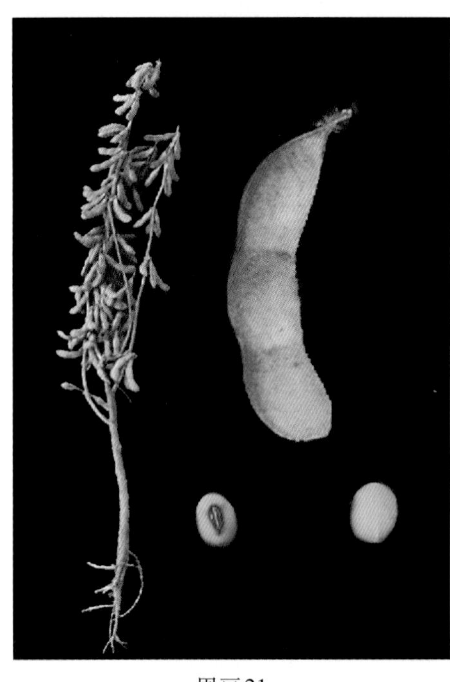
周豆21

品种来源 河南省周口市农业科学院2001年以周豆13为母本，郑94059作父本，经有性杂交，多年连续选择和南繁北育而成。原品系号周01015-1。2013年经河南省农作物品种审定委员会审定，审定编号为豫审豆2013006。全国大豆品种资源统一编号ZDD31138。

特征 有限结荚习性。株高88.2cm，分枝2.0个，单株荚数52.8个，单株粒数97.9粒，荚黄褐色。椭圆形叶，白花，棕毛。粒椭圆形，种皮黄色，脐褐色。百粒重18.7g。

特性 黄淮海夏大豆，中熟品种，生育期110d。中抗大豆花叶病毒病SC3株系，中感SC7株系。

产量品质 2010—2011年河南省大豆区域试验，平均产量2 934.6kg/hm^2，比对照豫豆22增产11.26%。2012年生产试验，平均产量2 934kg/hm^2，比对照豫豆22增产6.6 %。蛋白质含量41.43%，脂肪含量19.8%。

栽培要点 6月上中旬播种，密度24万株/hm^2。施磷酸二铵300kg/hm^2、尿素45kg/

hm^2、氯化钾90kg/hm^2作底肥。鼓粒期遇旱浇水可提高产量。

适宜地区 河南全省（夏播）。

643. 安（阳）豆1号 [An（yang）dou 1]

品种来源 河南省安阳市农业科学院从商豆1099中系统选育而成。2009年经河南省农作物品种审定委员会审定，审定编号为豫审豆2009004。全国大豆品种资源统一编号ZDD24754。

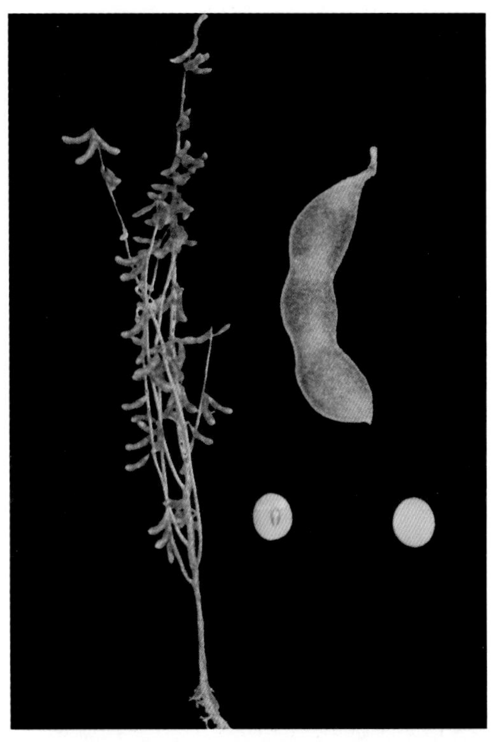
安（阳）豆1号

特征 有限结荚习性。株高87.5cm，株型紧凑，分枝3.2个，单株荚数55.9个，荚灰褐色。卵圆形叶，紫花，灰毛。粒椭圆形，种皮黄色，脐褐色。百粒重18.6g。

特性 黄淮海夏大豆，中熟品种，生育期107d。田间综合抗病性好。落叶性好，籽粒整齐，不裂荚。

产量品质 2006—2007年河南省区域试验，两年平均产量2 685.0kg/hm^2，比对照豫豆22增产4.8%。2008年生产试验，平均产量2 803.9kg/hm^2，比对照豫豆22增产9.73%。蛋白质含量42.38%，脂肪含量21.31%。

栽培要点 适宜中等肥力地块种植。6月上中旬播种，密度18.75万株/hm^2。重施底肥，中期追肥，保障水分。苗期防治菜青虫、棉铃虫、甜菜夜蛾，花荚期防治豆荚螟，中后期需防造桥虫、豆天蛾。

适宜地区 河南省大豆产区。

644. 安（阳）豆4号 [An（yang）dou 4]

品种来源 河南省安阳市农业科学院用商豆1099进行离子束辐射选育而成。2011年经河南省农作物品种审定委员会审定，审定编号为豫审豆2011002。全国大豆品种资源统一编号ZDD31139。

特征 有限结荚习性。株高84.3cm，株型紧凑，分枝2.3个，单株荚数56.2个，荚深褐色，卵圆形叶，紫花，棕毛。粒椭圆形，种皮黄色，脐深褐色。百粒重17.1g。

特性 黄淮海夏大豆，中熟品种，生育期108d。田间综合抗病性好。落叶性好，籽

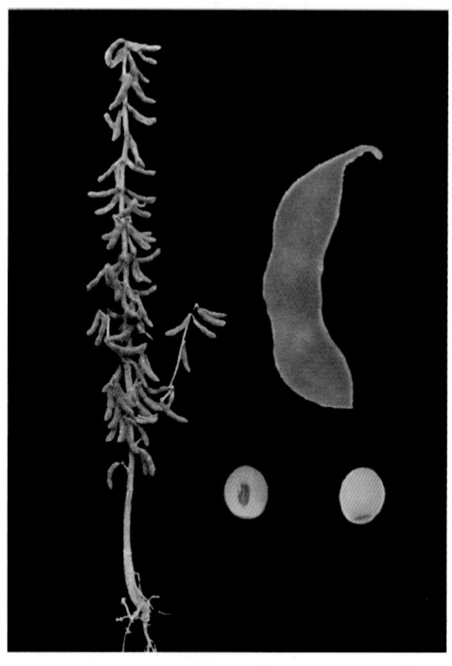
安（阳）豆4号

粒整齐，不裂荚。

产量品质 2008—2009年河南省区域试验，平均产量3 049.65kg/hm^2，比对照豫豆22增产6.65%。2010年生产试验，平均产量2 565.6kg/hm^2，比对照豫豆22增产10.5%。蛋白质含量42.2%，脂肪含量20.18%。

栽培要点 适宜中等肥力地块种植。6月上中旬播种，密度18.75万株/hm^2。前期重施底肥，中期追肥，保障水分。苗期防治菜青虫、棉铃虫、甜菜夜蛾，花荚期防治豆荚螟，中后期需防造桥虫、豆天蛾。

适宜地区 河南省大豆产区。

645. 泛豆4号（Fandou 4）

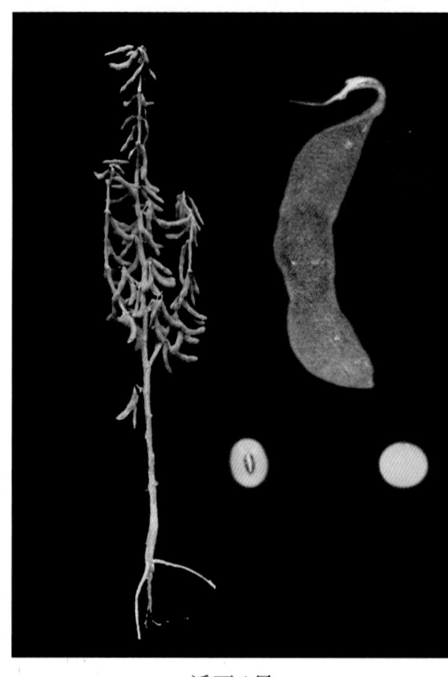
泛豆4号

品种来源 河南省黄泛区地神种业有限公司用豫豆18作母本，豫豆22作父本，经有性杂交，系谱法选育而成。2009年通过国家农作物品种审定委员会审定，审定编号为国审豆2009015。全国大豆品种资源统一编号ZDD24755。

特征 有限结荚习性。株高80.5cm，株型收敛，主茎16.2节，分枝1.5个，单株荚数55.4个，单株粒数110.5粒。椭圆形叶，紫花，棕毛。荚淡褐色。粒椭圆形，种皮黄色，脐褐色。百粒重15.7g。

特性 黄淮海夏大豆，中熟品种，生育期107d。抗倒性较强，不裂荚，落叶性好。中抗大豆花叶病毒SC3株系，中感SC7株系；中抗大豆胞囊线虫病1号生理小种，较抗大豆紫斑病。

产量品质 2006—2007年黄淮海中片夏大豆品种区域试验，两年平均产量2 790.0kg/hm^2，比对照齐黄28增产6.6%。2008年生产试验，平均产量3 114.0kg/hm^2，比对照齐黄28增产11.1%。蛋白质含量41.87%，脂肪含量19.53%。

栽培要点 5月下旬至6月中旬播种，密度18.75万～22.5万株/hm^2。分枝期至初花期前追施磷酸二铵225kg/hm^2，开花后喷施磷酸二氢钾2～3次，喷施量为2.25kg/hm^2。花荚期遇旱及时浇水。及时防治病虫草害。

适宜地区 山西省南部、河南省北部、河北省南部、山东省中部和陕西省关中地区（夏播）。

646. 泛豆5号（Fandou 5）

泛豆5号

品种来源 河南省黄泛区地神种业有限公司用泛91673（商豆1099系选）与泛90121（泛豆4号），经有性杂交，系谱法选育而成。2008年通过河南省农作物品种审定委员会审定，审定编号为豫审豆2008002。全国大豆品种资源统一编号ZDD24756。

特征 有限结荚习性。株高82.9cm，株型收敛，主茎15.1节，分枝2.1个，单株荚数61个，单株粒数120.1粒。卵圆形叶，紫花，棕毛。荚淡褐色。粒椭圆形，种皮黄色，脐深褐色。百粒重16.5g。

特性 黄淮海夏大豆，中熟品种，生育期107d。抗倒伏性强，抗裂荚性强，落叶性好。中抗大豆花叶病毒SC3株系、SC7株系。抗紫斑病。

产量品质 2006—2007年河南省大豆区域试验，平均产量2 823.0kg/hm^2，比对照豫豆22增产9.4%。2007年生产试验，平均产量2 814.0kg/hm^2，比对照豫豆22增产9.8%。蛋白质含量38.78%，脂肪含量20.29%。

栽培要点 适宜播期6月5～25日，行距40cm，株距10cm，密度24万株/hm^2。分枝期至初花期前可视苗情追施磷酸二铵225kg/hm^2，也可叶面喷肥。及时防治食叶性害虫，全生育期治虫2～3次。

适宜地区 河南省大豆产区。

647. 泛豆11（Fandou 11）

泛豆11

品种来源 河南省黄泛区地神种业有限公司2001年用泛06B5（郑交9007系选）与泛W-32（豫豆22×豫豆16），经有性杂交，系谱法选育而成。2011年通过国家大豆品种审定委员会审定，审定编号为国审豆2011015。

特征 有限结荚习性。株高77.2cm，株型收敛，主茎16.5节，分枝2.3个，底荚高16.6cm，单株荚数60.1个，单株粒数112.7粒，单株粒重

19.6g。卵圆形叶，紫花，灰毛。荚淡褐色。粒圆形，种皮黄色，有微光泽，脐淡褐色。百粒重19.1g。

特性 长江流域夏大豆，中熟品种，生育期112d。接种鉴定，中抗大豆花叶病毒SC3株系，中感SC7株系。

产量品质 2009—2010年长江流域夏大豆早中熟品种区域试验，两年平均产量2 955.0kg/hm^2，比对照中豆8号增产11.6%。2010年生产试验，平均产量2 875.5kg/hm^2，比对照中豆8号增产8.4%。蛋白质含量42.65%，脂肪含量21.85%。

栽培要点 5月下旬至6月上中旬播种，条播行距50cm（或宽窄行60：40），株距10cm。高肥力地块密度15万株/hm^2，中等肥力地块19.5万株/hm^2，低肥力地块22.8万株/hm^2。施腐熟有机肥22 500kg/hm^2、氮磷钾三元复合肥225kg/hm^{2}或磷酸二铵150kg/hm^{2}作基肥，初花期追施150kg/hm^{2}氮磷钾三元复合肥，或花期低肥力田追施尿素75kg/hm^2。

适宜地区 重庆市、湖北省襄樊、安徽省南部、江西省北部、陕西省南部（夏播）。

648. 商豆6号（Shangdou 6）

商豆6号

品种来源 河南省商丘市农业科学院以商9202-0（商7608×商8504）与商92110-0（中豆20×MSP287）有性杂交，系谱法选育而成。原品系号商9401。2009年经国家农作物品种审定委员会审定，审定编号为国审豆2009021。全国大豆品种资源统一编号ZDD24762。

特征 有限结荚习性。株高72.6 cm，株型收敛，分枝1.99个，单株荚数44.2个。卵圆形叶，紫花，灰毛。荚褐色。粒椭圆形，种皮黄色，有微光泽，脐褐色。百粒重16.5 g。

特性 黄淮海夏大豆，中熟品种，生育期107d。田间综合抗病性好。落叶性好，籽粒整齐，不裂荚。

产量品质 2005—2006年国家黄淮海南片夏大豆品种区域试验，平均产量2 472.8kg/hm^2，比对照徐豆9号增产5.6%。2007年生产试验，平均产量2 354.1kg/hm^2，比对照徐豆9号增产4.42%。蛋白质含量42.95%，脂肪含量19.38%。

栽培要点 适宜中上等肥力地块种植。选用籽粒完整、饱满、大小整齐、无虫蚀的种子，6月上中旬播种为宜，播量75 ~ 90kg/hm^2，密度22.5 万株/hm^2。早间苗、早定苗、早除草。前期适量追施复合肥，花荚期遇旱浇水，中后期防治甜菜夜蛾和大豆食心虫。

适宜地区 河南省南部、江苏省徐州及安徽省淮河以北地区（夏播）。

649. 商豆14（Shangdou 14）

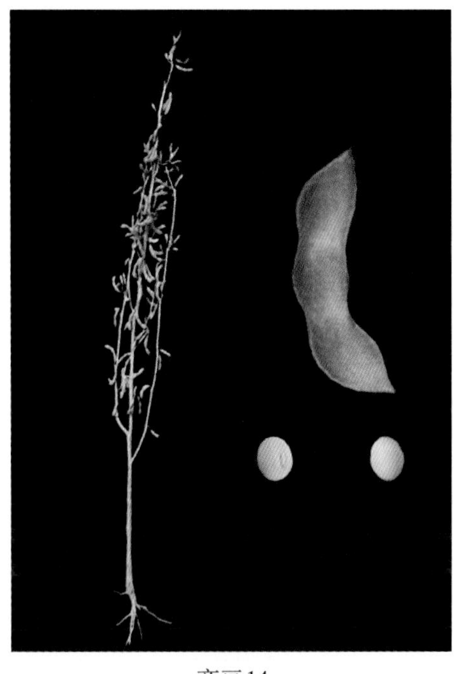
商豆14

品种来源 河南省商丘市农业科学院以开豆4号与商8653-1-1-1-3-2［(商1783[商8465F0×商7909（豫豆2号×辽宁大白眉）])×商1602(商8217-0-3×铁丰18)］，经有性杂交，系谱法选育而成。原系谱号商200227-2-5-1-1。2011年经河南省农作物品种审定委员会审定，审定编号为豫审豆2011004。全国大豆品种资源统一编号ZDD31140。

特征 有限结荚习性。株高90.7cm，株型收敛，分枝1.6个，单株荚数50.7个，单株粒数107.4粒。卵圆形叶，紫花，棕毛。荚褐色。粒椭圆形，种皮黄色，有微光泽，脐褐色。百粒重17.0g。

特性 黄淮海夏大豆，中熟品种，生育期110 d。田间综合抗病性好。抗倒伏，落叶性好，籽粒整齐，不裂荚。

产量品质 2008—2009年河南省大豆区域试验，平均产量3 058.1kg/hm^2，比对照豫豆22增产6.94%。2010年生产试验，平均产量2 481.2kg/hm^2，比对照豫豆22增产6.86%。蛋白质含量40.77%，脂肪含量19.9%。

栽培要点 适宜中上等肥力地块种植。6月上中旬播种，播量75～90kg/hm^2，留苗22.5万株/hm^2。早间苗，早定苗，早除草。前期适量追施复合肥，花荚期遇旱浇水，保花保荚，鼓粒期及时灌溉。注意防治害虫。

适宜地区 河南省全境均可（夏播）。

650. 许豆6号（Xudou 6）

许豆6号

品种来源 河南省许昌市农业科学研究所用许豆3号作母本，许9796 作父本，经有性杂交，系谱法选育而成。原品系号许98-7，2009年经河南省农作物品种审定委员会审定，审定编号为豫审豆2009002。全国大豆品种资源统一编号

ZDD24765。

特征 有限结荚习性。株高92.9cm，株型收敛，分枝2～3个，单株荚数45.9个。卵圆形叶，紫花，灰毛。荚灰褐色。粒圆形，种皮黄色，脐褐色。百粒重18.6g。

特性 黄淮海夏大豆，中熟品种，生育期113d。田间综合抗病性好。落叶性好，籽粒整齐，不裂荚。

产量品质 2006—2007年河南省夏大豆品种区域试验，平均产量2 685.9kg/hm²，比对照豫豆22增产3.96%。2008年生产试验，平均产量2 826.3kg/hm²，比对照豫豆22增产10.6%。蛋白质含量41.31%，脂肪含量21.08%。

栽培要点 适宜中上等肥力地块种植。6月上中旬播种，麦收后力争早播。保苗18万～20万株/hm²，确保苗全、苗匀、苗壮。播前施底肥磷酸二铵225kg/hm²，花期追施尿素150kg/hm²。生育期保障水分充足。后期注意防治大豆食心虫。

适宜地区 河南省大豆产区。

651. 许豆8号（Xudou 8）

许豆8号

品种来源 河南省许昌市农业科学研究所用许98662作母本，许96115作父本，经有性杂交，系谱法选育而成。原品系号许99016。2011年经河南省农作物品种审定委员会审定，审定编号为豫审豆2011001。

特征 有限结荚习性。株高81.2cm，株型适中，分枝3个，单株荚数40.7个。披针叶，紫花，灰毛。荚褐色。籽圆形，种皮黄色，脐褐色。百粒重22.3g。

特性 黄淮海夏大豆，中熟品种，生育期110d。田间综合抗病性好，对大豆花叶病毒SC3株系、SC7株系均表现抗病。落叶性好，籽粒整齐，不裂荚。

产量品质 2008—2009年河南省夏大豆品种区域试验，平均产量3 080.2kg/hm²，比对照豫豆22增产7.75%。2010年生产试验，平均产量2 584.05kg/hm²，比对照豫豆22增产11.29%。蛋白质含量38.32%，脂肪含量19.74%。

栽培要点 适宜中上等肥力地块种植。6月上中旬播种，麦收后力争早播。保苗20万～23万株/hm²，确保苗全、苗匀、苗壮。播前施底肥，花期追施尿素，鼓粒期喷施微肥。生育期间保障水分充足。后期注意防虫。

适宜地区 河南省大豆产区。

652. 濮豆129（Pudou 129）

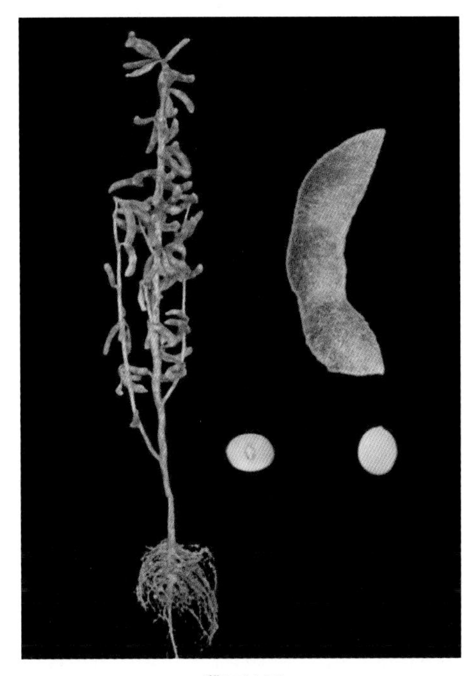
濮豆129

品种来源 河南省濮阳市农业科学院由郑90007系选而来。2006年通过河南省农作物品种审定委员会审定，审定编号为豫审豆2006004。全国大豆品种资源统一编号ZDD24758。

特征 有限结荚习性。株高75.5cm，分枝3.5个，单株荚数67.4个，单株粒数130.9粒。圆形叶，紫花，灰毛。荚褐色。粒圆形，种皮黄色，脐浅褐色。百粒重18.1g。

特性 黄淮海夏大豆，中熟品种，生育期105d。落叶性好，不裂荚。抗大豆花叶病毒病、大豆紫斑病和大豆褐斑病等。

产量品质 2003—2004年河南省大豆品种区域试验，平均产量2 572.9kg/hm^2，较对照豫豆22增产9.6％。2005年生产试验，平均产量2 584.2kg/hm^2，比对照豫豆22增产7.83％。蛋白质含量43.31％，脂肪含量19.48％。

栽培要点 麦垄套种在麦收前7～10d播种；夏直播宜在6月上中旬，最迟不能晚于6月25日。播量75kg/hm^2，留苗18万～22.5万株/hm^2。早间苗，早定苗，早中耕，促苗早发；分枝期结合中耕适量追肥，中上等肥力地块应以磷、钾肥为主，中等以下肥力地块追适量氮肥。花荚期注意灌、排水。

适应范围 适合河南省各地，麦垄套种和夏直播。

653. 濮豆206（Pudou 206）

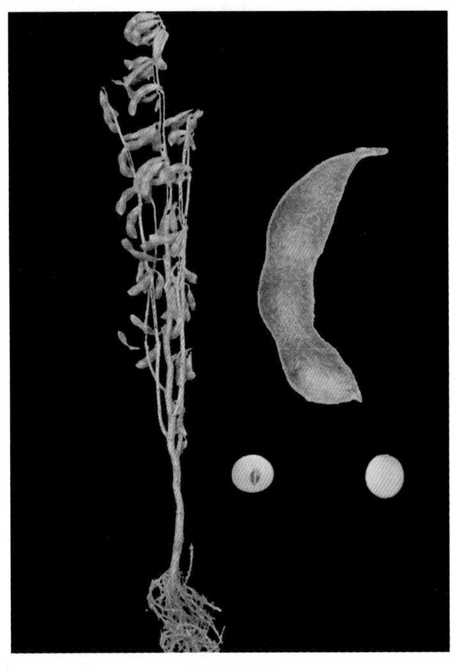
濮豆206

品种来源 河南省濮阳市农业科学院用豫豆21作母本，郑96012作父本，经有性杂交，改良系谱法选育而成。2009年经国家农作物品种审定委员会审定，审定编号为国审豆2009018。2011年通过河南省农作物品种审定委员会审定，审定编号为豫审豆2011003。全国大豆品种资源统一编号ZDD24759。

特征 有限结荚习性。株高80.4cm，株型收敛，分枝3.0个，单株荚数49.9个。卵圆形叶，紫花，灰毛。荚褐色。粒椭圆形，种皮黄色，有微光泽，脐褐色。百粒重21.7g。

特性 黄淮海夏大豆，中熟品种，生育期113d。抗病性较好。根系发达，抗旱、耐涝、耐瘠薄性较强，适应性广，抗倒。落叶性好，不裂荚。

产量品质 2007—2008年国家黄淮海中片夏大豆品种区域试验，平均产量2 986.5kg/hm^2，比对照齐黄28增产6.6%。2008年国家生产试验，平均产量2 487.3kg/hm^2，比对照齐黄28增产7.13%。蛋白质含量40.58%，脂肪含量20.32%。2008—2009年河南省大豆区域试验，平均产量3 092.4kg/hm^2，比对照豫豆22增产8.15%。2010年生产试验，平均产量2 487.3kg/hm^2，比对照豫豆22增产7.13%。蛋白质含量43.41%，脂肪含量19.52%。

栽培要点 6月上中旬播种，密度18万～22.5万株/hm^2。分枝期依据肥力情况和苗情追肥，中上等肥力地块，施氮磷钾复合肥225kg/hm^2，中等以下肥力地块施氮磷钾复合肥225kg/hm^2，并追加尿素60 ～ 75kg。

适宜地区 河南省中部和北部、山西省南部、河北省南部、山东省中部和陕西省关中地区。

654. 濮豆6018（Pudou 6018）

濮豆6018

品种来源 河南省濮阳市农业科学院用豫豆18作母本，92品A18作父本，经有性杂交，系谱法选育而成。2004年通过河南省农作物品种审定委员会审定，审定编号为豫审豆2004003。2005年通过国家农作物品种审定委员会审定，审定编号为国审豆2005004。全国大豆品种资源统一编号ZDD24058。

特征 有限结荚习性。株高82.8cm，分枝3.5个，单株荚数50.6个，荚深褐色。白花，圆形叶，灰毛。粒圆形，种皮黄色，脐浅褐色。百粒重25.8g，

特性 黄淮海夏大豆，中熟品种，生育期117d（在河南104d）。抗倒，抗病。成熟时落叶完全，不裂荚。根系发达，抗旱、耐涝性较强。

产量品质 2001—2002年河南省区域试验，平均产量2 886kg/hm^2，比对照豫豆16增产9.0%。2003年生产试验，平均产量2292kg/hm^2，比对照豫豆16增产11.3%。2003—2004年国家黄淮海中片夏大豆区域试验，平均产量2 901kg/hm^2，比对照鲁99-1增产8.02%。2004年生产试验，平均产量3 003.9 kg /hm^2，比对照鲁99-1增产16.60%。蛋白质含量43.20%，脂肪含量21.25%。

栽培要点 适宜播期6月上中旬，麦垄套种在收麦前10d为宜。播量75～90kg/hm^2，夏播留苗21万～24万株/hm^2，麦套留苗19.5万～21万株/hm^2。及早间苗、定苗，早中耕，促苗早发。加强初花期肥水管理，中后期注意旱浇涝排。防治大豆食心虫。成熟后及时收获。

适宜地区 河南省、山西省南部以及陕西省关中平原地区（夏播）。

655. 濮豆857（Pudou 857）

品种来源 河南省濮阳市农业科学院用濮豆6018作母本，汾豆53作父本，经有性杂交，系谱法选育而成。2013年经河南省农作物品种审定委员会审定，审定编号为豫审豆2013002。全国大豆品种资源统一编号ZDD31141。

特征 有限结荚习性。株型收敛，株高90.5cm，分枝2.7个，主茎节数15.8个，单株荚数49.1个。卵圆形叶，白花，灰毛。荚褐色。粒圆形，种皮黄色，有微光泽，脐褐色。百粒重21.4g。

特性 黄淮海夏大豆，中熟品种，生育期107.7～112.3d。抗大豆花叶病毒SC3、SC7株系。

产量品质 2010—2011年河南省区域试验，平均产量2 839.05kg/hm^2，比对照豫豆22增产7.54%。2012年生产试验，平均产量2 964kg/hm^2，比对照豫豆22增产7.6%。粗蛋白含量42.28%，粗脂肪含量21.16%。

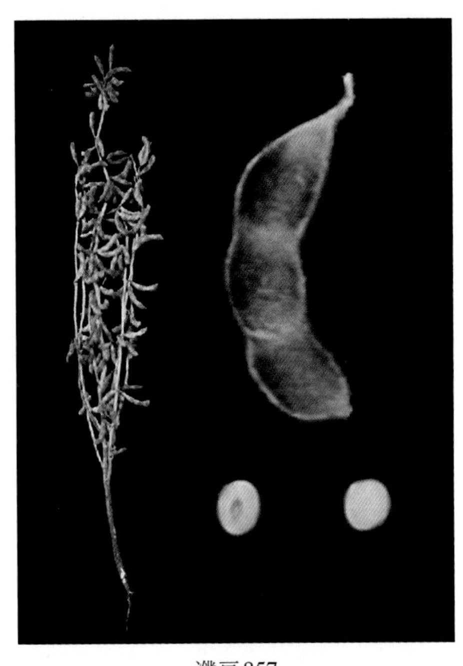

濮豆857

栽培要点 6月上中旬播种，密度18万～19.5万株/hm^2。施氮磷钾复合肥225～300kg/hm^2，中上等肥力地块应以磷、钾肥为主，中等以下肥力地块加追适量氮肥。花荚期注意遇旱灌水，遇涝排水，以充分发挥其增产潜力。花荚期及时防治虫害。

适宜地区 河南全省及周边夏大豆产区。

656. 濮豆955（Pudou 955）

品种来源 河南省濮阳市农业科学院用濮豆6014[豫豆18×（豫豆10号×豫豆8号）]作母本，豫豆19作父本，经有性杂交，系谱法选育而成。2013年经河南省农作物品种审定委员会审定，审定编号为豫审豆2013003。全国大豆品种资源统一编号ZDD31142。

特征 有限结荚习性。株型收敛，株高82.9cm，分枝3.2个，主茎节16.0个，单株荚数57.7个。卵圆形叶，紫花，灰毛。荚褐色。籽粒圆形，种皮黄色，有微光泽，脐淡褐

濮豆955

色。百粒重21.1g。

特性 黄淮海夏大豆，中熟品种，生育期108.2～113.2d。抗大豆花叶病毒SC3、SC7株系。

产量品质 2010—2011年河南省区域试验，平均产量2 865.15kg/hm^2，比对照豫豆22增产8.63%。2012年生产试验，平均产量3 016.5kg/hm^2，比对照豫豆22增产9.5%。粗蛋白含量41.33%，粗脂肪含量19.90%。

栽培要点 6月上中旬播种，密度18万～19.5万株/hm^2。施氮磷钾复合肥225～300kg/hm^2，中上等肥力地块应以磷、钾肥为主，中等以下肥力地块加追适量氮肥。花荚期注意遇旱灌水，遇涝排水，以充分发挥其增产潜力。花荚期及时防治虫害量。

适宜地区 河南全省及周边夏大豆产区。

657. 濮豆1802（Pudou 1802）

濮豆1802

品种来源 河南省濮阳市农业科学院用郑196（郑97196）作母本，汾豆53作父本，经有性杂交，系谱法选育而成。2014年经河南省农作物品种审定委员会审定，审定编号为豫审豆2014002。全国大豆品种资源统一编号ZDD31143。

特征 有限结荚习性。株型收敛，株高83.7cm，分枝2.9个，单株荚数43.9个，荚褐色。卵圆形叶，紫花，灰毛。粒圆形，种皮黄色，有微光泽，脐黄色。百粒重19.6g。

特性 黄淮海夏大豆，中熟品种，生育期110d。对大豆花叶病毒SC3株系表现中感，SC7株系表现感病。

产量品质 2011—2012年河南省区域试验，平均产量3 355.2kg/hm^2，比对照豫豆22增产10.42%。2013年生产试验，平均产量2 531.4kg/hm^2，比对照豫豆22增产9.97%。蛋白质含量44.01%，脂肪含量18.79%。

栽培要点 6月上中旬播种，密度18万～19.5万株/hm^2。施氮磷钾复合肥225～300kg/hm^2，中上等肥力地块应以磷、钾肥为主，中等以下肥力地块加追适量氮肥。花荚期注意遇旱灌水，遇涝排水，以充分发挥其增产潜力。及时防治虫害。

适宜地区 河南全省及周边夏大豆产区。

658. 丁村93-1药黑豆（Dingcun 93-1 yaoheidou）

品种来源 河南省获嘉县丁村乡农业技术推广站用丁双青1号（农家双青豆系选）与丁药黑豆2号（农家药黑豆系选），经有性杂交，系谱法选育而成。2006年经河南省农作物品种审定委员会审定，审定编号为豫审豆2006005。全国大豆品种资源统一编号ZDD24773。

特征 有限结荚习性。株高75cm，分枝3～4个，主茎14～15节，单株荚数36.4个，单株粒数62.5粒。叶椭圆形、深绿色，白花，棕毛。特大粒，粒椭圆形，种皮黑色，子叶绿色，脐褐色。百粒重33.7g。

特性 黄淮海夏大豆，晚熟品种，生育期120d。落叶性好，不裂荚，不倒伏。抗大豆花叶病毒病。

产量品质 2004—2005年河南省大豆品种区域试验，平均产量2 019.8kg/hm^2，比对照豫豆22减产18.7%。2005年生产试验，平均产量2 162.0kg/hm^2，比对照豫豆22减产7.93%。蛋白质含量43.84%，脂肪含量18.11%。

栽培要点 播期5月下旬至6月中旬，密度9万～10.5万株/hm^2。施有机肥15 000kg/hm^2，增施磷肥、钾肥、微肥。及时防治病虫害。注意结荚、鼓粒期遇旱浇水。

适宜地区 河南省（夏播）。

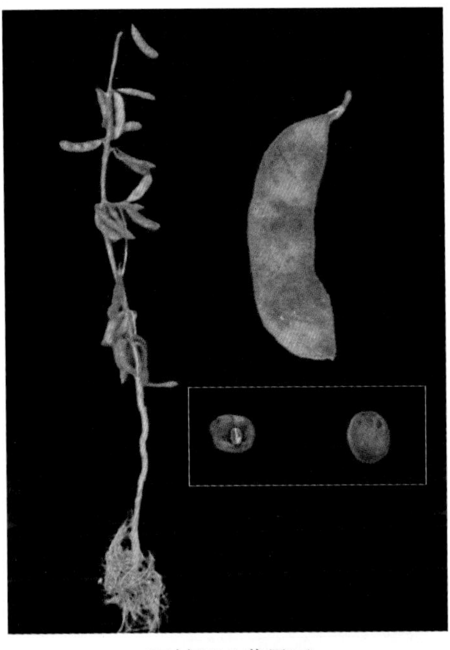

丁村93-1药黑豆

659. 郑豆30（Zhengdou 30）

品种来源 河南省农业科学院经济作物研究所用郑交91107（郑交107）与郑92029（豫豆22×豫豆10号），经有性杂交，系谱法选育而成。2007年经河南省农作物品种审定委员会审定，审定编号为豫审豆2007001。全国大豆品种资源统一编号ZDD24055。

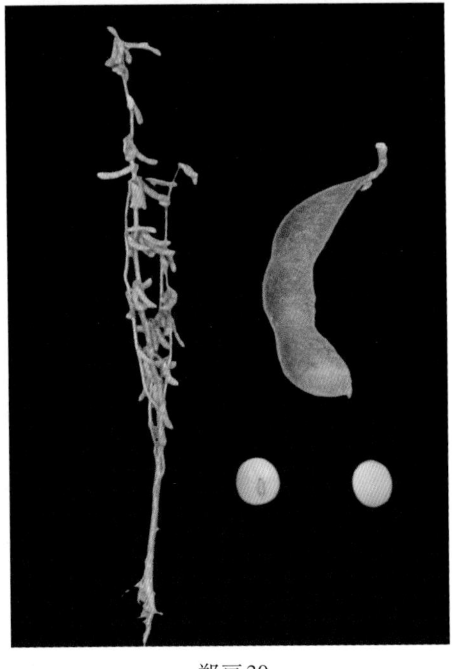

郑豆30

特征 有限结荚习性。株高89cm，株型收敛，分枝2个，单株荚数49.9个。卵圆形叶，紫花，灰毛。荚褐色。粒圆形，种皮黄色，脐褐色。百粒重21.6g。

特性 黄淮海夏大豆，晚熟品种，生育期117d。田间综合性状较好，籽粒整齐，不裂荚。

产量品质 2003—2005年河南省区域试验，平均产量2 469.3kg/hm^2，比对照豫豆22增产4.47%，2006年生产试验，平均产量2 741.0kg/hm^2，比对照豫豆22增产8.41%。蛋白质含量38.67%，脂肪含量20.24%。

栽培要点 播期6月上中旬，行距40 cm，株距13 cm，密度18万株/hm^2。注意氮、磷、钾合理配比施肥，遇弱苗或肥力不足，可在7月中旬分枝期追施磷酸二铵150kg/hm^2、氯化钾45kg/hm^2、尿素30kg/hm^2。

适宜地区 河南省中南部。

660. 郑59（Zheng 59）

郑59

品种来源 河南省农业科学院经济作物研究所用郑88037（豫豆27）与郑92019（豫豆18×豫豆22），经有性杂交，系谱法选育而成。原名郑94059-8。2005年经河南省农作物品种审定委员会审定，审定编号为豫审豆2005002。同年，经国家农作物品种审定委员会审定，审定编号为国审豆2005009。全国大豆品种资源统一编号ZDD24763。

特征 有限结荚习性。株高82cm，分枝2.4个，单株荚数45.1个，单株粒数81粒。椭圆形叶，紫花，棕毛。粒椭圆形，种皮黄色，脐黄色。百粒重17.0g。

特性 黄淮海夏大豆，晚熟品种，生育期111d。高抗大豆花叶病毒病，中感大豆胞囊线虫病。抗倒伏性较好。

产量品质 2001—2002年河南省区域试验，平均产量2 976.9kg/hm^2，比对照豫豆16增产12.11%，2003—2004年生产试验，平均产量2 418.8kg/hm^2，比对照豫豆16增产6.28%。2003—2004年黄淮海南片夏大豆品种区域试验，平均产量2 459.6kg/hm^2，比对照中豆20增产11.39%。2004年生产试验，平均产量2 538.8kg/hm^2，比对照中豆20增产8.99%。蛋白质含量40.83%，脂肪含量20.30%。

栽培要点 适宜播期6月上中旬，豫北、豫西麦垄套种可在麦收前10d播种，密度15万～22.5万株/hm^2。施钙镁磷肥600kg/hm^2，或磷酸二铵150kg/hm^2，初花期追施尿素75～150kg/hm^2。花荚期遇旱浇水是夺取高产的关键。

适宜地区 河南全省、山东省西南部、江苏和安徽两省淮河以北地区（夏播）。

661. 郑120（Zheng 120）

品种来源 河南省农业科学院经济作物研究所用郑交91107（郑交107）与郑92029（豫豆22×豫豆10号），经有性杂交，系谱法选育而成。2006年经河南省农作物品种审定委员会审定，审定编号为豫审豆2006003。全国大豆品种资源统一编号ZDD24764。

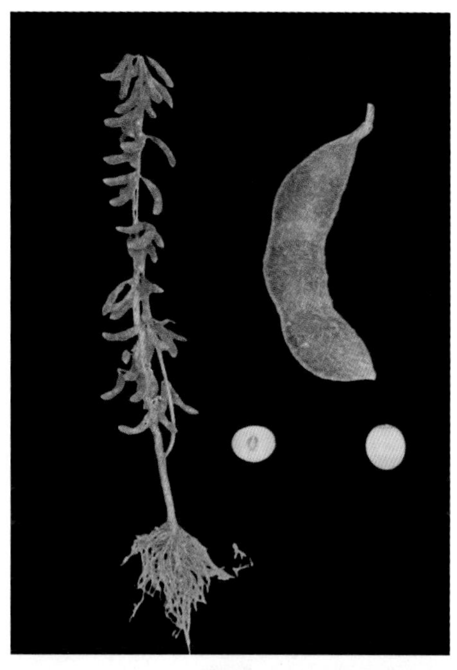
郑120

特征 有限结荚习性。株高79cm，株型收敛，分枝4.6个，单株荚数50.3个。椭圆形叶，紫花，灰毛。荚深褐色。粒圆形，种皮黄色，脐褐色。百粒重21.5g。

特性 黄淮海夏大豆，中晚熟品种，生育期108d。田间综合性状较好。抗大豆花叶病毒病、大豆紫斑病、大豆褐斑病。

产量品质 2003—2004年河南省区域试验，平均产量2 455.2kg/hm^2，比对照豫豆22增产5.8%。2005年生产试验，平均产量2 557.5kg/hm^2，比对照豫豆22增产6.8%。蛋白质含量43.84%，脂肪含量19.81%。

栽培要点 播期6月上中旬，行距40cm，株距13cm，密度18万株/hm^2。施磷酸二铵300kg/hm^2，遇涝排水，遇旱浇水，特别注重结荚、鼓粒期遇旱浇水，以增多结荚数，提高粒重。

适宜地区 河南省豫中、豫东南地区。

662. 郑196（Zheng 196）

品种来源 河南省农业科学院经济作物研究所用郑100（豫豆25）×郑93048[郑8910（郑133×周8401）×郑8930（郑85569×郑855558-0-5）]作父本，经有性杂交，系谱法选育而成。原品系号郑97196。2005年经河南省农作物品种审定委员会审定，审定编号为豫审豆2005003，2008年经国家农作物品种审定委员会审定，审定编号

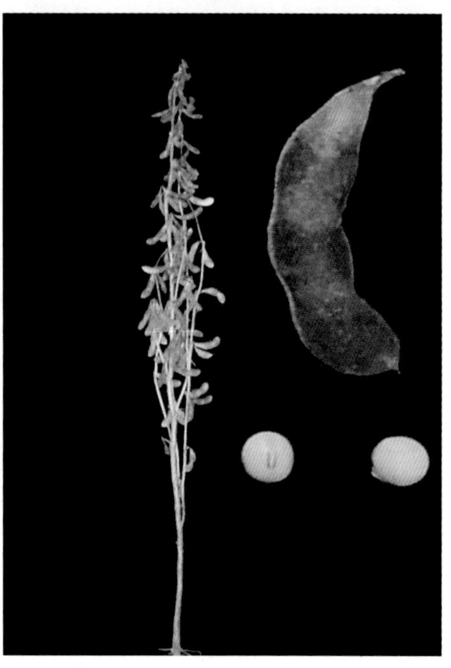
郑196

为国审豆2008008。全国大豆品种资源统一编号ZDD24053。

特征 有限结荚习性。株高74cm，分枝2.8个，单株荚数47.3个，单株粒数87粒。卵圆形叶，紫花，灰毛。粒圆形，种皮黄色。脐浅褐色。百粒重17.4g。

特性 黄淮海夏大豆，中熟品种，生育期105d。抗大豆花叶病毒SC3株系，中感SC7株系；中感大豆胞囊线虫病1号生理小种。

产量品质 2002—2003年河南省区域试验，平均产量2 552.1kg/hm^2，比对照豫豆16增产9.62%。2004年生产试验，平均产量2 859.0kg/hm^2，比对照豫豆16增产12.0%。2006—2007年黄淮海南片夏大豆品种区域试验，平均产量2 526.0kg/hm^2，比对照徐豆9号增产9.0%。2007年生产试验，平均产量2 404.5kg/hm^2，比对照徐豆9号增产6.6%。蛋白质含量40.69%，脂肪含量19.47%。

栽培要点 6月上中旬播种，密度18万～22.5万株/hm^2；施磷酸二铵300kg/hm^2、尿素45kg/hm^2、氯化钾90kg/hm^{2}作底肥，鼓粒期遇旱浇水可提高产量。

适宜地区 河南全省、山东省西南部、江苏和安徽两省淮河以北地区（夏播）。

663. 郑4066（Zheng 4066）

郑4066

品种来源 河南省农业科学院经济作物研究所以郑504（豫豆19）为母本，驻豆4号为父本，经有性杂交，系谱法选育而成。2010年经国家农作物品种审定委员会审定，审定编号为国审豆2010015。

特征 有限结荚习性。株高67.7cm，株型收敛，分枝2.3个。叶卵圆形、浓绿色，紫花，灰毛。单株荚数49.9个，荚黄褐色。粒圆形，种皮黄色，有光泽，脐深褐色。百粒重21.3g

特性 长江流域夏大豆，早中熟，生育期114d。抗倒伏，落叶性好，抗裂荚。中抗大豆花叶病毒病。

产量品质 2008—2009年长江流域夏大豆早中熟组区域试验，平均产量2 682.0kg/hm^2，比对照中豆8号平均增产8.6%。2009年生产试验，平均产量2 607.0kg/hm^2，比对照中豆8号平均增产7.8%。蛋白质含量47.93%，脂肪含量18.85%。

栽培要点 5月下旬至6月上中旬播种，播种量75kg/hm^2，行距40cm，株距13cm，密度22万株/hm^2。开花前追施尿素150kg/hm^2，适时中耕，注意排灌和治虫。

适宜地区 安徽省南部、江西省北部、重庆市、湖北省、陕西省安康等地（夏播）。

664. 郑9805（Zheng 9805）

郑9805

品种来源 河南省农业科学院经济作物研究所用豫豆19与ZP965102（豫豆23×豫豆22），经有性杂交，系谱法选育而成。2006年经河南省农作物品种审定委员会审定，审定编号为豫审豆2006001。2010年经国家农作物品种审定委员会审定，审定编号为国审豆2010007。全国大豆品种资源统一编号ZDD24054。

特征 有限结荚习性。株高78cm，株型收敛，分枝2～3个，单株荚数45.1个。卵圆形叶，紫花，灰毛。荚深褐色。粒圆形，种皮黄色，脐褐色。百粒重18.6g。

特性 黄淮海夏大豆，中熟品种，生育期107d。田间综合抗病性好，中抗大豆花叶病毒病。不裂荚。

产量品质 2003—2004年河南省区域试验，平均产量2 537.7kg/hm^2，比对照豫豆22增产8.48％。2005年生产试验，平均产量2 661.2kg/hm^2，比对照豫豆22增产11.10％。2007—2008年黄淮海南片夏大豆品种区域试验，平均产量2 637.0kg/hm^2，比对照徐豆9号增产6.0％。2009年生产试验，平均产量2 569.5kg/hm^2，比对照中黄13增产10.1％。蛋白质含量43.12％，脂肪含量19.64％。

栽培要点 6月上中旬播种，行距40cm，株距10cm，密度22万株/hm^2。肥力低的地块，在7月中旬分枝期追施磷酸二铵150kg/hm^2、氯化钾45kg/hm^{2}和尿素30kg/hm^2。

适宜地区 河南省南部、山东省南部、江苏和安徽两省淮河以北地区（夏播）。

665. 郑03-4（Zheng 03-4）

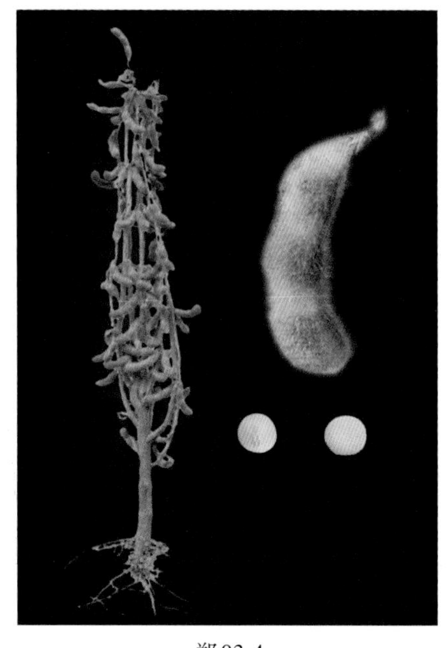
郑03-4

品种来源 河南省农业科学院经济作物研究所以郑99130与JN9816-03，经有性杂交，系谱法选育而成。2011年经国家农作物品种审定委员会审定，审定编号为国审豆2011016。

特征 有限结荚习性。株高84.0cm，株型收敛，分枝1.7个。椭圆形叶，紫花，灰毛。单株荚数47.2个，单株粒数 97.8粒，荚褐色。种皮黄色，有光泽，脐淡褐色。百粒重19.2g。

特性 长江流域夏大豆，早中熟品种，生育期116d。抗倒伏，落叶性好，不裂荚。中抗大豆花叶病毒病。

产量品质 2009—2010年长江流域夏大豆早中熟组区域试验，平均产量2 793.0kg/hm^2，比对照中豆8号增产5.5%。2010年生产试验，平均产量2 976.0kg/hm^2，比对照中豆8号增产12.1%。蛋白质含量44.66%，脂肪含量20.26%。

栽培要点 5月下旬至6月上旬播种，行距40cm，高肥力地块密度18万～21万株/hm^2，中等肥力地块21万～22.5万株/hm^2，低肥力地块22.5万～24万株/hm^2。施磷酸二铵150kg/hm^2，注意防治病虫害。

适宜地区 安徽省南部、江西省北部、重庆市、湖北省、陕西省安康等地（夏播）。

666. 郑豆04024（Zhengdou 04024）

品种来源 河南省农业科学院经济作物研究所以豫豆25号为母本，V-94-3793为父本，经有性杂交，系谱法选择，经多年连续南繁加代选育而成。2013年经河南省农作物品种审定委员会审定，审定编号为豫审豆2013004。

特征 有限结荚习性。株高88.3cm，有效分枝2.8个，主茎节数15.8节，单株有效荚数50.6个，单株粒数96.5粒，荚褐色。紫花，灰毛。粒圆形，种皮黄色。百粒重21.3g。

特性 黄淮海夏大豆，中晚熟品种，生育期112d。中感大豆花叶病毒SC3株系，中抗SC7株系。

产量品质 2010—2011年河南省区域试验，平均产量2 818.5kg/hm^2，比对照豫豆22增产6.86%。2012年生产试验，平均产量2 890.5kg/hm^2，比对照豫豆22增产5.0%。蛋白质含量41.48%，脂肪含量19.85%。

栽培要点 适播期6月上、中旬，密度15万～22.5万株/hm^2。施磷酸二铵300kg/hm^2，初花期追施尿素150kg/hm^2。中耕除草，及时防治病虫害，防旱排涝。

适宜地区 河南全省各地（夏播）。

667. 平豆1号（Pingdou 1）

品种来源 河南省平顶山市农业科学院用本地大青豆系选而成。原品系号平9401-1。2005年4月经河南省农作物品种审定委员会审定，审定编号为豫审豆2005001。全国大豆品种资源统一编号ZDD24766。

特征 有限结荚习性。株高68cm，株型收敛，分枝3～5个，单株荚数54.3个。卵圆形叶，白花，灰毛。荚浅褐色。粒卵圆形，种皮黄色，脐褐色。百粒重21.1g。

特性 黄淮海夏大豆，中熟品种，生育期109d。田间综合抗病性好。落叶性好，籽粒整齐，不裂荚。

产量品质 2001—2002年河南省夏大豆品种区域试验，平均产量2 889.9kg/hm²，比对照豫豆16增产8.95％。2003—2004年生产试验，平均产量2 292.0kg/hm²，比对照豫豆22增产7.6%。蛋白质含量38.97%，脂肪含量21.93%。

栽培要点 适宜中等肥力地块种植。6月中旬播种为宜，麦收后力争早播。保苗20万～23万株/hm²。确保苗全、苗匀、苗壮。前期重施底肥，中期追肥并保障水分充足，后期注意防治大豆食心虫。

适宜地区 河南全省（夏播）。

平豆1号

668. 平豆2号（Pingdou 2）

品种来源 河南省平顶山市农业科学院用中豆20系选而成。原品系号平99016。2007年4月经河南省农作物品种审定委员会审定，审定编号为豫审豆2007002。全国大豆品种资源统一编号ZDD24767。

特征 有限结荚习性。株高66.2cm，株型收敛，分枝4～5个，单株荚数49.1个。卵圆形叶，白花，灰毛。荚深褐色。粒圆形，种皮黄色，脐浅褐色。百粒重14.8g。

特性 黄淮海夏大豆，中熟品种，生育期105d。田间综合抗病性好。落叶性好，籽粒整齐，不裂荚。

产量品质 2005—2006年河南省区域试验，平均产量2 745.3kg/hm²，比对照豫豆22增产12.96%。2006年生产试验，平均产量2 682.1kg/hm²，比对照豫豆22增产6.08％。蛋白质含量41.17%，脂肪含量20.86%。

栽培要点 适宜中等肥力地块种植。6月上、中旬播种为宜，播量60kg/hm²，麦收后力争早播。保苗18万株/hm²，确保苗全、苗匀、苗壮。适时中耕，注意排灌和治虫。遇弱苗或肥力不足，可在7月中旬分枝期追肥。

适宜地区 河南全省（夏播）。

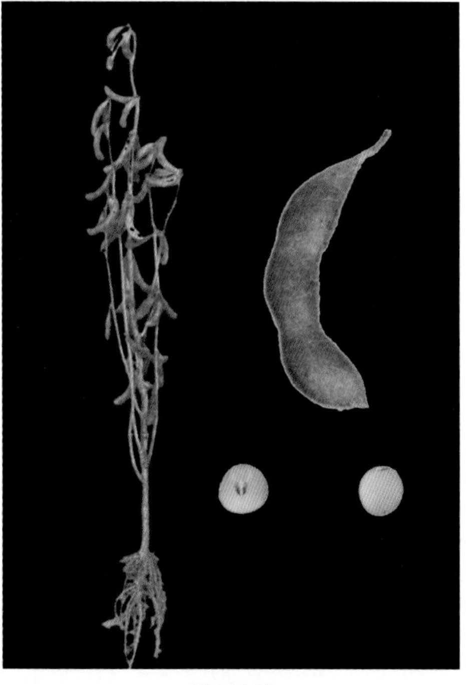

平豆2号

669. 开豆4号（Kaidou 4）

开豆4号

品种来源 河南省开封市农林科学研究院采用美国青眉黄豆系统法选育而成。原名开豆4号。2005年4月经河南省农作物品种审定委员会审定，审定编号为豫审豆2005004。全国大豆品种资源统一编号ZDD24760。

特征 有限结荚习性。株高74cm，株型收敛，分枝4～6个，单株荚数71个。圆形叶，白花，棕毛。荚草黄色。粒椭圆形，种皮黄色，有光泽，脐深褐色。百粒重15g。

特性 黄淮海夏大豆，晚熟品种，生育期120d。田间综合抗病性好。耐涝，抗倒伏，不裂荚，落叶性好。

产量品质 2001—2003年河南省区域试验，平均产量2 889.9kg/hm^2，比对照豫豆16增产2.78％。2004年生产试验，平均产量2 292.0kg/hm^2，比对照豫豆16增产11.3％。蛋白质含量33.25%，脂肪含量22.98%。

栽培要点 适宜中等肥力地块种植。6月上中旬播种，麦收后力争早播，保苗12万～15万株/hm^2，出苗后及时间苗定苗。花期、鼓粒期遇旱浇水，后期进行叶面喷肥，防止早衰。

适宜地区 河南各地区。

670. 开豆41（Kaidou 41 ）

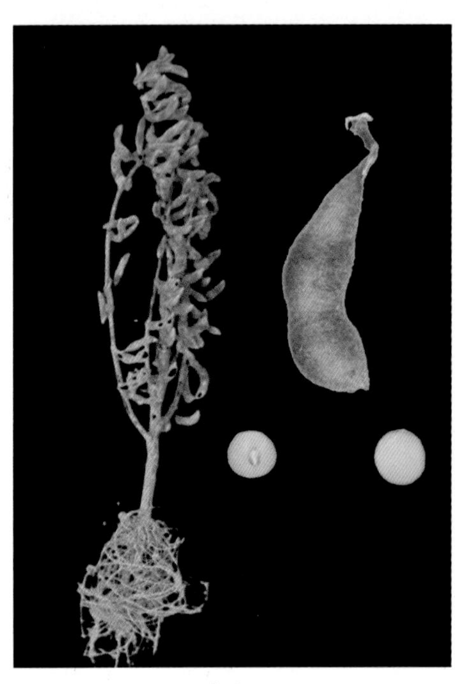
开豆41

品种来源 河南省开封市农林科学研究院从开豆4号系选而成。原品系号开4-1。2009年经河南省农作物品种审定委员会审定，审定编号为豫审豆2009003。全国大豆品种资源统一编号ZDD24761。

特征 有限结荚习性。株高76cm，分枝2～4个，株型收敛，单株荚数49.9个，单株粒数102粒。圆形叶，紫花，灰毛。荚褐色。粒椭圆形，种皮黄色，脐褐色。百粒重18.4g。

特性 黄淮海夏大豆，中熟品种，生育期110d。落叶整齐，不裂荚，耐阴性好。

产量品质 2005—2006年河南省区域试验，平均产量2 653.7kg/hm^2，比对照豫豆22增产8.46%。2007—2008年生产试验，平均产量2 696.8kg/hm^2，比对豫豆22照增产5.9%。蛋白质含量39.60%，脂肪含量20.98%。

栽培要点 适宜中等肥力地块种植。适播期5月20日至6月20日，麦收后力争早播，播量45～60kg/hm^2，保苗12万～15万株/hm^2，确保苗全、苗匀、苗壮。前期重施底肥，盛花期至鼓粒期可看苗喷施微肥，花期和鼓粒期遇旱务必浇水，生长过旺的田块可在花期喷多效唑适当控制。

适宜地区 河南各地区。

671. 驻豆9715（Zhudou 9715）

品种来源 河南省驻马店市农业科学院用豫豆10号为母本，科系7号为父本，经有性杂交，系谱法选育而成。2005年通过国家农作物品种审定委员会审定，审定编号为国审豆2005010。

驻豆9715

特征 有限结荚习性。株型紧凑，株高65cm，分枝2～3个，单株荚数54个，卵圆形叶，紫花，灰毛。粒扁圆形，种皮黄色，脐浅褐色。百粒重17g。

特性 黄淮海夏大豆，中熟品种，生育期101d。田间综合抗病性好。耐旱，耐涝，抗倒性好，不裂荚，适应机械化收获。

产量品质 2003—2004年国家黄淮海南片区域试验，平均产量2 629.5kg/hm^2，比对照中豆20增产12.18%。2004年生产试验，平均产量2 563.95kg/hm^2，比对照中豆20增产10.07%。蛋白质含量43.24%，脂肪含量19.06%。

栽培要点 适宜中等肥力地块种植，6月上中旬播种为宜，麦收后力争早播，达到一播全苗。中等肥力地块保苗15万株/hm^2，施底肥磷酸二铵300kg/hm^2。

适宜地区 河南省南部、安徽省北部、江苏省北部和山东省南部。

672. 驻豆5号（Zhudou 5）

品种来源 河南省驻马店市农业科学院用驻97B与豫豆19有性杂交，系谱法选育而成。2006年通过河南省农作物品种审定委员会审定，审定编号为豫审豆2006002。全国大

驻豆5号

豆品种资源统一编号ZDD24772。

特征 有限结荚习性。株高70cm，分枝3.0个，单株荚数58.6个。卵圆形叶，紫花，灰毛。荚褐色。粒圆形，种皮黄色，有光泽，脐浅褐色。百粒重21.5g。

特性 黄淮海夏大豆，中熟品种，生育期105d。田间综合抗病性好。抗倒伏，落叶性好，不裂荚。

产量品质 2003—2004年河南省区域试验，平均产量2 555.1kg/hm^2，比对照豫豆22增产9.24%。2005年生产试验，平均产量2 668.05kg/hm^2，比对照豫豆22增产11.4%。蛋白质含量42.83%，脂肪含量19.43%。

栽培要点 适宜中等肥力地块种植。6月15日以前播种为宜，麦收后力争早播，达到一播全苗。保苗18万株/hm^2，施足底肥，氮、磷、钾配比为2∶4∶3。

适宜地区 河南省各地。

673. 驻豆6号（Zhudou 6）

驻豆6号

品种来源 河南省驻马店市农业科学院用驻90006与豫豆21有性杂交，系谱法选育而成。2008年通过河南省农作物品种审定委员会审定，审定编号为豫审豆2008001。全国大豆品种资源统一编号ZDD24047。

特征 有限结荚习性。株型收敛，株高72cm，分枝2.6个，单株荚数55.0个，荚褐色。粒椭圆形，种皮黄色，脐浅褐色。百粒重18.4g。

特性 黄淮海夏大豆，中熟品种，生育期105d。抗大豆花叶病毒病。抗倒伏，不裂荚，落叶性好，抗旱性1级。

产量品质 2004—2005年河南省夏大豆区域试验，平均产量2 618.85kg/hm^2，比对照豫豆22增产5.39%。2006—2007年生产试验，平均产量2 821.55kg/hm^2，比对照豫豆22增产10.1%。蛋白质含量44.31%，脂肪含量19.52%。

栽培要点 适宜中等肥力地块种植。6月上中旬播种为宜，麦收后力争早播，达到一播全苗，保苗18.75万株/hm²。施足底肥，氮、磷、钾配比为2∶4∶3。

适宜地区 河南省夏大豆主产区。

674. 驻豆7号（Zhudou 7）

品种来源 河南省驻马店市农业科学院用驻9220与豫豆16有性杂交，系谱法选育而成。2010年通过河南省农作物品种审定委员会审定，审定编号为豫审豆2010002。

特征 有限结荚习性。株型收敛，株高80cm，分枝2.5个，单株荚数53.7个。叶长卵形、浅绿色，紫花，灰毛。荚褐色。粒圆形，种皮黄色，脐褐色。百粒重19g。

特性 黄淮海夏大豆，中熟品种，生育期104d。抗倒性好，不裂荚，落叶好。抗大豆花叶病毒病。

产量品质 2007—2008年河南省夏大豆区域试验，平均产量2 920.95kg/hm²，比对照豫豆22增产5.45%。2009年生产试验，平均产量2 608.2kg/hm²，比对照豫豆22增产10.78%。蛋白质含量42.75%，脂肪含量19.53%。

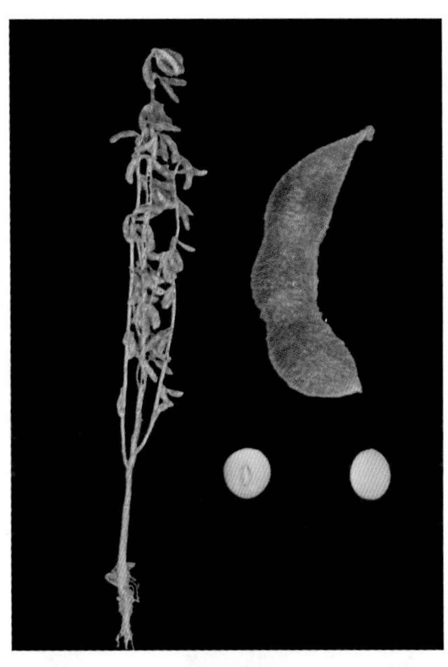

驻豆7号

栽培要点 适宜中等肥力地块种植。6月15日以前播种为宜，麦收后力争早播，达到一播全苗，保苗18万～21万株/hm²。施足底肥，氮、磷、钾合理配比。

适宜地区 河南全省。

675. 驻豆11（Zhudou 11）

品种来源 河南省驻马店市农业科学院用郑94059与驻9702有性杂交，系谱法选育而成。2013年经河南省农作物品种审定委员会审定，审定编号为豫审豆2013001。全国大豆品种资源统一编号ZDD31144。

特征 有限结荚习性。株高85cm，分枝3.1个，单株荚数57.9个，单株粒数108.6粒，荚深褐色。卵圆形叶，紫花，棕毛。粒椭圆形，种皮黄色，脐浅褐

驻豆11

色。百粒重21.4g。

特性 黄淮海夏大豆，中熟品种，生育期106d。中抗大豆花叶病毒SC3株系，抗SC7株系。

产量品质 2010—2011年河南省区域试验，平均产量3 017.9kg/hm^2，比对照豫豆22增产14.41%。2012年生产试验，平均产量3 129kg/hm^2，比对照豫豆22增产13.6%。蛋白质含量42.07%，脂肪含量21.48%。

栽培要点 6月上中旬播种，密度18万～21万株/hm^2。施尿素60～75kg/hm^2、磷酸二铵300～375kg/hm^2、氯化钾120～150kg/hm^{2}作底肥。鼓粒期遇旱浇水可提高产量。

适宜地区 河南全省（夏播）。

676. 驻豆12（Zhudou 12）

驻豆12

品种来源 河南省驻马店市农业科学院用驻5021与豫豆8号有性杂交，系谱法选育而成。原品系号驻豆03-16。2014年经河南省农作物品种审定委员会审定，审定编号为豫审豆2014001。全国大豆品种资源统一编号ZDD31145。

特征 有限结荚习性。株高75cm，分枝3.1个，单株荚数62.3个，单株粒数108.7粒，荚黄褐色。卵圆形叶，白花，灰毛。粒椭圆形，种皮黄色，脐浅褐色。百粒重22.2g。

特性 黄淮海夏大豆，中熟品种，生育期105d。中感大豆花叶病毒SC3株系、SC7株系。

产量品质 2011—2012年河南省区域试验，平均产量3 312kg/hm^2，比对照豫豆22增产8.83%。2013年生产试验，平均产量2 839.2kg/hm^2，比对照豫豆22增产15.63%。蛋白质含量46.41%，脂肪含量18.82%。

栽培要点 6月上中旬播种，密度19万～22万株/hm^2。施尿素60～75kg/hm^2、磷酸二铵225～300kg/hm^2、氯化钾90～120kg/hm^{2}作底肥。鼓粒期遇旱浇水可提高产量。

适宜地区 河南全省（夏播）。

677. 辛豆12（Xindou 12）

品种来源 河南省平顶山市赵紫鹏以平豆1号为母本，豫豆22为父本，经有性杂交，系谱法选育而成。原品系号农丰12。2014年经河南省农作物品种审定委员会审定，审定名称为辛豆12，审定编号为豫审豆2014003。全国大豆品种资源统一编号ZDD31146。

辛豆12

特征 有限结荚习性。株高73.6cm，主茎节数16.6个，分枝2.1个，单株荚数43.9个，单株粒数81.1粒，荚黄褐色。卵圆形叶，叶色浓绿，紫花，灰毛。粒圆形，种皮浅黄色，有微光泽，脐浅褐色。百粒重20.4g。

特性 黄淮海夏大豆，中熟品种，生育期107d。适宜机械化收割。中抗大豆花叶病毒SC3株系，感SC7株系。

产量品质 2011—2012年河南省夏大豆品种区域试验，平均产量3 350.25kg/hm^2，比对照豫豆22号增产10.26%。2013年生产试验，平均产量2 497.20kg/hm^2，比对照豫豆22号增产8.48%。蛋白质含量44.67%，脂肪含量19.71%。

栽培要点 6月上中旬播种，密度18万～22.5万株/hm^2。施磷酸二铵300kg/hm^2、尿素45kg/hm^2、氯化钾90kg/hm^{2}作底肥。鼓粒期遇旱浇水可提高产量。

适宜地区 河南省夏大豆产区。

陕西省品种

678. 秦豆10号（Qindou 10）

品种来源 陕西省杂交油菜中心以85（22）-38-1-1为母本，邯郸81为父本，经有性杂交摘荚法育成。原品系号91（12）-10-10-3。2005年经国家农作物品种审定委员会审定，审定编号为国审豆2005023。全国大豆品种资源统一编号ZDD24774。

秦豆10号

特征 亚有限结荚习性。株高104cm，主茎18.0节。株型收敛，分枝1～2个，单株荚数42.9个，单株粒数88.4粒。椭圆形叶，白花，棕毛。荚褐色。粒椭圆形，种皮黄色，脐褐色。百粒重19.0g。

特性 黄淮海夏大豆，中熟品种，生育期112d，6月上中旬播种，9月下旬至10月上旬成熟。田间综合抗病性好，抗大豆花叶病毒病，感大豆胞囊线虫病。落叶性好，籽粒整齐，不裂荚。

产量品质 2003—2004年国家黄淮海中片夏大豆品种区域试验，平均产量2 785.5kg/hm²，比对照鲁豆99-1增产3.7%。2004年生产试验，平均产量2 827.2kg/hm²，比对照鲁豆99-1增产9.2%。蛋白质含量40.0%，脂肪含量21.2%。

栽培要点 适宜中等肥力地块种植。6月中旬播种为宜，麦收后力争早播。用种量75～90kg/hm²，行距0.4m，株距0.13m，密度16万～18万株/hm²，确保苗全、苗匀、苗壮。前期重施底肥，中期追肥并保障水分充足，后期注意防虫。

适宜地区 陕西省关中平原地区、河南省中部以及山西省南部（夏播）。

679. 秦豆11（Qindou 11）

品种来源 陕西省杂交油菜中心1996年以秦豆8号为母本，通农10号为父本，经有性杂交摘荚法育成。2008年通过陕西省农作物品种审定委员会审定，审定编号为陕审豆

2008001。全国大豆品种资源统一编号ZDD24775。

特征 亚有限结荚习性。株高104.5cm，主茎16.3节。分枝1.7个，单株荚数41.3个，单株粒数94.2粒。椭圆形叶，紫花，棕毛。粒椭圆形，种皮黄色，有光泽，脐褐色。百粒重20.0g。

特性 黄淮海夏大豆，中早熟品种，生育期103d，6月上中旬播种，9月下旬成熟。高抗大豆花叶病毒病。

产量品质 2006—2007年陕西大豆品种区域试验，平均产量2 704.5kg/hm^2，较对照秦豆8号增产11.2%。2007年生产试验，平均产量2 857.5kg/hm^2，较对照秦豆8号增产6.9%。蛋白质含量41.05%，脂肪含量21.60%。

栽培要点 播期为6月上中旬，用种量75～90kg/hm^2，行距0.4m，株距0.13m，密度16万～18万株/hm^2。确保苗匀、苗壮。前期重施底肥，花荚期追肥浇水，后期注意防虫。

秦豆11

适宜地区 陕西省延安以南地区以及同类生态区（夏播）。

680. 秦豆12（Qindou 12）

品种来源 陕西省杂交油菜中心2001年以96E218为母本，晋大70为父本，经有性杂交，系谱法育成。原品系号21A-03。2011年经陕西省农作物品种审定委员会审定，审定编号为陕审豆2011003。全国大豆品种资源统一编号ZDD31147。

特征 亚有限结荚习性。株高85cm，主茎20.3节。株型收敛，分枝3～5个，单株荚数53个，单株粒数125.5粒。圆形叶，白花，棕毛。荚褐色。粒圆形，种皮黄色，脐褐色。百粒重19.0g。

特性 黄淮海夏大豆，中熟品种，生育期113d，6月上中旬播种，9月下旬至10月上旬成熟。高抗大豆花叶病毒病和大豆褐斑病。成熟时落叶性好，不裂荚。

产量品质 2009—2010年陕西省大豆品种区域试验，平均产量2 812.5kg/hm^2，比对照秦豆8号增产5.4%。2011年生产试验，平均产量

秦豆12

2 695.5kg/hm^2，比对照秦豆8号增产1.4%。蛋白质含量41.62%，脂肪含量20.10%。

栽培要点 适宜中等肥力地块种植。5月下旬到6月中旬播种，麦收后力争早播。用种量75 ~ 90kg/hm^2，行距0.3 ~ 0.4m，株距0.10m，密度24万 ~ 33万株/hm^2，确保苗全、苗匀、苗壮。结合整地，播前施基肥磷酸二铵225 ~ 300kg/hm^2、尿素120 ~ 150kg/hm^2、硫酸钾75kg/hm^2。花期根据长势，可追施尿素45 ~ 60kg/hm^2。遇干旱及时灌水，保证花荚期的水分供应。复叶出现时定苗，拔除株间杂草。及时中耕除草，并注意防治病虫害，可与禾本科作物实行轮作倒茬。

适宜地区 陕西省延安以南、关中地区（夏播）。

681. 秦豆13（Qindou 13）

品种来源 陕西省杂交油菜中心2001年以自育品系94（14）为母本，诱变30为父本，经有性杂交，系谱法育成。2012年通过陕西省农作物品种审定委员会审定，审定编号为陕审豆2012001。全国大豆品种资源统一编号ZDD31148。

秦豆13

特征 亚有限结荚习性，株高80cm，主茎18.5节。分枝2 ~ 3个，单株荚数45.5个，单株粒数102.3粒。圆形叶，紫花，棕毛。粒圆形，种皮黄色，脐褐色。百粒重19.0g。

特性 黄淮海夏大豆，中早熟品种，生育期107d，5月下旬至6月中旬播种，9月下旬至10月上旬成熟。成熟时落叶性好，不裂荚，有利于机械化收获。中抗大豆花叶病毒病，抗大豆褐斑病。

产量品质 2010—2011年陕西省大豆品种区域试验，平均产量2 839.5kg/hm^2，较对照秦豆8号增产7.3%。2011年生产试验，平均产量2 575.5kg/hm^2，较对照秦豆8号增产6.0%。蛋白质含量44.12%，脂肪含量15.50%。

栽培要点 5月下旬至6月中旬播种，用种量75 ~ 90kg/hm^2，行距0.3 ~ 0.4m，株距0.10m，密度24万 ~ 33万株/hm^2，确保苗全。结合整地，播前施基肥磷酸二铵225 ~ 300kg/hm^2、尿素150kg/hm^2、硫酸钾75kg/hm^2。花期根据长势，可追施尿素45 ~ 60kg/hm^2。遇干旱及时灌水，保证花荚期水分供应。复叶出现时定苗，拔除株间杂草。及时中耕除草，并注意防治病虫害，可与禾本科作物实行轮作倒茬。

适宜地区 陕西省关中地区以及同类生态区（夏播）。

682. 黄矮丰（Huang'aifeng）

品种来源 西北农林科技大学退休教师王明岐2001年以莒选23为母本，中黄13为父本，经有性杂交，系谱法选育而成。2012年经陕西省农作物品种审定委员会审定，审定编号为陕审豆2012002。全国大豆品种资源统一编号ZDD31149。

特征 有限结荚习性。株高63cm，主茎17.8节。分枝4.0个，单株荚数102.9个，单株粒数235.0粒。椭圆形叶，白花，灰毛。粒圆形，种皮黄色，有光泽，脐浅褐色。百粒重26.6g。

黄矮丰

特性 黄淮海夏大豆，中晚熟品种，生育期110～115d，6月上旬至中旬播种，10月上旬成熟。中抗大豆褐斑病，高抗大豆花叶病毒病。

产量品质 2009年陕西省大豆品种区域试验，平均产量2 368.5kg/hm^2，比对照秦豆8号增产6.4%。2011年区域试验，平均产量2 413.5kg/hm^2，比对照秦豆8号增产10.4%。2011年生产试验，平均产量2 418.0kg/hm^2，比对照秦豆8号增产5.7%。蛋白质含量44.96%，脂肪含量15.30%。

栽培要点 夏播6月上旬到中旬，播种量75～90kg/hm^2，行距0.5m，株距0.10～0.13m，密度15万～18万株/hm^2。播前施过磷酸钙375～450kg/hm^2、尿素45～75kg/hm^2，或磷酸二铵375kg/hm^2。花荚期追肥浇水，初花至盛花期适当喷施0.05%钼酸铵溶液。鼓粒期应及时灌溉，加强中耕防草荒，后期管理上应注意防治大豆食心虫。

适宜地区 陕西省南部春夏播和关中地区早夏播地区。

683. 宝豆6号（Baodou 6）

品种来源 陕西省宝鸡市农业科学研究所1996年以84S-2-8选1作母本，早熟18号作父本，经系谱法于2006年选育而成。原品系号9606-2-1-3。2013年4月通过陕西省农作物品种审定委员会审定，命名为宝豆4号，审定编号为陕审豆2013002。全国大豆品种资源统一编号ZDD31150。

特征 亚有限结荚习性。株高65.0cm，有效分枝1.6个，主茎节数17.1个，植株直

宝豆6号

立，株型收敛。圆形叶，紫花，灰毛。底荚高13.5cm，单株有效荚数43.5个，单株粒数92.2粒。粒圆形，种皮黄色，脐浅褐色。百粒重21.9g。

特性 黄淮海夏大豆，生育期109d。成熟后落叶性好，不裂荚。抗大豆褐斑病和大豆花叶病毒病。

产量品质 2011—2012年陕西省大豆品种区域试验，平均产量2 727kg/hm^2，比对照秦豆8号增产7.3%。2012年陕西省夏播大豆品种生产试验，平均产量2 914.5kg/hm^2，较对照秦豆8号增产5.0%。蛋白质含量43.22%，脂肪含量16.50%。

栽培要点 5月下旬至6月中旬播种，最迟不超过6月25日。适宜中、高等肥力地块种植。抢墒抢时，适期早播。留苗密度24万～28.5万株/hm^2。前期重施底肥，开花期和结荚期根据田间长势，可酌情追肥，遇旱及时灌溉。苗期防治大豆卷叶螟、大豆小卷叶蛾、大造桥虫等食叶性害虫，开花期防治豆荚螟和大豆食心虫等。

适宜地区 陕西省关中地区（夏播）及延安以南地区（春播）。

安 徽 省 品 种

684. 皖豆26（Wandou 26）

皖豆26

品种来源 安徽省农业科学院作物研究所用蒙91-413×郑9097，经有性杂交，系谱法选育而成。原品系号蒙9752。2006年经安徽省农作物品种审定委员会审定，审定编号为皖品审06040542。全国大豆品种资源统一编号ZDD24830。

特征 有限结荚习性。株高80.5cm，分枝1.3个。单株荚数 41.9个，荚黄褐色，底荚高21.3cm。椭圆形叶，紫花，灰毛。粒椭圆形，种皮黄色，有光泽，脐褐色。百粒重16.8g。

特性 黄淮海夏大豆，中熟品种，生育期102d，6月上中旬播种，9月下旬成熟。落叶性好，不裂荚，抗倒伏。抗大豆花叶病毒病。

产量品质 2003—2004年安徽省区域试验，两年平均产量2 552.6kg/hm^2，比对照中豆20增产9.18%。2004年生产试验，平均产量2 664.5kg/hm^2，比中豆20增产13.73%。蛋白质含量42.91%，脂肪含量20.48%。

栽培要点 6月上中旬为适播期，播量60 ~ 75kg/hm^2，密度18万株/hm^2。施底肥磷酸二铵300kg/hm^2、尿素45 ~ 60kg/hm^2、氯化钾90 ~ 105kg/hm^2。适时中耕，注意排灌。

适宜地区 安徽省沿淮、淮北地区（夏播）。

685. 皖豆27（Wandou 27）

品种来源 安徽省宿州市种子公司用泗豆11×（徐8107×豫豆8号）F_1，经有性杂交，系谱法选育而成。原品系号TY001。2006年经安徽省农作物品种审定委员会审定，审定编号为皖品审06040543。全国大豆品种资源统一编号ZDD24831。

特征 亚有限结荚习性。株高105cm，分枝0.9个，单株荚数28.8 个，底荚高

皖豆27

15.0cm。椭圆形叶，白花，棕毛。粒椭圆形，种皮黄色，脐浅褐色。百粒重17.5g。

特性 黄淮海夏大豆，中熟品种，生育期111d，6月上中旬播种，9月底至10月初成熟。落叶性好，不裂荚。

产量品质 2003—2004年安徽省区域试验，两年平均产量2 510.8kg/hm^2，比对照中豆20增产7.35%。2004年生产试验，平均产量2 568.6kg/hm^2，比对照中豆20增产10.51%。蛋白质含量43.25%，脂肪含量20.22%。

栽培要点 5月下旬至6月上中旬为适播期，密度18万株/hm^2。施底肥磷酸二铵300kg/hm^2、尿素45 ~ 60kg/hm^2、氯化钾90 ~ 105kg/hm^2。适时中耕，注意排灌。苗期主要防治食叶性害虫，初花期防治豆荚螟。

适宜地区 安徽省淮北地区（夏播）。

686. 皖豆28（Wandou 28）

皖豆28

品种来源 安徽省农业科学院作物研究所用濮90-1 × 宝92-1，经有性杂交，系谱法选育而成。原品系号蒙9793-1。2008年通过国家农作物品种审定委员会审定，审定编号为国审豆2008004。全国大豆品种资源统一编号ZDD24832。

特征 有限结荚习性。株高79.6cm，分枝1.3个。单株荚数35.2个，底荚高 22.1cm。卵圆形叶，紫花，灰毛。粒椭圆形，种皮黄色，无光泽，脐褐色。百粒重22.1g。

特性 黄淮海夏大豆，中熟品种，生育期107d。落叶性好，不裂荚，抗倒伏。中感大豆花叶病毒SC3株系，中感大豆胞囊线虫病1号生理小种。

产量品质 2005—2006年黄淮海南片夏大豆品种区域试验，两年平均产量2 445kg/hm^2，比对照中豆20增产4.4%。2007年生产试验，平均产量2 382kg/hm^2，比对照中黄13增产

5.6%。蛋白质含量45.83%，脂肪含量19.94%。

栽培要点 6月上旬播种，密度22.5万株/hm^2。追施磷酸二铵150 ~ 300kg/hm^2，鼓粒期喷施磷酸二氢钾可增加粒重和产量。

适宜地区 山东省西南部、河南省南部、江苏及安徽两省淮河以北地区（夏播）。

687. 皖豆29（Wandou 29）

品种来源 安徽省农业科学院作物研究所用中豆20 × 蒙9339（皖豆24），经有性杂交，系谱法选育而成。2010年经安徽省农作物品种审定委员会审定，审定编号为皖豆2010004。全国大豆品种资源统一编号ZDD31151。

皖豆29

特征 有限结荚习性。株高71cm，分枝2.1个。单株荚数34.5个。椭圆形叶，白花，灰毛。粒椭圆形，种皮黄色，脐褐色。百粒重18.1g。

特性 黄淮海夏大豆，中熟品种，生育期103d，6月上中旬播种，9月下旬成熟。抗倒伏，部分落叶，不裂荚。中抗大豆花叶病毒病。

产量品质 2007—2008年安徽省大豆区域试验，两年平均产量2 617.5kg/hm^2，较对照中黄13增产3.98%。2009年生产试验，平均产量2 595.0kg/hm^2，较对照中黄13增产5.29%。蛋白质含量45.25%，脂肪含量18.46%。

栽培要点 6月上中旬播种，密度22.5万株/hm^2。低肥力地块，施底肥磷酸二铵150kg/hm^2，也可在初花期追施尿素或磷酸二铵120kg/hm^2。

适宜地区 安徽省江淮丘陵及淮北地区（夏播）。

688. 皖豆30（Wandou 30）

品种来源 安徽省农业科学院作物研究所用洪引1号 × 郑492，经有性杂交，系谱法选育而成。原品系号蒙9803。2010年经安徽省农作物品种审定委员会审定，审定编号为皖豆2010002。全国大豆品种资源统一编号ZDD31152。

特征 有限结荚习性。株高73cm，分枝1.8个。椭圆形叶，紫花，灰毛。单株荚数36.8个。粒椭圆形，种皮黄色，脐浅褐色。百粒重18.5g。

皖豆30

特性 黄淮海夏大豆，中熟品种，生育期105d，6月上中旬播种，9月下旬成熟。较抗倒伏，落叶性好，不裂荚。中抗大豆花叶病毒病。

产量品质 2007—2008年安徽省大豆区域试验，两年平均产量2 550.0kg/hm²，较对照中黄13增产2.14%。2009年生产试验，平均产量2 625.0kg/hm²，较对照中黄13增产6.44%。蛋白质含量46.31%，脂肪含量19.68%。

栽培要点 6月上中旬播种，密度22.5万株/hm²。肥力低的地块施底肥磷酸二铵150kg/hm²，也可在初花期追施尿素或磷酸二铵120kg/hm²。

适宜地区 安徽省江淮丘陵和淮北地区（夏播）。

689. 皖豆31（Wandou 31）

品种来源 安徽省农业科学院作物研究所用蒙91-413×泗豆11，经有性杂交，系谱法选育而成。原品系号蒙05-3。2012年经安徽省农作物品种审定委员会审定，审定编号为皖豆2012001。全国大豆品种资源统一编号ZDD31153。

特征 有限结荚习性。株高70cm，分枝2.6个。椭圆形叶，紫花，灰毛。单株荚数42.9个。粒圆形，种皮黄色，脐褐色。百粒重18.8g。

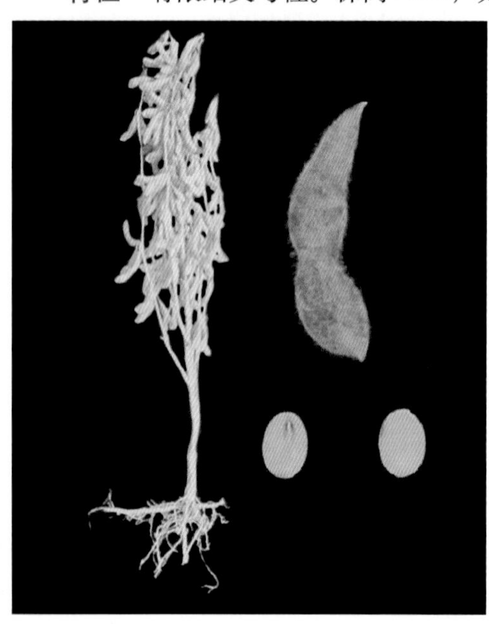

皖豆31

特性 黄淮海夏大豆，中熟品种，生育期103d。落叶性好，不裂荚。中感大豆花叶病毒SC3株系、SC7株系。

产量品质 2009—2010年安徽省大豆区域试验，两年平均产量2730.80kg/hm²，较对照中黄13增产7.35%。2011年生产试验，平均产量2 505.0kg/hm²，较对照中黄13增产3.3%。蛋白质含量44.03%，脂肪含量18.43%。

栽培要点 6月上中旬播种，密度22.5万株/hm²。肥力低的地块，施底肥磷酸二铵150kg/hm²，也可在初花期追施尿素或磷酸二铵120kg/hm²。

适宜地区 安徽省江淮丘陵和淮北地区（夏播）。

690. 皖豆32（Wandou 32）

品种来源 安徽绿雨种业股份有限公司用蒙92-40-19[蒙8118（皖豆16）× 蒙84-20]× 洪引1号，经有性杂交，系谱法选育而成。原名合豆4号。2012年经安徽省农作物品种审定委员会审定，审定编号为皖豆2012002。全国大豆品种资源统一编号ZDD31154。

皖豆32

特征 有限结荚习性。株高75cm，分枝1.5个。椭圆形叶，白花，灰毛。单株荚数38.0个。粒椭圆形，种皮黄色，脐褐色。百粒重19.0g。

特性 黄淮海夏大豆，中熟品种，生育期105d。落叶性好，不裂荚。中感大豆花叶病毒SC3株系、SC7株系。

产量品质 2009—2010年安徽省大豆区域试验，两年平均产量2 754.0kg/hm^2，较对照中黄13增产8.0%。2011年生产试验，平均产量2 619.0kg/hm^2，较对照中黄13增产8.4%。蛋白质含量41.48%，脂肪含量19.73%。

栽培要点 6月上中旬播种，密度22.5万株/hm^2。肥力低的地块施底肥磷酸二铵150kg/hm^2，也可在初花期追施尿素或磷酸二铵120kg/hm^2。

适宜地区 安徽省江淮丘陵和淮北地区（夏播）。

691. 皖豆33（Wandou 33）

品种来源 安徽省农业科学院作物研究所用合豆3号 × 阜9027，经有性杂交，系谱法选育而成。原品系号蒙01-38。2013年经安徽省农作物品种审定委员会审定，审定编号为皖豆2013003。全国大豆品种资源统一编号ZDD31155。

特征 有限结荚习性。株高66.0cm，分枝1.6个。单株荚数30.9个。披针形叶，紫花，灰毛。粒椭圆形，种皮黄色，脐褐色。百粒重20.1g。

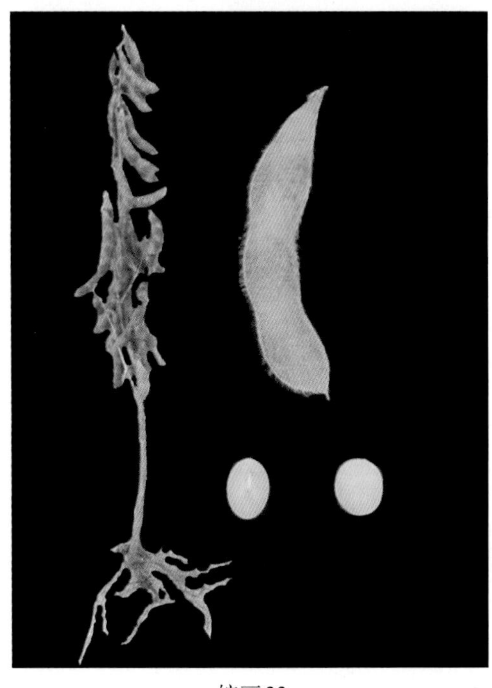

皖豆33

特性 黄淮海夏大豆，中熟品种，生育期99d。抗大豆花叶病毒SC3株系、SC7株系。抗倒伏，落叶性好，不裂荚。

产量品质 2010—2011年安徽省区域试验，两年平均产量2 135.0kg/hm^2，比对照中黄13增产3.32%。2012年生产试验，平均产量2 851.5kg/hm^2，比对照中黄13增产5.71%。蛋白质含量43.86%，脂肪含量21.17%。

栽培要点 5月下旬至6月上中旬播种，密度22.5万株/hm^2。肥力低的地块施底肥磷酸二铵150kg/hm^2，也可在初花期追施尿素或磷酸二铵120kg/hm^2。

适宜地区 安徽省江淮丘陵区和淮北地区（夏播）。

692. 皖豆34（Wandou 34）

品种来源 安徽省白湖种子公司用新六青×合豆1号，经有性杂交，系谱法选育而成。原品系号HD0032。2013年经安徽省农作物品种审定委员会审定，审定编号为皖豆2013009。全国大豆品种资源统一编号ZDD31156。

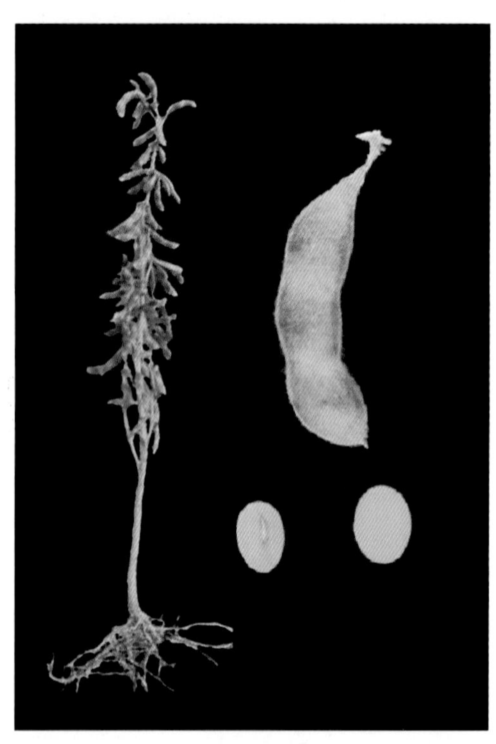

皖豆34

特征 有限结荚习性。株高87cm，分枝2.3个。单株荚数39.0个。椭圆形叶，紫花，灰毛。粒椭圆形，种皮黄色，脐褐色。百粒重25.2g。

特性 黄淮海夏大豆，中熟品种，生育期106d。中感大豆花叶病毒SC3株系，抗SC7株系。落叶性较好，不裂荚。

产量品质 2010—2011年安徽省区域试验，两年平均产量2 768.3kg/hm^2，比对照中黄13增产7.16%。2012年生产试验，平均产量2 860.2kg/hm^2，比对照中黄13增产6.23%。蛋白质含量45.24%，脂肪含量19.38%。

栽培要点 5月下旬至6月上中旬播种，密度22.5万株/hm^2。肥力低的地块施底肥磷酸二铵150kg/hm^2，也可在初花期追施尿素或磷酸二铵120kg/hm^2。

适宜地区 安徽省江淮丘陵区和淮北地区（夏播）。

693. 皖豆35（Wandou 35）

品种来源 安徽省农业科学院作物研究所用涡90-72-8×冀黄103，经有性杂交，系谱法选育而成。原品系号蒙03-26。2014年经安徽省农作物品种审定委员会审定，审定编号为皖豆

2014002。全国大豆品种资源统一编号ZDD31157。

特征 有限结荚习性。株高54cm，分枝1.0个。单株荚数33个。披针形叶，白花，灰毛。粒圆形，种皮淡黄色，脐黄色。百粒重19.6g。

特性 黄淮海夏大豆，中熟品种，生育期101d。中感大豆花叶病毒SC3株系，感SC7株系。落叶性好，不裂荚。

产量品质 2010—2011年安徽省区域试验，两年平均产量2 907.6kg/hm^2，比对照中黄13增产6.71%。2012年生产试验，平均产量2 769.0kg/hm^2，比对照中黄13增产7.92%。蛋白质含量41.88%，脂肪含量20.87%。

栽培要点 5月下旬至6月上中旬播种，密度22.5万株/hm^2。肥力低的地块施底肥磷酸二铵150kg/hm^2，也可在初花期追施尿素或磷酸二铵120kg/hm^2。

适宜地区 安徽省江淮丘陵区和淮北地区（夏播）。

皖豆35

694. 合豆5号（Hedou 5）

品种来源 安徽省农业科学院作物研究所用鲁豆4号×蒙86-11-11，经有性杂交，系谱法选育而成。2007年经国家农作物品种审定委员会审定，审定编号为国审豆2007004。全国大豆品种资源统一编号ZDD24824。

特征 有限结荚习性。株高69.5cm，分枝2.1个，单株荚数55.6个，荚黄褐色。圆形叶，紫花，棕毛。粒长椭圆形，种皮黄色，脐褐色。百粒重15.6g。

特性 黄淮海夏大豆，中熟品种，生育期102d，6月上中旬播种，9月下旬成熟。落叶性好，不裂荚，抗倒伏。抗大豆花叶病毒SC3株系、SC8株系和SC11株系，抗大豆胞囊线虫病。

产量品质 2004—2005年黄淮海中片夏大豆品种区域试验，两年平均产量2 724.0kg/hm^2，比对照齐黄28增产0.1%。2006年生产试验，平均产量2 470.5kg/hm^2，比对照齐黄28增

合豆5号

产4.2%。蛋白质含量40.44%，脂肪含量21.82%。

栽培要点 播期5月下旬至6月上中旬，用种衣剂拌种，足墒下种，中上等肥力田块保苗22.5万～27.0万株/hm^2，低产田块保苗27万～33万株/hm^2。施尿素60～75kg/hm^2、过磷酸钙180～225kg/hm^2作底肥。

适宜地区 山西省南部、河南省中部、山东省济南地区（夏播）。

695. 蒙9449（Meng 9449）

种质来源 安徽省农业科学院作物研究所以Wh921细胞核不育系为母本与多个父本有性杂交，经轮回选择选育而成。2007年经安徽省农作物品种审定委员会审定，审定编号为07040563。全国大豆品种资源统一编号ZDD24825。

蒙9449

特征 有限结荚习性。株高75.6cm，分枝1.6个。单株荚数34.9个，荚淡褐色。椭圆形叶，紫花，灰毛。粒圆形，种皮黄色，脐浅褐色。百粒重21.7g。

特性 黄淮海夏大豆，中熟品种，生育期106d，6月上中旬播种，9月下旬成熟。落叶性好，不裂荚，抗倒伏。抗大豆花叶病毒病和大豆胞囊线虫病。

产量品质 2004—2005年安徽省大豆品种区域试验，两年平均产量2 686.8kg/hm^2，比对照中豆20增产8.64％。2005年生产试验，平均产量2 541.3kg/hm^2，比对照中豆20增产11.92%。蛋白质含量39.78%，脂肪含量22.66%。

栽培要点 种植密度为19.5万～25.5万株/hm^2，在中高肥力田块易获高产。

适宜地区 沿淮淮北地区（夏播）。

696. 蒙9801（Meng 9801）

品种来源 安徽省农业科学院作物研究所用中豆20×郑504，经有性杂交，系谱法选育而成。2007年经安徽省农作物品种审定委员会审定，审定编号为皖品审07040566。全国大豆品种资源统一编号ZDD24826。

特征 有限结荚习性。株高63.9cm，分枝2.6个。单株荚数39.4个，底荚高 14.7cm。椭圆形叶，白花，灰毛。粒椭圆形，种皮黄色，脐褐色。百粒重17.5g。

特性 黄淮海夏大豆，中熟品种，生育期101d，6月上中旬播种，9月下旬成熟。落叶性好，不裂荚，抗倒伏。感大豆花叶病毒SC3株系，高感SC7株系。

产量品质 2005—2006年安徽省大豆区域试验，两年平均产量2 477.0kg/hm²，比对照中豆20增产7.06%。2006年生产试验，平均产量2 505.75kg/hm²，比对照中豆20增产9.65%。蛋白质含量43.42%，脂肪含量20.12%。

栽培要点 6月上中旬播种，密度为18.0万～22.5万株kg/hm²。

适宜地区 沿淮、淮北大豆产区（夏播）。

蒙9801

697. 杂优豆2号（Zayoudou 2）

品种来源 安徽省农业科学院作物研究所以不育系W931A为母本，恢复系WR99071为父本组配的杂交大豆新组合。2010年经安徽省农作物品种审定委员会审定，审定编号为皖豆2010005。

特征 有限结荚习性。株高65cm，分枝2.7个。单株荚数38.0个。椭圆形叶，白花，灰毛。粒椭圆形，种皮黄色，脐褐色。百粒重18.2g。

特性 黄淮海夏大豆，中熟品种，生育期98d，6月上中旬播种，9月下旬成熟。抗倒伏，落叶性好，不裂荚。中抗大豆花叶病毒病。

产量品质 2007—2008年安徽省大豆区域试验，两年平均产量2 670.0kg/hm²，较对照中黄13增产5.83%。2009年生产试验，平均产量2 475.0kg/hm²，较对照中黄13增产0.72%。蛋白质含量45.12%，脂肪含量18.1%。

栽培要点 适宜中、高肥力田块种植，

杂优豆2号

密度18万株/hm²，中耕培土。

适宜地区 安徽省江淮丘陵和淮北地区（夏播）。

698. 科龙188（Kelong 188）

品种来源 安徽皖垦种业股份有限公司用阜97211-71×山宁4号，经有性杂交，系谱法选育而成。2014年经安徽省农作物品种审定委员会审定，审定编号为皖豆2014001。全国大豆品种资源统一编号ZDD31158。

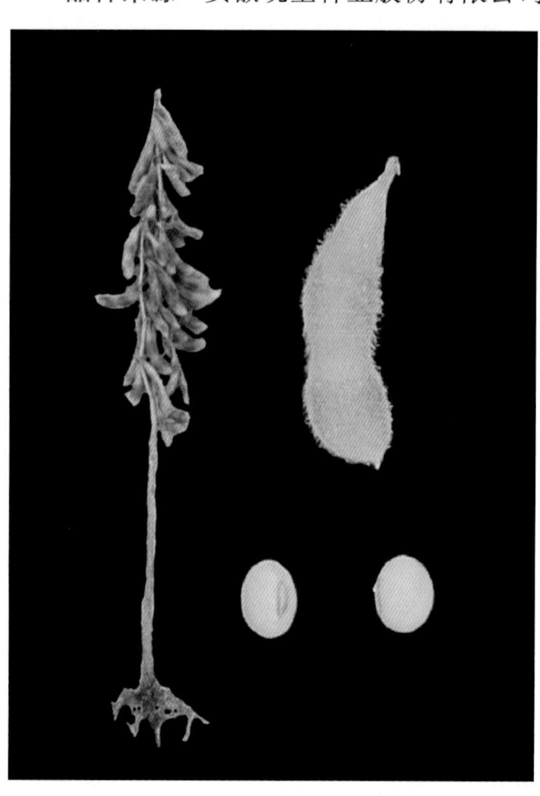

科龙188

特征 有限结荚习性。株高62cm，分枝2.5个。单株荚数42.2个。椭圆形叶，紫花，灰毛。粒圆形，种皮黄色，脐褐色。百粒重18.4g。

特性 黄淮海夏大豆，中熟品种，生育期101d。中感大豆花叶病毒SC3株系、SC7株系。落叶性好，不裂荚。

产量品质 2010—2011年安徽省区域试验，两年平均产量2 858.8kg/hm²，比对照中黄13增产5.47%。2012年生产试验，平均产量2 666.7kg/hm²，比对照中黄13增产3.93%。蛋白质含量41.94 %，脂肪含量19.11 %。

栽培要点 5月下旬至6月上中旬播种，密度22.5万株/hm²。肥力低的地块施底肥磷酸二铵150kg/hm²，也可在初花期追施尿素或磷酸二铵120kg/hm²。

适宜地区 安徽省江淮丘陵区和淮北地区（夏播）。

699. 阜豆9号（Fudou 9）

品种来源 安徽省阜阳市农业科学院用豫豆18×阜83-9-6，经有性杂交，系谱法选育而成。原品系号阜97211-76。2007年经安徽省农作物品种审定委员会审定，审定编号为皖品审0704567。2009年通过国家农作物品种审定委员会审定，审定编号为国审豆2009019。全国大豆品种资源统一编号ZDD24821。

特征 有限结荚习性。株高73.0cm，分枝2.6个。单株荚数49.3个，底荚高 14.7cm。卵圆形叶，紫花，灰毛。粒近圆形，种皮黄色，有光泽，脐浅褐色。百粒重16.3g。

特性 黄淮海夏大豆，中熟品种，生育期107d，6月上中旬播种。中抗大豆花叶病毒SC3株系，抗SC7株系；高感大豆胞囊线虫病1号生理小种。抗倒伏，落叶性好，不裂荚。

产量品质 2005—2006年安徽省区域试验，两年平均产量2 630.6kg/hm^2，比对照中豆20增产13.30%。2006年生产试验，平均产量2 544.2kg/hm^2，比对照中豆20增产11.33%。2007—2008年黄淮海南片夏大豆品种区域试验，两年平均产量2 758.5kg/hm^2，比对照中黄13增产11.1%。2008年生产试验，平均产量2 832.0kg/hm^2，比对照中黄13增产9. 0%。蛋白质含量41.17%，脂肪含量19.46%。

栽培要点 5月下旬至6月上中旬播种，密度22.5万株/hm^2。肥力低的地块施底肥磷酸二铵150kg/hm^2，也可在初花期追施尿素或磷酸二铵120kg/hm^2。

适宜地区 山东省南部、河南省南部和江苏、安徽两省淮河以北地区（夏播）。

阜豆9号

700. 阜豆11（Fudou 11）

品种来源 安徽省阜阳市农业科学研究所用豫豆18×阜83-9-6，经有性杂交，系谱法选育而成。原品系号 阜97211-71。2008年经安徽省农作物品种审定委员会审定。审定编号为皖豆2008001。全国大豆品种资源统一编号ZDD24822。

特征 有限结荚习性。株高58cm，分枝3个。单株荚数43个，底荚高12cm。椭圆形叶，紫花，灰毛。粒圆形，种皮黄色，脐褐色。百粒重16g。

特性 黄淮海夏大豆，中熟品种，生育期101d。落叶性好，不裂荚，抗倒伏。中抗大豆花叶病毒SC3株系，抗SC7株系。

产量品质 2006—2007年安徽省大豆区域试验，两年平均产量2 775.0kg/hm^2，较对照中豆20增产9.3%。2007年生产试验，

阜豆11

平均产量2 475.0kg/hm^2，较对照中豆20增产7.3%。蛋白质含量42.30%，脂肪含量18.81%。

栽培要点 6月上中旬播种，密度22.5万株/hm^2。肥力低的地块施底肥磷酸二铵150kg/hm^2，也可在初花期追施尿素或磷酸二铵120kg/hm^2。

适宜地区 安徽省沿淮、淮北地区（夏播）。

701. 阜豆13（Fudou 13）

品种来源 安徽省阜阳市农业科学院，用豫豆11[（郑77249×豫豆5号）]×商4135，经有性杂交，系谱法选育而成。原品系号阜01191-1。2013年经安徽省农作物品种审定委员会审定，审定编号为皖豆2013002。全国大豆品种资源统一编号ZDD31159。

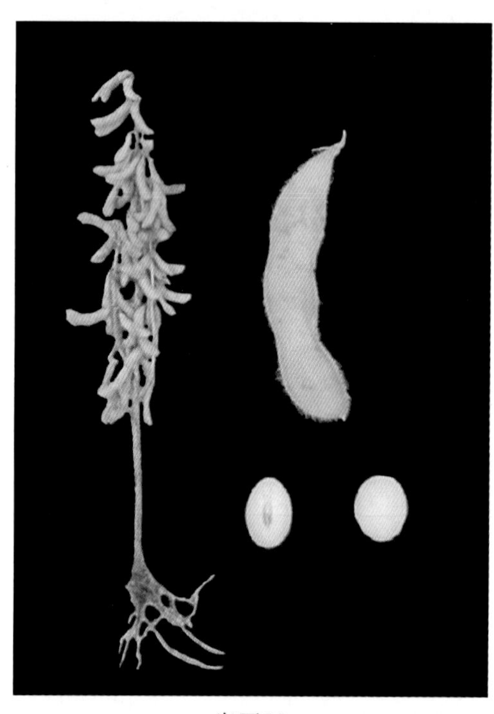

阜豆13

特征 有限结荚习性。株高68cm，分枝1.7个。椭圆形叶，紫花，灰毛。单株荚数35.9个。粒椭圆形，种皮黄色，脐褐色。百粒重18.4g。

特性 黄淮海夏大豆，中熟品种，生育期101d。落叶性好，不裂荚。抗大豆花叶病毒SC3株系，中抗SC7株系。

产量品质 2010—2011年安徽省区域试验，两年平均产量2 692.7kg/hm^2，比对照中黄13增产5.46%。2012年生产试验，平均产量2 943.0kg/hm^2，比对照中黄13增产9.10%。蛋白质含量43.27%，脂肪含量20.71%。

栽培要点 5月下旬至6月上中旬播种，密度22.5万株/hm^2。肥力低的地块施底肥磷酸二铵150kg/hm^2，也可在初花期追施尿素或磷酸二铵120kg/hm^2。

适宜地区 安徽省淮北地区（夏播）。

702. 阜豆9765（Fudou 9765）

品种来源 安徽省阜阳市农业科学院用郑842408×阜83-9-6（商丘76064-0 ×周7726-2-7选），经有性杂交选育而成。2006年经国家农作物品种审定委员会审定，审定编号为国审豆2006009。全国大豆品种资源统一编号ZDD24823。

特征 有限结荚习性。株高80.8cm，分枝2.1个，单株荚数47.9个，底荚高16.9cm。卵圆形叶，紫花，灰毛。粒圆形，种皮黄色，有微光泽，脐淡褐色。百粒重17.4g。

特性 黄淮海夏大豆，中熟品种，生育期106d，6月上中旬播种，9月下旬成熟。落叶性好，不裂荚，抗倒伏。中感大豆花叶病毒SC3株系、SC8株系和SC11株系，中感大豆胞囊线虫病。

产量品质 2004—2005年黄淮海南片夏大豆品种区域试验，两年平均产量2 626.5kg/hm^2，比对照中豆20增产8.5%。2005年生产试验，平均产量2 622.0kg/hm^2，比对照中豆20增产5.4%。蛋白质含量41.32%，脂肪含量18.61%。

栽培要点 适宜播期为5月下旬至6月上中旬，密度19.5万～22.5万株/hm^2，花荚期和鼓粒初期注意防旱。

适宜地区 山东省西南部、河南省南部、江苏和安徽两省淮河以北地区（夏播）。

阜豆9765

703. 阜杂交豆1号（Fuzajiaodou 1）

品种来源 安徽省阜阳市农业科学院以不育系阜CMS5A（阜CMS4A × 阜保5号）与恢复系阜恢6号[郑84240B1 × 阜83-9-6（见品种阜豆9号）]组配的杂交夏大豆组合。2010年经安徽省农作物品种审定委员会审定，审定编号为皖豆2010006。

特征 有限结荚习性。株高78cm，分枝2.4个。单株荚数37.6个。椭圆形叶，白花，灰毛。粒圆形，种皮黄色，脐褐色。百粒重22.6g。

特性 黄淮海夏大豆，中熟品种，生育期104d，6月上中旬播种，9月下旬成熟。较抗倒伏，落叶性好，不裂荚。中抗大豆花叶病毒病。

产量品质 2007—2008年安徽省大豆品种区域试验，平均产量3 037.5kg/hm^2，较对照中黄13增产20.57 %。2009年生产试验，平均产量2 790kg/hm^2，较对照中黄13增产13.33%。蛋白质含量43.82%，脂肪含量19.26%。

栽培要点 6月上中旬播种，密度22.5万株/hm^2。肥力低的地块施底肥磷酸二铵150kg/hm^2，也可在初花期追施尿素或磷酸二铵120kg/hm^2。

阜杂交豆1号

适宜地区 安徽省江淮丘陵和淮北地区（夏播）。

704. 安逸13（Anyi 13）

种质来源 安徽省阜阳市农业科学院用皖豆20×郑84240B1，经有性杂交，系谱法选育而成。原品系号阜9501-14。2007年经安徽省农作物品种审定委员会审定，审定编号为皖品审07040564。全国大豆品种资源统一编号ZDD24820。

安逸13

特征 有限结荚习性。株高66.4cm，分枝1.9个。单株荚数41.6个，底荚高21.3cm。椭圆形叶，紫花，灰毛。粒椭圆形，种皮黄色，脐褐色。百粒重18.1g。

特性 黄淮海夏大豆，中熟品种，生育期103d，6月上中旬播种，9月下旬成熟。落叶性好，抗倒伏，不裂荚。抗大豆花叶病毒病能力与对照相当。

产量品质 2004—2005年安徽省区域试验，两年平均产量2 668.2kg/hm^2，比对照中豆20增产7.89%。2005年生产试验，平均产量2 462.0kg/hm^2，比对照中豆20增产8.43%。蛋白质含量40.84%，脂肪含量21.14%。

栽培要点 6月上中旬播种，密度为18.0万～22.5万株/hm^2。

适宜地区 安徽省沿淮、淮北夏大豆产区。

705. 太丰6号（Taifeng 6）

太丰6号

品种来源 安徽省太和县八里店农技站用皖豆16×中豆20，经有性杂交，系谱法选育而成。2013年经安徽省农作物品种审定委员会审定，审定编号为皖豆2013006。全国大豆品种资源统一编号ZDD31160。

特征 有限结荚习性。株高79cm，分枝1.7个。单株荚数32.5个。圆形叶，紫花，灰毛。粒椭圆形，种皮黄色，脐褐色。百粒重23.9g。

特性 黄淮海夏大豆，中熟品种，生育期103d。中感大豆花叶病毒SC3株系、SC7株系。落叶性好，不裂荚。

产量品质 2010—2011年安徽省区域试验，

两年平均产量2 705.1kg/hm^2，比对照中黄13增产5.39%。2012年生产试验，平均产量2 852.7kg/hm^2，比对照中黄13增产5.26%。蛋白质含量42.87%，脂肪含量20.94%。

栽培要点 5月下旬至6月上中旬播种，密度22.5万株/hm^2。肥力低的地块施底肥磷酸二铵150kg/hm^2，也可在初花期追施尿素或磷酸二铵120kg/hm^2。

适宜地区 安徽省江淮丘陵区和淮北地区（夏播）。

706. 濉科928（Suike 928）

品种来源 安徽省濉溪县科技开发中心用豫豆21×巨丰大豆，经有性杂交，系谱法选育而成。2007年经安徽省农作物品种审定委员会审定，审定编号为皖品审07040562。全国大豆品种资源统一编号ZDD24834。

特征 有限结荚习性。株高56.3cm，分枝2.7个。单株荚数41.2个，底荚高16.9cm。椭圆形叶，紫花，灰毛。粒圆形，种皮黄色，脐浅褐色。百粒重16.8g。

特性 黄淮海夏大豆，中熟品种，生育期103d。落叶性好，不裂荚，抗倒伏。

产量品质 2003—2004年安徽省区域试验，两年平均产量2 490.0kg/hm^2，比对照中豆20增产6.51%。2005年生产试验，平均产量2 551.2kg/hm^2，比对照中豆20增产12.36%。蛋白质含量44.93%，脂肪含量17.36%。

栽培要点 适播期6月上中旬，高肥田留苗18万株/hm^2，中肥田留苗22.5万株/hm^2。及时定苗，除草，苗期注意防涝防渍，花荚至鼓粒始期遇旱及时灌溉，肥力差的追初花肥。苗期注意防治蚜虫，中后期注意防治大豆卷叶螟、大豆食心虫等害虫。

适宜地区 安徽省沿淮、淮北地区（夏播）。

濉科928

707. 濉科998（Suike 998）

品种来源 安徽省濉溪县科技开发中心以（巨丰大豆×豫豆21）F_1为母本，开豆4号为父本，经有性杂交，系谱法选育而成。2008年经安徽省农作物品种审定委员会审定，审定编号为皖审豆2008002。2011年通过国家农作物品种审定委员会审定，审定编号为国审豆2011010。全国大豆品种资源统一编号ZDD24835。

特征 有限结荚习性。株高49.0cm，分枝2～3个。卵圆形叶，紫花，灰毛。单株荚数44.0个，底荚高12.0cm。粒椭圆形，种皮黄色，脐褐色。百粒重15.0g。

特性 黄淮海夏大豆，中熟品种，生育期101d。落叶性好。抗大豆花叶病毒SC3株系和

濉科998

SC7株系，高感大豆胞囊线虫病1号生理小种。

产量品质 2006—2007年安徽省区域试验，两年平均产量2 730.0kg/hm^2，较对照中豆20增产7.3％。2007年生产试验，平均产量2 520.0kg/hm^2，较对照中豆20增产9％。2009—2010年黄淮海南片夏大豆品种区域试验，两年平均产量2 731.5kg/hm^2，比对照中黄13增产6.7%。2010年生产试验，平均产量2 545.5kg/hm^2，比对照中黄13增产6.1%。蛋白质含量41.17%，脂肪含量19.46%。

栽培要点 6月上中旬播种，条播行距40cm，株距14cm。高肥田留苗18万株/hm^2，中肥力田22.5万株/hm^2。施氮磷钾三元复合肥225kg/hm^{2}作基肥，初花期追施尿素72.0～112.5kg/hm^2。

适宜地区 山东省南部、河南省南部和江苏、安徽两省淮河以北地区（夏播）。大豆胞囊线虫病易发区慎用。

708. 濉科15（Suike 15）

品种来源 安徽省濉溪县五铺农场、濉溪县科技开发中心用郑90007×中黄13，经有性杂交，系谱法选育而成。2013年经安徽省农作物品种审定委员会审定，审定编号为皖审豆2013001。全国大豆品种资源统一编号ZDD31161。

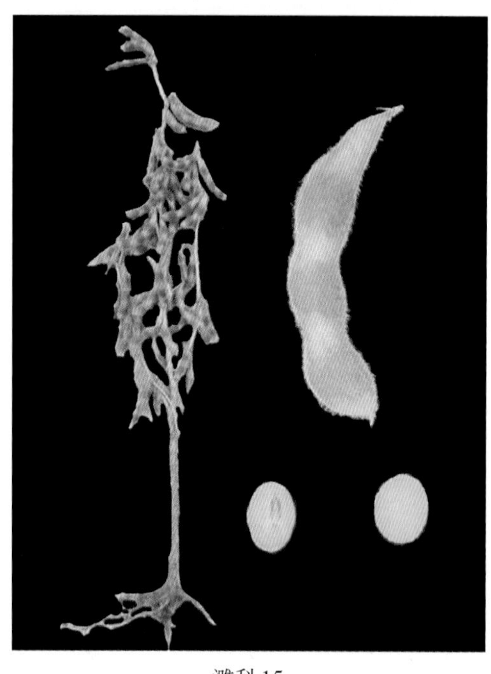
濉科15

特征 有限结荚习性。株高72cm，分枝1.8个。底荚高15.0cm。椭圆形叶，紫花，灰毛。单株荚数30.4 个。粒椭圆形，种皮黄色，脐褐色。百粒重23.6g。

特性 黄淮海夏大豆，中熟品种，生育期101d。落叶性好，不裂荚。中抗大豆花叶病毒SC3株系、SC7株系。

产量品质 2010—2011年安徽省区域试验，两年平均产量2 600.7kg/hm^2，比对照中黄13增产1.45％。2012年生产试验，平均产量2 890.2kg/hm^2，比对照中黄13增产7.14%。蛋白质含量43.56%，脂肪含量21.11%。

栽培要点 5月下旬至6月上中旬播种，密度22.5万株/hm^2。肥力低的地块施底肥磷酸二铵150kg/hm^2，也可在初花期追施尿素或磷酸二铵120kg/hm^2。

适宜地区 安徽省江淮丘陵及淮北地区（夏播）。

709. 皖垦豆96-1（Wankendou 96-1）

品种来源 安徽省国营潘村湖农场种子公司用皖豆14×皖豆15，经有性杂交，系谱法选育而成。2007年经安徽省农作物品种审定委员会审定，审定编号为皖品审07040565。全国大豆品种资源统一编号ZDD24833。

特征 有限结荚习性。株高70.4cm，分枝2.2个。单株荚数35.2个，底荚高16.5cm。椭圆形叶，紫花，灰毛。粒椭圆形，种皮黄色，脐褐色。百粒重22.0g。

特性 黄淮海夏大豆，中熟品种，生育期101d，6月上中旬播种，9月下旬成熟。落叶性好，抗倒伏，不裂荚。抗大豆花叶病毒SC3株系，高感SC7株系。

产量品质 2005—2006年安徽省大豆区域试验，两年平均产量2 552.6kg/hm^2，比对照中豆20增产9.94%。2006年生产试验，平均产量2 493.2kg/hm^2，比对照中豆20增产9.10%。蛋白质含量43.42%，脂肪含量19.98%。

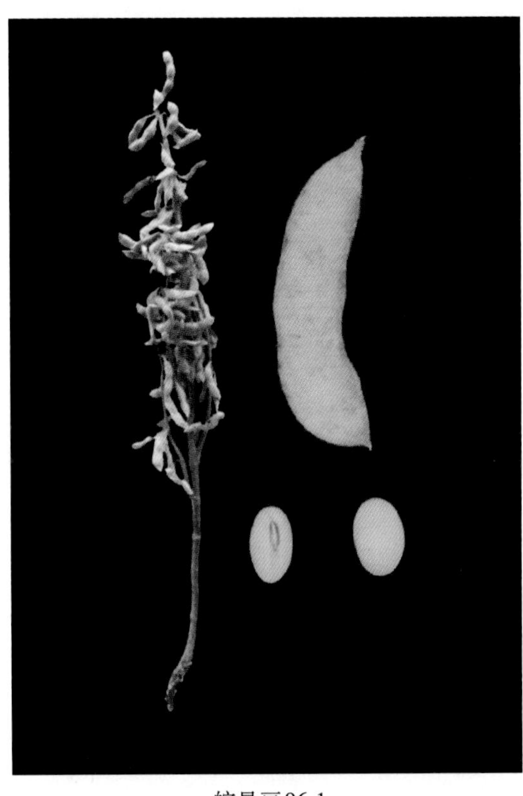

皖垦豆96-1

栽培要点 6月上中旬播种，密度为18万～22.5万株/hm^2。

适宜地区 安徽省沿淮、淮北大豆产区（夏播）。

710. 皖宿01-15（Wansu 01-15）

品种来源 宿州市农业科学院用中黄13×涡90-72-8（皖豆23），经有性杂交，系谱法选育而成。2010年经安徽省农作物品种审定委员会审定，审定编号为皖豆2010001。全国大豆品种资源统一编号ZDD31162。

特征 有限结荚习性。株高67cm，分枝2.0个。单株荚数31.9个，底荚高20.5cm。披针形叶，白花，灰毛。粒椭圆形，种皮黄色，脐浅褐色。百粒重22.5g。

特性 黄淮海夏大豆，中熟品种，生育期103d。落叶性好，不裂荚，抗倒伏。中感

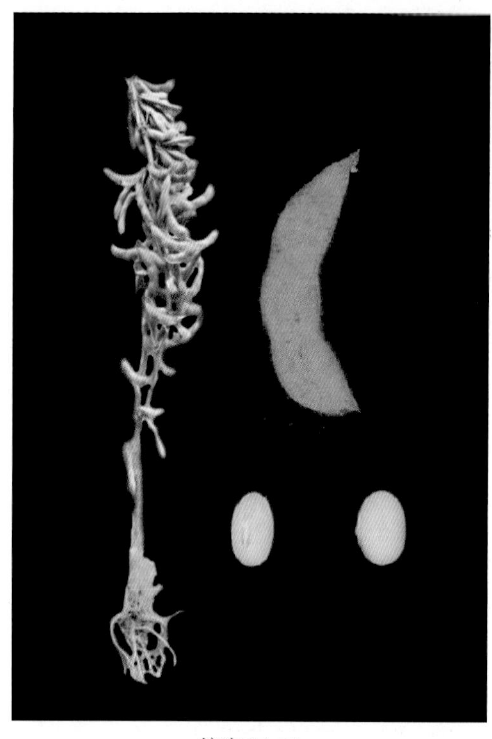
皖宿01-15

大豆花叶病毒SC3、SC7株系。

产量品质 2007—2008年安徽省大豆区域试验，两年平均产量2 610.0kg/hm^2，比对照中黄13增产3.54%。2009年生产试验，平均产量2 655.0kg/hm^2，较对照中黄13增产8.02%。蛋白质含量45.32%，脂肪含量18.36%。

栽培要点 适宜中等肥力以上田块种植。播期不宜迟于6月25日。密度18万～24万株/hm^2。花荚期加强肥水管理，视苗情增施花荚肥，鼓粒期可用0.3%尿素、磷酸二氢钾、钼酸铵水溶液进行叶面喷施。

适宜地区 安徽省沿淮、淮北地区（夏播）。

711. 皖宿5717（Wansu 5717）

品种来源 安徽省宿州市农业科学院用涡90-72-8（皖豆23）×中黄13，经有性杂交，系谱法选育而成。原品系号宿5717。2012年经安徽省农作物品种审定委员会审定，审定编号为皖豆2012005。全国大豆品种资源统一编号ZDD31163。

特征 有限结荚习性。株高61cm，分枝1.5个。披针形叶，紫花，灰毛。单株荚数37.6个。粒椭圆形，种皮黄色，脐黄色。百粒重21.6g。

特性 黄淮海夏大豆，中熟品种，生育期103d。落叶性好，不裂荚。中感大豆花叶病毒SC3株系，感SC7株系。

产量品质 2009—2010年安徽省大豆区域试验，两年平均产量2 847.8kg/hm^2，较对照中黄13增产11.8%。2011年生产试验，平均产量2 755.5kg/hm^2，较对照中黄13增产14.0%。蛋白质含量42.96%，脂肪含量19.60%。

栽培要点 6月上中旬播种，密度22.5万株/hm^2。肥力低的地块施底肥磷酸二铵150kg/hm^2，也可在初花期追施尿素或磷酸二铵120kg/hm^2。

适宜地区 安徽省江淮丘陵和淮北地区（夏播）。

皖宿5717

712. 皖宿2156（Wansu 2156）

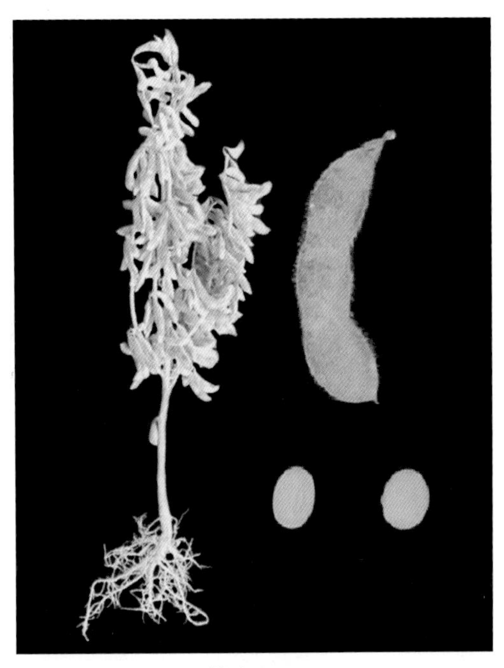
皖宿2156

品种来源 安徽省宿州市农业科学院用中黄13×郑交9739-47，经有性杂交，系谱法选育而成。2012年经安徽省农作物品种审定委员会审定，审定编号为皖豆2012006。全国大豆品种资源统一编号ZDD31164。

特征 有限结荚习性。株高59cm，分枝1.9个。披针形叶，紫花，灰毛。单株荚数40.2个。粒椭圆形，种皮黄色，脐褐色。百粒重19.2g。

特性 黄淮海夏大豆，中熟品种，生育期101d。落叶性好，不裂荚。中感大豆花叶病毒SC3株系、SC7株系。

产量品质 2009—2010年安徽省大豆区域试验，两年平均产量2 838.0kg/hm^2，较对照中黄13增产12%。2011年生产试验，平均产量2 526.0kg/hm^2，较对照中黄13增产5.7%。蛋白质含量44.1%，脂肪含量18.60%。

栽培要点 6月上中旬播种，密度22.5万株/hm^2。肥力低的地块施底肥磷酸二铵150kg/hm^2，也可在初花期追施尿素或磷酸二铵120kg/hm^2。

适宜地区 安徽省江淮丘陵和淮北地区（夏播）。

713. 涡豆5号（Guodou 5）

涡豆5号

品种来源 安徽省亳州市农业科学研究所用豫豆7号×涡7708-12-3，经有性杂交，系谱法选育而成。原品系号涡90-72-8-11。2010年经安徽省农作物品种审定委员会审定，审定编号为皖豆2010007。全国大豆品种资源统一编号ZDD31165。

特征 有限结荚习性。株高60cm，分枝1.9个。披针形叶，紫花，灰毛。单株荚数30.7个。粒椭圆形，种皮黄色，脐浅褐色。百粒重20.5g。

特性 黄淮海夏大豆，中熟品种，生育期101d。6月上中旬播种，9月下旬成熟。较抗倒伏，落叶性好，不裂荚。中感大豆花叶病毒SC3株系，高感SC7株系。

产量品质 2005—2006年两年区域试验，平均产量2 347.5kg/hm^2，较对照中豆20增产1.18%。2007年生产试验，平均产量2 505kg/hm^2，较对照中豆20增产8.18%。蛋白质含量45.33%，脂肪含量19.12%。

栽培要点 6月上中旬播种，密度22.5万株/hm^2。肥力低的地块施底肥磷酸二铵150kg/hm^2，也可在初花期追施尿素或磷酸二铵120kg/hm^2。

适宜地区 安徽省江淮丘陵和淮北地区（夏播）。

714. 涡豆6号（Guodou 6）

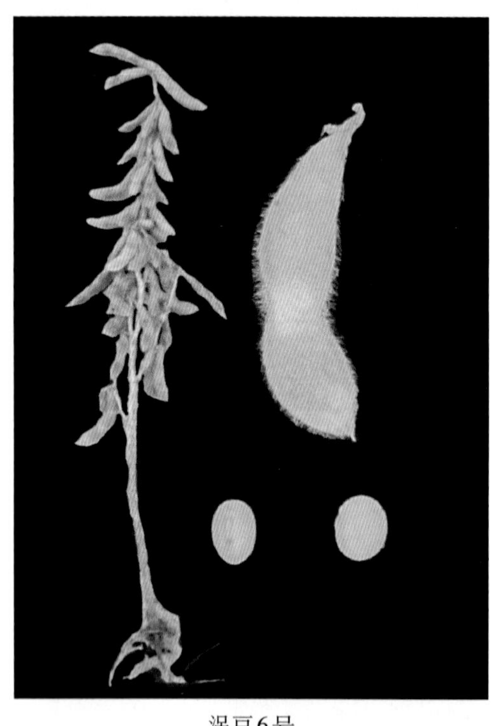

涡豆6号

品种来源 亳州市农业科学研究院用（皖豆14×皖豆12）×（皖豆23×涡8220-2），经系谱法选育而成。原品系号涡0506。2013年经安徽省农作物品种审定委员会审定，审定编号为皖豆2013005。全国大豆品种资源统一编号ZDD31166。

特征 有限结荚习性。株高66cm，分枝2.2个。单株荚数34.9个。椭圆形叶，紫花，灰毛。粒椭圆形，种皮黄色，脐黄色。百粒重20.7g。

特性 黄淮海夏大豆，中熟品种，生育期97d。中感大豆花叶病毒SC3株系，感SC7株系。落叶性好，不裂荚。

产量品质 2010—2011年安徽省大豆品种区域试验，两年平均产量2 764.9kg/hm^2，比对照中黄13增产7.74%。2012年生产试验，平均产量 2 964.0kg/hm^2，比对照中黄13增产9.36%。蛋白质含量41.53%，脂肪含量20.99%。

栽培要点 5月下旬至6月上中旬播种，密度22.5万株/hm^2。肥力低的地块施底肥磷酸二铵150kg/hm^2，也可在初花期追施尿素或磷酸二铵120kg/hm^2。

适宜地区 安徽省江淮丘陵区和淮北地区（夏播）。

715. 远育6号（Yuanyu 6）

品种来源 安徽省涡阳县农作物研究所用嘉豆24×菏95-1，经有性杂交，系谱法选育而成。2013年经安徽省农作物品种审定委员会审定，审定编号为皖豆2013008。全国大豆品种资源统一编号ZDD31167。

特征 有限结荚习性。株高91cm，分枝2.1个。单株荚数36.7个。圆形叶，紫花，灰毛。粒椭圆形，种皮黄色，脐淡褐色。百粒重18.2g。

特性 黄淮海夏大豆，中熟品种，生育期101d。中感大豆花叶病毒SC3株系，感SC7株系。落叶性好，不裂荚。

产量品质 2010—2011年安徽省大豆品种区域试验，两年平均产量2 842.0kg/hm^2，比对照中黄13增产10.43％。2012年生产试验，平均产量3 006.6kg/hm^2，比对照中黄13增产11.63％。蛋白质含量34.43％，脂肪含量23.35％。

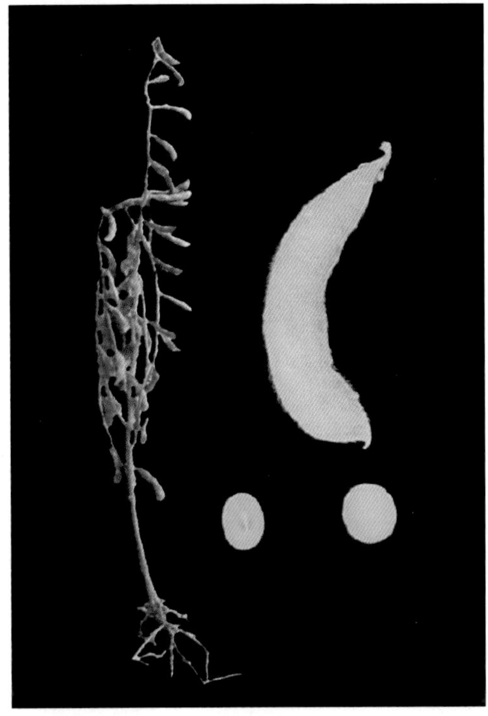

远育6号

栽培要点 5月下旬至6月上中旬播种，密度22.5万株/hm^2。肥力低的地块施底肥磷酸二铵150kg/hm^2，也可在初花期追施尿素或磷酸二铵120kg/hm^2。

适宜地区 安徽省江淮丘陵区和淮北地区（夏播）。

江苏省品种

716. 徐春1号（Xuchun 1）

品种来源 江苏徐淮地区徐州农业科学研究所由亚洲蔬菜发展研究中心引进品系AGS68经系统选育而成。原名徐系93。2005年经江苏省农作物品种审定委员会审定，命名为徐春1号，审定编号为苏审豆200505。全国大豆品种资源统一编号ZDD24778。

徐春1号

特征 有限结荚习性。株高32.7cm，主茎9.5节，分枝1.9个。卵圆形叶，紫花，灰毛。单株结荚21.8个。鲜荚弯镰形，绿色。干籽粒扁椭圆形，种皮黄色，子叶黄色，脐淡褐色。百粒鲜重62.0g。

特性 鲜食春大豆品种，播种至采收92d。田间病毒病发生轻。抗倒性较强。鲜籽粒稍有甜味，糯性较好，口感品质香甜柔糯。

产量品质 2002—2003年江苏省鲜食大豆区域试验，两年平均鲜荚产量8 529.0kg/hm^2，比对照台湾292平均增产2.4%，鲜粒产量4 318.5kg/hm^2，较对照台湾292增产6.0%。2004年生产试验，平均鲜荚产量9 855.0kg/hm^2，比对照台湾292增产6.8%，鲜粒产量5 253.0kg/hm^2，较对照台湾292增产11.6%。

栽培要点 避免大豆连作。播期幅度较大，温室、大棚三膜覆盖2月中下旬即可播种，双膜覆盖3月上中旬播种，地膜覆盖3月下旬播种，露地栽培4月上旬到5月中旬均可播种。播量90kg/hm^2，行距0.35 ~ 0.40m，株距0.15m；点播穴距0.25m，每穴留2苗。密度为20万株/hm^2。出苗后间苗。基肥用纯氮50kg/hm^2、五氧化二磷100kg/hm^2、氧化钾75kg/hm^2。花期可追施尿素50kg/hm^2。适时中耕，注意排灌、治虫。当籽粒充实饱满、豆荚呈青绿色时，适时采摘上市。

适宜地区 江苏省作春季鲜食大豆种植。

717. 徐春2号（Xuchun 2）

徐春2号

品种来源 江苏徐淮地区徐州农业科学研究所以日本扎幌绿为亲本系统选育而成。原名徐春系128。2007年经江苏省农作物品种审定委员会审定，命名为徐春2号，审定编号为苏审豆200701。全国大豆品种资源统一编号ZDD24779。

特征 有限结荚习性。株高28.2cm，主茎8.2节，分枝2.7个。卵圆形叶，白花，灰毛。单株荚数22.4个，鲜百粒重65.0g，出仁率55.5%。干籽粒扁椭圆形，种皮绿色，子叶黄色，脐深褐色。百粒重26.0g。

特性 鲜食春大豆品种，播种至采收94d。接种鉴定，中抗大豆花叶病毒病，田间大豆花叶病毒病发生较轻。抗倒伏性较好。口感香甜柔糯。

产量品质 2004—2005年江苏省区域试验，两年平均鲜荚产量8 772.0kg/hm^2，较对照台湾292增产4.5%，鲜粒产量4 933.5kg/hm^2，较对照台湾292增产13.5%。2006年生产试验，鲜荚产量10 941.0kg/hm^2，较对照台湾292增产9.8%，鲜粒产量5 982.0kg/hm^2，较对照台湾292增产18.0%。

栽培要点 避免连作。播期幅度较大，温室、大棚三膜覆盖2月中下旬即可播种，双膜覆盖3月上中旬播种，地膜覆盖3月下旬播种，露地栽培4月上旬到5月中旬均可播种。播量90kg/hm^2，行距0.35～0.40m，株距0.15m；点播穴距0.25m，每穴留2苗。密度为21万～24万株/hm^2。出苗后间苗。基肥施纯氮50kg/hm^2、五氧化二磷100kg/hm^2、氧化钾75kg/hm^2。花期可追施尿素50kg/hm^2。适时中耕，注意排灌、治虫。当籽粒充实饱满、豆荚呈青绿色时，适时采摘上市。

适宜地区 江苏省作春季鲜食大豆种植。

718. 徐春3号（Xuchun 3）

品种来源 江苏徐淮地区徐州农业科学研究所以辽鲜1号为母本，台湾75为父本，经有性杂交，系谱法选育而成。原系谱号9806-16-8，参加区试名称徐春0906。2013年经江苏省农作物品种审定委员会审定，命名为徐春3号，审定编号为苏审豆201301。全国大豆品种资源统一编号ZDD31168。

特征 有限结荚习性。株高28.6cm，主茎9.1节，有效分枝2.3个。单株荚数21.5个，每荚2.0粒，鲜荚绿色，每千克标准荚414.3个，二粒标准荚长5.0cm，宽1.3cm。卵圆形叶，白花，灰毛。籽粒椭圆形，种皮绿色，子叶黄色，种脐深褐色。百粒鲜重69.0g，出仁率54.9%。

徐春3号

特性 鲜食春大豆，中熟品种，生育期（播种至鲜荚采收）105d，4上旬播种，7中旬鲜荚采收。接种鉴定，中感大豆花叶病毒SC3株系，感SC7株系。抗倒伏性好。

产量品质 2010—2011年江苏省鲜食春大豆品种区域试验，两年区域试验平均鲜荚产量10 569.0kg/hm^2，比对照台湾292增产5.30％。鲜粒产量5 830.5kg/hm^2，较对照台湾292增产11.3％。2012年生产试验，鲜荚产量11 550.0kg/hm^2，较对照台湾292增产8.1％，鲜粒产量6 429.0kg/hm^2，较对照台湾292增产20.2%。

栽培要点 4月上旬为适播期，播量90kg/hm^2，行距0.35～0.40m，株距0.15m。密度为17万～19万株/hm^2。基肥施复合肥（氮、磷、钾总量为45%，15∶15∶15）300kg/hm^2。花期可追施尿素75～120kg/hm^2。适时中耕除草。苗期、花期、鼓粒期及时浇水。

适宜地区 黄淮海及长江中下游流域作鲜食春大豆种植。

719. 徐豆13（Xudou 13）

徐豆13

品种来源 江苏徐淮地区徐州农业科学研究所用徐豆9号为母本，徐8618-4（徐豆SC7×泗豆11）为父本，经有性杂交，系谱法选育而成。原名徐9302-1A。2005年经江苏省农作物品种审定委员会审定，命名为徐豆13，审定编号为苏审豆200501。全国大豆品种资源统一编号ZDD24780。

特征 亚有限结荚习性。株高84.4cm，主茎16.4节，分枝1.3个。卵圆形叶，白花，棕毛。单株荚数36.5个，每荚粒数2.0个，荚浅褐色，底荚高12.3cm。粒扁椭圆形，种皮黄色，微有光泽，子叶黄色，脐深褐色。百粒重21.5g。

特性 黄淮海夏大豆，中熟品种，生育期106d，6月全月均可播种，9月下旬成熟。田间大豆花叶病毒病发生较轻。抗倒伏性较好，落叶性好，抗裂荚性强。

产量品质　2002—2003年江苏省淮北夏大豆区域试验，平均产量2 682.0kg/hm^2，比对照泗豆11增产5.3%。2004年淮北夏大豆生产试验，平均产量2 853.0kg/hm^2，比对照泗豆11增产5.5%。蛋白质含量40.00%，脂肪含量21.30%。

栽培要点　避免连作。6月上中旬为适播期，播量60 ～ 75kg/hm^2，行距0.40m，株距0.13 ～ 0.16m，密度15万～ 18万株/hm^2。出苗后间苗。基肥施复合肥（氮、磷、钾总量为45%）300kg/hm^2。花期可追施尿素75 ～ 120kg/hm^2。适时中耕，注意排灌治虫。高产田块，在初花期应根据气候及长势进行化学调控，一般喷施多效唑。

适宜地区　江苏省淮北地区作夏大豆栽培。

720. 徐豆14（Xudou 14）

品种来源　江苏徐淮地区徐州农业科学研究所用徐豆8号为母本，徐豆9号为父本，经有性杂交，系谱法选育而成。原名徐9313-20-3。2006年经国家农作物品种审定委员会审定，命名为徐豆14，审定编号为国审豆2006008。全国大豆品种资源统一编号ZDD24781。

徐豆14

特征　有限结荚习性。株高60.9cm，主茎13.5节，分枝1.7个。卵圆形叶，紫花，灰毛。单株荚数34.0个。荚草黄色，底荚高15.9cm。粒圆形，种皮黄色，微有光泽，脐浅褐色。百粒重21.7g。

特性　黄淮海夏大豆，中熟品种，生育期111d，6月上中旬播种，10月初成熟。接种鉴定，高抗大豆花叶病毒SC3株系，中抗SC8株系，抗SC11株系和SC13株系；中感大豆胞囊线虫病1号生理小种。抗倒伏性较好，落叶性好，抗裂荚性强。

产量品质　2004—2005年黄淮海南片夏大豆品种区域试验，平均产量2 772.0kg/hm^2，比对照中豆20增产14.6%。2005年生产试验，平均产量2 821.5kg/hm^2，比对照中豆20增产13.4%。蛋白质含量42.60%，脂肪含量20.20%

栽培要点　避免连作。6月上中旬为适播期，播量60 ～ 90kg/hm^2，行距0.40m，株距0.15m。密度为20万株/hm^2。出苗后间苗。基肥施复合肥（氮、磷、钾总量为45%）450kg/hm^2。花期可追施尿素75 ～ 120kg/hm^2。适时中耕，注意排灌、治虫。

适宜地区　山东省南部、河南省中南部、江苏和安徽两省淮河以北地区（夏播）。

721. 徐豆15（Xudou 15）

品种来源 江苏徐淮地区徐州农业科学研究所用徐842-79-1为母本，徐豆9号为父本，经有性杂交，系谱法选育而成。原名徐9416。2007年经江苏省农作物品种审定委员会审定，命名为徐豆15，审定编号为苏审豆200705。全国大豆品种资源统一编号ZDD24782。

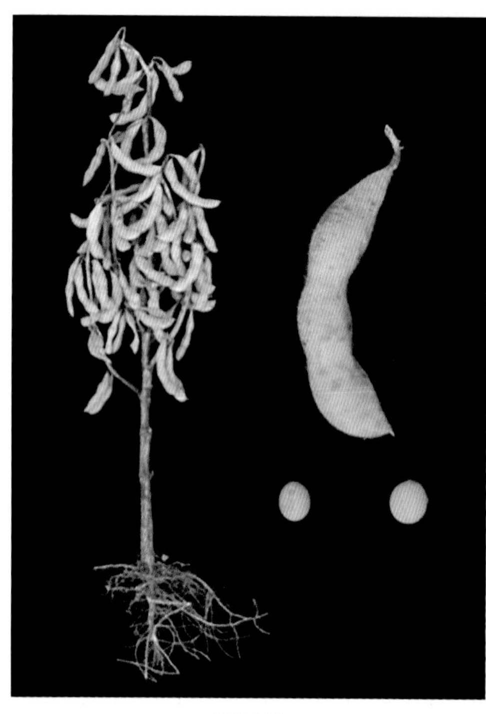

徐豆15

特征 有限结荚习性。株高63.3cm，分枝2.5个。卵圆形叶，紫花，灰毛。单株荚数41.5个，每荚粒数2.0个，荚草黄色，底荚高11.5cm。粒椭圆形，种皮黄色，微有光泽，脐淡褐色。百粒重21.5g。

特性 黄淮海夏大豆，中熟品种，生育期104d，6月上中旬播种，9月底成熟。田间大豆花叶病毒病发生较轻。抗倒伏性较好，落叶性好，抗裂荚性强。

产量品质 2004—2005年江苏省区域试验，两年平均产量2 745.0kg/hm^2，较对照泗豆11增产5.6%。2006年生产试验，平均产量2 544.0kg/hm^2，较对照泗豆11增产9.5%。蛋白质含量43.90%，脂肪含量19.60%。

栽培要点 避免连作。6月上中旬为适播期，播量60 ~ 75kg/hm^2，行距0.40m，株距0.15m，点播穴距30cm，每穴留2苗。密度为16万株/hm^2。出苗后间苗。基肥施复合肥（氮、磷、钾总量为45%）300kg/hm^2。花期可追施尿素75kg/hm^2。鼓粒期叶面喷施磷酸二氢钾。适时中耕，注意排灌和治虫。

适宜地区 江苏省淮北地区作夏大豆种植。

722. 徐豆16（Xudou 16）

品种来源 江苏徐淮地区徐州农业科学研究所用徐豆9号为母本，泗豆288为父本，经有性杂交，系谱法选育而成。原名徐9416-6B。2009年经国家农作物品种审定委员会审定，命名为徐豆16，审定编号为国审豆2009020。全国大豆品种资源统一编号ZDD24783。

特征 有限结荚习性。株高62.5cm，主茎13.9节，分枝2.3个。卵圆形叶，紫花，棕毛。单株荚数37.0个，单株粒数77.8粒，单株粒重16.5g，荚草黄色，弯镰形。粒椭圆形，种皮黄色，微有光泽，脐深褐色。百粒重21.8g。

特性 黄淮海夏大豆，中熟品种，生育期108d，6月上中旬播种，9月底成熟。接种鉴定，中抗大豆花叶病毒SC3株系和SC7株系，高感大豆胞囊线虫病1号生理小种。抗倒伏性较好，落叶性好，抗裂荚性强。

产量品质 2007—2008年黄淮海南片夏大豆品种区域试验，两年平均产量2 774.0kg/hm^2，比对照徐豆9号增产11.4%。2008年生产试验，平均产量2 886.0kg/hm^2，比对照徐豆9号增产11.1%。蛋白质含量42.60%，脂肪含量20.20%。

栽培要点 避免连作。6月上中旬为适播期，播量60 ~ 90kg/hm^2，行距0.40m，株距0.15m，点播穴距0.3m，每穴留2苗。密度为20万株/hm^2。出苗后间苗。基肥施复合肥（氮、磷、钾总量为45%）300kg/hm^2。花期可追施尿素75 ~ 120kg/hm^2。适时中耕，注意排灌、治虫。

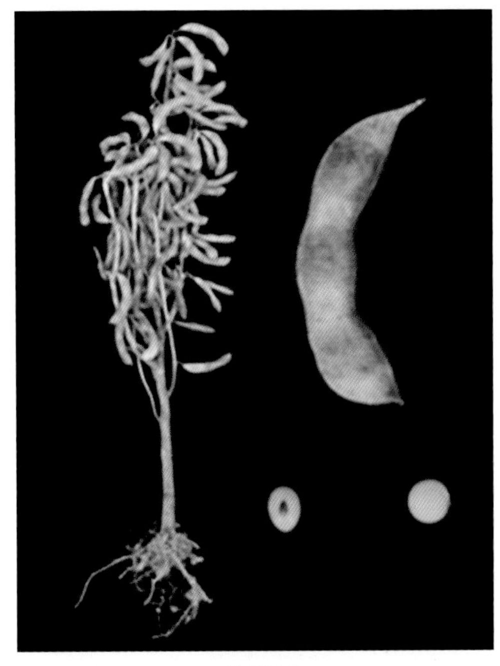

徐豆16

适宜地区 山东省南部、河南省中南部、江苏及安徽两省淮河以北地区（夏播）。

723. 徐豆17（Xudou 17）

品种来源 江苏徐淮地区徐州农业科学研究所用徐豆9号为母本，徐豆10号为父本，经有性杂交，系谱法选育而成。原名徐06-3。2009年经江苏省农作物品种审定委员会审定，命名为徐豆17，审定编号为苏审豆200905。全国大豆品种资源统一编号ZDD24784。

特征 有限结荚习性。株高59.2cm，分枝3.2个。卵圆形叶，白花，灰毛。单株荚数41.3个，每荚粒数1.9个，荚草黄色，弯镰形，底荚高10.0cm。粒椭圆形，种皮黄色，微有光泽，脐黄色。百粒重22.5g。

特性 黄淮海夏大豆，中熟品种，生育期105d，6月上中旬播种，9月下旬成熟。接种鉴定，中感大豆花叶病毒SC3株系，田间大豆花叶病毒病发生较轻。抗倒伏性较好，落叶性好，抗裂荚性强。

徐豆17

产量品质 2006—2007年江苏省区域试验，两年平均产量2 625.0kg/hm²，2006年较对照泗豆11增产3.1%，增产显著，2007年较对照徐豆9号增产9.6%，增产极显著。2008年生产试验，平均产量2 887.5kg/hm²，较对照徐豆9号增产10.4%。蛋白质含量41.20%，脂肪含量19.30%。

栽培要点 避免连作。6月上中旬为适播期，播量60 ~ 90kg/hm²，行距0.40m，株距0.15m，点播穴距0.30m，每穴留2苗。密度为16万株/hm²。出苗后间苗。基肥施复合肥（氮、磷、钾总量为45%）300kg/hm²。花期可追施尿素75kg/hm²。适时中耕，注意排灌、治虫。

适宜地区 江苏省淮北地区作夏大豆种植。

724. 徐豆18（Xudou 18）

品种来源 江苏徐淮地区徐州农业科学研究所用徐豆9号为母本，泗豆288为父本，经有性杂交，系谱法选育而成。2011年经国家农作物品种审定委员会审定，命名为徐豆18，审定编号为国审豆2011009。全国大豆品种资源统一编号ZDD31169。

徐豆18

特征 有限结荚习性。株高73.2cm，主茎18.7节，分枝1.5个。卵圆形叶，白花，灰毛。单株荚数38.3个，单株粒数75.7粒，单株粒重16.5g，荚草黄色，弯镰形，底荚高14.1cm。粒椭圆形，种皮黄色，微有光泽，脐淡褐色。百粒重21.4g。

特性 黄淮海夏大豆，中熟品种，生育期104d，6月上中旬播种，9月下旬成熟。接种鉴定，抗大豆花叶病毒SC3和SC7株系，高感大豆胞囊线虫病1号生理小种。抗倒伏性较好，落叶性好，抗裂荚性强。

产量品质 2009—2010年黄淮海南片夏大豆品种区域试验，两年平均产量2 725.5kg/hm²，比对照中黄13平均增产6.5%。2010年生产试验，平均产量2 559kg/hm²，比对照中黄13增产6.7%。蛋白质含量41.30%，脂肪含量20.40%。

栽培要点 避免连作。6月上中旬为适播期，播量60 ~ 90kg/hm²，行距0.40m，株距0.12 ~ 0.15m。密度为18万株/hm²。出苗后间苗。基肥施氮磷钾三元复合肥200kg/hm²或磷酸二铵150kg/hm²作基肥，花期可追施尿素75 ~ 120kg/hm²。适时中耕，注意排灌、治虫。

适宜地区 山东省南部、河南省东南部和江苏、安徽两省淮河以北地区夏播种植，大豆胞囊线虫病易发区慎用。

725. 徐豆19（Xudou 19）

品种来源 江苏徐淮地区徐州农业科学研究所以徐豆9号为母本，泗豆288为父本，经有性杂交，系谱法选育而成，原系谱号9601-2B，参加区域试验名徐0902。2013年经江苏省农作物品种审定委员会审定，命名为徐豆19，审定编号为苏审豆201304。全国大豆品种资源统一编号ZDD31170。

特征 有限结荚习性。株高61.5cm，底荚高14.0cm，主茎13.5节，有效分枝2.6个。单株荚数35.4个，每荚2.1粒，荚淡褐色。卵圆形叶，紫花，棕毛。粒椭圆形，种皮黄色，微有光泽，种脐深褐色。百粒重24.2g。

特性 黄淮海夏大豆，中熟品种，生育期110d，6月上中旬播种，10月上旬成熟。接种鉴定，抗大豆花叶病毒SC3株系和SC7株系。抗倒伏性较好，落叶性好，抗裂荚性强。

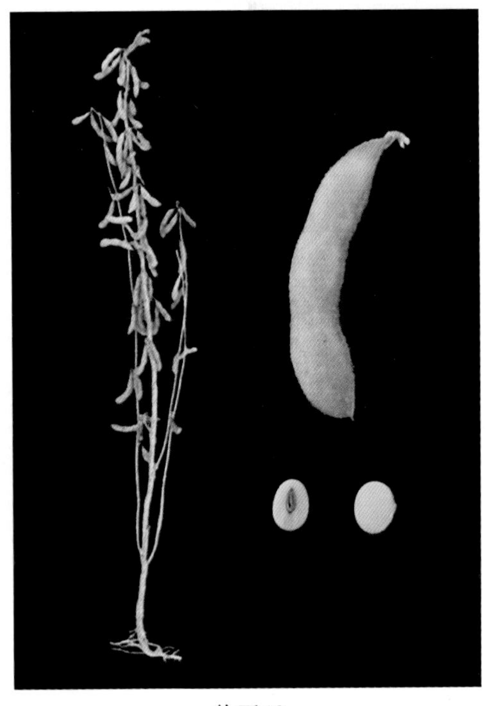
徐豆19

产量品质 2010—2011年江苏省淮北夏大豆品种区域试验，两年区域试验平均产量2 871.0kg/hm^2，比对照徐豆13增产11.6%。2012年生产试验，平均产量3 159.0kg/hm^2，比对照徐豆13增产7.8%。蛋白质含量42.60%，脂肪含量21.20%。

栽培要点 避免连作。6月上中旬为适播期，播量60 ~ 80kg/hm^2，行距0.40m，株距0.13 ~ 0.15m。密度为17万 ~ 19万株/hm^2。基肥施复合肥（氮、磷、钾总量为45%，15 : 15 : 15）300kg/hm^2。花期可追施尿素75 ~ 120kg/hm^2。适时中耕，注意排灌、治虫、除草。

适宜地区 山东省南部、河南省中南部、江苏和安徽两省淮河以北地区（夏播）。

726. 徐豆20（Xudou 20）

品种来源 江苏徐淮地区徐州农业科学研究所以徐豆9号为母本，徐豆10号为父本，经有性杂交，系谱法选育而成。原系谱号9302-194，参加区域试验名徐0901。2014年经国家农作物品种审定委员会审定，命名为徐豆20，审定编号为国审豆2014012。全国大豆品种资源统一编号ZDD31171。

特征 有限结荚习性。株高62.3cm，底荚高14.1cm，主茎13.2节，有效分枝2.3个。单株荚数39.8个，每荚2.0粒，荚草黄色。卵圆形叶，白花，灰毛。粒椭圆形，种皮黄色，微有光泽，种脐黄色。百粒重24.3g。

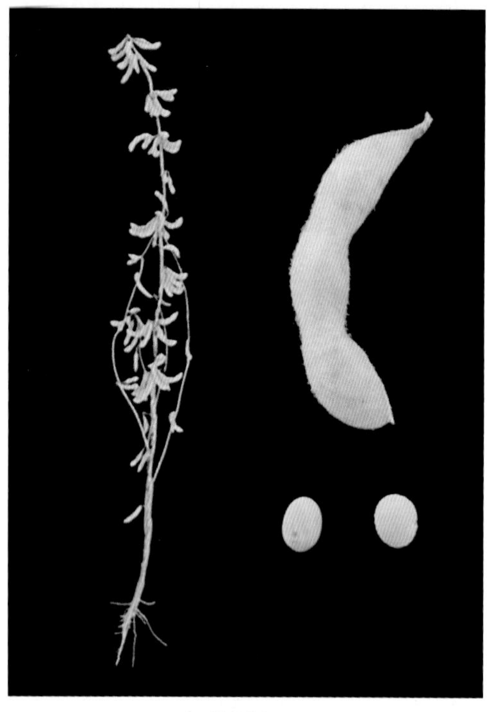

徐豆20

特性 黄淮海夏大豆，中熟品种，生育期104d，6月上中旬播种，9月底到10月上旬成熟。接种鉴定，中感大豆花叶病毒SC3株系和SC7株系。抗倒伏性较好，落叶性好，抗裂荚性强。

产量品质 2011—2012年国家黄淮海南片夏大豆品种区域试验，两年区域试验平均产量3 096.0kg/hm^2，比对照（参试品种产量平均数）增产5.80%。2013年生产试验，平均产量2 973.0kg/hm^2，比对照中黄13增产5.3%。蛋白质含量42.99%，脂肪含量19.88%。

栽培要点 避免连作。6月上中旬为适播期，播量60 ~ 80kg/hm^2，行距0.40m，株距0.13 ~ 0.15m。密度为17万 ~ 19万株/hm^2。基肥施复合肥（氮、磷、钾总量为45 %，15 : 15 : 15）300kg/hm^2。花期可追施尿素75 ~ 120kg/hm^2。适时中耕，注意排灌、治虫、除草。

适宜地区 山东省南部、河南省中南部、江苏和安徽两省淮河以北地区（夏播）。

727. 徐豆99（Xudou 99）

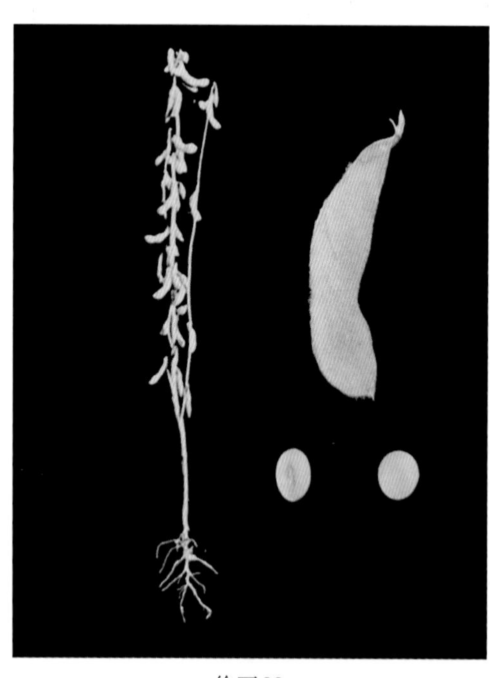

徐豆99

品种来源 徐州市神州种业有限责任公司、徐州市种子站以徐豆9号为母本，中黄13为父本，经有性杂交，系谱法选育而成。参加区域试验名徐豆22。2014年经江苏省农作物品种审定委员会审定，命名为徐豆99，审定编号为苏审豆201405。

特征 亚有限结荚习性。株高51.3cm，底荚高11.1cm，主茎13.2节，有效分枝3.2个。单株荚数36.0个，每荚2.2粒，荚草黄色。卵圆形叶，白花，灰毛。粒圆形，种皮黄色，微有光泽，种脐褐色。百粒重27.2g。

特性 黄淮海夏大豆，中熟品种，生育期107d，6月上中旬播种，9月底至10月上旬成熟。接种鉴定，中抗大豆花叶病毒SC3株系，抗SC7株系。抗倒伏性较好，落叶性好，抗裂荚性强。

产量品质 2011—2012年江苏省淮北夏大豆品种区域试验，平均产量3 018.0kg/hm^2，比对照徐豆13增产6.3%。2013年生产试验，平均产量2 983.5kg/hm^2，比对照徐豆13增产4.1%。蛋白质含量44.40%，脂肪含量20.50%。

栽培要点 6月上中旬为适播期，播量60～80kg/hm^2，行距0.40m，株距0.13～0.15m。密度为17万～19万株/hm^2。基肥施复合肥（氮、磷、钾总量为45%，15：15：15）300kg/hm^2。花期可追施尿素75～120kg/hm^2。适时中耕，注意排灌、治虫、除草。

适宜地区 山东省南部、河南省中南部、江苏和安徽两省淮河以北地区（夏播）。

728. 东辛3号（Dongxin 3）

品种来源 江苏省连云港农垦农业科学研究所用A95-10为母本，泗豆11为父本，经有性杂交，系谱法选育而成。原名东辛2002。2006年经江苏省农作物品种审定委员会审定，命名为东辛3号，审定编号苏审豆200601。全国大豆品种资源统一编号ZDD24777。

特征 亚有限结荚习性，株高78.5cm，分枝2.0个，卵圆形叶，白花，棕毛。单株荚数29.8个，荚草黄色。粒椭圆形，种皮黄色，微光泽，脐浅黑色。百粒重28.6g。

东辛3号

特性 黄淮海夏大豆，中熟品种，生育期109d。田间大豆花叶病毒病发生较轻，抗倒伏性一般。接种鉴定，高感大豆花叶病毒病，病情指数67。成熟时落叶畅，抗裂荚性强。籽粒大，商品性好。

产量品质 2003—2004年江苏省淮北夏大豆区域试验，两年平均产量2 685.0kg/hm^2，较对照泗豆11增产7.6%。2005年淮北夏大豆生产试验，平均产量2 583.0kg/hm^2，较对照泗豆11增产8.5%。蛋白质含量38.70%，脂肪含量21.90%。

栽培要点 避免连作。5月底至6月下旬均可播种，播量105kg/hm^2，行距0.40m，株距0.13m。密度为18万～22万株/hm^2。出苗后间苗。播前施基肥磷酸二铵75kg/hm^2，并使用土壤杀虫剂拌毒土耢翻于土壤，防治地下害虫。花期可追施尿素75～120kg/hm^2。花荚期遇旱应及时灌水抗旱。中等肥力以上及高产栽培田块，在初花期应根据气候及长势进行化学调控，一般用多效唑喷雾。

适宜地区 江苏省淮北地区作夏大豆栽培。

729. 灌豆2号（Guandou 2）

品种来源 江苏省灌云县大豆原种场以泗豆4号经系统选育而成。原名灌99-13。2008年经江苏省农作物品种审定委员会审定，命名为灌豆2号，审定编号为苏审豆200801。全国大豆品种资源统一编号ZDD24808。

灌豆2号

特征 有限结荚习性。株高57.0cm，分枝4.1个。卵圆形叶，紫花，灰毛。荚草黄色，底荚高9.5cm，单株结荚40.8个。粒椭圆形，种皮黄色，微光泽，脐淡褐色。百粒重21.8g。

特性 黄淮海夏大豆，中熟品种，生育期109d，播种期6月中旬。接种鉴定，中抗大豆花叶病毒SC3株系，中感SC7株系，田间大豆花叶病毒病自然发生较轻。抗倒伏，落叶性好，抗裂荚性强。外观商品性较好。

产量品质 2005—2006年江苏省区域试验，两年平均产量2 448.0kg/hm^2，较对照泗豆11增产4.1%。2007年生产试验，平均产量2 844.0kg/hm^2，较对照泗豆11增产8.7%。蛋白质含量42.10%，脂肪含量19.80%。

栽培要点 避免连作。适播期6月10～20日，播前晒种1～2d以提高发芽率。适宜密度为18万株/hm^2。条播行距为0.40m，株距0.12～0.15m。点播穴距0.30m，每穴留2苗。撒播15～18株/m^2。用种90kg/hm^2。基肥施纯氮45kg/hm^2、五氧化二磷75kg/hm^2、氧化钾75kg/hm^2。初花期根据苗情追施纯氮30kg/hm^2。鼓粒期可喷施叶面肥，花荚期遇旱及时灌水抗旱。播前使用土壤杀虫剂拌毒土防治地下害虫。播后及时防病、治虫、除草。

适宜地区 江苏省淮北地区作夏大豆种植。

730. 灌豆3号（Guandou 3）

品种来源 江苏省灌云县大豆原种场以翠扇豆为母本，泗豆11为父本，经有性杂交，系谱法选育而成。参加区域试验原名GY21。2013年经通过江苏省农作物品种审定委员会审定，命名为灌豆3号，审定编号为苏审豆201303。全国大豆品种资源统一编号ZDD31172。

特征 亚有限结荚习性，株高65.8cm，底荚高13.3cm，主茎14.9节，有效分枝3.9个。单株荚数47.3个，每荚2.0粒，荚草黄色。卵圆形叶，紫花，灰毛。粒圆形，种皮黄色，微有光泽，种脐淡褐色。百粒重21.5g。

特性 黄淮海夏大豆，中熟品种，生育期106d，6月上中旬播种，9月底至10月上旬成熟。接种鉴定，抗大豆花叶病毒SC3株系和SC7株系。抗倒伏性较好，落叶性好，抗裂荚性强。

产量品质 2010—2011年江苏省淮北夏大豆品种区域试验，两年平均产量2 704.5kg/hm²，比对照徐豆13增产5.2%。2012年生产试验，平均产量3 129.0kg/hm²，比对照增产6.8%。蛋白质含量42.90%，脂肪含量20.80%。

栽培要点 6月上中旬为适播期，播量60kg/hm²，行距0.40m，株距0.13～0.15m。密度为17万～19万株/hm²。基肥施复合肥（氮、磷、钾总量为45%，15：15：15）300kg/hm²。花期可追施尿素75～120kg/hm²。适时中耕，注意排灌、治虫、除草。

适宜地区 山东省南部、河南省中南部、江苏和安徽两省淮河以北地区（夏播）。

灌豆3号

731. 灌豆4号（Guandou 4）

品种来源 江苏省灌云县大豆原种场以东辛3号为母本，中作975为父本，经有性杂交，系谱法选育而成。参加区域试验原名灌云07-104。2014年经江苏省农作物品种审定委员会审定，命名为灌豆4号，审定编号为苏审豆201403。全国大豆品种资源统一编号ZDD31173。

特征 亚有限结荚习性。株高84.4cm，底荚高13.6cm，主茎15.1节，有效分枝2.7个。单株荚数34.7个，每荚2.1粒，荚棕黄色。卵圆形叶，白花，棕毛。粒圆形，种皮黄色，微有光泽，种脐黑色。百粒重30.0g。

特性 黄淮海夏大豆，中熟品种，生育期108d，6月上中旬播种，10月上旬成熟。接种鉴定，抗大豆花叶病毒SC3株系，中感SC7株系。抗倒伏性一般，落叶性好，轻度裂荚。

产量品质 2011—2012年江苏省淮北夏大

灌豆4号

豆品种区域试验，两年平均产量3 066.0kg/hm^2，比对照徐豆13增产8.0%。2013年生产试验，平均产量3 055.5kg/hm^2，比对照徐豆13增产6.6%。蛋白质含量43.30%，脂肪含量21.30%。

栽培要点 6月上中旬为适播期，播量90kg/hm^2，行距0.40m，株距0.13 ~ 0.15m。密度为17万 ~ 19万株/hm^2。基肥施复合肥（氮、磷、钾总量为45%，15 : 15 : 15）300kg/hm^2。花期可追施尿素75kg/hm^2。适时中耕，注意排灌、治虫、除草。

适宜地区 山东省南部、河南省中南部、江苏和安徽两省淮河以北地区（夏播）。

732. 泗豆13（Sidou 13）

品种来源 江苏省泗阳棉花原种场以泗豆288为母本，泗84-1532（黑豆）为父本，经有性杂交，系谱法选育而成。原名泗阳268。2005年经江苏省农作物品种审定委员会审定，命名为泗豆13，审定编号为苏审豆200502。全国大豆品种资源统一编号ZDD24079。

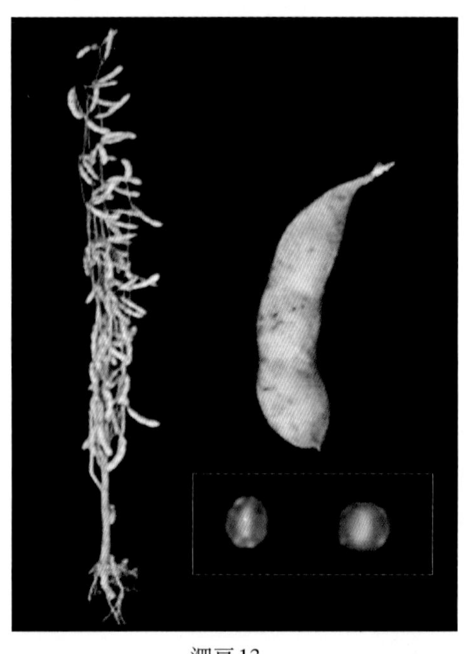

泗豆13

特征 亚有限结荚习性。株高87.5cm，主茎16.7节，分枝2.4个。卵圆形叶，紫花，棕毛。单株荚数30.6个，每荚粒数2.3个，荚草黄色，底荚高14.9cm。粒扁椭圆形，种皮黑色，微有光泽，子叶黄色，脐黑色。百粒重21.0g。

特性 黄淮海夏大豆，中熟品种，生育期106d，6月中旬播种，9月下旬成熟。田间大豆花叶病毒病发生较轻。抗倒伏性较好，落叶性好，抗裂荚性强。

产量品质 2002—2003年江苏省淮北夏大豆区域试验，平均产量2 709.0kg/hm^2，比对照泗豆11增产6.3%。2004年生产试验，平均产量2 145.5kg/hm^2，比对照泗豆11增产6.0%。蛋白质含量39.30%，脂肪含量18.30%。

栽培要点 避免连作。6月上中旬为适播期，播量60 ~ 75kg/hm^2，行距0.40m，株距0.10 ~ 0.14m，密度18万株/hm^2。出苗后间苗。基肥施复合肥（氮、磷、钾总量为45%）300kg/hm^2。花期可追施尿素75 ~ 120kg/hm^2。适时中耕，注意排灌、治虫。高产栽培的田块，在初花期应根据气候及长势进行化学调控，一般用多效唑喷雾。

适宜地区 江苏省淮北地区作夏大豆种植。

733. 泗豆168（Sidou 168）

品种来源 江苏省泗洪县东南农业科学研究院用中豆20为母本，徐豆9号为父本，经有性杂交，经系谱法选育而成。原品系号FS209。2013年经安徽省农作物品种审定委员会审定。审定编号为皖豆2013007。全国大豆品种资源统一编号ZDD31174。

特征 有限结荚习性。株高59cm，分枝3.0个。单株荚数39.5个。椭圆形叶，白花，灰毛。粒椭圆形，种皮黄色，脐褐色。百粒重15.4g。

特性 黄淮海夏大豆，中熟品种，生育期101d。中感大豆花叶病毒SC3株系、SC7株系。落叶性好，不裂荚。

产量品质 2010—2011年安徽省区域试验，两年平均产量2 737.8kg/hm^2，比对照中黄13增产6.82%。2012年生产试验，平均产量2 957.1kg/hm^2，比对照中黄13增产9.83%。蛋白质含量41.28%，脂肪含量20.80%。

栽培要点 5月下旬至6月上中旬播种，密度22.5万株/hm^2。肥力低的地块施底肥磷酸二铵150kg/hm^2，也可在初花期追施尿素或磷酸二铵120kg/hm^2。

适宜地区 安徽省淮北及沿淮地区（夏播）。

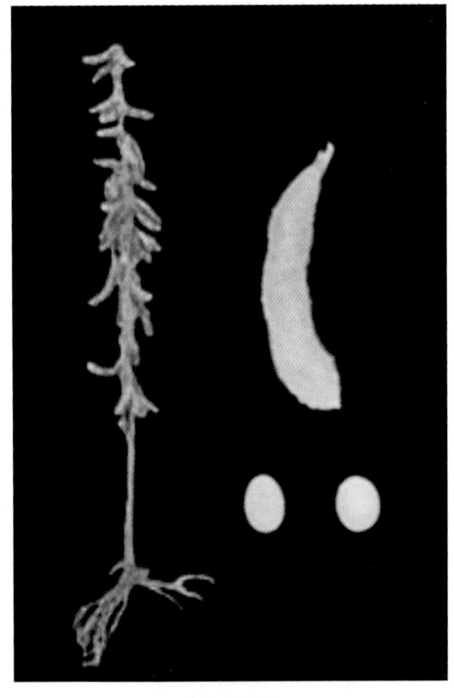

泗豆168

734. 泗豆209（Sidou 209）

品种来源 江苏省泗洪县东南农业科学研究院以中豆20为母本，徐豆9号为父本，经有性杂交，系谱法选育而成。参加区试名泗豆209。2014年经国家农作物品种审定委员会审定，定名为泗豆209，审定编号为国审豆2014014。全国大豆品种资源统一编号ZDD31175。

特征 有限结荚习性。株高50.3cm，底荚高11.8cm，主茎12.4节，有效分枝3.4个。单株荚数52.0个，每荚2.2粒，荚草黄色。椭圆形叶，白花，灰毛。粒椭圆形，种皮黄色，有光泽，种脐淡褐色。百粒重15.9g。

特性 长江流域夏大豆，早中熟品种，生育期97d，6月上中旬播种，9月下旬成熟。接种鉴定，中感大豆花叶病毒SC3株系，中抗SC7株系。抗倒伏性较好，落叶性好，抗裂荚性强。

产量品质 2011—2012年长江流域夏大豆早

泗豆209

中熟组品种区域试验，两年平均产量2 851.5kg/hm^2，比对照中豆8号增产8.80%。2013年生产试验，平均产量2 919.0kg/hm^2，比对照中豆8号增产13.0%。蛋白质含量41.10%，脂肪含量20.38%。

栽培要点 6月上中旬为适播期，播量60 ~ 80kg/hm^2，行距0.50m，株距0.10m。密度为18万~ 21万株/hm^2。基肥施复合肥（氮、磷、钾总量为45%，15 : 15 : 15）300kg/hm^2。花期可追施尿素75 ~ 120kg/hm^2。适时中耕，注意排灌、治虫、除草。

适宜地区 重庆市、湖北省、安徽省南部和陕西省南部（夏播）。

735. 泗豆520（Sidou 520）

品种来源 江苏省农业科学院宿迁农业科学研究所用泗豆288为母本，大粒王为父本，经有性杂交，系谱法选育而成。原名泗阳04-520。2009年经江苏省农作物品种审定委员会审定，命名为泗豆520，审定编号为苏审豆200904。全国大豆品种资源统一编号ZDD24080。

泗豆520

特征 亚有限结荚习性。株高87.3cm，分枝2.3个。卵圆形叶，紫花，棕毛。单株结荚37.3个，荚褐色，结荚高度11.7cm。粒椭圆形，种皮黄色，脐黑色。百粒重21.0g。

特性 黄淮海夏大豆，中熟品种，生育期105d。成熟时落叶性好，抗裂荚性强。接种鉴定，中感大豆花叶病毒SC3株系，田间大豆花叶病毒病发生较轻。抗倒性较强。

产量品质 2006—2007年江苏省区域试验，两年平均产量2 602.5kg/hm^2，2006年较对照泗豆11增产4.0%；2007年较对照徐豆9号增产7.12%，两年增产均极显著。2008年生产试验，平均产量2 977.5kg/hm^2，较对照徐豆9号增产13.8%。蛋白质含量39.20%，脂肪含量19.20%。

栽培要点 选择前两茬未种过豆类作物的田块种植。6月中旬为适播期，播前晒种1 ~ 2d以提高发芽率。适宜密度18万株/hm^2，条播行距为0.40m，株距0.15m，用种量60 ~ 90kg/hm^2。一般基肥施纯氮45kg/hm^2、五氧化二磷75kg/hm^2、氧化钾75kg/hm^2，初花期根据苗情追施纯氮45kg/hm^2。花荚期注意抗旱排涝。播前使用土壤杀虫剂防治地下害虫。播后及时防病、治虫、除草。

适宜地区 江苏省淮北地区作夏大豆种植。

736. 淮阴75（Huaiyin 75）

品种来源 江苏徐淮地区淮阴农业科学研究所由亚洲蔬菜发展研究中心引进品种HG（Jp）92-50经系统选育而成。2005年经江苏省农作物品种审定委员会审定，命名为淮阴75，审定编号为苏审豆200504。全国大豆品种资源统一编号ZDD24790。

淮阴75

特征 有限结荚习性。株高34.8cm，主茎10.3节，分枝2.1个。卵圆形叶，白花，灰毛。单株结荚19.9个，出仁率54.1%。百粒鲜重64.1g。粒圆形，种皮黄色，脐淡褐色。

特性 鲜食春大豆，中熟品种，播种至采收89d。田间大豆花叶病毒病发生轻。抗倒性较强。豆仁稍有甜味，糯性较好。

产量品质 2002—2003年江苏省鲜食大豆区域试验，两年平均鲜荚产量8 512.5kg/hm^2，比对照台湾292平均增产2.2%，鲜粒4 602.0kg/hm^2，较对照台湾292增产12.9%。2004年生产试验，平均鲜荚产量9 243.0kg/hm^2，比对照台湾292增产0.8%，鲜粒产量5 139.0kg/hm^2，较对照台湾292增产9.2%。

栽培要点 避免连作。地膜栽培3月中旬播种，大棚可提前到2月中旬，露地栽培4月5～15日播种。播量120kg/hm^2，行距0.35m，株距0.13m，密度21万株/hm^2。出苗后间苗。基肥用纯氮50kg/hm^2、五氧化二磷105kg/hm^2、氧化钾45kg/hm^2。花期可追施尿素75kg/hm^2。适时中耕，注意排灌、治虫。当籽粒充实饱满、豆荚呈青绿色时，适时采摘上市。

适宜地区 江苏省作春季鲜食大豆种植。

737. 淮豆7号（Huaidou 7）

品种来源 江苏徐淮地区淮阴农业科学研究所用淮87-13为母本，佩拉（Pella）为父本，经有性杂交，系谱法选育而成。原名淮98-28。2007年经江苏省农作物品种审定委员会审定，命名为淮豆7号，审定编号为苏审豆200706。全国大豆品种资源统一编号ZDD24786。

特征 亚有限结荚习性。株高83.8cm，分枝2.3个。卵圆形叶，紫花，棕毛。单株荚数38.1个，每荚粒数2.0个，荚草黄色，底荚高21.5cm。粒扁椭圆形，种皮黄色，微有光

淮豆7号

泽，脐褐色。百粒重18.5g。

特性 黄淮海夏大豆，中熟品种，生育期105d，6月中旬播种，9月下旬成熟。接种鉴定，中感大豆花叶病毒病，田间大豆花叶病毒病发生较轻。抗倒伏性较好，成熟时落叶性好，抗裂荚性强。

产量品质 2003—2004年江苏省区域试验，两年平均产量2 434.5kg/hm^2，较对照泗豆11减产2.4%，减产不显著。2005年生产试验，平均产量2 403.0kg/hm^2，较对照泗豆11增产0.9%。蛋白质含量41.50%，脂肪含量20.10%。

栽培要点 避免连作。6月中旬为适播期，播量75kg/hm^2，行距0.40～0.50m，株距0.10～0.15m，密度20万株/hm^2。出苗后间苗。基肥施复合肥（氮、磷、钾总量为45%）300kg/hm^2。花期可追施尿素50kg/hm^2，鼓粒后期叶面喷施磷酸二氢钾。适时中耕，注意排灌、治虫。

适宜地区 江苏省淮北地区作夏大豆种植。

738. 淮豆8号（Huaidou 8）

淮豆8号

品种来源 江苏徐淮地区淮阴农业科学研究所用淮89-15为母本，菏84-5为父本，经有性杂交，系谱法选育而成，原名淮02-02。2005年经全国农作物品种审定委员会审定，命名为淮豆8号，审定编号为国审豆2005013。全国大豆品种资源统一编号ZDD24787。

特征 亚有限结荚习性。株高78.0cm，分枝1.6个。椭圆形叶，白花，灰毛。单株荚数30.2个，每荚粒数2.2个，荚草黄色，底荚高21.5cm。粒椭圆形，种皮黄色，微有光泽，脐淡褐色。百粒重22.0g。

特性 黄淮夏大豆，中熟品种，生育期107d，6月中旬播种，10月初成熟。高抗大豆花叶病毒病，高感大豆胞囊线虫病。抗倒伏性较好，成熟时落叶性好，抗裂荚性强。

产量品质 2003—2004年参加黄淮海南片夏大豆品种区域试验，两年平均产量

2 371.1kg/hm^2，比对照中豆20增产7.06%。2004年生产试验，平均产量2 476.1kg/hm^2，比对照中豆20增产6.29%。蛋白质含量40.00%，脂肪含量22.30%。

栽培要点 避免连作。6月中旬为适播期，播量75kg/hm^2，行距0.40～0.50m，株距0.10～0.15m，密度20万株/hm^2。出苗后间苗。基肥施复合肥（氮、磷、钾总量为45%）450kg/hm^2。花期可追施尿素75kg/hm^2，鼓粒后期叶面喷施磷酸二氢钾。适时中耕，注意排灌、治虫。

适宜地区 山东省南部、河南省中南部、江苏和安徽两省淮河以北地区（夏播）。

739. 淮豆9号（Huaidou 9）

品种来源 江苏徐淮地区淮阴农业科学研究所用淮豆4号为母本，中作95D02为父本，经有性杂交，系谱法选育而成，原名淮08-18。2008年经江苏省农作物品种审定委员会审定，命名为淮豆9号，审定编号为苏审豆200802。全国大豆品种资源统一编号ZDD24788。

淮豆9号

特征 有限结荚习性。株高69.7cm，主茎14.8节，分枝3.2个。卵圆形叶，白花，棕毛。单株荚数42.2个，每荚粒数1.9个，荚草黄色，底荚高15.4cm。粒扁椭圆形，种皮黄色，微有光泽，脐黑色。百粒重22.7g。

特性 黄淮海夏大豆，中熟品种，生育期106d，6月中旬播种，9月下旬成熟。接种鉴定，中感大豆花叶病毒病，田间大豆花叶病毒病发生较轻。抗倒伏性较好，成熟时落叶好，抗裂荚性强。

产量品质 2005—2006年江苏省区域试验，两年平均产量2 544.0kg/hm^2，较对照泗豆11增产8.2%。2007年生产试验，平均产量2 843.0kg/hm^2，较对照泗豆11增产8.7%。蛋白质含量40.60%，脂肪含量19.90%。

栽培要点 避免连作。6月中旬为适播期，播量90kg/hm^2，行距0.40m，株距0.12m，密度17万～21万株/hm^2。出苗后间苗。基肥施复合肥（氮、磷、钾总量为45%）300kg/hm^2。花期可追施尿素50kg/hm^2，鼓粒后期叶面喷施磷酸二氢钾。适时中耕，注意排灌、治虫。

适宜地区 江苏省淮北地区作夏大豆种植。

740. 淮豆10号（Huaidou 10）

品种来源 江苏徐淮地区淮阴农业科学研究所用淮青1号为母本，高雄选1号为父本，

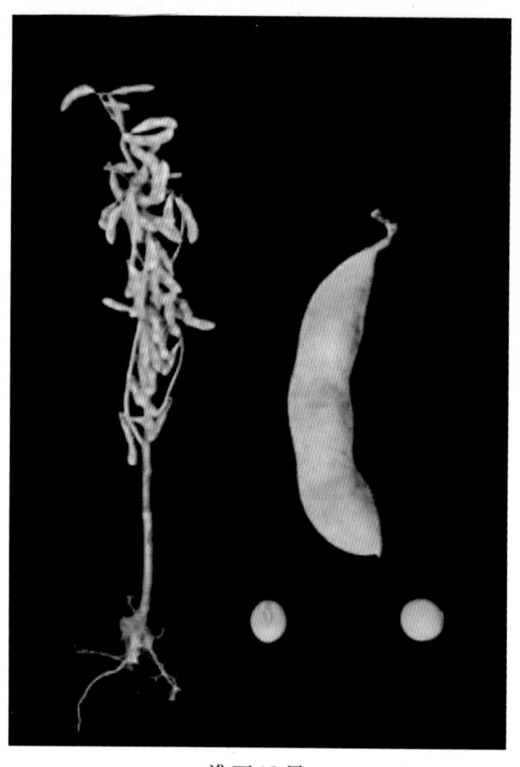

淮豆10号

经有性杂交，系谱法选育而成。原名淮03-16。2008年经江苏省农作物品种审定委员会审定，命名为淮豆10号，审定编号为苏审豆200804。全国大豆品种资源统一编号ZDD24789。

特征 有限结荚习性。株高63.0cm，主茎13.8节，分枝2.2个。卵圆形叶，白花，棕毛。单株荚数31.2个，荚浅褐色，底荚高15.4cm。粒椭圆形，种皮绿色，子叶黄色，脐褐色。百粒鲜重51.8g，出仁率50.0%。口感品质香甜柔糯。

特性 鲜食夏大豆品种，播种至采收91d，6月中旬播种，9月下旬成熟。接种鉴定，抗大豆花叶病毒SC3株系，中感SC7株系，田间大豆花叶病毒病自然发生较轻。抗倒伏性较好，成熟时落叶性好。

产量品质 2005—2006年江苏省区域试验，2005年鲜荚产量7 014.0kg/hm^2，较对照绿宝珠增产14.1%，鲜粒产量3 544.5kg/hm^2，较对照增产10.2%；2006年鲜荚产量8 911.5kg/hm^2，较对照南农菜豆5号增产3.2%，鲜粒产量4 326.0kg/hm^2，较对照增产1.3%，两年鲜荚产量均较对照增产达极显著水平。2007年生产试验，鲜荚产量10 737.0kg/hm^2，较对照南农菜豆5号增产2.1%，鲜粒产量5 362.5kg/hm^2，较对照增产1.7%。

栽培要点 避免连作。播期6月10日至7月10日，适宜播期为6月下旬，播量90kg/hm^2，行距0.50m，株距0.12m，密度为14万～17万株/hm^2。出苗后间苗。基肥施复合肥（氮、磷、钾总量为45%）300kg/hm^2。花期可追施尿素50kg/hm^2，鼓粒后期叶面喷施磷酸二氢钾。适时中耕，注意排灌、治虫。当籽粒充实饱满，豆荚呈青绿色时，适时采摘青荚上市。

适宜地区 江苏省淮南地区作鲜食夏大豆种植。

741. 淮豆11（Huaidou 11）

品种来源 江苏徐淮地区淮阴农业科学研究所用淮豆4号为母本，泗95132为父本，经有性杂交，系谱法选育而成。原名淮03-03。2011年经江苏省农作物品种审定委员会审定，命名为淮豆11，审定编号为苏审豆201104。全国大豆品种资源统一编号ZDD31176。

特征 亚有限结荚习性。株高79.7cm，分枝2.9个，卵圆形叶，紫花，灰毛。单株结荚45.4个，结荚高度13.3cm，荚弯镰形。粒椭圆形，种皮黄色，脐淡褐色。百粒重21.7g。

特性 黄淮海夏大豆，晚熟品种，生育期114d。接种鉴定，中感大豆花叶病毒SC3

株系。成熟时落叶性好，抗裂荚性强。

产量品质 2008—2009年江苏省区域试验，两年平均产量2 962.5kg/hm^2，较对照徐豆13增产6.0%，两年增产均极显著。2010年生产试验，平均产量2 706.0kg/hm^2，较对照徐豆13增产5.9%。蛋白质含量42.20%，脂肪含量19.80%。

栽培要点 选择前两茬未种过豆类作物的田块种植。6月中下旬为适播期，密度16.5万~21万株/hm^2，行距为0.40m，株距0.15m，用种75kg/hm^2，迟播适当增加播种量。基肥用纯氮30kg/hm^2、五氧化二磷45kg/hm^2、氧化钾25kg/hm^2，初花期根据苗情追施纯氮40kg/hm^2。花荚期注意抗旱排涝，保持土壤湿润。播前使用土壤杀虫剂防治地下害虫。播后及时防病、治虫、除草。

适宜地区 江苏省淮北地区作夏大豆种植。

淮豆11

742. 淮豆12（Huaidou 12）

品种来源 江苏徐淮地区淮阴农业科学研究所以中豆19号为母本，豫豆22为父本，经有性杂交，系谱法选育而成。参加区域试验名淮10-15。2014年经江苏省农作物品种审定委员会审定，命名为淮豆12，审定编号为苏审豆201404。全国大豆品种资源统一编号ZDD31177。

特征 亚有限结荚习性。株高69.2cm，底荚高17.0cm，主茎16.1节，有效分枝4.2个。单株荚数60.9个，每荚1.8粒，荚灰褐色。卵圆形叶，紫花，灰毛。粒椭圆形，种皮黄色，微有光泽，种脐淡褐色。百粒重20.0g。

特性 黄淮海夏大豆，中熟品种，生育期106d，6月上中旬播种，10月上旬成熟。接种鉴定，中感大豆花叶病毒SC3株系和SC7株系。抗倒伏性较好，落叶性好，抗裂荚性强。

产量品质 2011—2012年江苏省淮北夏大豆品种区域试验，两年平均产量3 069.0kg/hm^2，

淮豆12

比对照徐豆13增产8.1%。2013年生产试验，平均产量3 064.5kg/hm^2，比对照徐豆13增产6.9%。蛋白质含量41.10%，脂肪含量19.80%。

栽培要点 6月上中旬为适播期，播量60kg/hm^2，行距0.40m，株距0.13 ~ 0.15m。密度为17万 ~ 19万株/hm^2。基肥施复合肥（氮、磷、钾总量为45%，15 : 15 : 15）300kg/hm^2。花期可追施尿素75 ~ 120kg/hm^2。适时中耕，注意排灌、治虫、除草。

适宜地区 江苏省淮北地区作夏大豆种植。

743. 瑞豆1号（Ruidou 1）

品种来源 江苏省连云港瑞清种业有限公司以豫豆10号为母本，泗阳288为父本，经有性杂交，系谱法选育而成。原名瑞豆06-12。2011年经江苏省农作物品种审定委员会审定，命名为瑞豆1号，审定编号为苏审豆201105。全国大豆品种资源统一编号ZDD31178。

瑞豆1号

特征 有限结荚习性。分枝3.7个，株高72.9cm，卵圆形叶，紫花，棕毛。单株结荚32.0个，结荚高度13.3cm，荚弯镰形、草黄色。粒椭圆形，种皮黄色，脐深褐色。百粒重34.1g。

特性 黄淮海夏大豆，晚熟品种，生育期113d。接种鉴定，中感大豆花叶病毒SC3株系，田间大豆花叶病毒病发生较轻。抗倒性较强，成熟时落叶性好，抗裂荚性强。

产量品质 2008—2009年江苏省区域试验，两年平均产量2 950.5kg/hm^2，较对照徐豆13增产5.6%。2010年生产试验，平均产量2 598.0kg/hm^2，较对照徐豆13增产1.7%。蛋白质含量45.60%，脂肪含量19.00%。

栽培要点 选择前两茬未种过豆类作物的田块种植。6月上中旬为适播期，播前晒种1 ~ 2d以提高发芽率。密度11万株/hm^2，条播行距为0.50m，株距0.20m。用种75 ~ 105kg/hm^2。基肥用纯氮50kg/hm^2、五氧化二磷55kg/hm^2、氧化钾55kg/hm^2，花期根据苗情追施纯氮40kg/hm^2。花荚期注意抗旱排涝，保持土壤湿润。播前使用土壤杀虫剂防治地下害虫。播后及时防病、治虫、除草。

适宜地区 江苏省淮北东部地区作夏大豆种植。

744. 乌青1号（Wuqing 1）

品种来源 江苏省高邮市蔬菜栽培技术指导站、扬州市农业技术推广站从日本丹波黑大豆中选择变异单株，经系统选育而成。2014年经江苏省农作物品种审定委员会审定，定名为乌青1号，审定编号为苏审豆201402。全国大豆品种资源统一编号ZDD31179。

特征 有限结荚习性。株高95.1cm，底荚高22.7cm，主茎17.5节，有效分枝2.7个。单株荚数30.9个，每荚1.7粒，荚棕褐色。卵圆形叶，紫花，棕毛。粒扁椭圆形，微有光泽，种皮黑色，子叶绿色，种脐深褐色。百粒重39.2g。

特性 长江中下游流域夏大豆，晚熟品种，生育期121d，6月中下旬播种，10月中下旬成熟。接种鉴定，中感大豆花叶病毒SC3株系，感SC7株系。抗倒伏性较好，落叶性好，不裂荚。

乌青1号

产量品质 2011—2013年江苏省淮南夏大豆品种区域试验，2011年产量2 695.5kg/hm^2，较对照南农88-31减产8.9%；2012—2013两年平均产量2 302.5kg/hm^2，较对照南农30增产13.5%。2013年生产试验，平均产量2 637.0kg/hm^2，比对照南农30增产24.5%。蛋白质含量46.10%，脂肪含量18.40%。

栽培要点 6月中下旬为适播期，播量40 ~ 50kg/hm^2，行距0.60 ~ 0.70m，株距0.25 ~ 0.30m。密度为6.0万~ 7.5万株/hm^2。基肥施复合肥（氮、磷、钾总量为45%，15 ∶ 15 ∶ 15）300kg/hm^2。花期可追施尿素75 ~ 120kg/hm^2。适时中耕，注意排灌、治虫、除草。

适宜地区 长江流域中下游地区（夏播）。

745. 绿领1号（Lüling 1）

品种来源 南京绿领种业有限公司由山东引进富贵306，经系统选育，于2002年育成。2006年经江苏省农作物品种审定委员会审定，命名为绿领1号，审定编号为苏审豆200605。全国大豆品种资源统一编号ZDD24087。

特征 有限结荚习性。株高28.7cm，分枝2.9个，株型较紧凑。卵圆形叶、淡绿色，白花，灰毛。单株结荚22.2个。干籽粒圆形，种皮淡绿色，子叶黄色。百粒鲜重64.1g。

特性 鲜食春大豆中熟品种，播种至采收92d。接种鉴定，高感大豆花叶病毒病，田间大豆花叶病毒病发生较轻。抗倒伏性强。豆仁有甜味，糯性中等。

产量品质 2003—2004年江苏省鲜食大豆区域试验，两年平均鲜荚产量8 380.5kg/hm^2，与对照台湾292相当，平均鲜粒产量4 767.0kg/hm^2，较对照台湾292增产

绿领1号

14.2%。2005年生产试验，平均鲜荚产量11 954.5kg/hm²，较对照台湾292增产2.4%，鲜粒产量6 597.0kg/hm²，较对照台湾292增产16.4%。

栽培要点 选择前两茬未种过豆类作物的田块种植。大棚三膜覆盖栽培2月中下旬播种，双膜栽培3月上中旬播种，地膜栽培3月下旬播种，露地栽培4月上旬至5月中旬播种。播种量90kg/hm²。穴播行距0.35m，穴距0.30m，每穴保苗2株；条播行距0.35m，株距0.14m，保苗22万～25万株/hm²。施足基肥，用纯氮75kg/hm²、五氧化二磷90kg/hm²、氧化钾60kg/hm²。花期追施纯氮45kg/hm²，开花结荚后保持土壤湿润。播种后及时喷除草剂封闭土壤。注意防治病虫害。当籽粒充实饱满，豆荚呈青绿色时，适时采摘青荚上市。

适宜地区 江苏省作春季鲜食大豆种植。

746. 早生翠鸟（Zaoshengcuiniao）

早生翠鸟

品种来源 江苏省农业科学院蔬菜研究所从亚洲蔬菜发展研究中心引进品种经系统选育育成，原名新引5号。2005年经江苏省农作物品种审定委员会审定，命名为早生翠鸟，审定编号为苏审豆200503。全国大豆品种资源统一编号ZDD24088。

特征 有限结荚习性。株高25.3cm，主茎9.2节，结荚高度9.2cm，分枝2.4个，株型收敛。叶卵圆形、深绿色，白花，灰毛。单株结荚20.7个，荚褐色。干籽粒种皮浅绿色。子叶绿色。百粒鲜重80.6g。

特性 鲜食春大豆早熟品种，江苏省南部地区播种至采收82d，北部地区86d。耐大豆纹枯病和大豆霜霉病，对大豆花叶病毒病表现为抗，田间大豆花叶病毒病发生较轻。抗倒伏能力较强，综合农艺性状表现较好。豆仁有甜味，糯性好，品质佳。

产量品质 2002—2003年江苏省鲜食大豆区域试验，两年平均鲜荚产量8 263.5kg/hm^2，比对照台湾292减产0.8%，鲜粒产量4 540.5kg/hm^2，较对照台湾292增产11.4%。2004年生产试验，平均鲜荚产量9 298.5kg/hm^2，比对照台湾292增产0.8%，鲜粒产量5 244.0kg/hm^2，较对照台湾292增产11.4%。

栽培要点 避免连作。地膜覆盖可在3月中旬播种，露地栽培4月5～10日播种，一般6月中旬采鲜荚。行距0.40m，株距0.10m，穴播2～3粒，用种量为90～105kg/hm^2。基肥施25%复合肥600kg/hm^{2}或45%复合肥450kg/hm^2，开花期用尿素150kg/hm^{2}作追肥。播种后对土壤封闭处理。

适宜地区 江苏省春季作鲜食大豆种植。

747. 苏豆5号（Sudou 5）

品种来源 江苏省农业科学院蔬菜研究所以亚蔬鲜食春大豆品种AGS292与日本引进的2808杂交育成，原名苏鲜4号。2007年经江苏省农作物品种审定委员会审定，命名为苏豆5号，审定编号为苏审豆200702。全国大豆品种资源统一编号ZDD24086。

特征 有限结荚习性。株高42.2cm，分枝1.9个，叶卵圆形、深绿色，紫花，灰毛。单株结荚21.4个，鲜荚弯镰形。干籽粒近圆形，种皮黄色，鲜百粒重65.0g。

特性 鲜食春大豆，中熟品种，播种至采收92d。接种鉴定，中感大豆花叶病毒病，田间大豆花叶病毒病发生较轻。抗倒伏。口感香甜柔糯。

产量品质 2004—2005年江苏省区域试验，两年平均鲜荚产量9 001.5kg/hm^2，较对照台湾292增产7.3%，鲜粒产量4 711.5kg/hm^2，较对照台湾292增产8.4%。2006年生产试验，鲜荚产量10 299.0kg/hm^2，较对照台湾292增产3.6%，鲜粒产量5 416.5kg/hm^2，较对照台湾292增产7.0%。

栽培要点 选择前两茬未种过豆类作物的田块种植。地膜覆盖3月20日播种，露地直播4月5日播种。保苗20万株/hm^2，行距0.40m，株距0.13m。点播穴距0.25m，穴播2粒。用种120～135kg/hm^2。施足基肥，用纯氮75kg/hm^2、五氧化二磷98kg/hm^2、氧化钾75kg/hm^2。花期追施纯氮75kg/hm^2。开花结荚后保持土壤湿润。播前使用土壤杀虫剂防治地下害虫。播后出苗前及时喷除草剂防治杂草，及时防治病

苏豆5号

虫害。当籽粒充实饱满，豆荚呈青绿色时，适时采摘青荚上市。

适宜地区 江苏省作春季鲜食大豆种植。

748. 苏豆6号（Sudou 6）

品种来源 江苏省农业科学院蔬菜研究所用苏系5号为母本，丹豆1号为父本，经有性杂交，系谱法育成，原名苏鲜1号。2008年经江苏省农作物品种审定委员会审定，命名为苏豆6号，审定编号为苏审豆200803。

苏豆6号

特征 有限结荚习性。株高68.5cm，分枝2.3个。叶较大、卵圆形、淡绿色，紫花，灰毛。单株结荚28.0个，鲜荚弯镰刀形。干籽粒圆形，种皮黄色，百粒鲜重63.8g。

特性 鲜食夏大豆晚熟品种，播种至采收100d。接种鉴定，感大豆花叶病毒病，田间大豆花叶病毒病自然发生较轻。抗倒性好。口感香甜柔糯。

产量品质 2005—2006年江苏省区域试验，2005年鲜荚产量7 036.5kg/hm^2，较对照绿宝珠增产14.5%，鲜粒产量3 604.5kg/hm^2，较对照绿宝珠增产12.1%；2006年鲜荚产量9 201.5kg/hm^2，较对照南农菜豆5号增产7.7%，鲜粒产量4 945.5kg/hm^2，较对照南农菜豆5号增产14.8%，两年鲜荚产量均较对照增产极显著。2007年生产试验，鲜荚产量11 242.5kg/hm^2，比对照南农菜豆5号增产6.9%，鲜粒产量5 641.5kg/hm^2，较对照南农菜豆5号增产7.0%。

栽培要点 选择前两茬未种过豆类作物的田块种植。6月15～30日为适播期，播前晒种1～2d以提高发芽率。保苗12万～15万株/hm^2，行距0.50m，株距0.13m，用种75～105kg/hm^2。基肥用纯氮53kg/hm^2、五氧化二磷53kg/hm^2、氧化钾53kg/hm^2。开花结荚期根据苗情追施纯氮 45kg/hm^2，开花结荚后注意抗旱排涝。播前使用土壤杀虫剂防治地下害虫。播后及时防病、治虫、除草。当籽粒充实饱满，豆荚呈青绿色时，适时采摘青荚。

适宜地区 江苏省淮南地区作鲜食夏大豆种植。

749. 苏豆7号（Sudou 7）

品种来源 江苏省农业科学院蔬菜研究所用科丰1号为母本，海系13为父本，经有性杂交，系谱法育成，原名苏鲜08-6。2012年经江苏省农作物品种审定委员会审定，命名为苏豆7号，审定编号为苏审豆201202。全国大豆品种资源统一编号ZDD31180。

特征 有限结荚习性。株高61.9cm，主茎14.7节，分枝3.4个。叶较大、卵圆形、绿色，紫花，灰毛。单株结荚40.3个。干籽粒椭圆形，种皮黄色，鲜百粒重80.6g。

特性 鲜食夏大豆晚熟品种，出苗至鲜荚采收97d。经接种鉴定，高感大豆花叶病毒SC3株系，田间大豆花叶病毒病发生较轻。抗倒性较好。口感香甜柔糯。

产量品质 2009—2010年江苏省区域试验，两年平均鲜荚产量10 662.0kg/hm^2，较对照通豆6号增产11.5%。2011年生产试验，平均鲜荚产量11 140.5kg/hm^2，较对照通豆6号增产4.9%，鲜粒产量6 139.5kg/hm^2，较对照通豆6号增产3.0%。

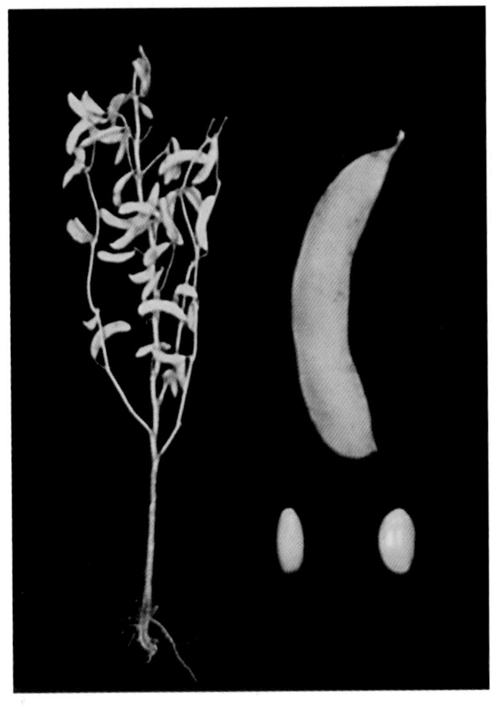

苏豆7号

栽培要点 选择前两茬未种过豆类作物的田块种植。6月中下旬为适播期，晚播不迟于7月20日。播前晒种1 ~ 2d。行距0.60m，穴距0.30m，每穴留苗2株，留苗12万株/hm^2，用种90kg/hm^2。有条件的可垄作栽培，垄高0.25m，垄距0.50m。基肥施纯氮45kg/hm^2、五氧化二磷38kg/hm^2、氧化钾38kg/hm^2，花期根据苗情追施纯氮38kg/hm^2。注意抗旱排涝，花荚期保持土壤湿润。播前使用土壤杀虫剂防治地下害虫，播后及时防病、治虫、除草。采收前15d内禁止用药。当籽粒充实饱满时，适时采摘青荚。

适宜地区 江苏省淮南地区作鲜食夏大豆种植。

750. 苏豆8号（Sudou 8）

品种来源 江苏省农业科学院蔬菜研究所用苏85-53-1为母本，宁镇3号为父本，经有性杂交，系谱法育成，原名灰荚2号。2010年通过国家审定，命名为苏豆8号，审定编号为国审豆2010014。全国大豆品种资源统一编号ZDD31181。

特征 有限结荚习性，株高48.9cm，主茎11.3节，分枝2.3个。叶椭圆形、绿色，白花，灰毛。单株荚数29.7个，荚浅褐色，底荚高12.0cm。粒椭圆形，种皮黄色，脐淡褐色。百粒重18.6g。

特性 长江流域春大豆，生育期101d。接种鉴定，抗大豆花叶病毒SC3株系，中抗大豆花叶病毒SC7株系。

产量品质 2007—2008年长江流域春大豆品种区域试验，两年平均产量2 307.0kg/hm^2，

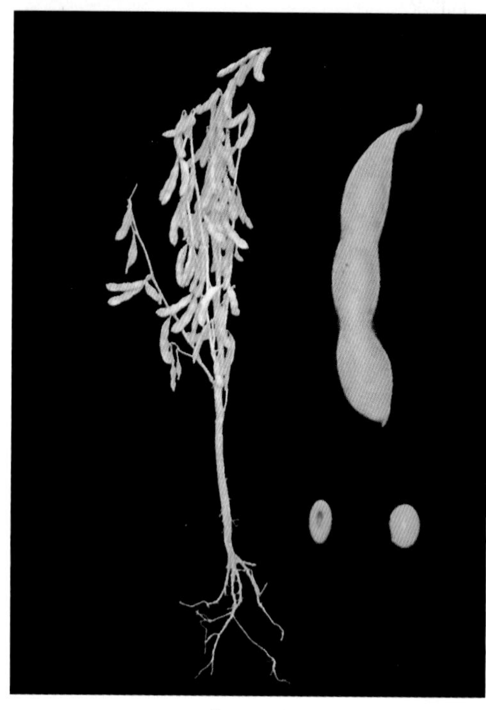
苏豆8号

比对照鄂豆4号增产8.4%。2009年生产试验，平均产量2 317.5kg/hm^2，比对照鄂豆4号增产8.9%。蛋白质含量41.63%，脂肪含量21.52%。

栽培要点 选择前两茬未种过豆类作物的田块种植。3月下旬至4月上中旬播种，种植密度22万～30万株/hm^2。播种前用45%复合肥450kg/hm^{2}作基肥，开花期追施尿素150kg/hm^2。花荚期注意抗旱排涝，保持土壤湿润。播前使用土壤杀虫剂防治地下害虫。播后及时防病、治虫、除草。

适宜地区 浙江省、江西省、重庆市、湖南省、江苏省和安徽省长江流域（春播）。

751. 苏豆9号（Sudou 9）

品种来源 江苏省东海县农业科学研究所用鲁豆10号为母本，东86-27为父本，经有性杂交，系谱法选育而成，原名DH6219。2012年经江苏省农作物品种审定委员会审定，命名为苏豆9号，审定编号为苏审豆201204。全国大豆品种资源统一编号ZDD31182。

特征 亚有限结荚习性，株高76.2cm，分枝2.5个。披针形叶，白花，灰毛。单株结荚35.0个，荚弯镰刀形、淡褐色，结荚高度18.6cm。粒圆形，种皮黄色，微光泽，脐淡褐色。百粒重24.8g。

特性 黄淮海夏大豆，中熟品种。生育期97d。中感大豆花叶病毒SC3株系，高感SC7株系，田间大豆花叶病毒病发生较轻。成熟时落叶性好，抗裂荚性强，抗倒性较好。

产量品质 2008—2010年江苏省区域试验，三年平均产量2 772.0kg/hm^2，较对照徐豆13增产3.6%。2011年生产试验，平均产量2 662.5kg/hm^2，较对照徐豆13增产6.7%。蛋白质含量42.60%，脂肪含量19.40%。

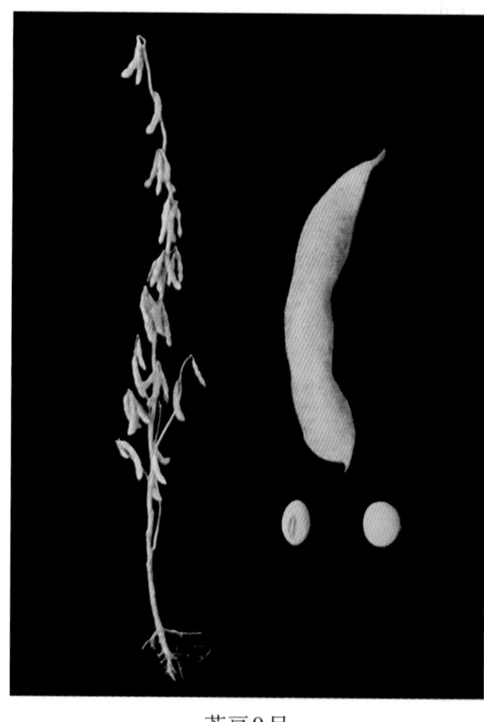
苏豆9号

栽培要点 选择前茬未种过豆类作物的田块种植。适播期在6月上中旬，播前晒种1～2d。行距为0.40m，株距0.15m，留苗18万株/hm²，用种90kg/hm²，迟播适当增加播种量。基肥用纯氮45kg/hm²、五氧化二磷75kg/hm²、氧化钾75kg/hm²，初花期根据苗情追施纯氮45kg/hm²。注意抗旱排涝，花荚期保持土壤湿润。播前使用土壤杀虫剂防治地下害虫，播后及时防病、治虫、除草。

适宜地区 江苏省淮北地区作夏大豆种植。

752. 苏奎1号（Sukui 1）

品种来源 江苏省农业科学院蔬菜研究所和辽宁省铁岭市维奎大豆科学研究所用台湾292为母本，日本晴3号为父本，经有性杂交，系谱法选育而成，原名铁引1号。2012年经江苏省农作物品种审定委员会审定，命名为苏奎1号，审定编号为苏审豆201201。全国大豆品种资源统一编号ZDD31183。

苏奎1号

特征 有限结荚习性。株高35.8cm，主茎11.7节，分枝2.5个。披针形叶，白花，灰毛。单株结荚22.2个。干籽粒近圆形，种皮黄色。鲜百粒重73.4g。

特性 鲜食春大豆，晚熟品种，出苗至鲜荚采收95d。接种鉴定，中抗大豆花叶病毒SC3株系，田间大豆花叶病毒病发生较轻。抗倒性较好。口感香甜柔糯。

产量品质 2009—2010年江苏省区域试验，两年平均鲜荚产量11 103.0kg/hm²，较对照台湾292增产8.7%。2011年生产试验，平均鲜荚产量10 533.0kg/hm²，较对照台湾292增产6.5%，鲜粒产量5 341.5kg/hm²，较对照台湾292增产12.9%。

栽培要点 选择前两茬未种过豆类作物的田块种植。在3月25日至4月上旬播种。播前晒种1～2d，播后覆盖地膜，出苗后及时破膜以防烧苗，力保全苗。行距40cm，穴距30cm，穴播3粒，保苗16万株/hm²，用种120kg/hm²。基肥用纯氮45kg/hm²、五氧化二磷38kg/hm²、氧化钾38kg/hm²，初花期视苗情追施纯氮30kg/hm²。注意抗旱排涝，花荚期保持土壤湿润。播前使用土壤杀虫剂防治地下害虫，播后及时防病、治虫、除草。采收前15d内禁止用药。当籽粒充实饱满时，适时采摘青荚。

适宜地区 江苏省作鲜食春大豆种植。

753. 南农26（Nannong 26）

品种来源 南京农业大学以南农1138-2、诱变30、科丰1号等亲本互交构建混合群

南农26

体，采用系谱法育成。原名南农207。2006年经江苏省农作物品种审定委员会审定，命名为南农26，审定编号为苏审豆200603。全国大豆品种资源统一编号ZDD24793。

特征 有限结荚习性。株高83.6cm，分枝2.3个。椭圆形叶，白花，棕毛。结荚高度31.4cm。粒近圆形，种皮黑色，子叶黄色，脐黑色。百粒重20.5g。

特性 长江流域夏大豆，中晚熟品种，生育期129d。田间大豆花叶病毒病发生较轻，接种鉴定，中抗大豆花叶病毒病，病情指数30。抗倒伏性较好，成熟时落叶性好，抗裂荚性强。

产量品质 2003—2004年江苏省淮南夏大豆区域试验，两年平均产量2 217.0kg/hm^2，较对照南农88-31增产7.8 %。2005年生产试验，平均产量2 479.5kg/hm^2，较对照南农88-31增产12.0 %。蛋白质含量45.00%，脂肪含量18.80%。

栽培要点 选择前两茬未种过豆类作物的田块种植。6月中旬为适播期，播种量75kg/hm^2。行距0.40m，株距0.10 ~ 0.14m，保苗15.0万 ~ 22.5万株/hm^2。基肥用纯氮112.5kg/hm^2、五氧化二磷112.5kg/hm^2、氧化钾112.5kg/hm^2，花荚期追施纯氮45 ~ 75kg/hm^2。花荚期遇旱应及时灌水抗旱。中上等肥力以上及高产田块，在初花期应根据气候及长势进行化学调控，用多效唑喷雾。播前使用土壤杀虫剂防治地下害虫。播后出苗前及时喷除草剂防治杂草，及时防治病虫害。

适宜地区 江苏省淮南地区作夏大豆栽培。

754. 南农31（Nannong 31）

品种来源 南京农业大学用南农18-6为母本，徐豆4号为父本，经有性杂交，系谱法育成。原名南农99-6。2008年和2010年经国家农作物品种审定委员会审定，审定编号为国审豆2008029、国审豆2010016。全国大豆品种资源统一编号ZDD24794。

特征 有限结荚习性。株高70.8cm，分枝数1.4个。卵圆形叶，白花，棕毛。单株荚数35.8个。粒圆形，种皮黄色，脐浅褐色。百粒重19.6g。

特性 南方夏大豆，热带亚热带地区种植生育期95d，长江流域种植生育期117d。接种鉴定，中抗大豆花叶病毒SC3、SC7株系。

产量品质 2006—2007年热带亚热带夏大豆品种区域试验，两年平均产量2 623.5kg/

hm^2，比对照华夏1号增产14.1%。2007年生产试验，平均产量2 422.5kg/hm^2，比对照华夏1号增产10.1%。2008—2009年长江流域夏大豆晚熟组品种区域试验，两年平均产量2 890.5kg/hm^2，比对照南农88-31增产14.6%。2009年生产试验，平均产量2 998.5kg/hm^2，比对照南农88-31增产14.7%。蛋白质含量40.80%，脂肪含量20.20%。

栽培要点 避免连作。7月上中旬夏播，种植密度18万～19.5万株/hm^2，播前施用氮磷钾复合肥450kg/hm^2。花期施尿素75～150kg/hm^2。注意排灌、治虫。

适宜地区 长江流域、湖南省和江西省南部、福建省中南部、广东省、广西壮族自治区、海南省（夏播）。

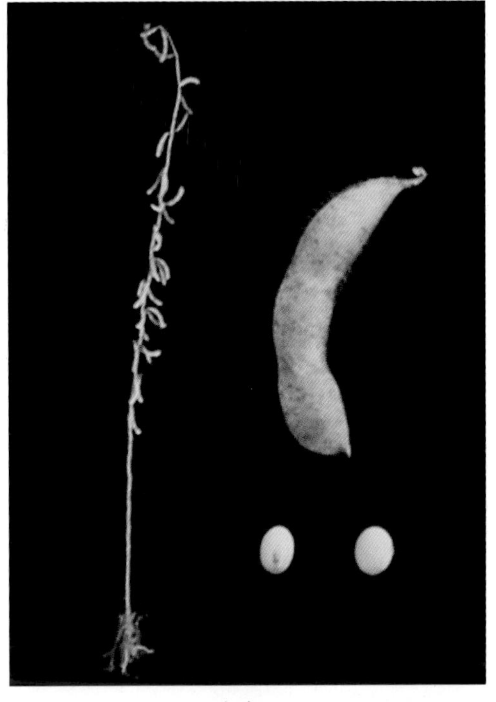

南农31

755. 南农32（Nannong 32）

品种来源 南京农业大学以南农87-23为母本，楚秀为父本，经有性杂交，系谱法育成。原名南农701。2008年和2010年通过国家农作物品种审定委员会审定，审定编号为国审豆2008025、国审豆2010013。全国大豆品种资源统一编号ZDD24795。

特征 有限结荚习性。株高74.4cm，分枝1.6个。椭圆形叶，紫花，灰毛。株型收敛，单株荚数45.6个，荚草黄色。粒椭圆形，种皮黄色，脐深褐色。百粒重33.0g。

特性 南方夏大豆，热带亚热带地区种植生育期101d，长江流域种植生育期126d。接种鉴定，中抗大豆花叶病毒SC3株系，中感SC7株系。

产量品质 2006—2007年长江流域夏大豆晚熟组品种区域试验，两年平均产量3 040.5kg/hm^2，比对照南农88-31增产11.3%。2007年生产试验，平均产量2 899.5kg/hm^2，比对照南农88-31增产26.4%。2008—2009年参加热带亚热带夏大豆品种区域试验，两年平均产量2 733.0kg/hm^2，比对照华夏1号增产

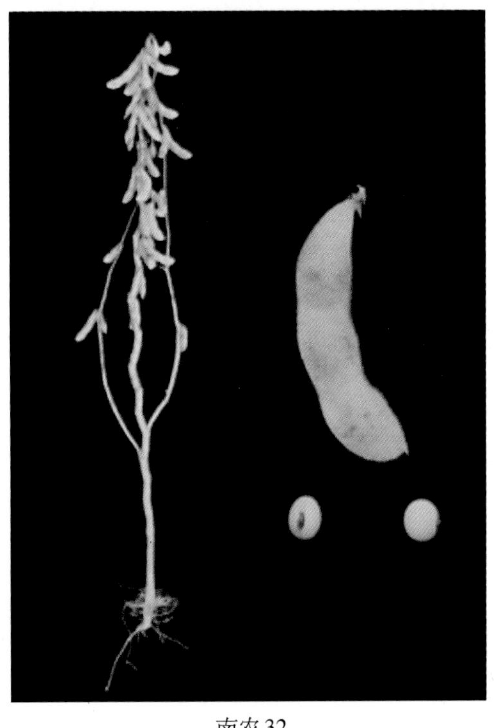

南农32

4.5%。2009年生产试验，平均产量2 562.0kg/hm^2，比对照华夏1号增产0.6%。蛋白质含量44.90%，脂肪含量19.30%。

栽培要点 避免连作。6月中下旬播种，种植密度18万～19.5万株/hm^2。播前施用氮磷钾复合肥450kg/hm^2。重点防治大豆黑潜蝇。注意排涝、灌溉。

适宜地区 江西省、江苏省南部、浙江省北部、四川省盆地地区、广东省中北部和西南部、广西壮族自治区中北部、海南省、福建省中南部和湖南省南部（夏播）。

756. 南农33（Nannong 33）

品种来源 南京农业大学以南农86-17为母本，淮豆2号为父本，杂交选育而成。2009年经国家农作物品种审定委员会审定，命名为南农33，审定编号为国审豆2009028。全国大豆品种资源统一编号ZDD24796。

南农33

特征 有限结荚习性。株高83.1cm，主茎节数18.3个，分枝4.2个。椭圆叶，白花，棕毛。单株荚数61.3个，底荚高度24.7cm，荚褐色。粒椭圆形，种皮黑色，子叶黄色，脐黑色。百粒重23.7g。

特性 长江流域夏大豆，晚熟品种，生育期127d。种接种鉴定，中感大豆花叶病毒SC3株系和SC7株系。

产量品质 2006—2007年长江流域夏大豆品种晚熟组区域试验，两年平均产量2 760.0kg/hm^2，比对照南农88-31增产2.9%。2008年生产试验，产量2 589.0kg/hm^2，比对照南农88-31增产1.0%。

栽培要点 6月中下旬播种，种植密度15.0万～22.5万株/hm^2。播前施用氮磷钾复合肥450kg/hm^2，苗期视苗情使用尿素75～150kg/hm^2，花期可少量施用氮肥。注意防治病虫害。蛋白质含量45.00%，脂肪含量18.60%。

适宜地区 江苏省中南部，浙江省杭州，江西省吉安，四川省南充地区（夏播）。

757. 南农34（Nannong 34）

品种来源 南京农业大学以（南农86-4 × D76-1609）BC_1F_4短叶柄株系为母本，（南农493-1 × 诱处4号）F_2窄叶单株为父本，经有性杂交，摘荚法育成。原名南农Z322。2011年经江苏省农作物品种审定委员会审定，命名为南农34，审定编号为苏审豆

201103。全国大豆品种资源统一编号ZDD24797。

特征 有限结荚习性。株高84.9cm，分枝2.2个。叶卵圆形、色深，白花，灰毛。单株结荚52.6个，结荚高度18.3cm。粒近圆形，种皮黄色，脐褐色。百粒重20.4g。

南农34

特性 长江流域夏大豆，中熟品种，生育期119d。接种鉴定，感大豆花叶病毒SC3株系，田间大豆花叶病毒病发生较轻。成熟时落叶性好，抗裂荚性强。

产量品质 2008—2009年江苏省区域试验，两年平均产量2 653.5kg/hm^2，较对照南农88-31增产5.2%。2010年生产试验，平均产量2 889.0kg/hm^2，较对照南农88-31增产8.7%。蛋白质含量41.60%，脂肪含量19.90%。

栽培要点 选择前两茬未种过豆类作物的田块种植。最适播期6月中下旬。密度18万株/hm^2，行距0.40 ~ 0.50m，株距0.13m，用种75kg/hm^2，迟播适当增加播种量。基肥用纯氮22.5kg/hm^2、五氧化二磷37.5kg/hm^2、氧化钾15kg/hm^2，花期根据苗情追施纯氮37.5 ~ 75.0kg/hm^2。播种出苗期注意排水防涝，花荚期注意抗旱排涝，保持土壤湿润。播前使用土壤杀虫剂防治地下害虫。播后及时防病、治虫、除草。

适宜地区 江苏省淮南地区作夏大豆种植。

758. 南农38（Nannong 38）

品种来源 南京农业大学以吉林30为母本，通州豆为父本，经有性杂交，系谱法育成。2011年经国家农作物品种审定委员会审定，命名为南农38，审定编号为国审豆2011013。全国大豆品种资源统一编号ZDD31184。

特征 有限结荚习性。株高56.2cm，主茎11.7节，分枝2.1个，株型收敛。卵圆形叶，白花，棕毛。单株有效荚数27.4个，荚黄褐色，底荚高16.4cm，单株粒数56.9粒，单株粒重11.5g。粒椭圆形，种皮黄色，有光泽，脐褐色。百粒重20.7g。

南农38

特性 长江流域春大豆，生育期113d。接种鉴定，中感大豆花叶病毒SC3株系，感花叶病毒SC7株系，田间大豆花叶病毒病发生较轻。

产量品质 2009—2010年参加长江流域春大豆品种区域试验，两年平均产量2 754.0kg/hm^2，比对照湘春10号平均增产10.7%。2010年生产试验，平均产量2 655.0kg/hm^2，比对照湘春10号增产9.1%。蛋白质含量41.70%，脂肪含量19.70%。

栽培要点 3月下旬至4月下旬播种，点播株距0.10m，行距0.45m，条播行距0.45m。施钙镁磷肥450kg/hm^{2}作底肥，酸性土壤加施适量石灰，追肥在三叶期施用，施尿素60 ~ 75kg/hm^2，氯化钾75 ~ 105kg/hm^2。

适宜地区 浙江省、江西省、湖北省、重庆市、四川省、江苏省沿长江地区（春播）。

759. 南农39（Nannong 39）

品种来源 南京农业大学、国家大豆改良中心以南农9812为母本，丰白目为父本，经有性杂交，系谱法育成。原名南农7107。2012年经江苏省农作物品种审定委员会审定，命名为南农39，审定编号为苏审豆201203。全国大豆品种资源统一编号ZDD31185。

南农39

特征 有限结荚习性。株高74.8cm，主茎17.8节，分枝2.5个。叶卵圆形、色深，白花，棕毛。单株结荚59.9个，结荚高度16.6cm。粒椭圆形，种皮黄色，有光泽，脐褐色。百粒重20.1g。

特性 长江流域夏大豆，晚熟品种，生育期113d。接种鉴定，中感大豆花叶病毒SC3株系，田间大豆花叶病毒病发生较轻。抗倒性较好，成熟时落叶性好，抗裂荚性强。

产量品质 2008—2010年参加江苏省区域试验，三年平均产量2 780kg/hm^2，较对照南农88-31增产10.7%。2011年生产试验，平均产量2 994.0kg/hm^2，较对照南农88-31增产13.4%。蛋白质含量39.00%，脂肪含量19.40%。

栽培要点 选择前两茬未种过豆类作物的田块种植。播期6月中下旬，播前晒种1 ~ 2d。中等肥力地块密度18.75万株/hm^2，高肥力地块应适当降低，低肥力地块可增加至21.75万株/hm^2。行距0.40m为宜。一般基肥用纯氮22.5kg/hm^2、五氧化二磷37.5kg/hm^2、氧化钾15.0kg/hm^2，花期根据苗情追施纯氮37.5 ~ 75.0kg/hm^2。注意抗旱排涝，花荚期保持土壤湿润。播前使用土壤杀虫剂防治地下害虫，播后及时防病、治虫、除草。

适宜地区 江苏省淮南地区作夏大豆种植。

760. 南农菜豆6号（Nannongcaidou 6）

品种来源 南京农业大学以南农87C-66-3为母本，南农87C-38为父本，经有性杂交育成。原名南农99C-23。2009年经江苏省农作物品种审定委员会审定，命名为南农菜豆6号，审定编号为苏审豆200901。全国大豆品种资源统一编号ZDD24806。

南农菜豆6号

特征 有限结荚习性。株高74.1cm，分枝2.7个。叶较大、卵圆形、绿色，白花，灰毛。单株结荚36.4个。干籽粒椭圆形，种皮绿色，子叶黄色。百粒鲜重59.6g。

特性 鲜食夏大豆，中晚熟品种，播种至采收100d。接种鉴定，中抗大豆花叶病毒SC3株系，田间大豆花叶病毒病发生较轻。抗倒性较强。口感微甜稍糯。

产量品质 2006—2008年江苏省区域试验，三年平均鲜荚产量9 184.5kg/hm^2，较对照南农菜豆5号增产4.9%，鲜粒产量4 644.0kg/hm^2，较对照南农菜豆5号增产4.6%。2008年生产试验，平均鲜荚产量10 527.0kg/hm^2，较对照南农菜豆5号增产14.0%，鲜粒产量5 265.0kg/hm^2，较对照南农菜豆5号增产7.2%。

栽培要点 选择前两茬未种过豆类作物的田块种植。6月中下旬为适播期，晚播不迟于7月20日。密度15万～18万株/hm^2，行距0.50m，株距0.13m，用种90kg/hm^2，迟播适当增加播种量。施纯氮45kg/hm^2、五氧化二磷37.5kg/hm^2、氧化钾37.5kg/hm^2，初花期视苗情追施纯氮37.5kg/hm^2。花荚期注意抗旱排涝。播前使用土壤杀虫剂防治地下害虫。播后及时防病、治虫、除草。采收前15d内禁止用药。当籽粒充实饱满、豆荚呈青绿色时，适时采摘青荚。

适宜地区 江苏省淮南地区作鲜食夏大豆种植。

761. 苏鲜豆19（Suxiandou 19）

品种来源 南京农业大学与江苏沿江地区农业科学研究所以南农90C004为母本，南农5C-13为父本，经有性杂交系谱法育成。原名南农06C-1。2010年经江苏省农作物品种审定委员会审定，命名为苏鲜豆19，审定编号为苏审豆201001。全国大豆品种资源统一编号ZDD31186。

特征 有限结荚习性。株高63.5cm，主茎15.0节，分枝2.9个。叶片较大、卵圆形、

苏鲜豆19

色深，紫花，灰毛。单株结荚43.3个。干籽粒椭圆形，种皮黄色。百粒鲜重54.8g。

特性 鲜食夏大豆晚熟品种，播种至采收92d。接种鉴定，感大豆花叶病毒SC3株系，田间抗病性较好。口感香甜柔糯。

产量品质 2007—2008年江苏省鲜食夏大豆区域试验，两年平均鲜荚产量9 600.0kg/hm^2，较对照通豆6号增产3.0%，鲜粒产量4 885.5kg/hm^2，较对照通豆6号减产0.7%。

栽培要点 选择前两茬未种过豆类作物的田块种植。6月下旬为适播期，晚播不迟于7月20日。密度15万～18万株/hm^2，行距0.50m，株距0.13m，用种量90kg/hm^2，迟播适当增加播种量。施足基肥，施纯氮45kg/hm^2、五氧化二磷37.5kg/hm^2、氧化钾37.5kg/hm^2。初花期视苗情追施纯氮37.5kg/hm^2。花荚期注意抗旱排涝。播前使用土壤杀虫剂防治地下害虫，播后及时防病、治虫、除草。采收前15d内禁止用药。当籽粒充实饱满、豆荚呈青绿色时，适时采摘青荚。

适宜地区 江苏省淮南地区作鲜食夏大豆种植。

762. 苏鲜豆20（Suxiandou 20）

苏鲜豆20

品种来源 南京农业大学国家大豆改良中心以通酥526为母本，早熟18为父本，经有性杂交，系谱法育成。原名南农03-225。2011年经江苏省农作物品种审定委员会审定，命名为苏鲜豆20，审定编号为苏审豆201101。全国大豆品种资源统一编号ZDD31187。

特征 亚有限结荚习性。株高101.8cm，主茎16.5节，分枝1.5个。叶披针形、绿色，紫花，灰毛。单株结荚28.2个。干籽粒椭圆形，种皮黄色。百粒鲜重52.4g。

特性 鲜食春大豆，晚熟品种，播种至鲜荚采收114d。接种鉴定，抗大豆花叶病毒SC3和SC7株系。口感微甜稍糯。

产量品质 2008—2009年江苏省区域试验，两年平均鲜荚产量9 976.5kg/hm^2，较对照台湾

292增产5.6%，鲜粒产量5 218.5kg/hm^2，较对照台湾292增产7.0%。2010年生产试验，平均鲜荚产量10 849.5kg/hm^2，较对照台湾292增产3.4%，鲜粒产量5 395.5kg/hm^2，较对照台湾292增产5.1%。

栽培要点 选择前两茬未种过豆类作物的田块种植。播期在3月中旬，最晚3月25日。地膜覆盖，出苗后及时破膜防止烧苗，力保全苗。密度24万～27万株/hm^2，行距0.40～0.45m，株距0.10m，用种量75～90kg/hm^2，迟播适当增加播种量。施纯氮45kg/hm^2、五氧化二磷38kg/hm^2、氧化钾38kg/hm^2，初花期视苗情追施纯氮22.5～37.5kg/hm^2。花荚期注意抗旱排涝。播前使用土壤杀虫剂防治地下害虫。播后及时防病、治虫、除草。采收前15d内禁止用药。当籽粒充实饱满、豆荚呈青绿色时，适时采摘青荚。

适宜地区 江苏省淮南地区作鲜食春大豆种植。

763. 苏鲜豆21（Suxiandou 21）

品种来源 南京农业大学以高敬青皮豆为母本，常州青豆为父本，经有性杂交系谱法育成。原名南农07C-2。2011年经江苏省农作物品种审定委员会审定，命名为苏鲜豆21，审定编号为苏审豆201102。全国大豆品种资源统一编号ZDD31188。

特征 有限结荚习性。株高90.4cm，主茎19.8节，分枝1.5个。叶较大、卵圆形，紫花，棕毛。单株结荚40.8个。干籽粒椭圆形，种皮绿色，子叶黄色。百粒鲜重77.0g。

苏鲜豆21

特性 鲜食夏大豆，晚熟品种，播种至鲜荚采收104d。接种鉴定，感大豆花叶病毒SC3株系，田间抗病性较好。口感香甜柔糯。

产量品质 2008—2009年江苏省区域试验，两年平均鲜荚产量10 284.0kg/hm^2，较对照通豆6号增产6.9%，鲜粒产量5 458.5kg/hm^2，较对照通豆6号增产4.1%。2010年生产试验，平均鲜荚产量11 864.0kg/hm^2，较对照通豆6号增产3.1%，鲜粒产量6 529.5kg/hm^2，较对照通豆6号增产7.6%。

栽培要点 选择前两茬未种过豆类作物的田块种植。播期6月15～30日，最晚不迟于7月20日。密度15.0万～18.0万株/hm^2，行距0.50m，株距0.12m，用种90kg/hm^2，迟播适当增加播种量。施足基肥，施纯氮45kg/hm^2、五氧化二磷37.5kg/hm^2、氧化钾30.0kg/hm^2，初花期视苗情追施纯氮37.5kg/hm^2。花荚期注意抗旱排涝。播前使用土壤杀虫剂防治地下害虫。播后及时防病、治虫、除草。采收前15d内禁止用药。当籽粒充实饱满、豆荚呈青绿色时，适时采摘青荚。

适宜地区 江苏省淮南地区作鲜食夏大豆种植。

764. 沪宁96-10（Huning 96-10）

品种来源 上海市动植物引种研究中心、南京农业大学以淮阴矮脚早为母本，中作84-C42为父本，杂交选育而成。2006年经国家农作物品种审定委员会审定通过，命名为沪宁96-10，审定编号为国审豆2006021。

沪宁96-10

特征 有限结荚习性。株高29.9cm，主茎节数8.5个，分枝数1.9个。椭圆形叶，白花，灰毛。单株荚数19.3个，多粒荚率70.8%，单株鲜荚重33.8g。干籽粒圆形，种皮绿色，子叶黄色。百粒鲜重68.4g。

特性 鲜食春大豆，早熟品种，平均生育期78d。接种鉴定，表现为中抗大豆花叶病毒SC8株系，中感SC3、SC11株系。口感香甜柔糯。

产量品质 2004—2005年鲜食大豆品种区域试验，两年平均鲜荚产量10 194.0kg/hm^2，比对照台湾292增产5.1%。2005年生产试验，平均鲜荚产量9 840.0kg/hm^2，比对照台湾292减产2.1%。

栽培要点 3月中旬至5月上旬播种，保苗30万株/hm^2。播种前施过磷酸钙525kg/hm^{2}或三元复合肥225kg/hm^{2}作底肥，初花期追施尿素150kg/hm^{2}或三元复合肥90 ~ 120kg/hm^2，结荚鼓粒期叶面喷肥。

适宜地区 北京市、上海省、江苏省、浙江省、安徽省、江西省、云南省、广东省（春播）。

765. 通酥1号（Tongsu 1）

品种来源 江苏沿江地区农业科学研究所由日本早生枝豆经系统选育而成。原名通酥526。2006年经江苏省农作物品种审定委员会审定，命名为通酥1号，审定编号为苏审豆200604。全国大豆品种资源统一编号ZDD24817。

特征 有限结荚习性。株高30.6cm，分枝1.9个。叶卵圆形、淡绿色，白花。鲜荚茸毛稀疏，浅棕色，豆荚亮绿色。结荚高度9.2cm，单株结荚21.0个。干籽粒椭圆形，种皮绿色，子叶黄色。百粒鲜重58.0g。

特性 鲜食春大豆，中熟品种，播种至采收91d。接种鉴定，高感大豆花叶病毒病，田间大豆花叶病毒病发生较轻。抗倒伏性强。豆仁有甜味，糯性中等。

产量品质 2003—2004年江苏省鲜食大豆区域试验，两年平均鲜荚产量8 224.5kg/hm²，与对照台湾292相当；平均鲜粒产量4 594.5kg/hm²，较对照台湾292增产10.0%。2005年生产试验，平均鲜荚产量10 777.5kg/hm²，与对照台湾292相当；平均鲜粒产量6 336.0kg/hm²，较对照台湾292增产11.8%。

栽培要点 选择前两茬未种过豆类作物的田块种植。地膜栽培于3月中下旬播种，露地栽培可在4月上中旬播种。播种量120kg/hm²。行距0.30m，穴距0.10～0.15m，每穴播2～3粒，保苗30万～37.5万株/hm²。基肥用纯氮75kg/hm²、五氧化二磷75kg/hm²、氧化钾75kg/hm²。开花期追施纯氮75kg/hm²。开花结荚后保持土壤湿润。播后出苗前使用除草剂防治杂草，及时防治病虫害。当籽粒充实饱满、豆荚呈青绿色时，适时采摘青荚上市。

适宜地区 江苏省作春季鲜食大豆种植。

通酥1号

766. 通豆5号（Tongdou 5）

品种来源 江苏沿江地区农业科学研究所用海门粗白豆为母本，海系13为父本，经有性杂交，系谱法育成。原名通00-419。2007年经江苏省农作物品种审定委员会审定，命名为通豆5号，审定编号为苏审豆200703。全国大豆品种资源统一编号ZDD24814。

特征 有限结荚习性。株高83.0cm，主茎15.8节，分枝2.9个。叶片较大、卵圆形、色深，紫花，灰毛。鲜荚深绿色。单株结荚29.9个。干籽粒椭圆形，种皮黄色。鲜百粒重78.2g。

特性 鲜食夏大豆，晚熟品种，播种至采收107d。接种鉴定，中抗大豆花叶病毒病，田间大豆花叶病毒病发生较轻。抗倒伏。口感香甜柔糯。

产量品质 2005—2006年江苏省区域试验，2005年鲜荚产量7 488.0kg/hm²，较对

通豆5号

照绿宝珠增产21.8%，鲜粒产量4 054.5kg/hm^2，较对照增产26.1%；2006年鲜荚产量9 698.0kg/hm^2，较对照南农菜豆5号增产12.3%，鲜粒产量5 256.0kg/hm^2，较对照增产22.1%。2006年生产试验，鲜荚产量12 365.5kg/hm^2，较对照南农菜豆5号增产13.9%，鲜粒产量6 678.0kg/hm^2，较对照增产23.9%。

栽培要点 选择前两茬未种过豆类作物的田块种植。播期6月20日至7月20日，适宜播期为6月下旬。密度12万～18万株/hm^2，行距0.50m，株距0.13m。用种90～112.5kg/hm^2。施足基肥，用纯氮37.5kg/hm^2、五氧化二磷37.5kg/hm^2、氧化钾37.5kg/hm^2。开花结荚期视苗情追施纯氮45kg/hm^2，开花结荚后注意抗旱排涝。播前使用土壤杀虫剂防治地下害虫。播后出苗前及时喷除草剂防治杂草，及时防治病虫害。当籽粒充实饱满、豆荚呈青绿色时，适时采摘青荚上市。

适宜地区 江苏省淮南地区作夏季鲜食大豆种植。

767. 通豆6号（Tongdou 6）

品种来源 江苏沿江地区农业科学研究所以启东绿皮大豆为亲本经系统选育而成。原名天鹅蛋1号。2007年经江苏省农作物品种审定委员会审定，命名为通豆6号，审定编号为苏审豆200704。全国大豆品种资源统一编号ZDD24815。

通豆6号

特征 有限结荚习性。株高69.9cm，主茎13.8节，分枝2.3个。叶片较大、卵圆形、色深，紫花，灰毛。鲜荚深绿色。单株结荚27个。干籽粒种皮绿色，子叶黄色，鲜百粒重70.2g。

特性 鲜食夏大豆，中熟品种，播种至采收98d。接种鉴定，中抗大豆花叶病毒病，田间大豆花叶病毒病发生较轻。抗倒伏。品质香甜柔糯。

产量品质 2005—2006年江苏省区域试验，2005年鲜荚产量7 585.5kg/hm^2，较对照绿宝珠增产23.4%，鲜粒产量3 913.5kg/hm^2，较对照增产21.7%；2006年鲜荚产量9 717.0kg/hm^2，较对照南农菜豆5号增产12.5%，鲜粒产量5 076.0kg/hm^2，较对照增产19.1%。2006年生产试验，鲜荚产量12 507.0kg/hm^2，较对照南农菜豆5号增产15.2%，鲜粒产量6 753.0kg/hm^2，较对照增产25.3%。

栽培要点 选择前两茬未种过豆类作物的田块种植。5月20～30日为适播期。行距0.50m，株距0.13m，留苗12万～15万株/hm^2。用种90kg/hm^2。施足基肥，用纯氮45kg/hm^2、五氧化二磷37.5kg/hm^2、氧化钾37.5kg/hm^2。

开花结荚期视苗情追施纯氮37.5kg/hm²，开花结荚后注意抗旱排涝。播前使用土壤杀虫剂防治地下害虫。播后出苗前及时喷除草剂防治杂草，及时防治病虫害。当籽粒充实饱满、豆荚呈青绿色时，适时采摘青荚上市。

适宜地区 江苏省淮南地区作夏季鲜食大豆种植。

768. 通豆7号（Tongdou 7）

品种来源 江苏沿江地区农业科学研究所用南农88-31为母本，苏豆4号为父本，经有性杂交，系谱法育成。原名通00-93。2009年经江苏省农作物品种审定委员会审定，命名为通豆7号，审定编号为苏审豆200903。全国大豆品种资源统一编号ZDD24816。

特征 有限结荚习性。株高75.8cm，分枝2.8个。叶片中等大小、椭圆形、色深，紫花，灰毛。单株结荚58.8个，荚淡褐色、弯镰形，结荚高度26.2cm。粒圆形，种皮黄色，脐淡褐色。百粒重18.4g。

通豆7号

特性 长江流域夏大豆，中熟品种，生育期117d。接种鉴定，中抗大豆花叶病毒SC3株系，田间大豆花叶病毒病发生较轻。抗倒性较强，成熟时落叶性好，抗裂荚性强。

产量品质 2006—2007年江苏省区域试验，两年平均产量2 637.0kg/hm²，较对照南农88-31增产12.4 %。2008年生产试验，平均产量2 634.0kg/hm²，较对照南农88-31增产5.3%。蛋白质含量37.90%，脂肪含量19.10%

栽培要点 选择前两茬未种过豆类作物的田块种植。播期6月中下旬，晚播不迟于7月16日。密度18.0万～3.0万株/hm²，行距0.40m，株距0.13m，用种90kg/hm²，迟播适当增加播种量。基肥施纯氮37.5kg/hm²、五氧化二磷37.5kg/hm²、氧化钾37.5kg/hm²，花期根据苗情追施纯氮45kg/hm²。花荚期注意抗旱排涝。播前使用土壤杀虫剂防治地下害虫。播后及时防病、治虫、除草。

适宜地区 江苏省淮南地区作夏大豆种植。

769. 通豆8号（Tongdou 8）

品种来源 江苏沿江地区农业科学研究所用通豆1号为母本，苏豆4号为父本，经有性杂交，系谱法育成。原名通98-066。2010年经江苏省农作物品种审定委员会审定，命

通豆8号

名为通豆8号，审定编号为苏审豆201002。全国大豆品种资源统一编号ZDD31189。

特征 有限结荚习性。株高74.4cm，分枝3.4个。叶片中等大小、叶椭圆形、叶色深，紫花，棕毛。单株结荚60.8个，结荚高度20.1cm，荚灰褐色、弯镰形。粒椭圆形，种皮黄色，脐淡褐色。百粒重19.9g。

特性 江苏省淮南夏大豆，中晚熟品种，生育期117d。接种鉴定，中抗大豆花叶病毒SC3株系。成熟时落叶性好，抗裂荚性强。

产量品质 2006—2008年江苏省淮南夏大豆区域试验，三年平均产量2 586.0kg/hm^2，较对照南农88-31增产8.4%。2009年生产试验，平均产量2 935.5kg/hm^2，较对照南农88-31增产5.3%。蛋白质含量40.90%，脂肪含量16.70%。

栽培要点 选择前两茬未种过豆类作物的田块种植。播期6月10日至7月16日，最适播期6月15 ～ 25日。密度15.0万～ 22.5万株/hm^2，行距0.40m，株距0.13m，用种量90kg/hm^2，迟播适当增加播种量。基肥施纯氮22.5kg/hm^2、五氧化二磷37.5kg/hm^2、氧化钾15kg/hm^2。花期根据苗情追施纯氮37.5kg/hm^2。花荚期注意抗旱排涝。播前使用土壤杀虫剂防治地下害虫，播后及时防病、治虫、除草。

适宜地区 江苏省淮南地区作夏大豆种植。

770. 通豆9号（Tongdou 9）

品种来源 江苏沿江地区农业科学研究所以通豆5号为亲本经辐射诱变选育而成。原名通07-109。2013年经江苏省农作物品种审定委员会审定，命名为通豆9号，审定编号为苏审豆201302。全国大豆品种资源统一编号ZDD31190。

特征 有限结荚习性。株高91.8cm，主茎18.8节，有效分枝3.4个。单株荚数45.7个，鲜荚绿色，每千克标准荚381.4个，二粒标准荚长5.2cm，宽1.3cm。卵圆形叶，紫花，灰毛。籽粒椭圆形，种皮黄色，子叶黄色，种脐褐色。百粒鲜重65.0g，出仁率54.4%。

特性 长江流域鲜食夏大豆，中晚熟品种，生育期（播种至鲜荚采收）108d，6月中下旬播种，9月下旬到10月上旬鲜荚采收。接种鉴定，中感大豆花叶病毒SC3株系，感SC7株系。抗倒伏性较好。

产量品质 2010—2011年江苏省淮南地区鲜食夏大豆品种区域试验，两年平均鲜荚产量10 390.5kg/hm^2，比对照通豆6号增产8.3％，鲜粒产量5 673.0kg/hm^2，较对照增产10.2％。2012年生产试验平均鲜荚产量11 425.5kg/hm^2，较对照通豆6号增产6.1％，鲜粒产量6 190.5kg/hm^2，较对照增产9.1％。

栽培要点 6月中下旬为适播期，播量90kg/hm^2，行距0.50～0.60m，穴距25cm，每穴留苗2株。垄作栽培，垄高约25cm，垄距约55cm。密度为12万株/hm^2。基肥施复合肥（氮、磷、钾总量为45％，15：15：15）300kg/hm^2，花期可追施尿素75～120kg/hm^2。适时中耕、除草。苗期花期鼓粒期及时浇水。

适宜地区 长江中下游流域作鲜食夏大豆种植。

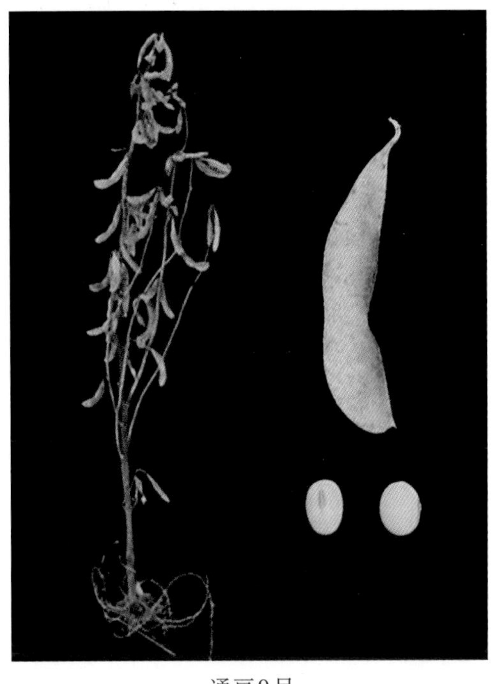

通豆9号

771. 通豆10号（Tongdou 10）

品种来源 江苏沿江地区农业科学研究所以99015为母本，引99-14为父本，经有性杂交，系谱法选育而成。原名通06-299。2014年经江苏省农作物品种审定委员会审定，命名为通豆10号，审定编号为苏审豆201401。全国大豆品种资源统一编号ZDD31191。

特征 有限结荚习性。株高78.2cm，底荚高17.4cm，主茎16.3节，有效分枝4.6个。单株荚数50.6个，每荚1.9粒，荚淡褐色。卵圆形叶，白花，灰毛。籽粒椭圆形，种皮黄色，微有光泽，种脐淡褐色。百粒重22.4g。

特性 长江中下游流域夏大豆，中熟品种，生育期112d，6月中下旬播种，10月中旬成熟。接种鉴定，中感大豆花叶病毒SC3株系，感SC7株系。抗倒伏性较好，落叶性好，不裂荚。

产量品质 2010—2012年江苏省淮南夏大豆品种区域试验，2010年产量2 760.0kg/hm^2，

通豆10号

较对照南农88-31增产10.2%；2011—2012年两年平均产量2 784.0kg/hm^2，较对照南农99-6增产0.81%。2013年生产试验，平均产量2 862.0kg/hm^2，比对照南农99-6增产7.5%。蛋白质含量41.60%，脂肪含量19.60%。

栽培要点 6月中下旬为适播期，播量60 ~ 75kg/hm^2，行距0.50m，株距0.12m。密度为15万株/hm^2。基肥施复合肥（氮、磷、钾总量为45%，15 ∶ 15 ∶ 15）300kg/hm^2，花期可追施尿素75 ~ 120kg/hm^2。适时中耕，注意排灌、治虫、除草。

适宜地区 长江流域中下游地区（夏播）。

772. 通豆2006（Tongdou 2006）

品种来源 江苏沿江地区农业科学研究所用南农86-4为母本，南农大黄豆为父本，经有性杂交，系谱法选育而成。2009年经国家农作物品种审定委员会审定，命名为通豆2006，审定编号为国审豆2009025。全国大豆品种资源统一编号ZDD24812。

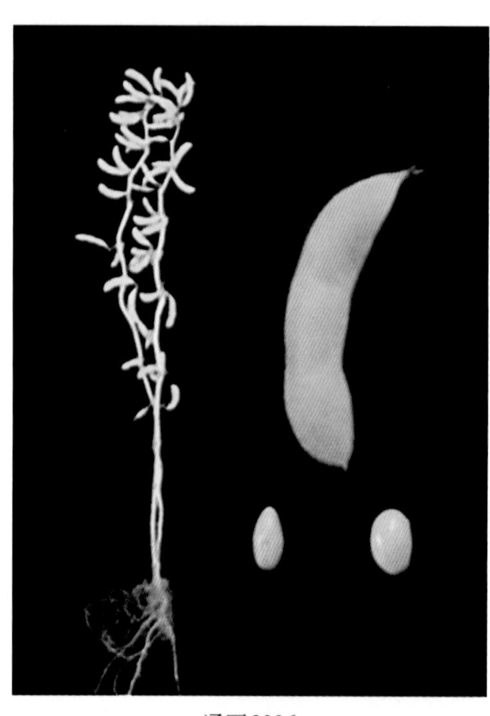

通豆2006

特征 有限结荚习性。株高76.3cm，主茎节数15.7个，分枝数2.1个。椭圆形叶，白花，灰毛。单株荚数46.0个，鲜荚绿色，干籽粒种皮黄色，脐淡褐色。百粒鲜重65.9g。

特性 长江流域鲜食夏大豆，从播种至鲜荚采收100d。接种鉴定，中感大豆花叶病毒SC3株系，感大豆花叶病毒SC7株系。口感香甜柔糯。

产量品质 2007—2008年长江流域鲜食大豆品种夏播组区域试验，两年平均鲜荚产量12 231.0kg/hm^2，比对照绿宝珠增产10.5%。2008年生产试验，鲜荚产量12 187.5kg/hm^2，比对照绿宝珠增产17.0%。

栽培要点 6月中旬至7月上旬播种，9月下旬至10月上旬采收青荚，种植密度12.0万~15.0万株/hm^2；7月下旬至8月上旬秋播，11月上旬成熟，种植密度22.5万~30.0万株/hm^2。以有机肥和磷、钾肥为基肥，施复合肥300kg/hm^2；初花期视苗情追施尿素75kg/hm^2。使用高效低毒低残留农药防治病虫害。

适宜地区 上海市、江苏省南部、江西省、湖北省武汉、安徽省铜陵地区作鲜食夏大豆种植。

上海市品种

773. 沪宁95-1（Huning 9）

品种来源 上海市动植物引种研究中心从日本引进品种天开峰中系统选育而成。2002年通过江苏省农作物品种审定委员会审定，定名为沪宁95-1，审定编号为苏审豆200203号。2007年通过上海市农作物品种审定委员会审定，审定编号为沪农品审大豆2007第001号。

沪宁95-1

特征 有限结荚习性。株高33.7cm，主茎8.8节，分枝3～4个。卵圆形叶，白花，灰毛。单株荚数22.3个，荚长4.9cm，荚宽1.1cm，荚壳薄。青豆出仁率55.3%，鲜百粒重67.78g，干百粒重32.1g。粒圆形，种皮浅绿色，子叶黄色，脐褐色。

特性 鲜食春大豆，特早熟品种，露地栽培生育期75d。耐低温弱光性强，耐肥水，抗倒伏。鲜豆粒易烧煮。口感糯性，微甜。

产量品质 春播露地栽培，平均鲜荚产量8 250kg/hm^2。

栽培要点 大棚特早熟覆盖栽培，2月上中旬播种育苗。小拱棚覆盖栽培，2月下旬至3月上旬播种。华东地区春播露地栽培，3月底至4月中旬播种育苗。穴距25～28cm，每穴播3～4粒，定2株，保苗27.0万～30.0万株/hm^2。底肥施氮、磷、钾复合肥180～2 255kg/hm^2，花荚期追施速效氮肥150～225kg/hm^2，保障充足水分。

适宜地区 华东各地区（春播）。

774. 青酥2号（Qingsu 2）

品种来源 上海市动植物引种研究中心从亚洲蔬菜研究发展中心引进的AVR-3群体中选择变异单株，经系统选育而成。2002年通过上海市农作物品种审定委员会审定，审定编号为沪农品审大豆2002第014号。

特征 有限结荚习性。株高31.8cm，主茎7.8节，分枝2～3个。卵圆形叶，白花，灰毛。单株荚数28.3个，荚长5.17cm，荚宽1.21cm，荚壳薄。青豆出仁率57.6%，鲜百

青酥2号

粒重69.75g，干籽粒百粒重33.3g。粒微扁圆形，种皮浅绿色，子叶黄色，脐淡褐色。

特性 鲜食春大豆，特早熟品种，春播露地栽培生育期78d。耐低温弱光，耐肥水，抗倒伏。鲜豆粒易烧煮。口感糯性，微甜。

产量品质 春播露地栽培，平均鲜荚产量9 000kg/hm^2。

栽培要点 大棚特早熟覆盖栽培，2月上中旬播种育苗。小拱棚覆盖栽培，2月底至3月上旬播种。华东地区春播露地栽培，3月底至4月初播种，播种量112.5kg/hm^2，保苗25.5万～30万株/hm^2，穴距25～28cm，每穴播3～4粒，定2株。播前施复合肥180～225kg/hm^2，花荚期追施速效氮肥150～225kg/hm^2，同时保障水分供应。

适宜地区 华东各地春播早熟栽培。

775. 青酥3号（Qingsu 3）

品种来源 上海市动植物引种研究中心以由亚洲蔬菜研究发展中心引进的菜用大豆AVR-1为母本，台湾75-1中变异单系VS-10为父本，经有性杂交，系谱法选育而成。2006年通过上海市农作物品种审定委员会审定，审定编号为沪农品审大豆（2006）第003号。

青酥3号

特征 有限结荚习性。株高28.3cm，主茎8.0节，分枝数2.2个。卵圆形叶，白花，灰毛。单株荚数23.2个，荚长5.22cm，荚宽为1.21cm，荚壳薄。鲜豆出仁率53.3%，鲜百粒重66.3g，干籽粒百粒重32.5g。粒微扁圆形，种皮浅绿色，子叶黄色，脐褐色。

特性 鲜食春大豆，早熟品种，春播露地栽培生育期80d。鲜豆粒被覆绒膜，易煮，糯性，微甜。

产量品质 春播露地栽培，平均鲜荚产量9 346.1kg/hm^2。

栽培要点 大棚特早熟覆盖栽培2月上旬播种，播种量97.5kg/hm^2，保苗18.0万～22.5万株/hm^2。采取育苗移栽方式，苗龄控制在15～20d。花荚期加强通风，保障充足肥水供应，5月上中旬上市。小拱棚覆盖栽培于2月中下旬至3月初播种，采取育苗移栽或直播形式，5月下旬至6月上旬采收上市。春播露地栽培在2月底至3月初采取地膜覆盖露地直播方式，也可在3月底至4月初露地直播，6月上中旬采收上市。

适宜地区 上海市及周边地区（春播）。

776. 青酥4号（Qingsu 4）

品种来源 上海市动植物引种研究中心以日本早生白毛选系VS-7为母本，本地品种牛踏扁选系VS96-11为父本，经有性杂交，系谱法选育而成。2005年分别通过上海市农作物品种审定委员会和江苏省农作物品种审定委员会审定，审定编号为沪农品审大豆2005第011号及苏审豆200506号。全国大豆品种资源统一编号ZDD24811。

青酥4号

特征 有限结荚习性。株高29.7cm，主茎8.5节，分枝2.75个。卵圆形叶，白花，灰毛。单株荚数21.95个，荚长5.19cm，荚宽1.23cm，荚壳薄。鲜粒出仁率53.71%，鲜百粒重65.35g，干籽粒百粒重33.4g。粒扁圆形，种皮浅绿色，子叶黄色，脐淡褐色。

特性 鲜食春大豆，早熟品种，春播露地栽培生育期82d。植株长势稳健，耐肥水，抗倒伏。鲜豆粒易烧煮。口感糯性，微甜。

产量品质 春播露地栽培，平均鲜荚产量8 935kg/hm^2。

栽培要点 春播露地栽培，3月底至4月初播种育苗，6月中旬采收上市。穴距28 ~ 30cm，行距30cm，每穴播3 ~ 4粒，定2 ~ 3株，保苗24.0万 ~ 27.0万株/hm^2，播种量112.5kg/hm^2。播种前施氮磷钾复合肥150 ~ 225kg/hm^2，开花结荚期增施速效氮肥150 ~ 225kg/hm^2，保障充足肥水。

适宜地区 上海及周边地区（春播）。

777. 青酥5号（Qingsu 5）

品种来源 上海市农业科学院园艺研究所以由亚洲蔬菜研究发展中心引进的毛豆AVR-1为母本，上海地方品种上海青系选单系VS-9为父本，经有性杂交，系谱法选育而成。2008年经上海市农作物品种审定委员会审定，审定编号为沪农品审大豆（2008）第001号；2012年经浙江省农作物品种审定委员会认定，认定号浙种引（2011）第001号。

特征 有限结荚习性。株高41.3cm，主茎9.1节，分枝2.53个。卵圆形叶，白花，灰毛。单株荚数34.8个，荚长5.35cm，荚宽1.33cm，荚壳薄。鲜粒出仁率55.72%，鲜百粒重78.1g，干籽粒百粒重37.85g。粒圆形，种皮浅绿色，有光泽，子叶黄色，脐浅褐色。

特性 鲜食春大豆，早中熟品种，春播露地栽培生育期84d。茎秆粗壮，植株长势强

青酥5号

健，较抗病毒病，耐肥水，抗倒伏，适应性广。鲜豆粒易烧煮。口感糯性，微甜。

产量品质 春播露地栽培，平均鲜荚产量11 535kg/hm^2。

栽培要点 春播早熟露地栽培，于3月中旬地膜覆盖直播。常规露地栽培，3月下旬至5月中下旬均可播种。直播穴距28 ~ 30cm，行距33 ~ 35cm，每穴播3 ~ 4粒，定苗2株，保苗22.5万~ 25.5万株/hm^2，播种量112.5kg/hm^2。底肥施氮磷复合肥225 ~ 300kg/hm^2，花荚期追施氮肥150 ~ 225kg/hm^2，保障充足水分。

适宜地区 上海市、浙江省及周边地区（春播）。

778. 青酥6号（Qingsu 6）

品种来源 上海市农业科学院园艺研究所以由亚洲蔬菜研究发展中心引进的毛豆AVR-3为母本，上海地方品种八月白系选单系VS96-7为父本，经有性杂交，系谱法选育而成。2012年经上海市农作物品种审定委员会审定，审定编号为沪农品审大豆2012第003号；2013年经福建省农作物品种审定委员会审定，审定编号为闽审豆2013002号。

青酥6号

特征 有限结荚习性。株高45.6cm，主茎9.2节，分枝2 ~ 3个。卵圆形叶，紫花，灰毛。单株荚数32.9个，荚长5.37cm，荚宽1.35cm，荚壳薄。青豆出仁率53.65%，鲜百粒重81.3g，干籽粒百粒重36.12g。粒圆形，种皮浅绿色，有光泽，子叶黄色，脐黑色。

特性 鲜食春大豆，中熟品种，春播露地栽培生育期86d。鲜豆粒易烧煮。口感糯性，微甜。

产量品质 常规春播露地栽培，平均鲜荚产量13 035kg/hm^2。

栽培要点 春播露地栽培，3月底至5月中下旬播种育苗。穴距30 ~ 35cm，每穴播3 ~ 4粒，出苗后定苗2株，保苗22.5万~ 25.5万株/hm^2，播种量112.5kg/hm^2。底肥施氮磷钾复合肥225 ~ 300kg/hm^2，花荚期追施氮肥180 ～ 225kg/hm^2，保障充足水分。

适宜地区 上海及周边地区。

779. 交选1号（上农298）[Jiaoxuan 1（Shangnong 298）]

品种来源 上海交通大学农学院以东农33作母本，日本品种鹤娘为父本，经有性杂交，系谱法选育而成。2002年经上海市农作物品种审定委员会审定，审定编号为 沪农品审大豆2002第015号。

交选1号（上农298）

特征 有限结荚习性。株高45cm，主茎7 ～ 9节，底荚高8cm，单株荚数20个以上，二、三粒荚80%以上。叶圆形、叶大，白花，灰毛，茸毛较稀。粒圆形，种皮黄色，鲜百粒重64.5g，出仁率56%，干籽粒百粒重30g。

特性 南方鲜食春大豆，生育期90d。植株繁茂，长势旺，耐肥，抗倒。食用品质好，糯性，易煮酥，有香味。

产量品质 平均鲜荚产量6 000 ～ 6 750kg/hm^2，高可达9 000kg/hm^2。

栽培要点 育苗移栽3月上中旬播种，苗床地温在15℃以上，出苗后控制苗床内温度在20℃左右，定植前2 ～ 3d揭膜炼苗，第一复叶露出时定植。拱棚覆盖生产3月上中旬在大田进行，拱棚高40cm，出苗后控制苗床内气温。大田直播于4月上中旬播种，行距30cm，株距15cm，每穴种植2 ～ 3株，保苗22.5万～ 30.0万株/hm^2，播种量112.5kg/hm^2。底肥施氮磷复合肥105 ～ 150kg/hm^2，开花期追氮肥30kg/hm^2。注意防治蚜虫，预防斜纹夜蛾。

适宜地区 江苏省、浙江省、安徽省、上海市等地。

780. 交选2号（上农4号）[Jiaoxuan 2（Shangnong 4）]

品种来源 上海交通大学农学院以东农95-8110为母本，日本品种丰娘为父本，经有性杂交，系谱法选育而成。2002年经上海市农作物品种审定委员会审定，审定编号为 沪农品审大豆2002第016号。

特征 株高45cm，主茎7 ～ 9节。叶圆形，叶片大。白花，灰毛，茸毛较稀。结荚高度8cm，单株荚数20个，其中二粒荚以上占80%。粒圆形，种皮黄色，有光泽，脐淡黄色。鲜百粒重150g以上，鲜出仁率56%。干籽粒百粒重35g。

特性 南方鲜食春大豆，生育期80d。4月初直播出苗至开花30d，开花至采收鲜荚50d。6月下旬至7月下旬上市。

产量品质 1998—1999年上海交通大学农学院大豆育种圃品质鉴定试验，两年平均

交选2号（上农4号）

产量分别为3 022.5kg/hm^2（采收鲜荚8 415kg/hm^2）和2 944.5kg/hm^2（采收鲜荚7 455kg/hm^2），分别比对照开育9号增产16.2%和10.1%。

栽培要点 育苗移栽，3月上中旬播种，采用小拱棚覆盖，苗床地温在15℃以上，出苗后控制苗床内温度在20℃左右。在定植前2～3d去塑料布炼苗，第一复叶露出时定植。拱棚覆盖生产，3月上中旬大田进行。大田直播生产，4月上中旬播种，行距30cm，株距15cm，每穴种植2～3株，保苗22.5万～30万株/hm^2，播种量112.5kg/hm^2，底肥施氮磷复合肥105～150kg/hm^2，开花期追施氮肥30kg/hm^2。注意防治蚜虫，预防斜纹夜蛾。

适宜地区 上海市等地。

781. 交选3号（Jiaoxuan 3）

品种来源 上海交通大学农业与生物学院以（东农95-8110×日本丰娘）F_1为母本，AGS292为父本，经有性杂交，系谱法选育而成。2006年经上海市农作物品种审定委员会审定，审定编号为沪农品审大豆2006第001号。

交选3号

特征 有限结荚习性。株高40cm，主茎8～9节，分枝1.9个。叶圆形，叶片较大，白花，灰毛，绒毛较稀。底荚高8cm，单株荚数22.8个，二粒荚以上占70%。粒圆形，种皮黄色，有光泽，脐淡黄色。单株鲜荚重43.6g，出仁率65%，鲜百粒重63.9g，干籽粒百粒重35g，籽粒外观好。

特性 南方鲜食春大豆，早中熟品种，生育期84d。品质糯性易煮酥，有香味，口感好。蛋白质含量40%，脂肪含量16%。

产量品质 2003—2004年国家鲜食春大豆区域试验，两年鲜荚平均产量10 063.5kg/hm^2，比对照AGS292增产7.4%。丰产性和稳产性较好。

栽培要点 育苗移栽3月上中旬播种，小拱棚覆盖，苗床地温在15℃以上，出苗后控制苗床内温度在20℃左右。拱棚覆盖生产于3月上中旬播种。大田直播4月上中旬播种，行距40cm，株距15cm，每穴种植2～3株，密度

22.5万～30.0万株/hm^2，播种量112.5kg/hm^2。底肥施氮磷复合肥150kg/hm^2，开花期追施氮肥30kg/hm^2，保持充足的水分。防蚜虫为害而导致病毒病发生。

适宜地区 上海市及周边地区。

782. 交大02-89（Jiaoda 02-89）

品种来源 上海交通大学以台湾88为母本，宝丰8号为父本，经有性杂交，系谱法选育而成。2007年经上海市农作物品种审定委员会审定，审定编号为沪农品审大豆（2007）第02号。

特征 有限结荚习性。株高36.8cm，主茎9.3节，分枝2.7个。紫花，灰毛。单株荚数27.7个，单株鲜荚重44.7g，每500g标准荚数188个，荚长5.3cm，荚宽1.3cm，标准荚率67.9%，鲜百粒重68.1g。种皮黄色。品质香甜柔糯。

特性 南方鲜食春大豆，生育期88d，高抗大豆花叶病毒SC3株系，中感SC7株系。

产量品质 2006—2007年鲜食大豆春播组品种区域试验，两年平均产量12 717kg/hm^2，比对照AGS292增产12.0%。2007年生产试验，平均产量14 757kg/hm^2，比对照AGS292增产8.3%。

栽培要点 保苗22.5万～30.0万株/hm^2，底肥施复合肥105～150kg/hm^2，开花期施氮肥30kg/hm^2。

适宜地区 上海及周边地区作春播鲜食大豆种植。

783. 申绿1号（Shenlü 1）

品种来源 上海佳丰蔬菜种子种苗有限公司从日本引进品种夏之友中系统选育而成。2005年经上海市农作物品种审定委员会审定，审定编号为沪农品审大豆2005第010号。

特征 有限结荚习性。株高40～50cm，底荚高9cm。卵圆形叶，白花，灰毛。单株荚数30个以上，二、三粒荚多。出仁率65%以上，百粒重38g。

特性 南方鲜食春大豆，早熟品种，生育期80～85d。植株长势强健，耐肥水，较耐高温，抗倒伏，耐病毒病，适应性强。鲜荚皮薄易烧煮，口感嫩酥。

产量品质 1999—2001年辽宁省新宾县品比试验，平均鲜荚产量11 250kg/hm^2，比对照95-1增产23.3%。2002—2004年上海及周边地区种植，平均鲜荚产量10 650kg/hm^2，比对照95-1增产20.9%。

栽培要点 选择排水良好地块种植。保护地2月下旬至3月下旬播种，6月上旬至7月上旬鲜荚收获。露地栽培3月下旬至5月下旬播种，6月上旬至8月下旬鲜荚收获。秋播8月上中旬播种，9月中旬至10月中旬鲜荚收获。播种量90～105kg/hm^2，保苗22.5万～27.0万株/hm^2，每穴3～4粒，行距30cm，穴距20～25cm。播前施氮磷钾复合肥300kg/hm^2，开花期追施氮肥120～150kg/hm^2。注意防治蚜虫、甜菜夜蛾和斜纹夜蛾。

适宜地区 上海市及周边地区。

784. 春绿（Chunlü）

品种来源 上海农业科技种子有限公司从日本大豆品种福务师子和富贵系统，经系统选育而成。2002年经上海市农作物品种审定委员会审定，审定编号为沪农品审大豆2002第013号。

特征 无限结荚习性。株高45～50cm，白花，灰毛。豆荚大，以2～3粒荚为主。

特性 南方鲜食春大豆，生育期80d。

产量品质 1996年吉林省品比试验，平均产量8 370kg/hm^2，比对照95-1增产9.6%。1997年吉林省繁种基地生产试验，鲜荚产量9 060kg/hm^2，比对照95-1增产7.85%。1998—1999年上海、启东等地试种，平均产量9 420kg/hm^2，比对照95-1增产8.2%。

栽培要点 选择土层深厚、肥沃、富含钙质和腐殖质、排水良好的沙壤土种植。春播保护地种植，3月播种，5～6月收获；露地栽培4月上旬播种，6月下旬收获；秋播8月上中旬播种，9月上中旬至10月中旬收获。播种量75～90kg/hm^2，保苗19.5万～24.0万株/hm^2。底肥施腐熟有机肥15 000kg/hm^2、过磷酸钙225～375kg/hm^2，开花初期追施氮肥75kg/hm^2。注意防治病虫害。

适宜地区 上海市及江苏省、浙江省。

785. 沈鲜3号（Shenxian 3）

品种来源 辽宁省沈阳市先锋大豆种子有限公司从日本枝豆选择早熟变异单株，系统选育而成。2006年经上海市农作物品种审定委员会审定，审定编号为沪农品审大豆（2006）第002号。

特征 有限结荚习性。株高35cm，分枝3个，株型收敛，主茎8～10节。卵圆形叶，白花，灰毛。鲜荚宽大，鲜荚内衣膜较厚，荚皮翠绿。单株荚数23.3个，多粒荚占76%，单株荚重39.1g。粒椭圆形，种皮淡绿色，子叶黄色，脐淡褐色。鲜百粒重68.7g。

特性 鲜食春大豆，从出苗到采摘鲜荚80d左右。品质较好，耐贮运。抗倒伏，较耐寒。中抗大豆花叶病毒病，抗大豆霜霉病。蛋白质含量43.5%，脂肪含量21.76%。

产量品质 2005年全国区试（上海点），鲜荚产量10 954.5kg/hm^2，比对照AGS292增产69.2%。在奉贤大面积种植，平均产量12 000～13 500kg/hm^2。

栽培要点 选择肥沃地块种植，防止重茬。施足底肥。行距40cm，株距15cm，保苗18.0万～22.5万株/hm^2，用种量90kg/hm^2。生育前期宜促不宜控，保证植株增高。综合防治病虫害，以农业防治、生物防治、物理防治为主，化学防治为辅。

适宜地区 上海市及周边地区。

浙江省品种

786. 浙春4号（Zhechun 4）

品种来源 浙江省农业科学院作物与核技术利用研究所以无腥-5为母本，浙春3号为父本，经有性杂交，系谱法选育而成。原品系号H0431。2012年经国家农作物品种审定委员会审定，审定编号为国审豆2012004。全国大豆品种资源统一编号ZDD31192。

特征 有限结荚习性。株高53.2cm，株型收敛，主茎节数10.4个，分枝1.7个。卵圆形叶，白花，灰毛。单株荚数21.0个，单株粒数43.2粒，单株粒重10.4g。粒椭圆形，种皮黄色，脐褐色。百粒重25.1g。

特性 南方春大豆，中熟品种，出苗至成熟期约102d。中抗大豆花叶病毒SC3株系，中感SC7株系；中抗大豆炭疽病。

产量品质 2009—2011年长江流域春大豆区域试验，平均产量2 568kg/hm^2，较对照湘春豆10号增产1.2%。2010年生产试验，产量2 538kg/hm^2，较对照湘春豆10号增产4.3%。蛋白质含量47.96%，脂肪含量19.17%。

栽培要点 3月下旬至4月中旬播种，高肥力地块留苗22.5万株/hm^2，中等肥力地块27万株/hm^2，低肥力地块30万株/hm^2。以基肥为主，施饼肥750kg/hm^{2}或复合肥450kg/hm^2，苗期结合中耕除草施尿素75～90kg/hm^2，初花期酌情根外追肥。注意防治大豆根腐病。

适宜地区 湖南省北部、重庆市南岸区、四川省南部丘陵地区、浙江省、江西省西北部和江苏省南部（春播）。

787. 浙鲜豆2号（Zhexiandou 2）

品种来源 浙江省农业科学院作物与核技术利用研究所以矮脚白毛为母本，富士见白为父本，经有性杂交，系谱法选育而成。原品系号9814，2005年经国家农作物品种审定委员会审定，审定编号为国审豆2005025。全国大豆品种资源统一编号ZDD25115。

特征 有限结荚习性。株高29.5cm，主茎节数8.9个，分枝2.3个。卵圆形叶，白花，灰毛。单株有效荚数22.6个，多粒荚率73.4%，每500g标准荚数202个，二粒荚长5.2cm，荚宽1.4cm，标准荚率73.0%，百粒鲜重60.4g。粒圆形，种皮黄色，脐黄色。

特性 南方鲜食春大豆，中熟品种，播种至青荚采收约85d。抗大豆花叶病毒病。耐肥，抗倒。

产量品质 2002—2003年国家鲜食大豆区域试验，平均鲜荚产量10 419kg/hm^2，较对照AGS292增产2.6%。2004年生产试验，鲜荚产量10 014kg/hm^2，较对照AGS292增产15.2%。口感鲜脆。

栽培要点 3月下旬至4月中旬播种，密度22.5万～24.0万株/hm^2。以基肥为主，施饼肥600～750kg/hm^{2}或复合肥300～375kg/hm^2，苗期和开花结荚期酌情追施尿素和磷、钾肥。注意防治大豆花叶病毒病和大豆炭疽病，适时采收。

适宜地区 北京市、江苏省南通、安徽省合肥和铜陵周边相同生态区。

788. 浙鲜豆3号（Zhexiandou 3）

品种来源 浙江省农业科学院作物与核技术利用研究所以台湾75为母本，大粒豆为父本，经有性杂交，系谱法选育而成。原品系号8304。2006年经浙江省农作物品种审定委员会审定，审定编号为浙审豆2006001。全国大豆品种资源统一编号ZDD24147。

浙鲜豆3号

特征 有限结荚习性。株高44.2cm，主茎节数8.7个，分枝2.1个。卵圆形叶，白花，灰毛。单株荚数20.2个，百荚鲜重273.1g，百粒鲜重82.1g，荚长5.8cm，荚宽1.4cm。粒圆形，种皮绿色，子叶黄色，脐黄色。

特性 南方春大豆，中熟品种，播种至青荚采收约86d。感大豆花叶病毒病。耐肥，抗倒。

产量品质 2003—2004年浙江省鲜食大豆区域试验，平均鲜荚产量9 667.5kg/hm^2，较对照台湾75增产6.8%。2005年生产试验，鲜荚产量8 250kg/hm^2，较对照台湾75增产0.5%。口感香甜柔糯，新鲜籽粒可溶性总糖含量2.57%，淀粉含量3.47%。

栽培要点 3月下旬至4月中旬播种，密度18.0万～19.5万株/hm^2。以基肥为主，施饼肥600～750kg/hm^{2}或复合肥450kg/hm^2，苗期和开花结荚期酌情追施尿素和磷、钾肥。注意防治大豆花叶病毒病和大豆炭疽病，适时采收。

适宜地区 浙江省作春季鲜食大豆种植。

789. 浙鲜豆4号（Zhexiandou 4）

品种来源 浙江省农业科学院作物与核技术利用研究所以矮脚白毛为母本，AGS292为父本，经有性杂交，系谱法选育而成。原品系号D8108。2007年经国家农作物品种审定委员会审定，审定编号为国审豆2007022。全国大豆品种资源统一编号ZDD25116。

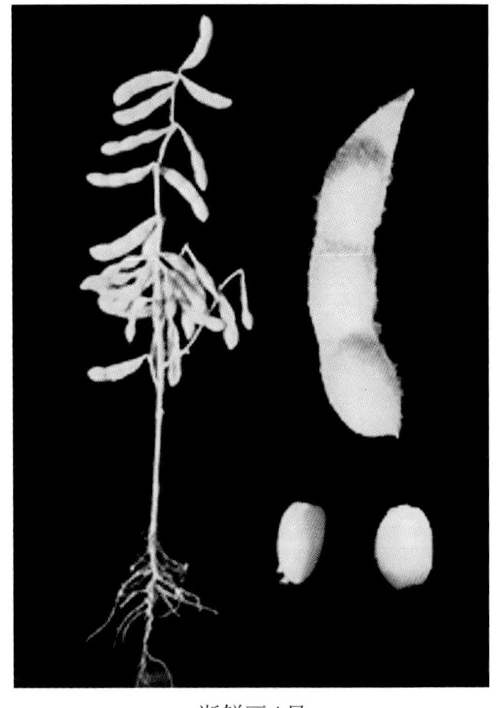
浙鲜豆4号

特征 有限结荚习性。株高30～35cm，主茎节数9.7个，分枝1.8个。叶卵圆形、中等大小，紫花，灰毛。单株荚数30个左右，多粒荚率69.3%。每500g标准荚数196个，二粒荚长5.1cm，荚宽1.3cm，标准荚率68.2%，百粒鲜重60.0g。粒圆形，种皮黄色，脐黄色。

特性 南方鲜食春大豆，早中熟品种，播种至青荚采收约81d。抗大豆花叶病毒SC3株系，中感SC7株系。

产量品质 2004—2005年国家鲜食大豆区域试验，平均鲜荚产量10 661.0kg/hm^2，较对照AGS292增产9.9%。2004年生产试验，鲜荚产量11 701.5kg/hm^2，较对照AGS292增产12.3%。口感香甜柔糯。

栽培要点 3月下旬至4月中旬播种，密度24.0万～27.0万株/hm^2。以基肥为主，施饼肥600～750kg/hm^{2}或复合肥300～375kg/hm^2，苗期和开花结荚期酌情追施尿素和磷、钾肥，及时防治大豆花叶病毒病和大豆炭疽病，适时采收。

适宜地区 上海市、江苏省、安徽省、浙江省、江西省、湖南省、湖北省、海南省等地（春播）。

790. 浙鲜豆5号（Zhexiandou 5）

品种来源 浙江省农业科学院作物与核技术利用研究所以北引2号为母本，台湾75为父本，经有性杂交，系谱法选育而成。原品系号4603。2008年通过浙江省农作物品种审定委员会审定，审定编号为浙审豆2008001，2009年通过国家农作物品种审定委员会审定，审定编号为国审豆2009023。全国大豆品种资源统一编号ZDD25117。

特征 有限结荚习性。株高34.9cm，主茎节数9.3个，分枝2.0个。叶卵圆形、中等大小，白花，灰毛。单株荚数23.4个，多粒荚率75.0%。每500g标准荚数177个，二粒荚长5.1cm，荚宽1.3cm，标准荚率70.3%，百粒鲜重66.0g。粒圆形，种皮绿色，子叶黄色，脐黄色。

特性 南方鲜食春大豆，中晚熟品种，播种至青荚采收约90d。抗大豆花叶病毒SC3株系，中感SC7株系。

产量品质 2005—2006年浙江省鲜食大豆区域试验，平均鲜荚产量9 364.5kg/hm^2，较对照台湾75增产14.2%。2006年生产试验，平均鲜荚产量7 845.0kg/hm^2，较对照台湾

浙鲜豆5号

75增产12.0%。2006—2007年国家鲜食大豆区域试验，平均鲜荚产量12 096kg/hm^2，较对照AGS292增产6.3%。2008年生产试验，鲜荚产量11 772kg/hm^2，较对照AGS292增产6.2%。口感香甜柔糯，新鲜籽粒可溶性总糖含量3.06%，淀粉含量3.56%。

栽培要点 3月下旬至4月中旬播种，密度18.0万～22.5万株/hm^2。以基肥为主，施饼肥600～750kg/hm^{2}或复合肥450kg/hm^2，苗期和开花结荚期酌情追施尿素和磷、钾肥。及时防治大豆花叶病毒病和大豆炭疽病，适时采收。

适宜地区 浙江省、江苏省、安徽省、北京市、上海市、江西省南昌、湖南省长沙、湖北省武汉、四川省成都、广西壮族自治区南宁、广东省广州、云南省昆明、贵州省贵阳、海南省海口等地作春播鲜食大豆种植。

791. 浙鲜豆6号（Zhexiandou 6）

浙鲜豆6号

品种来源 浙江省农业科学院作物与核技术利用研究所以D8149（台湾75×矮脚毛豆）为母本，台湾75为父本，经有性杂交，系谱法选育而成。原品系号5602。2009年通过浙江省农作物品种审定委员会审定，审定编号为浙审豆2009003。全国大豆品种资源统一编号ZDD25118。

特征 有限结荚习性。株高35～40cm，主茎节数9～10个，分枝3～4个。叶卵圆形、中等大小，白花，灰毛。单株荚数25～30个，百荚重240～260g，二粒荚长5.5cm，荚宽1.3cm，百粒鲜重65～70g。粒圆形，种皮黄色，脐黄色。

特性 南方鲜食春大豆，中熟品种，播种至青荚采收约85d。中感大豆花叶病毒SC3株系、SC7株系。耐肥，抗倒。

产量品质 2007—2008年浙江省鲜食大豆区域试验，平均鲜荚产量9 514kg/hm^2，较对照台湾75增产9.05%。2009年生产试验，鲜荚产量10 712kg/hm^2，较对照台湾75增产15.3%。口感鲜脆、甜，鲜籽粒可溶性总糖含量3.5%，淀粉含量4.6%。

栽培要点 3月下旬至4月中旬播种，密度19.5万～22.5万株/hm^2。以基肥为主，施复合肥400～500kg/hm^2，开花结荚期追施尿素75～90kg/hm^2，及时防治大豆花叶病毒病和大豆炭疽病，适时采收。

适宜地区 浙江省作春播鲜食大豆种植。

792. 浙鲜豆7号（Zhexiandou 7）

品种来源 浙江省农业科学院作物与核技术利用研究所以AGS359为母本，23037-1（浙鲜豆2号×矮脚毛豆）为父本，经有性杂交，系谱法选育而成。原品系号H0346。2011年通过浙江省农作物品种审定委员会审定，审定编号为浙审豆2011001。全国大豆品种资源统一编号ZDD31193。

特征 有限结荚习性。株高41.3cm，主茎节数9.7个，分枝3.1个。卵圆形叶，白花，灰毛。单株荚数24.1个，百荚鲜重282.5g，二粒荚长5.3cm，荚宽1.3cm，百粒鲜重70.7g。粒圆形，种皮黄色，脐黄色。

特性 南方鲜食春大豆，中晚熟品种，播种至青荚采收约90d。抗大豆花叶病毒SC3株系、中感SC7株系。耐肥，抗倒。口感鲜脆、甜，鲜籽粒可溶性总糖含量3.56%，淀粉含量5.18%，干籽粒蛋白质含量44.7%，脂肪含量21.1%。

浙鲜豆7号

产量品质 2008—2009年浙江省鲜食大豆区域试验，平均鲜荚产量10 324.5kg/hm^2，较对照台湾75增产17.45%。2010年生产试验，鲜荚产量8 346.0kg/hm^2，较对照台湾75增产5.9%。

栽培要点 3月下旬至4月中旬播种，密度18万～19.5万株/hm^2。以基肥为主，施复合肥300～370kg/hm^2，开花结荚期追施尿素75～90kg/hm^2。及时防治大豆花叶病毒病和大豆炭疽病，适时采收。

适宜地区 浙江省作春播鲜食大豆种植。

793. 浙鲜豆8号（Zhexiandou 8）

品种来源 浙江省农业科学院作物与核技术利用研究所以4904074（矮脚毛豆×紫

浙鲜豆8号

75）为母本，台湾75为父本，经有性杂交，系谱法选育而成。原品系号88005。2012年通过浙江省农作物品种审定委员会审定，审定编号为浙审豆2012001。全国大豆品种资源统一编号ZDD31194。

特征 有限结荚习性。株高35 ~ 40cm，主茎节数9 ~ 10个，分枝2 ~ 3个。卵圆形叶，白花，灰毛。单株荚数24 ~ 28个，百荚鲜重280 ~ 300g，二粒荚长6.1cm，荚宽1.47cm，百粒鲜重80 ~ 86g。粒圆形，种皮绿色，子叶黄色，脐黄色。

特性 南方鲜食春大豆，晚熟品种，播种至青荚采收约94d。抗大豆花叶病毒SC3株系、SC7株系。耐肥抗倒。

产量品质 2009—2010年浙江省鲜食大豆区域试验，平均鲜荚产量10 187.3kg/hm^2，较对照台湾75增产12.8%。2011年生产试验，鲜荚产量8 287.5kg/hm^2，较对照台湾75增产19.7%。口感香甜柔糯，鲜籽粒可溶性总糖含量2.54%，淀粉含量4.29%。

栽培要点 3月下旬至4月中旬播种，密度19.5万～22.5万株/hm^2。以基肥为主，施复合肥450 ~ 500kg/hm^2，开花结荚期追施尿素75 ~ 90kg/hm^2。及时防治大豆花叶病毒病和大豆炭疽病，适时采收。

适宜地区 浙江省作春播鲜食大豆种植。

794. 浙农3号（Zhenong 3）

品种来源 浙江省农业科学院蔬菜研究所以台湾75为母本，中间材料9712为父本，经有性杂交，系谱法选育而成。2014年通过浙江省农作物品种审定委员会审定，命名为浙农3号，审定编号为浙审豆2014002。全国大豆品种资源统一编号ZDD31195。

特征 有限结荚习性。株高35.0cm，主茎节数8.8个，分枝3.1个。卵圆形叶，白花，灰毛。单株荚数19.1个，百荚鲜重300.4g，荚长6.2cm，荚宽1.4cm。粒圆形，种皮绿色，子叶黄色，脐黄色。百粒鲜重83.8g。

特性 南方春大豆，中熟品种，播种至青荚采收约92d。感大豆花叶病毒SC15株系、中感SC18株系。

产量品质 2010—2011年浙江省鲜食大豆区域试验，平均鲜荚产量9 174kg/hm^2，较对照台湾75增产12.4%。2012年生产试验，鲜荚产量8 788.5kg/hm^2，较对照台湾75增产14.9%。口感香甜柔糯，鲜籽粒可溶性总糖含量3.47%，淀粉含量2.99%。

栽培要点 3月下旬至4月中旬播种，密度18.0万～19.5万株/hm^2。以基肥为主，施复合肥450kg/hm^2，开花结荚期追施复合肥150kg/hm^2。及时防治大豆花叶病毒病和大豆炭疽病，适时采收。

适宜地区 浙江省作春播鲜食大豆种植。

795. 浙农6号（Zhenong 6）

品种来源 浙江省农业科学院蔬菜研究所以台湾75为母本，9806为父本，经有性杂交，系谱法选育而成。2009年通过浙江省农作物品种审定委员会审定，审定编号为浙审豆2009001。全国大豆品种资源统一编号ZDD25119。

浙农6号

特征 有限结荚习性。株高36.5cm，主茎节数8.5个，分枝3.7个。卵圆形叶，白花，灰毛。单株荚数20.3个，百荚鲜重294.2g，荚长6.2cm，荚宽1.4cm，百粒鲜重76.8g。粒圆形，种皮绿色，子叶黄色，脐黄色。

特性 南方鲜食春大豆，中熟品种，播种至青荚采收约86d。感大豆花叶病毒SC3株系、SC7株系。

产量品质 2007—2008年浙江省鲜食大豆区域试验，平均鲜荚产量10 017.8kg/hm^2，较对照台湾75增产15.4%。2009年生产试验，鲜荚产量10 401kg/hm^2，较对照台湾75增产11.9%。口感香甜柔糯，鲜籽粒可溶性总糖含量3.76%，淀粉含量5.16%。

栽培要点 3月下旬至4月中旬播种，密度18.0万～19.5万株/hm^2。以基肥为主，施硫酸钾复合肥525～600kg/hm^2，开花结荚期追施尿素75～90kg/hm^2。及时防治大豆花叶病毒病和大豆炭疽病，适时采收。

适宜地区 浙江省作春播鲜食大豆种植。

796. 浙农8号（Zhenong 8）

品种来源 浙江省农业科学院蔬菜研究所以辽22-14为母本，29-34为父本，经有性杂交，系谱法选育而成。2009年通过浙江省农作物品种审定委员会审定，审定编号为浙审豆2009002。全国大豆品种资源统一编号ZDD25120。

特征 有限结荚习性。株高25～30cm，主茎节数7～9个，分枝3～4个。卵圆形

浙农8号

叶，白花，灰毛。单株荚数20 ~ 25个，百荚鲜重250 ~ 280g，荚长5.3cm，荚宽1.3cm，百粒鲜重72 ~ 80g。粒圆形，种皮绿色，子叶黄色，脐黄色。

特性 南方鲜食春大豆，中熟品种，播种至青荚采收83d。抗大豆花叶病毒SC3株系、中抗SC7株系。

产量品质 2007年浙江省鲜食大豆区域试验，平均鲜荚产量10 567.5kg/hm^2，较对照台湾75增产10.9%。2008年区域试验，鲜荚产量8 553kg/hm^2，较对照台湾75增产6.4%。2009年生产试验，平均产量10 566kg/hm^2，比对照台湾75增产13.7 %。口感香甜柔糯，鲜籽粒可溶性总糖含量2.5%，淀粉含量3.6%。

栽培要点 3月下旬至4月中旬播种，密度18.0万~ 19.5万株/hm^2。以基肥为主，施三元复合肥525 ~ 600kg/hm^2，开花结荚期追施尿素150kg/hm^2。及时防治大豆花叶病毒病和大豆炭疽病，适时采收。

适宜地区 浙江省作春播菜用大豆种植。

797. 太湖春早（Taihuchunzao）

品种来源 浙江省湖州市农业科学院与浙江省农业科学院作物与核技术利用研究所以S30-1为母本，9080为父本，经有性杂交，系谱法选育而成。原品系号3601。2008年通过浙江省农作物品种审定委员会审定，审定编号为浙审豆2008002。全国大豆品种资源统一编号ZDD25121。

特征 有限结荚习性。株高35.3cm，主茎节数8.7个，分枝3.0个。卵圆形叶，白花，灰毛。单株荚数23.5个，百荚鲜重233.7g，荚长4.8cm，荚宽1.3cm，百粒鲜重61.0g。粒椭圆形，种皮黄色，脐淡褐色。

特性 南方鲜食春大豆，中熟品种，播种至青荚采收约83d。中抗大豆花叶病毒SC3株系、感SC7株系。

产量品质 2006—2007年鲜食大豆区域试验，平均鲜荚产量9 426.8kg/hm^2，较对照台湾75增产8.9%。2008年生产试验，鲜荚产量8 959.5kg/hm^2，较对照台湾75增产2.7%。口感鲜脆，鲜籽粒可溶性总糖含量2.90%，淀粉含量4.64%。

栽培要点 3月下旬至4月中旬播种，密度约18万~ 19.5万株/hm^2。以基肥为主，施复合肥450kg/hm^2，苗期和开花结荚期酌情追施尿素75 ~ 150kg/hm^2。及时防治大豆花叶病毒病和大豆炭疽病，适时采收。

适宜地区 浙江省作春播鲜食大豆种植。

798. 衢鲜2号（Quxian 2）

品种来源 浙江省衢州市农业科学研究所以处秀4号为母本，上海香豆为父本，经有性杂交，系谱法选育而成。原品系号为9902。2007年通过浙江省农作物品种审定委员会审定，审定编号为浙审豆2007001。全国大豆品种资源统一编号ZDD25128。

衢鲜2号

特征 有限结荚习性。株高50～60cm，主茎节数13～15个，分枝2～3个。卵圆形叶，白花，灰毛。单株荚数30～40个，百荚鲜重280～320g。粒椭圆形，种皮黄色，脐淡褐色。

特性 南方鲜食夏、秋大豆，早熟品种，夏播至青荚采收约82d，秋播至青荚采收约78d。田间抗大豆霜霉病和大豆锈病。

产量品质 2004—2005年衢州市鲜食大豆区域试验，平均鲜荚产量12 841.5kg/hm^2，较对照六月半增产9.58%。2006年生产试验，鲜荚产量12 992kg/hm^2，较对照六月半增产16.7%。食味甜糯，口感好，鲜籽粒可溶性总糖含量1.97%，淀粉含量2.95%。

栽培要点 夏播6月下旬至7月上旬，秋播7月上旬至7月底，最迟不宜超过立秋。夏季种植密度12万～15万株/hm^2，秋季种植密度18万株/hm^2。以基肥为主，施复合肥450kg/hm^2，苗期追施复合肥150kg/hm^2，开花期施好花荚肥。及时防治大豆花叶病毒病和大豆炭疽病，适时采收。

适宜地区 浙江省夏秋季作鲜食大豆种植。

799. 衢鲜3号（Quxian 3）

品种来源 浙江省衢州市农业科学研究所以衢夏引4号为母本，上海香豆为父本，经有性杂交，系谱法选育而成。2009年通过国家农作物品种审定委员会审定，审定编号为国审豆2009023。全国大豆品种资源统一编号ZDD25129。

特征 有限结荚习性。株高78.2cm，主茎节数18.5个，分枝1.5个。卵圆形叶，白花，灰毛。单株荚数35.2个，单株鲜荚重77g，每500g标准荚数178个，荚长5.4cm，宽1.4cm，百粒鲜重67.4g。粒椭圆形，种皮黄色，脐淡褐色。

衢鲜3号

特性 南方鲜食夏、秋大豆，中熟品种，播种至青荚采收约89d。中感大豆花叶病毒SC3株系和SC7株系。

产量品质 2007—2008年国家鲜食大豆夏播组区域试验，平均鲜荚产量11 502kg/hm^2，较对照新六青增产9.2%。2009年生产试验，鲜荚产量9 426kg/hm^2，较对照新六青增产3.4%。口感较柔软，香甜，品质较好。

栽培要点 夏播6月上旬至7月上旬，秋播7月上旬至7月下旬。夏季种植密度12万～15万株/hm^2，秋季种植密度18万株/hm^2。以基肥为主，施复合肥450kg/hm^2，苗期追施复合肥150kg/hm^2，开花期施好花荚肥，及时防治大豆花叶病毒病和大豆炭疽病，适时采收。

适宜地区 浙江省、江苏省、江西省、安徽省、湖北省等长江中下游地区作夏播鲜食大豆种植。

800. 萧农秋艳（Xiaonongqiuyan）

品种来源 浙江勿忘农种业股份有限公司和杭州市萧山区农业技术推广中心从萧山地方品种六月半系统选育而成。2011年通过浙江省农作物品种审定委员会审定，审定编号为浙审豆2011002。全国大豆品种资源统一编号ZDD31196。

特征 有限结荚习性。株高50～55cm，主茎节数11～12个，分枝3.1个。卵圆形叶，紫花，灰毛。单株荚数27.7个，单株鲜荚重约77g，百荚鲜重280.2g，荚长5.5cm，宽1.3cm，百粒鲜重82.0g。粒圆形，种皮绿色，子叶黄色，脐淡褐色。

特性 南方鲜食秋大豆，早熟品种，播种至青荚采收约78d。接种鉴定感大豆花叶病毒病SC3株系和SC7株系。

产量品质 2008—2009年浙江省秋季鲜食大豆区域试验，平均鲜荚产量8 548.5kg/hm^2，较对照衢鲜1号增产7.1%。2010年生产试验，鲜荚产量8 977.5kg/hm^2，较对照衢鲜1号增产9.6%。口感香甜柔糯，鲜籽粒可溶性总糖含量2.63%，淀粉含量3.9%。

栽培要点 7月下旬至8月上旬播种，延后栽培可延迟至8月10～15日。正常秋播密度12.0万～15.0万株/hm^2，延后栽培密度18.0万～21.0万株/hm^2。以基肥为主，施复合肥450kg/hm^2，苗期和开花结荚期酌情追施尿素75～150kg/hm^2，及时防治大豆花叶病毒病和大豆炭疽病，适时采收。

适宜地区 浙江省作秋季鲜食大豆种植。

江 西 省 品 种

801. 赣豆6号（Gandou 6）

品种来源 江西省吉安市农业科学研究所用82N10（地方品种瑞金小黄豆系选）作母本，用江西省农业科学院作物研究所杂交选育的后代育种材料8415-8（73C-1-29×王利田豆）作父本，经有性杂交选育而成。原品系号9003-6。2006年经江西省农作物品种审定委员会审定，审定编号为赣审豆2006001。全国大豆品种资源统一编号ZDD31197。

特征 有限结荚习性。株型收敛，分枝性强，作秋大豆种植，株高83cm，单株荚数35～40个。紫花，棕毛，荚褐色。粒椭圆形，种皮黄色，脐褐色。百粒重22.65g。

特性 亚热带秋用型大豆，中熟品种，秋播生育期98d。茎秆粗壮，耐肥，抗倒。田间综合抗病性好，高抗大豆花叶病毒病，中抗大豆霜霉病和大豆锈病。落叶性好，籽粒整齐，不裂荚。

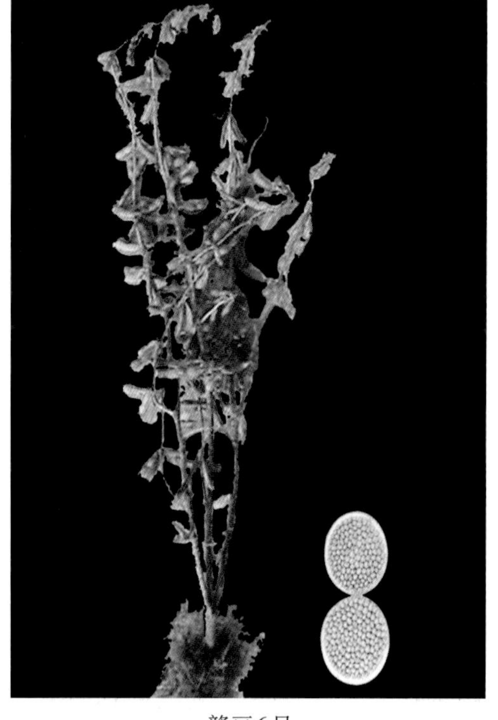

赣豆6号

产量品质 2002—2003年江西省秋大豆区域试验，两年平均产量2 477.25kg/hm^2，较对照赣豆3号增产5.47%。蛋白质含量42.40%，脂肪含量18.99%。

栽培要点 适宜中等肥力地块种植。7月中、下旬秋播，避免在伏旱天气播种；保苗25万～30万株/hm^2，确保苗全、苗匀、苗壮。重施基肥，底肥施钙镁磷肥750kg/hm^2。苗期追施尿素150kg/hm^{2}及氯化钾150kg/hm^2。注意防治蚜虫。

适宜地区 江西省各地以及周边类似生态区（秋播）。

802. 赣豆7号（Gandou 7）

品种来源 江西省农业科学院作物研究所用大黄株作母本，赣豆3号作父本，经有性杂交，系谱法选育而成。原品系号赣03-18。2011年经江西省农作物品种审定委员会审定，审定编号为赣审豆2011001。全国大豆品种资源统一编号ZDD31198。

特征 有限结荚习性。株高54cm，株型收敛，分枝1～2个，单株荚数30个，单株粒数59粒，单株粒重16.6g。紫花，灰毛，荚褐色。粒椭圆形，种皮黄色，脐褐色。百粒重32.4g。

赣豆7号

特性 南方秋大豆，中熟品种，全生育期98d。茎秆粗壮，田间综合抗病虫性较好。成熟时落叶性好，不裂荚。

产量品质 2009—2010年江西省秋大豆区域试验，平均产量2 785.7kg/hm^2，比对照赣豆5号增产4.78%。蛋白质含量47.20%，脂肪含量17.10%。

栽培要点 选择不重茬、不迎茬中等肥力以上田块种植。7月下旬到8月上旬播种，播种量105～120kg/hm^2，保苗30万株kg/hm^2，确保苗全、苗匀、苗壮。采用配方施肥，施尿素150kg/hm^2、钙镁磷肥750kg/hm^2、氯化钾150kg/hm^2，磷肥全作基肥，采取沟施或穴施，氮肥和钾肥的60%作基肥，40%作追肥施入。出苗后防治地老虎、蚜虫和食叶性害虫。

适宜地区 江西省及周边省份（秋播）。

803. 赣豆8号（Gandou 8）

品种来源 江西省吉安市农业科学研究所用浙春3号作母本，赣豆4号作父本，经有性杂交，系谱法选育而成。原品系号吉00-18。2014年经江西省农作物品种审定委员会审定，命名为赣豆8号，审定编号为赣审豆2014001。

特征 有限结荚习性。株高53.7cm，有效分枝3～4个，株型收敛。卵圆形叶，白花，棕毛。单株荚数35.3个，荚灰褐色，单株粒数75.5粒，单株粒重12.3g。粒圆形，种皮黄色，种脐褐色。百粒重18.9g。

特性 南方春大豆，中熟品种，生育期约96d。田间综合抗病性好，抗大豆花叶病毒病，成熟时部分落叶，不裂荚。

产量品质 2012—2013年江西省春大豆区域试验，平均产量2 293.2kg/hm^2，比对照中豆40增产5.2%。蛋白质含量43.37%，脂肪含量18.76%。

栽培要点 4月上中旬播种，播种量90～105kg/hm^2，行距40cm，株距10cm，定苗2.4万株/hm^2，播前翻耕施钙镁磷肥375kg/hm^{2}和复合肥375kg/hm^{2}作基肥。定苗后及时松土，锄草1次，并结合用尿素60kg/hm^2、氯化钾60kg/hm^{2}混合施于行间，注意防治草害和虫害。

适宜地区 江西省全省各地。

福 建 省 品 种

804. 泉豆7号（Quandou 7）

品种来源 福建省泉州市农业科学研究所1985年用穗稻黄作母本，抗逆性强的地方品种福清绿心豆作父本，经有性杂交，系谱法选育而成。2005年经福建省农作物品种审定委员会审定，审定编号为闽审豆2005003。2006年通过国家农作物品种审定委员会审定，审定编号为国审豆2006027。全国大豆品种资源统一编号ZDD31199。

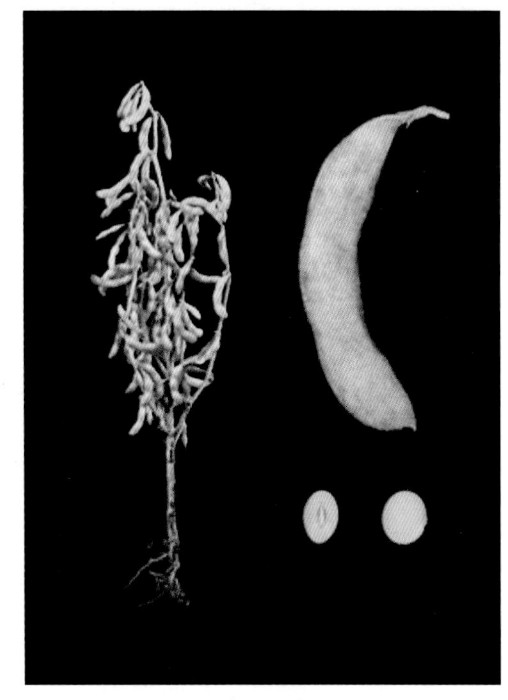

泉豆7号

特征 亚有限结荚习性。植株直立，株型收敛。平均株高53.1cm，主茎节数11节，分枝2个。椭圆形叶，紫花，棕毛。荚褐色，单株荚数30个，二三粒荚居多。粒椭圆形，种皮黄色，脐褐色。百粒重19g。

特性 南方春大豆，中熟品种，生育期107d，可春、秋兼用。茎秆粗壮，耐肥，抗倒伏，抗旱，耐渍。田间抗病性好。成熟时落叶性好，易裂荚。

产量品质 2002—2003年福建省春大豆区域试验，平均产量 2 237.1kg/hm^2，比对照莆豆8008增产12.02%。2004年福建省生产试验，平均产量2 179.05kg/hm^2，比对照莆豆8008增产7.82%。2004—2005年国家南方春大豆品种区域试验，平均产量2 527.5kg/hm^2，比对照柳豆1号增产10.6%。2005年生产试验，平均产量2 548.5kg/hm^2，比对照柳豆1号增产12.1%。蛋白质含量41.96%，脂肪含量20.98%。

栽培要点 春播2月下旬至3月中旬，秋播7月中旬至8月上旬。适时早播，播种量75 ~ 105kg/hm^2，春播保苗33.0万～37.5万株/hm^2，秋繁保苗36.0万～42.0万株/hm^2。足墒下种，保证全苗。基肥以有机肥为主，施腐熟人粪尿15 000kg/hm^2、钙镁磷肥450kg/hm^{2}或三元复合肥150 ~ 225kg/hm^2。追肥施三元复合肥112.5 ~ 150kg/hm^{2}或尿素75 ~ 112.5kg/hm^{2}加氯化钾75kg/hm^2。加强田间管理，注意灌、排水，及时防治大豆霜霉病、豆荚螟、蚜虫、夜蛾类等病虫害。

适宜地区 广东省中南部、福建省南部、海南省（春播）。

805. 福豆234（Fudou 234）

品种来源 福建省农业科学院耕作轮作研究所用莆豆8008为母本，美国黄沙豆为父本，经有性杂交，系谱法选育而成。原品系号97A2-3-4。2005年经福建省农作物品种审定委员会审定，审定编号为闽审豆2005002；2007年经国家农作物品种审定委员会审定，审定编号为国审豆2007024。全国大豆品种资源统一编号ZDD24161。

福豆234

特征 有限结荚习性。株型收敛，株高55cm，主茎节数11～13个，分枝3.1个，结荚均匀，底荚高8～11cm，单株荚数28.0个。椭圆形叶，紫花，棕毛。粒椭圆形，种皮黄色，有微弱光泽，脐淡褐色。百粒重23.2g。

特性 南方春大豆，晚熟品种，生育期105d。籽粒大小均匀、整齐，商品性好，抗倒伏性强，成熟不易裂荚，落叶性好。田间植株表现大豆花叶病毒病极轻。

产量品质 2002—2003年福建省春大豆区域试验，平均产量2 227.5kg/hm^2，比对照莆豆8008增产12%。2004年福建省生产试验，平均产量2 254.05kg/hm^2，比对照莆豆8008增产9.05%。2005—2006年国家热带亚热带春大豆（北片）品种区域试验，平均产量2 080.2kg/hm^2，比对照浙春3号增产5.92%。2006年生产试验，平均产量1 774.8kg/hm^2，比对照浙春3号增产3.1%。蛋白质含量48.93%，脂肪含量18.48%。

栽培要点 适宜中等肥力地块种植。播种以当地气温稳定通过12℃为宜足墒早播，保苗20万～24万株/hm^2。前期重施底肥，促苗早发；花期追肥并保障水分充足，以促花保荚，增加百粒重；开花期可喷磷酸二氢钾，每周1次，喷2～3次，有利于保荚增粒。注意除草、防虫。

适宜地区 福建省及江西省南部、湖南省南部周边相同生态区（春播）。

806. 福豆310（Fudou 310）

品种来源 福建省农业科学院耕作轮作研究所用莆豆8008为母本，88B1-58-3（安农

×将乐半野生豆23-208）为父本，经有性杂交，系谱法选育而成。原品系号96A3-3-10。2005年经福建省农作物品种审定委员会审定，审定编号为闽审豆2005001；同年经国家农作物品种审定委员会审定，审定编号为国审豆2005019。全国大豆品种资源统一编号ZDD24160。

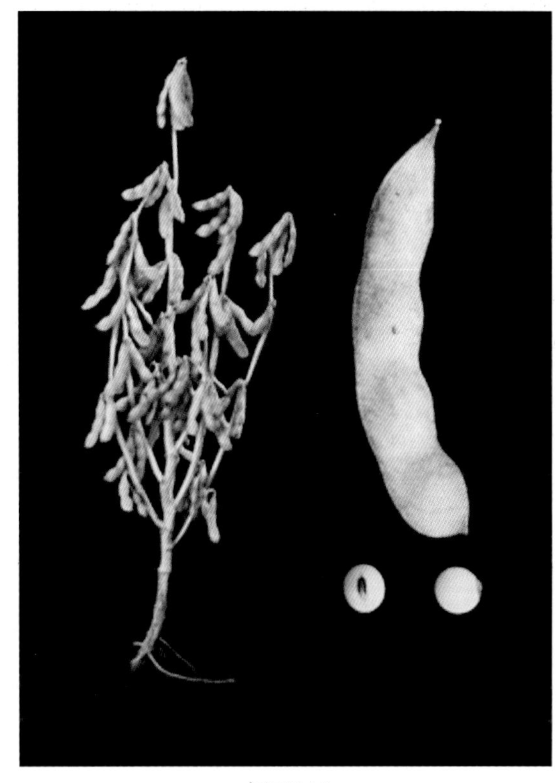
福豆310

特征 有限结荚习性。株型收敛，株高60cm，主茎节数11～13个，分枝2.3个，结荚均匀，底荚高9～12cm，单株荚数22.3个。椭圆形叶，紫花，棕毛。粒椭圆形，种皮黄色，有微弱光泽，脐淡褐色。百粒重22.6g。

特性 南方春大豆，晚熟品种，生育期110d。籽粒大小均匀、整齐，商品性好，抗倒伏性强。成熟不易裂荚，落叶性好。田间植株表现大豆花叶病毒病极轻。

产量品质 2002—2003年春大豆区域试验，平均产量2 073.75kg/hm^2，比对照莆豆8008增产4.2%。2004年生产试验，平均产量2 079kg/hm^2，比对照莆豆8008增产8.39%。2002—2003年国家南方春大豆品种区域试验，平均产量2 305.5kg/hm^2，比对照湘春10号增产7.0%。2004年生产试验，平均产量2 073.0kg/hm^2，比对照湘春10号增产4.5%。蛋白质含量46.04%，脂肪含量18.49%。

栽培要点 适宜中等肥力地块种植。播种以当地气温稳定通过12℃为宜，足墒早播，保苗21万～25万株/hm^2。前期重施底肥，促苗早发，花期追肥并保障水分充足，开花期可喷磷酸二氢钾，每周1次，喷2～3次，有利于保荚增粒。注意除草、防虫。

适宜地区 福建省及江西省吉安、贵州省毕节、云南省昆明周边相同生态区（春播）。

807. 闽豆1号（Mindou 1）

品种来源 福建省农业科学院作物研究所、福建省种子总站用AGS 292为母本，早生枝豆为父本，经有性杂交，系谱法选育而成。原品系号98B1-22-1。2007年经福建省农作物品种审定委员会审定，审定编号为闽审豆2007001。全国大豆品种资源统一编号ZDD31200。

特征 有限结荚习性。株型收敛，株高27cm，主茎节数8～9个，底荚高9～12cm，分枝3.4个，单株荚数27.4个，单株荚重63.71g，单株标准荚14.5个，荚长5.18cm，宽1.39cm，每千克标准荚382.9个。椭圆形叶，白花，灰毛。鲜籽粒淡绿色，

闽豆1号

脐无色，清煮口感甜糯。荚灰褐色，干籽粒种皮黄色，脐淡黄色。鲜百粒重64.55g，干百粒重32.31g。

特性 南方鲜食春大豆，早熟品种，春播采青日数80d，生育期100d。鲜荚商品性好，成熟易裂荚，落叶性好。田间植株表现抗倒伏性强，病虫害发生轻，室内鉴定抗大豆炭疽病。生产上注意预防大豆花叶病毒病。

产量品质 2004—2005年福建省菜用大豆品种区域试验，平均鲜荚产量9 277.5kg/hm^2，比对照毛豆292增产14.6%。平均标准荚产量为7 956.0kg/hm^2，比对照毛豆292增产24.1%。2006年生产试验，平均鲜荚产量7 804.2kg/hm^2，比对照毛豆292增产13.2%。鲜籽粒蛋白质含量13.67%，脂肪含量5.58%，可溶性总糖2.86%，淀粉5.48%，粗纤维1.60%。

栽培要点 适宜中等以上肥力地块种植。播种以当地气温稳定通过15℃为宜，足墒早播，保苗23万～27万株/hm^2。前期重施底肥，促苗早发，苗期、花期追肥并保障水分充足。开花期可喷磷酸二氢钾，每周1次，喷2～3次，有利于保荚增粒。注意除草、防虫。

适宜地区 福建省（春播）。

808. 闽豆5号（Mindou 5）

品种来源 福建省农业科学院作物研究所用浙2818为母本，毛豆3号为父本，经有性杂交，系谱法选育而成。原品系号06B2-1。2011年经福建省农作物品种审定委员会审定，审定编号为闽审豆2011001。全国大豆品种资源统一编号ZDD31201。

特征 有限结荚习性。株型收敛，株高33cm，主茎节数8～9个，底荚高4～7cm，分枝数3.2个，单株荚数21.4个，单株荚重49.56g，单株标准荚12.7个，荚长5.26cm，宽1.38cm，每千克标准荚331.6个。椭圆形叶，白花，灰毛。鲜籽粒淡绿，脐无色，清煮口感甜糯。荚灰褐色，干籽粒种皮黄色，脐淡黄色。鲜百粒重73.32g，干百粒重33.00g。

特性 南方鲜食春大豆，早熟品种，春播采青日数77d，生育期100d。鲜荚商品性好，成熟不易裂荚，落叶性好。田间植株表现抗倒伏性强，病虫害发生轻，室内鉴定感大豆炭疽病。

产量品质 2009—2010年福建省菜用大豆品种区域试验，平均鲜荚产量9 960.6kg/hm²，比对照毛豆2808增产7.01%。平均标准荚产量为5 695.5kg/hm²，比对照毛豆2808增产14.59%。2010年生产试验，平均鲜荚产量10 035.5kg/hm²，比对照毛豆2808增产8.23%。鲜籽粒蛋白质含量10.87%，脂肪含量5.3%，可溶性总糖3.03%，淀粉5.0%，粗纤维1.6%。

栽培要点 适宜中等以上肥力地块种植。播种以当地气温稳定通过15℃为宜，足墒早播，保苗22万～26万株/hm²。前期重施底肥，促苗早发，苗期、花期追肥并保障水分充足，开花前可喷磷酸二氢钾，每周1次，喷2～3次，有利于保荚增粒。注意除草、防虫。

适宜地区 福建省（春播）。

闽豆5号

809. 闽豆6号（Mindou 6）

品种来源 福建省农业科学院作物研究所用浙2818作母本，闽豆1号作父本，经有性杂交，系谱法选育而成。原品系号06B12-1。2013年经福建省农作物品种审定委员会审定，命名为闽豆6号，审定编号为闽审豆2013001。全国大豆品种资源统一编号ZDD31202。

特征 有限结荚习性。株型收敛，株高37cm，主茎节数8.4节，有效分枝2.9个。单株有效荚数22.9个，标准荚数13.8个，荚长4.99cm，宽1.33cm，每千克标准荚数349.0个，单株荚重52.11g。荚灰褐色。椭圆形叶，白花，灰毛。粒椭圆形，种皮黄色，脐淡黄色。鲜百粒重73.6g，干百粒重32.3g。

特性 南方春大豆，中熟品种，春播生育期103d，热带亚热带地区春播平均采青日数80.6d。田间综合抗病性好。落叶性好，裂荚。

闽豆6号

产量品质 2010—2011年福建省春大豆品种区域试验，平均鲜荚产量9 568.2kg/hm^2，比对照毛豆2808增产8.9%。2012年生产试验，平均鲜荚产量10 742.6kg/hm^2，比对照毛豆2808增产15.8%。蛋白质含量13.60%，淀粉3.50%，蔗糖2.20%。

栽培要点 适宜中等肥力以上地块种植。闽东南2月下旬至3月中旬，闽西北3中旬，抢晴播种。保苗20万～22万株/hm^2，确保苗全、苗匀、苗壮。前期重施底肥，苗期、分枝期、初花期追肥，中耕培土并保障排灌良好，注意防治病虫害。

适宜地区 福建省大豆产区（春播）。

810. 莆豆5号（Pudou 5）

品种来源 福建省莆田市农业科学研究所用泉豆7号作母本，特大粒1号作父本，经有性杂交，系谱法选育而成。2014年经福建省农作物品种审定委员会审定，命名为莆豆5号，审定编号为闽审豆2014001。全国大豆品种资源统一编号ZDD31203。

莆豆5号

特征 有限结荚习性。株高65.9cm，主茎节数10.4节，有效分枝2.9个，株型收敛。叶椭圆形，紫花，棕毛。单株荚数30.0个，单株粒数61.6粒，荚褐色。粒椭圆形，种皮黄色，无光泽，脐褐色。平均百粒重22.5g。

特性 南方春大豆，早熟品种，春播生育期105d。经福建省农业科学院植物保护研究所鉴定，抗大豆炭疽病。

产量品质 2011—2012年区域试验，平均产量2 299.4kg/hm^2，比对照福豆310增产6.5 %。2013年生产试验，平均产量1 837.5kg/hm^2，比对照福豆310增产4.23%。蛋白质含量46.80%，脂肪含量18.19%。

栽培要点 选择土壤肥力中上等、排灌方便的田块种植。春播3月中下旬至4月上旬，气温稳定通过12℃后抢晴播种。密度在24万～27万株/ hm^2。可采用畦栽穴播方式，每穴播种3～4粒，留苗2～3株。基肥以农家肥为主，根据土壤肥力适量增施磷、钾肥，春播一般不追肥。加强田间管理，注意灌排水。注意防治病虫、草、鼠害。成熟后及时收获。

适宜地区 福建省春大豆种植区。

811. 毛豆3号（Maodou 3）

品种来源 福建省龙海市种子管理站和福建省农业科学院作物研究所2005年从台湾引进的菜用大豆新品种。2009年经福建省农作物品种审定委员会审定，审定编号为闽审豆2009001。

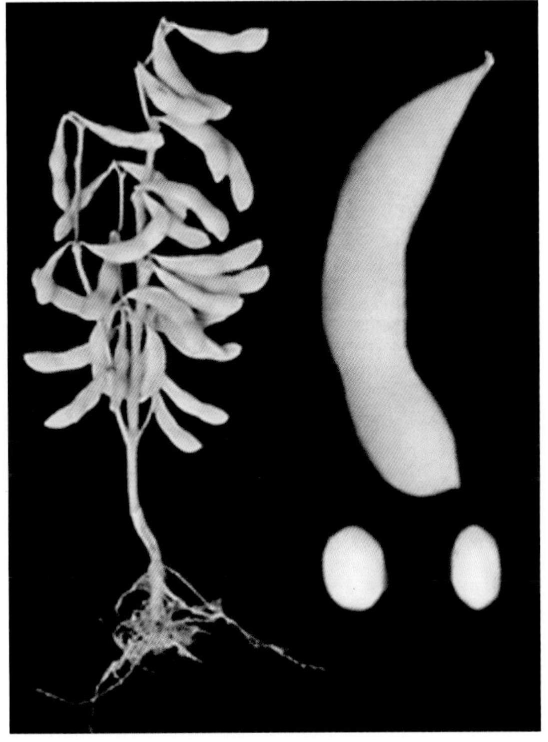

毛豆3号

特征 有限结荚习性。株型收敛，株高33cm。主茎节数8～9个，底荚高5～9cm，分枝数2.6个，单株荚数20.0个，单株荚重56.78g，单株标准荚10.7个，荚长6.06cm，宽1.34cm，每千克标准荚293.8个。椭圆形叶，白花，灰毛。鲜籽粒淡绿，脐无色，清煮口感甜糯。荚灰褐色，干籽粒种皮黄色，脐淡黄色。鲜百粒重79.78g，干百粒重33.78g。

特性 南方鲜食春大豆，早熟品种，春播采青日数76d，生育期100d。鲜荚商品性好，成熟不易裂荚，落叶性一般。田间植株表现抗倒伏性强，病虫害发生轻，室内鉴定感大豆炭疽病。

产量品质 2006—2007年福建省菜用大豆品种区域试验，平均鲜荚产量9 375.0kg/hm^2，比对照毛豆2808增产18.26%。平均标准荚产量4 890.2kg/ hm^2，比对照毛豆2808增产14.47%。2008年生产试验，平均鲜荚产量12 034.5kg/hm^2，比对照毛豆2808增产15.1%。鲜籽粒蛋白质含量9.69%，脂肪含量14.7%，可溶性总糖10.8%，淀粉5.0%，粗纤维2.6%。

栽培要点 适宜中等以上肥力地块种植。播种以当地气温稳定通过15℃为宜，足墒早播，保苗22万～26万株/hm^2。前期重施底肥，促苗早发，苗期、花期追肥并保障水分充足。开花前可喷磷酸二氢钾，每周1次，喷2～3次，有利于保荚增粒。注意除草、防虫。

适宜地区 福建省（春播）。

812. 沪选23-9（Huxuan 23-9）

品种来源 福建省种子总站和福建省农业科学院作物研究所2005年从上海市农业科学院园艺研究所引进的菜用大豆新品种。2009年经福建省农作物品种审定委员会审定，审定编号为闽审豆2009002。

沪选23-9

特征 有限结荚习性。株型收敛，株高31cm，主茎节数8～9个，底荚高4～7cm，分枝数3.0个，单株荚数27.2个，单株荚重62.86g，单株标准荚13.3个，荚长5.38cm，标准荚宽1.31cm，每千克标准荚325.1个。椭圆形叶，白花，灰毛。鲜籽粒淡绿，脐无色，清煮口感甜糯。荚灰褐色，干籽粒种皮黄色，脐淡黄色。鲜百粒重80.76g，干百粒重33.64g。

特性 南方鲜食春大豆，早熟品种，春播采青日数75d，生育期98d。鲜荚商品性好，成熟不易裂荚，落叶性一般。田间植株表现抗倒伏性强。不抗大豆根腐病，室内鉴定感大豆炭疽病。

产量品质 2006—2007年福建省菜用大豆品种区域试验，平均鲜荚产量8 485.5kg/hm^2，比对照毛豆2808增产7.05%。平均标准荚产量为4 596.45kg/hm^2，比对照毛豆2808增产7.60 %。2008年生产试验，平均鲜荚产量10 233.0kg/hm^2，比对照毛豆2808减产2.27%。鲜籽粒蛋白质含量10.19%，脂肪含量17.4%，可溶性总糖3.3%，淀粉5.3%，粗纤维1.7%。

栽培要点 适宜中等以上肥力地块种植。播种以当地气温稳定通过15℃为宜，足墒早播，保苗22万～26万株/hm^2。前期重施底肥，促苗早发，苗期、花期追肥，并保障水分充足，开花前可喷磷酸二氢钾，每周1次，喷2～3次，有利于保荚增粒。注意除草、防虫。

适宜地区 福建省（春播）。

湖 北 省 品 种

813. 中豆33（Zhongdou 33）

品种来源 中国农业科学院油料作物研究所1994年用油92-570与鄂豆4号有性杂交，系谱法选育而成。原品系号油01-73。2005年通过湖北省农作物品种审定委员会审定，命名为中豆33，审定编号为鄂审豆2005003。全国大豆品种资源统一编号ZDD24122。

特征 有限结荚习性。株高64.7cm，株型收敛，主茎节数16.0个，分枝3.6个。叶椭圆形、淡绿色，白花，灰毛。单株荚数47.7个，荚淡褐色。粒近圆形，种皮黄色，脐淡褐色。百粒重18.4g。

特性 南方夏大豆，极早熟品种，生育期103d。5月底至6月初播种，8月下旬或9月上中旬成熟。抗倒伏性强。抗大豆花叶病毒病。不易裂荚，落叶性好。

产量品质 2002—2003年湖北省夏大豆品种区域试验，平均产量2 220.0kg/hm^2，比对照中豆8号增产8.6%。2004年生产试验，平均产量2 691.0kg/hm^2，比对照中豆8号增产7.6%。蛋白质含量46.24%，脂肪含量18.72%。

中豆33

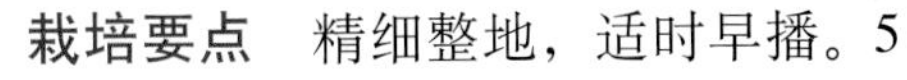

栽培要点 精细整地，适时早播。5月中旬至6月上旬为适播期，播量60 ~ 90kg/hm^2，早播（油菜茬）密度15万 ~ 22.5万株/hm^2，晚播（小麦茬）密度30万株/hm^2。重施基肥，施复合肥300 ~ 375kg/hm^2、过磷酸钙375kg/hm^2，初花期可用磷酸二氢钾、钼酸铵等作叶面喷肥。及时中耕除草，清沟排渍。苗期防治地老虎，结荚期防治斜纹夜蛾。适时收获，避免裂荚。

适宜地区 湖北省鄂北岗地、江汉平原及鄂东南等地区。

814. 中豆34（Zhongdou 34）

品种来源 中国农业科学院油料作物研究所1994年用油92-570和油88-25有性杂交，系谱法选育而成。原品系号油01-75。2005年经湖北省农作物品种审定委员会审定，命名为中豆34，审定编号为鄂审豆2005004。2007年11月通过国家农作物品种审定委员会审定，审定编号为国审豆2007018。全国大豆品种资源统一编号ZDD24123。

中豆34

特征 有限结荚习性。株高70cm，主茎节数16个，分枝约5个。叶椭圆形、淡绿色，白花，灰毛。单株荚数62个，荚淡褐色，底荚高19.9cm。粒近圆形，种皮黄色，脐淡褐色。百粒重16.0g。

特性 南方夏大豆，极早熟品种，生育期99d。5月中旬至6月上旬播种，8月下旬至9月中旬成熟。抗大豆花叶病毒病，耐瘠性强。落叶性好，不裂荚，适合机械收获。

产量品质 2002—2003年湖北省夏大豆品种区域试验，平均产量2 319.0kg/hm^2，比对照中豆8号增产13.4%。2004年生产试验，平均产量2 818.5kg/hm^2，比对照中豆8号增产12.7%。2005—2006年长江流域夏大豆品种早中熟组区域试验，平均产量2 707.5kg/hm^2，比对照中豆8号增产11.9%。2006年生产试验，平均产量2 401.5kg/hm^2，比对照中豆8号增产13.5%。蛋白质含量45.88%，脂肪含量17.90%。

栽培要点 适宜播期为5月中旬至6月上旬，播量60 ~ 90kg/hm^2，早播（油菜茬）密度15万 ~ 19万株/hm^2，晚播（小麦茬）密度30万株/hm^2。施足基肥，可施复合肥300 ~ 375kg/hm^2、过磷酸钙375kg/hm^2，苗期追施尿素或磷酸二铵75 ~ 120kg/hm^2，初花期用磷酸二氢钾、钼酸铵等进行叶面喷施。密度偏大时注意防倒伏。加强田间管理，及时排灌，中耕除草，防治病虫害。

适宜地区 湖北省鄂北岗地、江汉平原及鄂东南等地区油菜、小麦等夏收作物后茬种植。湖北省、安徽省黄山、重庆市铜梁地区（夏播）。

815. 中豆35（Zhongdou 35）

品种来源 中国农业科学院油料作物研究所用矮脚早和D28有性杂交，系谱法选育而成。原品系号油春01-32。2006年通过湖北省农作物品种审定委员会审定，命名为中豆

35，审定编号为鄂审豆2006001。全国大豆品种资源统一编号ZDD24117。

中豆35

特征 有限结荚习性。株高51.7cm，主茎节数10.8个，分枝2.6个。叶椭圆形、淡绿色，白花，灰毛。单株荚数25.3个，荚深褐色。粒近圆形，种皮黄色，脐淡褐色。百粒重19.6g。

特性 南方春大豆，中熟品种，生育期105d。4月上中旬播种，7月中下旬成熟。抗大豆花叶病毒病，抗倒伏。不裂荚，落叶性好。

产量品质 2003—2004年湖北省春大豆品种区域试验，平均产量2 548.5kg/hm^2，比对照中豆29增产7.4%。蛋白质含量42.08%，脂肪含量21.49%。

栽培要点 适宜播期为4月上旬，播量60～90kg/hm^2，密度19万株/hm^2。重施底肥，施复合肥300～375kg/hm^2、过磷酸钙375kg/hm^2，初花期叶面适量喷施磷酸二氢钾、钼酸铵、硼酸等。科学调控，防止倒伏。生育期间加强田间管理，及时中耕除草，清沟排渍，防治虫害。

适宜地区 湖北省江汉平原及其以东地区。

816. 中豆36（Zhongdou 36）

中豆36

品种来源 中国农业科学院油料作物研究所用矮脚早和湘78-141有性杂交，系谱法选育而成。原名油春01-45。2006年通过国家农作物品种审定委员会审定，命名为中豆36，审定编号为国审豆2006019。全国大豆品种资源统一编号ZDD24844。

特征 有限结荚习性。株高49.3cm，主茎节数9.5个，分枝0.9个。椭圆形叶，白花，灰毛。单株荚数21.3个，荚淡褐色。粒近圆形，种皮黄色，脐淡褐色。百粒重22.6g。

特性 南方春大豆，早熟品种，生育期97d。4月上旬播种，7月中旬成熟。抗大豆花叶病毒病，抗倒伏。

产量品质 2004—2005年长江流域春大豆品种区域试验，平均产量2 304.0kg/hm^2，比对照鄂豆4号增产21.7%。2005年生产试验，平均产量

2 268.0kg/hm^2，比对照鄂豆4号增产32.7%。蛋白质含量45.15%，脂肪含量18.68%。

栽培要点 适宜播期为4月上旬，播量90 ~ 105kg/hm^2，密度25万 ~ 37万株/hm^2。重施底肥，施饼肥370kg/hm^2、复合肥300 ~ 370kg/hm^2，可用硼、钼、锌肥播前拌种。加强田间管理，适时中耕、排渍，防治病虫害。

适宜地区 长江中下游各省，包括四川省东部、重庆市、湖北省、湖南省、江西省、浙江省全境及安徽省、江苏省南部（春播）。

817. 中豆37（Zhongdou 37）

品种来源 中国农业科学院油料作物研究所用新六青和溧阳大青豆有性杂交，系谱法选育而成。原名油03-68。2008年通过国家农作物品种审定委员会审定，命名为中豆37，审定编号为国审豆2008028。全国大豆品种资源统一编号ZDD24845。

中豆37

特征 有限结荚习性。株高53.7cm，主茎节数12.3个，分枝2.1个。叶椭圆形，叶片中等偏小，叶色淡绿。紫花，灰毛。单株荚数38.2个，鲜荚绿色，种皮绿色，子叶黄色。荚长4.8cm，荚宽1.2cm。粒近圆形，百粒鲜重58.7g。口感香甜柔糯。

特性 南方鲜食夏大豆，极早熟品种，播种至鲜荚采收82d。5月中旬至7月上旬播种，8月中下旬至9月上中旬采收。抗大豆花叶病毒病，抗倒伏性强。

产量品质 2006—2007年国家鲜食大豆夏播品种区域试验，平均鲜荚产量10 980.0kg/hm^2，比对照新六青增产9.8%。2007年生产试验，鲜荚产量13 024.5kg/hm^2，比对照新六青增产17.8%。蛋白质含量50.65%，脂肪含量18.97%。

栽培要点 5月中旬至7月上旬播种，因籽粒较大，对土壤墒情要求较高。用种量120 ~ 150kg/hm^2，早播或土壤肥沃地块保苗18.0万 ~ 22.5万株/hm^2，晚播或土壤瘠薄地块保苗30万株/hm^2。重施基肥，适当追肥。施复合肥300 ~ 375kg/hm^2、过磷酸钙375kg/hm^{2}作基肥，苗期追施尿素或磷酸二铵120kg/hm^2，初花期可用磷酸二氢钾、钼酸铵叶面喷施。中耕除草，适时排水、灌水。防治害虫，鲜食大豆生产过程应选用低毒低残留农药，采摘前一段时间不使用农药，保证食用安全。及时采获，可一次性收获青荚或分次采摘鲜荚。

适宜地区 安徽、江苏、江西、湖北等省作夏播鲜食大豆种植。

818. 中豆38（Zhongdou 38）

品种来源 中国农业科学院油料作物研究所用油91-12和油91-6有性杂交，系谱法选育而成。原名油02-33。2009年通过国家农作物品种审定委员会审定，命名为中豆38，审定编号为国审豆2009027。全国大豆品种资源统一编号ZDD24846。

中豆38

特征 有限结荚习性。株高73.7cm，主茎节数16.3个，分枝4.8个。椭圆形叶，紫花，灰毛。单株荚数62.5个，荚淡褐色，底荚高17.0cm。粒近圆形，种皮黄色，脐淡褐色。百粒重19.1g。

特性 南方夏大豆，早中熟品种，生育期112d。5月下旬至6月上旬播种，9月中下旬成熟。抗大豆花叶病毒病，抗倒伏。不裂荚，落叶性好。

产量品质 2006—2007年长江流域夏大豆品种区域试验，平均产量2 581.5kg/hm^2，比对照中豆8号增产7.4%。2008年生产试验，平均产量2 698.5kg/hm^2，比对照中豆8号增产16.3%。蛋白质含量46.25%，脂肪含量20.11%。

栽培要点 5月下旬至6月上旬播种，种植密度15万～18万株/hm^2。重施基肥，施饼肥300～375kg/hm^2、复合肥300～375kg/hm^2、过磷酸钙375kg/hm^2。播种前可用硼、钼、锌肥拌种，苗期追施尿素或磷酸二铵75～120kg/hm^2，初花期用磷酸二氢钾、钼酸铵等叶面喷施肥。

适宜地区 安徽省南部、重庆市、湖北省等地区（夏播）。

819. 中豆39（Zhongdou 39）

品种来源 中国农业科学院油料作物研究所1999年以中豆32为母本，中豆29为父本，经有性杂交，系谱法选育而成。原名油春06-8。2011年通过国家农作物品种审定委员会审定，命名为中豆39，审定编号为国审豆2011011。全国大豆品种资源统一编号ZDD31204。

特征 有限结荚习性。株高63.1cm，主茎节数12.9个，分枝2.2个。椭圆形叶，白花，灰毛。单株荚数33.0个，荚淡褐色，底荚高12.1cm。粒近圆形，种皮黄色，脐淡褐色。百粒重17.9g。

特性 南方春大豆，中晚熟品种，生育期111d。3月下旬至4月上旬播种，7月上中旬成熟。抗大豆花叶病毒病，抗倒伏。不裂荚，落叶性好。

中豆39

产量品质 2008—2009年国家春大豆品种区域试验，平均产量2 970.0kg/hm^2，比对照湘春豆10号增产16.2%。2009年生产试验，平均产量2 860.5kg/hm^2，比对照湘春豆10号增产23.2%。蛋白质含量40.36%，脂肪含量21.96%。

栽培要点 选择不重迎茬的地块条播。针对不同肥力水平土壤采取相应的种植密度，一般种植密度22.5万～30.0万株/hm^2。出苗后及时匀苗、间苗，防治病虫害及草害。大豆生长期间中耕除草2次，结合中耕可适当培土，防止倒伏。合理施肥，以磷、钾肥为主，施底肥磷酸二铵300kg/hm^2，对中等以下肥力地块结合中耕追施少量氮肥，或喷施叶面肥，促进分枝和结荚鼓粒。防治病虫及鸟类为害，遇涝及时排水。

适宜地区 长江流域江苏省南京、泰州，安徽省芜湖，江西省南昌、宜春，浙江省，重庆市永川、三峡，湖南省长沙，湖北省江汉平原，四川省南充、自贡等地区（春播）。

820. 中豆40（Zhongdou 40）

中豆40

品种来源 中国农业科学院油料作物研究所1999年以鄂农W为母本，早枝豆为父本，经有性杂交，系谱法选育而成。原名油春06-1。2011年通过国家农作物品种审定委员会审定，命名为中豆40，审定编号为国审豆2011012。全国大豆品种资源统一编号ZDD31205。

特征 有限结荚习性。株高67.8cm，主茎节数11.7个，分枝3.4个。椭圆形叶，白花，灰毛。单株荚数36.2个，荚淡褐色，底荚高13.6cm。粒椭圆形，种皮黄色，脐淡褐色。百粒重20.4g。

特性 南方春大豆，中晚熟品种，生育期105d。3月下旬至4月上旬播种，7月上中旬成熟。抗大豆花叶病毒病，抗倒伏。不裂荚，落叶性好。

产量品质 2008—2009年国家长江流域春大豆品种区域试验，平均产量2 796.0kg/hm^2，比对照湘春豆10号增产9.4%。2010年生产试验，平均产量2 577.0kg/hm²，比对照湘春豆10号增产5.9 %。蛋白质含量41.95%，脂肪含量21.61%。

栽培要点 避免重茬连作。3月下旬至4月上旬为适播期，种植密度22.5万～30.0万株/hm²。施底肥磷酸二铵300kg/hm²，中等以下肥力地块加追适量氮肥。大豆生长期间中耕除草2次，结合中耕可适当培土，防治病虫及鸟类为害。遇高肥、多雨、大风等情况应注意防止倒伏。

适宜地区 江苏省南京、泰州，安徽省铜陵，江西省南昌、宜春，浙江省杭州，重庆市万州，湖南省长沙，湖北省江汉平原，四川省南充、自贡等地区（春播）。

821. 中豆41（Zhongdou 41）

品种来源 中国农业科学院油料作物研究所2001年以中豆32作母本，吨豆作父本，经有性杂交，系谱法选育而成。原品系号油08-86。2013年通过国家农作物品种审定委员会审定，命名为中豆41，审定编号为国审豆2013014。全国大豆品种资源统一编号ZDD31206。

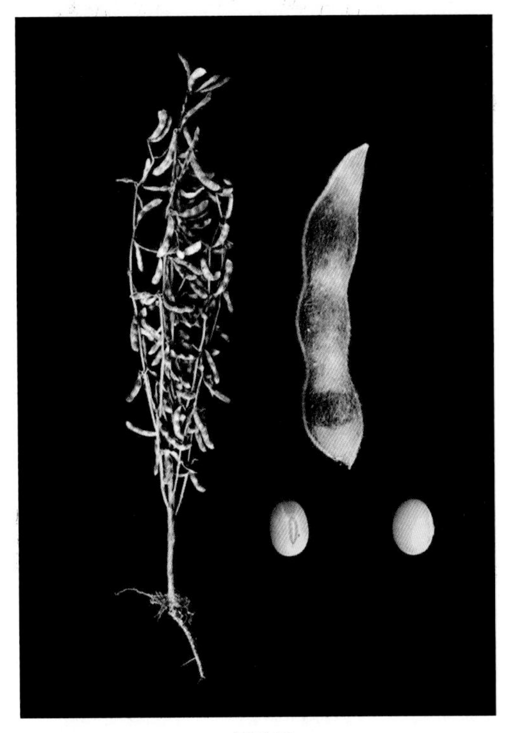

中豆41

特征 有限结荚习性。株高65.1cm，有效分枝3.5个。椭圆形叶，白花，灰毛。单株荚数44.9个。种皮黄色，有光泽，脐淡褐色。百粒重23.2g。

特性 南方夏大豆，早中熟品种，生育期104d。中抗大豆花叶病毒病。不裂荚，落叶性好。

产量品质 2010—2011年国家长江流域夏大豆早中熟组区域试验，平均产量2 904.0kg/hm²，比对照中豆8号增产7.4%。2012年生产试验，平均产量2 796.0kg/hm²，比对照中豆8号增产11.8%。蛋白质含量42.41%，脂肪含量21.24%。

栽培要点 适宜在中等肥力地块种植。一般5月下旬至6月上旬播种，种植密度15万～22.5万株/hm²。遇高肥水注意防止倒伏，及时收获。

适宜地区 安徽省南部、江西省北部、湖北省中部、陕西省南部（夏播）。

822. 中豆43（Zhongdou 43）

品种来源 中国农业科学院油料作物研究所2001年以中豆32为母本，VCO101为父本，经有性杂交，系谱法选育而成。原品系号油07-76。2013年10月通过国家农作物品种审定委员会审定，命名为中豆43，审定编号为国审豆2013013。全国大豆品种资源统一编号ZDD31207。

中豆43

特征 有限结荚习性。株高65.4cm，有效分枝3.2个。椭圆形叶，白花，灰毛。单株荚数43.3个。种皮黄色，有微光泽，脐褐色。百粒重22.6g。

特性 南方夏大豆，早中熟品种，生育期100d。5月下旬至6月上旬播种，9月下旬至10月初成熟。中感大豆花叶病毒病。不裂荚，落叶性好。

产量品质 2010—2011年国家长江流域夏大豆早中熟组区域试验，平均产量2 842.5kg/hm^2，比对照中豆8号增产5.1%。2012年生产试验，平均产量2 572.5kg/hm^2，比对照中豆8号增产3.4%。蛋白质含量43.73%，脂肪含量19.75%。

栽培要点 一般5月下旬至6月上旬播种，密度16.5万～22.5万株/hm^2。花期结合中耕追施少量氮肥或喷施叶面肥。遇高肥水注意防止倒伏，及时收获。

适宜地区 安徽省南部、江西省北部、湖北省中部、陕西省南部（夏播）。

823. 天隆1号（Tianlong 1）

品种来源 中国农业科学院油料作物研究所用中豆29和中豆32有性杂交，系谱法选育而成。原名油春05-4。2008年通过国家农作物品种审定委员会审定，命名为天隆1号，审定编号为国审豆2008023。全国大豆品种资源统一编号ZDD24847。

天隆1号

特征 有限结荚习性。株高60.0cm，分枝2.7个。椭圆形叶，白花，灰毛。单株荚数29.3个，荚淡褐色，底荚高13.8cm。粒椭圆形，种皮黄色，脐淡褐色。百粒重18.1g。

特性 南方春大豆，中晚熟品种，生育期110d。4月上旬播种，7月中旬成熟。抗大豆花叶病毒病。不倒伏，不裂荚。

产量品质 2006—2007年国家长江流域春大豆品种区域试验，平均产量2 574.0kg/hm^2，比对照湘春豆10号增产13.2%。生产试验，平均产量2 467.5kg/hm^2，比对照湘春豆10号增产20.5%。蛋白质含量43.50%，脂肪含量21.00%。

栽培要点 春播于4月初播种，如用地膜覆盖，可于3月中下旬抢晴播种。播种量75～90kg/hm^2，密度22.5万株/hm^2。基肥施饼肥375kg/hm^{2}和复合肥375kg/hm^2，可用硼、钼、锌肥于播前拌种。花荚期可根据苗情追施尿素75kg/hm^2。防治病虫害，及时收获。

适宜地区 安徽省、湖北省、湖南省、江苏省、江西省、河南省、重庆市、四川省等。

824. 天隆2号（Tianlong 2）

品种来源 中国农业科学院油料作物研究所用中豆29和中豆32有性杂交，系谱法选育而成。原名油春05-8。2009年通过国家农作物品种审定委员会审定，命名为天隆2号，审定编号为国审豆2009026。全国大豆品种资源统一编号ZDD24848。

天隆2号

特征 有限结荚习性。株高52.7cm，主茎节数13.0个，分枝2.4个。披针形叶，白花，灰毛。单株荚数27.1个，荚深褐色，底荚高14.4cm。粒近圆形，种皮黄色，脐褐色。百粒重17.5g。

特性 南方春大豆，中晚熟品种，生育期109d。4月上旬播种，7月下旬成熟。抗大豆花叶病毒病。抗倒伏，不裂荚。

产量品质 2006—2007年国家长江流域春大豆品种区域试验，平均产量2 488.5kg/hm^2，比对照湘春豆10号增产9.4%。2008年生产试验，平均产量2 605.5kg/hm^2，比对照湘春豆10号增产17.6%。蛋白质含量42.69%，脂肪含量21.20%。

栽培要点 4月上旬播种，地膜覆盖可于3月中下旬播种，密度30万～37.5万株/hm^2。重施基肥，施用饼肥375kg/hm^{2}和复合肥375kg/hm^2，花荚期可根据苗情追施尿素75kg/hm^2。大豆生育期间加强田间管理，及时中耕除草，防治病虫害。

适宜地区 重庆市、湖北省、安徽省等沿江地区，江苏省、江西省南部、湖南省北部、浙江省杭州及四川省自贡等地区（春播）。

825. 鄂豆8号（Edou 8）

品种来源 湖北省仙桃市国营九合垸原种场用鄂豆4号作母本，湘78-219作父本，经有性杂交，系谱法选育而成。原品系号沔537。2005年通过湖北省农作物品种审定委员会审定，命名为鄂豆8号，审定编号为鄂审豆2005001。全国大豆品种资源统一编号ZDD24850。

鄂豆8号

特征 有限结荚习性。株高45.7cm，分枝1.6个。椭圆形叶，白花，灰毛。单株荚数21.2个，荚淡褐色，底荚高14.4cm。粒椭圆形，种皮黄色，脐淡褐色。百粒重19.9g。

特性 南方春大豆，早熟品种，生育期102d。3月下旬至4月中旬播种，7月上旬至下旬成熟。抗大豆花叶病毒病，轻感大豆斑点病。不裂荚，落叶性好。

产量品质 2002—2003年湖北省春大豆品种区域试验，平均产量2 416.5kg/hm^2，比对照鄂豆4号增产11.1%。2003年生产试验，平均产量2 031.4kg/hm^2，比对照鄂豆4号增产6.2%。蛋白质含量43.06%，脂肪含量19.72%。

栽培要点 3月下旬至4月中旬播种，密度37.5万～45.0万株/hm^2，播前可用硼、钼、锌肥拌种。基肥施农家肥12 000 ～ 15 000kg/hm^2，或三元复合肥225 ～ 375kg/hm^2。开花前植株长势过旺，可用低剂量多效唑适当调控，以防植株倾斜或倒伏。加强田间管理，注意清沟排渍，及时中耕除草。苗期防治地老虎、蓟马、蚜虫等，后期防治卷叶虫及造桥虫等。

适宜地区 湖北省江汉平原及其以东地区作春大豆种植。

826. 荆豆1号（Jingdou 1）

品种来源 湖北省荆州农业科学院用Century和99-4（鄂豆4号变异株系）有性杂交，系谱法选育而成。原品系号荆0-42。2008年通过湖北省农作物品种审定委员会审定，命名为荆豆1号，审定编号为鄂审豆2008001。全国大豆品种资源统一编号ZDD24840。

特征 有限结荚习性。株高68.4cm，分枝2.0个。叶椭圆形、深绿色，紫花，棕毛。单株荚数45.6个，三粒荚多，荚深褐色。粒椭圆形，种皮黄色，脐淡褐色。百粒重21.6g。

特性 南方夏大豆，早熟品种，生育期114d。5月中旬至6月上旬播种，9月中旬至10月上旬成熟。抗大豆花叶病毒病，感大豆荚枯病。不裂荚，落叶性好。

产量品质 2004—2005年湖北省夏大豆品种区域试验，平均产量2 502.0kg/hm^2，比对照中豆8号增产8.7%。蛋白质含量39.11%，脂肪含量20.81%。

栽培要点 5月中旬至6月上旬播种，早播或油菜茬保苗19.5万～24.0万株/hm^2，晚播或小麦茬保苗24.0万～30.0万株/hm^2。施足底肥，合理追肥。底肥可施三元复合肥375 ～ 450kg/hm^2，初花期根据田间长势追施尿素75kg/hm^2。加强田间管理，注意清沟排渍，及时中耕除草。结荚至鼓粒期遇干旱及时灌溉，以防早衰，注意防治大豆荚枯病等病虫害。

适宜地区 湖北省鄂北、鄂西夏大豆产区。

827. 荆豆4号（Jingdou 4）

品种来源 湖北省荆州农业科学院国家大豆加工技术研发分中心于1997年以中豆8号为母本，99-5为父本，经有性杂交和系谱法育成。2013年通过湖北省农作物品种审定委员会审定，命名为荆豆4号，审定编号为鄂审豆2013001。全国大豆品种资源统一编号ZDD31208。

特征 有限结荚习性，株高58.5cm，主茎节数14.1节，分枝数4.6个，株型收敛。白花，棕毛。单株荚数67.6个，荚褐色，单株粒重16.2g。种皮黄色，脐黑色。百粒重14g。

特性 南方夏大豆，早熟品种，生育期112d。5月中旬至6月上旬播种，9月中旬至10月上旬成熟。抗大豆花叶病毒病，感大豆荚枯病。不裂荚，落叶性好。

产量品质 2009—2010年湖北省夏大豆品种区域试验，平均产量2 905.5kg/hm^2，比对照中豆33增产17.04%。蛋白质含量39.36%，脂肪含量22.84%。

荆豆4号

栽培要点 5月中旬至6月上旬播种，早播或油菜茬保苗19.5万～24.0万株/hm^2，晚播或小麦茬保苗24.0万～30.0万株/hm^2。加强田间管理，注意清沟排渍，及时中耕除草。结荚至鼓粒期遇干旱及时灌溉以防早衰，注意防治大豆荚枯病等病虫害。

适宜地区 湖北省鄂北、鄂西（夏播）。

828. 鄂豆10号（Edou 10）

品种来源 湖北省仙桃市长青大豆研究所、武汉金丰收种业有限公司用537作母本，油94-112作父本，经有性杂交，系谱法选育而成。2013年通过国家农作物品种审定委员会审定，命名为鄂豆10号，审定编号为国审豆2013012。全国大豆品种资源统一编号ZDD31209。

特征 有限结荚习性。株高42.2cm，有效分枝1.9个。椭圆形叶，白花，灰毛。单株荚数23.3个，荚淡褐色，底荚高10.1cm。种皮黄色，脐淡褐色。百粒重20.9g。

特性 南方春大豆，早熟品种，生育期91d。中感大豆花叶病毒病，抗大豆炭疽病。不裂荚，落叶性好。

产量品质 2010—2011年国家长江流域春大豆组区域试验，平均产量2 503.5kg/hm^2，比

鄂豆10号

对照湘春豆26增产6.6%。2012年生产试验，平均产量2 308.5kg/hm²，比对照湘春豆26增产10.9%。蛋白质含量43.75%，脂肪含量18.35%。

栽培要点 3月下旬至5月上旬播种，密度30万～45万株kg/hm²。开花前植株长势过旺，可用多效唑适当调控，以防倒伏。加强田间管理，注意清沟排渍，及时中耕除草和防治病虫害。

适宜地区 湖北省、浙江省、江西省、重庆市，江苏和安徽两省沿江地区，四川盆地及东部丘陵地区（春播）。

829. 恩豆31（Endou 31）

品种来源 湖北省恩施自治州农业科学院（湖北省农业科技创新中心鄂西综合试验站）2002年以01-77作母本，N86-49（鹤峰早绿豆×州豆30）作父本，经有性杂交，系谱法选育而成。原品系号恩农03-31。2010年3月通过湖北省农作物品种审定委员会审定，命名为恩豆31，审定编号为鄂审豆2010002。全国大豆品种资源统一编号ZDD24839。

特征 有限结荚习性。株高57.1cm，分枝55个。卵圆形叶，白花，灰毛。单株荚数769个。粒椭圆形，种皮黄色，有光泽，脐褐色。百粒重234g。

特性 南方春大豆，中熟品种，生育期118d。4月下旬至5月初播种，9月中旬成熟。抗大豆花叶病毒病、大豆灰斑病及大豆细菌性斑点病。轻裂荚，落叶性好。

产量品质 2008—2009年湖北省恩施自治州春大豆品种区域试验，平均产量3 717.1kg/hm²，比对照滇86-5增产29.9%。2009年生产试验，平均产量4 021.8kg/hm²，比对照滇86-5增产60.89%。蛋白质含量39.20%，脂肪含量23.20%。

恩豆31

栽培要点 4月中旬播种，二高山地区4月下旬至5月上旬播种。因分枝数多可适当稀植，密度15万～18万株/hm²。可与玉米、小麦间套作。注重施基肥，施复合肥375kg/hm²，开花期可用钼酸铵根外追施。适时中耕除草，注意防治大豆细菌性斑点病、大豆疫霉菌根腐病等病害。

适宜地区 湖北省鄂西地区（春播）。

湖 南 省 品 种

830. 湘春豆24（Xiangchundou 24）

品种来源 湖南省农业科学院作物研究所1992年用湘春89-60（84E2001[钢7345-4（灰长白 × 九农9号）× 湘春豆11] × 84A4079-1[湘豆5号 × 2185-2（4-259 × 矮脚早）]）作母本，湘春豆10号作父本，经有性杂交，系谱法选育而成。原品系号湘春98-15。2006年经湖南省农作物品种审定委员会审定，命名为湘春豆24，审定编号为湘审豆2006001。全国大豆品种资源统一编号ZDD25212。

特征 有限结荚习性。株型收敛，株高63.4cm。主茎节数12个，分枝2.7个。椭圆形叶，白花，灰毛。单株荚数23.9个，荚褐色，底荚高15cm。粒椭圆形，种皮黄色，脐深褐色。百粒重20.6g。

特性 南方春大豆，早熟偏迟品种，生育期98d，3月下旬至4月上旬播种，7月上中旬成熟。籽粒大小均匀、整齐，成熟不裂荚，落叶性较好，较抗倒伏，耐旱、耐瘠性较强。田间抗大豆花叶病毒病、大豆霜霉病、大豆细菌性斑点病等主要病害。

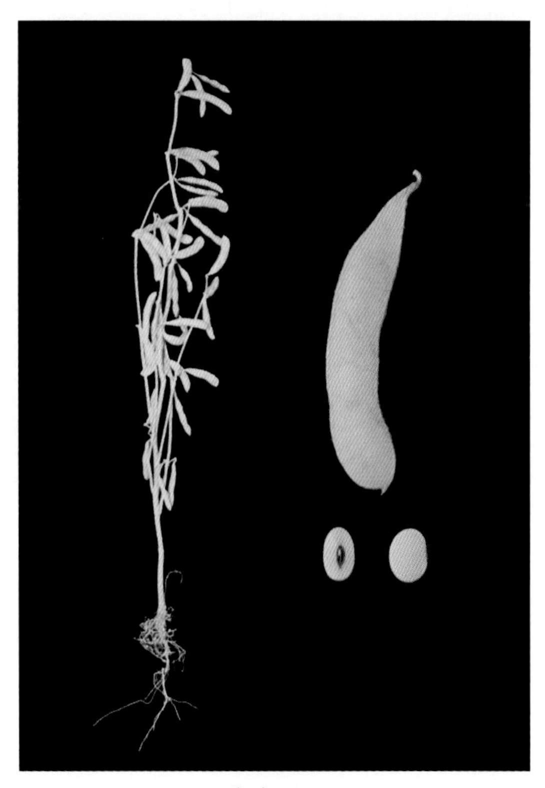

湘春豆24

产量品质 2004—2005年湖南省春大豆品种多点试验，平均产量2 617.5kg/hm^2，比对照湘春豆18增产8.39%。2005年生产试验，平均产量2 683.5kg/hm^2，比对照湘春豆18增产7.8%。蛋白质含量40.82%，脂肪含量22.77%。

栽培要点 适宜中上等肥力地块种植。3月下旬至4月上旬土温稳定上升至12℃以上时抢晴天播种，保苗30万～45万株/hm^2。播种时用优质土杂肥22 500 ～ 30 000kg/hm^{2}与钙镁磷肥充分拌匀后作盖籽肥。根据豆苗田间长相，2 ～ 3叶期追施复合肥或尿素75 ～ 150kg/hm^2，还可在鼓粒期喷施专用叶面肥。适时中耕，注意排灌、治虫。

适宜地区 湖南省各地及南方类似地区。

831. 湘春豆26（Xiangchundou 26）

品种来源 湖南省农业科学院作物研究所1995年用矮角毛作母本，湘春豆14作父本，经有性杂交，改良摘荚法和系谱法相结合选育而成。原品系号湘春228。2008年经国家农作物品种审定委员会审定，命名为湘春豆26，审定编号为国审豆2008024。全国大豆品种资源统一编号ZDD25213。

湘春豆26

特征 有限结荚习性。株型收敛，株高49.4cm，主茎节数11.1个，分枝2.7个。椭圆形叶，白花，灰毛。单株荚数22.2个，荚褐色，底荚高12.2cm。粒椭圆形，种皮黄色，脐黑色。百粒重19.3g。

特性 南方春大豆，早熟品种，平均生育期95d，3月下旬至4月上旬播种，7月上中旬成熟。田间抗逆性强，大豆花叶病毒病轻。

产量品质 2006—2007年国家长江流域春大豆品种区域试验，平均产量2 317.5kg/hm^2，比对照鄂豆4号增产14.9%。2007年生产试验，平均产量2 221.5kg/hm^2，比对照鄂豆4号增产15.7%。蛋白质含量41.87%，脂肪含量21.61%。

栽培要点 选用籽粒饱满、无虫蚀、大小整齐的种子，3月下旬至4月上旬土温稳定上升至12℃以上时抢晴天播种，保苗45万株/hm^2，遵照肥地宜稀、薄地宜密的原则，适当调整种植密度。贫瘠土壤施复合肥225～300kg/hm^2、钙镁磷肥375～750kg/hm^{2}作基肥，苗期视苗情追施复合肥或尿素300kg/hm^2。鼓粒期遇旱及时灌溉，注意除草、防虫。

适宜地区 湖南省、湖北省、江苏省、江西省、重庆市、四川省东南的长江流域地区。

832. 湘春豆V8（Xiangchundou V8）

品种来源 湖南省农业科学院作物研究所以福豆310作母本，浙0722作父本，经有性杂交，系谱法选育而成。原品系号湘春豆V8。2014年经湖南省农作物品种审定委员会审定，审定编号为湘审豆2014001。全国大豆品种资源统一编号ZDD31210。

特征 有限结荚习性。株型收敛，株高60.6cm，主茎节数11个，分枝3.3个。椭圆形叶，白花，灰毛。单株荚数27.1个，荚浅褐色，底荚高15cm。籽粒椭圆形，种皮黄色，脐褐色。百粒重18.0g。

湘春豆V8

特性 南方春大豆，中熟品种，生育期102d，3月下旬至4月上旬播种，7月中下旬成熟。籽粒大小均匀、整齐，成熟不裂荚，落叶性较好，较抗倒伏，耐旱、耐瘠性较强。田间抗大豆花叶病毒病、大豆霜霉病、大豆细菌性斑点病等主要病害。

产量品质 2012—2013年湖南省春大豆品种多点试验，平均产量2 761.5kg/hm^2，比对照湘春豆24增产10.9%。2013年生产试验，平均产量2 704.5kg/hm^2，比对照湘春豆24增产5.6%。蛋白质含量45.66%，脂肪含量17.92%。

栽培要点 3月下旬至4月上旬土温稳定上升至12℃以上时抢晴播种，保苗25万～30万株/hm^2。播种时用土杂肥22 500～30 000kg/hm^2、钙镁磷肥375～750kg/hm^{2}充分拌匀后作盖籽肥。2～3叶期根据苗情追施复合肥或尿素150kg/hm^2。及时防虫治病，封行前中耕除草。遇涝排渍，遇旱灌水。

适宜地区 湖南各地。

四川省品种

833. 贡豆15（Gongdou 15）

品种来源 四川省自贡市农业科学研究所1996年用诱处4号作母本，贡豆6号作父本，经有性杂交，系谱法选育而成。原品系号贡豆9612。2005年经四川省农作物品种审定委员会审定，审定编号为川审豆2005002。全国大豆品种资源统一编号ZDD24872。

贡豆15

特征 有限结荚习性。株高62.4cm，分枝2.7个，单株荚数35.7个，单株粒数75.9个。卵圆形叶，紫花，棕毛。粒椭圆形，种皮淡黄色，脐褐色。百粒重26.1g。

特性 南方春大豆，晚熟品种，生育期123d。4月上旬播种，5月下旬开花，7月下旬成熟。田间表现抗大豆花叶病毒病，抗倒伏，耐旱。

产量品质 2003—2004年四川省春播大豆品种区域试验，产量2 614.5kg/hm^2，比对照西豆3号增产11.5%。2004年生产试验，产量2 635.2kg/hm^2，比对照西豆3号增产16.6%。蛋白质含量42.70%，脂肪含量21.10%。

栽培要点 适宜中等肥力土壤种植。密度19.5万株/hm^2。以腐熟有机肥混过磷酸钙450.0kg/hm^{2}作底肥，苗期用清粪水或速效氮（尿素75.0kg/hm^2）提苗。及时间苗、定苗，中耕除草，防治食叶性害虫、蚜虫和红蜘蛛等，防治鼠害，黄熟及时收获。

适宜地区 四川盆地及盆周地区。

834. 贡豆16（Gongdou 16）

品种来源 四川省自贡市农业科学研究所1995年用湘春豆10号作母本，宁镇3号作父本，经有性杂交，系谱法选育而成。原品系号贡豆2105。2007年经四川省农作物品种审定委员会审定，审定编号为川审豆2007002。全国大豆品种资源统一编号ZDD24873。

特征 有限结荚习性。株型收敛。株高54.8cm，分枝3.0个，单株荚数30.9个，单株粒数62.9个。卵圆形叶，白花，灰毛。粒椭圆形，种皮黄色，脐深褐色。百粒重20.7g。

特性 南方春大豆，中熟品种，生育期108d。4月上旬播种，5月中旬开花，7月中旬成熟。田间表现中抗大豆花叶病毒病，抗倒伏，完全粒率较高。

产量品质 2005—2006年四川省春播大豆早熟品种区域试验，产量2 283.0kg/hm^2，比对照成豆9号增产13.9%。2006年生产试验，产量2 266.5kg/hm^2，比对照成豆9号增产15.9%。蛋白质含量43.50%，脂肪含量20.20%。

栽培要点 川北及盆周高海拔地区可迟至麦收后夏播，保苗24.0万株/hm^2。以腐熟有机肥混过磷酸钙450.0kg/hm^{2}作底肥，苗期用清粪水或速效氮（尿素75.0kg/hm^2）提苗。及时间苗、定苗，中耕除草，防治食叶性害虫、蚜虫和红蜘蛛等，防治鼠害，黄熟及时收获。

贡豆16

适宜地区 四川平坝、丘陵及低山区。

835. 贡豆18（Gongdou 18）

品种来源 四川省自贡市农业科学研究所1999年用贡豆12作母本，品系93（03）-7-1-10[贡豆7号 × 贡8815(向日黑黄豆 × 新六青)]作父本，经有性杂交，系谱法选育而成。原品系号贡豆V12。2008年经四川省农作物品种审定委员会审定，审定编号为川审豆2008006。全国大豆品种资源统一编号ZDD24874。

特征 有限结荚习性。株型收敛，株高46.8cm，分枝1.7个，单株荚数22.0个，单株粒数44.1个。叶大、椭圆形，白花，灰毛。粒椭圆形，种皮黄色，有微光泽，脐淡褐色。百粒重25.1g。

特性 南方春大豆，中熟品种，生育期103d。4月上旬播种，5月中旬开花，7月中旬成熟。中抗大豆花叶病毒病。抗倒伏，耐旱，

贡豆18

完全粒率高。

产量品质 2005—2006年四川省春播大豆品种区域试验，两年平均产量2 028.0kg/hm^2，比对照成豆9号减产0.6%。2007年生产试验，产量2 094.3kg/hm^2，比对照成豆9号增产12.3%。蛋白质含量47.00%，脂肪含量19.80%。

栽培要点 适宜中等肥力土壤种植。密度24.0万株/hm^2。以腐熟有机肥混过磷酸钙450.0kg/hm^2作底肥，苗期用清粪水或速效氮（尿素75.0kg/hm^2）提苗。及时间苗、定苗，中耕除草，防治食叶性害虫、蚜虫和红蜘蛛等，防治鼠害，黄熟及时收获。

适宜地区 四川盆地。

836. 贡豆19（Gongdou 19）

品种来源 四川省自贡市农业科学研究所2000年用贡豆12作母本，品系92（03）-1-1-1（仙035×贡豆5号）作父本，经有性杂交，系谱法选育而成。原品系号贡豆2038。2010年经四川省农作物品种审定委员会审定，审定编号为川审豆2010003。全国大豆品种资源统一编号ZDD31211。

特征 有限结荚习性。株高47.9cm，分枝2.7个，单株荚数28.3个，单株粒数59.0个。叶中等大小、卵圆形，白花，灰毛。粒椭圆形，种皮黄色，脐褐色。百粒重23.2g。

特性 南方春大豆，中熟品种，生育期105d。4月上旬播种，5月中旬开花，4月中旬成熟。较抗倒伏。田间表现抗大豆花叶病毒病。

产量品质 2007—2008年四川春播大豆早熟品种区域试验，产量2 221.5kg/hm^2，比对照南豆5号增产2.4%。2009年生产试验，产量2 169.9kg/hm^2，比对照南豆5号增产24.0%。蛋白质含量45.50%，脂肪含量17.40%。

栽培要点 适宜中等肥力土壤种植，喜肥水。密度24.0万～30.0万株/hm^2。以腐熟有机肥混过磷酸钙450.0kg/ hm^2作底肥，苗期用清粪水或速效氮（尿素75.0kg/hm^2）提苗，及时间苗、定苗，中耕除草，防治食叶性害虫、蚜虫和红蜘蛛等，防治鼠害，黄熟及时收获。

贡豆19

适宜地区 四川省平坝、丘陵及低山区。

837. 贡豆20（Gongdou 20）

品种来源 四川省自贡市农业科学研究所2001年用浙9703作母本，自育品系9823

（淮豆2号×爱和大荚豆）作父本，经有性杂交，系谱法选育而成。原品系号E107-3。2011年经四川省农作物品种审定委员会审定，审定编号为川审豆2011002。全国大豆品种资源统一编号ZDD31212。

特征 有限结荚习性。株高71.5cm，分枝2.8个，单株荚数29.3个，单株粒数60.9个。叶片大、椭圆形，白花，棕毛。粒椭圆形，种皮黄色，有微光泽，脐褐色。百粒重27.5g。

特性 南方春大豆，晚熟品种，生育期120d。4月上旬播种，5月中旬开花，7月下旬成熟。

产量品质 2008—2009年四川省春播大豆品种区域试验，产量2 284.5kg/hm^2，比对照南豆5号增产17.2%。2010年生产试验，产量2 542.5kg/hm^2，比对照南豆5号增产14.7%。蛋白质含量42.50%，脂肪含量20.20%。

贡豆20

栽培要点 适宜中等肥力土壤种植。密度19.5万株/hm^2。以腐熟有机肥混过磷酸钙450.0kg/hm^{2}作底肥，苗期用清粪水或速效氮（尿素75.0kg/hm^2）提苗。及时间苗、定苗，中耕除草，防治食叶性害虫、蚜虫和红蜘蛛等，防治鼠害，黄熟及时收获。

适宜地区 四川省平坝、丘陵及低山区。

838. 贡豆21（Gongdou 21）

品种来源 四川省自贡市农业科学研究所1998年用自育品系9407-2（西农87-3×美国黄沙豆）作母本，贡豆15作父本，经有性杂交，系谱法选育而成。原品系号D9814-1。2011年经四川省农作物品种审定委员会审定，审定编号为川审豆2011004。全国大豆品种资源统一编号ZDD31213。

特征 有限结荚习性。株高68.9cm，分枝4.4个，单株荚数38.9个，单株粒数69.3个。叶中等大小、卵圆形，紫花，灰毛。粒椭圆形，种皮黄色，有微光泽，脐黄色。百粒重22.2g。

特性 南方春大豆，晚熟品种，生育期120d。4月上旬播种，5月中旬开花，7月下旬成熟。植株繁茂，田间表现中抗大豆花叶病毒病。

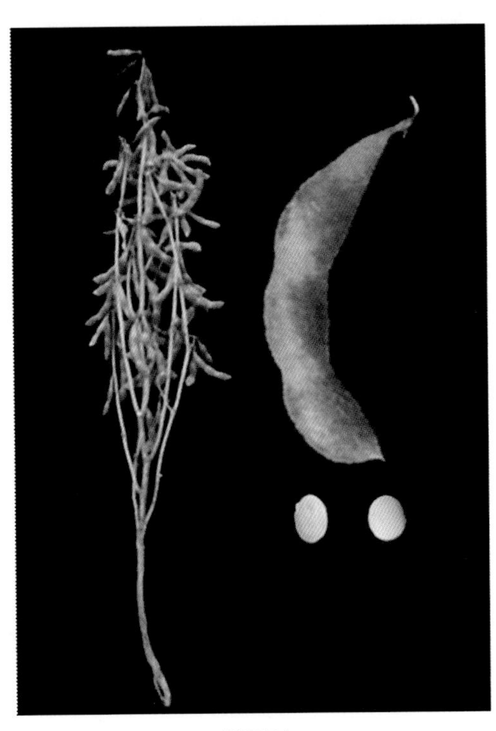
贡豆21

产量品质 2008—2009年四川省春播大豆品种区域试验，产量2 265.0kg/hm^2，比对照南豆5号增产16.2%。2010年生产试验，产量2 527.5kg/hm^2，比对照南豆5号增产22.3%。蛋白质含量39.70%，脂肪含量21.30%。

栽培要点 适宜中等肥力土壤种植。密度19.5万株/hm^2。以腐熟有机肥混过磷酸钙450.0kg/hm^{2}作底肥，苗期用清粪水或速效氮（尿素75.0kg/hm^2）提苗。及时间苗、定苗，中耕除草，防治食叶性害虫、蚜虫和红蜘蛛等，防治鼠害，黄熟及时收获。

适宜地区 四川省平坝、丘陵及低山区。

839. 贡豆22（Gongdou 22）

品种来源 四川省自贡市农业科学研究所2005年采用复交方式，以组合5（19）F_1［中豆32×3（45）$_3$（南豆5号×贡250[9915（贡豆9号×贡豆15）×9824（淮豆3号×爱和大荚豆）]）］作母本，株系贡444-1（9824×绿宝）作父本，经有性杂交，系谱法选育而成。原品系号贡豆590-1。2011年经国家农作物品种审定委员会审定，审定编号为国审豆2011014。全国大豆品种资源统一编号ZDD31214。

贡豆22

特征 有限结荚习性。株高49.7cm，分枝3.2个，单株荚数30.3个，单株粒数52.4个。卵圆形叶，白花，灰毛。粒椭圆形，种皮黄色，微光泽，脐淡褐色。百粒重23.5g。

特性 南方春大豆，中熟品种，生育期112d。4月上旬播种，5月中旬开花，7月中旬成熟。田间表现中抗大豆花叶病毒病，抗倒伏。

产量品质 2009—2010年长江流域春大豆品种区域试验，产量2 674.5kg/hm^2，比对照湘春豆10号增产7.5%。2010年生产试验，产量2 548.5kg/hm^2，比对照湘春豆10号增产4.7%。蛋白质含量40.00%，脂肪含量21.80%。

栽培要点 适宜中上等肥力土壤种植。条播间距0.4m×0.2m，每穴双苗。以腐熟有机肥混过磷酸钙450.0kg/hm^{2}作底肥，苗期用清粪水或速效氮（尿素75.0kg/hm^2）提苗，及时间苗、定苗，中耕除草，防治食叶性害虫、蚜虫和红蜘蛛等，防治鼠害，黄熟及时收获。

适宜地区 江西省、浙江省、重庆市、江苏省泰州、安徽省铜陵、湖南省北部和四川省中南部地区（春播）。

840. 贡秋豆3号（Gongqiudou 3）

品种来源 四川省自贡市农业科学研究所从荣县棕毛豆群体中优选出自然变异单株，

系选而成。原品系号贡秋豆05-8。2009年经四川省农作物品种审定委员会审定，审定编号为川审豆2009001。全国大豆品种资源统一编号ZDD24875。

特征 有限结荚习性。株型收敛，株高74.6cm，分枝4.0个，单株荚数51.4个，单株粒数77.2个。叶片大、椭圆形，紫花，棕毛。粒椭圆形，种皮绿色，子叶黄色，脐深褐色。百粒重26.6g。

特性 南方夏大豆，晚熟品种，生育期150d。5月下旬至6月下旬播种均可，8月上旬开花，10月下旬成熟。植株繁茂，茎秆粗壮。中感大豆花叶病毒病。耐阴。

贡秋豆3号

产量品质 2006—2007年四川省夏大豆品种区域试验，两年平均产量1 492.5kg/hm^2，比对照贡选1号增产11.9％。2008年生产试验，平均产量1 690.55kg/hm^2，比对照贡选1号增产10.8％。蛋白质含量47.80％，脂肪含量20.70％。

栽培要点 种植方式为玉米/大豆3.0-3.0（2.5-2.5）套作，大豆尽量在玉米地封行前播下（5月下旬见雨播种），净作地可推迟至6月下旬播种。套作时在玉米空厢按行距0.4 ～ 0.5m、窝距34.0cm种植两行，每窝最多留苗2株。玉米收获后及时砍倒，可整理留于地里覆盖，利于防草。开花前后注意防治食叶性害虫、蚜虫和红蜘蛛等，黄熟及时收获。

适宜地区 四川省平坝、丘陵及低山区。

841. 贡秋豆4号（Gongqiudou 4）

品种来源 四川省自贡市农业科学研究所2003年用平武高脚黄作母本，贡秋豆3号作父本，经有性杂交，系谱法选育而成。原品系号贡秋豆378-1。2012年经四川省农作物品种审定委员会审定，审定编号为川审豆2012005。全国大豆品种资源统一编号ZDD31215。

特征 有限结荚习性。株型收敛，株高82.4cm，分枝4.9个，单株荚数51.3个，单株粒数87.1个。叶片大、椭圆形，紫花，灰毛。粒椭圆形，种皮黄色，脐褐色。百粒重23.3g。

特性 南方夏大豆，晚熟品种，生育期139d。5月下旬至6月下旬播种均可，8月上旬开花，10月下旬成熟。植株繁茂，茎秆粗壮，抗倒伏，耐旱，耐阴。中抗大豆花叶病毒病。

贡秋豆4号

产量品质 2008—2009年四川省夏播大豆晚熟品种区域试验，两年平均产量1 593.0kg/hm^2，比对照贡选1号增产16.0%。2010年生产试验，产量1 885.2kg/hm^2，比对照贡选1号增产20.4%。蛋白质含量50.30%，脂肪含量17.30%。

栽培要点 适宜中等肥力土壤种植。种植方式为玉米/大豆3.0-3.0（2.5-2.5）套作，大豆尽量在玉米地封行前播下（5月下旬见雨播种），净作地可推迟至6月下旬播种。套作时在玉米空厢按行距0.4 ~ 0.5m，窝距34.0cm种植两行，每窝最多留苗2株。玉米收获后及时砍倒，可整理留于地里覆盖，利于防草。开花前后注意防治食叶性害虫、蚜虫和红蜘蛛等，黄熟及时收获。

适宜地区 四川省平坝、丘陵及低山区。

842. 贡秋豆5号（Gongqiudou 5）

贡秋豆5号

品种来源 四川省自贡市农业科学研究所2003年用贡选1号作母本，贡秋豆3号作父本，经有性杂交，系谱法选育而成。原品系号贡秋豆370-9。2012年经四川省农作物品种审定委员会审定，审定编号为川审豆2012006。全国大豆品种资源统一编号ZDD31216。

特征 有限结荚习性。株型收敛，株高85.0cm，分枝5.1个，单株荚数53.8个，单株粒数88.2个。叶片大、椭圆形，紫花，棕毛。粒椭圆形，种皮黄色，脐深褐色。百粒重27.2g。

特性 南方夏大豆，中晚熟品种，生育期139d。5月下旬至6月下旬播种均可，8月上旬开花，10月下旬成熟。植株繁茂，茎秆粗壮。田间中抗大豆花叶病毒病，属落叶型品种。

产量品质 2008—2010年四川省夏播大豆晚熟品种区域试验，平均产量1 560.0kg/hm^2，比对照贡选1号增产12.5%。2011年生产试验，产量1 816.5kg/hm^2，比对照贡选1号增产

24.1%。蛋白质含量46.70%，脂肪含量18.70%。

栽培要点 种植方式为玉米/大豆3.0-3.0（2.5-2.5）套作，大豆尽量在玉米地封行前播下（5月下旬见雨播种），净作地可推迟至6月下旬播种。套作时在玉米空厢按行距0.4 ~ 0.5m、窝距34.0cm种植两行，每窝最多留苗2株。玉米收获后及时砍倒，可整理留于地里覆盖，利于防草。开花前后注意防治食叶性害虫、蚜虫和红蜘蛛等，黄熟及时收获。

适宜地区 四川省平坝、丘陵及低山区。

843. 贡秋豆7号（Gongqiudou 7）

品种来源 四川省自贡市农业科学研究所2005年用株系3（12）[贡258（广元田坎豆×贡豆15）×贡豆14]作母本，贡选1号作父本，经有性杂交，系谱法选育而成，原品系号贡秋豆5109。2012年经四川省农作物品种审定委员会审定，审定编号为川审豆2012007。全国大豆品种资源统一编号ZDD31217。

特征 有限结荚习性。株型收敛，株高72.9cm，分枝4.6个，单株荚数66.8个，单株粒数109.6个。叶片中等大小，卵圆形，紫花，棕毛。粒椭圆形，种皮黄色，脐深褐色。百粒重19.6g。

特性 南方夏大豆，晚熟品种，生育期133d。5月中下旬至6月下旬播种，7月底开花，10月中旬成熟。喜肥水，抗倒伏，耐阴。

产量品质 2009—2010年四川省夏播大豆晚熟品种区域试验，平均产量1 495.5kg/hm^2，比对照贡选1号增产3.8%。2011年生产试验，产量1 875.0kg/hm^2，比对照贡豆1号增产24.0%。蛋白质含量48.60%，脂肪含量18.00%。

贡秋豆7号

栽培要点 种植方式为玉米/大豆3.0-3.0（2.5-2.5）套作，大豆尽量在玉米地封行前播下（5月下旬见雨播种），净作地可推迟至6月下旬播种。套作时在玉米空厢按行距0.4 ~ 0.5m、窝距34.0cm种植两行，每窝最多留苗2株。玉米收获后及时砍倒，可整理留于地里覆盖，利于防草。开花前后注意防治食叶性害虫、蚜虫和红蜘蛛等，黄熟及时收获。

适宜地区 四川省平坝、丘陵及低山区。

844. 贡秋豆8号（Gongqiudou 8）

品种来源 四川省自贡市农业科学研究所2005年用组合4（93）F_1[（贡豆12×台

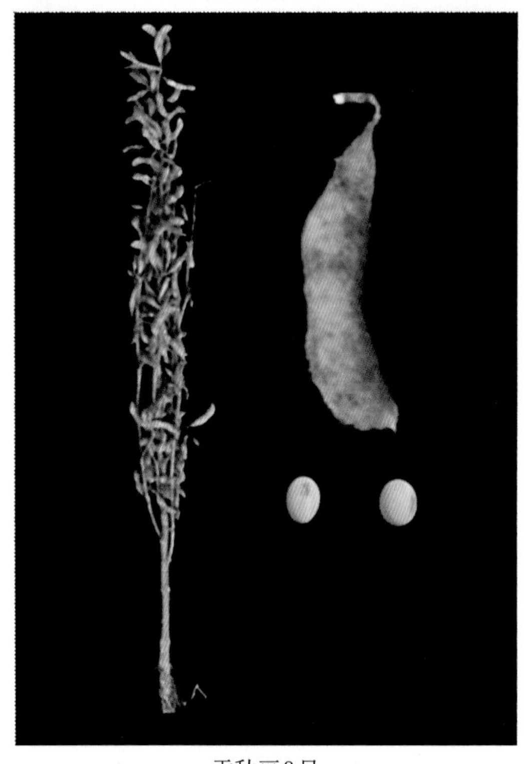

贡秋豆8号

75) F_2 ×（贡豆9号 × 扁茎大豆）F_4] 为母本，荣县棕毛冬豆为父本，经有性杂交，南繁加代，摘荚-系谱法处理，玉米地套作鉴定选育而成。原品系号贡秋豆578-2。2013年经四川省农作物品种审定委员会审定，审定编号为川审豆2013004。全国大豆品种资源统一编号ZDD31218。

特征 有限结荚习性。株型收敛，株高65.6cm，分枝3.8个，单株荚数46.4个，单株粒数77.3个。叶片中等大小、卵圆形，白花，灰毛。粒椭圆形，种皮黄色，脐褐色。百粒重20.0g。

特性 南方夏大豆，晚熟品种，生育期127.8d。5月中下旬至6月下旬播种，7月底开花，10月中旬成熟。抗倒伏。田间抗大豆花叶病毒病。

产量品质 2010—2011年四川省夏播大豆晚熟品种区域试验，平均产量1 477.5kg/hm^2，比对照贡选1号增产0.2%。2012年生产试验，产量1 766.9kg/hm^2，比对照贡豆1号增产15.9%。蛋白质含量48.10%，脂肪含量20.0%。

栽培要点 种植方式为玉米/大豆3.0-3.0（2.5-2.5）套作，大豆尽量在玉米地封行前播下（5月下旬见雨播种），净作地可推迟至6月下旬播种。套作时在玉米空厢按行距0.4 ~ 0.5m、窝距34.0cm种植两行，每窝最多留苗2株。玉米收获后及时砍倒，可整理留于地里覆盖，利于防草。开花前后注意防治食叶性害虫、蚜虫和红蜘蛛等，黄熟及时收获。

适宜地区 四川盆地及盆周地区，可麦/玉（甘薯）/豆套作。

845. 南豆7号（Nandou 7）

品种来源 四川省南充市农业科学院以成豆4号为母本，9105-5（矮脚早 × 贡豆6号）的F_6为父本，经有性杂交，系谱法选育而成。原品系号9808-2。2005年经四川省农作物品种审定委员会审定，命名为南豆7号，审定编号为川审豆2005004。全国大豆品种资源统一编号ZDD24878。

特征 亚有限结荚习性。株高51.0cm，分枝3 ~ 4个，株型收敛。披针形叶，紫花，灰毛。单株荚数32.0个，荚褐色。粒椭圆形，种皮浅绿色，有光泽，子叶黄色，脐褐色。百粒重25.0g。

特性 南方春大豆，早熟品种，生育期106d，4月上旬播种，7月中旬成熟。抗大豆花叶病毒病、大豆叶斑病。抗倒伏性强，落叶性好，不裂荚。

产量品质 2003—2004年四川省春大豆早熟组区域试验，平均产量2 157.0kg/hm^2，比对照成豆9号增产6.2%。2004年生产试验，平均产量2 479.5kg/hm^2，比对照成豆9号增产12.9%。蛋白质含量41.90%，脂肪含量19.40%。

栽培要点 适宜中等肥力以上土壤种植。春播3月下旬至4月上旬，种植密度净作25万株/hm^2，底肥施过磷酸钙375 ~ 450kg/hm^2，初花期施尿素45 ~ 60kg/hm^2。幼苗期注意防治大豆根腐病和大豆疫霉根腐病，在2 ~ 3叶期、分枝期、初花期防控豆秆黑潜蝇、蚜虫等害虫。防除杂草。

适宜地区 四川省平坝、丘陵、低山地区。

南豆7号

846. 南豆8号（Nandou 8）

品种来源 四川省南充市农业科学院以鄂豆5号为母本，西豆3号为父本，经有性杂交，系谱法选择育成。原品系号9808-6。2005年经四川省农作物品种审定委员会审定，命名为南豆8号，审定编号为川审豆2005001。2005年被确定为四川省农业厅重点推广品种。全国大豆品种资源统一编号ZDD24879。

特征 有限结荚习性。株高52.0cm，分枝3 ~ 4个，株型收敛。披针形叶，白花，棕毛。单株荚数32.0个，荚深褐色。粒椭圆形，种皮黄色，有光泽，脐浅褐色。百粒重22.0g。

特性 南方春大豆，早熟品种，生育期106d，4月上旬播种，7月中旬成熟。抗大豆花叶病毒病、大豆叶斑病。抗倒伏性强，落叶性好，不裂荚。

产量品质 2003—2004年四川省春大豆早熟组区域试验，平均产量2 334.0kg/hm^2，比对照成豆9号增产14.9%。2004年生产试验，平均产量2 883.0kg/hm^2，比对照成豆9号增产30.3%。蛋白质含量45.20%，脂肪含量18.20%。

南豆8号

栽培要点 适宜中等肥力以上土壤种植。春播3月下旬至4月上旬，种植密度净作25万株/hm^2。底肥施过磷酸钙375 ~ 450kg/hm^2，初花期施尿素45 ~ 60kg/hm^2。幼苗期注意防治大豆根腐病和大豆疫霉根腐病，在2 ~ 3叶期、分枝期、初花期防控豆秆黑潜蝇、蚜虫等害虫。防除杂草。

适宜地区 四川省盆地及盆周地区。

847. 南豆9号（Nandou 9）

品种来源 四川省南充市农业科学院以矮脚早为母本，川豆4号为父本，经有性杂交，系谱选择法育成。原品系号9907-25。2006年经四川省农作物品种审定委员会审定，命名为南豆9号，审定编号为川审豆2006001。全国大豆品种资源统一编号ZDD24880。

南豆9号

特征 有限结荚习性。株高49.0cm，分枝3 ~ 4个，株型收敛。披针形叶，白花，棕毛。单株荚数28.0个，荚深褐色。粒椭圆形，种皮黄色，有光泽，脐浅褐色。百粒重25.0g。

特性 南方春大豆，早熟品种，生育期108d，4月上旬播种，7月中旬成熟。抗大豆花叶病毒病、大豆叶斑病。耐瘠，耐旱。抗倒伏性强，落叶性好，不裂荚。

产量品质 2003—2004年四川省春大豆早熟组区域试验，平均产量2 166.0kg/hm^2，比对照成豆9号增产6.6%。2004年生产试验，平均产量2 512.5kg/hm^2，比对照成豆9号增产18.6%。蛋白质含量46.80%，脂肪含量17.40%。

栽培要点 适宜中等肥力以上土壤种植。春播3月下旬至4月上旬，种植密度净作25万株/hm^2。底肥施过磷酸钙375 ~ 450kg/hm^2，初花期施尿素45 ~ 60kg/hm^2。幼苗期注意防治大豆根腐病和大豆疫霉根腐病，在2 ~ 3叶期、分枝期、初花期防控豆秆黑潜蝇、蚜虫等害虫。防除杂草。

适宜地区 四川省平坝、丘陵、低山地区。

848. 南豆10号（Nandou 10）

品种来源 四川省南充市农业科学院以矮脚早为母本，川湘早1号为父本，经有性杂交，系谱选择法育成。原品系号9903-1。2007年经四川省农作物品种审定委员会审定，命名为南豆10号，审定编号为川审豆2007004。全国大豆品种资源统一编号ZDD24881。

特征 有限结荚习性。株高51.0cm，分枝3～4个，株型收敛。披针形叶，白花，棕毛。单株荚数34.6个，荚褐色。粒椭圆形，种皮黄色，有光泽，脐褐色。百粒重24.2g。

特性 南方春大豆，中熟品种，生育期117d，4月上旬播种，7月下旬成熟。抗大豆花叶病毒病、大豆叶斑病。耐瘠，耐旱。抗倒伏性强，落叶性好，不裂荚。

产量品质 2003—2004年四川省春大豆中熟组区域试验，平均产量2 527.5kg/hm^2，比对照西豆3号增产7.8％。2004年生产试验，平均产量2 901.0kg/hm^2，比对照西豆3号增产19.6%。蛋白质含量42.70%，脂肪含量18.80%。

栽培要点 适宜中等肥力以上土壤种植。春播3月下旬至4月上旬，种植密度净作25万株/hm^2。底肥施过磷酸钙375～450kg/hm^2，初花期施尿素45～60kg/hm^2。幼苗期注意防治大豆根腐病和大豆疫霉根腐病，在2～3叶期、分枝期、初花期防控豆秆黑潜蝇、蚜虫等害虫。防除杂草。

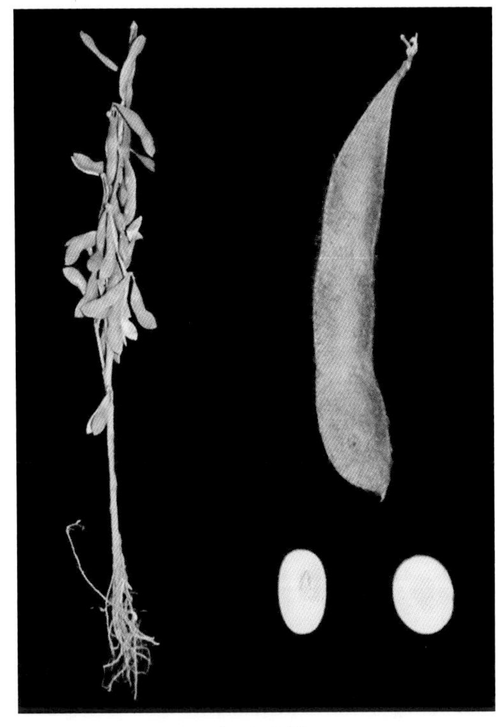
南豆10号

适宜地区 四川省平坝、丘陵、低山地区。

849. 南豆11（Nandou 11）

品种来源 四川省南充市农业科学院以成豆4号为母本，贡豆6号为父本，经有性杂交，系谱选择法育成。原品系号南9906-32。2006年经国家农作物品种审定委员会审定，命名为南豆11，审定编号为国审豆2006018。2008年经四川省农作物品种审定委员会审定，审定编号为川审豆2008001。全国大豆品种资源统一编号ZDD24882。

特征 有限结荚习性。株高47.3cm，分枝3～4个，株型收敛。卵圆形叶，白花，棕毛。单株荚数27.8个，荚褐色。粒椭圆形，种皮黄色，有光泽，脐褐色。百粒重23.4g。

特性 南方春大豆，早熟品种，生育期105d，4月上旬播种，7月中旬成熟。抗大豆花

南豆11

叶病毒病、大豆叶斑病。耐瘠，耐旱。抗倒伏性强，落叶性好，不裂荚。

产量品质 2004—2005年长江流域春大豆品种区域试验，平均产量2 619.0kg/hm^2，比对照湘春豆10号增产5.5%。2005年生产试验，平均产量2 367.0kg/hm^2，比对照湘春豆10号增产6.5%。2005—2006年四川省春大豆早熟组区域试验，平均产量2 209.5kg/hm^2，比对照成豆9号增产8.3%。2006年生产试验，平均产量2 809.5kg/hm^2，比对照成豆9号增产22.0%。蛋白质含量46.69%，脂肪含量18.93%。

栽培要点 适宜中等肥力以上土壤种植。春播3月下旬至4月上旬，种植密度净作25万株/hm^2。底肥施过磷酸钙375～450kg/hm^2，初花期施尿素45～60kg/hm^2。幼苗期注意防治大豆根腐病和大豆疫霉根腐病，在2～3叶期、分枝期、初花期防控豆秆黑潜蝇、蚜虫等害虫。防除杂草。

适宜地区 四川省盆地、丘陵、低山地区（春播）。

850. 南豆12（Nandou 12）

品种来源 四川省南充市农业科学院1998年利用^{60}Co γ 射线辐射B抗57，系谱法选择育成。原品系号南冬抗032-4。2008年经四川省农作物品种审定委员会审定，命名为南豆12，审定编号为川审豆2008002。2009—2013年连续5年被农业部和四川省农业厅确定为主导品种。全国大豆品种资源统一编号ZDD24883。

南豆12

特征 有限结荚习性。株高64.0cm，分枝5～6个，株型收敛。椭圆形叶，白花，棕毛。单株荚数52.1个，荚深褐色。粒椭圆形，种皮黄色，有光泽，脐深褐色。百粒重18.1g。

特性 南方夏大豆，晚熟品种，生育期147d，6月上旬至下旬播种，10月下旬成熟。抗大豆花叶病毒病。耐瘠，耐旱，耐阴，耐肥性好。抗倒伏性强，落叶性好，不裂荚。

产量品质 2005—2006年四川省夏大豆晚熟组区域试验，平均产量1 372.5kg/hm^2，比对照贡选1号增产13.4%。2007年生产试验，平均产量2 394.0kg/hm^2，比对照贡选1号增产25.2%。蛋白质含量51.79%，脂肪含量17.63%。

栽培要点 适宜净作、与玉米间套作、幼林间作、田埂豆。玉米套作6月中旬至下旬播种，净作6月上旬至中旬播种。种植密度“双三〇玉/豆”模式9.9万～11.7万株/hm^2，“双六尺玉/豆”模式7.5万～7.95万株/hm^2，净作13.5万～15.0万株/hm^2。施过磷酸钙450kg/

hm^2作底肥，在2～3叶期或分枝期使用烯效唑化控防倒。幼苗期注意防治大豆根腐病和大豆疫霉根腐病，在2～3叶期、分枝期、初花期防控豆秆黑潜蝇、蚜虫等害虫。防除杂草。

适宜地区 四川省平坝、丘陵、低山地区。

851. 南豆14（Nandou 14）

品种来源 四川省南充市农业科学院以贡选1号为母本，B抗57为父本，经有性杂交，系谱选择法育成。原品系号南冬抗021-1。2008年经四川省农作物品种审定委员会审定，命名为南豆14，审定编号为川审豆2008003。全国大豆品种资源统一编号ZDD24884。

南豆14

特征 有限结荚习性。株高68.3cm，分枝5～6个，株型收敛。椭圆形叶，白花，灰毛。单株荚数67.5个，荚灰褐色。粒椭圆形，种皮黄色，有光泽，脐浅褐色。百粒重16.9g。

特性 南方夏大豆，晚熟品种，生育期145d，6月上旬至下旬播种，10月下旬成熟。抗大豆花叶病毒病。耐阴，耐肥性好。抗倒伏性强，落叶性好，不裂荚。

产量品质 2005—2006年四川省夏大豆晚熟组区域试验，平均产量1 284.0kg/hm^2，比对照贡选1号增产6.1%。2007年生产试验，平均产量2 203.5kg/hm^2，比对照贡选1号增产15.2%。蛋白质含量50.84%，脂肪含量16.81%。

栽培要点 适宜中等肥力以上土壤种植。净作密度20万株/hm^2，底肥施过磷酸钙375～450kg/hm^2，初花期施尿素45～60kg/hm^2。幼苗期注意防治大豆根腐病和大豆疫霉根腐病，在2～3叶期、分枝期、初花期防控豆秆黑潜蝇、蚜虫等害虫。防除杂草。

适宜地区 四川省平坝、丘陵、低山地区。

852. 南豆15（Nandou 15）

品种来源 四川省南充市农业科学院以川豆3号为母本，南豆9号为父本，经有性杂交，系谱法选择育成。原品系号南107-13。2008年经四川省农作物品种审定委员会审定，命名为南豆15，审定编号为川审豆2008004。全国大豆品种资源统一编号ZDD24885。

特征 有限结荚习性。株高43.3cm，分枝3～4个，株型收敛。卵圆形叶，白花，棕毛。单株荚数28.4个，荚深褐色。粒椭圆形，种皮黄色，有光泽，脐褐色。百粒重25.0g。

南豆15

特性 南方春大豆，早熟品种，生育期105d，4月上旬播种，7月中旬成熟。抗大豆花叶病毒病。抗倒伏性强，落叶性好，不裂荚。

产量品质 2005—2006年四川省春大豆早熟组区域试验，平均产量2 175.0kg/hm^2，比对照成豆9号增产6.6%。2007年生产试验，平均产量2 872.5kg/hm^2，比对照成豆9号增产24.8%。蛋白质含量44.39%，脂肪含量20.67%。

栽培要点 适宜中等肥力以上土壤种植。春播3月下旬至4月上旬，种植密度净作25万株/hm^2。底肥施过磷酸钙375 ~ 450kg/hm^2，初花期施尿素45 ~ 60kg/hm^2。幼苗期注意防治大豆根腐病和大豆疫霉根腐病，在2 ~ 3叶期、分枝期、初花期防控豆秆黑潜蝇、蚜虫等害虫。防除杂草。

适宜地区 四川省平坝、丘陵、低山地区。

853. 南豆16（Nandou 16）

南豆16

品种来源 四川省南充市农业科学院以贡选1号为母本，B抗57为父本，经有性杂交，系谱法选择育成。原品系号南冬抗022-2。2009年经四川省农作物品种审定委员会审定，命名为南豆16，审定编号为川审豆2009003。全国大豆品种资源统一编号ZDD24886。

特征 有限结荚习性。株高79.7cm，分枝5 ~ 6个，株型收敛。卵圆形叶，紫花，棕毛。单株荚数71.2个，荚深褐色。粒椭圆形，种皮黄色，有光泽，脐褐色。百粒重16.1g。

特性 南方夏大豆，晚熟品种，生育期146d，6月上旬至下旬播种，10月下旬成熟。抗大豆花叶病毒病。耐阴，耐肥性好。抗倒伏性强，落叶性好，不裂荚。

产量品质 2005—2006年四川省夏大豆晚熟组区域试验，平均产量1 422.0kg/hm^2，比对照贡选1号增产17.5%。2007年生产试验，平均产量2 415.0kg/hm^2，比对照贡选1号增产

26.3%。蛋白质含量50.28%，脂肪含量17.61%。

栽培要点 适宜净作、与玉米间套作、幼林间作、田埂豆。种植密度“双三〇玉/豆”模式9.9万～11.7万株/hm^2，“双六尺玉/豆”模式7.5万～7.95万株/hm^2，净作13.5万～15.0万株/hm^2。施过磷酸钙450kg/hm^{2}作底肥。在2～3叶期或分枝期使用烯效唑化控壮苗防倒。幼苗期注意防治大豆根腐病和大豆疫霉根腐病，在2～3叶期、分枝期、初花期防控豆秆黑潜蝇、蚜虫等害虫。防除杂草。

适宜地区 四川省平坝、丘陵、低山地区。

854. 南豆17（Nandou 17）

品种来源 四川省南充市农业科学院2000年利用^{60}Co γ 射线辐射荣县冬豆，2002年从M_2代选优良变异单株，经2003—2005年3年共5代系谱选育而成。原品系号南F05-62。2010年经四川省农作物品种审定委员会审定，命名为南豆17，审定编号为川审豆2010005。全国大豆品种资源统一编号ZDD24887。

南豆17

特征 有限结荚习性。株高87.7cm，分枝5～6个，株型收敛。椭圆形叶，白花，灰毛。单株荚数64.9个，荚灰褐色。粒椭圆形，种皮黄色，有光泽，脐褐色。百粒重18.5g。

特性 南方夏大豆，晚熟品种，生育期143d，6月上旬至下旬播种，10月下旬成熟。抗大豆花叶病毒病。耐肥性好。抗倒伏性强，落叶性好，不裂荚。

产量品质 2007—2008年四川省夏大豆晚熟组区域试验，平均产量1 422.0kg/hm^2，比对照贡选1号增产4.48%。2009年生产试验，平均产量1 935.0kg/hm^2，比对照贡选1号增产14.0 %。蛋白质含量47.20%，脂肪含量16.30%。

栽培要点 适宜中等肥力以上土壤种植，净作密度20万株/hm^2。底肥施过磷酸钙375～450kg/hm^2，初花期施尿素45～60kg/hm^2。幼苗期注意防治大豆根腐病和大豆疫霉根腐病，在2～3叶期、分枝期、初花期防控豆秆黑潜蝇、蚜虫等害虫。防除杂草。

适宜地区 四川省平坝、丘陵、低山地区。

855. 南豆18（Nandou 18）

品种来源 四川省南充市农业科学院1999 年利用^{60}Co γ 射线辐射荣县冬豆，2001年从M_2代中获选到优良变异单株，系谱选育而成。原品系号南F044-255。2010年经四川省农作物品种审定委员会审定，命名为南豆18，审定编号为川审豆2010006。全国大豆品种资源统一编号ZDD31219。

南豆18

特征 有限结荚习性。株高83.7cm，分枝4～6个，株型收敛。卵圆形叶，紫花，灰毛。单株荚数65.5个，荚灰褐色。粒椭圆形，种皮黄色，有光泽，脐褐色。百粒重16.7g。

特性 南方夏大豆，晚熟品种，生育期140d，6月上旬至下旬播种，10月下旬成熟。抗大豆花叶病毒病。耐肥性好。抗倒伏性强，落叶性好，不裂荚。

产量品质 2007—2008年四川省夏大豆晚熟组区域试验，平均产量1 654.5kg/hm^2，比对照贡选1号增产21.8%。2009年生产试验，平均产量2 058.0kg/hm^2，比对照贡选1号增产21.2%。蛋白质含量46.90%，脂肪含量15.40%。

栽培要点 适宜中等肥力以上土壤种植。净作密度20万株/hm^2。底肥施过磷酸钙375～450kg/hm^2，初花期施尿素45～60kg/hm^2。幼苗期注意防治大豆根腐病和大豆疫霉根腐病，在2～3叶期、分枝期、初花期防控豆秆黑潜蝇、蚜虫等害虫。防除杂草。

适宜地区 四川省平坝、丘陵、低山地区。

南豆19

856. 南豆19（Nandou 19）

品种来源 四川省南充市农业科学院1999年以大竹冬豆为母本，荣县冬豆为父本，经有性杂交，系谱法选择育成。原品系号南256-4。2010年经四川省农作物品种审定委员会审定，命名为南豆19，审定编号为川审豆2010007。全国大豆品种资源统一编号ZDD24888。

特征 有限结荚习性。株高87.9cm，分枝4.7个，株型收敛。椭圆形叶，白花，灰毛。单株荚数59.0个，荚灰褐色。粒椭圆形，种皮黄色，有光泽，脐褐色。百粒重19.95g。

特性 南方夏大豆，晚熟品种，生育期

149d，6月上旬至下旬播种，10月下旬成熟。抗大豆花叶病毒病。耐肥性好。抗倒伏性强，落叶性好，不裂荚。

产量品质 2007—2008年四川省夏大豆晚熟组区域试验，平均产量1 491.0kg/hm^2，比对照贡选1号增产9.3%。2009年生产试验，平均产量2 058.0kg/hm^2，比对照贡选1号增产21.2%。蛋白质含量46.90%，脂肪含量15.80%。

栽培要点 适宜中等肥力以上土壤种植。净作密度20万株/hm^2。底肥施过磷酸钙375～450kg，初花期施尿素45～60kg/hm^2。幼苗期注意防治大豆根腐病和大豆疫霉根腐病，在2～3叶期、分枝期、初花期防控豆秆黑潜蝇、蚜虫等害虫。防除杂草。

适宜地区 四川省平坝、丘陵、低山地区。

857. 南黑豆20（Nanheidou 20）

品种来源 四川省南充市农业科学院利用^{60}Co γ 射线辐射贡选1号，通过系谱法选育而成。原品系号南F7256-3。2012年经四川省农作物品种审定委员会审定，命名为南黑豆20，审定编号为川审豆2012004。全国大豆品种资源统一编号ZDD31220。

特征 有限结荚习性。株高79.4cm，分枝4.4个，株型收敛。卵圆形叶，紫花，棕毛。单株荚数56.2个，荚褐色。粒椭圆形，种皮黑色，有光泽，子叶黄色，脐褐色。百粒重24.9g。

南黑豆20

特性 南方夏大豆，晚熟品种，生育期136d，6月上旬至下旬播种，10月下旬成熟。抗大豆花叶病毒病。耐肥性好。抗倒伏性强，落叶性好，不裂荚。

产量品质 2009—2010年四川省夏大豆晚熟组区域试验，平均产量1 593.0kg/hm^2，比对照贡选1号增产17.6%。2011年生产试验，平均产量2 112.0kg/hm^2，比对照贡选1号增产31.7%。蛋白质含量50.70%，脂肪含量15.90%。

栽培要点 适宜净作、与玉米间套作、幼林间作、田埂豆。适宜播期，玉米套作6月中旬至下旬，净作6月上旬至中旬。种植密度，“双三〇玉/豆”模式9.9万～11.7万株/hm^2，“双六尺玉/豆”模式7.5万～7.95万株/hm^2，净作13.5万～15.0万株/hm^2。施过磷酸钙450kg/hm^{2}作底肥。在2～3叶期或分枝期使用烯效唑化控防倒。幼苗期注意防治大豆根腐病和大豆疫霉根腐病，在2～3叶期、分枝期、初花期防控豆秆黑潜蝇、蚜虫等害虫。防除杂草。

适宜地区 四川省平坝、丘陵、低山地区。

858. 南豆21（Nandou 21）

品种来源 四川省南充市农业科学院以南豆5号为母本，德阳六月黄为父本，经有性杂交，系谱法选择育成。原品系号南45-2。2011年经四川省农作物品种审定委员会审定，命名为南豆21，审定编号为川审豆2011003。全国大豆品种资源统一编号ZDD24889。

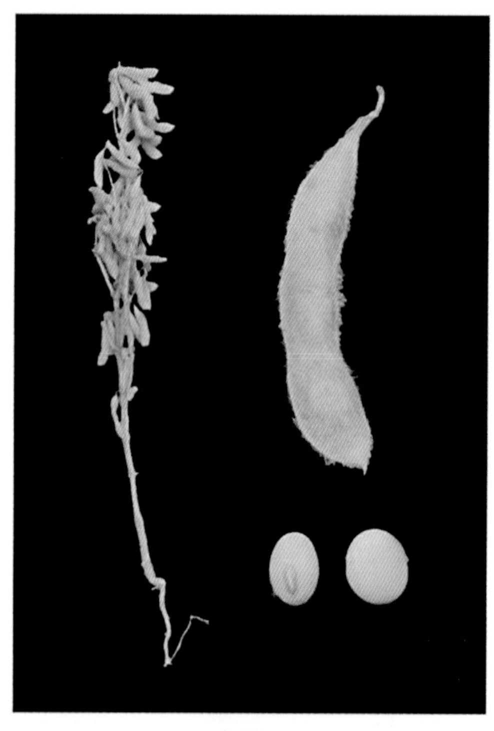

南豆21

特征 有限结荚习性，株高63.3cm，分枝2.3个，株型收敛。卵圆形叶，白花，灰毛。单株荚数31.6个，荚褐色。粒椭圆形，种皮黄色，有光泽，脐浅褐色。百粒重22.6g。

特性 南方春大豆，中熟品种，生育期113d，4月上旬播种，7月下旬成熟。抗大豆花叶病毒病。抗倒伏性强，落叶性好，不裂荚。

产量品质 2008—2009年四川省春大豆组区域试验，平均产量2 125.5kg/hm^2，比对照南豆5号增产9.0%。2010年生产试验，平均产量2 958.0kg/hm^2，比对照南豆5号增产23.0%。蛋白质含量46.20%，脂肪含量20.30%。

栽培要点 适宜中等肥力以上土壤种植。春播3月下旬至4月上旬，净作密度25万株/hm^2。底肥施过磷酸钙375 ~ 450kg/hm^2，初花期施尿素45 ~ 60kg/hm^2。幼苗期注意防治大豆根腐病和大豆疫霉根腐病，在2 ~ 3叶期、分枝期、初花期防控豆秆黑潜蝇、蚜虫等害虫。防除杂草。

适宜地区 四川省平坝、丘陵、低山地区。

859. 南豆22（Nandou 22）

品种来源 四川省南充市农业科学院用^{60}Co γ 射线辐射南冬抗032-4，系谱法选育而成。原品系号南F06-6。2011年经四川省农作物品种审定委员会审定，命名为南豆22，审定编号为川审豆2011001。全国大豆品种资源统一编号ZDD24890。

特征 有限结荚习性。株高70.3cm，分枝4.6个，株型收敛。卵圆形叶，紫花，灰毛。单株荚数59.0个，荚灰褐色。粒椭圆形，种皮黄色，有光泽，脐浅褐色。百粒重20.1g。

特性 南方夏大豆，中熟品种，生育期128d，6月中旬至下旬播种，10月中旬成熟。抗大豆花叶病毒病，耐肥性好。抗倒伏性强，落叶性好，不裂荚。

产量品质 2008—2009年四川省夏大豆晚熟组区域试验，平均产量1 741.5kg/hm²，比对照贡选1号增产26.9%。2010年生产试验，平均产量2 284.5kg/hm²，比对照贡选1号增产26.5%。蛋白质含量42.30%，脂肪含量18.40%。

栽培要点 适宜净作、与玉米间套作、幼林间作、田埂豆。适宜播期，玉米套作6月中旬至下旬，净作6月上旬至中旬。种植密度，"双三〇玉/豆"模式9.9万～11.7万株/hm²，"双六尺玉/豆"模式7.5万～7.95万株/hm²，净作13.5万～15.0万株/hm²。施过磷酸钙450kg/hm²作底肥，在2～3叶期或分枝期使用烯效唑化控防倒。幼苗期注意防治大豆根腐病和大豆疫霉根腐病，在2～3叶期、分枝期、初花期防控豆秆黑潜蝇、蚜虫等害虫。防除杂草。

适宜地区 四川省平坝、丘陵、低山地区。

南豆22

860. 南豆23（Nandou 23）

品种来源 四川省南充市农业科学院以南豆11为母本，自育中间材料（浙春3号×南豆8号）的F_4代为父本，经有性杂交，系谱法选育而成。原品系号南06-44。2012年经四川省农作物品种审定委员会审定，命名为南豆23，审定编号为川审豆2012001。全国大豆品种资源统一编号ZDD31221。

特征 有限结荚习性。株高60.2cm，分枝3.1个，株型收敛。椭圆形叶，白花，灰毛。单株荚数31.8个，荚褐色。粒椭圆形，种皮黄色，有光泽，脐浅褐色。百粒重26.1g。

特性 南方春大豆，中熟品种，生育期119d，4月上旬播种，7月下旬成熟。抗大豆花叶病毒病。抗倒伏性强，落叶性好，不裂荚。

产量品质 2009—2010年四川省春大豆早熟组区域试验，平均产量2 275.5kg/hm²，比对照南豆5号增产12.7%。2011年生产试验，平

南豆23

均产量2 869.5kg/hm^2，比对照南豆5号增产24.9%。蛋白质含量47.90%，脂肪含量17.50%。

栽培要点 适宜中等肥力以上土壤种植。春播3月下旬至4月上旬播种，净作密度25万株/hm^2。底肥施过磷酸钙375 ~ 450kg/hm^2，初花期施尿素45 ~ 60kg/hm^2。幼苗期注意防治大豆根腐病和大豆疫霉根腐病，在2 ~ 3叶期、分枝期、初花期防控豆秆黑潜蝇、蚜虫等害虫。防除杂草。

适宜地区 四川省平坝、丘陵、低山地区。

861. 南豆24（Nandou 24）

品种来源 四川省南充市农业科学院以南豆8号为母本，（南豆11/南豆99）F_4为父本，经有性杂交，系谱法选育而成。原品系号j9906-32。2013年经四川省农作物品种审定委员会审定，命名为南豆24，审定编号为川审豆2013001。全国大豆品种资源统一编号ZDD31222。

南豆24

特征 有限结荚习性。株高54.9cm，分枝4.4个，株型收敛。椭圆形叶。紫花，灰毛。单株荚数35.2个，荚熟褐色。粒椭圆形，种皮黄色，有光泽，脐褐色。百粒重25.3g。

特性 南方春大豆，中熟品种，生育期119d，4月上旬播种，7月下旬成熟。抗大豆花叶病毒病。抗倒伏性强，落叶性好，不裂荚。

产量品质 2010—2011年四川省春大豆组区域试验，平均产量2 517.3kg/hm^2，比对照南豆5号增产10.0%。2012年生产试验，平均产量2 403.5kg/hm^2，比对照南豆5号增产19.0%。蛋白质含量47.30%，脂肪含量18.60%。

栽培要点 适宜中等肥力以上土壤种植。春播4月上旬至4月中旬，秋播7月中下旬。春季净作密度20万株/hm^2，秋季净作30万 ~ 35万株/hm^2。增施肥料，培育壮苗。及时防治病虫草害。

适宜地区 四川省平坝、丘陵、低山地区。

862. 南夏豆25（Nanxiadou 25）

品种来源 四川省南充市农业科学院用^{60}Co γ 射线辐射荣县冬豆，系谱法选育而成。原品系号NY56-29。2013年经四川省农作物品种审定委员会审定，命名为南夏豆25，审定编号为川审豆2013005。全国大豆品种资源统一编号ZDD31223。

特征 有限结荚习性。株高67.5cm，分枝3.5个，株型收敛。卵圆形叶，白花，棕毛。单株荚数42.4个，荚熟褐色。粒椭圆形，种皮黄色，有光泽，脐褐色。百粒重24.9g。

特性 南方夏大豆，晚熟品种，生育期134d，6月中下旬播种，10月中下旬成熟。抗大豆花叶病毒病。耐肥性好。抗倒伏性强，落叶性好，不裂荚。

南夏豆25

产量品质 2010—2011年四川省夏大豆晚熟组区域试验，平均产量1 543.5kg/hm^2，比对照贡选1号增产4.7%。2012年生产试验，平均产量1 847.4kg/hm^2，比对照贡选1号增产21.2%。蛋白质含量49.10%，脂肪含量17.50%。

栽培要点 适宜净作、与玉米间套作、幼林间作、田埂豆。玉米套作6月中下旬播种，种植密度，"双三〇玉/豆"模式9.9万～11.7万株/hm^2，"双六尺玉/豆"模式7.5万～7.95万株/hm^2；净作6月上中旬播种，种植密度13.5万～15.0万株/hm^2。增施底肥和保花增荚肥。化控壮苗控旺，田间除草和加强病虫害及兔、鸟防控。

适宜地区 四川省平坝、丘陵、低山地区。

863. 南春豆28（Nanchundou 28）

品种来源 四川省南充市农业科学院以南豆3号为母本，南豆5号为父本，经有性杂交，系谱法选育而成。原品系号南05-15。2014年经四川省农作物品种审定委员会审定，命名为南春豆28，审定编号为川审豆2014001。全国大豆品种资源统一编号ZDD31224。

特征 有限结荚习性。株高59.2cm，分枝4.2个，株型收敛。椭圆形叶。紫花，棕毛。单株荚数33.1个，荚熟深褐色。粒椭圆形，种皮黄色，有光泽，脐黑色。百粒重24.8g。

特性 南方春大豆，中熟品种，生育期117d，4月上旬播种，8月上旬成熟。抗大豆花叶病毒病。抗倒伏性强，落叶性好，不裂荚。

产量品质 2011—2012年四川省春大豆早熟组区域试验，平均产量2 518.7kg/hm^2，比对照南豆5号增产13.4%。2013年生产试验，平

南春豆28

均产量2 502.9kg/hm²，比对照南豆5号增产11.6%。蛋白质含量43.20%，脂肪含量21.00%。

栽培要点 春播3月下旬至4月上旬，春季净作密度25万株/hm²；秋播7月中旬至下旬，秋季净作密度33万～35万株/hm²。增施肥料，培育壮苗。底肥以磷肥为主，一般施过磷酸钙375～450kg/hm²。及时防治病虫草害。

适宜地区 四川省平坝、丘陵、低山地区。

864. 川豆10号（Chuandou 10）

品种来源 四川农业大学农学院以达豆2号为母本，泸定黄壳早为父本，经有性杂交，集团混合选择法育成。2005年经四川省农作物品种审定委员会审定，命名为川豆10号，审定编号为川审豆2005003。全国大豆品种资源统一编号ZDD24862。

川豆10号

特征 有限结荚习性。株高56.0cm，分枝2～5个，株型收敛。椭圆形叶，白花，灰毛。单株荚数29.6个，荚褐色。粒椭圆形，种皮黄色，有光泽，脐褐色，百粒重24.0g。

特性 南方春大豆，早中熟品种，生育期112d，4月上旬播种，7月下旬成熟。抗大豆花叶病毒病。抗倒伏性强，落叶性好，不裂荚。

产量品质 2003—2004年四川省春大豆早熟组区域试验，平均产量2 254.5kg/hm²，比对照成豆9号增产11.0%。2004年生产试验，平均产量2 392.8kg/hm²，比对照成豆9号增产17.4%。蛋白质含量42.20%，脂肪含量20.00%。

栽培要点 适宜中等肥力以上土壤种植。种植密度24万株/hm²。以腐熟有机肥混合速效磷肥作底肥，苗期追施清粪水或速效氮肥作提苗肥，初花期酌情追施速效氮肥。注意保持田间墒情，及时补苗、间苗、定苗，中耕除草，防治病、虫、鼠害，成熟时及时收获。

适宜地区 四川省盆地及盆周地区。

865. 川豆11（Chuandou 11）

品种来源 四川农业大学农学院以贡89-2为母本，汶川大黄豆为父本，经有性杂交，系谱法选育而成。2007年经四川省农作物品种审定委员会审定，命名为川豆11，审定编号为川审豆2007001。全国大豆品种资源统一编号ZDD24863。

特征 有限结荚习性。株高58.0cm，分枝2～6个，株型收敛。椭圆形叶，白花，灰毛。单株荚数36.2个，荚黄褐色。粒椭圆形，种皮黄色，有光泽，脐褐色。百粒重21.0g。

特性 南方春大豆，中熟品种，生育期117d，4月上旬播种，7月下旬成熟。抗大豆花叶病毒病。抗倒伏性强，落叶性好，不裂荚。

产量品质 2005—2006年四川省春大豆早熟组区域试验，平均产量2 368.5kg/hm^2，比对照西豆3号增产4.6%。2006年生产试验，平均产量2 424.6kg/hm^2，比对照西豆3号增产8.8%。蛋白质含量47.21%，脂肪含量18.53%。

栽培要点 适宜中等肥力以上土壤种植。种植密度20万株/hm^2。以腐熟有机肥混合速效磷肥作底肥，苗期追施清粪水或速效氮肥作提苗肥，初花期酌情追施速效氮肥。注意保持田间墒情，及时补苗、间苗、定苗，中耕除草，防治病、虫、鼠害，成熟时及时收获。

适宜地区 四川省平坝、丘陵、低山地区。

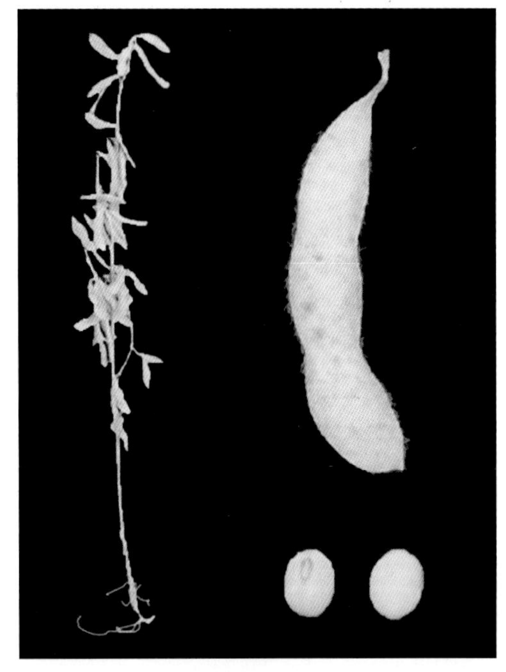

川豆11

866. 川豆12（Chuandou 12）

品种来源 四川农业大学农学院以达豆2号为母本，泸定黄壳早为父本，经有性杂交，集团混合选择法育成。2008年经四川省农作物品种审定委员会审定，命名为川豆12，审定编号为川审豆2008005。全国大豆品种资源统一编号ZDD24864。

特征 有限结荚习性。株高50.0cm，分枝2～5个，株型收敛。椭圆形叶，紫花，棕毛。单株荚数28.6个，荚黄褐色。粒椭圆形，种皮黄色，有光泽，脐褐色。百粒重23.0g。

特性 南方春大豆，早熟品种，生育期108d，4月上旬播种，7月中旬成熟。抗大豆花叶病毒病。抗倒伏性强，落叶性好，不裂荚。

产量品质 2005—2006年四川省春大豆早熟组区域试验，平均产量2 131.5kg/hm^2，比对照成豆9号增产4.5%。2007年生产试验，平均产量2 189.1kg/hm^2，比对照成豆9号增产

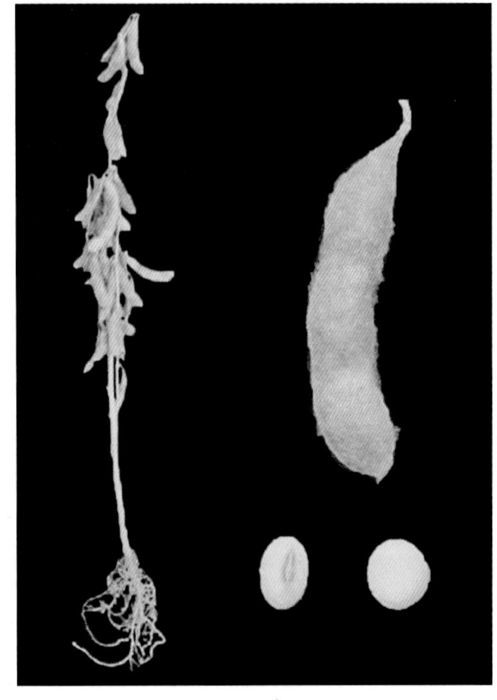

川豆12

24.0%。蛋白质含量42.26%，脂肪含量21.14%。

栽培要点 适宜南方多熟耕作制度，可春播和秋播，可净作也可间作套种，可收获籽粒，也可作菜用大豆栽培。春播3月中下旬至4月上中旬为宜，地温稳定在10℃以上，覆膜可适当提前，秋播以8月10日前为宜。春播适宜密度24万～26万株/hm^2，秋播适宜密度40万～45万株/hm^2。以腐熟有机肥混合速效磷肥作底肥，苗期追施清粪水或速效氮肥作提苗肥，初花期根据植株生长情况酌情追施速效氮肥。注意保持田间墒情，及时补苗、间苗、定苗，中耕除草，防治病、虫、鼠害，成熟时及时收获。

适宜地区 四川省平坝、丘陵及低山地区。

867. 川豆13（Chuandou 13）

品种来源 四川农业大学农学院以贡87-5为母本，中豆24为父本，经有性杂交，集团混合法选育而成。2010年经四川省农作物品种审定委员会审定，命名为川豆13，审定编号为川审豆2010001。全国大豆品种资源统一编号ZDD31225。

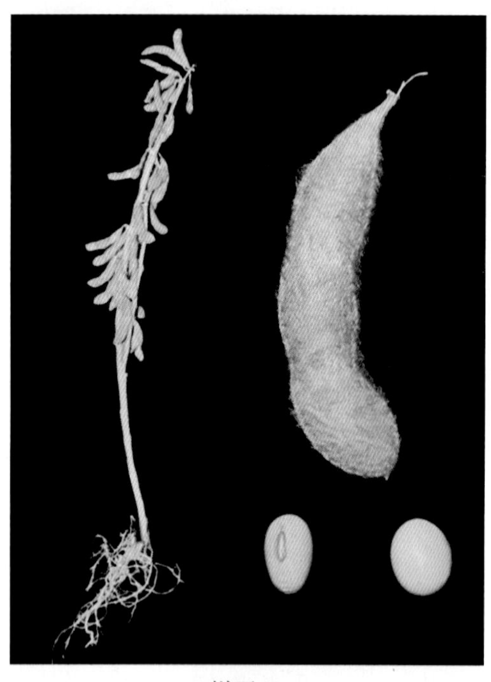

川豆13

特征 有限结荚习性。株高69.0cm，分枝2～6个，株型收敛。椭圆形叶，紫花，棕毛。荚黄褐色。粒椭圆形，种皮黄色，有光泽，脐褐色。百粒重18.3g。

特性 南方春大豆，中熟品种，生育期118d，4月上旬播种，7月下旬成熟。抗大豆花叶病毒病。抗倒伏性强，落叶性好，不裂荚。

产量品质 2007—2008年四川省春大豆组区域试验，平均产量2 439kg/hm^2，比对照南豆5号增产12.0%。2009年生产试验，平均产量2 209.5kg/hm^2，比对照南豆5号增产25.0%。蛋白质含量45.30%，脂肪含量18.40%。

栽培要点 适宜中等肥力以上土壤种植。种植密度20万株/hm^2。以腐熟有机肥混合速效磷肥作底肥，苗期追施清粪水或速效氮肥作提苗肥，初花期根据植株生长情况酌情追施速效氮肥。注意保持田间墒情，及时补苗、间苗、定苗，中耕除草，防治病、虫、鼠害，成熟时及时收获。

适宜地区 四川省平坝、丘陵、低山地区。

868. 川豆14（Chuandou 14）

品种来源 四川农业大学农学院以宁镇1号为母本，汶川大黄豆为父本，经有性杂交，集团混合法选择育成。2010年经四川省农作物品种审定委员会审定，命名为川豆14，审定编号为川审豆2010002。全国大豆品种资源统一编号ZDD31226。

川豆14

特征 有限结荚习性。株高61.0cm，分枝2～5个，株型收敛。椭圆形叶，白花，灰毛。荚黄褐色。粒椭圆形，种皮黄色，有光泽，脐褐色。百粒重24.0g。

特性 南方春大豆，中熟品种，生育期110d，4月上旬播种，7月中下旬成熟。抗大豆花叶病毒病。抗倒伏性强，落叶性好，不裂荚。

产量品质 2007—2008年四川省春大豆组区域试验，平均产量2 496.0kg/hm^2，比对照南豆5号增产14.8%。2009年生产试验，平均产量2 194.5kg/hm^2，比对照南豆5号增产24.2%。蛋白质含量43.40%，脂肪含量19.00%。

栽培要点 适宜中等肥力以上土壤种植。种植密度20万株/hm^2。以腐熟有机肥混合速效磷肥作底肥，苗期追施清粪水或速效氮肥作提苗肥，初花期根据植株生长情况酌情追施速效氮肥。注意保持田间墒情，及时补苗、间苗、定苗，中耕除草，防治病、虫、鼠害，成熟时及时收获。

适宜地区 四川省平坝、丘陵、低山地区。

869. 川豆15（Chuandou 15）

品种来源 四川农业大学农学院以上海六月白为母本，82-856为父本，经有性杂交，系谱法选育而成。2012年经四川省农作物品种审定委员会审定，命名为川豆15，审定编号为川审豆2012002。全国大豆品种资源统一编号ZDD31227。

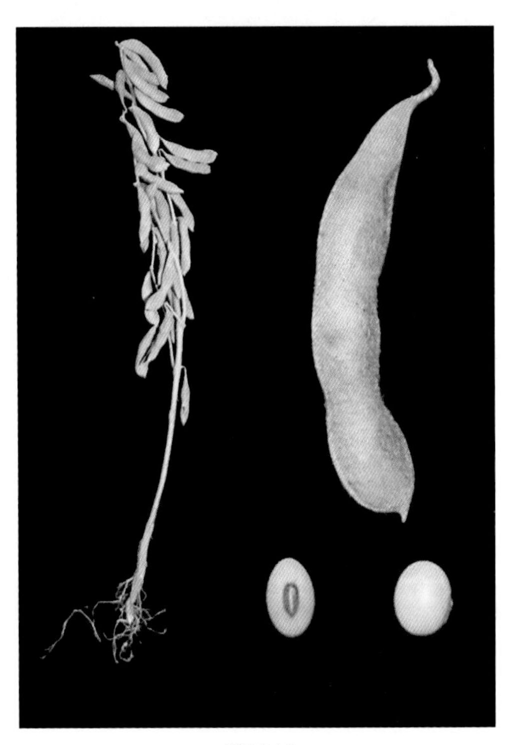
川豆15

特征 有限结荚习性。株高66.6cm，分枝3.3个，单株荚数32.0个，株型收敛。椭圆形叶，白花，灰毛。粒椭圆形，种皮黄色，有光泽，脐褐色。百粒重26.3g。

特性 南方春大豆，晚熟品种，生育期125d，4月上旬播种，8月上旬成熟。抗大豆花叶病毒病。抗倒伏性强，落叶性好，不裂荚。

产量品质 2009—2010年四川省春大豆组区域试验，平均产量2 598.0kg/hm^2，比对照南豆5号增产28.7%。2011年生产试验，平均产量2 347.5kg/hm^2，比对照南豆5号增产31.3%。蛋白质含量43.40%，脂肪含量20.20%。

栽培要点 适宜中等肥力以上土壤种植。种植密度20万株/hm^2。以腐熟有机肥混合速效磷肥作底肥，苗期追施清粪水或速效氮肥作提苗肥，初花期根据植株生长情况酌情追施速效氮肥。注意保持田间墒情，及时补苗、间苗、定苗，中耕除草，防治病、虫、鼠害，成熟时及时收获。

适宜地区 四川省平坝、丘陵、低山地区。

870. 川豆16（Chuandou 16）

品种来源 四川农业大学农学院以矮脚早为母本，猪腰子为父本，经有性杂交，系谱法选育而成。2014年经四川省农作物品种审定委员会审定，命名为川豆16，审定编号为川审豆2014002。全国大豆品种资源统一编号ZDD31228。

川豆16

特征 有限结荚习性。株高72.2cm，分枝3.9个，株荚数42.0个，株型收敛。椭圆形叶，白花，灰毛。粒椭圆形，种皮黄色，有光泽，脐褐色。百粒重19.4g。

特性 南方春大豆，中熟品种，生育期117d，4月上旬播种，7月下旬成熟。抗大豆花叶病毒病。抗倒伏性强，落叶性好，不裂荚。

产量品质 2011—2012年四川省春大豆组区域试验，平均产量2 540.6kg/hm^2，比对照南豆5号增产14.8%。2013年生产试验，平均产量2 388.5kg/hm^2，比对照南豆5号增产6.2%。蛋白质含量43.20%，脂肪含量19.40%。

栽培要点 适宜中等肥力以上土壤净作种植。春播3月中下旬至4月上中旬为宜，密度24万～26万株/hm^2；秋播以8月10日前为宜，密度40万～45万株/hm^2。以腐熟有机肥混合速效磷肥作底肥，苗期追施清粪水或速效氮肥作提苗肥。中耕除草，注意防治病、虫、鼠害，成熟时及时收获。

适宜地区 四川省平坝、丘陵、低山地区。

871. 成豆13（Chengdou 13）

品种来源 四川省农业科学院作物研究所以（遂宁凤台黄豆×81-10）为母本，（丹波黑豆×青川白角子）为父本，经有性杂交，系谱法选育而成。2008年经四川省农作物品种审定委员会审定，命名为成豆13，审定编号为川审豆2008007。全国大豆品种资源统一编号ZDD24854。

特征 有限结荚习性。株高57.4cm，分枝3.5个，株型收敛。椭圆形叶，白花，灰毛。单株荚数39.8个，荚褐色。粒椭圆形，种皮黄色，有光泽，脐浅褐色。百粒重17.4g。

特性 南方春大豆，中熟品种，生育期114d，4月上旬播种，7月下旬成熟。抗大豆花叶病毒病。抗倒伏性强，落叶性好。

产量品质 2005—2006年四川省春大豆中熟组区域试验，平均产量2 266.5kg/hm^2，比对照西豆3号增产0.1%。2006年生产试验，平均产量2 365.5kg/hm^2，比对照西豆3号增产10.4%。蛋白质含量41.93%，脂肪含量20.94%。

栽培要点 适宜中等肥力以上土壤种植。春播3月中下旬至4月中旬，盆周高海拔区可迟至麦收后夏播。清作留苗20万株/hm^2。施磷肥375kg/hm^{2}作种肥，苗期清粪水或加尿素60kg/hm^{2}追施促生长。保证全苗，防治病、虫、鼠害，黄熟及时收获。

适宜地区 四川省盆地及盆周地区。

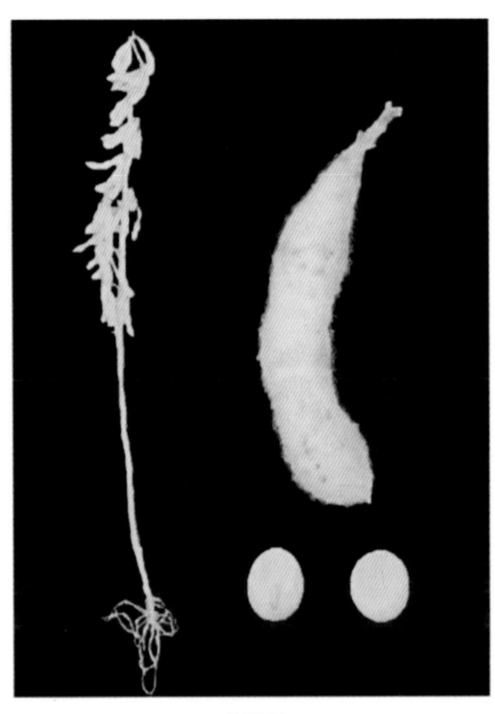

成豆13

872. 成豆14（Chengdou 14）

品种来源 四川省农业科学院作物研究所以铁丰29为母本，浙春3号为父本，经有性杂交，系谱法选育而成。2010年经四川省农作物品种审定委员会审定，命名为成豆14，审定编号为川审豆2010004。全国大豆品种资源统一编号ZDD31229。

特征 有限结荚习性，株高51.7cm，分枝2.5个，株型收敛。椭圆形叶，白花，灰毛。单株荚数29.6个，荚浅黄色。粒圆形，种皮黄色，有光泽，脐浅黄色。百粒重23.5g。

特性 南方春大豆，早熟品种，生育期106d，4月上旬播种，7月中旬成熟。抗大豆花叶病毒病。抗倒伏性强，落叶性好。

成豆14

产量品质 2007—2008年四川省春大豆组区域试验，平均产量2 421.0kg/hm^2，比对照南豆5号增产11.6%。2009年生产试验，平均产量2 104.5kg/hm^2，比对照南豆5号增产26.1%。蛋白质含量43.60%，脂肪含量18.80%。

栽培要点 适宜中等肥力以上土壤种植。春播3月中下旬至4月中旬，盆周高海拔区可迟至麦收后夏播。清作留苗20万株/hm^2。施磷肥375kg/hm^{2}作种肥，苗期清粪水或加尿素60kg/hm^{2}追施促生长。保证全苗，防治病、虫、鼠害，黄熟及时收获。

适宜地区 四川省盆地及盆周地区。

873. 成豆15（Chengdou 15）

品种来源 四川省农业科学院作物研究所以浙春3号为母本，开育10号为父本，经有性杂交，系谱法选育而成。2011年经四川省农作物品种审定委员会审定，命名为成豆15，审定编号为川审豆2011005。全国大豆品种资源统一编号ZDD31230。

成豆15

特征 有限结荚习性。株高64.2cm，分枝2.4个，株型收敛。椭圆形叶，紫花，灰毛。单株荚数34.5个，荚褐色。粒圆形，种皮黄色，有光泽，脐褐色。百粒重21.9g。

特性 南方春大豆，中熟品种，生育期116d，4月上旬播种，7月下旬成熟。抗大豆花叶病毒病。抗倒伏性强，落叶性好。

产量品质 2008—2009年四川省春大豆组区域试验，平均产量2 250.0kg/hm^2，比对照南豆5号增产15.4%。2010年生产试验，平均产量2 496.0kg/hm^2，比对照南豆5号增产21.8%。蛋白质含量44.40%，脂肪含量20.20%。

栽培要点 适宜中等肥力以上土壤种植。春播于3月中下旬至4月中旬。清作留苗20万株/hm^2。施磷肥375kg/hm^{2}作种肥，苗期清粪水或加尿素60kg/hm^{2}追施促生长。保证全苗，防治病、虫、鼠害，黄熟及时收获。

适宜地区 四川省平坝、丘陵及低山区。

874. 成豆16（Chengdou 16）

品种来源 四川省农业科学院作物研究所以崇庆穿心绿为母本，成豆8号为父本，经有性杂交，系谱法选育而成。2012年经四川省农作物品种审定委员会审定，命名为成豆16，审定编号为川审豆2012003。全国大豆品种资源统一编号ZDD31231。

特征 有限结荚习性。株高59.3cm，分枝2.7个，株型收敛。椭圆形叶，白花，棕毛。单株荚数32.4个，荚褐色。粒椭圆形，种皮黄色，有光泽，脐褐色。百粒重25.2g。

特性 南方春大豆，中熟品种，生育期121d，4月上旬播种，8上旬成熟。抗大豆花叶病毒病。抗倒伏性强，落叶性好。

产量品质 2009—2010年四川省春大豆组区域试验，平均产量2 290.5kg/hm^2，比对照南豆5号增产13.4%。2011年生产试验，平均产量2 281.5kg/hm^2，比对照南豆5号增产40.7%。蛋白质含量45.70%，脂肪含量18.90%。

栽培要点 适宜中等肥力以上土壤种植。春播于3月中下旬至4月中旬。清作留苗20万株/hm^2。施磷肥375kg/hm^{2}作种肥，苗期清粪水或加尿素60kg/hm^{2}追施促生长。保证全苗，防治病、虫、鼠害，黄熟及时收获。

适宜地区 四川省平坝、丘陵及低山区。

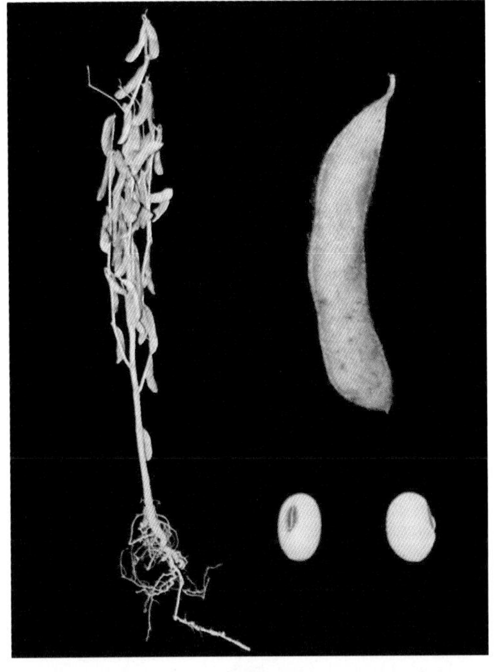
成豆16

875. 成豆17（Chengdou 17）

品种来源 四川省农业科学院作物研究所以乐山大黄壳为母本，成豆8号为父本，经有性杂交，系谱法选育而成。2013年经四川省农作物品种审定委员会审定，命名为成豆17，审定编号为川审豆2013002。全国大豆品种资源统一编号ZDD31232。

特征 有限结荚习性。株高60.8cm，分枝4.0个，株型收敛。椭圆形叶，白花，棕毛。单株荚数33.7个，荚熟棕色。粒椭圆形，种皮黄色，有光泽，脐褐色。百粒重24.3g。

特性 南方春大豆，中熟品种，生育期120.0d，4月上旬播种，8上旬成熟。对大豆花叶病毒病抗性优于对照。抗倒伏性强，落叶性好。

成豆17

产量品质 2010—2011年四川省春大豆组区域试验，平均产量2 733.3kg/hm^2，比对照南豆5号增产19.3%。2012年生产试验，平均产量2 443.5kg/hm^2，比对照南豆5号增产21.0%。蛋白质含量45.00%，脂肪含量21.00%。

栽培要点 适宜中等肥力以上土壤种植。春播于3月中下旬至4月中旬。净作种植密度24万株/hm^2。增施肥料，培育壮苗，一般施磷肥375kg/hm^{2}作底肥，苗期清粪水或加尿素60kg/hm^{2}追施促生长。加强防治病、虫、鼠害，及时进行田间除草。

适宜地区 四川省平坝、丘陵及低山区。

876. 富豆2号（Fudou 2）

品种来源 四川省茂县富顺乡农技站以灰毛子为母本，西豆3号为父本，经有性杂交，系谱法选育而成。2005年经四川省农作物品种审定委员会审定，命名为富豆2号，审定编号为川审豆2005005。全国大豆品种资源统一编号ZDD24866。

富豆2号

特征 有限结荚习性。株高71cm，分枝2～3个，株型收敛。叶卵圆形、浓绿色，紫花，灰毛。单株荚数34.0个，荚黄褐色。粒椭圆形，种皮浅黄色，有光泽，脐黑色。百粒重26.2g。

特性 南方春大豆，中晚熟品种，生育期126d，3月下旬播种，7月下旬成熟。抗大豆花叶病毒病。抗倒伏性强，落叶性好，不裂荚。

产量品质 2003—2004年四川省春大豆中熟组区域试验，平均产量2 515.5kg/hm^2，比对照西豆3号增产7.3%。2004年生产试验，平均产量2 896.2kg/hm^2，比对照西豆3号增产17.9%。蛋白质含量46.10%，脂肪含量17.90%。

栽培要点 适宜中等肥力以上土壤种植。4月上旬播种。净作留苗20万株/hm^2。施足底肥，看苗追施苗肥，巧施花荚肥，补施鼓粒肥。苗期注意防治地下害虫和叶部害虫，花荚期注意防治豆荚螟及鼠害。

适宜地区 四川省平坝、丘陵、低山地区。

877. 富豆4号（Fudou 4）

品种来源 四川省茂县富顺乡农技站以七月黄为母本，西豆3号为父本，经有性杂交，系谱法选育而成。2009年经四川省农作物品种审定委员会审定，命名为富豆4号，审定编号为川审豆2009002。全国大豆品种资源统一编号ZDD24868。

特征 有限结荚习性。株高68.3cm，分枝1.7个，株型收敛。叶椭圆形、浓绿色，白花，灰毛。单株荚数55.3个，荚黄褐色。粒椭圆形，种皮黄色，有光泽，脐深褐色。百粒重20.2g。

特性 南方春大豆，早中熟品种，生育期112d，4月上旬播种，7月下旬成熟。抗大豆花叶病毒病。抗倒伏性强，落叶性好。

产量品质 2006—2007年四川省春大豆早熟组区域试验，平均产量2 767.5kg/hm^2，比对照成豆9号增产27.3%。2007年生产试验，平均产量2 445.3kg/hm^2，比对照成豆9号增产28.2%。蛋白质含量42.70%，脂肪含量20.80%。

栽培要点 适宜中等肥力以上土壤种植。3月下旬至4月上旬播种。春季净作留苗20万株/hm^2。施足底肥，早施苗肥，适时补施花荚肥。完熟期及时收获。

适宜地区 四川省平坝、丘陵、低山地区。

富豆4号

878. 富豆5号（Fudou 5）

品种来源 四川省茂县富顺乡农技站以地方品种灰毛子为母本，南豆5号为父本，经有性杂交，系谱法选育而成。2013年经四川省农作物品种审定委员会审定，命名为富豆5号，审定编号为川审豆2013003。全国大豆品种资源统一编号ZDD31233。

特征 有限结荚习性。株高57.0cm，分枝3.6个，株型收敛。卵圆形叶，紫花，棕毛。单株荚数30.8个，荚熟褐色。粒椭圆形，种皮浅绿色，有光泽，脐褐色。百粒重28.1g。

特性 南方春大豆，中熟品种，生育期116d，4月上旬播种，7月下旬成熟。抗大豆花叶病毒病。抗倒伏性强，落叶性好。

产量品质 2010—2011年四川省春大豆早熟组区域试验，平均产量2 380.4kg/hm^2，比对照南豆5号增产4.1%。2012年生产试验，平均产量2 296.8kg/hm^2，比对照南豆5号增产13.7%。蛋白质含量45.20%，脂肪含量19.60%。

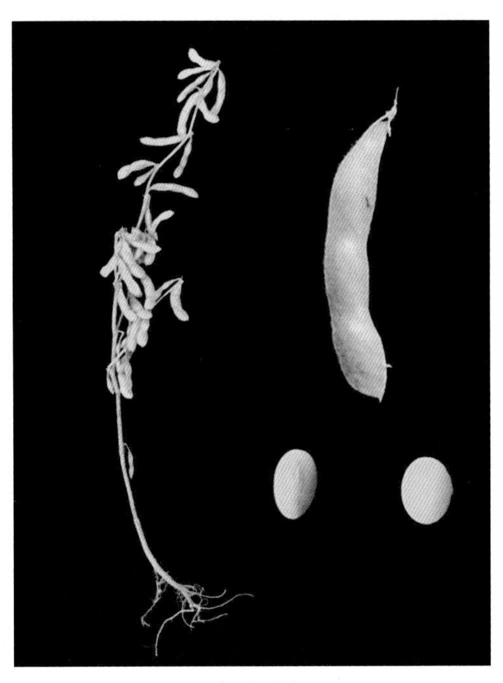

富豆5号

栽培要点 适宜中等肥力以上土壤种植。春播3月下旬至4月中旬，留苗15万～18万株/hm^2；盆周高海拔区可推迟至麦收后夏播，留苗18万～24万株/hm^2。施足底肥，早施苗肥，适时补施花荚肥。在完熟期及时收获以确保优质、丰产。

适宜地区 四川省平坝、丘陵、低山地区。

重庆市品种

879. 长江春1号（Changjiangchun 1）

品种来源 浙江省农业科学院作物与核技术利用研究所和重庆市农业科学院以浙江省农业科学院育种中间材料9813为母本，山东引进的文丰8号为父本配置杂交组合，系谱法联合选育而成。原品系号浙3618-4。2010年经重庆市农作物品种审定委员会审定，审定编号为渝审豆2010001。全国大豆品种资源统一编号ZDD31234。

长江春1号

特征 亚有限结荚习性。株高68cm，分枝2.0个，单株荚数26.4个。卵圆形叶，白花，灰毛。粒椭圆形，种皮黄色，脐褐色，荚深褐色。百粒重25.1g。

特性 南方春大豆，中熟品种，生育期109d。田间综合抗病性好。落叶性好，籽粒整齐，不裂荚。

产量品质 2008—2009年重庆市春大豆品种区域试验，平均产量2 499.15kg/hm^2，比对照浙春3号增产15.93%。2009年生产试验，平均产量2 431.65kg/hm^2，比对照浙春3号增产13.15%。蛋白质含量47.62%，脂肪含量18.05%。

栽培要点 3月底至4月中旬播种。密度20万～25万株/hm^2，确保苗全、苗匀、苗壮。底肥施过磷酸钙450kg/hm^{2}和氯化钾150kg/hm^2，苗期追施尿素75kg/hm^2。生育期间注意对食叶性虫害的防治。

适宜地区 重庆市及相似生态区域（春播）。

880. 长江春2号（Changjiangchun 2）

品种来源 重庆市农业科学院和自贡市农业科学研究所以自贡市农业科学研究所自育品系蜀鲜205（来源于贡豆12× 台75）为母本，七星1号为父本，经有性杂交，改良系谱法联合选育而成。原品系号贡581-1。2012年经重庆市农作物品种审定委员会审定，审定编号为渝审豆2012001。全国大豆品种资源统一编号ZDD31235。

特征 亚有限结荚习性。株高54.4cm，株型收敛，分枝4.3个，单株荚数44.6个。卵圆形叶，白花，灰毛，荚灰褐色。粒椭圆形，种皮黄色，脐淡褐色。百粒重25.7g。

特性 南方春大豆，中熟品种，生育期107d。田间综合抗病性好。落叶性好，籽粒整齐，不裂荚。

产量品质 2010—2011年重庆市春大豆品种区域试验，平均产量2 683.5kg/hm^2，比对照浙春3号增产20.1%。2011年生产试验，平均产量2 398.5kg/hm^2，比对照浙春3号增产13.1%。蛋白质含量45.2%，脂肪含量20.9%。

栽培要点 3月底至4月中旬播种。密度20万~25万株/hm^2，确保苗全、苗匀、苗壮。底肥施过磷酸钙450kg/hm^{2}和氯化钾150kg/hm^2，苗期追施尿素75kg/hm^2。生育期间注意对食叶性害虫的防治。

适宜地区 重庆市及相似生态区域（春播）。

长江春2号

881. 渝豆2号（Yudou 2）

品种来源 重庆市农业科学院2007年从黔江区搜集的一地方品种中筛选优良单株，连续多年秋繁春播系选而成。2014年经重庆市农作物品种审定委员会审定，审定编号为渝审豆2014001。全国大豆品种资源统一编号ZDD31236。

特征 有限结荚习性。株高67.9cm，分枝3.8个，单株荚数48.7个。卵圆形叶，白花，棕毛。籽粒扁椭圆形，种皮黄色，脐褐色，荚淡褐色。百粒重19.1g。

特性 南方春大豆，中熟品种，重庆地区春播生育期119d。田间综合抗病性好。落叶性好，籽粒整齐，不裂荚。

产量品质 2011—2012年重庆市春大豆品种区域试验，平均产量2 202.00kg/hm^2，比对照浙春3号增产21.68%。2013年生产试验，平均产量2 523.00kg/hm^2，比对照浙春3号增产7.41%。蛋白质含量46.65%，脂肪含量18.94%。

栽培要点 3月底至4月中旬播种。密度20万~25万株/hm^2，确保苗全、苗匀、苗壮。播种时施过磷酸钙450kg/hm^{2}和氯化钾150kg/hm^{2}作底肥，苗期追施尿素75kg/hm^2。生长期间注意对食叶性害虫的防治。

适宜地区 重庆市及相似生态区域（春播）。

渝豆2号

贵州省品种

882. 黔豆7号（Qiandou 7）

品种来源 贵州省农业科学院油料研究所用本所育种中间材料8307作母本，稳定株系88-5027-2作父本，经有性杂交，系谱法选育而成。原品系号黔98023（08001）。2011年经国家农作物品种审定委员会审定和贵州省农作物品种审定委员会审定，审定编号分别为国审豆2011017和黔审豆2011002。全国大豆品种资源统一编号ZDD31237。

黔豆7号

特征 有限结荚习性。株高53cm，株型收敛，分枝3个，单株荚数59.6个。椭圆形叶，紫花，棕毛，荚褐色。粒椭圆形，种皮黄色，脐褐色，百粒重15.9g。

特性 南方春大豆，中熟品种，生育期116d。田间综合抗病性好，落叶性好，不易裂荚。中抗大豆花叶病毒SC3株系和SC7株系。

产量品质 2009—2010年国家西南山区春大豆品种区域试验，平均产量2 770kg/hm^2，比对照滇86-5增产21.9 %。2010年生产试验，平均产量2 380kg/hm^2，比对照滇86-5增产15.8%。2009—2010年贵州省春大豆品种区域试验，平均产量2 780kg/hm^2，比对照黔豆6号增产9.6%。2010年生产试验，平均产量2 380kg/hm^2，比对照黔豆6号增产11.2%。蛋白质含量41.93%，脂肪含量19.05%。

栽培要点 适宜不同肥力地块种植。4月上旬至5月上旬播种。保苗33万～45万株/hm^2，确保苗全、苗匀、苗壮。播前施灰粪22 500～30 000kg/hm^2（含钙镁磷肥325kg和复合肥150kg）作底肥；第一片复叶伸展后即追施尿素75kg/hm^2，并进行第一次中耕除草，促进幼苗生长和分枝形成，开花前再追施尿素100～150kg/hm^2，并进行第二次中耕除草，促进结荚和鼓粒。鼓粒期间应保障水分充足，并注意防治蚜虫。

适宜地区 贵州省及云南省昆明市、红河州、昭通市，四川省冕宁县，湖北省恩施州等地区（春播）。

883. 黔豆8号（Qiandou 8）

品种来源 贵州省农业科学院油料研究所用本所育种品系90-12和86-6分别作母本和父本，经有性杂交，系谱法选育而成。原品系号黔08003。2011年经贵州省农作物品种审定委员会审定，审定编号为黔审豆2011003。全国大豆品种资源统一编号ZDD31238。

特征 有限结荚习性。株高48cm，株型收敛，分枝2个，单株荚数42.5个。卵圆形叶，紫花，灰毛，荚褐色。粒椭圆形，种皮黄色，脐黑色。百粒重16.4g。

特性 南方春大豆，中熟品种，生育期116d。田间综合抗病性好，落叶性好，不易裂荚。

产量品质 2009—2010年贵州省春大豆品种区域试验，平均产量2 729kg/hm^2，比对照黔豆6号增产6.8%。2010年生产试验，平均产量2 248kg/hm^2，比对照黔豆6号增产6.8%。蛋白质含量42.16%，脂肪含量20.70%。

黔豆8号

栽培要点 适宜不同肥力地块种植。4月上旬至5月上旬播种。保苗30万～38万株/hm^2，确保苗全、苗匀、苗壮。播前施灰粪22 500～30 000kg/hm^2（含钙镁磷肥325kg和复合肥150kg）作底肥；第一片复叶伸展后即追施尿素60～75kg/hm^2，并进行第一次中耕除草，促进幼苗生长和分枝形成，开花前再追施尿素75kg/hm^2，并进行第二次中耕除草，促进结荚和鼓粒。鼓粒期间应保障水分充足，并注意防治蚜虫。

适宜地区 贵州省春大豆产区。

884. 安豆5号（Andou 5）

品种来源 贵州省安顺市农业科学研究所用原产辽宁凌源的半野生豆ZYD05689作母本，本地品种普定皂角豆作父本，经有性杂交，系谱法选育而成。原品系号安0391。2009年经国家农作物品种审定委员会审定，审定编号为国审豆2009030。全国大豆品种资源统一编号ZDD31239。

特征 有限结荚习性。株高55cm，株型收敛，分枝3个，单株荚数35.8个。卵圆形叶，紫花，灰毛，荚浅褐色。粒椭圆形，种皮黄色，脐淡褐色。百粒重23.7g。

特性 西南山区春大豆，中熟品种，生育期125d。田间综合抗病性好，落叶性好，不易裂荚。

产量品质 2007—2008年国家西南山区春大豆品种区域试验，平均产量3 057kg/hm^2，

安豆5号

比对照滇86-5增产16.2%。2008年生产试验，平均产量2 500kg/hm^2，比对照滇86-5增产26.2%。蛋白质含量45.00%，脂肪含量18.57%。

栽培要点 适宜不同肥力地块种植。4月上旬至5月上旬播种。保苗20万～25万株/hm^2，确保苗全、苗匀、苗壮。播前施底肥灰粪7 500 ～ 15 000kg/hm^{2}或钙镁磷肥750 ～ 1 500kg/hm^2；第一片复叶伸展后追施尿素75kg/hm^2，并进行第一次中耕除草，促进幼苗生长和分枝形成，开花前再追施尿素100 ～ 150kg/hm^2，并进行第二次中耕除草，促进结荚和鼓粒。鼓粒期间应保障水分充足，并注意防虫、防鼠。

适宜地区 我国西南山区贵州省及云南省红河州、昭通市，四川省凉山州、湖北省恩施州等地区作（春播）。

885. 安豆7号（Andou 7）

品种来源 贵州省安顺市农业科学研究所用原产辽宁凌源的半野生豆ZYD05689作母本，本地品种普定皂角豆作父本，经有性杂交，系谱法选育而成，原品系号安06158。2011年经贵州省农作物品种审定委员会审定，审定编号为黔审豆2011001。全国大豆品种资源统一编号ZDD31240。

特征 有限结荚习性，株高50cm，株型收敛，分枝2.3个，单株荚数34.7个。椭圆形叶，紫花，灰毛，荚浅褐色。粒椭圆形，种皮黄色，脐褐色。百粒重21.2g。

特性 西南山区春大豆，中熟品种，生育期117d。田间综合抗病性好，落叶性好，不易裂荚。

安豆7号

产量品质 2009—2010年贵州省春大豆品种区域试验，平均产量2 654kg/hm^2，比对照黔豆6号增产4.5%。2010年生产试验，平均产量2 284kg/hm^2，比对照黔豆6号增产10.8%。蛋白质含量42.79%，脂肪含量19.69%。

栽培要点 适宜不同肥力地块种植。4月上旬至5月上旬播种。保苗22万～30万株/hm^2，确保苗全、苗匀、苗壮。播前施底肥灰粪7 500 ～ 15 000kg/hm^{2}或钙镁磷肥750 ～ 1 500kg/hm^2；第一片复叶伸展后即追施尿素75kg/hm^2，并进行第一次中耕除草，促进幼苗生长和分枝形成，开花前再追施尿素100 ～ 150kg/hm^2，并进行第二次中耕除草，促进结荚和鼓粒。鼓粒期间应保障水分充足，并注意防虫、防鼠。

适宜地区 贵州省春大豆产区。

广 东 省 品 种

886. 华春1号（Huachun 1）

品种来源 华南农业大学用桂早1号作母本，巴西11号（EMBRAPA58）作父本，经有性杂交，改良系谱法选育而成。原品系号粤春03-4。2006年经国家农作物品种审定委员会审定，审定编号为国审豆2006025。全国大豆品种资源统一编号ZDD25257。

特征 有限结荚习性。株高69.2cm，株型收敛，分枝3.4个，单株荚数42.7个。卵圆形叶，紫花，棕毛，荚黄褐色。粒椭圆形，种皮黄色，脐浅褐色。百粒重18.9g。

特性 华南春大豆，晚熟品种，生育期114d。田间综合抗性好，落叶性好，籽粒整齐，不裂荚。接种鉴定，高感大豆花叶病毒SC3株系、SC8株系、SC11株系和SC13株系。

产量品质 2004—2005年国家热带亚热带地区春大豆（南片）品种区域试验，两年平均产量2 529kg/hm^2，比对照柳豆1号增产10.7%。2005年生产试验，平均产量2 655kg/hm^2，比对照柳豆1号增产16.8%。蛋白质含量42.21%，脂肪含量21.24%。

华春1号

栽培要点 适宜中等肥力地块种植。2月中旬至3月上旬播种，保苗18万～20万株/hm^2，确保苗全、苗匀、苗壮。注意防治大豆黑潜蝇等害虫，开花期注意防治斜纹夜蛾等害虫。

适宜地区 广东省中南部、福建省南部、海南省（春播）。

887. 华春2号（Huachun 2）

品种来源 华南农业大学、广西农业科学院用桂早1号作母本，巴西9号（CONFIANGA）作父本，经有性杂交，改良系谱法选育而成。原品系号粤春03-5。2006年经国家农作物品种审

华春2号

定委员会审定，审定编号为国审豆2006028。全国大豆品种资源统一编号ZDD25258。

特征 有限结荚习性。株高54.7cm，株型收敛，分枝3.1个，单株荚数33.6个。卵圆形叶，白花，棕毛，荚黄褐色。粒椭圆形，种皮黄色，脐浅褐色。百粒重18.9g。

特性 华南春大豆，中熟品种，生育期106d。田间综合抗性好，落叶性好，籽粒整齐，不裂荚。接种鉴定，抗大豆花叶病毒SC8株系，感SC3株系、SC11株系和SC13株系。

产量品质 2004—2005年国家热带亚热带地区春大豆（南片）品种区域试验，两年平均产量2 407.5kg/hm^2，比对照柳豆1号增产5.3%。2005年生产试验，平均产量2 395.5kg/hm^2，比对照柳豆1号增产5.4%。蛋白质含量41.56%，脂肪含量21.29%。

栽培要点 适宜中等肥力地块种植。2月中旬至3月上旬播种，保苗18万～20万株/hm^2，确保苗全、苗匀、苗壮。注意防治大豆黑潜蝇等害虫，开花期注意防治斜纹夜蛾等害虫。

适宜地区 广东省中南部、福建省南部、海南省（春播）。

888. 华春3号（Huachun 3）

华春3号

品种来源 华南农业大学用桂早1号作母本，巴西8号（CONQUISTA）作父本，经有性杂交，改良系谱法选育而成。原品系号粤春04-5。2007年经国家农作物品种审定委员会审定，审定编号为国审豆2007023。全国大豆品种资源统一编号ZDD25259。

特征 有限结荚习性。株高51.9cm，株型收敛，分枝4.0个，单株荚数33.0个。披针形叶，白花，棕毛，荚黄褐色。粒椭圆形，种皮黄色，脐褐色。百粒重19.9g。

特性 华南春大豆，早熟品种，生育期96d。田间综合抗性好，落叶性好，籽粒整齐，不裂荚。接种鉴定，高感大豆花叶病毒SC3株系和SC7株系。

产量品质 2005—2006年国家热带亚热带

地区春大豆（北片）品种区域试验，两年平均产量2 173.5kg/hm^2，比对照1浙春3号增产10.6%，比对照2桂早1号增产18.6%。2006年生产试验，平均产量2 095.5kg/hm^2，比对照1浙春3号增产21.7%，比对照2桂早1号增产32.9%。蛋白质含量44.47%，脂肪含量19.54%。

栽培要点 适宜中等肥力地块种植。2月中旬至3月下旬播种，保苗18万～20万株/hm^2，确保苗全、苗匀、苗壮。注意防治大豆黑潜蝇等害虫，开花期注意防治斜纹夜蛾等害虫。

适宜地区 广东省北部、广西壮族自治区中北部和福建省中部地区（春播）。

889. 华春5号（Huachun 5）

品种来源 华南农业大学农学院用桂早1号作母本，巴西3号（BRS135）作父本，经有性杂交，改良系谱法选育而成。原品系号粤春05-1。2009年经国家农作物品种审定委员会审定，审定编号为国审豆2009011。全国大豆品种资源统一编号ZDD25260。

特征 亚有限结荚习性。株高39.6cm，株型收敛，分枝3.5个，单株荚数33.1个。卵圆形叶，白花，棕毛，荚黄褐色。粒椭圆形，种皮黄色，脐浅褐色。百粒重20.8g。

特性 华南春大豆，中晚熟品种，生育期108d。田间综合抗性好，落叶性好，籽粒整齐，不裂荚。接种鉴定，抗大豆花叶病毒SC3株系和SC7株系。

产量品质 2006—2007年国家热带亚热带春大豆（南片）品种区域试验，两年平均产量2 539.5kg/hm^2。2008年生产试验，平均产量2 652kg/hm^2，比对照福豆310增产12.4%。蛋白质含量44.01%，脂肪含量20.22%。

栽培要点 适宜中等肥力地块种植。2月中下旬至3月中旬播种，保苗18万～20万株/hm^2，确保苗全、苗匀、苗壮。注意防治大豆黑潜蝇等害虫，开花期注意防治斜纹夜蛾等害虫。

适宜地区 广东省中南部、广西壮族自治区中南部、福建省中南部、海南省（春播）。

华春5号

890. 华春6号（Huachun 6）

品种来源 华南农业大学用桂早1号作母本，巴西8号（CONQUISTA）作父本，经有性杂交，改良系谱法选育而成。原品系号粤春03-3。2009年经国家农作物品种审定委员会审定，审定编号为国审豆2009012；2014年经江西省农作物品种审定委员会审定，审定编号为赣审豆2014002。全国大豆品种资源统一编号ZDD25261。

华春6号

特征 有限结荚习性。株高46.0cm，株型收敛，分枝3.9个，单株荚数38.0个。披针形叶，紫花，棕毛，荚黄褐色。粒椭圆形，种皮黄色，脐褐色。百粒重19.9g。

特性 华南春大豆，早熟品种，生育期103d。田间综合抗性好，落叶性好，籽粒整齐，不裂荚。接种鉴定，中感大豆花叶病毒SC3株系、SC7株系、SC15株系和SC18株系。

产量品质 2007—2008年国家热带亚热带春大豆（北片）品种区域试验，两年平均产量2 793kg/hm^2，比对照浙春3号增产19.6%。2008年生产试验，平均产量2 955kg/hm^2，比对照福豆310增产33.9%。蛋白质含量45.80%，脂肪含量19.20%。

栽培要点 适宜中等肥力地块种植。2月中下旬至4月上旬播种，保苗21万～24万株/hm^2，确保苗全、苗匀、苗壮。注意防治大豆黑潜蝇等害虫，开花期注意防治斜纹夜蛾等害虫。

适宜地区 广东省、广西壮族自治区、福建省、海南省和湖南省中南部（春播）。

华夏1号

891. 华夏1号（Huaxia 1）

品种来源 华南农业大学用桂早1号作母本，巴西8号（CONQUISTA）作父本，经有性杂交，改良系谱法选育而成。原品系号粤夏03-1。2006年经国家农作物品种审定委员会审定，审定编号为国审豆2006023。全国大豆品种资源统一编号ZDD25262。

特征 有限结荚习性。株高49.2cm，株型收敛，分枝3.6个，单株荚数56.8个。卵圆形叶，白花，棕毛，荚黄褐色。粒椭圆形，种皮黄色，脐浅褐色。百粒重19.4g。

特性 华南夏大豆，早熟品种，生育期97d。田间综合抗性好，落叶性好，籽粒整齐，不裂荚。接种鉴定，抗大豆花叶病毒SC8株系和SC13株系，中感SC3株系和SC11株系。

产量品质 2004—2005年国家热带亚热带地区夏大豆品种区域试验，两年平均产量2 550kg/hm^2，比对照埂青82增产16.3%。2005年生产试验，平均产量2 598kg/hm^2，比对照埂青82增产28.3%。蛋白质含量42.37%，脂肪含量20.55%。

栽培要点 适宜中等肥力地块种植。6月中旬至7月上旬播种，保苗19万～21万株/hm^2，确保苗全、苗匀、苗壮。注意防治大豆黑潜蝇等害虫，开花期注意防治斜纹夜蛾等害虫。

适宜地区 广东省、广西壮族自治区、海南省和江西省南部地区（夏播）。

892. 华夏2号（Huaxia 2）

品种来源 华南农业大学用桂早1号作母本，巴西3号（BRS135）作父本，经有性杂交，改良系谱法选育而成。原品系号粤夏05-2。2011年经广东省农作物品种审定委员会审定，审定编号为粤审豆2011001。全国大豆品种资源统一编号ZDD25263。

特征 有限结荚习性。株高52.4cm，株型收敛，分枝3.6个，单株荚数52.4个。卵圆形叶，白花，棕毛，荚黄褐色。粒椭圆形，种皮黄色，脐浅褐色。百粒重18.8g。

特性 华南夏大豆，早熟品种，生育期92d。田间综合抗性好，落叶性好，籽粒整齐，不裂荚。田间表现抗病力强，未发现大豆花叶病毒病、大豆霜霉病、大豆白粉病等病株。耐酸铝和低磷性较强。

产量品质 2006—2007年国家热带亚热带地区夏大豆区域试验，其中2006年在广东省广州、惠州2个试点平均产量2 836.5kg/hm^2，比埂青82（对照1）增产11.62%，比华夏1号（对照2）减产3.40%；2007年在广东省广州、惠州、茂名3个试点平均产量2 531.3kg/hm^2，比对照华夏1号增产8.42%；两年平均产量2 684.0kg/hm^2，比对照华夏1号增产1.83%。2008年国家夏大豆生产试验，在广东省广州、惠州、茂名3个试点平均产量2 704.8kg/hm^2，比对照华夏1号增产3.19%。蛋白质含量40.74%，脂肪含量21.76%。

栽培要点 适宜中等肥力地块种植。夏播6月中旬至7月上旬，秋播7月下旬至8月上旬，保苗22万～23万株/hm^2，确保苗全、苗匀、苗壮。注意防治大豆黑潜蝇等害虫，开花期注意防治斜纹夜蛾等害虫。

适宜地区 广东省夏秋大豆产区。

华夏2号

893. 华夏3号（Huaxia 3）

品种来源 华南农业大学、广西农业科学院用桂早1号作母本，巴西13（VENCEDORA）作父本，经有性杂交，改良系谱法选育而成。原品系号粤夏03-3。2006年经国家农作物品种审定委员会审定，审定编号为国审豆2006024。全国大豆品种资源统一编号ZDD25264。

华夏3号

特征 有限结荚习性。株高84.7cm，株型收敛，分枝4.5个，单株荚数78.9个。卵圆形叶，白花，棕毛，荚黄褐色。粒椭圆形，种皮黄色，脐浅褐色。百粒重17.5g。

特性 华南夏大豆，晚熟品种，生育期113d。田间综合抗性好，落叶性好，籽粒整齐，不裂荚，易倒伏。接种鉴定，抗大豆花叶病毒SC8株系和SC13株系，中抗SC3株系，感SC11株系。

产量品质 2004—2005年国家热带亚热带地区夏大豆品种区域试验，两年平均产量2 874kg/hm^2，比对照埂青82增产31.1%。2005年生产试验，平均产量2 598kg/hm^2，比对照埂青82增产27.9%。蛋白质含量42.19%，脂肪含量20.41%。

栽培要点 适宜中等肥力地块种植。6月中旬至7月上旬播种，保苗12万～15万株/hm^2，确保苗全、苗匀、苗壮。注意防治大豆黑潜蝇等害虫，开花期注意防治斜纹夜蛾等害虫。

适宜地区 广东省、广西壮族自治区、海南省、福建省中南部和江西省南部地区（夏播）。

894. 华夏4号（Huaxia 4）

品种来源 华南农业大学、广西农业科学院经济作物研究所用桂早1号作母本，巴西8号（CONQUISTA）作父本，经有性杂交，改良系谱法选育而成。原品系号粤夏03-2。2007年经国家农作物品种审定委员会审定，审定编号为国审豆2007025。全国大豆品种资源统一编号ZDD25265。

特征 有限结荚习性。株高47.3cm，株型收敛，分枝3.7个，单株荚数45.7个。卵圆形叶，白花，棕毛，荚黄褐色。粒椭圆形，种皮黄色，脐褐色。百粒重20.5g。

特性 华南夏大豆，早熟品种，生育期94d。田间综合抗性好，落叶性好，籽粒整齐，不裂荚。接种鉴定，高感大豆花叶病毒SC3株系和SC7株系。

产量品质 2004—2005年国家热带亚热带地区夏大豆品种区域试验，两年平均产量2 355kg/hm^2，比对照埂青82增产7.4%。2006年生产试验，平均产量2 190kg/hm^2，比对照埂青82增产18.4%。蛋白质含量46.15%，脂肪含量18.82%。

栽培要点 适宜中等肥力地块种植。6月中旬至7月上旬播种，保苗19万～21万株/hm^2，确保苗全、苗匀、苗壮。注意防治大豆黑潜蝇等害虫，开花期注意防治斜纹夜蛾等害虫。

适宜地区 广东省、广西壮族自治区、海南省、江西省南部地区（夏播）。

华夏4号

895. 华夏5号（Huaxia 5）

品种来源 华南农业大学用桂早1号作母本，巴西13（VENCEDORA）作父本，经有性杂交，改良系谱法选育而成。原品系号粤夏03-5。2009年经广东省农作物品种审定委员会审定，审定编号为粤审豆2009001。全国大豆品种资源统一编号ZDD25266。

特征 有限结荚习性。株高68.9cm，株型收敛，分枝5.1个，单株荚数64.3个。披针形叶，紫花，棕毛，荚褐色。粒椭圆形，种皮黄色，脐深褐色，百粒重14.4g。

特性 南方夏大豆，中晚熟品种，生育期101d。田间综合抗性好，落叶性好，籽粒整齐，不裂荚。田间抗病性较强，大豆花叶病毒人工接种鉴定，抗性与对照品种相当。耐酸铝和低磷性好。

华夏5号

产量品质 2004—2005年国家热带亚热带地区夏大豆区域试验，其中在广东省广州、英德、茂名、惠州点平均产量3 133.7kg/hm^2，比对照埂青82增产25.40%。2006年生产试验，平均产量2 599.8kg/hm^2，比对照埂青82增产31.47%。蛋白质含量44.16%，脂肪含量

18.23%。

栽培要点 适宜中等肥力地块种植。夏播6月中旬至7月上旬，秋播8月上旬。保苗12万～15万株/hm^2，确保苗全、苗匀、苗壮。注意防治大豆黑潜蝇等害虫，开花期注意防治斜纹夜蛾等害虫。

适宜地区 广东省夏、秋大豆产区。

896. 华夏6号（Huaxia 6）

品种来源 华南农业大学用桂早1号作母本，巴西14（BRS157）作父本，经有性杂交，改良系谱法选育而成。原品系号粤夏05-4。2012年经广西壮族自治区农作物品种审定委员会审定，审定编号为桂审豆2012003号。

华夏6号

特征 有限结荚习性。株高58.2cm，株型收敛，分枝3.2个，单株荚数50.7个。椭圆形叶，白花，棕毛，荚褐色。粒椭圆形，微光泽，种皮黄色，脐淡褐色。百粒重14.3g。

特性 南方夏大豆，早熟品种，生育期97d。田间综合抗性好，落叶性好，抗倒伏，抗病性强，较耐旱。

产量品质 2009—2010年广西夏大豆品种区域试验，两年平均产量2 526.6kg/hm^2，比对照桂夏1号增产3.3%。2011年生产试验，平均产量2 246.9kg/hm^2，比对照桂夏1号增产1.9%。蛋白质含量38.31%，脂肪含量21.40%。

栽培要点 适宜中等肥力地块种植。6月下旬至7月上旬播种，7月中下旬可以在广西南部秋播，但要防控后期干旱。保苗17万～20万株/hm^2，确保苗全、苗匀、苗壮。注意防治大豆黑潜蝇等害虫，开花期注意防治斜纹夜蛾等害虫。

适宜地区 广西全自治区（夏播）。

897. 华夏9号（Huaxia 9）

品种来源 华南农业大学用桂早1号作母本，巴西14（BRS157）作父本，经有性杂交，改良系谱法选育而成。原品系号粤夏07-3。2011年经国家农作物品种审定委员会审定，审定编号为国审豆2011019。

特征 有限结荚习性。株高67.3cm，株型收敛，分枝4.4个，单株荚数61.7个。椭圆形叶，白花，棕毛，荚褐色。粒椭圆形，微具光泽，种皮黄色，脐淡褐色。百粒重15.5g。

特性 华南夏大豆，中熟品种，生育期99d。田间综合抗性好，落叶性好，籽粒整齐，不裂荚。接种鉴定，抗大豆花叶病毒SC15株系和SC18株系。

产量品质 2008—2010年国家热带亚热带夏大豆品种区域试验，平均产量2 754.0kg/hm^2，比对照华夏1号增产6.6%。2010年生产试验，平均产量2 778.0kg/hm^2，比对照华夏1号增产4.4%。蛋白质含量44.35%，脂肪含量18.08%。

华夏9号

栽培要点 适宜中等肥力地块种植。6月下旬至7月下旬播种，保苗17万～20万株/hm^2，确保苗全、苗匀、苗壮。注意防治大豆黑潜蝇等害虫，开花期注意防治斜纹夜蛾等害虫。

适宜地区 广东省北部、中部、西南部和江西省中部、湖南省南部、福建省、海南省（夏播）。

广西壮族自治区品种

898. 桂春5号（Guichun 5）

品种来源 广西农业科学院玉米研究所1990年用桂475［矮脚早×（靖西早黄豆×广东从跃大豆）］作母本，宜山六月黄作父本，经有性杂交，系谱法选育而成。原品系号桂7014。2005年经广西农作物品种审定委员会审定，审定编号为桂审豆2005001号。全国大豆品种资源统一编号ZDD25268。

桂春5号

特征 有限结荚习性。株高40～55cm，植株茎秆粗壮，节间短，株型收敛。分枝3～4个，单株结荚30～40个，荚黄褐色。叶卵圆形、较大、浓绿，紫花，棕毛。粒椭圆形、大而饱满、大小均匀，种皮黄色，有光泽，脐淡褐色。百粒重18.2g。

特性 南方春大豆，中早熟品种，生育期95d。耐旱、耐阴性强，耐肥，抗倒伏，抗大豆霜霉病、大豆锈病等，较抗食叶性害虫和豆杆蝇。成熟落叶性好，不裂荚。适合间套种。

产量品质 1997—1999年广西春大豆品种区域试验，平均产量2 314.5kg/hm^2，比对照柳豆1号增产9.12%。2000—2001年生产示范，平均产量2 908.5kg/hm^2，比桂早1号增产20.5%。蛋白质含量45.46%，脂肪含量18.01%。

栽培要点 精细整地，用有机肥7 500kg/hm^2，钙镁磷肥375kg/hm^{2}混施于播种沟内。春播桂南和桂西于2月底至3月上旬，桂中3月上中旬，桂北3月底至4月初播种，密度单作25万～38万株/hm^2，间套种15万～22万株/hm^2。播种量单作为60～75kg/hm^2。苗肥施尿素75kg/hm^2、氯化钾150kg/ hm^2，或复合肥225kg/hm^2。苗期注意防治豆芫菁等食叶性害虫，结荚鼓粒期重点防治椿象、豆荚螟等为害荚果的害虫。

适宜地区 广西全自治区春大豆区。

899. 桂春6号（Guichun 6）

品种来源 广西农业科学院玉米研究所1991年用七月黄豆作母本，桂豆2号（靖西早黄豆×玉林大豆）作父本，经有性杂交，系谱法选育而成。原品系号桂98-117，2005年经广西农作物品种审定委员会审定，审定编号为桂审豆2005002号。全国大豆品种资源统一编号ZDD25269。

特征 有限结荚习性。株高50cm，株型收敛，分枝3～4个。卵圆形叶，紫花，棕毛。单株荚数30～40个，荚黄褐色。粒椭圆形，种皮黄色，有光泽，脐褐色。百粒重17.8g。

特性 南方春大豆，中早熟品种，生育期95～100d。苗期长势强，生长健壮。自然条件下抗大豆霜霉病、大豆锈病等主要病害，较抗（耐）食叶性害虫和豆秆蝇。茎秆粗壮，耐肥，抗倒。成熟时落叶性好，不裂荚。耐阴性强，间套作和单作均可获得较高产量。

桂春6号

产量品质 2000—2002年广西春大豆品种区域试验，平均产量2 505.0kg/hm^2，比对照柳豆1号增产18.9%。2003—2005年生产试验，平均产量2 280.0kg/hm^2，比对照桂春1号增产17.6%。蛋白质含量46.06%，脂肪含量19.17%。

栽培要点 春播2月中下旬至3月下旬，密度单作25万～38万株/hm^2，间套种15万～22.5万株/hm^2，行距40cm，穴距15～20cm，每穴播3～4粒，出苗后每穴留2～3株。播种量单作为60～75kg/hm^2，间套种按实种面积计算。苗期注意防治豆芫菁等食叶性害虫，结荚鼓粒期重点防治椿象、豆荚螟等害虫。

适宜地区 广西全自治区春大豆区。

900. 桂春8号（Guichun 8）

品种来源 广西农业科学院玉米研究所1997年用柳8813作母本，桂豆3号（靖西早黄豆×广东从跃大豆）作父本，经有性杂交，系谱法选育而成。原品系号桂816。2007年经广西农作物品种审定委员会审定，审定编号为桂审豆2007002号。全国大豆品种资源统一编号ZDD25270。

特征 有限结荚习性。株高56.7cm，分枝3.3个，单株荚数34.7个。荚灰褐色，中等大小。白花，灰毛。叶片中等大小，长卵圆形。粒近圆形，种皮黄色，有光泽，脐淡褐色。百粒重16.1g。

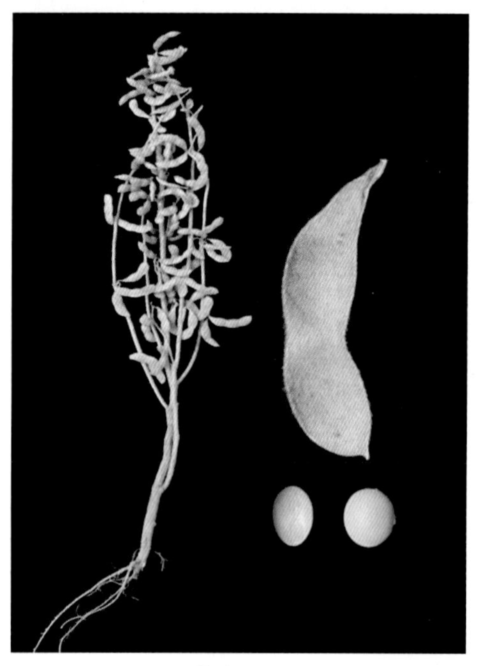

桂春8号

特性 南方春大豆，中熟品种，生育期97d。耐旱性较强，抗病性强。丰产性好，高产稳产。长势强，茎秆较粗壮，耐肥，抗倒伏，成熟一致，落叶性好，不裂荚。

产量品质 2003—2005年广西春大豆品种区域试验，平均产量2 799.0kg/hm^2，比对照桂春1号增产10.2%。2006年生产试验，平均产量2 550.0kg/hm^2，比对照桂春1号增产13.6%。蛋白质含量38.76%，脂肪含量18.68%。

栽培要点 2月下旬至3月中旬气温稳定在12 ℃以上时即可播种，密度24万～30万株/hm^2。行距0.4m，穴距0.15～0.2m，每穴播3～4粒，出苗后每穴留2株。用种量单作60～75kg/hm^2，间套种按实种面积计算。苗期注意防治豆芫菁等食叶性害虫，结荚鼓粒期重点防治椿象、豆荚螟等为害荚果的害虫。

适宜地区 广西全自治区作春大豆种植。

901. 桂春9号（Guichun 9）

桂春9号

品种来源 广西农业科学院玉米研究所1994年用桂338（矮脚早×宜山六月黄）作母本，桂豆3号（靖西早黄豆×广东从跃大豆）作父本，经有性杂交，系谱法选育而成。原品系号桂97-83，2008年经广西农作物品种审定委员会审定，审定编号为桂审豆2008001号。全国大豆品种资源统一编号ZDD25271。

特征 有限结荚习性。株高50～60cm，分枝3～5个，茎秆粗壮，节间短，株型收敛。单株结荚40～60个，荚黄褐色。叶片卵圆形、中等大小、浓绿，紫花，棕毛，茸毛较稀、紧贴。粒椭圆形，种皮黄色，光泽度较好，脐淡褐色。百粒重16～18g。

特性 南方春大豆，早熟品种，生育期94d。耐旱性强，耐肥，抗倒伏，中抗大豆霜霉病、大豆锈病等病害，较抗食叶性害虫和豆秆蝇。成熟落叶性好，不裂荚。外观品质好，商品性较好。

产量品质 2000—2002年广西春大豆品种区域试验，平均产量2 505.8kg/hm^2，比对照柳豆1号增产11.8%。2003—2004年生产试验，平均产量2 730.30kg/hm^2，较对照桂春1号增产18.0%。蛋白质含量45.78%，脂肪含量18.68%。

栽培要点 精细整地，施有机肥7 500kg/hm^2、钙镁磷肥375kg/hm^2。春播桂南和桂西于2月底至3月上旬，桂中3月上中旬，桂北3月底至4月初，密度单作30万～37.5万株/hm^2，间套种24.0万株/hm^2。苗肥施尿素75kg/hm^2、氯化钾150kg/hm^2，或尿素75kg/hm^2、复合肥225kg/hm^2。

适宜地区 广西全自治区。

902. 桂春10号（Guichun 10）

品种来源 广西农业科学院玉米研究所1997年用宜山六月黄作母本，桂豆3号作父本，经有性杂交，系谱法选育而成。原品系号桂513。2010年经广西农作物品种审定委员会审定，审定编号为桂审豆2010001号。全国大豆品种资源统一编号ZDD31241。

桂春10号

特征 有限结荚习性。株高41.1cm，株型收敛，分枝3.1个，单株荚数49.3个。荚褐色，紫花，棕毛。粒椭圆形，种皮黄色，有光泽，脐淡褐色。百粒重18.9g。

特性 南方春大豆，中熟品种，生育期103d。抗大豆霜霉病、大豆锈病等病害，较抗食叶性害虫和豆秆蝇。

产量品质 2006—2007年广西春大豆品种区域试验，平均产量2 800.5kg/hm^2，比对照桂春1号增产3.3%。2008年生产试验，平均产量2 533.5kg/hm^2，比对照桂春1号增产4.9%。蛋白质含量42.4%，脂肪含量19.0%。

栽培要点 春播2月中下旬至3月下旬，密度单作30.0万～37.5万株/hm^2，间套种24.0万株/hm^2。施有机肥7 500kg/hm^2，钙镁磷肥375kg/hm^2。定苗后及时中耕除草培土一次，并追施一次苗肥，施尿素75kg/hm^2、氯化钾150kg/hm^2，或尿素75kg/hm^2、复合肥225kg/hm^2。

适宜地区 广西全自治区。

903. 桂春11（Guichun 11）

品种来源 广西农业科学院玉米研究所1998年用黔8854作母本，巴西大豆MG/BR-56作父本，经有性杂交，系谱法选育而成。原品系号桂546，2009年经广西农作物品种审定委员会审定，审定编号为桂审豆2009001号。全国大豆品种资源统一编号ZDD25272。

桂春11

特征 有限结荚习性。株高50.5cm，分枝3.2个，单株荚数46.4个，荚褐色。紫花，棕毛。粒椭圆形，种皮黄色，有光泽，脐褐色。百粒重20.1g。

特性 南方春大豆，中早熟品种，生育期102d。耐旱性强，耐肥，抗倒伏。中抗大豆霜霉病、大豆锈病等病害，较抗食叶性害虫和豆秆蝇。成熟落叶性好，不裂荚。

产量品质 2006—2007年广西春大豆品种区域试验，平均产量2 901.0kg/hm^2，比对照桂春1号增产7.0%。2008年生产试验，平均产量2 550.0kg/hm^2，比对照桂春1号增产5.5%。蛋白质含量45.5%，脂肪含量15.8%。

栽培要点 精细整地，施有机肥7 500kg/hm^2，钙镁磷肥375kg/hm^{2}于播种沟内。桂南和桂西于2月底3月上旬、桂中3月上中旬、桂北3月底4月初播种为宜。密度单作30万～37.5万株/hm^2，间套种24.0万株/hm^{2}为宜。行距0.4m，穴距0.15～0.2m，每穴播3～4粒，出苗后每穴留2～3株即可。苗肥施尿素75kg/hm^2、氯化钾150kg/hm^2，或尿素75kg/hm^2、复合肥225kg/hm^2。合理排灌和注意虫害防治。

适宜地区 广西壮族自治区中、南部作春大豆种植。

904. 桂春12（Guichun 12）

品种来源 广西农业科学院玉米研究所1997年用桂豆3号作母本，巴西大豆MG/BR-56作父本，经有性杂交，系谱法选育而成。原品系号桂807。2011年经广西农作物品种审定委员会审定，审定编号为桂审豆2011001号。全国大豆品种资源统一编号ZDD31242。

特征 有限结荚习性。株高52.7cm，分枝2.9个，单株荚数33.6个，荚褐色。紫花，棕毛。粒椭圆形，种皮黄色，有光泽，脐淡褐色。百粒重17.7g。

特性 南方春大豆，中熟品种，生育期98d。生长健壮，繁茂性好。抗病性强，较耐旱。成熟整齐一致，不易裂荚，成熟荚较耐雨淋，适合作为间套种品种使用。耐肥性一般，水肥条件高时易徒长。

产量品质 2003—2005年广西春大豆品种区域试验，平均产量2 585.25kg/hm^2，比对照桂春1号增产1.7%。2007—2009年生产试验，平均产量1 569.90kg/hm^2，比对照桂春1号增产20.91%。蛋白质含量42.2%，脂肪含量19.0%。

栽培要点 精细整地，施有机肥7 500kg/hm^2、钙镁磷肥375kg/hm^2。春播桂南和桂西于2月底3月上旬为宜，桂中3月上中旬，桂北3月底至4月初，密度单作30.0万～37.5万株/hm^2，间套种24万株/hm^2。苗肥施尿素75kg/hm^2、氯化钾150kg/hm^2，或尿素75kg/hm^2、复合肥225kg/hm^2。

适宜地区 广西全自治区。

桂春12

905. 桂春13（Guichun 13）

品种来源 广西农业科学院玉米研究所1997年用巴西大豆BR-56作母本，桂春3号（北京豆×矮脚早）作父本，经有性杂交，系谱法选育而成。原品系号桂603。2012年经广西农作物品种审定委员会审定，审定编号为桂审豆2012001号。全国大豆品种资源统一编号ZDD31243。

特征 有限结荚习性。株高48.0cm，株型收敛，分枝3.3个。椭圆形叶，紫花，棕毛。单株荚数38.2个，荚黄褐色。粒椭圆形，种皮黄色，有光泽，脐褐色。百粒重19.2g。

特性 南方春大豆，中熟品种，生育期100d。2月中旬至3月下旬播种，6月下旬成熟。耐旱性强，较耐阴。落叶性良好，抗倒伏。抗病性较强。

桂春13

产量品质 2009—2010年广西春大豆品种区域试验，平均产量2 910.0kg/hm^2，比对照桂春1号增产11.9%。2011年生产试验，平均产量2 991.6kg/hm^2，比对照桂春1号增产9.8%。蛋白质含量43.77%，脂肪含量19.01%。

栽培要点 桂南和桂西于2月底3月上旬、桂中3月上中旬、桂北3月底4月初播种，播前施有机肥7 500kg/hm^2、钙镁磷肥375kg/hm^{2}于播种沟内。密度单作30.0万～37.5万株/hm^2，间套种24万株/hm^2。行距0.4m，穴距0.15～0.20m，每穴播3～4粒，出苗后每穴留2～3株。苗肥施尿素75kg/hm^2、氯化钾150kg/hm^2，或尿素75kg/hm^2、复合肥225kg/hm^2。

适宜地区 广西全自治区春播种植。

906. 桂春15（Guichun 15）

品种来源 广西农业科学院玉米研究所2002年用桂春3号（北京豆×矮脚早）作母本，中作975作父本，系谱法选育而成。原名桂610。2013年6月经广西农作物品种审定委员会审定，命名为桂春15，审定编号为桂审豆2013001号。全国大豆品种资源统一编号ZDD31244。

桂春15

特征 有限结荚习性。株高45.3cm，株型收敛，分枝2.6个。椭圆形叶，白花，灰毛。单株荚数42.2个，荚熟灰褐色。粒椭圆形，种皮黄色，有光泽，脐褐色。百粒重21.5g。

特性 南方春大豆，早熟品种，生育期98d。2月中旬至3月下旬播种，6月中下旬成熟。秆较粗，抗倒伏，落叶性好。抗病虫。

产量品质 2009—2010年广西春大豆品种区域试验，平均产量2 824.5kg/hm^2，比对照桂春1号增产8.7%。2011年生产试验，平均产量3 060kg/hm^2，比对照桂春1号增产12.3%。蛋白质含量43.44%，脂肪含量19.57%。

栽培要点 播期为2月中旬至3月下旬，单作行距0.4m，株距0.08～0.1m，保苗25万～31万株/hm^2。基肥施氮磷钾三元复合肥225kg/hm^2，开花前追施氮磷钾三元复合肥150～225kg/hm^2，若苗势弱，再追施尿素45～75kg/hm^2。间套作，在甘蔗、玉米、木薯等高秆作物行间种植1～2行，密度15.0万株/hm^{2}左右；在幼林果园里可带状种植，密度22.5万株/hm^{2}左右。

适宜地区 广西全自治区，可春、秋播兼用。

907. 桂夏3号（Guixia 3）

品种来源 广西农业科学院玉米研究所1995年用靖西青皮豆作母本，武鸣黑豆作父本，经有性杂交，系谱法选育而成。原品系号桂M32。2007年经广西农作物品种审定委员会审定，审定编号为桂审豆2007001号。全国大豆品种资源统一编号ZDD25278。

特征 有限结荚习性。株高59.9cm，分枝2.5个，单株荚数43.7个，荚褐色。椭圆形叶，紫花，棕毛，茸毛较稀，紧贴。粒椭圆形，种皮绿色，有光泽，子叶黄色，脐淡褐色。百粒重17.6g。

特性 南方夏大豆，中熟品种，生育期108d。分枝多，落叶性好，高产稳产。耐旱性强，适应性广。抗病，抗倒伏。

产量品质 2003—2005年广西夏大豆品种区域试验，平均产量2 087.4kg/hm^2，比对照桂夏1号增产6.4%。2006年生产示范，单产2 550.0～3 150.0kg/hm^2，比当地对照桂夏1号增产12.0%～29.6%。蛋白质含量43.63%，脂肪含量20.11%。

栽培要点 6月初至7月上旬为适播期，太早或过迟都会影响产量发挥。单作密度以19.80万株/hm^{2}为宜，行距0.5m，穴距0.2m，每穴留苗2株，土壤肥力较高或较低则可适当降低或提高密度。

适宜地区 广西全自治区作夏大豆种植。

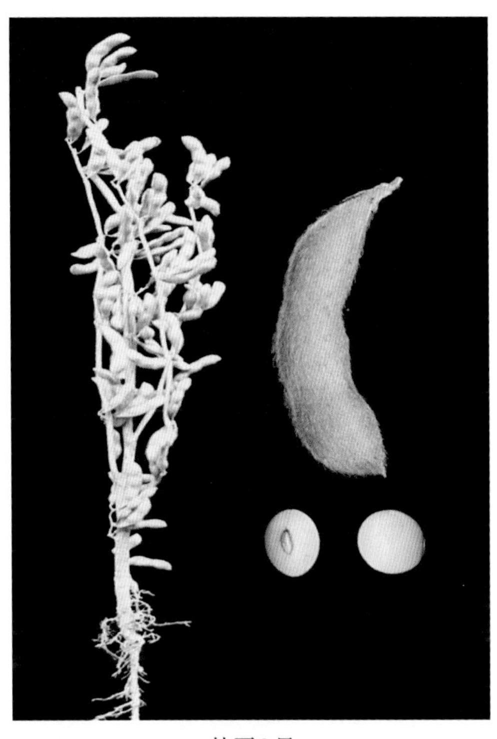

桂夏3号

908. 桂夏4号（Guixia 4）

品种来源 广西农业科学院玉米研究所1997年用98-64（平果豆×扶绥黄豆）作母本，巴西大豆MG/BR-56作父本，经有性杂交，系谱法选育而成。原品系号桂GF-21。2009年经广西农作物品种审定委员会审定，审定编号为桂审豆2009002号。全国大豆品种资源统一编号ZDD25279。

特征 有限结荚习性。株型半开张，株高69.2cm，分枝2.0个。单株荚数53.6个，荚灰褐色。椭圆形叶，紫花，棕毛。粒椭圆形，种皮黄色，有光泽，脐浅褐色。百粒重15.7g。

特性 南方夏大豆，早熟品种，生育期96d。耐旱性强，适应性强，抗倒伏。中抗大豆霜霉病、大豆锈病等病害，较抗食叶性害虫及豆秆黑潜蝇。成熟落叶性好，不裂荚。

产量品质 2006—2007年广西夏大豆品种

桂夏4号

区域试验，平均产量2 346.0kg/hm^2，比对照桂夏1号增产0.10%。2008年生产试验，平均产量2 520.0kg/hm^2，比对照桂夏1号增产3.64%。蛋白质含量43.70%，脂肪含量16.90%。

栽培要点 精细整地，播前施225kg/hm^{2}复合肥于播种沟内。6月中旬至7月中旬为适播期，适当早播以避过秋冬旱。密度单作19.5万～22.5万株/hm^2，间套种15.0万株/hm^{2}为宜。行距0.5m，穴距0.15～0.2m，每穴播3～4粒，出苗后每穴留2株。苗肥施尿素75kg/hm^2、氯化钾150kg/hm^2，或尿素75kg/hm^2、复合肥225kg/hm^2，花荚期喷一次磷酸二氢钾叶面肥。苗期注意防治豆芫菁等食叶性害虫，结荚鼓粒期重点防治椿象、豆荚螟等为害荚果的害虫。

适宜地区 广西全自治区作夏大豆种植。

909. 桂春豆1号（Guichundou 1）

品种来源 广西农业科学院经济作物研究所2001年用桂春1号（靖西早黄豆×吉三选三）作母本，桂199（拉城黄豆系选）作父本，经有性杂交，系谱法选育而成。原品系号桂0120-1。2006年经国家农作物品种审定委员会审定，命名为桂春豆1号，审定编号为国审豆2006026。全国大豆品种资源统一编号ZDD25274。

桂春豆1号

特征 有限结荚习性。株高55.8cm，株型收敛，分枝3.0个。椭圆形叶，白花，棕毛。单株荚数33.5个，荚黄褐色。粒圆形，种皮黄色，有光泽，脐褐色。百粒重18.6g。

特性 南方春大豆，中熟品种，生育期103d。2月中旬至3月下旬播种，6月中下旬成熟。抗大豆花叶病毒SC11株系和SC13株系。抗倒伏性强，落叶性好，抗裂荚性强。

产量品质 2004—2005年热带亚热带地区春大豆（南片）品种区域试验，平均产量2 631.0kg/hm^2，比对照柳豆1号增产15.1%。2005年生产试验，平均产量2 607.0kg/hm^2，比对照柳豆1号增产14.6%。蛋白质含量39.91%，脂肪含量19.46%。

栽培要点 播期为2月中旬至3月下旬，单作播量60～90kg/hm^2，行距0.4m，株距0.08～0.1m，保苗25万～31万株/hm^2，施有机肥7 500～15 000kg/hm^2，氮磷钾三元复合肥150～225kg/hm^2、尿素45～75kg/hm^2。间套作，在甘蔗、玉米、木薯等高秆作物行间种植1～2行，密度15.0万株/hm^2；幼林果园套种，密度22.5万株/hm^2。

适宜地区 广东省和广西壮族自治区中南部、福建省南部、海南省（春播，可春、秋播兼用）。

910. 桂春豆103（Guichundou 103）

品种来源 广西农业科学院经济作物研究所2001年用桂春1号作母本，桂199（拉城黄豆系选）作父本，经有性杂交，系谱法选育而成。原品系号桂0120-4。2010年5月经广西农作物品种审定委员会审定，命名为桂春豆103，审定编号为桂审豆2010002号。全国大豆品种资源统一编号ZDD31245。全国大豆品种资源统一编号ZDD31245。

特征 有限结荚习性。株高48.7cm，株型收敛，分枝2.8个。椭圆形叶，白花，棕毛。单株荚数41.7个，荚黄褐色。粒椭圆形，种皮黄色，有光泽，脐褐色。百粒重18.3g。

桂春豆103

特性 南方春大豆，早熟品种，生育期97d。2月中旬至3月下旬播种，6月中下旬成熟。秆壮，抗倒伏，落叶性好。抗病虫。

产量品质 2006—2007年广西春大豆品种区域试验，平均产量2 631.0kg/hm^2，比对照桂春1号减产2.99%。2008年生产试验，平均产量2 392.8kg/hm^2，比对照桂春1号减产0.99%。蛋白质含量36.15%，脂肪含量22.73%。

栽培要点 适播期为2月中旬至3月下旬。单作，播量60 ~ 90kg/hm^2，行距0.4m，株距0.08 ~ 0.1m，保苗25万 ~ 31万株/hm^2，施有机肥7 500 ~ 15 000kg/hm^2，或氮磷钾三元复合肥225kg/hm^2，追肥施氮磷钾三元复合肥150 ~ 225kg/hm^2，若苗势弱，再追施尿素45 ~ 75kg/hm^2。间套作，在甘蔗、玉米、木薯等高秆作物行间种植1 ~ 2行，密度15.0万株/hm^2，幼林果园套种，密度22.5万株/hm^2。

适宜地区 广西壮族自治区（春播）。

911. 桂春豆104（Guichundou 104）

品种来源 广西农业科学院经济作物研究所2001年用桂春1号作母本，桂早1号（矮脚早 × 北京豆）作父本，经有性杂交，系谱法选育而成。原名桂0119-1。2012年6月经广西农作物品种审定委员会审定，命名为桂春豆104，审定编号为桂审豆2012002号。全国大豆品种资源统一编号ZDD31246。

桂春豆104

特征 有限结荚习性。株高49.3cm，株型收敛，分枝2.3个。椭圆形叶，白花，棕毛。单株荚数38.2个，荚黄褐色。粒椭圆形，种皮黄色，有光泽，脐褐色。百粒重19.9g。

特性 南方春大豆，早熟品种，生育期96d。2月中旬至3月下旬播种，6月中下旬成熟。秆壮，抗倒伏，落叶性好。抗病虫。

产量品质 2009—2010年广西春大豆品种区域试验，平均产量2 685.0kg/hm^2，比对照桂春1号增产3.3%。2011年生产试验，平均产量2 878.8kg/hm^2，比对照桂春1号增产5.7%。蛋白质含量39.25%，脂肪含量21.23%。

栽培要点 播期为2月中旬至3月下旬，单作，播量60 ~ 90kg/hm^2，行距0.4m，株距0.08 ~ 0.1m，保苗25万 ~ 31万株/hm^2，底肥施有机肥 7 500 ~ 15 000kg/hm^2，或氮磷钾三元复合肥225kg/hm^2，开花前追施氮磷钾三元复合肥150 ~ 225kg/hm^2，若苗势弱，再追施尿素45 ~ 75kg/hm^2。间套作，在甘蔗、玉米、木薯等高秆作物行间种植1 ~ 2行，密度15.0万株/hm^2；幼林果园套种，密度22.5万株/hm^2。

适宜地区 广西壮族自治区（春播，可春、秋播兼用）。

912. 桂夏豆2号（Guixiadou 2）

桂夏豆2号

品种来源 广西农业科学院经济作物研究所、华南农业大学2001年用桂早1号作母本，巴西13作父本，经有性杂交，系谱法选育而成。原品系号桂0114-2。2006年8月经国家农作物品种审定委员会审定，命名为桂夏豆2号，审定编号为国审豆2006022。全国大豆品种资源统一编号ZDD25280。

特征 有限结荚习性。株高55.6cm，株型收敛，分枝3.9个。椭圆形叶，紫花，棕毛。单株荚数70.7个，荚褐色。粒椭圆形，种皮黄色，有光泽，脐浅褐色。百粒重14.0g。

特性 南方夏大豆，中熟品种，生育期104d。6月上中旬播种，9月下旬至10月上中旬成熟。抗倒伏性强，落叶性好，不裂荚。

产量品质 2004—2005年热带亚热带地区夏大豆品种区域试验，平均产量2 856.0kg/hm^2，比对照埂青82增产30.3%。2005年生产试验，平均产量2 800.5kg/hm^2，比对照埂青82增产38.3%。蛋白质含量41.67%，脂肪含量19.08%。

栽培要点 6月上中旬为适播期，播量50～70kg/hm^2，行距0.5m，株距0.08～0.1m，出苗后间苗，保苗20万～25万株/hm^2，肥料应早施，生长前期重施底肥和苗肥，花荚期追肥。施有机肥10 000～20 000kg/hm^2、氮磷钾三元复合肥150～225kg/hm^2、尿素75～100kg/hm^2。

适宜地区 广东省、广西壮族自治区、海南省、福建省和江西省南部地区（夏播）。

913. 桂鲜豆1号（Guixiandou 1）

品种来源 广西农业科学院经济作物研究所2001年用乌皮青仁作母本，桂早1号作父本，经有性杂交，系谱法选育而成。原品系号桂0251-44，2008年5月经广西农作物品种审定委员会审定，命名为桂鲜豆1号，审定编号为桂审豆2008002号。全国大豆品种资源统一编号ZDD25267。

特征 有限结荚习性。株高67.5cm，株型收敛，分枝2.3个。椭圆形叶，紫花，灰毛。单株荚数39.4个，以二、三粒荚为主，标准荚413个/kg，标准荚率74.7%，种皮黄色，脐褐色。百粒鲜重57.2g。

特性 南方菜用型春大豆品种。生育期99d。出苗至青荚采收期约90d；2月中旬至3月下旬播种，6月上中旬采收。口感较好，微香，微甜，微糯。中抗大豆花叶病毒病，高抗大豆白粉病。抗倒性好，商品性好。

产量品质 2007年广西春大豆品种区域试验，平均鲜荚产量13 169.25kg/hm^2，比对照AGS292增产45.5%。

栽培要点 春播宜早不宜迟，气温8℃以上时即可播种；行距0.4m，株距0.06～0.08m，密度30万～42万株/hm^2，用种量90～112kg/hm^2。施农家肥4 500～7 500kg/hm^{2}或复合肥300kg/hm^{2}作基肥，开花期施尿素75kg/hm^{2}作促花肥。当豆荚鼓粒饱满时即可采收上市。

适宜地区 广西壮族自治区。

桂鲜豆1号

云南省品种

914. 滇豆4号（Diandou 4）

品种来源 云南省农业科学院粮食作物研究所用滇86-5作母本，Williams作父本，经有性杂交，系谱法选育而成。2006年经国家农作物品种审定委员会审定，审定编号为国审豆2006020。全国大豆品种资源统一编号ZDD25284。

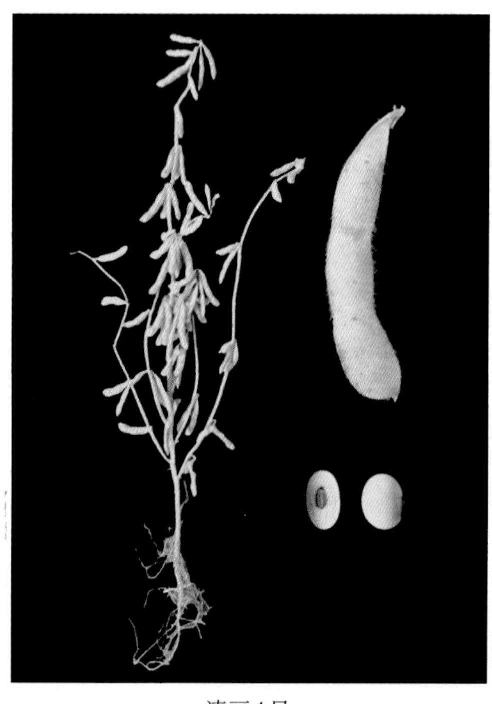

滇豆4号

特征 有限结荚习性。株高57.5cm，主茎节数11.8个，分枝2.9个，株型半开张。卵圆形叶，白花，棕毛。单株结荚33.3个，三、四粒荚多，荚褐色。粒椭圆形，种皮黄色，强光泽，脐褐色。百粒重18.2 ~ 26.4g。

特性 南方春大豆，中熟品种，生育期120d。田间综合抗病性好，抗大豆花叶病毒SC8株系、SC13 株系，不感大豆白粉病。抗倒伏，不裂荚，落叶性好。

产量品质 2004—2005年国家西南山区春大豆品种区域试验，两年平均产量2 940.0kg/hm^2，比对照滇86-5增产13.6%。2005年生产试验，平均产量2 422.5kg/hm^2，比对照滇86-5增产17.3%。蛋白质含量42.27%，脂肪含量20.33%。

栽培要点 4月中旬至5月下旬播种。抗逆性强，耐肥水，增产潜力大。保苗22.5万～27.0万株/hm^2。

适宜地区 贵州省、云南省、湖北省恩施、四川省西南部地区（春播）。

915. 滇豆6号（Diandou 6）

品种来源 云南省农业科学院粮食作物研究所用晋宁大黄豆×黑农29作母本，Williams作父本，经有性杂交，系谱法选育而成。2008年经国家农作物品种审定委员会审定，审定编号为国审豆2008026。全国大豆品种资源统一编号ZDD25285。

特征 有限结荚习性。株高68.7cm，底荚高度10.4cm，主茎节数14.6个，分枝4.3

个，单株荚数57.2个。卵圆形叶，白花，棕毛。粒椭圆形，种皮黄色，脐黑色。百粒重15.8g。

特性 南方春大豆，中熟品种，生育期127d。田间综合抗病性好。接种鉴定，抗大豆花叶病毒SC3株系，感SC7株系。不倒伏，不裂荚，落叶性好。

产量品质 2006—2007国家西南山区春大豆品种区域试验，两年平均产量2 907.0kg/hm^2，比对照滇86-5增产13.8%。2007年生产试验，平均产量2 314.5kg/hm^2，比对照滇86-5增产12.8%。蛋白质含量44.53%，脂肪含量19.59%。

栽培要点 4月下旬至5月中旬播种，保苗21.0万～27.0万株/hm^2。播种前施钾肥120～150kg/hm^2、过磷酸钙300～495kg/hm^{2}作底肥，根据苗情追施尿素60～90kg/hm^2。

适宜地区 贵州省贵阳、毕节、安顺，湖北省恩施，云南省昆明、楚雄、大理、昭通、曲靖等地区。

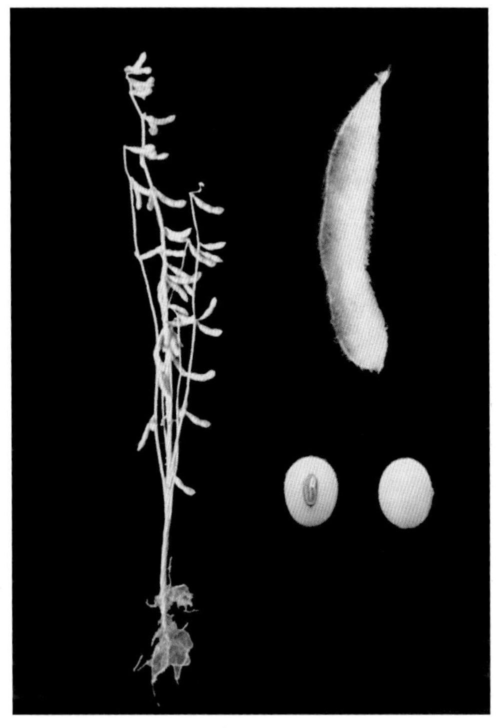

滇豆6号

916. 滇豆7号（Diandou 7）

品种来源 云南省农业科学院粮食作物研究所用滇82-3作母本，Williams作父本，经有性杂交，系谱法选育而成。2010年经国家农作物品种审定委员会审定，审定编号为国审豆2010017。全国大豆品种资源统一编号ZDD31247。

特征 有限结荚习性。株高63.1cm，底荚高9.7cm，主茎节数13.4个，分枝3.4个，单株荚数47.3个，单株粒重19.1g。卵圆形叶，白花，棕毛。粒椭圆形，种皮黄色，脐黑色。百粒重22.1g。

特性 南方春大豆，中晚熟品种，生育期132d。田间综合抗病性好。接种鉴定，中感大豆花叶病毒SC3株系和SC7株系。

产量品质 2007—2008年国家西南山区春大豆品种区域试验，两年平均产量2 853.0kg/

滇豆7号

hm^2，比对照滇86-5增产11.7%。2008年生产试验，平均产量2 110.5kg/hm^2，比对照滇86-5增产6.5%。蛋白质含量44.50%，脂肪含量20.31%。

栽培要点 5月播种，种植密度21.0万株/hm^2。播前施有机肥和过磷酸钙300～450kg/hm^2、硫酸钾90～150kg/hm^2作底肥，在苗期、始花期根据苗情适量追施尿素75～90kg/hm^2。

适宜地区 云南省昆明、昭通和红河，湖北省恩施，四川省凉山，贵州省贵阳和安顺地区（春播）。

917. 德大豆1号（Dedadou 1）

品种来源 云南省德宏傣族景颇族自治州农业科学研究所从外引品种中品661的变异单株中系统选育而成。2011年经云南省农作物品种审定委员会审定，审定编号为滇审大豆2011001。全国大豆品种资源统一编号ZDD31248。

德大豆1号

特征 有限结荚习性。株高70.8cm，株型紧凑，茎秆粗壮。底荚高11.0cm，主茎节数14.5个，分枝数3.6个，单株荚数44.6个，单株粒重14.3g。白花，棕毛。粒椭圆形，种皮黄色，脐黑色。百粒重20.8g。

特性 南方春大豆，中熟品种，生育期125d。田间综合抗病性好。经抗性鉴定，抗大豆细菌性斑点病、大豆锈病，感大豆花叶病毒病，但程度较轻。

产量品质 2007—2008年国家西南山区大豆品种区域试验，两年平均产量2 731.5kg/hm^2，比对照滇86-5增产3.8 %。2009年云南省生产试验，平均产量2 830.0kg/hm^2，较对照滇86-5增产13.3%。蛋白质含量45.80%，脂肪含量19.07%。

栽培要点 播期宜在4月上旬至五月中旬；在德宏州冬种11月下旬至12月上旬播种，夏播宜6月上中旬雨水落地后播种。保苗27.0万～30.0万株/hm^2。中等肥力地块，底肥施农家肥15 000～22 500kg/hm^2、复合肥150～225kg/hm^2；初花期中耕除草、培土，并结合追肥；花荚期及鼓粒期保持土壤湿润，生长期间做好病虫害防治。

适宜地区 云南省德宏、昆明、昭通、红河、普洱、文山等地。

918. 文豆1号（Wendou 1）

品种来源 云南省文山壮族苗族自治州农业科学研究所于1997年冬从省区试材料泉豆322中选取9个变异株，经3年6代分离选择育成。原代号97-1-2。2006年通过云南省农作物品种审定委员会审定，定名为文豆1号，审定编号为滇特审大豆200501号。全国大豆品种资源统一编号ZDD31249。

文豆1号

特征 有限结荚习性。株高55～66cm，茎秆粗壮。卵圆形叶，紫花，棕毛。主茎12～15节，分枝3～5个。单株荚数30～50个。荚草黄色，饱满度好，每荚2～3粒。粒黄色，近扁圆形，脐黑色。百粒重17～20g。

特性 冬大豆，云南文山地区冬播生育期130～140d。抗大豆花叶病毒病、大豆白粉病、大豆纹枯病、大豆角斑病等。落叶性好，籽粒整齐，不裂荚。

产量品质 2001—2003年文山州大豆品种区域试验，平均单产2 343.0kg/hm^2，比对照中品661增产31.37%。生产示范，平均产量达2 116.5kg/hm^2。蛋白质含量34.31%，脂肪含量18.89%。

栽培要点 精细整地，适时播种，冬播幼苗应避开霜期并采用覆膜方式栽培，一般12月中下旬播种，保苗27万～30万株/hm^2。施足底肥，出苗破膜后，视苗情施尿素75～150kg/hm^{2}作苗肥，花期和鼓粒期及时灌溉，并注意病虫害的防治。

适宜地区 云南省文山等海拔1 000～1 450m地区冬季种植。

中国大豆品种（2005—

品种序号	品种	育成年份	类型	母　本	父　本	生育期(d)	结荚习性
1	东农48	2005	北方春	东农42	黑农35	115	亚
2	东农49	2006	北方春	北丰14	红丰9号	107	亚
3	东农50	2007	北方春	加拿大引进		115	亚
4	东农51	2007	北方春	绥农10	东农L200087	116	亚
5	东农52	2008	北方春	吉5412	黑农40	123	无
6	东农53	2008	北方春	绥农10	东农L200087	116	亚
7	东农54	2009	北方春	黑农40	东农9602	124	无
8	东农55	2009	北方春	东农42	绥农14	123	亚
9	东农56	2010	北方春	合丰25	L-5	119	亚
10	东农57	2011	北方春	青皮豆	东农960002	130	有
11	东农58	2012	北方春	北豆5号	北99-509	100	亚
12	东农60	2013	北方春	日本小粒豆	东农小粒豆845	115	亚
13	东农61	2013	北方春	绥农10号	东农7018	125	无
14	东农62	2014	北方春	东农42	东农33250	125	无
15	黑农49	2005	北方春	哈交90-614	黑农37	117	亚
16	黑农50	2007	北方春	合丰33	哈519	112	无
17	黑农51	2007	北方春	黑农37	合93-1538	126	亚
18	黑农52	2007	北方春	黑农37	绥农14	124	亚
19	黑农53	2007	北方春	合丰35	哈519	124	无
20	黑农54	2007	北方春	哈90-6719	绥90-5888	120	亚
21	黑农56	2008	北方春	哈90-614	黑农37	119	亚
22	黑农57	2008	北方春	哈95-5351	哈3164	122	亚
23	黑农58	2008	北方春	哈94-1101	黑农35	118	亚
24	黑农61	2010	北方春	合97-793	绥农14	125	亚
25	黑农62	2010	北方春	哈97-6526	绥96-81075	125	无
26	黑农63	2010	北方春	哈94012	哈交21188-19	125	无
27	黑农64	2010	北方春	哈94-4478	吉8883-84	118	亚
28	黑农65	2010	北方春	垦鉴7号	黑农40	115	亚
29	黑农66	2011	北方春	黑农44	公交93142B	120	亚
30	黑农67	2011	北方春	垦农18	黑农45	118	无
31	黑农68	2011	北方春	黑农44	绥农14	115	亚
32	黑农69	2012	北方春	黑农44	垦农19	125	亚
33	龙黄1号	2011	北方春	绥农14	黑农38	119	亚
34	龙黄2号	2013	北方春	垦农18	黑农44	115	亚

2014）性状表

株高(cm)	叶形	花色	茸毛色	粒形	粒色	脐色	百粒重(g)	区试产量(kg/hm^2)	增产(±%)	生试产量(kg/hm^2)	增产(±%)	蛋白质含量(%)	脂肪含量(%)
90.0	披针	紫	灰	圆	黄	黄	22.0	2 358.5	5.6	2 409.5	6.1	44.53	19.19
90.0	披针	白	灰	圆	黄	黄	20.0	1 905.9	6.2	2 154.5	12.3	39.68	22.57
106.0	披针	白	灰	圆	黄	黄	6.5	2 141.2	9.4	2 139.8	9.5	40.72	19.59
80.0	披针	白	灰	椭圆	黄	黄	21.0	2 462.8	10.1	2 390.6	10.4	39.57	20.81
120.0	披针	紫	灰	圆	黄	黄	21.0	2 880.5	8.2	2 437.1	12.3	40.52	19.51
85.0	披针	紫	灰	圆	黄	黄	18.0	2 484.2	8.9	2 566.8	18.1	39.30	21.68
100.0	披针	紫	灰	圆	黄	黄	20.0	2 692.3	11.7	2 461.7	11.7	40.60	20.50
120.0	披针	紫	灰	圆	黄	黄	20.0	2 652.3	9.9	2 416.9	9.7	44.33	18.74
77.0	披针	紫	灰	圆	黄	黑	19.0	2 302.2	8.6	2 259.3	8.3	43.88	19.07
55.0	圆	白	棕	扁圆	绿	褐	30.0	2 884.2	10.7	2 566.8	18.1	44.55	18.43
75.0	披针	紫	灰	圆	黄	黄	18.0	2 523.0	10.9	2 317.5	8.8	39.13	21.59
90.0	披针	紫	灰	圆	黄	黄	9.0	2 298.2	7.4	2 274.2	7.1	47.09	17.02
100.0	披针	紫	灰	圆	黄	黄	21.0	3 024.0	9.3	3 234.6	8.8	40.17	22.58
106.0	披针	紫	灰	圆	黄	黄	19.7	3 079.0	9.3	3 043.2	10.3	40.50	21.70
88.0	圆	紫	灰	圆	黄	黄	22.0	2 373.5	9.3	2 408.5	10.3	40.10	21.10
90.0	披针	紫	灰	圆	黄	黄	21.0	2 280.6	11.2	2 564.3	14.3	39.69	20.56
105.0	披针	白	灰	圆	黄	黄	19.0	2 759.4	9.9	2 996.5	11.4	41.37	19.74
100.0	圆	紫	灰	圆	黄	黄	20.0	2 759.4	9.9	2 996.5	11.4	40.67	19.29
115.0	披针	紫	灰	圆	黄	黄	24.0	2 851.0	8.4	2 780.0	13.1	42.29	19.43
95.0	披针	紫	灰	圆	黄	黄	22.0	2 355.4	4.5	2 992.1	12.4	44.23	19.03
80.0	圆	紫	灰	圆	黄	黄	20.0	2 587.6	12.6	3 048.6	14.6	38.13	22.10
80.0	披针	白	灰	圆	黄	褐	22.0	3 000.0	10.5	2 390.6	13.1	38.34	21.69
80.0	圆	白	灰	椭圆	黄	黄	22.0	2 861.5	7.4	2 384.1	13.0	39.43	21.08
90.0	披针	紫	灰	圆	黄	黄	23.0	2 230.9	9.3	2 823.8	9.4	40.92	20.40
95.0	圆	白	灰	椭圆	黄	黄	22.0	2 274.0	11.5	2 847.5	10.3	40.36	20.73
99.0	披针	紫	灰	圆	黄	黄	22.0	2 260.5	10.9	2 810.6	9.2	42.17	18.89
80.0	圆	白	灰	椭圆	黄	黄	21.0	2 538.0	14.6	2 801.1	12.6	38.11	22.79
90.0	披针	紫	灰	圆	黄	黄	20.0	2 119.9	9.1	2 684.5	13.1	41.52	19.66
90.0	披针	白	灰	椭圆	黄	黄	22.0	2 657.8	10.6	2 774.6	15.0	37.68	21.15
94.0	披针	紫	灰	圆	黄	黄	23.0	2 485.8	5.5	2 776.3	13.3	40.00	21.20
80.0	圆	白	灰	椭圆	黄	黄	21.0	2 360.7	11.3	3 118.5	11.1	37.14	22.33
90.0	披针	紫	灰	椭圆	黄	黄	20.0	2 969.4	9.3	3 043.7	10.8	40.63	21.94
85.0	披针	紫	灰	椭圆	黄	黄	20.0	2 412.3	11.3	2 646.1	9.6	40.30	19.70
86.0	圆	白	灰	圆	黄	黄	20.0	2 838.7	9.2	2 477.1	12.8	37.79	21.78

品种序号	品种	育成年份	类型	母　本	父　本	生育期(d)	结荚习性
35	龙豆1号	2010	北方春	合交98-1004	龙品9310	116	亚
36	龙豆2号	2010	北方春	合交93-88	黑农37	118	亚
37	龙豆3号	2012	北方春	龙品9501	龙0116F1	115	无
38	龙豆4号	2013	北方春	克02-8762	黑农51	125	亚
39	龙黑大豆1号	2007	北方春	农家黑豆	龙品806	113	有
40	龙黑大豆2号	2008	北方春	黑选大豆	哈6719	126	无
41	龙青大豆1号	2007	北方春	吉引青	哈6719	125	无
42	龙小粒豆2号	2008	北方春	龙8601	ZYY5310	116	亚
43	龙生豆1号	2012	北方春	黑农35	九农22	120	亚
44	龙生豆2号	2013	北方春	九农22	99-1222	125	亚
45	农菁豆3号	2013	北方春	吉育47	长农13	107	无
46	农菁豆4号	2013	北方春	垦农18	绥农14	118	亚
47	星农2号	2014	北方春	北8691	北丰11	115	亚
48	中科毛豆2号	2014	北方春	日本褐色豆	品系810	88	亚
49	绥农22	2005	北方春	绥农15	绥96-81029	118	亚
50	绥农23	2006	北方春	绥农4号	(绥93-681×吉林27) F_1	120	无
51	绥农24	2007	北方春	黑河19	绥96-81053	113	亚
52	绥农25	2007	北方春	黑河19	绥96-81075-7	116	无
53	绥农26	2008	北方春	绥农15	绥96-81029	120	无
54	绥农27	2008	北方春	绥97-5525	绥98-64-1	115	无
55	绥农28	2006	北方春	绥农14系选		120	亚
56	绥农29	2009	北方春	绥农10号	绥农14	120	亚
57	绥农30	2011	北方春	绥00-1052	(哈97-5404×合丰47) F_1	113	亚
58	绥农31	2009	北方春	绥农4号	(农大05687×绥农4号) F_2	120	无
59	绥农32	2011	北方春	绥98-6023	垦农19	120	亚
60	绥农33	2012	北方春	绥98-6007	绥00-1531	118	亚
61	绥农34	2012	北方春	绥农28	黑农44	120	亚
62	绥农37	2014	北方春	绥农20	绥04-5474	115	无
63	绥农38	2014	北方春	黑河31	绥农31	113	无
64	绥农39	2014	北方春	绥02-423	(绥农28×绥农27) F_1	113	无
65	绥小粒豆2号	2007	北方春	绥小粒豆1号	绥99-4889	115	亚
66	绥无腥豆2号	2012	北方春	绥03-31019	绥农27	116	亚
67	合丰48	2005	北方春	合9226F_2辐射后系选		117	亚
68	合丰49	2005	北方春	合交93-88	绥农10号	119	无
69	合丰50	2006	北方春	合丰35	合95-1101	116	亚
70	合丰51	2006	北方春	合丰35	合94114F_3	113	亚
71	合丰52	2007	北方春	SPRITE87	宝丰7号	116	亚
72	合丰53	2008	北方春	合丰45	合9694F_5	124	亚
73	合丰54	2008	北方春	龙9777	日本小粒豆	115	无

（续）

株高(cm)	叶形	花色	茸毛色	粒形	粒色	脐色	百粒重(g)	区试产量(kg/hm²)	增产(±%)	生试产量(kg/hm²)	增产(±%)	蛋白质含量(%)	脂肪含量(%)
90.0	披针	紫	灰	圆	黄	黄	20.0	2 277.9	6.7	2 114.2	11.4	44.44	18.41
85.0	圆	紫	灰	圆	黄	黄	22.0	2 523.2	15.4	2 582.2	8.1	38.60	21.00
90.0	披针	紫	灰	圆	黄	黄	23.0	2 739.2	7.5	2 493.0	11.8	37.42	22.39
99.5	披针	白	灰	圆	黄	黄	18.0	2 943.4	7.1	3 173.8	7.0	39.46	21.06
75.0	圆	白	棕	椭圆	黑	黑	17.0	2 191.3	1.9	2 063.4	1.5	41.25	20.00
95.0	圆	白	灰	圆	黑	黑	20.0	2 601.2	1.7	2 384.0	1.8	46.85	18.02
100.0	披针	紫	灰	圆	绿	淡褐	20.0	2 709.8	1.1	2 700.5	0.8	42.92	19.78
80.0	披针	白	灰	圆	黄	黄	10.6	2 098.6	11.5	2 091.7	13.1	42.65	18.27
115.0	披针	紫	灰	圆	黄	黄	19.0	2 725.7	10.2	2 452.4	13.2	39.50	20.89
118.0	披针	紫	灰	圆	黄	黄	19.0	3 008.1	8.7	3 243.4	8.9	41.53	20.39
110.0	披针	白	灰	圆	黄	黄	20.0	1 905.9	6.2	2 154.5	12.3	39.68	22.57
80.0	披针	紫	灰	圆	黄	黄	18.2	2 764.1	10.4	2 588.8	7.5	39.69	21.80
82.5	披针	白	灰	圆	黄	黄	21.0	2 466.1	10.0	2 399.4	14.4	40.45	20.05
40.0	圆	白	棕	圆	褐	黄	30.4	8 750.3（鲜荚）	8.5	8 808.0（鲜荚）	8.3	42.86	19.32
80.0	披针	紫	灰	圆	黄	黄	22.0	2 551.9	8.8	2 426.1	12.0	39.66	20.06
90.0	披针	紫	灰	圆	黄	黄	21.0	2 753.1	9.3	2 699.3	8.7	40.08	20.07
100.0	披针	紫	灰	圆	黄	黄	18.0	2 581.3	10.0	1 939.1	18.6	42.06	18.72
100.0	圆	紫	灰	圆	黄	黄	20.0	2 071.0	6.6	2 666.6	16.1	38.92	20.24
100.0	披针	紫	灰	圆	黄	黄	21.0	2 683.4	13.5	2 718.5	9.7	38.80	21.59
90.0	披针	紫	灰	圆	黄	黄	28.0	2 547.9	8.6	2 596.0	9.1	41.80	20.69
90.0	披针	紫	灰	圆	黄	黄	21.0	3 148.7	14.4		6.4	39.41	21.83
80.0	披针	紫	灰	圆	黄	黄	21.0	2 653.7	12.4	2 734.7	10.3	40.80	21.70
80.0	披针	紫	灰	圆	黄	黄	17.0			2 731.3	10.9	40.42	20.23
90.0	披针	紫	灰	圆	黄	黄	22.0	3 125.7	3.8	2 754.0	8.2	39.74	21.84
85.0	披针	紫	灰	圆	黄	黄	20.0	2 586.9	10.1	2 791.9	11.8	38.23	21.03
80.0	披针	紫	灰	圆	黄	黄	20.0	2 710.1	12.0	2 601.8	9.8	40.09	20.52
80.0	圆	白	灰	圆	黄	黄	20.0	2 640.0	7.1	2 369.1	9.1	37.72	22.41
80.0	披针	白	灰	圆	黄	黄	19.0	2 355.3	6.2	2 318.3	10.3	38.87	21.53
80.0	披针	白	灰	圆	黄	黄	20.0	2 769.3	9.2	2 806.8	13.3	37.80	21.13
80.0	披针	紫	灰	圆	黄	黄	21.0	2 660.9	4.8	2 662.7	7.5	38.36	21.00
100.0	披针	紫	灰	圆	黄	黄	9.5	2 431.6	18.4	2 150.3	14.4	45.47	16.70
80.0	披针	紫	灰	圆	黄	黄	24.0	2 882.2	12.9	2 486.5	14.1	42.67	20.17
82.5	圆	紫	灰	圆	黄	黄	23.5	2 553.1	10.7	2 289.7	12.6	38.70	22.67
87.5	披针	紫	灰	圆	黄	黄	18.0	2 745.0	8.1	3 298.6	10.7	40.56	19.58
87.5	披针	紫	灰	圆	黄	黄	21.0	2 506.1	14.1	2 642.2	17.4	37.41	22.57
82.5	披针	紫	灰	圆	黄	黄	21.0	2 377.9	10.8	2 743.8	14.2	40.15	21.31
90.0	圆	白	灰	圆	黄	褐	17.0	2 370.2	11.3	2 631.3	14.5	37.43	23.24
90.0	披针	白	灰	圆	黄	黄	18.7	3 222.0	6.1	2 613.0	9.9	39.68	21.49
92.5	披针	白	灰	圆	黄	黄	9.0	2 201.6	13.2	2 211.6	13.0	42.29	19.30

品种序号	品种	育成年份	类型	母　本	父　本	生育期(d)	结荚习性
74	合丰55	2008	北方春	北丰11	绥农4号	117	无
75	合丰56	2009	北方春	九三92-168	合丰41	118	无
76	合丰57	2009	北方春	（Hobbit×合丰42）F_2经^{60}Co辐射选育		117	亚
77	合农58	2010	北方春	龙9777	日本小粒豆	114	亚
78	合农59	2010	北方春	合丰39	合交98-1246	113	亚
79	合农60	2010	北方春	北丰11	Hobbit	117	有
80	合农61	2010	北方春	北丰11	合97-793	124	亚
81	合农62	2011	北方春	北丰11	合丰41	115	无
82	合农63	2012	北方春	垦农18	合丰47	115	亚
83	合农64	2013	北方春	Hobbit	九丰10号	115	无
84	合农65	2013	北方春	（合航93-793×黑交95-750）F_2航天辐射		115	亚
85	合农66	2014	北方春	合丰39	合交00-579	113	亚
86	合农67	2014	北方春	合交00-152	绥02-529	120	亚
87	合农68	2014	北方春	合丰50	绥02-529	115	亚
88	合农69	2014	北方春	合交98-1622	垦丰16	113	亚
89	黑河37	2005	北方春	黑交92-1544	黑交94-1286	103	亚
90	黑河38	2005	北方春	黑河9号×黑交85-1033	合丰26×黑交83-889	117	亚
91	黑河39	2006	北方春	黑交94-1359	黑交92-1573	112	亚
92	黑河40	2006	北方春	黑交92-1544	俄10月革命70	98	亚
93	黑河41	2006	北方春	黑交92-1526	黑交94-1211	88	亚
94	黑河42	2006	北方春	北丰11	黑河92-1014	110	亚
95	黑河43	2007	北方春	黑交92-1544	黑交94-1211	115	亚
96	黑河44	2007	北方春	黑交92-1526	黑辐95-199	92	亚
97	黑河45	2007	北方春	北丰11	黑河26	108	亚
98	黑河46	2007	北方春	黑交92-1526	北垦94-11	112	亚
99	黑河47	2007	北方春	黑河94-47	黑生101	111	亚
100	黑河48	2007	北方春	黑河95-750	黑河96-1240	112	亚
101	黑河49	2008	北方春	黑河14	东农44	85	亚
102	黑河50	2009	北方春	黑交95-812	黑交94-1102	110	亚
103	黑河51	2009	北方春	黑河14	北丰1号	105	亚
104	黑河52	2010	北方春	（黑交92-1544×绥97-7049）$F_2$$^{60}Co$辐射		115	亚
105	黑河53	2010	北方春	黑辐97-43	北97-03	110	亚
106	龙达1号	2014	北方春	疆丰22-2011	黑交98-1872	105	亚
107	嫩丰18	2005	北方春	嫩92046F_1	合丰25	120	无
108	嫩丰19	2006	北方春	嫩76569-17	334诱变后代	120	无
109	嫩丰20	2008	北方春	合丰25	安7811-277	118	亚
110	齐农1号	2013	北方春	(嫩950127-4×东农42)F_1	嫩丰16	123	亚
111	齐农2号	2014	北方春	哈4475	嫩丰17	123	无

（续）

株高(cm)	叶形	花色	茸毛色	粒形	粒色	脐色	百粒重(g)	区试产量(kg/hm^2)	增产(±%)	生试产量(kg/hm^2)	增产(±%)	蛋白质含量(%)	脂肪含量(%)
92.5	披针	紫	灰	圆	黄	黄	23.5	2 531.6	12.6	2 568.4	18.2	39.35	22.61
97.5	披针	紫	灰	圆	黄	黄	19.5	2 607.7	8.9	2 774.7	12.0	41.33	20.10
87.5	圆	白	灰	圆	黄	褐	19.0	2 431.4	13.8	2 119.7	11.6	38.36	22.87
80.0	披针	白	灰	圆	黄	黄	9.5	2 291.7	16.2	2 273.3	14.2	42.75	19.14
70.0	披针	白	灰	圆	黄	黄	17.5	2 627.0	10.4	2 561.5	12.5	39.87	20.64
55.0	披针	白	棕	圆	黄	黄	18.5	3 608.9	24.3	3 909.8	25.3	38.47	22.25
88.3	披针	白	灰	圆	黄	黄	20.8	2 650.5	8.2	2 970.0	12.6	38.69	20.76
97.5	披针	紫	灰	圆	黄	黄	19.0	2 398.2	13.0	3 197.3	13.8	40.86	19.45
95.0	圆	紫	灰	圆	黄	黄	18.0	2 928.7	16.1	2 581.3	15.5	39.25	23.27
87.0	圆	白	灰	圆	黄	黄	19.0	2 892.7	11.0	2 501.7	13.8	38.28	21.90
89.2	披针	白	灰	圆	黄	黄	20.8	2 833.2	7.6	2 477.5	13.2	40.50	20.19
86.0	披针	紫	灰	圆	黄	黄	18.1	2 863.4	12.0	2 625.7	9.4	36.52	21.87
92.0	披针	紫	灰	圆	黄	黄	19.1	2 841.9	10.2	2 774.7	9.7	37.17	21.52
88.0	披针	紫	灰	圆	黄	黄	19.7	2 664.1	13.4	2 955.6	12.9	37.75	21.68
77.0	披针	白	灰	圆	黄	黄	21.0	2 660.9	4.8	2 662.7	7.5	38.36	21.00
70.0	披针	紫	灰	圆	黄	黄	18.0	2 022.3	23.6	2 099.3	18.2	41.45	19.58
75.0	披针	紫	灰	圆	黄	黄	19.0	2 811.0	13.9	2 004.3	12.9	39.70	20.52
75.0	披针	紫	灰	圆	黄	黄	20.0	2 772.7	7.8	2 148.6	12.5	41.41	19.27
75.0	圆	紫	棕	圆	黄	黄	20.0	1 895.6	17.8	2 242.7	8.4	36.66	22.28
70.0	披针	紫	灰	圆	黄	黄	18.0	1 796.4	11.8	1 753.4	14.7	39.67	20.86
75.0	披针	白	灰	圆	黄	黄	19.0	2 251.3	7.6	2 348.6	7.1	37.70	21.91
75.0	披针	紫	灰	圆	黄	黄	20.0	2 441.3	8.8	2 111.2	10.5	41.84	18.98
70.0	披针	紫	灰	圆	黄	黄	18.0	1 722.0	15.2	1 910.6	16.3	39.31	21.10
70.0	披针	紫	灰	圆	黄	黄	20.0	2 149.5	8.2	2 355.3	10.2	42.16	19.44
74.8	披针	紫	灰	圆	黄	黄	17.9	2 461.5	6.9	2 379.0	8.4	39.74	20.11
63.6	披针	紫	灰	圆	黄	黄	18.4	2 416.5	5.0	2 320.5	5.8	41.80	19.89
87.1	披针	紫	灰	圆	黄	黄	16.9	2 706.0	11.2	2 346.0	7.0	39.89	19.49
70.0	圆	白	灰	圆	黄	黄	20.0	1 891.9	10.4	1 962.1	10.6	41.93	20.65
75.0	圆	紫	灰	圆	黄	黄	20.0	2 135.6	10.4	2 448.5	10.9	41.10	20.47
75.0	披针	紫	灰	圆	黄	黄	20.0	2 249.9	8.6	2 220.2	10.0	40.23	20.40
80.0	披针	紫	灰	圆	黄	黄	20.0	2 092.6	8.1	2 420.4	8.5	40.55	20.47
75.0	披针	白	灰	圆	黄	黄	20.0	2 512.3	9.6	2 132.3	11.2	40.65	19.28
90.0	披针	紫	灰	圆	黄	黄	18.0	2 696.7	8.8	1 759.0	9.9	37.96	21.12
90.0	披针	白	灰	圆	黄	淡褐	21.0	1 857.4	4.5	2 195.0	10.1	38.22	22.69
85.0	披针	白	灰	圆	黄	淡褐	18.0	2 039.7	6.5	1 981.2	9.1	37.86	22.05
88.0	圆	白	灰	圆	黄	淡褐	21.7	2 182.2	11.3	2 207.4	7.8	41.72	19.82
98.0	圆	白	灰	圆	黄	褐	21.8	2 656.0	14.1	2 281.9	12.4	40.46	21.53
114.0	圆	白	灰	圆	黄	黄	18.3	2 666.9	12.4	2 415.4	11.6	38.23	21.48

品种序号	品种	育成年份	类型	母　本	父　本	生育期(d)	结荚习性
112	抗线虫6号	2007	北方春	抗线2号花粉管导入海南海滩豆的总DNA		121	无
113	抗线虫7号	2007	北方春	合丰36	抗线3号	121	无
114	抗线虫8号	2008	北方春	东农小粒豆690	安95-1409	120	亚
115	抗线虫9号	2009	北方春	黑农37	安95-1409	121	亚
116	抗线虫10号	2011	北方春	合丰33	抗线虫3号	123	亚
117	抗线虫11	2011	北方春	东农434	(安01-1767×安87-7163) F_1	123	无
118	抗线虫12	2012	北方春	黑抗002-24	农大5129	123	亚
119	庆豆13	2013	北方春	黑抗002-24	农大5129	123	亚
120	丰收25	2007	北方春	克交88513-2	诱变334	116	亚
121	丰收26	2008	北方春	克交96-194	绥96-81045	112	亚
122	丰收27	2009	北方春	克交88223-1	白农5号	113	无
123	垦丰13	2005	北方春	北丰9号	绥农10号	116	无
124	垦丰14	2005	北方春	绥农10号	长农5号	120	无
125	垦丰15	2006	北方春	绥农14	垦交9307（垦92-1895×吉林27）F_1	116	亚
126	垦丰16	2006	北方春	黑农34	垦农5号	120	亚
127	垦丰17	2007	北方春	北丰8号	长农5号	115	亚
128	垦豆18	2009	北方春	北丰11	黑农40	118	无
129	垦丰19	2007	北方春	合丰25	垦交94121（垦丰4号×公8861-0）F_1	112	亚
130	垦丰20	2008	北方春	北丰11	长农5号	115	亚
131	垦丰22	2008	北方春	绥农10号	合丰35	114	亚
132	垦丰23	2009	北方春	合丰35	九交90-102	117	亚
133	垦豆25	2011	北方春	垦丰16	绥农16	115	亚
134	垦豆26	2010	北方春	垦丰16	合丰35	117	亚
135	垦豆28	2011	北方春	垦丰16	垦交9947（合丰35×绥农16）F_1	120	亚
136	垦豆29	2011	北方春	垦丰7号	垦交9909（垦94-3046×九L553）F_1	115	亚
137	垦豆30	2011	北方春	垦丰16	绥农4号	120	无
138	垦豆31	2012	北方春	垦丰13	垦丰14	119	无
139	垦豆32	2012	北方春	垦98-4318	垦交2031（垦丰7号×吉林43）F_1	120	亚
140	垦豆33	2012	北方春	垦丰9号	垦丰16	115	亚
141	垦豆36	2013	北方春	垦丰6号	垦丰16	115	无
142	垦豆39	2014	北方春	垦丰9号	垦农5号	115	无
143	垦保小粒豆1号	2014	北方春	东农690	韩国小粒豆	115	亚
144	垦农20	2005	北方春	垦农7号	宝丰7号	115	亚
145	垦农21	2006	北方春	农大5687	宝丰7号	118	亚
146	垦农22	2007	北方春	农大33455	垦农5号	120	亚
147	垦农23	2013	北方春	红丰10号	垦农5号	118	亚
148	垦农26	2011	北方春	垦农14	农大5088	115	亚

（续）

株高(cm)	叶形	花色	茸毛色	粒形	粒色	脐色	百粒重(g)	区试产量(kg/hm^2)	增产(±%)	生试产量(kg/hm^2)	增产(±%)	蛋白质含量(%)	脂肪含量(%)
85.0	圆	白	灰	圆	黄	褐	20.0	2 032.7	13.6	2 053.6	11.9	38.17	22.06
85.0	圆	白	灰	圆	黄	褐	20.0	2 323.2	6.9	2 090.3	15.6	38.97	19.98
85.0	圆	白	灰	圆	黄	褐	21.0	2 209.7	10.5	2 530.0	20.2	40.35	20.37
82.0	圆	白	灰	圆	黄	褐	20.0	2 062.7	10.6	2 106.8	11.3	40.09	21.22
85.0	圆	白	灰	圆	黄	褐	21.0	2 282.7	10.1	2 289.6	14.3	42.30	19.22
85.0	披针	紫	灰	圆	黄	黑	21.0	2 434.4	14.5	2 402.3	13.9	39.41	21.50
90.0	圆	紫	灰	椭圆	黄	黑	19.0	2 480.3	12.0	2 513.3	11.2	39.77	20.89
90.0	圆	紫	灰	椭圆	黄	黑	19.0	2 536.5	10.7	2 247.3	11.2	41.06	21.09
80.0	披针	白	灰	圆	黄	黄	20.0	2 209.4	6.5	2 190.8	7.0	39.01	21.34
67.1	披针	紫	灰	圆	黄	黄	16.8	2 466.0	10.6	2 269.5	10.1	39.90	20.56
94.0	披针	紫	灰	圆	黄	黄	19.0	2 345.5	13.3	2 212.2	11.2	41.94	19.34
79.0	披针	白	灰	圆	黄	黄	18.0	2 334.9	11.4	2 413.5	12.4	38.03	21.90
100.0	披针	白	灰	圆	黄	黄	21.5	2 784.1	10.7	2 432.6	13.0	39.69	20.34
85.0	披针	紫	灰	圆	黄	黄	18.0	2 605.3	16.8	2 688.2	14.1	36.68	22.76
65.0	披针	白	灰	圆	黄	黄	18.0	2 539.3	7.9	3 150.5	14.4	40.50	19.57
90.0	披针	紫	灰	圆	黄	黄	20.0	2 240.2	10.6	2 637.2	17.1	38.87	21.23
90.0	披针	紫	灰	椭圆	黄	黄	21.0	2 971.5	6.3	2 661.0	4.6	40.99	21.62
65.0	披针	白	棕	圆	黄	黄	18.5	2 410.2	8.2	2 512.8	11.7	42.52	19.26
80.0	披针	白	灰	圆	黄	黄	20.0	2 757.3	9.2	2 749.0	8.1	44.01	19.60
85.0	披针	紫	灰	圆	黄	黄	22.0	2 632.0	9.4	2 572.2	11.4	42.54	20.27
80.0	披针	紫	灰	圆	黄	黄	18.0	2 368.9	11.8	2 158.0	13.7	42.44	20.09
90.0	圆	白	灰	椭圆	黄	黄	19.0	2 399.1	16.5	3 153.9	12.2	40.05	20.28
85.0	披针	白	灰	圆	黄	黄	17.0	3 044.8	10.2	2 870.2	11.9	40.12	20.26
100.0	披针	白	灰	圆	黄	黄	19.0	3 031.6	7.9	2 610.6	6.9	39.41	21.50
80.0	披针	白	灰	圆	黄	黄	18.0	2 625.9	8.1	2 947.9	9.8	37.53	21.59
85.0	披针	白	灰	圆	黄	黄	19.0	2 627.0	5.9	2 555.4	6.1	38.81	20.38
90.0	披针	白	灰	圆	黄	黄	18.0	3 283.4	14.7	2 458.7	12.0	40.62	21.25
80.0	披针	白	灰	圆	黄	黄	20.0	3 030.4	9.4	2 558.0	8.2	39.88	20.49
90.0	披针	白	灰	圆	黄	黄	18.0	2 842.8	11.1	2 501.9	12.1	38.58	22.17
90.0	披针	白	灰	圆	黄	黄	19.0	2 850.9	9.6	2 463.3	12.3	40.17	20.39
90.0	披针	紫	灰	圆	黄	黄	19.0	2 658.7	13.1	2 883.8	10.1	37.55	22.36
80.0	披针	白	灰	圆	黄	黄	9.0	2 063.1	12.8	2 512.7	14.3	41.71	20.45
70.0	圆	白	灰	圆	黄	黄	18.0	2 376.3	5.8	2 424.6	10.6	37.62	22.67
70.0	圆	白	灰	圆	黄	黄	20.0	2 409.6	5.8	2 276.9	5.7	37.87	22.22
80.0	披针	紫	灰	圆	黄	黄	21.0	2 420.2	8.9	2 942.8	10.6	37.80	22.40
75.0	披针	紫	灰	圆	黄	黄	21.0			2 533.1	6.6	39.41	21.46
90.0	披针	白	灰	圆	黄	黄	23.0			2 799.9	8.1	39.52	20.53

品种序号	品种	育成年份	类型	母本	父本	生育期(d)	结荚习性
149	垦农28	2012	北方春	农大5088	农大65274	114	亚
150	垦农29	2008	北方春	农大5088	农大6560	117	亚
151	垦农30	2008	北方春	垦农14	农大5088	116	亚
152	垦农31	2009	北方春	垦农5号	垦农7号	117	亚
153	北豆3号	2006	北方春	绥90-5242	建88-833	114	亚
154	北豆5号	2006	北方春	北丰8号	北丰11	115	无
155	北豆6号	2010	北方春	宝交89-5164	合交87-943	115	亚
156	北豆14	2008	北方春	北疆94-384	北93-454	114	无
157	北豆16	2008	北方春	北疆95-171	北丰2号	97	无
158	北豆17	2008	北方春	大白眉	建98-93	114	无
159	北豆23	2009	北方春	黑河24	北丰12	98	亚
160	北豆24	2009	北方春	克95-888	北丰2号	91	亚
161	北豆26	2009	北方春	北丰17	垦鉴豆26	98	亚
162	北豆30	2009	北方春	农大7828	钢8937-13	118	亚
163	北豆33	2010	北方春	垦鉴豆27	北丰11	107	亚
164	北豆35	2010	北方春	农大7828	钢8937-13	121	亚
165	北豆36	2010	北方春	垦鉴豆28	北豆1号	95	亚
166	北豆38	2011	北方春	北9721	东农46	115	亚
167	北豆40	2013	北方春	北豆5号	北丰16	115	无
168	北豆41	2011	北方春	垦鉴豆28	北丰2号	110	无
169	北豆42	2013	北方春	垦鉴豆27	北疆九1号	105	无
170	北豆43	2010	北方春	内豆4号	北丰12	94	亚
171	北豆46	2012	北方春	宝航96-68	宝丰9号	111	亚
172	北豆49	2012	北方春	华疆2号	黑农43	95	亚
173	北豆50	2012	北方春	建农1号	哈93-216	115	亚
174	北豆51	2013	北方春	北豆5号	华疆3286	95	亚
175	北豆53	2014	北方春	北豆7号	北5704	105	无
176	北豆54	2014	北方春	北丰11	垦鉴豆28	113	无
177	北疆91	2006	北方春	北702-9	北丰13	110	亚
178	华疆1号	2005	北方春	北丰10号	北丰13	100	亚
179	华疆2号	2006	北方春	北疆94-384	北丰13	100	无
180	华疆4号	2007	北方春	垦鉴豆27	垦鉴豆1号	108	无
181	吉育73	2005	北方春	吉育58	公交9532-7	124	亚
182	吉育74	2005	北方春	九农22	吉林41	133	亚
183	吉育75	2005	北方春	公交90RD56	绥农8号	125	亚
184	吉育76	2005	北方春	公交9354-4-6	东农42	119	亚
185	吉育77	2005	北方春	公交9354-4-6	东农42	126	亚
186	吉育79	2005	北方春	意3	合91-342	118	亚
187	吉育80	2005	北方春	哈93-8106	吉林37	126	亚

（续）

株高（cm）	叶形	花色	茸毛色	粒形	粒色	脐色	百粒重（g）	区试产量（kg/hm²）	增产（±%）	生试产量（kg/hm²）	增产（±%）	蛋白质含量（%）	脂肪含量（%）
85.0	披针	紫	灰	圆	黄	黄	22.0			2 659.5	8.7	40.16	21.02
80.0	披针	紫	灰	圆	黄	黄	21.0	2 723.3	12.2	2 314.7	10.7	38.71	21.66
85.0	披针	白	灰	圆	黄	黄	22.0	2 478.9	10.2	2 635.6	13.3	45.81	18.06
80.0	披针	紫	灰	圆	黄	黄	21.0	2 436.8	16.4	2 098.0	11.7	40.87	21.70
80.0	披针	紫	灰	圆	黄	黄	17.0	2 389.7	11.2	2 725.0	13.1	42.11	19.00
90.0	披针	紫	灰	圆	黄	黄	19.0	2 548.5	12.1	2 369.4	9.9	37.30	21.44
90.0	披针	紫	灰	圆	黄	黄	19.0			2 551.7	9.3	41.30	18.34
100.0	披针	紫	灰	圆	黄	黄	19.0	2 411.9	13.2	2 503.1	12.9	38.10	22.69
57.0	披针	紫	灰	圆	黄	黄	18.0	2 188.7	14.2	2 109.0	10.5	39.34	21.52
95.0	披针	紫	灰	圆	黄	黄	19.0	2 637.2	9.4	2 504.6	9.4	41.26	20.42
75.0	披针	紫	灰	圆	黄	黄	18.0	1 779.4	12.6	2 581.0	10.7	36.85	21.80
75.0	披针	紫	灰	圆	黄	黄	18.0	1 686.1	11.4	2 099.4	7.6	41.47	19.60
80.0	披针	紫	灰	圆	黄	黄	20.0	1 931.1	16.9	2 553.0	9.1	38.51	22.54
100.0	披针	紫	灰	圆	黄	黄	18.0	2 653.1	11.3	2 632.6	7.7	41.86	20.54
70.0	披针	紫	灰	圆	黄	黄	15.0	2 085.9	13.8	2 229.9	10.3	40.83	19.77
86.0	披针	紫	灰	圆	黄	黄	18.3	2 565.5	9.9	2 813.1	10.2	40.64	20.43
75.0	披针	紫	灰	圆	黄	黄	18.0	2 176.7	15.7	2 161.4	12.9	39.64	20.04
75.0	披针	紫	灰	圆	黄	黄	20.6	3 293.0	8.6	2 754.6	13.9	40.30	19.78
90.0	披针	紫	灰	圆	黄	黄	18.0			2 421.4	7.3	37.95	21.08
81.0	披针	紫	灰	圆	黄	黄	17.0	2 670.7	10.9	2 857.7	9.3	41.53	18.57
90.0	披针	紫	灰	圆	黄	黄	20.0	2 518.9	8.6	2 481.9	8.4	38.83	20.21
75.0	披针	紫	灰	圆	黄	黄	18.0	2 371.1	14.5	2 241.9	15.6	41.48	19.52
77.4	披针	紫	灰	圆	黄	黄	18.8	2 587.8	11.4	2 972.2	5.3	40.51	20.58
70.0	披针	紫	灰	圆	黄	黄	17.0	2 166.7	10.1	2 302.0	8.7	41.31	20.37
90.0	披针	白	灰	圆	黄	黄	21.0	2 805.9	10.3	2 418.8	8.4	40.60	20.60
85.0	披针	紫	灰	圆	黄	黄	18.0	2 211.3	11.3	2 298.7	9.4	38.54	21.20
87.0	披针	紫	灰	圆	黄	黄	19.0	2 463.5	8.5	1 725.9	7.1	37.72	21.02
100.0	披针	白	灰	圆	黄	黄	20.0	2 745.3	6.4	2 741.7	10.7	37.50	21.40
80.0	披针	白	灰	圆	黄	黄	26.0			2 499.6	13.2	39.74	20.48
75.0	披针	紫	灰	圆	黄	黄	20.0	2 704.6	10.8	1 837.2	28.7	39.90	20.90
85.0	披针	紫	灰	圆	黄	黄	22.0	2 096.8	39.2	2 286.6	16.3	41.21	20.62
90.0	披针	紫	灰	圆	黄	黄	19.0	2 308.2	11.0	2 376.5	11.9	38.07	21.22
90.0	披针	紫	灰	椭圆	黄	黄	20.0	2 629.8	8.2	2 602.9	7.4	39.30	22.46
100.0	椭圆	白	灰	圆	黄	黄	21.0	3 204.5	11.7	3 380.4	13.9	41.00	18.56
95.0	披针	白	灰	圆	黄	黄	20.7	2 947.0	2.1	3 118.6	8.8	42.52	18.68
80.0	披针	紫	灰	椭圆	黄	黄	19.0	2 701.4	11.7	3 290.0	24.2	41.46	19.53
95.0	披针	白	灰	椭圆	黄	黄	22.0	2 634.9	13.8	2 719.5	17.0	43.98	18.84
80.0	卵圆	紫	棕	圆	黄	黑	19.0	2 605.9	8.6	3 041.8	15.0	43.36	17.72
85.0	椭圆	紫	灰	圆	黄	黄	18.0	2 474.1	6.7	2 376.2	3.7	40.08	21.24

品种序号	品种	育成年份	类型	母本	父本	生育期(d)	结荚习性
188	吉育81	2005	北方春	P9231系选		129	无
189	吉育82	2006	北方春	吉丰2号	吉原引3号	132	亚
190	吉育83	2006	北方春	吉育58	公交9563-18-2	118	亚
191	吉育84	2006	北方春	吉育58	公交9563-18-17	123	亚
192	吉育85	2006	北方春	公交89RD109	哈89-5896	119	亚
193	吉育86	2009	北方春	公交93142B-28	九农25	128	亚
194	吉育87	2006	北方春	吉育57	公交89100-18	122	亚
195	吉育88	2007	北方春	吉林30	九交8659	129	无
196	吉育89	2007	北方春	JY9216	吉林1号×（野生大豆GD50112×吉林3号）后代品系	129	亚
197	吉育90	2007	北方春	公交9169-41	吉育57	130	无
198	吉育91	2007	北方春	公交91144-31	吉丰2号	131	亚
199	吉育92	2007	北方春	Olympus	小粒豆1号	131	亚
200	吉育93	2008	北方春	吉林30	九交8659	129	无
201	吉育94	2008	北方春	红丰2号	吉林35	129	亚
202	吉育95	2009	北方春	吉林30	辽豆10号变异株	129	亚
203	吉育96	2009	北方春	吉林30	辽豆10号变异株	130	无
204	吉育97	2009	北方春	吉育58	吉林3号	123	亚
205	吉育99	2009	北方春	吉育40	D2011	123	亚
206	吉育100	2009	北方春	吉育47	东2481	125	亚
207	吉育101	2007	北方春	公野8503	吉林28	127	亚
208	吉育102	2007	北方春	公野9362	吉青1号	123	亚
209	吉育103	2010	北方春	公野9526	吉青1号	110	无
210	吉育104	2010	北方春	公野9105	吉林28	120	亚
211	吉育105	2011	北方春	公野0128F_1	公野9930	110	亚
212	吉育106	2011	北方春	吉林小粒4号	绥农14	112	亚
213	吉育107	2013	北方春	公野2031F3	公野2028F3	115	亚
214	吉育201	2011	北方春	吉育53	吉育67	120	亚
215	吉育202	2012	北方春	A1900	Suzumaru	112	亚
216	吉育203	2012	北方春	公交2059-6	垦农18	118	亚
217	吉育204	2013	北方春	A3127	吉育58	118	亚
218	吉育301	2009	北方春	九农21	公交加1	125	亚
219	吉育302	2012	北方春	公交9899	吉育57	123	亚
220	吉育303	2014	北方春	Kexi8	合99-756	119	亚
221	吉育401	2010	北方春	九9638-7	绥98-6023	126	无
222	吉育402	2011	北方春	公野05-15	公野03-19	129	亚
223	吉育403	2012	北方春	长农5号	吉原3号	124	亚
224	吉育404	2012	北方春	九交9638-7	公交94128-8	126	亚
225	吉育405	2012	北方春	吉育50	吉育67	125	亚

（续）

株高(cm)	叶形	花色	茸毛色	粒形	粒色	脐色	百粒重(g)	区试产量(kg/hm²)	增产(±%)	生试产量(kg/hm²)	增产(±%)	蛋白质含量(%)	脂肪含量(%)
99.0	卵圆	紫	棕	圆	黄	黑	15.3	3 171.0	3.3	3 441.0	7.3	39.67	21.97
95.0	椭圆	紫	灰	圆	黄	黄	21.5	3 043.0	11.7	3 094.2	12.4	39.32	22.13
80.0	披针	白	灰	椭圆	黄	黄	20.7	2 931.5	12.0	2 707.9	5.3	39.32	22.13
100.0	披针	紫	灰	椭圆	黄	黄	22.7	2 744.6	15.3	2 707.9	17.2	37.09	22.32
95.0	披针	白	灰	圆	黄	黄	20.2	2 552.0	5.7	2 707.9	4.7	37.76	20.88
91.4	披针	紫	灰	椭圆	黄	黄	21.3	3 494.3	8.3	3 579.0	6.7	39.63	21.22
90.0	披针	紫	灰	椭圆	黄	黄	20.0	3 219.6	9.8	3 042.2	1.8	40.28	22.64
90.0	披针	紫	灰	圆	黄	黄	19.0	3 143.3	8.3	2 846.3	11.8	40.28	22.64
100.0	椭圆	紫	灰	圆	黄	黑	16.8	3 163.1	13.3	3 350.3	23.4	35.37	24.61
115.0	卵圆	紫	灰	椭圆	黄	黄	21.0	3 056.3	10.0	3 305.6	21.7	38.07	22.28
103.0	椭圆	白	灰	圆	黄	黄	22.2	2 915.7	7.9	3 209.4	18.2	38.01	20.91
110.0	椭圆	紫	棕	圆	黄	黑	17.5	3 161.8	13.2	3 335.8	22.9	35.50	22.77
90.0	披针	紫	灰	圆	黄	黄	19.0	3 143.3	8.3	2 846.3	11.8	39.81	19.55
97.0	椭圆	白	灰	椭圆	黄	黄	19.0	3 201.0	5.0	3 178.5	3.5	38.34	20.78
90.0	卵圆	紫	灰	圆	黄	黄	20.0	2 700.0	9.6	3 013.5	16.4	37.93	21.27
95.0	卵圆	紫	灰	椭圆	黄	黄	16.9	3 187.2	5.2	3 054.6	4.2	39.71	21.21
90.0	披针	紫	灰	椭圆	黄	黄	21.5	2 913.8	2.7	3 350.4	8.0	38.23	21.92
110.0	圆	紫	灰	圆	黄	黄	19.6	2 218.2	14.6	2 475.8	7.5	38.44	21.05
95.0	圆	紫	灰	椭圆	黄	黄	22.0	2 248.5	14.3	2 394.0	3.9	38.13	21.84
90.0	披针	白	灰	圆	黄	黄	8.9	2 532.8	13.6	2 484.0	11.8	47.94	17.30
95.0	披针	白	灰	圆	绿	黄	8.6	2 312.4	10.9	2 268.9	13.7	44.22	16.95
95.0	披针	白	灰	圆	绿	黄	8.9	2 437.2	10.7	2 357.3	11.4	40.82	17.28
90.0	披针	紫	灰	圆	黄	黄	9.2	2 476.8	12.5	2 351.4	10.2	39.91	19.47
75.0	披针	紫	灰	圆	黄	黄	9.2	2 087.0	11.7	2 360.0	12.2	37.43	19.82
100.0	披针	白	灰	圆	黄	黄	12.0	2 637.0	16.6	2 592.0	15.3	41.20	20.47
80.0	卵圆	白	灰	圆	黄	黄	12.2	2 328.0	11.7	2 192.0	14.8	42.21	18.42
87.0	卵圆	白	灰	圆	黄	黄	21.2	2 566.0	8.7	2 957.6	11.3	41.20	20.47
95.0	卵圆	白	灰	圆	黄	黄	22.7	2 873.1	7.1	2 433.3	7.5	33.29	25.31
85.0	卵圆	紫	灰	圆	黄	黄	20.1	2 369.2	2.9	2 314.0	2.2	34.50	24.94
89.8	卵圆	紫	棕	椭圆	黄	黄	18.6	2 890.5	4.7	3 042.0	4.7	39.32	22.57
86.0	披针	白	灰	圆	黄	黄	18.0	2 070.4	5.5	2 515.3	9.2	40.15	21.14
90.0	披针	紫	灰	圆	黄	黄	19.3	2 805.8	2.5	3 096.0	1.3	38.43	23.05
85.0	披针	紫	棕	圆	黄	黄	18.3	2 605.4	9.3	2 507.4	11.7	40.86	20.00
96.0	披针	白	灰	圆	黄	黄	17.5	2 910.4	4.8	2 830.0	13.3	39.98	19.93
109.0	椭圆	白	灰	椭圆	黄	黄	21.8	3 637.0	9.6	3 592.0	7.3	39.12	21.22
85.0	披针	紫	灰	圆	黄	黄	18.0	2 766.0	6.1	2 774.8	7.9	36.33	22.13
100.0	披针	白	灰	圆	黄	黄	19.5	2 819.7	5.4	2 855.0	11.1	35.60	21.79
97.0	披针	紫	灰	椭圆	黄	黄	21.2	2 744.6	2.6	2 890.6	12.4	39.10	22.29

品种序号	品种	育成年份	类型	母　本	父　本	生育期(d)	结荚习性
226	吉育406	2012	北方春	公交94198-1	CK-P	125	亚
227	吉育407	2013	北方春	九交8866-12	铁90035-17	126	亚
228	吉育501	2011	北方春	吉育58	公交2152	128	亚
229	吉育502	2011	北方春	公交91131-14	吉育64	130	亚
230	吉育503	2011	北方春	GY96-3	GY96-21	128	亚
231	吉育504	2012	北方春	辽95024	吉育60	125	亚
232	吉育505	2012	北方春	中作962	吉育39	127	无
233	吉育506	2014	北方春	中作122	吉育71	132	亚
234	吉育507	2014	北方春	吉育60	公交9169-27	128	亚
235	吉育606	2013	北方春	不育系JLCMS47A	恢复系JLR100	128	亚
236	吉育607	2013	北方春	不育系JLCMS14A	恢复系JLR83	122	亚
237	吉育608	2014	北方春	不育系JLCMS84A	恢复系JLR113	121	亚
238	吉林小粒8号	2005	北方春	公野8405	北海道小粒豆	130	亚
239	吉密豆1号	2005	北方春	(Sprite×吉育43) F_1	Hobbit	123	有
240	吉密豆2号	2012	北方春	Gnome	长农13	123	有
241	吉密豆3号	2013	北方春	公交97132-1-1	公交2003101	123	亚
242	吉青2号	2006	北方春	吉青1号	凤交7807-1-大A	130	有
243	吉青3号	2008	北方春	吉青1号	黑豆（GD519）	127	有
244	吉黑1号	2006	北方春	吉黑1995-1号	公品8202-9	130	有
245	吉黑2号	2010	北方春	（吉林黑豆×青瓤黑豆）F_1	公品8202-9	128	有
246	吉黑3号	2010	北方春	公品8406混-1	吉林小粒1号	130	有
247	吉黑4号	2012	北方春	吉青2号	吉黑46	125	有
248	吉黑5号	2013	北方春	公野9265F1	公野9032	115	亚
249	杂交豆2号	2006	北方春	不育系JLCMS2-12A	恢复系吉恢2号	132	亚
250	杂交豆3号	2009	北方春	JLCM8A	JLR9	120	亚
251	杂交豆4号	2010	北方春	JLCM47A	JLR83	124	亚
252	杂交豆5号	2011	北方春	JLCMS84A	JLR1	127	亚
253	吉科豆8号	2011	北方春	Vita	吉林小粒3号	115	亚
254	吉科豆9号	2011	北方春	Silea	吉林小粒3号	110	亚
255	吉科豆10号	2013	北方春	公野9140	黑龙江小粒豆	120	亚
256	长农18	2005	北方春	生9204-1-3	吉林30	130	亚
257	长农19	2005	北方春	公交83145-10	生85183-3	120	亚
258	长农20	2007	北方春	东农93-86	黑农36	122	亚
259	长农21	2007	北方春	公交83145-10	生85183-3	122	亚
260	长农22	2007	北方春	吉林30	公交89164-19	132	亚
261	长农23	2009	北方春	吉林30	吉林35	129	亚
262	长农24	2009	北方春	东414-1	长B95-47	120	亚
263	长农25	2010	北方春	吉林30	长农5号	130	亚
264	长农26	2010	北方春	长农17	黑农40	122	亚

（续）

株高(cm)	叶形	花色	茸毛色	粒形	粒色	脐色	百粒重(g)	区试产量(kg/hm^2)	增产(±%)	生试产量(kg/hm^2)	增产(±%)	蛋白质含量(%)	脂肪含量(%)
95.0	卵圆	白	灰	椭圆	黄	黄	18.3	2 794.4	4.5	2 578.4	7.3	34.29	23.88
85.9	披针	白	灰	圆	黄	褐	16.6	2 952.0	3.1	3 013.5	4.9	38.17	22.59
95.0	披针	紫	灰	椭圆	黄	黄	20.3	3 073.1	10.3	3 227.6	5.2	38.93	23.43
100.0	披针	白	灰	圆	黄	黄	18.0	3 041.0	9.1	3 405.0	11.0	40.11	20.45
113.0	椭圆	白	灰	圆	黄	黄	19.9	3 024.0	5.7	2 487.0	9.0	38.67	20.77
100.0	披针	紫	灰	圆	黄	黄	21.5	3 156.0	11.6	3 034.0	12.1	38.93	20.70
100.0	椭圆	紫	棕	圆	黄	褐	18.0	3 144.0	11.2	3 214.0	18.8	40.08	20.76
105.0	椭圆	白	灰	圆	黄	黄	18.1	3 247.1	7.4	3 243.0	7.5	38.01	19.34
100.0	披针	紫	灰	椭圆	黄	黄	20.5	3 079.2	1.9	3 131.1	3.8	38.94	21.87
98.0	椭圆	紫	棕	圆	黄	蓝	22.3	3 634.2	9.8	3 408.6	16.6	40.11	21.51
97.0	椭圆	紫	棕	圆	黄	蓝	24.1	3 447.6	12.2	3 221.3	14.8	39.30	22.22
100.0	椭圆	紫	棕	圆	黄	蓝	20.1	3 570.5	11.1	3 108.2	3.8	37.22	23.04
100.0	披针	白	灰	圆	黄	黄	8.8	2 422.7	14.6	2 474.2	16.6	45.10	19.27
69.0	椭圆	白	棕	圆	黄	褐	14.1	3 408.0	19.9	3 528.0	20.7	36.33	20.64
65.0	椭圆	白	棕	椭圆	黄	淡褐	18.0	3 311.0	11.0	3 142.8	10.7	40.84	22.31
63.0	卵圆	白	灰	圆	黄	黄	16.5	996.6	8.0	935.7	5.7	39.43	20.61
70.0	椭圆	白	灰	圆	绿	淡褐	27.5			3 344.5	20.3	41.15	22.38
70.0	椭圆	白	灰	圆	绿	淡褐	30.0			2 254.4	12.0	41.34	20.63
90.0	椭圆	紫	灰	椭圆	黑	黑	14.0			2 296.8	17.2	41.28	20.15
90.0	卵圆	紫	棕	椭圆	黑	黑	16.2			2 554.4	10.9	42.57	17.22
90.0	卵圆	紫	灰	圆	黑	黑	19.2	2 637.0	16.6	2 592.0	15.3	41.20	20.47
70.0	卵圆	白	棕	椭圆	黑	黑	31.4	2 394.9	9.5	2 810.0	10.5	41.66	18.98
70.0	卵圆	紫	灰	椭圆	黑	黑	16.1	2 165.0	10.1	2 120.0	11.6	38.69	20.17
103.0	圆	紫	棕	圆	黄	蓝	20.9	3 330.4	22.7	3 145.3	14.3	40.75	20.54
95.0	圆	紫	灰	圆	黄	黄	20.0	2 908.0	6.4	3 188.8	2.8	40.54	20.84
93.0	卵圆	紫	棕	圆	黄	蓝	21.3	3 074.1	12.7	2 828.4	6.1	40.48	19.57
85.0	卵圆	紫	棕	圆	黄	蓝	19.4	2 962.9	12.2	3 227.6	19.7	38.79	22.25
100.0	披针	白	灰	圆	黄	黄	8.5	2 338.0	9.4	2 211.0	9.1	40.06	20.02
80.0	披针	白	灰	圆	黄	黄	9.5	2 315.0	8.3	2 186.0	7.9	40.09	19.61
85.0	披针	白	灰	圆	黄	黄	7.9	2 413.3	13.6	2 357.1	11.9	40.73	17.73
105.0	披针	白	灰	椭圆	黄	黄	22.0	3 177.0	4.4	3 308.7	9.1	37.13	21.90
97.0	卵圆	白	灰	椭圆	黄	黄	20.0	2 616.4	8.3	2 813.8	7.0	41.20	20.47
99.0	披针	白	灰	圆	黄	黄	17.0	3 043.0	6.0	3 067.1	4.9	37.86	22.46
97.2	卵圆	白	灰	圆	黄	黄	18.5	2 419.9	1.7	2 404.7	1.4	35.62	22.76
97.2	披针	白	灰	圆	黄	黄	18.5	3 110.0	11.4	3 056.6	12.6	39.11	19.52
99.0	卵圆	紫	灰	圆	黄	黄	20.3	3 152.6	7.6	2 829.3	6.5	38.30	21.49
86.0	披针	白	灰	圆	黄	黄	20.0	3 048.7	3.9	3 231.0	15.5	38.02	20.87
97.5	披针	白	灰	椭圆	黄	黄	20.0	2 931.8	5.6	2 625.4	5.1	41.34	17.55
97.2	披针	紫	灰	圆	黄	黄	12.0	2 422.9	8.0	2 298.8	4.6	38.36	19.30

品种序号	品种	育成年份	类型	母　本	父　本	生育期(d)	结荚习性
265	长农27	2011	北方春	公交83145-10	生85185-3-5	125	亚
266	长农28	2013	北方春	合交95-984	CK-P	127	亚
267	长农29	2014	北方春	长农13	黑农40	127	亚
268	长农31	2014	北方春	九农29	长农15	127	亚
269	长密豆30	2014	北方春	合交95-984	CK-P-2	121	亚
270	吉农16	2005	北方春	吉林30	九交94100-2	132	亚
271	吉农17	2005	北方春	荷引10	吉农8601-26	131	亚
272	吉农18	2006	北方春	JY9379系选		124	亚
273	吉农19	2006	北方春	公交90208-114	公交89183-8	132	亚
274	吉农20	2007	北方春	荷引10	吉农8601-26	135	亚
275	吉农21	2007	北方春	意3	吉农8925-13	125	亚
276	吉农22	2007	北方春	长农5号	美引1号	130	无
277	吉农23	2007	北方春	吉林30	公交89183-8	135	亚
278	吉农24	2007	北方春	吉林29	九交8659-3	126	亚
279	吉农26	2009	北方春	吉林27	DG3256	132	亚
280	吉农27	2010	北方春	荷引10	吉农8601-26	129	有
281	吉农28	2011	北方春	吉农9号	Arira	128	亚
282	吉农29	2011	北方春	吉农9722-2	吉农9904	130	亚
283	吉农31	2012	北方春	吉林30	日引系1号	130	亚
284	吉农32	2012	北方春	吉林30	DG3256	127	亚
285	吉农33	2013	北方春	吉林38	意3	126	亚
286	吉农34	2013	北方春	吉农9922-2	外引系ARIRA	126	亚
287	吉农35	2013	北方春	吉农9922-2	外引系ARIRA	120	亚
288	吉农36	2013	北方春	CN03-29	吉农CN03-30	129	无
289	吉农37	2014	北方春	吉林30	吉农9616-1-6	129	亚
290	吉农38	2014	北方春	外引系CUNA	吉农9922-2	122	亚
291	吉农39	2014	北方春	九交9638-7	吉农9128-27	129	亚
292	吉农40	2014	北方春	SY05-9	SY05-8	127	亚
293	欧科豆25	2009	北方春	黑农38	吉农10号	123	亚
294	吉豆4号	2011	北方春	九农21	新34-1	130	无
295	平安豆8号	2006	北方春	九9638-7	绥98-6023	132	无
296	平安豆16	2005	北方春	黑河54	平引341	115	无
297	平安豆49	2007	北方春	绥农11	公交90117-12	116	无
298	平安豆80	2011	北方春	九9638-7	绥98-6023	128	无
299	九农31	2005	北方春	吉林30	绥农14	126	亚
300	九农33	2005	北方春	九交92108-15-1	九农20	132	无
301	九农34	2007	北方春	九交8799	Century-2	131	亚
302	九农35	2008	北方春	九交7714-12	九交8909-16-3	130	亚
303	九农36	2009	北方春	九交9194-22-1	九交94100-2	131	亚

（续）

株高(cm)	叶形	花色	茸毛色	粒形	粒色	脐色	百粒重(g)	区试产量(kg/hm²)	增产(±%)	生试产量(kg/hm²)	增产(±%)	蛋白质含量(%)	脂肪含量(%)
103.0	椭圆	白	灰	圆	黄	黄	20.1	3 032.7	3.5	3 032.4	12.6	36.28	21.91
102.0	椭圆	白	灰	圆	黄	黄	19.7	3 038.3	2.9	3 484.0	8.8	37.81	21.26
104.0	椭圆	紫	灰	圆	黄	黄	20.1	2 928.0	2.3	3 137.5	6.7	38.07	21.54
90.0	披针	白	灰	圆	黄	黄	17.7	3 245.5	7.4	3 182.6	5.5	40.22	18.56
65.0	披针	紫	灰	圆	黄	黄	16.7	3 173.5	15.9	3 119.4	16.6	38.78	20.56
115.0	卵圆	白	灰	圆	黄	黄	22.6	3 123.0	5.8	3 364.7	13.6	40.12	19.70
98.9	卵圆	白	灰	圆	黄	黄	19.7	3 291.0	7.2	3 277.5	15.3	41.20	20.47
90.0	椭圆	紫	棕	圆	黄	黑	17.0	3 116.3	7.8	3 341.9	6.5	37.08	23.36
115.0	椭圆	白	灰	圆	黄	褐	23.2	3 098.2	11.0	3 251.2	18.1	39.27	20.35
105.0	椭圆	白	棕	圆	黄	褐	19.6	3 131.2	12.3	3 082.2	13.5	39.12	22.22
86.0	椭圆	紫	棕	圆	黄	黑	18.9	3 101.3	7.2	3 537.9	34.2	41.18	20.60
100.0	椭圆	紫	灰	圆	黄	黄	18.6	3 110.0	11.4	3 323.2	22.4	37.33	19.93
115.0	椭圆	白	灰	圆	黄	黄	22.4	3 087.0	10.5	3 294.5	21.3	36.39	21.00
105.0	椭圆	白	灰	圆	黄	黄	22.2	3 160.2	6.5	3 351.1	27.1	41.59	18.83
81.3	椭圆	紫	灰	圆	黄	淡褐	19.1	3 266.7	8.6	3 109.3	7.6	39.82	20.89
84.0	椭圆	白	灰	圆	黄	褐	19.3	3 976.5	6.2	3 928.5	4.9	37.29	20.25
95.0	圆	紫	灰	圆	黄	黄	21.0	3 136.7	18.8	3 272.4	21.4	37.80	22.56
100.0	椭圆	白	棕	椭圆	黄	淡褐	21.0	3 088.6	10.8	3 403.5	11.0	39.76	21.50
104.0	披针	紫	灰	椭圆	黄	黄	19.2	2 817.0	6.5	2 991.0	11.0	38.88	20.63
98.0	椭圆	白	棕	椭圆	黄	黄	18.0	3 140.0	11.1	3 016.2	11.5	39.68	20.64
100.0	椭圆	紫	灰	椭圆	黄	褐	19.2	3 097.2	4.9	3 423.4	6.9	37.55	21.19
90.0	椭圆	紫	棕	椭圆	黄	褐	21.6	3 098.8	8.0	3 678.8	8.5	40.13	20.09
95.0	椭圆	白	棕	椭圆	黄	黄	20.2	3 312.1	4.2	3 088.6	7.4	39.93	22.26
110.0	披针	紫	灰	椭圆	黄	黄	20.2	3 068.4	6.1	3 659.1	6.9	37.55	21.19
90.0	披针	紫	灰	椭圆	黄	黄	19.2	3 216.8	6.4	3 284.2	8.8	40.07	19.15
90.0	卵圆	白	灰	椭圆	黄	黄	20.9	3 311.9	3.1	3 116.1	4.0	36.24	21.52
115.0	椭圆	紫	灰	圆	黄	黄	19.8	3 342.8	10.6	3 382.2	12.1	39.43	19.72
95.0	椭圆	紫	灰	圆	黄	黄	18.2	3 181.2	2.3	3 288.6	8.9	36.60	21.85
87.5	圆	白	灰	圆	黄	黄	20.0	3 107.4	9.6	2 889.1	7.1	37.07	21.18
102.0	披针	紫	灰	圆	黄	黄	20.5	2 809.0	6.4	2 921.8	8.4	38.60	21.83
100.0	披针	紫	灰		黄	黄	19.0	3 085.0	6.9	2 940.0	6.8	39.89	20.27
100.0	披针	紫	灰	圆	黄	黄	22.0	2 511.0	4.2	2 955.5	11.9	41.62	18.72
85.0	披针	白	灰	圆	黄	黄	20.0	3 037.0	8.6	3 192.0	9.3	37.82	20.02
90.0	圆	白	灰	圆	黄	黄	24.0	3 138.3	12.6	3 413.0	11.3	38.30	21.05
93.0	披针	白	灰	圆	黄	黄	16.0	2 458.0	6.5	2 476.0	5.9	42.30	19.56
115.0	圆	紫	灰	圆	黄	黄	27.0	3 067.2	7.0	3 178.3	6.8	40.97	19.40
95.0	圆	白	灰	圆	黄	褐	18.0	3 060.7	13.1	3 139.6	14.1	38.53	21.85
79.5	圆	白	灰	椭圆	黄	褐	15.6	3 165.0	3.9	3 156.0	3.1	39.30	21.56
90.0	圆	紫	灰	圆	黄	黄	22.0	3 197.9	6.3	3 039.4	5.2	38.54	20.49

品种序号	品种	育成年份	类型	母本	父本	生育期(d)	结荚习性
304	九农39	2011	北方春	哈96-29	长B96-41	132	亚
305	吉科黄豆20	2014	北方春	长农13	A1566	129	亚
306	吉丰4号	2005	北方春	合丰25	丰交7607	112	亚
307	吉大豆1号	2009	北方春	九交90102-3	中国扁茎	124	亚
308	吉大豆2号	2009	北方春	吉林38	96-1	131	亚
309	吉大豆3号	2011	北方春	98-5044	8631-13	130	亚
310	吉大豆5号	2013	北方春	9621	8898-8	119	亚
311	吉利豆1号	2007	北方春	合丰35	利民89012	120	有
312	吉利豆2号	2006	北方春	大田自然变异株		118	亚
313	吉利豆3号	2008	北方春	89-9	利民96018	122	有
314	吉利豆4号	2010	北方春	吉育47	利民98006	112	亚
315	吉利豆5号	2013	北方春	世纪1号	太空1号	120	亚
316	延农12	2011	北方春	黑农38	意3	120	亚
317	延农小粒豆1号	2006	北方春	延交8302	延交75-14	117	亚
318	雁育1号	2014	北方春	吉林小粒3号	东农690	115	亚
319	通农943	2011	北方春	通交90-85	通交88-662	129	亚
320	白农11	2006	北方春	白农9号	河北大黄豆	127	亚
321	白农12	2006	北方春	白农9号	河北大黄豆	123	亚
322	丰交2004	2007	北方春	丰交7607	通农10号	129	亚
323	金园20	2006	北方春	农垦39系选		123	亚
324	原育20	2007	北方春	吉林20系选		127	亚
325	丹豆13	2007	北方春	丹B102	铁丰29	133	有
326	丹豆14	2007	北方春	丹豆11	澳丰1号	131	有
327	丹豆15	2010	北方春	丹豆11	L81-544	136	亚
328	丹豆16	2012	北方春	丹豆12	LS95-11-3	130	有
329	东豆9号	2005	北方春	开交8157系选		128	有
330	东豆16	2011	北方春	开交8157	东农163	119	亚
331	东豆29	2007	北方春	开交7310A-1-4	开交7305-9-1-16	126	有
332	东豆50	2008	北方春	开交7305-9-7	开新早	122	有
333	东豆100	2009	北方春	开交7310A-1-4	开交7305-9-1-16	131	有
334	东豆339	2008	北方春	开交9810-7	铁丰29	131	有
335	东豆1201	2012	北方春	开育11	铁丰33	136	有
336	东豆027	2013	北方春	开交9821-1	东豆02028	127	有
337	东豆641	2013	北方春	开交7305-9-7	九农26	122	亚
338	美锋18	2010	北方春	K交7305-9-7	开新早	129	有
339	抚豆17	2007	北方春	抚82-47	东京1号	120	有
340	抚豆18	2008	北方春	抚82-47	东京1号	126	亚
341	抚豆19	2009	北方春	抚210-4	抚82-47	124	亚
342	抚豆20	2009	北方春	抚97-16早	抚82-47	123	亚

（续）

株高(cm)	叶形	花色	茸毛色	粒形	粒色	脐色	百粒重(g)	区试产量(kg/hm²)	增产(±%)	生试产量(kg/hm²)	增产(±%)	蛋白质含量(%)	脂肪含量(%)
105.0	圆	紫	灰	圆	黄	黄	18.0	3 161.7	4.0	3 299.8	7.6	38.96	22.29
108.0	披针	白	灰	圆	黄	黄	19.7	2 991.4	4.3	3 219.1	6.6	37.13	20.64
108.0	披针	紫	灰	圆	黄	黄	12.0	2 637.0	16.6	2 592.0	15.3	41.20	20.47
90.0	披针	紫	灰	圆	黄	黄	19.0	2 137.4	9.0	2 407.8	4.5	37.98	19.31
90.0	椭圆	白	灰	圆	黄	黄	23.5	3 127.7	4.0	3 108.9	7.6	36.87	22.12
90.0	椭圆	白	灰	圆	黄	黄	21.0	2 822.9	6.9	2 840.9	5.4	37.73	20.41
90.0	披针	紫	灰	圆	黄	黄	20.7	2 870.1	10.4	2 635.5	6.6	34.88	24.09
77.4	披针	白	灰	圆	黄	褐	21.0	3 107.1	10.6	3 377.2	16.4	38.75	20.55
81.9	披针	白	灰	圆	黄	黄	21.4	2 627.9	8.6	2 807.8	9.2	37.65	22.13
83.7	披针	紫	灰	圆	黄	黄	20.4	2 489.2	19.7	2 008.5	11.0	40.38	21.84
95.0	椭圆	白	灰	圆	黄	黄	24.2	2 637.0	16.6	2 592.0	15.3	41.20	20.47
75.0	披针	白	灰	圆	黄	黄	22.1	2 335.3	5.3	2 684.3	11.4	39.03	20.45
92.5	椭圆	紫	棕	圆	黄	黄	18.0	2 618.0	9.6	2 917.6	9.8	40.76	21.23
85.0	披针	白	灰	圆	黄	黄	8.4			2 345.0	6.1	41.41	18.28
95.0	披针	白	灰	圆	黄	黄	8.5	2 187.5	11.0	2 383.2	12.4	36.59	18.33
108.3	圆	白	灰	圆	黄	黄	22.2	3 080.3	10.5	3 500.5	14.1	40.87	21.07
99.4	披针	白	灰	圆	黄	黄	18.1	2 561.1	11.6	2 664.7	11.5	39.78	20.13
96.0	卵圆	白	灰	圆	黄	褐	21.2	2 321.6	11.0	2 335.7	7.7	38.56	21.09
96.3	圆	白	灰	圆	黄	黄	23.7	3 116.3	5.0	3 338.0	26.2	38.80	19.15
90.0	披针	紫	灰	圆	黄	黄	19.2	2 446.9	5.6	2 597.3	8.7	39.42	21.96
90.0	披针	紫	灰	圆	黄	黄	19.0	2 637.0	5.1	2 986.0	15.2	37.59	21.35
80.5	椭圆	白	灰	椭圆	黄	黄	20.4	2 771.6	16.2	2 902.7	19.8	42.46	19.00
78.4	椭圆	白	灰	椭圆	黄	黄	20.7	2 631.9	10.4	2 759.7	13.9	41.00	20.48
120.5	椭圆	白	棕	椭圆	黄	黄	19.7	3 306.0	14.3	3 072.0	17.0	42.39	20.79
94.4	椭圆	紫	灰	椭圆	黄	黄	24.7	2 559.0	14.0	2 889.0	12.8	41.24	20.37
73.4	椭圆	紫	灰	圆	黄	黄	21.9	2 846.1	8.2	3 064.2	16.6	40.16	21.95
85.1	披针	紫	灰	圆	黄	黄	21.9	2 719.5	12.8	2 523.0	9.8	40.11	22.65
73.2	椭圆	紫	灰	圆	黄	蓝	22.6	2 940.9	9.0	3 118.5	14.7	41.92	20.94
62.0	椭圆	紫	灰	圆	黄	黄	22.5	2 885.1	10.2	3 025.4	12.9	40.68	21.23
66.1	圆	紫	灰	圆	黄	蓝	23.8	2 940.0	9.0	3 325.5	5.6	41.15	21.09
61.3	圆	紫	灰	椭圆	黄	褐	24.9	3 240.0	20.1	3 007.5	16.6	42.28	20.39
96.0	椭圆	白	灰	圆	黄	黄	25.4	2 836.5	18.3	3 117.0	21.7	42.35	20.20
72.0	椭圆	白	灰	圆	黄	黄	25.4	2 865.0	13.9	3 100.5	10.8	41.13	20.40
88.0	椭圆	白	灰	圆	黄	黄	20.0	2 836.5	12.8	3 118.5	11.4	39.15	22.73
84.9	椭圆	紫	灰	圆	黄	黄	21.2	3 037.5	13.1	2 628.0	12.7	40.29	20.96
75.1	椭圆	白	灰	圆	黄	黄	18.4	2 621.0	4.5	2 522.6	10.3	36.74	24.10
88.5	椭圆	紫	灰	圆	黄	黄	18.3	2 914.7	11.7	2 976.3	11.1	39.33	21.79
92.8	披针	白	灰	圆	黄	黄	18.5	3 117.9	11.4	2 933.9	10.1	42.27	20.07
83.3	椭圆	白	灰	圆	黄	黄	20.3	3 098.8	10.2	3 036.2	14.4	38.22	22.91

品种序号	品种	育成年份	类型	母　本	父　本	生育期(d)	结荚习性
343	抚豆21	2010	北方春	抚97-16早	抚8412	127	有
344	抚豆22	2011	北方春	抚210-3	长农043	125	有
345	抚豆23	2012	北方春	抚交96	绥农14	120	亚
346	抚豆24	2013	北方春	抚豆18	黑农58	119	有
347	抚豆25	2014	北方春	抚交90-34	SOY-176	121	无
348	七星1号	2007	北方春	台75系选		88	有
349	清禾1号	2007	北方春	清原甘豆84系选		122	有
350	航丰2号	2006	北方春	铁丰29	吉林30	130	有
351	锦育38	2010	北方春	锦8919-6	锦9005-5	135	有
352	锦育豆39	2014	北方春	90A	锦豆36	131	有
353	开育13	2005	北方春	新3511	K10-93	125	有
354	开创豆14	2007	北方春	开9075	开8532-11	128	有
355	开豆16	2010	北方春	开95061-1	开9028-2	128	有
356	宏豆1号	2006	北方春	开交8157	台湾292	121	有
357	韩豆1号	2014	北方春	铁豆38	中黄20	131	有
358	辽豆18	2006	北方春	辽89094	辽93040	132	亚
359	辽豆22	2006	北方春	辽8878-13-9-5	辽93010-1	130	亚
360	辽豆23	2006	北方春	辽豆10号	辽91086-18-1	130	有
361	辽豆24	2007	北方春	辽豆3号	异品种	129	亚
362	辽豆25	2007	北方春	辽8878-13-9-5	辽93017-1	127	亚
363	辽豆26	2008	北方春	辽8880	IOA22	129	有
364	辽豆28	2009	北方春	辽92112	晋遗20	137	有
365	辽豆29	2009	北方春	承豆6号	铁丰34	129	有
366	辽豆30	2010	北方春	辽87041	辽8887	135	亚
367	辽豆31	2010	北方春	辽8864	公交7291	128	有
368	辽豆32	2011	北方春	Motto	辽21051	121	亚
369	辽豆33	2011	北方春	沈农9410	辽95045-4-12-5	125	有
370	辽豆34	2011	北方春	辽93042	辽95273	129	有
371	辽豆35	2012	北方春	辽91111	铁丰34	124	有
372	辽豆36	2012	北方春	辽豆16	绥农20	125	有
373	辽豆37	2013	北方春	辽豆18	铁95124	129	亚
374	辽豆38	2013	北方春	铁丰35	长农12	133	有
375	辽豆39	2013	北方春	辽8880	铁95091-5-2	130	有
376	辽豆40	2013	北方春	铁94026-4	航天2号	124	有
377	辽豆41	2013	北方春	辽豆17	航天2号	127	有
378	辽豆42	2014	北方春	铁95091-5-1	铁9868-10	128	有
379	辽豆43	2014	北方春	沈农6号	长农1号	129	亚
380	辽豆44	2014	北方春	辽豆14	冀豆17	129	亚
381	辽豆45	2014	北方春	铁97047-2	辽豆16	127	亚

（续）

株高(cm)	叶形	花色	茸毛色	粒形	粒色	脐色	百粒重(g)	区试产量(kg/hm^2)	增产(±%)	生试产量(kg/hm^2)	增产(±%)	蛋白质含量(%)	脂肪含量(%)
78.4	椭圆	紫	灰	圆	黄	黄	25.1	3 010.5	11.9	2 559.0	9.8	39.41	21.38
75.0	椭圆	紫	灰	圆	黄	黄	27.6	2 632.5	9.2	2 680.5	16.7	39.93	21.94
77.1	椭圆	白	灰	圆	黄	黄	21.8	2 710.5	13.3	2 533.5	11.4	37.36	23.74
76.1	披针	白	灰	圆	黄	黄	19.7	2 784.0	10.7	3 112.5	11.2	40.37	21.44
86.7	椭圆	紫	棕	圆	黄	黄	17.6	3 093.0	15.7	3 042.0	13.1	38.06	21.20
32.4	圆	白	灰	椭圆	绿	褐	63.0（鲜籽粒）	12 021.0（鲜荚）	14.7	12 711.0（鲜荚）	22.0		
69.6	椭圆	紫	灰	圆	黄	黄	22.8	2 554.8	1.9	2 524.1	10.3	38.38	22.01
66.3	圆	紫	灰	椭圆	黄	黄	22.7	2 875.5	11.0	2 506.5	8.0	41.66	20.85
103.5	圆	紫	灰	椭圆	黄	黄	26.9	3 168.0	15.0	2 893.5	9.0	42.44	20.65
99.4	椭圆	紫	灰	椭圆	黄	黄	26.6	3 142.5	15.8	2 704.5	18.8	41.76	20.49
83.8	椭圆	紫	灰	椭圆	黄	黄	22.7	3 150.5	11.7	3 227.7	15.0	40.45	20.89
80.0	椭圆	紫	灰	圆	黄	黄	25.6	2 758.2	10.0	2 570.6	12.4	40.83	20.38
98.9	椭圆	紫	灰	圆	黄	黄	20.1	3 039.0	13.2	2 605.5	11.8	37.53	21.85
78.3	椭圆	紫	灰	圆	黄	黄	29.4	2 655.0	10.1	2 502.0	8.9	42.10	18.70
83.6	椭圆	紫	灰	圆	黄	黄	24.0	3 112.5	13.3	2 626.5	15.4	41.52	21.16
93.7	椭圆	白	灰	圆	黄	黄	23.9	2 569.8	13.1	2 643.3	19.3	43.27	21.44
96.8	圆	紫	灰	椭圆	黄	黄	21.4	2 800.5	8.2	2 607.0	12.3	41.29	21.66
73.9	椭圆	紫	灰	圆	黄	黄	22.7	2 877.3	14.8	2 804.7	8.3	44.68	19.10
93.0	圆	紫	灰	圆	黄	黄	20.4	2 854.5	7.9	2 743.5	8.9	39.86	20.91
102.2	椭圆	紫	灰	圆	黄	黄	21.4	2 747.0	8.7	2 740.5	4.5	42.87	21.15
92.5	椭圆	紫	灰	圆	黄	黄	25.3	2 695.5	10.7	2 782.4	12.5	42.68	20.49
89.4	椭圆	白	灰	圆	黄	黄	22.0	3 200.7	13.5	3 709.7	16.4	41.77	21.31
100.2	披针	白	灰	圆	黄	黄	21.8	3 166.8	12.3	3 572.3	12.0	42.74	20.53
113.0	椭圆	紫	灰	圆	黄	黄	22.8	3 222.0	12.1	2 937.0	10.6	43.44	20.59
92.2	披针	白	灰	圆	黄	黄	21.4	3 193.5	10.4	2 898.0	10.3	41.95	19.89
85.5	椭圆	紫	棕	圆	黄	褐	19.1	2 931.0	21.6	2 874.0	25.1	38.14	22.88
84.8	椭圆	紫	灰	圆	黄	黄	23.0	2 683.5	11.8	2 485.5	12.0	42.04	20.44
96.5	椭圆	紫	灰	圆	黄	黄	25.5	2 671.5	11.3	2 536.5	14.3	42.66	20.24
85.2	椭圆	紫	灰	圆	黄	黄	25.3	2 637.0	17.4	2 913.0	13.7	40.52	21.12
84.8	椭圆	紫	灰	圆	黄	黄	26.9	2 628.0	17.1	3 160.5	23.4	42.94	20.23
94.8	椭圆	紫	灰	圆	黄	黄	22.1	3 354.0	13.1	3 288.0	12.0	41.39	21.31
90.9	椭圆	紫	灰	圆	黄	黄	23.8	3 157.5	6.5	3 549.0	7.9	40.50	22.47
85.7	椭圆	白	灰	圆	黄	黄	24.4	2 980.5	17.0	3 073.5	14.3	40.86	20.80
79.4	椭圆	紫	灰	圆	黄	黄	24.5	2 817.0	10.6	3 063.0	13.9	41.85	19.51
81.6	椭圆	紫	灰	圆	黄	黄	25.3	2 850.0	11.9	3 019.5	12.3	41.75	20.21
84.8	椭圆	白	棕	圆	黄	黄	25.1	3 036.0	13.6	3 067.5	11.0	43.41	19.19
94.3	椭圆	紫	灰	圆	黄	黄	21.8	3 070.5	8.1	2 755.5	12.6	41.39	21.00
86.6	椭圆	白	棕	圆	黄	黑	17.8	3 121.5	16.9	3 232.5	16.9	41.01	21.23
84.0	椭圆	紫	灰	椭圆	黄	黄	21.2	3 066.0	11.6	2 584.5	13.5	42.68	19.95

品种序号	品种	育成年份	类型	母　本	父　本	生育期(d)	结荚习性
382	辽鲜豆2号	2014	北方春	辽99011-6	辽鲜1号	99	有
383	辽选2号	2006	北方春	冀豆4号	吉林21	132	亚
384	首豆33	2011	北方春	LS8738A-9	野驯F25-1	124	有
385	首豆34	2013	北方春	LS8738A-9	元田23	124	有
386	灯豆1号	2014	北方春	嫩丰16	黑农38	116	亚
387	沈农9号	2007	北方春	沈农92-16	I030	129	亚
388	沈农10号	2007	北方春	沈农92-16	沈农91-44	129	亚
389	沈农11	2008	北方春	辽豆3号	冀豆4号	124	亚
390	沈农12	2009	北方春	沈农7号	Darby	132	亚
391	沈农16	2010	北方春	铁丰27	OhioFG1	125	有
392	沈农17	2011	北方春	铁丰27	沈豆4号	125	亚
393	沈农18	2012	北方春	沈农91-6053	沈农92-16	130	亚
394	沈农豆19	2014	北方春	铁丰27	FLINT	132	亚
395	沈农豆20	2014	北方春	沈农98-118	公交91144-3	126	亚
396	奎丰1号	2008	北方春	铁丰31	辽91111	132	亚
397	奎鲜2号	2014	北方春	辽鲜1号	丹96-5003	94	有
398	希豆5号	2014	北方春	先豆14	豫豆12	126	亚
399	雨农豆6号	2014	北方春	辽鲜1号	吉青138	99	有
400	铁豆36	2005	北方春	铁90009-4	铁89078-10	130	有
401	铁豆37	2005	北方春	铁89034-10	铁丰29	130	有
402	铁豆38	2005	北方春	铁91114-8	铁91088-12	128	有
403	铁豆39	2006	北方春	铁89012-3-4	铁89078-7	128	有
404	铁豆40	2006	北方春	铁89078-7	铁92035-10-1	132	有
405	铁豆41	2006	北方春	铁89034-10	铁91088-3	126	有
406	铁豆42	2007	北方春	铁89012-3-4	铁89078-7	129	有
407	铁豆43	2007	北方春	铁92022-4	辽8880-10-6-1-5	123	亚
408	铁豆44	2007	北方春	铁93067-5	铁92022-8	123	亚
409	铁豆45	2008	北方春	新3511	Amos8	127	亚
410	铁豆46	2008	北方春	铁92022-4	辽8880-10-6-1-5	126	亚
411	铁豆47	2008	北方春	铁93067-5	Amos8	126	亚
412	铁豆48	2009	北方春	铁93177-12	铁94040-14	128	有
413	铁豆49	2009	北方春	铁93058-19	铁丰29	135	有
414	铁豆50	2009	北方春	开育10号	sb.pur-24	129	亚
415	铁豆51	2010	北方春	新3511	先锋x-1	127	亚
416	铁豆52	2010	北方春	新3511	Amos15	128	亚
417	铁豆53	2010	北方春	铁91057-5	Amos14	127	亚
418	铁豆54	2010	北方春	Sb.pur-24	铁丰30	129	亚
419	铁豆55	2010	北方春	新3511	sb.in-1	127	亚
420	铁豆56	2010	北方春	铁94036-1	铁94018-4	131	有

（续）

株高(cm)	叶形	花色	茸毛色	粒形	粒色	脐色	百粒重(g)	区试产量(kg/hm²)	增产(±%)	生试产量(kg/hm²)	增产(±%)	蛋白质含量(%)	脂肪含量(%)
51.0	椭圆	白	灰	圆	绿	褐	71.9（鲜籽粒）	13 723.5（鲜荚）	22.1	13 837.5（鲜荚）	19.3		
98.3	椭圆	白	灰	圆	黄	黄	22.5	2 753.0	11.3	2 829.8	9.7	43.59	20.42
88.4	椭圆	紫	灰	椭圆	黄	黄	27.2	2 683.5	11.9	2 446.5	10.2	43.67	20.09
90.0	椭圆	紫	灰	椭圆	黄	黄	27.2	2 946.0	15.8	3 036.0	12.9	40.81	20.49
70.0	披针	白	灰	圆	黄	黄	25.5	2 805.0	4.9	2 952.0	9.7	38.15	21.92
88.7	圆	白	棕	圆	黄	黑	16.5	2 770.5	7.0	2 782.5	10.5	39.49	21.55
120.5	椭圆	白	灰	圆	黄	淡褐	20.3	2 681.6	12.5	2 794.1	15.3	42.82	19.52
105.3	椭圆	紫	棕	圆	黄	黑	20.3	2 933.4	5.6	2 966.3	4.1	40.71	22.44
82.6	圆	紫	灰	圆	黄	褐	15.5	3 754.5	10.6	3 240.0	2.9	38.48	21.70
81.0	椭圆	紫	棕	圆	黄	黄	22.6	3 285.0	13.0	2 986.5	18.4	42.48	20.50
101.3	椭圆	紫	棕	圆	黄	褐	21.1	2 679.0	11.7	2 488.5	12.1	44.59	20.71
106.0	椭圆	紫	灰	圆	黄	黄	24.9	2 869.5	6.6	3 028.5	3.7	41.39	21.85
115.9	椭圆	紫	棕	圆	黄	黄	19.9	2 971.5	5.7	2 610.0	6.7	38.31	22.35
102.8	披针	白	灰	圆	黄	黄	21.2	3 129.0	17.1	3 096.0	12.0	38.82	22.29
95.2	圆	紫	棕	圆	黄	黄	21.8	3 111.0	15.4	3 028.5	17.4	42.54	20.79
53.5	椭圆	白	灰	圆	绿	黄	78.1（鲜籽粒）	12 612.0（鲜荚）	12.2	13 077.0（鲜荚）	12.8		
95.8	椭圆	白	棕	圆	黄	褐	20.0	3 151.5	18.0	3 280.5	18.7	39.08	21.33
54.5	椭圆	白	灰	圆	绿	褐	75.5（鲜籽粒）	13 180.5（鲜荚）	17.3	12 762.0（鲜荚）	10.0		
78.4	椭圆	紫	灰	椭圆	黄	黄	25.8	3 031.7	14.6	3 113.7	17.6	40.42	21.65
73.2	椭圆	白	灰	椭圆	黄	黄	27.5	2 925.9	17.9	3 533.4	25.0	40.64	21.06
83.6	椭圆	紫	灰	椭圆	黄	黄	21.1	2 920.2	8.0	3 189.8	13.1	40.12	21.48
81.8	椭圆	紫	灰	椭圆	黄	黄	23.2	3 003.3	12.6	2 990.1	19.5	43.44	20.67
105.8	椭圆	紫	灰	椭圆	黄	黄	23.8	2 952.3	12.2	2 887.5	15.5	42.00	20.79
78.5	椭圆	白	灰	椭圆	黄	黄	20.9	2 805.3	5.8	2 690.9	6.9	43.94	20.72
84.9	椭圆	紫	灰	圆	黄	黄	25.4	2 936.3	8.1	3 210.2	18.1	43.02	19.65
80.3	椭圆	紫	灰	椭圆	黄	黄	21.4	2 814.9	12.2	2 878.2	25.8	41.85	20.79
77.6	椭圆	紫	灰	椭圆	黄	淡褐	21.8	2 806.8	11.9	2 608.7	14.0	41.14	22.42
97.3	圆	紫	灰	椭圆	黄	褐	19.2	2 926.5	10.7	2 767.5	9.9	40.01	20.87
91.4	椭圆	紫	灰	椭圆	黄	黄	21.5	3 093.2	11.3	3 028.2	6.2	42.48	20.30
97.2	椭圆	紫	棕	椭圆	黄	黄	21.8	2 964.9	13.3	3 056.6	14.1	42.90	21.83
83.4	披针	紫	灰	椭圆	黄	黄	22.8	3 225.0	6.8	3 298.5	6.2	40.81	21.70
84.3	椭圆	紫	灰	椭圆	黄	黄	23.1	3 594.2	18.5	3 698.3	17.7	41.56	21.40
98.2	椭圆	白	灰	椭圆	黄	黄	19.4	3 161.6	12.5	3 080.0	15.8	39.06	22.85
92.9	椭圆	白	灰	椭圆	黄	黄	22.7	3 210.0	11.7	2 853.0	7.5	40.36	22.16
83.4	椭圆	紫	灰	椭圆	黄	黄	21.6	3 018.0	12.2	2 745.0	17.8	39.86	21.32
82.3	椭圆	紫	灰	椭圆	黄	黄	19.3	3 384.0	16.9	3 136.5	19.4	39.62	22.49
81.1	椭圆	紫	棕	椭圆	黄	黄	18.5	3 012.0	12.0	2 575.5	10.5	37.90	22.96
83.0	椭圆	紫	灰	椭圆	黄	黄	20.3	2 947.5	9.8	2 542.5	9.1	40.31	21.93
80.7	披针	紫	灰	椭圆	黄	黄	22.4	3 151.5	9.6	2 988.0	12.5	44.20	20.27

品种序号	品种	育成年份	类型	母　本	父　本	生育期(d)	结荚习性
421	铁豆57	2010	北方春	铁丰34	开9201A	131	有
422	铁豆58	2010	北方春	铁93058-19	铁94078-8	133	有
423	铁豆59	2011	北方春	铁丰34	俄罗斯大粒	131	有
424	铁豆60	2011	北方春	铁丰33	铁96051-1	125	亚
425	铁豆61	2011	北方春	铁丰33	sb.pur-17	134	亚
426	铁豆63	2011	北方春	铁丰31	哈94-4478	131	亚
427	铁豆64	2012	北方春	铁丰34	辽99-27	130	有
428	铁豆65	2012	北方春	铁丰34	美国大粒黄	129	有
429	铁豆66	2012	北方春	铁丰31	哈94-4478	127	亚
430	铁豆67	2012	北方春	铁丰33	沈交92139-2	132	亚
431	铁豆68	2013	北方春	铁93172-11	开8930-1	130	有
432	铁豆69	2013	北方春	铁95091-5-1	铁95159-1-8	129	有
433	铁豆70	2013	北方春	铁95091-5-1	K新D115A	125	有
434	铁豆71	2013	北方春	铁96043-10	辽95024	127	亚
435	铁豆72	2014	北方春	铁95091-5-2	铁96037-1	126	有
436	铁豆73	2014	北方春	铁丰33	Darby	128	亚
437	铁豆74	2014	北方春	铁丰34	Darby	134	亚
438	铁豆75	2014	北方春	铁97075-2	铁丰33	130	亚
439	永伟6号	2008	北方春	铁丰31系选		133	亚
440	永伟9号	2007	北方春	铁丰31系选		128	亚
441	岫豆2003-3	2011	北方春	岫豆94-11	99-8	130	有
442	岫育豆1号	2012	北方春	JL1995	丹806	135	亚
443	蒙豆16	2005	北方春	北03-286	蒙豆7号	106	亚
444	蒙豆18	2007	北方春	绥农11	北丰14	113	亚
445	蒙豆19	2006	北方春	蒙豆9号	蒙豆7号	96	亚
446	蒙豆21	2006	北方春	绥农10号	蒙豆9号	110	亚
447	蒙豆24	2006	北方春	94-96系选		125	无
448	蒙豆25	2007	北方春	蒙豆24系选		120	无
449	蒙豆26	2007	北方春	绥农10号	蒙豆9号	113	亚
450	蒙豆28	2008	北方春	绥农11	北丰14	113	亚
451	蒙豆30	2009	北方春	蒙豆16	89-9	114	亚
452	蒙豆31	2011	北方春	内豆4号	蒙豆19	88	亚
453	蒙豆32	2010	北方春	内豆4号	呼交03-932	94	无
454	蒙豆33	2010	北方春	蒙豆16	Dekabig	114	亚
455	蒙豆34	2012	北方春	中作992	蒙豆17	103	亚
456	蒙豆35	2012	北方春	蒙豆21	中作991	104	亚
457	蒙豆36	2012	北方春	蒙豆13	黑农37	108	亚
458	蒙豆37	2013	北方春	内豆4号	蒙豆19	95	亚
459	蒙豆38	2013	北方春	蒙豆21	黑河38	101	亚

（续）

株高(cm)	叶形	花色	茸毛色	粒形	粒色	脐色	百粒重(g)	区试产量(kg/hm²)	增产(±%)	生试产量(kg/hm²)	增产(±%)	蛋白质含量(%)	脂肪含量(%)
99.2	椭圆	白	棕	椭圆	黄	黄	22.4	3 123.0	9.8	2 901.0	9.3	40.93	20.91
94.2	椭圆	紫	灰	椭圆	黄	黄	23.4	3 211.5	11.7	3 027.0	14.0	40.56	21.93
96.0	椭圆	白	棕	椭圆	黄	黄	25.7	2 752.5	10.2	2 766.0	10.4	41.76	21.57
94.3	椭圆	紫	灰	椭圆	黄	黄	24.7	2 752.5	14.2	2 728.5	18.8	38.83	22.31
102.0	椭圆	紫	灰	椭圆	黄	黄	20.1	3 003.0	25.2	2 851.5	28.4	39.64	21.19
107.9	椭圆	紫	灰	椭圆	黄	黄	20.8	2 850.0	14.1	2 760.0	10.2	39.18	23.00
87.1	椭圆	白	灰	椭圆	黄	黄	25.2	2 718.0	21.1	3 211.5	25.4	41.92	21.07
87.7	椭圆	白	棕	椭圆	黄	黄	26.2	3 027.0	12.5	3 169.5	8.5	41.82	21.25
87.7	椭圆	紫	棕	椭圆	黄	黄	20.1	2 763.0	15.4	2 518.5	10.8	39.19	22.56
108.8	椭圆	白	灰	椭圆	黄	蓝	21.7	3 204.0	19.1	3 363.0	15.2	40.84	22.48
86.1	椭圆	紫	灰	椭圆	黄	黄	26.7	3 249.0	9.6	3 736.5	13.6	38.77	22.13
87.1	椭圆	白	灰	椭圆	黄	黄	22.3	2 922.0	14.7	3 021.0	12.3	41.13	19.88
83.9	椭圆	白	灰	椭圆	黄	黄	25.1	2 913.0	14.4	2 980.5	10.8	40.02	20.78
87.0	椭圆	紫	灰	椭圆	黄	黄	20.5	2 935.5	16.5	3 174.0	13.4	40.16	20.82
78.9	椭圆	白	灰	椭圆	黄	黄	21.8	2 974.5	11.3	3 048.0	13.3	41.23	20.61
90.9	椭圆	白	灰	椭圆	黄	黄	21.2	3 052.5	14.3	3 117.0	12.8	41.44	20.99
107.1	椭圆	紫	灰	椭圆	黄	蓝	19.4	3 166.5	15.3	2 683.5	17.8	40.75	22.02
96.6	椭圆	紫	灰	椭圆	黄	黄	23.5	2 974.5	8.3	2 434.5	6.9	40.88	21.15
109.4	椭圆	紫	棕	椭圆	黄	黄	26.9	2 960.9	6.5	3 030.8	6.3	44.93	20.41
104.9	椭圆	紫	棕	椭圆	黄	黄	25.0	2 604.3	9.2	2 727.3	12.5	44.50	20.49
93.5	椭圆	白	灰	椭圆	黄	黄	23.8	2 691.0	12.1	2 350.5	5.9	43.15	20.15
95.5	椭圆	白	灰	圆	黄	黄	22.3	2 635.5	17.4	3 015.0	17.7	42.22	19.61
75.0	披针	白	灰	圆	黄	黄	22.0	2 095.3	43.8	1 701.0	20.8	39.42	19.98
80.0	披针	白	灰	圆	黄	黄	19.0	2 331.5	5.1	1 777.8	10.9	38.88	20.65
70.0	卵圆	紫	灰	圆	黄	黄	26.0	1 783.2	4.5	2 151.0	5.2	37.92	22.39
90.0	披针	白	灰	圆	黄	黄	16.0	2 226.0	8.4	1 638.0	6.6	37.92	22.38
80.0	椭圆	紫	灰	圆	黄	淡黑	16.0	2 459.3	21.6	2 022.0	19.0	38.58	22.68
80.0	卵圆	紫	棕	圆	黑	黑	15.0	2 223.5	19.4	2 260.5	7.7	34.79	22.43
85.0	披针	紫	灰	圆	黄	黄	21.0	1 868.3	6.6	1 626.0	5.7	41.95	22.77
70.0	披针	白	灰	圆	黄	黄	19.0	2 005.5	16.7	1 744.5	14.0	38.41	21.97
80.0	披针	白	灰	圆	黄	淡褐	19.0	1 868.3	5.8	2 473.5	8.6	43.59	21.00
80.0	披针	白	灰	圆	黄	黄	18.5	1 644.8	−4.6	1 675.5	−4.3	40.86	19.90
60.0	披针	紫	灰	圆	黄	黄	18.0	2 157.0	13.8	1 888.5	8.0	37.22	22.80
63.0	披针	白	灰	圆	黄	黄	19.5	2 393.3	6.6	2 271.0	5.8	38.12	22.91
79.5	披针	紫	灰	圆	黄	黄	18.3	2 352.0	6.6	2 322.1	10.6	41.21	21.19
79.8	披针	白	灰	圆	黄	黄	17.4	2 614.5	13.2	2 350.5	11.9	40.89	20.07
73.5	披针	紫	灰	圆	黄	淡褐	16.4	2 476.5	7.9	2 088.0	8.6	45.49	19.39
74.2	披针	白	灰	圆	黄	黄	19.2	2 127.0	7.3	2 061.0	9.0	43.43	20.83
68.7	披针	白	灰	圆	黄	淡褐	19.1	2 566.5	10.9	2 212.5	18.7	40.76	21.05

品种序号	品种	育成年份	类型	母　本	父　本	生育期(d)	结荚习性
460	登科1号	2009	北方春	蒙豆13	垦鉴豆27	111	无
461	登科2号	2011	北方春	内豆4号	呼交04-3	80	无
462	登科3号	2010	北方春	丰豆2号	呼交03-286	106	亚
463	登科4号	2012	北方春	蒙豆14	黑河18	111	亚
464	登科5号	2012	北方春	黑交02-146	黑河38	108	亚
465	登科6号	2012	北方春	绥农10号	呼交03-286	103	亚
466	登科7号	2013	北方春	蒙豆13	绥农6号	106	无
467	登科8号	2013	北方春	绥农10号	疆莫豆1号	108	无
468	兴豆5号	2007	北方春	抗线2号	黑88-3329	118	无
469	赤豆3号	2011	北方春	公交9210-11	赤豆1号	119	亚
470	新大豆8号	2006	北方春	绥93-171	[绥农14×（绥91-8837×吉林27）F_1] F_1	120	亚
471	新大豆9号	2008	北方春	哈95-5351	绥81045	122	亚
472	新大豆11	2009	北方春	石大豆2号	931	120	无
473	新大豆13	2010	北方春	98-1346	黄白荚	123	亚
474	新大豆14	2010	北方春	新系早	8644	116	亚
475	新大豆21	2012	北方春	黑河5号	Beyfield	88	亚
476	新大豆22	2013	北方春	96131-1	农大9418	118	亚
477	新大豆23	2013	北方春	公野03Y-1		128	无
478	新大豆25	2014	北方春	NK0325		124	亚
479	新大豆26	2014	北方春	扁茎品系		124	亚
480	新大豆28	2014	北方春	小粒豆		120	亚
481	中黄29	2005	北方春/黄淮夏	鲁861168	鲁豆11	111	亚
482	中黄30	2006	北方春	中品661	中黄14	124	有
483	中黄31	2005	黄淮夏	ti15176	Century-2.3	114	亚
484	中黄33	2005	黄淮夏	豫豆8号	晋遗20	105～110	有
485	中黄34	2006	黄淮夏	晋遗20	遗-4	106	有
486	中黄35	2006	北方春/黄淮夏	（PI486355×豫豆10号）F_3	郑6062	100	亚
487	中黄36	2006	黄淮夏	遗-2	Hobbit	102	有
488	中黄37	2006	黄淮夏	95B020	早熟18	110	亚
489	中黄38	2007	黄淮夏	遗-2	Hobbit	107	亚
490	中黄39	2006	黄淮夏	中品661	中黄14	105	有
491	中黄40	2007	黄淮夏	晋豆6号	豫豆12	104	有
492	中黄41	2007	黄淮夏	科丰14	科新3号	108	有
493	中黄42	2007	黄淮夏	诱处4号	锦豆33	116	有
494	中黄43	2008	黄淮夏	冀豆7号	科新3号	101	亚
495	中黄44	2009	黄淮夏	科丰14	科新3号	107	亚
496	中黄45	2009	黄淮夏	中黄21	WI995	107	亚
497	中黄46	2009	黄淮夏	ti15176	Century-2.3	106	亚

（续）

株高(cm)	叶形	花色	茸毛色	粒形	粒色	脐色	百粒重(g)	区试产量(kg/hm^2)	增产(±%)	生试产量(kg/hm^2)	增产(±%)	蛋白质含量(%)	脂肪含量(%)
80.0	披针	紫	灰	圆	黄	黄	19.0	2 629.5	11.1	2 631.0	6.5	37.74	22.18
65.0	披针	白	灰	圆	黄	淡褐	19.0	1 415.3	−4.6	1 513.5	−3.8	38.23	22.03
70.0	卵圆	紫	灰	圆	黄	黑	19.0	2 340.8	9.4	2 050.5	5.7	37.64	22.98
83.9	披针	白	灰	圆	黄	淡褐	19.0	2 515.5	9.3	2 076.0	7.4	38.19	21.03
67.7	披针	紫	灰	圆	黄	黄	19.0	2 599.5	11.2	2 500.5	7.1	38.35	21.91
77.2	披针	紫	灰	圆	黄	黄	19.3	2 412.0	9.3	2 475.0	8.1	40.56	21.61
90.3	披针	紫	灰	圆	黄	黄	18.1	2 599.5	12.9	2 019.0	7.8	41.11	19.19
82.8	披针	紫	灰	圆	黄	黄	19.8	2 488.5	8.8	2 422.5	11.4	41.19	20.86
100.0	卵圆	紫	灰	圆	黄	褐	20.0	2 402.3	10.4	1 940.0	11.8	37.87	21.40
90.0	卵圆	白	灰	圆	黄	黄	20.0	2 895.0	12.8	3 030.0	15.5	38.46	20.80
70.0	圆	紫	灰	椭圆	黄	黄	21.5	4 350.2	8.1	3 663.0	8.6	34.74	22.30
85.0	披针	紫	灰	圆	黄	黄	21.5	4 047.6	0.8	3 802.2	5.0	38.20	22.10
95.0	披针	紫	灰	圆	黄	黄	21.0	4 058.1	9.3	3 807.0	3.2	40.20	20.50
80.0	圆	紫	灰	椭圆	黄	黄	21.0	3 818.1	6.2	4 268.1	11.4	37.30	22.60
75.0	披针	紫	灰	椭圆	黄	黄	22.0	3 762.3	5.0	3 892.7	1.5	38.60	22.30
70.0	圆	紫	灰	圆	黄	黄	21.9	2 690.9	5.1	2 420.6	0.8	38.84	20.90
76.0	圆	紫	灰	椭圆	黄	黄	19.4	3 743.6	11.9	3 738.6	9.7	34.00	22.10
102.0	圆	紫	棕	椭圆	黄	黑	17.8	3 897.0	4.7	4 051.4	7.2	32.69	24.40
65.0	披针	白	灰	椭圆	黄	黄	25.0	3 643.1	2.0	3 262.2	8.4	36.31	23.00
88.0	披针	白	灰	椭圆	黄	黄	19.7	3 589.4	0.5	3 155.7	4.8	37.90	22.20
100.0	披针	白	灰	椭圆	黄	黄	8.4	3 014.0		3 343.5		36.23	20.00
82.3	卵圆	紫	灰	圆	黄	褐	20.8	2 558.4	−1.4	2 417.6	−3.2	45.02	18.72
64.0	圆	紫	棕	圆	黄	褐	18.1	2 833.5	9.4	2 446.5	5.4	39.53	21.44
90.0	披针	白	灰	圆	黄	淡褐	20.5	2 844.0	10.6	2 407.8	4.4	42.41	20.37
70.0～80.0	披针	白	灰	圆	黄	黄	23.0	2 571.0	4.2	2 707.4	17.3	40.54	20.34
80.0	椭圆	紫	灰	椭圆	黄	褐	21.7	2 827.5	10.0	2 470.1	7.1	43.22	18.47
80.0～90.0	椭圆	白	灰	圆	黄	黄	18.0～20.0	3 051.5	12.5	3 286.6	5.8	38.86	23.45
76.6	卵圆	白	灰	圆	黄	黄	16.5	2 956.5	1.8	3 162.8	1.8	39.32	23.11
80.0	卵圆	白	灰	椭圆	黄	褐	27.3	3 190.4	16.4	3 222.2	3.8	43.87	19.67
86.4	椭圆	白	灰	圆	黄	淡褐	22.0	2 623.4	10.0	2 765.4	14.1	40.00	20.76
70.0～80.0	卵圆	白	灰	椭圆	黄	淡褐	20.0～22.0	2 832.5	5.6	3 186.6	14.7	40.45	20.85
78.0	圆	白	灰	椭圆	黄	褐	18.1	2 899.5	12.4	2 608.6	3.9	37.40	20.95
72.8	卵圆	白	灰	圆	黄	褐	17.6	2 829.0	6.3	2 500.5	5.5	43.62	19.16
71.0	椭圆	紫	灰	圆	黄	淡褐	27.7	2 791.5	2.7	2 575.5	8.7	45.08	19.23
75.2	卵圆	紫	灰	圆	黄	褐	17.5	2 706.8	11.9	2 820.0	5.2	39.34	19.08
87.8	卵圆	紫	灰	椭圆	黄	褐	23.1	2 988.8	12.9	3 034.4	13.5	43.77	19.43
78.4	卵圆	白	棕	圆	黄	蓝	17.3	3 045.0	14.9	3 471.0	30.7	36.04	23.68
81.2	披针	白	灰	椭圆	黄	淡褐	21.4	3 015.0	13.9	3 058.5	14.9	38.07	22.23

品种序号	品种	育成年份	类型	母　本	父　本	生育期(d)	结荚习性
498	中黄47	2009	黄淮夏	D90	Ti^a	108	有
499	中黄48	2010	黄淮夏	科丰14	科新3	107	亚
500	中黄49	2010	黄淮夏	科丰14	科新3号	105	亚
501	中黄50	2010	黄淮夏	中黄13	中品661	106	亚
502	中黄51	2011	黄淮夏	科丰14	科新3号	106	有
503	中黄52	2010	黄淮夏	冀豆7号	早熟18	104	亚
504	中黄53	2010	北方春	中作M17	(豫豆8号×D90) F_6	131	亚
505	中黄54	2012	北方春	单8	PI437654	134	有
506	中黄55	2010	黄淮夏	T200	早熟18	110	亚
507	中黄56	2010	北方春	中品95-6051	DP3480	133	有
508	中黄57	2010	黄淮夏	Hartwig	晋1265	106	有
509	中黄58	2011	黄淮夏	96-1	93213	101	亚
510	中黄59	2011	黄淮夏	中品661	Bokwang	108	有
511	中黄60	2011	黄淮夏	98P23	$7S_1$	110	亚
512	中黄61	2012	黄淮夏	98P3	$7S_2$	108	有
513	中黄62	2011	黄淮夏	中黄25	新大豆1号	100	亚
514	中黄63	2012	黄淮夏	01P4	中作96-853	111	有
515	中黄64	2012	黄淮夏	01P6	中作96-853	110	亚
516	中黄65	2013	黄淮夏	中作96-1	93213	110	有
517	中黄66	2012	黄淮夏	中品661	承9039-2-4-3-1	112	有
518	中黄67	2012	黄淮夏	中黄21	Dekafast	108	亚
519	中黄68	2013	黄淮夏	中黄18	7S3	110	亚
520	中黄69	2012	北方春	科丰14	科新3号	121	有
521	中黄70	2013	黄淮夏	中黄13	鲁豆11	102	有
522	中黄71	2013	黄淮夏	早熟18	Mycogen5430	111	亚
523	中黄72	2013	黄淮夏	01P4	中黄28	108	亚
524	中黄73	2013	北方春	中黄38航天辐射		132	亚
525	中黄74	2012	黄淮夏	中豆27	中黄3号	109	有
526	中黄75	2014	北方春	NF58	铁丰31	131	亚
527	科丰28	2005	黄淮夏	85-094	8101	105～108	亚
528	科丰29	2009	黄淮夏	9010	辐良	111	亚
529	科豆1号	2011	黄淮夏	K02-39	郑92116-6	107	有
530	北农106	2014	黄淮夏	科丰14辐射		114	有
531	冀豆16	2005	黄淮夏	1196-2	1473-2	111	无
532	冀豆17	2006	黄淮夏/北方春	Hobbit	早5241	109/139	无
533	冀豆18	2007	南方春	特高秆	青四	117	有
534	冀豆19	2008	黄淮夏	MS1雄性核不育系	70多个国内外优良大豆	106	亚
535	冀豆20	2008	黄淮夏	MS1雄性核不育系	70多个国内外优良大豆	100	有
536	冀豆21	2010	黄淮夏	MS1雄性核不育系	70多个国内外优良大豆	105	亚
537	冀豆22	2012	北方春	MS1雄性核不育系	70多个品种	128	亚

（续）

株高(cm)	叶形	花色	茸毛色	粒形	粒色	脐色	百粒重(g)	区试产量(kg/hm^2)	增产(±%)	生试产量(kg/hm^2)	增产(±%)	蛋白质含量(%)	脂肪含量(%)
92.1	椭圆	白	灰	椭圆	黄	褐	18.4	2 868.0	5.4	3 093.0	4.5	39.74	21.00
79.3	圆	紫	灰	圆	黄	褐	22.3	3 093.4	9.9	2 975.3	7.9	44.94	18.72
71.8	圆	紫	灰	圆	黄	褐	20.2	2 977.1	5.7	2 898.3	5.1	44.36	19.87
74.5	卵圆	紫	灰	圆	黄	褐	23.4	2 876.1	14.8	2 268.0	30.3	45.21	18.41
81.4	卵圆	白	灰	椭圆	黄	褐	21.1	2 790.5	15.6	3 072.0	17.7	41.45	19.15
71.6	卵圆	紫	灰	圆	黄	黄	18.6	2 692.5	7.5	2 401.5	36.2	43.47	19.65
89.9	卵圆	白	灰	圆	黄	黄	17.2	3 574.5	24.2	2 578.5	61.8	42.25	21.24
74.6	卵圆	白	灰	圆	黄	黄	20.1	3 307.5	5.1	3 747.0	6.4	38.77	19.95
82.6	披针	白	灰	圆	黄	褐	26.0	3 090.0	7.2	2 578.5	4.3	43.40	20.32
78.5	卵圆	紫	灰	椭圆	黄	深褐	18.9	3 211.1	3.1	3 328.5	4.9	40.62	21.65
54.1	椭圆	紫	灰	椭圆	黄	深褐	18.3	2 875.5	3.1	2 777.3	1.3	39.67	21.18
63.9	圆	紫	灰	圆	黄	黄	20.5	3 035.3	7.8	2 653.5	−2.3	41.29	21.32
62.1	卵圆	白	灰	圆	黄	黄	23.7	2 668.5	10.6	3 055.5	17.3	41.26	20.46
64.6	卵圆	紫	灰	椭圆	黄	黄	24.0	2 707.8	14.2	2 880.0	9.6	40.09	20.12
57.2	卵圆	白	灰	椭圆	黄	褐	24.2	2 875.7	8.1	2 828.3	8.7	41.41	20.59
81.4	披针	紫	灰	圆	黄	黄	21.4	3 009.8	3.2	2 836.5	4.9	40.43	20.07
88.6	披针	紫	灰	椭圆	黄	淡褐	22.6	3 081.0	20.2	2 757.0	21.6	45.59	19.51
81.4	卵圆	紫	灰	圆	黄	淡褐	22.8	2 949.0	13.0	2 722.5	20.1	44.14	20.09
71.5	卵圆	紫	灰	圆	黄	褐	22.6	3 138.0	20.2	2 974.5	2.4	41.92	20.78
74.3	卵圆	紫	棕	圆	黄	黑	20.1	3 027.0	18.1	2 739.0	20.8	43.27	18.76
81.5	卵圆	白	灰	圆	黄	黄	18.3	2 704.5	13.8	2 786.4	22.9	41.34	18.70
115.8	卵圆	白	棕	椭圆	黄	黑	21.4	3 112.5	2.1	3 346.5	15.1	38.91	19.79
92.2	披针	白	灰	圆	黄	褐	20.5	3 000.0	4.6	3 285.0	3.5	39.82	21.38
65.8	圆	白	棕	椭圆	黄	淡褐	19.2	2 883.0	6.7	3 306.0	2.2	39.85	20.87
86.3	披针	紫	灰	圆	黄	褐	19.5	3 058.5	19.3	3 346.5	15.1	36.73	22.17
86.8	披针	紫	灰	椭圆	黄	淡褐	22.4	3 283.5	7.7	2 964.0	2.0	42.89	21.15
86.9	椭圆	白	灰	圆	黄	淡褐	20.1	2 779.5	9.1	2 878.5	7.0	40.05	19.74
75.1	卵圆	紫	灰	圆	黄	黄	25.7	3 078.8	5.1	3 282.0	15.6	41.23	19.88
108.6	卵圆	紫	棕	圆	黄	淡褐	17.7	3 615.0	3.2	3 454.5	3.5	41.38	19.93
90.0	圆	白	灰	圆	黄	淡褐	22.0	2 906.5	5.7	3 005.0	1.4	40.78	19.82
86.6	卵圆	紫	灰	圆	黄	黄	21.3	2 914.1	3.5	2 945.1	6.9	44.48	17.71
86.8	卵圆	紫	灰	椭圆	黄	淡褐	16.9	2 743.7	7.2	2 553.0	6.4	41.80	19.25
68.8	披针	紫	灰	椭圆	绿	深褐	21.4	3 147.0	−2.1	2 539.5	−15.0	42.44	18.82
89.2	圆	紫	灰	圆	黄	淡褐	23.3	2 892.0	9.2	2 896.5	13.6	43.64	20.08
101.0	椭圆	白	棕	圆	黄	黑	17.9	2 919.0	7.3	2 973.0	5.4	38.00	22.98
63.1	卵圆	白	灰	椭圆	黄	褐	23.9	2 869.5	7.9	2 322.0	3.9	44.10	19.06
82.3	卵圆	白	灰	圆	黄	黄	17.2	2 467.5	6.4	2 359.5	4.7	40.59	21.09
79.1	卵圆	紫	灰	圆	黄	黄	21.8	2 625.5	5.0	2 875.7	3.5	41.32	18.19
74.2	卵圆	紫	灰	椭圆	黄	黄	24.5	3 074.3	6.8	2 857.5	5.0	44.42	17.97
121.8	圆	白	棕	圆	黄	淡褐	22.0	3 702.6	7.1	3 267.3	7.1	39.82	22.30

品种序号	品种	育成年份	类型	母　本	父　本	生育期(d)	结荚习性
538	冀nf58	2005	黄淮夏	Hobbit	早5241	109	无
539	五星3号	2005	黄淮夏	冀豆9号	Century-2.3	112	有
540	五星4号	2009	黄淮夏	冀豆12	Suzuyutaka-3L	100	有
541	邯豆6号	2006	黄淮夏	豫豆8号	观185	98	有
542	邯豆7号	2007	黄淮夏/北方春	美4550	冀豆11	101/132	亚
543	邯豆8号	2009	黄淮夏	沧豆4号	邯豆3号	105	亚
544	邯豆9号	2011	黄淮夏	沧豆4号	邯9119	107	亚
545	邯豆10号	2011	北方春	鲁豆11	邯豆3号	134	亚
546	沧豆6号	2008	黄淮夏	郑77279	沧9403	101	有
547	沧豆7号	2007	北方春	潍8640	沧8915	147	有
548	沧豆10号	2011	北方春	细胞核雄性不育系96B59	96QT	133	亚
549	青选1号	2006	北方春	冀黄104系选		141	无
550	化诱5号	2005	黄淮夏	（黄骅地方品种×冀豆4号）F_2代EMS、PYM诱变		109	亚
551	石豆1号	2010	黄淮夏	分枝2号EMS+PYM诱变		104	亚
552	石豆2号	2008	黄淮夏	冀豆8号EMS+PYM诱变		108	亚
553	石豆3号	2009	北方春	科丰14	晋遗16	135	亚
554	石豆4号	2009	黄淮夏	分枝2号EMS诱变		107	亚
555	石豆5号	2009	北方春	70-3EMS诱变		132	亚
556	石豆6号	2010	黄淮夏	2000-727	化诱542	106	亚
557	石豆7号	2009	黄淮夏	晋遗16	冀豆4号	109	亚
558	石豆8号	2010	黄淮夏	化诱5号	冀豆7号	108	亚
559	易豆2号	2008	黄淮夏	冀豆10号系选		101	亚
560	保豆3号	2012	黄淮夏	中作01-03系选		105	有
561	农大豆2号	2011	黄淮夏	中作01-03	中科7412	107	有
562	廊豆6号	2013	黄淮夏	豫豆22	科丰6号	106	有
563	晋豆30	2005	北方春	s701	窄叶黄豆	123	亚
564	晋豆31	2005	北方春	埂283	1259	125 ~ 128	无
565	晋豆32	2005	北方春	晋豆22	汾豆43	135 ~ 138	无
566	晋豆（鲜食）33	2005	北方春/黄淮夏	日本引进NP（原）系选		115	有
567	晋豆34	2006	黄淮夏	（晋豆9号×晋大36）×早熟18	早熟18	112	亚
568	晋豆35	2007	北方春/黄淮夏	914	晋豆15	105	亚
569	晋豆36	2007	黄淮夏	梗84系选		95	有
570	晋豆37	2008	北方春/黄淮夏	晋豆11	埂84	125 ~ 140	亚
571	晋豆38	2008	北方春	黄粒NP（原）-5	极早生枝豆	105 ~ 110	有
572	晋豆39	2008	北方春/黄淮夏	埂283	早熟18	125 ~ 130	亚
573	晋豆40	2009	北方春/黄淮夏	晋豆19	汾豆21	100 ~ 115	无
574	晋豆41	2009	北方春	晋豆19	窄叶黄豆	115	亚
575	晋豆42	2010	北方春/黄淮夏	（晋豆23×鲁豆4号）F_1	晋豆23	132	无

（续）

株高(cm)	叶形	花色	茸毛色	粒形	粒色	脐色	百粒重(g)	区试产量(kg/hm²)	增产(±%)	生试产量(kg/hm²)	增产(±%)	蛋白质含量(%)	脂肪含量(%)
86.1	卵圆	白	棕	圆	黄	褐	14.5	2 606.6	4.7	2 637.5	7.5	35.77	23.63
89.9	圆	紫	棕	椭圆	黄	褐	23.3	2 867.9	4.4	2 841.8	10.6	41.61	19.82
60.1	椭圆	紫	灰	椭圆	黄	黄	22.2	2 595.0	3.8	2 806.5	1.0	39.71	18.68
67.3	披针	白	灰	椭圆	黄	黄	21.3	2 867.3	10.9	2 568.4	9.4	42.40	17.70
85.5	卵圆	紫	棕	椭圆	黄	褐	24.6	2 666.0	7.0	2 666.8	12.8	43.95	19.68
84.0	椭圆	紫	棕	圆	黄	淡褐	20.5	3 096.3	4.4	3 044.9	4.5	39.56	22.00
97.0	卵圆	紫	棕	圆	黄	黑	25.2	3 157.5	6.3	2 970.0	1.9	40.19	20.56
119.0	卵圆	紫	棕	圆	黄	褐	18.6	2 857.5	5.4	2 910.0	15.5	41.46	20.76
70.4	卵圆	紫	棕	椭圆	黄	褐	19.6	2 734.6	9.4	2 749.5	−1.1	36.18	21.85
79.7	圆	紫	棕	圆	黄	黑	21.4	2 627.3	5.5	2 530.7	7.0	43.37	19.94
120.4	卵圆	紫	棕	椭圆	黄	深褐	23.0	2 775.0	2.4	2 790.0	5.5	47.22	18.35
101.0	圆	紫	灰	椭圆	黄	褐	21.5	2 427.0	7.9	2 541.0	8.4	43.76	17.18
89.8	椭圆	白	棕	椭圆	黄	黄	27.2	2 978.9	12.4	2 952.0	15.7	43.86	19.63
75.7	椭圆	紫	灰	椭圆	黄	褐	20.8	2 940.5	17.6	2 770.4	10.6	39.39	22.75
79.3	卵圆	紫	灰	圆	黄	黑	21.6	2 892.8	10.8	3 097.1	11.4	37.99	21.10
117.5	卵圆	紫	灰	圆	黄	淡褐	20.7	2 983.4	3.9	2 650.8	15.9	46.20	18.09
79.3	卵圆	紫	灰	圆	黄	褐	21.9	3 282.8	10.7	3 163.4	8.5	40.02	22.10
116.1	卵圆	白	棕	圆	黄	淡褐	21.9	3 027.0	7.8	2 662.5	16.4	41.08	20.38
103.0	卵圆	紫	棕	圆	黄	淡褐	23.6	3 225.0	8.6	3 150.0	4.7	41.31	20.32
106.6	卵圆	紫	棕	圆	黄	黄	25.5	3 154.1	4.8	2 883.9	3.0	39.16	20.71
95.5	椭圆	白	棕	圆	黄	褐	25.1	3 184.3	5.2	2 910.6	5.3	38.57	22.11
70.7	卵圆	白	灰	圆	黄	褐	20.9	2 685.8	7.5	2 866.5	3.1	36.52	22.87
62.4	卵圆	白	棕	圆	黄	褐	27.4	3 116.1	3.6	3 201.6	8.4	41.10	19.17
71.4	卵圆	白	灰	椭圆	黄	褐	26.9	3 095.9	4.1	2 816.9	1.9	43.56	18.57
85.3	椭圆	紫	棕	圆	黄	褐	19.5	3 198.9	9.3	3 143.9	11.1	38.99	21.14
90.0	披针	紫	棕	椭圆	黄	黑	18.0	2 116.5	8.0	2 218.5	20.6	43.08	18.60
90.0~105.0	圆	白	灰	椭圆	黄	褐	22.5	2 464.5	18.8	3 210.0	3.1	40.26	20.52
95.0	椭圆	紫	棕	圆	黄	黑	22.0	2 773.3	17.1	3 192.0	2.5	41.42	19.51
30.0 ~ 50.0	卵圆	白	灰	椭圆	绿	黑	39.0			13 985.0（鲜荚）	22.9	40.19	20.27
77.1	椭圆	紫	棕	椭圆	黄	褐	18.7	2 967.0	9.0	3 166.5	12.2	41.19	21.07
80.0	椭圆	紫	棕	椭圆	黄	褐	20.5	2 503.5	11.2	2 766.0	12.6	43.26	19.16
55.0	卵圆	白	灰	圆	黄	淡褐	22.0			2 385.0	4.5		
80.0 ~ 100.0	披针	白	棕	椭圆	黄	黑	20.0	2 790.0	6.2	2 280.0	1.2	38.81	21.18
37.0	卵圆	白	灰	圆	黄	褐	31.2			15 981.0（鲜荚）	13.5	48.49	16.51
70.0 ~ 95.0	椭圆	白	灰	圆	绿	褐	30.0 ~ 45.0	12 390.0（鲜荚）	12.1	11 038.5（鲜荚）	15.7	42.27	17.89
70.0 ~ 90.0	圆	紫	棕	圆	黄	黑	18.0 ~ 24.0	2 254.5	5.2	2 521.5	11.0	40.61	20.66
75.0	披针	紫	棕	椭圆	黄	淡褐	18.0	2 283.0	6.9	2 418.0	6.4	40.73	19.12
95.0	椭圆	白	棕	圆	黄	黑	21.0	2 923.5	12.0	2 863.5	8.7	40.03	21.54

品种序号	品种	育成年份	类型	母　本	父　本	生育期(d)	结荚习性
576	晋豆43	2010	北方春/黄淮夏	1-44	晋豆1号	122	有
577	晋豆44	2012	北方春/黄淮夏	晋豆11N离子注入		133	亚
578	晋豆45	2013	北方春	同豆10号	晋豆19	115	有
579	晋豆46	2014	北方春	应县小黑豆	H586	121	亚
580	晋豆47	2014	北方春	早熟黑豆	晋遗31	126	亚
581	晋豆48	2014	北方春	PZMS-1-1	ZH-21-B-5	136	亚
582	晋大73	2005	北方春	晋豆20	冀黄4号	125 ~ 130	无
583	晋大78	2007	北方春/黄淮夏	中品88	晋大57	120 ~ 125	亚
584	晋大早黄2号	2011	北方春/黄淮夏	晋大69×701	晋豆53	105	无
585	晋科4号	2012	北方春	早熟18	诱处4号	93 ~ 100（采摘期）	有
586	晋遗31	2008	北方春	中品661	早熟18	131 ~ 140	亚
587	晋遗34	2006	北方春	晋豆23	晋豆19	134	亚
588	晋遗38	2005	北方春/黄淮夏	晋遗21	晋豆23	131	亚
589	长豆001	2006	北方春/黄淮夏	武乡黄豆	晋豆19	125	亚
590	长豆003	2006	北方春/黄淮夏	日丰13	美3号	90	有
591	长豆006	2008	北方春/黄淮夏	贺家岭黑豆	鲁黑豆2号	90	有
592	长豆18	2010	北方春/黄淮夏	晋豆25	九农20	115 ~ 120	亚
593	长豆28	2014	北方春	晋豆25	长豆16	130	亚
594	L-6	2010	北方春/黄淮夏	MSP-287不育系	父本不明	127	亚
595	品豆16	2011	北方春/黄淮夏	品0204	品G3	130 ~ 135	无
596	汾豆56	2007	北方春/黄淮夏	晋豆9号×诱变31	晋豆23	136/108	亚/无
597	汾豆60	2007	黄淮夏	晋豆15	晋豆25	102	亚
598	汾豆62	2012	北方春	（晋豆19×科新3号）F_3	晋豆23	139	无
599	汾豆65	2007	北方春	晋豆15	早熟18	132	亚/无
600	汾豆72	2008	北方春/黄淮夏	晋豆23	铁丰18×（铁丰19×阿姆索）	130/108	无
601	汾豆78	2010	北方春	晋豆23	晋豆29	140	无
602	汾豆79	2011	黄淮夏	晋豆23	晋遗21	112	亚
603	运豆101	2014	北方春	晋豆19	晋豆29	132	亚
604	齐黄32	2006	黄淮夏	济3045	潍8640	107	有
605	齐黄33	2006	黄淮夏	济3045	齐丰850	109	有
606	齐黄34	2012	黄淮夏	诱处4号	86573-16	103	有
607	齐黄35	2012	黄淮夏	潍8640	Tia	104	有
608	齐黄36	2014	黄淮夏	章95-30-2	86503-5	103	有
609	德豆99-16	2006	黄淮夏	鲁黑豆2号	美国"黄沙大豆"	108	亚
610	菏豆14	2006	黄淮夏	菏84-5	美国9号	105	亚
611	菏豆15	2007	黄淮夏	郑100	菏95-1	108	有
612	菏豆16	2007	黄淮夏	菏84-5	豆交61	106	亚

（续）

株高(cm)	叶形	花色	茸毛色	粒形	粒色	脐色	百粒重(g)	区试产量(kg/hm^2)	增产(±%)	生试产量(kg/hm^2)	增产(±%)	蛋白质含量(%)	脂肪含量(%)
100.0	披针	紫	棕	圆	黄	褐	20.0	2 454.0	8.3	2 445.0	7.8	40.30	18.20
90.0	椭圆	紫	棕	椭圆	黄	黑	23.0	3 375.0	9.3	3 769.5	8.4	43.30	19.37
70.0	披针	紫	棕	圆	黄	黄	17.8	2 754.0	6.5	2 530.5	9.1	42.16	19.57
72.4	圆	紫	棕	肾形	黑	黑	18.4	2 580.8	7.0	2 502.0	7.9	43.14	18.97
96.0	卵圆	白	棕	圆	黑	黑	19.8	3 175.5	8.1	3 171.0	9.9	41.68	20.00
110.6	椭圆	白	棕	圆	黄	褐	18.8	3 349.5	14.0	3 328.5	15.2	36.99	19.89
110.0	披针	白	棕	圆	黄	黑	20.0	2 565.1	8.6	3 240.0	4.0	41.04	19.31
90.0	圆	白	灰	圆	黄	淡褐	20.0～22.0	2 868.0	8.4	2 389.5	9.5	40.46	21.01
70.0～80.0	椭圆	白	棕	圆	黄	褐	30.5	2 860.5	7.0	2 827.5	6.5	45.29	17.11
88.8	卵圆	紫	灰	圆	黄	淡褐	32.8			10 474.0（鲜荚）	7.9	45.85	18.15
84.4	圆	白	灰	圆	黄	淡褐	19.7	2 889.0	7.1	2 746.5	6.5	40.66	21.33
80.0	椭圆	紫	棕	椭圆	黄	黑	22.0	2 767.5	6.8	2 440.5	6.3	40.74	19.91
80.0	椭圆	白	灰	椭圆	黄	褐	20.0	2 591.4	8.3	3 130.5	0.5	40.89	19.48
85.0	圆	紫	棕	椭圆	黄	褐	20.0	2 889.0	5.7	3 355.5	7.9	40.87	21.28
90.0	椭圆	紫	灰	椭圆	黄	黄	18.0	2 508.0	9.9	2 407.5	11.7	38.47	21.91
77.0	椭圆	紫	棕	椭圆	黑	黑	22.0	2 299.5	12.0	1 861.5	16.1	41.82	19.04
78.0	椭圆	紫	灰	椭圆	黄	黑	22.0	2 595.0	14.5	2 560.5	12.9	39.00	22.05
102.0	椭圆	白	棕	椭圆	黄	黑	21.0	3 243.0	10.3	3 210.0	11.4	42.68	19.89
90.0	椭圆	白	棕	椭圆	黄	黑	22.0	2 740.5	7.7	2 658.0	0.9	41.56	21.50
100.0	椭圆	紫	棕	圆	黄	褐	23.0	3 301.5	13.2	3 418.5	13.2	41.10	19.82
95.2/67.7	圆	紫	棕	椭圆	黄	黑	21.2～23.2	2 739.0～2 809.0	5.8	2 925.0	9.9	41.08	20.28
72.9	椭圆	紫	棕	圆	黄	黑	20.1	2 865.0	5.9	2 893.5	0.6	40.99	21.77
70.0～95.0	披针	白	灰	长椭圆	黄	褐	17.2			2 289.0	5.9	43.80	17.30
80.7	圆	紫	棕	椭圆	黄	褐	20.7	2 787.0	7.6	2 754.0	9.5	42.09	19.03
90.0～95.0	圆	紫	棕	椭圆	黄	褐	23.0～25.0	2 917.5	10.2	2 859.0	9.2	41.77	20.77
82.6	卵圆	白	棕	椭圆	黄	黑	20.2	3 361.5	10.1	3 501.0	5.0	41.46	19.29
82.8	椭圆	紫	棕	椭圆	黄	深褐	22.8	3 012.0	11.1	2 928.0	8.5	41.28	21.23
93.0	卵圆	白	棕	椭圆	黄	褐	25.0	3 249.0	10.6	3 187.5	10.5	42.89	19.70
81.3	圆	白	棕	椭圆	黄	褐	17.6	2 673.0	3.7	2 599.5	6.8	38.00	21.80
65.7	椭圆	紫	棕	椭圆	黄	深褐	20.1	2 790.8	2.7	2 964.3	5.0	41.86	22.54
72.9	圆	白	棕	椭圆	黄	黑	25.8	2 979.0	5.4	3 264.0	12.0	43.50	19.90
69.2	圆	白	棕	圆	黄	黄	19.2	2 824.5	2.3	2 668.5	5.8	40.60	21.80
63.7	卵圆	白	棕	椭圆	黄	淡褐	18.9	3 030.0	5.9	3 093.0	2.9	39.82	22.14
106.4	圆	白	棕	椭圆	黑	黑	17.4	2 970.0	13.3	3 160.5	1.8	39.11	22.28
89.7	圆	白	灰	椭圆	黄	褐	19.7	2 781.0	7.9	2 842.5	16.8	38.60	21.30
83.0	圆	紫	灰	椭圆	黄	褐	21.1	2 871.0	11.3	2 611.5	4.0	39.95	17.90
98.0	圆	白	灰	圆	黄	褐	16.7	2 751.0	7.8	2 697.0	7.4	35.70	21.20

品种序号	品种	育成年份	类型	母　本	父　本	生育期(d)	结荚习性
613	菏豆18	2009	黄淮夏	菏84-5	中作85022-025	106	有
614	菏豆19	2010	黄淮夏	郑交9001	日本黑豆	105	有
615	菏豆20	2010	黄淮夏	豆交69	豫豆8号	103	有
616	菏豆21	2012	黄淮夏	中作975	徐8906	104	有
617	菏豆22	2014	黄淮夏	菏96-1	中作975	105	有
618	山宁11	2006	黄淮夏	G尖叶豆	92-2176	109	有
619	山宁14	2007	黄淮夏	豆交74	豆交69	101	亚
620	山宁15	2008	黄淮夏	93019	鲁豆4号	95	有
621	山宁16	2009	黄淮夏	93060	鉴98227	105	有
622	山宁17	2013	黄淮夏	山宁10号	山宁11	108	有
623	嘉豆43	2012	黄淮夏	菏95-1	嘉豆23	104	有
624	鲁黄1号	2009	黄淮夏	跃进5号	早熟豆1号	111	有
625	圣豆9号	2009	黄淮夏	嘉豆19	早熟豆1号	105	有
626	圣豆10号	2013	黄淮夏	7517	齐丰850	110	有
627	圣豆14	2010	黄淮夏	早熟18	科丰6号	104	有
628	潍科8号	2012	黄淮夏	中豆20	平99016	102	有
629	潍科9号	2012	黄淮夏	徐9125	菏豆12	101	有
630	潍科12	2013	黄淮夏	郑59	中黄13	103	有
631	潍豆7号	2010	黄淮夏	烟9813	潍豆6号	99	有
632	潍豆8号	2011	黄淮夏	9804	M5	104	有
633	潍豆9号	2014	黄淮夏	G20	鲁豆11	106	有
634	临豆9号	2008	黄淮夏	豫豆8号	临135	108	有
635	临豆10号	2010	黄淮夏	中黄13×菏豆12	菏豆12	105	有
636	周豆12	2005	黄淮夏	豫豆24导入豫豆12DNA		112	有
637	周豆16	2007	黄淮夏	豫豆6号	B12	106	有
638	周豆17	2008	黄淮夏	周94（23）-111-5	豫豆22	106	有
639	周豆18	2011	黄淮夏	周9521-3-4-10	郑059	107	有
640	周豆19	2010	黄淮夏	周豆13	周豆12	108	有
641	周豆20	2013	黄淮夏	[周96(21)-15-2×豫豆11]×(赣榆平顶黄×周9521)	周豆13×冀豆13	108	有
642	周豆21	2013	黄淮夏	周豆13	郑94059	110	有
643	安（阳）豆1号	2009	黄淮夏	商豆1099系选		107	有
644	安（阳）豆4号	2011	黄淮夏	商豆1100离子束辐射		108	有
645	泛豆4号	2009	黄淮夏	豫豆18	豫豆22	107	有
646	泛豆5号	2008	黄淮夏	泛91673	泛90121	107	有
647	泛豆11	2011	黄淮夏	泛06B5	泛W-32	112	有
648	商豆6号	2009	黄淮夏	商9202-0	商9211-0	107	有
649	商豆14	2011	黄淮夏	开豆4号	商8653-1-1-1-3-2	110	有
650	许豆6号	2009	黄淮夏	许豆3号	许9796	113	有

（续）

株高(cm)	叶形	花色	茸毛色	粒形	粒色	脐色	百粒重(g)	区试产量(kg/hm²)	增产(±%)	生试产量(kg/hm²)	增产(±%)	蛋白质含量(%)	脂肪含量(%)
96.3	圆	紫	棕	圆	黄	褐	19.6	2 911.5	13.8	3 110.4	−0.3	40.30	21.50
66.9	圆	紫	灰	椭圆	黄	深褐	23.1	2 908.5	7.7	2 635.5	12.9	41.88	19.65
75.0	圆	紫	棕	椭圆	黄	褐	25.1	3 609.0	8.1	2 809.5	4.6	38.70	17.80
76.7	圆	白	灰	椭圆	黄	褐	22.9	2 902.5	5.2	2 745.0	8.8	43.50	19.00
64.2	椭圆	白	灰	椭圆	黄	褐	21.2	3 040.5	5.5	3 294.0	9.6	42.03	18.26
81.0	披针	白	灰	椭圆	黄	褐	25.1	2 751.0	6.7	2 767.5	13.7	42.30	21.40
103.0	披针	白	灰	圆	黄	褐	18.0	2 716.5	5.3	2 596.5	3.4	37.30	21.40
59.9	圆	白	棕	椭圆	黄	褐	15.7	2 574.0	1.5	2 901.0	6.3	37.80	18.30
74.3	圆	白	灰	圆	黄	褐	23.4	2 992.8	6.9	2 893.1	3.2	42.50	17.90
69.6	卵圆	白	灰	椭圆	黄	褐	21.6	2 872.5	6.4	3 447.0	6.6	44.40	21.60
74.4	披针	白	灰	椭圆	黄	褐	24.9	2 895.0	4.9	2 731.5	8.3	44.10	19.80
77.2	披针	白	灰	椭圆	黄	褐	19.0	3 069.0	9.6	3 043.5	8.6	42.80	20.80
75.7	披针	白	灰	椭圆	黄	褐	25.0	2 844.0	11.2	3 196.5	2.5	42.80	20.80
75.0	椭圆	紫	灰	圆	黄	褐	24.0	2 740.5	7.9	2 800.5	0.9	44.23	20.60
89.1	卵圆	白	灰	圆	黄	褐	19.5	3 134.8	7.8	2 912.1	6.8	40.85	19.86
60.0	椭圆	白	灰	圆	黄	褐	15.5	2 906.3	14.4	2 575.5	6.6	41.18	20.70
65.0	椭圆	紫/白	灰	圆	黄	褐	22.3	2 629.5	3.4	2 514.0	5.2	46.57	19.90
77.0	卵圆	白	灰	椭圆	黄	黄	20.6	2 743.6	6.6	2 935.1	8.3	42.32	21.52
84.0	圆	紫	棕	椭圆	黄	褐	23.0	3 355.5	0.5	2 748.0	2.3	35.20	20.70
65.2	圆	紫	棕	椭圆	黄	褐	21.8	3 063.0	−0.9	2 572.5	4.2	41.30	22.10
71.5	卵圆	白	棕	圆	黄	黑	19.1	3 096.0	8.2	3 432.0	14.2	36.74	21.64
55.6	卵圆	白	棕	椭圆	黄	褐	17.3	2 488.5	7.4	2 484.0	10.2	43.80	19.18
68.3	卵圆	紫	灰	椭圆	黄	深褐	23.6	2 874.0	6.3	2 569.5	10.1	40.98	20.41
74.4	椭圆	紫	灰	圆	黄	褐	23.7	2 347.7	6.2	2 373.6	1.9	40.06	22.81
72.5	椭圆	紫	灰	椭圆	黄	褐	22.0	2 587.5	4.1	2 635.5	5.9	42.52	19.84
75.0	椭圆	紫	灰	椭圆	黄	褐	20.3	2 590.2	5.9	2 746.5	7.2	37.57	20.63
90.7	椭圆	紫	灰	椭圆	黄	淡褐	18.7	2 713.5	3.3	2 491.5	3.8	38.53	22.28
92.0	卵圆	紫	灰	椭圆	黄	深褐	21.9	2 844.0	5.3	2 547.0	9.1	40.44	22.29
93.4	椭圆	紫	灰	椭圆	黄	褐	18.9	2 797.5	6.1	2 916.0	5.9	41.50	19.86
88.2	椭圆	白	棕	椭圆	黄	深褐	18.7	2 934.6	11.3	2 934.0	6.6	41.43	19.80
87.5	卵圆	紫	灰	椭圆	黄	褐	18.6	2 685.0	4.8	2 803.9	9.7	42.38	21.31
84.3	卵圆	紫	棕	椭圆	黄	深褐	17.1	3 049.7	6.7	2 565.6	10.5	42.20	20.18
80.5	椭圆	紫	棕	椭圆	黄	褐	15.7	2 790.0	6.6	3 114.0	11.1	41.87	19.53
82.9	卵圆	紫	棕	椭圆	黄	深褐	16.5	2 823.0	9.4	2 814.0	9.8	38.78	20.29
77.2	卵圆	紫	灰	圆	黄	淡褐	19.1	2 955.0	11.6	2 875.5	8.4	42.65	21.85
72.6	卵圆	紫	灰	椭圆	黄	褐	16.5	2 472.8	5.6	2 354.1	4.4	42.95	19.38
90.7	卵圆	紫	棕	椭圆	黄	褐	17.0	3 058.1	6.9	2 481.2	6.9	40.77	19.90
92.9	卵圆	紫	灰	椭圆	黄	褐	18.6	2 685.9	4.0	2 826.3	10.6	41.31	21.08

品种序号	品种	育成年份	类型	母 本	父 本	生育期(d)	结荚习性
651	许豆8号	2011	黄淮夏	许98662	许96115	110	有
652	濮豆129	2006	黄淮夏	郑90007系选		105	有
653	濮豆206	2009	黄淮夏	豫豆21	郑96012	113	有
654	濮豆6018	2005	黄淮夏	豫豆18	92品A18	117	有
655	濮豆857	2013	黄淮夏	濮豆6018	汾豆53	110	有
656	濮豆955	2013	黄淮夏	濮豆6014	豫豆19	111	有
657	濮豆1802	2014	黄淮夏	郑196	汾豆53	110	有
658	丁村93-1药黑豆	2006	黄淮夏	丁双青1号	丁药黑豆2号	120	有
659	郑豆30	2007	黄淮夏	郑交91107	郑92029	117	有
660	郑59	2005	黄淮夏	郑88037	郑92019	111	亚
661	郑120	2006	黄淮夏	郑交91107	郑92029	108	有
662	郑196	2008	黄淮夏	郑100	郑93048	105	有
663	郑4066	2010	黄淮夏	豫豆19	驻豆4号	114	有
664	郑9805	2010	黄淮夏	豫豆19	ZP965102	107	有
665	郑03-4	2011	黄淮夏	郑99130	JN9816-03	116	有
666	郑豆04024	2013	黄淮夏	豫豆25	V-94-3793	112	有
667	平豆1号	2005	黄淮夏	平顶山本地大青豆系选		109	有
668	平豆2号	2007	黄淮夏	中豆20系选		105	有
669	开豆4号	2005	黄淮夏	美国青眉黄豆系选		120	有
670	开豆41	2009	黄淮夏	开豆4号系选		110	有
671	驻豆9715	2005	黄淮夏	豫豆10号	科系7号	101	有
672	驻豆5号	2006	黄淮夏	驻97B	豫豆19	105	有
673	驻豆6号	2008	黄淮夏	驻90006	豫豆21	105	有
674	驻豆7号	2010	黄淮夏	驻9220	豫豆16	104	有
675	驻豆11	2013	黄淮夏	郑94059	驻9702	106	有
676	驻豆12	2014	黄淮夏	驻5021	豫豆8号	105	有
677	辛豆12	2014	黄淮夏	平豆1号	豫豆22	107	有
678	秦豆10号	2005	黄淮夏	85（22）-38-1-1	邯郸81	112	亚
679	秦豆11	2008	黄淮夏	秦豆8号	通农10号	103	亚
680	秦豆12	2011	黄淮夏	96E218	晋大70	113	亚
681	秦豆13	2012	黄淮夏	94（14）	诱变30	107	亚
682	黄矮丰	2012	黄淮夏	莒选23	中黄13	113	有
683	宝豆6号	2013	黄淮夏	84S-2-8选1	早熟18	109	亚
684	皖豆26	2006	黄淮夏	蒙91-413	郑9097	102	有
685	皖豆27	2006	黄淮夏	泗豆11	（徐8107×豫豆8号）F_1	111	亚
686	皖豆28	2008	黄淮夏	濮90-1	宝92-1	107	有
687	皖豆29	2010	黄淮夏	中豆20	蒙9339	103	有
688	皖豆30	2010	黄淮夏	洪引1号	郑492	105	有
689	皖豆31	2012	黄淮夏	蒙91-413	泗豆11	103	有

（续）

株高(cm)	叶形	花色	茸毛色	粒形	粒色	脐色	百粒重(g)	区试产量(kg/hm^2)	增产(±%)	生试产量(kg/hm^2)	增产(±%)	蛋白质含量(%)	脂肪含量(%)
81.2	披针	紫	灰	圆	黄	褐	22.3	3 080.2	7.8	2 584.1	11.3	38.32	19.74
75.5	圆	紫	灰	圆	黄	淡褐	18.1	2 572.9	9.6	2 584.2	7.8	43.31	19.48
80.4	卵圆	紫	灰	椭圆	黄	褐	21.7	2 986.5	6.6	2 487.3	7.1	40.58	20.32
82.8	圆	白	灰	圆	黄	淡褐	25.8	2 901.0	8.0	3 003.9	16.6	43.20	21.25
90.5	卵圆	白	灰	圆	黄	褐	21.4	2 839.1	7.5	2 964.0	7.6	42.28	21.16
82.9	卵圆	紫	灰	圆	黄	淡褐	21.1	2 865.2	8.6	3 016.5	9.5	41.33	19.90
80.3	卵圆	紫	灰	圆	黄	黄	21.1	3 355.2	10.4	2 531.4	10.0	44.01	18.79
75.0	椭圆	白	棕	椭圆	黑	褐	33.7	2 019.8	−18.7	2 162.0	−7.9	43.84	18.11
89.0	卵圆	紫	灰	圆	黄	褐	21.6	2 469.3	4.5	2 741.0	8.4	38.67	20.24
82.0	椭圆	紫	棕	椭圆	黄	黄	17.0	2 459.6	11.4	2 538.8	9.0	40.83	20.30
79.0	卵圆	紫	灰	圆	黄	黄	21.5	2 455.2	5.1	2 557.5	6.8	43.84	19.81
74.0	卵圆	紫	灰	圆	黄	淡褐	17.4	2 526.0	9.0	2 404.5	6.6	40.69	19.47
67.7	卵圆	紫	灰	圆	黄	深褐	21.3	2 682.0	8.6	2 607.0	7.8	47.93	18.85
78.0	卵圆	紫	灰	圆	黄	褐	18.6	2 637.0	6.0	2 569.5	10.1	43.12	19.64
84.0	椭圆	白	灰	圆	黄	淡褐	19.2	2 793.0	5.5	2 976.0	12.1	44.66	20.26
88.3	卵圆	紫	灰	圆	黄	淡褐	21.3	2 818.5	6.9	2 890.5	5.0	41.48	19.85
68.0	卵圆	白	灰	圆	黄	褐	21.1	2 889.9	9.0	2 292.0	7.6	38.97	21.93
66.2	卵圆	白	灰	圆	黄	淡褐	14.8	2 745.3	13.0	2 682.1	6.1	41.17	20.86
74.0	圆	白	棕	椭圆	黄	深褐	15.0	2 889.9	2.8	2 292.0	11.3	33.25	22.98
76.0	圆	紫	灰	椭圆	黄	褐	18.4	2 653.7	8.5	2 696.8	5.9	39.60	20.98
65.0	卵圆	紫	灰	扁圆	黄	淡褐	17.0	2 629.5	12.2	2 564.0	10.1	43.24	19.06
70.0	卵圆	紫	灰	圆	黄	淡褐	21.5	2 555.1	9.2	2 668.1	11.5	42.83	19.43
72.0				椭圆	黄	淡褐	18.4	2 618.9	5.4	2 821.6	10.1	44.31	19.52
80.0	卵圆	紫	灰	椭圆	黄	褐	19.0	2 921.0	5.5	2 608.2	10.8	42.75	19.53
85.0	卵圆	紫	灰	圆	黄	淡褐	21.4	3 017.9	14.4	3 129.0	13.6	42.07	21.48
75.0	卵圆	白	灰	椭圆	黄	淡褐	22.2	3 312.0	8.8	2 839.2	15.6	46.41	18.82
73.6	卵圆	紫	灰	圆	黄	淡褐	20.4	3 693.0	10.1	2 497.5	8.5	44.67	19.71
104.0	椭圆	白	棕	椭圆	黄	褐	19.0	2 785.5	3.7	2 827.2	9.2	40.00	21.20
104.5	椭圆	紫	棕	椭圆	黄	褐	20.0	2 704.5	11.2	2 857.5	6.9	41.05	21.60
85.0	圆	白	棕	圆	黄	褐	19.0	2 812.5	5.4	2 695.5	1.4	41.62	20.10
80.0	圆	紫	棕	圆	黄	褐	19.0	2 839.5	7.3	2 575.5	6.0	44.12	15.50
63.0	椭圆	白	灰	圆	黄	淡褐	26.6	2 392.5	8.6	2 418.0	5.7	44.96	15.30
65.0	卵圆	紫	灰	圆	黄	淡褐	21.9	2 727.0	7.3	2 914.5	5.0	43.22	16.50
80.5	椭圆	紫	灰	椭圆	黄	褐	16.8	2 552.6	9.2	2 664.5	13.7	42.91	20.48
105.0	椭圆	白	棕	椭圆	黄	淡褐	17.5	2 510.8	7.3	2 568.6	10.5	43.25	20.22
79.6	卵圆	紫	灰	椭圆	黄	褐	22.1	2 445.0	4.4	2 382.0	5.6	45.83	19.94
71.0	椭圆	白	灰	椭圆	黄	褐	18.1	2 617.5	4.0	2 595.0	5.3	45.25	18.46
73.0	椭圆	紫	灰	椭圆	黄	淡褐	18.5	2 550.0	2.1	2 625.0	6.4	46.31	19.68
70.0	椭圆	紫	灰	圆	黄	褐	18.8	2 730.8	7.4	2 505.0	3.3	44.03	18.43

品种序号	品种	育成年份	类型	母　本	父　本	生育期(d)	结荚习性
690	皖豆32	2012	黄淮夏	蒙92-40-19	洪引1号	105	有
691	皖豆33	2013	黄淮夏	合豆3号	阜9027	99	有
692	皖豆34	2013	黄淮夏	新六青	合豆1号	106	有
693	皖豆35	2014	黄淮夏	涡90-72-8	冀黄103	101	有
694	合豆5号	2007	黄淮夏	鲁豆4号	蒙86-11-11	102	有
695	蒙9449	2007	黄淮夏	Wh921细胞核不育系	多个父本	106	有
696	蒙9801	2007	黄淮夏	中豆20	郑504	101	有
697	杂优豆2号	2010	黄淮夏	不育系W931A	恢复系WR99071	98	有
698	科龙188	2014	黄淮夏	阜97211-71	山宁4号	101	有
699	阜豆9号	2009	黄淮夏	豫豆18	阜83-9-6	107	有
700	阜豆11	2008	黄淮夏	豫豆18	阜83-9-6	101	有
701	阜豆13	2013	黄淮夏	豫豆11	商4135	101	有
702	阜豆9765	2006	黄淮夏	郑842408	阜83-9-6	106	有
703	阜杂交豆1号	2010	黄淮夏	不育系阜CMS5A	恢复系阜恢6号	104	有
704	安逸13	2007	黄淮夏	皖豆20	郑84240B1	103	有
705	太丰6号	2013	黄淮夏	皖豆16	中豆20	103	有
706	潍科928	2007	黄淮夏	豫豆21	巨丰大豆	103	有
707	潍科998	2011	黄淮夏	(巨丰大豆×豫豆21) F_1	开豆4号	101	有
708	潍科15	2013	黄淮夏	郑90007	中黄13	101	有
709	皖垦豆96-1	2007	黄淮夏	皖豆14	皖豆15	101	有
710	皖宿01-15	2010	黄淮夏	中作975	涡90-72-8	103	有
711	皖宿5717	2012	黄淮夏	皖豆23	中黄13	103	有
712	皖宿2156	2012	黄淮夏	中黄13	郑交9739-47	101	有
713	涡豆5号	2010	黄淮夏	豫豆7号	涡7708-12-3	101	有
714	涡豆6号	2013	黄淮夏	皖豆14×皖豆12	皖豆23×涡8220-2	97	有
715	远育6号	2013	黄淮夏	嘉豆24	菏95-1	101	有
716	徐春1号	2005	北方春	AGS68系选		92（采摘期）	有
717	徐春2号	2007	北方春	扎幌绿系选		94（采摘期）	有
718	徐春3号	2009	北方春	辽鲜1号	台75	95	有
719	徐豆13	2005	黄淮夏	徐豆9号	徐8618-4	106	亚
720	徐豆14	2006	黄淮夏	徐豆8号	徐豆9号	111	
721	徐豆15	2007	黄淮夏	徐842-79-1	徐豆9号	104	有
722	徐豆16	2009	黄淮夏	徐豆9号	泗豆288	108	有
723	徐豆17	2009	黄淮夏	徐豆9号	徐豆10号	105	有
724	徐豆18	2011	黄淮夏	徐豆9号	泗豆288	104	有
725	徐豆19	2009	黄淮夏	徐豆9号	泗豆288	110	有
726	徐豆20	2009	黄淮夏	徐豆9号	徐豆10号	104	有
727	徐豆99	2010	黄淮夏	徐豆9号	中黄13	107	亚
728	东辛3号	2006	黄淮夏	A95-10	泗豆11	109	亚

（续）

株高(cm)	叶形	花色	茸毛色	粒形	粒色	脐色	百粒重(g)	区试产量(kg/hm²)	增产(±%)	生试产量(kg/hm²)	增产(±%)	蛋白质含量(%)	脂肪含量(%)
75.0	椭圆	白	灰	椭圆	黄	褐	19.0	2 754.0	8.0	2 619.0	8.4	41.48	19.73
66.0	披针	紫	灰	椭圆	黄	褐	20.1	2 135.0	3.3	2 851.5	5.7	43.86	21.17
87.0	椭圆	紫	灰	椭圆	黄	褐	25.2	2 768.3	7.2	2 860.2	6.2	45.20	19.38
54.0	披针	白	灰	圆	黄	黄	19.6	2 907.6	6.7	2 769.0	7.9	41.88	20.87
69.5	圆	紫	棕	椭圆	黄	褐	15.6	2 724.0	0.1	2 470.5	4.2	40.44	21.82
75.6	椭圆	紫	灰	圆	黄	褐	21.7	2 686.8	8.6	2 541.3	11.9	39.78	22.66
63.9	椭圆	白	灰	椭圆	黄	褐	17.5	2 477.0	7.1	2 505.8	9.7	43.42	20.12
65.0	椭圆	白	灰	椭圆	黄	褐	18.2	2 670.0	5.8	2 475.0	0.7	45.12	18.10
62.0	椭圆	紫	灰	圆	黄	褐	18.4	2 858.8	5.5	2 666.7	3.9	41.94	19.11
73.0	卵圆	紫	灰	圆	黄	淡褐	16.3	2 758.5	11.1	2 832.0	9.0	41.17	19.46
58.0	椭圆	紫	灰	圆	黄	褐	16.0	2 775.0	9.3	2 475.0	7.3	42.30	18.81
68.0	椭圆	紫	灰	椭圆	黄	褐	18.4	2 692.7	5.5	2 943.0	9.1	43.27	20.71
80.8	卵圆	紫	灰	圆	黄	淡褐	17.4	2 626.5	8.5	2 622.0	5.4	41.32	18.61
78.0	椭圆	白	灰	圆	黄	褐	22.6	3 037.5	20.6	2 790.0	13.3	43.82	19.26
66.4	椭圆	紫	灰	椭圆	黄	褐	18.1	2 668.2	7.9	2 462.0	8.4	40.84	21.14
79.0	圆	紫	灰	椭圆	黄	褐	23.9	2 705.1	5.4	2 852.7	5.3	42.87	20.94
56.3	椭圆	紫	灰	圆	黄	淡褐	16.8	2 490.0	6.5	2 551.2	12.4	44.93	17.36
49.0	卵圆	紫	灰	椭圆	黄	褐	15.0	2 731.5	6.7	2 545.5	6.1	41.17	19.46
72.0	椭圆	紫	灰	椭圆	黄	褐	23.6	2 600.7	1.5	2 890.2	7.1	43.56	21.11
70.4	椭圆	紫	灰	椭圆	黄	褐	22.0	2 552.6	9.9	2 493.2	9.1	43.42	19.98
67.0	披针	白	灰	椭圆	黄	淡褐	22.5	2 610.0	3.5	2 655.0	8.0	45.32	18.36
61.0	披针	紫	灰	椭圆	黄	黄	21.6	2 847.8	11.8	2 755.5	14.0	42.96	19.60
59.0	披针	紫	灰	椭圆	黄	褐	19.2	2 838.0	12.0	2 526.0	5.7	44.10	18.60
60.0	披针	紫	灰	椭圆	黄	褐	20.5	2 347.5	1.2	2 505.0	8.2	45.33	19.12
66.0	椭圆	紫	灰	椭圆	黄	黄	20.7	2 764.9	7.7	2 964.0	9.4	41.53	20.99
91.0	圆	紫	灰	椭圆	黄	淡褐	18.2	2 842.0	10.4	3 006.6	11.6	34.43	23.35
32.7	卵圆	紫	灰	扁椭圆	黄	淡褐	62.0（鲜籽粒）	8 529.0（鲜荚）	2.4	9 855.0（鲜荚）	6.8		
28.2	卵圆	白	灰	椭圆	绿	深褐	26.0	8 772.0(鲜荚)	4.5	10 941.0（鲜荚）	9.8		
28.6	卵圆	白	灰	椭圆	绿	淡褐	69.0（鲜籽粒）	5 830.5（鲜籽粒）	11.3	6 429.0（鲜荚）	20.2		
84.4	卵圆	白	棕	椭圆	黄	褐	21.5	2 682.0	5.3	2 853.0	5.5	40.00	21.30
60.9	卵圆	紫	灰	椭圆	黄	淡褐	21.7	2 772.0	14.6	2 822.0	13.4	42.01	20.00
63.3	卵圆	紫	灰	椭圆	黄	淡褐	21.5	2 745.0	5.6	2 544.0	9.5	43.90	19.60
62.5	卵圆	紫	棕	椭圆	黄	深褐	21.8	2 771.3	11.4	2 886.6	11.1	42.60	20.20
59.2	卵圆	白	灰	椭圆	黄	黄	22.5	2 625.0	3.1	2 887.5	10.4	41.20	19.30
73.2	卵圆	白	灰	椭圆	黄	褐	21.4	2 725.5	6.5	2 559.0	6.7	41.30	20.40
61.5	卵圆	紫	棕	椭圆	黄	深褐	24.2	2 871.0	11.6	3 159.0	7.8	42.60	21.20
62.3	卵圆	白	灰	椭圆	黄	黄	24.3	3 096.0	5.8	2 973.0	5.3	42.99	19.88
51.3	卵圆	白	灰	圆	黄	褐	27.2	3 018.0	6.3	2 983.5	4.1	44.40	20.50
78.5	卵圆	白	棕	椭圆	黄	黑	28.6	2 685.0	7.6	2 583.0	8.5	38.70	21.90

品种序号	品种	育成年份	类型	母　本	父　本	生育期(d)	结荚习性
729	灌豆2号	2008	黄淮夏	泗豆4号系选		109	有
730	灌豆3号	2008	黄淮夏	翠扇豆	泗豆11	106	亚
731	灌豆4号	2010	黄淮夏	东辛3号	中作975	108	亚
732	泗豆13	2005	黄淮夏	泗豆288	泗84-1532	106	亚
733	泗豆168	2013	黄淮夏	中豆20	徐豆9号	101	有
734	泗豆209	2010	南方夏	中豆20	徐豆9号	97	有
735	泗豆520	2009	黄淮夏	泗豆288	大粒王	105	亚
736	淮阴75	2005	北方春	HG（Jp）92-50系选		89（采摘期）	有
737	淮豆7号	2007	黄淮夏	淮87-13	佩拉	105	亚
738	淮豆8号	2005	黄淮夏	淮89-15	菏84-5	107	亚
739	淮豆9号	2008	黄淮夏	淮豆4号	中作95D02	106	亚
740	淮豆10号	2008	黄淮夏	淮青1号	高雄选1号	91（采摘期）	亚
741	淮豆11	2011	黄淮夏	淮豆4号	泗95132	114	亚
742	淮豆12	2010	黄淮夏	中豆19	豫豆22	106	亚
743	瑞豆1号	2011	黄淮夏	豫豆10号	泗阳288	113	有
744	乌青1号	2014	南方夏	丹波黑大豆系选		121	有
745	绿领1号	2006	南方春	富贵306系选		92（采摘期）	有
746	早生翠鸟	2005	南方春	亚蔬引进品种系选		84（采摘期）	有
747	苏豆5号	2007	南方春	AGS292	2808	92（采摘期）	有
748	苏豆6号	2008	南方夏	苏系5号	丹豆1号	100（采摘期）	有
749	苏豆7号	2012	南方夏	科丰1号	海系13	97（采摘期）	有
750	苏豆8号	2010	南方春	苏85-53-1	宁镇3号	101	有
751	苏豆9号	2012	黄淮夏	鲁豆10号	东86-27	97	亚
752	苏奎1号	2012	南方春	台湾292	日本晴3号	95（采摘期）	有
753	南农26	2006	南方夏	南农1138-2、诱变30、科丰1号等亲本互交		129	有
754	南农31	2010	南方夏	南农18-6	徐豆4号	117	有
755	南农32	2011	南方夏	南农87-23	楚秀	101 ~ 126	有
756	南农33	2009	南方夏	南农86-17	淮豆2号	127	有
757	南农34	2011	南方夏	(南农86-4×D76-1609) BC_1F_4短叶柄株系	(南农493-1×诱处4号) F_2窄叶单株	119	有
758	南农38	2011	南方春	吉林30	通州豆	113	有
759	南农39	2012	南方夏	南农9812	丰白目	113	有
760	南农菜豆6号	2009	南方夏	南农87C-66-3	南农87C-38	100（采摘期）	有
761	苏鲜豆19	2010	南方夏	南农90C004	南农5C-13	92（采摘期）	有
762	苏鲜豆20	2011	南方春	通酥526	早熟18	114（采摘期）	亚
763	苏鲜豆21	2012	南方夏	高敬青皮豆	常州青豆	104（采摘期）	有
764	沪宁96-10	2006	南方春	淮阴矮脚早	中作84-C42	78（采摘期）	有
765	通酥1号	2006	南方春	早生枝豆系选		91（采摘期）	有

（续）

株高(cm)	叶形	花色	茸毛色	粒形	粒色	脐色	百粒重(g)	区试产量(kg/hm^2)	增产(±%)	生试产量(kg/hm^2)	增产(±%)	蛋白质含量(%)	脂肪含量(%)
57.0	卵圆	紫	灰	椭圆	黄	淡褐	21.8	2 448.0	4.1	2 844.0	8.7	42.10	19.80
65.8	卵圆	紫	灰	圆	黄	淡褐	21.5	2 704.5	5.2	3 129.0	6.8	42.90	20.80
84.4	卵圆	白	棕	圆	黄	黑	30.0	3 600.0	8.0	3 055.5	6.6	43.30	21.30
87.5	卵圆	紫	棕	椭圆	黑	黑	21.0	2 709.0	6.3	2 145.5	6.0	39.30	18.30
59.0	椭圆	白	灰	椭圆	黄	褐	15.4	2 737.8	6.8	2 957.1	9.8	41.28	20.80
50.3	椭圆	白	灰	椭圆	黄	淡褐	15.9	2 851.5	8.8	2 919.0	13.0	41.10	20.38
87.3	卵圆	紫	棕	椭圆	黄	黑	21.0	2 602.5	4.0	2 977.5	13.8	39.20	19.20
34.8	卵圆	白	灰	圆	黄	淡褐	64.1（鲜籽粒）	8 512.5（鲜荚）	2.2	9 243.0（鲜荚）	0.8		
83.8	卵圆	紫	棕	扁椭圆	黄	褐	18.5	2 434.5	−2.4	2 403.0	0.9	41.50	20.10
78.0	椭圆	白	灰	椭圆	黄	淡褐	22.0	2 371.1	7.1	2 476.1	6.3	40.00	22.30
69.8	卵圆	白	棕	扁椭圆	黄	黑	22.7	2 544.0	8.2	2 843.0	8.7	40.60	19.90
63.0	卵圆	白	棕	椭圆	绿	褐	51.8（鲜籽粒）	8 911.5（鲜荚）	3.2	10 737.0（鲜荚）	2.1		
79.7	卵圆	紫	灰	椭圆	黄	淡褐	21.7	2 962.5	6.0	2 706.0	5.9	42.20	19.80
69.2	卵圆	紫	灰	椭圆	黄	淡褐	20.0	3 069.0	8.1	3 064.5	6.9	41.10	19.80
72.9	卵圆	紫	棕	椭圆	黄	深褐	34.1	2 950.5	5.6	2 598.0	1.7	45.60	19.00
95.1	卵圆	紫	棕	扁椭圆	黑	深褐	39.2	2 302.5	13.5	2 637.0	24.5	46.10	18.40
28.7	卵圆	白	灰	圆	绿		64.1（鲜籽粒）	8 380.5（鲜荚）	0.0	11 954.5（鲜荚）	2.4		
25.3	卵圆	白	灰		绿		80.6（鲜籽粒）	8 263.5（鲜荚）	−0.8	9 298.5（鲜荚）	0.8		
42.2	卵圆	紫	灰	圆	黄		65.0（鲜籽粒）	9 001.5（鲜荚）	7.3	10 299.0（鲜荚）	3.6		
68.5	卵圆	紫	灰	圆	黄		63.8（鲜籽粒）	8 169.0（鲜荚）	10.5	11 242.5（鲜荚）	6.9		
61.9	卵圆	紫	灰	椭圆	黄		80.6（鲜籽粒）	10 662.0（鲜荚）	11.5	11 140.5（鲜荚）	4.9		
48.9	椭圆	白	灰	椭圆	黄	淡褐	18.6	2 307.0	8.4	2 317.5	8.9	41.63	21.52
76.2	披针	白	灰	圆	黄	淡褐	24.8	2 772.0	3.6	2 662.5	6.7	42.60	19.40
35.8	披针	白	灰	圆	黄		73.4（鲜籽粒）	11 103.0（鲜荚）	8.7	10 533.0（鲜荚）	6.5		
83.6	椭圆	白	棕	圆	黑	黑	20.5	2 217.0	7.8	2 479.5	12.0	45.00	18.80
70.8	卵圆	白	棕	圆	黄	淡褐	19.6	2 623.5	14.1	2 422.5	10.1	40.80	20.20
74.4	椭圆	紫	灰	椭圆	黄	深褐	33.0	3 040.5	11.3	2 899.5	26.4	44.90	19.30
83.1	椭圆	白	棕	椭圆	黑	黑	23.7	2 760.0	2.9	2 589.0	1.0	45.00	18.60
84.9	卵圆	白	灰	圆	黄	褐	20.4	2 653.5	5.2	2 889.0	8.7	41.60	19.90
56.2	卵圆	白	棕	椭圆	黄	褐	20.7	2 754.0	10.7	2 655.0	9.1	41.70	19.70
74.8	卵圆	白	棕	椭圆	黄	褐	20.1	4 170.0	10.7	2 994.0	13.4	39.00	19.40
74.1	卵圆	白	灰	椭圆	绿		59.6（鲜籽粒）	9 184.5（鲜荚）	4.9	10 527.0（鲜荚）	14.0		
63.5	卵圆	紫	灰	椭圆	黄		54.8（鲜籽粒）	9 600.0（鲜荚）	3.0	12 530.0（鲜荚）	14.7		
101.8	披针	紫	灰	椭圆	黄		52.4（鲜籽粒）	9 976.5（鲜荚）	5.6	10 849.5（鲜荚）	3.4		
90.4	卵圆	紫	棕	椭圆	绿		77.0（鲜籽粒）	10 284.0（鲜荚）	6.9	11 864.0（鲜荚）	3.1		
29.9	椭圆	白	灰	圆	绿		68.4（鲜籽粒）	10 194.0（鲜荚）	5.1	9 840.0（鲜荚）	−2.1		
30.6	卵圆	白	棕	椭圆	绿		58.0（鲜籽粒）	8 224.5（鲜荚）	0.0	10 777.5（鲜荚）	0.0		

品种序号	品种	育成年份	类型	母　本	父　本	生育期(d)	结荚习性
766	通豆5号	2007	南方夏	海门粗白豆	海系13	107（采摘期）	有
767	通豆6号	2007	南方夏	启东绿皮大豆系选		98（采摘期）	有
768	通豆7号	2009	南方夏	南农88-31	苏豆4号	117	有
769	通豆8号	2010	南方夏	通豆1号	苏豆4号	117	有
770	通豆9号	2009	南方夏	通豆5号辐射诱变		102	有
771	通豆10号	2009	南方夏	99015	引99-04	112	有
772	通豆2006	2009	南方夏	南农86-4	南农大黄豆	110（采摘期）	有
773	沪宁95-1	2002	南方春	天开峰系选		75	有
774	青酥2号	2002	南方春	AVR-3系选		78	有
775	青酥3号	2006	南方春	AVR-1	VS-10	80	有
776	青酥4号	2005	南方春	VS-7	VS96-11	82	有
777	青酥5号	2008	南方春	AVR-1	VS-9	84	有
778	青酥6号	2012	南方春	AVR-3	VS96-7	86	有
779	交选1号（上农298）	2002	南方春	东农33	鹤娘	90	有
780	交选2号（上农4号）	2002	南方春	东农95-8110	丰娘	80	
781	交选3号	2006	南方春	（东农95-8110×日本丰娘）F_1	AGS292	84	有
782	交大02-89	2007	南方春	台湾88	宝丰8号	88	有
783	申绿1号	2005	南方春	夏之友系选		83	有
784	春绿	2002	南方春	福务师子和富贵系选		80	无
785	沈鲜3号	2006	南方春	日本枝豆系选		80	有
786	浙春4号	2012	南方春	无腥-5	浙春3号	102	有
787	浙鲜豆2号	2005	南方春	矮脚白毛	富士见白	85（采摘期）	有
788	浙鲜豆3号	2006	南方春	台湾75	大粒豆	86（采摘期）	有
789	浙鲜豆4号	2007	南方春	矮脚白毛	AGS292	81（采摘期）	有
790	浙鲜豆5号	2009	南方春	北引2号	台湾75	90（采摘期）	有
791	浙鲜豆6号	2009	南方春	D8149	台湾75	85（采摘期）	有
792	浙鲜豆7号	2011	南方春	AGS359	23037-1	90（采摘期）	有
793	浙鲜豆8号	2012	南方春	5E+06	台湾75	94（采摘期）	有
794	浙农3号	2008	南方春	台湾75	9712	92	有
795	浙农6号	2009	南方春	台湾75	9806	86（采摘期）	有
796	浙农8号	2009	南方春	辽22-14	29-34	83（采摘期）	有
797	太湖春早	2008	南方春	S30-1	9080	83（采摘期）	有
798	衢鲜2号	2007	南方夏/南方秋	处秀4号	上海香豆	82（采摘期）	有
799	衢鲜3号	2009	南方夏/南方秋	衢夏引4号	上海香豆	89（采摘期）	有
800	萧农秋艳	2011	南方秋	六月半系选		78（采摘期）	有
801	赣豆6号	2006	南方秋	82N10	8415-8	98	有
802	赣豆7号	2011	南方秋	大黄株	赣豆3号	98	有

（续）

株高(cm)	叶形	花色	茸毛色	粒形	粒色	脐色	百粒重(g)	区试产量(kg/hm^2)	增产(±%)	生试产量(kg/hm^2)	增产(±%)	蛋白质含量(%)	脂肪含量(%)
83.0	卵圆	紫	灰	椭圆	黄		78.2（鲜籽粒）	8 589.0（鲜荚）	16.3	12 365.5（鲜荚）	13.9		
69.9	卵圆	紫	灰		绿		70.2（鲜籽粒）	8 647.1（鲜荚）	17.1	12 507.0（鲜荚）	15.2		
75.8	椭圆	紫	灰	圆	黄	褐	18.4	2 637.0	12.4	2 634.0	5.3	37.90	19.10
74.4	椭圆	紫	棕	椭圆	黄	淡褐	19.9	2 586.0	8.4	2 935.5	5.3	40.90	16.70
91.8	卵圆	紫	灰	椭圆	黄	淡褐	65.0（鲜籽粒）	5 808.0（鲜籽粒）	10.2	6 190.5（鲜荚）	9.1		
78.2	卵圆	紫	灰	椭圆	黄	淡褐	22.4	2 784.0	0.8	2 862.0	7.5	41.60	19.60
76.3	椭圆	白	灰		黄	淡褐	65.9（鲜籽粒）	12 231.0（鲜荚）	10.5	12 187.5（鲜荚）	17.0		
33.7	卵圆	白	灰	圆	绿	褐	32.1			8 250.0（鲜荚）			
31.8	卵圆	白	灰	扁圆	绿	淡褐	33.0			9 000.0（鲜荚）			
28.3	卵圆	白	灰	扁圆	绿	褐	32.5			9 346.1（鲜荚）			
29.7	卵圆	白	灰	扁圆	绿	淡褐	33.4			8 935.0（鲜荚）			
41.3	卵圆	白	灰	圆	绿	淡褐	37.9			11 535.0（鲜荚）			
45.6	卵圆	紫	灰	圆	绿	黑	36.1			13 035.0（鲜荚）			
45.0	圆	白	灰	圆	黄		30.0						
45.0	圆	白	灰	圆	黄	黄	35.0						
40.0	圆	白	灰	圆	黄	黄	35.0	10 063.5（鲜荚）	7.4			40.00	16.00
36.8		紫	灰		黄		68.1（鲜籽粒）	12 717.0（鲜荚）	12.0	14 757.0（鲜荚）	8.3		
45.0	卵圆	白	灰				38.0			10 650.0（鲜荚）	20.9		
48.0		白	灰							9 060.0（鲜荚）	7.9		
35.0	卵圆	白	灰	椭圆	绿	淡褐	68.7（鲜籽粒）	10 954.5（鲜荚）	69.2			43.50	21.76
53.2	卵圆	白	灰	椭圆	黄	褐	25.1	2 568.0	1.2	2 538.0	4.3	47.96	19.17
30.0	卵圆	白	灰	圆	黄	黄	60.0（鲜籽粒）	10 419.0（鲜荚）	2.6	10 014.0（鲜荚）	15.2		
45.0	卵圆	白	灰	圆	绿	黄	82.0（鲜籽粒）	9 667.5（鲜荚）	6.8	8 250.0（鲜荚）	0.5		
30.0～35.0	卵圆	紫	灰	圆	黄	黄	60.0（鲜籽粒）	10 661.0（鲜荚）	9.9	11 701.5（鲜荚）	12.3		
35.0	卵圆	白	灰	圆	绿	黄	66.0（鲜籽粒）	12 096.0（鲜荚）	6.3	11 772.0（鲜荚）	6.2		
35.0～40.0	卵圆	白	灰	圆	黄	黄	65.0～70.0（鲜籽粒）	9 514.0（鲜荚）	9.1	10 712.0（鲜荚）	15.3		
41.3	卵圆	白	灰	圆	黄	黄	70.0（鲜籽粒）	10 324.5（鲜荚）	17.5	8 346.0（鲜荚）	5.9		
35.0～40.0	卵圆	白	灰	圆	绿	黄	80.0～86.0（鲜籽粒）	10 187.3（鲜荚）	12.8	8 287.5（鲜荚）	19.7		
35.0	卵圆	白	灰	圆	绿	黄	83.8（鲜籽粒）	9 174.0（鲜荚）	12.4	8 788.5（鲜荚）	14.9		
36.5	卵圆	白	灰	圆	绿	黄	76.8（鲜籽粒）	10 017.8（鲜荚）	15.4	10 401.0（鲜荚）	11.9		
26.7～35.0	卵圆	白	灰	圆	绿	黄	72.0～80.0（鲜籽粒）	9 560.3（鲜荚）	8.7	10 566.0（鲜荚）	13.7		
35.3	卵圆	白	灰	椭圆	黄	淡褐	61.0（鲜籽粒）	9 426.8（鲜荚）	8.9	8 959.5（鲜荚）	2.7		
50.0～60.0	卵圆	白	灰	椭圆	黄	淡褐	34.0～38.0	12 841.5（鲜荚）	9.6	12 992.0（鲜荚）	16.7		
78.2	卵圆	白	灰	椭圆	黄	淡褐	67.4（鲜籽粒）	11 502.0（鲜荚）	9.2	9 426.0（鲜荚）	3.4		
50.0～55.0	卵圆	紫	灰	圆	绿	淡褐	82.0（鲜籽粒）	8 548.5（鲜荚）	7.1	8 977.5（鲜荚）	9.6		
83.0		紫	棕	椭圆	黄	褐	22.7	2 477.3	5.5			42.40	18.99
54.0		白	灰	椭圆	黄	褐	32.4	2 785.7	4.8			47.20	17.10

品种序号	品种	育成年份	类型	母　本	父　本	生育期(d)	结荚习性
803	赣豆8号	2014	南方春	浙春3号	赣豆4号	96	有
804	泉豆7号	2006	南方春	穗稻黄	福清绿心豆	107	亚
805	福豆234	2005	南方春	莆豆8008	黄沙豆	105	有
806	福豆310	2005	南方春	莆豆8008	88B1-58-3	110	有
807	闽豆1号	2007	南方春	AGS292	早生枝豆	100	有
808	闽豆5号	2011	南方春	浙2818	毛豆3号	100	有
809	闽豆6号	2013	南方春	浙2818	闽豆1号	80	有
810	莆豆5号	2014	南方春	泉豆7号	特大粒1号	105	有
811	毛豆3号	2009	南方春	台湾引进菜用大豆		100	有
812	沪选23-9	2010	南方春	上海引进菜用大豆		98	有
813	中豆33	2005	南方夏	油92-570	鄂豆4号	103	有
814	中豆34	2007	南方夏	油92-570	油88-25	99	有
815	中豆35	2006	南方春	矮脚早	D28	105	有
816	中豆36	2006	南方春	矮脚早	湘78-141	97	有
817	中豆37	2008	南方夏	新六青	溧阳大青豆	82	有
818	中豆38	2009	南方夏	油91-12	油91-6	112	有
819	中豆39	2011	南方春	中豆32	中豆29	111	有
820	中豆40	2011	南方春	鄂农W	早枝豆	105	有
821	中豆41	2008	南方夏	中豆32	吨豆	104	有
822	中豆43	2008	南方夏	中豆32	VCO101	100	有
823	天隆1号	2008	南方春	中豆29	中豆32	110	有
824	天隆2号	2009	南方春	中豆29	中豆32	109	有
825	鄂豆8号	2005	南方春	鄂豆4号	湘78-219	102	有
826	荆豆1号	2008	南方夏	Century	99-4	114	有
827	荆豆4号	2013	南方夏	中豆8号	99-5	112	有
828	鄂豆10号	2008	南方春	537	油94-112	91	有
829	恩豆31	2010	南方春	01-77	N86-49	118	有
830	湘春豆24	2006	南方春	湘春89-60	湘春豆10号	98	有
831	湘春豆26	2008	南方春	矮角毛	湘春豆14	95	有
832	湘春豆V8	2014	南方春	福豆310	浙0722	102	有
833	贡豆15	2005	南方春	诱处4号	贡豆6号	123	有
834	贡豆16	2007	南方春	湘春豆10号	宁镇3号	108	有
835	贡豆18	2008	南方春	贡豆12	93（03）-7-1-10	103	有
836	贡豆19	2010	南方春	贡豆12	92（03）-1-1-1	105	有
837	贡豆20	2011	南方春	浙9703	9823	120	有
838	贡豆21	2011	南方春	9407-2	贡豆15	120	有

（续）

株高(cm)	叶形	花色	茸毛色	粒形	粒色	脐色	百粒重(g)	区试产量(kg/hm²)	增产(±%)	生试产量(kg/hm²)	增产(±%)	蛋白质含量(%)	脂肪含量(%)
53.7	卵圆	白	灰	椭圆	黄	褐	18.9	2 293.2	5.2			43.37	18.76
53.1	椭圆	紫	棕	椭圆	黄	褐	19.0	2 527.5	10.6	2 548.5	12.1	41.96	20.98
55.0	椭圆	紫	棕	椭圆	黄	淡褐	23.2	2 080.2	5.9	1 774.8	3.1	48.93	18.48
60.0	椭圆	紫	棕	椭圆	黄	淡褐	22.6	2 305.5	7.0	2 073.0	4.5	46.04	18.49
27.0	椭圆	白	灰		黄	黄	32.3	9 277.5（鲜荚）	14.6	7 804.2（鲜荚）	13.2	13.67（鲜籽粒）	5.58（鲜籽粒）
33.0	椭圆	白	灰		黄	黄	33.0	9 960.6（鲜荚）	7.0	10 035.5（鲜荚）	8.2	10.87（鲜籽粒）	5.30（鲜籽粒）
37.0	椭圆	白	灰	椭圆	黄	黄	32.3	9 568.2（鲜荚）	8.9	10 742.6（鲜荚）	15.8	13.60（鲜籽粒）	
65.9	椭圆	紫	棕	椭圆	黄	褐	22.5	2 299.4	6.5	1 837.5	4.2	46.80	18.19
33.0	椭圆	白	灰		黄	黄	33.8	9 375.0（鲜荚）	18.3	12 034.5（鲜荚）	15.1	9.69（鲜籽粒）	14.70（鲜籽粒）
31.0	椭圆	白	灰		黄	黄	33.6	8 485.5（鲜荚）	7.1	10 233.0（鲜荚）	−2.3	10.19（鲜籽粒）	17.40（鲜籽粒）
64.7	椭圆	白	灰	圆	黄	淡褐	18.4	2 220.0	8.6	2 691.0	7.6	46.20	18.70
70.0	椭圆	白	灰	圆	黄	淡褐	16.0	2 319.0	13.4	2 818.5	12.7	45.90	17.90
51.7	椭圆	白	灰	圆	黄	淡褐	19.6	2 548.5	7.4			42.10	21.50
49.3	椭圆	白	灰	圆	黄	淡褐	22.6	2 304.0	21.7	2 268.0	32.7	45.15	18.68
53.7	椭圆	紫	灰	圆	绿		58.7（鲜籽粒）	10 980.0（鲜荚）	9.8	13 024.5（鲜荚）	17.8	50.65	18.97
73.7	椭圆	紫	灰	圆	黄	淡褐	19.1	2 581.5	7.4	2 698.5	16.3	46.25	20.11
63.1	椭圆	白	灰	圆	黄	淡褐	17.9	2 970.0	16.2	2 860.5	23.2	40.36	21.96
67.8	椭圆	白	灰	椭圆	黄	淡褐	20.4	2 796.0	9.4	2 577.0	5.9	41.95	21.61
65.4	椭圆	白	灰	椭圆	黄	淡褐	23.2	2 904.0	7.4	2 796.0	11.8	42.41	21.24
65.1	椭圆	白	灰	椭圆	黄	褐	22.6	2 842.5	5.1	2 572.5	3.4	43.73	19.75
60.0	椭圆	白	灰	椭圆	黄	淡褐	18.1	2 574.0	13.2	2 467.5	20.5	43.50	21.00
52.7	披针	白	灰	圆	黄	褐	17.5	2 488.5	9.4	2 605.5	17.6	42.69	21.20
45.7	椭圆	白	灰	椭圆	黄	淡褐	19.9	2 416.5	11.1	2 031.4	6.2	43.06	19.72
68.4	椭圆	紫	棕	椭圆	黄	淡褐	21.6	2 502.0	8.7			39.11	20.81
58.5	椭圆	白	棕	圆	黄	黑	14.0	2 905.5	17.0	3 045.0	20.5	39.36	22.84
42.2	椭圆	白	灰	椭圆	黄	淡褐	20.9	2 503.5	6.6	2 308.5	10.9	43.75	18.35
57.1	卵圆	白	灰	椭圆	黄	褐	23.4	3 717.1	29.9	4 021.8	60.9	39.20	23.20
63.4	椭圆	白	灰	椭圆	黄	深褐	20.6	2 617.5	8.4	2 683.5	7.8	40.82	22.77
49.4	椭圆	白	灰	椭圆	黄	黑	19.3	2 317.5	14.9	2 221.5	15.7	41.87	21.61
60.6	椭圆	白	灰	椭圆	黄	褐	18.0	2 761.5	10.9	2 704.5	5.6	45.66	17.92
62.4	卵圆	紫	棕	椭圆	黄	淡褐	26.1	2 614.5	11.5	2 635.2	16.6	42.70	21.10
54.8	卵圆	白	灰	椭圆	黄	深褐	20.7	2 283.0	13.9	2 266.5	15.9	43.50	20.19
46.8	椭圆	白	灰	椭圆	黄	淡褐	25.1	2 028.0	−0.6	2 094.3	12.3	47.00	19.80
47.9	卵圆	白	灰	椭圆	黄	褐	23.2	2 221.5	2.4	2 169.9	24.0	45.50	17.40
71.5	椭圆	白	棕	椭圆	黄	褐	27.5	2 284.5	17.2	2 542.5	14.7	42.50	20.20
68.9	卵圆	紫	灰	椭圆	黄	黄	22.2	2 265.0	16.2	2 527.5	22.3	39.70	21.30

品种序号	品种	育成年份	类型	母本	父本	生育期(d)	结荚习性
839	贡豆22	2011	南方春	组合5（19）F_1	贡444-1	112	有
840	贡秋豆3号	2009	南方春	荣县棕毛豆系选		150	有
841	贡秋豆4号	2012	南方春	平武高脚黄	贡秋豆3号	139	有
842	贡秋豆5号	2012	南方春	贡选1号	贡秋豆3号	139	有
843	贡秋豆7号	2012	南方春	株系3（12）	贡选1号	133	有
844	贡秋豆8号	2013	南方夏	组合4（93）F_1	荣县棕毛冬豆	128	有
845	南豆7号	2005	南方春	成豆4号	9105-5	106	亚
846	南豆8号	2005	南方春	鄂豆5号	西豆3号	106	有
847	南豆9号	2006	南方春	矮脚早	川豆4号	108	有
848	南豆10号	2007	南方春	矮脚早	川湘早1号	117	有
849	南豆11	2006	南方春	成豆4号	贡豆6号	105	有
850	南豆12	2008	南方夏	B抗57 ^{60}Co 辐射		147	有
851	南豆14	2008	南方夏	贡选1号	B抗57	145	有
852	南豆15	2008	南方春	川豆3号	南豆9号	105	有
853	南豆16	2009	南方春	贡选1号	B抗57	146	有
854	南豆17	2010	南方夏	荣县冬豆 ^{60}Co 辐射		143	有
855	南豆18	2010	南方夏	荣县冬豆 ^{60}Co 辐射		140	有
856	南豆19	2010	南方夏	大竹冬豆	荣县冬豆	149	有
857	南黑豆20	2012	南方夏	贡选1号 ^{60}Co 辐射		136	有
858	南豆21	2011	南方春	南豆5号	德阳六月黄	113	有
859	南豆22	2011	南方夏	南冬抗032-4 ^{60}Co 辐射		128	有
860	南豆23	2012	南方春	南豆11	（浙春3号×南豆8号）F_4	119	有
861	南豆24	2013	南方春	南豆8号	（南豆11×南豆99）F_4	119	有
862	南夏豆25	2013	南方夏	荣县冬豆 $^{60}Co\ \gamma$ 射线辐射		134	有
863	南春豆28	2014	南方春	南豆3号	南豆5号	117	有
864	川豆10号	2005	南方春	达豆2号	泸定黄壳早	112	有
865	川豆11	2007	南方春	贡89-2	汶川大黄豆	117	有
866	川豆12	2008	南方春	达豆2号	泸定黄壳早	108	有
867	川豆13	2010	南方春	贡87-5	中豆24	118	有
868	川豆14	2010	南方春	宁镇1号	汶川大黄豆	110	有
869	川豆15	2012	南方春	上海六月白	82-856	125	有
870	川豆16	2014	南方春	矮脚早	猪腰子	117	有
871	成豆13	2008	南方春	遂宁凤台黄豆×81-10	丹波黑豆×青川白角子	114	有
872	成豆14	2010	南方春	铁丰29	浙春3号	106	有
873	成豆15	2011	南方春	浙春3号	开育10号	116	有
874	成豆16	2012	南方春	崇庆穿心绿	成豆8号	121	有
875	成豆17	2013	南方春	乐山大黄壳	成豆8号	120	有
876	富豆2号	2005	南方春	灰毛子	西豆3号	126	有
877	富豆4号	2009	南方春	七月黄	西豆3号	112	有
878	富豆5号	2013	南方春	灰毛子	南豆5号	116	有

（续）

株高(cm)	叶形	花色	茸毛色	粒形	粒色	脐色	百粒重(g)	区试产量(kg/hm²)	增产(±%)	生试产量(kg/hm²)	增产(±%)	蛋白质含量(%)	脂肪含量(%)
49.7	卵圆	白	灰	椭圆	黄	淡褐	23.5	2 674.5	7.5	2 548.5	4.7	40.00	21.80
74.6	椭圆	紫	棕	椭圆	绿	深褐	26.6	1 492.5	11.9	1 690.5	10.8	47.80	20.70
82.4	椭圆	紫	灰	椭圆	黄	褐	23.3	1 593.0	16.0	1 885.2	20.4	50.30	17.30
85.0	椭圆	紫	棕	椭圆	黄	深褐	27.2	1 560.0	12.5	1 816.5	24.1	46.70	18.70
72.9	卵圆	紫	棕	椭圆	黄	深褐	19.6	1 495.5	3.8	1 875.0	24.0	48.60	18.00
65.6	卵圆	白	灰	椭圆	黄	褐	20.0	1 447.5	0.2	1 766.9	15.9	48.10	20.00
51.0	披针	紫	灰	椭圆	绿	褐	25.0	2 157.0	6.2	2 479.5	12.9	41.90	19.40
52.0	披针	白	棕	椭圆	黄	淡褐	22.0	2 334.0	14.9	2 883.0	30.3	45.20	18.20
49.0	披针	白	棕	椭圆	黄	淡褐	25.0	2 166.0	6.6	2 512.5	18.6	46.80	17.40
51.0	披针	白	棕	椭圆	黄	褐	24.0	2 527.5	7.8	2 901.0	19.6	42.70	18.80
47.3	卵圆	白	棕	椭圆	黄	褐	23.4	2 619.0	5.5	2 367.0	6.5	46.69	18.93
64.0	椭圆	白	棕	椭圆	黄	深褐	18.1	1 372.5	13.4	2 394.0	25.2	51.79	17.63
68.3	椭圆	白	灰	椭圆	黄	淡褐	16.9	1 284.0	6.1	2 203.5	15.2	50.84	16.81
43.3	卵圆	白	棕	椭圆	黄	褐	25.0	2 175.0	6.6	2 872.5	24.8	44.39	20.67
79.7	卵圆	紫	棕	椭圆	黄	褐	16.1	1 422.0	17.5	2 415.0	26.3	50.28	17.61
87.7	椭圆	白	灰	椭圆	黄	褐	18.5	1 422.0	4.5	1 935.0	14.0	47.20	16.30
83.7	卵圆	紫	灰	椭圆	黄	褐	16.7	1 654.5	21.8	2 058.0	21.2	46.90	15.40
87.9	椭圆	白	灰	椭圆	黄	褐	20.0	1 491.0	9.3	2 058.0	21.2	46.90	15.80
79.4	卵圆	紫	棕	椭圆	黑	褐	24.9	1 593.0	17.6	2 112.0	31.7	50.70	15.90
63.3	卵圆	白	灰	椭圆	黄	淡褐	22.6	2 125.5	9.0	2 958.0	23.0	46.20	20.30
70.3	卵圆	紫	灰	椭圆	黄	淡褐	20.1	1 741.5	26.9	2 284.5	26.5	42.30	18.40
60.2	椭圆	白	灰	椭圆	黄	淡褐	26.1	2 275.5	12.7	2 869.5	24.9	47.90	17.50
54.9	椭圆	紫	灰	椭圆	黄	褐	25.3	2 517.3	10.0	2 403.5	19.0	47.30	18.60
67.5	卵圆	白	棕	椭圆	黄	褐	24.9	1 543.5	4.7	1 847.4	21.2	49.10	17.50
59.2	椭圆	紫	棕	椭圆	黄	黑	24.8	2 518.7	13.4	2 502.9	11.6	43.20	21.00
56.0	椭圆	白	灰	椭圆	黄	褐	24.0	2 254.5	11.0	2 392.8	17.4	42.20	20.00
58.0	椭圆	白	灰	椭圆	黄	褐	21.0	2 368.5	4.6	2 424.6	8.8	47.21	18.53
50.0	椭圆	紫	棕	椭圆	黄	褐	23.0	2 131.5	4.5	2 189.1	24.0	42.26	21.14
69.0	椭圆	紫	棕	椭圆	黄	褐	18.0	2 439.0	12.0	2 209.5	25.0	45.30	18.40
61.0	椭圆	白	灰	椭圆	黄	褐	24.0	2 496.0	14.8	2 194.5	24.2	43.40	19.00
66.6	椭圆	白	灰	椭圆	黄	褐	26.3	2 598.0	28.7	2 347.5	31.3	43.40	20.20
72.2	椭圆	白	灰	椭圆	黄	褐	19.4	2 540.6	14.8	2 388.5	6.2	43.20	19.40
57.4	椭圆	白	灰	椭圆	黄	淡褐	17.4	2 266.5	0.1	2 365.5	10.4	41.93	20.94
51.7	椭圆	白	灰	圆	黄	黄	23.5	2 421.0	11.6	2 104.5	26.1	43.60	18.80
64.2	椭圆	紫	灰	圆	黄	褐	21.9	2 250.0	15.4	2 496.0	21.8	44.40	20.20
59.3	椭圆	白	棕	椭圆	黄	褐	25.2	2 290.5	13.4	2 281.5	40.7	45.70	18.90
60.8	椭圆	白	棕	椭圆	黄	褐	24.3	2 733.3	19.3	2 443.5	21.0	45.00	21.00
71.0	卵圆	紫	灰	椭圆	黄	黑	26.2	2 515.5	7.3	2 896.2	17.9	46.10	17.90
68.3	椭圆	白	灰	椭圆	黄	深褐	20.2	2 767.5	27.3	2 445.3	28.2	42.70	20.80
57.0	卵圆	紫	棕	椭圆	绿	褐	28.1	2 380.4	4.1	2 296.8	13.7	45.20	19.60

品种序号	品种	育成年份	类型	母　本	父　本	生育期(d)	结荚习性
879	长江春1号	2010	南方春	9813	文丰8号	109	亚
880	长江春2号	2012	南方春	蜀鲜205	七星1号	107	亚
881	渝豆2号	2014	南方春	黔江区地方品种系选		119	有
882	黔豆7号	2011	南方春	8307	88-5027-2	116	有
883	黔豆8号	2011	南方春	90-12	86-6	116	有
884	安豆5号	2009	南方春	ZYD05689	普定皂角豆	125	有
885	安豆7号	2011	南方春	ZYD05689	普定皂角豆	117	有
886	华春1号	2006	南方春	桂早1号	巴西11号	114	有
887	华春2号	2006	南方春	桂早1号	巴西9号	106	有
888	华春3号	2007	南方春	桂早1号	巴西8号	96	有
889	华春5号	2009	南方春	桂早1号	巴西3号	108	亚
890	华春6号	2009	南方春	桂早1号	巴西8号	103	有
891	华夏1号	2006	南方夏	桂早1号	巴西8号	97	有
892	华夏2号	2011	南方夏	桂早1号	巴西3号	92	有
893	华夏3号	2006	南方夏	桂早1号	巴西13号	113	有
894	华夏4号	2007	南方夏	桂早1号	巴西8号	94	有
895	华夏5号	2009	南方夏	桂早1号	巴西13号	101	有
896	华夏6号	2012	南方夏	桂早1号	BRS157	97	有
897	华夏9号	2011	南方夏	桂早1号	巴西14号	99	有
898	桂春5号	2005	南方春	桂475	宜山六月黄	95	有
899	桂春6号	2005	南方春	七月黄豆	桂豆2号	98	有
900	桂春8号	2007	南方夏	柳8813	桂豆3号	97	有
901	桂春9号	2008	南方春	桂338	桂豆3号	94	有
902	桂春10号	2010	南方春	宜山六月黄	桂豆3号	103	有
903	桂春11	2009	南方春	黔8854	MG/BR-56	102	有
904	桂春12	2011	南方春	桂豆3号	MG/BR-56	98	有
905	桂春13	2012	南方春	BR-56	桂豆3号	100	有
906	桂春15	2013	南方春	桂春3号	中作975	98	有
907	桂夏3号	2007	南方夏	靖西青皮豆	武鸣黑豆	108	有
908	桂夏4号	2009	南方夏	98-64	MG/BR-56	96	有
909	桂春豆1号	2006	南方春	桂春1号	桂199	103	有
910	桂春豆103	2010	南方春	桂春1号	桂199	97	有
911	桂春豆104	2012	南方春	桂春1号	桂早1号	96	有
912	桂夏豆2号	2006	南方夏	桂早1号	巴13	104	有
913	桂鲜豆1号	2008	南方夏	乌皮青仁	桂早1号	99	有
914	滇豆4号	2006	南方夏	滇86-5	威廉姆斯	120	有
915	滇豆6号	2008	南方夏	晋宁大黄豆×黑农29	威廉姆斯	127	有
916	滇豆7号	2010	南方春	滇82-3	威廉姆斯	132	有
917	德大豆1号	2011	南方春	中品661系选		125	有
918	文豆1号	2006	南方冬	泉豆322系选		135	有

（续）

株高(cm)	叶形	花色	茸毛色	粒形	粒色	脐色	百粒重(g)	区试产量(kg/hm^2)	增产(±%)	生试产量(kg/hm^2)	增产(±%)	蛋白质含量(%)	脂肪含量(%)
68.0	卵圆	白	灰	椭圆	黄	褐	25.1	2 499.2	15.9	2 431.7	13.2	47.62	18.05
54.4	卵圆	白	灰	椭圆	黄	淡褐	25.7	2 683.5	20.1	2 398.5	13.1	45.20	20.90
67.9	卵圆	白	棕	扁椭圆	黄	黄	19.1	2 202.0	21.7	2 523.0	7.4	46.65	18.94
53.0	椭圆	紫	棕	椭圆	黄	褐	15.9	2 770.0	21.9	2 380.0	15.8	41.93	19.05
48.0	卵圆	紫	灰	椭圆	黄	黑	16.4	2 729.0	6.8	2 248.0	6.8	42.16	20.70
55.0	卵圆	紫	灰	椭圆	黄	淡褐	23.7	3 057.0	16.2	2 500.0	26.2	45.00	18.57
50.0	椭圆	紫	灰	椭圆	黄	黑	21.2	2 654.0	4.5	2 284.0	10.8	42.79	19.69
69.2	卵圆	紫	棕	椭圆	黄	淡褐	18.9	2 529.0	10.7	2 655.0	16.8	42.21	21.24
54.7	卵圆	白	棕	椭圆	黄	淡褐	18.9	2 407.5	5.3	2 395.5	5.4	41.56	21.29
51.9	披针	白	棕	椭圆	黄	褐	19.9	2 173.5	10.6	2 095.5	21.7	44.47	19.54
39.6	卵圆	白	棕	椭圆	黄	淡褐	20.8	2 539.5	15.6	2 652.0	12.4	44.01	20.22
46.0	披针	紫	棕	椭圆	黄	褐	19.9	2 793.0	19.6	2 955.0	33.9	45.80	19.20
49.2	卵圆	白	棕	椭圆	黄	淡褐	19.4	2 550.0	16.3	2 598.0	28.3	42.37	20.55
52.4	卵圆	白	棕	椭圆	黄	淡褐	18.8	2 683.5	1.8	2 704.8	3.2	40.74	21.76
84.7	卵圆	白	棕	椭圆	黄	淡褐	17.5	2 874.0	31.1	2 598.0	27.9	42.19	20.41
47.3	卵圆	白	棕	椭圆	黄	褐	20.5	2 355.0	7.4	2 190.0	18.4	46.15	18.82
68.9	披针	紫	棕	椭圆	黄	深褐	14.4	3 133.7	25.4	2 599.8	31.5	44.16	18.23
58.2	椭圆	白	棕	椭圆	黄	淡褐	14.3	2 526.6	3.3	2 246.9	1.9	38.31	21.40
67.3	椭圆	白	棕	椭圆	黄	淡褐	15.5	2 754.0	6.6	2 778.0	4.4	44.35	18.08
47.5	卵圆	紫	棕	椭圆	黄	淡褐	18.2	2 314.5	9.1	2 908.5	20.5	45.46	18.01
50.0	卵圆	紫	棕	椭圆	黄	褐	17.8	2 505.0	18.9	2 280.0	17.6	46.06	19.17
56.7	卵圆	白	灰	圆	黄	黄	16.1	2 799.0	10.2	2 550.0	13.6	38.76	18.68
55.0	卵圆	紫	棕	椭圆	黄	淡褐	17.0	2 505.8	11.8	2 730.3	18.0	45.78	18.68
41.1		紫	棕	椭圆	黄	淡褐	18.9	2 800.5	3.3	2 533.5	4.9	42.40	19.00
50.5		紫	棕	椭圆	黄	褐	20.1	2 901.0	7.0	2 550.0	5.5	45.50	15.80
52.7		紫	棕	椭圆	黄	淡褐	17.7	2 585.3	1.7	1 569.9	20.9	42.20	19.00
48.0	椭圆	紫	棕	椭圆	黄	褐	19.2	2 910.0	11.9	2 991.6	9.8	43.77	19.01
45.3	椭圆	白	灰	椭圆	黄	褐	21.5	2 824.5	8.7	3 060.0	12.3	43.44	19.57
59.9	椭圆	紫	棕	椭圆	绿	淡褐	17.6	2 087.4	6.4			43.63	20.11
69.2	椭圆	紫	棕	椭圆	黄	淡褐	15.7	2 346.0	0.1	2 520.0	3.6	43.70	16.90
55.8	椭圆	白	棕	圆	黄	褐	18.6	2 631.0	15.1	2 607.0	14.6	39.91	19.46
48.7	椭圆	白	棕	椭圆	黄	褐	18.3	2 631.0	−3.0	2 392.8	−1.0	36.15	22.73
49.3	椭圆	白	棕	椭圆	黄	褐	19.9	2 685.0	3.3	2 878.8	5.7	39.25	21.23
55.6	椭圆	紫	棕	椭圆	黄	淡褐	14.0	2 856.0	30.3	2 800.5	38.3	41.67	19.08
67.5	椭圆	紫	灰		黄	褐	57.2（鲜籽粒）	13 169.3（鲜荚）	45.5				
57.5	卵圆	白	棕	椭圆	黄	褐	22.3	2 940.0	13.6	2 422.5	17.3	42.27	20.33
68.7	卵圆	白	棕	椭圆	黄	黑	15.8	2 907.0	13.8	2 314.5	12.8	44.53	19.59
63.1	卵圆	白	棕	椭圆	黄	黑	22.1	2 853.0	11.7	2 110.5	6.5	44.50	20.31
70.8		白	棕	椭圆	黄	黑	20.8	2 731.5	3.8	2 830.0	13.3	45.80	19.07
60.5	卵圆	紫	棕	扁圆	黄	黑	18.5	2 343.0	31.4	2 115.0		34.31	18.89

品种性状描述符和英文缩写代码

Descriptive code and abbreviations used on the list of soybean cultivars

生 育 期 Growth period=Gp

结荚习性 Stem termination=St

有限 D=Determinate

无限 N=Indeterminate

亚有限 S=Semi-determinate

株　　高 Plant height=Ph

叶　　形 Leaf shape=Ls

披针 L=Lanceolate

卵圆 O=Ovoide

椭圆 E=Ellipse

圆 R=Round

花　　色 Flower color=Fc

紫花 P=Purple

白花 W=White

茸 毛 色 Pubescence color=Pc

棕毛 T=Tawny

灰毛 G=Gray

粒　　形 Seed shape=Ss

圆 R=Round

扁圆 Rf=Round flattened

椭圆 E=Ellipse

扁椭圆 Fe=Flat ellipse

长椭圆 Le=Long ellipse

肾形 K=Kidney

粒　　色　Seedcoat color=Sc

黄 Y=Yellow

绿 G=Green

黑 Bl=Black

褐 Br=Brown

双 Bi=Bi-color

脐　　色　Hilum color=Hc

黄 Y=Yellow

淡褐 Bf=Buff

褐 Br=Brown

深褐 Tn=Tan

蓝 Bu=Blue

淡黑 Ib=Imperfect black

黑 Bl=Black

百 粒 重　100 Seed weight=Sw

北方春大豆＝North spring soybean=Nsp

黄淮海夏大豆＝Huang-huai-hai region summer soybean=Hsu

南方春大豆＝South spring soybean=Ssp

南方夏大豆＝South summer soybean=Ssu

南方秋大豆＝South autumn soybean=Sau

Characteristics of Chinese Soybean

	Cultivars	Released year	Sowing type	Female	Male	Gp (d)
1	Dongnong 48	2005	Nsp	Dongnong 42	Heinong 35	115
2	Dongnong 49	2006	Nsp	Beifeng 14	Hongfeng 9	107
3	Dongnong 50	2007	Nsp	Cultivar Electron introduced from Canada		115
4	Dongnong 51	2007	Nsp	Suinong 10	Dongnong L200087	116
5	Dongnong 52	2008	Nsp	Ji 5412	Heinong 40	123
6	Dongnong 53	2008	Nsp	Suinong 10	Dongnong L200087	116
7	Dongnong 54	2009	Nsp	Heinong 40	Dongnong 9602	124
8	Dongnong 55	2009	Nsp	Dongnong 42	Suinong 14	123
9	Dongnong 56	2010	Nsp	Hefeng 25	L-5	119
10	Dongnong 57	2011	Nsp	Qingpidou	Dongnong 960002	130
11	Dongnong 58	2012	Nsp	Beidou 5	Bei 99-509	100
12	Dongnong 60	2013	Nsp	Xiaolidou from Japan	Dongnongxiaolidou 845	115
13	Dongnong 61	2013	Nsp	Suinong 10	Dongnong 7018	125
14	Dongnong 62	2014	Nsp	Dongnong 42	Dongnong 33250	125
15	Heinong 49	2005	Nsp	Hajiao 90-614	Heinong 37	117
16	Heinong 50	2007	Nsp	Hefeng 33	Ha 519	112
17	Heinong 51	2007	Nsp	Heinong 37	He 93-1538	126
18	Heinong 52	2007	Nsp	Heinong 37	Suinong 14	124
19	Heinong 53	2007	Nsp	Hefeng 35	Ha 519	124
20	Heinong 54	2007	Nsp	Ha 90-6719	Sui 90-5888	120
21	Heinong 56	2008	Nsp	Ha 90-614	Heinong 37	119
22	Heinong 57	2008	Nsp	Ha 95-5351	Ha 3164	122
23	Heinong 58	2008	Nsp	Ha 94-1101	Heinong 35	118
24	Heinong 61	2010	Nsp	He 97-793	Suinong 14	125
25	Heinong 62	2010	Nsp	Ha 97-6526	Sui 96-81075	125
26	Heinong 63	2010	Nsp	Ha 94012	Hajiao 21188-19	125
27	Heinong 64	2010	Nsp	Ha 94-4478	Ji 8883-84	118
28	Heinong 65	2010	Nsp	Kenjian 7	Heinong 40	115
29	Heinong 66	2011	Nsp	Heinong 44	Gongjiao 93142B	120
30	Heinong 67	2011	Nsp	Kennong 18	Heinong 45	118
31	Heinong 68	2011	Nsp	Heinong 44	Suinong 14	115
32	Heinong 69	2012	Nsp	Heinong 44	Kennong 19	125

Cultivars (2005—2014)

St	Ph (cm)	Ls	Fc	Pc	Ss	Sc	Hc	SW (g)	Yield of regional test (kg/hm^2)	Increased (±%)	Yield of adaptability (kg/hm^2)	Increased (±%)	Protein content (%)	Fat content(%)
S	90.0	L	P	G	R	Y	Y	22.0	2 358.5	5.6	2 409.5	6.1	44.53	19.19
S	90.0	L	W	G	R	Y	Y	20.0	1 905.9	6.2	2 154.5	12.3	39.68	22.57
S	106.0	L	W	G	R	Y	Y	6.5	2 141.2	9.4	2 139.8	9.5	40.72	19.59
S	80.0	L	W	G	E	Y	Y	21.0	2 462.8	10.1	2 390.6	10.4	39.57	20.81
N	120.0	L	P	G	R	Y	Y	21.0	2 880.5	8.2	2 437.1	12.3	40.52	19.51
S	85.0	L	P	G	R	Y	Y	18.0	2 484.2	8.9	2 566.8	18.1	39.30	21.68
N	100.0	L	P	G	R	Y	Y	20.0	2 692.3	11.7	2 461.7	11.7	40.60	20.50
S	120.0	L	P	G	R	Y	Y	20.0	2 652.3	9.9	2 416.9	9.7	44.33	18.74
S	77.0	L	P	G	R	Y	Bl	19.0	2 302.2	8.6	2 259.3	8.3	43.88	19.07
D	55.0	R	W	T	Rf	G	Br	30.0	2 884.2	10.7	2 566.8	18.1	44.55	18.43
S	75.0	L	P	G	R	Y	Y	18.0	2 523.0	10.9	2 317.5	8.8	39.13	21.59
S	90.0	L	P	G	R	Y	Y	9.0	2 298.2	7.4	2 274.2	7.1	47.09	17.02
N	100.0	L	P	G	R	Y	Y	21.0	3 024.0	9.3	3 234.6	8.8	40.17	22.58
N	106.0	L	P	G	R	Y	Y	19.7	3 079.0	9.3	3 043.2	10.3	40.50	21.70
S	88.0	R	P	G	R	Y	Y	22.0	2 373.5	9.3	2 408.5	10.3	40.10	21.10
N	90.0	L	P	G	R	Y	Y	21.0	2 280.6	11.2	2 564.3	14.3	39.69	20.56
S	105.0	L	W	G	R	Y	Y	19.0	2 759.4	9.9	2 996.5	11.4	41.37	19.74
S	100.0	R	P	G	R	Y	Y	20.0	2 759.4	9.9	2 996.5	11.4	40.67	19.29
N	115.0	L	P	G	R	Y	Y	24.0	2 851.0	8.4	2 780.0	13.1	42.29	19.43
S	95.0	L	P	G	R	Y	Y	22.0	2 355.4	4.5	2 992.1	12.4	44.23	19.03
S	80.0	R	P	G	R	Y	Y	20.0	2 587.6	12.6	3 048.6	14.6	38.13	22.10
S	80.0	L	W	G	R	Y	Br	22.0	3 000.0	10.5	2 390.6	13.1	38.34	21.69
S	80.0	R	W	G	E	Y	Y	22.0	2 861.5	7.4	2 384.1	13.0	39.43	21.08
S	90.0	L	P	G	R	Y	Y	23.0	2 230.9	9.3	2 823.8	9.4	40.92	20.40
N	95.0	R	W	G	E	Y	Y	22.0	2 274.0	11.5	2 847.5	10.3	40.36	20.73
N	99.0	L	P	G	R	Y	Y	22.0	2 260.5	10.9	2 810.6	9.2	42.17	18.89
S	80.0	R	W	G	E	Y	Y	21.0	2 538.0	14.6	2 801.1	12.6	38.11	22.79
S	90.0	L	P	G	R	Y	Y	20.0	2 119.9	9.1	2 684.5	13.1	41.52	19.66
S	90.0	L	W	G	E	Y	Y	22.0	2 657.8	10.6	2 774.6	15.0	37.68	21.15
N	94.0	L	P	G	R	Y	Y	23.0	2 485.8	5.5	2 776.3	13.3	40.00	21.20
S	80.0	R	W	G	E	Y	Y	21.0	2 360.7	11.3	3 118.5	11.1	37.14	22.33
S	90.0	L	P	G	E	Y	Y	20.0	2 969.4	9.3	3 043.7	10.8	40.63	21.94

	Cultivars	Released year	Sowing type	Female	Male	Gp (d)
33	Longhuang 1	2011	Nsp	Suinong 14	Heinong 38	119
34	Longhuang 2	2013	Nsp	Kennong 18	Heinong 44	115
35	Longdou 1	2010	Nsp	Hejiao 98-1004	Longpin 9310	116
36	Longdou 2	2010	Nsp	Hejiao 93-88	Heinong 37	118
37	Longdou 3	2012	Nsp	Longpin 9501	Long 0116F1	115
38	Longdou 4	2013	Nsp	Ke 02-8762	Heinong 51	125
39	Longheidadou 1	2007	Nsp	Nongjiaheidou	Longpin 806	113
40	Longheidadou 2	2008	Nsp	Heixuandadou	Ha 6719	126
41	Longqingdadou 1	2007	Nsp	Jiyinqing	Ha 6719	125
42	Longxiaolidou 2	2008	Nsp	Long 8601	ZYY5310	116
43	Longshengdou 1	2012	Nsp	Heinong 35	Jiunong 22	120
44	Longshengdou 2	2013	Nsp	Jiunong 22	99-1222	125
45	Nongjingdou 3	2013	Nsp	Jiyu 47	Changnong 13	107
46	Nongjingdou 4	2013	Nsp	Kennong 18	Suinong 14	118
47	Xingnong 2	2014	Nsp	Bei 8691	Beifeng 11	115
48	Zhongkemaodou 2	2014	Nsp	Brown soybean from Japan	810	88
49	Suinong 22	2005	Nsp	Suinong 15	Sui 96-81029	118
50	Suinong 23	2006	Nsp	Suinong 4	(Sui 93-681 × Jilin 27)F_1	120
51	Suinong 24	2007	Nsp	Heihe 19	Sui 96-81053	113
52	Suinong 25	2007	Nsp	Heihe 19	Sui 96-81075-7	116
53	Suinong 26	2008	Nsp	Suinong 15	Sui 96-81029	120
54	Suinong 27	2008	Nsp	Sui 97-5525	Sui 98-64-1	115
55	Suinong 28	2006	Nsp	Systematic selection from Suinong 14		120
56	Suinong 29	2009	Nsp	Suinong 10	Suinong 14	120
57	Suinong 30	2011	Nsp	Sui 00-1052	(Ha 97-5404 × Hefeng 47)F_1	113
58	Suinong 31	2009	Nsp	Suinong 4	(Nongda 05687 × Suinong 4)F_2	120
59	Suinong 32	2011	Nsp	Sui 98-6023	Kennong 19	120
60	Suinong 33	2012	Nsp	Sui 98-6007	Sui 00-1531	118
61	Suinong 34	2012	Nsp	Suinong 28	Heinong 44	120
62	Suinong 37	2014	Nsp	Suinong 20	Sui 04-5474	115
63	Suinong 38	2014	Nsp	Heihe 31	Suinong 31	113
64	Suinong 39	2014	Nsp	Sui 02-423	(Suinong 28 × Suinong 27)F_1	
65	Suixiaolidou 2	2007	Nsp	Suixiaolidou 1	Sui 99-4889	115
66	Suiwuxingdou 2	2012	Nsp	Sui 03-31019	Suinong 27	116
67	Hefeng 48	2005	Nsp	He 9226F_2 radiation		117
68	Hefeng 49	2005	Nsp	Hejiao 93-88	Suinong 10	119
69	Hefeng 50	2006	Nsp	Hefeng 35	He95-1101	116

(Continued)

St	Ph (cm)	Ls	Fc	Pc	Ss	Sc	Hc	SW (g)	Yield of regional test (kg/hm^2)	Increased (±%)	Yield of adaptability (kg/hm^2)	Increased (±%)	Protein content (%)	Fat content(%)
S	85.0	L	P	G	E	Y	Y	20.0	2 412.3	11.3	2 646.1	9.6	40.30	19.70
S	86.0	R	W	G	R	Y	Y	20.0	2 838.7	9.2	2 477.1	12.8	37.79	21.78
S	90.0	L	P	G	R	Y	Y	20.0	2 277.9	6.7	2 114.2	11.4	44.44	18.41
S	85.0	R	P	G	R	Y	Y	22.0	2 523.2	15.4	2 582.2	8.1	38.60	21.00
N	90.0	L	P	G	R	Y	Y	23.0	2 739.2	7.5	2 493.0	11.8	37.42	22.39
S	99.5	L	W	G	R	Y	Y	18.0	2 943.4	7.1	3 173.8	7.0	39.46	21.06
D	75.0	R	W	T	E	Bl	Bl	17.0	2 191.3	1.9	2 063.4	1.5	41.25	20.00
N	95.0	R	W	G	R	Bl	Bl	20.0	2 601.2	1.7	2 384.0	1.8	46.85	18.02
N	100.0	L	P	G	R	G	Bf	20.0	2 709.8	1.1	2 700.5	0.8	42.92	19.78
S	80.0	L	W	G	R	Y	Y	10.6	2 098.6	11.5	2 091.7	13.1	42.65	18.27
S	115.0	L	P	G	R	Y	Y	19.0	2 725.7	10.2	2 452.4	13.2	39.50	20.89
S	118.0	L	P	G	R	Y	Y	19.0	3 008.1	8.7	3 243.4	8.9	41.53	20.39
N	110.0	L	W	G	R	Y	Y	20.0	1 905.9	6.2	2 154.5	12.3	39.68	22.57
S	80.0	L	P	G	R	Y	Y	18.2	2 764.1	10.4	2 588.8	7.5	39.69	21.80
S	82.5	L	W	G	R	Y	Y	21.0	2 466.1	10.0	2 399.4	14.4	40.45	20.05
S	40.0	R	W	T	R	Br	Y	30.4	8 750.3(*)	8.5	8 808.0(*)	8.3	42.86	19.32
S	80.0	L	P	G	R	Y	Y	22.0	2 551.9	8.8	2 426.1	12.0	39.66	20.06
N	90.0	L	P	G	R	Y	Y	21.0	2 753.1	9.3	2 699.3	8.7	40.08	20.07
S	100.0	L	P	G	R	Y	Y	18.0	2 581.3	10.0	1 939.1	18.6	42.06	18.72
N	100.0	R	P	G	R	Y	Y	20.0	2 071.0	6.6	2 666.6	16.1	38.92	20.24
N	100.0	L	P	G	R	Y	Y	21.0	2 683.4	13.5	2 718.5	9.7	38.80	21.59
N	90.0	L	P	G	R	Y	Y	28.0	2 547.9	8.6	2 596.0	9.1	41.80	20.69
S	90.0	L	P	G	R	Y	Y	21.0	3 148.7	14.4		6.4	39.41	21.83
S	80.0	L	P	G	R	Y	Y	21.0	2 653.7	12.4	2 734.7	10.3	40.80	21.70
S	80.0	L	P	G	R	Y	Y	17.0			2 731.3	10.9	40.42	20.23
N	90.0	L	P	G	R	Y	Y	22.0	3 125.7	3.8	2 754.0	8.2	39.74	21.84
S	85.0	L	P	G	R	Y	Y	20.0	2 586.9	10.1	2 791.9	11.8	38.23	21.03
S	80.0	L	P	G	R	Y	Y	20.0	2 710.1	12.0	2 601.8	9.8	40.09	20.52
S	80.0	R	W	G	R	Y	Y	20.0	2 640.0	7.1	2 369.1	9.1	37.72	22.41
N	80.0	L	W	G	R	Y	Y	19.0	2 355.3	6.2	2 318.3	10.3	38.87	21.53
N	80.0	L	W	G	R	Y	Y	20.0	2 769.3	9.2	2 806.8	13.3	37.80	21.13
N	80.0	L	P	G	R	Y	Y	21.0	2 660.9	4.8	2 662.7	7.5	38.36	21.00
S	100.0	L	P	G	R	Y	Y	9.5	2 431.6	18.4	2 150.3	14.4	45.47	16.70
S	80.0	L	P	G	R	Y	Y	24.0	2 882.2	12.9	2 486.5	14.1	42.67	20.17
S	82.5	R	P	G	R	Y	Y	23.5	2 553.1	10.7	2 289.7	12.6	38.70	22.67
N	87.5	L	P	G	R	Y	Y	18.0	2 745.0	8.1	3 298.6	10.7	40.56	19.58
S	87.5	L	P	G	R	Y	Y	21.0	2 506.1	14.1	2 642.2	17.4	37.41	22.57

	Cultivars	Released year	Sowing type	Female	Male	Gp (d)
70	Hefeng 51	2006	Nsp	Hefeng 35	He 94114 F_3	113
71	Hefeng 52	2007	Nsp	Sprite 87	Baofeng 7	116
72	Hefeng 53	2008	Nsp	Hefeng 45	He 9694F_5	124
73	Hefeng 54	2008	Nsp	Long 9777	Xiaolidou from Japan	115
74	Hefeng 55	2008	Nsp	Beifeng 11	Suinong 4	117
75	Hefeng 56	2009	Nsp	Jiusan 92-168	Hefeng 41	118
76	Hefeng 57	2009	Nsp	(Hobbit × Hefeng 42)F_2 ^{60}Co γ radiation		117
77	Henong 58	2010	Nsp	Long 9777	Xiaolidou from Japan	114
78	Henong 59	2010	Nsp	Hefeng 39	Hejiao 98-1246	113
79	Henong 60	2010	Nsp	Beifeng 11	Hobbit	117
80	Henong 61	2010	Nsp	Beifeng 11	He 97-793	124
81	Henong 62	2011	Nsp	Beifeng 11	Hefeng 41	115
82	Henong 63	2012	Nsp	Kennong 18	Hefeng 47	115
83	Henong 64	2013	Nsp	Hobbit	Jiufeng 10	115
84	Henong 65	2013	Nsp	(Hehang 93-793 × Heijiao 95-750)F_2 Space raidation		115
85	Henong 66	2014	Nsp	Hefeng 39	Hejiao 00-579	113
86	Henong 67	2014	Nsp	Hejiao 00-152	Sui 02-529	120
87	Henong 68	2014	Nsp	Hefeng 50	Sui 02-529	115
88	Henong 69	2014	Nsp	Hejiao 98-1622	Kenfeng 16	113
89	Heihe 37	2005	Nsp	Heijiao 92-1544	Heijiao 94-1286	103
90	Heihe 38	2005	Nsp	Heihe 9 × Heijiao 85-1033	Hefeng 26 × Heijiao 83-889	117
91	Heihe 39	2006	Nsp	Heijiao 94-1359	Heijiao 92-1573	112
92	Heihe 40	2006	Nsp	Heijiao 92-1544	Aussian 10 yuegeming 70	98
93	Heihe 41	2006	Nsp	Heijiao 92-1526	Heijiao 94-1211	88
94	Heihe 42	2006	Nsp	Beifeng 11	Heihe 92-1014	110
95	Heihe 43	2007	Nsp	Heijiao 92-1544	Heijiao 94-1211	115
96	Heihe 44	2007	Nsp	Heijiao 92-1526	Heifu 95-199	92
97	Heihe 45	2007	Nsp	Beifeng 11	Heihe 26	108
98	Heihe 46	2007	Nsp	Heijiao 92-1526	Beiken 94-11	112
99	Heihe 47	2007	Nsp	Heihe 94-47	Heisheng 101	111
100	Heihe 48	2007	Nsp	Heihe 95-750	Heihe 96-1240	112
101	Heihe 49	2008	Nsp	Heihe 14	Dongnong 44	85
102	Heihe 50	2009	Nsp	Heijiao 95-812	Heijiao 94-1102	110
103	Heihe 51	2009	Nsp	Heihe 14	Beifeng 1	105
104	Heihe 52	2010	Nsp	(Heijiao 92-1544 × Sui 97-7049)F_2 ^{60}Co- γ radiation		115
105	Heihe 53	2010	Nsp	Heifu 97-43	Bei 97-03	110

(Continued)

St	Ph (cm)	Ls	Fc	Pc	Ss	Sc	Hc	SW (g)	Yield of regional test (kg/hm^2)	Increased (±%)	Yield of adaptability (kg/hm^2)	Increased (±%)	Protein content (%)	Fat content(%)
S	82.5	L	P	G	R	Y	Y	21.0	2 377.9	10.8	2 743.8	14.2	40.15	21.31
S	90.0	R	W	G	R	Y	Br	17.0	2 370.2	11.3	2 631.3	14.5	37.43	23.24
S	90.0	L	W	G	R	Y	Y	18.7	3 222.0	6.1	2 613.0	9.9	39.68	21.49
N	92.5	L	W	G	R	Y	Y	9.0	2 201.6	13.2	2 211.6	13.0	42.29	19.30
N	92.5	L	P	G	R	Y	Y	23.5	2 531.6	12.6	2 568.4	18.2	39.35	22.61
N	97.5	L	P	G	R	Y	Y	19.5	2 607.7	8.9	2 774.7	12.0	41.33	20.10
S	87.5	R	W	G	R	Y	Br	19.0	2 431.4	13.8	2 119.7	11.6	38.36	22.87
S	80.0	L	W	G	R	Y	Y	9.5	2 291.7	16.2	2 273.3	14.2	42.75	19.14
S	70.0	L	W	G	R	Y	Y	17.5	2 627.0	10.4	2 561.5	12.5	39.87	20.64
D	55.0	L	W	T	R	Y	Y	18.5	3 608.9	24.3	3 909.8	25.3	38.47	22.25
S	88.3	L	W	G	R	Y	Y	20.8	2 650.5	8.2	2 970.0	12.6	38.69	20.76
N	97.5	L	P	G	R	Y	Y	19.0	2 398.2	13.0	3 197.3	13.8	40.86	19.45
S	95.0	R	P	G	R	Y	Y	18.0	2 928.7	16.1	2 581.3	15.5	39.25	23.27
N	87.0	R	W	G	R	Y	Y	19.0	2 892.7	11.0	2 501.7	13.8	38.28	21.90
S	89.2	L	W	G	R	Y	Y	20.8	2 833.2	7.6	2 477.5	13.2	40.50	20.19
S	86.0	L	P	G	R	Y	Y	18.1	2 863.4	12.0	2 625.7	9.4	36.52	21.87
S	92.0	L	P	G	R	Y	Y	19.1	2 841.9	10.2	2 774.7	9.7	37.17	21.52
S	88.0	L	P	G	R	Y	Y	19.7	2 664.1	13.4	2 955.6	12.9	37.75	21.68
S	77.0	L	W	G	R	Y	Y	21.0	2 660.9	4.8	2 662.7	7.5	38.36	21.00
S	70.0	L	P	G	R	Y	Y	18.0	2 022.3	23.6	2 099.3	18.2	41.45	19.58
S	75.0	L	P	G	R	Y	Y	19.0	2 811.0	13.9	2 004.3	12.9	39.70	20.52
S	75.0	L	P	G	R	Y	Y	20.0	2 772.7	7.8	2 148.6	12.5	41.41	19.27
S	75.0	R	P	T	R	Y	Y	20.0	1 895.6	17.8	2 242.7	8.4	36.66	22.28
S	70.0	L	P	G	R	Y	Y	18.0	1 796.4	11.8	1 753.4	14.7	39.67	20.86
S	75.0	L	W	G	R	Y	Y	19.0	2 251.3	7.6	2 348.6	7.1	37.70	21.91
S	75.0	L	P	G	R	Y	Y	20.0	2 441.3	8.8	2 111.2	10.5	41.84	18.98
S	70.0	L	P	G	R	Y	Y	18.0	1 722.0	15.2	1 910.6	16.3	39.31	21.10
S	70.0	L	P	G	R	Y	Y	20.0	2 149.5	8.2	2 355.3	10.2	42.16	19.44
S	74.8	L	P	G	R	Y	Y	17.9	2 461.5	6.9	2 379.0	8.4	39.74	20.11
S	63.6	L	P	G	R	Y	Y	18.4	2 416.5	5.0	2 320.5	5.8	41.80	19.89
S	87.1	L	P	G	R	Y	Y	16.9	2 706.0	11.2	2 346.0	7.0	39.89	19.49
S	70.0	R	W	G	R	Y	Y	20.0	1 891.9	10.4	1 962.1	10.6	41.93	20.65
S	75.0	R	P	G	R	Y	Y	20.0	2 135.6	10.4	2 448.5	10.9	41.10	20.47
S	75.0	L	P	G	R	Y	Y	20.0	2 249.9	8.6	2 220.2	10.0	40.23	20.40
S	80.0	L	P	G	R	Y	Y	20.0	2 092.6	8.1	2 420.4	8.5	40.55	20.47
S	75.0	L	W	G	R	Y	Y	20.0	2 512.3	9.6	2 132.3	11.2	40.65	19.28

Cultivars	Released year	Sowing type	Female	Male	Gp (d)
106 Longda 1	2014	Nsp	Jiangfeng 22-2011	Heijiao 98-1872	105
107 Nenfeng 18	2005	Nsp	Nen 92046 F_1	Hefeng 25	120
108 Nenfeng 19	2006	Nsp	Nen 76569-17	Mutant line from 334	120
109 Nenfeng 20	2008	Nsp	Hefeng 25	An 7811-277	118
110 Qinong 1	2013	Nsp	(Nen 950127-4 × Dongnong 42)F_1	Nenfeng 16	123
111 Qinong 2	2014	Nsp	Ha 4475	Nenfeng 17	123
112 Kangxianchong 6	2007	Nsp	Hainan haitandou DNA introduced into Kangxian 2		121
113 Kangxianchong 7	2007	Nsp	Hefeng 36	Kangxian 3	121
114 Kangxianchong 8	2008	Nsp	Dongnongxiaolidou 690	An 95-1409	120
115 Kangxianchong 9	2009	Nsp	Heinong 37	An 95-1409	121
116 Kangxianchong 10	2011	Nsp	Hefeng 33	Kangxianchong 3	123
117 Kangxianchong 11	2011	Nsp	Dongnong 434	(An 01-1767 × An 87-7163)F_1	123
118 Kangxianchong 12	2012	Nsp	Heikang 002-24	Nongda 5129	123
119 Qingdou 13	2013	Nsp	Heikang 002-24	Nongda 5129	123
120 Fengshou 25	2007	Nsp	Kejiao 88513-2	Youbian 334	116
121 Fengshou 26	2008	Nsp	Kejiao 96-194	Sui 96-81045	112
122 Fengshou 27	2009	Nsp	Kejiao 88223-1	Bainong 5	113
123 Kenfeng 13	2005	Nsp	Beifeng 9	Suinong 10	116
124 Kenfeng 14	2005	Nsp	Suinong 10	Changnong 5	120
125 Kenfeng 15	2006	Nsp	Suinong 14	Kenjiao 9307(Ken 92-1895 × Jilin 27)F_1	116
126 Kenfeng 16	2006	Nsp	Heinong 34	Kennong 5	120
127 Kenfeng 17	2007	Nsp	Beifeng 8	Changnong 5	115
128 Kendou 18	2009	Nsp	Beifeng 11	Heinong 40	118
129 Kenfeng 19	2007	Nsp	Hefeng 25	Kenjiao 94121(Kenfeng 4 × Gong 8861- 0)F_1	112
130 Kenfeng 20	2008	Nsp	Beifeng 11	Changnong 5	115
131 Kenfeng 22	2008	Nsp	Suinong 10	Hefeng 35	114
132 Kenfeng 23	2009	Nsp	Hefeng 35	Jiujiao 90-102	117
133 Kendou 25	2011	Nsp	Kenfeng 16	Suinong 16	115
134 Kendou 26	2010	Nsp	Kenfeng 16	Hefeng 35	117
135 Kendou 28	2011	Nsp	Kenfeng 16	Kenjiao 9947(Hefeng 35 × Suinong 16)F_1	120
136 Kendou 29	2011	Nsp	Kenfeng 7	Kenjiao 9909(Ken 94-3046 × Jiu L553)F_1	115
137 Kendou 30	2011	Nsp	Kenfeng 16	Suinong 4	120
138 Kendou 31	2012	Nsp	Kenfeng 13	Kenfeng 14	119

(Continued)

St	Ph (cm)	Ls	Fc	Pc	Ss	Sc	Hc	SW (g)	Yield of regional test (kg/hm^2)	Increased (±%)	Yield of adaptability (kg/hm^2)	Increased (±%)	Protein content (%)	Fat content(%)
S	90.0	L	P	G	R	Y	Y	18.0	2 696.7	8.8	1 759.0	9.9	37.96	21.12
N	90.0	L	W	G	R	Y	Bf	21.0	1 857.4	4.5	2 195.0	10.1	38.22	22.69
N	85.0	L	W	G	R	Y	Bf	18.0	2 039.7	6.5	1 981.2	9.1	37.86	22.05
S	88.0	R	W	G	R	Y	Bf	21.7	2 182.2	11.3	2 207.4	7.8	41.72	19.82
S	98.0	R	W	G	R	Y	Br	21.8	2 656.0	14.1	2 281.9	12.4	40.46	21.53
N	114.0	R	W	G	R	Y	Y	18.3	2 666.9	12.4	2 415.4	11.6	38.23	21.48
N	85.0	R	W	G	R	Y	Br	20.0	2 032.7	13.6	2 053.6	11.9	38.17	22.06
N	85.0	R	W	G	R	Y	Br	20.0	2 323.2	6.9	2 090.3	15.6	38.97	19.98
S	85.0	R	W	G	R	Y	Br	21.0	2 209.7	10.5	2 530.0	20.2	40.35	20.37
S	82.0	R	W	G	R	Y	Br	20.0	2 062.7	10.6	2 106.8	11.3	40.09	21.22
S	85.0	R	W	G	R	Y	Br	21.0	2 282.7	10.1	2 289.6	14.3	42.30	19.22
N	85.0	L	P	G	R	Y	Bl	21.0	2 434.4	14.5	2 402.3	13.9	39.41	21.50
S	90.0	R	P	G	E	Y	Bl	19.0	2 480.3	12.0	2 513.3	11.2	39.77	20.89
S	90.0	R	P	G	E	Y	Bl	19.0	2 536.5	10.7	2 247.3	11.2	41.06	21.09
S	80.0	L	W	G	R	Y	Y	20.0	2 209.4	6.5	2 190.8	7.0	39.01	21.34
S	67.1	L	P	G	R	Y	Y	16.8	2 466.0	10.6	2 269.5	10.1	39.90	20.56
N	94.0	L	P	G	R	Y	Y	19.0	2 345.5	13.3	2 212.2	11.2	41.94	19.34
N	79.0	L	W	G	R	Y	Y	18.0	2 334.9	11.4	2 413.5	12.4	38.03	21.90
N	100.0	L	W	G	R	Y	Y	21.5	2 784.1	10.7	2 432.6	13.0	39.69	20.34
S	85.0	L	P	G	R	Y	Y	18.0	2 605.3	16.8	2 688.2	14.1	36.68	22.76
S	65.0	L	W	G	R	Y	Y	18.0	2 539.3	7.9	3 150.5	14.4	40.50	19.57
S	90.0	L	P	G	R	Y	Y	20.0	2 240.2	10.6	2 637.2	17.1	38.87	21.23
N	90.0	L	P	G	E	Y	Y	21.0	2 971.5	6.3	2 661.0	4.6	40.99	21.62
S	65.0	L	W	T	R	Y	Y	18.5	2 410.2	8.2	2 512.8	11.7	42.52	19.26
S	80.0	L	W	G	R	Y	Y	20.0	2 757.3	9.2	2 749.0	8.1	44.01	19.60
S	85.0	L	P	G	R	Y	Y	22.0	2 632.0	9.4	2 572.2	11.4	42.54	20.27
S	80.0	L	P	G	R	Y	Y	18.0	2 368.9	11.8	2 158.0	13.7	42.44	20.09
S	90.0	R	W	G	E	Y	Y	19.0	2 399.1	16.5	3 153.9	12.2	40.05	20.28
S	85.0	L	W	G	R	Y	Y	17.0	3 044.8	10.2	2 870.2	11.9	40.12	20.26
S	100.0	L	W	G	R	Y	Y	19.0	3 031.6	7.9	2 610.6	6.9	39.41	21.50
S	80.0	L	W	G	R	Y	Y	18.0	2 625.9	8.1	2 947.9	9.8	37.53	21.59
N	85.0	L	W	G	R	Y	Y	19.0	2 627.0	5.9	2 555.4	6.1	38.81	20.38
N	90.0	L	W	G	R	Y	Y	18.0	3 283.4	14.7	2 458.7	12.0	40.62	21.25

Cultivars	Released year	Sowing type	Female	Male	Gp (d)
139 Kendou 32	2012	Nsp	Ken 98-4318	Kenjiao 2031(Kenfeng 7× Jilin 43)F_1	120
140 Kendou 33	2012	Nsp	Kenfeng 9	Kenfeng 16	115
141 Kendou 36	2013	Nsp	Kenfeng 6	Kenfeng 16	115
142 Kendou 39	2014	Nsp	Kenfeng 9	Kennong 5	115
143 Kenbaoxiaolidou 1	2014	Nsp	Dongnong 690	Xiaolidou from Korea	115
144 Kennong 20	2005	Nsp	Kennong 7	Baofeng 7	115
145 Kennong 21	2006	Nsp	Nongda 5687	Baofeng 7	118
146 Kennong 22	2007	Nsp	Nongda 33455	Kennong 5	120
147 Kennong 23	2013	Nsp	Hongfeng 10	Kennong 5	118
148 Kennong 26	2011	Nsp	Kennong 14	Nongda 5088	115
149 Kennong 28	2012	Nsp	Nongda 5088	Nongda 65274	114
150 Kennong 29	2008	Nsp	Nongda 5088	Nongda 6560	117
151 Kennong 30	2008	Nsp	Kennong 14	Nongda 5088	116
152 Kennong 31	2009	Nsp	Kennong 5	Kennong 7	117
153 Beidou 3	2006	Nsp	Sui 90-5242	Jian 88-833	114
154 Beidou 5	2006	Nsp	Beifeng 8	Beifeng 11	115
155 Beidou 6	2010	Nsp	Baojiao 89-5164	Hejiao 87-943	115
156 Beidou 14	2008	Nsp	Beijiang 94-384	Bei 93-454	114
157 Beidou 16	2008	Nsp	Beijiang 95-171	Beifeng 2	97
158 Beidou 17	2008	Nsp	Dabaimei	Jian 98-93	114
159 Beidou 23	2009	Nsp	Heihe 24	Beifeng 12	98
160 Beidou 24	2009	Nsp	Ke 95-888	Beifeng 2	91
161 Beidou 26	2009	Nsp	Beifeng 17	Kenjiandou 26	98
162 Beidou 30	2009	Nsp	Nongda 7828	Gang 8937-13	118
163 Beidou 33	2010	Nsp	Kenjiandou 27	Beifeng 11	107
164 Beidou 35	2010	Nsp	Nongda 7828	Gang 8937-13	121
165 Beidou 36	2010	Nsp	Kenjiandou 28	Beidou 1	95
166 Beidou 38	2011	Nsp	Bei 9721	Dongnong 46	115
167 Beidou 40	2013	Nsp	Beidou 5	Beifeng 16	115
168 Beidou 41	2011	Nsp	Kenjiandou 28	Beifeng 2	110
169 Beidou 42	2013	Nsp	Kenjiandou 27	Beijiang 91	105
170 Beidou 43	2010	Nsp	Neidou 4	Beifeng 12	94
171 Beidou 46	2012	Nsp	Baohang 96-68	Baofeng 9	111
172 Beidou 49	2012	Nsp	Huajiang2	Heinong 43	95
173 Beidou 50	2012	Nsp	Jiannong 1	Ha 93-216	115
174 Beidou 51	2013	Nsp	Beidou 5	Huajiang 3286	95

(Continued)

St	Ph (cm)	Ls	Fc	Pc	Ss	Sc	Hc	SW (g)	Yield of regional test (kg/hm^2)	Increased (±%)	Yield of adaptability (kg/hm^2)	Increased (±%)	Protein content (%)	Fat content(%)
S	80.0	L	W	G	R	Y	Y	20.0	3 030.4	9.4	2 558.0	8.2	39.88	20.49
S	90.0	L	W	G	R	Y	Y	18.0	2 842.8	11.1	2 501.9	12.1	38.58	22.17
N	90.0	L	W	G	R	Y	Y	19.0	2 850.9	9.6	2 463.3	12.3	40.17	20.39
N	90.0	L	P	G	R	Y	Y	19.0	2 658.7	13.1	2 883.8	10.1	37.55	22.36
S	80.0	L	W	G	R	Y	Y	9.0	2 063.1	12.8	2 512.7	14.3	41.71	20.45
S	70.0	R	W	G	R	Y	Y	18.0	2 376.3	5.8	2 424.6	10.6	37.62	22.67
S	70.0	R	W	G	R	Y	Y	20.0	2 409.6	5.8	2 276.9	5.7	37.87	22.22
S	80.0	L	P	G	R	Y	Y	21.0	2 420.2	8.9	2 942.8	10.6	37.80	22.40
S	75.0	L	P	G	R	Y	Y	21.0			2 533.1	6.6	39.41	21.46
S	90.0	L	W	G	R	Y	Y	23.0			2 799.9	8.1	39.52	20.53
S	85.0	L	P	G	R	Y	Y	22.0			2 659.5	8.7	40.16	21.02
S	80.0	L	P	G	R	Y	Y	21.0	2 723.3	12.2	2 314.7	10.7	38.71	21.66
S	85.0	L	W	G	R	Y	Y	22.0	2 478.9	10.2	2 635.6	13.3	45.81	18.06
S	80.0	L	P	G	R	Y	Y	21.0	2 436.8	16.4	2 098.0	11.7	40.87	21.70
S	80.0	L	P	G	R	Y	Y	17.0	2 389.7	11.2	2 725.0	13.1	42.11	19.00
N	90.0	L	P	G	R	Y	Y	19.0	2 548.5	12.1	2 369.4	9.9	37.30	21.44
S	90.0	L	P	G	R	Y	Y	19.0			2 551.7	9.3	41.30	18.34
N	100.0	L	P	G	R	Y	Y	19.0	2 411.9	13.2	2 503.1	12.9	38.10	22.69
N	57.0	L	P	G	R	Y	Y	18.0	2 188.7	14.2	2 109.0	10.5	39.34	21.52
N	95.0	L	P	G	R	Y	Y	19.0	2 637.2	9.4	2 504.6	9.4	41.26	20.42
S	75.0	L	P	G	R	Y	Y	18.0	1 779.4	12.6	2 581.0	10.7	36.85	21.80
S	75.0	L	P	G	R	Y	Y	18.0	1 686.1	11.4	2 099.4	7.6	41.47	19.60
S	80.0	L	P	G	R	Y	Y	20.0	1 931.1	16.9	2 553.0	9.1	38.51	22.54
S	100.0	L	P	G	R	Y	Y	18.0	2 653.1	11.3	2 632.6	7.7	41.86	20.54
S	70.0	L	P	G	R	Y	Y	15.0	2 085.9	13.8	2 229.9	10.3	40.83	19.77
S	86.0	L	P	G	R	Y	Y	18.3	2 565.5	9.9	2 813.1	10.2	40.64	20.43
S	75.0	L	P	G	R	Y	Y	18.0	2 176.7	15.7	2 161.4	12.9	39.64	20.04
S	75.0	L	P	G	R	Y	Y	20.6	3 293.0	8.6	2 754.6	13.9	40.30	19.78
N	90.0	L	P	G	R	Y	Y	18.0			2 421.4	7.3	37.95	21.08
N	81.0	L	P	G	R	Y	Y	17.0	2 670.7	10.9	2 857.7	9.3	41.53	18.57
N	90.0	L	P	G	R	Y	Y	20.0	2 518.9	8.6	2 481.9	8.4	38.83	20.21
S	75.0	L	P	G	R	Y	Y	18.0	2 371.1	14.5	2 241.9	15.6	41.48	19.52
S	77.4	L	P	G	R	Y	Y	18.8	2 587.8	11.4	2 972.2	5.3	40.51	20.58
S	70.0	L	P	G	R	Y	Y	17.0	2 166.7	10.1	2 302.0	8.7	41.31	20.37
S	90.0	L	W	G	R	Y	Y	21.0	2 805.9	10.3	2 418.8	8.4	40.60	20.60
S	85.0	L	P	G	R	Y	Y	18.0	2 211.3	11.3	2 298.7	9.4	38.54	21.20

Cultivars	Released year	Sowing type	Female	Male	Gp (d)
175 Beidou 53	2014	Nsp	Beidou 7	Bei 5704	105
176 Beidou 54	2014	Nsp	Beifeng 11	Kenjiandou 28	113
177 Beijiang 91	2006	Nsp	Bei 702-9	Beifeng 13	110
178 Huajiang 1	2005	Nsp	Beifeng 10	Beifeng 13	100
179 Huajiang 2	2006	Nsp	Beijiang 94-384	Beifeng 13	100
180 Huajiang 4	2007	Nsp	Kenjiandou 27	Kenjiandou 1	108
181 Jiyu 73	2005	Nsp	Jiyu 58	Gongjiao 9532-7	124
182 Jiyu 74	2005	Nsp	Jiunong 22	Jilin 41	133
183 Jiyu 75	2005	Nsp	Gongjiao 90Rd56	Suinong 8	125
184 Jiyu 76	2005	Nsp	Gongjiao 9354-4-6	Dongnong 42	119
185 Jiyu 77	2005	Nsp	Gongjiao 9354-4-6	Dongnong 42	126
186 Jiyu 79	2005	Nsp	Yi 3	He 91-342	118
187 Jiyu 80	2005	Nsp	Ha 93-8106	Jilin 37	126
188 Jiyu 81	2005	Nsp	Systematic selection from P9231		129
189 Jiyu 82	2006	Nsp	Jifeng 2	Jiyuanyin 3	132
190 Jiyu 83	2006	Nsp	Jiyu 58	Gongjiao 9563-18-2	118
191 Jiyu 84	2006	Nsp	Jiyu 58	Gongjiao 9563-18-17	123
192 Jiyu 85	2006	Nsp	Gongjiao 89Rd109	Ha 89-5896	119
193 Jiyu 86	2009	Nsp	Gongjiao 93142B-28	Jiunong 25	128
194 Jiyu 87	2006	Nsp	Jiyu 57	Gongjiao 89100-18	122
195 Jiyu 88	2007	Nsp	Jilin 30	Jiujiao 8659	129
196 Jiyu 89	2007	Nsp	Jy9216	Jilin 1 × (GD50112 × Jilin 3)	129
197 Jiyu 90	2007	Nsp	Gongjiao 9169-41	Jiyu 57	130
198 Jiyu 91	2007	Nsp	Gongjiao 91144-31	Jifeng 2	131
199 Jiyu 92	2007	Nsp	Olympus	Xiaolidou 1	131
200 Jiyu 93	2008	Nsp	Jilin 30	Jiujiao 8659	129
201 Jiyu 94	2008	Nsp	Hongfeng 2	Jilin 35	129
202 Jiyu 95	2009	Nsp	Jilin 30	Mutant line from Liaodou 10	129
203 Jiyu 96	2009	Nsp	Jilin 30	Mutant line from Liaodou 10	130
204 Jiyu 97	2009	Nsp	Jiyu 58	Jilin 3	123
205 Jiyu 99	2009	Nsp	Jiyu 40	D2011	123
206 Jiyu 100	2009	Nsp	Jiyu 47	Dong 2481	125
207 Jiyu 101	2007	Nsp	Gongye 8503	Jilin 28	127
208 Jiyu 102	2007	Nsp	Gongye 9362	Jiqing 1	123
209 Jiyu 103	2010	Nsp	Gongye 9526	Jiqing 1	110
210 Jiyu 104	2010	Nsp	Gongye 9105	Jilin 28	120
211 Jiyu 105	2011	Nsp	Gongye 0128F_1	Gongye 9930	110

(Continued)

St	Ph (cm)	Ls	Fc	Pc	Ss	Sc	Hc	SW (g)	Yield of regional test (kg/hm²)	Increased (±%)	Yield of adaptability (kg/hm²)	Increased (±%)	Protein content (%)	Fat content(%)
N	87.0	L	P	G	R	Y	Y	19.0	2 463.5	8.5	1 725.9	7.1	37.72	21.02
N	100.0	L	W	G	R	Y	Y	20.0	2 745.3	6.4	2 741.7	10.7	37.50	21.40
S	80.0	L	W	G	R	Y	Y	26.0			2 499.6	13.2	39.74	20.48
S	75.0	L	P	G	R	Y	Y	20.0	2 704.6	10.8	1 837.2	28.7	39.90	20.90
N	85.0	L	P	G	R	Y	Y	22.0	2 096.8	39.2	2 286.6	16.3	41.21	20.62
N	90.0	L	P	G	R	Y	Y	19.0	2 308.2	11.0	2 376.5	11.9	38.07	21.22
S	90.0	L	P	G	E	Y	Y	20.0	2 629.8	8.2	2 602.9	7.4	39.30	22.46
S	100.0	E	W	G	R	Y	Y	21.0	3 204.5	11.7	3 380.4	13.9	41.00	18.56
S	95.0	L	W	G	R	Y	Y	20.7	2 947.0	2.1	3 118.6	8.8	42.52	18.68
S	80.0	L	P	G	E	Y	Y	19.0	2 701.4	11.7	3 290.0	24.2	41.46	19.53
S	95.0	L	W	G	E	Y	Y	22.0	2 634.9	13.8	2 719.5	17.0	43.98	18.84
S	80.0	O	P	T	R	Y	Bl	19.0	2 605.9	8.6	3 041.8	15.0	43.36	17.72
S	85.0	E	P	G	R	Y	Y	18.0	2 474.1	6.7	2 376.2	3.7	40.08	21.24
N	99.0	O	P	T	R	Y	Bl	15.3	3 171.0	3.3	3 441.0	7.3	39.67	21.97
S	95.0	E	P	G	R	Y	Y	21.5	3 043.0	11.7	3 094.2	12.4	39.32	22.13
S	80.0	L	W	G	E	Y	Y	20.7	2 931.5	12.0	2 707.9	5.3	39.32	22.13
S	100.0	L	P	G	E	Y	Y	22.7	2 744.6	15.3	2 707.9	17.2	37.09	22.32
S	95.0	L	W	G	R	Y	Y	20.2	2 552.0	5.7	2 707.9	4.7	37.76	20.88
S	91.4	L	P	G	E	Y	Y	21.3	3 494.3	8.3	3 579.0	6.7	39.63	21.22
S	90.0	L	P	G	E	Y	Y	20.0	3 219.6	9.8	3 042.2	1.8	40.28	22.64
N	90.0	L	P	G	R	Y	Y	19.0	3 143.3	8.3	2 846.3	11.8	40.28	22.64
S	100.0	E	P	G	R	Y	Bl	16.8	3 163.1	13.3	3 350.3	23.4	35.37	24.61
N	115.0	O	P	G	E	Y	Y	21.0	3 056.3	10.0	3 305.6	21.7	38.07	22.28
S	103.0	E	W	G	R	Y	Y	22.2	2 915.7	7.9	3 209.4	18.2	38.01	20.91
S	110.0	E	P	T	R	Y	Bl	17.5	3 161.8	13.2	3 335.8	22.9	35.50	22.77
N	90.0	L	P	G	R	Y	Y	19.0	3 143.3	8.3	2 846.3	11.8	39.81	19.55
S	97.0	E	W	G	E	Y	Y	19.0	3 201.0	5.0	3 178.5	3.5	38.34	20.78
S	90.0	O	P	G	R	Y	Y	20.0	2 700.0	9.6	3 013.5	16.4	37.93	21.27
N	95.0	O	P	G	E	Y	Y	16.9	3 187.2	5.2	3 054.6	4.2	39.71	21.21
S	90.0	L	P	G	E	Y	Y	21.5	2 913.8	2.7	3 350.4	8.0	38.23	21.92
S	110.0	R	P	G	R	Y	Y	19.6	2 218.2	14.6	2 475.8	7.5	38.44	21.05
S	95.0	R	P	G	E	Y	Y	22.0	2 248.5	14.3	2 394.0	3.9	38.13	21.84
S	90.0	L	W	G	R	Y	Y	8.9	2 532.8	13.6	2 484.0	11.8	47.94	17.30
S	95.0	L	W	G	R	G	Y	8.6	2 312.4	10.9	2 268.9	13.7	44.22	16.95
N	95.0	L	W	G	R	G	Y	8.9	2 437.2	10.7	2 357.3	11.4	40.82	17.28
S	90.0	L	P	G	R	Y	Y	9.2	2 476.8	12.5	2 351.4	10.2	39.91	19.47
S	75.0	L	P	G	R	Y	Y	9.2	2 087.0	11.7	2 360.0	12.2	37.43	19.82

Cultivars	Released year	Sowing type	Female	Male	Gp (d)
212 Jiyu 106	2011	Nsp	Jilinxiaoli 4	Suinong 14	112
213 Jiyu 107	2013	Nsp	Gongye 2031F3	Gongye 2028F3	115
214 Jiyu 201	2011	Nsp	Jiyu 53	Jiyu 67	120
215 Jiyu 202	2012	Nsp	A1900	Suzumaru	112
216 Jiyu 203	2012	Nsp	Gongjiao 2059-6	Kennong 18	118
217 Jiyu 204	2013	Nsp	A3127	Jiyu 58	118
218 Jiyu 301	2009	Nsp	Jiunong 21	Gongjiaojia 1	125
219 Jiyu 302	2012	Nsp	Gongjiao 9899	Jiyu 57	123
220 Jiyu 303	2014	Nsp	Kexi 8	He 99-756	119
221 Jiyu 401	2010	Nsp	Jiu 9638-7	Sui 98-6023	126
222 Jiyu 402	2011	Nsp	Gongye 05-15	Gongye 03-19	129
223 Jiyu 403	2012	Nsp	Changnong 5	Jiyuan 3	124
224 Jiyu 404	2012	Nsp	Jiujiao 9638-7	Gongjiao 94128-8	126
225 Jiyu 405	2012	Nsp	Jiyu 50	Jiyu 67	125
226 Jiyu 406	2012	Nsp	Gongjiao 94198-1	CK-P	125
227 Jiyu 407	2013	Nsp	Jiujiao 8866-12	Tie 90035-17	126
228 Jiyu 501	2011	Nsp	Jiyu 58	Gongjiao 2152	128
229 Jiyu 502	2011	Nsp	Gongjiao 91131-14	Jiyu 64	130
230 Jiyu 503	2011	Nsp	GY96-3	GY96-21	128
231 Jiyu 504	2012	Nsp	Liao 95024	Jiyu 60	125
232 Jiyu 505	2012	Nsp	Zhongzuo 962	Jiyu 39	127
233 Jiyu 506	2014	Nsp	Zhongzuo 122	Jiyu 71	132
234 Jiyu 507	2014	Nsp	Jiyu 60	Gongjiao 9169-27	128
235 Jiyu 606	2013	Nsp	JLCMS47A	JLR100	128
236 Jiyu 607	2013	Nsp	JLCMS14A	JLR83	122
237 Jiyu 608	2014	Nsp	JLCMS84A	JLR113	121
238 Jilinxiaoli 8	2005	Nsp	Gongye 8405	Xiaolidou Hokkaido	130
239 Jimidou 1	2005	Nsp	(Sprite × Jiyu 43)F_1	Hobbit	123
240 Jimidou 2	2012	Nsp	Gnome	Changnong 13	123
241 Jimidou 3	2013	Nsp	Gongjiao 97132-1-1	Gongjiao 2003101	123
242 Jiqing 2	2006	Nsp	Jiqing 1	Fengjiao 7807-1-Daa	130
243 Jiqing 3	2008	Nsp	Jiqing 1	Heidou (Gd519)	127
244 Jihei 1	2006	Nsp	Jihei 1995-1	Gongpin 8202-9	130
245 Jihei 2	2010	Nsp	(Jilinheidou × Qingrangheidou) F_1	Gongpin 8202-9	128
246 Jihei 3	2010	Nsp	Gongpin 8406 Hun-1	Jilinxiaoli 1	130
247 Jihei 4	2012	Nsp	Jiqing 2	Jihei 46	125

(Continued)

St	Ph (cm)	Ls	Fc	Pc	Ss	Sc	Hc	SW (g)	Yield of regional test (kg/hm^2)	Increased (±%)	Yield of adaptability (kg/hm^2)	Increased (±%)	Protein content (%)	Fat content(%)
S	100.0	L	W	G	R	Y	Y	12.0	2 637.0	16.6	2 592.0	15.3	41.20	20.47
S	80.0	O	W	G	R	Y	Y	12.2	2 328.0	11.7	2 192.0	14.8	42.21	18.42
S	87.0	O	W	G	R	Y	Y	21.2	2 566.0	8.7	2 957.6	11.3	41.20	20.47
S	95.0	O	W	G	R	Y	Y	22.7	2 873.1	7.1	2 433.3	7.5	33.29	25.31
S	85.0	O	P	G	R	Y	Y	20.1	2 369.2	2.9	2 314.0	2.2	34.50	24.94
S	89.8	O	P	T	E	Y	Y	18.6	2 890.5	4.7	3 042.0	4.7	39.32	22.57
S	86.0	L	W	G	R	Y	Y	18.0	2 070.4	5.5	2 515.3	9.2	40.15	21.14
S	90.0	L	P	G	R	Y	Y	19.3	2 805.8	2.5	3 096.0	1.3	38.43	23.05
S	85.0	L	P	T	R	Y	Y	18.3	2 605.4	9.3	2 507.4	11.7	40.86	20.00
N	96.0	L	W	G	R	Y	Y	17.5	2 910.4	4.8	2 830.0	13.3	39.98	19.93
S	109.0	E	W	G	E	Y	Y	21.8	3 637.0	9.6	3 592.0	7.3	39.12	21.22
S	85.0	L	P	G	R	Y	Y	18.0	2 766.0	6.1	2 774.8	7.9	36.33	22.13
S	100.0	L	W	G	R	Y	Y	19.5	2 819.7	5.4	2 855.0	11.1	35.60	21.79
S	97.0	L	P	G	E	Y	Y	21.2	2 744.6	2.6	2 890.6	12.4	39.10	22.29
S	95.0	O	W	G	E	Y	Y	18.3	2 794.4	4.5	2 578.4	7.3	34.29	23.88
S	85.9	L	W	G	R	Y	Br	16.6	2 952.0	3.1	3 013.5	4.9	38.17	22.59
S	95.0	L	P	G	E	Y	Y	20.3	3 073.1	10.3	3 227.6	5.2	38.93	23.43
S	100.0	L	W	G	R	Y	Y	18.0	3 041.0	9.1	3 405.0	11.0	40.11	20.45
S	113.0	E	W	G	R	Y	Y	19.9	3 024.0	5.7	2 487.0	9.0	38.67	20.77
S	100.0	L	P	G	R	Y	Y	21.5	3 156.0	11.6	3 034.0	12.1	38.93	20.70
N	100.0	E	P	T	R	Y	Br	18.0	3 144.0	11.2	3 214.0	18.8	40.08	20.76
S	105.0	E	W	G	R	Y	Y	18.1	3 247.1	7.4	3 243.0	7.5	38.01	19.34
S	100.0	L	P	G	E	Y	Y	20.5	3 079.2	1.9	3 131.1	3.8	38.94	21.87
S	98.0	E	P	T	R	Y	Bu	22.3	3 634.2	9.8	3 408.6	16.6	40.11	21.51
S	97.0	E	P	T	R	Y	Bu	24.1	3 447.6	12.2	3 221.3	14.8	39.30	22.22
S	100.0	E	P	T	R	Y	Bu	20.1	3 570.5	11.1	3 108.2	3.8	37.22	23.04
S	100.0	L	W	G	R	Y	Y	8.8	2 422.7	14.6	2 474.2	16.6	45.10	19.27
D	69.0	E	W	T	R	Y	Br	14.1	3 408.0	19.9	3 528.0	20.7	36.33	20.64
D	65.0	E	W	T	E	Y	Bf	18.0	3 311.0	11.0	3 142.8	10.7	40.84	22.31
S	63.0	O	W	G	R	Y	Y	16.5	996.6	8.0	935.7	5.7	39.43	20.61
D	70.0	E	W	G	R	G	Bf	27.5			3 344.5	20.3	41.15	22.38
D	70.0	E	W	G	R	G	Bf	30.0			2 254.4	12.0	41.34	20.63
D	90.0	E	P	G	E	Bl	Bl	14.0			2 296.8	17.2	41.28	20.15
D	90.0	O	P	T	E	Bl	Bl	16.2			2 554.4	10.9	42.57	17.22
D	90.0	O	P	G	R	Bl	Bl	19.2	2 637.0	16.6	2 592.0	15.3	41.20	20.47
D	70.0	O	W	T	E	Bl	Bl	31.4	2 394.9	9.5	2 810.0	10.5	41.66	18.98

Cultivars	Released year	Sowing type	Female	Male	Gp (d)
248 Jihei 5	2013	Nsp	Gongye 9265F1	Gongye 9032	115
249 Zajiaodou 2	2006	Nsp	JLCMS2-12A	Jihui 2	132
250 Zajiaodou 3	2009	Nsp	Jlcm8A	JLR9	120
251 Zajiaodou 4	2010	Nsp	Jlcm47A	JLR83	124
252 Zajiaodou 5	2011	Nsp	Jlcms84A	JLR1	127
253 Jikedou 8	2011	Nsp	Vita	Jilinxiaoli 3	115
254 Jikedou 9	2011	Nsp	Silea	Jilinxiaoli 3	110
255 Jikedou 10	2013	Nsp	Gongye 9140	Heilongjiangxiaolidou	120
256 Changnong 18	2005	Nsp	Sheng 9204-1-3	Jilin 30	130
257 Changnong 19	2005	Nsp	Gongjiao 83145-10	Sheng 85183-3	120
258 Changnong 20	2007	Nsp	Dongnong 93-86	Heinong 36	122
259 Changnong 21	2007	Nsp	Gongjiao 83145-10	Sheng 85183-3	122
260 Changnong 22	2007	Nsp	Jilin 30	Gongjiao 89164-19	132
261 Changnong 23	2009	Nsp	Jilin 30	Jilin 35	129
262 Changnong 24	2009	Nsp	Dong 414-1	Chang B95-47	120
263 Changnong 25	2010	Nsp	Jilin 30	Changnong 5	130
264 Changnong 26	2010	Nsp	Changnong 17	Heinong 40	122
265 Changnong 27	2011	Nsp	Gongjiao 83145-10	Sheng 85185-3-5	125
266 Changnong 28	2013	Nsp	Hejiao 95-984	CK-P	127
267 Changnong 29	2014	Nsp	Changnong 13	Heinong 40	127
268 Changnong 31	2014	Nsp	Jiunong 29	Changnong 15	127
269 Changmidou 30	2014	Nsp	Hejiao 95-984	CK-P-2	121
270 Jinong 16	2005	Nsp	Jilin 30	Jiujiao 94100-2	132
271 Jinong 17	2005	Nsp	Heyin 10	Jinong 8601-26	131
272 Jinong 18	2006	Nsp	Systematic selection from JY9379		124
273 Jinong 19	2006	Nsp	Gongjiao 90208-114	Gongjiao 89183-8	132
274 Jinong 20	2007	Nsp	Heyin 10	Jinong 8601-26	135
275 Jinong 21	2007	Nsp	Yi 3	Jinong 8925-13	125
276 Jinong 22	2007	Nsp	Changnong 5	Meiyin 1	130
277 Jinong 23	2007	Nsp	Jilin 30	Gongjiao 89183-8	135
278 Jinong 24	2007	Nsp	Jilin 29	Jiujiao 8659-3	126
279 Jinong 26	2009	Nsp	Jilin 27	DG3256	132
280 Jinong 27	2010	Nsp	Heyin 10	Jinong 8601-26	129
281 Jinong 28	2011	Nsp	Jinong 9	Arira	128
282 Jinong 29	2011	Nsp	Jinong 9722-2	Jinong 9904	130
283 Jinong 31	2012	Nsp	Jilin 30	Riyinxi 1	130
284 Jinong 32	2012	Nsp	Jilin 30	DG3256	127

(Continued)

St	Ph (cm)	Ls	Fc	Pc	Ss	Sc	Hc	SW (g)	Yield of regional test (kg/hm²)	Increased (±%)	Yield of adaptability (kg/hm²)	Increased (±%)	Protein content (%)	Fat content(%)
S	70.0	O	P	G	E	Bl	Bl	16.1	2 165.0	10.1	2 120.0	11.6	38.69	20.17
S	103.0	R	P	T	R	Y	Bu	20.9	3 330.4	22.7	3 145.3	14.3	40.75	20.54
S	95.0	R	P	G	R	Y	Y	20.0	2 908.0	6.4	3 188.8	2.8	40.54	20.84
S	93.0	O	P	T	R	Y	Bu	21.3	3 074.1	12.7	2 828.4	6.1	40.48	19.57
S	85.0	O	P	T	R	Y	Bu	19.4	2 962.9	12.2	3 227.6	19.7	38.79	22.25
S	100.0	L	W	G	R	Y	Y	8.5	2 338.0	9.4	2 211.0	9.1	40.06	20.02
S	80.0	L	W	G	R	Y	Y	9.5	2 315.0	8.3	2 186.0	7.9	40.09	19.61
S	85.0	L	W	G	R	Y	Y	7.9	2 413.3	13.6	2 357.1	11.9	40.73	17.73
S	105.0	L	W	G	E	Y	Y	22.0	3 177.0	4.4	3 308.7	9.1	37.13	21.90
S	97.0	O	W	G	E	Y	Y	20.0	2 616.4	8.3	2 813.8	7.0	41.20	20.47
S	99.0	L	W	G	R	Y	Y	17.0	3 043.0	6.0	3 067.1	4.9	37.86	22.46
S	97.2	O	W	G	R	Y	Y	18.5	2 419.9	1.7	2 404.7	1.4	35.62	22.76
S	97.2	L	W	G	R	Y	Y	18.5	3 110.0	11.4	3 056.6	12.6	39.11	19.52
S	99.0	O	P	G	R	Y	Y	20.3	3 152.6	7.6	2 829.3	6.5	38.30	21.49
S	86.0	L	W	G	R	Y	Y	20.0	3 048.7	3.9	3 231.0	15.5	38.02	20.87
S	97.5	L	W	G	E	Y	Y	20.0	2 931.8	5.6	2 625.4	5.1	41.34	17.55
S	97.2	L	P	G	R	Y	Y	12.0	2 422.9	8.0	2 298.8	4.6	38.36	19.30
S	103.0	E	W	G	R	Y	Y	20.1	3 032.7	3.5	3 032.4	12.6	36.28	21.91
S	102.0	E	W	G	R	Y	Y	19.7	3 038.3	2.9	3 484.0	8.8	37.81	21.26
S	104.0	E	P	G	R	Y	Y	20.1	2 928.0	2.3	3 137.5	6.7	38.07	21.54
S	90.0	L	W	G	R	Y	Y	17.7	3 245.5	7.4	3 182.6	5.5	40.22	18.56
S	65.0	L	P	G	R	Y	Y	16.7	3 173.5	15.9	3 119.4	16.6	38.78	20.56
S	115.0	O	W	G	R	Y	Y	22.6	3 123.0	5.8	3 364.7	13.6	40.12	19.70
S	98.9	O	W	G	R	Y	Y	19.7	3 291.0	7.2	3 277.5	15.3	41.20	20.47
S	90.0	E	P	T	R	Y	Bl	17.0	3 116.3	7.8	3 341.9	6.5	37.08	23.36
S	115.0	E	W	G	R	Y	Br	23.2	3 098.2	11.0	3 251.2	18.1	39.27	20.35
S	105.0	E	W	T	R	Y	Br	19.6	3 131.2	12.3	3 082.2	13.5	39.12	22.22
S	86.0	E	P	T	R	Y	Bl	18.9	3 101.3	7.2	3 537.9	34.2	41.18	20.60
N	100.0	E	P	G	R	Y	Y	18.6	3 110.0	11.4	3 323.2	22.4	37.33	19.93
S	115.0	E	W	G	R	Y	Y	22.4	3 087.0	10.5	3 294.5	21.3	36.39	21.00
S	105.0	E	W	G	R	Y	Y	22.2	3 160.2	6.5	3 351.1	27.1	41.59	18.83
S	81.3	E	P	G	R	Y	Bf	19.1	3 266.7	8.6	3 109.3	7.6	39.82	20.89
D	84.0	E	W	G	R	Y	Br	19.3	3 976.5	6.2	3 928.5	4.9	37.29	20.25
S	95.0	R	P	G	R	Y	Y	21.0	3 136.7	18.8	3 272.4	21.4	37.80	22.56
S	100.0	E	W	T	E	Y	Bf	21.0	3 088.6	10.8	3 403.5	11.0	39.76	21.50
S	104.0	L	P	G	E	Y	Y	19.2	2 817.0	6.5	2 991.0	11.0	38.88	20.63
S	98.0	E	W	T	E	Y	Y	18.0	3 140.0	11.1	3 016.2	11.5	39.68	20.64

Cultivars	Released year	Sowing type	Female	Male	Gp (d)
285 Jinong 33	2013	Nsp	Jilin 38	Yi 3	126
286 Jinong 34	2013	Nsp	Jinong 9922-2	ARIRA	126
287 Jinong 35	2013	Nsp	Jinong 9922-2	ARIRA	120
288 Jinong 36	2013	Nsp	CN03-29	Jinongcn 03-30	129
289 Jinong 37	2014	Nsp	Jilin 30	Jinong 9616-1-6	129
290 Jinong 38	2014	Nsp	CUNA	Jinong 9922-2	122
291 Jinong 39	2014	Nsp	Jiujiao 9638-7	Jinong 9128-27	129
292 Jinong 40	2014	Nsp	SY05-9	SY05-8	127
293 Oukedou 25	2009	Nsp	Heinong 38	Jinong 10	123
294 Jidou 4	2011	Nsp	Jiunong 21	Xin 34-1	130
295 Ping'andou 8	2006	Nsp	Jiu 9638-7	Sui 98-6023	132
296 Ping'andou 16	2005	Nsp	Heihe 54	Pingyin 341	115
297 Ping'andou 49	2007	Nsp	Suinong 11	Gongjiao 90117-12	116
298 Ping'andou 80	2011	Nsp	Jiu 9638-7	Sui 98-6023	128
299 Jiunong 31	2005	Nsp	Jilin 30	Suinong 14	126
300 Jiunong 33	2005	Nsp	Jiujiao 92108-15-1	Jiunong 20	132
301 Jiunong 34	2007	Nsp	Jiujiao 8799	Century-2	131
302 Jiunong 35	2008	Nsp	Jiujiao 7714-12	Jiujiao 8909-16-3	130
303 Jiunong 36	2009	Nsp	Jiujiao 9194-22-1	Jiujiao 94100-2	131
304 Jiunong 39	2011	Nsp	Ha 96-29	Chang B96-41	132
305 Jikehuangdou 20	2014	Nsp	Changnong 13	A1566	129
306 Jifeng 4	2005	Nsp	Hefeng 25	Fengjiao 7607	112
307 Jidadou 1	2009	Nsp	Jiujiao 90102-3	Bianjing soybean from China	124
308 Jidadou 2	2009	Nsp	Jilin 38	96-1	131
309 Jidadou 3	2011	Nsp	98-5044	8631-13	130
310 Jidadou 5	2013	Nsp	9621	8898-8	119
311 Jilidou 1	2007	Nsp	Hefeng 35	Limin 89012	120
312 Jilidou 2	2006	Nsp	Mutant line from field		118
313 Jilidou 3	2008	Nsp	89-9	Limin 96018	122
314 Jilidou 4	2010	Nsp	Jiyu 47	Limin 98006	112
315 Jilidou 5	2013	Nsp	Shiji 1	Taikong 1	120
316 Yannong 12	2011	Nsp	Heinong 38	Yi 3	120
317 Yannongxiaolidou 1	2006	Nsp	Yanjiao 8302	Yanjiao 75-14	117
318 Yanyu 1	2014	Nsp	Jilinxiaoli 3	Dongnong 690	115
319 Tongnong 943	2011	Nsp	Tongjiao 90-85	Tongjiao 88-662	129
320 Bainong 11	2006	Nsp	Bainong 9	Hebeidaihuangdou	127
321 Bainong 12	2006	Nsp	Bainong 9	Hebeidaihuangdou	123

(Continued)

St	Ph (cm)	Ls	Fc	Pc	Ss	Sc	Hc	SW (g)	Yield of regional test (kg/hm^2)	Increased (±%)	Yield of adaptability (kg/hm^2)	Increased (±%)	Protein content (%)	Fat content(%)
S	100.0	E	P	G	E	Y	Br	19.2	3 097.2	4.9	3 423.4	6.9	37.55	21.19
S	90.0	E	P	T	E	Y	Br	21.6	3 098.8	8.0	3 678.8	8.5	40.13	20.09
S	95.0	E	W	T	E	Y	Y	20.2	3 312.1	4.2	3 088.6	7.4	39.93	22.26
N	110.0	L	P	G	E	Y	Y	20.2	3 068.4	6.1	3 659.1	6.9	37.55	21.19
S	90.0	L	P	G	E	Y	Y	19.2	3 216.8	6.4	3 284.2	8.8	40.07	19.15
S	90.0	O	W	G	E	Y	Y	20.9	3 311.9	3.1	3 116.1	4.0	36.24	21.52
S	115.0	E	P	G	R	Y	Y	19.8	3 342.8	10.6	3 382.2	12.1	39.43	19.72
S	95.0	E	P	G	R	Y	Y	18.2	3 181.2	2.3	3 288.6	8.9	36.60	21.85
S	87.5	R	W	G	R	Y	Y	20.0	3 107.4	9.6	2 889.1	7.1	37.07	21.18
N	102.0	L	P	G	R	Y	Y	20.5	2 809.0	6.4	2 921.8	8.4	38.60	21.83
N	100.0	L	P	G		Y	Y	19.0	3 085.0	6.9	2 940.0	6.8	39.89	20.27
N	100.0	L	P	G	R	Y	Y	22.0	2 511.0	4.2	2 955.5	11.9	41.62	18.72
N	85.0	L	W	G	R	Y	Y	20.0	3 037.0	8.6	3 192.0	9.3	37.82	20.02
N	90.0	R	W	G	R	Y	Y	24.0	3 138.3	12.6	3 413.0	11.3	38.30	21.05
S	93.0	L	W	G	R	Y	Y	16.0	2 458.0	6.5	2 476.0	5.9	42.30	19.56
N	115.0	R	P	G	R	Y	Y	27.0	3 067.2	7.0	3 178.3	6.8	40.97	19.40
S	95.0	R	W	G	R	Y	Br	18.0	3 060.7	13.1	3 139.6	14.1	38.53	21.85
S	79.5	R	W	G	E	Y	Br	15.6	3 165.0	3.9	3 156.0	3.1	39.30	21.56
S	90.0	R	P	G	R	Y	Y	22.0	3 197.9	6.3	3 039.4	5.2	38.54	20.49
S	105.0	R	P	G	R	Y	Y	18.0	3 161.7	4.0	3 299.8	7.6	38.96	22.29
S	108.0	L	W	G	R	Y	Y	19.7	2 991.4	4.3	3 219.1	6.6	37.13	20.64
S	108.0	L	P	G	R	Y	Y	12.0	2 637.0	16.6	2 592.0	15.3	41.20	20.47
S	90.0	L	P	G	R	Y	Y	19.0	2 137.4	9.0	2 407.8	4.5	37.98	19.31
S	90.0	E	W	G	R	Y	Y	23.5	3 127.7	4.0	3 108.9	7.6	36.87	22.12
S	90.0	E	W	G	R	Y	Y	21.0	2 822.9	6.9	2 840.9	5.4	37.73	20.41
S	90.0	L	P	G	R	Y	Y	20.7	2 870.1	10.4	2 635.5	6.6	34.88	24.09
D	77.4	L	W	G	R	Y	Br	21.0	3 107.1	10.6	3 377.2	16.4	38.75	20.55
S	81.9	L	W	G	R	Y	Y	21.4	2 627.9	8.6	2 807.8	9.2	37.65	22.13
D	83.7	L	P	G	R	Y	Y	20.4	2 489.2	19.7	2 008.5	11.0	40.38	21.84
S	95.0	E	W	G	R	Y	Y	24.2	2 637.0	16.6	2 592.0	15.3	41.20	20.47
S	75.0	L	W	G	R	Y	Y	22.1	2 335.3	5.3	2 684.3	11.4	39.03	20.45
S	92.5	E	P	T	R	Y	Y	18.0	2 618.0	9.6	2 917.6	9.8	40.76	21.23
S	85.0	L	W	G	R	Y	Y	8.4			2 345.0	6.1	41.41	18.28
S	95.0	L	W	G	R	Y	Y	8.5	2 187.5	11.0	2 383.2	12.4	36.59	18.33
S	108.3	R	W	G	R	Y	Y	22.2	3 080.3	10.5	3 500.5	14.1	40.87	21.07
S	99.4	L	W	G	R	Y	Y	18.1	2 561.1	11.6	2 664.7	11.5	39.78	20.13
S	96.0	O	W	G	R	Y	Br	21.2	2 321.6	11.0	2 335.7	7.7	38.56	21.09

Cultivars	Released year	Sowing type	Female	Male	Gp (d)
322 Fengjiao 2004	2007	Nsp	Fengjiao 7607	Tongnong 10	129
323 Jinyuan 20	2006	Nsp	Systematic selection from Nongken 39		123
324 Yuanyu 20	2007	Nsp	Systematic selection from Jilin 20		127
325 Dandou 13	2007	Nsp	Dan B102	Tiefeng 29	133
326 Dandou 14	2007	Nsp	Dandou 11	Aofeng 1	131
327 Dandou 15	2010	Nsp	Dandou 11	L81-544	136
328 Dandou 16	2012	Nsp	Dandou 12	LS95-11-3	130
329 Dongdou 9	2005	Nsp	Systematic selection from Kaijiao 8157		128
330 Dongdou 16	2011	Nsp	Kaijiao 8157	Dongnong 163	119
331 Dongdou 29	2007	Nsp	Kaijiao 7310A-1-4	Kaijiao 7305-9-1-16	126
332 Dongdou 50	2008	Nsp	Kaijiao 7305-9-7	Kaixinzao	122
333 Dongdou 100	2009	Nsp	Kaijiao 7310A-1-4	Kaijiao 7305-9-1-16	131
334 Dongdou 339	2008	Nsp	Kaijiao 9810-7	Tiefeng 29	131
335 Dongdou 1201	2012	Nsp	Kaiyu 11	Tiefeng 33	136
336 Dongdou 027	2013	Nsp	Kaijiao 9821-1	Dongdou 02028	127
337 Dongdou 641	2013	Nsp	Kaijiao 7305-9-7	Jiunong 26	122
338 Meifeng 18	2010	Nsp	Kjiao 7305-9-7	Kaixinzao	129
339 Fudou 17	2007	Nsp	Fu 82-47	Dongjing 1	120
340 Fudou 18	2008	Nsp	Fu 82-47	Dongjing 1	126
341 Fudou 19	2009	Nsp	Fu 210-4	Fu 82-47	124
342 Fudou 20	2009	Nsp	Fu 97-16 Zao	Fu 82-47	123
343 Fudou 21	2010	Nsp	Fu 97-16 Zao	Fu 8412	127
344 Fudou 22	2011	Nsp	Fu 210-3	Changnong 043	125
345 Fudou 23	2012	Nsp	Fujiao 96	Suinong 14	120
346 Fudou 24	2013	Nsp	Fudou 18	Heinong 58	119
347 Fudou 25	2014	Nsp	Fujiao 90-34	SOY-176	121
348 Qixing 1	2007	Nsp	Systematic selection from Tai 75		88
349 Qinghe 1	2007	Nsp	Systematic selection from Qingyuan-gandou 84		122
350 Hangfeng 2	2006	Nsp	Tiefeng 29	Jilin 30	130
351 Jinyu 38	2010	Nsp	Jin 8919-6	Jin 9005-5	135
352 Jinyudou 39	2014	Nsp	90A	Jindou 36	131
353 Kaiyu 13	2005	Nsp	Xin 3511	K10-93	125
354 Kaichuangdou 14	2007	Nsp	Kai 9075	Kai 8532-11	128
355 Kaidou 16	2010	Nsp	Kai 95061-1	Kai 9028-2	128
356 Hongdou 1	2006	Nsp	Kaijiao 8157	Taiwan 292	121
357 Handou 1	2014	Nsp	Tiedou 38	Zhonghuang 20	131
358 Liaodou 18	2006	Nsp	Liao 89094	Liao 93040	132

(Continued)

St	Ph (cm)	Ls	Fc	Pc	Ss	Sc	Hc	SW (g)	Yield of regional test (kg/hm^2)	Increased (±%)	Yield of adaptability (kg/hm^2)	Increased (±%)	Protein content (%)	Fat content(%)
S	96.3	R	W	G	R	Y	Y	23.7	3 116.3	5.0	3 338.0	26.2	38.80	19.15
S	90.0	L	P	G	R	Y	Y	19.2	2 446.9	5.6	2 597.3	8.7	39.42	21.96
S	90.0	L	P	G	R	Y	Y	19.0	2 637.0	5.1	2 986.0	15.2	37.59	21.35
D	80.5	E	W	G	E	Y	Y	20.4	2 771.6	16.2	2 902.7	19.8	42.46	19.00
D	78.4	E	W	G	E	Y	Y	20.7	2 631.9	10.4	2 759.7	13.9	41.00	20.48
S	120.5	E	W	T	E	Y	Y	19.7	3 306.0	14.3	3 072.0	17.0	42.39	20.79
D	94.4	E	P	G	E	Y	Y	24.7	2 559.0	14.0	2 889.0	12.8	41.24	20.37
D	73.4	E	P	G	R	Y	Y	21.9	2 846.1	8.2	3 064.2	16.6	40.16	21.95
S	85.1	L	P	G	R	Y	Y	21.9	2 719.5	12.8	2 523.0	9.8	40.11	22.65
D	73.2	E	P	G	R	Y	Bu	22.6	2 940.9	9.0	3 118.5	14.7	41.92	20.94
D	62.0	E	P	G	R	Y	Y	22.5	2 885.1	10.2	3 025.4	12.9	40.68	21.23
D	66.1	R	P	G	R	Y	Bu	23.8	2 940.0	9.0	3 325.5	5.6	41.15	21.09
D	61.3	R	P	G	E	Y	Br	24.9	3 240.0	20.1	3 007.5	16.6	42.28	20.39
D	96.0	E	W	G	R	Y	Y	25.4	2 836.5	18.3	3 117.0	21.7	42.35	20.20
D	72.0	E	W	G	R	Y	Y	25.4	2 865.0	13.9	3 100.5	10.8	41.13	20.40
S	88.0	E	W	G	R	Y	Y	20.0	2 836.5	12.8	3 118.5	11.4	39.15	22.73
D	84.9	E	P	G	R	Y	Y	21.2	3 037.5	13.1	2 628.0	12.7	40.29	20.96
D	75.1	E	W	G	R	Y	Y	18.4	2 621.0	4.5	2 522.6	10.3	36.74	24.10
S	88.5	E	P	G	R	Y	Y	18.3	2 914.7	11.7	2 976.3	11.1	39.33	21.79
S	92.8	L	W	G	R	Y	Y	18.5	3 117.9	11.4	2 933.9	10.1	42.27	20.07
S	83.3	E	W	G	R	Y	Y	20.3	3 098.8	10.2	3 036.2	14.4	38.22	22.91
D	78.4	E	P	G	R	Y	Y	25.1	3 010.5	11.9	2 559.0	9.8	39.41	21.38
D	75.0	E	P	G	R	Y	Y	27.6	2 632.5	9.2	2 680.5	16.7	39.93	21.94
S	77.1	E	W	G	R	Y	Y	21.8	2 710.5	13.3	2 533.5	11.4	37.36	23.74
D	76.1	L	W	G	R	Y	Y	19.7	2 784.0	10.7	3 112.5	11.2	40.37	21.44
N	86.7	E	P	T	R	Y	Y	17.6	3 093.0	15.7	3 042.0	13.1	38.06	21.20
D	32.4	R	W	G	E	G	Br	63.0(※)	12 021.0(*)	14.7	12 711.0(*)	22.0		
D	69.6	E	P	G	R	Y	Y	22.8	2 554.8	1.9	2 524.1	10.3	38.38	22.01
D	66.3	R	P	G	E	Y	Y	22.7	2 875.5	11.0	2 506.5	8.0	41.66	20.85
D	103.5	R	P	G	E	Y	Y	26.9	3 168.0	15.0	2 893.5	9.0	42.44	20.65
D	99.4	E	P	G	E	Y	Y	26.6	3 142.5	15.8	2 704.5	18.8	41.76	20.49
D	83.8	E	P	G	E	Y	Y	22.7	3 150.5	11.7	3 227.7	15.0	40.45	20.89
D	80.0	E	P	G	R	Y	Y	25.6	2 758.2	10.0	2 570.6	12.4	40.83	20.38
D	98.9	E	P	G	R	Y	Y	20.1	3 039.0	13.2	2 605.5	11.8	37.53	21.85
D	78.3	E	P	G	R	Y	Y	29.4	2 655.0	10.1	2 502.0	8.9	42.10	18.70
D	83.6	E	P	G	R	Y	Y	24.0	3 112.5	13.3	2 626.5	15.4	41.52	21.16
S	93.7	E	W	G	R	Y	Y	23.9	2 569.8	13.1	2 643.3	19.3	43.27	21.44

Cultivars	Released year	Sowing type	Female	Male	Gp (d)
359 Liaodou 22	2006	Nsp	Liao 8878-13-9-5	Liao 93010-1	130
360 Liaodou 23	2006	Nsp	Liaodou 10	Liao 91086-18-1	130
361 Liaodou 24	2007	Nsp	Liaodou 3	Yipinzhong	129
362 Liaodou 25	2007	Nsp	Liao 8878-13-9-5	Liao 93017-1	127
363 Liaodou 26	2008	Nsp	Liao 8880	IOA22	129
364 Liaodou 28	2009	Nsp	Liao 92112	Jinyi 20	137
365 Liaodou 29	2009	Nsp	Chengdou 6	Tiefeng 34	129
366 Liaodou 30	2010	Nsp	Liao 87041	Liao 8887	135
367 Liaodou 31	2010	Nsp	Liao 8864	Gongjiao 7291	128
368 Liaodou 32	2011	Nsp	Motto	Liao 21051	121
369 Liaodou 33	2011	Nsp	Shennong 9410	Liao 95045-4-12-5	125
370 Liaodou 34	2011	Nsp	Liao 93042	Liao 95273	129
371 Liaodou 35	2012	Nsp	Liao 91111	Tiefeng 34	124
372 Liaodou 36	2012	Nsp	Liaodou 16	Suinong 20	125
373 Liaodou 37	2013	Nsp	Liaodou 18	Tie 95124	129
374 Liaodou 38	2013	Nsp	Tiefeng 35	Changnong 12	133
375 Liaodou 39	2013	Nsp	Liao 8880	Tie 95091-5-2	130
376 Liaodou 40	2013	Nsp	Tie 94026-4	Hangtian 2	124
377 Liaodou 41	2013	Nsp	Liaodou 17	Hangtian 2	127
378 Liaodou 42	2014	Nsp	Tie 95091-5-1	Tie 9868-10	128
379 Liaodou 43	2014	Nsp	Shennong 6	Changnong 1	129
380 Liaodou 44	2014	Nsp	Liaodou 14	Jidou 17	129
381 Liaodou 45	2014	Nsp	Tie 97047-2	Liaodou 16	127
382 Liaoxiandou 2	2014	Nsp	Liao 99011-6	Liaoxian 1	99
383 Liaoxuan 2	2006	Nsp	Jidou 4	Jilin 21	132
384 Shoudou 33	2011	Nsp	Ls8738A-9	Yexun F25-1	124
385 Shoudou 34	2013	Nsp	LS8738A-9	Yuantian 23	124
386 Dengdou 1	2014	Nsp	Nenfeng 16	Heinong 38	116
387 Shennong 9	2007	Nsp	Shennong 92-16	I030	129
388 Shennong 10	2007	Nsp	Shennong 92-16	Shennong 91-44	129
389 Shennong 11	2008	Nsp	Liaodou 3	Jidou 4	124
390 Shennong 12	2009	Nsp	Shennong 7	Darby	132
391 Shennong 16	2010	Nsp	Tiefeng 27	OhioFG1	125
392 Shennong 17	2011	Nsp	Tiefeng 27	Shendou 4	125
393 Shennong 18	2012	Nsp	Shennong 91-6053	Shennong 92-16	130
394 Shennongdou 19	2014	Nsp	Tiefeng 27	FLINT	132

(Continued)

St	Ph (cm)	Ls	Fc	Pc	Ss	Sc	Hc	SW (g)	Yield of regional test (kg/hm^2)	Increased (±%)	Yield of adaptability (kg/hm^2)	Increased (±%)	Protein content (%)	Fat content(%)
S	96.8	R	P	G	E	Y	Y	21.4	2 800.5	8.2	2 607.0	12.3	41.29	21.66
D	73.9	E	P	G	R	Y	Y	22.7	2 877.3	14.8	2 804.7	8.3	44.68	19.10
S	93.0	R	P	G	R	Y	Y	20.4	2 854.5	7.9	2 743.5	8.9	39.86	20.91
S	102.2	E	P	G	R	Y	Y	21.4	2 747.0	8.7	2 740.5	4.5	42.87	21.15
D	92.5	E	P	G	R	Y	Y	25.3	2 695.5	10.7	2 782.4	12.5	42.68	20.49
D	89.4	E	W	G	R	Y	Y	22.0	3 200.7	13.5	3 709.7	16.4	41.77	21.31
D	100.2	L	W	G	R	Y	Y	21.8	3 166.8	12.3	3 572.3	12.0	42.74	20.53
S	113.0	E	P	G	R	Y	Y	22.8	3 222.0	12.1	2 937.0	10.6	43.44	20.59
D	92.2	L	W	G	R	Y	Y	21.4	3 193.5	10.4	2 898.0	10.3	41.95	19.89
S	85.5	E	P	T	R	Y	Br	19.1	2 931.0	21.6	2 874.0	25.1	38.14	22.88
D	84.8	E	P	G	R	Y	Y	23.0	2 683.5	11.8	2 485.5	12.0	42.04	20.44
D	96.5	E	P	G	R	Y	Y	25.5	2 671.5	11.3	2 536.5	14.3	42.66	20.24
D	85.2	E	P	G	R	Y	Y	25.3	2 637.0	17.4	2 913.0	13.7	40.52	21.12
D	84.8	E	P	G	R	Y	Y	26.9	2 628.0	17.1	3 160.5	23.4	42.94	20.23
S	94.8	E	P	G	R	Y	Y	22.1	3 354.0	13.1	3 288.0	12.0	41.39	21.31
D	90.9	E	P	G	R	Y	Y	23.8	3 157.5	6.5	3 549.0	7.9	40.50	22.47
D	85.7	E	W	G	R	Y	Y	24.4	2 980.5	17.0	3 073.5	14.3	40.86	20.80
D	79.4	E	P	G	R	Y	Y	24.5	2 817.0	10.6	3 063.0	13.9	41.85	19.51
D	81.6	E	P	G	R	Y	Y	25.3	2 850.0	11.9	3 019.5	12.3	41.75	20.21
D	84.8	E	W	T	R	Y	Y	25.1	3 036.0	13.6	3 067.5	11.0	43.41	19.19
S	94.3	E	P	G	R	Y	Y	21.8	3 070.5	8.1	2 755.5	12.6	41.39	21.00
S	86.6	E	W	T	R	Y	Bl	17.8	3 121.5	16.9	3 232.5	16.9	41.01	21.23
S	84.0	E	P	G	E	Y	Y	21.2	3 066.0	11.6	2 584.5	13.5	42.68	19.95
D	51.0	E	W	G	R	G	Br	71.9(※)	13 723.5(*)	22.1	13 837.5(*)	19.3		
S	98.3	E	W	G	R	Y	Y	22.5	2 753.0	11.3	2 829.8	9.7	43.59	20.42
D	88.4	E	P	G	E	Y	Y	27.2	2 683.5	11.9	2 446.5	10.2	43.67	20.09
D	90.0	E	P	G	E	Y	Y	27.2	2 946.0	15.8	3 036.0	12.9	40.81	20.49
S	70.0	L	W	G	R	Y	Y	25.5	2 805.0	4.9	2 952.0	9.7	38.15	21.92
S	88.7	R	W	T	R	Y	Bl	16.5	2 770.5	7.0	2 782.5	10.5	39.49	21.55
S	120.5	E	W	G	R	Y	Bf	20.3	2 681.6	12.5	2 794.1	15.3	42.82	19.52
S	105.3	E	P	T	R	Y	Bl	20.3	2 933.4	5.6	2 966.3	4.1	40.71	22.44
S	82.6	R	P	G	R	Y	Br	15.5	3 754.5	10.6	3 240.0	2.9	38.48	21.70
D	81.0	E	P	T	R	Y	Y	22.6	3 285.0	13.0	2 986.5	18.4	42.48	20.50
S	101.3	E	P	T	R	Y	Br	21.1	2 679.0	11.7	2 488.5	12.1	44.59	20.71
S	106.0	E	P	G	R	Y	Y	24.9	2 869.5	6.6	3 028.5	3.7	41.39	21.85
S	115.9	E	P	T	R	Y	Y	19.9	2 971.5	5.7	2 610.0	6.7	38.31	22.35

Cultivars	Released year	Sowing type	Female	Male	Gp (d)
395 Shennongdou 20	2014	Nsp	Shennong 98-118	Gongjiao 91144-3	126
396 Kuifeng 1	2008	Nsp	Tiefeng 31	Liao 91111	132
397 Kuixian 2	2014	Nsp	Liaoxian 1	Dan 96-5003	94
398 Xidou 5	2014	Nsp	Xiandou 14	Yudou 12	126
399 Yunongdou 6	2014	Nsp	Liaoxian 1	Jiqing 138	99
400 Tiedou 36	2005	Nsp	Tie 90009-4	Tie 89078-10	130
401 Tiedou 37	2005	Nsp	Tie 89034-10	Tiefeng 29	130
402 Tiedou 38	2005	Nsp	Tie 91114-8	Tie 91088-12	128
403 Tiedou 39	2006	Nsp	Tie 89012-3-4	Tie 89078-7	128
404 Tiedou 40	2006	Nsp	Tie 89078-7	Tie 92035-10-1	132
405 Tiedou 41	2006	Nsp	Tie 89034-10	Tie 91088-3	126
406 Tiedou 42	2007	Nsp	Tie 89012-3-4	Tie 89078-7	129
407 Tiedou 43	2007	Nsp	Tie 92022-4	Liao 8880-10-6-1-5	123
408 Tiedou 44	2007	Nsp	Tie 93067-5	Tie 92022-8	123
409 Tiedou 45	2008	Nsp	Xin 3511	Amos 8	127
410 Tiedou 46	2008	Nsp	Tie 92022-4	Liao 8880-10-6-1-5	126
411 Tiedou 47	2008	Nsp	Tie 93067-5	Amos 8	126
412 Tiedou 48	2009	Nsp	Tie 93177-12	Tie 94040-14	128
413 Tiedou 49	2009	Nsp	Tie 93058-19	Tiefeng 29	135
414 Tiedou 50	2009	Nsp	Kaiyu 10	sb.pur-24	129
415 Tiedou 51	2010	Nsp	Xin 3511	Xianfeng x-1	127
416 Tiedou 52	2010	Nsp	Xin 3511	Amos15	128
417 Tiedou 53	2010	Nsp	Tie 91057-5	Amos14	127
418 Tiedou 54	2010	Nsp	Sb.Pur-24	Tiefeng 30	129
419 Tiedou 55	2010	Nsp	Xin 3511	sb.in-1	127
420 Tiedou 56	2010	Nsp	Tie 94036-1	Tie 94018-4	131
421 Tiedou 57	2010	Nsp	Tiefeng 34	Kai 9201A	131
422 Tiedou 58	2010	Nsp	Tie 93058-19	Tie 94078-8	133
423 Tiedou 59	2011	Nsp	Tiefeng 34	Aussia Dali	131
424 Tiedou 60	2011	Nsp	Tiefeng 33	Tie 96051-1	125
425 Tiedou 61	2011	Nsp	Tiefeng 33	sb.pur-17	134
426 Tiedou 63	2011	Nsp	Tiefeng 31	Ha 94-4478	131
427 Tiedou 64	2012	Nsp	Tiefeng 34	Liao 99-27	130
428 Tiedou 65	2012	Nsp	Tiefeng 34	Dalihuang from American	129
429 Tiedou 66	2012	Nsp	Tiefeng 31	Ha 94-4478	127
430 Tiedou 67	2012	Nsp	Tiefeng 33	Shenjiao 92139-2	132
431 Tiedou 68	2013	Nsp	Tie 93172-11	Kai 8930-1	130

(Continued)

St	Ph (cm)	Ls	Fc	Pc	Ss	Sc	Hc	SW (g)	Yield of regional test (kg/hm^2)	Increased (±%)	Yield of adaptability (kg/hm^2)	Increased (±%)	Protein content (%)	Fat content(%)
S	102.8	L	W	G	R	Y	Y	21.2	3 129.0	17.1	3 096.0	12.0	38.82	22.29
S	95.2	R	P	T	R	Y	Y	21.8	3 111.0	15.4	3 028.5	17.4	42.54	20.79
D	53.5	E	W	G	R	G	Y	78.1(※)	12 612.0(*)	12.2	13 077.0(*)	12.8		
S	95.8	E	W	T	R	Y	Br	20.0	3 151.5	18.0	3 280.5	18.7	39.08	21.33
D	54.5	E	W	G	R	G	Br	75.5(※)	13 180.5(*)	17.3	12 762.0(*)	10.0		
D	78.4	E	P	G	E	Y	Y	25.8	3 031.7	14.6	3 113.7	17.6	40.42	21.65
D	73.2	E	W	G	E	Y	Y	27.5	2 925.9	17.9	3 533.4	25.0	40.64	21.06
D	83.6	E	P	G	E	Y	Y	21.1	2 920.2	8.0	3 189.8	13.1	40.12	21.48
D	81.8	E	P	G	E	Y	Y	23.2	3 003.3	12.6	2 990.1	19.5	43.44	20.67
D	105.8	E	P	G	E	Y	Y	23.8	2 952.3	12.2	2 887.5	15.5	42.00	20.79
D	78.5	E	W	G	E	Y	Y	20.9	2 805.3	5.8	2 690.9	6.9	43.94	20.72
D	84.9	E	P	G	R	Y	Y	25.4	2 936.3	8.1	3 210.2	18.1	43.02	19.65
S	80.3	E	P	G	E	Y	Y	21.4	2 814.9	12.2	2 878.2	25.8	41.85	20.79
S	77.6	E	P	G	E	Y	Bf	21.8	2 806.8	11.9	2 608.7	14.0	41.14	22.42
S	97.3	R	P	G	E	Y	Br	19.2	2 926.5	10.7	2 767.5	9.9	40.01	20.87
S	91.4	E	P	G	E	Y	Y	21.5	3 093.2	11.3	3 028.2	6.2	42.48	20.30
S	97.2	E	P	T	E	Y	Y	21.8	2 964.9	13.3	3 056.6	14.1	42.90	21.83
D	83.4	L	P	G	E	Y	Y	22.8	3 225.0	6.8	3 298.5	6.2	40.81	21.70
D	84.3	E	P	G	E	Y	Y	23.1	3 594.2	18.5	3 698.3	17.7	41.56	21.40
S	98.2	E	W	G	E	Y	Y	19.4	3 161.6	12.5	3 080.0	15.8	39.06	22.85
S	92.9	E	W	G	E	Y	Y	22.7	3 210.0	11.7	2 853.0	7.5	40.36	22.16
S	83.4	E	P	G	E	Y	Y	21.6	3 018.0	12.2	2 745.0	17.8	39.86	21.32
S	82.3	E	P	G	E	Y	Y	19.3	3 384.0	16.9	3 136.5	19.4	39.62	22.49
S	81.1	E	P	T	E	Y	Y	18.5	3 012.0	12.0	2 575.5	10.5	37.90	22.96
S	83.0	E	P	G	E	Y	Y	20.3	2 947.5	9.8	2 542.5	9.1	40.31	21.93
D	80.7	L	P	G	E	Y	Y	22.4	3 151.5	9.6	2 988.0	12.5	44.20	20.27
D	99.2	E	W	T	E	Y	Y	22.4	3 123.0	9.8	2 901.0	9.3	40.93	20.91
D	94.2	E	P	G	E	Y	Y	23.4	3 211.5	11.7	3 027.0	14.0	40.56	21.93
D	96.0	E	W	T	E	Y	Y	25.7	2 752.5	10.2	2 766.0	10.4	41.76	21.57
S	94.3	E	P	G	E	Y	Y	24.7	2 752.5	14.2	2 728.5	18.8	38.83	22.31
S	102.0	E	P	G	E	Y	Y	20.1	3 003.0	25.2	2 851.5	28.4	39.64	21.19
S	107.9	E	P	G	E	Y	Y	20.8	2 850.0	14.1	2 760.0	10.2	39.18	23.00
D	87.1	E	W	G	E	Y	Y	25.2	2 718.0	21.1	3 211.5	25.4	41.92	21.07
D	87.7	E	W	T	E	Y	Y	26.2	3 027.0	12.5	3 169.5	8.5	41.82	21.25
S	87.7	E	P	T	E	Y	Y	20.1	2 763.0	15.4	2 518.5	10.8	39.19	22.56
S	108.8	E	W	G	E	Y	Bu	21.7	3 204.0	19.1	3 363.0	15.2	40.84	22.48
D	86.1	E	P	G	E	Y	Y	26.7	3 249.0	9.6	3 736.5	13.6	38.77	22.13

Cultivars	Released year	Sowing type	Female	Male	Gp (d)
432 Tiedou 69	2013	Nsp	Tie 95091-5-1	Tie 95159-1-8	129
433 Tiedou 70	2013	Nsp	Tie 95091-5-1	K xin D115A	125
434 Tiedou 71	2013	Nsp	Tie 96043-10	Liao 95024	127
435 Tiedou 72	2014	Nsp	Tie 95091-5-2	Tie 96037-1	126
436 Tiedou 73	2014	Nsp	Tiefeng 33	Darby	128
437 Tiedou 74	2014	Nsp	Tiefeng 34	Darby	134
438 Tiedou 75	2014	Nsp	Tie 97075-2	Tiefeng 33	130
439 Yongwei 6	2008	Nsp	Systematic selection from Tiefeng 31		133
440 Yongwei 9	2007	Nsp	Systematic selection from Tiefeng 31		128
441 Xiudou 2003-3	2011	Nsp	Xiudou 94-11	99-8	130
442 Xiuyudou 1	2012	Nsp	J11995	Dan 806	135
443 Mengdou 16	2005	Nsp	Bei 03-286	Mengdou 7	106
444 Mengdou 18	2007	Nsp	Suinong 11	Beifeng 14	113
445 Mengdou 19	2006	Nsp	Mengdou 9	Mengdou 7	96
446 Mengdou 21	2006	Nsp	Suinong 10	Mengdou 9	110
447 Mengdou 24	2006	Nsp	Systematic selection from 94-96		125
448 Mengdou 25	2007	Nsp	Systematic selection from Mengdou 24		120
449 Mengdou 26	2007	Nsp	Suinong 10	Mengdou 9	113
450 Mengdou 28	2008	Nsp	Suinong 11	Beifeng 14	113
451 Mengdou 30	2009	Nsp	Mengdou 16	89-9	114
452 Mengdou 31	2011	Nsp	Neidou 4	Mengdou 19	88
453 Mengdou 32	2010	Nsp	Neidou 4	Hujiao 03-932	94
454 Mengdou 33	2010	Nsp	Mengdou 16	Dekabig	114
455 Mengdou 34	2012	Nsp	Zhongzuo 992	Mengdou 17	103
456 Mengdou 35	2012	Nsp	Mengdou 21	Zhongzuo 991	104
457 Mengdou 36	2012	Nsp	Mengdou 13	Heinong 37	108
458 Mengdou 37	2013	Nsp	Neidou 4	Mengdou 19	95
459 Mengdou 38	2013	Nsp	Mengdou 21	Heihe 38	101
460 Dengke 1	2009	Nsp	Mengdou 13	Kenjiandou 27	111
461 Dengke 2	2011	Nsp	Neidou 4	Hujiao 04-3	80
462 Dengke 3	2010	Nsp	Fengdou 2	Hujiao 03-286	106
463 Dengke 4	2012	Nsp	Mengdou 14	Heihe 18	111
464 Dengke 5	2012	Nsp	Heijiao 02-146	Heihe 38	108
465 Dengke 6	2012	Nsp	Suinong 10	Hujiao 03-286	103
466 Dengke 7	2013	Nsp	Mengdou 13	Suinong 6	106
467 Dengke 8	2013	Nsp	Suinong 10	Jiangmodou 1	108
468 Xingdou 5	2007	Nsp	Kangxian 2	Hei 88-3329	118

(Continued)

St	Ph (cm)	Ls	Fc	Pc	Ss	Sc	Hc	SW (g)	Yield of regional test (kg/hm^2)	Increased (±%)	Yield of adaptability (kg/hm^2)	Increased (±%)	Protein content (%)	Fat content(%)
D	87.1	E	W	G	E	Y	Y	22.3	2 922.0	14.7	3 021.0	12.3	41.13	19.88
D	83.9	E	W	G	E	Y	Y	25.1	2 913.0	14.4	2 980.5	10.8	40.02	20.78
S	87.0	E	P	G	E	Y	Y	20.5	2 935.5	16.5	3 174.0	13.4	40.16	20.82
D	78.9	E	W	G	E	Y	Y	21.8	2 974.5	11.3	3 048.0	13.3	41.23	20.61
S	90.9	E	W	G	E	Y	Y	21.2	3 052.5	14.3	3 117.0	12.8	41.44	20.99
S	107.1	E	P	G	E	Y	Bu	19.4	3 166.5	15.3	2 683.5	17.8	40.75	22.02
S	96.6	E	P	G	E	Y	Y	23.5	2 974.5	8.3	2 434.5	6.9	40.88	21.15
S	109.4	E	P	T	E	Y	Y	26.9	2 960.9	6.5	3 030.8	6.3	44.93	20.41
S	104.9	E	P	T	E	Y	Y	25.0	2 604.3	9.2	2 727.3	12.5	44.50	20.49
D	93.5	E	W	G	E	Y	Y	23.8	2 691.0	12.1	2 350.5	5.9	43.15	20.15
S	95.5	E	W	G	R	Y	Y	22.3	2 635.5	17.4	3 015.0	17.7	42.22	19.61
S	75.0	L	W	G	R	Y	Y	22.0	2 095.3	43.8	1 701.0	20.8	39.42	19.98
S	80.0	L	W	G	R	Y	Y	19.0	2 331.5	5.1	1 777.8	10.9	38.88	20.65
S	70.0	O	P	G	R	Y	Y	26.0	1 783.2	4.5	2 151.0	5.2	37.92	22.39
S	90.0	L	W	G	R	Y	Y	16.0	2 226.0	8.4	1 638.0	6.6	37.92	22.38
N	80.0	E	P	G	R	Y	Ib	16.0	2 459.3	21.6	2 022.0	19.0	38.58	22.68
N	80.0	O	P	T	R	Bl	Bl	15.0	2 223.5	19.4	2 260.5	7.7	34.79	22.43
S	85.0	L	P	G	R	Y	Y	21.0	1 868.3	6.6	1 626.0	5.7	41.95	22.77
S	70.0	L	W	G	R	Y	Y	19.0	2 005.5	16.7	1 744.5	14.0	38.41	21.97
S	80.0	L	W	G	R	Y	Bf	19.0	1 868.3	5.8	2 473.5	8.6	43.59	21.00
S	80.0	L	W	G	R	Y	Y	18.5	1 644.8	−4.6	1 675.5	−4.3	40.86	19.90
N	60.0	L	P	G	R	Y	Y	18.0	2 157.0	13.8	1 888.5	8.0	37.22	22.80
S	63.0	L	W	G	R	Y	Y	19.5	2 393.3	6.6	2 271.0	5.8	38.12	22.91
S	79.5	L	P	G	R	Y	Y	18.3	2 352.0	6.6	2 322.1	10.6	41.21	21.19
S	79.8	L	W	G	R	Y	Y	17.4	2 614.5	13.2	2 350.5	11.9	40.89	20.07
S	73.5	L	P	G	R	Y	Bf	16.4	2 476.5	7.9	2 088.0	8.6	45.49	19.39
S	74.2	L	W	G	R	Y	Y	19.2	2 127.0	7.3	2 061.0	9.0	43.43	20.83
S	68.7	L	W	G	R	Y	Bf	19.1	2 566.5	10.9	2 212.5	18.7	40.76	21.05
N	80.0	L	P	G	R	Y	Y	19.0	2 629.5	11.1	2 631.0	6.5	37.74	22.18
N	65.0	L	W	G	R	Y	Bf	19.0	1 415.3	−4.6	1 513.5	−3.8	38.23	22.03
S	70.0	O	P	G	R	Y	Bl	19.0	2 340.8	9.4	2 050.5	5.7	37.64	22.98
S	83.9	L	W	G	R	Y	Bf	19.0	2 515.5	9.3	2 076.0	7.4	38.19	21.03
S	67.7	L	P	G	R	Y	Y	19.0	2 599.5	11.2	2 500.5	7.1	38.35	21.91
S	77.2	L	P	G	R	Y	Y	19.3	2 412.0	9.3	2 475.0	8.1	40.56	21.61
N	90.3	L	P	G	R	Y	Y	18.1	2 599.5	12.9	2 019.0	7.8	41.11	19.19
N	82.8	L	P	G	R	Y	Y	19.8	2 488.5	8.8	2 422.5	11.4	41.19	20.86
N	100.0	O	P	G	R	Y	Br	20.0	2 402.3	10.4	1 940.0	11.8	37.87	21.40

Cultivars	Released year	Sowing type	Female	Male	Gp (d)
469 Chidou 3	2011	Nsp	Gongjiao 9210-11	Chidou 1	119
470 Xindadou 8	2006	Nsp	Sui 93-171	[Suinong 14 × (Sui 91-8837 × Jilin 27)F_1] F_1	120
471 Xindadou 9	2008	Nsp	Ha 95-5351	Sui 81045	122
472 Xindadou 11	2009	Nsp	Shidadou 2	931	120
473 Xindadou 13	2010	Nsp	98-1346	Huangbaijia	123
474 Xindadou 14	2010	Nsp	Xinxizao	8644	116
475 Xindadou 21	2012	Nsp	Heihe 5	Beyfield	88
476 Xindadou 22	2013	Nsp	96131-1	Nongda 9418	118
477 Xindadou 23	2013	Nsp	Gongye 03Y-1		128
478 Xindadou 25	2014	Nsp	NK0325		124
479 Xindadou 26	2014	Nsp	Fasciated stem soybean		124
480 Xindadou 28	2014	Nsp	Xiaolidou		120
481 Zhonghuang 29	2005	Nsp/Hsu	Lu 861168	Ludou 11	111
482 Zhonghuang 30	2006	Nsp	Zhongpin 661	Zhonghuang 14	124
483 Zhonghuang 31	2005	Hsu	ti15176	Century-2.3	114
484 Zhonghuang 33	2005	Hsu	Yudou 8	Jinyi 20	105-110
485 Zhonghuang 34	2006	Hsu	Jinyi 20	Yi-4	106
486 Zhonghuang 35	2006	Nsp/Hsu	(PI486355 × Yudou 10)F_3	Zheng 6062	100
487 Zhonghuang 36	2006	Hsu	Yi-2	Hobbit	102
488 Zhonghuang 37	2006	Hsu	95B020	Zaoshu 18	110
489 Zhonghuang 38	2007	Hsu	Yi-2	Hobbit	107
490 Zhonghuang 39	2006	Hsu	Zhongpin 661	Zhonghuang 14	105
491 Zhonghuang 40	2007	Hsu	Jindou 6	Yudou 12	104
492 Zhonghuang 41	2007	Hsu	Kefeng 14	Kexin 3	108
493 Zhonghuang 42	2007	Hsu	Youchu 4	Jindou 33	116
494 Zhonghuang 43	2008	Hsu	Jidou 7	Kexin 3	101
495 Zhonghuang 44	2009	Hsu	Kefeng 14	Kexin 3	107
496 Zhonghuang 45	2009	Hsu	Zhonghuang 21	WI995	107
497 Zhonghuang 46	2009	Hsu	ti15176	Century-2.3	106
498 Zhonghuang 47	2009	Hsu	D90	Tia	108
499 Zhonghuang 48	2010	Hsu	Kefeng 14	Kexin 3	107
500 Zhonghuang 49	2010	Hsu	Kefeng 14	Kexin 3	105
501 Zhonghuang 50	2010	Hsu	Zhonghuang 13	Zhongpin 661	106
502 Zhonghuang 51	2011	Hsu	Kefeng 14	Kexin 3	106
503 Zhonghuang 52	2010	Hsu	Jidou 7	Zaoshu 18	104
504 Zhonghuang 53	2010	Nsp	Zhongzuo M17	(Yudou 8 × D90)F_6	131

(Continued)

St	Ph (cm)	Ls	Fc	Pc	Ss	Sc	Hc	SW (g)	Yield of regional test (kg/hm^2)	Increased (±%)	Yield of adaptability (kg/hm^2)	Increased (±%)	Protein content (%)	Fat content(%)
S	90.0	O	W	G	R	Y	Y	20.0	2 895.0	12.8	3 030.0	15.5	38.46	20.80
S	70.0	R	P	G	E	Y	Y	21.5	4 350.2	8.1	3 663.0	8.6	34.74	22.30
S	85.0	L	P	G	R	Y	Y	21.5	4 047.6	0.8	3 802.2	5.0	38.20	22.10
N	95.0	L	P	G	R	Y	Y	21.0	4 058.1	9.3	3 807.0	3.2	40.20	20.50
S	80.0	R	P	G	E	Y	Y	21.0	3 818.1	6.2	4 268.1	11.4	37.30	22.60
S	75.0	L	P	G	E	Y	Y	22.0	3 762.3	5.0	3 892.7	1.5	38.60	22.30
S	70.0	R	P	G	R	Y	Y	21.9	2 690.9	5.1	2 420.6	0.8	38.84	20.90
S	76.0	R	P	G	E	Y	Y	19.4	3 743.6	11.9	3 738.6	9.7	34.00	22.10
N	102.0	R	P	T	E	Y	Bl	17.8	3 897.0	4.7	4 051.4	7.2	32.69	24.40
S	65.0	L	W	G	E	Y	Y	25.0	3 643.1	2.0	3 262.2	8.4	36.31	23.00
S	88.0	L	W	G	E	Y	Y	19.7	3 589.4	0.5	3 155.7	4.8	37.90	22.20
S	100.0	L	W	G	E	Y	Y	8.4	3 014.0		3 343.5		36.23	20.00
S	82.3	O	P	G	R	Y	Br	20.8	2 558.4	−1.4	2 417.6	−3.2	45.02	18.72
D	64.0	R	P	T	R	Y	Br	18.1	2 833.5	9.4	2 446.5	5.4	39.53	21.44
S	90.0	L	W	G	R	Y	Bf	20.5	2 844.0	10.6	2 407.8	4.4	42.41	20.37
D	70.0-80.0	L	W	G	R	Y	Y	23.0	2 571.0	4.2	2 707.4	17.3	40.54	20.34
D	80.0	E	P	G	E	Y	Br	21.7	2 827.5	10.0	2 470.1	7.1	43.22	18.47
S	80.0-90.0	E	W	G	R	Y	Y	18.0-20.0	3 051.5	12.5	3 286.6	5.8	38.86	23.45
D	76.6	O	W	G	R	Y	Y	16.5	2 956.5	1.8	3 162.8	1.8	39.32	23.11
S	80.0	O	W	G	E	Y	Br	27.3	3 190.4	16.4	3 222.2	3.8	43.87	19.67
S	86.4	E	W	G	R	Y	Bf	22.0	2 623.4	10.0	2 765.4	14.1	40.00	20.76
D	70.0-80.0	O	W	G	E	Y	Bf	20.0-22.0	2 832.5	5.6	3 186.6	14.7	40.45	20.85
D	78.0	R	W	G	E	Y	Br	18.1	2 899.5	12.4	2 608.6	3.9	37.40	20.95
D	72.8	O	W	G	R	Y	Br	17.6	2 829.0	6.3	2 500.5	5.5	43.62	19.16
D	71.0	E	P	G	R	Y	Bf	27.7	2 791.5	2.7	2 575.5	8.7	45.08	19.23
S	75.2	O	P	G	R	Y	Br	17.5	2 706.8	11.9	2 820.0	5.2	39.34	19.08
S	87.8	O	P	G	E	Y	Br	23.1	2 988.8	12.9	3 034.4	13.5	43.77	19.43
S	78.4	O	W	T	R	Y	Bu	17.3	3 045.0	14.9	3 471.0	30.7	36.04	23.68
S	81.2	L	W	G	E	Y	Bf	21.4	3 015.0	13.9	3 058.5	14.9	38.07	22.23
D	92.1	E	W	G	E	Y	Br	18.4	2 868.0	5.4	3 093.0	4.5	39.74	21.00
S	79.3	R	P	G	R	Y	Br	22.3	3 093.4	9.9	2 975.3	7.9	44.94	18.72
S	71.8	R	P	G	R	Y	Br	20.2	2 977.1	5.7	2 898.3	5.1	44.36	19.87
S	74.5	O	P	G	R	Y	Br	23.4	2 876.1	14.8	2 268.0	30.3	45.21	18.41
D	81.4	O	W	G	E	Y	Br	21.1	2 790.5	15.6	3 072.0	17.7	41.45	19.15
S	71.6	O	P	G	R	Y	Y	18.6	2 692.5	7.5	2 401.5	36.2	43.47	19.65
S	89.9	O	W	G	R	Y	Y	17.2	3 574.5	24.2	2 578.5	61.8	42.25	21.24

Cultivars	Released year	Sowing type	Female	Male	Gp (d)
505 Zhonghuang 54	2012	Nsp	Dan 8	PI437654	134
506 Zhonghuang 55	2010	Hsu	T200	Zaoshu 18	110
507 Zhonghuang 56	2010	Nsp	Zhongpin 95-6051	DP3480	133
508 Zhonghuang 57	2010	Hsu	Hartwig	Jin 1265	106
509 Zhonghuang 58	2011	Hsu	96-1	93213	101
510 Zhonghuang 59	2011	Hsu	Zhongpin 661	Bokwang	108
511 Zhonghuang 60	2011	Hsu	98P23	7S1	110
512 Zhonghuang 61	2012	Hsu	98P3	7S2	108
513 Zhonghuang 62	2011	Hsu	Zhonghuang 25	Xindadou 1	100
514 Zhonghuang 63	2012	Hsu	01P4	Zhongzuo 96-853	111
515 Zhonghuang 64	2012	Hsu	01P6	Zhongzuo 96-853	110
516 Zhonghuang 65	2013	Hsu	Zhongzuo 96-1	93213	110
517 Zhonghuang 66	2012	Hsu	Zhongpin 661	Cheng 9039-2-4-3-1	112
518 Zhonghuang 67	2012	Hsu	Zhonghuang 21	Dekafast	108
519 Zhonghuang 68	2013	Hsu	Zhonghuang 18	7S3	
520 Zhonghuang 69	2012	Nsp	Kefeng 14	Kexin 3	121
521 Zhonghuang 70	2013	Hsu	Zhonghuang 13	Ludou 11	102
522 Zhonghuang 71	2013	Hsu	Zaoshu 18	Mycogen5430	111
523 Zhonghuang 72	2013	Hsu	01P4	Zhonghuang 28	108
524 Zhonghuang 73	2013	Nsp	Zhonghuang 38 space radiation		132
525 Zhonghuang 74	2012	Hsu	Zhongdou 27	Zhonghuang 3	109
526 Zhonghuang 75	2014	Nsp	NF58	Tiefeng 31	131
527 Kefeng 28	2005	Hsu	85-094	8101	105-108
528 Kefeng 29	2009	Hsu	9010	Fuliang	111
529 Kedou 1	2011	Hsu	K02-39	Zheng 92116-6	107
530 Beinong 106	2014	Hsu	Kefeng 14 radiation		114
531 Jidou 16	2005	Hsu	1196-2	1473-2	111
532 Jidou 17	2006	Hsu/Nsp	Hobbit	Zao 5241	109/139
533 Jidou 18	2007	Ssp	Tegaogan	Qingsi	117
534 Jidou 19	2008	Hsu	MS1 male sterile line	More than 70 elite cultivars	106
535 Jidou 20	2008	Hsu	MS1 male sterile line	More than 70 elite cultivars	100
536 Jidou 21	2010	Hsu	MS1 male sterile line	More than 70 elite cultivars	105
537 Jidou 22	2012	Nsp	MS1 male sterile line	More than 70 cultivars	128
538 Ji nf58	2005	Hsu	Hobbit	Zao 5241	109
539 Wuxing 3	2005	Hsu	Jidou 9	Century-2.3	112
540 Wuxing 4	2009	Hsu	Jidou 12	Suzuyutaka-3L	100
541 Handou 6	2006	Hsu	Yudou 8	Guan 185	98

(Continued)

St	Ph (cm)	Ls	Fc	Pc	Ss	Sc	Hc	SW (g)	Yield of regional test (kg/hm²)	Increased (±%)	Yield of adaptability (kg/hm²)	Increased (±%)	Protein content (%)	Fat content(%)
D	74.6	O	W	G	R	Y	Y	20.1	3 307.5	5.1	3 747.0	6.4	38.77	19.95
S	82.6	L	W	G	R	Y	Br	26.0	3 090.0	7.2	2 578.5	4.3	43.40	20.32
D	78.5	O	P	G	E	Y	Tn	18.9	3 211.1	3.1	3 328.5	4.9	40.62	21.65
D	54.1	E	P	G	E	Y	Tn	18.3	2 875.5	3.1	2 777.3	1.3	39.67	21.18
S	63.9	R	P	G	R	Y	Y	20.5	3 035.3	7.8	2 653.5	−2.3	41.26	20.46
D	62.1	O	W	G	R	Y	Y	23.7	2 668.5	10.6	3 055.5	17.3	41.29	21.32
S	64.6	O	P	G	E	Y	Y	24.0	2 707.8	14.2	2 880.0	9.6	40.09	20.12
D	57.2	O	W	G	E	Y	Br	24.2	2 875.7	8.1	2 828.3	8.7	41.41	20.59
S	81.4	L	P	G	R	Y	Y	21.4	3 009.8	3.2	2 836.5	4.9	40.43	20.07
D	88.6	L	P	G	E	Y	Bf	22.6	3 081.0	20.2	2 757.0	21.6	45.59	19.51
S	81.4	O	P	G	R	Y	Bf	22.8	2 949.0	13.0	2 722.5	20.1	44.14	20.09
D	71.5	O	P	G	R	Y	Br	22.6	3 138.0	20.2	2 974.5	2.4	41.92	20.78
D	74.3	O	P	T	R	Y	Bl	20.1	3 027.0	18.1	2 739.0	20.8	43.27	18.76
S	81.5	O	W	G	R	Y	Y	18.3	2 704.5	13.8	2 786.4	22.9	41.34	18.70
S	115.8	O	W	T	E	Y	Bl	21.4	3 112.5	2.1	3 346.5	15.1	38.91	19.79
D	92.2	L	W	G	R	Y	Br	20.5	3 000.0	4.6	3 285.0	3.5	39.82	21.38
D	65.8	R	W	T	E	Y	Bf	19.2	2 883.0	6.7	3 306.0	2.2	39.85	20.87
S	86.3	L	P	G	R	Y	Br	19.5	3 058.5	19.3	3 346.5	15.1	36.73	22.17
S	86.8	L	P	G	E	Y	Bf	22.4	3 283.5	7.7	2 964.0	2.0	42.89	21.15
S	86.9	E	W	G	R	Y	Bf	20.1	2 779.5	9.1	2 878.5	7.0	40.05	19.74
D	75.1	O	P	G	R	Y	Y	25.7	3 078.8	5.1	3 282.0	15.6	41.23	19.88
S	108.6	O	P	T	R	Y	Bf	17.7	3 615.0	3.2	3 454.5	3.5	41.38	19.93
S	90.0	R	W	G	R	Y	Bf	22.0	2 906.5	5.7	3 005.0	1.4	40.78	19.82
S	86.6	O	P	G	R	Y	Y	21.3	2 914.1	3.5	2 945.1	6.9	44.48	17.71
D	86.8	O	P	G	E	Y	Bf	16.9	2 743.7	7.2	2 553.0	6.4	41.80	19.25
D	68.8	L	P	G	E	G	Tn	21.4	3 147.0	−2.1	2 539.5	−15.0	42.44	18.82
N	89.2	R	P	G	R	Y	Bf	23.3	2 892.0	9.2	2 896.5	13.6	43.64	20.08
N	101.0	E	W	T	R	Y	Bl	17.9	2 919.0	7.3	2 973.0	5.4	38.00	22.98
D	63.1	O	W	G	E	Y	Br	23.9	2 869.5	7.9	2 322.0	3.9	44.10	19.06
S	82.3	O	W	G	R	Y	Y	17.2	2 467.5	6.4	2 359.5	4.7	40.59	21.09
D	79.1	O	P	G	R	Y	Y	21.8	2 625.5	5.0	2 875.7	3.5	41.32	18.19
S	74.2	O	P	G	E	Y	Y	24.5	3 074.3	6.8	2 857.5	5.0	44.42	17.97
S	121.8	R	W	T	R	Y	Bf	22.0	3 702.6	7.1	3 267.3	7.1	39.82	22.30
N	86.1	O	W	T	R	Y	Br	14.5	2 606.6	4.7	2 637.5	7.5	35.77	23.63
D	89.9	R	P	T	E	Y	Br	23.3	2 867.9	4.4	2 841.8	10.6	41.61	19.82
D	60.1	E	P	G	E	Y	Y	22.2	2 595.0	3.8	2 806.5	1.0	39.71	18.68
D	67.3	L	W	G	E	Y	Y	21.3	2 867.3	10.9	2 568.4	9.4	42.40	17.70

Cultivars	Released year	Sowing type	Female	Male	Gp (d)
542 Handou 7	2007	Hsu/Nsp	Mei 4550	Jidou 11	101/132
543 Handou 8	2009	Hsu	Cangdou 4	Handou 3	105
544 Handou 9	2011	Hsu	Cangdou 4	Han 9119	107
545 Handou 10	2011	Nsp	Ludou 11	Handou 3	134
546 Cangdou 6	2008	Hsu	Zheng 77279	Cang 9403	101
547 Cangdou 7	2007	Nsp	Wei 8640	Cang 8915	147
548 Cangdou 10	2011	Nsp	96B59	96QT	133
549 Qingxuan 1	2006	Nsp	Systematic selection from Jihuang 104		141
550 Huayou 5	2005	Hsu	(Huanghuadifangpinzhong × Jidou 4) F_2 MS, PYM treatment		109
551 Shidou 1	2010	Hsu	Fenzhi 2 EMS and PYM treatment		104
552 Shidou 2	2008	Hsu	Jidou 8 EMS and PYM treatment		108
553 Shidou 3	2009	Nsp	Kefeng 14	Jinyi 16	135
554 Shidou 4	2009	Hsu	Fenzhi 2 EMS treatment		107
555 Shidou 5	2009	Nsp	70-3 EMS treatment		132
556 Shidou 6	2010	Hsu	2000-727	Huayou 542	106
557 Shidou 7	2009	Hsu	Jinyi 16	Jidou 4	109
558 Shidou 8	2010	Hsu	Huayou 5	Jidou 7	108
559 Yidou 2	2008	Hsu	Systematic selection from Jidou 10		101
560 Baodou 3	2012	Hsu	Systematic selection from Zhongzuo 01-03		105
561 Nongdadou 2	2011	Hsu	Zhongzuo 01-03	Zhongke 7412	107
562 Langdou 6	2013	Hsu	Yudou 22	Kefeng 6	106
563 Jindou 30	2005	Nsp	s701	zhaiyehuangdou	123
564 Jindou 31	2005	Nsp	Geng 283	1259	125-128
565 Jindou 32	2005	Nsp	Jindou 22	Fendou 43	135-138
566 Jindou (Xianshi) 33	2005	Nsp/Hsu	Systematic selection from NP(yuan)		115
567 Jindou 34	2006	Hsu	(Jindou 9 × Jinda 36) × Zaoshu 18	Zaoshu 18	112
568 Jindou 35	2007	Nsp/Hsu	914	Jindou 15	105
569 Jindou 36	2007	Hsu	Systematic selection from Geng 84		95
570 Jindou 37	2008	Nsp/Hsu	Jindou 11	Geng 84	125-140
571 Jindou 38	2008	Nsp	Huanglinp(Yuan)-5	Jizaoshengzhidou	105-110
572 Jindou 39	2008	Nsp/Hsu	Geng 283	Zaoshu 18	125-130
573 Jindou 40	2009	Nsp/Hsu	Jindou 19	Fendou 21	100-115
574 Jindou 41	2009	Nsp	Jindou 19	Zhaiyehuangdou	115
575 Jindou 42	2010	Nsp/Hsu	(jindou 23 × Ludou 4)F_1	Jindou 23	132
576 Jindou 43	2010	Nsp/Hsu	1-44	Jindou 1	122
577 Jindou 44	2012	Nsp/Hsu	Jindou 11 nitrogen ion injection		133

(Continued)

St	Ph (cm)	Ls	Fc	Pc	Ss	Sc	Hc	SW (g)	Yield of regional test (kg/hm^2)	Increased (±%)	Yield of adaptability (kg/hm^2)	Increased (±%)	Protein content (%)	Fat content(%)
S	85.5	O	P	T	E	Y	Br	24.6	2 666.0	7.0	2 666.8	12.8	43.95	19.68
S	84.0	E	P	T	R	Y	Bf	20.5	3 096.3	4.4	3 044.9	4.5	39.56	22.00
S	97.0	O	P	T	R	Y	Bl	25.2	3 157.5	6.3	2 970.0	1.9	40.19	20.56
S	119.0	O	P	T	R	Y	Br	18.6	2 857.5	5.4	2 910.0	15.5	41.46	20.76
D	70.4	O	P	T	E	Y	Br	19.6	2 734.6	9.4	2 749.5	−1.1	36.18	21.85
D	79.7	R	P	T	R	Y	Bl	21.4	2 627.3	5.5	2 530.7	7.0	43.37	19.94
S	120.4	O	P	T	E	Y	Tn	23.0	2 775.0	2.4	2 790.0	5.5	47.22	18.35
N	101.0	R	P	G	E	Y	Br	21.5	2 427.0	7.9	2 541.0	8.4	43.76	17.18
S	89.8	E	W	T	E	Y	Y	27.2	2 978.9	12.4	2 952.0	15.7	43.86	19.63
S	75.7	E	P	G	E	Y	Br	20.8	2 940.5	17.6	2 770.4	10.6	39.39	22.75
S	79.3	O	P	G	R	Y	Bl	21.6	2 892.8	10.8	3 097.1	11.4	37.99	21.10
S	117.5	O	P	G	R	Y	Bf	20.7	2 983.4	3.9	2 650.8	15.9	46.20	18.09
S	79.3	O	P	G	R	Y	Br	21.9	3 282.8	10.7	3 163.4	8.5	40.02	22.10
S	116.1	O	W	T	R	Y	Bf	21.9	3 027.0	7.8	2 662.5	16.4	41.08	20.38
S	103.0	O	P	T	R	Y	Bf	23.6	3 225.0	8.6	3 150.0	4.7	41.31	20.32
S	106.6	O	P	T	R	Y	Y	25.5	3 154.1	4.8	2 883.9	3.0	39.16	20.71
S	95.5	E	W	T	R	Y	Br	25.1	3 184.3	5.2	2 910.6	5.3	38.57	22.11
S	70.7	O	W	G	R	Y	Br	20.9	2 685.8	7.5	2 866.5	3.1	36.52	22.87
D	62.4	O	W	T	R	Y	Br	27.4	3 116.1	3.6	3 201.6	8.4	41.10	19.17
D	71.4	O	W	G	E	Y	Br	26.9	3 095.9	4.1	2 816.9	1.9	43.56	18.57
D	85.3	E	P	T	R	Y	Br	19.5	3 198.9	9.3	3 143.9	11.1	38.99	21.14
S	90.0	L	P	T	E	Y	Bl	18.0	2 116.5	8.0	2 218.5	20.6	43.08	18.60
N	90.0-105.0	R	W	G	E	Y	Br	22.5	2 464.5	18.8	3 210.0	3.1	40.26	20.52
N	95.0	E	P	T	R	Y	Bl	22.0	2 773.3	17.1	3 192.0	2.5	41.42	19.51
D	30.0-50.0	O	W	G	E	G	Bl	39.0			13 985.0(*)	22.9	40.19	20.27
S	77.1	E	P	T	E	Y	Br	18.7	2 967.0	9.0	3 166.5	12.2	41.19	21.07
S	80.0	E	P	T	E	Y	Br	20.5	2 503.5	11.2	2 766.0	12.6	43.26	19.16
D	55.0	O	W	G	R	Y	Bf	22.0			2 385.0	4.5		
S	80.0-100.0	L	W	T	E	Y	Bl	20.0	2 790.0	6.2	2 280.0	1.2	38.81	21.18
D	37.0	O	W	G	R	Y	Br	31.2			15 981.0(*)	13.5	48.49	16.51
S	70.0-95.0	E	W	G	R	G	Br	30.0-45.0	12 390.0(*)	12.1	11 038.5(*)	15.7	42.27	17.89
N	70.0-90.0	R	P	T	R	Y	Bl	18.0-24.0	2 254.5	5.2	2 521.5	11.0	40.61	20.66
S	75.0	L	P	T	E	Y	Bf	18.0	2 283.0	6.9	2 418.0	6.4	40.73	19.12
N	95.0	E	W	T	R	Y	Bl	21.0	2 923.5	12.0	2 863.5	8.7	40.03	21.54
D	100.0	L	P	T	R	Y	Br	20.0	2 454.0	8.3	2 445.0	7.8	40.30	18.20
S	90.0	E	P	T	E	Y	Bl	23.0	3 375.0	9.3	3 769.5	8.4	43.30	19.37

Cultivars	Released year	Sowing type	Female	Male	Gp (d)
578 Jindou 45	2013	Nsp	Tongdou 10	Jindou 19	115
579 Jindou 46	2014	Nsp	Yingxianxiaoheidou	H586	121
580 Jindou 47	2014	Nsp	Zaoshuheidou	Jinyi 31	126
581 Jindou 48	2014	Nsp	PZMS-1-1	ZH-21-B-5	136
582 Jinda 73	2005	Nsp	Jindou 20	Jihuang 4	125-130
583 Jinda 78	2007	Nsp/Hsu	Zhongpin 88	Jinda 57	120-125
584 Jindazaohuang 2	2011	Nsp/Hsu	Jinda 69 × 701	Jindou 53	105
585 Jinke 4	2012	Nsp	Zaoshu 18	Youchu 4	93-100(#)
586 Jinyi 31	2008	Nsp	Zhongpin 661	Zaoshu 18	131-140
587 Jinyi 34	2006	Nsp	Jindou 23	Jindou 19	134
588 Jinyi 38	2005	Nsp/Hsu	Jinyi 21	Jindou 23	131
589 Changdou 001	2006	Nsp/Hsu	Wuxianghuangdou	Jindou 19	125
590 Changdou 003	2006	Nsp/Hsu	Rifeng 13	Mei 3	90
591 Changdou 006	2008	Nsp/Hsu	Hejialingheidou	Luheidou 2	90
592 Changdou 18	2010	Nsp/Hsu	Jindou 25	Jiunong 20	115-120
593 Changdou 28	2014	Nsp	Jindou 25	Changdou 16	130
594 L-6	2010	Nsp/Hsu	MSP-287	Male parent unknown	127
595 Pindou 16	2011	Nsp/Hsu	Pin 0204	Ping 3	130-135
596 Fendou 56	2007	Nsp/Hsu	Jindou 9 × Youbian 31	Jindou 23	136/108
597 Fendou 60	2007	Hsu	Jindou 15	Jindou 25	102
598 Fendou 62	2012	Nsp	(Jindou 19 × Kexin 3)F_3	Jindou 23	139
599 Fendou 65	2007	Nsp	Jindou 15	Zaoshu 18	132
600 Fendou 72	2008	Nsp/Hsu	Jindou 23	Tiefeng 18 × (Tiefeng 19 × Amsoy)	130/108
601 Fendou 78	2010	Nsp	Jindou 23	Jindou 29	140
602 Fendou 79	2011	Hsu	Jindou 23	Jinyi 21	112
603 Yundou 101	2014	Nsp	Jindou 19	Jindou 29	132
604 Qihuang 32	2006	Hsu	Ji 3045	Wei 8640	107
605 Qihuang 33	2006	Hsu	Ji 3045	Qifeng 850	109
606 Qihuang 34	2012	Hsu	Youchu 4	86573-16	103
607 Qihuang 35	2012	Hsu	Wei 8640	Tia	104
608 Qihuang 36	2014	Hsu	Zhang 95-30-2	86503-5	103
609 Dedou 99-16	2006	Hsu	Luheidou 2	Huangshadadou from American	108
610 Hedou 14	2006	Hsu	He 84-5	Meiguo 9	105
611 Hedou 15	2007	Hsu	Zheng 100	He 95-1	108

(Continued)

St	Ph (cm)	Ls	Fc	Pc	Ss	Sc	Hc	SW (g)	Yield of regional test (kg/hm^2)	Increased (±%)	Yield of adaptability (kg/hm^2)	Increased (±%)	Protein content (%)	Fat content(%)
D	70.0	L	P	T	R	Y	Y	17.8	2 754.0	6.5	2 530.5	9.1	42.16	19.57
S	72.4	R	P	T	K	Bl	Bl	18.4	2 580.8	7.0	2 502.0	7.9	43.14	18.97
S	96.0	O	W	T	R	Bl	Bl	19.8	3 175.5	8.1	3 171.0	9.9	41.68	20.00
S	110.6	E	W	T	R	Y	Br	18.8	3 349.5	14.0	3 328.5	15.2	36.99	19.89
N	110.0	L	W	T	R	Y	Bl	20.0	2 565.1	8.6	3 240.0	4.0	41.04	19.31
S	90.0	R	W	G	R	Y	Bf	20.0-22.0	2 868.0	8.4	2 389.5	9.5	40.46	21.01
N	70.0-80.0	E	W	T	R	Y	Br	30.5	2 860.5	7.0	2 827.5	6.5	45.29	17.11
D	88.8	O	P	G	R	Y	Bf	32.8			10 474.0(*)	7.9	45.85	18.15
S	84.4	R	W	G	R	Y	Bf	19.7	2 889.0	7.1	2 746.5	6.5	40.66	21.33
S	80.0	E	P	T	E	Y	Bl	22.0	2 767.5	6.8	2 440.5	6.3	40.74	19.91
S	80.0	E	W	G	E	Y	Br	20.0	2 591.4	8.3	3 130.5	0.5	40.89	19.48
S	85.0	R	P	T	E	Y	Br	20.0	2 889.0	5.7	3 355.5	7.9	40.87	21.28
D	90.0	E	P	G	E	Y	Y	18.0	2 508.0	9.9	2 407.5	11.7	38.47	21.91
D	77.0	E	P	T	E	Bl	Bl	22.0	2 299.5	12.0	1 861.5	16.1	41.82	19.04
S	78.0	E	P	G	E	Y	Bl	22.0	2 595.0	14.5	2 560.5	12.9	39.00	22.05
S	102.0	E	W	T	E	Y	Bl	21.0	3 243.0	10.3	3 210.0	11.4	42.68	19.89
S	90.0	E	W	T	E	Y	Bl	22.0	2 740.5	7.7	2 658.0	0.9	41.56	21.50
N	100.0	E	P	T	R	Y	Br	23.0	3 301.5	13.2	3 418.5	13.2	41.10	19.82
S/N	95.2/67.7	R	P	T	E	Y	Bl	21.2-23.2	2 739.0-2 809.0	5.8	2 925.0	9.9	41.08	20.28
S	72.9	E	P	T	R	Y	Bl	20.1	2 865.0	5.9	2 893.5	0.6	40.99	21.77
N	70.0-95.0	L	W	G	Le	Y	Br	17.2			2 289.0	5.9	43.80	17.30
S/N	80.7	R	P	T	E	Y	Br	20.7	2 787.0	7.6	2 754.0	9.5	42.09	19.03
N	90.0-95.0	R	P	T	E	Y	Br	23.0-25.0	2 917.5	10.2	2 859.0	9.2	41.77	20.77
N	82.6	O	W	T	E	Y	Bl	20.2	3 361.5	10.1	3 501.0	5.0	41.46	19.29
S	82.8	E	P	T	E	Y	Tn	22.8	3 012.0	11.1	2 928.0	8.5	41.28	21.23
S	93.0	O	W	T	E	Y	Br	25.0	3 249.0	10.6	3 187.5	10.5	42.89	19.70
D	81.3	R	W	T	E	Y	Br	17.6	2 673.0	3.7	2 599.5	6.8	38.00	21.80
D	65.7	E	P	T	E	Y	Tn	20.1	2 790.8	2.7	2 964.3	5.0	41.86	22.54
D	72.9	R	W	T	E	Y	Bl	25.8	2 979.0	5.4	3 264.0	12.0	43.50	19.90
D	69.2	R	W	T	R	Y	Y	19.2	2 824.5	2.3	2 668.5	5.8	40.60	21.80
D	63.7	O	W	T	E	Y	Bf	18.9	3 030.0	5.9	3 093.0	2.9	39.82	22.14
S	106.4	R	W	T	E	Bl	Bl	17.4	2 970.0	13.3	3 160.5	1.8	39.11	22.28
S	89.7	R	W	G	E	Y	Br	19.7	2 781.0	7.9	2 842.5	16.8	38.60	21.30
D	83.0	R	P	G	E	Y	Br	21.1	2 871.0	11.3	2 611.5	4.0	39.95	17.90

Cultivars	Released year	Sowing type	Female	Male	Gp (d)
612 Hedou 16	2007	Hsu	He 84-5	Doujiao 61	106
613 Hedou 18	2009	Hsu	He 84-5	Zhongzuo 85022-025	106
614 Hedou 19	2010	Hsu	Zhengjiao 9001	Heidou from Japan	105
615 Hedou 20	2010	Hsu	Doujiao 69	Yudou 8	103
616 Hedou 21	2012	Hsu	Zhongzuo 975	Xu 8906	104
617 Hedou 22	2014	Hsu	He 96-1	Zhongzuo 975	105
618 Shanning 11	2006	Hsu	G jianyedou	92-2176	109
619 Shanning 14	2007	Hsu	Doujiao 74	Doujiao 69	101
620 Shanning 15	2008	Hsu	93019	Ludou 4	95
621 Shanning 16	2009	Hsu	93060	Jian 98227	105
622 Shanning 17	2013	Hsu	Shanning 10	Shanning 11	108
623 Jiadou 43	2012	Hsu	He 95-1	Jiadou 23	104
624 Luhuang 1	2009	Hsu	Yuejin 5	Zaoshudou 1	111
625 Shengdou 9	2009	Hsu	Jiadou 19	Zaoshudou 1	105
626 Shengdou 10	2013	Hsu	7517	Qifeng 850	110
627 Shengdou 14	2010	Hsu	Zaoshu 18	Kefeng 6	104
628 Suike 8	2012	Hsu	Zhongdou 20	Ping 99016	102
629 Suike 9	2012	Hsu	Xu 9125	Hedou 12	101
630 Suike 12	2013	Hsu	Zheng 59	Zhonghuang 13	103
631 Weidou 7	2010	Hsu	Yan 9813	Weidou 6	99
632 Weidou 8	2011	Hsu	9804	M5	104
633 Weidou 9	2014	Hsu	G20	Ludou 11	106
634 Lindou 9	2008	Hsu	Yudou 8	Lin 135	108
635 Lindou 10	2010	Hsu	Zhonghuang 13 × Hedou 12	Hedou 12	105
636 Zhoudou 12	2005	Hsu	DNA from Yudou 12 transformed to Yudou 24		112
637 Zhoudou 16	2007	Hsu	Yudou 6	B12	106
638 Zhoudou 17	2008	Hsu	Zhou 94(23)-111-5	Yudou 22	106
639 Zhoudou 18	2011	Hsu	Zhou 9521-3-4-10	Zheng 059	107
640 Zhoudou 19	2010	Hsu	Zhoudou 13	Zhoudou 12	108
641 Zhoudou 20	2013	Hsu	[Zhou96(21)-15-2 × Yudou 11] × (Ganyupingdinghuang × Zhou 9521)	Zhoudou 13 × Jidou 13	
642 Zhoudou 21	2013	Hsu	Zhoudou 13	Zheng 94059	110
643 An(yang)Dou 1	2009	Hsu	Systematic selection from Shangdou 1099		107
644 An(yang)Dou 4	2011	Hsu	Shangdou 1100 Ion beam radiation		108
645 Fandou 4	2009	Hsu	Yudou 18	Yudou 22	107
646 Fandou 5	2008	Hsu	Fan 91673	Fan 90121	107

(Continued)

St	Ph (cm)	Ls	Fc	Pc	Ss	Sc	Hc	SW (g)	Yield of regional test (kg/hm^2)	Increased (±%)	Yield of adaptability (kg/hm^2)	Increased (±%)	Protein content (%)	Fat content(%)
S	98.0	R	W	G	R	Y	Br	16.7	2 751.0	7.8	2 697.0	7.4	35.70	21.20
D	96.3	R	P	T	R	Y	Br	19.6	2 911.5	13.8	3 110.4	−0.3	40.30	21.50
D	66.9	R	P	G	E	Y	Tn	23.1	2 908.5	7.7	2 635.5	12.9	41.88	19.65
D	75.0	R	P	T	E	Y	Br	25.1	3 609.0	8.1	2 809.5	4.6	38.70	17.80
D	76.7	R	W	G	E	Y	Br	22.9	2 902.5	5.2	2 745.0	8.8	43.50	19.00
D	64.2	E	W	G	E	Y	Br	21.2	3 040.5	5.5	3 294.0	9.6	42.03	18.26
D	81.0	L	W	G	E	Y	Br	25.1	2 751.0	6.7	2 767.5	13.7	42.30	21.40
S	103.0	L	W	G	R	Y	Br	18.0	2 716.5	5.3	2 596.5	3.4	37.30	21.40
D	59.9	R	W	T	E	Y	Br	15.7	2 574.0	1.5	2 901.0	6.3	37.80	18.30
D	74.3	R	W	G	R	Y	Br	23.4	2 992.8	6.9	2 893.1	3.2	42.50	17.90
D	69.6	O	W	G	E	Y	Br	21.6	2 872.5	6.4	3 447.0	6.6	44.40	21.60
D	74.4	L	W	G	E	Y	Br	24.9	2 895.0	4.9	2 731.5	8.3	44.10	19.80
D	77.2	L	W	G	E	Y	Br	19.0	3 069.0	9.6	3 043.5	8.6	42.80	20.80
D	75.7	L	W	G	E	Y	Br	25.0	2 844.0	11.2	3 196.5	2.5	42.80	20.80
D	75.0	E	P	G	R	Y	Br	24.0	2 740.5	7.9	2 800.5	0.9	44.23	20.60
D	89.1	O	W	G	R	Y	Br	19.5	3 134.8	7.8	2 912.1	6.8	40.85	19.86
D	60.0	E	W	G	R	Y	Br	15.5	2 906.3	14.4	2 575.5	6.6	41.18	20.70
D	65.0	E	P/W	G	R	Y	Br	22.3	2 629.5	3.4	2 514.0	5.2	46.57	19.90
D	77.0	O	W	G	E	Y	Y	20.6	2 743.6	6.6	2 935.1	8.3	42.32	21.52
D	84.0	R	P	T	E	Y	Br	23.0	3 355.5	0.5	2 748.0	2.3	35.20	20.70
D	65.2	R	P	T	E	Y	Br	21.8	3 063.0	−0.9	2 572.5	4.2	41.30	22.10
D	71.5	O	W	T	R	Y	Bl	19.1	3 096.0	8.2	3 432.0	14.2	36.74	21.64
D	55.6	O	W	T	E	Y	Br	17.3	2 488.5	7.4	2 484.0	10.2	43.80	19.18
D	68.3	O	P	G	E	Y	Tn	23.6	2 874.0	6.3	2 569.5	10.1	40.98	20.41
D	74.4	E	P	G	R	Y	Br	23.7	2 347.7	6.2	2 373.6	1.9	40.06	22.81
D	72.5	E	P	G	E	Y	Br	22.0	2 587.5	4.1	2 635.5	5.9	42.52	19.84
D	75.0	E	P	G	E	Y	Br	20.3	2 590.2	5.9	2 746.5	7.2	37.57	20.63
D	90.7	E	P	G	E	Y	Bf	18.7	2 713.5	3.3	2 491.5	3.8	38.53	22.28
D	92.0	O	P	G	E	Y	Tn	21.9	2 844.0	5.3	2 547.0	9.1	40.44	22.29
D	93.4	E	P	G	E	Y	Br	18.9	2 797.5	6.1	2 916.0	5.9	41.50	19.86
D	88.2	E	W	T	E	Y	Tn	18.7	2 934.6	11.3	2 934.0	6.6	41.43	19.80
D	87.5	O	P	G	E	Y	Br	18.6	2 685.0	4.8	2 803.9	9.7	42.38	21.31
D	84.3	O	P	T	E	Y	Tn	17.1	3 049.7	6.7	2 565.6	10.5	42.20	20.18
D	80.5	E	P	T	E	Y	Br	15.7	2 790.0	6.6	3 114.0	11.1	41.87	19.53
D	82.9	O	P	T	E	Y	Tn	16.5	2 823.0	9.4	2 814.0	9.8	38.78	20.29

	Cultivars	Released year	Sowing type	Female	Male	Gp (d)
647	Fandou 11	2011	Hsu	Fan 06B5	Fanw-32	112
648	Shangdou 6	2009	Hsu	Shang 9202-0	Shang 9211-0	107
649	Shangdou 14	2011	Hsu	Kaidou 4	Shang 8653-1-1-1-3-2	110
650	Xudou 6	2009	Hsu	Xudou 3	Xu 9796	113
651	Xudou 8	2011	Hsu	Xu 98662	Xu 96115	110
652	Pudou 129	2006	Hsu	Systematic selection from Zheng 90007		105
653	Pudou 206	2009	Hsu	Yudou 21	Zheng 96012	113
654	Pudou 6018	2005	Hsu	Yudou 18	92 pin A18	117
655	Pudou 857	2013	Hsu	Pudou 6018	Fendou 53	110
656	Pudou 955	2013	Hsu	Pudou 6014	Yudou 19	111
657	Pudou 1802	2014	Hsu	Zheng 196	Fendou 53	110
658	Dingcun 93-1yaohei dou	2006	Hsu	Dingshuangqing 1	Dingyaoheidou 2	120
659	Zhengdou 30	2007	Hsu	Zhengjiao 91107	Zheng 92029	117
660	Zheng 59	2005	Hsu	Zheng 88037	Zheng 92019	111
661	Zheng 120	2006	Hsu	Zhengjiao 91107	Zheng 92029	108
662	Zheng 196	2008	Hsu	Zheng 100	Zheng 93048	105
663	Zheng 4066	2010	Hsu	Yudou 19	Zhudou 4	114
664	Zheng 9805	2010	Hsu	Yudou 19	ZP 965102	107
665	Zheng 03-4	2011	Hsu	Zheng 99130	JN9816-03	116
666	Zhengdou 04024	2013	Hsu	Yudou 25	V-94-3793	112
667	Pingdou 1	2005	Hsu	Systematic selection from Pingding-shanbendidaqingdou		109
668	Pingdou 2	2007	Hsu	Systematic selection from Zhongdou 20		105
669	Kaidou 4	2005	Hsu	Systematic selection from Qingmei huangdou		120
670	Kaidou 41	2009	Hsu	Systematic selection from Kaidou 4		110
671	Zhudou 9715	2005	Hsu	Yudou 10	Kexi 7	101
672	Zhudou 5	2006	Hsu	Zhu 97B	Yudou 19	105
673	Zhudou 6	2008	Hsu	Zhu 90006	Yudou 21	105
674	Zhudou 7	2010	Hsu	Zhu 9220	Yudou 16	104
675	Zhudou 11	2013	Hsu	Zheng 94059	Zhu 9702	106
676	Zhudou 12	2014	Hsu	Zhu 5021	Yudou 8	105
677	Xindou 12	2014	Hsu	Pingdou 1	Yudou 22	107
678	Qindou 10	2005	Hsu	85(22)-38-1-1	Handan 81	112
679	Qindou 11	2008	Hsu	Qindou 8	Tongnong 10	103
680	Qindou 12	2011	Hsu	96E218	Jinda 70	113
681	Qindou 13	2012	Hsu	94(14)	Youbian 30	107
682	Huang'aifeng	2012	Hsu	Juxuan 23	Zhonghuang 13	113

(Continued)

St	Ph (cm)	Ls	Fc	Pc	Ss	Sc	Hc	SW (g)	Yield of regional test (kg/hm²)	Increased (±%)	Yield of adaptability (kg/hm²)	Increased (±%)	Protein content (%)	Fat content(%)
D	77.2	O	P	G	R	Y	Bf	19.1	2 955.0	11.6	2 875.5	8.4	42.65	21.85
D	72.6	O	P	G	E	Y	Br	16.5	2 472.8	5.6	2 354.1	4.4	42.95	19.38
D	90.7	O	P	T	E	Y	Br	17.0	3 058.1	6.9	2 481.2	6.9	40.77	19.90
D	92.9	O	P	G	E	Y	Br	18.6	2 685.9	4.0	2 826.3	10.6	41.31	21.08
D	81.2	L	P	G	R	Y	Br	22.3	3 080.2	7.8	2 584.1	11.3	38.32	19.74
D	75.5	R	P	G	R	Y	Bf	18.1	2 572.9	9.6	2 584.2	7.8	43.31	19.48
D	80.4	O	P	G	E	Y	Br	21.7	2 986.5	6.6	2 487.3	7.1	40.58	20.32
D	82.8	R	W	G	R	Y	Bf	25.8	2 901.0	8.0	3 003.9	16.6	43.20	21.25
D	90.5	O	W	G	R	Y	Br	21.4	2 839.1	7.5	2 964.0	7.6	42.28	21.16
D	82.9	O	P	G	R	Y	Bf	21.1	2 865.2	8.6	3 016.5	9.5	41.33	19.90
D	80.3	O	P	G	R	Y	Y	21.1	3 355.2	10.4	2 531.4	10.0	44.01	18.79
D	75.0	E	W	T	E	Bl	Br	33.7	2 019.8	−18.7	2 162.0	−7.9	43.84	18.11
D	89.0	O	P	G	R	Y	Br	21.6	2 469.3	4.5	2 741.0	8.4	38.67	20.24
S	82.0	E	P	T	E	Y	Y	17.0	2 459.6	11.4	2 538.8	9.0	40.83	20.30
D	79.0	O	P	G	R	Y	Y	21.5	2 455.2	5.1	2 557.5	6.8	43.84	19.81
D	74.0	O	P	G	R	Y	Bf	17.4	2 526.0	9.0	2 404.5	6.6	40.69	19.47
D	67.7	O	P	G	R	Y	Tn	21.3	2 682.0	8.6	2 607.0	7.8	47.93	18.85
D	78.0	O	P	G	R	Y	Br	18.6	2 637.0	6.0	2 569.5	10.1	43.12	19.64
D	84.0	E	W	G	R	Y	Bf	19.2	2 793.0	5.5	2 976.0	12.1	44.66	20.26
D	88.3	O	P	G	R	Y	Bf	21.3	2 818.5	6.9	2 890.5	5.0	41.48	19.85
D	68.0	O	W	G	R	Y	Br	21.1	2 889.9	9.0	2 292.0	7.6	38.97	21.93
D	66.2	O	W	G	R	Y	Bf	14.8	2 745.3	13.0	2 682.1	6.1	41.17	20.86
D	74.0	R	W	T	E	Y	Tn	15.0	2 889.9	2.8	2 292.0	11.3	33.25	22.98
D	76.0	R	P	G	E	Y	Br	18.4	2 653.7	8.5	2 696.8	5.9	39.60	20.98
D	65.0	O	P	G	Rf	Y	Bf	17.0	2 629.5	12.2	2 564.0	10.1	43.24	19.06
D	70.0	O	P	G	R	Y	Bf	21.5	2 555.1	9.2	2 668.1	11.5	42.83	19.43
D	72.0				E	Y	Bf	18.4	2 618.9	5.4	2 821.6	10.1	44.31	19.52
D	80.0	O	P	G	E	Y	Br	19.0	2 921.0	5.5	2 608.2	10.8	42.75	19.53
D	85.0	O	P	G	R	Y	Bf	21.4	3 017.9	14.4	3 129.0	13.6	42.07	21.48
D	75.0	O	W	G	E	Y	Bf	22.2	3 312.0	8.8	2 839.2	15.6	46.41	18.82
D	73.6	O	P	G	R	Y	Bf	20.4	3 693.0	10.1	2 497.5	8.5	44.67	19.71
S	104.0	E	W	T	E	Y	Br	19.0	2 785.5	3.7	2 827.2	9.2	40.00	21.20
S	104.5	E	P	T	E	Y	Br	20.0	2 704.5	11.2	2 857.5	6.9	41.05	21.60
S	85.0	R	W	T	R	Y	Br	19.0	2 812.5	5.4	2 695.5	1.4	41.62	20.10
S	80.0	R	P	T	R	Y	Br	19.0	2 839.5	7.3	2 575.5	6.0	44.12	15.50
D	63.0	E	W	G	R	Y	Bf	26.6	2 392.5	8.6	2 418.0	5.7	44.96	15.30

Cultivars	Released year	Sowing type	Female	Male	Gp (d)
683 Baodou 6	2013	Hsu	84S-2-8 xuan 1	Zaoshu 18	109
684 Wandou 26	2006	Hsu	Meng 91-413	Zheng 9097	102
685 Wandou 27	2006	Hsu	Sidou 11	(Xu 8107 × Yudou 8)F_1	111
686 Wandou 28	2008	Hsu	Pu 90-1	Bao 92-1	107
687 Wandou 29	2010	Hsu	Zhongdou 20	Meng 9339	103
688 Wandou 30	2010	Hsu	Hongyin 1	Zheng 492	105
689 Wandou 31	2012	Hsu	Meng 91-413	Sidou 11	103
690 Wandou 32	2012	Hsu	Meng 92-40-19	Hongyin 1	105
691 Wandou 33	2013	Hsu	Hedou 3	Fu 9027	99
692 Wandou 34	2013	Hsu	Xinliuqing	Hedou 1	106
693 Wandou 35	2014	Hsu	Wo 90-72-8	Jihuang 103	101
694 Hedou 5	2007	Hsu	Ludou 4	Meng 86-11-11	102
695 Meng 9449	2007	Hsu	Wh921	Multiple male parents	106
696 Meng 9801	2007	Hsu	Zhongdou 20	Zheng 504	101
697 Zayoudou 2	2010	Hsu	W931A	WR99071	98
698 Kelong 188	2014	Hsu	Fu 97211-71	Shanning 4	101
699 Fudou 9	2009	Hsu	Yudou 18	Fu 83-9-6	107
700 Fudou 11	2008	Hsu	Yudou 18	Fu 83-9-6	101
701 Fudou 13	2013	Hsu	Yudou 11	Shang 4135	101
702 Fudou 9765	2006	Hsu	Zheng 842408	Fu 83-9-6	106
703 Fuzajiaodou 1	2010	Hsu	CMS5A	Fuhui 6	104
704 Anyi 13	2007	Hsu	Wandou 20	Zheng 84240B1	103
705 Taifeng 6	2013	Hsu	Wandou 16	Zhongdou 20	103
706 Suike 928	2007	Hsu	Yudou 21	Jufengdadou	103
707 Suike 998	2011	Hsu	(Jufengdadou × Yudou 21)F_1	Kaidou 4	101
708 Suike 15	2013	Hsu	Zheng 90007	Zhonghuang 13	101
709 Wankendou 96-1	2007	Hsu	Wandou 14	Wandou 15	101
710 Wansu 01-15	2010	Hsu	Zhongzuo 975	Wo 90-72-8	103
711 Wansu 5717	2012	Hsu	Wandou 23	Zhonghuang 13	103
712 Wansu 2156	2012	Hsu	Zhonghuang 13	Zhengjiao 9739-47	101
713 Guodou 5	2010	Hsu	Yudou 7	Wo 7708-12-3	101
714 Guodou 6	2013	Hsu	Wandou 14 × Wandou 12	Wandou 23 × Wo 8220-2	97
715 Yuanyu 6	2013	Hsu	Jiadou 24	He 95-1	101
716 Xuchun 1	2005	Nsp	Systematic selection from AGS68		92(#)
717 Xuchun 2	2007	Nsp	Systematic selection from Zhahuanglü		94(#)
718 Xuchun 3	2009	Nsp	Liaoxian 1	Tai 75	95
719 Xudou 13	2005	Hsu	Xudou 9	Xu 8618-4	106

(Continued)

St	Ph (cm)	Ls	Fc	Pc	Ss	Sc	Hc	SW (g)	Yield of regional test (kg/hm^2)	Increased (±%)	Yield of adaptability (kg/hm^2)	Increased (±%)	Protein content (%)	Fat content(%)
S	65.0	O	P	G	R	Y	Bf	21.9	2 727.0	7.3	2 914.5	5.0	43.22	16.50
D	80.5	E	P	G	E	Y	Br	16.8	2 552.6	9.2	2 664.5	13.7	42.91	20.48
S	105.0	E	W	T	E	Y	Bf	17.5	2 510.8	7.3	2 568.6	10.5	43.25	20.22
D	79.6	O	P	G	E	Y	Br	22.1	2 445.0	4.4	2 382.0	5.6	45.83	19.94
D	71.0	E	W	G	E	Y	Br	18.1	2 617.5	4.0	2 595.0	5.3	45.25	18.46
D	73.0	E	P	G	E	Y	Bf	18.5	2 550.0	2.1	2 625.0	6.4	46.31	19.68
D	70.0	E	P	G	R	Y	Br	18.8	2 730.8	7.4	2 505.0	3.3	44.03	18.43
D	75.0	E	W	G	E	Y	Br	19.0	2 754.0	8.0	2 619.0	8.4	41.48	19.73
D	66.0	L	P	G	E	Y	Br	20.1	2 135.0	3.3	2 851.5	5.7	43.86	21.17
D	87.0	E	P	G	E	Y	Br	25.2	2 768.3	7.2	2 860.2	6.2	45.20	19.38
D	54.0	L	W	G	R	Y	Y	19.6	2 907.6	6.7	2 769.0	7.9	41.88	20.87
D	69.5	R	P	T	E	Y	Br	15.6	2 724.0	0.1	2 470.5	4.2	40.44	21.82
D	75.6	E	P	G	R	Y	Br	21.7	2 686.8	8.6	2 541.3	11.9	39.78	22.66
D	63.9	E	W	G	E	Y	Br	17.5	2 477.0	7.1	2 505.8	9.7	43.42	20.12
D	65.0	E	W	G	E	Y	Br	18.2	2 670.0	5.8	2 475.0	0.7	45.12	18.10
D	62.0	E	P	G	R	Y	Br	18.4	2 858.8	5.5	2 666.7	3.9	41.94	19.11
D	73.0	O	P	G	R	Y	Bf	16.3	2 758.5	11.1	2 832.0	9.0	41.17	19.46
D	58.0	E	P	G	R	Y	Br	16.0	2 775.0	9.3	2 475.0	7.3	42.30	18.81
D	68.0	E	P	G	E	Y	Br	18.4	2 692.7	5.5	2 943.0	9.1	43.27	20.71
D	80.8	O	P	G	R	Y	Bf	17.4	2 626.5	8.5	2 622.0	5.4	41.32	18.61
D	78.0	E	W	G	R	Y	Br	22.6	3 037.5	20.6	2 790.0	13.3	43.82	19.26
D	66.4	E	P	G	E	Y	Br	18.1	2 668.2	7.9	2 462.0	8.4	40.84	21.14
D	79.0	R	P	G	E	Y	Br	23.9	2 705.1	5.4	2 852.7	5.3	42.87	20.94
D	56.3	E	P	G	R	Y	Bf	16.8	2 490.0	6.5	2 551.2	12.4	44.93	17.36
D	49.0	O	P	G	E	Y	Br	15.0	2 731.5	6.7	2 545.5	6.1	41.17	19.46
D	72.0	E	P	G	E	Y	Br	23.6	2 600.7	1.5	2 890.2	7.1	43.56	21.11
D	70.4	E	P	G	E	Y	Br	22.0	2 552.6	9.9	2 493.2	9.1	43.42	19.98
D	67.0	L	W	G	E	Y	Bf	22.5	2 610.0	3.5	2 655.0	8.0	45.32	18.36
D	61.0	L	P	G	E	Y	Y	21.6	2 847.8	11.8	2 755.5	14.0	42.96	19.60
D	59.0	L	P	G	E	Y	Br	19.2	2 838.0	12.0	2 526.0	5.7	44.10	18.60
D	60.0	L	P	G	E	Y	Br	20.5	2 347.5	1.2	2 505.0	8.2	45.33	19.12
D	66.0	E	P	G	E	Y	Y	20.7	2 764.9	7.7	2 964.0	9.4	41.53	20.99
D	91.0	R	P	G	E	Y	Bf	18.2	2 842.0	10.4	3 006.6	11.6	34.43	23.35
D	32.7	O	P	G	Fe	Y	Bf	62.0(※)	8 529.0(*)	2.4	9 855.0(*)	6.8		
D	28.2	O	W	G	E	G	Tn	26.0	8 772.0(*)	4.5	10 941.0(*)	9.8		
D	28.6	O	W	G	E	G	Bf	69.0(※)	5 830.5(※)	11.3	6 429.0(*)	20.2		
S	84.4	O	W	T	E	Y	Br	21.5	2 682.0	5.3	2 853.0	5.5	40.00	21.30

Cultivars	Released year	Sowing type	Female	Male	Gp (d)
720 Xudou 14	2006	Hsu	Xudou 8	Xudou 9	111
721 Xudou 15	2007	Hsu	Xu 842-79-1	Xudou 9	104
722 Xudou 16	2009	Hsu	Xudou 9	Sidou 288	108
723 Xudou 17	2009	Hsu	Xudou 9	Xudou 10	105
724 Xudou 18	2011	Hsu	Xudou 9	Sidou 288	104
725 Xudou 19	2009	Hsu	Xudou 9	Sidou 288	110
726 Xudou 20	2009	Hsu	Xudou 9	Xudou 10	104
727 Xudou 99	2010	Hsu	Xudou 9	Zhonghuang 13	107
728 Dongxin 3	2006	Hsu	A95-10	Sidou 11	109
729 Guandou 2	2008	Hsu	Systematic selection from Sidou 4		109
730 Guandou 3	2008	Hsu	Cuishandou	Sidou 11	106
731 Guandou 4	2010	Hsu	Dongxin 3	Zhongzuo 975	108
732 Sidou 13	2005	Hsu	Sidou 288	Si 84-1532	106
733 Sidou 168	2013	Hsu	Zhongdou 20	Xudou 9	101
734 Sidou 209	2010	Ssu	Zhongdou 20	Xudou 9	97
735 Sidou 520	2009	Hsu	Sidou 288	Daliwang	105
736 Huaiyin 75	2005	Nsp	Systematic selection from HG(Jp)92-50		89(#)
737 Huaidou 7	2007	Hsu	Huai 87-13	Pella	105
738 Huaidou 8	2005	Hsu	Huai 89-15	He 84-5	107
739 Huaidou 9	2008	Hsu	Huaidou 4	Zhongzuo 95D02	106
740 Huaidou 10	2008	Hsu	Huaiqing 1	Gaoxiongxuan 1	91(#)
741 Huaidou 11	2011	Hsu	Huaidou 4	Si 95132	114
742 Huaidou 12	2010	Hsu	Zhongdou 19	Yudou 22	106
743 Ruidou 1	2011	Hsu	Yudou 10	Siyang 288	113
744 Wuqing 1	2014	Ssu	Systematic selection from Danbohei		121
745 Lüling 1	2006	Ssp	Systematic selection from Fugui306		92(#)
746 Zaoshengcuiniao	2005	Ssp	Systematic selection from cultivar from AVRDC		84(#)
747 Sudou 5	2007	Ssp	AGS292	2808	92(#)
748 Sudou 6	2008	Ssu	Suxi 5	Dandou 1	100(#)
749 Sudou 7	2012	Ssu	Kefeng 1	Haixi 13	97(#)
750 Sudou 8	2010	Ssp	Su 85-53-1	Ningzhen 3	101
751 Sudou 9	2012	Hsu	Ludou 10	Dong 86-27	97
752 Sukui 1	2012	Ssp	Taiwan 292	Ribenqing 3	95(#)
753 Nannong 26	2006	Ssu	Population constructed by crossing between Nannong 1138-2, Youbian 30 and Kefeng 1 etc		129
754 Nannong 31	2010	Ssu	Nannong 18-6	Xudou 4	117
755 Nannong 32	2011	Ssu	Nannong 87-23	Chuxiu	101-126

(Continued)

St	Ph (cm)	Ls	Fc	Pc	Ss	Sc	Hc	SW (g)	Yield of regional test (kg/hm^2)	Increased (±%)	Yield of adaptability (kg/hm^2)	Increased (±%)	Protein content (%)	Fat content(%)
	60.9	O	P	G	E	Y	Bf	21.7	2 772.0	14.6	2 822.0	13.4	42.01	20.00
D	63.3	O	P	G	E	Y	Bf	21.5	2 745.0	5.6	2 544.0	9.5	43.90	19.60
D	62.5	O	P	T	E	Y	Tn	21.8	2 771.3	11.4	2 886.6	11.1	42.60	20.20
D	59.2	O	W	G	E	Y	Y	22.5	2 625.0	3.1	2 887.5	10.4	41.20	19.30
D	73.2	O	W	G	E	Y	Br	21.4	2 725.5	6.5	2 559.0	6.7	41.30	20.40
D	61.5	O	P	T	E	Y	Tn	24.2	2 871.0	11.6	3 159.0	7.8	42.60	21.20
D	62.3	O	W	G	E	Y	Y	24.3	3 096.0	5.8	2 973.0	5.3	42.99	19.88
S	51.3	O	W	G	R	Y	Br	27.2	3 018.0	6.3	2 983.5	4.1	44.40	20.50
S	78.5	O	W	T	E	Y	Bl	28.6	2 685.0	7.6	2 583.0	8.5	38.70	21.90
D	57.0	O	P	G	E	Y	Bf	21.8	2 448.0	4.1	2 844.0	8.7	42.10	19.80
S	65.8	O	P	G	R	Y	Bf	21.5	2 704.5	5.2	3 129.0	6.8	42.90	20.80
S	84.4	O	W	T	R	Y	Bl	30.0	3 600.0	8.0	3 055.5	6.6	43.30	21.30
S	87.5	O	P	T	E	Bl	Bl	21.0	2 709.0	6.3	2 145.5	6.0	39.30	18.30
D	59.0	E	W	G	E	Y	Br	15.4	2 737.8	6.8	2 957.1	9.8	41.28	20.80
D	50.3	E	W	G	E	Y	Bf	15.9	2 851.5	8.8	2 919.0	13.0	41.10	20.38
S	87.3	O	P	T	E	Y	Bl	21.0	2 602.5	4.0	2 977.5	13.8	39.20	19.20
D	34.8	O	W	G	R	Y	Bf	64.1(※)	8 512.5(*)	2.2	9 243.0(*)	0.8		
S	83.8	O	P	T	Fe	Y	Br	18.5	2 434.5	−2.4	2 403.0	0.9	41.50	20.10
S	78.0	E	W	G	E	Y	Bf	22.0	2 371.1	7.1	2 476.1	6.3	40.00	22.30
S	69.8	O	W	T	Fe	Y	Bl	22.7	2 544.0	8.2	2 843.0	8.7	40.60	19.90
S	63.0	O	W	T	E	G	Br	51.8(※)	8 911.5(*)	3.2	10 737.0(*)	2.1		
S	79.7	O	P	G	E	Y	Bf	21.7	2 962.5	6.0	2 706.0	5.9	42.20	19.80
S	69.2	O	P	G	E	Y	Bf	20.0	3 069.0	8.1	3 064.5	6.9	41.10	19.80
D	72.9	O	P	T	E	Y	Tn	34.1	2 950.5	5.6	2 598.0	1.7	45.60	19.00
D	95.1	O	P	T	Fe	Bl	Tn	39.2	2 302.5	13.5	2 637.0	24.5	46.10	18.40
D	28.7	O	W	G	R	G		64.1(※)	8 380.5(*)	0.0	11 954.5(*)	2.4		
D	25.3	O	W	G		G		80.6(※)	8 263.5(*)	−0.8	9 298.5(*)	0.8		
D	42.2	O	P	G	R	Y		65.0(※)	9 001.5(*)	7.3	10 299.0(*)	3.6		
D	68.5	O	P	G	R	Y		63.8(※)	8 169.0(*)	10.5	11 242.5(*)	6.9		
D	61.9	O	P	G	E	Y		80.6(※)	10 662.0(*)	11.5	11 140.5(*)	4.9		
D	48.9	E	W	G	E	Y	Bf	18.6	2 307.0	8.4	2 317.5	8.9	41.63	21.52
S	76.2	L	W	G	R	Y	Bf	24.8	2 772.0	3.6	2 662.5	6.7	42.60	19.40
D	35.8	L	W	G	R	Y		73.4(※)	11 103.0(*)	8.7	10 533.0(*)	6.5		
D	83.6	E	W	T	R	Bl	Bl	20.5	2 217.0	7.8	2 479.5	12.0	45.00	18.80
D	70.8	O	W	T	R	Y	Bf	19.6	2 623.5	14.1	2 422.5	10.1	40.80	20.20
D	74.4	E	P	G	E	Y	Tn	33.0	3 040.5	11.3	2 899.5	26.4	44.90	19.30

Cultivars	Released year	Sowing type	Female	Male	Gp (d)
756 Nannong 33	2009	Ssu	Nannong 86-17	Huaidou 2	127
757 Nannong 34	2011	Ssu	(Nannong 86-4 × D 76-1609) BC_1F_4 short petiole line	(Nannong 493-1 × Youchu 4) F_2 plant with narrow leaf	119
758 Nannong 38	2011	Ssp	Jilin 30	Tongzhoudou	113
759 Nannong 39	2012	Ssu	Nannong 9812	Fengbaimu	113
760 Nannongcaidou 6	2009	Ssu	Nannong 87C-66-3	Nannong 87C-38	100(#)
761 Suxiandou 19	2010	Ssu	Nannong 90C004	Nannong 5C-13	92(#)
762 Suxiandou 20	2011	Ssp	Tongsu 526	Zaoshu 18	114(#)
763 Suxiandou 21	2012	Ssu	Gaojingqingpidou	Changzhouqingdou	104(#)
764 Huning 96-10	2006	Ssp	Huaiyinaijiaozao	Zhongzuo8 4-C42	78(#)
765 Tongsu 1	2006	Ssp	Systematic selection from Zaoshengzhidou		91(#)
766 Tongdou 5	2007	Ssu	Haimencubaidou	Haixi 13	107(#)
767 Tongdou 6	2007	Ssu	Systematic selection from Qidonglüpidadou		98(#)
768 Tongdou 7	2009	Ssu	Nannong 88-31	Sudou 4	117
769 Tongdou 8	2010	Ssu	Tongdou 1	Sudou 4	117
770 Tongdou 9	2009	Ssu	Tongdou 5 radiation		102
771 Tongdou 10	2009	Ssu	99015	Yin 99-04	112
772 Tongdou 2006	2009	Ssu	Nannong 86-4	Nannongdaihuangdou	110(#)
773 Huning 95-1	2002	Ssp	Systematic selection from Tiankaifeng		75
774 Qingsu 2	2002	Ssp	Systematic selection from AVR-3		78
775 Qingsu 3	2006	Ssp	AVR-1	VS-10	80
776 Qingsu 4	2005	Ssp	VS-7	VS96-11	82
777 Qingsu 5	2008	Ssp	AVR-1	VS-9	84
778 Qingsu 6	2012	Ssp	AVR-3	VS96-7	86
779 Jiaoxuan 1 (Shangnong 298)	2002	Ssp	Dongnong 33	Heniang	90
780 Jiaoxuan 2 (Shangnong 4)	2002	Ssp	Dongnong 95-8110	Fengniang	80
781 Jiaoxuan 3	2006	Ssp	(Dongnong 95-8110 × Ribenfengniang)F_1	AGS292	84
782 Jiaoda 02-89	2007	Ssp	Taiwan 88	Baofeng 8	88
783 Shenlü 1	2005	Ssp	Systematic selection from Xiazhiyou		83
784 Chunlü	2002	Ssp	Systematic selection from Fuwushi zihefugui		80
785 Shenxian 3	2006	Ssp	Systematic selection from Ribenzhidou		80
786 Zhechun 4	2012	Ssp	Wuxing-5	Zhechun 3	102
787 Zhexiandou 2	2005	Ssp	Aijiaobaimao	Fushijianbai	85(#)
788 Zhexiandou 3	2006	Ssp	Taiwan 75	Dalidou	86(#)
789 Zhexiandou 4	2007	Ssp	Aijiaobaimao	AGS292	81(#)

(Continued)

St	Ph (cm)	Ls	Fc	Pc	Ss	Sc	Hc	SW (g)	Yield of regional test (kg/hm^2)	Increased (±%)	Yield of adaptability (kg/hm^2)	Increased (±%)	Protein content (%)	Fat content(%)
D	83.1	E	W	T	E	Bl	Bl	23.7	2 760.0	2.9	2 589.0	1.0	45.00	18.60
D	84.9	O	W	G	R	Y	Br	20.4	2 653.5	5.2	2 889.0	8.7	41.60	19.90
D	56.2	O	W	T	E	Y	Br	20.7	2 754.0	10.7	2 655.0	9.1	41.70	19.70
D	74.8	O	W	T	E	Y	Br	20.1	4 170.0	10.7	2 994.0	13.4	39.00	19.40
D	74.1	O	W	G	E	G		59.6(※)	9 184.5(*)	4.9	10 527.0(*)	14.0		
D	63.5	O	P	G	E	Y		54.8(※)	9 600.0(*)	3.0	12 530.0(*)	14.7		
S	101.8	L	P	G	E	Y		52.4(※)	9 976.5(*)	5.6	10 849.5(*)	3.4		
D	90.4	O	P	T	E	G		77.0(※)	10 284.0(*)	6.9	11 864.0(*)	3.1		
D	29.9	E	W	G	R	G		68.4(※)	10 194.0(*)	5.1	9 840.0(*)	−2.1		
D	30.6	O	W	T	E	G		58.0(※)	8 224.5(*)	0.0	10 777.5(*)	0.0		
D	83.0	O	P	G	E	Y		78.2(※)	8 589.0(*)	16.3	12 365.5(*)	13.9		
D	69.9	O	P	G		G		70.2(※)	8 647.1(*)	17.1	12 507.0(*)	15.2		
D	75.8	E	P	G	R	Y	Br	18.4	2 637.0	12.4	2 634.0	5.3	37.90	19.10
D	74.4	E	P	T	E	Y	Bf	19.9	2 586.0	8.4	2 935.5	5.3	40.90	16.70
D	91.8	O	P	G	E	Y	Bf	65.0(※)	5 808.0(※)	10.2	6 190.5(*)	9.1		
D	78.2	O	P	G	E	Y	Bf	22.4	2 784.0	0.8	2 862.0	7.5	41.60	19.60
D	76.3	E	W	G		Y	Bf	65.9(※)	12 231.0(*)	10.5	12 187.5(*)	17.0		
D	33.7	O	W	G	R	G	Br	32.1			8 250.0(*)			
D	31.8	O	W	G	Rf	G	Bf	33.0			9 000.0(*)			
D	28.3	O	W	G	Rf	G	Br	32.5			9 346.1(*)			
D	29.7	O	W	G	Rf	G	Bf	33.4			8 935.0(*)			
D	41.3	O	W	G	R	G	Bf	37.9			11 535.0(*)			
D	45.6	O	P	G	R	G	Bl	36.1			13 035.0(*)			
D	45.0	R	W	G	R	Y		30.0						
D	45.0	R	W	G	R	Y	Y	35.0						
D	40.0	R	W	G	R	Y	Y	35.0	10 063.5(*)	7.4			40.00	16.00
D	36.8		P	G		Y		68.1(※)	12 717.0(*)	12.0	14 757.0(*)	8.3		
D	45.0	O	W	G				38.0			10 650.0(*)	20.9		
N	48.0		W	G							9 060.0(*)	7.9		
D	35.0	O	W	G	E	G	Bf	68.7(※)	10 954.5(*)	69.2			43.50	21.76
D	53.2	O	W	G	E	Y	Br	25.1	2 568.0	1.2	2 538.0	4.3	47.96	19.17
D	30.0	O	W	G	R	Y	Y	60.0(※)	10 419.0(*)	2.6	10 014.0(*)	15.2		
D	45.0	O	W	G	R	G	Y	82.0(※)	9 667.5(*)	6.8	8 250.0(*)	0.5		
D	30.0-35.0	O	P	G	R	Y	Y	60.0(※)	10 661.0(*)	9.9	11 701.5(*)	12.3		

	Cultivars	Released year	Sowing type	Female	Male	Gp (d)
790	Zhexiandou 5	2009	Ssp	Beiyin 2	Taiwan 75	90(#)
791	Zhexiandou 6	2009	Ssp	D8149	Taiwan 75	85(#)
792	Zhexiandou 7	2011	Ssp	AGS359	23037-1	90(#)
793	Zhexiandou 8	2012	Ssp	4904074	Taiwan 75	94(#)
794	Zhenong 3	2008	Ssp	Taiwan 75	9712	92
795	Zhenong 6	2009	Ssp	Taiwan 75	9806	86(#)
796	Zhenong 8	2009	Ssp	Liao 22-14	29-34	83(#)
797	Taihuchunzao	2008	Ssp	S30-1	9080	83(#)
798	Quxian 2	2007	Ssu/Sau	Chuxiu 4	Shanghaixiangdou	82(#)
799	Quxian 3	2009	Ssu/Sau	Quxiayin 4	Shanghaixiangdou	89(#)
800	Xiaonongqiuyan	2011	Sau	Systematic selection from Liuyueban		78(#)
801	Gandou 6	2006	Sau	82N10	8415-8	98
802	Gandou 7	2011	Sau	Daihuangzhu	Gandou 3	98
803	Gandou 8	2014	Ssp	Zhechun 3	Gandou 4	96
804	Quandou 7	2006	Ssp	Suidaohuang	Fuqinglüxindou	107
805	Fudou 234	2005	Ssp	Pudou 8008	Huangshadou	105
806	Fudou 310	2005	Ssp	Pudou 8008	88B1-58-3	110
807	Mindou 1	2007	Ssp	AGS292	Zaoshengzhidou	100
808	Mindou 5	2011	Ssp	Zhe 2818	Maodou 3	100
809	Mindou 6	2013	Ssp	Zhe 2818	Mindou 1	80
810	Pudou 5	2014	Ssp	Quandou 7	Tedali 1	105
811	Maodou 3	2009	Ssp	Introduced from Taiwan		100
812	Huxuan 23-9	2010	Ssp	Introduced from Shanghai		98
813	Zhongdou 33	2005	Ssu	You 92-570	Edou 4	103
814	Zhongdou 34	2007	Ssu	You 92-570	You 88-25	99
815	Zhongdou 35	2006	Ssp	Aijiaozao	D28	105
816	Zhongdou 36	2006	Ssp	Aijiaozao	Xiang 78-141	97
817	Zhongdou 37	2008	Ssu	Xinliuqing	Liyangdaqingdou	82
818	Zhongdou 38	2009	Ssu	You 91-12	You 91-6	112
819	Zhongdou 39	2011	Ssp	Zhongdou 32	Zhongdou 29	111
820	Zhongdou 40	2011	Ssp	Enong W	Zaozhidou	105
821	Zhongdou 41	2008	Ssu	Zhongdou 32	Dundou	104
822	Zhongdou 43	2008	Ssu	Zhongdou 32	VCO101	100
823	Tianlong 1	2008	Ssp	Zhongdou 29	Zhongdou 32	110
824	Tianlong 2	2009	Ssp	Zhongdou 29	Zhongdou 32	109

(Continued)

St	Ph (cm)	Ls	Fc	Pc	Ss	Sc	Hc	SW (g)	Yield of regional test (kg/hm^2)	Increased (±%)	Yield of adaptability (kg/hm^2)	Increased (±%)	Protein content (%)	Fat content(%)
D	35.0	O	W	G	R	G	Y	66.0(※)	12 096.0(*)	6.3	11 772.0(*)	6.2		
D	35.0-40.0	O	W	G	R	Y	Y	65.0-70.0(※)	9 514.0(*)	9.1	10 712.0(*)	15.3		
D	41.3	O	W	G	R	Y	Y	70.0(※)	10 324.5(*)	17.5	8 346.0(*)	5.9		
D	35.0-40.0	O	W	G	R	G	Y	80.0-86.0(※)	10 187.3(*)	12.8	8 287.5(*)	19.7		
D	35.0	O	W	G	R	G	Y	83.8(※)	9 174.0(*)	12.4	8 788.5(*)	14.9		
D	36.5	O	W	G	R	G	Y	76.8(※)	10 017.8(*)	15.4	10 401.0(*)	11.9		
D	26.7-35.0	O	W	G	R	G	Y	72.0-80.0(※)	9 560.3(*)	8.7	10 566.0(*)	13.7		
D	35.3	O	W	G	E	Y	Bf	61.0(※)	9 426.8(*)	8.9	8 959.5(*)	2.7		
D	50.0-60.0	O	W	G	E	Y	Bf	34.0-38.0	12 841.5(*)	9.6	12 992.0(*)	16.7		
D	78.2	O	W	G	E	Y	Bf	67.4(※)	11 502.0(*)	9.2	9 426.0(*)	3.4		
D	50.0-55.0	O	P	G	R	G	Bf	82.0(※)	8 548.5(*)	7.1	8 977.5(*)	9.6		
D	83.0		P	T	E	Y	Br	22.7	2 477.3	5.5			42.40	18.99
D	54.0		W	G	E	Y	Br	32.4	2 785.7	4.8			47.20	17.10
D	53.7	O	W	G	E	Y	Br	18.9	2 293.2	5.2			43.37	18.76
S	53.1	E	P	T	E	Y	Br	19.0	2 527.5	10.6	2 548.5	12.1	41.96	20.98
D	55.0	E	P	T	E	Y	Bf	23.2	2 080.2	5.9	1 774.8	3.1	48.93	18.48
D	60.0	E	P	T	E	Y	Bf	22.6	2 305.5	7.0	2 073.0	4.5	46.04	18.49
D	27.0	E	W	G		Y	Y	32.3	9 277.5(*)	14.6	7 804.2(*)	13.2	13.67(※)	5.58(※)
D	33.0	E	W	G		Y	Y	33.0	9 960.6(*)	7.0	10 035.5(*)	8.2	10.87(※)	5.30(※)
D	37.0	E	W	G	E	Y	Y	32.3	9 568.2(*)	8.9	10 742.6(*)	15.8	13.60(※)	
D	65.9	E	P	T	E	Y	Br	22.5	2 299.4	6.5	1 837.5	4.2	46.80	18.19
D	33.0	E	W	G		Y	Y	33.8	9 375.0(*)	18.3	12 034.5(*)	15.1	9.69(※)	14.70(※)
D	31.0	E		G		Y	Y	33.6	8 485.5(*)	7.1	10 233.0(*)	−2.3	10.19(※)	17.40(※)
D	64.7	E	W	G	R	Y	Bf	18.4	2 220.0	8.6	2 691.0	7.6	46.20	18.70
D	70.0	E	W	G	R	Y	Bf	16.0	2 319.0	13.4	2 818.5	12.7	45.90	17.90
D	51.7	E	W	G	R	Y	Bf	19.6	2 548.5	7.4			42.10	21.50
D	49.3	E	W	G	R	Y	Bf	22.6	2 304.0	21.7	2 268.0	32.7	45.15	18.68
D	53.7	E	P	G	R	G		58.7(※)	10 980.0(*)	9.8	13 024.5(*)	17.8	50.65	18.97
D	73.7	E	P	G	R	Y	Bf	19.1	2 581.5	7.4	2 698.5	16.3	46.25	20.11
D	63.1	E	W	G	R	Y	Bf	17.9	2 970.0	16.2	2 860.5	23.2	40.36	21.96
D	67.8	E	W	G	E	Y	Bf	20.4	2 796.0	9.4	2 577.0	5.9	41.95	21.61
D	65.4	E	W	G	E	Y	Bf	23.2	2 904.0	7.4	2 796.0	11.8	42.41	21.24
D	65.1	E	W	G	E	Y	Br	22.6	2 842.5	5.1	2 572.5	3.4	43.73	19.75
D	60.0	E	W	G	E	Y	Bf	18.1	2 574.0	13.2	2 467.5	20.5	43.50	21.00
D	52.7	L	W	G	R	Y	Br	17.5	2 488.5	9.4	2 605.5	17.6	42.69	21.20

Cultivars	Released year	Sowing type	Female	Male	Gp (d)
825 Edou 8	2005	Ssp	Edou 4	Xiang 78-219	102
826 Jingdou 1	2008	Ssu	Century	99-4	114
827 Jingdou 4	2013	Ssu	Zhongdou 8	99-5	112
828 Edou 10	2008	Ssp	537	You 94-112	91
829 Endou 31	2010	Ssp	01-77	N86-49	118
830 Xiangchundou 24	2006	Ssp	Xiangchun 89-60	Xiangchundou 10	98
831 Xiangchundou 26	2008	Ssp	Aijiaomao	Xiangchundou 14	95
832 Xiangchundou V8	2014	Ssp	Fudou 310	Zhe 0722	102
833 Gongdou 15	2005	Ssp	Youchu 4	Gongdou 6	123
834 Gongdou 16	2007	Ssp	Xiangchundou 10	Ningzhen 3	108
835 Gongdou 18	2008	Ssp	Gongdou 12	93(03)-7-1-10	103
836 Gongdou 19	2010	Ssp	Gongdou 12	92(03)-1-1-1	105
837 Gongdou 20	2011	Ssp	Zhe 9703	9823	120
838 Gongdou 21	2011	Ssp	9407-2	Gongdou 15	120
839 Gongdou 22	2011	Ssp	Zuhe 5(19)F_1	Gong 444-1	112
840 Gongqiudou 3	2009	Ssp	Systematic selection from Rongxian-zongmaodou		150
841 Gongqiudou 4	2012	Ssp	Pingwugaojiaohuang	Gongqiudou 3	139
842 Gongqiudou 5	2012	Ssp	Gongxuan 1	Gongqiudou 3	139
843 Gongqiudou 7	2012	Ssp	Zhuxi 3(12)	Gongxuan 1	133
844 Gongqiudou 8	2013	Ssu	Zuhe 4(93)F_1	Rongxianzongmaodongdou	128
845 Nandou 7	2005	Ssp	Chengdou 4	9105-5	106
846 Nandou 8	2005	Ssp	Edou 5	Xidou 3	106
847 Nandou 9	2006	Ssp	Aijiaozao	Chuandou 4	108
848 Nandou 10	2007	Ssp	Aijiaozao	Chuanxiangzao 1	117
849 Nandou 11	2006	Ssp	Chengdou 4	Gongdou 6	105
850 Nandou 12	2008	Ssu	B kang 57 ^{60}Co radiation		147
851 Nandou 14	2008	Ssu	Gongxuan 1	B kang 57	145
852 Nandou 15	2008	Ssp	Chuandou 3	Nandou 9	105
853 Nandou 16	2009	Ssp	Gongxuan 1	B kang 57	146
854 Nandou 17	2010	Ssu	Rongxiandongdou ^{60}Co radiation		143
855 Nandou 18	2010	Ssu	Rongxiandongdou ^{60}Co radiation		140
856 Nandou 19	2010	Ssu	Dazhudongdou	Rongxiandongdou	149
857 Nanheidou 20	2012	Ssu	Gongxuan 1 ^{60}Co radiation		136
858 Nandou 21	2011	Ssp	Nandou 5	Deyangliuyuehuang	113
859 Nandou 22	2011	Ssu	Nandongkang 032-4 ^{60}Co-γ radiation		128
860 Nandou 23	2012	Ssp	Nandou 11	(Zhechun 3 × Nandou 8)F_4	119
861 Nandou 24	2013	Ssp	Nandou 8	(Nandou 11 × Nandou 99)F_4	

(Continued)

St	Ph (cm)	Ls	Fc	Pc	Ss	Sc	Hc	SW (g)	Yield of regional test (kg/hm²)	Increased (±%)	Yield of adaptability (kg/hm²)	Increased (±%)	Protein content (%)	Fat content(%)
D	45.7	E	W	G	E	Y	Bf	19.9	2 416.5	11.1	2 031.4	6.2	43.06	19.72
D	68.4	E	P	T	E	Y	Bf	21.6	2 502.0	8.7			39.11	20.81
D	58.5	E	W	T	R	Y	Bl	14.0	2 905.5	17.0	3 045.0	20.5	39.36	22.84
D	42.2	E	W	G	E	Y	Bf	20.9	2 503.5	6.6	2 308.5	10.9	43.75	18.35
D	57.1	O	W	G	E	Y	Br	23.4	3 717.1	29.9	4 021.8	60.9	39.20	23.20
D	63.4	E	W	G	E	Y	Tn	20.6	2 617.5	8.4	2 683.5	7.8	40.82	22.77
D	49.4	E	W	G	E	Y	Bl	19.3	2 317.5	14.9	2 221.5	15.7	41.87	21.61
D	60.6	E	W	G	E	Y	Br	18.0	2 761.5	10.9	2 704.5	5.6	45.66	17.92
D	62.4	O	P	T	E	Y	Bf	26.1	2 614.5	11.5	2 635.2	16.6	42.70	21.10
D	54.8	O	W	G	E	Y	Tn	20.7	2 283.0	13.9	2 266.5	15.9	43.50	20.19
D	46.8	E	W	G	E	Y	Bf	25.1	2 028.0	−0.6	2 094.3	12.3	47.00	19.80
D	47.9	O	W	G	E	Y	Br	23.2	2 221.5	2.4	2 169.9	24.0	45.50	17.40
D	71.5	E	W	T	E	Y	Br	27.5	2 284.5	17.2	2 542.5	14.7	42.50	20.20
D	68.9	O	P	G	E	Y	Y	22.2	2 265.0	16.2	2 527.5	22.3	39.70	21.30
D	49.7	O	W	G	E	Y	Bf	23.5	2 674.5	7.5	2 548.5	4.7	40.00	21.80
D	74.6	E	P	T	E	G	Tn	26.6	1 492.5	11.9	1 690.5	10.8	47.80	20.70
D	82.4	E	P	G	E	Y	Br	23.3	1 593.0	16.0	1 885.2	20.4	50.30	17.30
D	85.0	E	P	T	E	Y	Tn	27.2	1 560.0	12.5	1 816.5	24.1	46.70	18.70
D	72.9	O	P	T	E	Y	Tn	19.6	1 495.5	3.8	1 875.0	24.0	48.60	18.00
D	65.6	O	W	G	E	Y	Br	20.0	1 447.5	0.2	1 766.9	15.9	48.10	20.00
S	51.0	L	P	G	E	G	Br	25.0	2 157.0	6.2	2 479.5	12.9	41.90	19.40
D	52.0	L	W	T	E	Y	Bf	22.0	2 334.0	14.9	2 883.0	30.3	45.20	18.20
D	49.0	L	W	T	E	Y	Bf	25.0	2 166.0	6.6	2 512.5	18.6	46.80	17.40
D	51.0	L	W	T	E	Y	Br	24.0	2 527.5	7.8	2 901.0	19.6	42.70	18.80
D	47.3	O	W	T	E	Y	Br	23.4	2 619.0	5.5	2 367.0	6.5	46.69	18.93
D	64.0	E	W	T	E	Y	Tn	18.1	1 372.5	13.4	2 394.0	25.2	51.79	17.63
D	68.3	E	W	G	E	Y	Bf	16.9	1 284.0	6.1	2 203.5	15.2	50.84	16.81
D	43.3	O	W	T	E	Y	Br	25.0	2 175.0	6.6	2 872.5	24.8	44.39	20.67
D	79.7	O	P	T	E	Y	Br	16.1	1 422.0	17.5	2 415.0	26.3	50.28	17.61
D	87.7	E	W	G	E	Y	Br	18.5	1 422.0	4.5	1 935.0	14.0	47.20	16.30
D	83.7	O	P	G	E	Y	Br	16.7	1 654.5	21.8	2 058.0	21.2	46.90	15.40
D	87.9	E	W	G	E	Y	Br	20.0	1 491.0	9.3	2 058.0	21.2	46.90	15.80
D	79.4	O	P	T	E	Bl	Br	24.9	1 593.0	17.6	2 112.0	31.7	50.70	15.90
D	63.3	O	W	G	E	Y	Bf	22.6	2 125.5	9.0	2 958.0	23.0	46.20	20.30
D	70.3	O	P	G	E	Y	Bf	20.1	1 741.5	26.9	2 284.5	26.5	42.30	18.40
D	60.2	E	W	G	E	Y	Bf	26.1	2 275.5	12.7	2 869.5	24.9	47.90	17.50
D	54.9	E	P	G	E	Y	Br	25.3	2 517.3	10.0	2 403.5	19.0	47.30	18.60

Cultivars	Released year	Sowing type	Female	Male	Gp (d)
862 Nanxiadou 25	2013	Ssu	Rongxiandongdou ^{60}Co-γ radiation		134
863 Nanchundou 28	2014	Ssp	Nandou 3	Nandou 5	117
864 Chuandou 10	2005	Ssp	Dadou 2	Ludinghuangkezao	112
865 Chuandou 11	2007	Ssp	Gong 89-2	Wenchuandaihuangdou	117
866 Chuandou 12	2008	Ssp	Dadou 2	Ludinghuangkezao	108
867 Chuandou 13	2010	Ssp	Gong 87-5	Zhongdou 24	118
868 Chuandou 14	2010	Ssp	Ningzhen 1	Wenchuandaihuangdou	110
869 Chuandou 15	2012	Ssp	Shanghailiuyuebai	82-856	125
870 Chuandou 16	2014	Ssp	Aijiaozao	Zhuyaozi	117
871 Chengdou 13	2008	Ssp	Suiningfengtaihuangdou × 81-10	Danboheidou × Qingchuan-baijiaozi	114
872 Chengdou 14	2010	Ssp	Tiefeng 29	Zhechun 3	106
873 Chengdou 15	2011	Ssp	Zhechun 3	Kaiyu 10	116
874 Chengdou 16	2012	Ssp	Chongqingchuanxinlü	Chengdou 8	121
875 Chengdou 17	2013	Ssp	Leshandaihuangke	Chengdou 8	120
876 Fudou 2	2005	Ssp	Huimaozi	Xidou 3	126
877 Fudou 4	2009	Ssp	Qiyuehuang	Xidou 3	112
878 Fudou 5	2013	Ssp	Huimaozi	Nandou 5	116
879 Changjiangchun 1	2010	Ssp	9813	Wenfeng 8	109
880 Changjiangchun 2	2012	Ssp	Shuxian 205	Qixing 1	107
881 Yudou 2	2014	Ssp	Systematic selection from a sobean landrace from Qinjiang		119
882 Qiandou 7	2011	Ssp	8307	88-5027-2	116
883 Qiandou 8	2011	Ssp	90-12	86-6	116
884 Andou 5	2009	Ssp	ZYD05689	Pudingzaojiaodou	125
885 Andou 7	2011	Ssp	ZYD05689	Pudingzaojiaodou	117
886 Huachun 1	2006	Ssp	Guizao 1	Baxi 11	114
887 Huachun 2	2006	Ssp	Guizao 1	Baxi 9	106
888 Huachun 3	2007	Ssp	Guizao 1	Baxi 8	96
889 Huachun 5	2009	Ssp	Guizao 1	Baxi 3	108
890 Huachun 6	2009	Ssp	Guizao 1	Baxi 8	103
891 Huaxia 1	2006	Ssu	Guizao 1	Baxi 8	97
892 Huaxia 2	2011	Ssu	Guizao 1	Baxi 3	92
893 Huaxia 3	2006	Ssu	Guizao 1	Baxi 13	113
894 Huaxia 4	2007	Ssu	Guizao 1	Baxi 8	94
895 Huaxia 5	2009	Ssu	Guizao 1	Baxi 13	101
896 Huaxia 6	2012	Ssu	Guizao 1	BRS157	97
897 Huaxia 9	2011	Ssu	Guizao 1	Baxi 14	99

(Continued)

St	Ph (cm)	Ls	Fc	Pc	Ss	Sc	Hc	SW (g)	Yield of regional test (kg/hm²)	Increased (±%)	Yield of adaptability (kg/hm²)	Increased (±%)	Protein content (%)	Fat content(%)
D	67.5	O	W	T	E	Y	Br	24.9	1 543.5	4.7	1 847.4	21.2	49.10	17.50
D	59.2	E	P	T	E	Y	Bl	24.8	2 518.7	13.4	2 502.9	11.6	43.20	21.00
D	56.0	E	W	G	E	Y	Br	24.0	2 254.5	11.0	2 392.8	17.4	42.20	20.00
D	58.0	E	W	G	E	Y	Br	21.0	2 368.5	4.6	2 424.6	8.8	47.21	18.53
D	50.0	E	P	T	E	Y	Br	23.0	2 131.5	4.5	2 189.1	24.0	42.26	21.14
D	69.0	E	P	T	E	Y	Br	18.0	2 439.0	12.0	2 209.5	25.0	45.30	18.40
D	61.0	E	W	G	E	Y	Br	24.0	2 496.0	14.8	2 194.5	24.2	43.40	19.00
D	66.6	E	W	G	E	Y	Br	26.3	2 598.0	28.7	2 347.5	31.3	43.40	20.20
D	72.2	E	W	G	E	Y	Br	19.4	2 540.6	14.8	2 388.5	6.2	43.20	19.40
D	57.4	E	W	G	E	Y	Bf	17.4	2 266.5	0.1	2 365.5	10.4	41.93	20.94
D	51.7	E	W	G	R	Y	Y	23.5	2 421.0	11.6	2 104.5	26.1	43.60	18.80
D	64.2	E	P	G	R	Y	Br	21.9	2 250.0	15.4	2 496.0	21.8	44.40	20.20
D	59.3	E	W	T	E	Y	Br	25.2	2 290.5	13.4	2 281.5	40.7	45.70	18.90
D	60.8	E	W	T	E	Y	Br	24.3	2 733.3	19.3	2 443.5	21.0	45.00	21.00
D	71.0	O	P	G	E	Y	Bl	26.2	2 515.5	7.3	2 896.2	17.9	46.10	17.90
D	68.3	E	W	G	E	Y	Tn	20.2	2 767.5	27.3	2 445.3	28.2	42.70	20.80
D	57.0	O	P	T	E	G	Br	28.1	2 380.4	4.1	2 296.8	13.7	45.20	19.60
S	68.0	O	W	G	E	Y	Br	25.1	2 499.2	15.9	2 431.7	13.2	47.62	18.05
S	54.4	O	W	G	E	Y	Bf	25.7	2 683.5	20.1	2 398.5	13.1	45.20	20.90
D	67.9	O	W	T	Fe	Y	Y	19.1	2 202.0	21.7	2 523.0	7.4	46.65	18.94
D	53.0	E	P	T	E	Y	Br	15.9	2 770.0	21.9	2 380.0	15.8	41.93	19.05
D	48.0	O	P	G	E	Y	Bl	16.4	2 729.0	6.8	2 248.0	6.8	42.16	20.70
D	55.0	O	P	G	E	Y	Bf	23.7	3 057.0	16.2	2 500.0	26.2	45.00	18.57
D	50.0	E	P	G	E	Y	Bl	21.2	2 654.0	4.5	2 284.0	10.8	42.79	19.69
D	69.2	O	P	T	E	Y	Bf	18.9	2 529.0	10.7	2 655.0	16.8	42.21	21.24
D	54.7	O	W	T	E	Y	Bf	18.9	2 407.5	5.3	2 395.5	5.4	41.56	21.29
D	51.9	L	W	T	E	Y	Br	19.9	2 173.5	10.6	2 095.5	21.7	44.47	19.54
S	39.6	O	W	T	E	Y	Bf	20.8	2 539.5	15.6	2 652.0	12.4	44.01	20.22
D	46.0	L	P	T	E	Y	Br	19.9	2 793.0	19.6	2 955.0	33.9	45.80	19.20
D	49.2	O	W	T	E	Y	Bf	19.4	2 550.0	16.3	2 598.0	28.3	42.37	20.55
D	52.4	O	W	T	E	Y	Bf	18.8	2 683.5	1.8	2 704.8	3.2	40.74	21.76
D	84.7	O	W	T	E	Y	Bf	17.5	2 874.0	31.1	2 598.0	27.9	42.19	20.41
D	47.3	O	W	T	E	Y	Br	20.5	2 355.0	7.4	2 190.0	18.4	46.15	18.82
D	68.9	L	P	T	E	Y	Tn	14.4	3 133.7	25.4	2 599.8	31.5	44.16	18.23
D	58.2	E	W	T	E	Y	Bf	14.3	2 526.6	3.3	2 246.9	1.9	38.31	21.40
D	67.3	E	W	T	E	Y	Bf	15.5	2 754.0	6.6	2 778.0	4.4	44.35	18.08

Cultivars	Released year	Sowing type	Female	Male	Gp (d)
898 Guichun 5	2005	Ssp	Gui 475	Yishanliuyuehuang	95
899 Guichun 6	2005	Ssp	Qiyuehuangdou	Guidou 2	98
900 Guichun 8	2007	Ssu	Liu 8813	Guidou 3	97
901 Guichun 9	2008	Ssp	Gui 338	Guidou 3	94
902 Guichun 10	2010	Ssp	Yishanliuyuehuang	Guidou 3	103
903 Guichun 11	2009	Ssp	Qian 8854	MG/BR-56	102
904 Guichun 12	2011	Ssp	Guidou 3	MG/BR-56	98
905 Guichun 13	2012	Ssp	BR-56	Guidou 3	100
906 Guichun 15	2013	Ssp	Guichun 3	Zhongzuo 975	98
907 Guixia 3	2007	Ssu	Jingxiqingpidou	Wumingheidou	108
908 Guixia 4	2009	Ssu	98-64	MG/BR-56	96
909 Guichundou 1	2006	Ssp	Guichun 1	Gui 199	103
910 Guichundou 103	2010	Ssp	Guichun 1	Gui 199	97
911 Guichundou 104	2012	Ssp	Guichun 1	Guizao 1	96
912 Guixiadou 2	2006	Ssu	Guizao 1	Ba 13	104
913 Guixiandou 1	2008	Ssu	Wupiqingren	Guizao 1	99
914 Diandou 4	2006	Ssu	Dian 86-5	Williams	120
915 Diandou 6	2008	Ssu	Jinningdaihuangdou × Heinong 29	Williams	127
916 Diandou 7	2010	Ssp	Dian 82-3	Williams	132
917 Dedadou 1	2011	Ssp	Systematic selection from Zhongpin 661		125
918 Wendou 1	2006	Swi	Systematic selection from Quandou 322		135

Notes: * Fresh pod yield, ※Fresh seed yield, #The number of days from the next day of sowing to the day of harvesting fresh pods.

(Continued)

St	Ph (cm)	Ls	Fc	Pc	Ss	Sc	Hc	SW (g)	Yield of regional test (kg/hm²)	Increased (±%)	Yield of adaptability (kg/hm²)	Increased (±%)	Protein content (%)	Fat content(%)
D	47.5		P	T	E	Y	Bf	18.2	2 314.5	9.1	2 908.5	20.5	45.46	18.01
D	50.0	O	P	T	E	Y	Br	17.8	2 505.0	18.9	2 280.0	17.6	46.06	19.17
D	56.7	O	W	G	R	Y	Y	16.1	2 799.0	10.2	2 550.0	13.6	38.76	18.68
D	55.0	O	P	T	E	Y	Bf	17.0	2 505.8	11.8	2730.3	18.0	45.78	18.68
D	41.1		P	T	E	Y	Bf	18.9	2 800.5	3.3	2 533.5	4.9	42.40	19.00
D	50.5		P	T	E	Y	Br	20.1	2 901.0	7.0	2 550.0	5.5	45.50	15.80
D	52.7		P	T	E	Y	Bf	17.7	2 585.3	1.7	1 569.9	20.9	42.20	19.00
D	48.0	E	P	T	E	Y	Br	19.2	2 910.0	11.9	2 991.6	9.8	43.77	19.01
D	45.3	E	W	G	E	Y	Br	21.5	2 824.5	8.7	3 060.0	12.3	43.44	19.57
D	59.9	E	P	T	E	G	Bf	17.6	2 087.4	6.4			43.63	20.11
D	69.2	E	P	T	E	Y	Bf	15.7	2 346.0	0.1	2 520.0	3.6	43.70	16.90
D	55.8	E	W	T	R	Y	Br	18.6	2 631.0	15.1	2 607.0	14.6	39.91	19.46
D	48.7	E	W	T	E	Y	Br	18.3	2 631.0	−3.0	2 392.8	−1.0	36.15	22.73
D	49.3	E	W	T	E	Y	Br	19.9	2 685.0	3.3	2 878.8	5.7	39.25	21.23
D	55.6	E	P	T	E	Y	Bf	14.0	2 856.0	30.3	2 800.5	38.3	41.67	19.08
D	67.5	E	P	G		Y	Br	57.2(※)	13 169.3(*)	45.5				
D	57.5	O	W	T	E	Y	Br	22.3	2 940.0	13.6	2 422.5	17.3	42.27	20.33
D	68.7	O	W	T	E	Y	Bl	15.8	2 907.0	13.8	2 314.5	12.8	44.53	19.59
D	63.1	O	W	T	E	Y	Bl	22.1	2 853.0	11.7	2 110.5	6.5	44.50	20.31
D	70.8		W	T	E	Y	Bl	20.8	2 731.5	3.8	2 830.0	13.3	45.80	19.07
D	60.5	O	P	T	Rf	Y	Bl	18.5	2 343.0	31.4	2 115.0		34.31	18.89